Handbuch der Gerbereichemie und Lederfabrikation

Bearbeitet von

Dr.-Ing. W. Ackermann · Dr.-Ing. D. Balányi · Prof. Dr. M. Bergmann · Prof. Dr. L. Brühl · W. Freudenberg · Prof. Dr. O. Gerngroß · Dr.-Ing. H. Gnamm · Dr. W. Hausam · Dr. L. Jablonski · Dr. Th. Körner · Priv.-Doz. Dr. A. Küntzel · Chem. H. Lauffmann · Prof. Dr. F. Mayer · Gew.-Stud.-Rat a. D. W. Mensing · Dr. W. Praetorius · Doz. Dr. L. Pollak · Dr.-Ing. Dr. phil. J. Reitstötter · Dipl.-Ing. H. Schleich · Dipl.-Ing. K. Schorlemmer · Dr. Th. Seiz · Stadtbaurat Dipl.-Ing. A. Snoek · Priv.-Doz. Dr. F. Stather · Ober.-Stud.-Dir. Dr. W. Vogel · Gew.-Stud.-Rat Dr. H. Wacker · Obering. A. Wagner · Gew.-Stud.-Rat Th. Wieschebrink

Herausgegeben von

Prof. Dr. **Max Bergmann**

Direktor des Kaiser Wilhelm-Instituts für Lederforschung
Dresden

Zweiter Band: Die Gerbung

1. Teil: Die Gerbung mit Pflanzengerbstoffen

Wien
Verlag von Julius Springer
1931

Vorwort.

Der Vorwurf des übermäßigen Spezialistentums, den man öfters gegen den modernen Wissenschaftsbetrieb erhoben hat, gilt ganz gewiß nicht für die heutige Gerbereiwissenschaft. Die Technik der Lederfabrikation hat bei ihrem Streben nach Rationalisierung die Ergebnisse und Methoden so vieler naturwissenschaftlicher Einzeldisziplinen zu verarbeiten, daß sich der wissenschaftliche Bearbeiter der Gerbereitechnik, der sich bescheiden Gerbereichemiker nennt, kaum in der Gefahr eines einseitigen Spezialistentums sieht. Andererseits ist es dem einzelnen, auch wenn er zugleich Chemiker und Biologe ist, heute nicht mehr möglich, das ganze große und vielseitige Gebiet der Gerbereiwissenschaft in allen seinen Teilen schöpferisch-kritisch zu meistern. Darum sehen wir, daß sich die Verfasser neuer Lehrbücher der Lederfabrikation bei Abfassung von Spezialkapiteln der Mitarbeit von Fachkollegen bedienen. Das vorliegende Handbuch geht im Bestreben nach Vielseitigkeit und Vollständigkeit noch einen Schritt weiter, indem es eine Vielzahl namhafter Fachleute zu gemeinsamer Behandlung des großen Gebietes der Gerbereichemie und Lederfabrikation zusammenführt, einer Zusammenarbeit, bei der jedes Spezialkapitel von einem seiner besten Kenner dargestellt ist. Wenn es gelungen ist, dieses umfangreiche Unternehmen zu einem gedeihlichen Ende zu führen, so habe ich dies dem Verständnis meiner Herren Mitarbeiter zu danken, die bereitwilligst allen Wünschen in bezug auf den allgemeinen Charakter der Darstellung und gegenseitige Anpassung der einzelnen Beiträge entgegengekommen sind.

Die Anordnung des Stoffes ist wieder in der oft bewährten Weise nach den zeitlich aufeinanderfolgenden Arbeitsstadien von der Rohhaut bis zum fertigen Leder vorgenommen. Sie kommt dem Bedürfnis des Handbuchbenützers, mag er Praktiker oder Wissenschaftler sein, am meisten entgegen. Einige, etwas aus diesem Rahmen fallende Sonderkapitel, wie Pelztiere und Pelzverarbeitung, Fisch- und Reptilleder, Verwertung der Neben- und Abfallprodukte, Energiewirtschaft und Abwasserreinigung, wurden am Schluß des Werkes zu einem besonderen Halbband zusammengefaßt[1].

Wir stellten uns die Aufgabe, alle gesicherten Ergebnisse unseres Faches in diesem Handbuch zusammenzufassen und außerdem alles zu bringen, was für die weitere Entwicklung der Lederfabrikation in Theorie und Praxis Anregungen geben könnte. Die Sprache der Darstellung haben wir möglichst einfach und leichtverständlich gehalten in der Erwägung, daß eine Wissenschaft, die der Technik dienen soll, für den Mann der Technik nach Möglichkeit verständlich sein muß. Durch ausführliche Zitierung von Büchern und Originalabhandlungen sowie der neueren Patentliteratur geben wir dem Benützer des Handbuches die Möglichkeit, bis zu den Quellen unseres heutigen Wissens vorzudringen.

[1] Die einzelnen Bände erscheinen nicht der Reihe nach; vielmehr werden diejenigen Bände zuerst gedruckt, von denen alle Beiträge eingelaufen sind. Dem vorliegenden Band II, 1. Hälfte, werden Band III, Band II, 2. Hälfte, und Band I folgen.

Es ist ein Wagnis vom Standpunkt des Verlegers wie des Herausgebers, heute ein derartig umfangreiches Handbuch herauszubringen. Um so mehr fühle ich mich der Verlagsbuchhandlung Julius Springer zu Dank verpflichtet für ihr jederzeit bereitwilliges und verständnisvolles Eingehen auf alle meine Wünsche hinsichtlich der Ausgestaltung und Ausstattung des Werkes.

Ein erster Versuch dieser Art muß notgedrungen unvollkommen sein. Meine Bitte an die Benützer des Handbuches geht dahin, mich durch Mitteilung vorhandener Mängel oder möglicher Anregungen in meinem Bestreben zu unterstützen, allen an der Lederfabrikation Interessierten ein brauchbares wissenschaftliches Werkzeug in die Hand zu geben.

Dresden, Juli 1931.

M. Bergmann.

Die Gerbung mit Pflanzengerbstoffen

Gerbmittel und Gerbverfahren

Bearbeitet von

Prof. Dr. **M. Bergmann**, Dr.-Ing. **H. Gnamm**

und Dr. **W. Vogel**

Mit 165 Abbildungen
und 139 Tabellen

Wien
Verlag von Julius Springer
1931

ISBN 978-3-7091-5982-8 ISBN 978-3-7091-3017-9 (eBook)
DOI 10.1007/978-3-7091-3017-9
Softcover reprint of the hardcover 1st edition 1931

Inhaltsverzeichnis.

Erstes Kapitel.

Die Gerbmittel.

Zweites Kapitel.

Das Gerbverfahren mit pflanzlichen Gerbmitteln.

Von Dr.-Ing. Hellmut Gnamm, Stuttgart.

Erstes Kapitel.

Die Gerbmittel.

A. Allgemeine Beschreibung der pflanzlichen Gerbmittel.

Von **Dr.-Ing. Hellmut Gnamm,** Stuttgart.

Gerbmittel enthalten solche Stoffe organischer oder anorganischer Natur, die von der tierischen Haut gebunden werden und sie dadurch in einen Zustand überführen, in dem sie nicht mehr hornig auftrocknet, durch Einwirkung von heißem Wasser nicht mehr verleimt und durch Fäulnis nicht mehr zerstört wird. Man nennt die Behandlung der tierischen Haut mit derartigen Stoffen Gerbung. Die bei dem Gerbvorgang unmittelbar wirksamen Stoffe, aus denen ein Gerbmittel ganz oder teilweise besteht, heißen Gerbstoffe.

Man hat sich vielfach angewöhnt, die Begriffe „Gerbmittel" und „Gerbstoffe" im gleichen Sinn zu gebrauchen. Das ist nicht richtig. Die Eichenrinde, der Quebrachoholzextrakt, der Sumach sind Gerbmittel. Gerbstoffe sind in ihnen nur die Bestandteile, welche die Umwandlung der Haut in Leder bewirken. So besteht die Eichenrinde nur zu 10%, der feste Quebrachoextrakt etwa zu 62% und der handelsübliche Sumach zu 26% aus gerbenden Stoffen; die übrigen Bestandteile sind lösliche Produkte ohne gerbende Wirkung, Faser- und Harzstoffe und Wasser.

Alle Gerbstoffe kann man ihrer Natur nach in drei große Gruppen einteilen. Die erste Gruppe enthält alle Gerbstoffe, die in den Pflanzen enthalten sind. Die zweite Gruppe umfaßt die Gerbstoffe mineralischer Art; ihre Zahl ist bedeutend geringer als die der ersten Gruppe. Ihre wichtigsten Vertreter sind die Chromsalze. In der dritten Gruppe sind alle übrigen Stoffe organischer Natur mit gerbenden Eigenschaften zusammenzufassen. Darunter befinden sich einfache chemische Körper, wie z. B. Formaldehyd, Naphthol, und komplizierte synthetische Stoffe, wie die künstlichen Gerbmittel Neradol, Ordoval, Gerbstoff F u. a.

Lange Zeit sind die gerbstoffhaltigen Pflanzen fast die einzigen und somit die wichtigsten Gerbmittel gewesen. Erst in neuerer Zeit haben mineralische Gerbstoffe, wie die Chromsalze, oder synthetische, wie Neradol usw. an Bedeutung gewonnen. Eine Ausnahme macht wohl der Alaun, der anscheinend schon den ältesten Völkern als Gerbmittel gedient hat.

Während früher den Menschen nur wenige gerbstoffhaltige Pflanzen bekannt waren, kennt man heute deren sehr viele, die sich auf alle Erdteile verteilen. Und fortwährend werden neue Gerbstoffpflanzen entdeckt. Trotzdem bleibt die praktische Verwendung der Gerbstoffpflanzen auf wenige Arten beschränkt. Denn ihre technische Verwendbarkeit ist bedingt durch einen hohen Gerbstoffgehalt, eine leichte Gewinnungsmöglichkeit und das Vorhandensein ausgiebiger Bestände. So werden z. B. Früchte mit 50% Gerbstoff, die an irgendeiner entlegenen Stelle Zentralafrikas zu finden sind, vorerst an technischer Bedeutung hinter einer Baumrinde mit nur 12% Gerbstoff zurückstehen müssen, die in ausgedehnten Waldungen Mitteleuropas gewonnen werden kann.

Die Untersuchungen über das Vorkommen und die Verteilung des Gerbstoffes in den Pflanzen gehen über hundert Jahre zurück. Eine der ersten Arbeiten auf diesem Gebiet stammt von Piepenbring aus dem Jahre 1786 (Dekker). Aber trotz aller seitherigen Bemühungen wurde ein eindeutiges, klares Ergebnis bisher nicht erzielt, woran zum größten Teil die angewandten Untersuchungsmethoden Schuld haben mögen. Es muß zweifelhaft erscheinen, ob alles, was bei diesen Untersuchungen als Gerbstoff angesprochen wurde, auch wirklich Gerbstoff war. Am meisten Gerbstoff enthält wohl die Rinde der Stämme, dann folgen Wurzelrinde, Rhizom, Blatt und Fruchtwand. Es muß allerdings hier gleich die Ausnahme erwähnt werden, daß einige der heute technisch bedeutsamsten Gerbmittel Früchte mit besonders hohem Gerbstoffgehalt sind. Im allgemeinen findet sich kein Gerbstoff in den Bastfasern, den Siebröhren, dem Cambium und in den reifen Früchten. Im Holz sind die Markstrahlen, in der Rinde die Parenchymzellen die Träger des Gerbstoffes.

Bereits die jungen Zellen enthalten Gerbstoff. Aus den Vakuolen tritt der Gerbstoff in den Zellsaft. Beim Absterben der Zellen trocknet mitunter die Gerbstofflösung zu Körpern von glasiger Beschaffenheit ein. Häufiger wird der Gerbstoff von der Membran aufgenommen, wo infolge Veränderung durch Oxydation Verfärbungen eintreten können. Diesen veränderten Gerbstoffen, die man Phlobaphene genannt hat, wird die braune Farbe der Rinde und des Kernholzes vieler Pflanzen zugeschrieben, bei deren Entstehung aber wahrscheinlich noch andere Stoffe mitwirken.

Über die physiologische Bedeutung des Gerbstoffes im Organismus der Pflanze ist viel gestritten worden. Die einen halten die Gerbstoffe einfach für Abfallstoffe, die anderen erkennen ihnen bestimmte Funktionen zu. Es ist nicht anzunehmen, daß diese Gruppe von Verbindungen nichts anderes als Reste darstellt, die für die Pflanze keinerlei Bedeutung mehr haben sollen. Welche Funktion aber den Gerbstoffen von der Natur zugeteilt ist, steht nicht fest.

Nach Pictet will die Pflanze die Rückkehr der unbrauchbaren Stoffe in ihren Lebensstrom dadurch verhindern, daß sie diese nicht assimilierbaren Verbindungen in solche mit geschlossener Kette umwandelt. Dadurch soll ihre Wanderung durch den Pflanzenkörper verhindert sein. Diese Annahme bedarf wohl noch weiterer Beweise. Die Anschauung von Dekker, der den Gerbstoff als eine Art Schutzstoff der Pflanze ansieht (gegen Tierfraß, Verwundung, Fäulnis), hat zweifellos Berechtigung. Eine befriedigende Klärung dieser Fragen ist vorerst noch weiteren Untersuchungen vorbehalten.

Über das Vorkommen der Gerbstoffe in den verschiedenen Pflanzenfamilien haben J. Dekker und auch W. Stockberger (*1*) Untersuchungen angestellt. Bei den niederen Pflanzenfamilien, den Flechten, Algen und Pilzen, sind Gerbstoffe häufig anzutreffen. Praktisch haben aber diese Pflanzen wegen ihrer geringen Bestände keine Bedeutung. Die Moosarten enthalten kaum Gerbstoff, die Farne dagegen bis zu 10%. Die Gymnospermen sind reich an Pflanzen mit hohem Gerbstoffgehalt. Wir finden hier bereits bekannte Vertreter wie Fichte, Tanne, Hemlock. Bei den Monokotyledonen ist der Gerbstoff eine Seltenheit. Die einzigen Gerbstoffpflanzen sind hier die Angehörigen der Palmenfamilie (Palmetto in Florida) sowie Arecu catechu in Indien. Bei Gräsern und Liliengewächsen ist Gerbstoff kaum anzutreffen. Weitaus die größte Zahl Gerbstoffpflanzen ist in der Klasse der Dikotyledonen zu finden. Ihre Vertreter umfassen das Gebiet von den Tropen bis zur Vegetationsgrenze nach den Polen zu. Den höchsten Gerbstoffgehalt weisen dabei die in der tropischen Zone heimischen Pflanzen auf. Einige Familien der Dikotyledonen, wie die Combretaceen, Rhizophoraceen und Leguminosen können als typische Gerbstoff-Familien bezeichnet werden. Mitunter sind zwischen den Familien einer und derselben Reihe deutliche Abstufungen im Gerbstoffgehalt wahrzunehmen, so z. B. in den Reihen der Urticaceen, Santalaceen, Contortae, Tubiflorae, Umbelliferen, Malvaceen. Andere Reihen sind ganz frei von Gerbstoffgattungen.

Über die Verteilung der wichtigsten bekannten Gerbstoffpflanzen gibt Stockberger folgendes an:

Indien	68 Arten	Chile	3 Arten
Europa	40 „	Brasilien	3 „
Australien	22 „	Argentinien	3 „
Nordamerika	16 „	Neuseeland	3 „
Afrika	9 „	Peru	2 „
Mittl. Amerika	7 „	Guinea	2 „
China	3 „	Mexiko	1 „
Japan	3 „		

Diese Einteilung ist nur noch als Anhalt zu bewerten. Die Zahl der bekannten Gerbstoffpflanzen in Südamerika und Afrika ist heute bei weitem größer. Genaue Angaben sind aber zur Zeit kaum zu ermitteln, zumal da gerade in den letzten Jahren in der Literatur ständig neue Gerbstoffpflanzen mit mehr oder weniger technischer Bedeutung genannt werden. Aus diesem Grunde ist auch die bisher vollkommenste Zusammenstellung aller Gerbstoffpflanzen, das schon erwähnte klassische Werk von J. Dekker „Die Gerbstoffe“ aus dem Jahre 1913, heute lückenhaft geworden.

Die Einteilung der pflanzlichen Gerbmittel. Die Versuche, alle pflanzlichen Gerbmittel und Gerbstoffe in einzelne Klassen einzuteilen, haben bis heute zu keinem voll befriedigenden Ergebnis geführt. Die Gründe hierfür sind verschiedener Art. Eine Klassifizierung der Gerbmittel und Gerbstoffe kann von fünf verschiedenen Gesichtspunkten aus erfolgen: 1. Nach den verschiedenen Handelsformen: Extrakte, Rinden, Hölzer, Blätter, Früchte, Wurzeln. Diese Einteilung ist für eine wissenschaftliche Beschreibung wenig geeignet. 2. Nach den Eigenschaften, die das Leder durch die einzelnen Gerbmittel erhält. Diese Eigenschaften können aber je nach der Natur und Menge der mitextrahierten Begleitstoffe so verschieden sein, daß auch dieser Gesichtspunkt für eine Einteilung wenig taugt. 3. Nach der Herkunft der Gerbmittel. Dies würde nicht mehr bedeuten als eine geographische Zusammenstellung, wobei außerdem ein und dieselbe Gerbstoffpflanze in mehreren Gruppen vorkommen würde. 4. Nach botanischen Familien. Die Einteilung hat zweifellos Berechtigung, ist aber wenig übersichtlich. 5. Nach chemischen Gesichtspunkten. Seit langer Zeit haben sich die Forscher am meisten um eine Einteilung der Gerbstoffe auf Grund ihrer chemischen Eigenschaften bemüht. Die Gerbstoffchemie ist zwar heute noch in ihren Anfängen und es ist bisher nur bei ganz wenigen Gerbstoffen gelungen, ihren chemischen Aufbau festzustellen. Trotzdem aber ergeben sich aus dem Verhalten der aus den Gerbmitteln ausgezogenen wässerigen Lösungen gegenüber verschiedenen chemischen Reagenzien zahlreiche Eigentümlichkeiten und gruppenweise wiederkehrende Eigenschaften, so daß aus ihnen die Berechtigung für eine Einteilung auf chemischer Grundlage wohl hergeleitet werden kann. Daß auch hierbei wieder verschiedene Wege eingeschlagen werden können, wird im Kapitel über die Chemie der Gerbstoffe gezeigt werden. Es wird dort auch näher zu begründen sein, warum in der folgenden Beschreibung der Gerbmittel die Einteilung in die drei großen Gruppen, wie sie unten angegeben ist, gewählt wurde.

Von allen Methoden der Einteilung erscheint also heute die auf chemischer Grundlage durchgeführte Klassifizierung der Gerbmittel die zweckmäßigste zu sein. Daß auch diese Einteilung immer wieder einer Revision bedürfen wird, ist unvermeidlich, solange wir nur von einigen wenigen Gerbstoffen den chemischen Aufbau kennen und bei der Masse der Gerbstoffe uns nur aus den Bruchstücken der Forschungsergebnisse ein mehr oder weniger lückenhaftes Bild von ihrem chemischen Charakter machen können.

Von den Einteilungsmethoden nach chemischen Gesichtspunkten wird weitaus am häufigsten diejenige benutzt, die sich auf das Verhalten der Gerbstoffe beim Erhitzen gründet. Man kann hiernach zwei große Gruppen unterscheiden: die sogenannten Pyrogallolgerbstoffe, die beim Erhitzen Pyrogallol abscheiden, und die Pyrocatechingerbstoffe, bei deren Erhitzen Pyrocatechin entsteht. Diese Einteilung ist zwar sehr grob, hat aber besonders in analytischer Hinsicht manche Vorteile.

Eine zweite Art, die Gerbmittel bzw. ihre Gerbstoffe einzuteilen, besteht in der Gruppierung, wie sie K. Freudenberg seinen Untersuchungen der natürlichen Gerbstoffe zugrunde gelegt hat. Sie ist die am meisten auf wissenschaftlicher Grundlage aufgebaute Methode und unterscheidet ebenfalls zwei große Gerbstoffgruppen, nämlich:

I. Hydrolysierbare Gerbstoffe,

II. Kondensierte Gerbstoffe.

Zur ersten Gruppe rechnet Freudenberg Gerbstoffe von Ester- und Glucosidform; die zweite Gruppe umfaßt weitaus die meisten der in den Gerbmitteln vorhandenen Gerbstoffe, nämlich die Catechine und fast alle Rinden- und Holzgerbstoffe mit Ausnahme der Gerbstoffe der Edelkastanie und Eiche, die eigentlich zu keiner der beiden Gruppen gehören. Näheres über die Chemie dieser Gruppen ist im zweiten Abschnitt (Chemie der Gerbstoffe) Seite 100 gesagt.

Vergleicht man nun die beiden erwähnten Einteilungsmethoden, so findet man, daß im großen und ganzen die Pyrogallolgruppe mit der Gruppe der hydrolysierbaren Gerbstoffe und die Pyrocatechingruppe etwa mit der Gruppe der kondensierten Gerbstoffe übereinstimmt. Chemisch am besten erforscht sind die hydrolysierbaren Gerbstoffe; recht wenig weiß man dagegen von den kondensierten Gerbstoffen, oft nur soviel, daß sie infolge ihrer Reaktionen als Catechingerbstoffe anzusprechen sind (Pyrocatechingruppe).

Der vorliegenden Abhandlung über die Gerbmittel ist sowohl in der allgemeinen Beschreibung wie im Abschnitt über die Chemie der Gerbstoffe die Freudenbergsche Einteilung zugrunde gelegt. Es werden dabei allerdings in der allgemeinen Beschreibung, bei der die chemische Natur der Gerbstoffe nicht berührt wird, in die große Gruppe der Gerbmittel mit kondensierten Gerbstoffen auch solche Gerbmittel eingereiht werden müssen, über deren Gerbstoffe wenig mehr bekannt ist, als daß sie catechinartige Stoffe sind. Die Unterscheidung zwischen phloroglucinhaltigen und phloroglucinfreien Gerbstoffen wird nur im chemischen Teil erwähnt werden.

In einer dritten Gruppe endlich müssen alle die Gerbmittel zusammengefaßt werden, über deren Gerbstoffe vorerst keine Untersuchungen vorliegen, so daß deren chemische Natur noch zweifelhaft oder überhaupt unbekannt ist. Es handelt sich hierbei hauptsächlich um seltenere ausländische Gerbmittel der verschiedensten Art.

Demnach gilt für die allgemeine Beschreibung der Gerbmittel folgende Einteilung:

Gruppe I: Gerbmittel mit hydrolysierbaren Gerbstoffen.

1. Die Tanninklasse. Hier sind aufgeführt: die als Gerbmittel zwar kaum verwendeten, aber trotzdem sehr wichtigen Tannine, sowie ihre Rohstoffe, die Gallen, ferner der Sumach und die Knoppern.

2. Die Ellagsäureklasse. Hierher gehören: die Gerbmittel Valonea, Trillo, Myrobalanen, Dividivi, Algarobilla, Edelkastanie und Eiche.

Gruppe II. Gerbmittel mit kondensierten Gerbstoffen.

Hier werden neben den Gerbmitteln mit eigentlichen Catechingerbstoffen, nämlich Catechu und Gambir, die Masse der Rinden- und Holzgerbmittel behandelt: Quebracho, Fichtenrinde, Mangroverinde, Malettrinde, Mimosarinde, Hemlockrinde, Tannenrinde, Lärchenrinde, Weidenrinde, Birkenrinde, Pappelrinde, Canaigre sowie Gerbmittel von geringerer Bedeutung.

Gruppe III. Gerbmittel mit Gerbstoffen unbekannter Natur.

Hier wird eine Anzahl neuerer Gerbmittel (Rinden, Hölzer, Wurzeln) besprochen, über deren Gerbstoffe bisher nichts bekannt geworden ist und die wohl auch kaum untersucht worden sind.

Im Abschnitt über die Chemie der Gerbstoffe wird aufgezeigt werden, wie weit die chemische Natur einzelner Gerbstoffe aus der I. und II. Gruppe bis heute bekannt ist. Dem Kapitel über die Untersuchung der Gerbmittel wird die Einteilung in Pyrogallol- und Pyrocatechingerbstoffe zugrunde gelegt werden.

Die allgemeine Beschreibung will von den aufgeführten Gerbmitteln alles Wissenswerte zusammenfassen: Vorkommen, Unterscheidung verschiedener Arten der Pflanze, Gewinnung, Eigenschaften, insbesondere Gehalt an Gerbstoff, Verarbeitung zu Extrakten und Verwendung. Dabei wird die Gewinnung und die Verarbeitung zu Extrakten nur kurz gestreift werden, da diese Gebiete in besonderen Abschnitten des Buches (siehe Seite 241) behandelt sind.

Gruppe I: Die Gerbmittel mit hydrolysierbaren Gerbstoffen.

1. Gerbmittel und Gerbstoffe der Tanninklasse.

Unter „Tannin" wird heute noch vielfach ganz allgemein der in der Pflanze vorkommende Gerbstoff bezeichnet. Die englische und französische Sprache unterscheidet zwischen „Tannin" und „Gerbstoff" nicht so scharf wie die deutsche. Seit den grundlegenden Untersuchungen von E. Fischer und seinen Mitarbeitern ist das Tannin ein chemisch ziemlich genau bestimmter Stoff, der von allen in der Natur vorkommenden pflanzlichen Gerbstoffen am besten bekannt ist. Gerade dieser wohlbekannte Gerbstoff, wie er aus den Gallen gewonnen werden kann (Gallussäure), hat nun aber als Gerbmittel keine Bedeutung. Tannin vermag zwar die tierische Haut zu gerben. Das dabei erhaltene Leder ist aber leer und wenig brauchbar. Als Gerbmittel findet Tannin deshalb heute keine Verwendung mehr. Da aber auf dem Wege der chemischen Erforschung der Gerbstoffe gerade das Tannin einen bedeutsamen Markstein bildete und es einer der ersten bekannten Naturstoffe mit gerbenden Eigenschaften war, darf eine kurze Schilderung der Tannine sowie ihrer Rohstoffe, der Gallen, hier nicht fehlen.

a) Die Tannine und die Gallen. Das Tannin ist der Gerbstoff der Gallen. Mit dem Wort „Gallen" bezeichnet man krankhafte Auswüchse, die auf verschiedenen Pflanzen durch Insektenstiche verursacht werden. Das Tannin wurde im Jahre 1777 von Ruelle, Macquer und andern Dijoner Chemikern zum erstenmal aus Gallen isoliert. Der Name „Tannin" stammt von Proust (1800).

Die ausgereiften Gallen oder Galläpfel sind graubraune, mattfarbige, harte Gebilde mit kleinen Erhöhungen an der Oberfläche. Je nach der Herkunft unterscheidet man chinesische, japanische, orientalische, amerikanische, europäische usw. Gallen, die sich meist durch einen verschieden hohen Tanningehalt wesentlich unterscheiden.

Die chinesischen Gallen enthalten bis zu 77% Tannin. Sie sind die tanninreichsten und daher wertvollsten. Die meisten Gallen kommen aus den Provinzen Schansi und Kuangtung. Sie entstehen durch den Stich der Blattlaus (Aphis chinensis) auf Rhus semialata, einem im ganzen Osten weit verbreiteten Baum. Außer Tannin enthalten die chinesischen Galläpfel noch etwa 4% andere Gerbstoffe, Fett, Harz und Asche.

Die japanischen Gallen sind den chinesischen nahe verwandt. Sie enthalten bis zu 67% Tannin.

Von den orientalischen Gallen (auch türkische Gallen genannt) stammen die besten Sorten aus der Gegend von Aleppo bis an den Urmiasee. Sie werden von Gallwespen (Cynips tinctoria) auf Quercus infectoria Oliv. erzeugt. Je nach dem Sammelorte unterscheidet man Aleppo-, Smyrna-, Terlig-, Mosulgallen mit 36 bis 58% Tanningehalt. Neben Tannin enthalten diese Gallen fast immer Gallussäure und Ellagsäure (siehe später).

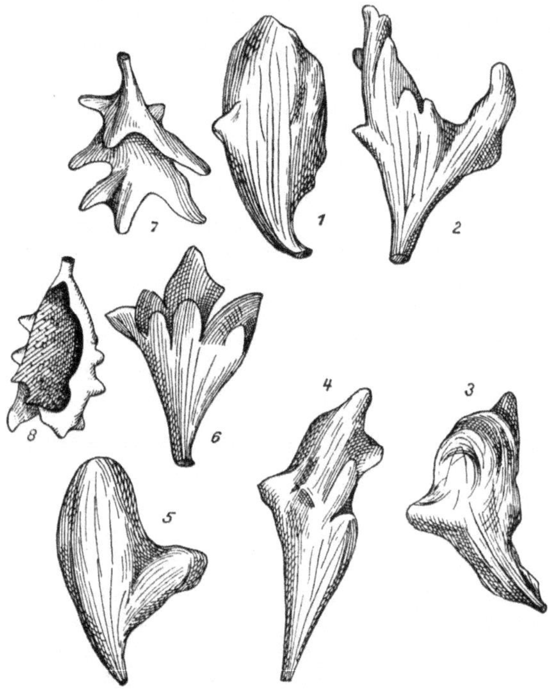

Abb. 1. Chinesische Gallen. (Nach Tschirch, Handb. d. Pharmakognosie 1923, III.)

Moreagallen stammen von Quercus Cerris. Sie haben etwa 30% Tannin. Die Abstammung der mit Bassorahgallen bezeichneten Galläpfel ist nicht sicher bekannt. Das erzeugende Insekt ist Cynips insana. Ihr Tanningehalt beträgt etwa 24%.

Durch den Stich des gleichen Insektes werden an den frischen Zweigen und jungen Trieben einer kleinwüchsigen Eichenart, die besonders an den Küsten des Marmarameeres und der Dardanellen vorkommt, die sog. Rovegallen erzeugt. Sie sind größer als die sonstigen Gallen und enthalten nach Untersuchung von J. Paeßler bis zu 30% Gerbstoff. Diese Gallen finden vereinzelt noch als Gerbmittel zur Lederherstellung Verwendung.

Die europäischen Gallen enthalten meist zu wenig Tannin, um für die Tanninherstellung verwendet werden zu können. Die italienischen Abruzzengallen, die allerdings bis zu 49% Tannin aufweisen, werden vielfach unter die Aleppogallen gemischt. Österreichische, böhmische, deutsche Gallen werden sämtlich durch Cynips Kollari auf Eichenarten erzeugt und haben einen Tanningehalt zwischen 7 und 28%.

Amerikanische Gallen stammen aus Kalifornien, Texas, Westvirginien, New Yersey mit stark wechselndem Tanningehalt. Die Gallen von Rhus glabra L., die 61% Tannin enthalten, sollen früher in Amerika zur Ledergerbung verwendet worden sein.

Eine in Nordafrika vorkommende Gallenart wächst auf Tamarix articulata. Ein Baum liefert 20 bis 25 kg Galläpfel. Die Gallen, die in Nordafrika als „Takaout" bezeichnet werden, dienen an Ort und Stelle zum Gerben von Schaf- und Ziegenleder. In Tafilalet wird das sog. „Filalileder" mit diesem Gerbmittel hergestellt. Balsac und Deforge geben einen Gerbstoffgehalt von 51 bis 56% für diese Galläpfel an.

Außer in den Galläpfeln kommt Tannin noch in den Knoppern (siehe S. 13), Myrobalanen (siehe S. 17) und in den Blättern des Sumachs (siehe S. 9) vor. Der Tanningehalt des Tees, der Wildkirschenrinde und der Pfirsichbaumblätter hat keinerlei technische Bedeutung.

In letzter Zeit sind noch zwei Gerbstoffe, die als Tannine angesprochen werden können, festgestellt worden. Der aus der Rinde von Hamamelis virginica gewonnene Gerbstoff wird Hamamelistannin genannt. Er ist durch die Arbeiten von Freudenberg und Peters (siehe S. 117) als ein einheitlicher chemischer Körper ermittelt worden. Die Hamamelisrinde enthält 6 bis 7% Gerbstoff; als Gerbmittel kommt sie nicht in Frage.

Ein weiteres Tannin, das Acertannin, ist in den Blättern von Acer ginuala enthalten, einer in Korea heimischen Ahornart. Man sammelt die Blätter und kleinen Zweige des Baumes im Herbst und trocknet sie. Der Hauptteil der Ernte geht nach China, wo der Gerbstoff zum Schwarzfärben der Baumwolle verwendet wird. In Japan werden Blätterauszüge mit etwa 30% Gerbstoffgehalt hergestellt. Der Gerbstoff wurde von Perkin und Uyeda (siehe S. 119) in kristallisierter Form erhalten und als eine dem Tannin nahe verwandte Verbindung nachgewiesen.

Eigenschaften des Tannins. Das Tannin[1] ist ein weißlichgelbes Pulver mit einem charakteristischen zusammenziehenden Geschmack. Von 100 Teilen Wasser werden bei 17° etwa 253 Teile, in der Siedehitze etwa 300 Teile trockenes Tannin gelöst. Es ist ferner in Glycerin und Essigester löslich. Äther, Benzol, Chloroform, Schwefelkohlenstoff lösen Tannin nur wenig. Wie alle natürlichen Gerbstoffe wird es aus seinen Lösungen durch Säuren und Salze ausgefällt. Es ist optisch aktiv. Die maximale Drehung beträgt für das im Handel vorherrschende chinesische Tannin $[\alpha]_D = + 76{,}5^0$ (wässerige Lösung). Die Ermittlung des Drehungsmaximums ist ein wichtiges Mittel für die Prüfung der Einheitlichkeit von Tanninpräparaten. Wässerige Tanninlösungen haben ein sehr geringes elektrisches Leitvermögen.

Tannin fällt ganze Gruppen chemischer Stoffe aus, so z. B. die Salze des Bleis, Kupfers, Quecksilbers, Antimons und Wismuts. Mit vielen organischen Basen bildet es amorphe Niederschläge von wechselnder Zusammensetzung. Alle Eiweißlösungen werden von Tannin ausgefällt.

Die technische Gewinnung des Tannins. Die Tanninfabrikation umfaßt:

1. die Vorbereitung der Rohmaterialien,
2. die Auslaugung,
3. die Herstellung der Handelsprodukte.

Die Vorbereitung besteht in einer Zerkleinerung der Gallen, wobei der Staub, der kein Tannin enthält, abgesaugt wird. Das Auslaugen erfolgt nach dem Gegenstromprinzip in Diffuseuren, von denen die ersten auf 80° gehalten werden; die übrigen werden nicht vorgewärmt. Aus der Extraktionsbatterie fließt eine Tanninlösung von 10° Bé ab, die nun zu Wassertannin oder Alkoholtannin oder Schaumtannin verarbeitet wird.

[1] Das technische Tannin des Handels ist fast stets chinesisches Tannin.

Wassertannin. Die 10⁰ige Originallauge wird im Vakuumapparat bis auf 32⁰ Bé eingedampft, mit Natriumhydrosulfit gebleicht und dann erneut bis zum Trockentannin eingedampft. Das handelsübliche Wassertannin ist selten ganz rein, sondern häufig mit Glucose und Dextrin verfälscht. Wichtig ist die Verwendung von eisenfreiem Wasser, da durch Eisen die Tanninlösungen dunkel gefärbt werden. Tanninlösungen, die lange lagern sollen, setzt man 3‰ einer 80proz. chemisch reinen Ameisensäure zu, um eine Zersetzung durch Bakterien zu verhindern.

Alkoholtannin. Die Originallauge muß zuerst auf — 3⁰ abgekühlt werden. Dies geschieht in Gefäßen, die mit Kupfer ausgeschlagen und mit Kühlschlangen versehen sind. Beim Stehen scheidet sich eine obere helle und eine untere dunkle Schicht ab. Die obere Schicht wird abgehebert und in einem besonderen Apparat auf 32⁰ Bé eingedampft. Nach einer Entfärbung mit Natriumhydrosulfit wird die Tanninlösung mit einer Alkohol-Äthermischung (20 bis 30 Teile Alkohol und 70 bis 80 Teile Äther) im Schüttelapparat behandelt. Nach zweistündigem Durchschütteln läßt man absitzen, wobei sich wieder zwei Schichten bilden. Die obere Alkohol-Ätherschicht wird weiter verarbeitet. Das Lösungsmittel wird nun in einer Kupferblase abdestilliert, zuletzt unter vermindertem Druck. Während des Abdampfens ersetzt man den abgehenden Alkohol fortwährend durch destilliertes Wasser, bis eine Lösung von 30⁰ Bé vorhanden ist. Zum Schluß wird vollständig eingedampft.

Die Herstellung von Schaumtannin (Levissimum) geschieht nach ähnlichen Grundsätzen wie die des Alkoholtannins.

Nach der äußeren Form unterscheidet man Tannin in Pulver, in Schuppen und in Nadeln. Nach dem Eindampfen werden die getrockneten Stücke auf Horden bei 50⁰ noch solange weiter getrocknet, bis sie einen Wassergehalt von 10% haben. Durch Mahlen und Sieben erhält man Pulvertannin.

Durch Eintrocknen von Tanninlösungen auf rotierenden, innen geheizten Trommeln erhält man Schuppentannin. Zur Herstellung von Nadeltannin preßt man die halbfeuchte Tanninmasse durch feine Düsen hindurch. Die austretenden Tanninfäden läßt man 15 m herunterfallen, wobei sie durch entgegenströmende warme Luft getrocknet werden. Eine sehr wirkungsvolle Extraktion der Gallen ist in den von Knape im Jahre 1905 eingeführten rotierenden Extrakteuren möglich[1].

Nach einem Patent der Byk-Gulden-Werke, Berlin (D.R.P. 350377), wird reines Tannin dadurch hergestellt, daß die durch Extraktion von tanninhaltigen Stoffen erhaltenen Auszüge mit Basen oder Salzen behandelt werden, die mit dem Tannin schwerlösliche oder unlösliche Verbindungen bilden. Diese Tanninverbindungen werden mit Säuren zerlegt.

Ein besonderes Verfahren zur Herstellung von festem Tannin enthält das französische Patent 548811. Die Tanninlösungen werden stufenweise abgekühlt, z. B. auf + 5⁰, dann 0⁰, dann — 5⁰. Die Ausscheidungen werden durch Zentrifugieren von der Lösung getrennt.

Daß nicht alle aus Galläpfeln stammenden Gerbstoffe der Pyrogallolgruppe angehören, zeigten die Untersuchungen von Jedlicka und Hula an 20 Arten von Gallen, die im Jahre 1923 und 1924 auf acht verschiedenen Baumarten geerntet worden waren. In 14 Fällen wurde in den untersuchten Gallen Gerbstoff gefunden; die Gallen stammten von folgenden Bäumen: Schwarzpappel, Pyramidenpappel, Fichte, Rottanne, Feldulme, Bergulme, Stielulme, Weiden,

---

[1] Näheres hierüber siehe Chem.-Zg. **1925**, 54.

Erle. Mit Ausnahme der Gallen von der Erle gehörten alle Gerbstoffe zur Pyrocatechinklasse und gaben die auf S. 209 angegebenen Reaktionen. Am gerbstoffreichsten waren die nicht ganz reifen Gallen der Pappel (bis 27%). Die Nichtgerbstoffe enthalten viel Zuckerstoffe. Auffallend ist der Befund, daß alle Teile der Pappelblätter, welche durch die gallenerzeugende Blattlaus (Pemphigus spirotecae) angegriffen sind, Gerbstoff enthalten. Der Blattrand enthält davon fast ebensoviel wie die Galle selbst, der Blattstiel weniger. Das nicht angegriffene Blatt ist gerbstofffrei. Die genannten Verfasser haben mit Extrakt aus diesen Gallen Schaffelle und Kuhhäute gegerbt und ein weiches Leder von schwach brauner Farbe erhalten.

Überhaupt keinen Gerbstoff enthielten die Gallen der Zitterpappel, Linde, Feldulme und des Feldahorns. —

G. A. Bravo fand in einer auf Pistacia atlantica vorkommenden Gallenart Lybiens 24 bis 40% Gerbstoff, der ebenfalls zur Pyrocatechingruppe gehört.

b) Der Sumach. Die Blätter und jungen Triebe der verschiedenen Sumacharten gehören zu den edelsten Gerbmitteln. Der Sumach ist ein Strauch, der in den Mittelmeerländern heimisch ist. Einzelne Arten sind auch in Amerika, in Frankreich und selbst in Nordeuropa zu finden. Jettmar unterscheidet drei verschiedene Arten: 1. Der Gerbersumach (Rhus coriaria L.) in den Mittelmeerländern, mit einfach gefiederten Blättern; er hält diese Art für das beste Gerbmaterial. 2. Der Perückenbaum (Rhus cotinus L.), im südlichen Mitteleuropa und gemäßigten Asien heimisch. Von diesem stammt der Sumach, der aus Norditalien, Tirol, Istrien, Dalmatien, Südungarn, Bulgarien in den Handel kommt. Seine Blätter sind bedeutend größer als die des Gerbersumachs. 3. Der Gerberstrauch (Rhus myrtifolia L.), der im südwestlichen Europa und in Nordfrankreich vorkommt, und die im Handel unter dem Namen „provencalischer Sumach“ oder „Rodoul“ erscheinenden Sorten liefert.

Eitner gibt für die aus den verschiedenen Ländern kommenden Sumachsorten die folgenden Ursprungspflanzen an:

Rhus coriaria	= italienischer, spanischer, südfranzösischer, griechischer und anatolischer Sumach
Rhus pentaphylla	= algerischer Sumach
Rhus typhina Rhus glabra	= virginischer Sumach
Coriaria myrtifolia	= Sumach aus Mittelfrankreich
Rhus copallina	= amerikanischer Sumach
Rhus cotinus	= Sumach aus Tirol
Rhus lucida Rhus viminalis	= Kapsumach.

Nach Wagner kommt schwedischer Sumach von Arctostaphylos Uva ursi und ist häufig mit Vacciniumblättern vermischt.

Als bester Sumach gilt allgemein der sizilianische oder Palermosumach. Er ist wegen seines hohen Gerbstoffgehaltes und seiner hellen Farbe besonders geschätzt. Auch der italienische Sumach aus Toskana und der spanische aus Malaga gelten als gute Sorten.

In den Hauptsumachländern wird der Sumachstrauch planmäßig gebaut. In Sizilien befinden sich die Hauptpflanzungen in den Provinzen Palermo und Catania. Der sizilianische Sumach verdankt seinen guten Ruf dem sorgfältigen Anbau der Pflanze und der sachgemäßen Ernte der Blätter, welche zur richtigen Zeit, d. h. zur Zeit des größten Gerbstoffgehaltes gesammelt werden. Dazu kommt eine Aufbereitung der Blätter, die eine gute Handelsware verbürgt.

Für die weitgehende Anreicherung von Gerbstoff in den Sumachblättern müssen beim Anbau verschiedene Bedingungen erfüllt werden. Die Vorbehandlung des Bodens sowie der Raum, welcher der einzelnen Pflanze zur Verfügung steht, beeinflussen den Gerbstoffgehalt der Blätter in hohem Maße. Näheres darüber ist im Abschnitt „Gewinnung der Gerbstoffe" zu finden.

Die Sumachblätter weisen den höchsten Gerbstoffgehalt auf, wenn sie zwar völlig entwickelt aber noch nicht ausgereift sind. Die ganz ausgereiften Blätter enthalten weniger Gerbstoff. Gleichzeitig treten mit dem Ausreifen dunkle Farbstoffe in den Blättern auf.

Daß der Gerbstoffgehalt in den Blättern während des Sommers zu einem Maximum ansteigt und dann wieder abnimmt, hat Eitner (*1*) an zwei Sumachsorten durch Analyse zu verschiedenen Zeiten festgestellt (Tabelle 1):

Tabelle 1. Gerbstoffgehalt von Sumachblättern zu verschiedenen Jahreszeiten.

Probe aus Vares		Probe aus Zepze	
Tag der Analyse	Gerbende Stoffe %	Tag der Analyse	Gerbende Stoffe %
15. Juni	20,92	23. Juni	18,97
13. Juli	22,47	7. Juli	22,97
2. August	17,82	21. Juli	18,89
17. August	17,27	4. August	17,17
		18. August	17,30
		2. September	16,83

Dadurch, daß in Sizilien die Erntezeit streng so eingehalten wird, daß sie in die Zeit des Gerbstoffmaximums fällt, erhält man dort eine Ware, die mitunter bis zu 26% Gerbstoff aufweist, und die stets die so erwünschte, durch keine dunklen Blätter beeinträchtigte helle Farbe besitzt. Der gute, d. h. richtig geerntete Sumach muß hell gerben. Die sizilianischen Sorten stehen in dieser Eigenschaft obenan. Fast alle anderen Sorten geben ein mehr oder weniger dunkles, gelblich bis bräunlich gefärbtes Leder. Auch diese Sorten würden ein helles Leder liefern, wenn sie zur richtigen Zeit geerntet würden. Allerdings können sich auch in jung geernteten Blättern durch feuchtes Lagern und dabei auftretende Gärungserscheinungen dunkle Farbstoffe bilden.

Die getrockneten Sumachblätter kommen ganz oder gemahlen entweder ungereinigt als „campagna" oder von Stielen, Holz und Erde befreit als „ventilato" in den Handel. Außerdem wird zwischen dem männlichen („masculino") und dem weiblichen („feminello") Sumach unterschieden. Der erstere ist der gerbstoffreichere, der letztere stammt meist aus der Provinz Catania.

Die durchschnittliche Zusammensetzung von italienischem Handelssumach ist nach zahlreichen Analysen von Freiberg nebenstehende (Tabelle 2):

Paeßler gibt für verschiedene Sumachsorten folgende Zusammenstellung an (Tabelle 3):

Über die überseeischen Sumacharten macht Blockey (Dekker S. 409) folgende Angaben (Tabelle 4):

Die Blätter des indischen Sumachs enthalten 18 bis 22%, seine Rinde 8 bis 20% Gerbstoff.

Verfälschungen und Verunreinigungen. Die früher in ausgedehntem Maße vorgekommenen Sumachverfälschungen haben die italienische Regierung veranlaßt, schon im Jahre 1897 sich durch ein Dekret gegen diesen Betrug zu wenden. Seitdem muß ein Zusatz von fremden Stoffen zu reinem Sumach genau angegeben werden. Bei Sumachsorten nichtitalienischer Herkunft ist nach wie vor mit Verfälschungen zu rechnen. Nach Paeßler sollen sogar Sumachmehle im Handel angetroffen werden, die überhaupt keinen echten Sumach enthalten und nur etwa 7 bis 10,5% Gerbstoff aufweisen.

Tabelle 2.
Durchschnittliche Zusammensetzung von italienischem Handelssumach.

	Filterverfahren		Schüttelverfahren	
	Grenzwerte %	Mittelwerte %	Grenzwerte %	Mittelwerte %
Gerbstoff	22—35	26	20—33	24
Lösliche Nichtgerbstoffe	12—18	14	14—20	16
Unlösliches	48			
Wasser	12			
Traubenzuckerartige Stoffe	4			
Rohrzuckerartige Stoffe	0,5			
Zuckerartige Gesamtstoffe	4,5			
Auf 100 Teile gerbende Stoffe entfallen	17		19	

Tabelle 3. Zusammensetzung verschiedener Sumachsorten (Paeßler).

Herkunft	Gerbstoff %	Lösliche Nichtgerbstoffe %	Unlösliches %
Sumach aus Bulgarien	22,5	12,0	53,5
„ „ „	24,5	14,0	49,0
„ „ Montenegro	20,5	13,0	48,5
„ „ dem Kaukasus	23,0	17,5	47,5
„ „ der Türkei	20,5	14,0	53,5
„ „ Tirol	17,0	17,0	54,0
„ „ Spanien	23,0	25,0	42,0
„ „ „	17,5	32,5	38,0
„ „ „	14,0	41,5	32,5

Tabelle 4. Zusammensetzung überseeischer Sumacharten (Blockey).

Pflanzenart	Heimat	Gerbstoff %	Lösl. Nichtgerbstoff %	Unlösliches %	Feuchtigkeit %
Rhus glabra	Verein. Staaten	24,6	16,5	51,8	7,1
„ thyphina	Virginien	12,7	15,8	60,4	11,1
„ aromatica	Verein. Staaten	12,6	10,1	64,9	12,4
„ cotonoides	„ „	20,4	12,6	53,3	13,7
„ semialata	„ „	4,7	8,5	75,3	11,5
„ metopium	„ „	8,2	13,0	68,5	10,3

Als Verfälschungs- und Streckungsmittel kommen besonders die Blätter des Erdbeerbaumes (Tamarix africana) und die Blätter des Lentisk (Pistacia lentiscus) vor. Lentiskblätter haben 10 bis 15%, Erdbeerbaumblätter nur 9% Gerbstoff. Auch die Blätter von Aelantus gladulosa mit 11 bis 12% Gerbstoffgehalt werden mitunter als Verfälschungsmittel benutzt, ebenso die Blätter des Feigenbaumes und der Weinrebe.

Bei einem Gehalt an löslichen Nichtgerbstoffen von mehr als 19% ist das Vorliegen von Verfälschungen ziemlich sicher. Am leichtesten lassen sich Verfälschungen durch mikroskopische Untersuchung feststellen (siehe Collegium 1905, 184, dort auch zahlreiche Mikrobilder von Sumach). Andreasch weist Lentisk in Sumach mit Formaldehyd nach. Lentiskzusatz gibt dem Leder eine hellbraune Farbe, die stark nachdunkeln kann. Lentiskleder ist viel weniger weich als Sumachleder.

Neben absichtlichen Verfälschungen kommen im Sumach auch unabsichtliche Verunreinigungen vor, und zwar besonders Sand und Eisen. Der Sandgehalt kann bis zu 2% betragen. Auch sorgfältig ventilierte Sumachsorten können geringe Mengen Sand enthalten. Gefährlicher als Sand ist die mitunter vorkommende Verunreinigung durch mikroskopisch kleine Eisenteilchen, die aus den Mühlen stammen. Diese Eisenteilchen rufen beim Gerben auf dem Leder zahlreiche kleine schwarzblaue Punkte hervor, die nicht mehr entfernt werden können.

Zum Nachweis von Eisen in Sumach hat Becker folgende Methode angegeben, die sich in der Praxis bewährt hat:

Zwei Glasscheiben (gebrauchte und gereinigte photographische Platten in der Größe von 13 auf 18 cm) werden je mit einem sie vollständig deckenden Blatt Filtrierpapier belegt. Das eine wird mit einer stark verdünnten Tanninlösung oder mit einer Verdünnung des wässerigen Auszuges der zu untersuchenden Probe getränkt und mit 1 g des zu untersuchenden Sumachpulvers vollständig überdeckt. Der Sumach wird mittels eines Siebes gleichmäßig verteilt.

Die zweite mit Filtrierpapier überdeckte Platte wird nun mit einer etwa 1proz. Essigsäure getränkt, auf die mit Sumach überstreute Platte gelegt und fest angepreßt. Nach kurzer Zeit treten die vorhandenen Eisenteile als schwarze Flecken auf dem mit Gerbstoff getränkten Papier hervor.

Falls erforderlich wird noch die Berlinerblau-Reaktion an diesen Flecken ausgeführt.

Es bedarf nur einer ganz kurzen Erfahrung, um den richtigen Grad der Durchtränkung des oberen Filtrierpapierblattes mit Essigsäure richtig zu treffen, denn bei zu schwacher Befeuchtung könnten Eisenteile übersehen, und bei Anwendung einer zu großen Menge von Essigsäure können die Flecken von gerbsaurem Eisen verwischt werden.

Nach zwei Stunden wird das mit Sumach bestreut gewesene Blatt abgewaschen und getrocknet.

Als Grundlage für die Beurteilung gilt, daß das Auftreten bis zu 2 Eisenpartikeln bei dieser Prüfung nicht berücksichtigt wird, bei 3 bis 5 wird der Eisengehalt des Sumachs besonders hervorgehoben, und bei mehr wird er beanstandet.

Sumachextrakte. Aus Sumach werden auch Extrakte hergestellt, die mit einer Dichte von 25 bis 30° Bé in den Handel kommen. In neuester Zeit werden auch pulverförmige Sumachextrakte mit einem Gerbstoffgehalt von 65 bis 68% angeboten.

Über die Zusammensetzung der Sumachextrakte siehe Abschnitt über Extraktherstellung S. 359.

Ricevuto weist darauf hin, daß die Verwendung von gutem Sumachextrakt den Vorteil biete, daß der gesamte Gerbstoff des Extraktes von der Haut aufgenommen werde, während bei der Verwendung von Sumachpulver stets etwa

5 bis 7% Gerbstoff zurückbleiben würden. Demgegenüber ist zu bemerken, daß manche Gerber der mechanischen Wirkung des Sumachpulvers einen besonderen Wert beimessen und daß durch geeignete nachträgliche Auslaugung der Hauptteil des genannten Rückstandgerbstoffes gewonnen werden kann, zumal da nach Procters und Parkers Untersuchungen eine Temperatur von 40° bis 50° genügt, um sämtlichen Gerbstoff auszuziehen.

Verwendung. Sumach ist das Gerbmittel, das die hellsten Leder erzeugt. Die mit Sumach gegerbten Leder sind außerdem besonders weich und griffig und verändern ihre Farbe an der Luft und im Licht nicht. Ziegen-, Schaf- und Kalbfelle werden sumachgar gegerbt. Sumachgare Ziegenfelle werden zu echten, sumachgare Schaffelle zu unechten Saffianen, Maroquins und Korduanen verarbeitet. Sumach verwendet man außerdem zum Aufhellen jeder Art von Feinleder nach der Faß- oder Grubengerbung (sumachieren). Über die Verwendung von Sumach als Vorbehandlung des chromgaren Leders beim Färben mit basischen Farbstoffen siehe den Abschnitt „Färben".

c) Die Knoppern. Die Knoppern sind ihrer Natur nach ähnliche krankhafte Wucherungen wie die Gallen. Sie entstehen aber nicht auf Blättern sondern an den Früchten bestimmter Eichenarten, besonders an Quercus pedunculata, seltener an Quercus sessiliflora. Da die Knoppern als Gerbmittel praktische Verwendung finden, sind sie getrennt von den Gallen hier aufgeführt.

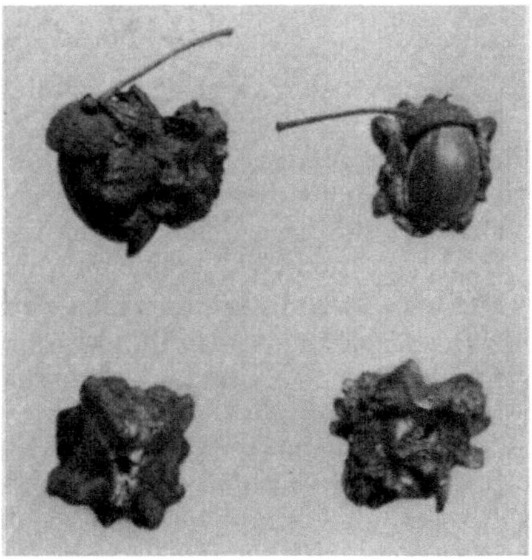

Abb. 2. Knoppern.

Die Knoppern entstehen durch den Stich der sog. Knoppernwespe (Cynips calicis) in die jungen Eicheln. Durch die Entwicklung der Knopper verkümmert der Becher mit der Eichel. Mitunter werden beide völlig überwuchert.

Die so entstehende Knopper ist ein gelb- bis dunkelbraunes, höckeriges Gebilde von 1,5 bis 2,5 cm Durchmesser. Es besteht aus unregelmäßig gestalteten, großen Parenchymzellen, die den Gerbstoff enthalten.

Das Vorkommen der Knoppern ist an die Daseinsbedingungen der Stieleiche und der Knoppernwespe gebunden. In großen Mengen sind sie in Ungarn, Siebenbürgen, Kroatien, zu finden. Diese Sorten sind am meisten geschätzt. Niederösterreich, Kärnten, Steiermark, Mähren, Serbien, Bulgarien, Rumänien und Bosnien liefern ebenfalls Knoppern von wechselnder Güte.

Merkwürdig ist der periodische Wechsel, mit dem die Knoppern sich in den einzelnen Jahren besonders gut entwickeln. Solche guten Ernten treten in Zwischenräumen von fünf bis neun Jahren, durchschnittlich alle sieben Jahre auf. Mit der wechselnden Ergiebigkeit der Knoppernernte hängen die beträchtlichen Preisschwankungen bei diesem Gerbmittel zusammen.

Paeßler (2) gibt als mittlere Zusammensetzung der Knoppern folgendes an:

Gerbstoff	30,0%	(Grenzen 24 bis 40)
Lösliche Nichtgerbstoffe	7,5%	(„ 5 „ 9)
Unlösliches	46,5%	
Wasser	16,0%	
Traubenzuckerhaltige Stoffe. . . .	0,5%.	

Auf 100 Teile Gerbstoff kommen zwei Teile traubenzuckerartige Stoffe.

Die Knoppern enthalten also etwa dreimal soviel Gerbstoff wie die Eichenrinde. Der Preis für 1 kg Knopperngerbstoff hielt sich bisher im Durchschnitt zwischen den Preisen für Eichen- und Fichtenrindegerbstoff. Trotz ihres geringen Zuckergehaltes vergären die Knoppern sehr leicht. Sie liefern deshalb als Versatzmaterial schnell Säure, wenn auch in geringer Menge.

Die Auslaugung der Knoppern kann schon bei gewöhnlicher Temperatur erfolgen. Früher wurden aus Knoppern sogar Extrakte hergestellt, die allerdings wenig Bedeutung hatten und mehr in der Färberei Verwendung fanden.

In Österreich haben die Knoppern als Gerbmittel eine Zeitlang eine Rolle gespielt. Man stellte sogar Sohlleder mit reiner Knopperngerbung her, wobei aber kein festes Leder erzielt wurde. Knoppernbrühen geben ein weiches und geschmeidiges Leder von schmutzigbrauner Farbe. Sie gerben schnell durch, so daß sie sich zur Angerbung eignen. Infolge der Einführung von Valonea und Myrobalanen haben die Knoppern heute auch in Österreich an Bedeutung verloren.

2. Gerbmittel der Ellagsäureklasse.

Mehrere sehr wichtige Gerbmittel haben die Eigenschaft, dem Leder, das mit ihnen gegerbt wird, einen hellen Ausschlag zu verleihen. Der Gerber nennt diesen Ausschlag „Blume". Er besteht in den meisten Fällen aus Ellagsäure, die aus dem Gerbstoff dieser Gerbmittel anscheinend sehr leicht abgespalten wird. Diese Blume erzeugenden Gerbmittel kann man deshalb als Gerbmittel der Ellagsäureklasse bezeichnen (siehe auch S. 121).

Diese Gerbmittel mit Ellagsäuregerbstoffen sind in der Mehrzahl Früchte bzw. Fruchtteile von Pflanzen aus südlichen Ländern: Valonea und Trillo, Myrobalanen, Dividivi, Algarobilla. Auch Holz und Rinde von Edelkastanie und Eiche bilden Blume auf dem Leder, da ihre Gerbstoffe Ellagsäure enthalten. Außer diesen Gerbmitteln finden sich in der Natur noch weitere Pflanzen mit Ellagengerbstoffen, so z. B. Granatbaum, Hainbuche, Nymphaea, Polygonum Bistorta und andere mehr, die jedoch als Gerbmittel keine Rolle spielen.

Die Gerbmittel der Ellagsäureklasse zeichnen sich, soweit sie Früchte sind, durch einen sehr hohen Gerbstoffgehalt aus. Die durch die Abspaltung der Ellagsäure auf dem Leder entstehende Blume wird zwar bei manchen Ledersorten als Zeichen einer guten Gerbung gern gesehen; sie stört jedoch beim Färben des Leders, da der Farbstoff an den mit Ellagsäure bedeckten Stellen vom Narben nicht oder nur mangelhaft aufgenommen wird.

a) Valonea und Trillo. Unter Valonea versteht man die Früchte mehrerer Eichenarten Kleinasiens, Griechenlands, des griechischen Inselarchipels und des südlichen Balkans. Von den Früchten unserer heimischen Eichenarten unterscheiden sich die Valoneen durch die Dicke und die stark ausgebildeten Schuppen ihrer Fruchtbecher. Als Stammpflanzen der Valoneen werden Quercus valonea, Quercus macrolopis und Quercus aegilops genannt (Prantl). Es ist aber anzunehmen, daß auch Quercus graeca K., Quercus oophera K. und Quercus Ungeri K. Valoneen liefern. Paeßler fordert mit Recht, daß die Herkunft der Valoneen einmal von berufener Seite klargestellt werden sollte, und daß planmäßige Untersuchungen über den Gerbstoffgehalt der von verschiedenen Arten stammenden Valoneen ausgeführt werden müßten. Wenn festgestellt wäre, daß eine bestimmte Art Früchte mit den höchsten Gerbstoffgehalten liefert, so würde man in Zukunft in den Heimatländern (Türkei und Griechenland) auf die Kultur dieser Art den größten Wert legen. Für die Lederindustrie wäre dies von außerordentlicher Bedeutung.

Für Valonea findet man auch folgende Bezeichnungen: Valonia, Wallonen, Velani, Velandia, Ackerdoppen, Eckerdoppen, türkische, levantinische oder kleinasiatische Knoppern. Die Bezeichnung „Knoppern" ist nicht richtig, da Knoppern krankhafte Neubildungen sind.

Die Valonea besteht aus der Eichel und dem Becher, der diese Eichel umschließt. Bei der Handelsware ist die Eichel vielfach herausgefallen oder absichtlich entfernt worden. Der Fruchtbecher ist an der Außenseite mit dicken Schuppen besetzt. Diese Schuppen sind besonders reich an Gerbstoff und kommen als Trillo (oder Drillot, türkisch Tirnak) in den Handel. Die Größe, Gestalt

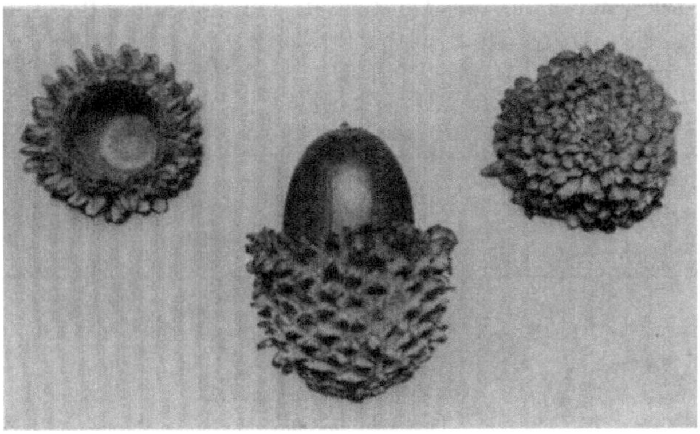

Abb. 3. Valonea.

und auch Richtung der Schuppen ist ganz verschieden. Der Reifezustand ist dabei von wesentlichem Einfluß.

Bei der unreifen Frucht schließen die Schuppen die Eichel ein; mit zunehmender Reife öffnen sie sich und der obere Teil der Eichel wird deutlich sichtbar. Zum Schluß krümmen sich die Spitzen der Schuppen hackenförmig nach rückwärts, so daß sie sich vom Becher abwenden. Die völlig reife Eichel fällt dann in diesem Zustand meist von selbst aus dem Fruchtbecher heraus.

Man hat also an den Valoneen drei Teile zu unterscheiden: die eigentliche Frucht (Eichel), den Fruchtbecher, der die Masse der Handelsware ausmacht, und die Schuppen, die als Trillo bezeichnet werden. Alle Teile sind gerbstoffhaltig (siehe Tabelle 6, S. 16).

Die Eichel und der Becher bestehen aus Parenchym- und Steinzellen, von denen nur die ersteren mit Gerbstoff gefüllt sind. Die Schuppen enthalten nur gerbstoffhaltige Parenchymzellen, die von ebenfalls Gerbstoff führenden Gefäßbündeln durchsetzt sind. Hieraus ergibt sich, daß die Schuppen stets gerbstoffreicher sein müssen als die Eicheln und Becher.

Die Valoneaeichen sind immergrün. Die Früchte brauchen zum Ausreifen zwei Sommer. Da der Baum jedes Jahr blüht, sind auf ihm meist zwei Arten von verschieden reifen Früchten anzutreffen: die Früchte, die aus der Blüte des laufenden Jahres stammen und noch in der ersten Entwicklung stehen, also noch klein sind, und außerdem Früchte, die bereits im zweiten Entwicklungsjahr stehen und ihrer vollständigen Reife und der Ernte entgegen gehen.

Wenn die Früchte reif sind, werden sie meist mit Stangen von den Bäumen geschlagen, zuweilen auch gepflückt und anschließend getrocknet. Auf den Trockenplätzen werden sie etwa 15 cm hoch aufgeschichtet und wiederholt umgeschaufelt. Die Valoneen verlieren hierbei etwa die Hälfte an Gewicht und Größe und färben sich allmählich graubraun. Beim Umschaufeln fallen viele Eicheln aus den Bechern. Sie werden als Schweinefutter verwendet. Die abgebrochenen Schuppen werden entweder für sich gesammelt und als Trillo verkauft oder aber mit der Valonea weiterbefördert. Näheres siehe im Abschnitt über Gerbmittelgewinnung (S. 279).

Das früher vielfach geübte Verfahren, die Valoneen beim Trocknen in hohen Schichten sich selbst erhitzen zu lassen, um die Farbe der Becher zu verbessern, hat man aufgegeben, da der Wert der Ware hierdurch beeinträchtigt wurde.

Gerbstoffgehalt. Die durchschnittliche Zusammensetzung von Valonea und Trillo, nach dem Filterverfahren ermittelt, kann etwa folgendermaßen angegeben werden (Versuche der Deutschen Versuchsanstalt für Lederindustrie in Freiberg i. S., Paeßler [(*3*) S. 20]):

Tabelle 5.
Durchschnittliche Zusammensetzung von Valonea und Trillo (Paeßler).

	Valonea		Trillo	
	Durchschnitt %	Grenzen %	Durchschnitt %	Grenzen %
Gerbstoff	29,0	16—38	40,0	34—50
Lösliche Nichtgerbstoffe	10,0	8—12	10,5	9—13
Unlösliches	46,5		35,0	
Wasser	14,5		14,5	
	100,0		100,0	
Gesamtasche	2,5		4,0	
Asche des Gesamtlöslichen	2,0		2,5	
Traubenzuckerartige Stoffe	3,0		3,0	
Rohrzuckerartige Stoffe	0,0		0,5	
Auf 100 Teile Gerbstoff entfallen:				
Traubenzuckerartige Stoffe	10,0		7,5	
Rohrzuckerartige Stoffe	0,0		1,0	
Gesamtzucker	10,0		8,5	

Daß die einzelnen Teile der Valoneafrucht verschiedene Gerbstoffgehalte aufweisen, ist schon erwähnt worden. Paeßler (*4*) macht hierüber folgende Angaben (Tabelle 6):

Tabelle 6.
Gerbstoffverteilung in Becher, Schuppen und Eicheln der Valoneafrucht.

	Becher	Schuppen	Eicheln	Ganze Valonea	
	100 Teile Valonea setzen sich zusammen aus annähernd			ohne Eicheln	mit Eicheln
	50 Tln. %	30 Tln. %	20 Tln. %	%	%
Gerbstoff	23,5	45,4	15,5	32,0	28,5
Lösliche Nichtgerbstoffe	12,0	14,5	9,5	12,5	12,0
Unlösliches	50,0	25,5	60,5	41,0	45,0
Wasser	14,5	14,5	14,5	14,5	14,5
	100,0	100,0	100,0	100,0	100,0
Traubenzuckerartige Stoffe	2,0	2,7	3,1	2,3	2,4

Diese Angaben zeigen, daß Valonea und Trillo außerordentlich gerbstoffreiche Gerbmittel sind. Valonea enthält das Dreifache, Trillo das Vierfache an Gerbstoff gegenüber Eichen- und Fichtenrinde, während der Gehalt an traubenzuckerartigen Stoffen etwa gleich ist. Trotzdem ist das Säurebildungsvermögen von Valonea und Trillo geringer als bei Eichen- und Fichtenrinde, weil der Zuckergehalt der letzteren im Vergleich zum vorhandenen Gerbstoff viel größer ist.

Der Gerbstoffgehalt der Valoneen hängt auch vom Reifezustand der Früchte ab. Hierüber hat Eitner (2) schon vor vielen Jahren Angaben gemacht. Die griechischen Valoneen werden vielfach nach dem verschiedenen Reifegrad bezeichnet (Chamadina, Chamada, Rabdista, Chondra). Mit Chondra wird die völlig ausgereifte Frucht bezeichnet. Die am wenigsten entwickelten Früchte (Chamadina) haben den höchsten, die vollständig reifen den niedrigsten Gerbstoffgehalt. Danach haben also die sog. geschlossenen Valoneen, bei denen die Eichel noch nicht sichtbar ist, einen höheren Gerbstoffgehalt als die voll entwickelten Früchte, bei denen die Eichel zwischen den Schuppen des Fruchtbechers herausragt. Trotzdem empfiehlt sich eine Ernte in einer Zeit, in der die Valoneen noch nicht entwickelt sind (Chamadina-Zustand), nicht, weil dann der Massenertrag viel geringer sein würde. Die Chamadina-Frucht wiegt nur den 6. bis 8. Teil der reifen Valonea.

Verfälschungen. Valonea und ganz besonders Trillo werden nicht selten verfälscht. Die Verfälschungen bestehen meist darin, daß bessere Sorten mit geringwertiger Ware, ferner mit Zweig- und Blatteilen sowie mit gemahlenen Eicheln vermischt werden. Gerade zerkleinerte Eicheln findet man im Handelstrillo mitunter bis zu 30%, wodurch natürlich der Gerbstoffgehalt stark vermindert wird. Die meisten Verfälschungen sind schon beim Ausbreiten der verdächtigten Ware auf einem Bogen Papier in dünner Schicht mit bloßem Auge zu erkennen. Bruchstücke von Eicheln zeigen fast immer eine Verfälschung an.

Valoneenextrakt. Aus Valoneen wird auch Extrakt hergestellt, und zwar in fester und in flüssiger Form. Die Herstellung erfolgt sowohl in Kleinasien (Smyrna) wie in Mitteleuropa. Einer der bekanntesten Extrakte wird unter dem Namen Valex oder Velonitan gehandelt. Ein besonderer Vorzug des Valoneaextraktes ist seine leichte Löslichkeit schon bei gewöhnlicher Temperatur. Paeßler (3) hält Valoneenextrakte für die besten Erzeugnisse auf dem Gebiete der Gerbstoffauszüge, da in ihnen die natürlichen guten Eigenschaften des Valoneengerbstoffes vollständig erhalten bleiben. Allerdings ist allergrößte Sorgfalt bei der Extraktherstellung unerläßlich für die Gewinnung erstklassiger Produkte.

Verwendung. Valonea gehört zu den besten pflanzlichen Gerbmitteln, allerdings auch zu den teueren. Die Preise sind häufig beträchtlichen Schwankungen unterworfen. Valonea macht das Leder fest und zähe, sie ist daher in erster Linie ein Gerbmittel zur Herstellung für Unterleder und Riemenleder. Die Farbe des mit Valoneabrühen gegerbten Leders ist hell, der Schnitt dunkel. Auf der Narbenseite tritt Blumebildung auf. Reine Valoneagerbung ist wohl selten. Valonea wird sowohl zur Herstellung von Gerbbrühen wie als Versatzmaterial im Gemisch mit Eichen- und Fichtenrinde verwendet.

b) Myrobalanen. Die Früchte von Terminalia chebula, Terminalia citrica und Terminalia bellerica kommen unter der Bezeichnung Myrobalanen als Gerbmittel in den Handel. Man unterscheidet hauptsächlich schwarze oder Chebula-Myrobalanen und gelbe oder bellerische Myrobalanen. Das Heimatland ist Indien. Die Terminaliabäume werden etwa 15 m hoch.

Neben den Terminalia-Myrobalanen werden häufig auch die Früchte von Phyllanthus Emblica als Myrobalanen bezeichnet.

Die Myrobalanen sind Steinfrüchte von der Form der Pflaumen, durchschnittlich etwa 3 cm lang und 1,5 bis 2 cm breit. Sie bestehen aus einem samenhaltigen Kern und einer fleischigen Fruchtwand, die beim Trocknen sehr hart wird. Das

Abb. 4. Myrobalanen.

mittlere Gewicht der getrockneten Frucht beträgt 4½ g, wovon auf die Fruchtwand 2 g und auf den Kern 2½ g kommen. Der im Kern befindliche Samen enthält 28% eines scharfriechenden Öles.

Die jungen und unbeschädigten Früchte sind grünlichweiß; sie werden später gelb. Beschädigte Myrobalanen sind braun bis schwarz.

Die Myrobalanen werden entweder als ganze Früchte oder gemahlen ohne Kerne (entkernte Myrobalanen) gehandelt. Bei gemahlener Ware kommen Verfälschungen vor.

Die mittlere Zusammensetzung der Myrobalanen ist (nach Freiberg) folgende (Tabelle 7):

Tabelle 7. Durchschnittliche Zusammensetzung der Myrobalanen (Freiberg).

	Entkernt %	Nicht entkernt %
Gerbstoff	50,0	34,0
Lösliche Nichtgerbstoffe	17,5	14,0
Unlösliches	19,5	39,0
Wasser	13,0	13,0
	100,0	100,0
Traubenzuckerartige Stoffe	8,0	5,5
Rohrzuckerartige Stoffe	0,0	0,0
Gesamtzucker auf 100 Teile Gerbstoff	16,0	16,0

Gordon Parker (2) und Austyn Blockey haben die Zusammensetzung verschiedener Myrobalanensorten untersucht. Siehe die Angaben in Tabelle 8.

Tabelle 8. Zusammensetzung verschiedener Myrobalanensorten.

Sorte	Gerbstoff %	Nicht-gerb-stoffe %	Unlös-liches %	Wasser %
Picked Bhimley	33,0	13,1	41,7	12,0
Bhimley 1	38,4	16,1	33,5	12,0
Bhimley 2	35,2	14,2	38,6	12,0
Picked Rajpore	32,2	13,0	42,8	12,0
Rajpore 1	35,4	12,1	40,5	12,0
Rajpore 2	27,6	12,7	47,7	12,0
Picked Jubblepore	28,9	12,7	46,4	12,0
Jubblepore 1	36,5	14,4	37,1	12,0
Jubblepore 2	27,3	14,1	46,6	12,0
Vingorlas	31,5	9,5	47,0	12,0
Fair Coast Madras	34,8	15,4	37,8	12,0

Myrobalanen aus Burma, die ebenfalls in den Handel kommen, enthalten weniger Gerbstoff und mehr Nichtgerbstoffe. Sie stammen von Terminalia tomentella.

Über die Verteilung des Gerbstoffes auf Fruchtfleisch und Kern hat Hooper Untersuchungen angestellt. Er fand

im Fruchtfleisch von Raipur-Myrobalanen . . . . . . 45,8% Gerbstoff
„ Kern „ „ „ . . . . . . 3,7% „
„ Fruchtfleisch „ Singbhum- „ . . . . . . 44,6% „
„ Kern „ „ „ . . . . . . 4,8% „

Wenn diese Zahlen auch etwas reichlich hoch erscheinen, so zeigen sie doch das Verhältnis an, in dem sich der Gerbstoff innerhalb der Frucht verteilt. Man sieht, daß der Kern, der nahezu 50% des Gewichtes der Frucht ausmacht, ziemlich wertlos ist. Aus diesem Grunde verwendet man heute in der Hauptsache entkernte Myrobalanen.

Aus Myrobalanen werden feste und flüssige Extrakte hergestellt. Die flüssigen Extrakte kommen bei einer Stärke von 20 bis 28° Bé mit einem Gerbstoffgehalt von 24 bis 34% in den Handel. Feste Extrakte haben bei 14% Wasser etwa 65% Gerbstoffe.

Gerbbrühen aus Myrobalanen verändern sich sehr rasch. Diese Erscheinung haben eine Reihe von Autoren zum Gegenstand ihrer Untersuchungen gemacht, so Eitner (*3*), Youl und Griffith und Paeßler (*5*).

Paeßler und seine Mitarbeiter stellten fest, daß Myrobalanenbrühen, die durch mehrmaliges Erhitzen auf 70 bis 80° sterilisiert worden waren, beim Stehenlassen viel weniger Gerbstoffe verloren, als unbehandelte Brühen, wie Tabelle 9 zeigt (die Gerbstoffgehalte beziehen sich auf die Myrobalanen):

Tabelle 9. Gerbstoffgehalt sterilisierter und nicht sterilisierter Myrobalanen.

	Sterilisiert		Nicht sterilisiert	
	Gerbstoff %	Nicht-Gerbstoff %	Gerbstoff %	Nicht-gerbstoff %
Ursprüngliche Lösung	52,0	18,0	52,0	18,0
Nach zweitägigem Stehen	50,8	17,4	43,0	19,4
Nach fünftägigem Stehen	50,4	17,0	42,7	16,4
Nach zehntägigem Stehen	50,4	18,2	40,6	16,8

Man sieht, daß sowohl bei den sterilisierten wie bei den nicht sterilisierten Brühen der Gerbstoffgehalt abnimmt und daß bei den unbehandelten Brühen diese Gerbstoffabnahme ganz beträchtlich größer ist. Dieses Verhalten der Myrobalanenbrühen ist auf die Abscheidung der Chebulinsäure zurückzuführen (siehe Abschnitt über die Chemie der Gerbstoffe S. 120). Es liegt die Annahme nahe, daß durch die Abscheidung der Chebulinsäure Gerbstoff mitgerissen wird. Bei vorher erwärmten Brühen tritt diese Abscheidung weniger ein als bei nicht vorbehandelten Lösungen.

Youl und Griffith haben nachgewiesen, daß nach 129 Tagen bei 8 bis 13 proz. Myrobalanenbrühen ein Verlust von 22,9% des ursprünglichen Gesamtgerbstoffes eintritt. Diese Erscheinung erklärt die auffallende Schlammbildung der Myrobalanenbrühen.

Verwendung. Das mit Myrobalanen gegerbte Leder ist weich und von heller Farbe, aber lose und ohne Griff. Man verwendet deshalb Myrobalanen hauptsächlich im Gemisch mit anderen Gerbmitteln wie Quebracho, Mimosa-, Fichten- und Eichenrinde. Man erhöht auf diese Weise den Gerbstoffgehalt der Brühen und erzielt eine helle Färbung des Leders. Die Ausscheidung der Chebulinsäure und der Ellagsäure verursacht, wie bei Valonea und Dividivi, auf der Narbenseite die Bildung von Blume. Myrobalanen geben sehr rasch saure Brühen.

c) Dividivi. Unter Dividivi — auch Libilibi genannt — versteht man die Schotenfrüchte von Caesalpinia coriaria, einem in Südamerika, auf Haiti

Abb. 5. Dividivi-Baum (Caesalpinia coriaria). (Nach Grafe, Hdbch. d. Warenkunde III, 1.)

und in Mexiko wild wachsenden Strauch. In der Provinz Monte Christo von St. Domingo (Haiti) war die Stadt Monte Christo lange Zeit der Mittelpunkt des Dividivihandels. Von dort gingen vor dem Kriege jährlich ca. 5000 Tonnen Dividivi nach Europa. Die Abnahme des Exportes in den letzten Jahren schreibt man einer als Schmarotzerpflanze auf den Dividivisträuchern lebenden Orchideenart zu, welche die Entwicklung der Früchte stört und die Ernte verringert.

Die Caesalpinia-Sträucher sind 20 bis 30 Fuß hoch und werden bis zu hundert Jahre alt. Sie tragen vom siebenten Jahr ab Früchte. Vollentwickelt ist der Strauch etwa im zwanzigsten Jahr. Die Früchte sind rotbraune Schoten von 7 bis 8 cm Länge und 1,5 cm Breite; sie enthalten 7 bis 9 Samenkörner. Beim Trocknen biegen sich die Schoten S-förmig. Der Gerbstoff ist in den äußeren Teilen der Schotenwände, und zwar in der mittleren Schicht, angereichert, die Samen sind gerbstoffarm. Ein ausgewachsener Strauch liefert in guten Jahren etwa 140 kg Früchte.

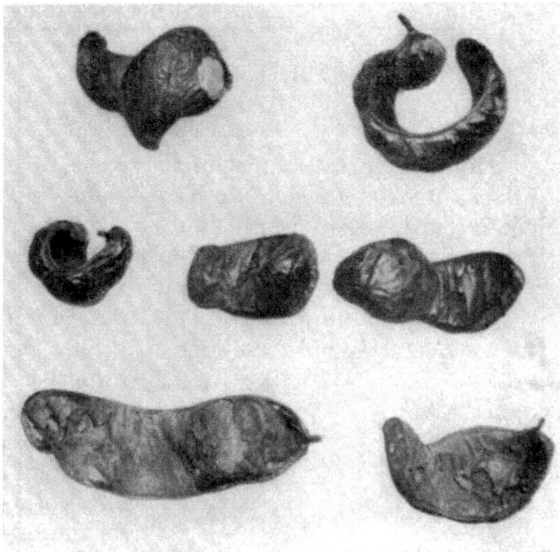

Abb. 6. Dividivi-Schoten.

Heute sind Venezuela und Kolumbien die bedeutendsten Dividiviländer. Auch im früheren Deutsch-Ostafrika ist Dividivi zu finden. In Venezuela wurde eine Zeitlang Dividivi zu Tabletten verarbeitet, die 80% Gerbstoff und 16% Zuckerstoffe enthielten. Auch Indien führte in den letzten Jahren große Mengen Dividivi aus.

In Mexiko werden die Früchte von Caesalpinia cacolaco unter dem Namen Cascalote viel verwendet. Die Früchte sind mit Dividivi nahezu identisch.

Die durchschnittliche Zusammensetzung von Dividivi ist folgende:

Gerbstoff	41,5%
Lösliche Nichtgerbstoffe	18,0%
Unlösliches	25,4%
Wasser	13,5%
Zuckerartige Stoffe	8,4%

Auf 100 Teile Gerbstoff kommen somit 20,2 Teile Zuckerstoffe.

Dividivi aus dem ehemaligen Deutsch-Ostafrika hat folgende Zusammensetzung:

Gerbstoff	39,0%
Lösliche Nichtgerbstoffe	14,2%
Unlösliches	39,8%
Wasser	7,0%

Vielfach werden die Dividivischoten gemahlen. Das Mahlgut wird durchgesiebt. Dabei werden die Samenkörner und die Hülsen abgeschieden und man erhält ein Mehl von sehr bedeutendem Gerbstoffgehalt. Solcher Art sind auch die in letzter Zeit im Handel erschienenen mexikanischen Dividiviprodukte „Tannon" und „Casumo". Tannon (von der Firma Seyfarth in Leipzig hergestellt) enthält nach Angabe der Freiberger Versuchsanstalt 57% Gerbstoff.

Die Zusammensetzung von Casumo gibt Freiberg wie folgt an (1928):

Gerbstoff	62,2%
Lösliche Nichtgerbstoffe	13,7%
Unlösliches	13,1%
Wasser	11,0%
	100,0%
Traubenzuckerartige Stoffe	8,5%
Rohrzuckerartige Stoffe	7,5%
	16,0%

Auf 100 Teile Gerbstoff entfallen:

Traubenzuckerartige Stoffe	14,0 Teile
Rohrzuckerartige Stoffe	12,0 Teile

Dividivi gerbt sehr schnell durch. Aus den Brühen scheidet sich sehr rasch Ellagsäure ab, die sich dann als Blume auf dem Leder absetzt. Bei Verwendung von Dividivi allein erhält man ein wenig festes Leder von mißfarbigem, rötlichem Stich. Es wird im Gemisch mit Eichen- und Fichtenrinde als Versatzmaterial verwendet oder zusammen mit anderen Gerbmitteln extrahiert.

Die Abscheidung der Ellagsäure (Blumebildung) ist für manche Ledersorten — vor allem Farbleder — unerwünscht. Der Mechanismus der Ellagsäureabscheidung ist bis jetzt nicht aufgeklärt. Dies gilt nicht nur von Dividivi, sondern von allen Gerbstoffen der Ellagsäureklasse (bei den Myrobalanen Abscheidung der Chebulinsäure). Es gibt vorerst kein Mittel, diese Abscheidung zu verhindern. Dagegen läßt sich die abgeschiedene Ellagsäure zum Teil durch Zusatz gewisser synthetischer Gerbstoffe in Lösung halten, und zwar Ellagsäure durch Gerbstoff F und Chebulinsäure durch Ordoval.

Abb. 7. Teripots. (Aus Francé, Leben der Pflanze.)

Teri (Tari, taripods). Unter dem Namen Teri oder Tari sind die Früchte des in Indien heimischen Strauches Caesalpinia digyna Rottl. im Handel. Die Pflanze ist besonders in Burma, Bengalen und Assam in großen Mengen zu finden. Die Früchte bestehen wie die südamerikanischen Dividivischoten aus Hülse und Samenkörnern und bilden ein hochwertiges Gerbmittel. Die Hülsen enthalten nach den Untersuchungen Eitners (*4*) 48%, die Samen 5,2% Gerbstoff. Das Imperial Institute in Indien gibt über die Zusammensetzung verschiedener entkernter Terisorten folgendes an (Tabelle 10):

Tabelle 10. Zusammensetzung von verschiedenen Terisorten.

Nr.	Herkunftsort	Feuchtigkeit bei Empfang %	Gerbstoffgehalt des getrocknet. Materials %	Gesamtgehalt des Löslichen im getrockneten Material %	Asche %
1	Burma	11,07	53,82	69,7	2,28
2	Burma	10,93	58,86	70,4	3,76
3	Assam	11,4	59,89	74,2	1,84
4	Burma	13,72	45,45	64,4	2,30
5	Burma	13,17	59,5	82,6	2,10
6	Burma	10,8	54,5	73,0	2,78

Der Terigerbstoff hat vor Dividivi noch den Vorzug, daß er sich weniger leicht zersetzt und Ausscheidungen in weit geringerem Maß absetzt.

d) Algarobilla. Ebenfalls von einer Caesalpinia-Art stammt das unter dem Namen Algarobilla bekannte Gerbmittel. Man versteht darunter die Früchte von Caesalpinia brevifolia, die hauptsächlich in Mittel- und Südamerika vorkommt. Am häufigsten ist sie in Chile anzutreffen. Wie Dividivi sind die Früchte samenhaltige Schoten von 5 cm Länge und 1 bis 1,5 cm Dicke. Der Name Algarobilla ist die Diminutivform vom spanischen Algaroba = Johannisbrot. Die Schoten werden gesammelt, getrocknet und dann in Säcke gefüllt.

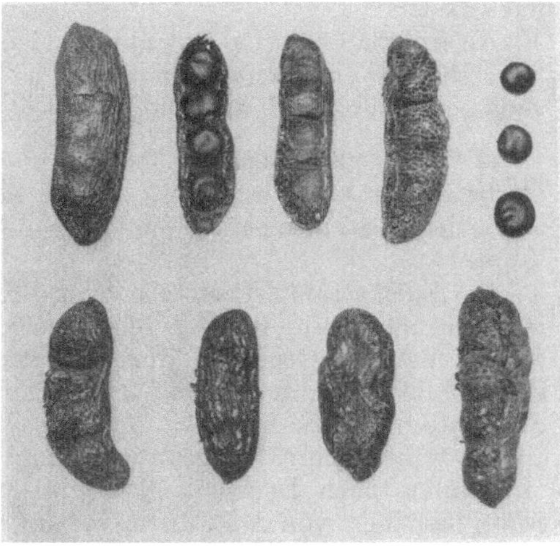

Abb. 8. Algarobilla.

Der Gerbstoffgehalt der einzelnen Fruchtteile ist sehr verschieden. Er verteilt sich auf das Zellengewebe, die Bohnen und den Fruchtstaub, in den die Zellengewebsfasern eingebettet sind, wie folgt (Tabelle 11):

Tabelle 11. Verteilung des Gerbstoffes in der Algarobilla.

	Zellengewebe der Schoten	Staub	Bohnen
Mengenverhältnis	21	50	29 Teile
Gerbstoff	45	63	5,6%

In der Handelsware findet man oft große Schwankungen im Gerbstoffgehalt. Dies rührt davon her, daß die Schoten allmählich zerfallen und vom Regen ausgelaugt werden. Der dabei entstehende Gerbstoffauszug klebt mitunter einzelne Früchte zusammen, die häufig auch noch durch anhaftenden Schmutz verunreinigt sind. Auch aus Früchten, die trocken bleiben, fällt mit der Zeit der sehr gerbstoffreiche Zellstaub heraus; er geht entweder verloren oder sammelt sich auf dem Boden der Säcke an.

Die durchschnittliche Zusammensetzung von Algarobilla läßt sich etwa folgendermaßen angeben:

Gerbstoff	43,8%	(Grenzen 35 bis 52%)
Lösliche Nichtgerbstoffe . . .	20,4%	
Unlösliches	21,4%	
Wasser	14,4%.	

Die Asche beträgt 2,5%, der Gehalt an zuckerartigen Stoffen 8,0%. Es kommen also 18,5 Teile Zuckerstoffe auf 100 Teile Gerbstoff.

Wie Dividivi scheidet Algarobilla beim Auflösen in Wasser Ellagsäure ab, die zur Blumebildung Veranlassung gibt. Algarobilla läßt sich schon mit kaltem Wasser leicht auslaugen. Die Brühen gären leicht.

Der Algarobillagerbstoff dringt sehr rasch in das Hautgewebe ein und gibt ein weiches und mildes Leder. Ist Algarobilla frisch und gut erhalten, so ist das mit den Brühen gegerbte Leder von heller, gelblicher Farbe. Ältere und vor allem verfälschte Ware macht das Leder rotbraun. Algarobilla hat in seiner Gerbwirkung eine gewisse Ähnlichkeit mit Sumach; man kann mit Algarobilla dunkle Leder aufhellen.

Auch Algarobillaextrakte werden hergestellt; sie liefern aber ein etwas dunkleres Leder.

Algarobilla und seine Extrakte dürfen nicht verwechselt werden mit Algarobin. Dies ist ein Extrakt aus den Früchten von Prosopis spicigera, einem südamerikanischen Baum. Die Früchte enthalten 45% Gerbstoff.

e) **Die Edelkastanie.** Aus dem Holz und der Rinde der Edelkastanie werden Gerbstoffextrakte hergestellt, die als Gerbmittel eine wichtige Rolle spielen. Auch der Kastaniengerbstoff bildet Blume infolge der in ihm enthaltenen Ellagsäure.

Die Edelkastanie (Castanea vesca) kommt hauptsächlich in den Mittelmeerländern und -inseln vor. Sie bildet dort bedeutende Waldungen. Sie wird aber auch in manchen Gegenden Mitteleuropas, so in Südungarn, Kroatien, in Lothringen und im Elsaß, in der Pfalz und in Tirol angetroffen. Vereinzelt ist sie auch in Süddeutschland zu finden.

Als während des Krieges die Einfuhr von Kastanienextrakt aus Frankreich und Italien nach Deutschland und Österreich aufhörte, ist von verschiedener Seite, besonders von J. Paeßler (*6*) auf die gerberische Bedeutung der einheimischen Kastanienbestände hingewiesen worden, um so mehr als der Gerbstoffgehalt dieses Baumes dem der Eichen gleichkommt.

Die Edelkastanie gleicht in ihrer dichten Belaubung der Buche, Stamm, Wurzel- und Astbildung sind von der Art der Eichen. Der Baum wächst sehr schnell. Bei günstigem Stand erreicht er in Mitteleuropa in 50 Jahren etwa 16 m Stammhöhe; in südlichen Ländern wird der Baum viel höher. Die anfänglich glatte, grünliche Rinde wird im Alter dunkel und langrissig. Die Früchte, die von einer gelbgrünen, stacheligen Hülle umgeben sind, haben Eiform und eine braune zähe Schale. Das Holz der Edelkastanie ist von besonderer Härte und Widerstandsfähigkeit, ähnlich dem Eichenholz.

Das Holz der ausgewachsenen Bäume setzt sich etwa zusammen aus 7,8% Rinde, 39,3% Splintholz und 52,9% Kernholz. Der Gerbstoffgehalt dieser einzelnen Teile ist nach Paeßler (*6*) folgender (Tabelle 12):

Tabelle 12. Zusammensetzung der einzelnen Teile des Kastanienholzes.

	Rinde	Splintholz	Kernholz	Gesamtholz	Berind. Holz
Gerbstoff	12,5	7,4	8,7	8,2	8,5
Lösliche Nichtgerbstoffe	6,2	1,7	1,7	1,7	2,1
Unlösliches	66,8	76,4	75,1	75,6	74,9
Wasser	14,5	14,5	14,5	14,5	14,5

Das Holz, das zu diesen Untersuchungen verwendet worden war, stammte von einem 47 Jahre alten Baum. Der Gerbstoffgehalt der Rinde auch solch alter Bäume kommt somit noch immer dem einer guten Eichenspiegelrinde gleich. Das Verhältnis zwischen Gerbstoff und Nichtgerbstoffen ist etwa ebenso wie bei der Eichenrinde. Der Gerbstoffgehalt des Holzes ist wesentlich höher als der von Eichenholz gleichen Alters.

Der Gerbstoffgehalt des Holzes der Edelkastanie steigt im allgemeinen mit zunehmendem Alter. Der Gerbstoffgehalt der Rinde nimmt häufig mit dem Alter ab. Es hängt diese Erscheinung ganz von dem Umfang der Borkebildung ab. Bei derartigen Beobachtungen wird man viele Ausnahmen der oben genannten

Gesetzmäßigkeiten finden können, da der Gerbstoffgehalt nicht immer nur vom Alter, sondern auch vom Standort, von klimatischen Verhältnissen und dergleichen abhängt. Immerhin sind die in Tabelle 13 zusammengestellten von Paeßler (*6*) mitgeteilten Beobachtungen über die Veränderungen des Gerbstoffgehaltes mit dem Alter der Bäume sehr interessant (Kastanienholz aus dem Elsaß):

Tabelle 13.
Gerbstoffgehalt der Edelkastanie in verschiedenem Alter.

Alter der Probe	Kastanienholz		Kastanienrinde		Berindetes Kastanienholz	
	Gerbstoff %	Nichtgerbstoffe %	Gerbstoff %	Nichtgerbstoffe %	Gerbstoff %	Nichtgerbstoffe %
8jährig	1,3	3,5	12,3	10,4	4,0	5,2
9jährig	2,4	2,7	10,4	9,7	3,9	4,1
11jährig	3,5	2,5	11,5	10,3	4,9	4,0
12jährig	2,7	2,6	11,4	10,8	4,2	3,9
13jährig	3,4	2,2	10,2	10,1	4,6	3,4
14jährig	3,6	2,4	9,5	9,8	4,5	3,5
13—16jährig	6,9	1,3	7,4	7,4	7,3	1,9
16jährig	5,0	1,1	6,2	6,2	6,0	1,7
16—18jährig	6,3	1,7	8,6	7,5	6,5	2,3
27jährig	8,8	1,2	13,5	6,4	9,2	1,5
37jährig	10,0	1,0	12,5	6,0	10,2	1,4
71jährig	10,1	1,1	11,0	4,5	10,8	1,7

Das berindete Holz zeigt mit zunehmendem Alter ebenfalls eine Gerbstoffzunahme.

Man sieht, daß innerhalb des Baumes die Gerbstoffverteilung sehr wechselt. Diese Tatsache spielt bei der Extraktherstellung eine wichtige Rolle. Auch die stacheligen Hüllen der Früchte enthalten Gerbstoff, im allgemeinen 10 bis 20%, ebenso die braunen Schalen der Frucht selbst (etwa 7 bis 9%). Die Äste der Bäume sind ärmer an Gerbstoff als der Stamm.

Im allgemeinen wird man über den durchschnittlichen Gerbstoffgehalt von Holz und Rinde der Edelkastanie, so wie sie zur Herstellung von Gerbextrakten verwendet werden, folgende Angaben als Anhalt machen können:

Das Holz hat bei einem Alter von 10 bis 20 Jahren einen Gerbstoffgehalt zwischen 5 und 10% (bei 14,5% Wasser); gleichaltriges Eichenholz hat nur 0,5 bis 1,5%.

Die Rinde hat im Mittel 11 bis 12% Gerbstoff; in einzelnen Fällen finden sich Gerbstoffgehalte bis 16%.

Berindetes Holz enthält im Alter von 15 bis 25 Jahren 6 bis 10% Gerbstoff, während gleichaltriges berindetes Eichenholz meist nur 2,5 bis 3,5% Gerbstoff aufweist.

Der Gehalt an Zuckerstoffen der Rinde wechselt ebenfalls mit dem Alter, wie umstehende Tabelle 14 zeigt [Paeßler (*6*)].

Der Gehalt an traubenzuckerartigen Stoffen sowie das Verhältnis zwischen Gerbstoff und traubenzuckerartigen Stoffen ist etwa ebenso hoch wie bei der Eichenrinde. Zum Unterschied von der Kastanienrinde ist die Eichenrinde frei von rohrzuckerartigen Stoffen. Das Säurebildungsvermögen ist bei beiden Rinden etwa gleich groß.

Paeßler (*6*) hat dann weiterhin noch untersucht, wie sich innerhalb des Stam-

Tabelle 14. Zuckerstoffe der Kastanienrinde.

	10jähr. Rinde %	20jähr. Rinde %	30jähr. Rinde %
Auf 100 Teile berindetes Holz kommen Rinde	10,1	15,7	14,9
Traubenzuckerartige Stoffe	6,9	6,9	4,0
Rohrzuckerartige Stoffe	1,0	1,1	1,1
Gesamtzuckerstoffe	7,9	8,0	5,1
Auf 100 Teile Gerbstoffe entfallen:			
Traubenzuckerartige Stoffe	57	64	55
Rohrzuckerartige Stoffe	8	10	15
Gesamtzuckerstoffe	65	74	70

mes der Gerbstoff von unten nach oben verteilt. Er hat Stammholz der Edelkastanie aus 2 verschiedenen Höhenlagen untersucht und die in Tabelle 15 angegebenen Werte festgestellt.

Tabelle 15. Zusammensetzung von Holz und Rinde der Edelkastanie in verschiedener Stammhöhe.

a) Holz						b) Rinde					
Stamm-ab-schnitt	Gerb-stoff %	Nicht-gerb-stoffe %	Trau-ben-zuck.-Stoffe %	Rohr-zuck.-Stoffe %	Ge-samt-zuck.-Stoffe %	Stamm-ab-schnitt	Gerb-stoff %	Nicht-gerb-stoffe %	Trau-ben-zuck.-Stoffe %	Rohr-zuck.-Stoffe %	Ge-samt-zuck.-Stoffe %
1	5,1	0,7	0,3	0,3	0,6	1	13,5	5,0	2,5	0,2	2,7
2	4,1	0,7	0,3	0,0	0,3	2	12,3	5,3	2,3	1,0	3,3
3	3,5	0,9	0,4	0,0	0,4	3	12,5	5,2	2,5	0,9	3,4
4	3,4	0,9	0,3	0,0	0,3	4	12,0	5,4	2,2	0,9	3,1
5	3,7	0,9	0,4	0,0	0,4	5	12,9	5,6	2,4	0,8	3,2
6	2,8	0,8	0,4	0,0	0,4	6	13,3	5,6	2,4	0,7	3,1
7	2,9	0,9	0,4	0,1	0,5	7	12,5	5,9	2,2	0,8	3,0
8	2,5	1,0	0,4	0,0	0,4	8	12,9	6,6	2,4	0,6	3,0
9	1,0	1,4	0,5	0,1	0,6	9	13,5	6,1	2,1	1,1	3,3

Von den Stammabschnitten war Nummer 1 der Wurzel am nächsten gelegen. Der Wassergehalt war in allen Fällen 14,5%, bzw. sind die Werte auf diesen Wassergehalt umgerechnet. Es zeigt sich deutlich, daß der Gerbstoffgehalt des Holzes im Stamm von unten nach oben abnimmt. Das ist erklärlich, da das unterste Holz am ältesten ist und der Gerbstoff, wie schon erwähnt, mit dem Alter der Bäume zunimmt. Auffallend ist der geringe Gerbstoffgehalt der obersten Abschnitte. Holz mit so wenig Gerbstoff kommt für die Extraktion zur Herstellung von Kastanienextrakt nicht in Frage. Wenn auch die obigen Angaben nur als allgemeiner Anhalt für die Gerbstoffverteilung im Stamm zu werten sind, so zeigen sie doch, wie wichtig die Kenntnis dieser Gerbstoffverteilung für eine rationelle Extraktherstellung ist. Der Gerbstoff der Rinde des Stammes zeigt bei den einzelnen Abschnitten keine wesentlichen Unterschiede. Die geringen Schwankungen sind wohl auf unvermeidliche Untersuchungsfehler und andere Ursachen zurückzuführen. In diesem Punkt unterscheidet sich die Kastanienrinde von der Eichenrinde, deren Gerbstoffgehalt von unten nach oben regelmäßig abnimmt.

Verwendung. Holz und Rinde der Edelkastanie werden in den meisten Fällen extrahiert und der so gewonnene Kastanienholzextrakt als eines der wichtigsten Gerbmittel den Gerbereien zugeführt. Wohl nur ganz selten sind bisher Holz- oder Rindenspäne als Versatzmaterial verwendet worden, obwohl gemahlene Rinde für diesen Zweck durchaus verwendbar ist.

Über die Herstellung von Kastanienholzextrakt ist eine umfangreiche Literatur entstanden. Es sind flüssige, teigige und feste Kastanienholzextrakte im Handel. Die Extrakte werden teilweise auch sulfitiert. und außerdem entfärbt (siehe Abschnitt über Herstellung von Extrakten).

Kastanienholzextrakt ist dem Eichenholzextrakt sehr ähnlich und wird deshalb mitunter zu dessen Verfälschung benützt. Außerdem kommen Verfälschungen des Kastanienholzextraktes durch Melasse vor, was jedoch an einem übermäßigen Zuckergehalt erkennbar ist. Der Zuckergehalt des reinen Extraktes beträgt durchschnittlich 2,8%.

Der Kastanienholzextrakt besitzt das größte Durchgerbungsvermögen von sämtlichen Extrakten, dagegen nur ein geringes Schwellvermögen. Er wird meist im Gemisch mit andern Gerbmitteln verwendet. Allein liefert er ein wenig volles Leder mit ungenügendem Rendement (Eitner). Der Kastanienholzextrakt enthält häufig dunkel färbende Stoffe, die das Leder fleckig machen. Dies tritt besonders dann auf, wenn die Häute noch viel Kalk in die Gerbung bringen (Procter).

Abb. 9. Blätter und Früchte der Stieleiche. (Nach Schlechtendal, Flora von Deutschland, X.)

f) Eichenrinde und Eichenholz. Die Eichen gehören ohne Zweifel zu den Pflanzen, die den Menschen am längsten als Gerbmittel bekannt sind. Schon Dioscorides und Sarracenus erwähnen die Eichenarten als Gerbmittel und adstringierende Heilmittel. Die etwa dreihundert bekannten, über alle Erdteile verteilten Eichenarten führen fast alle Gerbstoff in wechselnden Mengen. Trotzdem sind es nur wenige Arten, die als Gerbmittel in größerem Umfang Verwendung finden. In Mitteleuropa ist es die Trauben- oder Steineiche (Quercus sessiliflora) und die Stieleiche, auch Sommereiche genannt (Quercus pedunculata). Beide Arten sind nur an den Früchten zu unterscheiden (siehe Abb. 9 und 10). In Frankreich wird in Schälwaldungen viel die sog. Grüneiche (Quercus Ilex L.) angebaut.

Bei der Traubeneiche sitzen drei oder vier Eicheln büschelförmig an den Astspitzen auf einem kurzen Stiel. Bei der Stieleiche tragen die Fruchtstände meist zwei bis drei Eicheln auf einem langen Stiel. Die Traubeneiche ist mehr in Gebirgsgegenden, die Stieleiche in der Ebene anzutreffen. Eine Abart der Traubeneiche ist die weichhaarige Eiche, auch Weißeiche oder Schwarzeiche (Quercus pubescens) genannt, eine weitere vor allem in Böhmen, Mähren und Niederöster-

Abb. 10. Traubeneiche. (Nach Hempel und Wilhelm, Bäume und Sträucher des Waldes, Bd. II.)

reich heimische Abart ist die sog. Zerreiche (Quercus Cerris), deren Rinde als Gerbmaterial jedoch weit geringwertiger ist als die der Trauben- und Stieleiche.

Die **Eichenrinde** wird aus den sogenannten Schälwaldungen gewonnen, das sind planmäßig angelegte Kulturen, in denen die jungen Bäume in bestimmten Zeitabschnitten abgehauen und die Rinde abgeschält wird. Jeder abgeholzte Teil wird neu aufgeforstet. Wird z. B. mit 20jähriger „Umtriebszeit“ gearbeitet, so ist der Wald in 20 Abschnitte eingeteilt, die alle 20 Jahre abgeholzt und neu aufgeforstet werden, derart, daß jedes Jahr der Ertrag eines Abschnittes zur Verfügung steht. Einzelheiten über den Eichenschälwald, seinen Betrieb und seine

Bedeutung sind im Abschnitt über „Gewinnung der Gerbmittel" (siehe Seite 244) erwähnt.

Außer in Deutschland sind solche Schälwaldungen in Frankreich, Belgien, Luxemburg, der Tschechoslowakei und in Ungarn vorhanden. Fast überall wird nur die oben genannte Trauben- und die Stieleiche gepflanzt.

Junge Eichenbäume haben eine glatte Rinde von silberweißem Glanz (die sog. Spiegelrinde). Im zwölften bis zwanzigsten Jahr, mitunter auch später, beginnt die Bildung der Borke. Bei alten Bäumen sind nur die jüngeren Äste borkenfrei. Die Borke enthält keinen Gerbstoff, deshalb gilt für alle Gerbrinden: Je weniger Borke, um so gerbstoffreicher die Rinde.

Abb. 11. Alte Eichenrinde (links) und junge Spiegelrinde (rechts).

Die Eichenrinde wird meist im Mai geschält. Das Schälen geht in dieser Jahreszeit am leichtesten. Es ist eine viel gehörte aber falsche Ansicht, daß später geschälte Eichenrinden gerbstoffreicher seien. Der Gerbstoffgehalt der Eichenrinden ist das ganze Jahr hindurch gleich und beträgt etwa 10,4% bei 13% Feuchtigkeit.

Die vom Stamm abgeschälte Rinde hat 50 bis 60% Wasser. Durch Trocknen wird sie auf einen Wassergehalt von 14 bis 15% gebracht. Aus 100 kg frischer werden dabei etwa 53 kg getrockneter Rinde.

Die Rinde von Eichen, die keine Spiegelrinde mehr liefern, nennt man Raidelrinde, borkige Rinde von noch älteren Bäumen Altholz-, Grob- oder Rauhrinde. Außerdem wird Prima-, Sekunda- und Tertiaware unterschieden.

Die Eichenschälrinde hat nach zahlreichen Untersuchungen folgende mittlere Zusammensetzung:

Gerbstoff	10 %	Grenzen 4 bis 17%
Lösliche Nichtgerbstoffe	5,5%	„ 4 „ 9%
Unlösliches	71,5%	
Wasser	13,0%	
Gesamtasche	5,0%	
Traubenzuckerartige Stoffe	2,6%.	

Auf 100 Teile gerbender Stoffe kommen 26 bis 29 Teile traubenzuckerartiger Stoffe.

Wie groß aber die Schwankungen im Gerbstoffgehalt bei den einzelnen Rindensorten sein können, zeigt Tabelle 16, siehe S. 30 (Smaic und Wladika).

Unter den ausländischen Eichenarten gibt es eine Reihe mit gerbstoffreicheren Rinden als die der Trauben- und Stieleiche. Einige seien hier genannt:

Castanopsis Vinensis (Indochina) 14,1% Gerbstoff, 4,3% Nichtgerbstoffe (einheimischer Name „Soi").

Castanopsis Sincusis (Indochina) 13,3% Gerbstoff, 3,9% Nichtgerbstoffe (einheimischer Name „Gié gai").

Quercus pseudocornea (Indochina) 12,2% Gerbstoff, 7,1% Nichtgerbstoffe (einheimischer Name „Gié Bop").
Quercus Brandisiana Kurz (Burma) 17,5% Gerbstoff.
Quercus densiflora (Kalifornien) 14 bis 29% Gerbstoff, 5 bis 12% Nichtgerbstoffe.
Quercus Garryana (Nordamerika) 13,7% Gerbstoff.
Quercus pachyphylla (Indien) 12,2% Gerbstoff.
Quercus incana Roxb. (Indien) 22,1% Gerbstoff.
Quercus fenestrata Roxb. (Indien) 15,9% Gerbstoff.
Quercus occidentalis Gay. (Mittelmeerländer) 13,7% Gerbstoff.
Quercus Prinus L. (Nordamerika) durchschnittlich 15% Gerbstoff.
Quercus suber, Korkeiche (Mittelmeerländer) 8 bis 14% Gerbstoff.

Tabelle 16.
Zusammensetzung verschiedener Eichenrindensorten (Smaic und Wladika).

Bezeichnung	Feuchtigkeit %	Gerbstoff %	Nichtgerbstoffe %
Eichenrinde aus Mähren (1916)	9,95	5,81	4,8
„ „ Niederösterreich (1916)	14,45	4,51	2,04
„ „ Böhmen (1916)	11,14	11,56	9,11
„ „ Nordungarn (1916)	11,46	10,00	7,55
„ „ Serbien (1917)	10,34	7,63	5,73
Alteichenrinde aus Serbien (1917)	9,56	5,72	4,98
Eichenrinde aus Polen (1917)	9,91	7,54	4,78
„ „ Böhmen (1917)	13,16	9,60	5,91
„ „ Oberösterreich (1917)	12,66	6,56	6,11
Korkeichenrinde (1915)	10,16	11,47	5,92
„ (1916)	15,00	10,94	5,00
Steineichenrinde (1916)	10,00	13,98	7,67
„ (Italien, 1918)	8,77	8,91	6,69

Die Eichenrinde besitzt von allen in Europa verwendeten Gerbmitteln den geringsten Gerbstoffgehalt; selbst die Fichtenrinde ist im Durchschnitt gerbstoffreicher. Deshalb ist der Eichenrindengerbstoff auch am teuersten. Von den mitteleuropäischen Eichenrinden gelten die böhmischen und tschechoslowakischen als die gerbstoffreichsten.

Mitunter wird Eichenrinde auch entborkt. Sie kann dadurch zweifellos verbessert werden. Ob sich aber das Entborken lohnt, hängt von den örtlichen Verhältnissen ab. Entborkte Rinde hat gegenüber borkiger Rinde einen um 40 bis 50% höheren Gerbstoffgehalt. Dagegen enthält sie weniger Zuckerstoffe. —

Im Gegensatz zur Eichenrinde, die sowohl zur Extraktherstellung wie unmittelbar als Gerbmittel in Versätzen und Versenken Verwendung findet, wird **Eichenholz** lediglich zur Herstellung von Gerbstoffauszügen benutzt. Wie beim Kastanienholz spielen hierbei Alter und Pflanzenteil eine wichtige Rolle.

Über die Verteilung des Gerbstoffes innerhalb des Baumes hat Paeßler (7) ausführliche Untersuchungen angestellt. Er stellte fest, daß junge Eichen, bis zu 20 Jahren, nur sehr wenig Gerbstoff, selten über 1,5% enthalten. Ihr Holz kommt daher für die Extraktion nicht in Frage. Erst mit zunehmendem Alter reichert sich der Gerbstoff im Holz an.

Am meisten Gerbstoff enthält stets das Kernholz; der Gerbstoffgehalt des Splintholzes ist nur gering. Mit dem Alter vermehrt sich das Kernholz und die Splintholzschicht nimmt ab.

Innerhalb des Stammes enthält das der Wurzel am nächsten stehende Holz den meisten Gerbstoff. Deshalb sind alte Wurzelstöcke das beste Extraktionsmaterial. Pawlowitsch kommt auf Grund seiner Untersuchungen zu gegenteiliger Auffassung. Nach seiner Ansicht nimmt der Gerbstoffgehalt im Holz mit der Höhe zu.

Paeßler (7) macht über die Gerbstoffverteilung folgende Zahlenangaben (Tabelle 17 und 18):

Tabelle 17. Gerbstoffverteilung im Splint- und Kernholz der Eichen.

113jährige Eiche Wassergehalt 14,5 %	Anzahl der Jahresringe	Gerbstoff %	Nichtgerbstoffe %
Splint	13	1,1	1,8
Kern, äußerster Teil	10	9,3	1,2
„ „ „	10	9,8	1,2
„ „ „	10	9,0	1,2
„ „ „	35	8,0	1,3
„ innerster „	35	6,8	2,0

Tabelle 18. Gerbstoffverteilung im Stamm (a), in den Ästen (b) und den Zweigen (c) einer 99jährigen Eiche.

a) Stamm.

	Unterster Teil 50 cm Durchm. %	Oberster Teil 33 cm Durchm. %
Kern: Splint 15 bzw. 11 Jahresringe	1,1	0,9
„ Äußerste Schicht 20 Jahresringe	7,8	5,4
„ Mittlere Schicht 20 Jahresringe	6,6	4,6
„ Innerste Schicht 35 bzw. 20 Jahresringe	6,7	4,8

b) Äste.

	11—12 cm Durchm. %	3—4 cm Durchm. %
Splint	2,0	1,8
Kern	6,2	9,6

c) Zweige von obigen Ästen.

Rinde, Holz mit Splint	2,2	2,5

Es zeigt sich überall die Gesetzmäßigkeit, daß der Splint nur sehr wenig Gerbstoff enthält und daß das Kernholz der gerbstoffreichste Teil des Baumes ist. Innerhalb des Kernholzes nimmt der Gerbstoffgehalt nach innen zu ab. Im Splintholz herrschen die löslichen Nichtgerbstoffe vor, während sie im Kernholz gegenüber dem Gerbstoff zurücktreten. Das Kernholz liefert deshalb Auszüge von der günstigsten Zusammensetzung.

Nicht so eindeutig ist der Einfluß des Alters auf den Gerbstoffgehalt des Eichenholzes. Im allgemeinen läßt sich sagen, daß mit dem Alter der Gerbstoffgehalt zunimmt. Es liegen jedoch zahlreiche Untersuchungsergebnisse vor, die mit dieser Regel nicht übereinstimmen. Dabei spielt allerdings wohl die Tatsache eine Rolle, daß das Alter des untersuchten Eichenholzes nur in seltenen Fällen genau angegeben werden kann. In den ersten 20 Jahren ist das Eichenholz sehr gerbstoffarm (kaum 1%). Das Holz aus den Schälwaldungen wird deshalb nicht extrahiert sondern meist verbrannt.

Daß die Gesetzmäßigkeit der Gerbstoffzunahme mit dem Alter recht fraglich ist, zeigt eine weitere Untersuchungsreihe von Paeßler (7) in Tabelle 19:

Tabelle 19. Gerbstoffgehalt von Eichenhölzern in verschiedenem Alter.

		44jähr.	70jähr.	71jähr.	72jähr.
Durchmesser	cm	14	21	33	18
Gerbstoff	%	8,0	5,5	7,0	6,5
Nichtgerbstoffe	%	1,5	1,5	2,0	2,0
Traubenzuckerartige Stoffe	%	0,4	0,3	0,4	0,3
Rohrzuckerartige Stoffe	%	0,2	0,1	0,1	0,2
Auf 100 Teile Gerbstoff kommen:					
Nichtgerbstoffe	%	19	27	29	31
Gesamtzuckerstoffe	%	7,5	9	7	7,7

Diese Zahlen können eben nur als Anhaltswerte angesehen werden. Manche Eichenhölzer enthalten 10, ja sogar bis 13% Gerbstoff, bei 5 bis 6% Nichtgerbstoffen. Nach dem Jahresbericht der Freiberger Versuchsanstalt für die Lederindustrie in den Jahren 1922 bis 1924 war der Mittelwert sämtlicher (71) Analysen von Eichenholzmustern folgender:

Mittlere Zusammensetzung von Eichenholz.

Gerbstoff	5,9%
Nichtgerbstoffe	2,4%
Unlösliches	77,2%
Wasser	14,5%

Eichenholz soll, wenn es sich zur Gerbstoffextraktion lohnen soll, in lufttrockenem Zustand, d. h. bei 14,5% Feuchtigkeit, einen Gerbstoffgehalt von mindestens 5% aufweisen. Zur Extraktion werden nur schadhaftes Holz, Abfälle von Nutzholz, Astholz und Wurzelstöcke verwendet. Das gesunde Eichenholz, also der Hauptteil des Kernholzes, ist für die Extraktion zu teuer. Die Eichenholzextrakte werden in den verschiedensten Stärken hergestellt. Verdünnte Eichenholzauszüge verlieren beim Stehenlassen sehr rasch an Gerbstoff, da sich viel unlösliche Anteile absetzen. Ähnliches gilt vom Eichenrindenextrakt, der ebenfalls als Handelsware hergestellt wird. Näheres über diese Extrakte siehe im Abschnitt über die Extraktherstellung.

Ausgedehnte Eichenwaldungen, die nur zu einem geringen Teil ausgenutzt werden, finden sich in Rußland. Es handelt sich meist um Quercus pubescens, die auf der Krim und an der ganzen Ostküste des Schwarzen Meeres bis weit in den nördlichen Kaukasus hinein angetroffen wird. Pawlowitsch (*1*) berechnet eine mögliche Umtriebsfläche für 2 Millionen Tonnen Rinde in den Sowjetrepubliken. Ausgenutzt werden zur Zeit höchstens 30%.

Verwendung von Eichenrinde und Eichenholzextrakt. Die Eichenrinde ist eines der besten und vielseitigsten Gerbmittel, das wir besitzen. Sie wird zu Lohe vermahlen und entweder als Versatzmaterial verwendet oder zusammen mit andern Gerbmitteln extrahiert. Die Gerbung mit Eichenrinde gibt ein festes, gelbbraunes Leder, das im Schnitt dunkel gefärbt ist. Die Eichengerbung eignet sich für alle Ledersorten, bei denen Festigkeit verlangt wird. Im Gemisch mit andern Gerbmitteln läßt sich Eichenrinde überhaupt für alle Arten Leder verwenden. Das Verhältnis zwischen Gerbstoff und zuckerartigen Stoffen ist in der Eichenrinde besonders günstig. Die Säurebildung ist bei der Eichenrinde geringer als bei der Fichtenrinde.

Das sog. „rheinische Sohlleder“ war früher in reiner Eichengerbung hergestellt. Die Alleinverwendung von Eichenrinde als Gerbmittel ist heute infolge des hohen Preises nur noch ganz vereinzelt zu finden. Dazu kommt, daß der Anfall an Eichenrinde lange nicht den Bedarf decken könnte. Infolgedessen wird heute die Eichenrinde hauptsächlich im Gemisch mit Fichtenrinde, aber auch mit andern Gerbmitteln zur Gerbung verwendet.

Eichenholzextrakt gibt nach den Erfahrungen vieler Gerbereibetriebe ein festes Leder. Seiner ganzen Natur nach eignet er sich daher in erster Linie zur Gerbung von Unterleder. Oberleder soll durch Eichenholzbrühen spröde werden. Man führt in der Gerberei Gerbungen ausschließlich mit Eichenholzauszug nicht durch, auch nicht, wenn in reiner Brühengerbung gearbeitet wird. In den meisten Fällen wird Eichenholzextrakt im Gemisch mit Fichtenrinde-, Kastanienholz- und Quebrachoauszügen verwendet. Eichenholzbrühen säuern weniger als Eichenrindenauszüge; aus diesem Grunde ist die Verarbeitung zusammen mit Fichtenrindenbrühen am vorteilhaftesten.

Paeßler (7) hält es für vorteilhaft, aus Rücksicht auf die Gerbkosten bei der Grubengerbung einen Teil der verwendeten Lohe durch Eichenholzauszug zu ersetzen. Für bestimmte Ledersorten sind hierdurch zweifellos Vorteile zu erzielen, und zwar schnellere Gerbung, bessere Durchgerbung und Erzielung eines höheren Gewichts. Dieses Gerbverfahren wird vielfach durchgeführt.

Bei der Herstellung der österreichischen Fichtenterzen und Knoppern-Valoneaterzen wird Eichenholzauszug ebenfalls gerne verwendet, und zwar zum Verstärken der Abtränkbrühen. Auch hierbei geht man entsprechend der zugesetzten Menge an Eichenholzauszug in der Menge des Streumittels zurück. Das Verfahren soll eine Abkürzung der Gerbdauer ermöglichen.

Gute Eichenholzauszüge mischen sich mit Wasser schon bei 20 bis 25^0 in jedem Verhältnis, so daß man auf einfache Weise Brühen von jeder beliebigen Stärke herstellen kann, ohne daß wesentliche Mengen ungelöst bleiben. Wie bei fast allen andern Auszügen entsteht durch Zusatz von Sauerbrühen durch die Säure eine geringe Abscheidung von Gerbstoff.

Unter dem Namen **Garouille** oder Rusque kommt die Wurzelrinde der Kermes- oder Scharlacheiche (Quercus coccifera) als nicht unbedeutendes Gerbmittel in Nordafrika und Südeuropa zur Verwendung, insbesondere zur Sohlledergerbung. Der Gerbstoffgehalt schwankt zwischen 18 und 32%; er beträgt im Mittel 22%. Die Rinde ist sehr hart, von graubrauner bis schwarzer Farbe und hat ziemlich viel Borke.

Eichenblätter. Während des Weltkrieges, als die guten Gerbmittel knapp wurden, hat man versucht, Eichenblätter als Gerbmittel zu benutzen. Diese Versuche waren nicht neu. Schon Lavoisier empfahl im Jahre 1768 Eichenblätter als Ersatz für Eichenrinde, und 1825 schrieb Swayne eine Abhandlung über den „Gebrauch des Eichenlaubes beim Gärben“. In neuester Zeit hat Schiffkorn Untersuchungen über den Gerbstoffgehalt der Eichenblätter angestellt. Er kam zu folgenden Ergebnissen:

Gerbstoffgehalt von Eichenblättern.

Eichenblätter	Gerbstoff %	Lösl. Nichtgerbstoffe %	Wassergehalt %	Unlösl. Stoffe %
Grüne, trockene	7,07	12,93	11,73	68,27
Welke, überwinterte	3,54	8,36	15,50	72,60

Der Gerbstoffgehalt der grünen Eichenblätter kommt also immerhin dem des Eichenholzes gleich. Die grünen Blätter lassen sich leicht auslaugen. Erfahrungen mit Gerbversuchen scheinen nicht vorzuliegen.

Eicheln. Auch die Früchte der Eichen, die Eicheln, sind schon als Gerbmittel verwendet worden. In den achtziger Jahren des letzten Jahrhunderts wurden in verschiedenen deutschen Vachelederfabriken bei der Gerbung von Bodenleder Eicheln mitbenutzt. Die Eicheln haben nur einen geringen Gerbstoffgehalt, der je nach dem Reifegrad der Frucht 0,5 bis 2,0% beträgt. Je reifer die Eicheln sind, um so geringer ist ihr Gerbstoffgehalt. Die Eicheln wurden jedoch nicht wegen des Gerbstoffes, sondern wegen des in ihnen enthaltenen sog. „Eichelzuckers" verwendet, da sie durch Gärung sehr rasch saure Brühen lieferten. Dieser „Eichelzucker", der sog. Quercit, ist seinem chemischen Aufbau nach kein Zucker, sondern ein Pentaoxy-cyclohexan. Durch Spaltpilze wird der Quercit aufgespalten; dabei entsteht Buttersäure. Hierauf beruht die starke säurebildende Wirkung der Eicheln als Gerbmittel. Sie wurden in fein gemahlenem Zustand den Versatzmitteln beigemischt. Bei geringeren Valoneaensorten, die viel Eicheln enthalten, üben sie die gleiche Wirkung aus.

3. Weniger bekannte Gerbmittel, die vermutlich hydrolisierbare Gerbstoffe enthalten.

Zu den bisher besprochenen Gerbmitteln gehören ihrer Art und Gerbstoffbeschaffenheit nach vielleicht noch folgende seltener genannte ausländischen Gerbmittel:

Karabin. Südamerikanische Schotenfrucht, die von Caesalpinia tinctoria zu stammen scheint (Lauffmann). Die Frucht wird auch „Vainille" genannt. Der Gerbstoffgehalt beträgt 30,3%.

Mangueblätter. Ein aus Brasilien stammendes Gerbmittel. Stammpflanze vielleicht Combretaceenarten wie Conocarpus erectus L. Zusammensetzung siehe Tabelle 20.

Tabelle 20. Gerbstoffgehalt der Mangueblätter.

	Frische Blätter ausgebildet %	Junge Blätter %
Gerbstoff	6,4	10,9
Nichtgerbstoffe	8,0	6,3
Unlösliches	61,8	63,8
Wasser	23,8	19,0

Guara. Unter dieser Bezeichnung kommt die Schotenfrucht von Paullinia sorbilis in gemahlenem Zustand in den Handel. Zusammensetzung:

Gerbstoff	55,8%
Nichtgerbstoffe	18,0%
Unlösliches	17,2%
Wasser	9,0%

Pangin. Gerbmittel unbekannter Herkunft. Es besteht nach Lauffmann anscheinend aus den Fleischteilen einer Frucht. Zusammensetzung ist folgende:

Gerbstoff	20,5%
Nichtgerbstoffe	13,9%
Unlösliches	53,6%
Wasser	12,0%

Die Gerbstoffe dieser vier Gerbmittel gehören, analytisch betrachtet, zur Klasse der Pyrogallolgerbstoffe.

Gruppe II. Die Gerbmittel mit kondensierten Gerbstoffen.

Im Abschnitt über die Chemie der Gerbmittel wird später gezeigt werden, daß in den bisher behandelten Gerbmitteln die chemische Natur der Gerbstoffe immerhin einigermaßen bekannt ist. Bei den Gerbmitteln der zweiten Gruppe, die kondensierte Gerbstoffe enthalten, trifft dies nicht mehr zu. Diese Gerbstoffe sind zwar alle Verbindungen, die beim Erhitzen Pyrocatechin (manchmal neben Pyrogallol) liefern. Über ihre chemische Zusammensetzung ist aber sehr wenig bekannt.

1. Catechu und Gambir.

Catechu kam im 17. Jahrhundert als Gerb- und Färbmittel nach Europa. Es wurde damals für eine Erde gehalten und, da es über Japan eingeführt wurde,

Abb. 12. Acacia catechu. (Nach Grafe, Handb. d. Warenkunde Band III, 1, S. 739.)

mit „terra japonica" bezeichnet. Gleichzeitig wurde auch Gambir nach europäischen Ländern eingeführt. Beide Produkte wurden häufig verwechselt und die Bezeichnung terra japonica fand für beide Anwendung. Auch heute noch kann man diese Verwechslung finden, obwohl beide Gerbmittel sehr verschieden sind. Der wichtigste Unterschied liegt auf chemischen Gebiet: Die beiden aus den Gerbstoffen isolierten Catechine sind verschieden (siehe Seite 130).

Catechu. Das echte Catechu (auch braunes Catechu, catechu nigrum, terra japonica, Bombay- oder Pegucatechu genannt) ist der eingetrocknete Auszug aus dem Holz und der Rinde des Baumes A c a c i a c a t e c h u Willd., der hauptsächlich in Indien heimisch ist. Größere Bestände kommen auch in Ostafrika vor.

Die Bereitung von Catechu scheint schon seit den ältesten Zeiten bekannt zu sein, da das Produkt schon in den Sanskritschriften erwähnt wird. Der Name leitet sich wohl ab von „Kati“ = Pflanze, Baum und „chuana“ = destillieren. In Europa hielt man Catechu anfangs für einen mineralischen Stoff, daher der Name terra japonica. Erst Cleyer klärte diesen Irrtum auf. Die erste europäische Beschreibung von Catechu stammt aus dem Jahre 1685 von Garcia de Orta.

In Ceylon wird das Holz von Acacia Suma zur Bereitung von Catechu verwendet. Auch diese Catechuart kann als echtes Catechu angesprochen werden (s. z. B. D. A. B. VI). Dagegen findet man oft auch die Auszüge und Säfte anderer Pflanzen als Catechu bezeichnet, die ihrer Natur nach mit dem echten Catechu nichts zu tun haben (s. unten).

Das in den Handel kommende Catechu ist eine dunkelbraune, etwas blasige, spröde Masse, die im Innern oft weich ist. In dünnen Stücken ist sie durchscheinend. Catechu hat einen süßlichen, zusammenziehenden Geschmack. Der Bruch ist muschelig. Die Handelsware wird hergestellt, indem man das dunkle Kernholz von Acacia catechu bezw. Suma zerkleinert und in irdenen Gefäßen so lange auskocht, bis eine dickflüssige Brühe entsteht. Diese wird in flachen Gefäßen auf dem Feuer eingedampft, bis die Masse beim Erkalten erstarrt. Noch zähflüssig füllt man den Extrakt in Formen aus Holz oder Ton und läßt ihn fest werden.

Das Catechu von Hinterindien kommt meist in Stücken von 40 kg in den Handel, die in Palmblätter eingehüllt sind. Der Wassergehalt des Catechu ist natürlich, je nach seiner Lagerzeit, ganz verschieden. Er nimmt außerdem innerhalb der einzelnen Stücke von außen nach innen zu. Die Zusammensetzung von Catechu kann deshalb nur an Hand von Durchschnittsmustern angegeben werden, die von Ausschnitten aus der ganzen Breite der Blöcke stammen.

Eitner (5) hat für solche Durchschnittsproben folgende Zusammensetzung angegeben:

	a	b
Gerbstoff	50,65%	52,68%
Nichtgerbstoffe	26,28%	23,54%
Unlösliches	10,62%	11,85%
Wasser	12,45%	17,93%

Catechu löst sich in zwei Teilen heißen Wassers fast vollständig auf. Beim Erkalten scheidet sich Catechin ab. Catechu wird zum Gerben und Färben verwendet. Es gerbt rasch durch und gibt ein weiches Leder. Es wird nicht allein, sondern stets im Gemisch mit andern Gerbmitteln zur Gerbung benutzt.

Als Bombay-Catechu wird der aus dem Stamm und den Früchten (Betelnüssen) von Areca Catechu L. ausgekochte Saft bezeichnet. Die Früchte enthalten 15 bis 18% Gerbstoff, der aber kein Catechin enthält. Mit dem echten Pegucatechu hat aber dieses mit „kino malabaricum“ bezeichnete Produkt nichts zu tun.

Auch aus Myristica malabarica Lam. wird durch Einschnitte in die Rinde eine Art Catechu gewonnen, das in Vorderindien mit Katja dikai bezeichnet wird. Anscheinend werden auch aus andern Myristica-Arten derartige eingedickte gerbstoffhaltige Säfte hergestellt.

Durch Auskochen der Rinde von Butea frondosa wird in manchen Gegenden Indiens gleichfalls eine Art Catechu hergestellt. Die sehr gerbstoffreiche Rinde scheint bis jetzt eine ausgedehntere Verwendung nicht gefunden zu haben. In gleicher Weise liefert die Rinde von Pentace burmanica Kurz einen catechuartigen Extrakt mit etwa 34% Gerbstoff und einer Farbe, wie das echte Catechu sie besitzt.

Endlich ist noch das sog. Mangrove-Catechu zu erwähnen, das aus der Rinde von Ceriops candolleana und einiger Rhizophora-Arten hergestellt wird. Es handelt sich hierbei um nichts anderes als um einen Mangroverindenextrakt, der mit Catechu nichts zu tun hat.

Gambir. Viel größere Bedeutung als Catechu hat das unter dem Namen Gambir in den Handel kommende Gerbmittel erlangt. Von allen pflanzlichen Gerbmitteln ist wohl Gambir eines der ältesten, da es seit den ältesten Zeiten bei den südostasiatischen Eingeborenen als Genußmittel im Gebrauch ist und, ebenso

Abb. 13. Gambir. — Sammeln der Zweige und Blätter. (Nach Grafe, Handb. d. Warenkunde Band III, 1, S. 734.)

wie Catechu, mit der Sitte des Betelkauens, wobei Gambirblätter benutzt werden, in engstem Zusammenhang steht.

Gambir, englisch: gambier, auch mit Katagombe, catechu pallidum, gelbes Catechu, extraktum uncariae bezeichnet, ist der Extrakt der Blätter und Stengeln von Uncaria Gambir Roxb., auch mitunter Nauclea Gambir genannt. Der Strauch wird in China, Indien und auf den zahlreichen Inseln östlich der Straße von Malakka in ausgedehnten Kulturen gezüchtet. Als Gambir liefernd werden noch genannt: Uncaria aculeata, Uncaria acida Roxb. (vielleicht nur eine Abart von U. Gambir) auf den Molukken und auf Java, ferner Uncaria Bernaysii auf Neuguinea, Uncaria lanosa Wall. in Sumatra.

Uncaria Gambir ist ein Kletterstrauch, der mit Hilfe von gebogenen, kahlen Hackenzweigen an den von ihm erfaßten Stützen hochklettert. In den Plantagen gibt man nur den jungen Pflanzen eine Stütze, die älteren läßt man zu Büschen auswachsen, die dann etwa das Aussehen von Haselnußsträuchern bekommen. Die schlanken Zweige des Strauches sind rund und tragen kreuzweise stehende

Blätterpaare. Die Blätter haben Stiele, sind eiförmig und werden etwa 12 cm lang. Stiele, Blätter und Zweige sind die Träger des Gerbstoffes.

Die Herstellung von Gambirextrakt, der in Blöcken und in Würfeln in den Handel kommt, ist im Kapitel über die Verarbeitung der Gerbmittel zu Extrakten besonders beschrieben. Sie soll deshalb hier übergangen werden. Dagegen soll auch hier wenigstens die durchschnittliche Zusammensetzung der verschiedenen Gambirsorten aufgeführt sein.

Das sehr primitive Herstellungsverfahren bringt es mit sich, daß Gambir Verunreinigungen von oft beträchtlichem Ausmaß enthält. Diese bestehen einmal aus Pflanzenteilen (Blättern und Stielen), dann aber auch aus Sand und Erde. Daneben kommt, wie schon erwähnt, ein Zusatz von stärkehaltigen Stoffen, besonders Reiskleie, vor. Der Aschegehalt der Gambirsorten spielt deshalb eine besondere Rolle, außerdem der Gehalt an Nichtgerbstoffen.

Ein charakteristischer Bestandteil des Gambirs, wie auch des Catechus, ist das Catechin, das beim Eindicken des Extraktes auskrystallisiert. Im chemischen Teil wird diese für die Erforschung der Natur der Gerbstoffe so wichtige Verbindung eingehend behandelt werden (siehe Seite 130).

Die Angaben in der Literatur über den Catechingehalt des Gambirs sind sehr verschieden. Tschirch nennt die Untersuchungsergebnisse folgender Forscher:

Trimble	7,76 bis 19,76%	Catechin,
Greshoff	30 „ 35 %	„
Clauser	19 „ 20 %	„
Romburgh	57 %	„ (!)
Richtmann . . .	5,25 bis 11 %	„

Diese ganz außerordentlichen Abweichungen beruhen wohl in der Hauptsache auf der Verschiedenheit der angewandten Untersuchungsmethoden. Die Herstellungsweise des Gambirs ist jedoch ebenfalls von Einfluß auf den Catechingehalt.

Körner bezeichnet das Catechin als eine Art „Halbgerbstoff", der nach Paeßler (8) bei der Gerbstoffanalyse zu Störungen Anlaß gibt. Die nach der Filter- und nach der Schüttelmethode (siehe Seite 171ff.) erhaltenen Werte weichen bei Gambir besonders stark voneinander ab. Man erklärt dies damit, daß beim Filtrieren durch Hautpulver in der Filterglocke das Catechin vom Hautpulver aufgenommen wird, während dies beim Schütteln in der Flasche nach der Schüttelmethode nicht der Fall ist. Bei gewöhnlichen Handelsprodukten von Blockgambir kommen deshalb Unterschiede von 8% vor. Man darf daher bei Gambir nur solche Analysenwerte miteinander vergleichen, die nach der gleichen Methode ermittelt worden sind.

Nach Eitner ist die mittlere Zusammensetzung von Block- und Würfelgambir folgende:

Blockgambir, frisch:

	b	c	d
Gerbstoff	36,80%	37,66%	39,56%
Nichtgerbstoffe und Catechin .	22,44%	24,10%	26,80%
Wasser	35,40%	27,83%	27,08%
Unlösliches	5,36%	10,41%	6,58%
Asche	3,26%	4,73%	2,20%

Würfelgambir, stark ausgetrocknet:

	a
Gerbstoff	50,34%
Nichtgerbstoffe und Catechin . .	29,56%
Wasser	12,36%
Unlösliches	7,74%
Asche	3,42%

Berechnet man diese Proben, die alle einen verschiedenen Feuchtigkeitsgehalt haben, auf den gleichen Wassergehalt von 35,87 %, so ergeben sich folgende Werte (Tabelle 21):

Tabelle 21. Zusammensetzung von Block- und Würfelgambir.

	Würfelgambir	Blockgambir		
Probe	a	b	c	d
Gerbstoff	36,84	36,33	33,47	34,79
Nichtgerbstoff und Catechin	21,63	22,44	21,41	23,51
Wasser	35,87	35,87	35,87	35,87
Unlösliches	5,66	5,36	9,25	5,83

Die Ansichten, ob dem Block- oder dem Würfelgambir der Vorzug zu geben ist, gehen sehr auseinander. Blockgambir verteuert durch seinen hohen Wassergehalt die Fracht, hat meist mehr Verunreinigungen, löst sich aber leichter und rascher auf als Würfelgambir. Letzterer ist ein reineres und konzentrierteres Gerbmittel als Blockgambir.

Verwendung. Gambir und Catechu sind sehr edle, aber teuere Gerbmittel, die in Europa nur für Qualitätsleder Verwendung finden. Sie geben dem Leder eine schöne gelbe Farbe, einen weichen, geschmeidigen Narben und einen milden Griff. Gambir gerbt sehr rasch durch. Man verwendet die beiden Gerbmittel nicht allein, sondern fast immer im Gemisch mit andern Extrakten. Eine besondere Rolle spielt Gambir in der kombinierten Gerbung, beim Nachgerben mineralisch gegerbter Leder. Am bekanntesten ist wohl die sog. Dongolagerbung, bei der die Häute mit einer Lösung von Gambir oder Catechu, Kalialaun und Kochsalz behandelt werden. Alles mit Gambir gegerbtes Leder zeichnet sich durch eine besondere Zähigkeit und Elastizität aus.

In kaltem Wasser löst sich Gambir schwer. In heißem Wasser geht rasch alles bis auf die unlöslichen Anteile in Lösung. Die Brühen sind aber stets etwas trüb. Beim Stehen scheidet sich Catechin ab. Indragiri- und Asahangambir geben hellere Brühen und ein helleres Leder als die gewöhnlichen Gambirsorten.

Gambir findet außer als Gerbmittel auch in der Färberei ausgedehnte Verwendung. Für Färbereizwecke ist bei Gambir ein hoher Catechingehalt wesentlich. Eine eigentümliche Anwendung hat Gambir als Mittel gegen Kesselstein gefunden. Bei einem Druck von 10 Atm. soll ein Zusatz von 0,1% Gambir die Ausfällung des Calciumcarbonats verhindern.

2. Quebracho.

Der Quebrachoextrakt spielt heute unter allen pflanzlichen Gerbmitteln die wichtigste Rolle. Nach Vogel entfällt ein Drittel der gesamten Gerbstofferzeugung der Welt auf Quebracho.

„Quebracho“ ist ein Sammelname für eine Reihe von Bäumen aus den Gattungen Aspidosperma, Acacia, Schinopsis und Quebrachia. Auch eine Lauracee und eine Santalacee erscheint unter dieser Bezeichnung. Als Gerbmittel kommt nur die Anacardiaceen-Art in Betracht, deren botanische Bezeichnungen Quebrachia Lorentzi, Schinopsis Lorentzi, Lexopterygium Lorentzi und Schinopsis Balansae alle dem gleichen Baum gelten.

Der Quebrachobaum kommt nur in Südamerika vor. Sein Hauptgebiet ist Argentinien, Paraguay und Bolivien; auf Argentinien entfällt der größte Anteil, und zwar auf dessen nördliche Provinzen. Die Größe des gesamten Quebrachogebietes beträgt 675000 qkm.

Abb. 14. Schinopsis Balansae Engl. in Blüte. (Quebracho colorado Chaqueno.)

Der ganze Landstrich ist eben, steinlos und stellenweise sehr trokken. Das Klima ist ein Übergangsklima vom rein tropischen zum subtropischen. Die mittlere Sommertemperatur beträgt 24 bis 28°. Im Winter sinkt die Temperatur selten unter 12°. Das Gebiet ist sehr dünn bevölkert.

Im Ursprungslande des Quebrachobaumes unterscheidet man das rote Quebrachoholz (Quebracho colorado) und das weiße Quebrachoholz (Quebracho blanco). Beim roten Quebrachoholz werden wiederum zwei Sorten unterschieden, die durch die Herkunft des Holzes bedingt sind: der Quebracho Chaqueno aus dem nördlichen und östlichen Argentinien und Paraguay und Quebracho Santiagueno aus dem Gebiet der westlichen Bahnlinien. Die letztgenannten Hölzer sind stärker gefärbt, auch dichter und härter als die ersteren. Quebracho Santiagueno hat gefiederte Blätter, das spezifische Gewicht seines Holzes ist 1,1 bis 1,2. Das Chacoholz hat ein spezifisches Gewicht von 1,3 bis 1,4, sein Gerbstoffgehalt ist 2 bis 5% höher. Die Blätter des Baumes stehen einzeln. Zur Herstellung von Extrakten wird fast nur Quebracho Chaqueno verwendet.

Abb. 15. Schinopsis Lorentzii Engl. in Blüte. (Quebracho Santiaguena.)

Die Quebrachobäume, die unter günstigen Bedingungen heranwachsen, erreichen eine Höhe von etwa 20 m. Der astfreie Stamm wird 6 bis 8 m hoch und bildet dann eine stark verzweigte, weit ausholende Krone. Infolgedessen bildet der Baum keine zusammenhängenden Wälder von der Art unserer Forste, sondern kleine Baumgruppen, die in mehr oder weniger großen Zwischenräumen voneinander aufwachsen. Der Quebrachobaum ist ein immergrüner Baum. Seine Blätter sind lederartig und dunkelgrün. Er gedeiht fast nur in ebenem Gelände. Die besten Bestände wachsen in Breitengraden, wo die Temperatur im Sommer 40° nicht übersteigt.

Das Quebrachoholz ist sehr hart. Dieser Eigenschaft verdankt es seinen

Namen. Quebracho bedeutet „Axtbrecher“ (das spanische quebrar = brechen und hacha = Axt). Es hat seiner vorzüglichen Eigenschaften wegen in Südamerika die verschiedenartigste Verwendung zu Bauten und Holzarbeiten gefunden. Schon vor der Einführung in Europa benützten amerikanische Gerber Quebrachoholz in geraspelter Form und als Sägemehl zum Gerben.

Quebrachobäume schwitzen einen Saft aus, der zu einer harzähnlichen, spröden, dunklen Masse eintrocknet. Auch in Rissen und Sprüngen von trockenem Quebrachoholz findet man diese Masse eingelagert. Es handelt sich dabei um nichts anderes als einen natürlichen Quebrachoextrakt.

Der Gerbstoffgehalt des Quebrachoholzes ist wie bei allen gerbstoffführenden Hölzern im Kernholz und Splintholz verschieden. Das Kernholz ist gerbstoffreicher. Eitner hat an Schnitten eines Stammes aus der Gegend von St. Fé folgende Gerbstoffverteilung festgestellt (Tabelle 22a und b):

Tabelle 22.

a) Unterer Stammabschnitt mit 30 mm Durchmesser.

Teile des Holzes	Splint	Mittelholz	Kern
Gewicht	166 g	328 g	162 g
Gesamtextrakt	7,12%	24,23%	24,20%
Gerbstoff	3,43%	21,63%	22,73%
Nichtgerbstoffe	3,69%	2,60%	1,47%

Durchschnittlicher Gerbstoffgehalt des Gesamtholzes 17,29%
„ „ „ Mittel- und Kernholzes . 22,20%

b) Oberer Stammabschnitt mit 245 mm Durchmesser.

Teile des Holzes	Splint	Mittelholz	Kern
Gewicht	182 g	183 g	87 g
Gesamtextrakt	8,05%	25,05%	23,45%
Gerbstoff	3,63%	23,43%	22,53%
Nichtgerbstoffe	4,42%	1,62%	0,92%

Durchschnittlicher Gerbstoffgehalt des Gesamtholzes 15,29%
„ „ „ Mittel- und Kernholzes . 23,15%

Das Splintholz ist also viel gerbstoffärmer als das Kernholz. Deshalb wird zur Herstellung von Quebrachoextrakten das Splintholz zugleich mit der ebenfalls sehr gerbstoffarmen Rinde entfernt.

Nach Vogel (*2*) ist die Verteilung des Gerbstoffes auf Rinde, Splint und Kernholz im Quebracho Chaqueno folgende (Tabelle 23):

Tabelle 23. Verteilung des Gerbstoffes in Holz und Rinde von Quebracho Chaqueno.

	Kern %	Splint %	Rinde %
Gerbstoff	20,0	2,2	4,5
Nichtgerbstoffe	1,5	2,0	1,7
Unlösliches	59,5	53,3	81,4
Wasser	19,0	42,5	12,4
	100,0	100,0	100,0

Der Gerbstoffgehalt der Quebrachobäume ändert sich mit dem Alter. Die jungen dünnen Bäume sind gerbstoffreicher als die alten, stärkeren. Gegen die Wurzel hin reichert sich der Gerbstoff an. Pollak (*1*) gibt für die Zusammensetzung verschieden starker Stämme die in Tabelle 24 (S. 42) aufgeführten Werte an.

Ob die Farbe des Holzes mit einem hohen oder niedrigen Gerbstoffgehalt zusammenhängt, ist früher häufig erörtert worden. Die Farbe gibt kein Maß für den Gerbstoffgehalt, jedenfalls nicht Farbtönungen zwischen rot und orange. Nur schwarzes Holz, das durch Fäulnis verdorben wurde, zeigt wesentlich niedrigere Gerbstoffgehalte. Dies zeigen auch Untersuchungen von Pollak aus dem Jahre 1918 (Tabelle 25).

Tabelle 24. Gerbstoffverteilung im Stamm von Quebrachobäumen.

		Gerbstoff %	Nichtgerbstoff %	Wasser %
Dicker Stamm	unten	21,53	1,7	10,6
	Mitte	21,00	1,6	10,8
	oben	19,50	2,6	10,3
Mittlerer Stamm	unten	21,90	2,2	10,2
	Mitte	21,70	2,2	10,6
	oben	20,00	2,1	9,5
Dünner Stamm	unten	21,50	1,8	10,2
	Mitte	24,20	2,3	10,2
	oben	24,10	2,3	10,2

Auch v. Schröder (S. 190) kam bei der Untersuchung von hellrotem und dunkelrotem Quebrachoholz zu dem Ergebnis, daß ein wesentlicher Unterschied im Gerbstoffgehalt zwischen verschieden gefärbten Hölzern nicht nachweisbar ist.

Als mittlerer Gerbstoffgehalt des Quebrachoholzes darf ein Wert von 20 bis 21% angenommen werden. So gibt z. B. die Freiberger Versuchsanstalt den Durchschnittswert von neun (im Gerbstoffgehalt zwischen 17,3 und 24,5% schwankenden)

Tabelle 25. Zusammensetzung verschieden gefärbter Quebrachohölzer.

Farbe des Holzes	Löslicher Gerbstoff %	Löslicher Nichtgerbstoff %	Feuchtigkeit %	Unlösliches %
Rote Schnittfläche	25,0	1,5	19,8	53.7
Gelbe Schnittfläche	24.5	1,5	16,9	57,1
Schwarzes faules Holz	15,4	1,3	15,8	67,5

Proben des Jahres 1928 mit 20,7% an. Dabei ist interessant, daß dieser Mittelwert eigentlich seit 30 Jahren in der Literatur fast unverändert zu finden ist.

v. Schröder (S. 184) hat über den Feuchtigkeitsgehalt des Quebrachoholzes Untersuchungen angestellt. Er stellte den Feuchtigkeitsgehalt zu allen Monaten des Jahres fest und kam zu folgenden Monatsmittelwerten:

Januar	16,97%	Juli	13,14%
Februar	16,52%	August	13,28%
März	16,65%	September	13,64%
April	13,89%	Oktober	14,16%
Mai	13,14%	November	14,58%
Juni	12,26%	Dezember	14,88%.

Diese Angaben von Schröder scheinen sich auf geraspeltes Holz zu be ziehen. Der durchschnittliche Wassergehalt kann mit etwa 17,5% angenommen werden.

Siehe auch die Angaben über den Feuchtigkeitsgehalt von Quebrachoholz im Abschnitt über Extraktgewinnung.

Das Quebrachoholz wird entweder im Ursprungslande selbst auf Extrakte verarbeitet oder aber in Blöcken nach Europa versandt und dort zur Herstellung von Quebrachoextrakt verwendet. Die Gewinnung des Quebrachoholzes und seine Verarbeitung auf Extrakt ist im Abschnitt über Extraktherstellung (siehe S. 265 u. S. 354 dieses Bandes) eingehend beschrieben.

Die aus dem Quebrachoholz extrahierten Stoffe sind ein Gemisch von löslichen und unlöslichen Produkten mit gerbenden, färbenden und nichtgerbenden

Eigenschaften. Löst man gewöhnlichen Quebrachoextrakt in heißem Wasser und läßt die Lösung einige Zeit stehen, so scheiden sich beim Erkalten der Lösung Stoffe aus, die als braunroter Satz zu Boden sinken. Dieser Satz besteht aus schwerlöslichen Gerbstoffen und Nichtgerbstoffen, deren chemische Natur noch unbestimmt ist. Farbstoffe enthält sowohl der leichtlösliche wie der schwerlösliche Anteil. Bei der Verwendung solcher Quebrachobrühen würde stets viel Schlamm entstehen und erhebliche Gerbstoffverluste wären die Folge.

Man war deshalb schon frühzeitig bestrebt, den schwer löslichen Anteil in leichtlösliche Stoffe überzuführen. Einfaches Klären wäre gleichbedeutend mit Gerbstoffverlusten. Man griff deshalb zu einem chemischen Mittel und erreichte durch Sulfitierung, daß die schwerlöslichen Anteile löslich wurden. Solche sulfitierten Quebrachoextrakte enthalten auch die schwerlöslichen Anteile in einer Form, die in kaltem Wasser löslich ist. Man nennt sie daher auch kaltlösliche Quebrachoextrakte zum Unterschied von natürlichen, d. h. nicht sulfitierten, warmlöslichen Extrakten. Über den chemischen Vorgang der Sulfitierung siehe S. 145. Die Praxis der Sulfitierung ist im Abschnitt „Herstellung von Extrakten" besprochen.

Früher wurden in Argentinien nur natürliche Quebrachoextrakte hergestellt. Im Jahre 1905 erwarb die „Forestal" das Sulfitierungspatent für Argentinien. Der erste kaltlösliche Quebrachoextrakt war der Crown-Extrakt. Heute werden beide Sorten Extrakt hergestellt. Die Herstellung von Quebrachoextrakt in Deutschland aus eingeführtem Holz hat in den letzten Jahren wieder zugenommen. In Argentinien werden heute jährlich 150000 bis 200000 Tonnen, in Paraguay etwa 65000 Tonnen Extrakt hergestellt.

Verwendung von Quebracho. Heute wird Quebracho fast nur noch in Form von Quebrachoextrakt als Gerbmittel verwendet. Die früher hier und dort übliche Benutzung von Quebrachospänen als Versatzmaterial wird in Deutschland kaum mehr zu finden sein. Dagegen werden in Deutschland, wie schon erwähnt, Quebrachoextrakte hergestellt, und zwar hauptsächlich in flüssiger Form. Die Masse des Quebrachoextraktes wird natürlich nach wie vor von Südamerika eingeführt.

Quebrachoextrakt ist heute noch der in Deutschland am meisten verwendete Gerbextrakt. Quebracho wird selten allein zum Gerben verwendet, weil er dem Leder eine unerwünscht rötliche Färbung gibt, die außerdem an der Luft nachdunkelt. Dazu kommt, daß der sulfitierte Quebrachoextrakt das Leder leer läßt.

Zwischen dem Gerbeffekt des nicht sulfitierten natürlichen und dem des sulfitierten Quebrachoextraktes bestehen merkliche Unterschiede (Franke). Die nicht sulfitierten Extrakte geben ein Leder von weit höherem Gewicht als die sulfitierten Extrakte. Je höher der Sulfitierungsgrad des Quebrachoextraktes, um so rascher gerbt er zwar durch, aber um so leerer ist das mit ihm gegerbte Leder. Franke fand bei seinen Versuchen bei der Gerbung von Hautpulver mit sulfitiertem Extrakt eine Gewichtszunahme von 68,53%, bei der Gerbung mit nicht sulfitiertem Extrakt eine solche von 97,25%. Von anderer Seite wurde dieser Anschauung widersprochen.

Quebracho wird vorzugsweise im Gemisch mit zuckerreichen Gerbmitteln verwendet, da er infolge seiner Zuckerarmut kein Säurebildner ist. Stark sulfitierte Quebrachoextrakte scheinen die Gärung auch von zuckerreichen Gerbmitteln zu erschweren.

Besonders stark sulfitierte Extrakte, wie z. B. der unter dem Namen „Mimosa D" im Handel erscheinende Quebrachoextrakt, haben eine bleichende Wirkung und finden zur Herstellung weicher heller Leder Verwendung.

Die Verwendung unbehandelter, natürlicher Quebrachoextrakte empfiehlt sich nicht. Einmal ist ihre Verwendung mit bedeutenden Gerbstoffverlusten verbunden; außerdem gerben sie schlecht. Sie füllen die äußeren Schichten der Haut, so daß eine sog. „Totgerbung“ eintritt und der Gerbstoff in die inneren Schichten der Haut nicht eindringen kann. Unbehandelte Quebrachoextrakte geben dem Leder ferner eine unerfreuliche dunkelrote Farbe.

Die rote Farbe von Quebrachobrühen läßt sich besonders durch Zusatz von Dividivi oder auch Myrobalanen abschwächen und verbessern.

3. Urunday.

In der letzten Zeit ist im südamerikanischen Quebrachogebiet als eine Art Ersatz für das allmählich knapper werdende Quebrachoholz das Urundayholz zur Extraktgewinnung herangezogen worden. Seit etwa vier Jahren kommt Urundayextrakt in beschränktem Umfang in den Handel.

Wie der Quebracho colorado gehört der Urunday (Urunday pardo, Astronium Balansae Engl.) zur Familie der Anacardiaceen. Sonstige in Argentinien vorkommende Urunday-Arten sind nach Vogel (*4*) Urunday pichai, der botanisch ebenfalls zur Gattung Astronium gerechnet wird, und der Urunday

Abb. 16. Quebracho und Urunday. Das linke Bild stellt die Blätter des Quebrachobaumes, das rechte die des Urundaybaumes vor.

blanco (Diplokeleba floribunda Brown), der zu den Sapindaceen gehört. Für die Extraktgewinnung kommt nur Urunday pardo in Betracht.

Urunday pardo und Quebracho colorado chaqueno sind sich im Aussehen so ähnlich, daß man beide kaum voneinander unterscheiden kann. Der Stamm des ersteren ist mitunter höher und nicht so dick wie der Quebrachostamm. Auch die Hölzer beider Bäume sind sich sehr ähnlich. Der Kern des Stammes ist hart und von rotbrauner Farbe; er ist von weichem, hellem Splintholz umgeben, das von einer ziemlich dicken, rissigen, braunen Rinde umschlossen ist. An der Rinde kann man Urunday- von Quebrachobäumen unterscheiden. Urundayrinde hat weniger Borke. Das Kernholz von Urunday ist mehr bräunlich als Quebrachoholz und dunkelt am Licht und in der Luft rascher nach. Die Holzadern laufen bei Urunday geradlinig, bei Quebracho gekrümmt. Die Blätter des Urunday pardo sind immer grün, lanzettförmig und unpaarig gefiedert; im Gegensatz zu den glattrandigen Quebrachoblättern sind sie gezackt.

Der Urunday treibt sehr leicht neue Schößlinge aus der Wurzel. Sogar abgeschlagene dünne Äste wachsen leicht an, wenn man sie in die Erde steckt. Für eine Nachpflanzung von Urunday ist dies von großer Bedeutung.

Im allgemeinen ist Urunday überall da zu finden, wo man Quebracho trifft. Einige Ausnahmen (z. B. die Provinzen St. Fé und Santiago del Estero, wo er nicht vorkommt) sind ohne Bedeutung. Auch Urunday bildet keine zusammenhängenden Wälder, sondern wächst einzeln oder in kleinen Gruppen. Ein Unterschied gegenüber Quebracho besteht darin, daß Urunday mit Vorliebe auf hochgelegenem Kamp wächst.

Urundayholz ist ebenso hart und gegen Feuchtigkeit widerstandsfähig wie Quebrachoholz. Den Gerbstoffgehalt des Holzes und seine Verteilung auf die einzelnen Teile des Stammes gibt Vogel (*4*) wie folgt an (Tabelle 26):

Tabelle 26. Zusammensetzung von Urundayholz.

	Kern %	Splint %	Rinde %
Gerbstoff	14,4	1,4	12,4
Nichtgerbstoffe . .	1,5	1,2	3,3
Unlösliches. . . .	65,1	54,9	71,9
Wasser	19,0	42,5	12,4

Die Gerbstoffgehalte des Urundayholzes schwanken nach Vogel zwischen 11 und 16%. Der Durchschnitt scheint zwischen 13 und 14% zu liegen. Das Urundayholz steht somit dem Quebrachoholz an Gerbstoffgehalt beträchtlich nach. Dagegen ist Urundayrinde etwa dreimal so gerbstoffreich wie Quebrachorinde.

Die Verarbeitung auf Extrakt ist die gleiche wie bei Quebracho. Aus 100 kg Urundayholz erhält man aber nur 20 kg festen Extrakt. Ebenso wie Quebrachoextrakt kommt Urundayextrakt als natürlicher und als sulfitierter Extrakt in den Handel.

Mit den uns zur Zeit zur Verfügung stehenden analytischen Mitteln ist es nicht möglich, Urundaygerbstoff vom Quebrachogerbstoff zu unterscheiden. Auch die mit natürlichem Quebrachoextrakt und mit natürlichem Urundayextrakt gegerbten Leder unterscheiden sich nur ganz wenig in der Farbe. Allerdings wird Urunday beim Belichten braun, während Quebracho seinen rötlichen Ton auch beim Dunkelwerden beibehält. Zwischen den mit natürlichem und den mit sulfitiertem Urundayextrakt gegerbten Ledern besteht kein Unterschied im Gegensatz zu der Gerbwirkung der natürlichen und sulfitierten Quebrachoextrakte.

Urundayextrakt gibt ein festeres Leder als Quebrachoextrakt. Das Rendement soll höher sein. Ob Urundayextrakt ohne weiteres an Stelle von Quebrachoextrakt verwendbar ist, müssen erst die Erfahrungen der praktischen Gerberei lehren. Es ist jedenfalls damit zu rechnen, daß die Quebrachoextrakte Südamerikas mit der Zeit viel Urundayextrakt enthalten werden. Bis jetzt hat es nicht den Anschein, daß hieraus für die Gerberei empfindliche Nachteile entstehen würden.

4. Fichtenrinde.

Die Fichtenrinde ist nebst der Eichenrinde das wichtigste der in Mitteleuropa von der Natur gelieferten Gerbmittel. Erst die während des Weltkrieges fühlbar werdende Gerbstoffnot hat der Fichtenrinde unter den Gerbstoffmitteln den Platz zugewiesen, der ihr ihrer Bedeutung nach zukommt. Viele Gerber haben diese Rinde erst während des Krieges richtig kennen und schätzen gelernt und dadurch auch nach Kriegsende ihre Verwendung beibehalten. Vor dem Kriege war die Verarbeitung von Fichtenrinde in der Gerberei in Deutschland keineswegs allgemein, obwohl v. Schröder schon vor 50 Jahren auf die große Bedeutung dieses Gerbmittels hingewiesen hat. In Österreich und in Ungarn wird die Fichtenrinde seit langer Zeit in großem Umfang zum Gerben verwendet.

In noch weit größerem Ausmaß als in Deutschland sind in Rußland ungeheure Fichtenrindebestände unbenutzt, so daß auch in diesem Land Mangel an greifbarer Fichtenrinde herrscht.

Die Fichtenrinde ist die Rinde der Fichte oder Rottanne (Abies excelsa oder Picea vulgaris), die wohl als der verbreitetste Baum Deutschlands angesehen werden kann. Sie ist zu unterscheiden von Abies pectinata, der Edel- oder Weißtanne, die für gerberische Zwecke kaum in Betracht kommt. Die einzelnen Abarten der Fichte haben für den Gerber keine Bedeutung. Außer der genannten Art ist in Europa eigentlich nur noch Picea omorica auf dem Balkan anzutreffen, während es in Nordamerika sieben, in Asien 13 Fichtenarten gibt (Neger).

Abb. 17. Alte, stark borkige Fichtenrinde (rechts) und junge Fichtenrinde mit wenig Borke (links).

Die Fichte ist fast in ganz Europa verbreitet. Man findet sie vom 44. bis zum 68. Grad nördlicher Breite von den Pyrenäen bis zum Ural. Über die ungeheuren Bestände an Fichten und damit an Fichtenrinde wird man sich erst klar, wenn man bedenkt, daß ganze Gebirge, wie Riesengebirge, Harz, Thüringer Wald, Erzgebirge, Fichtelgebirge, Böhmer Wald, Bayerischer Wald, Alpen, Karpathen, Sudeten usw. ganz oder teilweise von Fichtenwäldern bedeckt sind. Die Fichte gedeiht am besten in sandigem Lehm und in feuchter Luft. Auf nassem Moorboden ist sie nicht zu finden. Das Aussehen der Fichte darf als allgemein bekannt gelten und kann hier unbesprochen bleiben.

Vielfach wird die Rinde von im Winter gefällten Stämmen gleich abgeschnitzt. Diese sog. Reppelrinde hat infolge des ihr anhaftenden Holzes einen zu geringen Gerbstoffgehalt, als daß sie für Gerbereizwecke Verwendung finden könnte. Sie bleibt meist im Wald liegen und verfault.

Tabelle 27. Durch Regen aus Fichtenrinde ausgewaschene Gerbstoffmengen.

	Fleischseite oben %	Borke oben %
Nach 7 Tagen .	14,5	—
„ 27 „ .	55,0	6,4
„ 63 „ .	60,2	16,0
„ 77 „ .	64,7	24,2

v. Schröder hat den Einfluß des Regens auf den Gerbstoffgehalt der Fichtenrinde untersucht und folgendes ermittelt (Tabelle 27):

Bei der Fichte ist nur die Rinde gerbstoffhaltig. Der nur Bruchteile eines Prozentes betragende Gerbstoffgehalt des Holzes ist gänzlich bedeutungslos. Der Gerbstoffgehalt der Fichtenrinde ist in erster Linie von der Menge der sich im Alter bildenden Borke abhängig. Die Borke enthält nur wenig Gerbstoff und je weniger Borke an der Rinde ist, desto gerbstoffreicher ist sie. Der Hauptanteil des Gerbstoffes ist im Rindenfleisch enthalten. Paeßler hat die Gerbstoffverteilung innerhalb der borkenreichen Rinde festgestellt (siehe Tabelle 28, nächste Seite).

Ein Entborken von Fichtenrinde kommt nicht in Frage, da die Rinde die entstehenden Kosten nicht tragen könnte. Es ist zweckmäßig, stark borkige Rinde von alten Bäumen nicht zu kaufen.

Der Gerbstoffgehalt der Rinde ist, falls sie borkefrei ist, in den verschiedenen Höhen der Stämme annähernd gleich. Auch der Wechsel der Jahreszeit übt auf den Gerbstoffgehalt keinen Einfluß aus. Dagegen ist der Gerbstoffgehalt

Tabelle 28. Verteilung des Gerbstoffes in der Fichtenrinde.

	Anteil an der Rinde %	Gerbstoffgehalt %
Reines Fleisch	30	9,5
Mittelstück (Fleisch und Borke nicht trennbar)	40	7,8
Reine Borke	30	2,4
Ganze Rinde	100	7,3

der Rinde vom Alter der Bäume abhängig. Jakimow und Anikin haben hierüber eingehende Untersuchungen angestellt: die Zusammensetzung der Rinde verschiedenen Alters mit den gleichen Wachstumsverhältnissen geben sie wie folgt an (Tabelle 29):

Tabelle 29. Einfluß des Alters auf die Zusammensetzung der Fichtenrinde.

Alter	Gesamtlösliches	Gerbstoff	Nichtgerbstoffe	Verhältnis Gerbstoff : Nichtgerbstoffe
40 Jahre	21,9	11,0	10,9	1,01
60 „	20,2	10,7	9,5	1,12
80 „	20,3	10,5	9,8	1,07
100 „	20,2	10,0	10,2	0,98
120 „	18,2	8,9	9,3	0,95
160 „	7,5	3,9	3,6	1,08

Man sieht, daß der Gerbstoffgehalt der Rinde mit dem Alter des Baumes abnimmt. Die gleichen Verfasser haben beobachtet, daß unter besonderen Wachstumsverhältnissen der Gerbstoffgehalt der Rinde mit der Höhe des Stammes zunimmt, im Gegensatz zu der bereits erwähnten im allgemeinen beobachteten Erscheinung, daß die Lage der Rinde am Stamm ohne wesentlichen Einfluß auf den Gerbstoffgehalt ist.

Einen Mittelwert für den Gerbstoffgehalt der gehandelten Fichtenrinde anzugeben, ist recht schwer. Die Freiberger Versuchsanstalt gibt auf Grund der im Jahre 1928 ausgeführten Untersuchungen folgende durchschnittliche Zusammensetzung der Fichtenrinde an (Tabelle 30):

Tabelle 30. Durchschnittliche Zusammensetzung der Fichtenrinde.

	Mittel %	Mindestgehalt %	Höchstgehalt %
Gerbstoff	13,1	10,5	18,0
Nichtgerbstoffe	7,2	—	—
Unlösliches	65,2		
Wasser	14,5		

Dieser Gerbstoffgehalt als Durchschnittswert ist wohl etwas sehr hoch. In seiner Arbeit über die Fichtenrinde aus dem Jahre 1917 gibt Paeßler (*10*) als Durchschnittsgehalt 11,5% (mit Grenzen 7 bis 18%) an. Im allgemeinen darf man den mittleren Gerbstoffgehalt der Fichtenrinde wohl mit 12% ansetzen.

Der Gehalt an traubenzuckerartigen Stoffen der Fichtenrinde beträgt 3,5%, an rohrzuckerartigen Stoffen 1,5%, insgesamt also 5%.

Auf 100 Teile Gerbstoff entfallen:

Traubenzuckerartige Stoffe	30%
Rohrzuckerartige Stoffe	13%

Die Fichtenrinde ist das zuckerreichste aller bekannten Gerbmittel. Das ist für ihre Verwendung von großer Wichtigkeit.

Entgegen vielen Angaben in der Literatur besteht im Gerbstoffgehalt der Fichtenrinde aus verschiedenen Ländern ein merklicher Unterschied. Rinde aus Steiermark und Oberösterreich zeichnet sich im allgemeinen durch einen höheren Gerbstoffgehalt aus als viele deutsche Fichtenrinden. Sehr charakteristisch für den schwankenden Gerbstoffgehalt ist die Zusammenstellung der Untersuchungen, die Smaic und Wladika in den Jahren 1914 bis 1918 an Fichtenrinden verschiedener Herkunft ausgeführt haben.

Tabelle 31. Gerbstoffgehalt verschiedener Fichtenrinden (Smaic u. Wladika).

Jahr	Rindenart	Feuchtigkeit %	Gerbstoff %	Nichtgerbstoffe %
1914	Rinde aus Oberösterreich	15,00	13,6	10,22
1915	„ „ Steiermark	12,68	14,71	11,26
	„ „ Böhmen	14,49	9,44	8,65
	„ unbekannter Herkunft	14,05	3,14	7,36
	„ „ „	19,90	0,5	5,52
	„ aus Südböhmen	15,81	9,0	—
	„ „ der Bukowina	15,00	6,72	—
	„ „ „ Slowakei	13,94	4,64	7,11
1916	„ „ Norditalien	12,85	12,46	7,23
	„ „ Böhmen	10,81	10,66	10,91
	„ „ „	12,63	14,36	9,20
1917	„ „ Westböhmen	11,42	15,71	12,00
	„ „ „	47,36	8,91	4,49
	„ „ Nordböhmen	9,66	15,83	12,67
1918	„ unbekannter Herkunft	9,28	5,96	5,54
	„ „ „	9,90	14,18	12,31
	„ „ „	10,59	3,31	3,29
	„ „ „	10,42	3,04	2,49
	„ „ „	11,45	14,00	14,21
	„ aus Ungarn	10,78	11,78	9,47
	„ „ „	12,30	18,65	12,62
	„ unbekannter Herkunft	10,74	15,46	14,46

Andererseits können unter den Rinden ein und desselben Reviers ganz beträchtliche Schwankungen im Gerbstoffgehalt festgestellt werden. So hat Councler von 102 Rinden eines Harzer Forstreviers den Gerbstoffgehalt ermittelt. Er fand Werte, die zwischen 5,4 und 17,5% schwankten. Man muß daher mit dem Urteil über den Wert der Rinden aus den verschiedenen Ländern sehr vorsichtig sein. Jedenfalls geben die früher vom Tharandter Laboratorium angegebenen Durchschnittswerte für den Gerbstoffgehalt der Rinden der verschiedenen Länder kein richtiges Bild. (Siehe Tabelle 32.)

Tabelle 32. Gerbstoffgehalt von Fichtenrinde verschiedener Herkunft (nach Angaben des ehem. Tharandter Laboratoriums).

	Durchschnittl. Gerbstoffgehalt %	Mindestgehalt %	Höchstgehalt %
Bayern	12,1	9,9	15,0
Sachsen	11,5	7,2	14,9
Schlesien	11,6	9,5	13,0
Thüringen	10,6	9,3	13,0
Böhmen	11,9	8,5	14,0
Kärnten, Steiermark	11,5	8,2	13,2
Ungarn, Galizien	11,8	10,5	12,9

Nach diesen Angaben besteht zwischen den einzelnen Herkunftsgebieten eigentlich kein Unterschied. Tatsächlich läßt sich aber an Rinden österreichischer Herkunft fast immer ein hoher, d. h. über dem angegebenen Durchschnittswert liegender Gerbstoffgehalt feststellen. Verfasser dieses hat bei zahlreichen Proben steierischer und kärntner Rinde nur ganz selten einen Gerbstoffgehalt festgestellt, der unter 13% lag (bei 15% Wasser). Die Nichtgerbstoffmengen lagen zwischen 7 und 8,5%.

Die Beurteilung von Fichtenrinde lediglich nach dem Augenschein führt leicht zu Täuschungen. Ein klares Bild über den Wert der Rinde gibt nur die Analyse. Immerhin können für die äußere Beurteilung einer Fichtenrinde folgende Anhaltspunkte dienen: Wie schon erwähnt, ist eine Rinde um so besser, je weniger Borke sie enthält, je dicker die Fleischschicht und je heller die Farbe ist. Von zwei Rinden, die gleichmäßig borkefrei oder borkearm sind, wird immer die stärkere besser sein, d. h. mehr Gerbstoff enthalten. Ganz dünnfleischige Rinden werden, auch wenn sie borkefrei sind, meist gerbstoffarm sein. Fichtenlohen sind ebenso zu beurteilen.

Die gute Fichtenrinde hat nicht nur einen höheren Gerbwert als die schlechte Rinde, sie besitzt auch in größerem Maße die Fähigkeit, Säuren zu bilden, da nach den Untersuchungen v. Schröders der Zuckergehalt der Fichtenrinde mit dem Gerbstoffgehalt steigt.

Tabelle 33. Verhältnis zwischen Gerbstoff- und Zuckergehalt von Fichtenrinde.

	Bei einem Gerbstoffgehalt von %	Traubenzuckerartige Stoffe %	Auf 100 Teile Gerbstoff enthalten traubenzuckerartige Stoffe %
	9,5	2,7	28
	10,4	3,0	29
	11,3	3,4	30
	12,5	3,7	30
	13,1	4,5	35
Mittel:	11,5	3,5	30

Helle Fichtenrinden enthalten deshalb fast immer mehr Zuckerstoffe als dunkle.

Über die Borkenbildung der Fichtenrinde ist noch zu sagen, daß auf einem guten, tiefgründigen, nährstoffreichen Boden mit genügender Feuchtigkeit Fichten wachsen, deren Rinden sich kräftig entwickeln. Das Fleisch der Rinde wird dick und gerbstoffreich, die Borke bildet sich erst in späterem Alter und nur in geringem Maße. Man findet auf solchen Böden Fichten, deren Rinden im Alter von 60 bis 80 Jahren auf dem ganzen Stamm rot aussehen und fast ganz borkefrei und glatt sind. Diese Rinden sind die besten und gerbstoffreichsten. Dagegen zeigt sich bei Fichten, die auf magerem, steinigem und trockenem Boden stehen, schon in jungem Alter eine starke Borkebildung. Das Fleisch der Rinden solcher Stämme bleibt dünn und gerbstoffarm.

Fichtenrindenextrakte. In Ungarn wurden schon im Jahre 1882 aus Fichtenrinde Extrakte hergestellt (Erste ungarische Extraktfabrik von Adolf Hasz in Lipto-Ujvar in Ungarn). Die damaligen Fichtenrindenextrakte hatten eine wenig vorteilhafte Zusammensetzung, was in erster Linie durch die mangelhafte Herstellungsweise bedingt war. In neuerer Zeit hat man durch sachgemäße Auslaugung (Vermeidung zu hoher Hitzegrade) diesem Übelstand abgeholfen. Die Herstellung fester Fichtenrindenextrakte (in Pulverform) bedeutete einen weiteren Fortschritt. Weiteres über Fichtenrindenextrakt siehe im Abschnitt über die Extraktherstellung.

Verwendung der Fichtenrinde und Fichtenrindenextrakte. Die Fichtenrinde ist neben der Eichenrinde das wichtigste einheimische Gerbmittel. Der spezifische Wert der Fichtenrinde als Gerbmittel besteht in ihrem hohen Gehalt an Zuckerstoffen, die als Säurebildner für den Gerbprozeß von großer Wichtigkeit sind. Es wird später gezeigt werden, welch ausschlaggebende Rolle der Grad der Säureentwicklung besonders in den ersten Stadien des Gerbvorganges für die Herstellung der verschiedenen Lederarten spielt. In der Fichtenrinde hat der Gerber ein bequemes und sicheres Mittel, den Grad der Säureentwicklung in seinen Gerbbrühen zu beeinflussen. Die Fichtenrinde ist außerdem eines der billigsten Gerbmittel[1].

Ebenso wie der reinen Eichengerbung begegnete man früher auch reiner Fichtengerbung (fichtengare Sohlleder, Fichtenterzen). Heute wird wohl überall nur noch die gemischte Gerbung angewandt. Die Farbe des rein fichtengegerbten Leders ist ebenso hell wie die von reinem Eichenleder, bei Verwendung von guten Rinden sogar noch etwas heller. Wie bei Eichenleder dunkelt die Farbe am Licht etwas nach. Der Schnitt des in reiner Fichtengerbung hergestellten Leders ist dunkel und etwas rötlich. Fichtenrinde läßt sich im Gemisch mit allen Gerbmitteln verwenden. Am vorteilhaftesten ist ihre Verwendung zusammen mit Gerbmitteln wie Quebracho u. dgl., die nur einen geringen oder fast gar keinen Gehalt an Zuckerstoffen haben.

Mitunter kann die starke Neigung der Fichtenrinde zur Säurebildung auch störend sein. Gerade in Betrieben mit reiner Fichtengerbung traten mitunter solche Störungen auf. Eine zu starke Anhäufung von Säure in den Gerbbrühen, besonders in sehr gerbstoffarmen, wirkt ungünstig auf das Leder. Das einfachste Mittel zur Herabsetzung der Säurebildung ist die Anwendung von Hitze bei der Auslaugung der Rinde. In der Hitze werden die der Fichtenrinde anhaftenden Gärungserreger größtenteils abgetötet; dadurch wird die Säurebildung verringert oder, besser gesagt, verzögert. Bei Verwendung der Fichtenrinde im Gemisch mit anderen, zuckerärmeren Gerbmitteln wird die Übersäuerung selten eintreten.

Fichtenrindenbrühen verändern sich beim Stehen. Der Gerbstoffgehalt nimmt infolge Bildung phlobaphenartiger Körper ab. Die Nichtgerbstoffe nehmen infolge der Gärungserscheinungen ebenfalls ab und bilden teils flüchtige, teils nicht flüchtige Säuren.

Tabelle 34. Veränderung von 2proz. Fichtenrindenbrühen beim Stehen (Paeßler).

In 100 ccm	urspr. enthalten g	Nach 6 Tagen g	18 Tagen g	30 Tagen g	60 Tagen g
Gerbstoff	2,14	2,14	2,00	1,91	1,90
Nichtgerbstoffe	1,71	1,65	1,55	1,45	1,18
Gesamtlösliches	3,85	3,79	3,55	3,36	3,08
Unlösliches	0,34	0,40	0,45	0,64	0,80
Gesamtrückstand	4,19	4,19	40,0	4,00	3,88
	%	%	%	%	%
Verlust an Gerbstoff	—	0	7	11	12
„ „ Nichtgerbstoffen	—	4	9	15	31
„ „ Gesamtlöslichem	—	2	8	13	20
Auf 100 Teile gerbende Stoffe entfallen Nichtgerbstoffe	80	77	77	76	62

[1] Die Preise der Fichtenrinde unterliegen allerdings beträchtlichen Schwankungen.

Ein gutes Gerbmittelgemisch ist ein Gemisch von Eichen- und Fichtenrinde, mit dem sich alle Lederarten herstellen lassen. Die Fichtenrinde gleicht dabei den hohen Preis der Eichenrinde aus. Zur Angerbung verwendet man dabei mehr Fichtenrinde, zur Ausgerbung mehr Eichenrinde bzw. ihre Brühen. Die spezifische Wirkung der Fichtenrinde kommt in gleicher Weise zur Geltung, ob die Rinden als Versatzmaterial oder ob ihre dünnen, selbst hergestellten Auszüge verwendet werden. Bei käuflichen Extrakten ist mitunter aus den oben angeführten Gründen das Säurebildungsvermögen geringer.

Fichtenzapfen, Fichtennadeln. Auch die Fichtenzapfen und -nadeln sind gerbstoffhaltig. Die Zapfen enthalten im Mittel etwa 7%, die Nadeln 5% Gerbstoff. Mitunter wurden in Fichtenzapfen allerdings auch 10 und 12% Gerbstoff gefunden. Der Gehalt an Nichtgerbstoffen ist aber so hoch, daß weder Nadeln noch Zapfen als brauchbare Gerbmittel in Frage kommen. Ähnliches gilt auch von Fichtenreisig, das man während des Krieges zum Gerben zu verwenden versuchte. Es hat im Durchschnitt nur 2,5% Gerbstoff.

Fichtenholzauszüge, Celluloseextrakte. Es ist hier die geeignete Stelle, um auf die Handelserzeugnisse kurz einzugehen, welche die Bezeichnung „Fichtenholzauszüge" führen. Diese Bezeichnung ist zum mindesten ungenau. Es handelt sich bei diesen Produkten nicht um Auszüge, die durch Auslaugen von Fichtenholz gewonnen werden, etwa so wie Eichenholz- oder Kastanienholzauszüge. Fichtenholz enthält so wenig Gerbstoff, daß es für die Herstellung solcher Extrakte durch Auslaugen nicht in Frage kommt. Die im Handel erscheinenden Fichtenholzextrakte sind gleichbedeutend mit den sog. Zellstoffauszügen (Celluloseauszügen, Zellstoffablaugen), die mit den eigentlichen Gerbstoffauszügen in keiner Weise gleichwertig sind. Sie werden aus den Abfallaugen der Zellstoffabriken (Sulfitcelluloseablauge) hergestellt.

Bei dem sog. Sulfitverfahren wird die zerkleinerte Holzmasse unter Druck mit einer Lösung von Calciumbisulfit und schwefliger Säure behandelt. Durch längeres Erhitzen wird der Hauptbestandteil des Holzes, die Lignocellulose, in zwei Teile gespalten: die ungelöst bleibende Cellulose und die Ligninsubstanzen, die durch die Einwirkung des Calciumbisulfits in Lösung gehen. Anscheinend verbindet sich die Hauptmenge dieser in Lösung gehenden Substanzen nach Art der Ketone mit Bisulfit zu einem Produkt, das gewöhnlich ligninsulfosaurer Kalk genannt wird (Ost). Die Sulfitablauge enthält ferner verschiedene Zucker, so Dextrose, aus Cellulose oder Hemicellulose stammend, ferner Mannose, nicht vergärbare Xylose, außerdem Essigsäure, Harze und Stickstoffverbindungen. Von der Menge des verarbeiteten Holzes, meist Fichtenholzes, gehen etwa 50% in die Lauge.

Diese Lauge bildet das Ausgangsprodukt für die sog. Fichtenholz- oder Celluloseextrakte, die nach den verschiedensten Verfahren hergestellt werden. Mit den eigentlichen Gerbstoffauszügen haben sie nichts zu tun. Über den Wert dieser Produkte ist sehr viel und oft erbittert gestritten worden. Die Gefahr der Verfälschung der echten Gerbstoffextrakte mit den sehr billigen Celluloseextrakten und die Unzahl der „Erfindungen", die einen „vollwertigen" billigen Ersatz für pflanzliche Gerbstoffe verhießen, hat dazu Veranlassung gegeben. Natürlich und verständlich ist bei dieser Frage die von Haus aus gegnerische Einstellung der Cellulosefabrikanten einerseits und der Hersteller reiner pflanzlicher Gerbstoffextrakte andererseits.

Es unterliegt keinem Zweifel, daß die aus Celluloseablaugen hergestellten Gerbextrakte keine wahren Gerbstoffe enthalten. Sie besitzen nicht die Eigenschaft, für sich allein Haut in ein brauchbares Leder zu verwandeln. Es ist in Vergleich mit dieser Tatsache von untergeordneter Bedeutung, daß die Celluloseextrakte diese oder jene Reaktion aufweisen, die für eine mehr oder weniger vollständige Charakterisierung als Gerbstoff spricht. Jedenfalls ist die Bezeichnung „Fichtenholzauszüge“ für die aus Sulfitlauge hergestellten Produkte nicht am Platz und deshalb irreführend, weil der Nichtfachmann dabei annehmen muß, es handle sich um Auszüge, die den Eichenholz-, Kastanienholz- oder Quebrachoholzauszügen gleichwertig seien.

Die verschiedenen Verfahren zur Verarbeitung der Sulfitablauge sind sehr zahlreich und sollen hier nicht aufgezählt werden (Gnamm). Auch die Verbesserung, daß bei einigen neueren Verfahren der chemische Eingriff in die Ligninsubstanzen gemildert wird, kann niemals dazu führen, aus den Laugen Stoffe zu gewinnen, die in ihrer Wirkung auf die Hautsubstanz echten natürlichen Gerbstoffen gleichkommen, so sehr dies auch von einzelnen Erfindern betont wird. Wäre dies wirklich der Fall, so würde längst kein Gerber mehr die teueren echten Gerbmittel kaufen, sondern sich in weitestem Ausmaß der sehr billigen und in großem Umfang zur Verfügung stehenden Celluloseextrakte bedienen. Daß für einzelne Ledersorten diese Extrakte als Füllmittel mit Nutzen verwendet werden können, ist eine Sache für sich. [Siehe hier die Urteile von Eitner (*6*), Parker (*2*), Thuau, Sody, Paeßler (*11*), Möller, Vié, Lepetit, Wilson.]

Die Celluloseextrakte enthalten gewöhnlich über 20% Ligninsulfosäuren. Diese Verbindungen sind es, die von der Haut aufgenommen werden. Daneben sind in den Extrakten noch etwa 30 bis 40% von Stoffen enthalten, die von der Haut nicht aufgenommen werden. Besonders merkwürdig ist bei den Celluloseauszügen der Einfluß der Konzentration auf das Verhältnis zwischen den von Hautsubstanz aufgenommenen und den nicht aufgenommenen Stoffen, wie Paeßler (*11*) bei seinen Untersuchungen zeigen konnte (Tabelle 35).

Tabelle 35. Aufnahme von Celluloseextrakten durch Hautpulver.

Ansatzmenge auf ein Liter	Filterverfahren		100 ccm Lösung enth. von Hautpulver aufnehmbare Stoffe
	durch Hautpulver aufgenommene Stoffe	durch Hautpulver nicht aufgenommene Stoffe	
g	%	%	g
9,163	27,0	26,9	0,25
13,940	24,6	29,5	0,34
15,884	21,3	33,0	0,35
22,450	16,3	37,8	0,36
27,911	14,4	40,8	0,37
35,000	12,1	43,1	0,43
38,000	10,3	44,3	0,39
41,425	9,8	45,1	0,41
50,000	6,8	48,2	0,33

Je größer die Ansatzmenge, desto höher ist der Gehalt an nicht aufnehmbaren und dementsprechend um so niedriger der Gehalt an aufnehmbaren Stoffen.

Gegen Celluloseextrakte, die ausdrücklich als solche gehandelt werden, ist nichts einzuwenden, zumal ihre Verwendung als Füllmittel nach erfolgter Gerbung mit echten Gerbmitteln durchaus möglich ist und stattfindet. Nur gegen das Auftreten dieser Extrakte unter unklaren Decknamen als „vollwertiger Ersatz“ für echte Gerbstoffe und gegen das Verschneiden echter Gerbstoffauszüge mit Celluloseextrakten ist vom Standpunkt des Gerbers aus Einspruch zu erheben. (Über den Nachweis von Celluloseextrakten siehe analyt. Teil S. 222.)

5. Mangroverinden.

Der Name „Mangrove“ ist nicht etwa die Bezeichnung einer Baumart. Einen Mangrovebaum gibt es nicht. Der Botaniker versteht vielmehr unter „Mangrove“ eine Pflanzenformation. In den tropischen Gebieten sind die Buchten und Flußmündungen von einem Wald- und Buschgürtel umsäumt, der sich im

Bereich der Gezeiten befindet. Der Boden wird entsprechend der Ebbe und Flut abwechselnd vom Meer bedeckt und trockengelegt. Die Gesamtheit der in diesem Gebiet vorkommenden Gewächse nennt man „Mangrove". Der Engländer bezeichnet diese Pflanzenzone mit „tidal forest", d. h. Flutwald. Die Mangrove setzt sich also aus verschiedenen Baumarten zusammen, die verschiedenen Pflanzenklassen angehören können.

Der Gerber versteht unter Mangrove (Mangle, Mango) die meist geschnittene Rinde einiger in der geschilderten Flutzone vorkommenden Bäume, die haupt-

Abb. 18. Mangrove. (Nach Grafe, Handb. d. Warenkunde Band III, 1.)

sächlich im ehemaligen Deutsch-Ostafrika, dem Malaiischen Archipel, in Australien und auf Madagaskar angetroffen werden. Es sind dies Rhizophora mucronata, Rhizophora conjugata (Brugiera gymnorrhiza), Ceriops Candolleana und mitunter Xylocarpus obovatus. Von diesen Baumarten stammt im allgemeinen die Masse des als Mangroverinde bezeichneten Gerbmittels. Außerdem aber sind noch andere, teilweise sehr gerbstoffreiche Rinden mit der Bezeichnung Mangroverinde anzutreffen. In den Malaienstaaten sind etwa 250 englische Quadratmeilen Mangrovewälder vorhanden. Man unterscheidet dort sechs verschiedene Arten, findet aber am häufigsten ebenfalls Rhizophora mucronata. Ein Hektar Wald liefert 18000 bis 20000 kg Rinde. Auch auf den Philippinen sind große Mangrovebestände. Der Rindenertrag wird auf 50000 Tonnen jährlich geschätzt. Auf der Insel Mindora unterscheidet man 21 verschiedene Mangrovearten mit schwankendem Gerbstoffgehalt (6 bis 28%).

Paeßler hat die Rinden der vier zuerst genannten Mangrovearten an Hand zahlreicher Muster aus dem ehemaligen Deutsch-Ostafrika untersucht und für den Gerbstoffgehalt die in Tabelle 36 angegebenen Werte gefunden.

Demnach steht die Rinde von Rhizophora mucronata im Gerbstoffgehalt an erster Stelle. Frühere Angaben gehen bis zu 48%. Die Rinde läßt sich leicht auslaugen. Der größte Teil des Gerbstoffes ist in kaltem Wasser löslich. Laugt man die Rinde warm aus, so scheidet sich beim Abkühlen ziemlich viel Salz ab. Die filtrierte Gerbstofflösung zeigt eine weinrote Farbe. Die Lösung bleibt einige Tage unverändert, dann bildet sich eine schleimige Ausscheidung. Die Rinde enthält keine zuckerartigen Stoffe. Auch die Angaben von Heim und Matrod über die Zusammensetzung der Rinde kommen den Paeßlerschen Werten sehr nahe:

Tabelle 36.
Mangrove aus dem ehem. Deutsch-Ostafrika.

	Mindestgehalt %	Höchstgehalt %	Mittelwert %
Rhizophora	29,3	40,8	36,5
Brugiera	28,4	42,3	35,8
Ceriops	24,2	32,2	25,8
Xylocarpus	26,7	32,5	29,8

Gerbstoff	35,0%
Nichtgerbstoffe	9,3%
Unlösliches	41,0%
Wasser	14,7%.

Über den Gerbstoffgehalt der Rinde von Brugiera gymnorrhiza liegen allerdings verschiedene Angaben vor. Bacon und Gana untersuchten mehrere Rindenproben von den Philippinen und Borneo und fanden folgende Werte (Tabelle 37):

Tabelle 37.
Mangrove von den Philippinen und Borneo.

	Wasser %	Nichtgerbstoffe %	Gerbstoff %
Mindoro (1) Philippinen	13,5	10,8	24,4
„ (2) Philippinen	14,1	10,0	22,9
„ (3) Philippinen	13,2	12,0	20,6
„ (4) Philippinen	14,4	10,7	22,7
Serawak (Borneo)	15,5	9,0	26,7

Die Rinde von Brugiera gymnorrhiza läßt sich leicht zerkleinern und bildet dabei eine ockerfarbige, faserige Masse. Sie läßt sich ohne Schwierigkeit auslaugen. Der größte Teil des Gerbstoffes ist in kaltem Wasser löslich. Die Lösung bleibt nach Heim und Schell 15 Tage unverändert; dann bilden sich federartige Ausscheidungen, die immer mehr zunehmen. Das mit der Rindenbrühe hergestellte Leder besitzt eine mittlere Geschmeidigkeit und eine schwach rötliche Farbe.

Auch die Rinde von Xylocarpus (Carapa obovata) läßt sich bequem auslaugen und bildet rote Lösungen, die längere Zeit klar bleiben. Im Gegensatz zu den beiden anderen Rinden enthält Xylocarpus merkliche Mengen rohrzuckerartiger Stoffe. Die Gerbwirkung der Rinde ist aber trotzdem weniger gut. Die Häute gerben nur schwer durch und das Leder zeigt eine geringe Geschmeidigkeit.

In der Rinde von Ceriops Candolleana fand Busse 42,3%, in der Abart Ceriops Roxburghiana fanden Dunstan und Hoopor 21 bis 23% gerbende Stoffe (Dekker S. 213).

Der Gerbstoffgehalt der Mangroverinden scheint zu allen Zeiten des Jahres annähernd gleich groß zu sein. Der Einfluß des Alters der Bäume auf den Gerbstoffgehalt der Rinden scheint bei Rhizophora mucronata, Brugiera gymnorrhiza und Ceriops eine Rolle zu spielen. Ältere Bäume haben im allgemeinen eine gerbstoffreichere Rinde als jüngere. Coombs und Alcock fanden folgende Gerbstoffwerte in verschieden alten Rinden (Tabelle 38):

Tabelle 38. Beziehungen zwischen Gerbstoffgehalt und Alter von Mangroverinden (Coombs u. Alcock).

	Rhizophora					Brugiera			Ceriops	
Durchmesser . cm	10	20	25	30	40	12,5	22	37,5	10	25
Gerbstoff . . %	28,2	30,3	34,0	38,6	40,4	25,8	29,8	36,4	25,8	32,4

Nach diesen Angaben wächst der Gerbstoffgehalt der Rinden mit dem Alter der Bäume.

Auffallend ist, daß die Rinden der genannten Mangrovebäume, die gegen Ende des Jahres gewonnen werden, ein wesentlich helleres und vor allem weniger rotes Leder liefern als die in der übrigen Jahreszeit geernteten Rinden. Besonders bei den Rinden von Rhizophora und Brugiera ist diese Erscheinung sehr deutlich. Nach Paeßler (*12*) hängt dies damit zusammen, daß in dieser Jahreszeit vielleicht eine bessere und schnellere Trocknung der Rinden möglich ist. Auch Volkens hat festgestellt, daß der rotfärbende Stoff in Mangroverinden von Ostafrika im November und Dezember fehlt. Er bringt diese Erscheinung damit in Zusammenhang, daß die Bäume zu dieser Zeit neue Blätter bilden.

Abb. 19. Mangrove. (Nach Grafe, Handb. d. Warenkunde Band III, 1.)

Die Gewinnung der Rinden erfolgt auf verschiedene Arten. In Niederländisch-Indien werden die Bäume gefällt und dann entrindet. In Ostafrika wird die Rinde abgeschält, ohne daß der Baum gefällt wird, da der Stamm sich nach einiger Zeit wieder mit neuer Rinde bedeckt. Die Rinde wird dann zerkleinert und an der Sonne oder über dem Feuer getrocknet und gepreßt.

Außer von den genannten Arten wird die Rinde folgender Bäume ebenfalls als Mangroverinde gewonnen:

Ceriops Boiviniana. Die zerkleinerte Rinde bildet ockerfarbige Fasern und gibt trübe Brühen mit Satzbildung. Die Extrakte enthalten Zuckerstoffe. Die Zusammensetzung der Rinde ist folgende:

Gerbstoff	23,4%
Nichtgerbstoffe	5,7%
Unlösliches	58,8%
Wasser	12,1%.

Die Farbe des mit der Rinde gegerbten Leders ist rotbraun.

Ceriops tagal Rob. Bacon und Gana fanden Gerbstoffgehalte zwischen 17,0 und 29,3%. Der Baum kommt auf den Philippinen und auf Borneo vor.

Rhizophora Mangle L. Heimat Westindien und Südamerika. Eitner fand in dieser Rinde 22,5 bis 33,5% Gerbstoff. Sie kommt neuerdings auch aus

Bahia als „rote Mangrove" in den Handel. Die Rinde hat eine dichte Struktur, wenig Fasern, ist von kürbisroter Farbe und kann leicht gepulvert werden. Sie wird in kleinen Stücken mit dem Buschmesser abgehackt. Das Ministerium für Ackerbau in Rio de Janeiro gibt folgende Untersuchungsergebnisse an (Tabelle 39):

Tabelle 39. Zusammensetzung der Rinde von Rhizophora Mangle L.

	A	B	C
	%	%	%
Feuchtigkeit . .	14,9	14,8	13,3
Gesamtlösliches .	34,3	37,0	34,9
Gerbstoff	**23,6**	**22,4**	**23,2**
Nichtgerbstoffe .	10,7	14,6	11,7
Unlösliches . . .	50,8	48,2	53,8

Muster A sind Rinden ausgewachsener Bäume aus dem Innern der Allerheiligenbai, Muster B stammt von Bäumen am Kanal Tinhare und C vom Ufer des Flusses Cachoeira in Ilheos.

Die Luftwurzeln der roten Mangrove bestehen aus drei Schichten: der äußeren roten Rinde, der mittleren weißen holzigen Schicht und der inneren rötlichen Markschicht. Die äußere Schicht enthält 18,7, die innere 11,5%, die mittlere keinen Gerbstoff. Das Holz der Stämme enthält nur Spuren von Gerbstoff.

Languncularia Racemosa Gärt. Die Rinde dieses Baumes wird in Brasilien unter dem Namen „weiße Mangrove" (Canapomba) als Gerbmittel verwendet. Verschiedene Gerbereien in Santos verwenden auch die Blätter des Canapomba zum Gerben. Der Gerbstoff sitzt bei der „weißen Mangrove" nicht nur in der Rinde, sondern auch im Holz und in den Blättern. Die letzteren enthalten 13 bis 19% Gerbstoff bei einem Wassergehalt von 14 bis 18%, das Holz enthält etwa 11% und die Rinde 14,5% Gerbstoff. Die weiße Mangroverinde ist dünner als die der roten Mangrove und hat nicht deren färbende Kraft.

Rhizophora racemosa Meyer. Kommt in Neu-Süd-Wales, Mauritius und Guyana vor. Die Rinde enthält im Mittel 28% Gerbstoff.

Avicennia officinalis. Heimat Madagaskar. Rinde läßt sich schwer zerkleinern, läßt sich aber leicht auslaugen. Die Lösung bildet keine Ausscheidungen, nach dem Filtrieren ist die Lösung hellgelbbraun. Spuren von rohrzuckerartigen Stoffen sind vorhanden. Der Gerbstoffgehalt der Rinde ist gering.

Heritiera littoralis. Kommt in Madagaskar vor. Die Rinde ist schwer zu zerkleinern. Die ausgelaugte Lösung bildet beim Abkühlen einen Satz und fadenförmige Ausscheidungen. Die Lösung ist gelbbraun. Zuckerartige Stoffe fehlen. Die Zusammensetzung der Rinde ist:

Gerbstoff	11,6%
Nichtgerbstoffe	6,4%
Unlösliches	69,4%
Wasser	12,6%.

In Madagaskar kommt außerdem unter der Bezeichnung Lovinso eine Mangroverinde vor, die 7,9% Gerbstoff und 6,7% lösliche Nichtgerbstoffe enthält.

Ferner enthält die Rinde von Luminitzera Racemosa 14,9% Gerbstoff neben 3,3% lösliche Nichtgerbstoffe, die Rinde von Terminalia Catapa 13,2% Gerbstoff und 2,2% lösliche Nichtgerbstoffe.

Aus Mangroverinden werden feste und flüssige Extrakte hergestellt, die unter den verschiedensten Namen in den Handel kommen (Tannoina, Saraktan, Kakikutch). In Borneo gibt es mehrere Extraktfabriken. Der feste Extrakt kommt dort in Ballen und Dosen in den Handel. Mangroveextrakt wird nicht selten zur Verfälschung von Quebrachoextrakt benutzt.

Die Mangroverinde hat als Gerbmittel den Nachteil, daß sie dem Leder eine intensiv rote Farbe verleiht. Daß dabei zwischen den einzelnen Rinden Unterschiede bestehen, ist schon erwähnt. Diese Eigenschaft, ein ausgesprochen rotes Leder zu liefern, hält viele Gerber von der Verwendung von Mangroverinden oder ihren Extrakten ab.

6. Mimosarinde.

Unter „Mimosarinde“ versteht man die Rinden zahlreicher Akazienarten, die in den verschiedensten außereuropäischen Ländern vorkommen. Besonders Australien, Südafrika, Indien und die heißen Gegenden Amerikas sind als Heimat der echten Acacia-Arten anzusehen. Das Hauptgebiet der Akazien ist Australien, wo sie unter besonders günstigen Bedingungen gedeihen und den höchsten Gerbstoffgehalt erreichen. Die Schälwaldkultur zur Gewinnung der Akazienrinden spielt in Australien eine große Rolle. Der Wert der Akazienrinden hat auch in anderen Ländern, so in Algier, Südafrika, Südamerika und Kalifornien zur Anlage von Schälwaldungen geführt. Die als Mimosarinde gehandelten Akazienrinden gehören heute zu den wichtigsten Gerbmitteln. In England, wo diese Rinden den Namen „Wattle“, „wattle barks“ haben, wurden sie schon seit den siebziger Jahren des vorigen Jahrhunderts in den Gerbereien verwendet.

Abb. 20. Mimosabäume, 5 Jahre alt.

Die Reihe der verschiedenen Acacia-Arten ist kaum zu übersehen. Je nach dem Gehalt der Rinde unterscheidet man Black Wattle, Silver Wattle und Gold Wattle.

Als „Black Wattle“ wird gewöhnlich die Rinde von Acacia decurrens bezeichnet. Sie ist sehr schwer, schwarzviolett, zeigt selbst an 1 cm dicken Stücken noch kaum Borkebildung und enthält stets über 30% Gerbstoff und viel Stärke. Die Black wattle-Schälwaldungen werden anscheinend nur aus Samen gezogen, die wegen ihrer schweren Schwellbarkeit vorher in Wasser gekocht werden. v. Höhnel nennt die Rinde von A. decurrens „Victoria wattle bark". Zimmermann hat die Rinde von verschieden alten Bäumen untersucht und folgendes festgestellt:

Nach 3½ Jahren 38,1% Gerbstoff und 8,4% Nichtgerbstoffe
„ 5 „ 39,3% „ „ 6,3% „
„ 5½ „ 51,0% „ „ 8,5% „

An Stelle von „Black Wattle" findet sich auch die Bezeichnung „Green Wattle" oder „Sydney Wattle". Sehr nahe verwandt mit Ac. decurrens ist Ac. mollissima, die besonders in Viktoria vorkommt und ebenfalls Black und Green Wattle liefert.

Die mit „Gold Wattle" bezeichnete Mimosarindensorte stammt von Acacia pycnantha und Acacia penninervis. Auch diese Baumarten werden in Schälwaldungen kultiviert. Die Anlagen sollen den 14fachen Ertrag unserer Eichenschälwaldungen liefern. Die sog. „Silver Wattle" ist die Rinde von Acacia dealbata; sie stammt in der Hauptsache aus Tasmanien.

Früher, als in Australien noch die wildwachsenden Baumbestände die Mimosarinde lieferten, schwankte deren Gerbstoffgehalt ganz bedeutend, weil alle möglichen gerbstoffarmen Rinden mit in die Handelsware kamen. Erst seit die Baumarten mit hochwertigen Rinden angepflanzt werden und eine systematische Schälwirtschaft betrieben wird, ist der Gerbstoffgehalt der im Handel erscheinenden Mimosarinden annähernd immer gleich (32 bis 34%). Die Mimosaschälwälder haben vor den Eichenwaldungen den Vorzug, daß sie viel schneller wachsen, so daß man mit einer Umtriebszeit von 5 bis 8 Jahren rechnen kann.

Nachdem die wichtigsten Akazienarten aufgeführt sind, soll hier zunächst eine Übersicht über die in Australien vorkommenden Arten, an denen dieser Erdteil so außerordentlich reich ist, gegeben werden. Dabei sind jedoch nur die Acacia-Arten genannt, in deren Rinde nach den bekannt gewordenen Untersuchungen mehr als 20% Gerbstoff enthalten sind. Die Zusammenstellung ist einer Arbeit von D. Coghill entnommen (Tabelle 40):

Tabelle 40. Australische Acacia-Arten mit gerbstoffreichen Rinden.

Botanische Bezeichnung	Gerbstoff %	Lösliche Nichtgerbstoffe %
Ac. acuminata	14,6—23,5	4,2—7,8
Ac. Bancrofti	24,7	12,6
Ac. binervata (Black Wattle)	26,7	—
Ac. brachybotyra (Blue Bush)	21,1	—
Ac. decora (Blue Bush)	22,8	28,1 (?)
Ac. decurrens (Black Wattle)	27,5—42,6	7,4—10,3
Ac. dealbata (Silver Wattle)	31,3	12,7
Ac. decurrens var. mollissima	27,5—45,0	5,6—12,4
Ac. decurrens var. pauciglandolosa	22,0—36,1	6,7—10,4
Ac. elata (Hickory)	20,1—31,1	—
Ac. falcata (Stunted Wattle)	36,8	7,8
Ac. flavescens (Red Wattle)	15,5—22,0	3,5—6,9
Ac. implexa	22,2	8,0
Ac. microbotyra (Manna Wattle)	11,1—27,0	4,2—6,8
Ac. penninervis (Gold Wattle)	16,6—37,6	6,9—8,5
Ac. polybotyra	26,0	6,7
Ac. pruinosa	24,2	—
Ac. pycnantha (Gold Wattle)	26,6—45,8	8,1—12,4
Ac. saligna	28,0	—
Ac. vestita	27,9—33,2	—

Die in Klammern beigefügten Namen sind die örtlichen Rindenbezeichnungen. Außer diesen Acacia-Arten sind aber in Australien noch etwa 20 andere

Arten zu finden, deren Rinden einen Gerbstoffgehalt zwischen 5 und 20% aufweisen.

Von Australien ist vor etwa 50 Jahren die Akazie nach Südafrika, und zwar nach Natal eingeführt worden. Es wurde in erster Linie Acacia decurrens var. mollissima verwendet, da sich gezeigt hatte, daß diese Art sich am besten für die klimatischen Verhältnisse Südafrikas eignet. Heute besteht in Natal eine bedeutende Mimosarinden-Industrie, die zeitweise mehr Rinde produziert als Australien.

Der Anbau der Gerberakazie erfordert eine richtige Auswahl des Bodens. Kalk- und Sandböden eignen sich nicht. Am besten ist sandiger Lehmboden, der möglichst tiefgründig sein muß, damit die Wurzeln genügend Raum zur Entwicklung haben. In Natal wächst die Akazie in Höhenlagen von 300 bis 1100 m über dem Meer. In den ersten Jahren ist sie gegen Frost und anhaltende Hitze sehr empfindlich. Die günstigsten Wachstumsbedingungen liegen bei einer mittleren Jahrestemperatur von 10 bis 15°. Mit 10 Jahren hat der Baum eine Rinde von 10 mm mit hohem Gerbstoffgehalt. In Natal werden die Bäume meist im Alter von 6 bis 8 Jahren geschält. Die Bäume entwickeln sich im übrigen um so besser, je weiter sie von einander entfernt stehen. Beim Auslegen der Saat für neue Pflanzungen werden deshalb Abstände von 2 m innegehalten. Die Verjüngung der Mimosenpflanzungen geschieht sonst von selbst, und zwar nicht durch Stockausschlag wie bei den Eichenschälwaldungen, sondern durch das Ausfallen der Samen. Die jungen Pflanzen liegen anfangs dicht auf dem Boden und richten sich dann nach einigen Monaten auf. Einjährige Pflanzen haben meist eine Höhe von 2 bis 3 m, vier- und fünfjährige eine solche von 8 bis 9 m; achtjährige sind 15 bis 20 m hoch bei einem Stammdurchmesser von 20 bis 25 cm. Näheres über die Gewinnung der Mimosarinde siehe S. 256.

Zeitweise wurde über den Wert der australischen und der südafrikanischen Mimosarinde gestritten und bald dieser, bald jener Rinde ein höherer Gerbstoffgehalt zugesprochen. Zahlreiche Untersuchungen haben aber gezeigt, daß zwischen den beiden Rinden ein wesentlicher Unterschied im Gerbstoffgehalt nicht besteht. Man kann für die Mimosarinde, wie sie heute im Handel erscheint, folgende durchschnittliche Zusammensetzung angeben, wie sie Paeßler (*13*) schon im Jahre 1911 an 250 Proben ermittelt hat (Tabelle 41):

Tabelle 41. Durchschnittliche Zusammensetzung der Mimosarinde.

	Filtermethode %	Schüttelmethode %
Gerbstoff	33,0	31,5
Nichtgerbstoffe. .	9,5	11,0
Unlösliches . . .	43,0	43,0
Wasser	14,5	14,5

Die Mimosarinde ist ein Gerbmittel mit sehr hohem Gerbstoffgehalt. Das Verhältnis der Gerbstoffe zu den Nichtgerbstoffen ist im Vergleich zu unseren einheimischen Gerbrinden sehr günstig. Auf 100 Teile Gerbstoff kommen bei der Filtermethode etwa 30 Teile, bei der Schüttelmethode etwa 35 Teile Nichtgerbstoffe. Nach Schröder enthält Mimosarinde 1% traubenzuckerartiger Stoffe. Auf 100 Teile Gerbstoff kommen also etwa 3 Teile Zuckerstoffe (bei der Eichenrinde etwa 26, bei der Fichtenrinde etwa 32 Teile). Harvey fand allerdings in Natalrinde 1,8% traubenzuckerartiger und 2,3% rohrzuckerartiger Stoffe, zusammen also 4,1%. Danach kämen auf 100 Teile Gerbstoff etwa 12,6 Teile Zuckerstoffe.

Der Gerbstoff der Mimosarinde ist leicht löslich. Bei sachgemäßer Auslaugung kann man die Rinde bis auf etwa 2% Gerbstoff auslaugen. Das faserige Gefüge der Rinde erleichtert die Auslaugung.

Die Stammrinde der Akazien hat einen etwas höheren Gerbstoffgehalt als die Astrinde. Der Unterschied ist aber nicht so groß wie z. B. bei der Eichenrinde. Paeßler [(*13*) S. 83] fand bei Stammrinde 33,3%, bei Astrinde des gleichen Baumes 29,6% Gerbstoff.

Coombs, Glynn und Welch haben festgestellt, daß Mimosarinde auch bei längerem Lagern keine Gerbstoffverluste erleidet. Auch bei Rinden, die 30 Jahre aufbewahrt worden waren, konnten Verluste an Gerbstoffen nicht ermittelt werden. Die genannten Verfasser fanden sogar das Verhältnis der Gerbstoffe zu den Nichtgerbstoffen bei den gelagerten Rinden höher als bei frischen Rinden, so daß sie eine Zunahme der Gerbstoffe auf Kosten der Nichtgerbstoffe annahmen (?). Die Löslichkeit des Gerbstoffes war unvermindert geblieben, obwohl die Farbe der Rinde von hellrosa in ein dunkles Rot übergegangen war.

Auch die aus Mimosarinde hergestellten Brühen vermindern sich bei längerem Stehen kaum, wie folgende Versuche von Paeßler [(*13*) S. 84] gezeigt haben:

Tabelle 42. Veränderung von Mimosarindenbrühen beim Stehen.

In 100 ccm Brühe	Ursprünglich g	Nach 6 Tagen g	18 Tagen g	30 Tagen g	60 Tagen g
Lösliche Gerbstoffe	2,85	2,83	2,81	2,79	2,79
„ Nichtgerbstoffe	0,63	0,63	0,60	0,46	0,41

Es gehen also keine Gerbstoffanteile in unlösliche Verbindungen über. Die Nichtgerbstoffe nehmen infolge Bildung flüchtiger Säuren etwas ab.

Der Einfluß des Alters der Bäume auf den Gerbstoffgehalt der Mimosarinde ist nicht vollständig geklärt. Srinivasan macht folgende Angaben (Tabelle 43).

Tabelle 43. Gerbstoffgehalt der Rinde von verschieden alten Bäumen Acacia decurrens (Srinivasan).

Alter d. Bäume i. Jahren	Gerbstoff %	Nichtgerbstoffe %	Wasser %
1	18,4	17,2	8,6
2	24,4	15,7	8,9
3	26,0	14,7	9,4
4	27,6	11,7	7,8
5	29,1	8,0	8,0

Nach diesen Angaben würde der Gerbstoffgehalt der Mimosarinden mit dem Alter der Bäume zunehmen. Andererseits macht Williams über die Beziehungen zwischen Alter und Gerbstoffgehalt der Mimosarinde folgende Angaben (Tabelle 44):

Tabelle 44. Gerbstoffgehalt von Mimosarinden in verschiedenem Alter (Williams).

	Bäume von 2½ Jahren	5½ Jahren	9½ Jahren
Gerbstoff %	33,3	30,5	38,6
Nichtgerbstoffe %	16,3	12,0	10,3
Wasser %	8,4	8,1	8,1
Unlösliches %	42,0	49,4	43,0
Farbe: Rot	2,2	3,3	3,7
Gelb	3,4	4,3	5,7

Dagegen scheint die Färbintensität der Mimosarinde bzw. ihrer wässerigen Auszüge nach den von Williams gemachten Feststellungen (s. Tabelle 45) mit dem Alter der Rinde zuzunehmen.

Die günstigen Ergebnisse der Schälwaldkulturen in Südafrika haben dazu geführt, daß auch in anderen Ländern, so in Algier, Südamerika und Kalifornien Mimosarindenbetriebe eingeführt wurden. In Algier scheinen die Erfolge gering gewesen zu sein, während sie in Kalifornien große Fortschritte gemacht haben. Die angepflanzten Baumarten sind hauptsächlich Acacia decurrens und mollissima, die beide überall die besten Rinden liefern. Die gewonnenen Rinden werden als Hickory-, Green und Black Wattle bezeichnet. Eitner fand in der Hickory-Rinde 35,3%, in der Green Wattle 22,6%. Die kalifornischen Rinden werden wohl ganz im eigenen Land verbraucht und kommen für Europa nicht in Betracht.

Tabelle 45. Färbekraft von Mimosarindenauszügen bei verschiedenem Alter der Rinde.

Alter der Mimosarinde in Jahren	Einheiten	
	Rot	Gelb
3½	2,5	3,8
4½	2,9	3,9
5½	3,5	4,6
7½	3,5	4,9
8½	3,9	5,1
9½	3,9	5,0

Dagegen kommt die südamerikanische Mimosarinde als Bohanorinde ab und zu auf den Markt. Sie bildet meterlange, bis 12 mm dicke und 5 bis 10 cm breite Stücke, ist dunkelrotbraun und enthält nach Eitner 30 bis 32% Gerbstoffe (Wiesner).

Einige Jahre vor dem Weltkrieg hatte man im ehemaligen Deutsch-Ostafrika ebenfalls mit der Anpflanzung der Gerberakazie begonnen. Im Usambara- und Kilimandscharogebiet scheinen diese Kulturen viel Erfolg versprochen zu haben.

Eine weitere Mimosarindensorte ist die Pilong-Rinde aus Java. Sie stammt von Acacia leucophloea. Sie ist sehr hell, nur schwach gefärbt, hat aber nur 12 bis 13% Gerbstoff.

Abb. 21. Acacia leucophloea. (Nach Grafe, Handb. d. Warenkunde Band III, 1.)

Sonstige gerbstoffhaltige Akazienarten.

Acacia Cebil Griseb. (rote Cebil). Kommt in Südamerika vor. Die junge Rinde enthält 9,2%, die Rinde von ausgewachsenen Bäumen 13% Gerbstoff.

Acacia cochliocarpa G. Donn. Heimat Brasilien. Liefert Gerbrinde.

Acacia Farnesiana Willd. Stammt aus Südamerika. Verschiedene Teile des Baumes dienen dort als Gerbmittel. Die Samen sollen 12%, deren Fruchtwand 33,2% und die Rinde 5,8% Gerbstoff enthalten. Die Früchte sind gleichbedeutend mit dem als „Bablah“ bezeichneten Gerbmittel.

Acacia ferruginea. Ostindien. Liefert Gerbrinde.

Acacia horrida Willd. Kapland. Liefert Gerbrinde.

Acacia pinnata Willd. Kapland, Indien. Die Rinde wird als Gerbmittel benutzt und enthält 8,8% Gerbstoff.

Acacia spirocarpa. Ugunda. Die Rinde wird unter der Bezeichnung „Busana“ als Gerbmittel gebraucht. Der Gerbstoffgehalt beträgt 10%. Das mit der Rinde gegerbte Leder ist sehr dunkel.

Acacia subalata (A. subalata Vatke). Ehem. Deutsch-Ostafrika. Die Hülsen enthalten 25,4% Gerbstoff und 22% Nichtgerbstoffe. Das mit diesem Gerbmaterial hergestellte Leder ist sehr hell und erinnert an Sumachgerbung. Die Früchte enthalten 20% Gerbstoff.

Acacia Suma. Ehemal. Deutsch-Ostafrika. Kernholz enthält 10,9% Gerbstoff und 5,1% Nichtgerbstoffe.

Acacia sundra D. C. Indien. Ein Extrakt aus dem Holz enthielt 52% Gerbstoff.

Acacia Lebbec Benth. Asien und Afrika. Gerbstoffgehalt der Rinde wird mit 7,4 bis 11,3% angegeben.

Acacia procera Benth. Indien. Liefert Gerbrinde.

Aus Mimosarinde wird Extrakt hergestellt, der als flüssiger oder fester Mimosarindenextrakt in den Handel kommt. Die flüssigen Extrakte enthalten 31 bis 35%, die festen etwa 63% Gerbstoff. Die Auflösung von festem Mimosarindenextrakt erfolgt am besten in Wasser von 40 bis 50° C.

Wie bei Quebracho erwähnt, kommt ein hochsulfitierter Quebrachoextrakt unter dem Namen „Mimosa D" in den Handel. Der Extrakt hat mit Mimosarindenextrakt nichts zu tun. Er ist ein reiner Quebrachoextrakt, der auf besondere Weise behandelt ist.

Mimosarinde wird mitunter als ausgesprochenes Unterledergerbmittel bezeichnet. Das ist nicht richtig. Mimosarinde eignet sich für fast alle Ledersorten und gibt ein gutes, griffiges Leder. Infolge ihres geringen Zuckergehaltes wird man sie stets zusammen mit anderen, vor allem mit zuckerreichen Gerbmitteln verwenden. Wenn die rötliche Farbe, die aber ziemlich hell auftrocknet, stört, so kann sie durch Mitverwendung von Eiche, Fichte, Dividivi und dergleichen leicht geändert werden. Paeßler (*13*) empfiehlt die Verwendung von Mimosarinde an Stelle von Quebracho auch zur Herstellung von Sohlledern. Weniger geeignet ist Mimosarinde als Streumaterial, weil sie leicht Flecken bildet und ein stellenweises Totgerben besonders solcher Häute, die nicht genügend vorgegerbt sind, verursachen kann. Es hängt dies mit dem hohen Gerbstoffgehalt der Rinde zusammen; überall wo die Haut mit Rindenteilchen in unmittelbare Berührung kommt, bilden sich starke Gerbstofflösungen, durch welche die obigen Fehler bedingt werden. Die Mimosarinde ist deshalb ein vorzugsweise zur Herstellung von starken Gerbbrühen geeignetes Gerbmittel.

Der Schotendorn. Während des Krieges wurde in Deutschland das Holz des in Europa unter dem Namen „Akazie" gezüchteten und wild wachsenden Schotendorns zur Gerbextraktgewinnung herangezogen. Es wurden dabei immerhin einige Tausend Tonnen Extrakt gewonnen. Dieser Baum, der aus Nordamerika stammt, hat mit den die Mimosarinde liefernden Akazien nichts zu tun. Er gehört zwar auch zur Familie der Leguminosen, nicht aber zu deren Untergruppe, den Mimosoideen. Der Schotendorn ist die gemeine Robinie (Robinia Pseudoacacia L.).

Tabelle 46. Gerbstoffgehalt der Schotendornrinde und -holz.

Junges Holz	Rinde %	Holz %
Gerbstoff	2,2	4,0
Nichtgerbstoffe	6,4	2,2
Unlösliches	59,0	56,9
Wasser	32,4	36,9
Altes Holz		
Gerbstoff	7,2	3,4
Nichtgerbstoffe	4,5	2,1
Unlösliches	78,3	80,6
Wasser	10,0	13,9

Die Zusammensetzung von Holz und Rinde des Schotendorns nach Möller (*2*) ist in Tabelle 46 angegeben.

Ein Stamm mit 22 bis 25 Jahresringen besteht aus:

Rinde	4,1%
Bast	3,4%
Splint	27,5%
Kernholz	65,0%

Splintholz und Bast enthalten keinen Gerbstoff.

Möller (2) hat auch die Zusammensetzung einiger aus Schotendornholz hergestellten Extrakte untersucht (s. Tabelle 47).

Tabelle 47. Schotendornextrakte nach Möller.

	22,8° Bé %	23,4° Bé %	23,6° Bé %
Gerbstoff	25,1	25,6	25,2
Nichtgerbstoffe	12,0	12,4	14,1
Unlösliches	2,8	2,6	2,2
Wasser	60,1	59,4	58,5

Wie man sieht, hatte dieses aus der Gerbstoffnot des Krieges heraus geborene Gerbmittel immerhin einen ganz ansehnlichen Gehalt an gerbenden Stoffen. Die mit diesen Extrakten hergestellten Brühen zeigten nur geringe Gärung. Die Farbe des Leders war hellgelb. Mit anderen Extrakten gemischt ist der Schotendornholzextrakt ein durchaus brauchbares Gerbmittel.

7. Malettrinde.

Unter der Bezeichnung Malettrinde — auch Malettorinde — wurde im Jahre 1905 die Rinde einer in Australien heimischen Eucalyptusart, Eucalyptus occidentalis, als Gerbmittel in Europa eingeführt. Wegen ihres außerordentlich hohen Gerbstoffgehaltes gewann die Malettrinde sehr rasch das Interesse weiter Gerberkreise.

Eucalyptus occidentalis ist ein Vertreter einer Pflanzengruppe, die besonders reich an gerbstofführenden Rinden ist. Eine ganze Anzahl von Eucalyptusarten gehört zu den gerbstoffreichsten Pflanzen, die wir überhaupt kennen. Allerdings haben nur ganz wenige von ihnen technische Bedeutung erlangt, und zwar meist aus dem Grunde, weil die Gewinnung ihrer Rinden im großen bisher nicht möglich ist. Eine Zusammenstellung der wichtigsten Eucalyptusarten mit größerem Gerbstoffgehalt ist weiter unten aufgeführt.

Eucalyptus occidentalis kommt namentlich im südöstlichen Teil von Westaustralien vor, etwa zwischen dem 30. und dem 35. Grad südlicher Breite. Östlich der Eisenbahnlinie Northam—Albany ist der Baum überall einzeln zu finden, bis hinein in die Coolgardie- und Dundas-Goldfelder. Der Baum wird dort wegen der charakteristischen schirmförmigen Gestalt seiner Krone „flat topped Yate“ genannt. Die schönsten Bestände, in denen diese Eucalyptusart eine Höhe von 20 bis 30 m erreicht, findet man an der Südküste von Australien, z. B. am Westfuß des Stirling Range, sowie in den Niederungen der kleinen Küstenflüsse. Der beste Boden für den Baum ist sandiger oder toniger Lehmboden. Auf reinem lockeren Sandboden gedeiht der Baum nicht.

Die Borke der Rinde hat eine eigentümlich rauhe Oberfläche und eine schwärzliche Färbung. Sie wird von der Rinde entfernt, ehe diese als Handelsprodukt versandt wird. Die entborkte Rinde, wie sie in den Handel kommt, besteht aus Bruchstücken von hellgelber bis dunkelbrauner Farbe. Die Rindenstücke sind 5 bis 30 cm lang. Charakteristisch an den Stücken sind Gänge, die mit Ausschwitzungen gefüllt sind und aus konzentriertem Gerbstoff bestehen. Die Art der Gewinnung und der Trocknung sind von großem Einfluß auf die Farbe der Rinden. Sehr wichtig ist, daß das Material vor dem Versand genügend getrocknet wird, da sonst auf dem Transport Selbsterhitzung eintritt. Die Erwärmung kann dabei so weit gehen, daß die Rinde völlig morsch wird. Solche beschädigten Rinden sind dunkel und haben einen geringeren Gerbstoffgehalt als gesunde Rinden.

Abb. 22. Eucalyptus occidentalis (liefert Malettrinde). (Nach Grafe, Handb. d. Warenkunde Band III, 1.)

Der Gerbstoffgehalt guter Malettrinde liegt zwischen 42 und 50%. Die Malettrinde stellt also ein Gerbmittel dar, das an Gerbstoffgehalt den Früchtegerbstoffen Dividivi, Myrobalanen und Algarobilla gleichkommt. Paeßler (*14*) gab im Jahre 1905 folgende mittlere Zusammensetzung der Malettrinde an:

Gerbstoff	42,0%	(Grenzen 35 bis 52%)
Nichtgerbstoffe .	7,0%	(„ 5 „ 10%)
Unlösliches . . .	36,5%	
Wasser	14,5%	

Heute liegt der durchschnittliche Gerbstoffgehalt der im Handel befindlichen Malettrinde wohl etwas höher. Man kann ihn etwa mit 46 bis 49% angeben.

Mitunter werden auch folgende Malettrindensorten unterschieden:

Blue leaf Malett	mit 47%	Gerbstoff
Silver Malett	„ 45%	„
Braune Malettrinde	„ 41%	„
Swamp Malett	„ 36%	„

Derartige Bezeichnungen sind aber durchaus unzuverlässig. Die Möglichkeit, von Eucalyptusarten Gerbrinden zu gewinnen, ist so groß und so verschieden, daß mit Ausnahme der Rinde von Eucalyptus occidentalis kaum damit zu rechnen ist, daß die oben genannten Rindensorten einheitliche Handelsprodukte bilden.

Gute Malettrinde enthält etwa 1,8% traubenzuckerartige und 0,8% rohrzuckerartige Stoffe, im ganzen also 2,2% Zuckerstoffe. Bei einer Rinde mit 45% Gerbstoff kommen also auf 100 Teile Gerbstoff etwa 5 Teile Zuckerstoffe.

Eitner (*8*) hat Rinde von verschieden alten Bäumen untersucht und die in Tabelle 48 angegebene Rindenzusammensetzung gefunden:

Tabelle 48. Zusammensetzung von Malettrinde von verschiedenem Alter.

	Gerbstoff %	Nicht-gerbstoffe %	Wasser %	Feste Rindenteile %
Junge Rinde	35,00	12,10	12,24	40,66
Mittlere Rinde.	40,10	12,10	12,68	35,12
Ältere Rinde	39,70	16,10	12,46	31,74

Ein großer Vorzug der Malettrinde ist ihre leichte Auslaugbarkeit. Schon in Wasser von gewöhnlicher Temperatur geht der größte Teil des Gerbstoffes in Lösung. In der Hitze wird Malettrinde nahezu vollständig extrahiert. Etwa 90 bis 95% des Gerbstoffes sind kalt löslich. Bei der Eichen- und Fichtenrinde beträgt der kaltlösliche Gerbstoffanteil nur 70 bis 80%, bei Quebracho nur 50 bis 60% des Gesamtgerbstoffes.

Die Malettrinde wird in Europa seit etwa 20 Jahren verwendet. Sie ist eines der hochwertigsten Gerbmittel, das wir besitzen. Das mit Malettrinde gegerbte Leder ist sehr hell mit einem leicht orangefarbenen Unterton. Es erinnert an eichengegerbtes Leder. Bei Kombination mit anderen Gerbmitteln wird die Orangefärbung verdeckt. Bei längerem Liegen am Licht dunkelt das mit Malettrinde gegerbte Leder nach; dabei wird der Ton etwas rötlich. Diese Veränderung der Farbe ist aber eigentlich die einzige ungünstige Eigenschaft der Malettrinde. Daß die Farbe der aus Malettrinde hergestellten Brühen und Extrakte um so dunkler ist, je höher die angewandte Auslaugetemperatur war, ist schon erwähnt worden.

Mit Malettrinde lassen sich sehr leicht starke Gerbbrühen herstellen. Behandelt man gemahlene Rinde einmal mit der zehnfachen Menge Wasser von gewöhnlicher Temperatur, so erhält man bereits eine Brühe von 2° Bé. Die einmalige Behandlung von Rinde mit der 5fachen Menge Wasser von 30° C gibt bereits Brühen von 4,3° Bé. Durch Auslaugung in einer Extraktionsbatterie lassen sich leicht Brühen von 8 bis 10° Bé herstellen.

Wie die Mimosarinde wird man Malettrinde auch zweckmäßig im Gemisch mit anderen Gerbrinden extrahieren. Bei Malettrinde ist dies besonders zu empfehlen, da die Auslaugung leichter vor sich geht.

Malettrindenbrühen geben ein festes gutes Leder. Die Rinde wird vielfach als Ersatz für Eichenrinde und an Stelle von Quebrachoextrakt empfohlen. Leider steht sie noch nicht in dem Maße zur Verfügung, wie es wünschenswert wäre. Auch ist damit zu rechnen, daß die Vorräte Australiens lange nicht einmal so ausgiebig sind wie die Quebrachobestände Südamerikas, besonders wenn die Rinde nur von Eucalyptus occidentalis als Malettrinde in den Handel kommt. Es erscheint aber nach der Ansicht von Fachleuten durchaus möglich, daß die Rinden auch anderer Eucalyptusarten noch in größerem Umfang in den Handel gebracht werden und als brauchbares und hochwertiges Gerbmittel Verwendung finden können.

Es soll deshalb hier noch eine Übersicht über die in Australien vorkommenden Eucalyptusarten mit gerbstoffhaltigen Rinden (Tabelle 49) folgen (Coghill).

Tabelle 49. Gerbstoffhaltige Eucalyptusarten Australiens.

Botanischer Name	Bezeichnung in Australien	Herkunft	Gerbstoff %	Lösl. Nichtgerbstoffe %
Eucalyptus accedens	Powder Bark	Westaustralien	18,6	9,8
Euc. acmenioides	White Mahogany	Bellinger River	3,1	2,7
Euc. alba	Ridge Gum	Kimberleys	31,7	11,3
Euc. albens	White Box	Dublo N. S. W.	5,3	8,4
Euc. annulata	—	Gnowangerup	19,1	10,9
Euc. astringens	Brown Malett	Wagin	40—47	12—14
Euc. Bancrofti	Tumble Down Gum	Inverell	9,2	7,5
Euc. Blakelyi	Western Forest Red gum	„	10,0	10,8
Euc. Bosistoana	Grey Box	Eden	18,6	11,7
Euc. Caleyli	Silver leaved Ironbark	Inverell	17,1	7,0
Euc. calycogona	Mallee	Parilla	15,7	9,1
Euc. campaspe	Silver topped gimlet	Coolgardie	26,5	15,3
Euc. capitellata	Stringbark	Buladelah	9,7	6,9
Euc. citriodora	Semon scented gum	Clermont Timber Reserve	9,3—14,0	9,0—12,0
Euc. Clelandi	—	Coolgardie	14,3	12,0
Euc. Cloeziana	Messmate	Gympie	10,5	10,6
Euc. cornuta	Yate	Mt. Barker	11,8	8,0
Euc. corynocalyx	Sugar Gum	Kapunda	20,6	11,3
Euc. crebra	Narrow-leaved Ironbark	Gilgandra	15,4	11,3
Euc. divericolor	Karri	Denmark	11,2	5,0
Euc. dumosa	Mallee	Parilla	9,4	8,8
Euc. erythromena	White Mallee	Carrabin	37,1	27,8
Euc. eugenioides	Stringbark	Grenfell	19,4	6,7
Euc. falcata	White Mallet	Wagin	32,3	6,8
Euc. fasciculosa	Pink gum	Kuitpo	8,8	5,8
Euc. foccunda	Red Malee	Carrabin	19,5	13,4
Euc. Flocktoniae	Merrit	Bendering	21,7	13,3
Euc. Gardneri	Blue Mallet	„	22—31	10—15
Euc. Guilfolylei	Yellow Tingle	Denmark	10,2	5,6
Euc. haemastoma	White gum	Queensland	11,9	9,9

Tabelle 49 (Fortsetzung).

Botanischer Name	Bezeichnung in Australien	Herkunft	Gerbstoff %	Lösl. Nichtgerbstoffe %
Euc. incrassata	Mallee	Coolgardie	10,1	6,7
Euc. leucoxylon	Blue Gum	Kuipto	22,0	—
Euc. longifolia	Wollybutt	Wyong	14,2	7,6
Euc. longicornis	Morrell	Wagin	14,6	7,3
Euc. macrorrhyncha . .	Red Stringbark	Tumut	16,4	5,8
Euc. megacarpa	Bullich	Denmark	10,6	7,7
Euc. Muelleriana . . .	Yellow Stringbark	Eden	14,2	10,7
Euc. occidentalis . .	Malett	Westaustralien	40—50	7,0—9,0
Euc. oleosa	Mallee	Gnowangerup	12,3	8,2
Euc. paniculata	Grey u. White Ironbark	Urunga	28,6	10,0
Euc. pallidifolia	Micum	Rocburne	27,7	9,2
Euc. papuana	White gum	Vansittart Bay	8,0	9,0
Euc. platypus	Round leaved Moort	Gnowangerup	25—29	7—12
Euc. punctata	Grey Gum	Bellinger River	8,9	5,4
Euc. redunca	Wandoo	Wagin	16—20	5—7
Euc. rostratra	Red gum	Victoria	8—16	4—8
Euc. saligna	Blue gum	Wyong	10,8	6,4
Euc. salmonophloia . .	Salmon Gum	Dumbleyung	11,9	5,5
Euc. salubris	Gimlet	Dowerin	18,9	10,6
Euc. siderophloia . . .	Ironbark	Wyong	7—13	4—5
Euc. sideroxylon . . .	„	Bermagui	16—32	18—27
Euc. Smithii	White Top	Moss Vale	21—27	8—9
Euc. Le Souefii	Goldfields Blackbutt	Widgiemooltha	12,3	15,3
Euc. spathulata	Swamp Gimlet	Dumbleyung	25,9	9,0
Euc. Stricklandi	Goldfields Yellow Flowering gum	Widgiemooltha	19,6	15,1
Euc. tereticornis . . .	Red gum	Emmaville	6—14	4—8
Euc. torquata	Christmas tree	Widgiemooltha	16—17	6—8
Euc. transcontinentalis.	„	Coolgardie	10,0	3,3
Euc. unicata	Mallee	Südaustralien	8,6	8,1

v. Müller hat mit Blättern von Eucalyptusarten Gerbversuche angestellt. Er fand in den Blättern etwa 10% Gerbstoff und erhielt bei der Gerbung ein ganz befriedigendes Leder.

Die Abteilung für Wissenschaft und Industrie des Federal Departement of Markets und Migration hat in der letzten Zeit die Gerbstoffquellen Australiens geprüft und will demnächst einen amtlichen Bericht herausgeben. Soweit bisher die gesammelten Ergebnisse bekannt geworden sind, konnte man erfahren, daß von den 221 Arten von untersuchten Bäumen ungefähr 6% einen Gerbstoffgehalt von 30% und mehr aufweisen. Diese Überprüfung ist als zweckmäßige Vorarbeit für eine systematische Erschließung der australischen Gerbstoffmaterialien zu begrüßen.

8. Die Rinden der Hemlocktanne, Weißtanne, Lärche und Douglasie.

Die Hemlockrinde. In Amerika wird die Rinde der Hemlocktanne, auch Schierlingstanne genannt, Abies canadensis Mill., in größtem Umfang als Gerbmittel verwendet. Trotz großer Waldverwüstungen kommen im nordöstlichen Teil der Vereinigten Staaten und in Kanada noch ausgedehnte Nadelholzwaldungen vor, die in der Hauptsache aus der Hemlocktanne bestehen. Die Rinde dieses Baumes gehört daher zu den wichtigsten Gerbrinden Nordamerikas.

Die Rinde und die aus ihr hergestellten Brühen sind durch eine rotbraune Farbe gekennzeichnet, die sich auch dem Leder mitteilt. Die Rinde ist sehr dick und weist eine starke Borkenbildung auf. Die Borke enthält aber bei der Hemlockrinde meist mehr Gerbstoff als das Fleisch, ganz im Gegensatz zu den übrigen Gerbrinden. Die Borke wird daher in der Regel an der Rinde belassen. Nach den neuesten Untersuchungen von Davidson und Sherrard ist der Gerbstoffgehalt der Hemlockrinde im Mittel folgende:

Gerbstoff	12,21%
Nichtgerbstoffe	9,18%

Die Proben für die Untersuchungen wurden von verschiedenen Bäumen in verschiedener Stammhöhe entnommen, so daß im ganzen 256 Rindenstücke von 16 verschiedenen Bäumen verwendet wurden.

Clark und Andrews berichten von wechselnden Gerbstoffgehalten von Hemlockrinden an der pazifischen Küste. Sie untersuchten die Rinde von Tanga heterophilla und fanden im Januar 12,05, im Mai 15,3 und im Dezember 9% Gerbstoff.

Die Hemlockrinde enthält weder Fasern noch Kristalldrusen. Äußerlich hat die Rinde eine gewisse Ähnlichkeit mit der Föhrenrinde. Die 1 bis 3 cm dicken Borkenschuppen, die oft in vielen Lagen übereinander stehen, sind in auffallender Weise durch schöne rote Korklamellen voneinander getrennt. Das Fleisch ist gewöhnlich kaum 0,5 cm dick, fein geschichtet und faserfrei. Der Kork, der zur sicheren Erkennung der Rinde dienen kann, besteht aus papierdünnen weißen und roten Schichten. Die Rinde hat einen stark zusammenziehenden Geschmack. Sie enthält harzige Stoffe und den schon erwähnten roten Farbstoff. Die beste Rinde stammt aus Pennsylvanien und der Michiganhalbinsel.

In Nordamerika wird sehr viel Hemlockleder hergestellt. Unter „Uniongerbung" verstand man eine Zeitlang die Gerbung mit einem Gemisch von Hemlock- und Eichenrinde. Auch Hemlockrindenextrakte werden hergestellt. Die flüssigen Extrakte weisen Gerbstoffgehalte von 28 bis 30% auf. Die festen, pulverförmigen Extrakte haben etwa 55% Gerbstoff. In Deutschland wird Hemlockrinde oder -extrakt zur Zeit wohl kaum als Gerbmittel verwendet. Die rote Farbe macht das Leder unansehnlich. Vielfach scheint Hemlockleder auch zum Brüchigwerden zu neigen.

Tannen- und Lärchenrinde. Die Gerbstoffknappheit während des Krieges führte stellenweise auch zur Verwendung der Rinde unserer in Mitteleuropa heimischen Tannen, Abies pectinata. Die Tannenrinde ist jedoch zu arm an Gerbstoff, um als Gerbmittel allgemeine Bedeutung zu finden. Die Tannenrinde hat durchschnittlich einen Gerbstoffgehalt von 5%. Es mögen hier noch die Untersuchungen von Smaic und Wladika über die Zusammensetzung verschiedener Tannenrinden in Tabelle 50 angegeben sein:

Tabelle 50. Gerbstoffgehalt von Tannenrinden.

Tannenrinde	Feuchtigkeit %	Gerbstoff %	Nichtgerbstoffe %
aus der Bukowina 20jährig	15,00	6,75	6,00
„ „ „ 40 „	15,00	6,20	5,97
„ „ „ 100 „	15,00	6,32	6,11
„ Niederösterreich.	12,77	4,80	4,32
unbekannter Herkunft.	15,32	2,13	1,94

Auch die sonstigen zur Gruppe der Pinaceen gehörenden Tannenarten haben nur gerbstoffarme Rinden. Abies balsamea (Nordamerika) enthält allerdings in wasserfreiem Zustand 12,5% Gerbstoff, die Wurzelrinde 11,9%. Abies Fraseri Lindlay enthält in lufttrockenem Zustand 9,3% Gerbstoff. Die auf der Krim und im Kaukasus heimische Abies Nordmanniana hat in der Stammrinde etwa 9, in der Wurzelrinde 7 bis 8% Gerbstoff.

Auch die Rinde der Lärche, Larix europaea, hat bisher keine allgemeine Verwendung als Gerbmittel gefunden, obwohl ihr Gerbstoffgehalt besonders bei einigen russischen Lärchenarten stellenweise dem der Eichen- und Fichtenrinde gleichkommt. Allerdings geben die bis jetzt vorliegenden Untersuchungen noch kein klares Bild vom Gerbstoffgehalt der Lärchenrinde. Den mittleren Gerbstoffgehalt wird man mit 8% annehmen dürfen. Für eine allgemeine Verwendung als Gerbmittel in Deutschland kommt die Lärchenrinde schon deshalb nicht in Frage, weil der Baum in großen Beständen nicht vorkommt. In den Alpen und den Karpathen wird die Lärchenrinde vereinzelt im kleinen Maßstab zum Gerben benutzt.

Smaic und Wladika stellten den Gerbstoffgehalt österreichischer Lärchenrinden fest (Tabelle 51):

Tabelle 51. Gerbstoffgehalt von Lärchenrinden.

Lärchenrinde	Feuchtigkeit %	Gerbstoff %	Nichtgerbstoffe %
aus Niederösterreich	12,06	7,48	6,32
,, ,,	13,43	8,14	5,01
,, Oberösterreich	11,85	9,22	7,18

In letzter Zeit haben Golowin und Ignatow sich mit der eingehenden Untersuchung der Lärchenrinde befaßt. Sie untersuchten die Rinde von Wurzelstöcken, von trockenen und von frischen Stämmen, und zwar von Bäumen verschiedener Stärke. Der höchste gefundene Gerbstoffgehalt von Stammrinde betrug 11,47%, der Mittelwert etwa 8%.

Jakimoff und Weltistowa haben sibirische Lärchenrinden auf ihre Verwendbarkeit als Gerbmittel untersucht. Im zentralen und östlichen Sibirien, teilweise auch im nördlichen Rußland bestehen Lärchenwaldungen von ganz bedeutender Ausdehnung, so daß die Frage, ob Lärchenrinde nicht als brauchbares Gerbmittel Verwendung finden sollte, in Rußland durchaus berechtigt ist. Es handelt sich in diesen Gebieten um Larix sibirica und Larix decidua. Man nimmt an, daß im russischen Gebiet etwa 167 Millionen Hektar von Lärchen bestanden sind, die zum größten Teil wirtschaftlich überhaupt nicht ausgenutzt werden. Die genannten Autoren haben errechnet, daß in diesen Waldungen ein Gerbstoffvorrat von 50 Millionen Tonnen reiner Gerbstoff vorhanden ist. Die Untersuchungen ergaben Gerbstoffgehalte zwischen 8 und 19% und Gehalte an traubenzuckerartigen Stoffen zwischen 0,7 und 1,35%. Die gerbstoffreichsten Rinden befinden sich am unteren Teil der Stämme, wie die Analysenergebnisse von Jakimoff und Weltistowa in Tabelle 52 (Seite 70) zeigen.

Vielfach findet man in Lärchenbeständen kranke Bäume mit faulem Mark. Derartige Bäume zeigen einen geringeren Gerbstoffgehalt (etwa 4 bis 8%).

Douglasienrinde. Die Douglasie (Pseudotsuga Douglasii) ist ebenfalls eine Konifere, die aus dem westlichen Nordamerika stammt, und die etwa seit 50 Jahren in Deutschland versuchsweise angebaut wird. Ein besonderer Vorzug des Baumes ist seine Schnellwüchsigkeit. Die Douglasie — mitunter auch fälschlicherweise Douglasfichte oder Douglastanne genannt — hat lange Nadeln von lebhaft grüner Farbe. Die Rinde ist an jungen Stämmen glatt und graugrün,

Tabelle 52. Zusammensetzung der Extraktivstoffe in den verschiedenen Teilen der Lärchenrinde.

Herkunft der Rinde	Teile des Baumes und der Rinde		Extraktivstoffe	Schwerlösl. Stoffe	Nichtgerbstoffe	Gerbstoff	Zuckerstoffe
Lärche aus Baikal, 47 Jahre	Unterer Teil des Baumes	Gesamtgehalt . . .	21,4	0,9	8,2	12,3	1,36
		Kork	19,8	0,8	5,9	13,1	0,7
		Borke.	29,6	2,9	17,5	9,2	4,3
do., 23 Jahre	Oberer Teil des Baumes	Gesamtgehalt . . .	22,36	1,36	11,6	9,4	2,07
		Kork	17,9	1,5	5,9	10,5	0,8
		Borke.	29,8	2,9	17,1	9,7	3,2
Lärche aus Baikal, 59 Jahre	Unterer Teil des Baumes	Gesamtgehalt . . .	29,4	1,1	9,1	19,2	1,35
		Kork	27,7	1,3	7,1	19,3	0,92
		Borke.	33,7	1,1	18,4	14,2	3,08
do., 28 Jahre	Oberer Teil des Baumes	Gesamtgehalt . . .	30,8	1,3	12,4	17,1	1,6
		Kork	28,1	0,4	9,0	18,7	0,71
		Borke.	34,6	1,4	18,8	14,4	3,21
Lärche aus Baikal, 91 Jahre	Unterer Teil des Baumes	Gesamtgehalt . . .	23,3	0,8	8,0	14,5	1,21
		Kork	22,2	0,7	6,7	14,8	0,76
		Borke.	36,0	0,9	21,9	13,2	3,9

an älteren rissig und graubraun. Ältere Bäume zeigen starke Harzausscheidungen, 80jährige Bäume sind etwa 40 m hoch. Sie verlangen große Luftfeuchtigkeit. Sie lieben frischen, lockeren, sandigen Lehmboden. In den Alpen sind sie bis zu Höhen von 1100 m zu finden.

Paeßler (*15*) hat die Rinde von bayerischen Douglasien untersucht und einen sehr hohen Gerbstoffgehalt gefunden. Die Zusammensetzung der Rinde ist folgende:

	1	2
Gerbstoff	18,0%	17,0%
Nichtgerbstoffe	10,5%	11,0%
Unlösliches	57,0%	57,5%
Wasser	14,5%	14,5%
	100,0%	100,0%
Traubenzuckerartige Stoffe . . .	5,0%	5,0%
Rohrzuckerartige Stoffe	1,0%	1,0%
	6,0%	6,0%
Auf 100 Teile Gerbstoff entfallen:		
Traubenzuckerartige Stoffe . . .	33,0%	29,0%
Rohrzuckerartige Stoffe	6,0%	6,0%
	39,0%	35,0%

Gerbversuche mit Douglasienrinde an Schaf- und Ziegenfellen fielen günstig aus. Das Leder ist seiner Beschaffenheit nach etwa zwischen Eichenrinde- und Fichtenrindeleder zu stellen. Als Gerbmittel im großen wird Douglasienrinde kaum in Betracht kommen, da der Baum in großen Beständen nicht vorkommt.

Sonstige Nadelbäume mit gerbstoffhaltigen Rinden.

Pinus halepensis (Aleppokiefer). Ist in Südeuropa und Algier heimisch. Die Rinde kommt unter der Bezeichnung „Snoubarrinde" oder „Scorza rossa" in den Handel. Die erstere besteht nur aus dem Fleisch der Rinde und wird in Algier und Tunis gewonnen, wo der Baum mit „Snoubar el Magloub" bezeichnet wird. Die Scorza rossa, auch Corteggia rossa oder Pino rosso genannt, stammt aus den Gebieten von Dalmatien bis Südfrankreich. Beide Rindensorten verleihen dem Leder einen roten Ton. Scorza rossa enthält nach Eitner 13 bis 15% Gerbstoff, die Snoubarrinde sogar 25%.

Picea alba Link. (White spruce) spielt in Nordamerika neben Hemlockrinde als Gerbmittel eine gewisse Rolle. Die Rinde ist der Fichtenrinde ähnlich. Die Stammrinde enthält 21%, die Wurzelrinde 19% Gerbstoff (berechnet auf trockenes Material).

Picea excelsa Link (norway spruce) kommt in Nordeuropa vor. Die wasserfreie Stammrinde enthält 15,4, die getrocknete Wurzelrinde 15,0% Gerbstoff.

Picea nigra Link (black spruce). Nordamerika. Die wasserfreie Rinde enthält 12,1% Gerbstoff.

Picea pungens Engelmann (colorado blue spruce). Nordamerika. Stammrinde enthält 8,7%, die Wurzelrinde 17,5% Gerbstoff (auf wasserfreies Material berechnet).

Pinus echinata Mill. (short-leaf pine, yellow pine). Heimat Nordamerika. Die wasserfreie Rinde enthält 11 bis 18% Gerbstoff.

Pinus Laricio Poir (black pine). Nordamerika. Die Stammrinde enthält 13,6, die Wurzelrinde 11,1% Gerbstoff.

Pinus longifolia Roxb. (emodi pine, cheer pine). Bengalen. Die trockene Rinde enthält 14,6% Gerbstoff.

Pinus palustris Miller (long leaved pine). Amerika. Die Stammrinde enthält 17,5% Gerbstoff.

Pinus rigida Miller (pitch pine). Amerika. Stammrinde enthält 14,6% Gerbstoff.

Pinus Strobus L. (white- oder weymouth pine). Amerika. Die Stammrinde enthält 8,5%, die Wurzelrinde 5,8% Gerbstoff.

Pinus sylvestris L. (scotch fir). Nordeuropa, Nordasien. Die Stammrinde (trocken) enthält 16,9%, die Wurzelrinde 13,2% Gerbstoff.

Pinus Taeda Linn. (old field pine). Amerika. Die trockene Rinde enthält 12,6% Gerbstoff.

Endlich ist hier noch eine wenig bekannte Nadelholzrinde zu erwähnen, die unter dem Namen Toa-toa ein recht gerbstoffreiches Gerbmittel darstellt. Sie stammt von Phyllocladus asplenifolia in Tasmanien und von Phyllocladus trichomanoides. Diese Rinde, die über 23% Gerbstoff enthält, ist nicht nur in ihrer Heimat ein wichtiges, viel verwendetes Gerbmittel. Sie kam zeitweise in Form von flachen, dicken Rindenstücken oder aber fein gemahlen nach Europa.

9. Weidenrinde.

Die Rinde der Weide (salix) wird in Gegenden, in denen sie häufig und in größeren Beständen vorkommt, als Gerbmittel verwendet. In Rußland wurden vor dem Krieg jährlich etwa 65000 Tonnen Weidenrinde zum Gerben benutzt. Auch in Schweden, Dänemark, Norwegen und Finnland ist Weidenrinde ein viel gebrauchtes Gerbmittel.

Es gibt bekanntlich eine große Anzahl von verschiedenen Arten der Gattung Salix. Nach Powarnin und Barabanow werden in Rußland allein die Rinden von 34 verschiedenen Weidenarten zum Gerben verwendet, unter denen 22 reine Arten und 12 Bastarde sein sollen. Manche dieser Arten sind baumartig wie die Salweide (Salix Capraea), die Bruchweide (S. fragilis), die Fieberweide (S. Russeliana); andere sind größere oder kleinere Sträucher wie die Mandelweide (S. amygdalina), die Purpurweide (S. purpurea). Die Gletscher- und Polarweiden gehören zu den kleinsten Holzgewächsen. Alle Weidenrinden sind gerbstoffhaltig. Der Gerbstoff zeichnet sich durch eine besonders helle Farbe aus.

Nicht alle Weidenrinden haben den gleichen Wert. Am meisten verwendet werden die Rinden von dickeren Ruten. Borkige Stammrinden werden selten als Gerbmittel benutzt. In Rußland scheinen hauptsächlich die Rinden von Salix viminalis, Salix arenaria und Salix Russeliana Verwendung zu finden, im übrigen Europa sind es die Weidenrinden, die zu Korbflechtarbeiten benutzt werden, wobei die Rinde als Nebenprodukt abfällt. Solche Rinden sind übrigens wenig wertvolle Gerbmittel. Die zu Flechtarbeiten dienenden Weidenruten werden stets längere Zeit eingeweicht, damit sie biegsam werden, und dann erst geschält. Der leicht lösliche Anteil des Gerbstoffes ist dann aber herausgelöst und nur einige wenige Prozent schwerlöslichen Gerbstoffes verbleiben in der Rinde. Counceler hat in solchen Rinden folgende Gerbstoffgehalte ermittelt: Salix purpurea 1,7%, Salix caspica 2,0%, Salix viminalis 3,4%, Salix amygdalina 3,2%. Diese Werte geben natürlich kein richtiges Bild vom Gerbstoffgehalt der Weidenrinden.

Der durchschnittliche Gerbstoffgehalt der Weidenrinden beträgt 8%. Dekker (S. 123) gibt für einige Arten folgende Werte an:

Gerbstoffgehalt von Weidenrinden.

Salix alba	9,4%	Gerbstoff
Salix fragilis	9,4%	„
Salix pentandra	7,9%	„
Salix purpurea	8 %	„
Salix repens (= arenaria)	13 %	„
Salix russelliana	12 %	„
Salix stipularis	5 %	„
Salix viminalis	11,9%	„
Salix viridis	7 %	„

Smaic und Wladika berichten über die Zusammensetzung einiger Weidenrinden (siehe Tabelle 53).

Tabelle 53. Zusammensetzung von Weidenrinden nach Smaic und Wladika.

	Feuchtigkeit %	Gerbstoff %	Nichtgerbstoffe %
Korbweidenrinde	35,38	8,45	5,85
Uferweidenrinde	11,73	10,38	6,96
	11,60	7,55	4,82
	15,80	9,45	5,18

Wiesner unterscheidet zwei Gruppen Weidenrinden, salicinreiche und salicinarme oder -freie Die erste Gruppe soll mit 8 bis 10% Gerbstoff hinter der letzteren, die meist über 13% enthalte, zurückstehen.

Hampel hat die Rinde von Salix fragilis in verschiedener Höhe des Stammes untersucht und folgende Gerbstoffmengen gefunden:

Stammrinde 1 m über der Erde	12,4%
„ 3 m „ „ „	9,6%
„ 5 m „ „ „	6,1%
Astrinde	1,7%

Danach würde der Gerbstoffgehalt der borkigen Weidenrinde (nicht Rutenrinde) mit dem Alter zunehmen.

Die Zweige der Weide werden im Februar geschnitten und in Büscheln mit Erde bedeckt, im Frühjahr eingeweicht und geschält. Die Rinden, die nicht Nebenprodukt von Flechtarbeiten sind, werden direkt gewonnen und grün abgeschält. Auf diese Weise werden die schon erwähnten Gerbstoffverluste vermieden. Der Gerbstoff der Rinde läßt sich sehr leicht auslaugen. Die in Rußland verwendeten Rinden stammen meist von 14 bis 20 Jahre alten Bäumen.

Die Weidenrinden des Handels sind äußerlich gewöhnlich ganz glatt, nur einige Millimeter dick und bis zu 1 m lang und 3 cm breit. Die Farbe wechselt mit der Weidenart. Die Innenrinde besteht aus abwechselnden Schichten von

Hart- und Weichbast. Die Markstrahlen sind dünnwandig und einreihig. Der Geschmack der Rinden ist bitter und sehr stark zusammenziehend.

Die Weidenrinde ist als ein sehr gutes Gerbmittel zu bezeichnen. Ihre Verwendung hängt ganz von örtlichen Vorkommen ab. Die Weidenrinde liefert ein hellfarbiges, geschmeidiges und weiches Leder mit zarten Narben. Wie die Birkenrinde hat sie die Fähigkeit, das Birkenteeröl mit seinem charakteristischen Geruch festzuhalten (Juchtenleder). Die Weidenrinde verleiht dem Leder wenig Gewicht, eignet sich deshalb in erster Linie für Oberleder. Vielfach wird empfohlen, Eichenlohe mit 20% Weidenrinde als Streumaterial zu mischen.

Zeitweise sind für besondere Zwecke auch schon Weidenrindenextrakte mit etwa 25° Bé hergestellt und gehandelt worden. Sie geben ein sehr weiches, griffiges und helles Leder und eignen sich besonders für Kombinationsgerbungen.

10. Birkenrinde.

Die Birkenrinde findet besonders in Finnland, Lappland, Island, Norwegen und teilweise auch in Rußland und in Nordamerika als Gerbmittel Verwendung. Bei der Rinde der Birke (Betula alba) kann man die weiße, lederartige Korkschicht und die innere Rinde unterscheiden, wenn sie eine Dicke von 1 bis 2 cm erreicht hat. Nur die innere Rinde dient zum Gerben. Den höchsten Gerbstoffgehalt zeigt die Rinde nicht zu alter, mittelstarker Stämme. Appelius gibt die Zusammensetzung verschiedener Birkenrinden wie folgt an (Tabelle 54):

Tabelle 54. Zusammensetzung von Birkenrinde.

	Gerbstoff %	Nichtgerbstoffe %	Zuckerartige Stoffe %	Hiervon Traubenzucker %
borkige Außenrinde	4,0	4,3	2,10	1,54
„ Innenrinde	8,5	8,0	2,26	1,65
borkenfreie Innenrinde	10,6	13,0	6,30	5,32
„ „ (alt)	11,5	11,5	4,44	3,40
„ „ (jung)	11,7	11,3	4,21	3,17
„ „ (jung)	11,7	10,8	2,61	1,82
„ „ (mittelstark)	13,1	12,0	4,71	4,26
„ „ (mittelstark)	15,7	12,0	4,88	3,49

Jakimoff und Tolski haben Untersuchungen darüber angestellt, welchen Einfluß das Alter der Birke auf die Zusammensetzung der Rinde ausübt. Die Ergebnisse zeigt die Zusammenstellung in Tabelle 55:

Tabelle 55. Einfluß des Alters auf den Gerbstoffgehalt von Birkenrinde.

Alter in Jahren	Höhe	Trockenrückstand	Unlösliches	Nichtgerbende Stoffe	Gerbstoff	Anteilzahl
20	bis 2 m	15,9	1,0	9,5	5,4	36,0
20	„	18,0	0,5	8,6	8,9	50,0
40	„	23,0	0,7	12,7	9,6	43,1
60	„	21,4	1,7	9,5	10,1	52,0
80	„	23,3	0,3	12,4	10,6	46,0

Der Gerbstoffgehalt der Birkenrinde nimmt also mit dem Alter des Baumes zu. Beim einzelnen Baum ist der Gerbstoffgehalt der Rinde, die an der Wurzel am nächsten ist, am größten. Nach den Zweigen zu nimmt er ab. Die löslichen Nichtgerbstoffe nehmen mit der Stammhöhe zu.

Die Rinde wird vom stehenden oder gefällten Baum abgeschält. Das Schälen geht sehr leicht vonstatten. Zweigrinde ist als Gerbmittel wertlos. Die Handelsware besteht aus flachen, harten, gelbbraunen Stücken von 0,5 bis 2,0 cm Dicke. Die Rinde ist außen glatt und eben. Der Bruch ist grobkörnig. Stellenweise haftet der Handelsrinde noch etwas Kork an, der an seiner blätterigen Struktur und seiner weißen Farbe erkennbar ist.

Die Birkenrinde besitzt infolge ihres beträchtlichen Gehaltes an Zuckerstoffen als Gerbmittel stark schwellende Eigenschaften. Man verwendet sie daher meist zusammen mit zuckerarmen Gerbmitteln. In Rußland wird mit der Birkenrinde ebenso wie mit der Weidenrinde Juchtenleder hergestellt. Sie besitzt die Eigenschaft, besser als irgendein anderes Gerbmaterial den charakteristischen Geruch des Birkenteeröls im Leder festzuhalten. Das mit Birkenrinde allein gegerbte Leder hat eine helle Farbe, ist aber wenig fest.

Aus dem Kork der Birkenrinde wird durch ein Destillationsverfahren das Birkenteeröl, sog. Juchtenöl, hergestellt. Der Birkenteer enthält 50% Betulin, das dem Juchtenöl seinen charakteristischen Geruch verleiht.

Allein das europäische Rußland verfügt über etwa 225000 ha schlagbaren Laubwald. Hiervon kann man etwa 60% als Birkenbestände annehmen, die einen Vorrat von 22 bis 25 Millionen Raummeter Birkenholz darstellen. Aus diesem Vorrat ließen sich alljährlich rund 450000 t Birkenrinde mit einem Gesamtgehalt von 30000 bis 35000 t reinem Gerbstoff gewinnen. Daneben könnten 120000 t Birkenbast mit einem Gehalt von etwa 30000 t Birkenteer erhalten werden.

11. Canaigre.

Der Sauerdorn, Rumex hymenosepalus, Canaigre, ist eine Ampferart mit länglichen aschgrauen Blättern. Seine Wurzelknollen enthalten 20 bis 30% Gerbstoff. Canaigre kommt hauptsächlich in Kalifornien, Arizona, Neu-Mexiko, Utah, Louisiana und auf der Insel Kuba vor. Er wurde in Mexiko bereits im 17. Jahrhundert zum Gerben verwendet. Nach langen erfolglosen Versuchen, die Wurzeln in den Handel zu bringen, gelang es endlich im Jahre 1885 der Canaigre Company durch Unterstützung Eitners, die Canaigre-Wurzel als Gerbmittel einzuführen. Auch in Italien und in Frankreich hat man den Anbau von Canaigre mit Erfolg versucht.

Die Pflanze ist zweijährig. Sie kann ziemlich viel Kälte vertragen, benötigt aber einen reichen, tiefen Boden. Für die Gerbstoffbildung in der Pflanze scheint das Licht von besonderer Bedeutung zu sein. So zeigten die Wurzeln einer in vollem Licht gewachsenen Pflanze 32% Gerbstoff gegenüber nur 25% in solchen Pflanzen, die im Schatten von Bäumen aufgewachsen waren.

Die mittlere Zusammensetzung des getrockneten Canaigres ist:

Gerbstoff	28 bis 25%
Nichtgerbstoffe	10 „ 18%
Unlösliches	40%
Wasser	15%
Zuckerartige Stoffe	7%
Asche	2%

Auf 100 Teile Gerbstoff kommen etwa 22 Teile zuckerartige Stoffe.

Der Gerbstoff des Canaigre ist hellgelb und leicht löslich. Canaigre gerbt die Haut schnell durch und gibt ein orangefarbenes Leder mit feinem Narben. —

Der Name Canaigre ist vom indianischen cah-na-ger abgeleitet. Missionare nannten die Pflanze cana agria.

12. Badan, Taran, Kermek.

Die russische Lederindustrie ist in letzter Zeit mit allen Mitteln bestrebt gewesen, sich von ausländischen Gerbmitteln soweit wie möglich unabhängig zu machen und diese durch Gerbmaterialien zu ersetzen, die das eigene Land bietet. Außer auf die großen, noch wenig ausgenützten Bestände an Gerbrinden stieß man bei der Suche nach einheimischen Gerbstoffen auch auf einige gerbstoffhaltige Wurzeln, an denen in manchen Gebieten Rußlands anscheinend ein großer Reichtum herrscht. Es sind dies die Wurzeln des Badan, Taran und Kermek.

Badan (Saxifraga crassifolia). Daß der zur Klasse der Saxifragaceen gehörende Badan eine Gerbstoffpflanze ist, wurde keineswegs erst jetzt entdeckt. Schon Neilson nannte den Badan 1823 eine als „Färb- und Gerbmittel verwendbare" Pflanze. Die meisten Saxifraga-Arten weisen mehr oder weniger Gerbstoff auf.

In Rußland kommt der Badan in Sibirien, in den nördlichen, nordwestlichen und nordöstlichen Steinhängen des Altai, des sajanischen Gebirges und Transbaikaliens vor. Der sibirische Name ist „Steinbrech". Badan ist ein krautartiges, perennierendes Gewächs ohne Stengel. Er hat breite, fleischige Blätter, die, ähnlich wie beim Farnkraut, büschelweise aus dem Wurzelstock herauswachsen und überwintern. Der Wurzelstock erreicht eine Länge von 1½ bis 2 m und eine Stärke von 10 bis 20 mm.

Die Hauptwurzel des Stockes ist verästelt. Aus den Nebenwurzeln treiben ebenfalls Blätterbüschel. Der Wurzelstock verbreitet sich unter der Bodendecke und treibt seine Fadenwurzeln tief in die Gesteinspalten hinein. Man kann einen Badanstock ohne Mühe mit der Hand aus dem Boden ziehen. Meist bricht hierbei ein Teil des Wurzelstockes ab. Der im Boden verbleibende Teil treibt im Frühjahr bereits neue Blätterbüschel. Im Juni trägt der Badan Blüten in Gestalt einer lila-farbigen Rispe, die auf einem blätterlosen Stiel sitzt. Ende Juli werden die Samen reif, die dem des wilden Thymian gleichen.

Der Badan wächst in Höhenlagen zwischen 400 und 2500 m, also noch über die Baumgrenze hinaus. Eine Kommission, die vom Petersburger Forstinstitut gemeinsam mit dem Institut für angewandte Chemie abgesandt worden war, hat festgestellt, daß im östlichen Rußland außerordentlich große Vorräte an Badan vorhanden sind, die bei richtiger Ausbeutung einen großen Teil des Bedürfnisses an Gerbstoff in Rußland decken könnten. Es wurde berechnet, daß durchschnittlich 2% der bergigen Flächen des Altai, Sajan und von Transbaikalien in den Höhenlagen zwischen 400 und 2000 m mit Badan bestanden sind. Ssolowjew urteilt allerdings über die Badanfrage etwas pessimistischer, da nach seiner Ansicht die Gewinnung infolge der Weglosigkeit im Fundgebiete und auch infolge der Wachstumsbedingungen der Pflanze große Schwierigkeiten bereite und den Preis verteuere. Die Tatsache bleibt aber trotzdem bestehen, daß in den genannten östlichen Gebieten große, noch ungenutzte Vorräte an Gerbstoff vorhanden sind. Die Menge an wild wachsendem Badan wird allein im Altai und Sajan-Gebiet auf etwa 80 Millionen Pud geschätzt.

Jakimoff unterscheidet zwei Badanarten: Saxifraga crassifolia und Saxifr. crassifolia Sibirica. Die erstere Art wächst auf steinigen Felsabstürzen im Schatten der Abhänge und ist schwieriger zu sammeln als die letztere, die bei genügender Feuchtigkeit auf dem Boden der Cedern- und Tannenwälder wächst.

Die Schwierigkeiten des Transportes in den Badangebieten haben dazu geführt, im nördlichen Rußland Anpflanzversuche vorzunehmen. Die Kultivierung des Badans scheint nach den ersten Versuchen durchaus aussichtsreich zu sein.

Beim Badan enthalten sowohl Blätter wie Wurzeln Gerbstoff, und zwar im Durchschnitt 20 bis 22%, die Blätter etwas weniger. Smetkin und Jakimoff geben für die Badanwurzel folgende Zusammensetzung an:

Gerbstoff	20,2%
Nichtgerbstoffe	20,7%
Unlösliches	48,6%
Wasser	10,5%

Die Angaben über den Gerbstoffgehalt der Blätter sind sehr verschieden. Im allgemeinen werden 16 bis 17% Gerbstoffe und 14 bis 15% Nichtgerbstoffe angegeben. Auffallend ist der hohe Zuckergehalt der Blätter. Es werden Zuckergehalte bis zu 9% genannt. Blätter, die im Winter unter dem Schnee gelegen haben, weisen einen geringeren Gerbstoffgehalt auf.

Merkwürdigerweise steigt der Gerbstoffgehalt der Badanwurzel mit der Höhe des Standortes der Pflanze, wie Untersuchungen von Powarnin gezeigt haben (Tabelle 56).

Tabelle 56. Gerbstoffgehalt von Badanwurzeln aus verschiedenen Höhenlagen.

Höhe m	Auf 1 qm Fläche gesammelte Menge lufttrockener Wurzel kg	Gerbstoff %
450	0,8—1,2	15,1
900	4,8	19,5
1100	4,8	19,0
1400	2,4—3,2	19,6
1400	2,4	20,2
2000	4,8	22,1
2300—2400	0,4	22,5

Über die bei verschiedenen Temperaturen auslaugbaren Gerbstoffe und Nichtgerbstoffe hat Pawlowitsch (*2*) Angaben gemacht (Tabelle 57).

Tabelle 57. Auslaugbare Stoffe der Badanwurzel.

Auslaugetemperatur °C	Gerbstoff %	Nichtgerbstoffe %
20— 26	13,56	25,28
30— 38	14,30	25,02
40— 49	18,30	25,48
53— 60	18,50	25,35
64— 70	19,47	26,47
70— 80	21,84	30,52
80— 90	20,32	27,70
90—100	20,45	28,81

Die Tabelle zeigt, daß die löslichen Nichtgerbstoffe im Badan die Gerbstoffe bedeutend überwiegen. Die beste Auslaugetemperatur liegt bei 70 bis 80°.

Dieses Vorherrschen der Nichtgerbstoffe hat anfänglich die Verarbeitung des Badan zu Gerbextrakten sehr erschwert. Erst 1925 gelang es Smetkin und Jakimoff das Problem der Trennung der Gerbstoffe von den Nichtgerbstoffen zu lösen und dadurch die Herstellung hochwertiger Badanextrakte zu ermöglichen. Der nach dem Verfahren der beiden Forscher hergestellte Badanextrakt enthält 64% Gerbstoffe und 18% Nichtgerbstoffe, gegenüber 35 und 47% bei dem gewöhnlichen Verfahren. In kaltem Wasser ist der Extrakt etwas schwer löslich, leicht nach dem Sulfitieren. Badan enthält etwa 5% Rohrzucker und mehr als 3,5% Berginin.

In russischen Lederfabriken sind eingehende Gerbversuche mit Badan ausgeführt worden. Es zeigte sich zunächst, daß die Diffusionsgeschwindigkeit von Badanauszügen bedeutend geringer ist als die aller anderen Extrakte. Die Blößen gerben sehr langsam durch. Die mit Badanextrakt hergestellten Leder befriedigen in bezug auf Farbe und Festigkeit vollkommen. In einer Fabrik wurde in einem Farbengang und drei Versenken innerhalb 60 Tagen ein brauchbares Leder hergestellt, das sich vom üblichen Sohlleder nicht unterscheiden ließ. Auch als Versatzmaterial im Gemisch mit andern Gerbmitteln läßt sich Badan verwenden (Smetkin und Pissarenko).

Taran (Polygonum alpinum) gehört zur Familie der Polygonaceen, unter denen sich zahlreiche gerbstoffhaltige Pflanzen befinden. So enthält z. B. die Wurzel von Polygonum Bistorta 17 bis 21% Gerbstoff, und das Rhizom von Polygonum amphibium, das in großen Mengen in Missouri vorkommt, hat einen Gerbstoffgehalt von 18%. In Polygonum plebejum (Australien) wurden 28% Gerbstoff gefunden.

Der Taran wächst in Turkestan, im Kaukasus und Altai. Seine Wurzelknollen enthalten in getrocknetem Zustand 16 bis 22% Gerbstoff und 14 bis 18% lösliche Nichtgerbstoffe.

Die Wurzeln lassen sich nicht so leicht ausgraben wie der Badan. Da der Taran außerdem nicht sehr verbreitet ist und das Nachwachsen der Pflanze beinahe doppelt so lange dauert wie beim Badan, ist seine praktische Bedeutung als Gerbstoffpflanze vorerst noch gering.

Die Angaben über die Beschaffungsmöglichkeiten gehen sehr weit auseinander. Nach Angaben aus Usbekistan lassen sich dort jährlich 30000 bis 40000 t Taran gewinnen. Die dortige Bevölkerung macht von Taran in der Hausgerberei umfangreichen Gebrauch. Anpflanzversuche wurden bisher noch nicht ausgeführt (Peters).

Kermek, Strandnelke (Statice latifolia, Statice Gmelini) kommt in Turkestan und im Gouvernement Semipalatinsk vor. Sie bevorzugt Salzgrund. Die Pflanze entwickelt 5 bis 6 cm starke Wurzeln, die 1 bis 1,5 m in den Boden eindringen. Die Gewinnung der Kermekwurzeln ist deshalb mit beträchtlichen Schwierigkeiten verbunden. Die Wurzeln enthalten im Durchschnitt 17% Gerbstoff, 14% lösliche Nichtgerbstoffe und 2% Zuckerstoffe. Auch die zur Verfügung stehenden Kermekmengen sind schwer abzuschätzen. In Usbekistan sollen jährlich etwa 20000 Tonnen gewonnen werden können. Das mit Kermek gegerbte Leder hat eine grünliche Färbung. Die eingeborene Bevölkerung benutzt den Kermek seit langer Zeit zur Gerbung von Hammelhäuten (Peters).

Kermek gehört zur Familie der Plumbaginaceen, in der noch andere gerbstoffhaltige Pflanzen zu finden sind. Statice coriaria in Südrußland soll nach Dekker (S. 235) eine bis zu 8 m lange Wurzel haben, die 20 bis 25% Gerbstoff enthält. Sie wird von den Kalmücken zum Gerben von Schaffellen benützt. Statice Limonium, an den Küsten von Europa und Nordamerika heimisch, enthält in der Wurzel 17% Gerbstoff. Auch Statice scoparia (Sibirien) ist gerbstoffhaltig.

Die Unterscheidung der Wurzeln von Badan, Taran und Kermek auf chemischem Wege kann durch die Ermittlung des Zuckergehaltes erfolgen, der bei den drei Wurzeln sehr verschieden ist. Außerdem kann die Säurezahl zur Charakterisierung dienen (siehe Tabelle 58).

Tabelle 58.
Zuckergehalt und Säurezahlen von Badan, Taran und Kermek.

	Zucker + Stärke %	Säurezahl
Badan	18,2	37,8
Taran	5	51,0
Kermek	7,6	78,6

Nach neueren Nachrichten beabsichtigt der Ledertrust in Kasakstan die Gewinnung eines Gerbmittels aus der Wurzel **„Samaldyk"** in größerem Umfang zu betreiben. Die Fundstätten der Wurzel liegen in den Bergen von Dshetysu und in den Gebieten Lepsinsk, Taldy Kurgan und Alma-Ata. In den Lederfabriken von Taldy Kurgan und Alma-Ata wird diese Wurzel bereits praktisch verwendet. Über ihren Gerbstoffgehalt ist nichts bekannt.

Europäische Rumex-Arten. Im Anschluß an die in Rußland in den letzten Jahren mit Gerbwurzeln durchgeführten Versuche interessieren einige europäische Rumex-Arten, die in letzter Zeit in bezug auf ihre Verwendbarkeit als Gerbmittel Gegenstand der Erörterung gewesen sind. Die Tatsache, daß der tropische Canaigre (Rumex hymenosepalus) schon seit den ältesten Zeiten als verwertbare Gerbstoffpflanze bekannt war, hätte eigentlich längst die Aufmerksamkeit der Forscher auch auf die europäischen Rumex-Arten lenken sollen. In dem bekannten Gerbstoffwerk von Dekker findet sich nur eine einzige europäische Rumex-Wurzel (Rumex crispus) mit einem Gerbstoffgehalt von 5,5% aufgeführt. Erst in den letzten Jahren hat P. Sors (Simontornya) die Untersuchung von zehn verschiedenen in Europa heimischen Rumex-Arten durchgeführt und damit ein Bild über den Gerbstoffgehalt dieser Pflanzenart geschaffen (Tabelle 59).

Tabelle 59. Gerbstoffgehalt der Wurzeln europäischer Rumex-Arten (Sors).

Rumex-Art	Erntezeit	Gerbstoff %	Nicht-gerbstoffe %	Un-lösliches %	Anteil-zahl
R. maritimus		Spuren	—	—	—
R. paluster	Juli (Blütezeit)	6,33	4,59	89,08	57,97
R. conglomeratus	Juni	6,65	19,55	73,80	25,38
	Juli (volle Blüte)	9,87	13,56	76,57	42,13
	August (Samenreife)	10,67	17,89	71,44	37,56
R. sanguineus	April	12,56	13,56	73,88	48,09
R. odontocarpus	Samenreife	3,16	5,23	91,61	37,66
R. hydrolapathum	Juni (Blütezeit)	21,32	18,98	59,70	52,90
	Sept. (Samenreife)	11,50	18,83	69,67	34,88
R. crispus	April	3,62	21,55	74,83	14,38
	Juli (Blütezeit)	5,03	6,63	88,34	43,14
	Sept. (Samenreife)	6,24	16,59	87,17	27,34
R. patientia	April	21,40	29,30	49,30	42,46
	Juni (Blütezeit)	16,55	16,30	67,15	50,38
R. acetosella		Spuren	—	—	—
R. acetosa	Januar	22,66	6,57	70,77	77,52
	April (erste Blätter)	20,87	7,20	71,93	74,35
	Juli (Blüte)	15,25	10,33	74,42	59,62
	September (Samen)	17,63	9,52	72,85	64,94

Man sieht, daß die Gerbstoffbildung in den Rumex-Wurzeln sich bei den einzelnen Arten nach ganz verschiedenen Grundsätzen vollzieht. Charakteristisch ist jedenfalls der Wechsel des Gerbstoffgehalts im Laufe des Jahres.

Der Gerbstoff der europäischen Rumex-Arten ist dem Gerbstoff des Canaigre sehr ähnlich; andererseits zeigt er auch eine nahe Verwandtschaft zum Gerbstoff von Polygonum Bistorta.

Eine noch völlig ungelöste Frage aber, die für den technischen Wert der europäischen Rumex-Arten ausschlaggebend sein wird, ist die Möglichkeit der Gewinnung und die erreichbare Ausbeute.

13. Tizera.

Seit einigen Jahren kommt der Extrakt des Tizeraholzes (Rhus pentaphylla) als Gerbmittel auf den Markt. Da dieser Extrakt in seinen Eigenschaften dem Quebrachoextrakt sehr weitgehend gleicht, ist in den Zeiten des Anziehens der Quebrachopreise das Interesse für Tizeraextrakt rege geworden.

Rhus pentaphylla ist als Gerbstoffpflanze seit langer Zeit bekannt. Der dornige, reich verzweigte Strauch kommt hauptsächlich in Nordafrika und auf den Kanarischen Inseln sowie in Sizilien vor. Besonders verbreitet ist er in Marokko, Algier und Tunis. Die Bewohner des Atlas benützen seit alters her Tizerablätter und Rinde zum Gerben von Leder (Marokkoleder). Die Blätter werden auch als Marokkosumach bezeichnet. Tizera gehört ja botanisch zur Familie der Sumachgewächse.

Tizera wird auch mit Tizrah, Tesera, Tisra oder Tazad bezeichnet. Der Strauch erreicht eine Höhe bis zu 3 m und einen Umfang bis zu 5 m. Sein Wurzelsystem ist sehr stark entwickelt. Er wächst hauptsächlich auf trockenem Boden und ist sehr anspruchslos. Er hält auch größte Trockenheit aus. Merkwürdig ist, daß der Strauch sehr langsam wächst. Nach Vogel (5) schätzt man, daß Tizeraholz erst nach 200jährigem Wachstum sich zur Gewinnung seines Gerbstoffes eignet.

Allgemeine Bedeutung hat der Tizerastrauch erst erlangt, als man anfing, sein Holz als Gerbmittel zu verwenden. Als Tizeraholz, mitunter auch unter der Bezeichnung Marokkoholz, kommen die oberen Wurzelteile und der Stamm in den Handel. Meist sind es unregelmäßige Stücke verschiedenster Größe und Form, denen oft auch Teile stärkerer Äste beigemengt sind. Je stärker die Stücke sind, um so mehr Borke enthält ihre Rinde. Das Holz besteht aus einem rotbraunen Kern, der von einem hellen Splint umgeben ist. Sehr altes Holz enthält fast keinen Splint.

Tabelle 60. Zusammensetzung von Tizera- und Quebrachoholz.

	Tizera-holz %	Quebracho-holz (zum Vergleich) %
Gerbstoff	22,4	21,1
Nichtgerbstoffe	2,2	1,6
Unlösliches	60,9	62,8
Wasser	14,5	14,5

Tizeraholz ist sehr schwer. Sein spezifisches Gewicht beträgt 1,10 bis 1,25 bei einem Wassergehalt von 10 bis 12%. Das helle Holz ist schwerer als das dunkle. Ein Kubikmeter gut geschichtete Handelsware wiegt 450 bis 460 kg. Infolge seiner außerordentlichen Härte bereitet das Tizeraholz beim Zerkleinern ziemliche Schwierigkeiten.

Die durchschnittliche Zusammensetzung des Tizerakernholzes nach Vogel (5) ist in Tabelle 60 angegeben.

Tizeraholz enthält demnach etwas mehr Gerbstoffe und Nichtgerbstoffe als Quebrachoholz, dagegen etwas weniger unlösliche Stoffe. Die Differenzen haben aber keine Bedeutung, da es sich hier ja um Durchschnittswerte handelt. Der Gerbstoffgehalt des Tizeraholzes schwankt zwischen 16 und 30%. Zwischen den Gerbstoffgehalten von Kern- und Splintholz bestehen ganz wesentliche Unterschiede. Am gerbstoffreichsten ist das helle Wurzelholz. Dünne Stämme und Äste sind gerbstoffarm. Die Rinde hat etwa den gleichen Gerbstoffgehalt wie geringwertiges Holz. Die in Tabelle 61 angegebenen Untersuchungsergebnisse Vogels (5) geben von der Verteilung des Gerbstoffes im Tizeraholz ein deutliches Bild.

Tabelle 61. Verteilung des Gerbstoffes im Tizeraholz.

	Rinde %	Splint %	Kernholz (Durchschnittsmuster) %
Gerbstoff	15,5	2,4	22,4
Nichtgerbstoffe	5,0	4,9	2,2
Unlösliches	65,0	78,2	60,9
Wasser	14,5	14,5	14,5
	100,0	100,0	100,0

	Tizerakernholz aus		
	Ästen u. Stämmen %	dunklen Wurzeln %	hellen Wurzeln %
Gerbstoff	17,3	16,5	28,5
Nichtgerbstoffe	1,4	1,8	2,1
Unlösliches	66,8	67,2	54,9
Wasser	14,5	14,5	14,5
	100,0	100,0	100,0

Tizera läßt sich unter gleichen Bedingungen ebenso leicht auslaugen wie Quebrachoholz. Ein Sulfitieren ist zwecklos. Näheres über Tizeraextrakte siehe im Abschnitt über Extraktgewinnung.

Gerbt man tierische Haut mit reinem natürlichen Tizeraextrakt, so erhält man ein Leder, das sich von Quebracholeder kaum unterscheidet. Es ist etwas dunkler, aber ebenso wenig lichtbeständig. Die Gerbgeschwindigkeit von Tizerabrühen ist der von Quebrachobrühen vollkommen gleich. Die Brühen setzen ziemlich viel Schlamm ab, mehr als Quebrachobrühen.

Tizeraextrakt kann als brauchbares Ersatz- und Streckungsmittel für Quebrachoextrakt gelten. Seine Verwendung im großen wird nicht in Frage kommen, da die verfügbaren Bestände an Tizeraholz gering sind.

14. Erlenrinde.

Die Rinde der Erlen, Alnus glutinosa und Alnus incana, auch Schwarz- und Weißerle genannt, ist als ein sehr brauchbares und gutes Gerbmittel anzusprechen. Erlenrinde wurde früher in den Donauländern, besonders in Rumänien zum Gerben verwendet und vor 25 Jahren auch noch hier und dort in kleineren Posten gehandelt. Daß sie trotz ihres hohen Gerbstoffgehaltes in die Lederindustrie keinen Eingang gefunden hat, hat seinen Grund darin, daß sie einen roten, in Wasser leicht löslichen Farbstoff enthält, der das Leder intensiv färbt. Trotzdem wird die Erlenrinde in kleinen Gerbereien in Serbien und in der Türkei noch als Gerbmittel benützt, und zwar vielfach zur Herstellung des Opankenleders.

Die beiden Hauptarten der Erle, die oben genannte Schwarz- und die Weißerle, sind sehr schwer voneinander zu unterscheiden. Ihre Rinden sind gleichwertig; die Unterscheidung hat also keine praktische Bedeutung. Die Erlen bilden spät Borke. Man kann noch 5 mm dicke Erlenrinden finden, die außen ganz glatt und borkenfrei sind. Jüngere Rinden zeigen außen, mit der Lupe betrachtet, eine dünne braune Korkschicht.

Der Gerbstoffgehalt der Erlenrinde schwankt zwischen 9 und 16%. Je älter die Erle, desto geringer ist der Gerbstoffgehalt. Besonders jüngere Rinden, die noch borkenfrei sind, und Rinden von Ästen sind gerbstoffreich. Sie enthalten zwischen 14 und 16% Gerbstoff. Die junge Erlenrinde ließe sich in ähnlicher Weise wie die Eichenrinde im Schälwaldbetrieb gewinnen.

Das Holz der Erlen enthält nur ganz geringe Gerbstoffmengen. Smaic und Wladika haben Erlenrinde und -holz aus der Bukowina untersucht und folgende Gerbstoffgehalte gefunden (Tabelle 62):

Tabelle 62. Gerbstoffgehalt von Holz und Rinde der Erle (nach Smaic und Wladika).

	Feuchtigkeit %	Gerbstoff %
Erlenrinde aus der Bukowina, 10jährig	15,00	7,80
„ „ „ „ 30jährig	15,00	9,13
„ „ „ „ 40jährig	15,00	5,54
Erlenholz (Bukowina), 10jährig	15,00	0,85
„ „ 30jährig	15,00	1,20
„ „ 40jährig	15,00	1,28

Eitner (*9*) hält die Rinde von jungen Erlen für ein ausgezeichnetes Gerbmittel zur Herstellung von Oberleder.

Auch die Früchte der Erle sind sehr gerbstoffreich, besonders die der Weißerle. Sie wurden in der Wallachei lange Zeit — und vereinzelt vielleicht heute noch — zur Herstellung von Sohlleder verwendet. Die Erlenfrucht enthält bis zu 16% Gerbstoff. Die frisch getrockneten Früchte enthalten noch einen stärkehaltigen Samen, der durch Gärung Säure bildet.

Eine Bedeutung als allgemeines Gerbmittel können die Früchte der Erlen nicht erlangen, da sie nur in beschränktem Maß zur Verfügung sind. Auch die Erlenrinde könnte nur dann als Gerbmittel eine Rolle spielen, wenn man dazu übergehen würde, sie durch Schälwaldbetrieb im großen zu gewinnen.

15. Persearinde.

Die Rinde von Persea linque oder Laurus linque, einer Lorbeerart, wird in Südamerika, besonders in Chile zur Herstellung des sog. Valdivialeders verwendet. Die Persearinden sind grobzellige Rinden, faserarm und leicht auslaugbar. Sie haben einen zimtartigen Geruch. Bruchflächen und Innenseite sind häufig mit einem bräunlichen Pulver bedeckt. Die Innenseite ist glatt, die Außenseite ist meist von 5 mm starken Borkenschuppen bedeckt.

Eitner fand in der Persearindc 17 bis 22% Gerbstoff. Lauffmann gibt folgende Zusammensetzung der Rinde an:

Gerbstoff	22,1%
Nichtgerbstoffe	9,9%
Unlösliches	53,5%
Wasser	14,5%
	100,0%

In Valdivia wurden lange Zeit jährlich bis zu 60000 schwere Häute mit Persearinde gegerbt (Procter, S. 267).

16. Gerbstoffpflanzen von geringer technischer Bedeutung mit vermutlich kondensierten Gerbstoffen.

Algaroba. Algaroba ist der spanische Name für Ceratonia siliqua. Nach Jalade zeigt der trockene Algarobaauszug und das für seine Herstellung verwendete Holz folgende Zusammensetzung (Tabelle 63):

Tabelle 63. Zusammensetzung von Algaroba.

	Auszug %	Holz von Algaroba %
Gerbstoff	40,8	6,0
Lösliche Nichtgerbstoffe	36,9	3,6
Unlösliches	7,7	78,4
Wasser	14,6	12,0
	100,0	100,0
Mineralstoffe	6,5	1,6
Zucker	— Spuren —	

Algaroba ist nicht zu verwechseln mit Algarobilla.

Cuerorinde. Kommt aus Südamerika. Stammt von einer Malphighiacea. Jüngere Rinden enthalten 24, ältere 19% Gerbstoff. Die Rinde wird mitunter auch mit „palo-blanco" bezeichnet.

Barbatimaoschoten und -rinde. Die Früchte und die Rinde von Stryphnodendron Barbatimao Mart. sind sehr gerbstoffreich. Die Pflanze kommt in Brasilien vor. Die Früchte enthalten 27%, die Rinde 18 bis 25% Gerbstoff. Auch die Blätter und das Holz der Pflanze sind gerbstoffhaltig.

Pappelrinde. Die Rinde von Populus canadica (kanadische Pappel) enthält 2 bis 4% Gerbstoff. Die Rinde wurde mitunter im Gemisch mit Eichenrinde zur Gerbung verwendet.

Ulmenrinde. Die Rinde von Ulmus campestris enthält ebenfalls nur geringe Mengen Gerbstoff, im Durchschnitt etwa 3%. Die Ulmenrinde gibt dem Leder eine unansehnliche Farbe.

Snow Bush, Caenothus Velutinus, ist eine buschartige Pflanze Brasiliens, die in ihren Blättern 17% Gerbstoff enthält. Gerbversuche ergaben ein günstiges Leder.

Pistacia Lentiscus (Mastixbaum). Wie schon beim Sumach (Seite 9) erwähnt, werden die Blätter von Pistacia Lentiscus mitunter als Verfälschungsmittel dem Sumach beigemischt. Der Gerbstoffgehalt der Blätter beträgt je nach Herkunft der Pflanze 6 bis 13%.

Die Rinden des Nußbaumes, der Buche, des Apfel-, Pflaumen- und Kirschbaumes enthalten ebenfalls nur geringe Mengen Gerbstoff. Auffallend ist der Gerbstoffgehalt der grünen Nußschalen, der etwa 22% beträgt.

Gruppe III: Ausländische Gerbmittel und Gerbstoffpflanzen mit örtlicher Bedeutung.

(Die Natur der Gerbstoffe ist meist unbekannt.)

1. Der Wurzelbaum.

Kommt auf den Philippinen in ausgedehnten Waldungen vor und gedeiht dort hauptsächlich in den sumpfigen Niederungen der Buchten von Mindanao, Mindoro und Palawan. Man schätzt die Waldungen auf etwa 207000 Hektar. Es gibt vier verschiedene Arten. Die Rinden enthalten bis zu 39,4% Gerbstoff neben 9,6% färbenden Stoffen. Die Rinde wird in Australien viel verwendet. Das mit ihr gegerbte Leder hat eine rötliche Farbe.

2. Palmetto.

Unter Palmetto versteht man einen Gerbextrakt aus den Wurzeln einiger hauptsächlich in Florida vorkommenden Palmenarten (Corypha Palmetto, Serenoa serrulata Hook). Der Extrakt kam etwa 1895 erstmals von Amerika aus in den Handel. Eitner (*10*) gab folgende Zusammensetzung an: Gerbstoffe 18,01%, Nichtgerbstoffe 20,06%, Unlösliches 2,71%. Das mit Palmetto allein gegerbte Leder wird hart und narbenbrüchig. Seine Farbe ist rötlich mit grauem Stich.

3. Gonakieschoten.

Die Fruchtschalen der Acacia arabica werden als Gonakieschoten bezeichnet. Der Baum kommt in den französischen Kolonialgebieten am Senegal vor. Nur die Schalen der Frucht sind gerbstoffhaltig, nicht die Kerne. Dagegen sind die Höhlungen, in denen die Kerne liegen, von einem gerbstoffreichen Pulver ausgefüllt. Der Gerbstoffgehalt der Schoten samt Kernen beträgt 20 bis 30%, der der Schoten allein bis zu 40%. Auf 100 Teile Gerbstoff kommen 5 Teile Zucker.

Aus Gonakieschoten wird ein Handelsextrakt hergestellt, der eine Stärke von 25° Bé und folgende Zusammensetzung hat:

Gerbstoff	24,60%
Nichtgerbstoffe	18,20%
Unlösliches	1,50%
Wasser	55,70%.

Das Gerbmittel scheint sich für Oberleder gut, für Sohlleder weniger zu eignen.

4. Badamierrinde.

Die Rinde von Terminalia Catappa wird auf der Insel Réunion unter dem Namen Badamierrinde als Gerbmittel gebraucht. Sie wurde teilweise auch schon nach Frankreich eingeführt. Die Rinde hat eine hellgraue dünne Borke, die 2½ mm starke Innenrinde ist gelbbraun und von faseriger Struktur. Der Gerbstoff gleicht dem der Eichenrinde; er gibt dem Leder jedoch eine rote Farbe. Der Gerbstoffgehalt der Rinde beträgt etwa 12%. Das mit Badamierrinde gegerbte Leder ist sehr fest.

Ebenfalls von Réunion stammt die Rinde von Terminalia mauritiana. Sie enthält bis zu 30% Gerbstoff und gilt unter dem Namen Yamrosarinde als ein sehr gutes Gerbmittel.

5. Kamatchilrinde.

Die Rinde stammt aus dem ehemaligen deutschen Seeschutzgebiet in der Südsee, und zwar von der Insel Saipan. Der Baum wird von den Eingeborenen „Kamatchil" genannt, der anscheinend als Pithecolobium dulce anzusprechen ist (Paeßler *16*). Die Pflanze gehört zur Familie der Mimosen.

Paeßler (*16*) gibt folgende Zusammensetzung der Rinde an (Tabelle 64):

Tabelle 64.
Zusammensetzung von Kamatchilrinde.

	Rinde von älteren Stämmen %	Rinde von jüngeren Stämmen bzw. Ästen %
Gerbstoff	27,7	27,4
Nichtgerbstoffe	4,3	5,8
Unlösliches	55,0	53,8
Wasser	13,0	13,0
	100,0	1,000

An Zuckerstoffen wurden gefunden:

Traubenzuckerartige Stoffe . . 0,2%
Rohrzuckerartige Stoffe . . . 0,4%

Gerbversuche mit Kamatchilrinde haben seinerzeit gezeigt, daß man mit ihr ein sehr helles Leder herstellen kann, das aber mit der Zeit rot wird. Paeßler hält Kamatchilrinde für ein durchaus brauchbares Gerbmittel.

6. Kajottarinde.

Die Rinde des „Kachou"- oder „Akajoubaumes", Anacardia occidentalis, der in Südamerika und Ostindien vorkommt, ist reich an Gerbstoff. Die Zusammensetzung der Rinde ist nach Oettinger folgende:

Wasser	11,80%
Gerbstoff	25,64%
Nichtgerbstoffe	17,45%
Unlösliches	54,11%
	100,00%
Trockensubstanz	88,20%
Asche	6,95%
Verhältnis der gerbenden zu den nicht gerbenden Stoffen	100 : 68,06%

Eitner (*11*) hält die Kajottarinde für ein brauchbares Gerbmittel, das gut durchgerbt.

7. Osage-Orange-Auszug.

Man versteht hierunter den Extrakt aus dem Holz von Maclura Aurantiaca, eines in Nordamerika vorkommenden Baumes. Das Holz enthält Moringerbsäure oder Maclurin und eine geringe Menge eines roten Farbstoffes. Es wird mehr zum Färben als zum Gerben benutzt.

8. Yayamadourinde.

Es handelt sich um die Rinde von Guarea trichilioides aus Guyana. Die Rinde ist 6 mm dick, zimtbraun, mit einer hellbraunen, zerrissenen Borke belegt, kurzbrüchig. Sie enthält 10% Gerbstoff, der sich aber schwer auslaugen läßt, außerdem einen harzigen Farbstoff.

9. Elephantenwurzel und Ganibwurzel.

Beide stammen aus den ehemaligen deutschen Kolonien in Afrika. Elephantenwurzel ist die Wurzel von Elephantorrhiza Burchellii. Sie hat folgende Zusammensetzung:

Gerbstoff	17,5%
Nichtgerbstoffe	20,6%
Unlösliches	49,4%
Wasser	12,5%

Die Ganibwurzel stammt von Hydnora longicollis. Ihr Gerbstoffgehalt beträgt 32%.

10. Kinogerbstoff.

Unter „Kino" versteht man den eingetrockneten gerbstoffhaltigen Saft verschiedener Bäume, der teils als Heilmittel teils als Gerbmittel Verwendung findet. Kino kommt meist in Form von kleinen rotbraunen Stückchen in den Handel. Man kann folgende Kinoarten unterscheiden (Dekker, S. 449):

a) Pterocarpus Marsupium liefert Malabarkino, das in Europa bekannteste Produkt. Die lufttrockene Rinde der Stammpflanze gibt an Wasser von 60° 7% Extrakt mit 77,1% Gerbstoff ab. Nach Hopper enthält echtes Malabarkino:

Gerbstoff	70,0 bis 82,4%
Nichtgerbstoffe	1,1 „ 11,5%
Unlösliches	0 „ 5,1%
Wasser	12,2 „ 15,7%

b) Pterocarpus eriaceus. Liefert afrikanisches Kino, wurde schon im Jahre 1757 in die Londoner Pharmakopöen aufgenommen.

c) Pterocarpus Draco („Drachenblut von Karthagena"). Nach Trimble 34,9% Gerbstoff.

d) Pterocarpus Bussei (Afrika). Das Kino zeigt mit Malabarkino Übereinstimmung, enthält aber 25% Asche. Auch wurde aus ihm Pyrocatechin isoliert.

e) Derris Stuhlmannii, 25% Asche, wenig Pyrocatechin.

f) Berlinia Eminii (Afrika).

g) Sesbania grandiflora.

h) Butea frondosa, bengalisches Kino, 32,6% Gerbstoff, 8,8% Nichtgerbstoffe.

i) Coccoloba uvifera (westindisches Kino).

k) Eucalyptus spec. (australisches Kino). Die meisten Eucalyptusarten liefern Kino.

l) Croton spec. Mehrere Krotonarten liefern Kino, vor allem Croton erythraeus (Brasilien) und Croton hibiscifolius (Kolumbien).

m) Rhizophoraceae. Der Rindenextrakt wird häufig auch als Kino bezeichnet.

11. Bablah.

Bablah, auch Babul, sind die Schoten einer Akazienart, Acacia arabica, die in Ostindien heimisch ist. Bablah ist dort ein sehr wichtiges Gerbmittel, das viel zum Gerben von Kipsen Verwendung findet. Die Angaben über den Gerbstoffgehalt der Schoten schwanken, wahrscheinlich weil die untersuchten Früchte von verschiedenen Akazienarten stammen. Nach Angaben des Kaiserl. Indischen Institutes enthalten die Schoten (Sant pods):

Gerbstoff	35,4%
Nichtgerbstoffe	14,6%
Unlösliches	39,4%
Wasser	20,6%

Bablah gibt ein volles, weiches und helles Leder. Seine Brühen gären leicht. Die Herstellung eines Extraktes aus Bablah ist durch ein französisches Patent (Nr. 480300) geschützt.

Auch die Rinde von Acacia arabica wird in Nordindien viel als Gerbmittel verwendet. In den dortigen zahlreichen kleinen Dorfgerbereien ist die Babulrinde

Abb. 23. Bablah. (Aus Francé, Leben der Pflanze.)

fast überall anzutreffen. Der Gerbstoffgehalt der Rinde wechselt, kann aber bis 20% betragen; als Durchschnitt wird man wohl etwa 12% annehmen können. Der Gehalt an Nichtgerbstoffen beträgt etwa 8%. Das mit Babulrinde gegerbte Leder soll eine große Festigkeit und Dauerhaftigkeit besitzen. Es ist aber dunkelfarbig und hat meist einen rauhen Narben.

12. Quillayarinde.

Diese fast borkenfreie Rinde stammt vermutlich von Quillaya saponaria Molina. Gnamm fand folgende Zusammensetzung:

Gerbstoff	15,7%
Nichtgerbstoffe	15,2%
Unlösliches	54,1%
Wasser	15,0%

Unter den Nichtgerbstoffen befindet sich ein saponinartiger Stoff, weshalb die Auszüge stark schäumen. Auch die Blätter der Pflanze sind gerbstoffhaltig.

13. Brasilianische Gerbmittel.

Angico. Rinde des Baumes Piptadenia. Wird in den Gerbereien des Nordostens als Gerbmittel verwendet. Sie enthält im Durchschnitt 18% Gerbstoff. Angico kommt in verschiedenen Arten vor. Der Gerbstoffgehalt der Rinde wird von der Jahreszeit und vom Alter der Bäume beeinflußt.

Angico do Campo umfaßt die Arten Piptadenia nicuriale und Piptadenia macrocarpa. Die erste Art führt nur wenig Gerbstoff, die zweite dagegen bis zu 20%.

Angico Roxo ist die Rinde von Piptadenia Cebil. Enthält 19 bis 25% Gerbstoff; die Blätter enthalten 6%.

Angico Verdadeiro. Rinde von Piptadenia rigida, einem 12 m hohen Baum mit dunkler rissiger Rinde. Gerbstoffgehalt 16 bis 18%.

Muricy. Anscheinend Rinde von Byrsonima crassifolia. Sie enthält viel Gerbstoff und einen roten Farbstoff. Zusammensetzung:

Gerbstoff	24,9%
Nichtgerbstoffe	7,2%
Unlösliches	52,8%
Wasser	15,1%

Das Holz des Baumes ist arm an Gerbstoff.

Babatenom. Unter diesem Namen findet sich im Innern Brasiliens ein Baum mit einer sehr gerbstoffreichen Rinde, die in manchen Gerbereien Brasiliens als Gerbmittel Verwendung findet. Die Art des Baumes steht nicht fest. Die Rinde zeigt folgende Zusammensetzung:

Gerbstoff	15 bis 25%
Nichtgerbstoffe	6 „ 8%
Unlösliches	51 „ 62%
Wasser	13 „ 16%

Barauna Melanoxylon. Ist eine Caesalpinienart mit gerbstoffhaltiger Rinde. Die Rinde wird in Brasilien als Gerbmittel genannt, ist aber in Gerbereien wenig eingeführt. Sie enthält nur 9 bis 10% Gerbstoff.

Jurema Preta (Schwarze Jurema). Eine Mimosenart, die im Nordosten Brasiliens häufig vorkommt. Die 0,5 cm dicke, dunkelgraue Rinde hat folgende Zusammensetzung:

Gerbstoff	11,4%
Nichtgerbstoffe	6,9%
Unlösliches	68,0%
Wasser	13,7%

Wird als Gerbmittel verwendet.

Arakarinde. Herkunft und Stammpflanze unbekannt. Zusammensetzung der Rinde:

Gerbstoff	18,4%
Nichtgerbstoffe	4,4%
Unlösliches	65,5%
Wasser	11,7%

Weitere Gerbmittel Brasiliens sind: die Rinde von Caparrosa (Ludwigia Caparrosa), in den Staaten Minas Geraes und Goyaz sehr viel vorkommend, mit 20 bis 25% Gerbstoff, ferner Caporoca (Myrsine gardueriana) und die Aveiras (Astronium und Schinus) aus Rio Grande do Sul.

Unter „Nance-Rinden" versteht man die Rinden einiger Malpighia-Arten (M. faginea und M. glabra), die bis zu 26% Gerbstoff enthalten.

14. Argentinische Gerbhölzer und -rinden.

Molle. (Lithraea Gilliesii Gr.). Gehört zur Familie der Anacardiaceen. 10 m hoher Baum. Das Kernholz ist dunkelrot. Kommt im Innern des Landes vor. Zusammensetzung:

	Holz	Rinde
Gerbstoff	3,66%	16,79%
Nichtgerbstoffe	5,97%	8,14%
Zuckerstoffe	0,50%	1,50%

Churqui (Mimosa farinosa Gr.). Gehört zur Familie der Leguminosen. Hoher Baum von 2 bis 7 m. Gerbstoffgehalt:

Gerbstoff	3,86%
Nichtgerbstoffe	2,67%

Hat wenig Bedeutung.

Iviraró-Viraú (Ruprechtia excelsa Gr.). Von der Familie der Poligoneen. Wird bis zu 24 m hoch. Durchmesser des Stammes 50 cm. Sehr festes, geschätztes Nutzholz.

Gerbstoff	1,6%
Nichtgerbstoffe	3,8%

Hat keine Bedeutung.

Guayacan Itin (Caesalpinia melanocarpa Gr.). Gehört zur Familie der Leguminosen. Kommt in Chaco, Formosa, Corrientes, Santa Fé in großen Beständen vor.

	Holz	Früchte
Gerbstoff	8,09%	14,78%
Nichtgerbstoffe	0,99%	19,20%

Tusca (Acacia cavenia). Leguminose. 6 m hoher Baum. Hartes Holz.

	Rinde	Holz
Gerbstoff	10,08%	2,69%
Nichtgerbstoffe	3,46%	2,65%

Curupay-Cebil Colorado (Piptadenia cebil Gr.). — Leguminose. In Südamerika weit verbreitet. Der Baum wird bis zu 20 m hoch. Die Rinde besitzt einen beträchtlichen Gehalt an Gerbstoff.

	Rinde
Gerbstoff	15,00%
Nichtgerbstoffe	10,92%

Piquillin (Condalia lineata A. G.). Gehört zur Familie der Rhamnaceen. Der Baum wird etwa 6 m hoch.

	Holz	Rinde
Gerbstoff	6,23%	9,01%
Nichtgerbstoffe	3,10%	2,99%

Lapacho negro (Tabebuia Avellanedae Ltg.). Familie der Bignoniaceen. Kommt in großen Mengen in Formosa, Chaco, Santa Fé und Tucuman vor.

	Holz	Rinde
Gerbstoff	1,46%	3,22%
Nichtgerbstoffe	3,25%	6,25%

Die Angaben stammen von Louis, Levi und Sigel, die eine Reihe von argentinischen, kubanischen und mittelamerikanischen Gerbmitteln untersucht haben. Auch die folgenden Angaben über kubanische Gerbmittel und solche aus Nikaragua gründen sich auf ihre Untersuchungen.

15. Gerbmittel aus Kuba.

Tabelle 65.
Zusammensetzung kubanischer Gerbmittel.

	Lösliche Stoffe %	Nichtgerbstoffe %	Gerbstoff %
Corteza de Jagua	25,40	20,96	4,44
Corteza de Carba	13,58	5,37	8,21
Corteza de Mangle Colorado	30,21	6,13	24,08
Corteza de Juearo	11,75	4,59	7,16
Corteza de Arbol Jucan	12,29	3,16	9,13
Hojas de Mangle Colorado	14,23	9,04	5,19
Hojas de Peralijo	30,10	19,38	10,72
Hojas de Potoban	37,10	19,43	19,67
Maranon	9,07	3,06	6,01
Sabien	5,28	3,61	1,67

16. Gerbhölzer und -rinden aus Nikaragua.

Caoboc (Dep. de Jerez).

	Rinde	Holz
Lösliche Stoffe	16,76%	6,80%
Nichtgerbstoffe	5,17%	2,48%
Gerbstoff	11,59%	4,32%

Saray (Masaya).

	Rinde	Holz
Lösliche Stoffe	14,96%	2,79%
Nichtgerbstoffe	4,08%	1,81%
Gerbstoff	10,88%	0,98%

Zaray Blanco (Finotega).

	Rinde	Holz
Lösliche Stoffe	21,45%	3,39%
Nichtgerbstoffe	5,15%	1,48%
Gerbstoff	16,30%	1,91%

Cangre Drago (Rivas).

	Rinde	Holz
Lösliche Stoffe	11,09%	4,34%
Nichtgerbstoffe	3,33%	3,11%
Gerbstoff	7,76%	1,23%

Mangle (Masaya).

	Rinde	Holz
Lösliche Stoffe	14,56%	6,63%
Nichtgerbstoffe	7,20%	4,88%
Gerbstoff	7,36%	1,75%

Guapinol (Matagalpa).

	Rinde	Holz
Lösliche Stoffe	12,85%	5,08%
Nichtgerbstoffe	3,77%	2,39%
Gerbstoff	9,08%	2,69%

Jugualtel (Carazo).

	Rinde	Holz
Lösliche Stoffe	19,15%	7,28%
Nichtgerbstoffe	15,33%	5,59%
Gerbstoff	4,42%	1,69%

San Cilbestre (Matagalpa).

	Rinde	Holz
Lösliche Stoffe	38,86%	5,92%
Nichtgerbstoffe	32,99%	4,98%
Gerbstoff	5,87%	0,94%

Madera Quebracho (Managua).

	Rinde	Holz
Lösliche Stoffe	15,37%	8,16%
Nichtgerbstoffe	3,54%	1,80%
Gerbstoff	11,83%	6,36%

Guallabillo (Matagalpa).

	Rinde	Holz
Lösliche Stoffe	19,82%	3,19%
Nichtgerbstoffe	6,29%	1,52%
Gerbstoff	13,53%	1,67%

Guasimo Molinio (Rivas).

	Rinde	Holz
Lösliche Stoffe	18,39%	5,29%
Nichtgerbstoffe	9,08%	3,61%
Gerbstoff	9,31%	1,68%

Papaturro (Masaya).

	Rinde	Holz
Lösliche Stoffe	14,35%	1,99%
Nichtgerbstoffe	3,17%	0,59%
Gerbstoff	11,18%	1,40%

Sauce (Nueva Segovia).

	Rinde	Holz
Lösliche Stoffe	16,68%	7,92%
Nichtgerbstoffe	6,08%	2,79%
Gerbstoff	10,60%	5,13%

Palo de Maria (Dep. de Jerez).

	Rinde	Holz
Lösliche Stoffe	10,48%	7,74%
Nichtgerbstoffe	5,25%	6,98%
Gerbstoff	5,23%	0,76%

Chiguirin (Masaya).

	Rinde	Holz
Lösliche Stoffe	7,75%	3,76%
Nichtgerbstoffe	3,39%	1,87%
Gerbstoff	4,36%	1,89%

Muneco (Santa fereza carazo).

	Rinde	Holz
Lösliche Stoffe	14,29%	7,04%
Nichtgerbstoffe	9,45%	5,19%
Gerbstoff	4,84%	1,85%

Yugualtel (La Conguista).

	Rinde	Holz
Lösliche Stoffe	19,75%	7,28%
Nichtgerbstoffe	15,33%	5,59%
Gerbstoff	4,42%	1,69%

Cortez (Nueva Segovia).

	Rinde	Holz
Lösliche Stoffe	15,27%	2,40%
Nichtgerbstoffe	11,02%	1,86%
Gerbstoff	4,25%	0,54%

Eine große Anzahl dieser Hölzer und Rinden enthält neben Gerbstoff mehr oder weniger Farbstoff. Welche von diesen Hölzern und Rinden heute als Gerbmittel in Mittelamerika Verwendung finden, läßt sich schwer feststellen.

17. Gerbstoffhölzer und -rinden aus Paraguay.

(Nach Gnamm: Gerbstoffe, S. 221.)

Yhvá-poroitih (Eugenia brasiliensis). Das Holz enthält etwa 7,6%, die Rinde 35% und die Blätter 12% Gerbstoff.

Pakuri (Rheedia brasiliensis). Die Rinde enthält etwa 18% Gerbstoff, außerdem wenig Farbstoff.

Yhivihrá-Puihtá (Peltophorum dubium). 24% Gerbstoff neben viel Farbstoff. Nach Dekker enthält die Rinde 31,2% Gerbstoff.

Nangapirih-Guazu (Eugenia Michelii) enthält ungefähr 20% Gerbstoff.

Kurupaih-Rá-Moróto (Piptadenia Sp.) enthält ungefähr 20% Gerbstoff.

Kurupaih-Rá-Piuthiá (Piptadenia rigida) enthält ungefähr 20% Gerbstoff und ziemlich viel Farbstoff.

Inga-Guazu (Inga affinis). 17% Gerbstoff in der Rinde. Leicht zu extrahieren. Nach Stockberger enthält die Rinde 25,8% Gerbstoff.

Kaatiguá-Moróti (Trichilia hieronymi). Die Rinde enthält ungefähr 15% Gerbstoff. Wird von den Eingeborenen viel zum Gerben verwendet. Nach Stockberger enthält die Rinde 23% Gerbstoff und viel Farbstoff.

Timbó (Enterolobium timbauva) enthält 14% Gerbstoff. Wird von den Eingeborenen ebenfalls viel zum Gerben benutzt.

Trichilia cotigua A. Juss. Rinde mit 20,5% Gerbstoff. Liefert ein hartes Leder.

Trichilia hieronymi Griesb. Rinde mit 23% Gerbstoff. Wird von Eingeborenen zum Gerben benutzt.

Byrsonima spicata Rich. Rinde enthält bis zu 34,5% Gerbstoff. Wird auf den Antillen als Gerbmittel benutzt.

Alchornea triplinervis Muell. Rinde mit 17,7% Gerbstoff.

Cupania vernalis Cambess. Rinde mit 15% Gerbstoff.

Cupania uraguensis Hook. Rinde mit 17,5% Gerbstoff.

Eugenia michellii Lam. Rinde mit 28,5% Gerbstoff.

Eugenia pungens Berg. Rinde mit 10,8% Gerbstoff.

Myrtus edulis. Rinde mit 21,8% Gerbstoff.

Lucuma glycyphloea Mart. et Eichl. Rinde („cortex monesiae“) enthält 32% Gerbstoff und soll gutes und helles Leder liefern.

18. Indische Gerbmittel.

Indien ist sehr reich an gerbstoffhaltigen Pflanzen. Die wichtigsten, die als Gerbmittel allgemeine Bedeutung erlangt haben, wie Katechu, Gambir, Myrobalanen sind bereits erwähnt und besprochen. Unter der überreichen tropischen Vegetation Indiens gibt es aber noch zahlreiche Gerbstoffpflanzen, die wenig bekannt und nicht nur ein örtliches Interesse gefunden haben. Fraymouth und Pilgrim haben einige solcher Gerbstoffpflanzen untersucht und näher beschrieben.

Amaltas (Cassia fistula). Der Baum liefert eine Rinde, die durchschnittlich 10% Gerbstoff enthält und in Indien viel zum Gerben benützt wird. Die Rinde gibt dem Leder eine sehr helle Farbe.

Mahurain (Bauhinia vahlii). Ist eine mächtige Schlingpflanze, die ganze Forsten überwuchert. Die dünnen Äste der Pflanze sind sehr gerbstoffreich. Gibt ein sehr helles Leder.

Dhawa (Anogeissus latifolia Wal.). Ein in Mittelindien weit verbreiteter Baum. Seine Stammrinde enthält etwa 10%, die der Zweige 15% Gerbstoff. Die Blätter sollen sogar bis zu 16% Gerbstoff enthalten, und in den äußersten Blattspitzen der ersten Schößlinge, die der Baum im April treibt, wurden bis zu 55% Gerbstoff gefunden. Im Handel sind drei verschiedene Dhawasorten: Dhawazweigrinde mit 15%, Dhawasumach („Noti“), der hauptsächlich aus jungen Trieben besteht und das Aussehen des italienischen Sumachs hat, mit etwa 30% Gerbstoff und 16% Nichtgerbstoff, und Dhawablätter mit 16% Gerbstoff. Die Blätter werden nach der Regenzeit gesammelt, geklopft und im Wind getrocknet.

Besonders in Mittelindien wird seit langer Zeit mit Dhawa gegerbt. Es wird als das beste der dortigen Gerbmittel angesehen. Das mit Dhawa gegerbte Leder ist hell mit einem Stich ins Grünliche. Die grüne Farbe kann durch einen geringen Zusatz rot färbender Gerbmittel verdeckt werden.

Teri (Caesalpinia Digyna) siehe S. 22.

Pyingadu (Xylia Dolabriformis). Kommt in Burma und Südindien vor. Wird in großen Mengen gewonnen. Junge Rinde enthält 14,5, alte etwa 7% Gerbstoff. Sowohl Rinde wie Holz werden in Südindien als Gerbmittel verwendet. Das Leder hat einen sehr glatten Narben, jedoch eine kurze Faser und scheint leicht zu brechen.

Pipli (Bucklandia populnea). Der Baum kommt sehr viel im Darjeelingdistrikt vor. Seine Rinde enthält 10,5% Gerbstoff.

Goran. Unter diesem Namen kommt in den Sunderbans die schon im Abschnitt über Mangroverinde behandelte Ceriops Candolleana vor (s. S. 54).

Payon. Ebenfalls eine Mangroveart, deren Rinde bis zu 40% Gerbstoff enthalten soll. Stammpflanze unbekannt.

Awaram, Turwad (Cassia auriculata). Die Rinde ist ein sehr geschätztes und in Südindien viel verwendetes Gerbmittel. Der Busch wächst vornehmlich in Madras und Dekan. Die Rinde enthält 18% Gerbstoff und 9% Nichtgerbstoffe. Man gewinnt hauptsächlich die Rinde der Zweige, die zu diesem Zweck nach 2 bis 3 Jahren ganz nahe am Boden abgeschnitten werden. Die Rinde wird getrocknet. Das ganze Rindengewinnungsverfahren ist sehr umständlich. Der Busch wird auch angepflanzt. Ganz reine Zweigrinde enthält sogar 29,5% Gerbstoff. Awaram gibt ein sehr helles, mildes Leder, das allerdings am Licht etwas nachdunkelt.

Yon (Anogeissus acuminata). Stammt aus der Gegend von Burma. Die jungen, frisch gesammelten Blätter haben einen Gerbstoffgehalt von 32%. Mit zunehmender Reife sinkt der Gerbstoffgehalt bis auf 10%.

Dho (Anogeissus pendula). Blätter und Rinde sind dem Dhawa ähnlich. Auch hier sind die jungen Blätter gerbstoffreicher als die alten. Die Zweigrinde enthält mehr Gerbstoff als die Stammrinde. Bei Jhansi sind reine Dhowaldbestände.

Kahua (Terminalia Arjuna). Die Rinde wird in großem Umfang in den Gerbereien von Cawnpore als Gerbmittel verwendet. Der Baum, der sehr stattlich wird, ist überall in Indien, besonders entlang den Flußläufen zu finden. Er ist sehr geschätzt, weil sein Holz sehr wertvoll ist. Die Rinde ist dick, auf der Innenseite weich und rötlich gefärbt. Merkwürdig ist, daß die Rinde bei heißem Wetter dicke Flocken abwirft, die auf den Boden fallen und 5% Gerbstoff enthalten. Es wurden auf Grund dieser Erscheinung von Fraymouth Versuche angestellt, die äußere Schicht der Rinde abzunehmen, ohne die Cambiumschicht bloßzulegen. Es zeigte sich, daß die Rinde von unten her wieder nachwächst, und daß nach zweijähriger Ruhepause die Rinde wieder ihre ursprüngliche Dicke erreicht. Ohne Nachteil für die Bäume hat man auf diese Weise die Rindenernte erhöhen können.

Die Stammrinde enthält 20 bis 24%, die unteren Zweige 18% und das an die Gerbereien gelieferte Durchschnittsmaterial etwa 20% Gerbstoff. Die Blätter sind gerbstoffarm.

Die Frucht des Baumes weist in grünem Zustand 20% Gerbstoff auf. Wenn sie ausgereift ist, enthält sie nur noch 7%. Sie wird als Gerbmittel nicht verwendet.

Bei der Verwendung von Kahuarinde allein wird das Leder hellbraun mit einem schwach rötlichem Ton. Der Narben ist glatt. Man kann sowohl Oberleder wie Sohlleder mit Kahua gerben. Auch Extrakte werden aus der Rinde hergestellt. Ein viel verwendetes Gerbmittelgemisch besteht aus 75% Kahuarinde und 25% Dhawablätter.

Bahera (Terminalia belerica). Die Frucht dieses Baumes wurde vor dem Krieg als Beleric-Myrobalanen viel aus Indien ausgeführt. Das Fleisch der Frucht enthält 22,5, der Stein 14,5% Gerbstoff. Bahera macht das Leder ebenso hell wie Myrobalanen. Das Leder wird aber noch etwas weicher.

Seja (Lagerstroemia parviflora). Die Zweigrinde enthält 10% Gerbstoff, kommt aber als Gerbmittel nicht zur Verwendung.

Karunda (Carissa spinarum). Ein Busch, der in Indien sehr verbreitet ist; besonders in Mittel- und Nordindien finden sich große Bestände. Die reifen

Blätter enthalten 11% Gerbstoff und 24% Nichtgerbstoff. Die jungen Blätter sind, im Gegensatz zu vielen anderen Gerbstoffpflanzen, gerbstoffrei. Man kann das ganze Jahr hindurch Blätter ernten, da der Busch schon junge Blätter treibt, ehe die alten abgefallen sind. Die Rinde enthält 5 bis 8% Gerbstoff. Die Gewinnung der Blätter erfolgt derart, daß die abgeschnittenen Zweige geklopft werden, so daß alle trockenen Blätter abfallen; dann pflückt man die Blätter ab und legt sie zum Trocknen auf.

Karunda schwellt das Leder sehr stark. Bei alleiniger Verwendung wird der Narben zusammengezogen. Man mischt deshalb Karunda mit anderen Gerbmitteln (besonders mit Aonla, siehe unten). Auffallend ist die sehr lange Faser des mit Karunda hergestellten Leders.

Aonla (Phyllanthus Emblica). Sehr gerbstoffreiche Pflanze. Die Stammrinde enthält nur 8 bis 9% und wird als Gerbmittel nur wenig benutzt. Dagegen stellen die Aonlazweige, deren Rinde sich leicht abschälen läßt, ein ausgezeichnetes und viel verwendetes Gerbmittel dar. Die Rinde enthält 24% Gerbstoff und 17% Nichtgerbstoffe. Für sich allein verwendet gibt Aonlarinde ein rötliches Leder; diese Farbe läßt sich aber leicht durch Zusatz anderer Gerbmittel (siehe oben) verdecken. Die jungen Blätter haben einen hohen Gerbstoffgehalt von 23 bis 28%. Sie sind sehr leicht zu sammeln und brauchen nicht weiter zerkleinert werden. Die Aonlafrucht kam früher als Emblic-Myrobalane in den Handel. Wenn die Frucht in ausgewachsenem, aber noch unreifem Zustand gesammelt und das Fleisch sogleich vom Kern abgeschält und getrocknet wird, kann man ein Handelsprodukt von 35% Gerbstoff herstellen.

Indische Eichenarten: Quercus Pachyphylla 12 bis 13%, Quercus fenestrata 9 bis 10%, Quercus lineata 10 bis 11% Gerbstoff. Der Gerbstoffgehalt entspricht also etwa unseren einheimischen Eichenrinden. Allerdings enthalten die Blätter dieser indischen Eichenarten bis zu 11% Gerbstoff.

Die in Indien anzutreffenden Kastanienarten sind in ihrem Gerbstoffgehalt den in Europa vorkommenden sehr ähnlich (s. Tabelle 66).

Tabelle 66. Indische Kastanienarten.

	Gerbstoff %	Nichtgerbstoffe %	Unlösliches %
	Castanopsis hystrix.		
Blätter	11,5	15,5	72,9
Zweigrinde	11,5	13,8	74,5
Reife Rinde	13,0	11,8	75,2
	Castanopsis tribuloides.		
Blätter	2,1	13,2	84,7
Zweigrinde	13,6	11,2	75,2
Reife Rinde	6,8	5,4	87,7
	Castanopsis indica.		
Blätter	10,3	11,6	78,0
Reife Rinde	11,8	6,3	81,8

Ihao (Tamarix dioica). Die jungen Zweige des Strauches aus dem Distrikt Mandla enthalten (auf Trockensubstanz berechnet)

Gerbstoff	10,2%
Nichtgerbstoffe	9,9%
Unlösliches	79,9%

Tea (Camelia Tee).

Gerbstoff	8,4%
Nichtgerbstoffe	10,7%
Unlösliches	80,9%

Sal (Shorea robusta). Die Zweige und Blätter sind gerbstoffhaltig.

Gerbstoff	22,8%
Nichtgerbstoffe	34,6%
Unlösliches	42,6%

Auffallend ist der hohe Gehalt an löslichen Nichtgerbstoffen.

Kashew-Nuß (Anacardium occidentale). Die Rinde ist gerbstoffhaltig:

Gerbstoff	9,4%
Nichtgerbstoffe	9,4%
Unlösliches	81,2%

Gothar (Zizyphus xylopyrus). Die Frucht enthält reichlich Gerbstoff, dessen Menge mit dem Reifezustand wechselt. Die ausgereifte Frucht enthält:

	Fleisch	Kern
Gerbstoff	21,2%	3,9%
Nichtgerbstoffe	25,9%	5,9%
Unlösliches	52,9%	90,2%

Die Blätter enthalten 9,1%, die Rinde der Zweige zwischen 9 und 11% Gerbstoff.

Salai-Rinde (Boswellia serrata).

Gerbstoff	13,1%
Nichtgerbstoffe	21,9%
Unlösliches	65,0%

Shisham (Dalbergia sissoo). Die Hülse der Frucht ist gerbstoffhaltig. Keine Bedeutung.

Jamon (Eugenia jambolana). Die Blätter enthalten 12,8%, die Rinde 8,7% Gerbstoff.

Tamil (Avicennia-Art). Die Frucht enthält 8% Gerbstoff.

Khaja-Rinde (Bridelia retusa). Gerbstoff 9,7%, Nichtgerbstoff 17,1%. Die Zweigrinde enthält bis 20%.

Außer diesen Gerbmitteln, die eine mehr oder weniger große, örtliche Verwendung finden, gibt es in Indien aber noch weitere Gerbstoffpflanzen. Dekker führt folgende Arten an:

Casuarina equisetifolia L. Rinde mit 11 bis 18% Gerbstoff.

Geranium Wallichianum D. Don. Wurzel enthält 25,7% Gerbstoff.

Aegle Marmelos Corr. Die Schale der Frucht enthält 20%, das Fruchtfleisch 9% Gerbstoff.

Carapa moluccensis Lam. Rinde enthält bis 35% Gerbstoff.

Flueggia Leucopyrus Wildl. Rinde mit 10% Gerbstoff.

Macaranga Roxburghii Wight. Rinde mit 16% Gerbstoff.

Pachystemon tribolus Bl. Die windtrockenen Blätter enthalten 14% Gerbstoff.

Magnifera indica L. Rinde enthält bis 20% Gerbstoff. Wird als Gerbmittel benutzt.

Schleichera trijuga Willd. Rinde mit 9,4% Gerbstoff.

Zyzyphus sativa Gaertn. Früchte enthalten 10%, die Rinde 7,2% Gerbstoff.

Pentace burmanica Kurz. Aus der Rinde wird ein Extrakt mit 33,9% Gerbstoff gewonnen.

Vateria indica L. Früchte mit 25% Gerbstoff.

Terminalia Moluccana. Rinde mit 7% Gerbstoff.

Terminalia Oliveri Brandis. Rinde mit 31,1%, Blätter mit 14,4% Gerbstoff.

Terminalia myriocarpa Heurck. Müll. Rinde mit 22,4% Gerbstoff.

Terminalia tomentosa („sein-tree"). Rinde mit 5 bis 13% Gerbstoff. Extrakt wird mitunter zur Verfälschung von Catechu gebraucht.

Terminalia velutina. Rinde mit 12% Gerbstoff, liefert hellfarbiges Leder.

Rhodomyrtus tomentosa Wight. (Wilde Stachelbeere.) Rinde enthält etwa 19% Gerbstoff.

Bassia longifolia L. Rinde mit 17% Gerbstoff.

Diospyros burmanica Kurz. Rinde wird in Birma als Gerbmittel benutzt. Sie liefert einen festen Extrakt von 40,9% Gerbstoff.

Diospyros Embryopteris Pers. Frucht mit 15%, Rinde mit 12,4% Gerbstoff.

Auch von diesen Pflanzen werden ohne Zweifel einzelne Arten als Gerbmittel benutzt. Nähere sichere Angaben fehlen.

19. Gerbmittel und Gerbstoffpflanzen von Madagaskar.

Schon bei der Besprechung der Mangroverinde (S. 52) wurde das Vorkommen zahlreicher Gerbstoffpflanzen auf Madagaskar erwähnt. Außer den genannten Arten sind auf der Insel noch zahlreiche Bäume und Sträucher mit teilweise recht bedeutenden Gerbstoffgehalten zu finden. Die wichtigsten sind folgende (Carle):

Moromona (Heritiera litoralis). Die Rinde enthält 14,4%, das Holz 13,7%und die Früchte 12,7% Gerbstoff.

Sarakonka (Luminitzera racemosa). Die Rinde enthält 14,9% Gerbstoff und 3,3% Nichtgerbstoffe.

Hatafa (Terminalia catappa). Die Rinde enthält 13,2% Gerbstoff und 2,2% Nichtgerbstoffe. Holz und Früchte sind gerbstoffarm.

Die genannten Pflanzen kommen meist unter den Mangrovebeständen vor. Im westlichen Hügelgelände der Insel finden sich folgende Arten:

Mavoravina (Acridocarpus excelsa). Rinde enthält 15,7% Gerbstoff und 3,6% Nichtgerbstoffe.

Sakoa (Sclerocarya caffra). Die Rinde enthält 20,1%, das Holz 12,1% Gerbstoff.

Satramira (Hyphoene Shatan). Die Früchte sind gerbstoffhaltig (12,1%).

Mandondro (Barringtonia racemosa). Zusammensetzung der Früchte: 13,4% Gerbstoff, 13,6% Nichtgerbstoffe. Die Rinde enthält nur 4,4% Gerbstoff.

Rumex abyssinicus. Die Wurzeln enthalten 15,5% Gerbstoff und 9,3% Nichtgerbstoffe.

Harongana (Harongana Madagascariensis). 11% Gerbstoff.

Voan-Karabo (Entada Scadens). Die Früchte enthalten 27,7% Gerbstoff und 4,1% Nichtgerbstoffe.

Rotra (Eugenia spec.). Rinde enthält 12,6% Gerbstoff und 12,2% Nichtgerbstoffe. Die Bezeichnung Rotra scheint für eine Reihe verschiedener Eugeniaarten Verwendung zu finden.

Lalona (Weinmannia Bojeriana Tul.). Rinde enthält 13,7% Gerbstoff und nur 2,7% Nichtgerbstoffe.

Filao (Casuarina equisetifolia Forst.). Rinde enthält 15,3% Gerbstoff und 3,7% Nichtgerbstoffe. Filao und Lalona werden viel in den örtlichen Gerbereien verwendet. Lalona gibt ein sehr dunkles Leder.

Fany (Piptadenia chrysostachys Benth.). Rinde enthält 15,3% Gerbstoff und 3,7% Nichtgerbstoffe. Die Angaben über Rotra, Lalona, Filao und Fany entstammen Untersuchungen von Balsac und Deforge.

20. Japanische Gerbmittel.

G. Grasser hat vor kurzem einige in Japan vorkommende Gerbstoffpflanzen untersucht, denen er technische Bedeutung beimißt:

Quercus castanopsisifolia. Kommt ausschließlich auf Formosa vor und liefert Früchte, die den kleinasiatischen Valoneen sehr ähnlich sind. Sie sind in großen Mengen zu gewinnen. Die Zusammensetzung ist folgende:

Gerbstoff	25,5%
Nichtgerbstoffe	10,1%
Unlösliches	53,9%
Wasser	10,5%.

Quercus amygdalifolia. Findet sich auf den Inseln Hondo, Kiushu und Formosa. Gerbstoffgehalt der Frucht über 10%. Technische Bedeutung ist nur gering.

Quercus glandulifera. Die Gallen dieses aus Korea stammenden Baumes sind sehr leicht auszulaugen. Die Zusammensetzung ist folgende:

Gerbstoff	18,4%
Nichtgerbstoffe	9,5%
Unlösliches	62,4%
Wasser	9,7%.

Beim Gerben erhält man ein kastanienbraunes Leder.

Castanopsis taiwaniani Hayata. Kommt auf Formosa vor. Der japanische Name ist Kurigashi. Zusammensetzung von Rinde und Holz:

	Rinde %	Holz %
Gerbstoff	8,5	2,4
Nichtgerbstoffe	2,5	1,8
Unlösliches	81,3	91,1
Wasser	7,7	6,7

Bei dem geringen Gerbstoffgehalt werden weder Holz noch Rinde als Gerbmittel eine Bedeutung erlangen. Dasselbe gilt von Holz und Rinde des Baumes Castanopsis Kawakamii Hayata, deren Gerbstoffgehalte ebenfalls nur gering sind.

Acacia confusa Merr. Kommt unter dem Namen „Soshiju“ auf Formosa und den Philippinen vor. Zusammensetzung der Rinde:

Gerbstoff	11,0%
Nichtgerbstoffe	7,3%
Unlösliches	73,0%
Wasser	8,7%.

Das mit der Rinde gegerbte Leder ist braunrot.

Dioscorea rhipogonoides Oliv. Wird auf Formosa angepflanzt. Die rübenartige, gerbstoffhaltige Wurzel hat eine Länge von 30 bis 40 cm und eine Dicke von 10 bis 15 cm. Die japanische Bezeichnung ist „Somemonoimo“. Ihre Zusammensetzung ist:

Gerbstoff	13,7%
Nichtgerbstoffe	4,7%
Unlösliches	27,2%
Wasser	54,4%.

Der Gerbstoffgehalt der getrockneten Wurzeln wäre natürlich bedeutend höher. Das mit dem Wurzelextrakt gegerbte Leder hat eine braunrote, allerdings etwas dunkle Farbe.

Procter fand in der Rinde von Myrica Nagi, die in Japan und China als Gerbmittel dient, 27% Gerbstoff. Die Rinde einer japanischen Erlenart, Alnus firma, enthält 26 bis 27% Gerbstoff.

21. Gerbstoffpflanzen Australiens.

Außer den bisher schon erwähnten Gerbmitteln sind in Australien noch zahlreiche Baumrinden zu finden, die teilweise ganz beträchtliche Gerbstoffgehalte aufweisen und von denen diese oder jene Rinde wohl einmal als Gerbmittel technische Bedeutung erlangen kann. Die verschiedenen Eucalyptusarten sind im Abschnitt über die Malettrinde, die Akazienarten bei der Mimosarinde aufgezählt. Die Rinden folgender sonstiger australischer Bäume verdienen noch Erwähnung (Coghill, Tabelle 67):

Tabelle 67. Australische Baumarten mit gerbstoffhaltigen Rinden[1].

	Gerbstoff %	Nichtgerbstoffe %
Agonis flexuosa	12,8	5,2
Albizzia basaltica	14,0	7,7
Alphitonia excelsa	11,1	4,5
Angophora lanceolata	10,6	7,4
Banksia integrifolia	10,0	—
Banksia serrata	12,9	5,8
Callitris calcarata	20,0	8,1
Callitris glauca	14,6	5,1
Callitris gracilis	12,3	—
Callitris Tasmanica	17,3	—
Casuarina glauca	15,2	7,4
Casuariana Hueglina	21,1	4,6
Ceratopelatum apetalum	16,2	5,9
Exocarpus cupressiformis	22,7	7,6
Grevillea chrysodendron	10,7	3,4
Grevillea heliosperma	12,4	7,8
Grevillea striata	18,0	—
Hakea glabella	20,4	16,7
Hakea saligna	20,4	—
Persoonia longifolia	13,6	2,4
Phyllocladus rhomboidalis	15,7	11,1
Polygonum plebejum	11,1	—
Santalum cygnorum	20,2	14,8
Syncarpia leptopetala	19,5	7,3
Tristania laurina	17,8	9,4

Folgende Hölzer und Blätter mit Gerbstoffgehalt kommen in Australien vor (die Acacia- und Eucalyptusarten sind hier ebenfalls nicht aufgeführt):

Angophora lanceolata. Das Holz enthält 4,0% Gerbstoff.

Casuarina suberosa. Das Holz enthält 5,6%, die Blätter 14,2% Gerbstoff.

Cassia artemisiodes. Die Blätter enthalten 13,6% Gerbstoff, die Zweige etwas weniger.

Halgania lavandalacea. Die Blätter enthalten 8,7% Gerbstoff.

22. Verschiedene weniger bekannte Gerbstoffpflanzen.

Granatäpfel (Punica granatum). Die Hüllen der Früchte werden in Lybien, Spanien und Marokko zum Gerben von Schafleder verwendet. Sie enthalten 21% Gerbstoff. Auch die Rinde enthält Gerbstoff (20 bis 25%).

Erdbeerbaum (Tamarix africana). Erdbeerbaumblätter enthalten 8,9% Gerbstoff und 22,9% Nichtgerbstoffe. Sie werden zur Verfälschung von Sumach benützt.

Myrica asplenifolia. Unter dem Namen „sweet fern“ kamen in Nordamerika eine Zeitlang die Blätter von Myrica asplenifolia als Gerbmittel in den Handel. Sie weisen etwa 9% Gerbstoff auf.

Engelhardtia spicata. Die Rinde, die 20% Gerbstoff enthält, dient auf den Molukken und auf Java als Gerbmittel.

Leucodendron argenteum. Die Rinde des sog. Silberbaums enthält nach Eitner 16% Gerbstoff. Sie wird in Südafrika als Gerbmittel benutzt.

[1] Eucalyptusarten siehe S. 66.

Osyris abyssinica. Die Blätter der Pflanzen finden unter der Bezeichnung „Wattu" im Somaliland als Gerbmittel Verwendung. Sie enthalten 23 bis 24% Gerbstoff.

Rumex tartarus. Südafrika. In den Blättern und Kelchblättern der Pflanze wurden 30% Gerbstoff gefunden (Dekker S. 140).

Nectandra spec. Die Rinde des aus Guayana stammenden Baumes wurde zeitweise unter der Bezeichnung „yellow silver ballibark" in Europa als Gerbrinde angeboten. Sie enthält etwa 10% Gerbstoff.

Nectandra usambarensis. Rinde wurde im ehemaligen Deutsch-Ostafrika als „Mkulo" bezeichnet. Sie enthält 10,9% Gerbstoff.

Weinmannia pinnata. Die Rinde ist auf den Antillen ein geschätztes Gerbmittel. Sie wird dort mit „curtidor" bezeichnet. Gerbstoffgehalt 10,5%.

Potentilla tormentilla. Die Wurzel enthält 31% Gerbstoff.

Inga adstringens. Die Rinde, die etwa 25,8% Gerbstoff enthält [Stockberger (2)], wird in Venezuela und Brasilien als Gerbmittel benützt.

Pithecolobium dulce Benth. Die Rinde wird in Mexiko und auf dem malaiischen Archipel als Gerbmittel benutzt. Sie enthält 25% Gerbstoff.

Oxalis gigantea Barn. In Chile kommt die Rinde als „Churco-Rinde" zur Verwendung. Sie wird dort als sehr gutes Gerbmittel geschätzt und enthält 20 bis 26% Gerbstoff.

Arctostaphylus Uva ursi Kth. Die Blätter und Zweige werden in Schweden und Rußland zum Gerben benutzt. Die Blätter enthalten 10 bis 14% Gerbstoff.

Solanum sodomum. Die Früchte sind sehr gerbstoffreich und sollen eine Zeitlang in Amerika und Nordafrika als Gerbmittel gedient haben.

Anaphrenium argenteum Mey. Kommt in Südafrika unter dem Namen Kliphout vor. Die Rinde enthält 32 bis 34% Gerbstoff und wird von einheimischen Gerbern zusammen mit der Mimosarinde zum Gerben verwendet.

Tabelle 68. Die Zusammensetzung der wichtigsten pflanzlichen Gerbemittel nach Freiberg (Schüttelmethode)[1].

Gerbemittel	Durchschnittliche Zusammensetzung				Schwankungen des Gerbstoffgehaltes	Auf 100 Teile Gerbstoff kommen Nichtgerbstoffe	Anteilzahlen
	Gerbstoff %	Nichtgerbstoffe %	Unlösliches %	Wasser %	%		
Eichenrinde	9,0	6,5	71,5	13,0	5—16	72,2	58,0
Fichtenrinde	9,5	9,0	67,0	14,5	5—16	94,8	51,4
Mimosenrinde	34,5	9,0	42,0	14,5	20—46	26,1	79,3
Mangrovenrinde (östl.)	34,5	10,5	40,5	14,5	28—48	30,9	76,7
Mangrovenrinde (westl.)	22,5	16,5	46,5	14,5	14—28	73,4	57,7
Malettorinde	38,0	11,0	36,5	14,5	31—52	29,0	77,5
Valonea	27,0	12,0	46,5	14,5	14—36	44,5	69,2
Trillo	37,0	15,5	32,0	14,5	31—47	42,0	70,6
Myrobalanen	30,0	18,0	39,0	13,0	21—44	60,0	62,5
Myrobalanen (entkernt)	45,0	22,5	19,5	13,0	35—53	50,0	61,7
Dividivi	36,5	24,5	26,0	13,0	20—45	67,1	59,8
Algarobilla	38,0	26,5	23,0	12,5	30—47	69,8	58,9
Knoppern	27,5	10,0	46,0	16,5	21—37	36,4	73,4
Siz. Sumach	24,0	16,0	48,0	12,0	20—33	66,6	60,0
Quebrachoholz	19,0	2,5	61,0	17,5	13—25	13,2	88,4
Kastanienholz	8,4	2,6	74,5	14,5	5—14	30,9	76,4
Eichenholz	5,9	2,6	77,0	14,5	3—10	44,1	69,4

[1] Siehe Fußnote von Tabelle 69.

Tabelle 69. Zusammensetzung der wichtigsten Gerbmittel nach Freiberg (Filtermethode)[1].

Gerbemittel	Durchschnittliche Zusammensetzung				Schwankungen des Gerbstoffgehaltes	Unterschied zwischen Filter- und Schüttelmethode	Durchschnittlicher Zuckergehalt		Auf 100 Teile Gerbstoff kommen			Anteilzahlen
	Gerbstoff	Nichtgerbstoffe	Unlösliches	Wasser			traubenzuckerartige Stoffe	rohrzuckerartige Stoffe	Nichtgerbstoffe	traubenzuckerartige Stoffe	rohrzuckerartige Stoffe	
	%	%	%	%	%	%	%	%	%	%	%	
Eichenrinde	10,0	5,5	71,5	13,0	6—17	1,0	2,6	0,0	55,0	26,0	0,0	64,5
Fichtenrinde	11,5	7,0	67,0	14,5	7—18	2,0	3,5	1,5	60,8	30,0	13,0	62,2
Mimosenrinde	36,0	7,5	42,0	14,5	22—48	1,5	1,5	2,5	20,8	5,0	7,5	82,8
Mangrovenrinde (östl.)	36,0	9,0	40,5	14,5	30—50	1,5	0,5	0,3	25,0	1,5	1,0	80,0
Mangrovenrinde (westl.)	24,0	15,0	46,5	14,5	16—30	1,5	2,0	—	62,5	8,0	—	61,5
Malettorinde	42,0	7,0	36,5	14,5	35—56	4,0	1,5	1,0	16,7	3,0	2,0	85,7
Valonea	29,0	10,0	46,5	14,5	16—38	2,0	3,0	0,0	34,4	10,0	0,0	74,4
Trillo	40,0	12,5	32,0	14,5	34—50	3,0	3,0	0,5	31,3	7,5	1,0	76,2
Myrobalanen	34,0	14,0	39,0	13,0	25—48	4,0	5,5	0,0	41,2	16,0	0,0	70,9
Myrobalanen (entkernt)	50,0	17,5	19,5	13,0	40—58	5,0	8,0	0,0	35,0	16,0	0,0	74,0
Dividivi	41,5	19,5	26,0	13,0	25—50	5,0	8,5	1,5	47,0	20,0	3,5	68,0
Algarobilla	43,0	21,5	23,0	12,5	35—52	5,0	8,5	—	50,0	20,0	—	66,6
Knoppern	30,0	7,5	46,0	16,5	24—40	2,5	0,6	—	25,0	2,0	—	80,0
Siz. Sumach	26,0	14,0	48,0	12,0	22—35	2,0	4,0	0,5	53,8	16,0	2,0	65,0
Quebrachoholz	20,0	1,5	61,0	17,5	14—26	1,0	0,2	0,1	7,5	1,0	0,5	96,4
Kastanienholz	9,0	2,0	74,5	14,5	6—15	0,6	—	—	22,2	—	—	81,8
Eichenholz	6,5	2,0	77,0	14,5	3,3—10,0	0,6	—	—	30,8	—	—	76,5

[1] Es sind in Tabelle 68 und 69 nur die Gerbmittel aufgeführt, die in Europa technische Bedeutung erlangt haben.

Literaturübersicht.

Andreasch: Collegium **1921,** 184.
Appelius: Collegium **1914,** 399.
Bacon u. Alcock: Die ökonom. Möglichkeiten für die Philippinenmangrove 1910. Journ. Philippin. Science **1910,** 205.
Balsac u. Deforge (*1*): Cr. **1928,** 347; (*2*): Ebenda **1929,** 47.
Becker: Collegium **1905,** 373.
Bravo: Boll. Uffiz. d. R. Sperim. per l'Ind. d. Pelli e Mat. conc. **5,** 204 (1927).
Carle: Cr. **1927,** 379 u. 403.
Chevalier: Cr. **1929,** 223.
Clark u. Andrews: Journ. Ind. and Engin. Chem. **1921,** 1026.
Coghill: Journ. Amer. Leather Chem. Assoc. **1928,** 234.
Coombs u. Alcock: Collegium **1913,** 62.
Coombs, Glynn u. Welch: Journ. Proceed. Roy. Soc. New South Wales **1926,** 360.
Counceler: Dinglers Polytechn. Journ. **255,** 484.
Davidson u. Sherrard: Journ. Amer. Leather Chem. Assoc. **1928,** 371.
Dekker: Gerbstoffe **1913.**
Eitner (*1*): Gerber **1892,** 51; (*2*): Ebenda **1879,** 53; (*3*): Ebenda **1892,** 245; (*4*): Ebenda **1902,** 215; (*5*): Ebenda **1909,** 85; (*6*): Ebenda **1911,** 227; **1913,** 43; (*7*): Ebenda **1896,** 111; (*8*): Ebenda **1904,** 348; (*9*): Ebenda **1916,** 196; (*10*): Ebenda **1897,** 184; (*11*): Ebenda **1890,** 25.
Franke: Gerber **1910,** 93.
Freudenberg: Chemie d. natürl. Gerbstoffe **1920.**
Freymouth u. Pilgrim: Ledertechn. Rdsch. **1921,** Nr. 23 bis 26.
Gnamm: Gerbstoffe und Gerbmittel **1925.**
Golowin u. Ignatow: Ledertechn. Rdsch. **1929,** 25.
Grasser: Cr. **1929,** 225.
Hampel s. Dekker: Gerbstoffe S. 123.
Harvey: Tanning Materials.
Heim u. Matrod: Cr. **1923,** 88.
v. Höhnel s. Dekker: Gerbstoffe S. 164.
Hooper (*1*): Myrobalans. Ann. Rep. Indian. Mus. **1910—11,** 9; (*2*): The tannin value of Malabarkino. Pharm. Journ. **1,** 226 (1900).
Jalade: Cr. **1920,** 21.
Jakimoff u. Anikin: W. **8/9,** 68 (1926).
Jakimoff u. Tolski: Collegium **1930,** 233.
Jakimoff u. Weltistowa: Collegium **1928,** 488.
Jedlica u. Hula: Vortrag, gehalten am 8. 6. 1925 in Brünn.
Jettmar: Pflanzl. Gerbstoffe **1922,** 162.
Körner: Ledertechn. Rdsch. **1928.**
Lauffmann: Collegium **1915,** 197.
Lepetit: Tanners Year-Book **1911,** 82.
Louis, Levi u. Sigel: Collegium **1905,** 128, 218.
Möller (*1*): Collegium **1914,** 152, 319, 382, 488, 491; (*2*): Ebenda **1918,** 191.
v. Müller: Eukalypt. Products from Austral. Pharm. Journ. **1886.**
Oettinger: Neuere Gerbmaterialien **1914,** 74.
Ost: Chem. Technologie **1920,** 517.
Paeßler (*1*): Leder-Ztg. **1920** (Der Sumach); (*2*): Collegium **1919,** 142; (*3*): Ledertechn. Rdsch. **1917,** Nr. 25ff.; (*4*): Collegium **1921,** 279; (*5*): Ledertechn. Rdsch. **1913,** Nr. 17; (*6*): Ebenda **1916,** Nr. 44ff.; (*7*): Collegium **1917,** 313; (*8*): Dtsch. Gerber-Ztg. **1908;** (*9*): Ledertechn. Rdsch. **1913;** (*10*): Collegium **1917,** 14; (*11*): Ebenda **1912,** 262; **1914,** 593; (*12*): Die Untersuchung deutsch-ostafr. Mangroverinden. **1911;** (*13*): Collegium **1911,** 76; (*14*): Ebenda **1905,** 228; (*15*): Ledertechn. Rdsch. **1922,** 73; (*16*): Collegium **1915,** 397.
Parker (*1*): A visit to Smyrna. Tanners Year Book **1912,** 133.
Parker (*2*): Collegium **1912,** 611.
Parker u. Blockey: Journ. Soc. Chem. Ind. **1903,** Nr. 21; Collegium **1904,** 101.
Pawlowitsch (*1*): Gerber **1925,** 115; (*2*): Collegium **1926,** 570.
Peters: Ledertechn. Rdsch. **1927,** 148.
Pictet: H. a. C. **1921,** 33.
Pollak (*1*): Collegium **1912,** 65; (*2*): Ebenda **1918,** 2.
Powarnin u. Barabanow: Collegium **1913,** 276.
Prantl: Pflanzenfamilien III/1, 57.
Procter u. Parker: Collegium **1919,** 142.

Ricevuto: Cr. **1923**, 165.
Schiffkorn: Collegium **1915**, 145.
v. Schroeder: Gerbereichemie **1898**.
Smaic u. Wladika: Collegium **1921**.
Smetkin u. Jakimoff: Collegium **1928**, 477.
Smetkin u. Pissarenko: Collegium **1928**, 481.
Sody: Journ. Amer. Leather Chem. Assoc. **1912**, 7.
Sommerhoff u. Apostata: Collegium **1914**, 504.
Sors: Collegium **1930**, 324.
Srinivasan: Leather Trades Rev. **55**, 175 (1922).
Ssolowjewo: W. **1**, 26 (1927).
Stockberger (*1*): Journ. Amer. Leather Chem. Assoc. **1913**, Nr. 1; (*2*): Ebenda **1912**, 35.
Tschirch: Handb. Pharmakognosie III/1, 51.
Vié: Cr. **1920**, 160.
Vogel (*1*): Die Herstellung u. Beurteil. kaltlösl. Quebracho-Extrakte **1929**, 3; (*2*): Ledertechn. Rdsch. **1923**, 140; (*3*): Collegium **1926**, 73; (*4*): Ebenda **1926**, 535; (*5*): Ebenda **1929**, 69.
Volkens: Notizbl. Kgl. Botan. Garten Dahlem **1912**, 279.
Wagner: Beiträge zur Technologie d. Gerbst. **1872**.
Wiesner: Rohstoffe des Pflanzenreichs I.
Williams: South Afric. Tanning Materials. [Union South Afric. Dep. Agric. Sience Bull. Nr 63, (1928.)]
Wilson: Chemistry of Leather Manuf., S. 320 (1. Aufl.).
Youl u. Griffith: Journ. Soc. Chem. Ind. **1901**, 428.
Zimmermann: Pflanzer **1908**.

B. Chemie der Gerbmittel.

Von **Dr.-Ing. Hellmut Gnamm**, Stuttgart.

I. Allgemeine Eigenschaften und Einteilung der Gerbstoffe.

Daß schon im Altertum ein in vielen Pflanzen vorhandener herber, zusammenziehender Stoff bekannt war, geht aus den Schriften von Dioscorides und Plinius hervor. Die Kenntnis dieser Pflanzenstoffe läßt sich durch die ganze alte, mittelalterliche und neuere Geschichtsepoche hindurch verfolgen, wobei die Definition dieser sog. Gerbstoffe bald diese, bald jene Variierung erfuhr. Am Ende des 18. Jahrhunderts wurden dann die ersten Versuche unternommen, die „adstringierenden Substanzen" aus Pflanzenteilen abzuscheiden. Damals sprach man von „gerbenden Extraktivstoffen", woraus sich wohl allmählich die Bezeichnung „Gerbstoffe" gebildet hat. Proust hat dann für gerbende Stoffe erstmals den Namen „Tannin" angewandt und Pelouze, der im Galläpfelgerbstoff saure Eigenschaften feststellte, nannte die gerbenden Anteile „acide tannique". Die Bezeichnung „Gerbsäure" findet man vielfach noch heute. Unterschiede in der Charakterisierung, wie man sie durch die Benennungen Tannide, Tannoide, Tannoside stellenweise vornahm, stützten sich meist auf wenig sichere Beobachtungen oder Vermutungen. Die richtige Bezeichnung für die in den Pflanzen vorhandenen Stoffe mit gerbenden Eigenschaften ist „Gerbstoff". Man wird also vom Eichenrindengerbstoff, Quebrachoholzgerbstoff oder Sumachgerbstoff sprechen. Diese Definition ist zwar eine rein technische. Aber auch die Wissenschaft muß sich vorerst mit dieser Begriffsbestimmung begnügen, die eine Sammelbezeichnung darstellt, da es — und das sei gleich vorweg genommen — bis heute nur gelungen ist, die chemische Natur eines Pflanzengerbstoffs aufzuklären, und zwar die des Gallengerbstoffs, der zudem technisch keine Rolle spielt. Von allen andern in unsern Gerbmitteln enthaltenen Gerbstoffen kennen wir zwar diese und jene Eigenschaft, auf Grund deren wir technisch berechtigt sind, sie der einen oder anderen großen chemischen Stoffgruppe zuzuordnen. Auch ist es gelungen, manche bekannte chemische

Verbindung gewissermaßen als Stammkörper vieler Gerbstoffe zu kennzeichnen und daraus wohlbegründete Vermutungen für die chemische Natur des einen oder andern Gerbstoffes abzuleiten. Alles in allem aber befindet sich die „Gerbstoffchemie" noch in ihren Anfängen.

Da aus diesen Erwägungen heraus man als Gerbstoffe solche in Pflanzen vorkommende Stoffe bezeichnet, die tierische Haut in Leder zu verwandeln vermögen, so wird meist angenommen, daß die in den verschiedenen Gerbmitteln enthaltenen Gerbstoffe chemisch die gleichen Verbindungen seien. Das trifft aber keineswegs zu. Freudenberg (*1*), dessen Name in diesem Abschnitt über die Chemie der Gerbstoffe noch oft zu nennen sein wird, hat folgenden, sehr treffenden Vergleich gebraucht:

„Der Gerbstoffbegriff", schreibt er, „ist ähnlich zu bewerten wie der Name ‚Süßstoff' für alle süß schmeckenden Substanzen. Als Süßstoffe lassen sich die verschiedenartigsten Verbindungen, wie Zucker, mehrwertige Alkohole, Phloroglucin, Gallussäure, Glykokoll und andere zusammenfassen. Die natürlichen Gerbstoffe sind untereinander nicht weniger unterschieden als die genannten Süßstoffe; denn zu den Gerbstoffen gehören beispielsweise die Gallussäureester, die Reduktionsprodukte der Flavone und Anthocyanidine, die Catechine."

Es ist also sehr schwer, die Gerbstoffe nach chemischen Merkmalen charakteristisch und klassifizierend zu kennzeichnen, und aus dieser Schwierigkeit heraus entstammen auch die später näher behandelten, verschiedenen Versuche einer chemischen Einteilung der Gerbstoffe.

Trotzdem aber müssen dieser Körperklasse gewisse gemeinsame Eigenschaften anhaften. Und solche Eigenschaften sind auch vorhanden.

1. Gemeinsame Eigenschaften aller Gerbstoffe.

Leimfällung. Alle Gerbstoffe liefern mit Leim- und Eiweißlösungen Niederschläge. Diese Fällungsreaktion, die chemisch mit dem Gerbprozeß aufs engste verknüpft ist, wird als herkömmliches Kennzeichen der Gerbstoffe betrachtet. Man führt diese Leimprobe für gewöhnlich so aus, daß man eine halbprozentige Gelatinelösung (mit 10% NaCl) mit der gleichen Menge des als Gerbstoff angesehenen Stoffes versetzt. Der entstehende Niederschlag ist eine Verbindung, deren chemische Struktur noch umstritten ist. Selbstverständlich sind nicht alle Stoffe, die aus Gelatinelösungen Fällungen verursachen, als Gerbstoffe anzusprechen. Unter bestimmten Bedingungen geben z. B. Salicylsäure, Kaffeesäure, p-Oxybenzaldehyd in Gelatinelösungen eine Trübung.

Die Fällbarkeit der Gelatine durch Gerbstoffe nimmt mit dem Aschengehalt der Gelatine ab (Wood). Dadurch ist zu erklären, daß die Fällungen aus verschiedenen Gelatinelösungen unter gleichen Bedingungen oft der Menge nach sehr voneinander abweichen. Der Niederschlag ist in heißem Wasser etwas löslich. Durch längeres Kochen mit Bleicarbonat wird nach Löper ein Teil der Gelatine in Freiheit gesetzt. Durch Alkohol kann aus dem Niederschlag fast der ganze Gerbstoff herausgelöst werden.

Die Gelatineprobe ist stets anwendbar, wenn die Anwesenheit irgendeines Gerbstoffs in einer Lösung festgestellt werden soll oder wenn Gerbstoffe von Nichtgerbstoffen unterschieden werden sollen. Stoffe, welche die Gelatinefällung nicht geben, sind keine Gerbstoffe.

Durch Zusatz einiger Tropfen $^{n}/_{10}$ Salzsäure läßt sich die Empfindlichkeit der Reaktion bedeutend erhöhen.

Der Chemismus der Reaktion ist, wie schon erwähnt, noch nicht geklärt. Nach Freudenberg [(*2*) S. 14] ist für das Zustandekommen der Fällung erforderlich, daß im Molekül des Gerbstoffs eine genügende Zahl von Phenolhydroxylen angehäuft ist und daß trotzdem der Gerbstoff in seinem krystallisierten Zustand in kaltem Wasser schwer löslich ist. Daß die mit Nebenvalenzen ausgestattete Pikrinsäure gleichfalls eine halbprozentige Leimlösung fällt, läßt darauf schließen, daß noch andere Momente als die Zahl der Hydroxyle und die Löslichkeit zur Entstehung der Leimfällung beitragen können. Die wässerige Lösung von Veratrumaldehyd gibt mit chinesischem Tannin eine Fällung, die dem Leimniederschlag täuschend ähnlich ist.

Thomas und Frieden haben die bei der Leim- bzw. Gelatinefällung in Betracht kommenden Faktoren untersucht und das günstigste Verhältnis zwischen Gerbstoff und Gelatine, die günstigste Wasserstoffionenkonzentration und die Empfindlichkeit der Reaktion festgestellt. Die stärkste Fällung tritt ein, wenn das Verhältnis von Gerbstoff zu Gelatine 1 : 2 ist. Bei einem p_H von etwa 4 liegt ein Optimum der Fällung. Bei p_H 2 und 6 erhält man nur schwache Trübungen, bei p_H 8 bleibt die Flüssigkeit klar. Bei Salzzusatz erweitert sich der Bereich des Optimums von p_H 4 bis 7. Die Empfindlichkeit der Reaktion läßt sich um ein Mehrfaches erhöhen, wenn die Gerbstofflösung vor der Prüfung auf den optimalen p_H-Wert eingestellt wird.

Die Alkaloidfällung. Gerbstoffe geben mit Alkaloidlösungen Fällungen. Die Reaktion läßt sich bis zu den einfacheren organischen Basen verfolgen. So geben Antipyrin, Chinolin und Pyridin in verdünnter wässeriger Lösung schwer lösliche Niederschläge. Die Reaktion ist für Gerbstoffe nicht in dem Maße charakteristisch wie die Leimfällung. Denn auch Verbindungen, die als Urstoffe oder Bausteine der Gerbstoffe angesehen werden können, so z. B. einfache Phenole, geben die Alkaloidfällung. So bildet Chinolin mit Resorcin und mit Hydrochinon krystalline Verbindungen (Hock). Diese Erscheinung zeigt, daß eben die als Gerbstoffe bezeichnete Stoffklasse sich chemisch nicht scharf abgrenzen läßt. Die Gerbstoffe sind vielmehr die letzten Glieder einer Stoffreihe, in der von einfachen bis zu komplizierten Verbindungen eine chemische Verwandtschaft festzustellen ist und bei der die typischen Eigenschaften der komplizierten Glieder auch schon in den einfachen Verbindungen zu erkennen sind.

Metallsalzfällungen. Die Gerbstoffe werden als mehrwertige Phenole durch zahlreiche Metallsalze niedergeschlagen. Die Natriumsalze sind im allgemeinen leicht löslich; dagegen werden durch Ammonium- oder Kaliumcarbonat viele Gerbstoffe gefällt. Auch durch Fällen der alkoholischen Gerbstofflösungen mit alkoholischem Kaliumacetat erhält man Kaliumsalze der Gerbstoffe [Perkin (*3*)]. Viele Gerbstoffmetallsalze lösen sich in warmem Wasser und scheiden sich beim Abkühlen wieder aus.

Die übrigen Metalle bilden meist unlösliche Niederschläge. Ihre Zusammensetzung wurde wiederholt festgestellt, ihre Struktur blieb ungeklärt. Die Erdalkalihydroxyde geben starke Fällungen, die meist gefärbt sind und sich an der Luft oxydieren. Von allen Gerbstoffmetallsalzen sind nur die Kalksalze von technischer Bedeutung. Sie treten mitunter bei der Gerbung als die sog. Kalkflecken auf dem Leder auf und sind sehr unerwünscht. Je nach dem in der Gerbung benutzten Gerbstoff haben diese Kalkflecken eine braune bis violette Farbe. Daß man die verschieden gefärbte Verbindung von Gerbstoff und Kalk auch zu analytischen Zwecken zu verwerten suchte, wird im analytischen Teil gezeigt werden (S. 157).

Für Gerbstoffuntersuchungen, besonders präparativer Art, sind die Bleisalze wichtig. Man verwendet als Fällungsmittel Bleiacetat. Die Bleisalze bilden flockige, voluminöse Niederschläge und sind in Essigsäure löslich. Die in der Hitze gefällten Bleisalze sind gut filtrierbar. Bei der Fällung mit Bleiacetat wird meist etwas Essigsäure frei; die Fällung ist deshalb mitunter unvollständig.

Vorheriges Abstumpfen mit Bleicarbonat behebt diese Störung. Auch die Salze des Thalliums haben für die Gerbstoffällung schon Verwendung gefunden [Freudenberg (*3*)].

Farbreaktionen mit Eisensalzen. Alle Gerbstoffe geben mit Eisensalzlösungen dunkle, entweder blauschwarze oder blaugrüne Färbungen. Die frühzeitige Beobachtung, daß die blumebildenden Gerbstoffe eine blaue und die Gerbstoffe mit Phlobaphenbildung eine grüne Färbung bei der Eisenreaktion zeigen, hat Stenhouse dazu veranlaßt, die Gerbstoffe in „eisenbläuende" und „eisengrünende" einzuteilen. Diese Einteilung ist aber sehr unzuverlässig.

Die sog. eisengrünenden Gerbstoffe liefern viel schwächere Farbtöne, welche durch die blauen Farbtöne der andern Gruppe leicht verdeckt werden. Eine Beurteilung nach dem Farbton der Eisenreaktion ist daher sehr unsicher und deshalb wertlos.

Die Eisenreaktion selbst ist überaus empfindlich. Bei einzelnen Gerbstoffen genügen Milligramme im Liter in alkoholischer Lösung, um noch blaue Färbungen zu geben. Ein Überschuß an Eisensalzlösung muß vermieden werden, da sonst die Färbung durch die gelbe Farbe der Eisenlösung beeinflußt wird. Freudenberg [(*2*) S. 18] hält Eisenalaun für zweckmäßiger als Eisenchlorid, weil die Lösung des ersteren weniger sauer ist.

Die Probe muß in neutralen Gerbstofflösungen vorgenommen werden, da Mineralsäuren die Reaktion verhindern. Schwache organische Säuren bringen eine grünliche Färbung hervor, auch wenn eisenbläuende Gerbstoffe (Pyrogallolgerbstoffe, hydrolysierbare Gerbstoffe) zugegen sind. In schwach alkalischer Lösung tritt eine violette Farbe auf.

Die Farbenreaktion zwischen Gerbstoffen und Eisen beruht auf der Bildung stark saurer, komplexer Verbindungen des Ferri-Ions mit Phenolen. Sie sind von Weinland und seinen Mitarbeitern näher untersucht worden.

Eisentannat, hergestellt aus Tannin und Ferrisulfat, wirkt nach de Stoecklin als eine Peroxydase und überträgt den Sauerstoff von Wasserstoffperoxyd auf andere Verbindungen, z. B. Alkohol (unter Bildung von Aldehyd), verschiedene Phenole und aromatische Amine (z. B. Dimethylanilin). Die Wirkung ist sehr stark.

Die Eisen-Gerbstoffreaktion findet in der Gerberei praktische Nutzanwendung. Sie führt andererseits auch zu unerwünschten Erscheinungen. Durch Behandeln des lohgaren Leders mit Eisensalzlösungen erreicht man eine tiefe Schwarzfärbung (Eisenschwärze). Überall aber, wo das Leder unbeabsichtigt mit Eisenteilen oder eisenhaltigen Stoffen in Berührung kommt, entstehen ebenfalls blauschwarze Färbungen bzw. Flecken, die kaum mehr zu entfernen sind. So können z. B. ganz feine Eisenspäne, die aus der Lohmühle mit in die gemahlenen Lohen wandern, in Versätzen oder Versenken sehr unangenehme kleine schwarze Flecken auf dem Leder erzeugen. Eisenhaltiges Wasser, eisenhaltige Trane können dem Leder bläuliche Färbungen verleihen. Alle Rohrleitungen in Gerbereien müssen aus dem gleichen Grund aus Kupfer sein, desgleichen Beschläge jeder Art, die mit Gerbbrühen in Berührung kommen können (Schraubenköpfe, Siebscheiben in Gerbfässern, Nägel an Transportwagen u. dgl.).

Nach Paeßler (*1*) lassen sich die durch Eisen auf Leder veranlaßten Dunkelfärbungen oder Flecken durch Ausreiben oder durch Walken mit einer verdünnten Oxalsäurelösung entfernen. Man verwendet hierzu Lösungen von etwa 0,5 bis 1,0%. Nach dieser Behandlung sind die Leder nur oberflächlich abzuspülen, weil bei gründlichem Auswaschen die aufhellende Wirkung der Säure wieder zurückgeht. Tiefer gehende Eisenflecke lassen sich kaum entfernen.

Farbenreaktionen mit sonstigen Metallsalzen. Auch mit anderen Metallsalzen reagieren die Gerbstoffe unter starker Färbung des Reaktionsgemisches. Die

Färbungen sind aber für alle Gerbstoffe nicht in gleicher Weise charakteristisch wie die Eisensalzfärbung. Die Farbtöne wechseln, je nach der Art des Gerbstoffs. Man hat deshalb einzelne Metallsalzreaktionen zur qualitativen Untersuchung der Gerbstoffe oder zur Feststellung einzelner Gerbstoffe zu verwenden versucht. Wie fast alle Farbreaktionen, haben jedoch diese Metallsalzreaktionen nur einen bedingten Wert.

Mit Gerbstofflösungen reagieren unter bestimmten Färbungen bzw. gleichzeitiger Bildung von Niederschlägen z. B. Rhodankalium, Cyankalium, Natriumsulfit, Kalk-, Barium- und Strontiumsalze, Magnesiumoxyd, Kaliumbichromat, Quecksilberchlorid, Brechweinstein, Molybdänsalze, Ammoniumvanadinat, Goldchlorid, Osmiumtetroxyd.

Andere Metallsalze geben nur mit bestimmten Gerbstoffgruppen Farbreaktionen.

Besonders empfindlich ist die Reaktion von Gerbstofflösungen mit Osmiumtetroxyd, Nach Ainsworth und Mitchell soll noch ein Teil Gerbstoff in zwei Millionen Teilen Wasser nachweisbar sein. Osmiumtetroxyd gibt mit Gerbstoffen eine rötlichviolette, in konzentrierter Lösung eine fast schwarze Färbung. Die hydrolysierbaren und die kondensierten Gerbstoffe unterscheiden sich durch die Stärke des Farbtons. Es sind im Mittel 87 ccm einer 0,01 proz. Lösung reinen Pyrogallols kolorimetrisch gleich 100 ccm einer entsprechenden Pyrocatechinlösung.

Lösungen von Goldchlorid werden durch Gerbstoffe zu roten Lösungen von kolloidalem Gold reduziert [Fischer und Bergmann (*1*)].

Allgemeine Eigenschaften. Adstringenz. Alle Gerbstoffe bilden kolloidale Lösungen, aus denen sie durch zahlreiche Elektrolyte ausgefällt werden. Die Teilchengröße der dispersen Phase in diesen polydispersen Systemen spielt bei der Gerbung eine außerordentlich wichtige Rolle.

Die Gerbstoffe sind amorphe Körper. Beim Erhitzen schmelzen sie nicht, sondern verkohlen. Sie sind in Wasser mehr oder weniger leicht löslich, ebenso in Alkohol, in Gemischen von Alkohol und Äther, in Essigäther und in Methylalkohol. Unlöslich sind sie in wasserfreiem Äther, Petroläther, Chloroform, Schwefelkohlenstoff und Benzol.

Alle Gerbstoffe haben einen zusammenziehenden (adstringierenden) Geschmack. Diese Eigenschaft hat zu dem Begriff „Adstringenz" geführt. Die Adstringenz der Gerbmittel wird von mancher Seite neben dem Gehalt an Gerbstoff als wichtigste Eigenschaft bezeichnet (Mezey), so daß an dieser Stelle näher auf die Frage der Adstringenz eingegangen werden soll.

Eine wissenschaftliche Bestimmung des Begriffes Adstringenz ist außerordentlich schwierig. Sie ist bisher nicht erfolgt. Eine Kommission amerikanischer Gerbereichemiker, die 1922 das Studium dieser Frage in Angriff genommen hat, hat bisher über ihre Arbeiten nichts veröffentlicht.

Thomas und Foster (*1*) führen die Adstringenz auf die Potentialdifferenz zwischen den kolloiden Gerbstoffteilchen und der sie umgebenden Lösung zurück. Die angewandte Meßmethode, bei der stets mit einigen wenigen Millivolt gearbeitet wird, ist aber sehr umständlich. Mezey stellt eine gewisse Parallelität zwischen dem Verhältnis von Gerbstoff und Nichtgerbstoff einerseits und der Adstringenz andererseits fest. Danach ist ein Gerbmittel um so adstringenter, je reicher es an Gerbstoff und je ärmer es an Nichtgerbstoffen ist. Crede hat auf dieser Basis die Adstringenz einiger Gerbmittel zahlenmäßig errechnet[1]. Es ist aber noch nicht

[1] $$\left.\begin{array}{r}\text{Adstringenz eines Gerb-}\\ \text{mittels nach Crede}\end{array}\right\} = \frac{\text{Gerbstoffgehalt nach der Wilson-Kern-Meth.} \times 100}{\text{Gerbstoffgehalt nach der off. intern. Meth.}}$$

erwiesen, ob das Verhältnis von Gerbstoff zu Nichtgerbstoff mit der Adstringenz vollkommen parallel läuft. Stiasny (*1*) hat eine quantitative Erfassung der Adstringenz mit Hilfe der Aussalzbarkeit der Gerbstofflösungen durch Kochsalz versucht. Durch Kochsalzzusatz werden zunächst die größten Gerbstoffteilchen, mit zunehmendem Salzzusatz die kleineren Teilchen ausgeflockt (siehe auch unten). Man kommt auf diese Weise zur Anschauung, daß ein Gerbstoff um so adstringenter ist, je größere Teilchen er enthält. Man kann infolgedessen mit der Aussalzmethode Adstringenzveränderungen von Gerbstofflösungen feststellen und verfolgen.

Eine klare Definition der Adstringenz der Gerbstoffe ist bis heute noch nicht möglich. Alle bisherigen Definitionsversuche befriedigen nicht, auch nicht die Bezeichnung der Adstringenz als „Affinität des Gerbstoffs zum Hautprotein“ (Mezey), die nach der Procter-Wilsonschen Gerbtheorie eine Funktion der Potentialdifferenz zwischen Gerbstoff und Hautprotein darstellt.

Wir müssen zunächst die Adstringenz eben als eine typische Eigenschaft der Gerbstoffe ansehen, die bei den einzelnen Gerbstoffen quantitativ verschieden ist und die beim Gerbprozeß eine wichtige, aber in ihrer Natur noch nicht geklärte Rolle spielt.

2. Verhalten der Gerbstoffe in Lösung.

Daß die Gerbstoffe mit Wasser kolloidale Lösungen bilden, wurde bereits als eine ihrer typischen Eigenschaften gekennzeichnet. Dabei muß ausdrücklich betont werden, daß hier Lösungen reiner Gerbstoffe, nicht Auszüge aus Gerbmitteln gemeint sind, die zwar ähnliche kolloide Eigenschaften aufweisen, aber doch noch Nichtgerbstoffe verschiedener Art enthalten.

Auf Grund von Beobachtungen an zahlreichen Phenolcarbonsäuren kommt Freudenberg [(*2*) S. 24] zu der Anschauung, daß eine wässerige Lösung eines Gerbstoffs die übersättigte Lösung einer in der Kälte schwer wasserlöslichen Verbindung ist und daß für den Zustand des gelösten Stoffes sein Vermögen, Krystallwasser zu binden, von Bedeutung ist. Vielleicht trägt die Fähigkeit, Hydrate zu bilden, zu der Neigung bei, in Lösung übersättigt zu bleiben.

Die amorphen Gerbstoffe sind nach Zsigmondy als Semikolloide anzusehen. Die Teilchengröße hängt von Konzentration, Wärme und Beimengungen des Systems ab.

Durch Elektrolyte werden die Gerbstoffe aus ihren wässerigen Lösungen gefällt. Ellagengerbstoffe werden allerdings nur mangelhaft ausgeschieden. Die entstehenden Niederschläge sind gallertartig oder flockig; sie werden durch reines Wasser wieder aufgelöst. Bei Lösungen, in denen sich Gerbstoffrot oder eine ähnliche schwerlösliche Substanz infolge des peptisierenden Einflusses des Gerbstoffes neben diesem in Lösung befindet, wird durch Elektrolytzusatz in erster Linie dieser schwerlösliche Anteil ausgefällt. Es ergibt sich hieraus die Möglichkeit, bis zu einem gewissen Grade schwer und leicht lösliche Anteile zu trennen. Derartig polydisperse Systeme sind die in der praktischen Gerberei benutzten Gerbmittelauszüge, die Gerbbrühen. Ihre fraktionierte Ausfällung durch Elektrolytzusatz haben Stiasny und seine Mitarbeiter eingehend untersucht und dabei auf die Bedeutung der Teilchengröße für den Gerbprozeß hingewiesen.

Durch organische Säuren werden die Gerbstoffe aus ihren Lösungen im allgemeinen nicht gefällt. Deshalb ist die technische Verwendung dieser Säuren zum Ansäuern und Klären möglich. Stark eingedampfte Gerbstofflösungen, die an sich meist klar sind, scheiden beim Verdünnen häufig Niederschläge aus. Mit starken organischen Säuren lassen sich die Gemische weitgehend klären. Da die Sulfosäuren aromatischer Verbindungen diese Eigenschaft, Gerbstoffausscheidungen zu lösen, in besonderem Maße besitzen, macht man in der Praxis von diesen Säuren in Gestalt synthetischer Gerbstoffe (Neradol u. dgl.) zum Klären von Gerbbrühen Gebrauch.

Ein besonderes Interesse verdienen die organischen Lösungsmittel, durch welche die Gerbstoffe ihren wässerigen Lösungen entzogen werden können. Man verwendet hierzu Essigäther, Amylalkohol, Methyläthylketon und Aceton. Diese Lösungsmittel sind nicht für alle Gerbstoffe brauchbar. Am besten eignet sich Essigäther. Auch die in Essigäther leicht löslichen Gerbstoffe werden ihren wässerigen Lösungen nur durch wiederholtes Ausschütteln entzogen.

Die Molekulargewichtsbestimmung der Gerbstoffe in Wasser nach dem Gefrierverfahren scheint mit erheblichen Schwierigkeiten verbunden zu sein und keine brauchbaren Werte zu liefern. Freudenberg [(*2*) S. 29] empfiehlt für die Bestimmung des Molekulargewichts natürlicher Gerbstoffe in Anlehnung an ein von Fischer und Bergmann (2) für einen andern Zweck ausgearbeitetes Verfahren folgende Methode:

1 Teil Gerbstoff wird mit 5 Teilen Chinolin und 5 Teilen p-Brombenzoylchlorid 24 Stunden unter Ausschluß der Feuchtigkeit bei 70 bis 80° aufbewahrt, wobei sich salzsaures Chinolin abscheidet. Der Brei wird in Chloroform gelöst, wiederholt mit verdünnter Salzsäure und Wasser gewaschen, und schließlich wird das Chloroform unter vermindertem Druck abgedampft. Der Rückstand muß nun aus geeigneten Lösungsmitteln umgefällt und dabei völlig vom Brombenzoesäureanhydrid befreit werden, das stets als Nebenprodukt entsteht. Schließlich wird zur Entfernung von anhaftendem organischem Lösungsmittel unter Wasser geschmolzen und nach dem Erstarren im Vakuum bei 100° getrocknet. Das Molekulargewicht wird, der hohen Konstante (144) wegen, in Bromoform gemessen. Durch die Bestimmung des Bromgehaltes läßt sich die Anzahl der eingetretenen Brombenzoylgruppen und das Molekulargewicht des Gerbstoffes selbst berechnen.

3. Die chemische Einteilung der Gerbstoffe.

Bei allem, was bisher über die Natur der Gerbstoffe gesagt wurde, blieb die Frage nach der chemischen Konstitution der Gerbstoffe unberührt. Wenn auch die Aufzählung der für die Gerbstoffe charakteristischen gemeinsamen Eigenschaften eine Vorstellung von dieser Stoffgruppe geben kann, so wird doch ihre wirkliche Kennzeichnung erst durch die Klärung der chemischen Konstitution möglich sein. Daß aber leider die chemische Forschung hier auf einem ungeheuer schwierigen Arbeitsgebiet erst am Anfang steht, ist schon zum Ausdruck gebracht worden.

Die Frage der Konstitution der Gerbstoffe hängt eng zusammen mit der Einteilung der Gerbstoffe nach chemischen Grundsätzen. Schon bei der Einteilung der Gerbmittel im ersten Abschnitt wurde die Bedeutung der chemischen Gesichtspunkte erwähnt und die Einteilung nach Freudenberg, der zwischen hydrolysierbaren und kondensierten Gerbstoffen unterscheidet, auch auf die Gerbmittel, die diese Gerbstoffe enthalten, übertragen.

Diese Einteilung ist aber nicht die einzige, nach der man die Gerbstoffe zu klassifizieren versucht hat. Und ehe an Hand der genannten Freudenbergschen Einteilung das Gebiet der eigentlichen Gerbstoffchemie betreten werden soll, mögen die andern chemischen Gesichtspunkte, die man für die Einteilung der Gerbstoffe als praktisch erachtet hat, kurz erwähnt werden. Dies ist schon deshalb erforderlich, weil bei der späteren Erörterung der Untersuchung der Gerbmittel nicht die Freudenbergsche sondern die Einteilung in Pyrogallol- und Pyrocatechingerbstoffe Anwendung finden wird.

Die älteste Einteilung der Gerbstoffe ist die in Eisen grün und Eisen blau färbende Gerbstoffe, die zuerst Berzelius erwähnte. Geiger beobachtete, daß diese Färbungen der Pflanzenauszüge mit Eisensalzen ineinander übergingen, wenn man die anwesende Säure neutralisierte oder Weinsteinsäure hinzufügte. Er schloß daraus, daß alle Gerbstoffe identisch seien. Die Einteilungsmethode fand rasch ihre Kritiker. Einen wissenschaftlichen Wert hat die Einteilung nicht.

Allmählich, als die Reaktionen der Gerbstoffe näher untersucht wurden, fing man an, die einzelnen Gerbstoffe auf Grund des bei diesen Reaktionen ermittelten Verhaltens in bestimmte Gruppen zusammenzufassen. Procter stellte 1894 neun Tabellen auf, die eine Reihe qualitativer Gerbstoffreaktionen enthielten. Andreasch gab um dieselbe Zeit die Reaktionen der alkoholischen Gerbstofflösungen und die daraus sich ergebenden Einteilungsmöglichkeiten an.

Lange Zeit galt die Wagnersche Einteilung in pathologische und physiologische Gerbstoffe. Unter die erstgenannte rechnete Wagner alle Gerbstoffe mit Ausnahme des Galläpfelgerbstoffs. Die pathologischen sollten bei der Spaltung Gallussäure und Zucker liefern, bei der Erhitzung Pyrogallol bilden. Die physiologischen sollten keine Gallussäure abspalten und bei der trockenen Destillation Pyrocatechin liefern. Auch diese Einteilung war chemisch wertlos, obwohl sie mit der folgenden Einteilungsmethode von Procter und Stenhouse vieles gemeinsam hatte.

Die beiden Forscher stellten fest, daß alle Gerbstoffe beim Erhitzen auf 180 bis 200° in der Hauptsache zwei verschiedene Stoffe liefern, und zwar die eine Gruppe Pyrogallol, $C_6H_3(OH)_3$, und die andere Gruppe Pyrocatechin, $C_6H_4(OH)_2$. Die Gerbstoffe der ersten Gruppe heißen nach dieser Einteilung Pyrogallolgerbstoffe, die anderen Pyrocatechingerbstoffe. Alle Gerbstoffe lassen sich in diesen beiden Gruppen unterbringen. Nur scheinen manche Gerbstoffe beiden Gruppen anzugehören, da sie beim Erhitzen sowohl Pyrogallol wie Pyrocatechin bilden. Derartige Gerbstoffe sind als Gerbstoffgemische anzusehen.

Diese Einteilung in Pyrogallol- und in Pyrocatechingerbstoffe hat noch heute ihre Bedeutung, besonders da durch neuere Reaktionen die Zusammengehörigkeit der Gerbstoffe innerhalb der beiden Gruppen bestätigt wurde. So hat vor allem Stiasny (*2*) gezeigt, daß beim Kochen mit Formaldehyd und Salzsäure die Gerbstoffe der Pyrocatechingruppe vollständig gefällt, die der Pyrogallolgruppe aber nicht oder nur sehr unvollständig gefällt werden. Die Einteilung liegt noch heute den meisten Arbeiten über Gerbstoffe zugrunde und sie wird im analytischen Teil (siehe S. 157) Verwendung finden, weil sie gerade hier besonders zweckmäßig ist. Dort werden noch weitere für die beiden Gruppen charakteristische Unterscheidungsmerkmale aufgeführt werden.

Hlasiwetz (*1*) (1867) stützte seine Einteilung auf die Erscheinung, daß die Gerbstoffe bei der Hydrolyse Zucker liefern. Alle Stoffe mit dieser Eigenschaft brachte er in sechs Gruppen unter: Glucoside, Phloroglucide, Phloroglucoside, Gummide, Mannide, stickstoffhaltige Glucoside. Die Gerbstoffe sollten nach Hlasiwetz größtenteils zur 2., 3. und 4. Gruppe gehören. Die Einteilung hat heute nur noch geschichtlichen Wert.

Ähnliches gilt von der Gerbstoffklassifikation von Braemer (1891). Er unterschied folgende Gerbstoffe:

1. mit Gallussäurerest, ohne Phlobaphenbildung;
2. mit Gallussäurerest und phlobaphenbildend (Typus des Eichenrindengerbstoffs);
3. mit Protocatechusäurerest und phlobaphenbildend (Catechu-, Kino- und Quebrachogerbstoff);

4. mit Ellagsäurerest (Dividivi, Myrobalanen);

5. glucosidische Gerbstoffe wie Kaffee-, Maté- und Kokagerbstoff (die späteren Untersuchungen haben gezeigt, daß diese Stoffe keinen Gerbstoffcharakter besitzen);

6. Phloroglucoside, worunter alle übrigen Gerbstoffe zusammengefaßt werden, die bei der Kalischmelze Phloroglucin und Protocatechusäure liefern.

Auf dieser Anschauung von Braemer beruht auch die Aufstellung der vier Gerbstoffgruppen, in die Kunz-Krause alle Gerbstoffe einreihte (1898):

1. Gruppe: Ausgangsverbindungen (Protocatechusäure, Gallussäure, Kaffeesäure).

2. Gruppe: Echte Tannoide (Protocatechutannoide und Gallotannoide).

3. Gruppe: Glucotannoide.

4. Gruppe: Phloroglucotannoide.

Die Bestrebungen von Braemer und von Kunz-Krause, nach strukturchemischen Gesichtspunkten Gerbstoffsysteme aufzustellen, waren zweifellos sehr verdienstlich. Die Einteilungen verloren sich jedoch zu sehr in Einzelheiten, für die der experimentelle Nachweis noch fehlte. Die große Anzahl von unbekannten Faktoren ließen diese Gerbstoffsysteme verworren erscheinen.

Dekker hat folgende Einteilung seiner bekannten Monographie über die Gerbstoffe zugrunde gelegt:

1. Urstoffe: Catechin, Ellagsäure, Gallussäure.

2. Echte Gerbstoffe:

a) Gallusgruppe (Gallus-, Tee-, Sumachgerbstoffe);

b) Ellagsäuregruppe (Dividivi-, Algarobilla-, Myrobalanen-, Granatgerbstoff);

c) Eichenrindengruppe (die übergroße Anzahl der Gerbstoffrot liefernden Gerbstoffe).

3. Unechte Gerbstoffe: Kaffee-, Maté-, Hopfengerbstoff, Igasursäure (?).

Diese Dekkersche Gerbstoffeinteilung kommt der Einteilungsmethode von Freudenberg (*2*) am nächsten, die heute als die am meisten auf wissenschaftlicher Grundlage aufgebaut anzusehen ist und die auch seiner Studie über die natürlichen Gerbstoffe aus dem Jahre 1920 zugrunde liegt. Alle anderen Anschauungen über eine mögliche Klassifizierung der Gerbstoffe, wie sie oben kurz in ihrer Entwicklung skizziert wurden, müssen als überwunden gelten, mit Ausnahme der Einteilung in Pyrogallol- und Pyrocatechingerbstoffe, die noch immer eine praktische und vor allem analytische Bedeutung besitzt und außerdem mit der Freudenbergschen Einteilung parallel läuft, wie dies schon am Anfang des Abschnitts über die Gerbmittel kurz erläutert worden ist (siehe S. 4).

Freudenberg teilt die Gerbstoffe folgendermaßen ein:

1. Hydrolysierbare Gerbstoffe und gerbstoffartige Verbindungen von Ester- und Glucosidform.

Hierzu gehören:

a) die Ester der Phenolcarbonsäuren untereinander oder mit andern Oxysäuren (Depside);

b) die Ester der Phenolcarbonsäuren mit mehrwertigen Alkoholen und Zuckern. Es sind dies die Tannine, die Chebulinsäure, der Gerbstoff des Sumachs, der Knoppern, des Tees.

c) Glucoside (Ellagengerbstoffe und Edelkastanie). Die hydrolysierbaren Gerbstoffe sind Verbindungen, bei denen die Benzolkerne über Sauerstoffatome zu einem Komplex vereinigt sind.

2. Kondensierte Gerbstoffe, bei denen Kohlenstoffbindungen die Kerne zusammenhalten.

Diese kondensierten Gerbstoffe unterscheiden sich von den hydrolysierbaren dadurch, daß sie sich durch Fermente nicht in einfache Bausteine zerlegen lassen und daß sie unter der Einwirkung starker Säuren oder der Oxydation sich zu hochmolekularen, amorphen Gerbstoffen oder „Gerbstoffroten" (Phlobaphenen) kondensieren. Durch starke Eingriffe kann das Kohlenstoffgerüst dieser Gerbstoffe gesprengt und der Phloroglucinrest, wenn er vorhanden, herausgelöst werden.

Je nach dem Vorhandensein oder Fehlen dieses Phloroglucinkerns unterscheidet Freudenberg zwei Untergruppen:

a) phloroglucinhaltige Gerbstoffe (Catechin-, Quebracho-, Filix- und andere Gerbstoffe und Gerbstoffrote);

b) phloroglucinfreie Gerbstoffe, die am wenigsten erforscht sind.

Wie bei der allgemeinen Beschreibung der Gerbmittel, so wird auch dem folgenden Kapitel über die spezielle Chemie der Gerbstoffe die Freudenbergsche Einteilung zugrunde gelegt werden. Dabei wird aber bei den kondensierten Gerbstoffen eine Unterscheidung zwischen phloroglucinhaltigen und phloroglucinfreien Gerbstoffen nicht erfolgen. Von den phloroglucinfreien Gerbstoffen ist sehr wenig bekannt und andererseits steht von sehr wichtigen Gerbstoffen überhaupt wenig mehr fest, als daß sie zu den kondensierten Gerbstoffen zu rechnen sind. In der gleichen Weise sind ja auch bei der allgemeinen Beschreibung der Gerbmittel mit einer gewissen Freiheit viele Gerbmittel zur Gruppe der kondensierten Gerbstoffe gerechnet worden, obwohl von ihnen nur bekannt ist, daß sie chemisch eine gewisse Ähnlichkeit mit den wirklichen kondensierten Gerbstoffen aufweisen und vor allem durch ihre Charakterisierung als Pyrocatechingerbstoffe zu dieser Gruppe zu zählen sind.

So lange wir aber die chemische Konstitution der meisten Gerbstoffe noch nicht kennen, ist jede Einteilung dieser Stoffe auf Kompromisse angewiesen.

II. Spezielle Chemie der pflanzlichen Gerbstoffe.

1. Die hydrolysierbaren Gerbstoffe.

A. Die Depside.

Die Gerbstoffchemie ist erst mit den Untersuchungen von E. Fischer und seinen beiden Mitarbeitern K. Freudenberg und M. Bergmann in ein fruchtbares Stadium getreten. Wohl haben sich vorher durch mehr als ein Jahrhundert hindurch zahlreiche Forscher, deren Namen in der Geschichte der Chemie zum Teil einen recht guten Klang haben, mit der Natur der Gerbstoffe, besonders des Tannins befaßt. Aber die Ergebnisse dieser Bemühungen waren so widerspruchsvoll, daß bis zum Ende des 19. Jahrhunderts von einer Tanninchemie mit einigermaßen sicheren Grundlagen nicht gesprochen werden konnte. Die eine oder andere Anschauung aus dieser Zeit wird bei der Behandlung der Tannine kurz gestreift werden können.

Erst E. Fischer hat mit Hilfe der ihm eigenen genialen Arbeitsmethoden die Natur des ältesten Gerbstoffs, des Tannins, feststellen können. Der Weg zur Synthese des Tannins führte über eine Stoffgruppe, die der Forscher als „Depside" (vom griechischen δεψειν = gerben) bezeichnet hat und die deshalb vor den Tanninen einer kurzen Erwähnung wert sind, obwohl sie nicht als eigentliche Gerbstoffe anzusehen sind.

E. Fischer hielt das Vorkommen der Digallussäure im Tannin für sehr wahrscheinlich. Dies veranlaßte ihn zunächst zur Ausarbeitung einer allgemein gültigen Methode der Esterverkettung von Phenolcarbonsäuren.

Diese Phenolcarbonsäuren, die im Pflanzenreich eine wichtige Rolle spielen und deren bekannteste Vertreter die

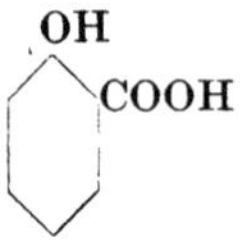

Salicylsäure (Oxybenzoesäure)

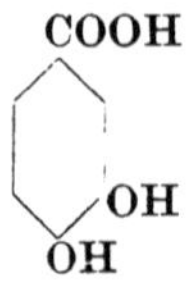

Protocatechusäure

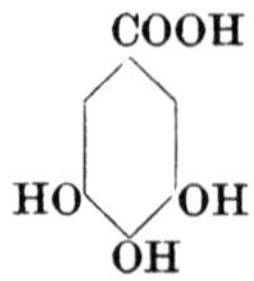

Gallussäure

sind, besitzen unter anderem die Fähigkeit, mit ihresgleichen Anhydride zu bilden, in der Weise, daß das Carboxyl des ersten Moleküls in die Phenolgruppe des zweiten esterartig eingreift. So entsteht durch Kupplung von zwei Molekülen Oxybenzoesäure folgende Verbindung:

$$HO \cdot C_6H_4 \cdot CO \cdot O \cdot C_6H_4 \cdot COOH\,,$$

die durch ein drittes Molekül zu dem System

$$HO \cdot C_6H_4 \cdot CO \cdot O \cdot C_6H_4 \cdot CO \cdot O \cdot C_6H_4 \cdot COOH$$

führen kann.

Diese esterartigen Anhydride bezeichnete E. Fischer als „Depside", weil manche dieser Körper mit den Gerbstoffen Ähnlichkeit aufweisen. Je nach der Zahl der zusammengetretenen Carbonsäuren unterschied er Di-, Tri- und Tetradepside. Die Nomenklatur ist derjenigen der Polypeptide nachgebildet.

Eine allgemein anwendbare Methode zur Herstellung solcher Depside war bisher nicht vorhanden. Es schien für die meisten Phenolcarbonsäuren dasselbe zu gelten wie für die Darstellung von Chloriden der Aminosäuren. Diese konnten nur dann mit Chlorphosphor bereitet werden, wenn sie kein freies Hydroxyl mehr besaßen. Bei der Gallussäure mit ihren drei Hydroxylgruppen trat diese Gesetzmäßigkeit besonders deutlich auf.

Diese Schwierigkeiten beseitigte die glückliche Hand E. Fischers (*1*) durch Ausnutzung des gleichen Hilfsmittels, das ihm bei seinen Polypeptidsynthesen wertvolle Dienste geleistet hatte: er bediente sich zur Absättigung der störenden Hydroxyle bestimmter Schutzgruppen, und zwar des Chlorkohlensäure-Restes. Die dabei entstehende Carbomethoxygruppe ließ sich nachher leicht wieder abspalten. Später erwies sich der Acetylrest als geeigneter.

Die Phenolcarbonsäure wurde zur Einführung dieser Schutzgruppen in n-Natronlauge gelöst und Chlorkohlensäuremethylester in einer der Anzahl der Phenolgruppen entsprechenden Menge zugesetzt. Es wurde so lange geschüttelt, bis der ölige Ester vollkommen verschwunden war. Durch Ansäuern ließ sich die Carbomethoxyverbindung in krystalliner Form abscheiden.

Der Vorgang ist bei der p-Oxybenzoesäure folgender:

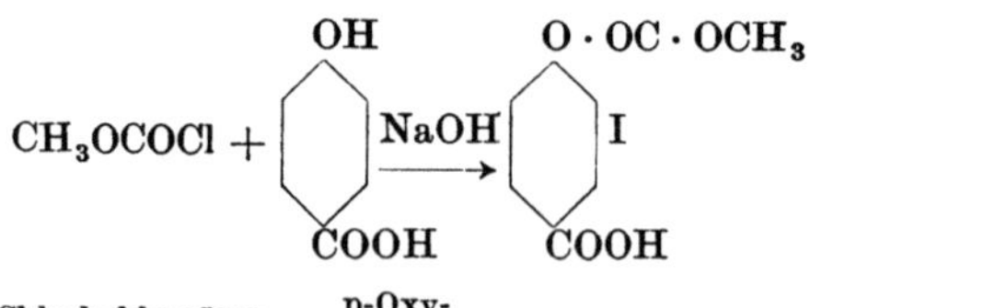

Chlorkohlensäure-methylester + p-Oxy-benzoë-säure p-Carbomethoxy-oxybenzoesäure

Die carbomethoxylierte Oxybenzoesäure (I) ließ sich durch Phosphorpentachlorid leicht chlorieren. Das entstehende Chlorid (II) gestattete nun eine esterartige Kupplung mit Phenolcarbonsäuren, so daß sich die Darstellung der Depside nach folgendem Schema ergab:

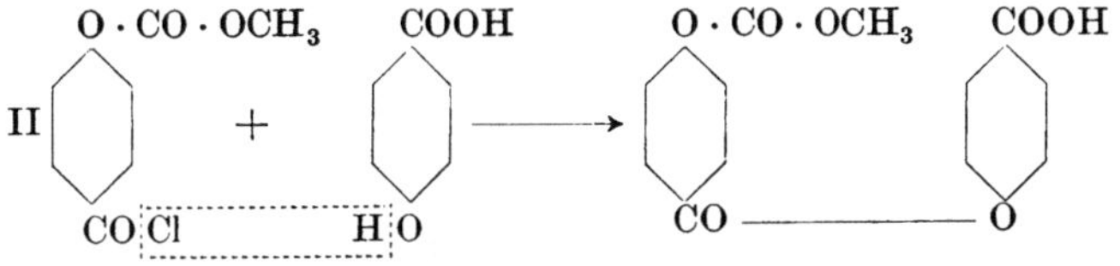

und nach Abspaltung der Carbomethoxygruppe

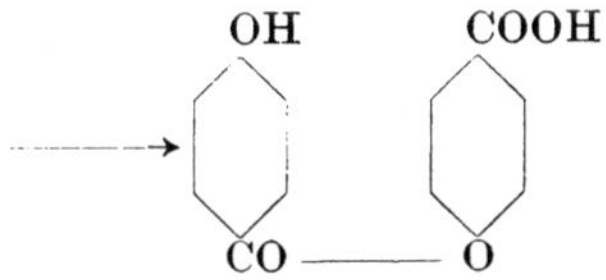

Die Abspaltung der Carbomethoxygruppe erfolgt sehr leicht durch Schütteln der Verbindung mit überschüssigem, kalten, wässerigen Alkali. Ebenso wirkt Ammoniak; nur wird dann die Schutzgruppe als Urethan abgespalten.

Die Depsidbildung verläuft besonders glatt, wenn die Phenolgruppe in meta- oder para-Stellung zum Carboxyl steht. Auch die Anhäufung von Hydroxylen ist dann kein Hindernis, wie sich an der Protocatechu- und Gallussäure gezeigt hat. Nur wenn ein Hydroxyl benachbart zur Carboxylgruppe steht, treten Schwierigkeiten auf, die sich aber beseitigen lassen. Für die weitere Gerbstofforschung war die Kuppelung in der meta-Stellung die wichtigste.

Die einzige natürliche Fundstätte für Depside sind die Flechten, die durch Symbiose von Algen und Pilzen entstehen. In den Flechten befinden sich zahlreiche Phenolcarbonsäuren als Depside in esterartiger Verkettung vor. Das bekannteste Depsid ist die Lecanorsäure

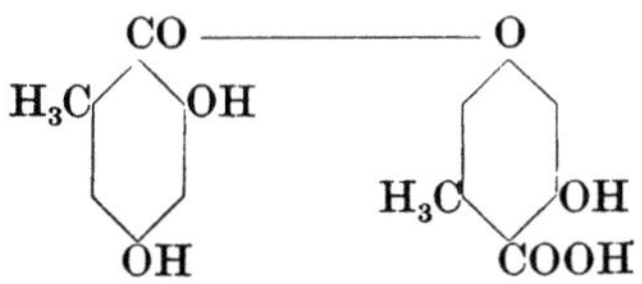

die man als p-Diorsellinsäure ansprechen kann.

Ein homologes der Lecanorsäure ist die Evernsäure (Monomethyl-lecanorsäure).

Digallussäure. Dieses Depsid hat in der Geschichte der Gerbstoffchemie, im besonderen der Tanninforschung, eine große Rolle gespielt. Es wurde eine Zeitlang als wesentlicher Bestandteil des Tannins betrachtet. Die Säure wurde von Fischer und Freudenberg (*1*) durch Kupplung des Tricarbomethoxy-galloylchlorids mit der Carbonylogallussäure als m-Digallussäure gewonnen:

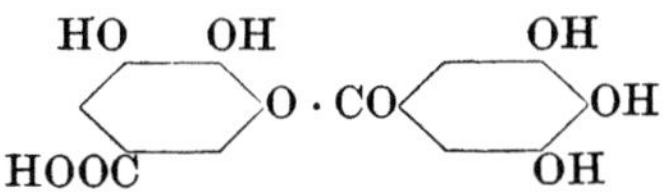

Eine reinere m-Digallussäure erhielten Fischer, Bergmann und Lipschitz (*1*) aus Triacetyl-gallussäurechlorid und 3,5-Diacetyl-gallussäure, wobei als Zwischenprodukt die Pentacetyl-p-digallussäure auftrat, die gut kristallisierte und darum eine völlige Reinigung ermöglichte. Bei der Abspaltung der Acetyle trat zugleich Umlagerung der Digallussäure in die Metaform ein. Nach Methylierung der nach beiden Verfahren dargestellten Digallussäuren erhält man den Pentamethyl-m-digallussäuremethylester. Die Konstitution der m-Digallussäure war damit klargelegt.

Die Säure zeigt die gleichen Fällungsreaktionen wie die Gerbstoffe. Sie kristallisiert mit Kristallwasser, und zwar in der Hitze leichter als in der Kälte. Die reine Säure löst sich bei 100° in 50 bis 60 Teilen Wasser [Fischer, Bergmann, Lipschitz (*1*)]. Auch in Methyl- und Äthylalkohol ist sie leicht löslich. Sie sintert bei 260° und schmilzt gegen 271°.

Die isomere p-Digallussäure ist nicht bekannt. Dagegen haben Fischer und Freudenberg (*2*) die m-Diprotocatechusäure ebenfalls synthetisch dargestellt. Sie hat mit der m-Digallussäure manche Ähnlichkeit. Freudenberg [(*2*) S. 66] sieht diese Depside, ebenso wie o-Digentisinsäure und o-Di-β-resorcylsäure [Fischer und Freudenberg (*3*)] als echte Gerbstoffe an.

Im sog. Kaffeegerbstoff ist neben andern Verbindungen ebenfalls ein Depsid enthalten, die Chlorogensäure

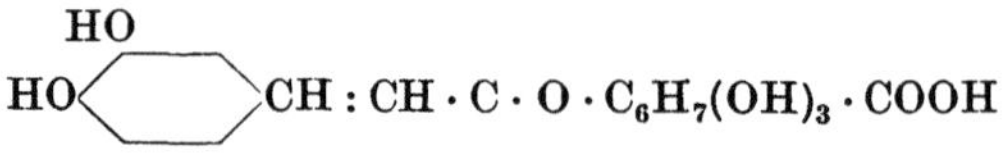

eine 3, 4-Dioxy-cinnamoyl-Chinasäure. Leim wird von ihr in verdünnter Lösung nicht gefällt, wohl aber in konzentrierter Lösung oder in Gegenwart von Kochsalz. Die Säure ist in heißem Wasser leicht, in kaltem schwer löslich. Eisensalze erzeugen eine grüne Färbung.

Die genannten Depside könnte man in gewissem Sinne als Urstoffe der hydrolysierbaren Gerbstoffe bezeichnen. Die nähere Betrachtung der Tanningerbstoffe wird ihre Bedeutung noch weiterhin dartun.

B. Die Tannine.

Die Gerbstoffe der Tanninklasse sind Ester aromatischer Säuren mit mehrwertigen Alkoholen oder Zuckern. Als solche haben sie unter den Naturstoffen einige Vorläufer. So ist das Vaccinin eine amorphe Monobenzoylglucose, die aus den Preiselbeeren isoliert wurde (Griebel). In der Pappelrinde kommt das Populin vor, das ein im Zuckerrest monobenzoyliertes Glucosid des Salicylalkohols darstellt. Auch Dibenzoylglucoxylosen kommen in der Natur vor (Power und Salway). Auch das Erythrin, das in den Flechten als Monolecanorsäureester vorkommt, sowie das Anthocyan des Rittersporns, das Delphinin, sind hier zu nennen.

Noch näher bei den eigentlichen Tanninen als die genannten Naturstoffe steht das von Gilson (*1*) entdeckte Glucogallin

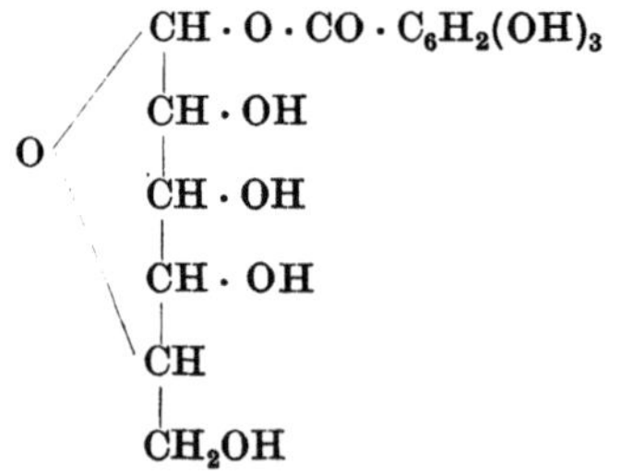

eine 1-Galloyl-β-glucose. Fischer und Bergmann (*3*) haben die Konstitution dieses Stoffes durch seine Synthese aufgeklärt.

Als Ausgangsmaterial diente die Acetobromglucose. Diese wird entweder mit dem Silbersalz der Triacetylgallussäure umgesetzt oder zuerst in acetonischer

Lösung durch Silbercarbonat in Tetraacetylglucose verwandelt und diese mit dem Chlorid der Triacetylgallussäure bei Gegenwart von Chinolin gekuppelt. Beide Reaktionen führen zur 1-(Triacetylgalloyl)-tetraacetyl-β-glucose:

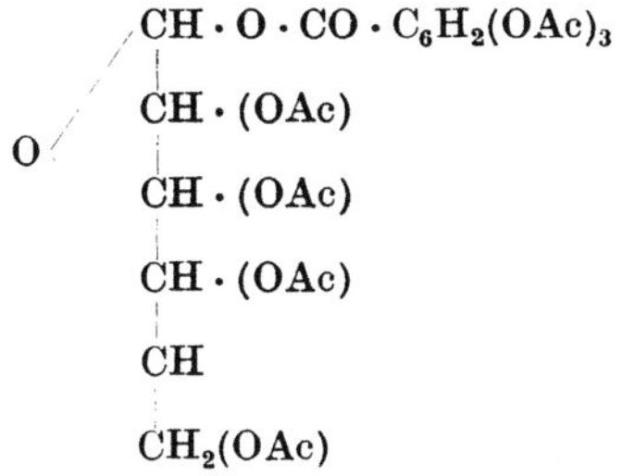

Durch vorsichtige Verseifung lassen sich daraus zuerst die drei an der Galloylgruppe befindlichen Acetyle abspalten. Dabei entsteht die 1-Galloyl-tetraacetyl-β-glucose, die bei weiterer Verseifung zunächst noch drei und dann auch das letzte Acetyl verliert. Auf diese Weise erhält man als Endprodukt die 1-Galloyl-β-glucose, deren Eigenschaften mit dem von Gilson im Rhabarber gefundenen Produkt so sehr übereinstimmen, daß die Identität beider Stoffe außer Zweifel ist.

Die 1-Galloyl-β-glucose schmilzt bei 211 bis 212^0 unter Aufschäumen zu einer braunen Flüssigkeit. Sie löst sich leicht in warmem Wasser, schwer in Alkohol, fast gar nicht in Aceton und Essigester. Mit Eisenchlorid gibt die verdünnte Lösung eine tiefblaue Färbung. Gelatine gibt auch in konzentrierter Lösung keine Fällung. Die wichtigste Reaktion für den Gerbstoffcharakter fehlt also beim Glucogallin.

Freudenberg [(*2*) S. 79] gibt über die Darstellung des Glucogallins folgendes an: Rhabarber wird mit kaltem Aceton erschöpfend extrahiert und die Lösung eingedampft, bis sie eine Dichte von 1.000 hat. Unter starkem Schütteln setzt man das halbe Volumen eines Gemisches von Aceton und Äther (1:1) in kleinen Portionen zu, dann Äther allein (etwa 1 Vol.), bis der anfangs voluminöse Niederschlag sich klebrig absetzt. Er enthält hauptsächlich Glucoside von Methyl-oxyantrachinonen. Die abgegossene Lösung wird stark eingeengt und durch Zusatz von Aceton wieder auf das spezif. Gewicht 1.000 gebracht. Zu dieser Lösung wird vorsichtig ein Volumen eines Gemisches von Aceton und Benzol (1:2) gegeben, dann ein Volumen reines Benzol. Der ölige Niederschlag enthält Glucogallin, das durch Lösen in Aceton und Fällung mit Benzol zur Kristallisation gebracht wird.

Von Gilson ebenfalls im Rhabarber gefunden wurde das Tetrarin. Die Hydrolyse dieses Stoffes ergibt neben Glucose und Gallussäure noch Zimtsäure und Rheosmin, das ein Oxycuminaldehyd zu sein scheint. Das Tetrarin löst sich in 80proz. Alkohol, in Methylalkohol und Aceton. In Wasser, Äther, Chloroform ist es unlöslich.

Alle genannten Stoffe können als Vorläufer der eigentlichen Tannine angesehen werden, deren Komponenten Glucose und Gallussäure sind.

a) Das chinesische Tannin. Der erste, der die Anschauung vertrat, daß im Tannin Gallussäure mit Traubenzucker vergesellschaftet sein müsse, war A. Strecker. Auf Grund der mit Schwefelsäure vorgenommenen Hydrolyse vermutete er im Tanninmolekül drei Moleküle Gallussäure und 1 Molekül Glucose. Er kam auf diese Weise zur Formel $C_{27}H_{22}O_{17}$. Etwa zehn Jahre später bezeichnete Schiff die Digallussäure als den hauptsächlichen, vielleicht sogar alleinigen Bestandteil des Tannins. Auch Nierenstein schloß sich dieser „Digallussäurehypothese" an, sah aber im Tannin noch eine zweite, optisch aktive Komponente, das sog. „Leucotannin". Feist endlich, der bei seinen Untersuchungen auf ein kristallinisches Produkt gestoßen war, das er als α-Glucosid der Gallussäure beschrieb, hielt das Tannin für eine Kombination dieser Glucogallussäure mit zwei esterartig verbundenen Molekülen Gallussäure.

Als Fischer und Freudenberg sich mit der Erforschung der Tanninkonstitution zu befassen begannen, waren sie zuerst bemüht, aus dem käuflichen Tannin ein möglichst reines einheitliches Produkt herzustellen. Denn es galt festzustellen, ob die wiederholt gefundene Glucose tatsächlich ein Bestandteil des Tanninmoleküls oder nur ein zufälliger Begleiter sei. Sie benützten ein Extraktionsverfahren mit Essigäther, das übrigens gleichzeitig auch von Stiasny und Paniker gefunden worden war. Danach wird die mit Alkali schwach übersättigte Tanninlösung mehrfach mit Essigäther extrahiert, wobei alle sauren Anteile in der wässerigen Schicht zurückgehalten werden und die als Essigäther-Rückstand verbleibende spröde, amorphe Masse (etwa 60% des Ausgangsmaterials) als ein von unverbundenen Carboxylgruppen freies Präparat gewonnen wird. Schon damit war erwiesen, daß der Hauptbestandteil des Tannins weder eine Schiffsche Digallussäure noch eine Feistsche Glucogallussäure sein kann.

Fischer und Freudenberg haben diese Reinigungsmethode auf verschiedene Handelstannine angewandt. Freudenberg [(*2*) S. 94] weist darauf hin, daß bei diesem Essigätherverfahren nie versäumt werden darf, die Reste des anhaftenden Essigäthers durch Lösen in Wasser und Eindampfen im Vakuum wegzuschaffen. Da die käuflichen Handelspräparate meist Alkohol oder Äther enthalten, ist diese Maßnahme unter allen Umständen angezeigt.

Bei den nun beginnenden eigentlichen Tanninuntersuchungen wollte Fischer zunächst feststellen, welche Rolle die Glucose in diesem Gerbstoff spielt. Den ersten Anhalt für seine schon frühzeitig aufgestellte Konzeption einer Pentadigalloylglucose gaben ihm u. a. die Ergebnisse seiner zahlreichen Tanninanalysen [Fischer und Freudenberg (*4*)]. Bei der Hydrolyse mit Schwefelsäure erhielten die beiden Forscher anfangs 93 bis 94% Gallussäure und 7 bis 8% Zucker. Durch Vervollkommnung des Verfahrens gelang es dann, diese Werte auf 98% Gallussäure und 11% Zucker zu berichtigen. Eine Verbindung von 1 Molekül Glucose und 5 Molekülen Digallussäure müßte bei der Hydrolyse 10,6% Zucker und 100% Gallussäure liefern. Die Werte stimmten also recht gut überein.

Fischer hat zuerst die Glucose mit fünf Gallussäuremolekülen verestert. Er erhielt ein Produkt von ausgesprochenen Gerbstoffeigenschaften, das dem Tannin sehr ähnlich war. Die „Galloylglucose" hatte zwar einen erheblich niedrigeren optischen Drehwert und einen etwas geringeren Prozentgehalt an Gallussäure als das Tannin, deckte sich aber sonst weitgehend mit dem natürlichen Gerbstoff.

Die Veresterung selbst hatte Fischer so vorgenommen, daß er 1 Mol. Glucose mit 5¼ Mol. des Carbomethoxygalloylchlorids in Chloroformlösung in Gegenwart eines salzsäurebindenden Mittels schüttelte. Der in Chloroform schwer lösliche Zucker verschwand nach einiger Zeit und das Reaktionsprodukt konnte mit Methylalkohol aus der Lösung gefällt werden.

Das chinesische Tannin enthält aber nicht fünf, sondern etwa zehn Gallussäurereste auf ein Molekül Glucose. Über die Anordnung der zehn Säurereste ließen die Versuche von Herzig (*1*) über das Methylotannin begründete Vermutungen zu. Dieser Forscher erhielt bei der Hydrolyse des mit Diazomethan methylierten Tannins ein Gemisch, das nahezu aus gleichen Teilen von

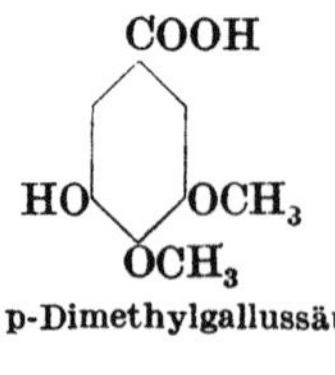

m-, p-Dimethylgallussäure

und

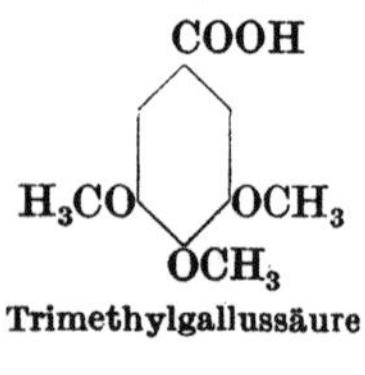

Trimethylgallussäure

bestand. Diese Beobachtung ließ es recht naheliegend erscheinen, daß im chinesischen Tannin fünfmal die m-Digallussäure enthalten ist.

Der erste Versuch, fünf Moleküle m-Digallussäure auf dem Umwege über ihre Penta-carbomethoxyverbindung mit einem Molekül Glucose zu verestern, um so eine Synthese des chinesischen Tannins durchzuführen und damit den sichersten Beweis für seine Konstitution zu erbringen, mißlang. Schon die Penta-carbomethoxy-digallussäure konnte nicht kristallisiert und rein erhalten werden, ebensowenig ihr Chlorid. Das Verfahren der Carbomethoxylierung zeigte hier zum erstenmal seine Nachteile.

Fischer und Bergmann führten infolgedessen eine andere Schutzgruppe, nämlich die Acetylgruppe, für die Hydroxyle der Gallussäuren an. Sie stellten zunächst eine pentacetylierte m-Digallussäure her, die sie als wohl definierten, kristallinen Körper erhielten. Dabei zeigte sich eine merkwürdige Umlagerungserscheinung. Das acetylierte p-Depsid lagerte sich nämlich beim Entfernen der Acetylschutzgruppen in ein m-Depsid um, nach folgendem Schema:

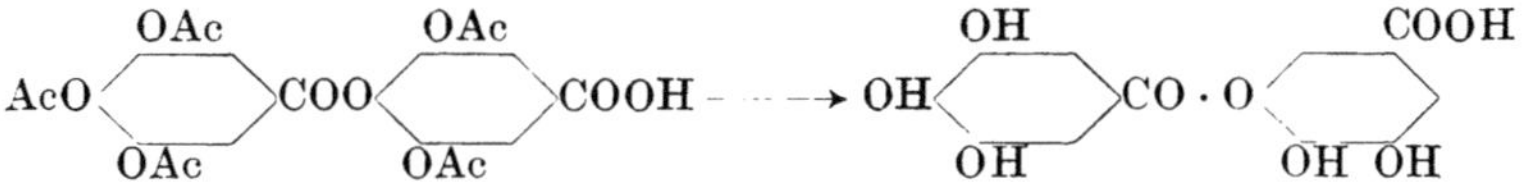

Diese acetylierte m-Digallussäure brachten nun Fischer und Bergmann (*4*) nach der erprobten Chinolin-Chloroform-Methode sowohl mit α- wie mit β-Glucose zur Umsetzung. Nach Entfernung der Acetylreste durch starke Salzsäure in methylalkoholischer Lösung erhielten sie Produkte, die ohne Bedenken als Penta-digalloylglucosen angesprochen werden konnten. Besonders die der β-Reihe angehörende Verbindung zeigte mit dem natürlichen chinesischen Tannin eine auffallende Ähnlichkeit.

Die Hydrolyse des natürlichen und des synthetischen Körpers lieferte die gleichen Werte. Die totale Methylierung mit Diazomethan und die Acetylierung mit Essigsäureanhydrid und Pyridin führte zu nicht unterscheidbaren Produkten. Ein Unterschied zwischen den beiden Stoffen bestand im Verhalten gegenüber Wasser: die Löslichkeit des synthetischen Körpers war geringer, ebenso die optische Drehung der wässerigen Lösung kleiner als die des natürlichen Tannins. Fischer begründete diese Erscheinung mit dem kolloidalen Zustand der wässerigen Lösung. Er war sich darüber klar, daß weder das chinesische Tannin, noch sein synthetisches Produkt als einheitliche Stoffe anzusprechen waren, daß vielmehr selbst bei vollkommen gleichartiger Struktur das gleichzeitige Vorhandensein von Stereoisomeren angenommen werden mußte.

Trotzdem darf aber auf Grund der erwähnten Arbeiten von Fischer, Freudenberg und Bergmann der Hauptbestandteil des chinesischen Tannins als eine Penta-m-digalloyl-glucose

$$[(OH)_3C_6H_5 \cdot CO \cdot O(OH)_2 \cdot CO]_5 \cdot C_6H_7O_6$$

angesehen werden, wenn es auch noch nicht gelungen ist, diesen Körper in kristalliner Form darzustellen.

Spätere Untersuchungen von Herzig (*2*) über Methylotannin bestätigten in manchem diese Anschauung. Herzig konnte den Methylester der Pentamethyl-m-digallussäure (Schmp. 124—127°) durch Methylieren des chinesischen Tannins mit Diazomethan gewinnen. Es ist dies der erste Fall, wo dieser wichtige Baustein direkt aus dem chinesischen Tannin isoliert werden konnte.

Karrer (*1*) und seine Mitarbeiter kamen auf Grund ihrer Untersuchungsergebnisse zu der Anschauung, daß das chinesische Tannin als ein Gemisch zahlreicher, ähnlich zusammengesetzter Verbindungen (galloylierter Glucosen) anzusehen sei. Die Mischung vieler ähnlicher Komponenten bedinge den amorphen Charakter und die Kolloidlöslichkeit des Tannins.

b) Das türkische Tannin. Das türkische Tannin, das hauptsächlich aus den Zweiggallen von Quercus infectoria, den sog. Aleppogallen, gewonnen wird, war weit früher Gegenstand der chemischen Forschung als das chinesische Tannin. Erst nach 1870 herrschten die chinesischen Tannine im Handel vor.

Das türkische Tannin ist noch weniger einheitlich als das chinesische. Die Gewinnung eines reinen Ausgangsproduktes für die chemische Untersuchung ist sehr schwer. Darunter hat auch die ganze Tanninforschung des vorigen Jahrhunderts gelitten und die zahlreichen oft erstaunlich sich widersprechenden Forschungsergebnisse sind in sehr vielen Fällen durch unreine Ausgangsprodukte bedingt.

Vom chinesischen Tannin unterscheidet sich das türkische vor allem durch das Vorhandensein einer Ellagsäureverbindung. Fischer (*2*) vermutete ein Zuckerderivat. Der zu mehreren Prozenten anwesende Ellagengerbstoff spaltet nach kurzem Erwärmen mit verdünnten Säuren die unlösliche Ellagsäure ab.

Außerdem aber enthalten die Aleppogallen ziemlich viel freie Gallussäure, die man mit Äther extrahieren kann.

Die von Fischer und Freudenberg (*5*) durchgeführte Hydrolyse ergab folgende Werte:

Gallussäure	87,5%
Glucose	19,7%
Ellagsäure	3,6%.

Schlüsse aus diesen Zahlen zu ziehen ist schwer. Die Funktion der Ellagsäure beim Aufbau des Gerbstoffmoleküls ist vorerst noch ganz unbekannt. Da ein Ellagsäureglucosid und die Pentagalloylglucose fast die gleiche Elementarzusammensetzung haben (ersteres C 51,7, H 3,5; letzteres C 52,3, H 3,4), so wird sich die Beimengung des Ellagsäurederivates in den Ergebnissen der Elementaranalyse nicht fühlbar machen. Die vielfach ausgesprochene Ansicht, daß das türkische Tannin in der Hauptsache als Pentagalloylglucose anzusehen sei, ist deshalb noch recht problematisch.

Da Fischer aus dem mittels Diazomethan bereiteten Methylotannin neben Trimethylgallussäure auch kleine Mengen von m-, p-Dimethylgallussäure erhielt, so scheint die Anwesenheit von mindestens einer m-Digalloylgruppe nicht ausgeschlossen. [Fischer und Freudenberg (*6*).]

Eine neuere Arbeit über das türkische Tannin stammt von Karrer (*2*), der die bisherigen Feststellungen über die vorhandenen Mengen Gallussäure, Glucose und Ellagsäure im wesentlichen bestätigte. Seine Abbauversuche mittels Eisessig-Bromwasserstoff ergaben, daß im türkischen Tannin keine Pentagalloylglucose vorhanden ist, sondern ein Gemisch von unvollständig galloylierten Glucosen, die zum Teil gebundene Ellagsäure enthalten, angenommen werden kann.

Die Löslichkeitsverhältnisse des türkischen Tannins gleichen denen des chinesischen Tannins. Von Essigäther wird es allerdings etwas weniger leicht aufgenommen. Die angegebenen optischen Drehungswerte weichen sehr voneinander ab, wie es ja bei einem Gemisch kaum anders zu erwarten ist. Die Konzentration hat, im Gegensatz zum chinesischen Tannin, fast keinen Einfluß auf die spezifische Drehung. Freudenberg [(*2*) S. 92] gibt für die letztere folgende Werte an: für wässerige Lösungen von 7% und darunter $[\alpha]_D = + 2,5$ bis $+ 5^0$, in 9 bis 12 proz. Acetonlösung $[\alpha]_D = + 23$ bis 24^0. Das Lösungsmittel übt demnach einen sehr starken Einfluß auf das Drehungsvermögen aus.

c) Das Hamameli-Tannin. Ein neues Hilfsmittel zur Erforschung der Tannine haben Freudenberg und Peters bei ihren Untersuchungen über das Hamameli-Tannin angewandt.

In der Rinde des nordamerikanischen Strauches Hamamelis virginica ist neben braunen amorphen Gerbstoffen etwa 1 bis 2% kristallisierbares Hamameli-Tannin enthalten (Grüttner).

Die beiden genannten Forscher haben dieses Tannin folgendermaßen dargestellt:

2 kg grob gemahlene Rinde werden mit xylolhaltigem Wasser kalt ausgezogen und die Auszüge unter vermindertem Druck auf 150 ccm engeengt. Nach Zugabe von 300 ccm Aceton in kleinen Portionen gießt man vom dunkelgefärbten Sirup ab. Der Sirup wird noch zweimal mit je 100 ccm Aceton ausgelaugt. Die vereinigten Acetonauszüge werden mit dem gleichen Volumen Äther in kleinen Portionen unter Umschütteln versetzt, wobei ein gelbes Öl ausfällt. Dann wird die Äther-Acetonlösung durch ein trockenes Filter von dem Öl abgegossen und der ölige Rückstand zunächst mit 150 ccm, dann noch zweimal mit je 100 ccm Aceton ausgeschüttelt. Diese Acetonlösung wird wie die erste behandelt und dann mit ihr vereinigt. Die Äther-Acetonlösungen werden im Vakuum eingeengt, zuletzt unter Zugabe von Wasser. Der dicke Sirup wird mit einer starken Kaliumcarbonatlösung versetzt, bis ein Tropfen der Lösung nach der Verdünnung gegen Lackmus neutral reagiert. Nun wird mit Essigäther ausgeschüttelt, zuerst mit 75 ccm, dann noch vierzehnmal mit je 25 ccm. Die Auszüge werden durch ein trockenes Filter gegossen und dann im Vakuum eingedampft, zuletzt unter Zugabe von Wasser. Der dünne Sirup, der von Essigäther befreit sein muß, bleibt, mit einigen Tropfen Chloroform versetzt, bis zu zehn Tagen auf Eis der Kristallisation überlassen. Die abgesaugten Nadeln werden mit wenig Wasser gewaschen, in der zehnfachen Menge heißen Wassers gelöst und kalt durch ein lockeres Talkpolster gesaugt, um eine fettige Trübung zu entfernen. Aus dieser Lösung kristallisiert der Gerbstoff in weißen, haarfeinen Nadeln. Die Ausbeute wechselt mit den verschiedenen Rindenarten und beträgt 6 bis 10 g (0,3 bis 0,8 %). Der lufttrockene Gerbstoff enthält 17,9% Kristallwasser, das bei 100° unter 15 mm Druck rasch entweicht.

Dieses Tannin wurde nun durch Einwirkung eines Ferments, der Tannase, abgebaut. Die Spaltstücke wurden weiter untersucht. Das Verfahren des fermentativen Abbaues hatte schon Scheele auf das Tannin angewandt. Erst sehr viel später hat van Tieghem die Zersetzung von Tanninlösungen durch Schimmelpilze weiter untersucht. Fernbach hat dann die Tannase selbst hergestellt, indem er Schimmelpilze, die auf Tannin gewachsen waren, maceriert und mit Wasser ausgezogen hat. Aus der eingeengten Lösung wurde die Tannase mit Alkohol gefällt, sie enthielt aber noch viel Glucose.

Peters hat erstmals die Tannase, wie folgt, bereitet:

90 g des mit Aceton extrahierten, getrockneten Aspergillusmycels (aus 500 g Tannin) werden fein zerrieben, mit der doppelten Menge toluolhaltigem Wasser angerührt und nach einigen Stunden abgepreßt. Dieses Verfahren wird noch viermal wiederholt. Die vereinigte, im Vakuum auf 90 bis 100 ccm eingeengte wässerige Lösung wird in kleinen Portionen unter Umschwenken mit dem doppelten Volumen 96proz. Alkohol versetzt und die flockig ausfallende Tannase abfiltriert. Aus dem Filtrat fällt auf Zusatz von 300 ccm des gleichen Alkohols ein Sirup aus, der nach Abgießen der überstehenden Flüssigkeit in 50 ccm Wasser gelöst wird. Bei vorsichtigem Zusatz von 100 ccm Alkohol fällt eine zweite Portion des pulverigen Niederschlages aus, und aus dem Filtrat kann durch erneute, den obigen Vorschriften entsprechende Verarbeitung eine dritte, kaum mehr

lohnende Fraktion, wieder in leichten Flocken, gewonnen werden. Die vereinigte Rohtannase wird in 100 ccm Wasser gelöst und in kleinen Portionen unter Schütteln mit 500 ccm Alkohol gefällt. Diese Reinigung wird einmal wiederholt. Die Ausbeute an Tannase beträgt 5 bis 8%. Sie reduziert Fehlingsche Lösung nicht, dagegen tritt Reduktion ein, wenn das Präparat vorher mit verdünnter Salzsäure gekocht wurde.

Später hat Freudenberg Tannase aus Myrobalanenauszug gewonnen, den er mit Nährsalzen versetzt mit Aspergillus niger angeimpft hatte. Nach etwa drei Tagen wird der mit einem Anflug von Sporen überzogene Pilz abgehoben, mit Wasser mehrmals durchgeknetet und abgepreßt. Der feuchte Pilz wird mit 1 l Wasser und 1 ccm Toluol zu einem dünnen Brei angerührt und 24 Stunden unter häufigem Umrühren bei 20° sich selbst überlassen. Nun wird durch eine Lage Kieselgur abgesaugt und gewaschen. Das Mycel wird erneut mit ½ l Wasser und ½ ccm Toluol angerührt und nach zwei Stunden abfiltriert. Die vereinigten Auszüge werden im Vakuum auf 30 bis 50 ccm eingeengt (40°), durch Kieselgur geklärt und mit dem 5fachen Volumen absoluten Alkohols versetzt. Die Tannase fällt in hellen Flocken aus, die sich nach einigem Schütteln filtrieren lassen. Das Präparat wird dann noch zweimal in 20 ccm Wasser gelöst und mit dem 5fachen Volumen absoluten Alkohols gefällt. Zuletzt wird mit Alkohol dann mit Äther nachgewaschen und im Exsiccator getrocknet. Man erhält die Tannase als hellgraues Pulver mit neutraler Reaktion.

Diese Tannase löst in den Gerbstoffen die Verbindung zwischen Carboxyl und Hydroxyl. Das Ferment ist demnach als eine Esterase anzusehen bzw. als ein Gemisch von Fermenten, in dem eine Esterase als Tannase fungiert.

Zum Abbau des Hamameli-Tannins mittels Tannase hat Freudenberg [(*2*) S. 84] 10 g des wasserfreien Gerbstoffes in 2 l Wasser gelöst und mit Tannase, die aus 5 g Aspergillus-Mycel stammte, versetzt. Die mit Toluol überschichtete Flüssigkeit wurde im Brutschrank aufbewahrt, bis nach einigen Tagen der durch Titration bestimmte Säuregehalt konstant blieb und eine Probe, die 100 mg Gerbstoff enthielt, etwa 4 ccm $^{n}/_{10}$ -Lauge verbrauchte. Nach dem Einengen der Lösung unter vermindertem Druck auf 20 bis 30 ccm wurde die fast farblos sich abscheidende Gallussäure abgesaugt und mit kaltem Wasser ausgewaschen. Das Filtrat wurde erneut eingeengt, mit Essigäther ausgeschüttelt, der Essigäther unter vermindertem Druck, zuletzt nach Zugabe von Wasser, völlig verjagt und die erneut abgeschiedene Gallussäure abgesaugt. Dem wässerigen Filtrat ließ sich nach der Konzentration eine letzte Fraktion Gallussäure entziehen, die aus sehr wenig Wasser umkristallisiert wurde.

Die vereinigten, unter vermindertem Druck von organischen Lösungsmitteln befreiten und auf 1 l verdünnten Filtrate wurden erneut mit Tannase behandelt und in gleicher Weise wie das erstemal von Gallussäure befreit. Die Lösung wurde zum Schluß auf 50 ccm gebracht und in der Kälte mit soviel gewachsener Tonerde geschüttelt, bis das klare Filtrat mit Ferrisalz keine Reaktion mehr gab. Darauf wurde unter vermindertem Druck zum Sirup eingeengt, in kaltem Alkohol aufgenommen, von der Tannase abfiltriert und im Vakuum eingedampft, zuletzt unter Zusatz von etwas Wasser.

Ein aliquoter Teil des Zuckers wurde im Vakuum bei 100° getrocknet und daraus das Gesamtgewicht des Zuckers bestimmt. Gallussäure kristallisiert unter den gegebenen Verhältnissen mit einem Mol Kristallwasser. Freudenberg erhielt 34% Zucker und 66% Gallussäure (auf wasserfreie Säure umgerechnet).

Bei späteren Arbeiten über das Hamameli-Tannin haben Freudenberg und Blümmel ein etwas anderes Verfahren für den fermentativen Abbau benutzt. Sie versetzten eine 10 g Trockensubstanz entsprechende Gerbstoffmenge in 2 l Wasser mit 0,2 g Tannase und ließen die Lösung mehrere Tage stehen. Durch Einengen bei vermindertem Druck bringt man die Gallussäure zum Kristallisieren. Nach dem Absaugen der Gallussäure wird die Mutterlauge nebst Waschwasser 24 Stunden ausgeäthert, um die gesamte Gallussäure zu gewinnen. Die Ausbeute beträgt 68,2 bis 68,9% wasserfreie Gallussäure.

Der Zucker des Hamameli-Tannins ist eine Aldohexose (Freudenberg und Blümmel). Von allen bekannten Hexosen unterscheidet er sich durch sein Unvermögen, Osazone zu bilden. Er ist linksdrehend, $[\alpha]_{578}^{21} = -7,1^0$.

Nach neueren Untersuchungen von O. Th. Schmidt kommt dem Zucker die Formel I zu:

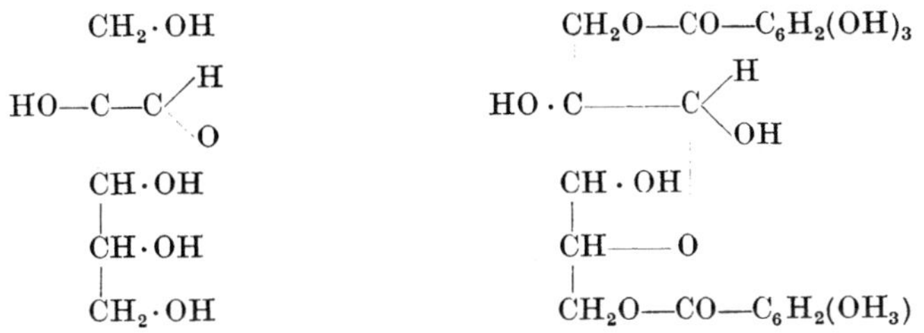

I II

Schmidt nimmt für das Hamameli-Tannin eine der Formel II entsprechende Konstitution an.

d) Das Tannin von Acer ginuala. Von Perkin und Uyeda wurde aus der in Korea vorkommenden Ahornart, Acer ginuala, eine Tanninart in kristallisierter Form auf folgende Weise erhalten:

500 g der lufttrockenen Blätter wurden zweimal mit 3 l siedendem absoluten Alkohol drei Stunden lang extrahiert und die vereinigten Extrakte auf 200 ccm eingedampft. Dann wurde nach Zusatz von 250 ccm Wasser der Alkohol abdestilliert und zur Entfernung von Chlorophyll und Wachs ausgeäthert. Nach Hinzufügen von 15 g Natriumbicarbonat und kurzem Einleiten von CO_2 schüttelte man sechsmal mit Essigester aus. Die Essigesterauszüge wurden unter vermindertem Druck eingedampft. Der Rückstand betrug 36,9 g. Aus dem Äther konnten noch 8,7 g isoliert werden, so daß die Gesamtausbeute 45,6 g betrug.

Das Produkt löst sich zum größten Teil in der doppelten Menge warmen Wassers. Beim Kochen wird die Masse halbfest infolge Ausscheidung von Kristallen, die nach dem Erkalten abfiltriert und mit Wasser gewaschen werden. Die Kristalle — 60% vom Rohprodukt — werden zwei- bis dreimal aus heißem Wasser umkristallisiert.

Dieses Tannin, von der Zusammensetzung $C_{20}H_{20}O_{13}$, enthält zwei Moleküle Kristallwasser, von denen das eine bei 125°, das zweite bei 140° abgegeben wird. Das bei 140° getrocknete Produkt ist hygroskopisch und nimmt aus der Luft etwa drei Moleküle Wasser wieder auf. Aus 50proz. Alkohol kristallisiert es in bräunlichen Prismen mit vier Molekülen Wasser aus. In kaltem Aceton ist es schwer löslich. Mit Eisensalzen gibt es Blaufärbung, mit Bleiacetat einen farblosen Niederschlag. Der Geschmack ist zusammenziehend. Gelatine wird gefällt. Es ist optisch aktiv, $[\alpha]_D^{25}$ in Aceton $+ 20,55^0$.

Die beiden Forscher haben nach der Methode von Fischer und Bergmann auch das Acetylderivat des Acertannins als kristalline Substanz mit Schmp. 154 bis 155° hergestellt. Durch Hydrolyse mit 5proz. Schwefelsäure erhielten sie Gallussäure und einen Zucker, den sie Aceritol nannten. 3 g Acertannin lieferten 2 g Gallussäure. Das Aceritol kristallisiert aus Alkohol in Prismen. Es destilliert fast ohne Zersetzung. Mit Phenylhydrazin entsteht kein Osazon, Fehlingsche Lösung wird nicht reduziert.

Perkin und Uyeda vermuten im Acertannin zwei Gallussäurereste, nicht einen Digallussäurerest. Das Rohprodukt enthält Ellagsäure und Quercetin.

e) Die Chebulinsäure. Die Chebulinsäure ist ein kristalliner Tanningerbstoff, der einen Bestandteil des Gerbstoffgemisches der Myrobalanen (siehe S. 17) bildet. Sie wurde von Fridolin im Jahre 1884 aufgefunden.

Paeßler und Hoffmann haben die Chebulinsäure aus Myrobalanen (entkernt und gemahlen) gewonnen. Die Früchte (120 g) wurden mit kaltem Wasser ausgelaugt (etwa 8 l), die Lösung wurde sofort durch Berkefeldkerzen filtriert. Nach wenigen Stunden beginnt die Kristallisation. Die Lösung bleibt 5 bis 6 Tage, vor Keimen geschützt, stehen, dann werden die ausgeschiedenen Kristalle mit kaltem Wasser gewaschen und mit 60proz. Alkohol ausgelaugt. Das Filtrat wird unter vermindertem Druck eingedampft, in Wasser gegossen und die abgeschiedene Säure mehrmals vorsichtig aus Wasser umkristallisiert. Die Ausbeute beträgt etwa 4%.

Die Chebulinsäure ist in kaltem Wasser schwer, in heißem Wasser, Alkohol, Aceton und Essigäther leicht löslich. Beim Erkalten scheidet sie sich aus den Lösungen milchig ab und kristallisiert sofort. In 1 bis 2proz. alkoholischer Lösung beträgt die optische Drehung + 59 bis 67° (Thoms). Die Kristalle sind wasserhaltig und schmecken süß. Ihre Lösung gibt alle Gerbstoffreaktionen. Die Chebulinsäure scheint eine ziemlich starke Säure zu sein, die Essigsäure aus Natriumacetat frei macht. Erwärmt man eine wässerige Lösung mit Schwefelsäure, so entsteht eine beständige grasgrüne Färbung (Paeßler und Hoffmann).

Freudenberg und Frank haben den Abbau der Chebulinsäure mit Tannase in aceton-wässeriger Lösung ausgeführt. Versuche hatten gezeigt, daß vor dem Beginn des fermentativen Abbaues Hydrolyse durch kochendes Wasser zweckmäßig ist. Die Chebulinsäure lieferte 50,2% Gallussäure, 17,4% Glucose, 30% einer Spaltsäure und 6% eines Gerbstoffrestes, in dem sich Glucose und Spaltsäure schätzungsweise im Gewichtsverhältnis 1 : 2 befinden dürften. Es wurden also 104% der angewandten Chebulinsäure wiedergefunden.

Es ist anzunehmen, daß im Chebulinsäuremolekül auf eine Glucose drei Gallussäuren entfallen. Durch Isolierung der Digalloyl-glucose konnte bewiesen werden, daß zwei Gallussäuremoleküle unmittelbar an der Glucose haften. Ob das dritte Gallussäuremolekül auch mit einem Zuckerhydroxyl verestert oder mit der Spaltsäure verbunden ist, ist unsicher.

Die Spaltsäure ist zweibasisch und hat die Zusammensetzung $C_{14}H_{14}O_{11}$. Freudenberg formuliert den gesamten Abbauvorgang wie folgt:

$$\underset{\text{Chebulinsäure}}{C_{41}H_{34}O_{27}} + 5\,H_2O = \underset{\text{3 Gallussäuren + 1 Glukose + 1 Spaltsäure}}{3\,C_7H_6O_5 + C_6H_{12}O_6 + C_{14}H_{14}O_{11}}$$

Eine andere Frage ist, in welcher Form die Chebulinsäure in den Myrobalanen vorhanden ist. Paeßler (2) nimmt an, daß sie als Glucosid oder eine ähnliche leicht spaltbare Verbindung in der Frucht enthalten ist und daß diese Verbindung, wie sie beim Auslaugen in Lösung geht, später durch Hydrolyse oder Einwirkung eines in der Frucht enthaltenen Ferments gespalten wird.

Auf S. 20 ist bereits erwähnt worden, daß in Myrobalanenbrühen auf dem Leder sich „Blume“ abscheidet. Diese Blume besteht zum großen Teil aus Chebulinsäure. Wann die Abspaltung dieser Säure eigentlich vor sich geht, ist noch ungeklärt. Manche synthetische Gerbstoffe halten Chebulinsäure in Gerbbrühen bis zu einem gewissen Grad in Lösung.

f) Sonstige Gerbstoffe der Tanninklasse. Der Sumachgerbstoff. Der Gerbstoff aus den Blättern von Rhus coriaria, des sizilianischen Sumachs, kann heute mit ziemlicher Sicherheit zur Tanninklasse gerechnet werden. Löwe (*1*) stellte den Sumachgerbstoff dar, indem er sizilianischen Sumach mit Spiritus extrahierte, den Extrakt in Wasser löste und mit Essigäther ausschüttelte. Die Reinigung geschah durch Aussalzen der wässerigen Lösung. Er hielt Sumachgerbstoff und Tannin für identisch. Hlasiwetz (*2*) vertrat die gleiche Ansicht. Strauß und Gschwendner bestritten dies, da die Ergebnisse der Analysen beider Stoffe keine genügende Übereinstimmung zeigten. Der Wasserstoffgehalt des Sumachgerbstoffes ist höher als der des Tannins.

Wasser und verdünnte Säuren scheiden aus dem Sumachgerbstoff in der Hitze Gallussäure ab [Stenhouse (*1*)]. Löwe (*1*) erhielt eine geringe Menge Ellagsäure. Günther fand bei der Hydrolyse auch Glucose.

Der Knopperngerbstoff. Über den Gerbstoff der Knoppern (siehe S. 13) sind einige Angaben von Löwe (*2*) vorhanden. Er hat den Gerbstoff genau wie den Sumachgerbstoff abgeschieden. Die Zusammensetzung (C 52,0, H 3,3) läßt auf eine Verwandtschaft mit dem türkischen Tannin schließen. Beim Erhitzen der wässerigen Lösung über 100° scheidet sich Gallussäure ab.

Ebenfalls zur Tanninklasse gehören einige natürliche Gerbstoffe, die zwar als Gerbmittel keine Verwendung finden, von denen hier aber doch kurz der Teegerbstoff erwähnt werden soll. Über den Gerbstoff des schwarzen Tees sind zahlreiche Untersuchungen vorgenommen worden. Der Gerbstoff ist von weißer Farbe und oxydiert sich leicht an der Luft. Er ist in Wasser, Alkohol, Aceton leicht löslich, unlöslich in Chloroform, Petroläther und Äther. Beim Kochen mit verdünnter Schwefelsäure entsteht ein roter Niederschlag (Deuß). Hlasiwetz (*3*) hat im schwarzen Tee Quercetin und Gallussäure gefunden, und zwar erhielt er die Gallussäure in freiem und in gebundenem Zustand. Es liegt der Schluß nahe, daß der Teegerbstoff seiner chemischen Natur nach von der Art der Tannine ist.

C. Die Ellagsäuregerbstoffe.

Unter der Bezeichnung „Ellagsäuregerbstoffe", auch kurz Ellagengerbstoffe genannt, kann man eine Anzahl Gerbstoffe zusammenfassen, die unter bestimmten Bedingungen Ellagsäure abspalten, bei denen also diese Säure als ein Bestandteil des Gerbstoffmoleküls anzusehen ist. Nach Freudenberg [(*2*) S. 106] sind die Ellagengerbstoffe Glucoside der Ellagsäure, weil sie unter den Bedingungen, unter denen die Glucoside zerfallen, diese Säure abspalten. Die Abspaltung von Zucker ist allerdings nur beim Gerbstoff des Granatbaumes (Punica granatum) bewiesen, in einigen anderen Fällen ist sie wahrscheinlich.

Die Ellagsäure

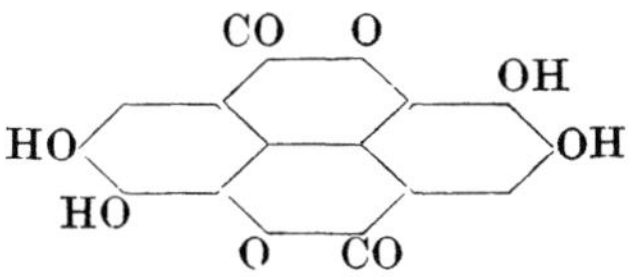

ist ein Diphenylderivat, das sich von 2 Molekülen Gallussäure ableitet. Sie wurde bereits im Jahre 1818 von Braconnot und Chevreul aufgefunden.

Perkin und Nierenstein erhielten Ellagsäure, indem sie 10 g Gallussäure in 100 ccm siedender Essigsäure lösten, 5 ccm Schwefelsäure hinzusetzten und das Gemisch nach und nach mit 10 g Kaliumpersulfat versetzten. Nach Herzig und Pollak (*1*) sowie Trunkel entsteht Ellagsäure durch Oxydation von Gallussäureestern, z. B. Tannin, Hamameli-Tannin, Chebulinsäure in alkalischer Lösung (durch die Einwirkung des Luftsauerstoffes).

Sisley schlägt für die Herstellung der Ellagsäure folgendes Verfahren vor: 170 g reines Tannin werden in 2½ l 40proz. Alkohol gelöst, 150 ccm Kalilauge (2 Mol KOH auf 1 Mol Tannin) hinzugefügt und die Flüssigkeit fünf Tage lang in flachen Schalen an der Luft stehen gelassen. Es kristallisiert ellagsaures Kali aus. Die Ausbeute beträgt etwa 50%.

In reinem Zustand ist Ellagsäure eine gelbliche kristalline Substanz. Sie löst sich leicht in Pyridin, wenig in Alkohol und Äther, schwer in kaltem und heißem Wasser. Aus Pyridin und aus heißem Alkohol kann sie umkristallisiert werden. Die Säure enthält 2 Moleküle Kristallwasser. Von manchen synthetischen Gerbstoffen (Gerbstoff F) wird Ellagsäure teilweise gelöst bzw. in kolloidalem Zustand gehalten. In starker Salpetersäure löst sie sich mit tief roter Farbe.

Beim Erhitzen auf 200 bis 210° geht sie in ein Anhydrid über.

Die Ellagsäure ist im Pflanzenreich ähnlich weit verbreitet wie die Gallussäure, Kaffeesäure oder das Quercetin. Sie wird — besonders in den Gerbstoffen — gewöhnlich in der Begleitung von Gallussäure oder deren Derivaten angetroffen.

a) Gerbstoffe der Caesalpinia- und Terminalia-Arten. Die Gerbstoffe von Dividivi (Caes. coriaria), Algarobilla (Caes. brevifolia) und Myrobalanen (Term. chebula) enthalten große Mengen teils freier, teils gebundener Ellagsäure, die beim Gerbprozeß sich häufig als sog. „Blume“ auf dem Leder abscheidet (siehe S. 14). Die Natur dieser Gerbstoffe, die Gemische darstellen, ist noch wenig geklärt.

Dividivigerbstoff. Außer Ellagsäure enthält der Gerbstoff gebundene Gallussäure. Löwe (*3*) bereitete den Gerbstoff, indem er Dividivi mit Alkohol auszog, den erhaltenen Alkoholrückstand in Wasser löste und mit Kochsalz niederschlug. Der Niederschlag wurde in Wasser gelöst, wieder mit Kochsalz ausgefällt und, nachdem dies einige Male wiederholt worden war, mit Essigäther der Gerbstoff ausgeschüttelt. Der Rückstand vom Essigäther wurde in Wasser aufgenommen, durch Schütteln mit Äther gereinigt und die wässerige Flüssigkeit verdampft.

Versuche, den Ellagengerbstoff allein abzuscheiden, hatten bisher keinen Erfolg. Zölffel (*1*) gelangte bei derartigen Arbeiten zu einem Ellagengerbstoff, der bei weiterer Einwirkung von Schwefelsäure keine Gallussäure mehr abspaltete. Freudenberg [(*2*) S. 111] hält es aber mit Recht für sehr unwahrscheinlich, daß der Ellagengerbstoff nach dieser Behandlung unverändert geblieben ist.

Algarobillagerbstoff. Auch hier liegt ohne Zweifel ein Gerbstoffgemisch vor, dessen einzelne Komponenten nicht näher bekannt sind. Nierenstein (*1*) hat Algarobillaschoten mit heißem Wasser extrahiert, wobei sich erhebliche Mengen tiefrot gefärbter Ellagsäure ausschieden. Zur Reinigung der Ellagsäure kochte er sie längere Zeit mit Alkohol. Aus der alkoholischen Lösung schied sie sich wieder aus, während aus dem Filtrat beim Einengen ein kristallines Produkt abgeschieden wurde, das bei der Kalischmelze Phloroglucin und Gallussäure lieferte. Aus dem wässerigen Filtrat der Ellagsäure schied Nierenstein (*1*) Gallussäuremethylester, Gallussäure und ein Glucosid ab, in dem er Traubenzucker vermutete.

Diese Untersuchungen — und ebenso die meisten anderen — haben zur Aufklärung der chemischen Natur des Algarobillagerbstoffes nicht viel beitragen können. Es ist bis jetzt nicht gelungen, den Ellagengerbstoff in unveränderter Form so abzuscheiden, daß sein Ellagsäuregehalt bei weiterer Fraktionierung konstant bleibt.

Myrobalanengerbstoff. Auch in den Myrobalanen findet sich neben der schon erwähnten Chebulinsäure (siehe S. 120) ein weiterer Gerbstoff, der leicht Ellagsäure abspaltet. Auch hier haben die einzelnen Untersuchungen zu ganz verschiedenen Ergebnissen geführt. Man hielt eine Zeitlang Dividivi- und Sumachgerbstoff für identisch mit dem Gerbstoff der Myrobalanen. Zölffel (*2*) war der Ansicht, daß die Gerbstoffe von Algarobilla und Myrobalanen übereinstimmen. Nierenstein (*2*) stellte neben Ellagsäure Gallussäure fest. Ein Teil der gefundenen Gallussäure stammte wohl von der vorhandenen Chebulinsäure [Freudenberg (*2*) S. 110]. Später hat Nierenstein (*3*) aus den Myrobalanen noch eine sog. Luteosäure abgeschieden, deren Existenz aber wenig sicher ist.

b) Der Gerbstoff der Edelkastanie. Der Gerbstoff des Holzes der Edelkastanie ist ein Gemisch, über dessen nähere Zusammensetzung noch nichts Endgültiges feststeht. Der Hauptbestandteil enthält Ellagsäure, Gallussäure und Glucose. Die wichtigsten Untersuchungen über den Kastaniengerbstoff stammen von Freudenberg und seinen Mitarbeitern.

Freudenberg und Walpurski gewannen den Rohgerbstoff auf folgende Weise:

2 kg helles, in kurze Späne zerrissenes Holz werden mit 100 l ½proz. Schwefelsäure während mehrerer Wochen kalt perkoliert. Aus den braunen Auszügen wird der Gerbstoff nebst der Schwefelsäure durch Bleiacetat gefällt; der Niederschlag wird mit insgesamt 100 l Wasser in vielen Portionen dekantiert, durch sehr verdünnte Schwefelsäure in geringem Überschuß kalt zerlegt und erneut mit Bleiacetat abgeschieden. Dieses Verfahren wird zwei- bis dreimal wiederholt, bis sich eine Probe des Gerbstoffes nach der Entgerbung mit Tonerde frei von beigemengtem Zucker erweist. Schließlich wird wieder mit Schwefelsäure zerlegt, vom Bleisulfat filtriert, mit Baryt von der Schwefelsäure befreit und mit Äther während 20 bis 30 Stunden im Extraktionsapparat erschöpft. Dann wird im Vakuum eingedampft, in 300 bis 400 ccm Alkohol gelöst und mit Äther versetzt, bis die Hauptmenge der anorganischen Bestandteile niedergeschlagen ist. Nach 24 Stunden wird von dem zusammengefallenen, sehr dunklen Niederschlag abgegossen, im Vakuum eingedampft, in 200 ccm Wasser aufgenommen und unter vermindertem Druck eingetrocknet. Die Ausbeute an Rohgerbstoff beträgt 135 g; er hinterläßt 1 bis 3% Asche.

Der so erhaltene Rohgerbstoff war von allen Beimengungen befreit. Aus den in den Äther übergegangenen Anteilen wurde Gallussäure, Ellagsäure und Quercetin abgeschieden.

Schon die Hydrolyse mit verdünnter Schwefelsäure zeigt, daß der Rohgerbstoff ein Gemisch ist. Sie ergibt etwas Quercetin, wenig Gallussäure, 2% Glucose und 15 bis 20% Ellagsäure. Alle diese Produkte enthält der Rohgerbstoff in gebundener Form. Durch die Schwefelsäure werden sie abgespalten; gleichzeitig erfährt aber der Hauptgerbstoff eine weitgehende Zersetzung (Abscheidung kohliger Massen).

Zur Abscheidung dieses unbekannten Hauptgerbstoffes in möglichst unversehrter Form benützte Freudenberg nach einigen erfolglosen Methoden den fermentativen Abbau.

Die anfängliche Verwendung von Emulsin führte weder zur Abscheidung von Zucker noch sonstiger Stoffe. Besonders erstaunlich war, daß die Ellagsäure nicht in Freiheit gesetzt wurde. Wenn die Ellagsäure tatsächlich in Glucosidbindung vorlag, so war diese Beobachtung nicht erklärlich. Der Zweifel an der Glucosidbindung wurde dann durch die Feststellung verstärkt, daß der die Ellagsäure führende Bestandteil auch durch verdünnte Alkalien in der Kälte zerlegt wird.

Dagegen wurde durch Aspergillus-Tannase die Hauptmenge der Ellagsäure abgespalten, allerdings unter Anwendung ziemlich großer Fermentmengen. Der fermentative Abbau des Rohgerbstoffes wurde folgendermaßen ausgeführt:

Die Lösung von 7 g Gerbstoff in 200 ccm Wasser wurde mit Aspergillus niger geimpft und 5 Tage bei 35 bis 38° aufbewahrt. Der Pilz entwickelte sich infolge des Mangels an Stickstoffnahrung nur sehr schwach, bewirkte aber doch eine geringe Zersetzung, die sich an der Abscheidung von Ellagsäure zu erkennen gab. Das Filtrat wurde auf 700 ccm verdünnt, mit 0,5 g Tannase versetzt, mit Toluol überschichtet und weitere 6 Tage im Brutschrank aufbewahrt. Da sich abermals Ellagsäure abgeschieden hatte, wurde filtriert und erneut 6 Tage mit der gleichen frischen Tannase behandelt. Die Ellagsäureabscheidung war von jetzt ab sehr gering und hörte nach zwei weiteren Wiederholungen völlig auf. Die Flüssigkeit wurde unter vermindertem Druck auf 200 ccm eingeengt, filtriert und 48 Stunden im Extraktionsapparat ausgeäthert. Der Äther nahm Spuren von Ellagsäure, Quercetin und Gallussäure auf.

Der von den Spaltstücken befreite Gerbstoff, der zum Schluß in einer Ausbeute von 4 g erhalten wurde, machte über die Hälfte des Rohgemisches aus. Er wurde durch Tannase nicht weiter verändert, und auch nicht durch hydrolysierende Mittel in einfache Verbindungen zerlegt. Freudenberg sah deshalb den Kastaniengerbstoff und ebenso den Eichengerbstoff, dem der erstere nahezu gleicht, als den Vertreter einer neuen Gerbstoffklasse an.

Neue Gesichtspunkte für die Beurteilung des Kastaniengerbstoffes brachten dann die Untersuchungen von Münz. Als Ausgangsmaterial verwendete er Kastanienblätter. Es gelang ihm, von dem ellagsäurefreien Restgerbstoff durch gelinde alkalische Hydrolyse Gallussäure abzuspalten, und zwar in Mengen von 8,2 bis 15%. Diese Feststellung, verbunden mit der ebenfalls neuen Beobachtung, daß aus dem aus jungen Blättern gewonnenen Gerbstoff bei alkalischer Hydrolyse keine Ellagsäure abgespalten werden konnte, führte zu der Vermutung, daß die Ellagsäure im Laufe der Entwicklung der Blätter aus der im Gerbstoff vorhandenen Gallussäure gebildet wird. Ähnliche Unterschiede zwischen den Gerbstoffen aus früh und spät geernteten Blättern wie beim Ellagsäuregehalt zeigten sich bei der sauren Hydrolyse. Der spät geerntete Gerbstoff lieferte bei der Hydrolyse mit 5proz. Schwefelsäure keinen Zucker, der früh geerntete dagegen bis zu 8% Glucose. Münz schloß aus dem Vorhandensein von Gallussäure und Glucose, daß der Kastaniengerbstoff den Galloylhexosen nahe stehe und daß die weiteren Untersuchungen über die Natur des Kastaniengerbstoffes mit früh geerntetem Material ausgeführt werden müßten, da im Laufe der Entwicklung der Pflanze Kondensationsreaktionen stattfinden, die beim älteren Material eine Abtrennung einfacher Bruchstücke zu verhindern scheinen.

Der Gerbstoff der Edelkastanie ist nach unserer heutigen Kenntnis ein Gemisch, das mehr als zur Hälfte aus einem seiner Struktur nach unbekannten Gerbstoff mit abspaltbarer Ellagsäure, Gallussäure und Glucose besteht. Dieser Hauptgerbstoff steht vielleicht den Galloylhexosen nahe. Die Begleitstoffe sind ebenfalls unbekannt.

Der Kastaniengerbstoff färbt Eisenlösung blau. Er ist stark sauer. 1 g Gerbstoff verbraucht etwa 26 ccm $^n/_{10}$-Natronlauge zur Neutralisation.

c) Der Gerbstoff der Eichen. Um die Aufklärung der chemischen Natur des Eichengerbstoffes, als des bekanntesten Vertreters der Gerbstoffe, haben sich die Forscher frühzeitig bemüht. Die Zahl der Arbeiten über den Eichengerbstoff ist groß. Schon Stenhouse (*2*) stellte im Jahre 1842 einen Unterschied zwischen Rinden- und Holzgerbstoff fest. Gleichzeitig stieß man bei der Untersuchung des Eichengerbstoffs auf einen roten, unlöslichen Körper, das sog. Eichenrot. Bald wurden auch chemische Formeln aufgestellt, die aber alle recht fragwürdig waren und stark voneinander abwichen.

Erst als Löwe (*4*) 1881 zu einer neuen Darstellungsmethode für die Gewinnung des Gerbstoffs überging, konnte Gallussäure und Ellagsäure mit Sicherheit aus dem Gerbstoff isoliert werden. Wenn auch die Darstellungsweise von Löwe heute durch bessere Methoden überholt ist, so soll sie doch, ebenso wie die folgenden anderen, hier erwähnt werden, weil alle diese Arbeiten die Schwierigkeiten bei der Erforschung dieses wichtigen und eigentümlichen Gerbstoffs deutlich dartun, dessen chemische Natur trotz der tiefgreifenden Arbeiten namhafter Forscher, wie Freudenberg, bis heute noch dunkel geblieben ist.

Löwe (*4*) hat den Gerbstoff von Quercus robur herzustellen versucht, indem er den kalt bereiteten wässerigen Rindenauszug im Vakuum zum Sirup eindampfte und diesen in 90proz. Alkohol aufnahm. Der Alkohol wurde aus der filtrierten Flüssigkeit abdestilliert, der Rückstand mit kaltem Wasser verrührt, die Lösung nach einigen Tagen abfiltriert, mit Kochsalz gesättigt und mehrere Tage im Dunkeln aufbewahrt. Der stark rotbraune Niederschlag, der zur Hauptsache aus Eichenrot bestand, wurde abfiltriert und mit Kochsalzlösung gewaschen. Aus den vereinigten Kochsalzlösungen ließ sich mit Äther Gallussäure und ein Gerbstoff ausziehen, der beim Erhitzen in wässeriger Lösung Ellagsäure abschied. Die ausgeätherte Lösung wurde wiederholt mit Essigäther erschöpft. Der Rückstand aus der Essigätherlösung wurde mit so viel Wasser versetzt, bis bei weiterer Verdünnung kein neuer Niederschlag mehr entstand. Der nach einigen Tagen filtrierte Niederschlag wurde im Vakuum zur Trockne verdampft. Der Gerbstoff war ein zinnfarbenes Pulver, das, bei 120^{0} getrocknet, die Zusammensetzung C 56,8, H 4,4 aufwies.

In den achtziger Jahren hat sich dann Etti mit der Chemie des Eichengerbstoffes befaßt. Er bereitete aus der Rinde einen alkoholischen Auszug und schüttelte diesen mit Essigäther aus. Um die Löslichkeit in der alkoholischen Schicht zu vermindern, wurde diese zuerst mit Äther gesättigt. Der Essigätherrest enthielt noch Ellagsäure, die sich aus konzentrierter Lösung ausschied, und Gallussäure, die von trockenem Äther aufgenommen wurde. Aus 6 kg Parenchym der Eichenrinde wurde 0,4 g Gallussäure gewonnen. Harzartige Kondensationsprodukte wurden dadurch abgeschieden, daß der Gerbstoff in einem Gemisch von 3 Teilen Essigäther und 1 Teil Äther aufgelöst wurde. Der Rückstand von dieser Lösung ergab C 56,1 bis 56,3 und H 4,6 bis 4,7. Er färbte Eisensalzlösung blau. In kaltem Wasser war der Gerbstoff wenig löslich.

Einen Gerbstoff, der Eisensalze grün färbte, erhielt Etti auf folgende Weise [nach Freudenberg (*2*) S. 131]: Der mit 20proz. Alkohol gewonnene Parenchymauszug wurde erschöpfend ausgeäthert, die alkoholisch-ätherische Lösung verdampft, der Rückstand in Wasser aufgenommen und filtriert. Die Lösung wurde mit Benzol von harzigen Verunreinigungen befreit, mit wässerigem Alkohol verdünnt und so lange mit kleinen Portionen einer Lösung von basischem Bleiacetat versetzt, bis die jedesmal entstehende Fällung eine gelbe Farbe annahm. Das Filtrat wurde mit alkoholischem Äther ausgeschüttelt und der Äther verdampft.

Bei der Säurespaltung erhielt Etti aus seinen Gerbstoffen keine Glucose, wohl aber 2% Gallussäure. Durch Schmelzen von 15 g Gerbstoff mit 75 g Kaliumhydroxyd wurden 0,35 g Protocatechusäure, 0,2 g Pyrocatechin und Spuren von Phloroglucin erhalten. Etti vermutete im Eichengerbstoff als Hauptbestandteil die Trimethylgalloylgallussäure.

Die etwa um die gleiche Zeit erschienenen Arbeiten von Böttinger (*1*) brachten wenig Neues für die Erforschung des Eichengerbstoffes. Trimble hat sich bemüht, für seine Untersuchungen eindeutiges Ausgangsmaterial zu verwenden, um zu möglichst reinen Körpern zu gelangen. Zur Extraktion der Rinden benutzte er Aceton, weil dieses den Gerbstoff leicht und Kohlehydrate schwer löst. Die Acetonlösung wurde im Vakuum eingedampft, der Rückstand mit Wasser oder verdünntem Alkohol gelöst, nach der Entfernung von Eichenrot mit kaltem Wasser verdünnt, bis kein Niederschlag mehr entstand. Dann wurde erneut filtriert und mit Essigäther ausgeschüttelt. Der Essigätherauszug wurde unter vermindertem Druck eingedampft, der Rückstand in Wasser gelöst, die Lösung filtriert und wieder mit Essigäther ausgezogen. Dieses Verfahren wurde so oft wiederholt, bis ein in Wasser klar löslicher Gerbstoff erhalten wurde.

Nach dieser Methode hat Trimble eine Reihe nordamerikanischer Eichengerbstoffe isoliert, deren Elementaranalysen immerhin recht gut übereinstimmen (Tabelle 70):

Tabelle 70. Elementaranalysen von Eichenrindengerbstoffen nach Trimble.

	Q. prinus	Q. coccinea	Q. tinctoria	Q. falcata	Q. palustris	Q. phellos	Q. alba	Q. robur	Q. semicarpifolia
C	59,69	59,58	58,87	59,95	61,26	57,67	61,19	59,77	60,15
H	5,06	4,97	4,97	5,04	5,06	5,06	5,15	5,14	5,19
O	35,25	35,45	36,16	35,01	33,62	37,27	33,66	35,09	34,66

Alle von Trimble untersuchten Eichenrindengerbstoffe wurden durch Bromwasser gefällt und färbten den Fichtenspan in Gegenwart von Salzsäure violett. Eisenalaun gab einen grünen Niederschlag.

Die Ergebnisse der bisher geschilderten Untersuchungen konnten aber über die chemische Natur des Eichengerbstoffes nur sehr wenig Aufklärung bringen. Die mit großem Eifer von allen Forschern aufgestellten Formeln kamen zwar einem für die damalige Zeit charakteristischen Bestreben nach, besagten aber gar nichts, wenn auch Übereinstimmungen, wie die bei den oben aufgeführten Trimbleschen Ergebnissen eine gewisse Befriedigung auslösten. Daß es sich um einen ungemein verwickelten Gerbstoff handelte, lag auf der Hand. Der Vorgang der Rotbildung war gänzlich ungeklärt. Der Gerbstoff, der das Eichenrot bildet, schien mit Gallussäure, einem Ellagengerbstoff und vielleicht einem Gallusgerbstoff vermischt zu sein. Zwischen dem Holz- und Rindengerbstoff schienen Unterschiede zu bestehen. Zuckerarten und Quercit waren stellenweise nachgewiesen, in manchen, vor allem ausländischen Eichenrinden, waren die Farbstoffe Quercitrin und Quercetin aufgefunden worden.

Das war der Stand der Erforschung des Eichengerbstoffes um die Jahrhundertwende. Neues trat während der nächsten 20 Jahre nicht hinzu, bis Freudenberg mit seinen Mitarbeitern sich an die Untersuchung dieses so wichtigen Gerbstoffes machte. Zwar gelang auch ihm eine Aufklärung der chemischen Konstitution des Eichengerbstoffes noch nicht. Er konnte aber feststellen, daß im Eichengerbstoff nicht, wie bisher allgemein angenommen, ein Vertreter der sog. Pyrocatechingerbstoffe zu sehen ist, sondern daß der Hauptbestandteil des den Eichengerbstoff bildenden Gemisches aus einem Gerbstoff besteht, der zusammen mit dem Kastaniengerbstoff eine Gruppe für sich bildet. Der Gerbstoff gehört also nicht zu den kondensierten Gerbstoffen, zu denen er bis dahin gerechnet worden war. Warum der Eichenrindengerbstoff hier unter den Ellagengerbstoffen aufgeführt wird, ist auf S. 14 erläutert worden: Das Gemisch des Eichenrindengerbstoffes, wie es in der Praxis des Gerbens gewonnen und verwendet wird, enthält viel Ellagsäure, die sich leicht abscheidet und im Vergleich zu anderen Gerbstoffen für den Eichengerbstoff charakteristisch ist.

Die wenig brauchbaren Ergebnisse früherer Untersuchungen sind nach Freudenberg und Vollbrecht durch eine mangelhafte Auswahl des Rohmateriales und durch die unzureichenden Untersuchungsmethoden bedingt. Die Auswahl des Pflanzenmateriales, der Arten und Pflanzenteile, die Art der Ernte, der Zeitraum zwischen Ernte und Versuchsbeginn ist von außerordentlicher Wichtigkeit. Die frisch geschälte Eichenrinde wird sehr rasch, noch ehe sie trocken ist, braun. Es ist der Gerbstoff, der diese Umwandlung erfährt, so daß also kein Auszug getrockneter Rinden den Gerbstoff in der Form enthält, wie ihn die lebende Pflanze in sich birgt.

Der Einwand ist berechtigt, daß die Technik sich für die Form des Gerbstoffes, in der sie ihn niemals erhalten kann, wenig interessiert. Darin hat ja auch die in diesem Buch geübte Bezeichnung des Eichengerbstoffes als „Ellagengerbstoff" seine Begründung. Die befriedigende Aufklärung der chemischen Natur des Eichengerbstoffes bzw. der Teile seines Gerbstoffgemisches wird aber dann am ehesten möglich sein, wenn erst einmal aufgezeigt werden kann, in welcher Form diese Stoffe in der lebenden Pflanze vorliegen. Das gilt auch für andere Gerbstoffe.

Bei der Darstellung des Eichengerbstoffes ist es besonders wichtig, den Gerbstoff so rasch aus der lebenden Pflanze zu gewinnen, daß die vorhandenen Enzyme ihn nicht verwandeln können. Der Gerbstoff geht unter dem Einfluß von Fermenten durch Wasserentziehung oder Oxydation durch verschiedene Übergangsformen in das unlösliche Eichenrot über. Deshalb benützten die genannten Forscher zur Darstellung des Eichengerbstoffes nicht Rinde, sondern junge Blätter und Triebe von Quercus pedunculata. Die Blätter und Triebe wurden, ehe sie welk wurden, mit kochendem Wasser abgebrüht, wobei der Gerbstoff in die wässerige Lösung geht. Er wurde sofort durch neutrales Bleiacetat restlos gefällt, was die Prüfung der Mutterlauge mit Eisenchlorid erwies. Das Gerbstoffbleisalz wurde mit Schwefelsäure zerlegt, die Gerbstofflösung erneut gefällt und der Niederschlag dekantiert. Der Vorgang wurde wiederholt und der Gerbstoff schließlich durch Schwefelsäure in Freiheit gesetzt. Der Gerbstoff enthielt jetzt noch etwa 1% Zucker. Ein Teil der beigemengten freien Ellagsäure blieb mit geringen Mengen dunkelgefärbter Substanzen im Bleisulfat. Durch Extrahieren mit Äther konnte der wässerigen Gerbstofflösung ein letzter, sehr geringer Anteil von Ellagsäure entzogen werden, zusammen mit Spuren von Gallussäure und geringen Mengen von Quercetin und dessen Glucosiden.

Die mit Essigäther von Quercetin befreite Lösung wurde mit Bleiacetat und Schwefelwasserstoff weiter gereinigt. Die Ausbeute an Gerbstoff betrug zum Schluß 1,4% der frischen Blätter, also 75% des in ihnen vorhandenen Gerbstoffes. Er enthielt noch etwa 1% freie Glucose, stellte eine amorphe hellrotgelbe Masse dar und war stark sauer. 1 g brauchte zur Neutralisation 22 bis 25 ccm $^{n}/_{10}$-Natronlauge. Die spezifische Drehung schwankte zwischen — 30° und — 50° in Wasser und zwischen — 20° und — 40° in Methylalkohol. Er enthielt 3 bis 7% gebundenen Zucker und 18 bis 24% gebundene Ellagsäure. Freudenberg hielt diese Zahlen zwar für noch recht ungenau, sie dienten aber doch zur Kennzeichnung des Gerbstoffes.

Abbau des Eichengerbstoffes nach Freudenberg und Vollbrecht. Der Abbau wurde zunächst mit warmer verdünnter Schwefelsäure durchgeführt. Dabei wurden Glucose und Ellagsäure abgespalten, und zwar die letztere leichter als der Zucker. Die Ellagsäure ist unabhängig vom Zucker an den unbekannten Hauptteil des Eichengerbstoffes gebunden, dem die

Bezeichnung „Quercussäure“ beigelegt wurde. Diese läßt sich durch saure Hydrolyse nicht gewinnen. Führte man die Hydrolyse bis zur Abspaltung der Ellagsäure durch, so traten schwarze Kondensationsprodukte auf, die auf weitgehende Zersetzungen hindeuteten.

Dagegen führte der alkalische Abbau in verdünnter Lösung unter Luftabschluß und in der Kälte zur völligen Abscheidung der Ellagsäure. Der Rest bildete eine klare, optisch aktive Verbindung der Glucose mit dem als Quercussäure bezeichneten Produkt, das nun allerdings in einen hochkondensierten, huminartigen Körper übergegangen war. Daraus konnte geschlossen werden, daß der Zucker nicht mit der Ellagsäure verbunden ist, sondern unmittelbar an der Quercussäure haftet, und zwar in echter Glucosidbindung. Zwischen Ellagsäure und Quercussäure nahm Freudenberg eine Esterbindung (Depsidbindung) an, und zwar zufolge der titrimetrischen Feststellung, daß bei der Spaltung des Eichengerbstoffes auf jedes Molekül Ellagsäure eine Carboxylgruppe in Freiheit gesetzt wird.

Durch den Abbau mit Tannase gelang ebenfalls die Entfernung von Zucker und Ellagsäure. Die von restlicher Tannase und Mineralstoffen gereinigte Quercussäure zeigte sich als amorpher Körper, der unter der Einwirkung von Säuren, Alkalien und Tannase keinerlei Spaltstücke mehr abgab. Die Ausbeute befriedigte allerdings noch nicht. Das rührte vor allem davon her, daß die Abscheidung von Tannase- und Mineralbestandteilen sehr verlustreich ist, und daß während des Abbaues ein Teil der Quercussäure in schwer lösliche Kondensationsprodukte übergeht.

Das Ergebnis dieser Untersuchungen führte zu der Anschauung, daß der Eichengerbstoff als Glucosid der Quercussäure, die ihrerseits mit Ellagsäure zu einem Depsid verestert ist, angesehen werden kann. Allerdings blieb noch diese Quercussäure als eine große Unbekannte.

Daß es aber für eine so bestimmte Definition des Eichengerbstoffes noch zu früh war, zeigten die jüngsten Arbeiten, die Kurmeier in Verbindung mit Freudenberg über diesen Gerbstoff ausgeführt hat. Diese Untersuchungen befaßten sich mit der Frage nach dem Gehalt an freiem und gebundenem Zucker sowie an freier und gebundener Ellagsäure.

Es zeigte sich, daß der Zucker ohne chemischen Eingriff vollständig entfernt werden konnte. Der Gerbstoff ist also, so wie er ist, und nach der Hydrolyse mit Schwefelsäure zuckerfrei. Trotzdem ist er optisch aktiv. Kurmeier betrachtet ihn im wesentlichen als einheitlichen Körper. Neue Untersuchungen über die Einwirkung von Alkali auf Ellagsäure zeigten, daß das frühere Bestimmungsverfahren nicht genügte. Kurmeier kam auf 16 bis 17% Ellagsäure, wobei er allerdings weiteren Untersuchungen die Feststellung vorbehielt, ob diese bei alkalischer Behandlung des Eichengerbstoffes gewonnene Ellagsäure einer einfachen Hydrolyse ihre Entstehung verdankt oder ob sie trotz des Ausschlusses von Luftsauerstoff durch Dehydrierung oder eine sonstige Umwandlung gebildet wird. Die Quercussäure, wie sie von Freudenberg und Vollbrecht (siehe oben) dargestellt und für ellagsäurefrei angesehen worden war, lieferte bei der Kalischmelze in Gegenwart von Zinkstaub noch 4% Ellagsäure.

Zusammenfassend läßt sich sagen: Die chemische Konstitution des Eichengerbstoffes ist nach wie vor ungeklärt. Der Gerbstoff besteht aus einem bisher als „Quercussäure“ bezeichneten, aber noch ganz unbekannten Hauptteil und 16 bis 17% Ellagsäure. Er ist zuckerfrei. Die Art der Bindung zwischen Hauptteil und Ellagsäure ist nicht festgestellt. Charakteristisch für den Eichengerbstoff ist die außerordentliche Neigung zur Bildung von Kondensationsprodukten. Der reine Eichengerbstoff ist trotzdem nicht zu den Rot bildenden Gerbstoffen zu zählen. Er scheidet kein Phloroglucin und keine Protocatechusäure ab. Diese früher gefundenen Stoffe rühren von beigemengtem Quercetin her, das nicht zum Gerbstoff gehört. Der in der Eichenrinde enthaltene Zucker gehört ebenfalls nicht zum eigentlichen Rindengerbstoff.

Nach Feist und Bestehorn scheint die Ellagsäure im Gerbstoff des Eichenholzes eine ähnliche Rolle zu spielen wie im Blattgerbstoff. Auch beim Holzgerbstoff gehört Zucker nicht zum Gerbstoffmolekül. Die Unterschiede zwischen Holzgerbstoff und Rinden- bzw. Blattgerbstoff scheinen auf einem verschiedenen Gehalt an Kondensationsprodukten zu beruhen.

d) Sonstige Ellagengerbstoffe. Der Gerbstoff des Granatbaumes (Punica granatum). Die Fruchtschalen der in Lybien als Gerbmittel verwendeten Granatäpfel enthalten 21 bis 25% eines Ellagengerbstoffes. Der Gerbstoff ist von Fridolin untersucht worden. Er bereitete aus Fruchtschalen, Wurzel- und Zweigrinden des Granatbaumes mit 95proz. Alkohol einen Auszug, der unter vermindertem Druck eingedampft wurde. Der Rückstand wurde in so viel Wasser aufgenommen, daß eine weitere Fällung nicht mehr entstand. Nach Übersättigung der Lösung mit Kochsalz und Abscheidung des Niederschlages wurde wiederholt mit Essigäther ausgeschüttelt. Von diesen Auszügen wurden jeweils mehrere zusammengehörende zu insgesamt 5 Fraktionen vereinigt. Der Essigäther wurde unter vermindertem Druck abdestilliert, der Rückstand in Wasser gelöst, ausgeäthert und im Vakuum zur Trockne gebracht.

Die erhaltenen Präparate waren wenig einheitlich. Der Gerbstoff färbt Eisensalze blauschwarz. Bei der Hydrolyse durch viertägiges Erhitzen mit 15 Teilen 1,5proz. Schwefelsäure auf 100° erhielt Fridolin 54 bis 66% Ellagsäure, einen vergärbaren Zucker und 2 bis 3% einer kristallinen Substanz, die vielleicht Gallussäure war.

Untersuchungen von Rembold über den Gerbstoff von Punica granatum ergaben nur Ellagsäure und Zucker. Er vermutete in dem Gerbstoff eine Verbindung von je einem Molekül Ellagsäure und Hexose.

Der Gerbstoff der Blätter der Hainbuche (Carpinus Betulus) ist ebenfalls ein Ellagengerbstoff, der mit den Gerbstoffen der Caesalpinia-Arten viel Ähnlichkeit hat. Alpers hat ihn folgendermaßen herzustellen versucht: der Alkoholauszug von den Blättern wurde mit Bleiacetat versetzt, der Niederschlag mit Wasser dekantiert, ausgewaschen und mit Schwefelwasserstoff zerlegt. Das Filtrat vom Bleisulfid wurde mit Kohlensäure von Schwefelwasserstoff befreit und in 2 Fraktionen mit Bleiacetat gefällt. Die erste Fällung wurde verworfen, die zweite nochmals, wie beschrieben, gereinigt und zuletzt der Gerbstoff im Vakuum getrocknet. Erhitzt man den noch wasserhaltigen Gerbstoff auf 100°, so löst er sich nicht mehr klar in Wasser und Ellagsäure bleibt zurück. Ellagsäure spaltet sich auch ab, wenn die wässerige Lösung des Gerbstoffes auf 100° erhitzt wird. Das Filtrat ist optisch inaktiv. Gleichzeig wurde Gallussäure frei. Ob sie mit der Ellagsäure verbunden ist, wurde nicht festgestellt. Zucker konnte auch nach der Einwirkung verdünnter Säuren nicht nachgewiesen werden. [Nach Freudenberg (*2*) S. 111, 112.]

Polygonum Bistorta enthält einen Gerbstoff, der bei Behandlung mit verdünnter Säure Ellagsäure abscheidet (Bjalobrsheski). Grüning erhielt aus einem Nymphaea-Rhizom einen Gerbstoff, der beim Erwärmen mit verdünnter Salzsäure Ellagsäure lieferte. Auch Fridolin konnte bei Nymphaea-Arten Ellagsäure abscheiden.

2. Die kondensierten Gerbstoffe.

Die zweite große Gerbstoffgruppe umfaßt solche Gerbstoffe, die sich durch Hydrolyse nicht aufspalten lassen, sondern die als Kondensationsprodukte bestimmter, größtenteils noch unbekannter Grundstoffe anzusehen sind. Eine Zerlegung in Bausteine einfacher Art ist bei diesen Gerbstoffen nicht möglich. Beim Erhitzen liefern sie fast alle Pyrocatechin, weshalb sie auch, wie schon erörtert, als Pyrocatechingerbstoffe bezeichnet werden. Diese Gerbstoffe gehen unter der Einwirkung oxydierender Mittel oder starker Säuren durch Kondensation in hochmolekulare, amorphe Produkte über, die man ihrer Farbe wegen zum Teil mit „Gerbstoffroten" bezeichnet hat.

Daß Freudenberg unter diesen kondensierten Gerbstoffen zwischen phloroglucinhaltigen und phloroglucinfreien unterscheidet, ist auf S. 109 erwähnt, ebenso die Gründe, warum diese Unterscheidung hier keine Berücksichtigung finden wird.

Die chemische Konstitution ist von keinem der kondensierten Gerbstoffe bekannt. Dagegen haben Freudenbergs Catechinarbeiten die Grundstoffe aufgeklärt, aus denen die Gerbstoffe von Gambir und Catechu sich durch Kondensationsvorgänge bilden. Und mit der Feststellung dieser Grundstoffe, der Catechine, ihrer Natur und ihrer Verwandtschaft mit anderen Naturstoffen, hat dieser Forscher den Weg gewiesen, auf dem mit einiger Hoffnung die chemische Forschung zu einer weiteren Aufklärung der kondensierten Gerbstoffe wird schreiten können. Und gerade, weil die Charakterisierung der Catechine als Grundstoffe des Gambir- und Catechugerbstoffs und ihr Übergang in unlösliche, hochkondensierte Gerbstoffe einen Ausblick auf die komplizierte Chemie dieser Stoffklasse zuläßt, soll hier zunächst den Arbeiten von Freudenberg und seinen Mitarbeitern über die Catechine ein breiterer Raum gewährt sein.

A. Die Catechine.

Im Jahre 1821 hat Runge das Catechin entdeckt. Bald darauf wurde der enge Zusammenhang dieses Körpers mit den Gerbstoffen festgestellt. Die Catechine sind im Gambir und Catechu neben Catechugerbsäure und Quercitrin enthalten und werden aus diesen Stoffen gewonnen. Außer in diesen als Gerbmittel verwendeten Drogen, sind sie noch in anderen Naturstoffen aufzufinden.

Freudenberg [(*2*) S. 8] hat die Bezeichnung „Catechine" als Sammelname auf eine Gruppe von Stoffen ausgedehnt, die sich dadurch charakterisieren lassen, daß sie zwei Benzolkerne besitzen, von denen der eine Phloroglucin ist. Die andere Komponente wechselt. Am häufigsten findet sich Brenzcatechin. Als hervorstechende Eigenschaft dieser Stoffe sieht Freudenberg die „Fähigkeit, sich durch Fermente oder Mineralsäuren, auch schon durch Erhitzen in wässeriger Lösung oder in trockenem Zustand, mit oder ohne Luftsauerstoff, zu amorphen Gerbstoffen zu kondensieren, deren unterste Stufe farblos und wasserlöslich, deren letzte, als Gerbstoffrote bezeichnete, unlöslich und mehr oder weniger gefärbt ist".

Die erste Formel für ein Catechin, das Perkin und Yoshitake aus Gambir isoliert hatten, stammt von Kostanecki (*1*) und seinen Mitarbeitern:

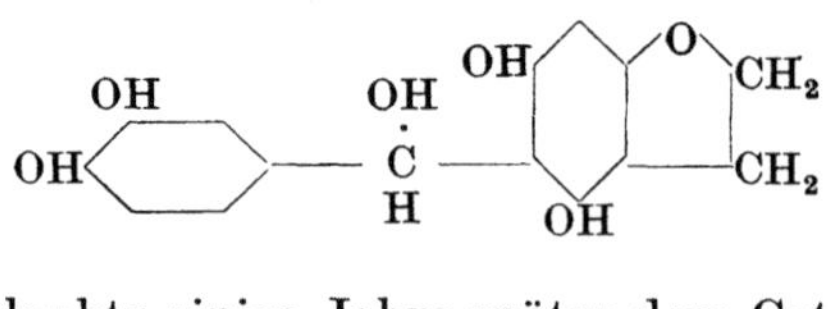

Nierenstein (*4*) glaubte einige Jahre später dem Catechin die Formel

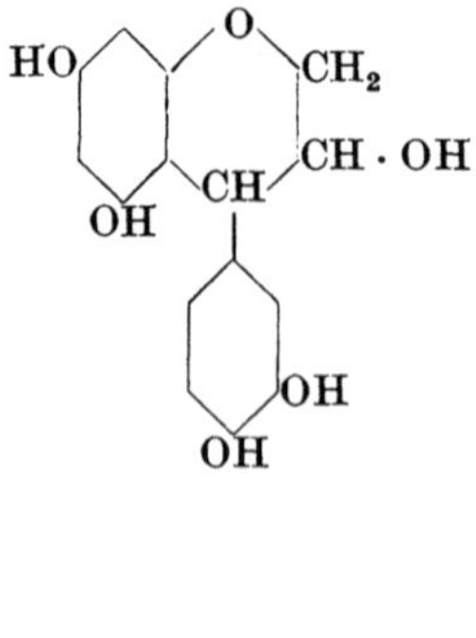

geben zu müssen. Daß beide Formulierungen aber unzutreffend waren, konnte Freudenberg (*4*) beweisen. Kostanecki (*2*) hatte durch Methylierung, Reduktion und erneute Methylierung aus dem Gambircatechin eine kristalline Verbindung erhalten. Freudenberg konnte diesen Körper synthetisch herstellen und als 2, 4, 6, 3′, 4′-Pentamethoxy-α-γ-diphenylpropan charakterisieren. Diese Synthese ging folgenden Weg:

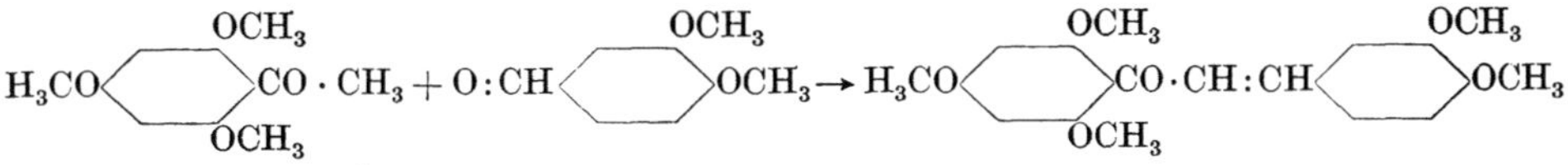

2, 4, 6-Trimethoxyphenyl-Methylketon + Veratrumaldehyd → 2, 4, 6-Trimethoxyphenyl-3′, 4′-dimethoxystyryl-keton.

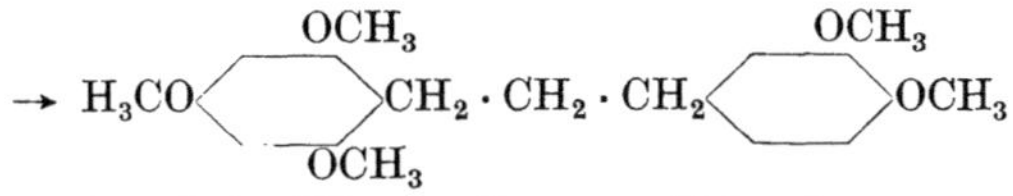

2, 4, 6, 3′, 4′-Pentamethoxy-α, γ-diphenylpropan.

Damit war die Vermutung Freudenbergs, daß die Catechine mit den in der Natur vorkommenden Phloroglucinfarbstoffen, den Flavonen und Anthocyanidinen, nahe verwandt sein müssen, als berechtigt erwiesen. Das Catechin hatte demnach das gleiche Kohlenstoffgerüst wie diese Naturstoffe, besonders das Quercetin (III) und das Cyanidin (IV), und Freudenberg stellte vorerst für das Gambircatechin die Formeln I und II auf.

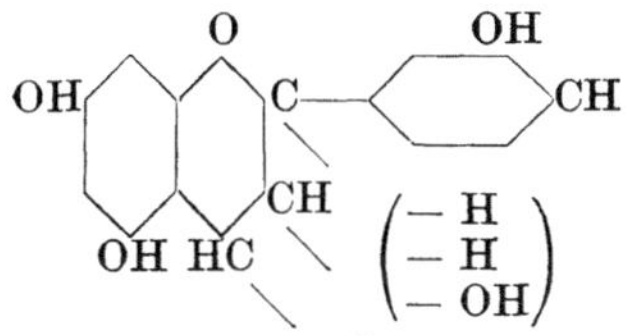

I.

oder

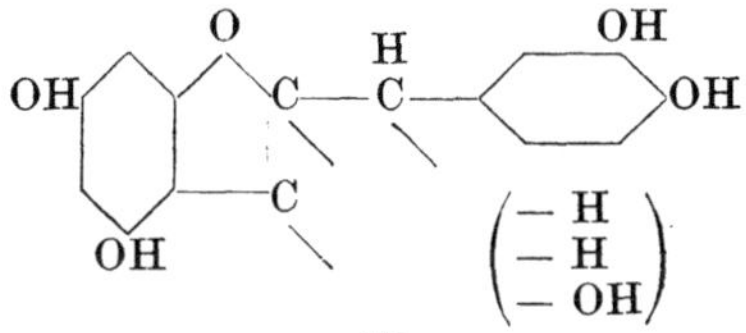

II.

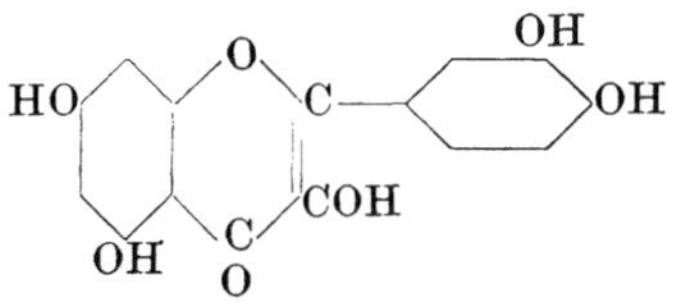

Quercetin

III.

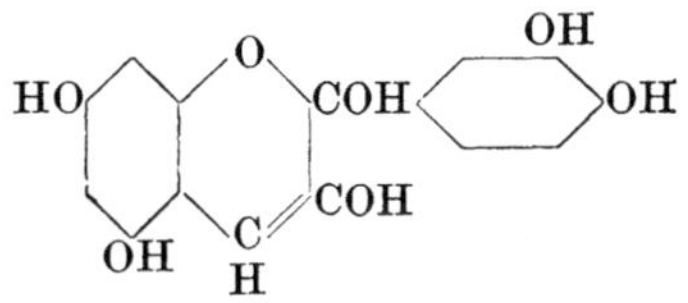

Cyanidin

IV.

Das Catechin ist das Reduktionsprodukt dieser Farbstoffe. Damit ergaben sich auffallende Zusammenhänge zwischen diesen Stoffklassen. Ebenso wie die Flavonfarbstoffe und Anthocyanidine nach ganz bestimmten Regeln untereinander variieren, wie man an das Phoroglucin alle möglichen Systeme, vom Benzol bis zum Pyrogallol, angegliedert findet, so trifft man auch bei der Catechinfamilie eine Reihe von Verwandten, die sich durch ganz ähnliche Konstitutionsanordnungen voneinander unterscheiden.

Perkin und Yoshitake hatten festgestellt, daß das aus Catechu dargestellte Catechin mit dem Gambircatechin nicht übereinstimmte. Sie nannten es Acacatechin. Freudenberg, Böhme und Beckendorff erhielten nun bei der Methylierung und Reduktion dieses Produktes das gleiche α, γ-Diphenylpropan wie aus dem Gambircatechin, womit bewiesen war, daß beide Catechine nicht strukturisomer aber stereoisomer waren. Freudenberg stellte fest, daß Catechin und Acacatechin zwar in alkoholischer Lösung optisch inaktiv waren, daß aber in Acetonlösung das Gambircatechin [α] + 17,1°, das Acacatechin dagegen [α] — 16,8° zeigte.

Es bestand allerdings bei den Methyl- und Acetylderivaten ein Unterschied zwischen den Schmelzpunkten. Dies ließ sich jedoch dadurch erklären, daß zwar das Gambircatechin ein ziemlich reines d-Catechin, das Acacatechin dagegen ein l-Catechin war, dem eine geringe Menge der racemischen Form, also d, l-Catechin beigemischt war. Die Annahme, daß im Akazienholz, aus dem das Catechucatechin stammte, das l-Catechin in reiner Form enthalten war, daß aber durch den starken Eingriff des Auskochens das Racemat entstand, hatte wohl Berechtigung.

Freudenbergs vorläufige Catechinformel

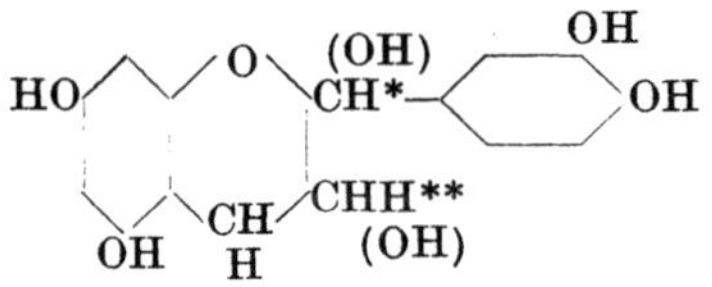

ließ nun in Beziehung auf die Stereoisomerieverhältnisse zwei Möglichkeiten zu, je nachdem das H*- oder H**-Atom durch eine OH-Gruppe ersetzt angenommen wurde. Wenn das H**-Atom durch die Hydroxylgruppe ersetzt war, so war im Catechinmolekül nur ein asymmetrisches Kohlenstoffatom vorhanden. War aber ein Wasserstoffatom der Methylengruppe (H**) durch die Hydroxylgruppe ersetzt, so enthielt das Molekül zwei asymmetrische Kohlenstoffatome. Und in diesem letzteren Fall mußten vier optisch aktive Catechine und zwei racemische Formen vorhanden sein.

Tatsächlich konnte durch weitere Versuche eine zweite racemische Form festgestellt werden. d, l-Catechin, aus Gambir gewonnen, wurde 24 Stunden in einer gesättigten Kochsalzlösung gekocht und das Gemisch mit Äther ausgezogen. Der in Wasser aufgenommene Ätherrückstand enthält noch d, l-Catechin. Aus der mit Bleiacetat gereinigten und eingedampfen Mutterlauge kristallisierten bei 0° neben d, l-Catechin schwere Kristalle eines andern Catechins aus, dem Freudenberg die Bezeichnung d, l-Epicatechin gab (in Anlehnung an die Nomenklatur der Zucker). Die beiden Catechine ließen sich durch Schlämmen trennen (Freudenberg, Böhme u. Purrmann).

Diese Entdeckung des racemischen Epicatechins bestätigte das Vorhandensein zweier asymmetrischer Kohlenstoffatome im Catechinmolekül. Der Nachweis der daraus folgenden Existenz eines d- und eines l-Epicatechins ließ nicht lange auf sich warten. Zunächst fand Purmann das d, l-Epicatechin auch im Catechu. In den Mutterlaugen des l- und d, l-Catechins aus dieser Droge fand sich d, l-Epicatechin, außerdem aber ein weiteres linksdrehendes Catechin, das als l-Epicatechin bezeichnet wurde. Sodann ergab sich aus der Umlagerung des d-Catechins neben d, l-Catechin und d, l-Epicatechin das d-Epicatechin, das sich als Antipode des l-Epicatechins erwies. Beide zusammen lieferten dann auch die bereits gefundene als d, l-Epicatechin bezeichnete Raumform und damit waren beide Catechinreihen in allen Gliedern bekannt.

Es waren somit isoliert worden: aus Gambircatechin das l-, das d- und das d, l-Catechin, und das l- und das d, l-Epicatechin aus dem Catechin von Catechu. Das fehlende d-Epicatechin war durch Umlagerung gewonnen worden.

Die einzelnen Catechine zeigen folgende Eigenschaften:

d-Catechin. 4 Moleküle Kristallwasser. Auch eine wasserfreie Form ist vorhanden. 1 ccm einer 5proz. wässerigen d-Catechinlösung erzeugt in 5 ccm einer 0,5proz. Lösung von reinster Gelatine eine starke Fällung. Aus einem Gemisch einer essigsauren Leucinlösung mit einer wässerigen Lösung von d-Catechin kristallisiert eine Additionsverbindung von 1 Molekül Leucin und 1 Molekül Catechin in harten Kristallkrusten aus. $[\alpha]_{Hg}$ gelb in 50proz. Aceton $= + 16{,}9^0$. Schmelzpunkt: wasserhaltig gegen 95^0, wasserfrei gegen 175^0.

l-Catechin. Die wasserhaltige Substanz schmilzt bei 93 bis 95^0C im Kristallwasser, wasserfrei schmilzt sie bei 174 bis 175^0 unscharf ohne Zersetzung zu einem dicken undurchsichtigen Sirup. Ist in Alkohol inaktiv. $[\alpha]_{Hg}$ gelb $= - 16{,}7^0$ in 50proz. Aceton.

d, l-Catechin. Es kristallisiert in farblosen Nadeln und schmilzt nach vorherigem Sintern unter Zersetzung bei 212 bis 214^0. Durch Vermischen gleicher Mengen d- und l-Catechin wird ein dem d, l-Catechin völlig gleiches Produkt erhalten. Seine Pentacetylverbindung schmilzt bei 165^0 C.

d-Epicatechin. Große Kristalle, schwer löslich in Wasser. Schmilzt unter Zersetzung bei 245^0. Es enthält 4 Moleküle Kristallwasser. $[\alpha]_{Hg}$ gelb in 96proz. Alkohol $= + 69^0$.

l-Epicatechin. Sandiges, weißes Pulver aus schweren, gedrungenen Kristallen. Enthält 4 Moleküle Kristallwasser. Es schmilzt unter Zersetzung bei 245^0. $[\alpha]_{Hg}$ gelb in Alkohol $= - 68^0$, in 50proz. Aceton $= - 60^0$.

d, l-Epicatechin. Existiert in zwei Formen. Das reine Präparat neigt zur Abscheidung in der grob-kristallinen Form (dicke, glänzende Platten); bei der Kristallisation über 50^0 erhält man außerdem feine Nädelchen. Das in Platten kristallisierte Produkt enthält 4 Moleküle Kristallwasser. Kristallwasserfrei schmilzt dieses Catechin bei 224 bis 226^0.

Die Konstitution des Catechins bedurfte aber noch weiterer Klärung.

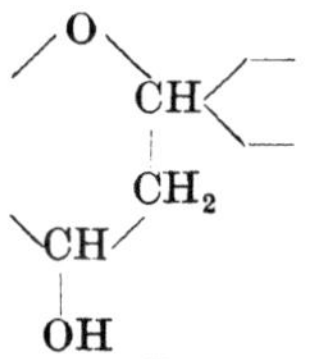

I.

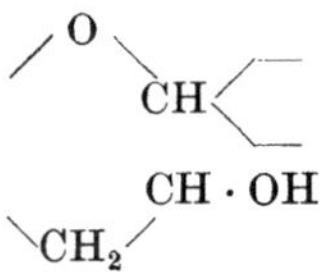

II.

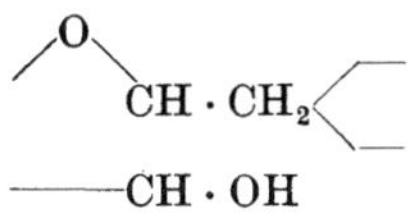

III.

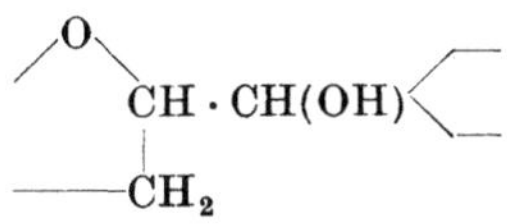

IV.

Auf Grund von Entwässerungsversuchen, bei denen ein durch die Zuckerchemie gewiesener Weg über die Toluolsulfosäureester gewählt wurde, kam Freudenberg zur Auffassung, daß dem Catechin die sog. trans-Form, dem Epicatechin die cis-Form zukomme. Durch Untersuchungen von Freudenberg, Fikentscher und Wenner wurde dann auch festgestellt, daß bei der Behandlung des Tetramethylepicatechin-Toluolsulfosäureesters mit Hydrazin die Toluolsulfosäuregruppe leicht abgespalten wird, wobei man ein Tetramethylanhydroepicatechin vom Schmelzpunkt 119^0 erhält, das mit dem Anhydroprodukt des Tetramethylcatechins vom Schmelzpunkt 136^0 nicht identisch ist. Dieses Produkt hätte erhalten werden müssen, wenn der Umwandlungsprozeß ein einfacher Entwässerungsvorgang wäre.

Da nun das erhaltene Tetramethylanhydroepicatechin optisch inaktiv ist, scheidet Formel I, die ein optisch aktives Produkt darstellt, aus. Die Formulierung IV kommt ebenfalls nicht in Frage, weil die Lage der Hydroxylgruppe mit der festgestellten cis-trans-Isomerie nicht im Einklang steht. Somit blieb nur noch die Möglichkeit der Formulierung nach II und III.

Durch Synthese eines Cumarons,

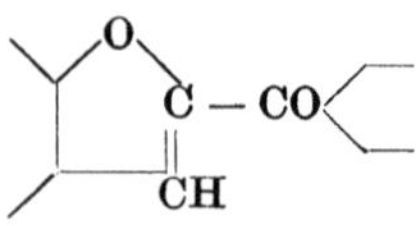

das zu einem Cumaron nach Formel III reduziert wurde (Freudenberg, Fikentscher und Wenner), konnte gezeigt werden, daß auch die Formulierung III für das Tetramethylanhydroepicatechin auszuscheiden war, und damit blieb für das Epicatechin nur noch die Formel

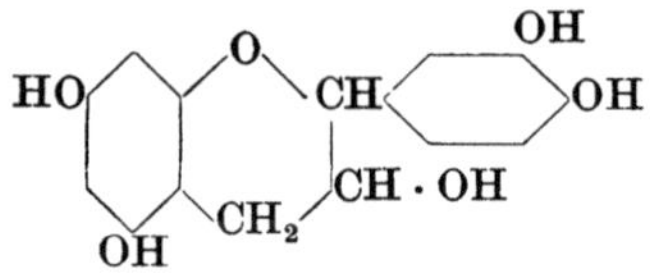

übrig. Daß diese Formel der Wirklichkeit entsprach, konnte Freudenberg in zweifelsfreier Weise durch die Umwandlung des Cyanidins in Catechin beweisen (Freudenberg, Fikentscher, Harder, Schmidt). Sie reduzierten Cyanidinpentamethyläther mittels Wasserstoff bei Gegenwart von Platin und erhielten eine farblose Substanz, die sich als identisch mit Pentamethyl-d, l-epicatechin erwies:

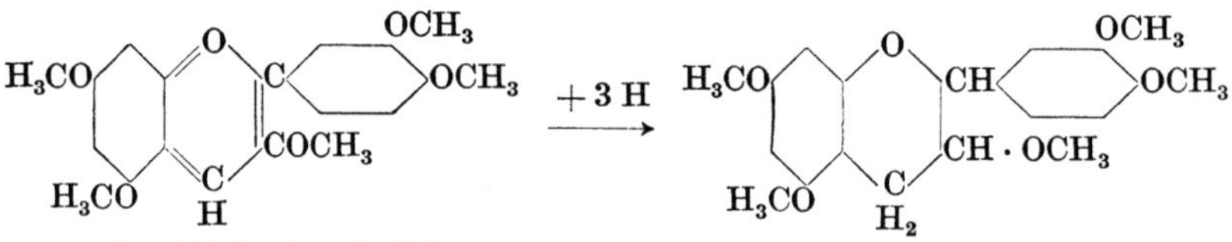

Cyanidin-Pentamethyläther → Pentamethyl-d, l-epicatechin.

Endlich führte die Hydrierung des Cyanidinchlorids in Alkohol neben vielen Kondensationsprodukten mit einer Ausbeute von 32% zum schön kristallisierten d, l-Epicatechin. Da das Cyanidin synthetisch gewonnen werden kann und die Umwandlung von d, l-Epicatechin in d, l-Catechin sich als möglich erwiesen hatte, war somit die Synthese des Catechins gelungen.

Damit war nicht nur die Konstitution des Catechins mit großer Wahrscheinlichkeit sicher gestellt, sondern auch für die durch Freudenberg von Anfang an vertretene Anschauung der Beweis erbracht, daß zwischen den Flavonfarbstoffen und Anthocyanidinen einerseits und den Catechinen mitsamt den Catechingerbstoffen andererseits weitgehende Analogien bestehen. Die obige Umwandlung und die später gelungene Überführung von Flavonolen und Flavonen in Catechinderivate zeigten, daß die Catechingruppe auf zwei Wegen mit dem Quercetin verbunden ist (Freudenberg u. Kammüller).

Diese enge Beziehung zu den Pflanzenfarbstoffen ließ aber erneut die begründete Vermutung zu, daß zwischen den Catechinen und vielen Gerbstoffen der sog. Pyrocatechinklasse eine weitgehende Zusammengehörigkeit bestand, und zwar derart, daß allen diesen Gerbstoffen ein kristalliner Grundstoff, wie das Catechin, entsprach, aus dem sie durch noch ungeklärte Kondensations- und Oxydationsvorgänge entstanden; die Fortsetzung dieser Umwandlungsprozesse führt zu hochmolekularen Gerbstoffroten. Von diesen Grundstoffen ist bis jetzt nur einer bekannt, eben das aus Gambir und Catechu gewonnene Catechin in seinen verschiedenen stereoisomeren Formen.

Sonstige Catechine in der Natur. Paulliniacatechin. Aus der sog. Guaranapaste, die aus dem Samen des Strauches Paullinia cupana bereitet wird, hat Kirmße durch Extraktion mit Äther, Eindampfen, Reinigen mit Bleiacetat und Schwefelwasserstoff ein kristallisiertes Catechin enthalten, das er für identisch mit Acacatechin ansah. Böhme erhielt aus der Guaranapaste ein Catechin, das in Alkohol inaktiv war, in 50proz. Aceton $[\alpha]_D = + 37^0$ zeigte. Nach der Elementarzusammensetzung scheint das Paulliniacatechin mit den Catechinen im Gambir und Catechu übereinzustimmen. Goris und Fluteaux wollen festgestellt haben, daß das Paulliniacatechin an Coffein gebunden ist.

Mahagonicatechin. Cazeneuve erhielt durch Auslaugen des Holzes von Swietenia Mahagoni mit kaltem Äther und Umkristallisieren des gelösten Produkts aus Wasser ein Phenol, das nach Zusammensetzung und Eigenschaften als Catechin anzusprechen war. Auch Purrmann erhielt Catechin in wechselnder Ausbeute.

Rhabarbercatechin. Es wurde von Gilson (*2*) isoliert. Es scheint mit dem Gambircatachin identisch zu sein. Tschirch und Heuberger fanden im Acetonauszug von Rhabarber beträchtliche Gerbstoffmengen, die sie als „Rheotannoglucosid“ (?) bezeichneten. Sie erhielten bei der Zersetzung durch verdünnte Säuren ein Gerbstoffrot, Zimtsäure, Gallussäure und einen linksdrehenden Zucker. Böhme konnte aus 100 g chinesischem Rhabarber 0,2 g d-Catechin gewinnen, das in 50proz. Aceton $[\alpha]_D = + 18^0$ zeigte.

Cyanomaclurin. Perkin hat aus dem Holze des indischen Jackbaumes (Artocarpus integrifolia) einen dem Catechin nahe verwandten Stoff, das Cyanomaclurin, isoliert ($C_{15}H_{12}O_6$). Es hat 2 Wasserstoffatome weniger als das Catechin, gibt mit Eisensalzen eine violette Färbung und mit dem Fichtenspan wie das Catechin die Phloroglucinreaktion. Durch Mineralsäuren wird es in einen unlöslichen rotbraunen Körper verwandelt.

Colatin. Ebenfalls den Catechinen sehr nahestehend ist das Colatin, das in den Früchten der Colanüsse (Cola acuminata) neben dem Colatein enthalten ist. Die Elementarzusammensetzung steht nicht genau fest.

Casparis hat vor kurzem aus frischen Colanüssen einen kristallisierten Gerbstoff isolieren können, der in diesen Nüssen sowohl in freier Form wie in lockerer Coffeinverbindung vorkommt. Der Gerbstoff ist optisch inaktiv. Aus den physikalischen und chemischen Eigenschaften schloß Casparis, daß es sich bei dem Gerbstoff um ein Catechin handelt. Das Catechin der Colanüsse hat zwei Sauerstoffatome mehr als das Catechin des Catechu.

Eucalyptuscatechine. In verschiedenen Eucalyptusarten wurden kristallisierte Catechine festgestellt. Smith und Maiden haben das sog. Eudesmin und Aromadendrin erhalten. Das erstere ist sauerstoffärmer als Catechin, das letztere ist ihm in der Zusammensetzung gleich, gibt aber bei Erhitzen mit Glycerin kein Brenzcatechin. Bei der Kalischmelze erhält man Phloroglucin und Protocatechusäure. Auch im Malabarkino und in der Lokririnde wurden Catechine gefunden.

B. Chemische Untersuchungen über kondensierte Gerbstoffe (sog. Pyrocatechingerbstoffe).

Die Freudenbergschen Catechinuntersuchungen bilden das Tor, durch das der Weg für eine weitere chemische Erforschung der noch ganz unbekannten kondensierten Gerbstoffe vieler wichtigen Gerbmittel führen wird. Es sind dies alle die Gerbstoffe, die man heute in der sog. Pyrocatechingruppe zusammenfaßt, weil sie bei trockenem Erhitzen Pyrocatechin liefern. Im folgenden sind die Arbeiten älterer wie jüngerer Forscher kurz wiedergegeben, die eine Aufklärung der Natur dieser Gerbstoffe zum Ziel hatten.

a) Catechu und Gambir. Man pflegt den Hauptbestandteil der Gerbstoffe von Catechu und Gambir mit „Catechugerbsäure" zu bezeichnen, die durch Kondensation aus dem Catechin entsteht nach dem Schema:

Catechin → Catechugerbsäure → Catechurot.

Auf diese Umwandlung durch Kondensationsvorgänge des Grundstoffes in höhere amorphe Verbindungen ist bei den Catechinen wiederholt hingewiesen worden. Die Catechugerbsäure, deren Konstitution nicht bekannt ist, löst sich leicht in kaltem Wasser, zeigt alle Gerbstoffreaktionen und geht leicht in das schwerlösliche Catechurot über. Ob diese Catechugerbsäure schon in der Pflanze in der Form enthalten ist, in der sie sich dem Analytiker zeigt, oder ob sie erst bei der Darstellung entsteht, ist noch nicht geklärt. Daß dieses Produkt aber seiner chemischen Natur nach auf engste mit den Catechinen verwandt ist, kann nach den Untersuchungen Freudenbergs nicht mehr zweifelhaft sein.

Die Pflanze enthält jedenfalls, mag nun die Catechugerbsäure als solche schon in den Zellen vorhanden sein oder nicht, die Catechine in unterschiedlichem Gemisch. Das Cambircatechin ist vorwiegend reines d-Catechin. Dieses Catechin bleibt bei der Verarbeitung fast ganz unverändert. Dagegen besteht das Catechucatechin (Acacatechin) aus vier verschiedenen Catechinen. Freudenberg erhielt aus 8 kg Pegucatechu

30 g d, l-Epicatechin
60 g l-Catechin
320 g d, l-Catechin
30 g l-Epicatechin.

Es ist anzunehmen, daß im Holz von Acacia catechu primär l-Catechin vorkommt, daß aber durch das Kochen bei der Extraktion des Holzes die drei übrigen Formen entstehen. Dabei wird der größte Teil des Catechins zu amorphem Gerbstoff kondensiert.

Wenn auch die Konstitution des mit „Catechugerbsäure" bezeichneten Gerbstoffes noch nicht geklärt ist, so ist es doch der einzige Vertreter der kondensierten Gerbstoffe, dessen Grundstoff — das Catechin — seiner chemischen Natur nach bekannt ist.

b) Quebrachogerbstoff. Der Quebrachogerbstoff wurde schon in den Jahren 1878 und 1879 von Arata (*1*) untersucht. Der erhaltene Gerbstoff, für den er die Zusammensetzung $C_{26}H_{27}O_{10}$ angab, lieferte bei der trockenen Destillation Pyrocatechin, bei der Kalischmelze Phloroglucin und Protocatechusäure. Arata fand neben dem Gerbstoff einen catechinartigen Körper, den er „Quebrachoin" nannte, der aber inzwischen als Fisetin

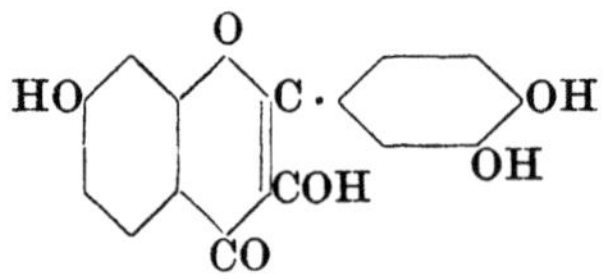

erkannt worden ist.

Körner suchte den Quebrachogerbstoff erstmals in reinerer Form zu gewinnen, erhielt aber noch kein einheitliches Produkt. Nierenstein (*5*) behandelte 1 g des nach der Trimbleschen Methode gewonnenen Gerbstoffes mit Kalilauge und wenig Wasser, neutralisierte mit Schwefelsäure und schüttelte nach dem Filtrieren mit Äther aus. Der nach dem Abdampfen des Äthers verbleibende Rückstand wurde in wenig heißem Wasser gelöst und mit Bleiacetat versetzt. Der Niederschlag wurde mit Schwefelsäure behandelt und mit Äther extrahiert, nach dessen Abdampfen man aus Wasser kleine Nadeln erhielt, die mit Ferrichlorid Grün- und mit Soda Dunkelrotfärbung gaben und nach Nierenstein auf Protocatechusäure schließen ließen. In dem Filtrat konnte der gleiche Forscher Phloroglucin und einen weiteren kristallinen Körper feststellen, der bei 117° schmolz und den er für Resorcin ansah.

Nierenstein (*5*) hat außerdem versucht, den Gerbstoff mittels der für die Pyrocatechingerbstoffe charakteristischen Bromwasserreaktion zu isolieren. Er erhielt ein Monobromprodukt, das beim Kochen mit alkoholischem Kali in Isovanillinsäure

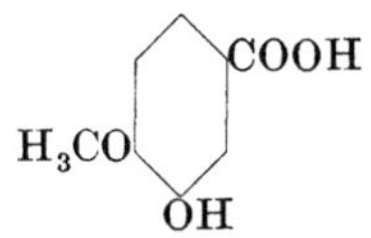

und in eine zweite Säure zerfiel, die er Monobromquebrachylsäure nannte. Die Versuche, aus dem Bromprodukt durch Entfernung des Broms den Gerbstoff rein zu erhalten, hatten keinen Erfolg. Auch der später eingeschlagene Weg über die Azoverbindungen führte nicht zum Ziel [Nierenstein (*6*)].

Auch die Arbeiten von Strauß und Gschwendner (*2*) hatten wenig Erfolg und führten zu keinem einheitlichen Endprodukt. Die botanischen Angaben der beiden Verfasser sind außerdem nicht klar.

Jablonski und Einbeck gingen bei ihren Untersuchungen über den Quebrachogerbstoff von dem Gedanken aus, den im Quebrachoholz vorhandenen Gerbstoff durch Oxydationsmittel aufzuspalten und so in dessen chemischen Aufbau einen Einblick zu gewinnen. Sie ließen auf 1 Teil pulverisierten Quebrachoextrakt 5 Teile konzentrierte Salpetersäure ($d = 1,4$) einwirken. Bei der Reaktion entwickelten sich nitrose Dämpfe unter Aufschäumen. Das Gemisch wurde dann auf dem Wasserbad erwärmt, wobei weitere nitrose Dämpfe und anscheinend auch Kohlensäure entwichen. Nachdem die Heftigkeit der Reaktion nachgelassen hatte, wurde bis zur Kristallisation eingeengt. Der Rückstand wurde in der 20fachen Wassermenge gelöst, mit Ammoniak schwach alkalisch gemacht, dann mit Essigsäure angesäuert und Chlorcalciumlösung im Überschuß zugefügt. Das ausgefallene Calciumoxalat wurde abfiltriert und ausgewaschen und das Filtrat im Vakuum bis zur beginnenden Kristallisation eingeengt. Der Kristallbrei wurde nach dem Abkühlen abgesaugt, in 10 Teilen Wasser heiß gelöst und die Lösung mit verdünnter Salzsäure versetzt. Es schied sich ein farbloser Kristallbrei ab, der, aus Alkohol umkristallisiert, schwachgelbe Prismen vom Schmelzpunkt 179 bis 180° enthielt.

Das so erhaltene Produkt konnten die Verfasser als 2, 4, 6-Trinitro-resorcin (Styphninsäure)

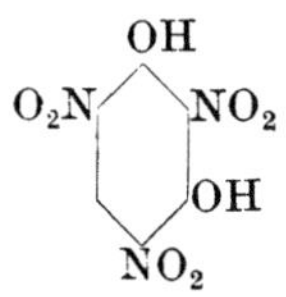

identifizieren.

Zur weiteren Untersuchung des Quebrachogerbstoffes wurde 1 Teil Quebrachoextrakt mit 2 Teilen Phthalsäureanhydrid erhitzt, etwas Chlorzink zugesetzt und die Reaktion in der zum Nachweis von Fluorescein üblichen Weise durchgeführt. Es zeigte sich zum Schluß die für das Fluorescein charakteristische gelbgrüne Fluorescenz. Es gelang dann ferner, Fisetin (Formel siehe S. 136) festzustellen. Aber alle diese Ergebnisse ließen vorerst noch keinerlei Schlüsse auf den Bau des Quebrachogerbstoffes zu. Es ist aber aus den Bruchstücken, die bei den seitherigen Untersuchungen erhalten wurden, zu schließen, daß mit großer Wahrscheinlichkeit der Quebrachogerbstoff aus einem ähnlichen Grundstoff durch Kondensationsvorgänge entsteht, wie die Gerbstoffe von Gambir und Catechu aus Catechin. Dieser Grundstoff scheint außerdem mit den Catechinen auch verwandt zu sein. Freudenberg hat ihm folgende hypothetische Formel zugesprochen:

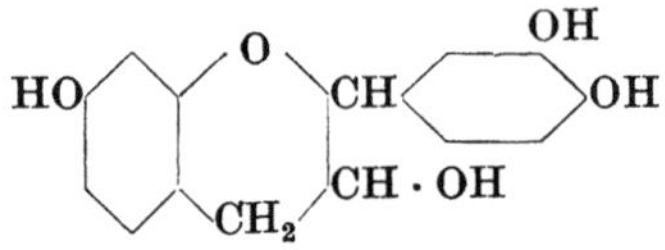

Man könnte dieses Produkt, das aber vorerst noch nicht mit Sicherheit ermittelt ist, als „Quebrachocatechin" bezeichnen.

Aber ebensowenig wie bei anderen Gerbstoffen, wissen wir auch beim Quebrachogerbstoff nicht, in welcher Form der Gerbstoff im Holze in der Natur vorhanden ist. Wie berechtigt die Vermutung ist, daß der Gerbstoff beim Auslaugen aus dem Holz seine Form verändert, zeigt eine von Jablonski und Einbeck bei ihren Untersuchungen gemachte Beobachtung: Sie erhielten bei einer mit Quebrachoholz ausgeführten Phthalsäureanhydridschmelze keine Fluoresceinreaktion. Läßt man das Holz einige Zeit mit Wasser stehen, filtriert und prüft dann das eingedampfte Filtrat und das ausgelaugte Holz, so zeigt der Extrakt die Reaktion, das ausgelaugte Holz dagegen gibt nach der Schmelze keine Reaktion, obwohl erneuter Auszug mit Wasser wiederum Extrakt liefert, der seinerseits die Fluoresceinreaktion zeigt. Dabei ist aber zu berücksichtigen, daß die Fluorescenzprobe bekanntermaßen sehr unsicher ist und in diesem Falle durch Holzbestandteile verhindert sein könnte.

Reines Quebracholeder zeigt übrigens nach dem Verschmelzen mit Phthalsäureanhydrid ebenfalls starke Fluoresceinreaktion.

Die Phlobaphene des Quebrachoextraktes, das sog. Quebrachorot, setzen sich beim Auflösen von natürlichem Quebrachoextrakt in beträchtlichen Mengen als schlammige, schmutzigrote Masse ab. Das Produkt wurde von Arata (*2*), sowie von Strauß und Gschwendner (*3*) näher untersucht. Die beiden letztgenannten Forscher erhielten diese Phlobaphene beim Versetzen des alkoholischen Gerbstoffextraktes mit Wasser. Der ausfallende Niederschlag wurde aus Alkohol mit Wasser umgefällt und getrocknet. Die durch die Analyse ermittelte Zusammensetzung C = 62,4 und H = 5,6 stimmte ungefähr mit den Ergebnissen überein, die Arata bei seinen Präparaten verschiedener Darstellung gefunden hatte (im Mittel C = 62,5 und H = 5,4).

c) Der Gerbstoff der Fichte. Am Fichtengerbstoff sind nur wenige Untersuchungen ausgeführt worden. Sie sind meist älteren Datums. Rochleder suchte 1868 den Gerbstoff zu gewinnen, indem er die Nadeln von Abies pectinata zuerst mit Alkohol auskochte, um Wachs usw. zu entfernen, und dann die Bleiverbindung des Gerbstoffes bereitete. Er fand die Bruttoformel $C_{13}H_{12}O_6$. Weitere Untersuchungen hat Böttinger (*2*) 1884 angestellt. Die chemische Natur des Fichtengerbstoffes ist ganz unbekannt.

Richling hat aus dem Alkoholextrakt der Fichtenrinde (Picea excelsa) einen Niederschlag abgeschieden, aus dem er Arachinsäure und Cerylalkohol isolieren konnte. Beim Verseifen des Niederschlags und Behandeln des Verseifungsgemisches mit Schwefelsäure soll Stearin- und Palmitinsäure abgeschieden worden sein. Diese Stoffe stammten wohl aus dem Harz.

d) Mangrovegerbstoff. Auch über diesen Gerbstoff ist wenig bekannt. Trimble und Sack suchten den Gerbstoff von Rhizophora mucronata zu gewinnen. Sie glaubten eine „reine Gerbsäure" erhalten zu haben, der sie die Formel $C_{21}H_{26}O_{12}$ zuschrieben. Auch stellten sie die Monoacetylverbindung dieses Produktes her. Da die unter der Bezeichnung „Mangrove" in den Handel kommenden Gerbmitteln von ganz verschiedenen Pflanzen stammen können, so kann man von einem Mangrovegerbstoff nicht sprechen, und Untersuchungen haben nur dann Bedeutung, wenn dabei die Pflanze genau genannt ist, von welcher der untersuchte Gerbstoff stammt.

e) Malettrindengerbstoff. Über diesen Gerbstoff hat Dekker ausführliche Untersuchungen angestellt. Er extrahierte Rindenstaub mit 96proz. Alkohol und fällte den Gerbstoff mit Äther. Das Rohprodukt wurde erneut mit Alkohol gelöst und mit Äther in verschiedenen Fraktionen gefällt. Die ersten Niederschläge enthielten Kohlehydrate und wurden verworfen. Der Gerbstoff wurde als ein braunes, amorphes Pulver erhalten, das sich in Wasser, Methyl- und Äthylalkohol leicht, in Amylalkohol, Aceton und Essigäther wenig und in Äther, Benzin, Chloroform, Tetrachlorkohlenstoff und Schwefelkohlenstoff nicht löst. Die Elementaranalyse ergab C = 58,2% und H = 5,38%, woraus die Bruttoformel $C_{19}H_{20}O_9$ abgeleitet werden konnte.

Dekker hat Malettgerbstoff 3 Tage mit der 20fachen Menge 2proz. Salzsäure behandelt und noch vier Stunden gekocht. Er erhielt einen stark rot gefärbten Niederschlag. Aus der Lösung wurde eine geringe Menge Gallussäure und etwa 2% einer Methylpentose (vielleicht Rhamnose) ausgeschieden. Der rote Niederschlag bildete etwa 46% der angewandten Gerbstoffmenge.

Eine 1proz. Lösung von Malettgerbstoff zeigte folgende charakteristische Reaktionen: Eisenchlorid gibt einen schmutziggrünen Niederschlag. Nach dem Abfiltrieren findet man eine beträchtliche Menge eines Eisensalzes. Silbernitrat gibt einen Niederschlag, beim Erhitzen scheidet sich metallisches Silber ab. Fehlingsche Lösung wird reduziert. Kupfersulfat liefert langsam eine braune Fällung, Chinin eine solche von hellgrauer Farbe. Ammoniak und Ätzkali geben eine Rotfärbung, die an der Luft rasch dunkel wird. Mit Mineralsäuren entsteht eine hellgelbe Fällung.

Die Kalischmelze und noch mehr die Reduktion mit Zinkstaub und kochender 15proz. Natronlauge ergibt Gallussäure und Phloroglucin.

Dekker hat auch die Acetatverbindung des von ihm isolierten Gerbstoffes hergestellt. Strauß und Gschwendner (*3*) haben ebenfalls den Malettgerbstoff isoliert. Sie fanden, daß seine Reaktionen mit denen des Quebrachogerbstoffes vollkommen übereinstimmen.

f) Mimosarindengerbstoff. Strauß und Gschwendner (*4*) stellten den Gerbstoff dar, indem sie das Material zuerst mit Chloroform extrahierten, dann einen alkoholischen Auszug bereiteten und diesen mit Wasser versetzten. Der Gerbstoff wurde aus dem eingeengten Filtrat mit Bleiacetat gefällt, die Bleiverbindung mit Schwefelwasserstoff zersetzt und die erhaltene Lösung im Vakuum eingedampft. Der Rückstand wurde in Alkohol aufgenommen und der Gerbstoff erneut mit Äther ausgefällt. Die Elementaranalyse ergab C = 58,2%, H = 5,5%. Auch die Acetyl- und Benzoylverbindung wurde hergestellt. Bei der Zinkstaubdestillation wurde Guajacol erhalten.

Der Gerbstoff der europäischen Akazie (Schotendorn, Robinia Pseudoacacia), die aber mit Mimosarinde nichts zu tun hat, ist von Perkin untersucht worden. Er zeigte, daß das von Zwenger und Dronke gefundene und für ein Glucosid des Quercetins gehaltene sog. Robinin in Wirklichkeit ein

Campferol ist, dem er eine Konstitution nach folgendem Schema zuschrieb:

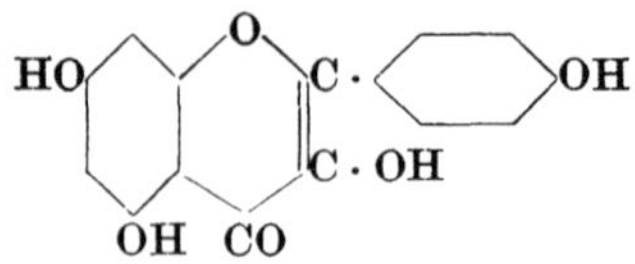

Früher schon hatte Perkin (*1*) in den Blättern des Schotendorns das sog. Acacetin, $C_{16}H_{12}O_5$ gefunden, das als ein Monomethyläther des Apigenins (1, 3, 4′-Trioxyflavon)

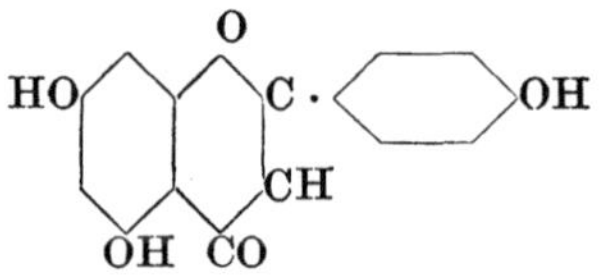

anzusehen ist.

g) Weidenrindengerbstoff. Stenhouse (*3*) nannte den Weidenrindengerbstoff den einzigen, der beim Kochen mit Säuren neben Gerbstoffrot auch Glucose abspalte. Powarnin und Schurawlew erhielten aus dem Rindengerbstoff von Salix alba viminalis bei der Zersetzung Protocatechusäure, Pyrogallol, Phlobaphene und Zucker. Votocek und Köhler haben den Gerbstoff von Salix purpurea folgendermaßen hergestellt:

Die getrocknete und dann gemahlene Rinde wurde mehrfach mit Petroläther und Chloroform extrahiert und dann mit Äthyläther behandelt. Die so gereinigte Rinde — das Chlorophyll war in das Chloroform übergegangen — wurde hierauf mit kaltem absolutem Alkohol ausgelaugt und die erhaltene alkoholische Gerbstofflösung im Vakuum bei einer Temperatur von höchstens 50° C eingedickt. Dann wurde der Gerbstoff mit absolutem Äther ausgefällt, abgesaugt und auf dem Porzellanteller getrocknet. Die erhaltenen Präparate waren Pulver von weißer oder schwacher Rosafarbe. Sie lösten sich leicht in Wasser und Alkohol.

Beim Schmelzen der erhaltenen Substanzen mit Ätzkali und nach Ansäuren der Schmelze und Extraktion mit Äther wurden Kristalle erhalten, die alle Eigenschaften des Pyrocatechins zeigten. Beim Erhitzen des Gerbstoffes im zugeschmolzenen Rohr mit 50proz. Ätzkali auf 180 bis 190° entstand ein Produkt, das nach der Schmelze mit Ätzkali sowohl die Eigenschaften des Phloroglucins wie der Protocatechusäure aufwies. Ob die von Votocek und Köhler hergestellten Präparate aus reinem Gerbstoff bestanden, ist zweifelhaft. Johanson will in der Weidenrinde ein Benzoylhelicin aufgefunden haben.

h) Birkenrindengerbstoff. Grasser (*1*) hat über den Gerbstoff der Birkenrinde Untersuchungen angestellt. Er konnte als Abbauprodukt Pyrocatechin nachweisen.

i) Canaigregerbstoff. Dieser Gerbstoff wurde von Trimble untersucht. Nach der Reinigung erhielt er einen Stoff von hellbrauner bis gelber Farbe, der sich in Wasser und Alkohol leicht löste. Mit Eisenchlorid gab er eine grüne Färbung, mit Bromwasser entstand ein Niederschlag. Auch durch Kochen mit 2proz. Salzsäure entstand ein Niederschlag. Aus dem Filtrat dieses Niederschlages konnte mit Äther Protocatechusäure ausgeschüttelt werden. Beim Erhitzen des Canaigregerbstoffes auf 160 bis 190° entsteht Pyrocatechin. Die Kalischmelze liefert Protocatechusäure, aber kein Phloroglucin.

Nach Wehmer enthält Canaigre chryophansäureartige Stoffe (Anthrachinonderivate).

k) Gerbstoffe ohne technische Bedeutung. Roßkastaniengerbstoff. Rochleder versuchte den Gerbstoff darzustellen. Er fällte ihn mit neutralem Bleiacetat. Das im Auszug befindliche Äsculin, ein Glucosid des Äsculetins bleibt dabei in Lösung, da es nur von basischem Bleiacetat gefällt wird. Der Gerbstoff ist ein Gemisch, das mit Eisenchlorid Grünfärbung gibt. Durch Behandeln mit verdünnten Säuren entstehen Kondensationsprodukte bis zum Gerbstoffrot. Bei der Kalischmelze entsteht außer dem Rot Protocatechusäure und Phloroglucin.

Auch Stein fand in der Rinde der Roßkastanie Aesculin, $C_{15}H_{16}O_9$.

Filixgerbstoff. In den Wurzelstöcken der Filixarten (Farne) ist ein Gerbstoff enthalten, der von Wollenweber untersucht worden ist. Der Gerbstoff wurde mit absolutem Alkohol extrahiert, der Auszug in kleinen Portionen im Vakuum eingedampft und die eingedickte Flüssigkeit mit Äther geschüttelt. Zum Schluß wurde im Soxhletapparat mit Äther ausgezogen. Die Ausbeute betrug 7,8% Gerbstoff, der Stickstoff enthält. Der Gerbstoff löst sich in Wasser und wasserhaltigem Alkohol und ist optisch inaktiv. In Essigäther, Aceton und Eisessig ist die Löslichkeit gering. Wollenweber war der Ansicht, daß der so erhaltene Gerbstoff mit dem in der Pflanze vorhandenen nicht identisch ist, da der in der Pflanze enthaltene Gerbstoff farblos und das isolierte Produkt gelbrot gefärbt ist.

Gerbstoff von Pistacia Lentiscus. (Mastixbaum). Der Gerbstoff der Blätter, die mitunter zum Strecken von Sumach verwendet werden, ist von Perkin und Wood wie folgt dargestellt worden: die Blätter wurden mit Alkohol ausgezogen, der Auszug wurde in Wasser gegossen und mit Äther ausgeschüttelt. Die wässerige Schicht wurde mit Essigäther ausgezogen; dabei wurde ein in Wasser löslicher Gerbstoff gewonnen. Die wässerige Lösung wurde mit etwas Kochsalz versetzt, der entstehende geringe Niederschlag abfiltriert. Aus dem Filtrat erhielt Perkin durch Essigätherauszug den Gerbstoff, der durch einen Farbstoff verunreinigt war.

Der Gerbstoff gibt mit Bromwasser keinen Niederschlag, mit verdünnter Schwefelsäure in der Hitze ein Phlobaphen, das bei der Kalischmelze Phloroglucin und Gallussäure liefert. Freudenberg [(*2*) S. 141] hält den Filixgerbstoff für einen rotbildenden Phloroglucingerbstoff kondensierten Systems, der nicht, wie die meisten seiner Art, den Rest des Brenzcatechins enthält, sondern wie das als Farbstoff ihn begleitende Myricetin, den des Pyrogallols.

Gerbstoff der Chinarinde. Über diesen Gerbstoff liegen verschiedene Untersuchungen vor. Schwarz erhielt nur eine geringe Ausbeute an Gerbstoff. Schütt isolierte einen Gerbstoff, der in Wasser und in Alkohol leicht, in Essigäther schwer löslich war. Der Gerbstoff scheidet leicht Rot ab, das nach Rembold bei der Kalischmelze Protocatechusäure liefert.

Kakaogerbstoff. Siehe die Arbeiten von Ultée und Dorßen, außerdem Freudenberg [(*2*) S. 127].

Colagerbstoff. Siehe Colatin S. 135, außerdem Freudenberg [(*2*) S. 126].

III. Die Veränderungen der Gerbstoffe.

a) Veränderung durch Erhitzen. Erhitzt man die Gerbstoffe in einer kleinen Retorte, so tritt Zersetzung ein. Daß Procter die Gerbstoffe nach der Natur der entstehenden Zersetzungsprodukte in Pyrogallol- und Pyrocatechingerbstoffe eingeteilt hat, wurde schon mehrfach erwähnt. Die Ausführung dieser trockenen Destillation wird folgendermaßen vorgenommen (Procter-Paeßler): 1 g Gerbmaterial wird mit 5 ccm reinem Glycerin vermischt und auf 160° erhitzt. Dann steigert man die Temperatur langsam auf 200 bis 210⁰ und hält sie 20 bis 30 Minuten auf dieser Höhe. Nach dem Abkühlen fügt man 20 ccm Wasser hinzu und schüttelt das Gemisch ohne vorherige Filtration mit dem gleichen Volumen Äther aus. Die ätherische Schicht, die Pyrogallol, Pyrocatechin oder Phloroglucin enthalten kann, wird von der wässerigen Lösung getrennt, zur Trockne verdampft und der Rückstand in 50 ccm Wasser gelöst. Zur Untersuchung der Lösung können nach Procter die in Tabelle 71 angegebenen Reaktionen dienen (Procter-Paeßler, S. 57).

Tabelle 71. Reaktionen zur Unterscheidung von Pyrogallol, Pyrocatechin und Phloroglucin (1proz. Lösung).

Reagens	Pyrogallol	Pyrocatechin	Phloroglucin
Eisenalaun	blauschwarz, dann grün und braun	dunkelgrün	keine Reaktion
Kalkwasser	violette Färbung, die rasch in eine braune übergeht	keine ausgeprägte Reaktion	keine ausgeprägte Reaktion
Fichtenspanreaktion .	keine Färbung	keine Färbung	violettrote Färbung
Bromwasser.	kein Niederschlag	kein Niederschlag	dicker weißer Niederschlag

Das Pyrogallol, $C_6H_3(OH)_3$, Formel siehe unten, ist ein Trioxylbenzol. Es entsteht durch Erhitzen von Gallussäure: $C_6H_2(OH)_3COOH \rightarrow C_6H_3(OH)_3 + CO_2$.

Es bildet weiße, glänzende Blättchen (Schmelzpunkt 132⁰), die sich leicht in Wasser lösen. Es hat einen bitteren, nicht sauren Geschmack. Lackmus wird schwach gerötet. Pyrogallol ist in Äther, Alkohol, Aceton, Essigäther und Glycerin löslich, in Chloroform und Petroläther unlöslich. Es absorbiert in alkalischer Lösung Sauerstoff.

Mit reinem Ferrosulfat gibt Pyrogallol einen weißen Niederschlag, der sich aber bei Gegenwart der geringsten Spuren von Ferrisalz mit blauer Farbe löst. Bei Zusatz von Mineralsäuren geht die Blaufärbung in Rot über; durch vorsichtiges Neutralisieren mit Ammoniak kann man die blaue Farbe wieder hervorrufen. Ammoniaküberschuß erzeugt eine amethystfarbige Tönung der Lösung.

Gelatine wird durch Pyrogallol nicht gefällt. Fehlingsche Lösung, Permanganat, Gold-, Silber-, Platinsalze werden reduziert. Mit Aldehyd bildet Pyrogallol ein Produkt, das Gerbstoffeigenschaften besitzt und z. B. Gelatine fällt.

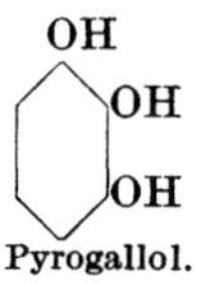

Pyrogallol.

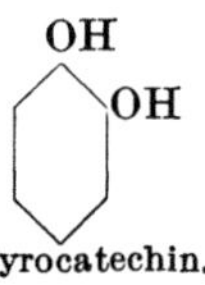

Pyrocatechin.

Das Pyrocatechin (Brenzcatechin), $C_6H_4(OH)_2$, ist ein Dioxyphenol. Es bildet sich bei der Zersetzung vieler Gerbstoffe (Pyrocatechingerbstoffe), ferner von Catechin, sowie Körpern, die dem Catechin nahestehen und von Holz. Künstlich entsteht es bei der Oxydation von Phenol mit Wasserstoffperoxyd, aus o-Benzoldisulfosäure, o-Phenolsulfosäure mit Kalihydrat usw. Sein Monomethyläther, das Guajacol, $OH \cdot C_6H_4 \cdot OCH_3$, findet sich in dem rohen Kreosot des Buchenholzteeres. Ein sehr wichtiger Abkömmling des Pyrocatechins ist das Adrenalin.

Pyrocatechin schmilzt bei 111⁰ und sublimiert etwa bei der gleichen Temperatur. Es entstehen dabei glänzende Blättchen. Es löst sich leicht in Wasser, Alkohol und Äther. Aus wässerigen Lösungen kann es mit Äther ausgeschüttelt werden. Gelatine wird durch Pyrocatechin nicht gefällt. Mit Ferrosalzen entsteht keine Färbung, wohl aber mit Ferrisalzen (dunkelgrüner Niederschlag). Die grüne Farbe geht auf Zusatz von Alkalien in Violett über und kann durch Säuern wieder hervorgerufen werden. Die mitunter mit Pyrocatechin erzeugte Fichtenspanreaktion ist auf eine Verunreinigung mit Phloroglucin zurückzuführen; völlig reines Pyrocatechin gibt die Reaktion nicht. Pyrocatechinlösungen färben sich bei Zusatz von Citronensäure rot. Die Reduktionswirkungen des Pyrocatechins sind ähnlich wie die des Pyrogallols.

Phloroglucin, $C_6H_3(OH)_3$, ist ein Isomeres des Pyrogallols und tritt in zwei tautomeren Formen auf

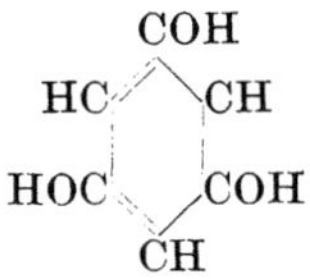
I.

und

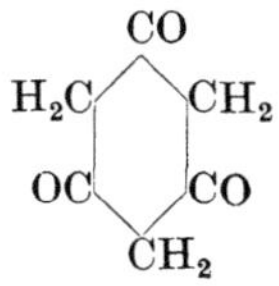
II.

Nach Formel II ist das Phloroglucin als ein Triketon des Hexamethylens anzusehen.

Phloroglucin krystallisiert mit 2 Molekülen Wasser, die es bei 100° wieder abgibt. Es schmilzt bei 220°, ist in Wasser, Alkohol und Äther löslich und gibt mit Ferro- und Ferrisalzen keine Färbung. Eine verdünnte Lösung gibt mit Bromwasser einen Niederschlag, mit Anilin- oder Toluidinnitrat (nebst einer Spur Kalisalpeter) eine gelbe Färbung, die allmählich in Rot übergeht; schließlich entsteht ein zinnoberroter Niederschlag.

Charakteristisch für das Phloroglucin ist die Fichtenspanreaktion, die den Nachweis des Phloroglucins ermöglicht.

b) Die Veränderung durch Alkalien (Kalischmelze). Es ist hier zu unterscheiden zwischen der Einwirkung wässeriger Alkalilösungen und der Zersetzung durch die Kalischmelze.

Gerbstoffe, die Estercharakter haben, werden durch Alkalilösungen hydrolysiert. So wird Tannin glatt unter Abscheidung von Gallussäure zerlegt, wenn der Luftsauerstoff ausgeschlossen bleibt. Anderenfalls entsteht Ellagsäure. Der Zucker wird hierbei zerstört. Durch Einwirkung von Ammoniak auf Tannin entsteht Gallamid [Freudenberg (2) S. 42].

Bei der Behandlung kondensierter Gerbstoffe, die Phloroglucin enthalten, wird dieses durch die Alkalien abgespalten. Der Rest des Gerbstoffmoleküls wird erst bei höheren Temperaturen zu teilweise krystallisierbaren Substanzen abgebaut. Clauser erhielt durch mehrstündiges Kochen von 20 g Gambircatechin mit 300 ccm einer 10proz. Kalilauge in einer Wasserstoffatmosphäre neben anderen Produkten Phloroglucin.

Viel stärker ist natürlich die Einwirkung der Kalischmelze auf das Gerbstoffmolekül. Die Ausführung wird verschieden gehandhabt. Lauffmann verfährt folgendermaßen:

2 g trockener oder eine entsprechende Menge flüssiger Auszug werden in einem Silbertiegel abgewogen und mit 20 ccm Kalilauge, hergestellt durch Auflösen von 1000 g KOH in 1 l Wasser, übergossen. Der Tiegelinhalt wird mit einem Glasstäbchen möglichst gleichmäßig verrührt, dann über freier kleiner Flamme unter öfterem Umrühren zunächst das Wasser vollständig verdunstet, sodann, bei etwas größerer Flamme, ohne daß letztere jedoch den Tiegelboden berührt, weiter erhitzt, bis der Tiegelinhalt beim Umrühren nicht mehr eine gleichmäßige teigige Masse bildet, sondern eine klumpige bzw. bröckelnde Beschaffen-

heit angenommen hat. Dann behandelt man den Tiegelinhalt mit verdünnter Schwefelsäure, bis kein Aufbrausen mehr erfolgt, und bringt die Flüssigkeit nebst etwa noch ungelösten Teilen quantitativ in ein Becherglas und neutralisiert. Nach dem Abkühlen schüttelt man zweimal mit je 500 ccm Äther aus.

Die wichtigsten Zersetzungsprodukte der Kalischmelze sind Gallussäure, Protocatechusäure, Phloroglucin und Resorcin. Freudenberg [(*2*) S. 46] weist darauf hin, daß bei der Kalischmelze eine Reihe von Nebenreaktionen vor sich gehen. Die Literaturangaben über die bei der Kalischmelze von Gerbstoffen erhaltenen Produkte sind daher mit Vorsicht aufzunehmen, zum mindesten, soweit sie die ältere Gerbstoffchemie betreffen. So liefert z. B. Chinasäure bei der Kalischmelze Protocatechusäure (Graebe), Quercit Hydrochinon (Prunier). Aus Resorcin entsteht beim Verschmelzen mit Natriumhydroxyd Brenzcatechin und Phloroglucin, aus Phenol Brenzcatechin, Resorcin und Phloroglucin (Barth und Schreder). Kaliumhydroxyd ergibt diese Stoffe nicht. Es ist deshalb die Vermutung nicht unberechtigt, daß in vielen Fällen die Reaktionsprodukte von Beimengungen stammen können.

Die meisten Gerbstoffrote liefern bei der Kalischmelze Phloroglucin und Protocatechusäure. Darin stimmen auch die meisten Literaturangaben überein.

Daß die Pflanzenfarbstoffe bei der Kalischmelze ähnliche Produkte wie viele Gerbstoffe liefern, ist bei der früher erörterten Verwandtschaft dieser Stoffe mit den Catechinen nicht verwunderlich. So liefert Chrysin Phloroglucin (Piccard), Apigenin [Perkin (*2*)] und Quercetin [Herzig (*3*)] Phloroglucin und Protocatechusäure. Cyanidin gibt schon nach einstündigem Kochen mit 30proz. Kalilauge Phloroglucin und Protocatechusäure.

Protocatechusäure, $(OH)_2C_6H_3COOH$,

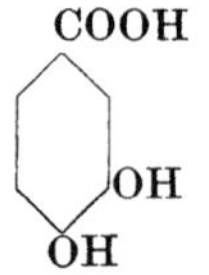

ist eine 3, 4-Dioxybenzoesäure, die man am einfachsten durch Erhitzen von Brenzcatechin mit Ammoniumcarbonat auf 140° erhält. Sie kristallisiert in Nadeln und Plättchen mit einem Molekül Wasser. Der Schmelzpunkt liegt bei 199°. Beim Schmelzen zerfällt die Protocatechusäure in Kohlendioxyd und Brenzcatechin. Sie löst sich in kaltem Wasser wenig, in heißem, sowie in Alkohol und Äther leicht. Ihre Lösungen geben mit Eisenchlorid und Alaun eine blaugrüne Färbung, die auf Zusatz von Alkalien nach Rot umschlägt.

Gallussäure siehe S. 145.

Phloroglucin siehe S. 143.

Brenzcatechin (Pyrocatechin) siehe S. 142.

Resorcin, $C_6H_4(OH)_2$,

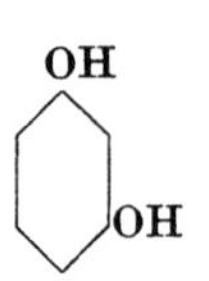

ist ein m-Dioxybenzol. Es kristallisiert in rhombischen Prismen oder Tafeln. In Wasser, Alkohol und Äther ist es leicht löslich. Mit Eisenchlorid gibt es eine dunkelgrüne Färbung. Bei der Einwirkung von Salpetersäure entsteht Styphninsäure (siehe S. 137).

c) Veränderungen durch Einfluß des Wassers und verdünnter Säuren. Läßt man wässerige Gerbstofflösungen an der Luft stehen, so färben sie sich häufig dunkel. Durch Erhitzen wird diese Veränderung beschleunigt. Ester- und Glucosidgerbstoffe werden langsam zerlegt. Es spaltet sich Säure (z. B. Ellagsäure) ab. Rotliefernde Gerbstoffe scheiden langsam Gerbstoff ab.

Die gleichen Veränderungen treten bei Gegenwart von Mineralsäure viel schneller ein. Die Gerbstoffe von Glucosid- und Esterform werden bei 100° hydrolysiert. Am leichtesten werden hierbei die Ellagengerbstoffe gespalten. Auch die Chebulinsäure tritt leicht aus ihren Verbindungen.

Viel schwerer erfolgt die Hydrolyse bei den Gerbstoffen der Tanninklasse, wo die saure Komponente mit alkoholischen Hydroxylen verestert ist. So muß chinesisches Tannin mit 10 Teilen 5proz. Schwefelsäure 72 Stunden lang auf 100° erhitzt werden, um die beste Ausbeute an Glucose zu geben. Einfacher gebaute Gerbstoffe der Tanninklasse, die weniger Gallussäure an Zucker gebunden enthalten, z. B. das Hamamelitannin, werden leichter hydrolysiert [Freudenberg (*2*) S. 39].

Beispiele für die Ausführung der Hydrolyse von Gerbstoffen sind bei der Besprechung der Tannine angegeben. Auf diese muß verwiesen werden.

An dieser Stelle soll auf die in der Gerbstoffchemie so wichtige Gallussäure etwas näher eingegangen werden.

Die Gallussäure, $(OH)_3 \cdot C_6H_2 \cdot COOH$, ist eine Trioxybenzoesäure

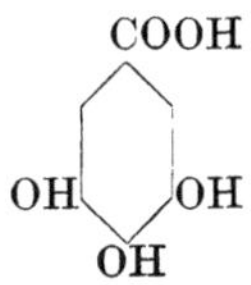

Sie ist kein Gerbstoff. Nach ihrer Entdeckung durch Scheele im Jahre 1876 hielt man sie für den eigentlichen Gerbstoff der Galläpfel, bis die späteren Untersuchungen allmählich ihre Rolle bei den Tanningerbstoffen aufklärten.

Gallussäure kristallisiert in gelblich-weißen Nadeln mit 1 Molekül Kristallwasser, das durch Erhitzen auf 100° entfernt werden kann. Sie löst sich leicht in kochendem Wasser, in Alkohol und Äther, schwer in kaltem Wasser. Ihren wässerigen Lösungen kann die Gallussäure durch Ausschütteln mit Äther entzogen werden.

Bei 220° spaltet sie Kohlendioxyd ab. Beim Erhitzen mit konzentrierter Schwefelsäure geht Gallussäure in ein Hexaanthrachinon, die Ruffigallussäure, über, ein dunkelrotes Produkt, das mit Alkalien eine blaue Lösung gibt.

Reaktionen der Gallussäure. Eisenchlorid gibt eine tiefblaue Färbung, die beim Kochen der Lösung wieder verschwindet. Ferrosalze, die frei von Ferrisalzen sind, geben keine Färbung; in stark konzentrierten Lösungen entsteht ein weißer Niederschlag, der rasch dunkel wird. In alkalischer Lösung absorbiert die Gallussäure Sauerstoff. Mit Kalkwasser, Barytwasser und Ammoniak entsteht ein weißer Niederschlag. Gelatine wird nicht gefällt. Mit Bleiacetat entsteht eine Fällung, mit Bleinitrat nicht. Mit verdünnter Cyankalilösung entsteht eine Rotfärbung, die beim Stehen verschwindet und beim Schütteln wieder auftritt. Ammoniakalische Pikrinsäurelösung gibt eine Rotfärbung, die langsam in Grün übergeht. Tannin und Pyrogallol geben mit Cyankali keine Färbung. Fehlingsche Lösung wird durch Gallussäure nicht reduziert.

d) Veränderungen durch Einwirkung von Sulfiten. Der Einfluß von Sulfiten auf Gerbstoffe hat technische Bedeutung erlangt, seitdem man schwerlösliche Gerbstoffe durch „Sulfitieren“ in eine leicht lösliche Form überführt (siehe bei Quebracho S. 43). Welche chemischen Veränderungen die Gerbstoffe bei der Behandlung mit Sulfiten erfahren, ist nicht bekannt. Lepetit nahm an, daß eine oder mehrere Sulfogruppen in das Gerbstoffmolekül eintreten. Er stellte fest, daß in den durch Sulfitierung löslich gewordenen Extrakten 1. durch Säurezusatz die dem angewandten Bisulfit oder Sulfit entsprechende SO_2-Menge nicht mehr ausgetrieben werden kann; 2. daß die fehlende SO_2-Menge im Rückstand zum Teil oder ganz in Form von organisch gebundenem Schwefel vorhanden ist. Schiffkorn ist der Ansicht, daß beim Sulfitieren von Gerbextrakten nur der zuckerhaltige Anteil mit Sulfit unter Bildung von glucoseschwefliger Säure reagiert und daß der aromatische Gerbstoffanteil an der Sulfitierung nicht beteiligt ist. Die Auffassung läßt sich nach den Ergebnissen der Untersuchungen von Stiasny und Orth nicht aufrechterhalten.

Stiasny und Orth haben mit ihren Untersuchungen keine konstitutionschemische Aufklärung über den Sulfitierungsvorgang angestrebt. Sie wollten lediglich die Veränderungen von Quebrachoextrakt beim Sulfitieren analytisch ermitteln. Sie haben das Ergebnis ihrer Untersuchungen wie folgt zusammengefaßt:

Durch Sulfitierung von Quebrachoextrakt wird eine Verkleinerung der Kolloidteilchen (Dispersitätserhöhung) und ein chemischer Abbau des Gerbstoffes bewirkt. Bei geringer Sulfitierung äußert sich diese Wirkung in einer Löslichmachung der Phlobaphene und damit in einer Vermehrung der gerberisch wirksamen Gerbstoffe; diese Vermehrung überwiegt bedeutend die geringe Bildung von Nichtgerbstoffen durch Abbau oder Tannatbildung. Bei steigendem Sulfitierungsgrad macht sich die Teilchenverkleinerung und auch die Nichtgerbstoffbildung zunehmend bemerkbar. Die durch Umwandlung von Gerbstoffen in Nichtgerbstoffe bedingten Gerbstoffverluste werden immer größer und können, bei entsprechend hohem Sulfitierungsgrad, bis zur vollständigen Zerstörung des Gerbstoffes führen.

Mit steigendem Sulfitierungsgrad nimmt die an Gerbstoff gebundene Sulfitmenge zu. Die durch Formaldehyd-Salzsäure fällbare Gerbstoffmenge nimmt bei starker Sulfitierung ab. Auch die Essigätherlöslichkeit und die Empfindlichkeit der Bromfällung nimmt ab. Bei der fraktionierten Aussalzung zeigt sich mit zunehmender Sulfitierung eine stark abnehmende Aussalzbarkeit.

Es mögen noch die Beobachtungen folgen, die v. d. Waerden an verschieden sulfitierten Quebrachoextrakten gemacht hat und die mit den Feststellungen von Stiasny und Orth im wesentlichen übereinstimmen. v. d. Waerden hat Quebrachoextrakt auf drei verschiedene Arten sulfitiert:

I. 8 g Quebrachoextrakt + 0,44 g Na_2SO_3 + 0,33 g $NaHSO_3$ + 32 g H_2O 8 Std. erhitzt, auf 100 ccm gebracht, dann 75 ccm mit kaltem Wasser auf 1 l verdünnt.
II. 8 g Quebrachoextrakt + 0,8 g $NaHSO_3$ + 32 g H_2O. Sonst wie I.
III. 8 g Quebrachoextrakt + 3,2 g $NaHSO_3$ + 32 g H_2O. Sonst wie I.

Das Verhalten der drei Auszüge bei verschiedenen Reaktionen ist in Tabelle 72 angegeben.

In welcher Weise die Sulfitierung die Aussalzbarkeit von Gerbstofflösungen beeinflußt, hat Stiasny (*3*) an Versuchen mit Quebrachoextrakt gezeigt (siehe Tabelle 73, S. 147).

Die Zahlen in Tabelle 73 zeigen deutlich, daß durch die Sulfitierung die Aussalzbarkeit von Gerbstofflösungen verringert wird.

e) Veränderungen durch Einwirkung von Fermenten. In den Abschnitten über das Hamamelitannin, die Chebulinsäure, die Gerbstoffe des Edelkastanienholzes und der Eichenrinde ist wiederholt und teilweise sehr eingehend geschildert worden, daß die Gerbstoffe durch die Einwirkung eines Fermentes, der Tannase, abgebaut werden können. Die Arbeitsmethoden von Peters, Freudenberg und anderen Forschern sind dort angegeben.

Die Einwirkung von Fermenten auf Gerbstoffe ist nicht erst in neuerer Zeit erkannt worden. Es war nur nicht gelungen, das wirksame Ferment festzustellen.

Tabelle 72.

Untersuchter Gerbst.-Auszug	Gelatinprobe: Erste Trübung bei	Gelatinprobe: Erste Fällung bei	Formaldehydprobe	Löslichkeit in Essigäther	Schwefelammonprobe	Bromprobe	Anilinprobe
Quebracho unbehandelt 6 g/l	10,7 mg Gerbstoff in 100 ccm	22,3 mg Gerbstoff in 100 ccm	sofortige Fällung, Filtrat keine Eisenbläuung	65,5% des Gesamtlöslichen	allmählich Trübung, später Fällung	sofortige Fällung	kein Niederschlag
Lösung I	12,4 mg Gerbstoff in 100 ccm	37,1 mg Gerbstoff in 100 ccm	sofortige Fällung, Filtrat keine Eisenbläuung u. keine Trübung mit Gelatine	14,3% des Gesamtlöslichen	kein Niederschlag	kein Niederschlag	kein Niederschlag
Lösung II	9,9 mg Gerbstoff in 100 ccm	31,3 mg Gerbstoff in 100 ccm	sofortige Fällung, Filtrat keine Eisenbläuung und keine Trübung mit Gelatine	37,1% des Gesamtlöslichen	kein Niederschlag	Trübung	Trübung, später Niederschlag
Lösung III	13,2 mg Gerbstoff in 100 ccm	36,3 mg Gerbstoff in 100 ccm	sofortige Fällung, Filtrat keine Eisenbläuung u. keine Trübung mit Gelatine	3,1% des Gesamtlöslichen	kein Niederschlag	kein Niederschlag	Trübung, später Niederschlag

Tabelle 73. Einfluß der Sulfitierung auf die Aussalzbarkeit von Quebrachoextrakt.

Art des Extraktes	In % vom Gesamtgerbstoff wurden ausgesalzen bei			Gesamtaussalzung	Rest	Summe
	1/3-Sättigung	2/3-Sättigung	3/3-Sättigung			
Quebrachoextrakt unvorbehandelt	42,4	21,6	15,2	79,2	19,3	98,5
20 g Quebrachoextrakt + 2 g $NaHSO_3$ + 80 g H_2O 8 Std. am Rückflußk. erh.	18,1	13,5	12,7	44,3	52,3	96,6
40 g Quebrachoextrakt + 3,23 g $NaHSO_3$ + 85,5 g H_2O 8 Std. am Rückflußk. erh.	17,7	17,7	18,0	53,4	45,7	99,1
Quebrachoextrakt + 7,5% $NaHSO_3$ + 7,5% Na_2SO_3	16,4	15,8	17,6	49,8	46,9	96,7
Quebrachoextrakt + 10% $NaHSO_3$ + 5% Na_2SO_3	17,9	15,9	19,2	53,0	46,3	99,3
Quebrachoextrakt + 5% $NaHSO_3$ + 10% Na_2SO_3	13,7	16,5	15,1	45,3	52,8	98,1

Robiquet vermutete schon 1839, daß das Entstehen von Gallussäure in einem Galläpfelauszug der Wirkung eines „Katalysators“ zuzuschreiben sei.

Larocque konnte wenige Jahre später nachweisen, daß in den Galläpfeln ein Ferment vorhanden ist, das Zucker in Alkohol und Kohlensäure umsetzen kann und aus Tannin Gallussäure entstehen läßt. Im Jahre 1869 konnte dann van Tieghem nachweisen, daß in einer Tanninlösung sich nur dann Gallussäure bildet, wenn auf der Lösung Schimmelpilze entstehen können, daß die Zersetzung des Gerbstoffes also an ein Vorhandensein von Pilzen geknüpft ist. Erst Fernbach konnte dann 1900 das eigentliche wirksame Ferment, die Tannase, erfassen, indem er Schimmelpilze (Aspergillus niger), die auf Tannin gewachsen waren, macerierte und mit Wasser auszog. Aus der eingeengten Lösung fällte er die Tannase mit Alkohol.

Die Herstellung der Tannase wurde dann immer weiter verbessert. Die neueren Bereitungsmethoden, wie sie Freudenberg und seine Mitarbeiter angewandt haben, sind beim Hamamelitannin aufgeführt (siehe S. 117).

Freudenberg ging, als für seine Untersuchungen größere Tannasemengen erforderlich wurden, dazu über, die Tannase anstatt aus Tannin aus Myrobalanen zu gewinnen. Das Präparat ist gegen Lackmus neutral. Es gibt nur eine ganz geringe Eisenchloridreaktion. Mit 3proz. Schwefelsäure werden in 2 Stunden bei 100^0 24% Zucker abgespalten, der Fehlingsche Lösung reduziert und ein Osazon liefert. In Wasser löst sich die Tannase klar mit brauner Farbe auf. Die Art und Zahl der aus dem Aspergillusmycel in die Tannase übergegangenen Enzyme steht nicht fest. Da die Tannase nur esterartige Gerbstoffe spaltet, scheint das den Gerbstoffen gegenüber wirksame Enzym eine Esterase zu sein. Die Gegenwart anderer Enzyme in der Tannase ist nachgewiesen.

Bei der Einwirkung der Tannase auf Gerbstofflösungen färben sich diese meist dunkler, was Freudenberg [(*2*) S. 50] auf die Gegenwart von Spuren einer Oxydase zurückführt. Die Tannase löst in den Gerbstoffen die Verbindung zwischen Carboxyl und Hydroxyl, das entweder aliphatisch sein kann, wie bei den Zuckern, oder aromatisch, wie z. B. in der im chinesischen Tannin enthaltenen Gallussäuregruppe. Die Wirksamkeit der Tannase beschränkt sich nicht auf Gerbstoffe. Pottevin konnte mit Tannase Phenolglucoside, Salicylsäureester und Fette spalten.

Welche Arten von Schimmelpilzen für die Tannasebildung in Frage kommen, steht noch nicht fest. Außer Aspergillus niger haben Mucor- und Penicilliumarten wirksame Tannasepräparate geliefert. So wird zum Beispiel die Chlorogensäure, das im Kaffee vorkommende Depsid aus Kaffeesäure und Chinasäure, nach Groter von Penicilliumtannase, nach Freudenberg (*5*) von Aspergillustannase zerlegt.

Die günstigste Abbauwirkung erzielt man in Gerbstofflösungen von 0,2 bis 0,5% Gerbstoff. Die wirksamste Temperatur liegt etwa bei 33^0. Den Verlauf der Hydrolyse verfolgt man am besten durch Titration an der Zunahme der abgespaltenen Säure.

Als Maß für die Wirksamkeit der Tannasepräparate hat Freudenberg den Begriff des „Spaltwerts" eingeführt. Der Spaltwert eines Tannasepräparates ist gleich der Anzahl Milligramme, die nötig sind, um bei 33^0 in 24 Stunden 1,082 g wasserfreien Gallussäuremethylester (entsprechend 1,000 g Gallussäure), in 200 ccm Wasser gelöst, zur Hälfte zu spalten. Näheres über den Spaltwert und seine Ermittelung ist im Collegium 1921, S 468ff. zu finden.

Wegen Einzelheiten des fermentativen Abbauverfahrens sei nochmals auf die Abschnitte über das Hamamelitannin und den Gerbstoff der Edelkastanie (S. 117 und 123) verwiesen.

IV. Die Reindarstellung der Gerbstoffe.

Über die Reindarstellung der Gerbstoffe aus Hölzern, Rinden, Früchten usw. sind im Abschnitt über die spezielle Chemie der Gerbstoffe so viele Beispiele angeführt, daß hier lediglich einige allgemeine Grundsätze hervorgehoben werden sollen.

Eine besondere Schwierigkeit bei der Darstellung der Gerbstoffe besteht darin, daß viele Gerbstoffe sich während des Gewinnungsprozesses leicht verändern. Die Neigung zur Hydrolyse schon in wässeriger Lösung bei gewöhnlicher Temperatur, die starke Einwirkung des Erhitzens läßt es bei vielen Gerbstoffen sehr fraglich erscheinen, ob ihre Reindarstellung in der Form, in der sie in der Pflanze vorhanden sind, überhaupt möglich ist. Besonders die in vielen Pflanzen anwesenden Fermente bilden eine Gefahr für die Gewinnung der Gerbstoffe in ihrer ursprünglichen Form. Vor der Extraktion müssen daher diese Fermente durch kurzes Erhitzen des möglichst frisch geernteten Materiales abgetötet werden. Daß ein botanisch einwandfrei identifiziertes, einheitliches Material für die Gerbstoffdarstellung verwendet werden muß, ist selbstverständlich.

Um den Gerbstoff aus den Pflanzenteilen zu entfernen, werden diese in zerkleinerter (gemahlener) Form extrahiert. Als Extraktionsmittel werden Wasser, Alkohol, Aceton, Alkohol-Äther-Gemische und Aceton-Äther-Gemische verwendet. Welches Extraktionsmittel das zweckmäßigste ist, hängt von dem einzelnen Gerbstoff ab. Auszüge, die nicht mit Wasser gewonnen sind, werden eingedampft. Das Eindampfen solcher Lösungen muß mit großer Vorsicht, zuletzt im Vakuum erfolgen. Durch erneute Wasserzugabe beim Eindampfen entfernt man die letzten Reste organischer Lösungsmittel.

Die wässerige Gerbstofflösung bzw. der in Wasser aufgenommene Extraktionsrückstand kann nun auf verschiedene Weise weiter verarbeitet werden. Es gibt keine allgemeine Darstellungsmethode, die für alle Gerbstoffe gleich anwendbar wäre. Das am meisten verwendete Fällungsmittel, mit dem der Gerbstoff aus der wässerigen Lösung nunmehr niedergeschlagen wird, ist neutrales Bleiacetat. Basisches Bleiacetat hat den Nachteil, daß es verschiedene Zucker und andere Beimengungen mitfällt. Die Bleiniederschläge werden am besten in der Hitze bereitet, da sie sich dann besser filtrieren lassen.

Der Bleiniederschlag wird anschließend zerlegt. Dies erfolgt mit Schwefelsäure, mitunter auch mit Schwefelwasserstoff. Eine Zerlegung mit Schwefelwasserstoff bringt aber den Nachteil mit sich, daß das entstehende Bleisulfid unverändertes Bleisalz einschließt und außerdem viel Gerbstoff adsorbiert. Die Zerlegung mit Schwefelsäure kann in der Kälte erfolgen. Die Verwendung von Schwefelwasserstoff empfiehlt Freudenberg [(*2*) S. 33] in den Fällen, in denen auf gute Ausbeute verzichtet wird. Im Filtrat hat man nun außer Gerbstoff Essigsäure, mitunter Gallussäure und andere Säuren, Pektine, Farbstoffe u. dgl. Bleisulfid schlägt die stark gefärbten Stoffe zuerst nieder, weshalb man bei der Zerlegung mit Schwefelwasserstoff meist hellere Filtrate erhält.

Freudenberg und Uthemann verwenden zur Fällung der Gerbstofflösung eine wässerige Lösung von Thalliumbicarbonat, um die Entstehung der mitunter störenden Essigsäure (aus Bleiacetat) zu umgehen. Der Thalliumniederschlag läßt sich in wässerigem Aceton (1 : 2) mit verdünnter Salzsäure zerlegen.

Die Gerbstofflösung wird nunmehr wieder unter vermindertem Druck eingeengt. Sodann wird der Gerbstoff durch Kochsalz gefällt oder durch organische Lösungsmittel ausgeschüttelt. Am besten verwendet man beide Verfahren.

Ein weiteres Mittel zur Reinigung der Gerbstoffe besteht in der Darstellung ihrer Kaliumsalze. Man erhält sie durch vorsichtige Zugabe von wässerigem Kaliumcarbonat zu einer wässerigen Gerbstofflösung, oder noch besser durch Vereinigung der alkoholischen Lösungen. Die Kaliumgerbstoffverbindungen geben den Gerbstoff an Essigäther wieder ab. Man führt diese Reinigung nach dem Essigätherverfahren folgendermaßen aus [Stiasny und Paniker, hier nach Freudenberg (*2*) S. 34]:

Die unter vermindertem Druck stark eingeengte Lösung wird mit soviel Natriumcarbonatlösung oder festem Natriumbicarbonat versetzt, bis ein Tropfen, mit Wasser verdünnt, bei der Tüpfelmethode nur noch ganz schwach sauer reagiert. Dann schüttelt man die Lösung mit Essigsäure in verschiedenen Portionen aus, die ihrerseits wieder mit wenig Wasser gewaschen und unter vermindertem Druck verdampft werden. Dabei wird zuletzt Wasser zugesetzt, um den hartnäckig anhaftenden Essigäther völlig zu entfernen. Wenn sich der Gerbstoff in Essigäther oder einer anderen, mit Wasser nicht mischbaren Flüssigkeit auflöst, und wenn er keine freie Carboxylgruppe enthält, so ist dieses Reinigungsverfahren allen anderen vorzuziehen. In der neutralisierten Lösung bleiben alle Zucker, Pektine, Salze und freien Carbonsäuren sowie ein großer Teil der zuckerreichen Beimengungen und der stark gefärbten Verunreinigungen zurück.

V. Derivate der Gerbstoffe.

a) Methylderivate. Gerbstoffe können mit Dimethylsulfat, die empfindlicheren mit Diazomethan methyliert werden. Auch Jodmethyl und Alkali ist in manchen Fällen verwendet worden.

Die Methylierung der gegen Alkali empfindlichen Gerbstoffe der Tanninklasse werden nach Fischer und Freudenberg [(*6*) S. 2497] mit Diazomethan wie folgt methyliert:

Zu der eiskalten Lösung von 5 g scharf getrocknetem türkischen Tannin in 20 ccm getrocknetem Aceton wird so viel einer ätherischen Lösung von Diazomethan zugetropft, bis die Flüssigkeit dauernd gelb gefärbt ist. Diese Lösung bleibt drei Stunden bei gewöhnlicher Temperatur stehen und muß dann noch unverbrauchtes Diazomethan enthalten. Der Überschuß an Diazomethan wird durch einige Tropfen Eisessig zerstört. Man fällt dann mit Petroläther. Der entstehende harzige Niederschlag wird beim Verreiben mit frischem Petroläther schnell fest. Zur Entfernung der organischen Lösungsmittel wird er mit siedendem Wasser übergossen, bis alles geschmolzen ist, und tüchtig durchgearbeitet. Nach Entfernung des heißen Wassers erstarrt die Masse sofort beim Erkalten. Sie wird unter frischem Wasser fein zerrieben und das Erhitzen mit Wasser usw. nochmals wiederholt. Schließlich resultiert ein amorphes, schwach gelbliches Pulver. Ausbeute 5,5 bis 5,8 g.

Auch die m-Digallussäure wird durch Diazomethan in den Pentamethyl-m-digallussäuremethylester verwandelt. Man suspendiert 0,5 g entwässerte und fein gepulverte m-Digallussäure in 26 ccm reinem Chloroform und destilliert unter Eiskühlung das aus 2,5 ccm Nitrosomethyluretan entstehende Diazomethan hinzu. Nach 10 bis 15 Minuten langem Stehen engt man unter geringem Druck zum Syrup ein, aus dem die Pentamethylverbindung auskristallisiert [Fischer und Freudenberg (*7*)].

Bei der Chebulinsäure wird anscheinend eine aliphatische Hydroxylgruppe nicht methyliert, auch wenn man zweimal Diazomethan einwirken läßt. Die frei gebliebene Hydroxylgruppe läßt sich mit Brombenzoylchlorid nachweisen [Fischer und Bergmann (*5*)].

Kostanecki und Tambor haben Gambircatechin mit Dimethylsulfat methyliert, in dem sie zu einer erkalteten Lösung von 30 g Catechin in 150 ccm Alkohol eine Lösung von 38 g Dimethylsulfat und 17 g Kalilauge in 15 ccm Wasser hinzufügten. Zum Schluß wird nochmals die gleiche Menge Dimethylsulfat und Kalilauge zugegeben. Nachdem die sehr heftige Reaktion nachgelassen hat, wird der Catechintetramethyläther durch viel Wasser gefällt. Durch erneute Behandlung mit viel Dimethylsulfat geht die Tetraverbindung des Catechins in den Pentamethyläther über (Kostanecki und Lampe).

Bei der Behandlung der Ellagsäure mit Diazomethan erhielten Herzig und Pollak (*2*) den Tetramethyläther.

Der Methylierungsprozeß ist bei Gerbstoffen nicht immer ganz durchsichtig. Mit Diazomethan treten mitunter Nebenreaktionen auf. Man darf deshalb nicht ohne weiteres annehmen, daß nach der Methylierung mit Diazomethan die Struktur des Gerbstoffes unverändert geblieben ist. Eine weitere Störung kann dadurch auftreten, daß dem Diazomethan häufig etwas Methylamin beigemengt ist. Dieses legt sich an die Carboxyl- oder Phenolgruppen und sperrt sie für die weitere Methylierung, die dann auch bei langer Einwirkung nicht vollständig wird. Das Reaktionsprodukt muß in diesem Fall isoliert, mit Säure behandelt und von neuem methyliert werden [Freudenberg (*2*) S. 60].

b) Acetylderivate. Für die Acetylierung von Gerbstoffen gibt Freudenberg [(*2*) S. 52] folgende Vorschrift als Anhalt:

6 g gereinigtes Chinatannin werden mit 25 ccm frisch destilliertem Essigsäureanhydrid und derselben Menge getrocknetem Pyridin bei 15 bis 20° auf der Maschine geschüttelt. Nach 24 Stunden ist klare Lösung eingetreten. Die Flüssigkeit wird noch drei Tage bei Zimmertemperatur aufbewahrt und dann in dünnem Strahl in mit Eis versetzte überschüssige, verdünnte Schwefelsäure eingegossen. Dabei fällt ein schwach gelbbraunes, zähes Öl aus, das beim Verreiben langsam fest und bröckelig wird, so daß es nach einigen Stunden abgesaugt werden kann. Das Präparat gibt in acetonischer Lösung mit etwas Eisenchlorid keine Grünfärbung mehr. Es wird nach dem Trocknen in 40 ccm Chloroform gelöst und in 250 ccm stark gekühlten Methylalkohol in dünnem Strahl unter Umrühren eingegossen. Dabei fällt die Acetylverbindung in farblosen Flocken aus. Ausbeute nach dem Trocknen bei 110° und 11 mm etwa 9 g.

Kostanecki und Tambor haben Gambircatechin vollständig acetyliert, indem sie es mit Essigsäureanhydrid und Natriumacetat kochten.

Die Acetylierung der Gallussäure haben Fischer, Bergmann und Lipschitz (*2*) folgendermaßen durchgeführt:

500 g käufliche kristallisierte Gallussäure werden mit 2,5 kg Essigsäureanhydrid übergossen und unter häufigem Umschütteln allmählich mit 50 g wasserfreiem gekörntem Zinkchlorid versetzt. Es entsteht eine klare braune Lösung. Man erhitzt sie noch zwei Stunden auf dem Wasserbad und gießt sie nach dem Abkühlen in etwa 10 l kaltes Wasser. Es scheidet sich bald ein dickes Öl ab, das nach kurzer Zeit erstarrt. Nach 12 Stunden saugt man ab und wäscht mit kaltem Wasser aus. Das Rohprodukt enthält Verunreinigungen, die von Bicarbonat nicht gelöst werden. Man übergießt deshalb die zerkleinerte Masse mit 2 bis 3 l Wasser und gibt so lange konzentrierte Kaliumbicarbonatlösung zu, bis keine Kohlensäureentwickelung mehr zu bemerken ist Die filtrierte kaum gefärbte Lösung wird sofort mit verdünnter Salzsäure versetzt, wobei die Triacetylgallussäure kristallinisch ausfällt. Die Ausbeute beträgt etwa 600 g, d. i. 76% der Theorie. [Nach Freudenberg (*2*) S. 53.]

Für die Bestimmung der Acetylgruppen in acetylierten Gerbstoffen sei hier das von Fischer und Bergmann (*6*) bei den acetylierten Tanninen angewandte Verfahren angegeben:

0,4 g werden in 50 ccm reinem Aceton gelöst und im Wasserstoffstrom unter Umschütteln bei 20° erst mit 25 ccm $^{n}/_{1}$-Natronlauge und nach einigen Minuten mit 60 ccm Wasser versetzt. Zum Schluß entsteht eine klare gelbrote Lösung. Sie wird noch eine Stunde bei Zimmertemperatur aufbewahrt, dann mit Phosphorsäure stark angesäuert und nun die wässerige Flüssigkeit in einem rasch wirkenden Extraktionsapparat erschöpfend mit reinem Äther extrahiert. Die ätherische Flüssigkeit wird unter Zusatz von 200 ccm Wasser aus einem Bade, das zum Schluß auf 140° erhitzt war, destilliert und diese Operation noch zwei bis dreimal nach Zugabe von 150 ccm Wasser wiederholt, bis keine Säure mehr übergeht. Das verwendete Aceton und der Äther darf selbstverständlich unter denselben Bedingungen kein saures Destillat geben. Das gesamte Destillat wird dann mit $^{n}/_{10}$-Natronlauge titriert.

Die gleichen Autoren (*7*) geben für die Verseifung von Acetyltannin mit Salzsäure und Methylalkohol folgende Vorschrift:

5 g Acetyltannin werden in 50 ccm Aceton gelöst, dann mit dem Gemisch von 50 ccm Methylalkohol und 7 ccm wässeriger Salzsäure (1,19) versetzt, bis zur Lösung der entstehenden Fällung geschüttelt und nach 24stündigem Stehen mit etwas Wasser verdünnt. Nachdem unter Kühlung und dauerndem Umschütteln 75 ccm $^{n}/_{1}$-Natronlauge zugegeben sind, werden die organischen Lösungsmittel unter stark vermindertem Druck abdestilliert. Der abgeschiedene Gerbstoff wird nach Zusatz von etwas verdünnter Schwefelsäure mit Essigäther aufgenommen, die Lösung mehrmals mit Wasser gewaschen und unter vermindertem Druck, zuletzt nach Zugabe von Wasser, verdampft. Da die zurückbleibende Masse noch etwas Acetyl enthält, wird die Behandlung mit Methylalkohol und Salzsäure genau in der zuvor beschriebenen Weise einmal wiederholt. Ausbeute 2,9 g eines Tannins, das sich vom Ausgangsmaterial in der Drehung nur wenig unterscheidet. [Nach Freudenberg (*2*) S. 55.]

Die Verseifung mit Salzsäure ist die schonendste. Sie läßt den räumlichen Aufbau des Tanninmoleküls nahezu unverändert. Bei der Verseifung des Acetyltannins mit verdünnter Natronlauge wird der sterische Aufbau etwas mehr verändert als bei der Verwendung von Salzsäure. Noch schonender ist die Verseifung mit Natriumacetat [Fischer und Bergmann (*7*)].

Acetylderivate der Protocatechusäure sind von Ciamician und Silber und später von Fischer, Bergmann und Lipschitz (*3*) hergestellt worden.

c) Benzoylderivate. Benzoyltannin erhielt Böttinger (*3*), indem er eine wässerige Lösung von 8 g Tannin mit 5 ccm starker Natronlauge mischte und Benzoylchlorid hinzufügte. Die Flüssigkeit färbt sich zuerst dunkel, wird dann heller und schließlich fast ganz farblos, während ein weißer, harziger Stoff ausfällt. Das Produkt ist noch mit Benzoesäure-Anhydrid verunreinigt, das durch Äther entfernt wird. Das Präparat ist aber nicht einheitlich.

Vournasos erhitzte 1 Teil Tannin mit 5 Teilen Benzoylchlorid fünf Stunden in einem Ölbad. Durch wiederholtes Lösen in Aceton und Ausfällen mit Alkohol wurde das rohe Produkt gereinigt, dessen Schmelzpunkt mit 140° angegeben wird.

d) Carbomethoxyderivate. Wenn in Carbonsäuren mehrwertiger Phenole die in meta- und para-Stellung befindlichen Hydroxyle geschützt, die orthoständigen aber offen bleiben sollen, so bedient man sich statt der Acetylderivate der Carbomethoxyverbindungen. Chlorkohlensäureester hat die Eigentümlichkeit, in wässeriger alkalischer Lösung im allgemeinen die orthoständigen Hydroxyle zu schonen und nur die meta- und para-ständigen zu carbomethoxylieren [Freudenberg (*2*) S. 62].

VI. Elektrochemie der Gerbstoffe.

Im Jahre 1908 versuchte Metzges erstmals, Gerbstoff in Lösungen durch eine elektrische Methode zu bestimmen. Er schlug den Gerbstoff durch Wechselstrom von langer Phase zwischen zwei Aluminiumelektroden nieder. Das Ende der Reaktion wurde durch die Tüpfelmethode festgestellt. Die Methode lieferte jedoch keine einwandfreien Resultate. Corridi hat die Brauchbarkeit der Methode bezweifelt.

Seit diesem Versuch ist über das elektrochemische Verhalten der Gerbstoffe nicht viel bekannt geworden, bis Grasser (*2*) im Jahre 1920 eine Reihe von Arbeiten veröffentlichte, welche die ersten Einblicke in die elektrochemischen Eigenschaften der Gerbstoffe gewährten.

Die meisten Gerbstoffe weisen eine negative Ladung auf, die sich durch anodische Wanderung kund tut. Bei manchen Gerbstoffen zeigen sich in der Wanderung Störungen, die man aber durch eine Umladung der Lösung mit Säure, am besten Essigsäure, beheben kann, so daß eine normale Wanderung des Gerbstoffes eintritt. Eine Ausnahme macht dabei der Quebrachogerbstoff, der nach der Umladung der Lösung mit Essigsäure kathodisch wandert. Diese Erscheinung ist bei keinem anderen Gerbstoff nachzusweien.

Die Gegenwart von Kationen verhindert im allgemeinen das elektroosmotische Wandern der Gerbstoffe. Die Wanderung beginnt erst, wenn der Hauptteil der Kationen abgewandert ist. Man erkennt dies an den kathodischen Dialysaten, die zuerst farblos sind und mit abnehmendem Kationengehalt an gefärbten Kolloidstoffen zunehmen.

Grasser hat auch bei vielen Gerbstoffen das Auftreten der Gesamtdialyse, d. h. Wandern der Gesamtlösung als solche bei der Elektroosmose festgestellt, und zwar bei essigsauren Lösungen der Gerbstoffe von Galläpfeln, Fichtenrinde, Malettrinde und von Tannin, sowie bei alkalischen Lösungen von Quebrachoextrakt, ferner bei Quebracho-Calcium-Verbindungen, Quebracho-Methylenblau-Verbindungen und bei Gemischen von Quebracho mit Sulfitcelluloseextrakt und Neradol.

Bei einer Anzahl von Gerbstoffen, besonders in Gegenwart von Elektrolyten, tritt Hand in Hand mit der fortschreitenden Reinigung der Gerbstofflösungen und Abwanderung der Anionen und Kationen und des hierdurch bewirkten Einsetzens höherer Spannungen eine rasche Zersetzung in unlösliche Produkte ein.

Auf Grund des elektrochemischen Verhaltens von Mangrove und Catechu, hält Grasser diese beiden Gerbstoffe für Natriumsalze der betreffenden Grundstoffe. Er glaubt damit auch die gute Löslichkeit und die weniger starke Gerbfähigkeit und dunkle Färbung der beiden Gerbmittel erklären zu können. Bei der elektroosmotischen Behandlung tritt bei beiden Gerbstofflösungen Ausfällung der anodischen Gerbstoffe mit brauner Farbe ein, die in Wasser nahezu unlöslich sind. Durch Zusatz von Natronlauge kann sofort die blutrote Lösung der beiden Natriumverbindungen erzeugt werden.

Durch die Elektroosmose tritt in den meisten Fällen eine Zersetzung der löslichen Gerbstoffe ein; man erkennt dies an der Bildung löslicher Stoffe, die anodisch und kathodisch abgeschieden werden oder im Rückstand der behandelten Lösung sich anreichern. Die Eigenschaften dieser Stoffe weichen von denen der ursprünglichen Gerbstoffe ab, fällen auch keine Gelatine mehr.

Grasser hält die Trennung zweier qualitativ verschiedener Gerbstoffe in einem Gerbmaterial durch die Elektroosmose für durchführbar, z. B. bei Eichenholz und bei Valonea. Dagegen scheint die Reinigung und Isolierung von Gerbstoffen aus ihren Auszügen oder Adsorptionsverbindungen mit Hilfe der Elektroosmose keine befriedigende Resultate zu geben, da durch sekundär einsetzende Prozesse starke Veränderungen der abgeschiedenen Stoffe bewirkt werden.

Ein Abbau der Gerbstoffe durch die Elektroosmose und die Erfassung der Abbauprodukte konnte in keinem Fall eindeutig durchgeführt werden. Dagegen erwies sich ein elektroosmotisches Untersuchungsverfahren für den Nachweis von Mangrove und Quebracho in anderen Extrakten, ferner von Sulfitzelluloseextrakt und Neradol D in Gerbstoffgemischen als praktisch verwertbar.

Tabelle 74. Potentialdifferenz verschiedener Gerbstoffe.

Gerbstoffauszug	Gesamtlösl. in Liter g	Potentialdifferenz Volt
Gambir (Würfel)	18,7	— 0,005
Eichenrinde	17,0	— 0,009
Kastanienholz	17,8	— 0,009
Hemlockrinde	16,7	— 0,010
Sumach	19,6	— 0,014
Lärchenrinde.	19,5	— 0,018
Gelbholz	13,7	— 0,018(?)
Quebracho.	11,0	— 0,028

Die Potentialdifferenz von Gerbstofflösungen wurde von Thomas und Foster (*2*) nach der Kathaphoresenmethode gemessen. Sie erhielten die in Tabelle 74 angegebenen Werte.

Gambir mit der niedrigsten Adstringens zeigt demnach die niedrigste und Quebracho mit der größten Adstringens die höchste Potentialdifferenz.

Daß die Potentialdifferenz von Gerbstofflösungen mit abnehmender Konzentration zunimmt, geht aus Versuchen der gleichen Forscher hervor (Tabelle 75):

Tabelle 75. Beziehung zwischen Konzentration und Potentialdifferenz.

Gramm Trockensubstanz im Liter Lösung	Potentialdifferenz
32	— 0,024 Volt
16	— 0,028 ,,
8	— 0,029 ,,
4	— 0,030 ,,

Tabelle 76. Beziehung zwischen Acidität und Potentialdifferenz.

Zugabe von ccm $^n/_{10}$-HCl pro Liter	Potentialdifferenz:
0	— 0,024 Volt
10	— 0,014 ,,
15	— 0,010 ,,
20	annähernd 0,0 Volt

Dagegen nimmt bei Zunahme der Acidität der Gerbstofflösung die Potentialdifferenz wesentlich ab, wie eine Lösung von 16 g festem Quebrachoextrakt im Liter zeigt, zu der verschiedene Mengen $^n/_{10}$-Salzsäure zugesetzt worden sind (Tabelle 76).

Literaturübersicht.

Ainsworth u. Mitchell: Chem. Zentralblatt **2**, 787 (1924).
Alpers: Arch. der Pharm. **244**, 575 (1906).
Andreasch: Gerber **1894**, 195.
Arata (*1*): Journ. Chem. Soc. London **40**, 1152 (1881); (*2*): Ann. Soc. scient. Argentina **6**, 97 (1878).
Barth u. Schreder: Ber. **22**, 2709 (1889).
Bjalobrsheski: Chem.-Ztg. **1900**, 87.
Böhme: Collegium **1922**, 105.
Böttinger (*1*): Annal. **202**, 269 (1880); Ber. **14**, 1598 (1881); **16**, 2710 (1883); Arch. der Pharm. **503** (1884); (*2*): Ber. **17**, 1127 (1884); (*3*): Ber. **22**, 2709 (1889).
Braconnot: Ann. de Chim. et de Physique **9**, 181 (1818).
Braemer: Bot. Zentralblatt **1891**, 274.
Casparis: Ztschr. f. angew. Ch. **1929**, 1010.
Cazeneuve: Ber. **8**, 828 (1875).

Ciamician u. Silber: Ber. **25**, 1476 (1892).
Clauser: Ber. **36**, 105 (1903).
Corridi: Collegium **1909**, 281.
Crede: Journ. Soc. Leather Trades Chem. **1925**, 573.
Dekker: Gerbstoffe **1913**.
Deuß: Chem. Zentralblatt **3**, 678 (1923).
Etti: Monatshefte f. Chemie **1**, 265 (1880); **4**, 512 (1883); **10**, 647 (1889).
Feist: Ber. **45**, 1493 (1912).
Fernbach: Compt. rend. **131**, 1214 (1910).
Fischer (*1*): Ber. **41**, 2875 (1908); (*2*): Ber. **52**, 825 (1919).
Fischer u. Bergmann (*1*): Ber. **45**, 931 (1912); (*2*): Ber. **51**, 318 (1918); (*3*): Ber. **51**, 1791 (1918); (*4*): Ber. **51**, 1760 (1918); (*5*): Ber. **51**, 317 (1918); (*6*): Ber. **51**, 1768 (1918); (*7*): Ber. **51**, 1780 (1918).
Fischer, Bergmann u. Lipschitz (*1*): Ber. **51**, 62 (1918); (*2*): Ber. **51**, 53 (1918); (*3*): Ber. **51**, 45 (1918).
Fischer u. Freudenberg (*1*): Ber. **46**, 1120 (1913); (*2*): Ann. **384**, 238 (1911); (*3*): Ebenda **384**, 226 (1911); (*4*): Ber. **45**, 915 (1912); (*5*): Siehe Freudenberg (*2*): S. 90/91; (*6*): Ber. **47**, 2498 (1914); (*7*): Ber. **46**, 1127 (1913).
Freudenberg (*1*): Über Depside und Gerbstoffe. Collegium **1921** (10); (*2*): Die Chemie der natürlichen Gerbstoffe **1920**; (*3*): Ber. **52**, 1238 (1919); (*4*): Ber. **53**, 1416 (1920); (*5*): Ber. **53**, 232 (1920).
Freudenberg u. Blümmel: Ann. **440**, 45 (1925).
Freudenberg, Böhme u. Beckendorff: Ber. **54**, 1204 (1921).
Freudenberg, Böhme u. Purrmann, Ber. **55**, 1734 (1922).
Freudenberg, Fikentscher, Harder u. Schmidt: Ann. **444**, 135 (1925).
Freudenberg, Fikentscher u. Wenner: Ann. **442**, 309 (1925).
Freudenberg u. Frank: Ann. **452**, 303 (1927).
Freudenberg u. Kammüller: Ann. **451**, 209 (1927).
Freudenberg u. Peters: Ber. **52**, 117 (1919); **53**, 953 (1920).
Freudenberg u. Uthemann: Ber. **52**, 1515 (1919).
Freudenberg u. Vollbrecht: Ann. **429**, 284 (1922).
Freudenberg u. Walpurski: Ber. **54**, 1695 (1921).
Fridolin: Dissert. Dorpat **1884**.
Geiger: Untersuchungen über die Gerbstoffe **1829**.
Gilson (*1*): Bull. Acad. med. Belgique **16**, 827 (1902); (*2*): Ebenda **16**, 852 (1902).
Goris u. Fluteaux: Bull. Sciences Pharmacol. **17**, 599 (1910).
Graebe: Ann. **138**, 203 (1866).
Grasser (*1*): Collegium **1911**, 393; (*2*): Ebenda **1920**, 17.
Griebel: Ztschr. f. Unters. Nahrgs.- u. Genußmittel **19**, 241 (1910).
Groter: Arch. der Pharm. **247**, 184 (1909).
Grüning: Arch. der Pharm. **20**, 56 (1882).
Grüttner: Arch. der Pharm. **236**, 278 (1908).
Günther: Dissert. Dorpat **1871**.
Herzig (*1*): Ber. **38**, 989 (1905); (*2*): Ber. **56**, 221 (1923); (*3*): Monatshefte f. Chemie **6**, 863 (1885).
Herzig u. Pollak (*1*): Monatshefte f. Chemie **29**, 279 (1908); (*2*): Ebenda **29**, 267 (1908).
Hlasiwetz (*1*): Wien. Akad. Ber. **1867**, 2; (*2*): Dekker: Gerbstoffe, S. 410; (*3*): Ann. **142**, 237 (1867).
Hock: Ber. **16**, 886 (1883).
Jablonski u. Einbeck: Ledertechn. Rdsch. **1926**, Nr. 6.
Johanson: Arch. der Pharm. **209**, 244 (1876).
Karrer (*1*), Salomon u. Peyer: Helv. chim. Acta **6**, 3 (1923); (*2*): Ebenda **6**, 8 (1923).
Kirmße: Arch. der Pharm. **236**, 129 (1898).
Körner: Leder-Markt **1897**, Nr. 37, S. 40, 53.
Kostanecki (*1*): Ber. **39**, 4007 (1906); (*2*): Ber. **40**, 720 (1907).
Kostanecki u. Lampe: Ber. **39**, 4015 (1906).
Kostanecki u. Tambor: Ber. **35**, 1868 (1902).
Kunz-Krause: Pharm. Zentralblatt **1898**, 401, 411, 421.
Kurmeier: Collegium **1927**, 273.
Larocque: Journ. Pharm. **29**, 197 (1841); Journ. f. prakt. Ch. **24**, 36 (1841).
Lauffmann: Collegium **1919**, 294.
Lepetit: Collegium **1903**, 225.
Löper: Trommd. N. Journ. **5**, 339 (1821).
Löwe (*1*): Ztschr. f. anal. Ch. **12**, 128 (1873); (*2*): Ebenda **14**, 46 (1875); (*3*): Ebenda **14**, 35 (1875); (*4*): Ebenda **20**, 208 (1881).

Metzges: Chem.-Ztg. **1908**, Nr. 27.
Mezey: Collegium **1926**, 552.
Münz: Collegium **1929**, 499.
Nierenstein (*1*): Collegium **1905**, 197; (*2*): Ebenda **1905**, 21; (*3*): Ebenda **1909**, 161; (*4*): Ann. **396**, 194 (1913); (*5*): Collegium **1905**, 69; (*6*): Ebenda **1906**, 141.
Paeßler (*1*): Collegium **1919**, 252.
Paeßler u. Hoffmann: Ledertechn. Rdsch. **1913**, 129.
Perkin (*1*): Journ. Chem. Soc. London **71**, 1131 (1897); (*2*): Ebenda **71**, 805 (1897); (*3*): Ebenda **75**, 433 (1899).
Perkin u. Uyeda: Journ. Chem. Soc. London **121**, 66 (1922).
Perkin u. Nierenstein: Chem. Zentralblatt **1905** II, 323 u. 1589.
Perkin u. Yoshitake: Journ. Chem. Soc. London **81**, 1160 (1902).
Perkin u. Wood: Journ. Chem. Soc. London **73**, 376 (1898).
Piccard: Ber. **7**, 888 (1874).
Pottewin s. Freudenberg: Gerbstoffe, S. 49 u. 50.
Powarnin u. Schurawlew: Collegium **1913**, 283.
Power u. Salway: Journ. Chem. Soc. London **1914**, 767, 1062.
Procter: Journ. Soc. Chem. Ind. **1894**, 13.
Procter u. Paeßler: Gerbereichem. Untersuch. **1901**, 54.
Prunier Ann. de Chim. et de Physique **15**, 1 (1878).
Purrmann: Collegium **1922**, 105.
Rembold (*1*): Ann. **143**, 285 (1867); (*2*): Ber. **15**, 2624 (1882).
Richling: Monatshefte f. Chemie **47**, 659 (1926).
Robiquet: Ann. **44**, 385 (1839).
Rochleder (*1*): Wien. Akad. Ber. **58** II, 169 u. 222 (1868); (*2*): Ebenda **54** II, 607 (1866).
Runge: Materien zur Phytologie **1821**.
Scheele: Scheeles sämtl. Werke **1891**, 401.
Schiffkorn: Collegium **1915**, 101.
Schmidt: Ann. **476**, 250 (1929).
Schütt: Dissert. München **1900**.
Schwarz: Journ. f. prakt. Ch. **56**, 78 (1852).
Sisley: Bull. Soc. Chim. **5**, 727 (1909).
Smithu. Maiden s. Freudenberg: Gerbstoffe, S. 125.
Stein: Monatshefte f. Chemie **47**, 659 (1926).
Stenhouse (*1*): Ann. **45**, 11 (1843); (*2*): Mem. Chem. Soc. London **1**, 27 (1842); (*3*): Proc. Royal Soc. London **11**, 401 (1861).
Stiasny (*1*): Collegium **1923**, 326; (*2*): Gerber **1905**, 187; (*3*): Collegium **1925**, 144.
Stiasny u. Paniker: Journ. Chem. Soc. London **99**, 1819 (1911).
Stiasny u. Orth: Collegium **1924**, 23.
Strauß u. Gschwendner (*1*): Ztschr. f. angew. Ch. **19**, 1124 (1906); (*2*): Collegium **1906**, 257; (*3*): Ebenda **1906**, 267; (*4*): Ztschr. f. angew. Ch. **19**, 1121 (1906).
Strecker: Ann. **81**, 248 (1852); **90**, 328 (1854).
Thomas u. Foster (*1*): Ind. and Engin. Chem. **15**, 707 (1923); (*2*): Ebenda **14**, 191 (1922).
Thomas u. Frieden: Ind. and Engin. Chem. **1923**, 839.
Thoms: Chem. Zentralblatt **1906** I, 1829.
Tieghem, van (*1*): Ann. scient. nat. (5) Bot. **8**, 212 (1867); (*2*): Ebenda **8**, 210 (1867).
Trimble: The Tannins II. Philadelphia **1894**, 79; Amer. Journ. Pharm. **1894**, 299; Pharm. Rdsch. **1893**, 214.
Trimble u. Sack, nach Gnamm: Gerbstoffe u. Gerbmittel **1925**, 176.
Tschirch u. Heuberger: Schweiz. Wschr. f. Chem. u. Pharm. **1902**, 282.
Trunkel: Arch. der Pharm. **248**, 204 (1910).
Ultée u. Dorssen: Cultuurgids **1909**, 2. Tl., Nr. 12.
Votocek u. Köhler: Chemicke Listy **1914**, 279.
Waerden, v. d.: Collegium **1924**, 345.
Wagner: Journ. f. prakt. Ch. **1864**, 294.
Wehmer: Pflanzenstoffe, S. **1174**. Jena 1911.
Weinland: Ber. **47**, 977 (1914).
Wollenweber: Arch. der Pharm. **244**, 466 (1906).
Wood: Chem. Zentralblatt **1909** I, 385.
Zölffel (*1*): Arch. der Pharm. **229**, 158 (1891); (*2*): Ebenda **229**, 77 (1891).
Zwenger u. Dronke: Ann. Suppl. **1**, 257 (1861).

C. Die Untersuchung der pflanzlichen Gerbmittel.

Von **Dr.-Ing. Hellmut Gnamm,** Stuttgart.

Bei der Untersuchung pflanzlicher Gerbmittel steht im Hinblick auf ihre technische Verwendung an erster Stelle die Feststellung des Gerbstoffgehaltes, also die quantitative Bestimmung der in den Gerbmitteln enthaltenen Gerbstoffe. Von geringerer Bedeutung ist die qualitative Prüfung der Gerbmittel bzw. ihrer Gerbstoffe. Sie findet eine praktische Nutzanwendung nur bei Extrakten, deren Herkunft zweifelhaft oder unbekannt ist. Außer der Ermittelung der Menge und Art des Gerbstoffes kommt für die chemische Untersuchung noch die Bestimmung des Zuckergehaltes und der in den Gerbmitteln enthaltenen Feuchtigkeit in Frage. Für die Untersuchung von technischen Gerbbrühen und flüssigen Extrakten treten dann außerdem noch einige andere Gesichtspunkte hinzu.

Im Hinblick auf ihre technische Bedeutung wird die quantitative Untersuchung der Gerbmittel (entgegen sonstigen Gepflogenheiten) hier an erster Stelle behandelt.

I. Die quantitative Untersuchung der Gerbmittel.

1. Die Bestimmung der Gerbstoffe.

a) Geschichtliche Entwicklung der Gerbstoffanalyse. Biggin war der erste, der im Jahre 1800 eine Methode zur Bestimmung von Gerbstoffen vorgeschlagen hat. Als im Jahre 1897 auf dem Londoner Kongreß des Internationalen Vereins der Leder-Industrie-Chemiker (I.V.L.I.C.) die Bestimmungen für die erste sog. „Internationale Gerbstoffbestimmungsmethode" festgesetzt wurden, waren seit 1800 nicht weniger als etwa 83 verschiedene Methoden vorgeschlagen und größtenteils wieder verworfen worden. Man hatte die Erfahrung gemacht, daß die Bestimmung sämtlicher, ihrer Natur nach so verschiedenen Gerbstoffe nach ein und derselben Methode, wie sie die analytische Chemie bot, Schwierigkeiten machte, und war im Jahre 1897 auf der genannten Zusammenkunft in London dazu übergegangen, ein Hautpulververfahren zu vereinbaren, das die besten vergleichbaren Werte lieferte. Auf dieses Moment der „Vereinbarung" hat die Gerbstoffanalyse auch heute noch nicht verzichten können, nachdem ihre Methoden weitere Verbesserungen erfahren haben. Jede auch noch so wohl durchdachte Methode wird immer wieder in diesem oder jenem Chemiker, in der einen oder anderen Interessentengruppe einen Kritiker oder gar Gegner finden. Deshalb ist eine bis ins kleinste gehende Festlegung der Arbeitsbestimmungen und die internationale Anerkennung ihrer Gültigkeit das einzige Mittel, um bei der Mengenmessung der in den technischen Gerbmitteln enthaltenen Gerbstoffe vergleichbare Werte zu erhalten.

J. Dekker hat in seiner Monographie über die Gerbstoffe die zahlreichen Gerbstoffbestimmungsmethoden einer eingehenden Schilderung gewürdigt. Er hat dabei unterschieden (die Zahlen bedeuten die Anzahl der vorgeschlagenen Methoden):

1. Methoden mit Metallsalzen (33),
2. Methoden mit organischen Fällungsmitteln (11) (nicht Eiweißstoffe),
3. Jodometrische und oxydimetrische Methoden (15),
4. Methoden mit Eiweißstoffen als Fällungsmittel (24),
5. Elektrische und refraktrometrische Methoden (2).

Aus dieser Fülle von Bestimmungsarten, die Dekker im Jahre 1913 zusammengestellt hat, sind heute nur noch zwei Methoden von Bedeutung:

die im Jahre 1897 erstmals aufgestellte und später verbesserte internationale I.V.L.I.C.-Methode mit Hautpulver und die amerikanische Methode. Alle anderen haben nur noch geschichtlichen Wert. Die ebenfalls aufgeführte oxydimetrische Methode von Loewenthal aus dem Jahre 1860/1870/1881 nimmt eine besondere Stellung ein.

Im Laufe von acht Jahrzehnten wurden unter anderen folgende Gerbstofffällungsmittel verwendet: Pottasche, Kupferacetat, Ferriacetat, Zinnchlorid, Ferricitrat, Bleiacetat, Baryt, Ammoniumzinkacetat, Ammoniumnickelsulfat, Zinkoxyd, Eisenammoniakalaun, Aluminiumacetat, Bleicarbonat, Kalkwasser, Nickelhydroxyd, Gelatine, gemahlene Haut, Fischleim, Leim, Violinsaiten, Hornschläuche, Eiweiß, Seide, Antipyrin, gewachsene Tonerde, Casein. Zahlreiche Farbstoffe dienten als Indicatoren für titrimetrische Bestimmungen.

Aber von allen Methoden haben sich zum Schluß nur die gewichtsanalytischen bewährt, und zwar die Methoden, bei denen der Gerbstoff an gemahlenes Hautpulver gebunden wird. Daneben hat als einzige oxydimetrische Methode das Löwenthalsche Verfahren mit Kaliumpermanganat eine gewisse technische Bedeutung behalten.

Für alle anderen Methoden muß auf das erwähnte Werk von Dekker verwiesen werden, da eine ausführliche Behandlung aller dieser Bestimmungsarten heute kaum mehr Interesse finden wird.

Bei den gewichtsanalytischen Bestimmungen der Gerbstoffe mittels Hautpulver erheben sich zwei wichtige Fragen: Wie soll das Hautpulver, das zur Analyse verwendet wird, beschaffen sein, und auf welche Art soll das Hautpulver mit der Gerbstofflösung zur Einwirkung gebracht werden?

Das Prinzip der Gerbstoffbestimmung mit Hautpulver besteht darin, daß einem wässerigen Auszug des Gerbmittels durch möglichst innige Berührung mit Hautpulver die gerbenden Stoffe entzogen werden. Kennt man den Gesamtgehalt der Lösung an löslichen Stoffen, so kann man durch Differenz zwischen dem Gesamtlöslichen und den vom Hautpulver nicht aufgenommenen löslichen Stoffen, den Gehalt an Gerbstoffen ermitteln. Hierbei ist aber Vorbedingung, daß aus dem Hautpulver durch Wasser keinerlei lösliche Stoffe herausgelöst werden, die das Analysenresultat beeinträchtigen würden. Unbehandeltes Hautpulver gibt aber an Wasser eine beträchtliche Menge wasserlösliche Stoffe ab. Wird also eine Gerbstofflösung mit solchem Hautpulver behandelt, so enthält das Hautpulverfiltrat nicht nur die sog. Nichtgerbstoffe, sondern auch die durch das Wasser aus dem Hautpulver herausgelösten Stoffe. Dadurch wird das Analysenergebnis beeinträchtigt. Die Menge der gefundenen Nichtgerbstoffe wird zu hoch, die der Gerbstoffe — weil durch Differenz bestimmt — zu gering.

Hieraus ergab sich das Bestreben, das zur Analyse verwendete Hautpulver möglichst wasserunlöslich zu machen. Man suchte dies durch eine gelinde Angerbung des Hautpulvers zu erreichen, indem man es z. B. mit schwachen Chromsalzlösungen behandelte. Man erhielt dadurch das sog. „chromierte Hautpulver“, wie es heute noch bei den Gerbstoffanalysen verwendet wird.

Die innigste Berührung der zu entgerbenden Gerbstofflösung erzielt man durch ein Schütteln der Lösung mit dem Hautpulver in einer geeigneten Flasche. Filtriert man nach einiger Zeit die Lösung, so ist sie wasserklar, der Gerbstoff ist vom Hautpulver zurückgehalten worden. Eine zweite Methode der Entgerbung besteht darin, daß man die Gerbstofflösung langsam durch eine mit Hautpulver gefüllte Filterglocke laufen läßt, wobei ebenfalls Entgerbung der Lösung eintritt. Man erhält jedoch mit diesen beiden Methoden, die man als „Schüttelmethode“ und „Filtermethode“ bezeichnet hat, nicht genau übereinstimmende Werte.

Als der Internationale Verein der Leder-Industrie-Chemiker (I.V.L.I.C.) erstmals im Jahre 1897 eine internationale Gerbstoffbestimmungsmethode festlegte, begann auch gleichzeitig der Kampf zwischen der Filter- und der Schüttelmethode. Und dieser Kampf ist im Grunde heute noch nicht entschieden und wird in absehbarer Zeit nicht zu entscheiden sein. Die Literatur über diese beiden Methoden, über ihre Vorteile und Nachteile ist außerordentlich umfangreich, und es ist nicht möglich, alle die verschiedenen Anschauungen hier aufzuzählen.

Es war jedenfalls eine merkwürdige Erscheinung, daß, nachdem im Jahre 1907 die Schüttelmethode als „offizielle Methode" erklärt worden war, trotzdem überall die Filtermethode Verwendung fand. Die Filtermethode liefert höhere Werte. Es kann den Gerbern und Gerbereichemikern der Vorwurf nicht erspart werden, daß sie sich damals nicht mit etwas mehr Energie, insbesondere gegenüber dem Gerbstoffhandel, für eine Methode eingesetzt haben, die von ihnen selbst als die international gültige erklärt worden war. Die Beschlüsse des I.V.L.I.C. im Jahre 1907 haben sich damals in der Praxis keine Geltung zu verschaffen vermocht.

Bei der Festsetzung einer internationalen Gerbstoffbestimmungsmethode ist keineswegs diejenige die beste, welche die höchsten Werte liefert. Es ist verständlich, daß die Vertreter des Gerbstoffhandels diese Ansicht vertreten. Der Gerber muß die Methode als die richtige ansehen, die nur den Stoff als Gerbstoff anzeigt, der die Eigenschaft hat, Haut in Leder zu verwandeln. Es muß zugegeben werden, daß bei der Auslaugung von Gerbmitteln die Grenze zwischen Gerbstoffen in diesem Sinne und Nichtgerbstoffen verwischt ist. Genaue Arbeitsvorschriften sind deshalb gerade hier erforderlich. Es wird bei der Festlegung von international gültigen Gerbstoffbestimmungsmethoden viel weniger darauf ankommen, die chemisch beste Methode zu wählen, als vielmehr darauf, die Arbeitsvorschriften so klar und eindeutig vorzuschreiben, daß bei deren Befolgung die einzelnen Chemiker zu Ergebnissen kommen, die miteinander übereinstimmen. Dieses Bestreben wird ganz von selbst zu dem Verfahren führen, das die geringsten Fehlerquellen in sich birgt; es wird auch fortlaufend immer wieder Verbesserungen erheischen, die sich mit der Zeit und der Erfahrung einstellen.

Und so ist auch für die im Jahre 1907 beschlossene offizielle Methode im Jahre 1928 eine neue Methode vorgeschlagen worden, die als „internationale" Methode im wahren Sinne des Wortes die bis dahin verschiedenen Analysenverfahren Amerikas, Englands und Deutschlands durch eine einheitliche Methode — wieder Schüttelmethode — ersetzen sollte.

Die heute verwendete gewichtsanalytische Hautpulvermethode hat folgende geschichtliche Entwickelung hinter sich. Der erste, der Hautpulver als Gerbstoffadsorbenz verwendet hat, war Bell-Stephens im Jahre 1826. Er ließ die Gerbstofflösung auf Hautpulver einwirken und errechnete aus der Gewichtszunahme des Hautpulvers die vorhandene Gerbstoffmenge. Müntz und Rampacher benützten im Jahre 1874 statt Hautpulver ein Hautstück, durch das sie die Gerbstofflösung unter Druck filtrierten. Das Filtrat wurde eingedampft und aus dem Rückstand der Gerbstoffgehalt der Lösung berechnet. Diese Methode veranlaßte dann Procter (*1*) im Jahre 1887, statt des Hautstückes zur Filtration eine mit Hautpulver gefüllte Glasglocke (Filterglocke) zu verwenden und die zu entgerbende Flüssigkeit hindurchzuleiten. So entstand die sog. Filtermethode. Da diese Filtermethode jahrzehntelang die am meisten benutzte Art der Gerbstoffbestimmung war, sei hier ihre ursprüngliche Form, wie sie Procter in seinem Manuskript zum erstenmal beschrieben hat, wiedergegeben:

„Ein ganz wirksamer Apparat hierzu kann aus dem Zylinder einer Petroleumlampe mit Rundbrenner gefertigt werden, der etwas über dem Grunde der Flamme eingezogen und sonst zylindrisch ist. Man paßt eine Korkscheibe in den Zylinder ein, durchbohrt sie in der Mitte, überzieht sie mit einem Stückchen reiner Leinwand und preßt sie in die Röhre so weit ein, daß sie auf der Verengung aufruht. Man wägt dann 5 g Hautpulver in die Röhre ein und schüttelt dies darin so zusammen, daß es einen Raum von etwa 50 ccm einnimmt. Dann schneidet man das Rohr etwas darüber ab, daß noch Raum bleibt um einen Kork hineinzustecken, der das Hautpulver ein wenig zusammenpreßt, da es, wenn befeuchtet, sich etwas zusammenzieht. Auch dieser Korkstöpsel wird vor dem Einsetzen durchbohrt und mit einem Leinenstückchen überzogen. Zur Vervollständigung des Apparates kann man einen kurzen Federkiel in diese Bohrung stecken und diesen vermittelst eines zweiten (mit Rillen versehenen) Korkes in einen Kolben einpassen. Gießt man die zu filtrierende Flüssigkeit direkt in die Röhre, so wird man finden, daß sie in den meisten Fällen längs einer Seite einen Kanal bildet und ohne daß Gerbstoff absorbiert wird, abläuft. Man kann dies vermeiden, indem man nach aufwärts filtrieren läßt; es kann dies aber auch ohne weitere Komplikation des Apparates in folgender Weise umgangen werden. Man kehre die Röhre um, breites Ende nach unten, in ein Becherglas von etwa 100 ccm Inhalt, fülle dieses mit der Flüssigkeit, lasse sie ein oder zwei Stunden darin stehen, bis das Hautpulver zu einer gewissen Höhe ganz durchfeuchtet ist, kehre dann um und gieße jetzt die Lösung oben auf, so wird die Filtration gleichmäßig und stetig vor sich gehen. Ich verwende eine Lösung, die 10 bis 12 g gerbender Substanzen im Liter enthält, obwohl ich nicht weiß, ob dies die höchst zulässige Konzentration ist. 50 ccm dieser sorgfältig durch Papier filtrierten Lösung werden bei 100° C eingedampft, um die Gesamtmenge der löslichen Körper zu ermitteln. Hat man durch Trocknen der ursprünglichen Probe den gesamten festen Rückstand bestimmt, so ergibt die Differenz beider Bestimmungen die Menge der unlöslichen Stoffe. Werden weitere 50 ccm des Hautfiltrates ebenfalls bei 100° C eingedampft, so ergibt dieser Rückstand die Menge der löslichen „Nichtgerbstoffe". Ich fand, daß Nickelschalen für diesen Zweck sehr passend sind, da sie schneller als Porzellangefäße zu arbeiten gestatten, obwohl sie für Einäschern weniger als Platinschalen tauglich sind."

Um die gleiche Zeit haben sich Simand, Eitner, Meerkatz und Weiß an der Wiener Versuchsanstalt für die Lederindustrie um die Verbesserung der gewichtsanalytischen Hautpulvermethode bemüht. Sie stellten folgende Arbeitsvorschrift auf, die deshalb hier aufgeführt werden soll, weil sie als erste, genauer formulierte Analysenvorschrift für die Hautpulvermethode angesehen werden kann:

1. Man extrahiert eine gewogene Menge des betreffenden Materiales auf ein derartig gewähltes Volumen, daß eine Brühe von ungefähr 1 g Extraktgehalt in 100 ccm erhalten wird, wozu man unbeschadet der Richtigkeit der Resultate einen solchen Apparat anwenden kann, in dem die gerbstoffhaltige Lösung gekocht werden muß.

2. Ein aliquoter Teil der klar filtrierten Lösung (100 ccm) wird am Wasserbade in der Platinschale eingedampft, bis zur Gewichtskonstanz getrocknet, verascht und wieder gewogen.

3. Zu einem anderen Teile derselben Lösung (etwa 200 ccm) werden nach jedesmaligem raschem Filtrieren durch ein kleines reines Leinenfilter je 1 oder 2 g feines Hautpulver zugegeben, unter öfterem tüchtigem Schütteln jedesmal 1½ Stunden digerieren gelassen, bis alle gerbenden Substanzen entfernt sind. Fast in allen Fällen wird man mit 5 bis 6 g Hautpulver ausreichen.

4. Von dem so erhaltenen klaren gerbstofffreien Filtrate wird wie ad 2 ein Teil (100 ccm) in der Platinschale am Wasserbade verdampft, bis zur Gewichtskonstanz getrocknet, verascht und wieder gewogen.

5. Die Differenz der nach 2. und 4. erhaltenen trockenen, aschenfreien Extrakte gibt die in der angewendeten Lösung (in 100 ccm) enthaltene Gerbstoffmenge, die unter Berücksichtigung der gebrauchten Verdünnung leicht auf Prozente des Materiales umzurechnen ist.

Aus den Erfahrungen, die mit diesen Untersuchungsmethoden gemacht wurden, ging dann in dem Bestreben, in allen Ländern eine einheitliche Methode zu verwenden, die Form der Hautpulvermethode hervor, die auf der genannten Tagung des I.V.L.I.C. in London im September 1897 zur ersten „internationalen Hautpulvermethode" erhoben wurde. Sie war eine Form der Filtermethode; als ihr geistiger Vater darf Procter angesehen werden.

Diese Methode, welche die erste internationale Methode darstellte, gab nun in den folgenden Jahren Veranlassung zu einer überreichen literarischen Betätigung. Zahlreiche Verbesserungsvorschläge wurden gemacht. In den Anhängern der sog. Schüttelmethode (siehe unten) erwuchsen ihr Gegner, und dieser Kampf zwischen den Vertretern der Filter- und denen der Schüttelmethode führte zehn Jahre später (1907) zu einem Sieg der letzteren, allerdings, wie schon ausgeführt, nur zu einem scheinbaren Sieg.

Jocum hat im Jahre 1894 wohl zum erstenmal die eigentliche Schüttelmethode eingeführt. Er schüttelte 10 g Hautpulver mit 200 ccm Wasser 10 Minuten in einem Apparat, filtrierte und preßte das Hautpulver aus. In 3 g des feuchten Hautpulvers, entsprechend etwa 1 g trockenem, wurde das Wasser bestimmt. Der Rest wurde in drei gleichen Portionen zu 150 ccm der Gerbstofflösung zugegeben, je 10 Minuten lang geschüttelt und hierauf zweimal durch Leinwand, zum Schluß durch Papier filtriert und die so erhaltene Lösung zur Bestimmung der Nichtgerbstoffe verwendet.

Aus dieser Methode ist dann die, wenn man so sagen will, zweite internationale Hautpulvermethode hervorgegangen, deren einzelne Bestimmungen auf der Hauptversammlung des I.V.L.I.C. in Brüssel im Jahre 1908 festgelegt wurden (siehe S. 173).

Der unerfreuliche Zustand ist schon erwähnt worden, daß in Deutschland und Österreich die alte Filtermethode bis zum heutigen Tag in der Praxis der Gerbstoffindustrie ihren Platz behauptet hat, obwohl die Schüttelmethode für die allein gültige erklärt worden war.

Im Mai 1927 traten in London die Delegierten der verschiedenen Vereinigungen der Lederindustriechemiker in der Absicht zusammen, das noch immer viel umstrittene Gebiet der quantitativen Gerbstoffanalyse durchzusprechen und die Grundlagen für eine provisorische internationale offizielle Methode festzulegen, die nun tatsächlich in allen Ländern gleichmäßig zur Verwendung gelangen sollte. Als Grundlagen der Beratungen dienten die Bestimmungen, wie sie bisher innerhalb des I.V.L.I.C. für die Gerbstoffanalyse Geltung gehabt hatten. Die neue internationale provisorische Methode, die mehrere Abänderungen dieser Bestimmungen vorsah, sollte von den Hauptversammlungen der Lederindustrie-Chemikervereinigungen geprüft und ihre Annahme als offizielle Methode an Stelle der bisher gültigen Analysenbestimmungen (1908) mit Wirkung vom 1. Januar 1928 beschlossen werden. Diese Annahme wurde von den Hauptversammlungen, die von den drei Vereinigungen: I.V.L.I.C. (Internat. Ver. der Leder-Industrie-Chemiker), A.L.C.A. (American Leather Chemists Association) und I.S.L.T.C. (Internat. Society of Leather Trades' Chemists) im Jahre 1927 abgehalten worden waren, beschlossen.

Damit war die dritte internationale Gerbstoffbestimmungsmethode, nun wieder eine „Schüttelmethode", am 1. Januar 1928 an Stelle der bisherigen vom Jahre 1908 getreten. Die Gerbstoffanalysenfrage war aber leider damit noch nicht gelöst.

Gleich zu Beginn der vorbereitenden Beratungen hatten sich Stimmen gegen die Einführung der Schüttelmethode erhoben und die wenig begeisterte Aufnahme, die bei der Berliner Tagung des I.V.L.I.C. in Berlin 1927 die neue Methode besonders von seiten der Gerbstoffextraktindustrie gefunden hatte, ließ darauf schließen, daß durch diese neue provisorische Methode die Kämpfe auf dem Gebiete der Gerbstoffanalyse noch lange nicht zum friedlichen Abschluß gebracht sein würden. Schwierigkeiten in der Beschaffung des vorgeschriebenen Hautpulvers veranlaßten dann zunächst eine Hinausschiebung des Termins, der für die Einführung der neuen Methode gültig sein sollte. Die immer lauter werdenden Einwände — besonders von seiten des Gerbstoffhandels — gegen einige tatsächlich vorhandene Schwächen der neuen Methode führten zu Vergleichsversuchen, die unter der Leitung von M. Bergmann, von zahlreichen Gerbereichemikern durchgeführt wurden. Das Ergebnis dieser Vergleichsuntersuchungen zeigte, daß die Vorschriften der international-offiziellen Gerbstoffbestimmungsmethode vom Jahre 1928 doch in verschiedenen Punkten Mängel aufwiesen, deren Behebung erforderlich war. Auch Berichte von ausländischen Gerbereichemikerverbänden sprachen sich in diesem Sinne aus[1]. Tatsächlich wurde in Deutschland auch nach der Einführung der international-offiziellen Methode fast überall die alte Filtermethode bei der quantitativen Gerbstoffanalyse angewandt. Die weitere Ausgestaltung der offiziellen Methode wurde deshalb in die Hände eines internationalen Delegiertenausschusses gelegt, dessen Tätigkeit aber naturgemäß sich nur langsam auswirken wird.

Die Frage der Methode für eine internationale Gerbstoffanalyse war somit gegen Ende des Jahres 1930 (als mit dem Druck dieses Handbuches begonnen wurde) nichts weniger als geklärt. Um bis zur endgültigen Aufstellung einer internationalen Methode wenigstens für den Bereich des I.V.L.I.C. ein einheitliches Analysenverfahren auf der Grundlage der Filtermethode zu schaffen, nach dem sich vergleichbare Untersuchungsergebnisse erzielen lassen, hat der Leiter der deutschen Versuchsanstalt für die Lederindustrie in Freiberg, Dr. Stather, eine Neufestsetzung der Vorschriften für das Filterverfahren der quantitativen Gerbstoffbestimmung vorgeschlagen[2]. Die vorgeschlagene Methode ist als „Interimsverfahren" durchaus geeignet. Zur Erzielung vergleichbarer Werte ist aber — wie bei allen Gerbstoffbestimmungsmethoden — genaue Einhaltung der vorgeschlagenen Arbeitsmethoden unerläßliche Voraussetzung. Ob von den einzelnen am Gerbstoffhandel und -verbrauch beteiligten Gruppen die erwünschte Einmütigkeit für die Einhaltung dieser Arbeitsvorschriften aufgebracht werden wird, scheint nach den unerfreulichen Erfahrungen der letzten Jahrzehnte noch keineswegs sicher zu sein.

Der Wortlaut der verschiedenen Methoden für die Gerbstoffbestimmung findet sich auf Seite 171ff.

b) Die Probenahme für die Untersuchung. Die Art der Probenahme von Gerbmaterialien für die Analyse ist von außerordentlicher Wichtigkeit. In den meisten Fällen, in denen Chemiker bei der Untersuchung von Gerbmaterialien verschiedene Gerbstoffgehalte feststellen, ist eine unsachgemäße Probeziehung der Grund der voneinander abweichenden Analysenwerte. Die Unterschiede liegen weniger an der Unsicherheit der Untersuchungsmethoden als an einer mangelhaften Probenahme. Es kann deshalb gar nicht eindringlich genug auf die richtige Art der Probenahme hingewiesen werden.

Die sachgemäße Entnahme von Analysenmustern aus Gerbmaterialien erfordert eine genaue Kenntnis des Gerbstoffgehaltes in den einzelnen Teilen der zu untersuchenden Gerbmittel. Es ist im allgemeinen Teil bei der Besprechung vieler Gerbmittel darauf hingewiesen worden, wie unregelmäßig der Gerbstoff in den verschiedenen Pflanzenteilen verteilt ist. Nicht allein zwischen Früchtekern und Früchteschalen, zwischen Holz oder Rinde von Stämmen, Zweigen oder Ästen bestehen große Unterschiede im Gerbstoffgehalt; ein solcher zeigt sich vielmehr auch bei Rindenteilen, die nicht allzuweit auseinander liegen, so z. B. bei Rinden aus verschiedener Stammhöhe, und natürlich ganz besonders bei Rinden verschiedenen Alters.

So seien als Beispiel hier nur die Angaben Schröders über den Gerbstoffgehalt von Eichenrinden aus verschiedener Stammhöhe angegeben. Es enthielt:

das unterste	Meter	16,93%	Gerbstoff	das fünfte	Meter	14,60%	Gerbstoff
„ zweite	„	15,43%	„	„ sechste	„	14,44%	„
„ dritte	„	14,76%	„	„ siebente	„	14,02%	„
„ vierte	„	14,74%	„	„ oberste	„	13,02%	„

[1] Collegium **1929**, 233; Journ. Soc. Leather Trades Chem. **1929**, 412.
[2] Collegium **1930**, 480. Siehe auch Seite 192.

Hat man also den durchschnittlichen Gerbstoffgehalt einer Partie Eichenrinde festzustellen, so wird man um so eher ein der Wirklichkeit entsprechendes Ergebnis erhalten, je größer die Anzahl Rindenstücke für die Analysenprobe war.

Noch weit größer als bei Rinden aus verschiedener Stammhöhe sind die Unterschiede im Gerbstoffgehalt bei Rinden mit wenig und mit viel Borke. Die Unterschiede können hierbei 50 und mehr Prozent betragen. Stark borkige Rinden, z. B. Fichtenrinden, drücken natürlich den Gerbstoffgehalt der Probe sehr herab. Bei der Auswahl der Rindenstücke für die Analyse ist deshalb borkige und nichtborkige, d. h. junge und alte Rinde in dem Verhältnis zu mischen, in dem diese Rindensorten dem Augenschein nach in der gesamten Partie (Sendung) verteilt sind. Nur dann wird der gefundene Gehalt an gerbenden Stoffen dem Durchschnittswert des Gerbstoffsgehaltes der Sendung nahekommen. Und diesen zu ermitteln ist ja in den meisten Fällen der Zweck der Untersuchung.

Aber noch ein weiterer Gesichtspunkt ist für die Vorbereitung des Analysenmusters von Wichtigkeit. Die zur Untersuchung gelangende Menge des Gerbmittels ist verhältnismäßig klein und muß aus den als Muster gezogenen Teilen entnommen werden. Bei flüssigen Extrakten läßt sich aus verschiedenen, z. B. aus mehreren Fässern entnommenen Einzelproben durch Mischen eine gleichmäßige Gesamtprobe herstellen, die in ihrer Zusammensetzung dann kleinen aus ihr entnommenen Mengen vollkommen entspricht. Anders ist dies bei festen Gerbmitteln, die man für die Analyse zerkleinern muß (Hölzer, Rinden, Früchte, Blätter). So müssen z. B. die aus einer Rindensendung als Muster ausgesuchten Rindenstücke, z. B. 2 kg, in einer Mühle gemahlen werden (siehe nächsten Abschnitt). Das erhaltene Mahlgut ist aber keine gleichmäßige Masse, sondern besteht in der Hauptsache aus Fasern und Staub, deren Gerbstoffgehalt ganz verschieden sein kann. So fand z. B. Paeßler in Faser und Staub von gemahlener Eichenrinde folgende Gerbstoffgehalte:

Staub	9,59	bis	10,87%	Gerbstoff
Faser	12,17	„	14,28%	„

Man wird deshalb bei der Entnahme der zur Analyse verwendeten Rindenmenge aus dem Mahlgut darauf zu achten haben, eine gut gemischte Durchschnittsprobe zu erhalten, da man sonst bei der Untersuchung leicht Werte erhält, die der Wirklichkeit nicht entsprechen.

Bei Fruchtgerbemitteln, wie Algarobilla, Dividivi, Valonea und Myrobalanen sind die Unterschiede zwischen den Gerbstoffgehalten der einzelnen Fruchtteile besonders groß (siehe die Abschnitte über diese Gerbmittel im allgemeinen Teil). Eine sachgemäße Probeziehung ist bei diesen Gerbmitteln außerordentlich schwer, besonders wenn in den Säcken, in denen diese Materialien meist verpackt sind, durch das Herumwerfen beim Auf- und Abladen, der sehr gerbstoffreiche Staub aus den Früchten (Algarobilla) herausgefallen ist.

Manche Früchte, wie z. B. Myrobalanen, kommen auch gemahlen in den Handel. Da Schale und Kern einen ganz verschiedenen Gerbstoffgehalt aufweisen (Schale etwa 50, Kern 3%), so muß eine gute Probe beide Fruchtteile im richtigen Verhältnis enthalten. Das Mengenverhältnis zwischen Schalen und Kernen schwankt zwischen 65:35 und 60:40.

Bei festen Gerbstoffextrakten sind die Schwierigkeiten geringer, weil innerhalb der Masse der Extrakte Unterschiede im Gerbstoffgehalt nicht in dem Maß bestehen wie bei Rinden und dgl. Trotzdem muß auch bei festen Extrakten die Probenahme an möglichst zahlreichen Stellen einer Partie erfolgen (besonders bei Feststellung des Wassergehaltes).

Mit großer Vorsicht sind die Analysenmuster aus flüssigen Extrakten zu entnehmen, besonders wenn diese in einer größeren Anzahl Fässer abgefüllt sind.

Der Extrakt innerhalb eines Fasses kann in den einzelnen Schichten ganz verschiedene Gerbstoffgehalte aufweisen. Procter (2) hat aus einem Faß drei Proben aus verschiedener Tiefe entnommen und folgende Werte für den Gerbstoffgehalt gefunden:

Probe von der Oberfläche des Fasses . . .	26%	Gerbstoff
„ aus der Mitte des Fasses	28%	„
„ vom Boden des Fasses	33%	„

Auch ist zu bedenken, daß beim Abfüllen der Fässer aus großen Behältern oder Tanks die Konzentration des Extraktes wechseln kann. Man soll deshalb bei der Auswahl der Fässer, denen man die Analysenprobe entnehmen will, Fässer wählen, deren Nummern nicht benachbart sind. Weiteres ist in den weiter unten aufgeführten allgemeinen Bestimmungen angegeben.

Man sieht aus dem bisher Besagten, daß bei der Probenahme von Gerbmaterialien jeder Art der Gerbstoffgehalt des gezogenen Musters von einer Reihe von Faktoren beeinflußt werden kann, deren Berücksichtigung für die Gewinnung eines brauchbaren Durchschnittsmusters unumgänglich notwendig ist.

Zur Zeit gelten für die Probenahme von Gerbmaterialien folgende offizielle Bestimmungen des I.V.L.I.C., die sich im allgemeinen mit den schon im Jahre 1897 festgesetzten Vorschriften (siehe S. 171) decken[1]:

1. Bei flüssigen Extrakten. Mindestens 5% der Fässer müssen in der Weise ausgewählt werden, daß deren laufende Nummern möglichst weit auseinander liegen. Von denselben sollen dann die oberen zwei Reifen und der Deckel abgenommen werden. Nun ist mit einem geeigneten Rührer (siehe Abb. 24) der Inhalt gründlich zu mischen und besonders Rücksicht darauf zu nehmen, daß auch aller den Böden und Seiten anhängender Ansatz gleichmäßig daruntergerührt wird. Aus jedem Faß sind gleichmäßig ein oder mehrere Löffel voll zu entnehmen, rasch und gut miteinander zu mischen, und hiervon nicht zu wenig in ein reines, trockenes, luftdicht schließendes Glas zu füllen, das gesiegelt und genau bezeichnet wird. Alle Muster müssen in Gegenwart einer verantwortlichen Person gezogen werden.

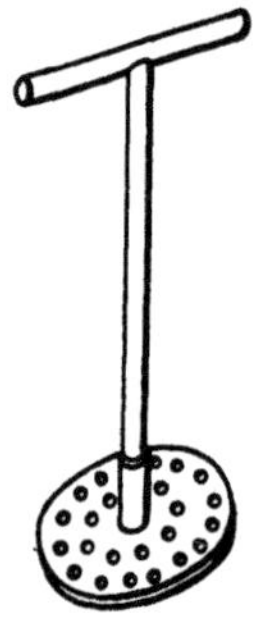

Abb. 24. Rührer zum Durchmischen von flüssigen Extrakten.

2. Gambir und teigförmige Extrakte. Die Probe soll von nicht weniger als 5% der Blöcke gezogen werden, und zwar in der Weise, daß aus jedem Block, aus sieben Stellen desselben, mit einem röhrenförmigen Instrument, das den Block in seiner ganzen Dicke durchdringen kann, Muster entnommen werden.

Feste Extrakte sollen klein geschlagen werden und ebenfalls von 5% des Warenpostens von dessen inneren und äußeren Teilen Proben genommen werden.

In beiden Fällen sind die Muster rasch zu mischen und sofort in einer luftdichten Büchse zu verschließen, zu siegeln und mit Aufschrift zu versehen.

3. Valonea, Algarobilla, Dividivi und Gerbmaterialien im allgemeinen. Von Valonea, Algarobilla und allen übrigen Gerbmaterialien, welche Staub oder Fasern enthalten, sollen die Muster gezogen werden, indem man den Inhalt von zumindest 5% der Säcke auf einem glatten, sauberen Boden in Lagen (Schichten) übereinander ausbreitet. Aus diesem Haufen werden nun senkrecht zu dessen Oberfläche und bis zum Boden greifend an mehreren Stellen Muster entnommen und diese gut gemischt. Wo dies nicht geschehen kann, muß das Muster aus der Mitte einer genügenden Anzahl von Säcken entnommen werden. Während es sich empfiehlt, Valonea und die meisten übrigen Materialien gemahlen

[1] Nach dem Gerbereichem. Taschenbuch der Vagda.

dem Chemiker zu übersenden, ist es jedoch vorzuziehen, Dividivi und Algarobilla ungemahlen zu lassen.

Bei ungeschnittener Rinde und bei anderen Gerbmaterialien in Bündeln werden von 3% derselben aus deren Mitte mit einer Säge oder einem scharfen Beil kurze Abschnitte entnommen (gute Mischung und Verpackung sind auch hier selbstverständlich).

4. Muster für mehr als einen Chemiker. Muster, welche mehr als einem Chemiker vorgelegt werden sollen, müssen als einziges Muster gezogen, gut gemischt und in die erforderliche Anzahl von Anteilen (nicht weniger als drei) zerlegt werden, welche sofort passend zu verpacken, zu siegeln und mit Aufschrift zu versehen sind.

Des weiteren empfiehlt sich das Einhalten folgender Vorschriften:

Gebündeltes Rindenmaterial: Von mindestens 3% der gesamten Bündel wird mit einer Säge aus der Mitte ein schmaler Querschnitt von 2 bis 4 cm herausgeschnitten. Alle Rindenabschnitte werden vereinigt und gut gemischt. Dann wird aus dem Gemisch ein Durchschnittsmuster entnommen, das keinesfalls geringer als 1 kg sein soll.

Zerkleinertes Rindenmaterial. Der Inhalt von mindestens 5% der Säcke wird auf einem sauberen Boden durcheinandergeschaufelt. Dann entnimmt man aus dem Haufen an mehreren Stellen senkrecht zur Oberfläche und bis zum Boden Proben und mischt sie gut durch. Aus dieser Probe, die am besten gemahlen wird, werden die Analysenmuster gezogen.

Abb. 25. Exzelsiormühle.

c) Vorbereitung der Muster für die Analyse. Die für die Analyse bestimmten Gerbmaterialien müssen in geeigneter Weise zerkleinert werden. Rinden, Früchte und dgl. werden in einer Gerbmaterialienmühle zerkleinert, von denen wohl die Exzelsiormühle (siehe Abb. 25) am meisten im Gebrauch ist. Auch die Schleudermühle (Abb. 26) kann empfohlen werden. Das erhaltene Mahlgut muß erneut gut durchgemischt werden, ehe aus ihm die für die Analyse erforderliche Menge entnommen wird.

Vor dem Zerkleinern in der Mühle müssen die Rinden und Früchte in einem Trockenschrank getrocknet werden. Man breitet das Material auf einer Glasplatte oder Metallplatte aus und stellt diese in einen auf etwa 95° eingestellten Trockenschrank. Grasser (*1*) hat zum Trocknen einen besonderen Gerbmaterialienvortrockner (Abb. 27) konstruiert, der aus einem eisernen Träger mit einschiebbaren Kupfertassen besteht, welche die aus dem Betriebe kommenden Proben aufnehmen sollen.

Für die zu fordernde Beschaffenheit der gemahlenen Proben sowie die Vorbereitung der Proben von festen und flüssigen Extrakten sind in der provisorischen internationalen Bestimmungsmethode von 1928 (siehe S. 178) besondere Vorschriften angegeben.

d) Die Wasserbestimmung in Gerbmitteln. In festen Gerbmitteln wie Rinden, Früchten, Blättern und festen Extrakten muß vor der Analyse der natürliche Wassergehalt ermittelt werden.

Man wägt hierzu in einem Wägegläschen etwa 1 g des gemahlenen Gerbmaterials ab und trocknet im Trockenschrank bei 98 bis 100° bis zum gleichbleibenden Gewicht. Die Wägungen dürfen erst erfolgen, nachdem man die

Probe im Exsiccator hat erkalten lassen. Der Gewichtsverlust zeigt den Wassergehalt an.

Wie groß der natürliche Wassergehalt lufttrockener Gerbmittel sein soll und darf, hängt von der Jahreszeit ab. Die Feststellung des Feuchtigkeitsgehaltes

Abb. 26. Schleudermühle.

ist bei Rinden unter Umständen von großer Wichtigkeit, da die Möglichkeit besteht, daß Rinden durch Regen naß werden und dann nicht nur eine ungerechtfertigte Gewichtszunahme aufweisen, sondern auch meist eine Verminderung ihres Gerbstoffgehaltes erfahren. Von Schröder hat den natürlichen Wassergehalt einer Reihe von Gerbmaterialien während der verschiedenen Jahreszeiten untersucht (siehe Tabelle 77, S. 167).

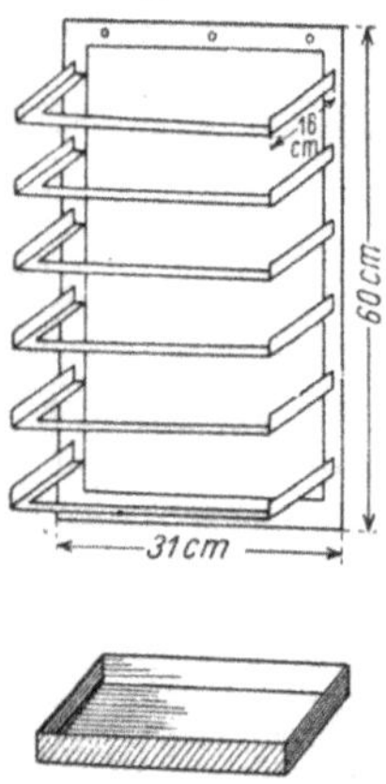

Abb. 27. Trockenapparat nach Grasser.

Eine besondere Art der Wasserbestimmung stammt von Jedlicka. In Anlehnung an eine von Körner beschriebene Methode destilliert er 15 bis 25 g Gerbmaterial aus einem Kupferkolben mit 50 bis 70 ccm Petroleum in einen Meßzylinder. Im Destillat scheidet sich das Wasser rasch vom Petroleum. Die Wassermenge kann an der Einteilung des Meßzylinders abgelesen werden. Will man die vollständige Trennung des Destillates nicht abwarten, so kann man sich mit einer Berechnung behelfen: 15 ccm Petroleumdestillat setzen etwa 0,05 bis 0,10 ccm Wasser ab. Bei flüssigen Extrakten gibt die Methode keine befriedigenden Resultate. Die ermittelten Wassergehalte sind meist zu hoch.

Siehe außerdem § 24 der offiziellen Gerbstoffbestimmungsmethode (S. 182).

e) Die Bereitung des Gerbmittelauszuges für die Analyse. Für die Herstellung des Gerbmittelauszuges sind in der offiziellen Bestimmungsmethode (siehe S. 181) genaue Vorschriften gegeben. Insbesondere ist für die Auslaugung fester Gerb-

Tabelle 77. Natürlicher Wassergehalt der Gerbmittel (von Schröder).

Gerbmittel	Winter %	Frühling %	Sommer %	Herbst %	Größte mittlere Differenz
Sumach	13,06	11,38	10,75	13,30	2,55
Algarobilla	13,15	12,25	11,83	13,40	1,57
Eichenrinde	14,38	12,20	11,43	13,66	2,95
Myrobalanen	14,20	12,84	11,82	13,72	2,38
Dividivi	14,26	12,87	12,24	14,34	2,10
Fichtenrinde	16,44	13,91	12,49	15,07	3,95
Valonea	15,94	14,19	13,21	15,10	2,15
Mimosa	15,05	13,93	13,50	15,17	1,67
Quebracho	16,12	14,56	12,89	14,13	3,23
Rovegallen	15,91	14,81	14,32	15,57	1,59
Knoppern	17,93	16,12	14,65	16,34	3,32

materialien die Benutzung des Kochschen Extraktionsapparates vorgeschrieben. Die ungefähren Mengen der zur Analyse zu verwendenden Gerbmittel sind auf Seite 185 zusammengestellt.

Über die zweckmäßigste Art der Auslaugung fester Gerbmaterialien für die Analyse ist gerade in der letzten Zeit wieder viel gestritten worden. Es sei deshalb auf einige allgemeine Gesichtspunkte hingewiesen.

Die Auslaugung soll so sein, daß alle wasserlöslichen Gerbstoffe und Nichtgerbstoffe aus dem betreffenden Gerbmittel herausgezogen werden. Hierbei ergeben sich dadurch Schwierigkeiten, daß durch das mehrstündige Erhitzen einmal Stoffe in Lösung gebracht werden, die unter gewöhnlichen Verhältnissen nicht als lösliche Stoffe angesehen werden können, und daß ferner Gerbstoffe zersetzt und in schwerlösliche Gerbstoffe übergeführt werden. Aus diesem Grunde ist man gezwungen, die Gerbmaterialien zuerst in Wasser von gewöhnlicher Temperatur einzuweichen und dann die Auslaugung bei Temperaturen durchzuführen, die langsam bis auf 100° ansteigen. Die frühere offizielle Methode von 1908 bestimmte, daß bei Benützung des Kochschen Apparates auf 1 l auszulaugen sei. In der neuen Methode wurde die zum Auslaugen zu verwendende Wassermenge auf 2 l erhöht und damit ein oft entbrannter Streit beigelegt.

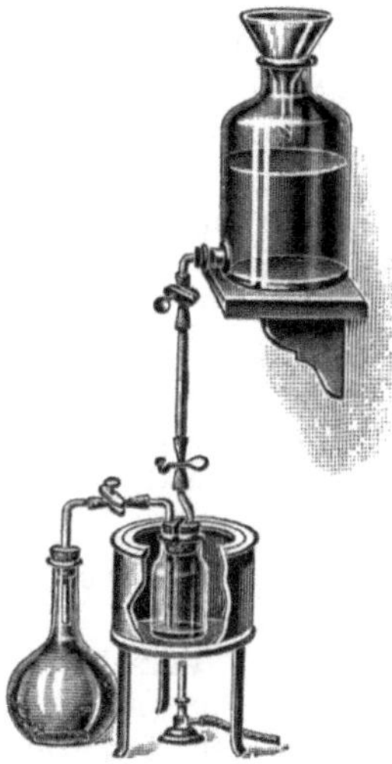

Abb. 28. Auslaugeapparat nach Koch.

Der in der offiziellen Methode vorgeschriebene Auslaugeapparat von Koch besteht aus einer weithalsigen Flasche von 250 bis 750 ccm Inhalt mit dünnen Glaswänden, so daß ein Kochen im Wasserbad möglich ist (siehe Abb. 28). Auf die Flasche wird ein doppelt durchbohrter, gut schließender Gummistopfen aufgesetzt, durch dessen eine Bohrung ein doppelt gebogenes Glasrohr (s. Abb. 29) bis dicht unter den Stopfen reicht, während durch die zweite Bohrung ein einfach rechtwinklig gebogenes Glasrohr bis auf den Boden der Flasche geführt ist. Die inneren Enden der Glasrohre sind etwas trichterförmig erweitert und mit Seidengaze zugebunden, damit feine Teilchen des Extraktionsgutes nicht in die Glasröhre gelangen können. An das äußere Ende des Abflußrohres setzt man mit einer Gummischlauchverbindung noch ein rechtwinklig gebogenes Rohr an, dessen längerer Schenkel durch einen seitlich eingekerbten Korken in den Hals einer 2 l-Maßflasche, die zur Aufnahme der Gerbstofflösung dient, eingeführt wird. An der Schlauchverbindung wird zweckmäßig ein Quetschhahn angebracht.

Die Auslageflasche wird für die Auslaugung folgendermaßen gefüllt (siehe Abb. 29). Zuerst wird der Boden der Flasche mit einer etwa 1 cm hohen Schicht eisenfreien Sandes bedeckt, der vorher durch Auswaschen mit heißem Wasser von allen löslichen Anteilen befreit wurde. Durch den Sand soll ein Verstopfen des bis auf den Boden reichenden Abflußrohres verhütet werden. Das Ende des Rohres muß daher in die Sandschicht hineinragen. Auf den Sand schichtet man die genau abgewogene Menge des Gerbmittels, setzt den Stopfen mit den Röhren ein und befestigt diesen mit Bindfaden oder einem geeigneten mechanischen Verschluß, damit er durch den beim Auslaugen auf ihm lastenden Druck nicht aus der Glasflasche herausgetrieben wird.

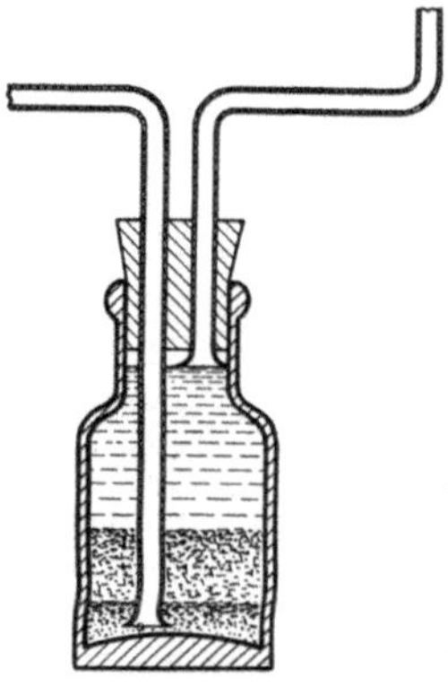
Abb. 29. Auslaugeflasche für den Kochschen Apparat.

Nun taucht man den freien Schenkel des Abflußrohres in ein Becherglas mit destilliertem Wasser und saugt vorsichtig an dem oberen Ende des doppelt gebogenen Glasrohres an, damit die Glasflasche sich langsam mit Wasser füllt. Die Luft soll dabei ganz aus der Flasche verdrängt werden. Man läßt deshalb die Flasche einige Zeit stehen, bis sich das Gerbmaterial mit Wasser vollgesaugt und die verdrängte Luft sich oben angesammelt hat. Dann füllt man die Flasche durch nochmaliges Ansaugen, schraubt den Quetschhahn am Abflußrohr zu und stellt die Flasche in ein Wasserbad, in dem sie bis zum Hals im Wasser steht. Man verbindet nun das doppelt gebogene Rohr durch ein Stück Gummischlauch mit einem Glasrohr, durch welches das zum Auslaugen dienende Wasser aus einem 1,5 m höher stehenden Gefäß zufließt. Der Zufluß kann ebenfalls durch einen Quetschhahn abgesperrt werden. Durch Öffnen dieses Hahnes setzt man das Auslaugegefäß unter den Druck der 1,5 m hohen Wassersäule und läßt 12 bis 18 Stunden zum völligen Aufweichen des Auslaugemateriales stehen (z. B. über Nacht).

Nach Ablauf dieser Zeit beginnt die Auslaugung unter Wasserdurchfluß derart, daß in 4 Stunden 2 l Wasser die Extraktionsflasche durchflossen haben und in die vorgelegte Zweiliterflasche eingelaufen sind. Nach Ablauf der ersten 150 ccm erwärmt man das Wasserbad auf 50°. Ist im ganzen ein Liter abgeflossen, so wird das Wasserbad zum Kochen gebracht. Bei Siedehitze wird dann zu Ende extrahiert. Ist die Zweiliterflasche bis etwas über die Marke gefüllt (das Volumen nimmt beim Abkühlen ab), so wird der Quetschhahn geschlossen. Die Auslaugung ist beendet.

Die Vorschriften für die Handhabung des Kochschen Auslaugeapparates finden sich auch in den Bestimmungen der offiziellen Methode (§ 8 und 18). Sie sind hier zum Vergleich mit den im folgenden geschilderten sonstigen Extraktionsmethoden trotzdem im Zusammenhang aufgeführt.

Giusiana hat eine Abänderung des Kochschen Apparates vorgeschlagen. Er verwendet ein U-förmiges Rohr mit einem weiten und einem engen Schenkel. An den weiten Teil ist seitlich ein Ablaufrohr angeschmolzen. Dieser Teil wird mit dem zu extrahierenden Material gefüllt, derart, daß es zwischen je einer Schicht Glaswolle und Glaskugeln zu liegen kommt. An den engen Schenkel ist ein Kugeltrichter angeschlossen, durch den die Zuführung des Wassers reguliert wird. Aus dem breiten Schenkel führt durch einen Kork hindurch ein Glasrohr, durch das die ausgelaugte Gerbstofflösung in den Meßkolben abfließt.

Eine weitere Abart des Kochschen Verfahrens bedeutet der Apparat von Körner (Abb. 30). Der Sand der Kochschen Apparatur ist durch ein feines Haarsieb ersetzt. Das Auslaugegefäß ist aus Messing konstruiert und mit einem

Deckel versehen, der durch eine Bügelschraube festgehalten wird. Die Arbeitsweise ist sonst die gleiche wie bei Koch.

Procter (*3*) verwendete an Stelle einer geschlossenen Auslaugeflasche ein Becherglas, in das ein mit Gaze verschlossenes Trichterrohr hineinragt (Abb. 31). Das Trichterrohr, das zweimal rechtwinklig gebogen ist, leitet die ausgelaugte Lösung in den Meßkolben. Das in den Meßkolben reichende Ende ist mit einem Gummischlauch versehen, der mit einem Quetschhahn verschlossen werden kann. Auch Procter gibt auf den Boden des Becherglases zunächst Sand und schichtet darüber das Gerbmaterial. Der in den Meßkolben führende längere Schenkel des Trichterrohres wirkt als Heber und bewirkt den Durchfluß der Flüssigkeit, dessen Geschwindigkeit mit dem Quetschhahn reguliert wird. Für die Wasserzufuhr muß durch Nachfüllen des Becherglases gesorgt werden. Ein unverkennbarer Vorteil dieser Procterschen Methode ist, daß man bei Störungen in der Filtration (wenn z. B. die Gaze verstopft ist) durch Umrühren mit einem Glasstab meist Abhilfe schaffen kann, ohne, wie bei Koch, die ganze Apparatur auseinander nehmen zu müssen. Sheard leitet das Wasser in den Procterschen Apparat durch eine höher gelegene Vorratsflasche, und zwar durch das Wasserbad, um das Extraktionswasser anzuwärmen. Eine weitere Verbesserung des Procterschen Apparates hat Schwarzberg vorgeschlagen.

Abb. 30. Auslaugeapparat von Körner.

Auf ganz anderem Prinzip beruht der von Grasser (*1*) konstruierte Extraktionsapparat (Abb. 32), der dem Soxhletapparat nahesteht. Der Apparat besteht aus zwei ineinander schiebbaren Kupferhülsen, wovon die innere am unteren Ende eine kleine Öffnung (*Ö*) besitzt, die mit einer Lage Watte abgedichtet werden kann. Auf diese Watteschicht wird das zu extrahierende Material aufgefüllt. Der so angesetzte Apparat wird einerseits mit einem Kochkolben, andererseits mit einem Rückflußkühler (*K*) verbunden. Hat man frische Gerbmaterialien zu extrahieren, so entzieht man zuerst durch heißes Wasser die leichtlöslichen Anteile und fängt diese getrennt in einem Maßkolben auf, worauf durch zwei- bis dreistündige Extraktion unter Kochen der ganze lösliche Gerbstoff entzogen wird.

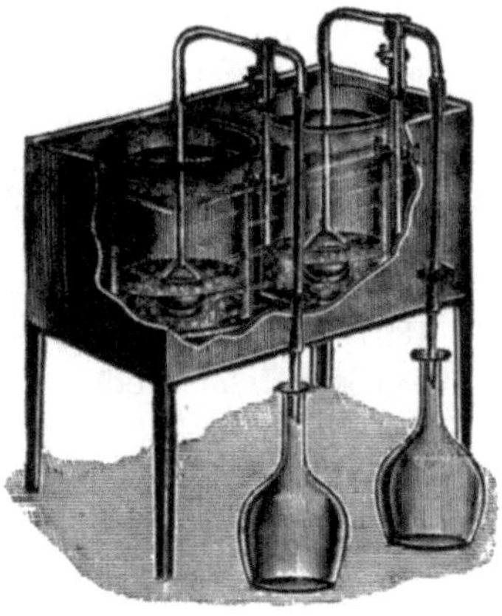

Abb. 31. Auslaugeapparat nach Procter.

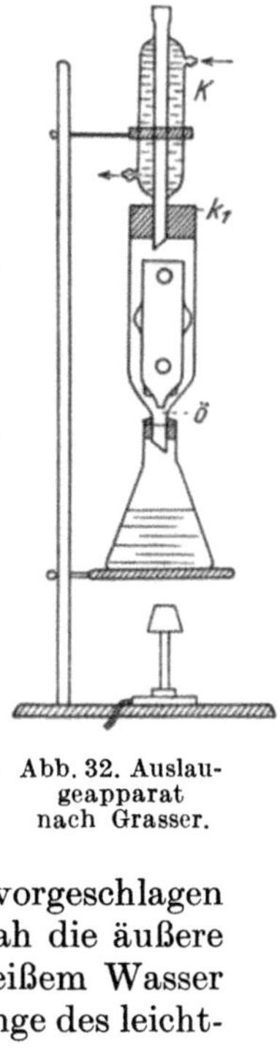

Abb. 32. Auslaugeapparat nach Grasser.

Eine Verbesserung des Grasserschen Apparates hat Allen vorgeschlagen (Abb. 33). Er konstruierte die ganze Apparatur aus Glas und versah die äußere Hülle mit einem Glashahn, wodurch man durch Aufgießen von heißem Wasser dieses längere Zeit einwirken lassen kann und so fast die gesamte Menge des leichtlöslichen Gerbstoffes entfernen und die darauffolgende Extraktion bei geöffnetem Hahn durchführen kann.

Es ist viel darüber gestritten worden, ob der Kochschen Methode oder dem Auslaugeverfahren nach Grasser-Allen der Vorzug zu geben sei. Für die Gerbstoffbestimmung nach der offiziellen internationalen Methode von 1928 ist die Anwendung der Methode nach Grasser-Allen **nicht** gestattet. Hier kommt nur das Extraktionsverfahren nach Koch in Frage.

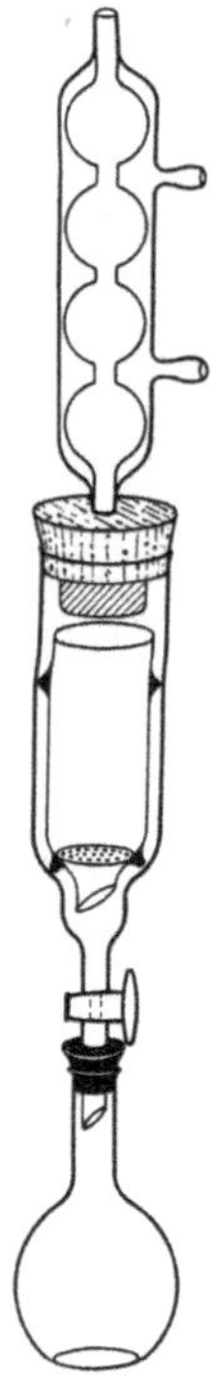

Abb. 33. Extraktionsapparat nach Grasser-Allen.

Dagegen ist die Grassersche Methode für viele Zwecke der technischen Betriebskontrolle sehr praktisch. In solchen Fällen, wie z. B. bei der Feststellung des Gerbstoffgehaltes der ausgelaugten Lohe aus Extrakteuren, ist dann auch die geschilderte Vorbehandlung mit heißem Wasser nicht erforderlich. Für mehrere gleichzeitig nebeneinander auszuführende Extraktionen empfiehlt Grasser eine Batterie von 6 bis 10 Apparaten, welche derart gebaut ist, daß auf eine gemeinsame Heizplatte mit 6 bis 10 runden Öffnungen die Kolben aufgesetzt werden. Eine entsprechende Anzahl der die Heizplatte tragenden Füße ist etwa 1 m hoch über die Platte verlängert und trägt Klemmen, auf denen ein für allemal die Rückflußkühler mit den Korken (K_1) befestigt sind und die durch Wasserschläuche miteinander verbunden sind. Es ist dann nur noch nötig, den Kochkolben mit dem aufgesetzten Extraktionsapparat auf die Heizplatte zu stellen, den verschiebbaren Kork (K_1) des Kühlers durch Herabziehen in die Kupferhülse einzuführen und die Destillation durch Entzünden der Heizflamme in Gang zu bringen[1].

Rieß empfiehlt bei manchen Gerbmitteln vor der Auslaugung eine Tötung der Fermente nach der Methode von Freudenberg durch einstündiges Erhitzen auf 105°. Die aus so vorbehandelten Gerbmitteln ausgelaugten Lösungen halten sich lange klar und neigen weniger zur Schlammbildung.

Die ausgelaugte Gerbstofflösung kann nun, nachdem sie abgekühlt ist (siehe § 21 der offiziellen Methode), unmittelbar zur Analyse verwendet werden. Für die Bereitung der Gerbstofflösungen aus festen und flüssigen Gerbstoffextrakten siehe die §§ 19 und 20 der offiziellen Methode (siehe S. 181).

Im folgenden sind die Arbeitsvorschriften, wie sie für die verschiedenen erwähnten Gerbstoffbestimmungsmethoden festgelegt worden sind, sowie sonstige Verfahren der Gerbstoffanalyse aufgeführt, und zwar:

1. Internationale Hautpulvermethode des I.V.L.I.C. 1897 (Filtermethode);
2. Internationale Hautpulvermethode des I.V.L.I.C. 1908 (Schüttelmethode);
3. Amerikanische Hautpulvermethode der A.L.C.A. 1902;
4. Provisorische internationale offizielle Methode zur quantitativen Gerbstoffanalyse 1928;
5. Nichtgerbstoffbestimmung nach der Filtermethode, wie sie bis heute allgemein üblich war;
6. Methode von Wilson und Kern zur Bestimmung des unauswaschbar gebundenen Gerbstoffes;
7. Darmstädter Apparat für das Schüttelverfahren;
8. Apparat von Keigueloukis zur Bestimmung der Nichtgerbstoffe;

---

[1] Grasser: Handbuch **1929**, 254.

9. Vorschlag für das neue Filterverfahren der Gerbstoffanalyse (Freiberg 1930);
10. Gerbstoffbestimmung nach Löwenthal.

f) Die Arbeitsvorschriften für die verschiedenen Methoden der Gerbstoffbestimmung.

1. Internationale Hautpulvermethode (alte Filtermethode) nach den Beschlüssen der Hauptversammlung des I.V.L.I.C. in London 1897.

Die Probenahme aus einer ganzen Partie.

a) Flüssige Extrakte. Mindestens 5% der Fässer müssen in der Weise ausgewählt werden, daß deren laufende Nummern möglichst weit auseinander liegen. Von denselben sollen dann die oberen zwei Reifen und der Deckel abgenommen werden. Hierauf ist mit einem geeigneten Rührer der Inhalt gründlich zu mischen und besonders Rücksicht darauf zu nehmen, daß auch aller an dem Boden und an den Seiten hängender Satz gleichmäßig darunter gerührt wird.

Alle Muster müssen in Gegenwart einer verantwortlichen Person oder von derselben selbst gezogen werden.

b) Gambir und teigförmige Extrakte. Die Probe soll von nicht weniger als 5% der Blöcke gezogen werden, und zwar in der Weise, daß aus jedem Blocke, an sieben Stellen desselben, mit einem röhrenförmigen Instrumente, das den Block in seiner ganzen Dicke durchdringen kann, Muster entnommen werden. Bei festen Extrakten sollen ebenfalls 5% der Kisten oder Säcke der ganzen Partie, und zwar aus deren inneren und äußeren Teilen, Stücke in genügender Menge genommen werden.

In beiden Fällen sind die Muster rasch zu mischen, sofort in eine luftdicht schließende Büchse zu bringen, zu verschließen, zu siegeln und mit Aufschrift zu versehen.

c) Valonea, Algarobilla, Dividivi und Gerbmaterialien im allgemeinen. Von Valonea, Algarobilla und allen übrigen Gerbmaterialien, welche Staub oder Fasern enthalten, sollen die Muster folgendermaßen gezogen werden: der Inhalt von wenigstens 5% der Säcke wird auf einem glatten, sauberen Boden in Lagen (Schichten) übereinander ausgebreitet. Aus diesem Haufen werden nun senkrecht zu dessen Oberfläche und bis zum Boden greifend an mehreren Stellen Muster entnommen und diese gut gemischt. Wo dies nicht geschehen kann, muß das Muster aus der Mitte einer genügenden Anzahl von Säcken genommen werden. Während es sich empfiehlt, Valonea und die meisten übrigen Materialien gemahlen dem Chemiker zu übersenden, ist es vorzuziehen, daß Dividivi und Algarobilla im ungemahlenen Zustande eingeschickt werden.

Bei Rinde, die ungeschnitten ist, und bei anderen Gerbmaterialien in Bündeln, werden von 3% derselben aus deren Mitte mit einer Säge oder scharfem Beile kurze Abschnitte entnommen.

d) Muster für mehr als einen Chemiker. Muster, welche mehr als einem Chemiker zur Beurteilung vorgelegt werden sollen, müssen als ein einziges Muster gezogen, gut gemischt und in die erforderliche Anzahl von Anteilen (nicht weniger als drei) zerlegt werden, welche sofort passend zu verpacken, zu siegeln und mit Aufschrift zu versehen sind.

Vorbereitung der Proben für die Analyse.

a) Flüssige Extrakte. Flüssige Extrakte müssen unmittelbar vor dem Auswägen (welches möglichst rasch geschehen soll, um Verlust von Feuchtigkeit zu vermeiden) nochmals schnell und gründlich gemischt werden. Dicke Extrakte, welche sonst nicht gemischt werden können, werden auf 50° C erwärmt und sorgfältig umgerührt; alsdann wird die Probe für die Analyse genommen; dieselbe wird rasch abgekühlt und dann gewogen (selbstverständlich unter Vermeidung von Wasserverlusten). In dem analytischen Berichte ist ausdrücklich anzugeben, daß diese Behandlung vorgenommen worden ist.

b) Feste und teigförmige Extrakte. Feste Extrakte sollen grob gepulvert und gut gemischt werden. Teigige Extrakte werden rasch in einer Reibschale gemischt und die erforderliche Menge wird so rasch als möglich ausgewogen, um Feuchtigkeitsverluste zu vermeiden.

Wenn Extrakte teilweise trocken und teilweise feucht sind, soll das ganze Muster gewogen und bei gewöhnlicher Temperatur soweit getrocknet werden, daß es gepulvert werden kann. Hierauf wird es wieder gewogen und der Gewichtsverlust als Feuchtigkeit in Rechnung gebracht.

In den Fällen, wie bei Gambir, wo es nicht möglich ist, durch Mahlung oder andere mechanische Mittel die Bestandteile des Musters gründlich zu mischen, ist es erlaubt, das

Ganze oder einen großen Teil desselben in einer kleinen Menge heißen Wassers zu lösen und unmittelbar nach gründlichem Durchmischen einen Anteil der starken Lösung zur Analyse auszuwiegen.

c) Rinden und andere feste Gerbmaterialien. Das ganze Muster, oder nicht weniger als 250 g, soll in einer Mühle so fein gemahlen werden, daß es durch ein Sieb geht, das 5 Drähte auf den Zentimeter, also 25 Löcher im Quadratzentimeter hat. Wenn Materialien, wie manche Rinden und Dividivi, faserige Anteile enthalten, die nicht so fein gemahlen werden können, soll das gemahlene Muster gesiebt werden; nun wiegt man den durch das Sieb gegangenen und den auf dem Sieb gebliebenen Anteil, jeden für sich, und vereinigt dann für die Analyse die entsprechenden Gewichtsmengen der beiden Anteile.

Herstellung des Auszuges.

a) Stärke der Gerbstofflösung. Die Stärke der Gerbstofflösung soll so sein, daß die Menge des Abdampfrückstandes von 100 ccm der Lösung innerhalb der Grenzen 0,6 und 0,8 g liegt.

b) Auflösung von flüssigen Extrakten. Eine genügende Menge soll in einer bedeckten Schale oder in einem bedeckten Becherglas ausgewogen und von da aus mittels kochenden Wassers in eine Literflasche übergespült werden; nun schüttelt man gut durch und füllt die Flasche bis nahe an die Marke mit kochendem Wasser auf. Nachdem man den Hals mit einem kleinen Becherglas bedeckt hat, bringt man die Flasche unter laufendes, kaltes Wasser oder kühlt anderweitig rasch bis auf eine Temperatur zwischen 15° und 20° C ab, bei schwer löslichen Extrakten möglichst auf genau 17,5° C, füllt bis zur Marke auf, worauf man gründlich durchmischt und sofort zur Filtration schreitet.

c) Filtration. Die Filtration soll durch Schleicher & Schülls Filtrierpapier Nr. 602, extrahart, geschehen. Die ersten 150 ccm oder 200 ccm des Filtrates werden weggeschüttet oder zur Bestimmung der Nichtgerbstoffe verwendet. Das Filtrat muß vollständig klar und blank sein; ist dies nicht in hinreichendem Maße der Fall, so muß die Flüssigkeit wiederholt auf das Filter zurückgegossen werden. Die Anwendung von Kaolin ist nicht gestattet.

d) Auflösung von festen Extrakten. Feste Extrakte werden unter Umrühren in einem Becherglase mit kochendem Wasser gelöst; die ungelösten Teile läßt man immer absitzen, behandelt sie mit weiteren Mengen kochenden Wassers und gießt die Lösung in eine Literflasche über. Nachdem alles Lösliche sich in Lösung befindet, verfährt man genau so wie bei einem flüssigen Extrakt.

e) Das Ausziehen fester Materialien. Von diesen wird soviel abgewogen, daß bei der Extraktion auf 1 l eine Lösung erhalten wird, welche in 100 ccm ebenfalls 0,6 bis 0,8 g Abdampfrückstand enthält. Mindestens 500 ccm des Auszuges werden bei einer Temperatur gewonnen, die 50° C nicht übersteigt, worauf dann die Extraktion bei 100° C fortgesetzt wird. Man setzt das Ausziehen so lange fort, bis der Ablauf frei von Gerbstoff ist, und füllt das Ganze auf 1 l auf; wenn die Lösung das Volumen von 1 l übersteigt, werden die schwächeren Anteile durch Abdampfen in einem Kolben eingeengt, auf dessen Hals ein Trichter gesetzt ist.

Bestimmung der gerbenden Stoffe, Nichtgerbstoffe usw.

a) Gesamtlösliches (Gesamt-Rückstand). 100 ccm des vollständig klaren Filtrates, oder auch eine kleinere Menge, wenn die analytische Waage eine genügende Empfindlichkeit besitzt, werden in einer offenen, gewogenen Schale von Platin, Normalglas, Porzellan oder Nickel auf dem Wasserbade eingedampft. Der Rückstand wird bis zur Gewichtskonstanz im Luftbade zwischen 100° und 105° C getrocknet (oder bei nicht mehr als 100° C im Vakuum), wobei Sorge zu tragen ist, daß kein Verlust durch Abspringen des Rückstandes entsteht.

b) Nichtgerbstoffe. Es wird beschlossen, die Hautfiltermethode bis auf weiteres anzuwenden.

Es soll die Glockenform des Filters (das „Glockenfilter“), wie es Professor Procter beschrieben hat, benutzt und nicht weniger als 5 g Hautpulver verwendet werden; ferner ist das Filtrat so lange wegzuschütten, als es mit einer klaren Tanninlösung eine Trübung gibt. Derjenige Teil des Filtrates, der zur Bestimmung der Nichtgerbstoffe verwendet werden soll, darf mit „Hautpulver-Wasser“ keine Reaktion auf Gerbstoff zeigen. Von dem diesen Anforderungen genügenden Filtrate, dessen Volumen etwa 60 ccm betragen soll, werden 50 ccm (oder weniger) in einer gewogenen Schale auf dem Wasserbade eingedampft und der Rückstand wird bis zur Gewichtskonstanz im Luftbade bei 100° bis 105° getrocknet (oder im Vakuum bei nicht mehr als 100° C).

c) Hautpulver. Das Hautpulver muß genügende Absorptionsfähigkeit für den Gebrauch im Filter haben. Bei einem blinden Versuche, der in derselben Weise wie eine Gerbstoffbestimmung mit destilliertem Wasser angestellt wird, soll der Abdampfrückstand von 50 ccm

Filtrat (nachdem die ersten 30 ccm verworfen worden sind) das Gewicht von 5 mg nicht übersteigen.

d) Wassergehalt. Die Bestimmung des Wassergehaltes im Gerbmaterialmuster geschieht durch Trocknen eines kleinen Anteiles desselben bei der Temperatur, wie sie für die Trocknung des Gesamtrückstandes angegeben ist.

e) Analysen-Bericht. Der Bericht über eine vollständige Analyse soll wie folgt erstattet werden:

1. Gerbende Substanz. — Die Menge derselben wird durch Abziehen der Menge der löslichen Nichtgerbstoffe (gefunden durch Abdampfen des Hautfiltrates) von der Menge des Gesamtrückstandes gefunden.
2. Lösliche Nichtgerbstoffe. — Die Menge derselben wird durch Abdampfen des Hautfiltrates ermittelt.
3. Unlösliches. — Durch Abziehen der Menge des „Gesamtlöslichen" von der Menge der „Gesamt-Trockensubstanz" erfährt man die Menge des Unlöslichen.
4. Feuchtigkeit. — Sie wird bestimmt durch Trocknen eines Teiles der Probe bei jener Temperatur, wie sie bei der Bestimmung des Gesamtlöslichen angenommen wurde.

Die Resultate etwaiger anderer Bestimmungen sollen von obigen Angaben getrennt, als besonderer Anhang mitgeteilt werden.

Messung der Farbe der Lösung.

Bezüglich der Festsetzung einer allgemein anzunehmenden Methode, eine Farbe zu messen und zu bewerten, wird empfohlen, die von den englischen Chemikern gebrauchte Methode (d. h. die Messungen mit Lovibonds Tintometer vorzunehmen, wie es von Dr. Parker und Professor Procter geschieht) anzunehmen und die Ergebnisse als Grade von Rot, Gelb und Schwarz anzugeben.

---

2. Vorschrift der (zweiten) internationalen Hautpulvermethode aus dem Jahre 1908 (Schüttelmethode).

§ 1. Die Lösung für die Analyse soll zwischen 3,5 und 4,5 g gerbende Substanz im Liter gelöst enthalten. Feste Materialien müssen so extrahiert werden, daß die Hauptmenge des Gerbstoffes bei einer 50° C nicht übersteigenden Temperatur ausgezogen wird. Wird der Teas-Extraktor benutzt, so muß der erste Anteil des Auszuges so schnell wie möglich dem Einfluß der Hitze entzogen werden.

§ 2. Das Gesamtlösliche soll durch Abdampfen einer gemessenen Menge der Lösung bestimmt werden, die vorher so lange filtriert worden ist, daß sie sowohl im auffallenden als auch im durchfallenden Lichte optisch klar erscheint. Dies ist erreicht, wenn ein leuchtender Gegenstand, wie der Faden einer elektrischen Glühlampe, durch eine wenigstens 5 cm dicke Schicht deutlich sichtbar ist und eine in einem Becherglase befindliche 1 cm hohe Schicht der Lösung bei gutem Licht gegen schwarzes Glas oder schwarzes Glanzpapier von obenher betrachtet dunkel und nicht opalisierend erscheint.

Jedes Filtrationsverfahren ist zulässig; wenn jedoch dieses Verfahren einen merklichen Verlust an Gerbstoff verursacht, so muß eine Korrektion ermittelt und, wie im Abschnitt 6 beschrieben, angewendet werden.

Die Filtration soll bei einer Temperatur zwischen 15 und 20° C stattfinden. Das Eindampfen zur Trockne soll zwischen 98,5 und 100° C in niedrigen Schalen mit flachem Boden stattfinden, die nachher bis zu konstantem Gewicht bei derselben Temperatur getrocknet und vor dem Wägen nicht weniger als 20 Minuten in luftdicht schließenden Exsiccatoren über trockenem Chlorcalcium abgekühlt werden müssen.

§ 3. Der Gesamttrockenrückstand soll durch Trocknen einer gewogenen Menge des Materials bestimmt werden oder eines gemessenen Anteils der gleichmäßig trüben Lösung bei einer Temperatur zwischen 98,5 und 100° C in niedrigen Schalen mit flachem Boden, die nachher bis zu konstantem Gewicht bei derselben Temperatur getrocknet und vor dem Wägen nicht weniger als 20 Minuten lang in luftdicht schließenden Exsiccatoren über trockenem Chlorcalcium abgekühlt werden müssen.

„Feuchtigkeit" ist die Differenz von 100 und dem in Prozenten ausgedrückten Anteil des Gesamttrockenrückstandes; „Unlösliches" ist die Differenz von Gesamttrockenrückstand und Löslichem.

§ 4. Nichtgerbstoffe. Die Lösung soll durch Schütteln mit chromiertem Hautpulver entgerbt werden, bis in der klaren Lösung durch Kochsalz-Gelatinelösung keine Trübung oder Opalescenz mehr erzeugt werden kann. Das chromierte Hautpulver soll in einer Menge von 6,0 bis 6,5 g trockner Haut auf 100 ccm der Gerbstofflösung auf einmal zugesetzt werden. Es soll in 100 Teilen nicht weniger als 0,2 und nicht mehr als 1 Teil Chrom auf das Trockengewicht bezogen enthalten und soll so ausgewaschen sein, daß bei einem blinden Versuche mit destilliertem Wasser nicht mehr als 5 mg Trockenrückstand beim Verdampfen von 100 ccm verbleiben. Das in dem Pulver enthaltene gesamte Wasser muß bestimmt und als Verdünnungswasser in Anschlag gebracht werden.

§ 5. Bereitung des Auszuges. Es soll so viel Material angewendet werden, daß die Lösung möglichst 4 g Gerbstoff im Liter enthält; jedenfalls nicht weniger als 3,5 und nicht mehr als 4,5 g. Flüssige Extrakte sind in einer Schale oder in einem Becherglase abzuwägen und in einem Literkolben mit siedendem, destilliertem Wasser zu spülen, mit siedendem, destilliertem Wasser zur Marke aufzufüllen, gut zu mischen und schnell auf 17,5° C abzukühlen, worauf genau auf die Marke eingestellt, wieder gut gemischt und sofort filtriert wird. Sumach- und Myrobalanenextrakte sollen bei einer niedrigeren Temperatur aufgelöst werden.

Feste Extrakte sollen in einem Becherglase durch Umrühren mit nach und nach zuzusetzenden kleineren Mengen Wasser gelöst werden, wobei man das Ungelöste sich absetzen läßt, die gelösten Anteile in einem Literkolben dekantiert und die ungelösten mit weiteren Mengen siedenden Wassers behandelt. Nachdem alles Lösbare ausgezogen ist, ist die Lösung wie die eines flüssigen Extraktes zu behandeln.

Feste Gerbmaterialien sind vorher so fein zu mahlen, daß sie durch ein Sieb von 16 Maschen pro Quadratzentimeter gehen, und dann in einem Kochschen oder Procterschen Extraktionsapparat mit 500 ccm Wasser bei einer unter 50° C liegenden Temperatur auszuziehen. Dann wird die Extraktion mit siedendem Wasser fortgesetzt, bis das Filtrat ein Liter beträgt. Es empfiehlt sich, das Material erst einige Stunden aufweichen zu lassen, ehe man die Perkolation beginnt, die nicht unter 3 Stunden dauern darf, so daß der Gerbstoff möglichst vollkommen in Lösung gebracht wird. Etwa in dem Material zurückbleibende lösliche Stoffe sind zu vernachlässigen oder besonders als „schwer lösliche" Stoffe aufzuführen.

Das Volumen der in dem Kolben befindlichen Flüssigkeit muß nach dem Abkühlen genau auf 1 l gebracht werden.

§ 6. Filtration. Der Auszug ist so lange zu filtrieren, bis er optisch klar ist (siehe § 2). Bei der Berkefeld-Filterkerze (siehe S. 199) oder bei Filtrierpapier S. & S. 590 ist für die Absorption keine Korrektur nötig, wenn eine genügende Menge (250 bis 300 ccm) verworfen wird, ehe man die zum Abdampfen nötige Menge abmißt; die Lösung kann wiederholt durchgegossen werden, um ein klares Filtrat zu erhalten. Wenn andere Filtrationsmethoden angewendet werden, so muß die notwendige Durchschnittskorrektur auf folgende Weise bestimmt werden. Ungefähr 500 ccm von derselben oder einer ähnlichen Gerbstofflösung werden vollkommen klar filtriert und nach gründlichem Mischen 50 ccm davon abgedampft, um das „Gesamtlösliche Nr. 1" zu erhalten.

Ein anderer Teil der filtrierten Lösung wird nun nach genau der gleichen Methode, für welche die Korrektur ermittelt werden soll, filtriert (wobei die Kontaktzeit und die verworfene Menge möglichst gleichmäßig einzuhalten sind). 50 ccm des Filtrates werden eingedampft, um das „Gesamtlösliche Nr. 2" zu bestimmen. Die Differenz zwischen Nr. 1 und Nr. 2 ist die gesuchte Korrektur, die zu dem Gewichte des nach der Analyse gefundenen Gesamtlöslichen addiert werden muß. Ein anderes Verfahren, die Korrektur zu bestimmen, das ebenso genau und oft bequemer ist, besteht darin, daß ein Teil der Gerbstofflösung durch die Berkefeld-Kerze filtriert wird, bis sie optisch klar ist, was gewöhnlich durch Verwerfen von 300 bis 400 ccm und wiederholtes Filtrieren erreicht wird, und gleichzeitig 50 ccm des nach der Filtrationsmethode, für welche man die Korrektur bestimmen will, erhaltenen klaren Filtrates abgedampft werden; die Differenz zwischen den Gewichten der Rückstände ist die gesuchte Korrektur.

(Anmerkung: Zur Ermittelung einer Durchschnittskorrektur sind wenigstens fünf Bestimmungen auszuführen. Man wird finden, daß diese Korrektur für alle Materialien annähernd konstant ist, bei Verwendung von Filtrierpapier S. & S. 605 unter Verwerfung von 150 ccm etwa 5 mg, und, wenn außerdem 2 g Kaolin verwendet werden, 7,5 mg für 50 ccm beträgt. Der Kaolin muß vorher mit 75 ccm derselben Brühe sorgfältig ausgewaschen werden, indem man 15 Minuten stehen läßt und dann abgießt. Papier 605 hat ein besonderes Absorptionsvermögen einem gelben Farbstoff gegenüber, der oft in geschwefelten Extrakten enthalten ist.)

§ 7. Das zur Verwendung kommende Hautpulver soll von wolliger Beschaffenheit und gründlich, am besten mit Salzsäure, entkälkt sein. Es soll bei Verwendung von 6,5 g des trockenen, im Wasser suspendierten Pulvers nicht mehr als 5 ccm und nicht weniger als 2,5 ccm $^{n}/_{10}$-NaOH oder KOH zur dauernden Rosafärbung mit Phenolphthalein erfordern. Wenn der Säuregehalt nicht innerhalb dieser Grenzen liegt, so muß er korrigiert werden durch Einweichen des Pulvers vor dem Chromieren während 20 Minuten in dem 10- bis 12fachen Gewicht an Wasser, dem die erforderliche berechnete Menge normaler Lauge oder Säure hinzugefügt worden ist. Das Hautpulver soll beim Chromieren nicht derart schwellen, daß das nötige Ausdrücken auf einen Wassergehalt von 70 bis 75% schwierig gemacht wird, und soll genügend frei von löslichen organischen Stoffen sein, um es zu ermöglichen, daß beim gewöhnlichen Auswaschen das Gesamtlösliche bei einem blinden Versuche mit destilliertem Wasser auf einen Gehalt unter 5 mg für 100 ccm beschränkt wird. Das Hautpulver von den Fabrikanten soll nicht mehr als 14% Feuchtigkeit enthalten und in luftschließenden Blechbüchsen zum Versand gelangen.

Die Entgerbung ist in folgender Weise auszuführen: Die Feuchtigkeit des lufttrockenen Pulvers wird bestimmt und die 6,5 g vollständig trockenen Hautpulvers entsprechende Menge berechnet, die so gut wie konstant sein wird, wenn das Pulver in einem luftdichten Gefäße aufbewahrt wird. Je nach der Anzahl der auszuführenden Analysen wird ein Mehrfaches dieser Menge genommen und mit annähernd dem Zehnfachen seines Gewichtes Wasser angefeuchtet. Nun werden auf 100 g trockenes Pulver 2 g kristallisiertes Chrom-Chlorid, $CrCl_3\ 6\ H_2O$, in Wasser gelöst und mit 0,6 g Na_2CO_3, durch allmählichen Zusatz von 11,25 ccm $^n/_1$-Lösung, basisch gemacht, so daß das Salz der Formel $Cr_2Cl_3(OH)_3$ entspricht. Diese Lösung wird zum Hautpulver gegeben und das Ganze 1 Stunde lang schwach geschwenkt. In Laboratorien, wo fortwährend Analysen gemacht werden, ist es zweckmäßiger, eine 10proz. Lösung auf Vorrat zu halten, indem man 100 g $CrCl_3\ 6\ H_2O$ in wenig destilliertem Wasser in einem Literkolben auflöst und ganz langsam eine Lösung von 30 g wasserfreiem Na_2CO_3 unter beständigem Schwenken zusetzt, schließlich mit destilliertem Wasser bis zur Marke auffüllt und gut mischt. Von dieser Lösung sind 20 ccm auf 100 g oder 1,3 ccm auf 6,5 g trockenes Pulver zu verwenden.

Nach Verlauf 1 Stunde wird das Pulver, um es möglichst von der zurückgehaltenen Flüssigkeit zu befreien, in einem leinenen Tuche ausgedrückt, mit destilliertem Wasser so lange gewaschen und wieder ausgedrückt, bis durch Zusatz von einem Tropfen 10proz. K_2CrO_4 und 4 Tropfen $^n/_{10}$-$AgNO_3$ zu 50 ccm des Filtrates eine ziegelrote Färbung erscheint. Vier- bis fünfmaliges Ausdrücken genügt gewöhnlich. Ein derartiges Filtrat kann in 50 ccm nicht mehr als 0,001 g NaCl enthalten.

Dann wird der Wassergehalt des Pulvers durch Auspressen auf 70 bis 75% gebracht und das Ganze gewogen. Die so erhaltene, 6,5 g trockene Haut enthaltene Menge Q wird abgewogen und sofort zu 100 ccm des unfiltrierten Gerbstoffauszuges gebracht, ebenso $(26,5 - Q)$ ccm destilliertes Wasser. Das Ganze wird verkorkt und 15 Minuten lang in einer rotierenden Flasche mit nicht weniger als 60 Umdrehungen in der Minute geschüttelt. (Es kann auch mit Hand oder irgendeiner beliebigen, dieser Bedingung entsprechenden Einrichtung geschüttelt werden.) Dann drückt man es sofort in einem leinenen Tuche aus, fügt 1 g Kaolin zu dem Filtrat, rührt um und filtriert so lange durch ein Faltenfilter, welches das ganze Filtrat zu fassen vermag, bis dieses klar ist. 60 ccm des Filtrates werden abgedampft und als 50 ccm gerechnet oder der Rückstand von 50 ccm mit 1,2 multipliziert. Das die Nichtgerbstoffe enthaltende Filtrat darf mit einem Tropfen einer Lösung von 1% Gelatine und 10% Kochsalz keine Trübung geben.

Man muß das Gramm Kaolin, von löslichen Stoffen völlig frei, entweder mit dem Hautpulver in der Schüttelflasche oder mit der Flüssigkeit vor dem Filtrieren vermischen.

§ 8. Die Analyse gebrauchter Brühen und Gerbstoffe ist nach denselben Methoden auszuführen, die für frisches Gerbmaterial verwendet werden; die Brühen oder Auszüge werden verdünnt oder durch Eindampfen im Vakuum oder in einem Gefäße, das so geschlossen ist, daß der Luftzutritt beschränkt ist, so lange eingedickt, bis der Gerbstoff, wenn möglich, zwischen 3,5 bis 4,5 g im Liter beträgt. In keinem Falle aber darf die Konzentration 10 g Gesamtlösliches pro Liter übersteigen, und die verwendete Menge Hautpulver soll immer 6,5 g betragen und nicht abgeändert werden.

Die Resultate sind anzuführen, wie sie sich durch die direkte Bestimmung ergeben; es ist aber wünschenswert, daß außerdem durch Bestimmung der Säuren in der Originallösung und in den Nichtgerbstoffrückständen versucht wird, den von dem Hautpulver absorbierten und daher als „gerbende Stoffe“ wiedergegebenen Betrag an Milchsäure und anderen nichtflüchtigen Säuren festzustellen. Bei Gerbmaterialien muß deutlich im Berichte angegeben werden, ob die Berechnung sich auf das feuchte Muster wie empfangen oder etwa auf einen vertragsmäßig ausbedungenen Wassergehalt bezieht, und bei Brühen, ob der angegebene Prozentgehalt in Gewichts- oder Volumenprozenten (Gramm in 100 ccm) ausgedrückt ist. In beiden Fällen ist das spezifische Gewicht anzugeben.

§ 9. Alle Eindampfungen sollen rasch ausgeführt werden bei Siedetemperatur in niedrigen Schalen mit flachem Boden, die nicht weniger als 6,5 cm Durchmesser haben, und sollen bis zur ersichtlichen Trockenheit fortgesetzt werden. Die Eindampfrückstände werden darauf zwischen 98 und 100° C in einem von siedendem Wasser oder von Wasserdampf umgebenen Trockenschranke bis zum konstanten Gewicht getrocknet und werden nachher in kleinen, luftdicht schließenden Exsiccatoren über trockenem Chlorcalcium wenigstens 20 Minuten lang abgekühlt und dann rasch gewogen. Nicht mehr als 2 Schalen sollen in einen Exsiccator gestellt werden, und die Schalen sollen nach der Herausnahme aus dem Exsiccator nicht mehr abgewischt werden.

Alle Analysen, die von den ordentlichen und außerordentlichen Mitgliedern des I.V.L.I.C. ausgegeben werden, sollen genau nach den vorstehenden Vorschriften ausgeführt werden und im Analysenbericht den Vermerk tragen: „Analysiert nach der offiziellen Methode des I.V.L.I.C." Wenn aber aus irgendwelchem Grunde eine andere Methode benutzt werden muß, so soll diese Methode und die Gründe für deren Verwendung im Analysenberichte genau angeführt werden; Bezeichnungen wie „alte offizielle Methode" sind verboten. Irgendwelche Abschrift oder Abschriften eines Analysenberichtes, einerlei ob sie von dem Analytiker oder von seinen Klienten oder von Agenten herausgegeben werden, sollen den ganzen Inhalt des Originalanalysenberichtes, also das Handschriftliche und das gedruckt Niedergelegte, wiedergeben.

3. Amerikanische Hautpulvermethode von 1902.

1. Vorbereitung der Proben. Rinden, Hölzer, Blätter, feste Extrakte und ähnliche Gerbmaterialien sollen so fein gemahlen werden, daß sie vollständig extrahiert werden können. Flüssige Extrakte müssen auf 50° C erhitzt und dann gut geschüttelt werden. Nach dem Schütteln läßt man sie wieder auf Zimmertemperatur abkühlen.

2. Menge der anzuwendenden Materialien. Bei Rinden und ähnlichen Stoffen wendet man eine solche Menge an, daß ihr wässeriger Auszug ungefähr 0,35 bis 0,45 g gerbende Stoffe in 100 ccm enthält. Man extrahiert im Soxhlet oder einem ähnlichen Apparate bei der Temperatur des kochenden Wassers, wenn Stoffe vorliegen, die keine Stärke enthalten. Bei Canaigre und Stoffen, die gleichwohl Stärke enthalten, arbeitet man bei einer Temperatur von 50° bis 55° C bis beinahe zur vollständigen Extraktion und vollendet alsdann die Operation bei der Temperatur des kochenden Wassers. Bei Extrakten wiegt man eine solche Menge ab, daß ihre Lösung 0,35 bis 0,45 g gerbende Stoffe in 100 ccm ergeben wird; man löst in 900 ccm Wasser von 80° C, läßt 12 Stunden stehen und füllt dann zu 1000 ccm auf.

3. Feuchtigkeit. a) Man gibt 2 g, wenn ein Extrakt vorliegt, in eine Schale mit flachem Boden, die nicht weniger als 6 cm im Durchmesser hat, fügt 25 ccm Wasser hinzu, erwärmt langsam bis alles gelöst ist, dampft alsdann vollständig ein und trocknet.

b) Alle vorkommenden Trocknungen müssen, nach dem Eindampfen zur Trockne auf dem Wasserbade oder einer anderen Vorrichtung, nach einer der folgenden Methoden geschehen. Der lösliche Gesamtrückstand und die Nichtgerbstoffe sollen unter ähnlichen und soweit wie nur möglich identischen Bedingungen getrocknet werden.

1. Während acht Stunden bei der Temperatur des kochenden Wassers in einem Dampfbade.
2. Während 6 Stunden bei 100° C in einem Luftbade.
3. Bis zu konstantem Gewicht im Vakuum bei 70° C.

4. Gesamtrückstand. Man schüttelt die Lösung durch und mißt, ohne zu filtrieren, sogleich 100 ccm mit einer Pipette ab, dampft in einer gewogenen Schale ein und trocknet bis zu konstantem Gewicht bei der Temperatur des kochenden Wassers. Die Schalen sollen einen flachen Boden und nicht weniger als 6 cm im Durchmesser haben.

5. Löslicher Gesamtrückstand. Doppelt gefaltetes Filtrierpapier (S. & S. Nr. 590, 15 cm) soll verwendet werden. Zu 2 g Kaolin fügt man 75 ccm der Gerbstofflösung hinzu, rührt um, läßt dann 15 Minuten stehen und gießt alsdann die Flüssigkeit so vollständig wie möglich ab. Dann fügt man weitere 75 ccm der Lösung zu, gibt alles auf ein Filter, hält das Filter gefüllt, verwirft die ersten 150 ccm des Filtrates und dampft die nachher durchfiltrierenden 100 ccm zur Trockne ein und trocknet sie vollständig. Verdunstung während des Filtrierens ist zu verhüten.

6. Nichtgerbstoffe. Man präpariert 20 g Hautpulver, indem man es 24 Stunden mit 500 ccm Wasser digeriert, dem man 0,6 g Chromalaun, in Wasser gelöst, zugesetzt hat. Diese Chromalaunlösung gibt man zu wie folgt: Die eine Hälfte anfangs, die andere Hälfte setzt man wenigstens 6 Stunden vor Beendigung der Digestion zu. Man wäscht, indem man durch Leinen preßt und wäscht das Hautpulver so lange mit Wasser weiter, bis das ablaufende Wasser mit Baryumchlorid keinen Niederschlag mehr gibt. Dann drückt man das Hautpulver mit der Hand gründlich aus und entfernt noch weiter soviel Wasser wie irgend möglich mit Hilfe einer Presse. Man wiegt das gepreßte Hautpulver und nimmt annähernd ein Viertel davon zur Bestimmung der Feuchtigkeit. Dieses Viertel wägt man genau und trocknet es bis zu konstantem Gewicht. Dann wägt man die übriggebliebenen drei Viertel genau und gibt sie zu 200 ccm der ursprünglichen Gerbstofflösung; man schüttelt 10 Minuten lang, gießt dann alles auf einen Trichter, dessen Rohr man mit einem Wattepfropf verschlossen hat, gibt die ablaufende Flüssigkeit wieder auf den Trichter, bis sie vollkommen klar abläuft, dampft von dem klaren Filtrat 100 ccm ein und trocknet sie. Das Gewicht dieses Rückstandes muß noch umgerechnet werden wegen der Verdünnung, die durch das in dem gepreßten Hautpulver noch enthaltene Wasser verursacht wird. Das Schütteln kann in irgendeinem beliebigen Schüttelapparate geschehen. Der einfache Apparat, der von Drogisten benutzt wird und als Milchschüttler bekannt ist, wird empfohlen.

7. Gerbende Stoffe. Die Menge derselben ergibt sich aus der Differenz zwischen dem löslichen Gesamtrückstande und den umgerechneten Nichtgerbstoffen.

8. Prüfung des Hautpulvers. a) Man schüttelt 10 g des Hautpulvers 5 Minuten lang mit 250 ccm Wasser, seiht dann durch Leinen, drückt den Brei gehörig mit der Hand aus und wiederholt diese Operation dreimal. Das letzte Filtrat läßt man durch ein Filter (S. & S. Nr. 590, 15 cm) laufen bis es vollkommen klar ist, dampft dann 100 ccm davon ein und trocknet. Wenn der Trockenrückstand hiervon mehr als 10 mg beträgt, darf das Hautpulver nicht verwendet werden.

b) Man stellt sich eine Lösung von reinem Tannin her, indem man 6 g in 1000 ccm Wasser löst. Man bestimmt den Gesamtrückstand durch Eindampfen von 100 ccm dieser Lösung und Trocknen bis zu konstantem Gewicht. Man behandelt 200 ccm dieser Lösung mit Hautpulver genau wie in § 6 beschrieben. Das Hautpulver muß mindestens 95% des vorhandenen Gesamtrückstandes aufnehmen. Das angewandte Tannin muß in Wasser, Alkohol, Aceton und Essigäther vollständig löslich sein und soll nicht mehr als 1% von solchen Stoffen enthalten, die durch 2 Stunden langes Digerieren mit einem Überschuß von gelbem Quecksilberoxyd auf dem Dampfbade nicht entfernt werden können.

9. Prüfung des die Nichtgerbstoffe enthaltenden Filtrates.

a) Auf Gerbstoff: Prüfe einen kleinen Teil des klaren, die Nichtgerbstoffe enthaltenden Filtrates mit wenigen Tropfen einer 1 proz. Lösung von Nelsons Gelatine. Eine Trübung zeigt die Gegenwart von Gerbstoff an, in welchem Falle man den unter 6 beschriebenen Prozeß wiederholt, indem man jetzt 25 statt 20 g Hautpulver anwendet.

b) Auf gelöste Hautsubstanz: Zu einem kleinen Teile des klaren, die Nichtgerbstoffe enthaltenden Filtrates, gibt man wenige Tropfen der filtrierten Gerbstofflösung zu. Eine Trübung zeigt die Gegenwart von gelöster Hautsubstanz an, in welchem Falle man den unter 6 beschriebenen Prozeß wiederholt, jetzt aber das Hautpulver einem gründlicheren Auswaschen unterwirft.

Die Temperatur der Lösungen soll, wenn sie abgemessen oder filtriert werden, zwischen 16 und 20° C betragen. Alle Trocknungen sollen in Schalen mit flachem Boden von wenigstens 6 cm Durchmesser geschehen. Bei allen Filtrationen soll Filtrierpapier S. & S. Nr. 590, 15 cm Durchmesser verwandt werden.

4. Vorschriften der provisorischen (dritten) internationalen offiziellen Methode der quantitativen Gerbstoffanalyse (1928).

A. Allgemeine Vorschriften.

I. Laboratoriumsgeräte.

§ 1. Glasgeräte. Die verwendeten Glasgeräte sollen gegen die Einwirkung von destilliertem Wasser beständig sein. Meßkolben und Pipetten sollen sorgfältig geprüft und, wenn nötig, korrigiert sein. An den Liter- und Zweiliterkolben soll die Marke nahe dem unteren Halsende liegen.

§ 2. Exsiccatoren. Die Exsiccatoren sollen mit gutschließendem Deckel versehen und mit Schwefelsäure beschickt sein, deren Konzentration nicht unter 85% (Gewichtsprozente) sinken darf. Nicht mehr als eine Schale soll sich in einem Exsiccator befinden.

§ 3. Abdampfschalen. Die Abdampfschalen müssen niedrig sein, flachen Boden besitzen und einen Durchmesser haben, der nicht kleiner als 7 cm und nicht größer als 8,5 cm ist. Erlaubt sind Schalen aus Silber, Porzellan und Glas. Bei der Verwendung von Silberschalen am Wasserbad oder Dampfbad sind Porzellanringe zu benützen. Porzellanschalen müssen innen und außen glasiert sein. Glasschalen dürfen mit Dampf nicht in unmittelbare Berührung kommen.

§ 4. Vorrichtungen zum Abdampfen und Trocknen. Das Abdampfen muß bei 98,5 bis 100° C erfolgen und kann a) auf einem Wasserbad, b) auf einem kombinierten Wasserbad-Dampftrockenschrank oder c) auf einem kombinierten Abdampf- und Trockenapparat vorgenommen werden. Die nach a) oder b) erhaltenen Rückstände müssen in einem Trockenschrank bei konstant gehaltener Temperatur von 98,5 bis 100° C getrocknet werden. Es dürfen Heißwasser-, Dampf- und elektrisch geheizte Trockenschränke bei gewöhnlichem Druck oder mit Vakuum Verwendung finden. Bei elektrischen Trockenschränken ist die genaue Einhaltung konstanter Temperatur wesentlich. Nicht erlaubt sind mit Gas geheizte Lufttrockenschränke.

§ 5. Wagen. Zum Wägen der Abdampfrückstände sind analytische Wagen zu verwenden, deren Empfindlichkeit mindestens 0,2 mg bei 100 g Belastung beträgt.

§ 6. Leinwand. Zum Waschen des chromierten Hautpulvers und zur ersten (groben) Filtration der entgerbten Lösungen ist Leinwand zu verwenden, die durch mehrmaliges Auskochen mit destilliertem Wasser von Beschwerungsstoffen befreit wurde.

§ 7. Filtrierpapier. Es sind Faltenfilter von 15 cm Durchmesser zu verwenden. Nur Einzelfilter sind gestattet. Die folgenden Marken werden empfohlen: Schleicher & Schüll Nr. 590 Munktell Nr. 1 F, Durieux „Super" und Watman Nr. 4.

§ 8. Der Koch-Auslauger[1]. Dieser Apparat (siehe Abb. 28 S. 167) besteht aus einer weithalsigen Glasflasche, die je nach der Ansatzmenge in drei verschiedenen Größen vorliegen muß. Bei einer Ansatzmenge bis zu 30 g auf 2 l soll sie einen Fassungsraum von etwa 250 ccm (Größe I), bei einer Ansatzmenge von über 30 g bis zu 42 g auf 2 l einen Fassungsraum von etwa 500 ccm (Größe II)

[1] Ist bereits auf Seite 167 beschrieben. Die obige Beschreibung enthält die offizielle Vorschrift für den Apparat und einige auf Seite 167 nicht angegebene Ergänzungen.

und bei größeren Ansatzmengen (Eichen- und Kastanienholz, Eichen-, Fichten- und Hemlockrinde und gebrauchte Gerbmittel) einen Fassungsraum von etwa 750 ccm (Größe III) haben. Diese Glasflaschen dürfen nicht zu dickwandig und müssen gut gekühlt sein, damit sie das längere Kochen im Wasserbad vertragen. Die Flasche wird mit einem Gummistopfen, durch welchen zwei Glasröhren gehen, verschlossen; die eine, durch welche das destillierte Wasser zugeführt wird, reicht etwa 1 cm unter den Stopfen, um die direkte Berührung des zufließenden kalten Wassers mit den heißen Gefäßwandungen zu vermeiden; die andere, welche als Ausfluß dient, geht fast bis auf den Boden der Flasche. Beide Enden sind trichterförmig erweitert und mit reiner grobmaschiger Leinwand oder Seidengaze (nicht Baumwolle, da diese leicht verfilzt) umbunden. Oberhalb des Stopfens sind beide Röhren rechtwinklig gebogen und mit anderen (s. w. u.) durch Gummischlauch verbunden. Auf den Boden der Flasche kommt zunächst eine etwa 1 cm hohe Schicht trockener, vollständig eisenfreier Seesand (mit heißer Salzsäure behandelt und durch Waschen mit heißem Wasser gereinigt) und dann das abgewogene gemahlene Gerbmaterial. Zum Füllen wird das bis auf den Boden reichende Rohr mit Hilfe eines mit einem Quetschhahne versehenen Gummischlauchstückes mit einem rechtwinklig gebogenen Glasrohr verbunden, das in ein mit destilliertem Wasser gefülltes Becherglas eintaucht; dann wird an der anderen Röhre vorsichtig gesaugt. Um hierbei sämtliche Luft aus der Glasflasche zu verdrängen, läßt man nach Vollsaugen des Gerbmaterials einige Minuten stehen, wobei sich die verdrängte Luft oben ansammelt. Man füllt dann durch nochmaliges Ansaugen die Flasche vollständig an und stellt den Apparat, mit einer Stöpselklammer gut verschlossen, bis an den Hals in ein Wasserbad. Das kürzere Rohr wird mit Hilfe eines mit Quetschhahn versehenen Gummischlauches mit einem Glasrohre verbunden, das nach einem etwa 150 cm höher stehenden Wasservorratsgefäße führt. Man setzt den Inhalt der Glasflasche durch Öffnen des Quetschhahnes an dem Zuflußrohre des Auslaugewassers unter den Druck dieser Wassersäule und beläßt ihn unter diesem zum vollständigen Durchweichen die vorgeschriebene Zeit (siehe S. 167). Das Abflußrohr mündet in einen vorgelegten Zweilitermeßkolben, wie es aus der Abbildung (S. 28) ersichtlich ist; der Quetschhahn des Abflußrohres bleibt während des Durchweichens verschlossen.

Die Ausmaße der Größen I, II und III der Auslaugeflaschen sind folgende:

Tabelle 78. Ausmaße der Auslaugeflaschen für den Kochschen Apparat.

	Durchmesser des zylindrischen Teiles cm	Höhe des unteren zylindrischen Teiles bis zum Beginn des Halses cm	Höhe des Halses cm	Durchmesser des Halses cm
Größe I . . .	6	9	2,5	4,5
„ II . . .	7,5	12	3,0	5,5
„ III. . .	9.0	12	3,0	5,5

II. Hilfsstoffe und Reagentien.

§ 9. Destilliertes Wasser. Das destillierte Wasser muß folgenden Anforderungen entsprechen:

a) der p_H-Wert muß zwischen 5,0 und 6,0 liegen, d. h. das Wasser darf mit Methylrot keine Rotfärbung und mit Bromkresolpurpur (Bromkresolsulfophthalein) keine Dunkelrotfärbung geben;

b) der Abdampfrückstand von 100 ccm darf 1 mg nicht übersteigen.

§ 10. Kaolin. Nach dem Schütteln von 1 g Kaolin mit 100 ccm Wasser muß der p_h-Wert der Suspension zwischen 4,0 und 6,0 liegen, d. h. es darf weder mit Methylorange eine Rotfärbung, noch mit Bromkresolpurpur eine Dunkelrotfärbung auftreten. Wird 1 g Kaolin mit 100 ccm $^n/_{100}$-Essigsäure geschüttelt, so darf der Abdampfrückstand des Filtrates 1 mg erreichen. Kaolinsorten, welche diesen Anforderungen nicht entsprechen, können mitunter brauchbar gemacht werden, indem man sie mit Salzsäure behandelt und dann mit destilliertem Wasser wäscht, bis keine löslichen Anteile mehr abgegeben werden. Folgende Kaolinsorten haben sich bewährt: Le Moor, China Clay und „Catalpo". Stets muß jede neue Sendung geprüft werden.

§ 11. Chromalaunlösung. Der Chromalaun muß in Kristallen vorliegen und der Formel $Cr_2(SO_4)_3$, $K_2SO_4 \cdot 24 H_2O$ entsprechen. Die zur Chromierung des Hautpulvers bestimmte Lösung muß bei Zimmertemperatur hergestellt werden, wobei 30 g Chromalaun auf 1 l gebracht werden. Diese Lösung darf nur verwendet werden, solange sie weniger als 30 Tage alt ist.

§ 12. Hautpulver. Das zu verwendende Hautpulver soll von dem internationalen Ausschuß, bestehend aus Vertretern der A.L.C.A., der I.S.L.T.C. und des I.V.L.I.C. gutgeheißen sein. Es muß folgende Bedingungen erfüllen:

a) Der Aschengehalt muß unterhalb 0,3% liegen.

b) Wenn 7 g des lufttrockenen Hautpulvers unter zeitweisem Durchschütteln 24 Stunden mit 100 ccm $^n/_{10}$-KCl behandelt und dann durch ein Papierfilter filtriert werden, so muß der p_H-Wert des Filtrates zwischen 5,0 und 5,4 liegen.

§ 13. Gelatine-Kochsalz-Lösung. 1 g Gelatine (für photographische Zwecke) und 10 g reines Kochsalz werden in 100 ccm destilliertem Wasser gelöst und der p_H-Wert der Lösung durch Zusatz von Säure bzw. Alkali auf annähernd 4,7 gebracht; die Lösung soll demnach mit Methylrot Rotfärbung und mit Methylorange Gelbfärbung geben. Bei der Herstellung dieser Lösung, die am besten jedesmal frisch bereitet wird, aber durch Zusatz von 2 ccm Toluol für kürzere Zeit haltbar gemacht werden kann, darf die Temperatur von 60° C nicht überschritten werden.

III. Bereitung der zur Analyse gelangenden Proben.

§ 14. Feste Gerbmittel (Hölzer, Rinden, Früchte usw.). Hölzer, Rinden und Früchte müssen in einer geeigneten Mühle zerkleinert werden, bis sie durch ein Sieb von fünf Drähten pro Zentimeter hindurchgehen. Sollte dies bei einem faserigen Gerbmittel nicht völlig erreichbar sein, so müssen die feineren und die gröberen Anteile gesondert gewogen und das Verhältnis dieser Anteile in der gemahlenen Gesamtmenge bestimmt werden. Zur Auslaugung müssen die beiden Anteile im gleichen Verhältnisse gelangen, in welchem sie sich ursprünglich befanden.

Alle Gerbmittel, die beim Mahlen feinteilige (staubförmige) Anteile liefern, müssen in gleicher Weise behandelt werden, d. h. es müssen die zur Auslaugung gelangenden Mengen ein gleiches Verhältnis von Staub und groben Anteilen aufweisen, wie das gesamte Mahlgut.

Faserige Gerbmittel, wie Blätter (Sumach usw.) und Rinden (Eiche, Mimosa, Mangrove usw.) können in einem Mörser (womöglich aus Kupfer oder Bronze mit schwerem Kupferstößel) zerstampft werden, um das faserige Gefüge zu lockern und das Eindringen des Auslaugewassers zu erleichtern.

Da manche Gerbmittel während des Mahlens Feuchtigkeit abgeben, so empfiehlt es sich, vor und nach dem Mahlen den Wassergehalt zu ermitteln und entsprechende Korrekturen vorzunehmen.

Gerbmittel, deren wässerige Auszüge Ellagsäure, Chebulinsäure u. dgl. abzuscheiden pflegen, wie Valonea, Myrobalanen usw. sollen vor der Auslaugung 1 Stunde auf 100 bis 105° C erhitzt werden.

§ 15. Feste Gerbstoffauszüge (feste Gerbextrakte). Feste Gerbstoffauszüge sollen vor der Einwaage in einer Reibschale aus Porzellan oder Achat zerrieben werden. Bei jenen Auszügen, die ungleichmäßige Feuchtigkeitsverteilung aufweisen oder sich nicht fein zerreiben lassen, sollen die Blöcke aufgebrochen, eine größere Probe in fachbodigen Schalen gewogen, im Trockenschrank bei 70° einige Stunden getrocknet und dann der Laboratoriumsfeuchtigkeit einige Stunden (womöglich über Nacht) ausgesetzt werden. Nach Feststellung der Gewichtsabnahme wird in einer Reibschale fein zerrieben und in einer Probe der weitere Gewichtsverlust beim Trocknen im Trockenschrank bei 98,5 bis 100° C ermittelt. Die beiden Wasserbestimmungen ergeben zusammen den ursprünglichen Feuchtigkeitsgehalt.

Teigförmige Auszüge, wie Blockgambir, sollen in kleine Stücke zerschnitten und dann in gleicher Weise behandelt werden.

§ 16. Flüssige Gerbstoffauszüge (flüssige Gerbextrakte). Flüssige Gerbstoffauszüge sollen gründlich durchmischt werden, um gleichmäßige Musterziehung zu ermöglichen; hierbei ist anzustreben, auch die abgesetzten Anteile in die Analysenprobe zu bekommen. Dickflüssige Auszüge sollen auf dem Wasserbade auf 45° C erwärmt, gut durchgemischt, dann auf 18° C abgekühlt (siehe § 21) und sofort ausgewogen werden. Im Analysenbericht ist das Erwärmen zu erwähnen.

IV. Herstellung der Auszüge für die Analyse.

§ 17. Die Menge des zur Analyse abzuwägenden Gerbmittels ist so zu bemessen, daß eine Lösung erzielt wird, die möglichst nahe einen Gehalt von 4 g/l durch Hautpulver aufnehmbare Stoffe aufweist. Keinesfalls darf dieser Wert unter 3,75 oder über 4,25 g/l betragen. Anderenfalls ist die Analyse mit entsprechend geänderter Einwaage zu wiederholen.

Alle zu analysierenden Stoffe sollen auf einer analytischen Waage bis zu einer Genauigkeit von 2 mg abgewogen werden.

§ 18. Die Auslaugung fester Gerbmittel. Die nach obigen Angaben zerkleinerten festen Gerbmittel sind in einem Koch-Auslauger auszulaugen; hierzu sind solche Mengen zu verwenden, daß 2000 ccm einer Lösung von erforderlicher Analysenstärke (siehe § 17) erhalten werden.

Das Gerbmittel muß vorerst im Koch-Auslauger (siehe § 8) mit kaltem destilliertem Wasser nicht weniger als 12 Stunden, aber nicht mehr als 18 Stunden (z. B. über Nacht) durchgefeuchtet werden; dann wird abgehebert und die Auslaugung mit gleichförmiger Geschwindigkeit fortgesetzt, so daß die erforderlichen 2 l in 4 Stunden gewonnen werden. Nach Ablauf der ersten 150 ccm ist die Temperatur des Wasserbades auf 50° C zu steigern und diese Temperatur beizubehalten, bis weitere 750 ccm gesammelt sind. Dann wird die Temperatur des Wasserbades bis zum Siedepunkt gesteigert und die restliche Auslaugung bei dieser Temperatur bewirkt.

Bemerkung: Hölzer und solche schwer auslaugbare Rinden, wie Eiche und Hemlock, müssen in der Weise ausgelaugt werden, daß die erforderlichen 2 l bei gleichförmiger Auslaugung innerhalb 7 Stunden (und nicht 4 Stunden) gewonnen werden.

§ 19. Flüssige Gerbstoffauszüge (flüssige Gerbextrakte). Flüssige Gerbstoffauszüge sollen zur Vermeidung von Änderungen im Wassergehalt möglichst rasch und in geschlossenen Wägegläschen gewogen werden. Man löst durch Bespülen mit ungefähr 400 ccm destilliertem Wasser von 85° C, läßt dabei in einen Liter-Meßkolben fließen und setzt noch weiteres destilliertes Wasser von 85° C zu, bis das Volumen etwa 900 ccm beträgt. Dann wird so vorgegangen, wie unter „Kühlen der Gerbstofflösungen" (siehe § 21) beschrieben ist.

Stoffe, die gegen Wasser von 85° C empfindlich sind, sollen bei einer niedrigeren Temperatur gelöst werden; in diesem Falle ist die eingehaltene Temperatur im Analysenbericht anzugeben.

§ 20. Feste (pulverförmige) oder teigförmige Gerbstoffauszüge. Zur Vermeidung von Änderungen im Wassergehalt sollen solche Gerbstoffauszüge in einem Becherglas möglichst rasch gewogen, mit der 10fachen Menge destillierten Wassers von 85° C versetzt und auf einem Dampfbad auf 85 bis 90° C unter häufigem Umrühren so lange erhitzt werden, bis Lösung oder gleichförmige Suspendierung eingetreten ist. Dann wird mit ungefähr 400 ccm destilliertem Wasser von 85° C in einen Liter-Meßkolben gespült und weiteres destilliertes Wasser von 85° C zugesetzt, bis das Volumen etwa 900 ccm beträgt, worauf man so, wie unter „Kühlen der Gerbstofflösungen" (siehe § 21) angegeben, verfährt.

Von Gerbstoffauszügen, die mehr als 45% Gerbstoff enthalten, sind die abzuwägenden Mengen so zu bemessen, daß 2 l einer Lösung der erforderlichen Analysenstärke erhalten werden.

§ 21. Kühlen der Gerbstofflösungen. Die aus den Gerbmitteln oder Gerbstoffauszügen bereiteten Lösungen sind in folgender Weise auf 18° C abzukühlen: Man bringt den Kolben in einen großen, mit Wasser von 18° C gefüllten Behälter und hält das Kühlwasser während der Dauer des Kühlens auf 18° C. Der Kolbeninhalt wird während des ganzen Kühlvorganges in Bewegung erhalten. Diese Arbeitsweise ist zur Erzielung übereinstimmender Ergebnisse unbedingt zu befolgen. Nach erfolgter Kühlung wird mit destilliertem Wasser zur Marke aufgefüllt, gründlich durchgemischt und dann filtriert.

Bemerkung. In heißen Klimaten, wo die Einhaltung der Temperatur von 18° C Schwierigkeiten bereitet, empfiehlt es sich, die Kolben nach beendigter Kühlung in Papiersäcke zu hüllen.

B. Analyse.

§ 22. Allgemeines. Die Lösungen des Gesamt-Trockenrückstandes, des Gesamtlöslichen und der Nichtgerbstoffe müssen sich zur Zeit des Abpipettierens bei gleicher Temperatur befinden.

§ 23. Bestimmung der Feuchtigkeit und des Gesamt-Trockenrückstandes. Die Summe von Feuchtigkeit und Gesamt-Trockenrückstand beträgt 100%, so daß eine der beiden Bestimmungen ausreicht. Bei festen Gerbmitteln und bei solchen festen oder teigförmigen Gerbstoffauszügen, die keine gleichmäßig trübe Lösung liefern, muß eine direkte Wasserbestimmung ausgeführt werden.

§ 24. Feuchtigkeit. Etwa 1 g des feingemahlenen Stoffes wird in einem niedrigen, breiten Wägegläschen genau ausgewogen, in einem Heißwasser- oder Dampftrockenschrank bei 98,5 bis 100° C 3 bis 4 Stunden getrocknet, dann in einem Exsiccator 20 Minuten abkühlen gelassen und auf einer analytischen Waage so rasch wie möglich gewogen. Das Trocknen wird dann bis zur Gewichtskonstanz wiederholt. Wenn beim wiederholten Trocknen Gewichtszunahmen auftreten, so ist die niedrigste Gewichtsbestimmung zu wählen.

§ 25. Gesamt-Trockenrückstand. 50 ccm der gut durchmischten, gleichmäßig trüben Gerbstofflösung werden in den angegebenen Abdampfschalen auf dem Wasserbad oder auf dem kombinierten Wasserbad-Dampftrockenschrank zur Trockene eingedampft. Die Rückstände werden dann sogleich bei 98,5 bis 100° C (siehe § 4) getrocknet, in Exsiccatoren erkalten gelassen und so rasch wie wie möglich auf 0,2 mg Genauigkeit gewogen. Dies wird bis zur Erreichung von Gewichtskonstanz wiederholt. Die Schalen dürfen nach der Entnahme aus dem Exsiccator nicht mehr abgewischt werden.

Es ist gestattet, den kombinierten Abdampf- und Trockenapparat zu verwenden und damit das Abdampfen und das Trocknen in einer Vorrichtung zu vereinigen.

§ 26. Gesamtlösliches. Man bringt soviel der Analysenlösung, als zum Anfüllen des Filters nötig ist (etwa 75 ccm), in ein Becherglas, setzt 1 g Kaolin zu, mischt gründlich und bringt sofort auf das Filter (siehe § 7). Man sammelt die ersten 25 ccm des Filtrates in dem gleichen Becherglase, gießt sie wieder aufs Filter und wiederholt diesen Vorgang während 1 Stunde, wobei man trachtet, die ganze Kaolinmenge auf das Filter zu bringen. Dann entfernt man die Flüssigkeit vom Filter, wobei man möglichst vermeidet, den Kaolin aufzurühren, was durch Abhebern leicht gelingt. Man füllt nun das Filter mit der auf 18° C gebrachten Gerbstofflösung und wartet, bis das Filtrat optisch klar ist; die bis dahin durchfiltrierten Anteile gießt man fort. Dann beginnt man das Filtrat zu sammeln, bis die zum Eindampfen abzupipettierende Menge vorhanden ist. Das Filtrat soll stets vollgehalten werden, die Temperatur der filtrierenden Lösung 18° C betragen und der Trichter, sowie das Filtrat-Sammelgefäß bedeckt werden. 50 ccm des klaren Filtrates werden in die gewogene Abdampfschale pipettiert, eingedampft, getrocknet, abgekühlt und bis zur Gewichtskonstanz gebracht, wie oben angegeben.

Als optisch-klar gegen auffallendes und durchfallendes Licht gilt die Lösung, wenn ein heller Körper von der Art einer Glühlampe durch eine wenigstens 5 cm dicke Schicht deutlich sichtbar ist und wenn eine 1 cm hohe Schicht in einem auf schwarzem Glas oder schwarzem Glanzpapier ruhenden Becherglas bei guter Beleuchtung schwarz und nicht opalisierend erscheint, sobald sie von oben betrachtet wird.

§ 27. Chromierung des Hautpulvers. Für jede Nichtgerbstoffbestimmung wird soviel Hautpulver, wie 6,25 g Trockensubstanz entspricht, benötigt. Sind n Nichtgerbstoffbestimmungen auszuführen, so wird die n-fache Menge und dazu noch 6 g für die Wasserbestimmung abgewogen und mit der 10fachen Menge destillierten Wassers 1 Stunde durchgefeuchtet. Hierzu wird pro 1 g lufttrockenes Hautpulver 1 ccm der Chromalaunstammlösung (siehe § 11) zugesetzt und das Ganze gut durchgerührt.

Das Durchrühren wird während mehrerer Stunden häufig wiederholt; dann wird über Nacht stehen gelassen. Am nächsten Morgen wird das chromierte Hautpulver auf reines Leinen- oder Baumwoll-Filtertuch gebracht, abtropfen gelassen und ausgepreßt. Dann wird das Tuch mit dem Hautpulver in ein geeignetes Gefäß (bei größeren Hautpulvermengen ist ein emaillierter Topf zu empfehlen) gebracht, das Tuch geöffnet und das Hautpulver mit der 15fachen Menge destillierten Wassers (bezogen auf lufttrockenes Hautpulver) übergossen. Es wird gut durchgerührt, 15 Minuten stehen gelassen, dann das Tuch mit dem Hautpulver herausgehoben, sofort abtropfen gelassen und auf annähernd 75% Feuchtigkeit — wenn nötig, unter Anwendung einer Presse — abgepreßt. Dieses Waschen, Abtropfen und Abpressen wird noch dreimal wiederholt und das letzte Abpressen so ausgeführt, daß ein Wassergehalt von annähernd 73% (nicht weniger als 72% und nicht mehr als 74%) zurückbleibt. (Es ist zweckmäßig, etwas unter die angenommenen Werte zu pressen, dann so quantitativ wie möglich in ein tariertes Gefäß überzuführen und durch sorgfältigen Wasserzusatz den richtigen

Feuchtigkeitsgehalt zu bewirken.) Der Kuchen des nassen, chromierten Hautpulvers wird dann gründlich zerteilt und das Ganze gleichförmig und klumpenfrei durchmischt. In 20 g dieses nassen chromierten Hautpulvers wird sofort eine Feuchtigkeitsbestimmung (s. § 24) ausgeführt. Ebenso werden sofort die für die Nichtgerbstoffbestimmungen dienenden Einzelmengen abgewogen, in die Schüttelflaschen gebracht und diese dicht verschlossen.

§ 28. Nichtgerbstoffbestimmung. Zu einer Menge nassem chromiertem Hautpulver, die möglichst genau 6,25 g Hautpulver-Trockensubstanz entsprechen soll und jedenfalls nicht außerhalb der Grenzen von 6,1 g bis 6,4 g fallen darf, werden 100 ccm der Analysen-Gerbstofflösung gegeben und sofort genau 10 Minuten lang in einem Schüttelapparat mit einer Umdrehungszahl von 50 bis 65 pro Minute bewegt. Dann werden Hautpulver und Lösung auf ein reines, trockenes Leinwandstück gegossen, das auf einem Trichter ruht. Nach dem Abtropfen wird mit der Hand abgepreßt und zu diesem Filtrat 1 g Kaolin zugesetzt und gut durchgemischt. (Das Kaolin muß den in 10 angegebenen Bedingungen entsprechen.) Dann wird durch ein Einzelfaltenfilter von 15 cm Durchmesser gegossen und das Filtrat so oft zurückgegossen, bis es klar geworden ist. Trichter und Auffanggefäß sind hierbei bedeckt zu halten. (Das Filtrat muß mit der Gelatine-Kochsalzlösung geprüft werden, und es muß, wenn 10 ccm des Filtrates mit 1 bis 2 Tropfen des Reagenses eine Trübung geben sollten, dies im Analysenbericht mitgeteilt werden.) 50 ccm des Filtrates werden sodann in eine gewogene Abdampfschale pipettiert, abgedampft, getrocknet, abgekühlt und gewogen. Das erhaltene Gewicht muß entsprechend der durch den Wassergehalt des Hautpulvers verursachten Verdünnung korrigiert und dieses korrigierte Gewicht zur Berechnung der Nichtgerbstoffprozente verwendet werden.

§ 29. Durch Hautpulver aufgenommene Gerbstoffe. Der Gerbstoffgehalt ergibt sich aus der Differenz der Prozentzahlen für Gesamtlösliches und Nichtgerbstoff.

§ 30. Unlösliches. Unter Unlöslichem versteht man die Differenz zwischen den Prozentzahlen für Gesamttrockenrückstand und Gesamtlösliches, oder zwischen 100 und der Summe aus Feuchtigkeit und Gesamtlöslichem, letzteres bei jenen festen Gerbmitteln und festen oder teigförmigen Gerbstoffauszügen, bei denen die Feuchtigkeit direkt bestimmt wird.

§ 31. Spezifisches Gewicht. Das spezifische Gewicht soll mit dem Pyknometer unter möglichster Einhaltung der Temperatur von 15° C bestimmt werden.

§ 32. Genauigkeit der Methode. Alle Analysen sind doppelt auszuführen und die Mittelwerte anzugeben. Die Gewichte der Abdampfrückstände sollen stets innerhalb 2 mg übereinstimmen, so daß der absolute Fehler im Gerbstoffgehalt nicht mehr als 2% beträgt. So z. B. sollen bei flüssigen Gerbstoffauszügen mit 30% Gerbstoff die Doppelbestimmungen von Gerbstoff innerhalb 0,6% übereinstimmen; bei festen Gerbstoffauszügen mit 60% Gerbstoff soll die Übereinstimmung innerhalb 1,2% liegen. Wenn nötig, sind die Analysen zu wiederholen, bis diese Übereinstimmung erreicht ist. Im Analysenbericht ist deutlich anzugeben, daß die mitgeteilten Zahlen Mittelwerte solcher übereinstimmender Bestimmungen sind.

Wenn die Analysen von verschiedenen Chemikern am gleichen Muster des Gerbmittels oder Gerbstoffauszuges ausgeführt wurden, so sollen die Ergebnisse voneinander nicht um mehr als 3% vom Gesamtgerbstoffgehalt abweichen.

In den Analysenberichten sind die Ergebnisse nur auf eine Dezimale auszudrücken.

§ 33. Schlußbemerkung. Alle Analysen sind in genauer Befolgung der obigen Vorschriften auszuführen.

Der Analysenbericht muß die Erklärung enthalten: „Diese Analyse ist nach der international-offiziellen Methode der Gerbstoffbestimmung ausgeführt worden.“

Ferner ist die Partienummer des verwendeten Hautpulvers im Analysenberichte anzugeben.

Anhang.

§ 34. Ungefähre Mengen der zur Analyse verwendeten Gerbmittel in g/l.

Feste Gerbmittel

Hölzer, Rinden, Früchte, Blätter usw.[1].

Canaigre	15—18
Kastanienholz (frisch)	50—55
„ (trocken)	38—42
Quebrachoholz und Tizera	19—21
Hemlockrinde	32—36
Mimosarinde	10—14
Eichenrinde	35—45
Mangroverinde	10—12
Fichtenrinde	30—35
Myrobalanen (entkernt)	8—10
„ (ganze Früchte)	12—14
Valonea	14—15
Trillo	9—10
Dividivi, Algarobilla, Teri und Gonakie	10—12
Sumach	15—16
Ausgelaugte Gerbmittel	50—80

Feste Gerbstoffauszüge[1].

Kastanien (60%)	6—7
Mangrove	6
Quebracho	6
„ (löslich gemacht)	6
Mimosa	6—7
Sumach	6—7
Cutch	10
Würfelgambir	12—14
Blockgambir	14—16

Flüssige Gerbstoffauszüge.

Kastanien (30%)	13
Quebracho	12
Mimosa	11—13
Eichenholz	16
Sumach	16
Myrobalanen	16
Hemlock	11—13
Fichtenrinde	13
Zellstoffablauge	16—18
Synthetische Gerbstoffe	13

---

5. *Nichtgerbstoffbestimmung nach der Filtermethode (seither übliches Verfahren)*[2].

Man verwendet für das Filterverfahren das in fertigem Zustand von der Versuchsanstalt für Lederindustrie, Freiberg i. S., zu beziehende schwach chromierte Hautpulver. Es soll möglichst hell und wollig sein, den Gerbstoff schnell und vollständig aufnehmen und wenig lösliche Stoffe enthalten. (Über

---

[1] In den Fällen, in denen auf 2 l ausgelaugt werden soll, sind die Einwagen natürlich doppelt so groß, wie in der Tabelle angegeben, zu nehmen.

[2] Vorschläge für das neue Filterverfahren (Freiberg) siehe S. 192.

die Prüfung des Hautpulvers siehe weiter unten.) Der Cr_2O_3-Gehalt soll 0,3 bis 0,5% betragen.

Die Entgerbung der Lösung wird in der Procterschen Filterglocke (siehe Abb. 34) vorgenommen. Sie besteht aus einer zylindrischen Glasglocke, deren Verjüngung einen durchbohrten Gummistopfen trägt, durch dessen Öffnung ein zweimal rechtwinklig gebogenes Heberhaarrohr gesteckt wird. Das Ende des kürzeren Schenkels schneidet mit dem unteren Teil des Stopfens ab. Die Filterglocke soll folgende Ausmaße haben: Länge 7 cm, Durchmesser des zylindrischen Teiles 3 cm und des verjüngten Teiles 1,8 cm (Abb. 34).

Zur Vorbereitung des Glockenfilters für die Entgerbung wird zuerst ein kleiner Bausch gut ausgewaschener und getrockneter Glaswolle in den oberen Teil der Glocke geschoben; er soll ein Eindringen von Hautpulverteilchen in das Haarrohr verhindern. Dann wird die Glocke mit 7 g lufttrockenem Hautpulver gefüllt. Es wird mit einem am Ende abgeplatteten Glasstab so fest gestopft, daß es nicht von selbst aus der Glocke herausfällt. Namentlich an den Rändern muß man fester stopfen, damit sich die Gerbstofflösung nicht an der Glaswand hinaufzieht oder Kanäle bildet und nichtentgerbt abfließt. Die richtige Art des Stopfens wird man durch einige Übung bald festgestellt haben. Ist das Hautpulver zu fest gestopft, so fließt die Lösung durch die Capillare zu langsam oder gar nicht ab.

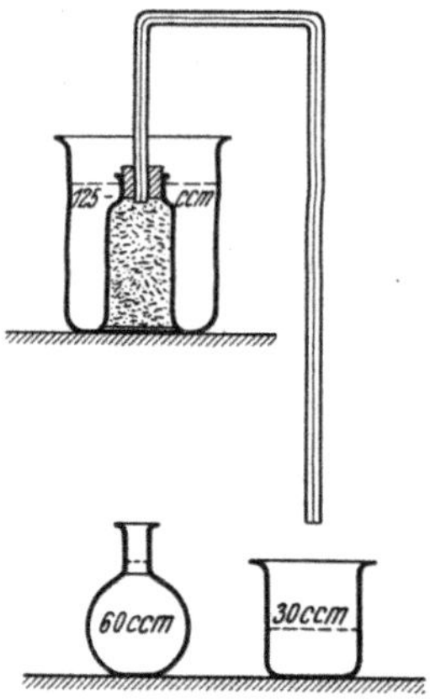

Abb. 34. Filterglocke von Procter.

Die so vorbereitete Filterglocke wird nun in ein mit der zu untersuchenden Gerbstofflösung gefülltes Becherglas getaucht (siehe Abb. 34). Das Hautpulver saugt die Lösung langsam an, man kann dies am Aufsteigen der Flüssigkeit in der Glocke deutlich verfolgen. Wenn die Flüssigkeit den Gummistopfen erreicht hat, saugt man mit einem Schlauch am längeren Schenkel des Haarrohres langsam an, bis die Lösung abtropft. Wenn die Filterglocke richtig gestopft ist, so sollen in der Minute 5 bis 8 Tropfen kommen und das Durchlaufen der für die weitere Unsuchung benötigten Mengen soll 2 bis 3 Stunden dauern.

Die ersten Anteile der abtropfenden entgerbten Lösung enthalten noch lösliche Teile des Hautpulvers. Sie werden deshalb verworfen. Die für die weitere Analyse verwendbare Lösung darf mit Tanninlösung keine Trübung geben. Die abtropfende Lösung ist so lange zu prüfen, bis diese Forderung erfüllt ist. Bei gutem Hautpulver soll nach dem Verwerfen von 30 ccm mit Tanninlösung keine Trübung mehr auftreten.

Zur Prüfung des Hautpulvers auf seine Verwendbarkeit läßt man an Stelle der Gerbstofflösung destilliertes Wasser durch die Glocke laufen. Nach Verwerfen der ersten 30 ccm werden von den nächsten 60 ccm 50 ccm eingedampft und der Rückstand getrocknet. Der Trockenrückstand darf 5 mg nicht übersteigen.

Das klare Filtrat ist in den meisten Fällen farblos. Bei manchen Gerbmitteln (Fichten- und Mangroverinde) ist eine vollständige Farblosigkeit nicht zu erreichen. Die Lösung darf mit einigen Tropfen Gelatinelösung (1% Gelatine und 10% Kochsalz) keine Trübung geben, d. h. sie muß vollständig entgerbt sein. Die Ermittelung der Nichtgerbstoffe erfolgt wie bei der offiziellen Methode.

Wird zum Entgerbungsprozeß mehr als 2 bis 3 Stunden gebraucht (z. B. weil die Filterglocke zu fest gestopft war), so erhöhen die in Lösung gehenden Hautpulveranteile die Menge der Nichtgerbstoffe, was eine Verringerung der festgestellten Gerbstoffe zur Folge hat, die ja durch Differenz ermittelt werden. Auch eine zu hohe Laboratoriumstemperatur kann die Löslichkeit des Hautpulvers erhöhen und die gleichen fehlerhaften Erscheinungen bedingen. Im Sommer ist deshalb mitunter eine Kühlung der zu entgerbenden Lösung erforderlich.

Der Einfluß der Entgerbungsdauer, die von der Art des Stopfens der Filterglocke abhängig ist, sowie der Einfluß der Temperatur auf die Menge der Nichtgerbstoffe bedeutet einen Mangel der Filtermethode. Die durch diese Faktoren bedingten Analysenfehler können recht beträchtlich sein.

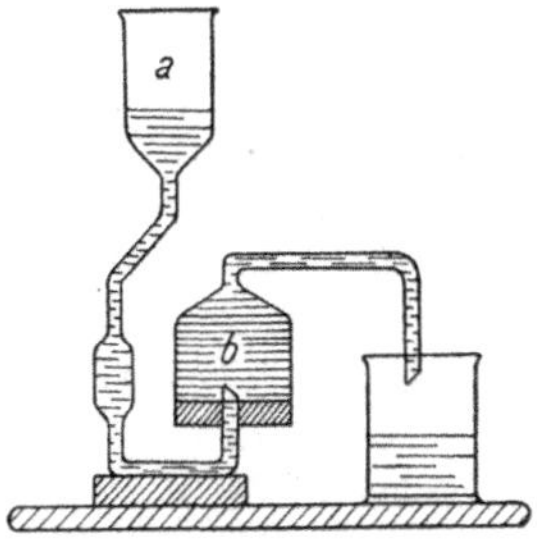

Abb. 35. Entgerbungsapparat von Schreiner.

Das Proctersche Glockenfilterverfahren wurde von Schreiner derart abgeändert, daß er die Gerbstofflösung in das Glasrohr *a* (Abb. 35) einfüllte, die durch ihren eigenen Druck durch das Rohr *b* fließt, welches das Hautpulver enthält. Die Wiener Versuchsanstalt benutzt zur Aufnahme des Hautpulvers eine zylindrische Röhre von 22 bis 25 mm Durchmesser und 120 mm Länge. Cerych wäscht das Hautpulver vor der Filtration besonders aus.

6. Die Methode von Wilson und Kern zur Bestimmung des unauswaschbar gebundenen Gerbstoffes.

Wilson und Kern (*1*) haben ein Verfahren ausgearbeitet, bei dem nur die Stoffe als Gerbstoffe ermittelt werden, die mit Hautpulver wasserbeständige Verbindungen eingehen. Die Gerbstofflösung wird dazu mit der zur Entgerbung ausreichenden Menge Hautpulver geschüttelt und das Hautpulver sodann in einer besonderen Waschapparatur vollkommen ausgewaschen. Im folgenden ist die Arbeitsweise angegeben, wie sie sich im Institut für Gerbereichemie, Darmstadt, bewährt hat[1].

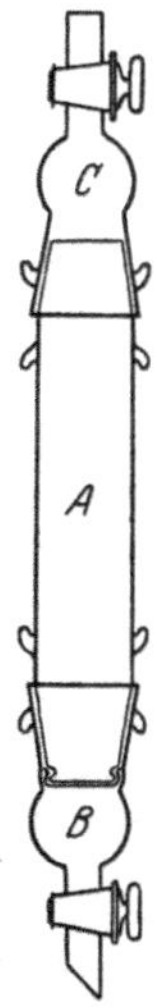

Abb. 36. Apparat zur Gerbstoffbestimmung nach Wilson-Kern.

Die Bereitung der Gerbstofflösung geschieht wie bei anderen Methoden, nur ist die Konzentration eine andere. Sie soll so sein, daß 100 ccm der Gerbstofflösung von 2 g Hautpulver bei 6stündiger Einwirkung entgerbt werden. Für Hemlock-, Lärchen-, Eichen- und Sumachextrakt sind 20 g, für Gambirextrakt 16 g, für festen Quebracho 8 g pro Liter nötig. Die Lösung muß vollkommen klar filtriert werden. Zum Entgerben dient ein unbehandeltes Hautpulver, das mit Chloroform gut entfettet und an der Luft getrocknet worden ist. Es empfiehlt sich, gleich eine größere Menge Hautpulver auf diese Weise vorzubereiten. Das Hautpulver wird in einem luftdichten Gefäß aufbewahrt und sein Wassergehalt bestimmt. Eine 2 g trockenem Hautpulver entsprechende Menge wird in ein Pulverglas gegeben und mit 100 ccm der Gerbstofflösung versetzt (besser ist es, das Hautpulver zunächst in 50 ccm Wasser zu weichen und dann 50 ccm einer doppelt so starken Gerbstofflösung zuzusetzen). Das Glas wird gut verschlossen. Dann läßt man es im Schüttelapparat 6 Stunden laufen. (Bei heißem Wetter ist die Flüssigkeit und das später zu verwendende Waschwasser kühl zu halten, um Hautpulververluste zu vermeiden.)

Das Auswaschen des gegerbten Hautpulvers geschieht mit der in Abb. 36 wiedergegebenen Waschapparatur. Sie besteht aus drei Glasteilen, die mit Schliffen versehen sind und fest ineinander passen. Der mittlere Teil *A* ist an seinem unteren Ende mit einem Stück feinen Filtertuches straff überspannt. Teil *A* und *B* werden zusammengesetzt und mittels der Haken durch einen Bindfaden oder durch ein Stück Klingeldraht fest miteinander verbunden.

[1] Nach Gerbereichem. Taschenbuch der Vagda, 2. Aufl., S. 94/95.

Das Hautpulver mit der entgerbten Lösung wird dann in den Teil *A* gegeben und die Flüssigkeit so lange zurückgegeben, bis die Lösung ziemlich klar durchläuft. Diese Lösung prüft man mit einer Gelatinelösung (1% Gelatine und 10% Kochsalz) auf Gerbstoffreiheit. Ist dies der Fall, so schließt man den unteren Hahn, spült die letzten Reste Hautpulver noch in *A*, so daß *A* zur Hälfte mit Wasser gefüllt ist und setzt Teil *C* auf, welchen man seinerseits fest mit *A* verbindet. Der übrige Teil der Waschapparatur besteht aus einer Vorratsflasche, die so hoch aufgestellt ist, daß ein Druck von einer Wassersäule von ungefähr 1,2 m erzeugt wird. Die Vorratsflasche ist mit einem Glasrohr und mittels Schlauch mit *C* verbunden. Der obere Hahn bei *C* wird voll geöffnet und durch teilweises Öffnen des unteren Hahnes an *B* die Durchflußgeschwindigkeit so geregelt, daß etwa 500 ccm pro Stunde durchfließen. Das Auswaschen des Hautpulvers, welches nach 12 Stunden meist vollendet ist, wird am zweckmäßigsten über Nacht vorgenommen. Das letzte Waschwasser soll farblos sein und mit $FeCl_3$ keine Färbung geben. Das Hautpulver wird dann auf ein tariertes Glasfilter von Schott & Gen., Jena, Größe 6 bis 7 gebracht, über Nacht an der Luft getrocknet und dann im Vakuum bis zur Gewichtskonstanz (2 Stunden) weitergetrocknet. Man bringt das Glasfilter in einem Wägeglas zur Wägung. Die Gewichtszunahme gibt den Gerbstoff in 100 ccm der ursprünglichen Lösung an.

Eine weitere Art, den unauswaschbar gebundenen Gerbstoff zu ermitteln, besteht in der Bestimmung der Hautsubstanz des getrockneten gegerbten Hautpulvers mit Hilfe der Mikro-Kjeldahl-Methode.

Die Gerbstoffwerte, die nach der Wilson-Kern-Methode gefunden werden, sind natürlich viel niedriger als die mit den anderen Analysenmethoden ermittelten Werte. Wilson und Kern (*2*) haben acht verschiedene Gerbmittel nach ihrer Methode und nach der alten offiziellen amerikanischen Methode untersucht und die Ergebnisse zum Vergleich nebeneinander gestellt (Tabelle 79).

Tabelle 79. Vergleich der Analysenwerte nach der Wilson-Kern-Methode und der alten offiz. amerikan. Methode.

Gerbmittel	Gerbstoff in % nach offiz. Meth.	Gerbstoff in % nach Wilson-Kern-Methode
Quebracho	68,01	47,41
Hemlock	10,06	6,17
Eichenrinde	24,20	12,88
Lärchenrinde	22,14	11,71
Kastanienholz	25,80	11,90
Sumach	25,56	9,61
Osage Orange	39,87	13,37
Gambir	24,95	7,79

Später haben Wilson und Kern (*3*) ihre Methode abgeändert: Hautpulver wird weiter dadurch gereinigt, daß man alle löslichen Stoffe mit Wasser auswäscht, das Hautpulver dann mit Alkohol entwässert, nacheinander zweimal mit Xylol behandelt und trocknet.

Für den Gerber hat die Anschauung etwas Bestechendes, nur die Stoffe als „Gerbstoffe" zu betrachten und zu bewerten, die sich mit der Hautsubstanz unauswaschbar verbinden. Ob aber die Stoffe, welche den Unterschied der beiden obigen Methoden ausmachen, als „Nichtgerbstoffe" anzusehen sind, ist fraglich. An Gegnern wird es jedenfalls der Wilson-Kern-Methode nie fehlen.

7. Der Darmstädter Apparat zur Gerbstoffbestimmung nach dem Schüttelverfahren.

Anläßlich der Delegiertenversammlung für die provisorische internationale Gerbstoffanalyse in London 1927 wurde von Stiasny nach vorausgegangenen Versuchen des Darmstädter Instituts für Gerbereichemie ein Apparat zur Prüfung empfohlen, der aus einem Glasgefäß mit poröser Glasfilterplatte bestand. Er sollte das Chromieren des Hautpulvers und die Entgerbung der Analysenlösung rasch und unter Vermeidung unerwünschter Manipulationen, wie sie sich aus der Verwendung des Filtriertuches, dem Auspressen des gewaschenen Hautpulvers u. dgl. ergeben, gestatten, ohne eine Änderung der Bedingungen der Methode zu erfordern. Der Apparat eignet sich sowohl für die offizielle Methode als auch für die Verwendung von fertig chromiertem Hautpulver und für die in diesem Zusammenhang später kurz zu erwähnende Methode von Baldracco.

Der Apparat besteht in seiner jetzigen Form (Abb. 37) aus einem Glaszylinder von 55 mm lichter Weite und einer Länge von 150 mm. In das untere Ende ist eine grobe Glasfilterplatte eingeschmolzen. Beide Enden des Zylinders tragen Gewinde, auf welche Messingkapseln aufgeschraubt werden können. Die beiden Enden des Zylinders sind außerdem abgeschliffen und sitzen dicht auf Platten von weichem Gummi in den Metallkapseln. Zu dem Apparat gehört ferner eine Nutsche mit Gummiring zum Absaugen der Flüssigkeiten.

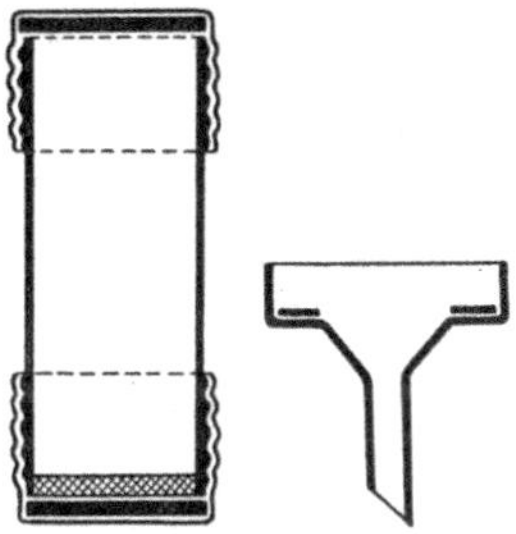

Abb. 37. Darmstädter Apparat zur Gerbstoffbestimmung.

Für den Apparat werden folgende Arbeitsvorschriften angegeben:

α) **Bei offizieller Arbeitsweise.** Der Apparat wird leer auf guter Tara-Wage (auf 0,05 g) genau gewogen; dann wird er in die zugehörige Metallhülse geschraubt, so daß die Glasfilterplatte fest auf der weichen Gummiplatte haftet, die sich am Boden der Metallhülse befindet. Man bringt nun die abgewogene Menge Hautpulver und die zehnfache Wassermenge in den Apparat, verschließt mit der anderen Metallkapsel, die ebenfalls mit einer weichen Gummiplatte versehen ist, läßt 1 Stunde rotieren, fügt dann die vorgeschriebene Chromsalzmenge hinzu und läßt nach mehrfachem Durchschütteln über Nacht stehen. Dann entfernt man die Metallhülsen, setzt den Apparat nach 1 bis 2 Minuten langem Absitzenlassen auf die Nutsche und saugt anfangs gelinde, dann etwas stärker, stets aber mit dem geringsten, den Zweck erfüllenden Vakuum ab. Die Nutsche kann aus einem Glas- oder Porzellangefäß der abgebildeten Form (siehe Abb. 37) bestehen; man legt einen Gummiring ein, setzt Wasser zu, rührt mit einem Glasstab um, spült den Glasstab ab und saugt wieder wie früher ab. Nach zweimaliger Wiederholung dieses Vorganges wird man finden, daß das Filtrat nur noch Spuren von SO_4 bzw. Cl enthält. Die letzte Absaugung wird zum Schluß mit stärkerem Vakuum vorgenommen und das Hautpulver mit einem abgeplatteten Glasstabe zusammengepreßt, um die vorgeschriebene Entwässerung auf 26,25 g zu erreichen[1].

Man wägt den Apparat mit feuchtem Hautpulver auf der Tara-Wage, schraubt ihn wieder in die untere Metallhülse, ergänzt aus einer Bürette den Wassergehalt auf das vorgeschriebene Maß, bringt 100 ccm der zu entgerbenden Gerbstofflösung hinzu, verschließt mit der oberen Metallhülse und rotiert genau 10 Minuten. Dann wird ebenso wie nach der Chromierung abgesaugt und das meist etwas trübe Filtrat durch ein feines Glasfilter (evtl. mit Kaolin) oder in der üblichen Weise (Kaolin-Papierfilter) filtriert. Von dem nun erhaltenen klaren Filtrat wird die vorgeschriebene Menge zur Bestimmung der Nichtgerbstoffe eingedampft.

[1] In der Mehrzahl der bisher geprüften Fälle war dies leicht möglich. Bei einer hier vorgelegenen Hautpulversorte gelang es aber nicht, die Entwässerung (innerhalb 10 Minuten Saugens) so weit zu treiben. In diesem Falle wurde das Gewicht des Apparates mit feuchtem Hautpulver bestimmt und bei der Analysenberechnung ein Faktor verwendet, der dem vorhandenen Feuchtigkeitsgehalt des Hautpulvers entspricht (Angabe des Gerbereichemischen Taschenbuchs der Vagda 2. Aufl.).

Reinigen des Apparates. Vor jeder Analyse ist der Apparat gründlich zu reinigen; dies geschieht, indem man erst heißes Wasser, dann wiederholt heißes Bichromat-Schwefelsäure-Gemisch von außen in den Apparat einsaugt und schließlich nochmals mit heißem Wasser gründlich wäscht. Diese Reinigung der Glasfilterporen muß sorgfältig besorgt werden.

β) Bei Verwendung von fertig chromiertem Hautpulver. Man bringt die abgewogene Menge des lufttrockenen, fertig chromierten Hautpulvers (6,25 g Trockensubstanz) in den Apparat, setzt die 10fache Wassermenge hinzu, läßt 1 Stunde rotieren und saugt auf $< 26{,}25$ g ab. Im übrigen verfährt man so wie bei der offiziellen Arbeitsweise (siehe 1).

γ) Bei der Anwendung der Methode von Baldracco. Zur Vereinfachung der Gerbstoffbestimmung hat Baldracco vorgeschlagen, folgendermaßen zu entgerben: 6,5 g trockenes chromiertes Hautpulver in 100 ccm der zu untersuchenden Gerbstofflösung etwa 30 Minuten zu schütteln, dann die Lösung zu dekantieren, weitere 80 ccm Gerbstofflösung dem Hautpulver zuzusetzen und wieder 15 Minuten zu bewegen. Dann wird filtriert und in 30 ccm des klaren Filtrates der Abdampfrückstand (Nichtgerbstoffe) bestimmt. Dieses Verfahren hat den Vorteil, daß alle durch die Einwirkung der Gerbstofflösung löslichen Hautpulverbestandteile entfernt werden, ehe die eigentliche Entgerbung beginnt, und daß das Hautpulver auf den p_H-Wert der Gerbstofflösung gebracht wird. Durch die Anwendung des Darmstädter Apparates erhält die Methode eine besonders günstige Ausführungsform. Man verfährt wie folgt:

6,5 g des lufttrockenen, fertig chromierten Hautpulvers werden in den Apparat gebracht, 100 ccm der zu entgerbenden Gerbstofflösung zugesetzt und 30 Minuten bewegt. Dann saugt man ab, gibt nochmals 80 ccm der Gerbstofflösung zu, bewegt genau 15 Minuten, saugt ab und verwendet das klare Filtrat zur Bestimmung der Nichtgerbstoffe. (Bei dieser Arbeitsweise hat sich allerdings wiederholt gezeigt, daß die Entgerbung der zweiten 80 ccm nicht vollständig war[1].)

8. Apparat von Keigueloukis zur Bestimmung der Nichtgerbstoffe.

Ein weiterer Apparat, der eine bequeme Bestimmung der Nichtgerbstoffe in Gerbstofflösungen ermöglicht, wurde von Keigueloukis vorgeschlagen.

Das Abwägen, Chromieren, Auswaschen und das Schütteln des Hautpulvers in der Gerbstofflösung wird (siehe Abb. 38a) in einem Glaszylinder *1* von etwa 200 ccm Inhalt vorgenommen, der mit einem Gummi- oder Korkstopfen verschließbar ist. Außerdem sind 2 Filterkerzen von 6 cm Länge und 2,5 cm Durchmesser erforderlich.

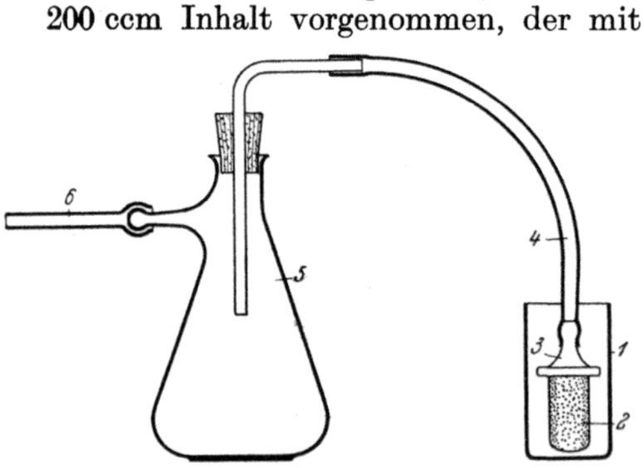

Abb. 38a. Apparat zur Bestimmung der Nichtgerbstoffe nach Keigueloukis.

1. Arbeitsweise bei Verwendung von weißem unchromiertem Hautpulver. (Offizielle Methode.) Der Glaszylinder *1* wird auf einer Tarierwage bis auf 0,05 g genau abgewogen. Das Gewicht des leeren Glaszylinders wird notiert. Alsdann wägt man so viel lufttrockenes Hautpulver, wie 6,25 g Trockensubstanz entspricht, ab und durchfeuchtet es mit der zehnfachen Menge destillierten Wassers etwa 1 Stunde. Hierauf wird pro 1 g lufttrockenes Hautpulver 1 ccm der Chromalaun-Stammlösung (30 g kristallisierter Chromalaun in 1 l Wasser bei Zimmertemperatur gelöst) zugesetzt und das Ganze gut umgeschüttelt, nachdem man vorher den Glaszylinder mit dem Gummi- oder Korkstopfen verschlossen hat. Das Umschütteln wird während mehrerer Stunden häufig wiederholt; dann wird über Nacht stehen gelassen.

[1] Siehe auch Collegium **1929**, 450.

Am nächsten Morgen wird die Chromierflüssigkeit mit der Filterkerze abgesaugt und das Hautpulver mit destilliertem Wasser ausgewaschen. Zum Absaugen dient die aus Abb. 38a ersichtliche Vorrichtung.

Diese Vorrichtung besteht aus einer Filterkerze *2*, deren Porzellankopf *3* mittels eines Gummidruckschlauchs *4* mit einer Saugflasche *5* von ca. 500 ccm Inhalt verbunden ist. Die Saugflasche wird mittels Gummidruckschlauch *6* an eine Vakuumpumpe angeschlossen. Das Absaugen wird wie folgt durchgeführt:

Man setzt die Vakuumpumpe in Betrieb, alsdann bringt man die Filterkerze *2* in den Glaszylinder *1* und saugt gut ab, worauf die Kerze herausgenommen und der Glaszylinder mit Wasser gefüllt wird. Man rührt mit einem Glasstab um, spritzt diesen mit Wasser ab und saugt die Flüssigkeit wiederum mit der Filterkerze ab. Das Waschen und Absaugen wird evtl. wiederholt. Nach dem letzten Absaugen wird das feuchte Hautpulver mit der Filterkerze abgepreßt, und zwar in folgender Weise:

Man faßt die Kerze mit den Fingern am Porzellankopf *3* und preßt mit dem stumpfen Ende der Filterkerze das feuchte Hautpulver gegen den Boden des Glaszylinders. Das hierbei ausgetretene Wasser wird sofort durch die Kerze abgesaugt. Dadurch gelingt es mühelos und schnell das feuchte Hautpulver soweit abzupressen, daß sein Gewicht weniger als 26,25 g beträgt.

Der Vorteil der Arbeitsweise besteht eben darin, daß die Kerze gleichzeitig zum Auspressen des Hautpulvers verwendet werden kann.

Nach dem Abpressen des Hautpulvers nimmt man die Kerze heraus und saugt kurze Zeit Luft durch. Alsdann läßt sich das an der Kerze noch haftende Hautpulver sehr leicht z. B. mit einem am Ende abgeplatteten Glasstäbchen entfernen und in den Glaszylinder zurückbringen. Man stellt nun den Glaszylinder mit dem feuchten Hautpulver auf die Wage, und bringt durch Zugabe von Wasser das Gewicht des feuchten Hautpulvers genau auf 26,25 g, was leicht möglich ist, da das Gewicht des leeren Glaszylinders beim Abwägen des trockenen Hautpulvers schon festgestellt wurde. Ist das Gewicht des feuchten Hautpulvers auf 26,25 g gebracht, so zerkleinert man das zusammengepreßte Hautpulver mit einem Glasstab, gibt 100 ccm der zu untersuchenden Gerbstofflösung hinzu und schüttelt 10 Minuten. Nach dem Schütteln wird die Nichtgerbstofflösung mit einer trockenen Filterkerze abgesaugt. Hierzu dient die Vorrichtung, wie sie Abb. 38b veranschaulicht. Diese unterscheidet sich von der ersten dadurch, daß man zum Auffangen der Nichtgerbstofflösung eine kleinere Saugflasche *9* von ca. 125 ccm Inhalt verwendet. Diese wird auf einem Bunsenstativ *10* befestigt. Saugflasche, Filterkerze *7* und Gummidruckschlauch *8* müssen trocken sein.

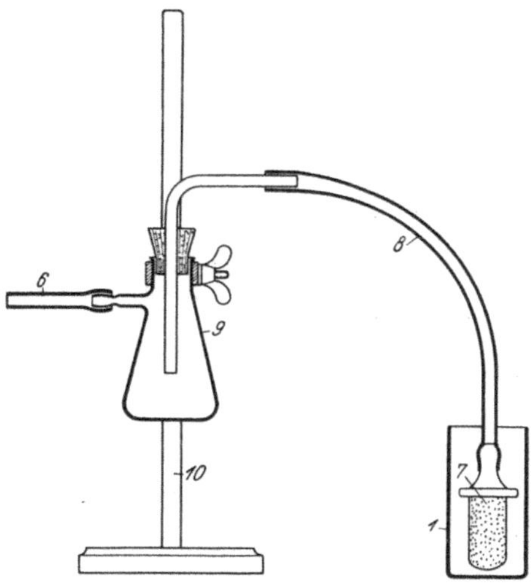

Abb. 38b. Apparat zur Bestimmung der Nichtgerbstoffe nach Keiguelоukis.

Die ersten 25 ccm des Filtrates werden verworfen, vom Rest werden 50 ccm für die Bestimmung der Nichtgerbstoffe verwendet. Die nach dem Schütteln abgesaugte Nichtgerbstofflösung ist vollkommen klar und braucht nicht nochmals filtriert zu werden.

2. Arbeitsweise bei Verwendung von fertig chromiertem Hautpulver. Hierbei wird die Ausführung der Bestimmung noch dadurch bedeutend vereinfacht, daß das Chromieren des Hautpulvers wegfällt.

Man wäscht das Hautpulver mit der erforderlichen Wassermenge aus, preßt es ab, bringt das Gewicht des feuchten Hautpulvers auf 26,25 g, setzt 100 ccm Gerbstofflösung hinzu, schüttelt 10 Minuten und saugt die Nichtgerbstofflösung mit einer trockenen Filterkerze ab. Die Lösung ist vollkommen klar und braucht nicht nochmals filtriert zu werden.

9. *Vorschläge für ein neues Filterverfahren*[1] *(Stather, Freiberg 1930).*

A. Allgemeine Vorschriften.

I. Laboratoriumsgeräte.

§ 1. Glasgeräte. Die verwendeten Glasgeräte sollen gegen die Einwirkung von destilliertem Wasser beständig sein. Meßkolben und Pipetten sollen sorgfältig geprüft und, wenn nötig, korrigiert sein. An den Liter- und Zweiliter-Kolben soll die Marke nahe dem unteren Halsende liegen.

§ 2. Exsiccatoren. Die Exsiccatoren sollen mit gutschließendem Deckel versehen und mit Schwefelsäure beschickt sein, deren Konzentration nicht unter 85% (Gewichtsprozente) sinken darf. Nicht mehr als eine Schale soll sich in einem Exsiccator befinden.

§ 3. Abdampfschalen. Die Abdampfschalen müssen niedrig sein, flachen Boden besitzen und einen Durchmesser haben, der nicht kleiner als 7 cm und nicht größer als 8,5 cm ist. Erlaubt sind Schalen aus Silber, V_2A-Stahl, Porzellan und Glas. Bei der Verwendung von Silberschalen am Wasserbad oder Dampfbad sind Porzellanringe zu benützen. Porzellanschalen müssen innen und außen glasiert sein. Glasschalen dürfen mit Dampf nicht in unmittelbare Berührung kommen.

§ 4. Vorrichtungen zum Abdampfen und Trocknen. Das Abdampfen muß bei 98,5 bis 100° C erfolgen und kann a) auf einem Wasserbad, b) auf einem kombinierten Wasserbad-Dampftrockenschrank oder c) auf einem kombinierten Abdampf- und Trockenapparat vorgenommen werden Die nach a) oder b) erhaltenen Rückstände müssen in einem Trockenschrank bei konstant gehaltener Temperatur von 98,5 bis 100° C getrocknet werden. Es dürfen Heißwasser-, Dampf- und elektrisch geheizte Trockenschränke bei gewöhnlichem Druck oder mit Vakuum Verwendung finden. Bei elektrischen Trockenschränken ist die genaue Einhaltung konstanter Temperatur wesentlich. Nicht erlaubt sind mit Gas geheizte Lufttrockenschränke.

§ 5. Wagen. Zum Wägen der Abdampfrückstände sind analytische Wagen zu verwenden, deren Empfindlichkeit mindestens 0,2 mg bei 100 g Belastung beträgt.

§ 6. Filterkerzen. Es dürfen nur Kieselgur-Kerzen der Berkefeld-Filtergesellschaft in Celle zur Verwendung gelangen. Länge ca. 13 cm, Durchmesser ca. 3 cm, Innendurchmesser ca. 1,7 cm.

Neue Kerzen müssen vor Verwendung durch Behandeln mit 10proz. Salzsäure in der Siedehitze gründlich von Eisensalzen befreit, sorgfältig ausgewaschen und getrocknet werden.

Gebrauchte Kerzen werden durch Abspülen in fließendem Wasser, Einlegen in Bichromat-Schwefelsäure von 60 bis 80° C über Nacht und Durchsaugen von heißem destilliertem Wasser gereinigt und getrocknet.

§ 7. Der Koch-Auslauger. Dieser Apparat besteht aus einer weithalsigen Glasflasche, die je nach der Ansatzmenge in zwei verschiedenen Größen vorliegen muß. Bei einer Ansatzmenge bis zu 20 g soll sie einen Fassungsraum von etwa 250 ccm, bei einer Ansatzmenge von über 20 g einen Fassungsraum von etwa 500 ccm haben. Diese Glasflaschen dürfen nicht zu dickwandig und müssen gut gekühlt sein, damit sie das längere Kochen im Wasserbad vertragen. Die Flasche wird mit einem Gummistopfen, durch welchen zwei Glasröhren gehen, verschlossen; die eine, durch welche das destillierte Wasser zugeführt wird, reicht etwa 1 cm unter den Stopfen, um die direkte Berührung des zufließenden kalten Wassers mit den heißen Gefäßwandungen zu vermeiden; die andere, welche als Ausfluß dient, geht fast bis auf den Boden der Flasche. Beide Enden sind trichterförmig erweitert und mit reiner grobmaschiger Leinwand, Seidengaze oder dünnem Messingdrahtnetz (nicht Baumwolle, da diese leicht verfilzt) umbunden. Oberhalb des Stopfens sind beide Röhren rechtwinklig gebogen und mit anderen (siehe weiter unten) durch Gummischlauch verbunden. Auf den Boden der Flasche kommt zunächst eine etwa 2 bis 3 cm hohe Schicht trockener, vollständig eisenfreier Seesand (mit heißer Salzsäure behandelt und durch Waschen mit heißem Wasser

[1] Das bisher übliche Filterverfahren ist auf S. 185 angegeben.

gereinigt) und dann das abgewogene gemahlene Gerbmaterial. Zum Füllen wird das bis auf den Boden reichende Rohr mit Hilfe eines mit einem Quetschhahne versehenen Gummischlauchstückes mit einem rechtwinklig gebogenen Glasrohr verbunden, das in ein mit destilliertem Wasser gefülltes Becherglas eintaucht; dann wird an der anderen Röhre vorsichtig gesaugt. Um hierbei sämtliche Luft aus der Glasflasche zu verdrängen, läßt man nach Vollsaugen des Gerbmaterials einige Minuten stehen, wobei sich die verdrängte Luft oben ansammelt. Man füllt dann durch nochmaliges Ansaugen die Flasche vollständig an und stellt den Apparat, mit einer Stöpselklammer gut verschlossen, bis an den Hals in ein Wasserbad. Das kürzere Rohr wird mit Hilfe eines mit Quetschhahn versehenen Gummischlauches mit einem Glasrohre verbunden, das nach einem etwa 150 cm höher stehendem Wasservorratsgefäße führt. Man setzt den Inhalt der Glasflasche durch Öffnen des Quetschhahnes an dem Zuflußrohre des Auslaugewassers unter den Druck dieser Wassersäule und beläßt es unter diesem zum vollständigen Durchweichen die vorgeschriebene Zeit (siehe § 15). Das Abflußrohr mündet in einen vorgelegten Litermeßkolben (siehe Abb. 39); der Quetschhahn des Abflußrohres bleibt während des Durchweichens geschlossen.

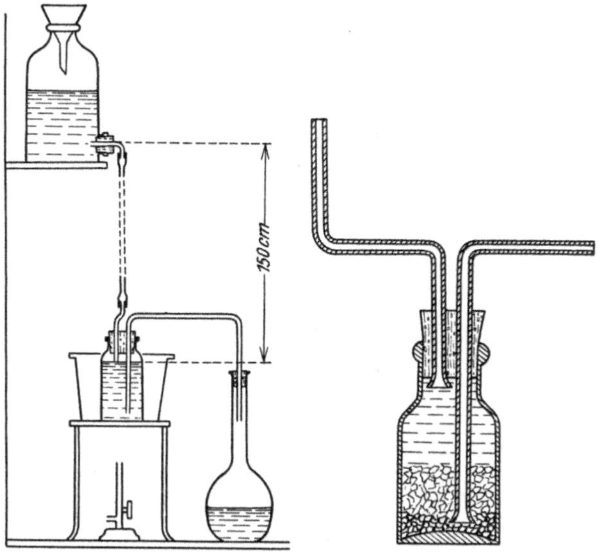

Abb. 39. Auslaugevorrichtung für die Filtermethode (Vorschlag Freiberg 1930).

Die Ausmaße der Größen I und II der Auslaugeflaschen sind folgende (Tabelle 80):

Tabelle 80.

	Durchmesser des zylindrischen Teiles cm	Höhe des unteren zylindrischen Teiles bis zum Beginn des Halses cm	Höhe des Halses cm	Durchmesser des Halses cm
Größe I . . .	6	9	2,5	4,5
„ II . . .	7,5	12	3,0	5,5

II. Hilfsstoffe und Reagenzien.

§ 8. Destilliertes Wasser. Das destillierte Wasser muß folgenden Anforderungen entsprechen:

a) der p_H-Wert muß zwischen 5 und 6 liegen, d. h. das Wasser darf mit Methylrot keine Rotfärbung und mit Bromkresolpurpur (Bromkresolsulfophthalein) keine Dunkelrotfärbung geben;

b) der Abdampfrückstand von 100 ccm darf 1 mg nicht übersteigen.

§ 9. Hautpulver. Es soll mit Chromchlorid schwachchromiertes Hautpulver der Deutschen Versuchsanstalt für Lederindustrie, Freiberg/Sa. zur Verwendung gelangen. Das Hautpulver muß nach Prüfung in drei verschiedenen Laboratorien an mindestens vier verschiedenen Gerbextrakten, von denen einer ein Cellulose-Extrakt sein muß, vom I.V.L.I.C. gutgeheißen sein.

§ 10. Gelatine-Kochsalz-Lösung. 1 g Gelatine (für photographische Zwecke) und 10 g reines Kochsalz werden in 100 ccm destilliertem Wasser gelöst und der p_H-Wert der Lösung durch Zusatz von Säure bzw. Alkali auf annähernd 4,7 gebracht; die Lösung soll demnach mit Methylrot Rotfärbung und mit Methylorange Gelbfärbung geben. Bei der Herstellung dieser Lösung, die am besten jedesmal frisch bereitet wird, aber durch Zusatz von 2 ccm Toluol für kürzere Zeit haltbar gemacht werden kann, darf die Temperatur von 60° C nicht überschritten werden.

III. Bereitung der zur Analyse gelangenden Proben.

§ 11. Feste Gerbmittel (Hölzer, Rinden, Früchte usw.). Hölzer, Rinden und Früchte müssen in einer geeigneten Mühle zerkleinert werden, bis sie durch ein Sieb von fünf Drähten pro Zentimeter hindurchgehen. Sollte dies bei einem faserigen Gerbmittel nicht völlig erreichbar sein, so müssen die feineren und die gröberen Anteile gesondert gewogen und das Verhältnis dieser Anteile in der gemahlenen Gesamtmenge bestimmt werden. Zur Auslaugung müssen die beiden Anteile im gleichen Verhältnisse gelangen, in welchem sie sich ursprünglich befanden.

Alle Gerbmittel, die beim Mahlen feinteilige (staubförmige) Anteile liefern, müssen in gleicher Weise behandelt werden, d. h. es müssen die zur Auslaugung gelangenden Mengen ein gleiches Verhältnis von Staub und groben Anteilen aufweisen, wie das gesamte Mahlgut.

Faserige Gerbmittel, wie Blätter (Sumach usw.) und Rinden (Eiche, Mimosa, Mangrove usw.), können in einem Mörser (womöglich aus Kupfer oder Bronze mit schwerem Kupfer-Stößel) zerstampft werden, um das faserige Gefüge zu lockern und das Eindringen des Auslaugewassers zu erleichtern.

Da manche Gerbmittel während des Mahlens Feuchtigkeit abgeben, empfiehlt es sich, vor und nach dem Mahlen den Wassergehalt zu ermitteln und entsprechende Korrekturen vorzunehmen.

Gerbmittel, deren wässerige Auszüge Ellagsäure, Chebulinsäure u. dgl. abzuscheiden pflegen, wie Valonea, Myrobalanen, Trillo, Dividivi usw., sollen vor der Auslaugung 1 Stunde auf 100 bis 105° C erhitzt werden.

§ 12. Feste Gerbstoffauszüge (feste Gerbextrakte). Feste Gerbstoffauszüge sollen vor der Einwaage in einer Reibschale aus Porzellan oder Achat zerrieben werden. Bei jenen Auszügen, die ungleichmäßige Feuchtigkeitsverteilung aufweisen oder sich nicht fein zerreiben lassen, sollen die Blöcke aufgebrochen, eine größere Probe in flachbodigen Schalen gewogen, im Trockenschrank bei 70° C einige Stunden getrocknet und dann der Laboratoriumsfeuchtigkeit einige Stunden (womöglich über Nacht) ausgesetzt werden. Nach Feststellung der Gewichtsabnahme wird in einer Reibschale fein zerrieben und in einer Probe der weitere Gewichtsverlust beim Trocknen im Trockenschrank bei 98,5 bis 100° C ermittelt. Die beiden Wasserbestimmungen ergeben zusammen den ursprünglichen Feuchtigkeitsgehalt. Teigförmige Auszüge, wie Block-Gambir, sollen in kleine Stücke zerschnitten und dann in gleicher Weise behandelt werden.

§ 13. Flüssige Gerbstoffauszüge (flüssige Gerbextrakte). Flüssige Gerbstoffauszüge sollen gründlich durchmischt werden, um gleichmäßige Musterziehung zu ermöglichen; hierbei ist anzustreben, auch die abgesetzten Anteile in die Analysenprobe zu bekommen. Dickflüssige Auszüge sollen auf dem Wasserbade auf 45° C erwärmt, gut durchgemischt, dann auf 18° C abgekühlt (siehe § 18) und sofort ausgewogen werden. Im Analysenbericht ist das Erwärmen zu erwähnen.

§ 14. Die Menge des zur Analyse abzuwägenden Gerbmittels ist so zu bemessen, daß eine Lösung erzielt wird, die möglichst nahe einen Gehalt von 4 g/l durch Hautpulver aufnehmbare Stoffe aufweist. Keinesfalls darf dieser Wert unter 3,75 oder über 4,25 g/l betragen. Anderenfalls ist die Analyse mit entsprechend geänderter Einwaage zu wiederholen.

Alle zu analysierenden Stoffe sollen auf einer analytischen Waage bis zu einer Genauigkeit von 2 mg abgewogen werden. Bei ausgelaugten Gerbmaterialien werden, ungeachtet des Gehaltes der Analysenlösung an gerbenden Stoffen, 40 g auf einen Liter ausgelaugt.

§ 15. Die Auslaugung fester Gerbmittel. Die nach obigen Angaben zerkleinerten festen Gerbmittel sind in einem Kochauslauger auszulaugen; hierzu sind solche Mengen zu verwenden, daß 1000 ccm einer Lösung von erforderlicher Analysenstärke (siehe § 14) erhalten werden.

Das Gerbemittel muß vorerst im Kochauslauger (siehe § 7) mit kaltem destilliertem Wasser nicht weniger als 12 Stunden, aber nicht mehr als 18 Stunden (z. B. über Nacht) durchfeuchtet werden; dann wird abgehebert und die Auslaugung mit gleichförmiger Geschwindigkeit fortgesetzt, so daß die erforderlichen 1000 ccm in 4 Stunden gewonnen werden. Die ersten 500 ccm werden bei 50° C Badtemperatur ausgelaugt, die restlichen bei 100° C. Bei ausgelaugten Gerbmitteln wird die Auslaugung von Anfang an bei 100° C durchgeführt. Während des Auslaugens muß der Kochapparat häufig umgeschüttelt werden. Bei schwer auslaugbaren Hölzern, Rinden und Blättern, wie Quebracho- und Kastanienholz, Eichenrinde, Sumach usw. wird die Auslaugung auf 6 Stunden ausgedehnt. Nach Auslaugung auf 1 l darf in der weiteren Extraktionsflüssigkeit mit Gelatine-Kochsalzlösung oder mit Eisenchlorid-Natriumacetatlösung keine Gerbstoffreaktion mehr erhalten werden, anderenfalls ist eine neue Auslaugung anzusetzen. Keinesfalls darf über 1000 ccm hinaus ausgelaugt werden.

§ 16. Flüssige Gerbstoffauszüge sollen zur Vermeidung von Änderungen im Wassergehalt möglichst rasch und in geschlossenen Wägegläschen gewogen werden. Man löst durch

Bespülen mit siedend heißem Wasser, läßt dabei in einen Litermeßkolben fließen und setzt noch weiter siedend heißes destilliertes Wasser zu, bis das Volumen etwa 900 ccm beträgt. Dann wird so vorgegangen, wie unter Kühlen der Gerbstofflösungen (siehe § 18) beschrieben ist.

§ 17. Feste (pulverförmige) oder teigförmige Gerbstoffauszüge. Zur Vermeidung von Änderungen im Wassergehalt sollen solche Gerbstoffauszüge in einem Becherglas möglichst rasch gewogen werden, mit der zehnfachen Menge siedend heißen destillierten Wassers versetzt und auf dem Wasserbad unter häufigem Umrühren so lange erhitzt werden, bis Lösung oder gleichförmige Suspendierung eingetreten ist. Dann wird mit siedend heißem Wasser in einen Litermeßkolben gespült und weiter siedend heißes destilliertes Wasser zugesetzt, bis das Volumen etwa 900 ccm beträgt, worauf man so, wie unter Kühlen der Gerbstofflösungen (siehe § 18) angegeben, verfährt.

§ 18. Kühlen der Gerbstofflösungen. Die aus den Gerbmitteln oder Gerbstoffauszügen bereiteten Lösungen sind in folgender Weise auf 18° C abzukühlen: Man bringt den Kolben in einen großen, mit Wasser von 18° C gefüllten Behälter und hält das Kühlwasser während der Dauer des Kühlens auf 18° C. Der Kolbeninhalt wird während des ganzen Kühlvorganges in Bewegung gehalten. Diese Arbeitsweise ist zur Erzielung übereinstimmender Ergebnisse unbedingt zu befolgen. Nach erfolgter Kühlung wird mit destilliertem Wasser zur Marke aufgefüllt, gründlich durchgemischt und dann filtriert.

Bemerkung. In heißen Klimaten, wo die Einhaltung der Temperatur von 18° C Schwierigkeiten bereitet, empfiehlt es sich, die Kolben nach beendigter Kühlung in Papiersäcke zu hüllen.

B. Analyse.

§ 19. Allgemeines. Die Lösungen des Gesamttrockenrückstandes, des Gesamtlöslichen und der Nichtgerbstoffe müssen sich zur Zeit des Abpipettierens bei gleicher Temperatur befinden.

§ 20. Bestimmung der Feuchtigkeit und des Gesamttrockenrückstandes. Die Summe von Feuchtigkeit und Gesamttrockenrückstand beträgt 100%, so daß eine der beiden Bestimmungen ausreicht. Bei festen Gerbmitteln und bei solchen festen oder teigförmigen Gerbstoffauszügen, die keine gleichmäßig trübe Lösung liefern, muß eine direkte Wasserbestimmung ausgeführt werden.

§ 21. Feuchtigkeit. Etwa 1 g des feingemahlenen Stoffes wird in einem niedrigen, breiten Wägegläschen genau ausgewogen, in einem Heißwasser- oder Dampftrockenschrank bei 98,5 bis 100° C 3 bis 4 Stunden getrocknet, dann in einem Exsiccator 20 Minuten abkühlen gelassen und auf einer analytischen Waage so rasch als möglich gewogen. Das Trocknen wird dann bis zur Gewichtskonstanz wiederholt. Wenn beim wiederholten Trocknen Gewichtszunahmen auftreten, so ist die niedrigste Gewichtsbestimmung zu wählen.

§ 22. Gesamttrockenrückstand. 50 ccm der gut durchmischten, gleichmäßig trüben Gerbstofflösung werden in den angegebenen Abdampfschalen auf dem Wasserbad oder auf dem kombinierten Wasserbad-Dampftrockenschrank zur Trockene eingedampft. Die Rückstände werden dann sogleich bei 98,5 bis 100° C (siehe § 4) getrocknet, in Exsiccatoren erkalten gelassen und so rasch als möglich auf 0,2 mg Genauigkeit gewogen. Dies wird bis zur Erreichung von Gewichtskonstanz wiederholt. Die Schalen dürfen nach der Entnahme aus dem Exsiccator nicht mehr abgewischt werden.

Es ist gestattet, den kombinierten Abdampf- und Trockenapparat zu verwenden und damit das Abdampfen und das Trocknen in einer Vorrichtung zu vereinigen.

§ 23. Gesamtlösliches. Die zu filtrierende Lösung wird in einen Glaszylinder gebracht, in den eine gereinigte und getrocknete Berkefeld-Filterkerze (siehe § 6) eintaucht. Die Kerze wird mit einem Gummistöpsel verschlossen, durch dessen Bohrung ein rechtwinklig gebogenes Glasrohr ragt. Dieses wird durch Gummischlauch mit einem zweiten rechtwinkligen Glasrohr verbunden, das in ein dickwandiges Gefäß mündet, das seinerseits an eine Luftpumpe angeschlossen ist. Die Filtration muß bei einer Temperatur von 18° C erfolgen. Die ersten 250 ccm des Filtrates werden verworfen, das folgende Filtrat, falls es optisch klar ist, zur weiteren Untersuchung benutzt.

Als optisch klar gegen auffallendes und durchfallendes Licht gilt die Lösung, wenn ein heller Körper von der Art einer Glühlampe durch eine wenigstens 5 cm dicke Schicht deutlich sichtbar ist und wenn eine 1 cm hohe Schicht in einem auf schwarzem Glas oder schwarzem Glanzpapier ruhenden Becherglas bei guter Beleuchtung schwarz und nicht opalisierend erscheint, sobald sie von oben betrachtet wird.

Ist das Filtrat nach Verwerfen von 250 ccm nicht klar, so muß so lange zugegossen und erneut filtriert werden, bis es optisch klar ist.

Zur Bestimmung des Gesamtlöslichen müssen sämtliche Analysenlösungen, auch wenn sie ohne Filtration optisch klar erscheinen, filtriert werden.

50 ccm des klaren Filtrates werden in die gewogene Abdampfschale pipettiert, eingedampft, getrocknet, abgekühlt und bis zur Gewichtskonstanz gebracht, wie oben angegeben.

§ 24. Nichtgerbstoffbestimmung. Die Entgerbung der unfiltrierten Analysenlösung wird in der Procterschen Filterglocke mit schwachchromiertem Hautpulver (siehe § 9) vorgenommen. Die Proctersche Filterglocke besteht aus einer zylindrischen Glasglocke (Länge des zylindrischen Teiles 85 mm, Durchmesser des zylindrischen Teiles 28 mm), deren Verjüngung einen durchbohrten Gummistopfen trägt, durch dessen Öffnung eine zweimal rechtwinklig gebogene Capillarglasröhre mit 1,5 mm Innendurchmesser gesteckt ist. Das Ende des kürzeren Schenkels schneidet mit dem unteren Ende des Stopfens ab. Man bringt zunächst in den oberen Teil der Glocke etwas trockene, gut ausgewaschene Watte, um ein Eindringen von Hautpulver in die Capillare zu vermeiden. Dann füllt man die Glocke mit 7 g lufttrockenem Hautpulver, wobei man es namentlich an der Wandung etwas festdrückt, damit sich keine Kanäle bilden, durch die die Gerbstofflösung unentgerbt durchgeht. Die so hergerichtete Glocke stellt man in ein 150 bis 200 ccm fassendes Becherglas und füllt dieses mit der nicht filtrierten Gerbstofflösung. Hat sich das Hautpulver in der Glocke mit Gerbstofflösung vollgesogen, so saugt man an dem längeren Schenkel des Capillarrohres schwach an, bis die Flüssigkeit langsam abtropft. Das Abtropfen muß so erfolgen, daß etwa 8 bis 10 Tropfen pro Minute kommen und daß das Durchlaufen der erforderlichen Menge der Lösung (90 ccm) im ganzen möglichst 2 Stunden, keinesfalls weniger als 100 Minuten oder mehr als 140 Minuten dauert. Die Temperatur der Lösung muß während der ganzen Dauer der Entgerbung 18° C betragen. Eine Probe der entgerbten Lösung darf mit Gelatine-Kochsalzlösung keine Trübung geben. Die ersten 30 ccm der entgerbten Lösung werden verworfen; von den nächsten 60 ccm werden 50 ccm zur Trockne verdampft, getrocknet, im Schwefelsäure-Exsiccator erkalten gelassen (Silberschale 10 Minuten, V_2A-Stahl-, Porzellan- und Glasschalen 20 Minuten) und konstant gewogen.

§ 25. Durch Hautpulver aufgenommene Gerbstoffe. Der Gerbstoffgehalt ergibt sich aus der Differenz der Prozentzahlen für Gesamtlösliches und Nichtgerbstoff.

§ 26. Unlösliches. Unter Unlöslichem versteht man die Differenz zwischen den Prozentzahlen für Gesamttrockenrückstand und Gesamtlösliches, oder zwischen 100 und der Summe aus Feuchtigkeit und Gesamtlöslichem, letzteres bei jenen festen Gerbmitteln und festen oder teigförmigen Gerbstoffauszügen, bei denen die Feuchtigkeit direkt bestimmt wird.

§ 27. Spezifisches Gewicht. Das spezifische Gewicht soll mit dem Pyknometer unter möglichster Einhaltung der Temperatur von 15° C bestimmt werden.

§ 28. Genauigkeit der Methode. Alle Analysen sind doppelt auszuführen und die Mittelwerte anzugeben. Die Gewichte der Abdampfrückstände sollen stets innerhalb 2 mg übereinstimmen, so daß der absolute Fehler im Gerbstoffgehalt nicht mehr als 2% beträgt. So z. B. sollen bei flüssigen Gerbstoffauszügen mit 30% Gerbstoff die Doppelbestimmungen von Gerbstoff innerhalb 0,6% übereinstimmen; bei festen Gerbstoffauszügen mit 60% Gerbstoff soll die Übereinstimmung innerhalb 1,2% liegen. Wenn nötig, sind die Analysen zu wiederholen, bis diese Übereinstimmung erreicht ist. Im Analysenbericht ist deutlich anzugeben, daß die mitgeteilten Zahlen Mittelwerte solcher übereinstimmender Bestimmungen sind.

Wenn die Analysen von verschiedenen Chemikern am gleichen Muster des Gerbmittels oder Gerbstoffauszuges ausgeführt wurden, so sollen die Ergebnisse voneinander nicht um mehr als 3% vom Gesamtgerbstoffgehalt abweichen.

In den Analysenberichten sind die Ergebnisse nur auf eine Dezimale auszudrücken.

§ 29. Schlußbemerkung. Alle Analysen sind in genauer Befolgung der obigen Vorschriften auszuführen; jede Abweichung von den Vorschriften ist im Analysenbericht anzugeben.

Der Analysenbericht muß die Erklärung enthalten: „Ausgeführt nach dem Filterverfahren der quantitativen Gerbstoffanalyse".

Ferner ist die Partienummer des verwendeten Hautpulvers im Analysenbericht anzugeben.

10. Die Löwenthalsche Methode der Gerbstoffbestimmung.

Bis zur Einführung der Hautpulvermethode war die Methode von Löwenthal allgemein im Gebrauch. Sie beruht darauf, daß die gerbenden Stoffe in stark verdünnter Lösung durch Kaliumpermanganat oxydiert werden, wobei Indigoschwefelsäure gleichzeitig als Indikator und als Regler für die Oxydation dient. Die Methode eignet sich gut für die Betriebskontrolle von Brühen, ausgelaugter Lohe, besonders da, wo Serienanalysen erforderlich sind. Sie gibt gut vergleichbare Resultate, wenn man dafür sorgt, daß die Untersuchungen stets unter den gleichen Bedingungen ausgeführt werden. Das Prinzip der Methode besteht darin, daß eine bestimmte Anzahl von ccm einer Gerbstofflösung einmal vor und dann nach der Entgerbung durch Hautpulver mit Kaliumpermanganatlösung in Gegenwart von Indigoschwefelsäure bis zu deren Umschlag nach Gelb titriert werden. Aus dem Unterschied des Permanganatverbrauches beider Lösungen wird der Gehalt an gerbenden Stoffen errechnet.

Für die Analyse sind folgende Lösungen erforderlich:

1. Kaliumpermanganat. Man stellt sich einen Vorrat einer Lösung von 5 g Kaliumpermanganat pro Liter her und verdünnt sie vor Gebrauch auf das Zehnfache, da die verdünnte Lösung unbeständig ist.

2. Indigoschwefelsäure. Man löst 5 g von reinem „Indigokarmin" und 50 g konzentrierte Schwefelsäure in 1 l; oder man löst 1 g „reinen Indigo B.A.S.F." in 25 ccm konzentrierte Schwefelsäure, setzt dann weitere 25 ccm Schwefelsäure zu und verdünnt mit Wasser auf 1 l. 25 ccm dieser Lösung sollen bei der unten beschriebenen Titration ca. 25 bis 30 ccm der Permanganatlösung verbrauchen.

3. Gallussäure. 0,1 g reine, lufttrockene Gallussäure werden frisch in 100 ccm Wasser gelöst.

Die Titration. In eine große Porzellanschale oder ein großes Becherglas, das man auf eine weiße Porzellanplatte stellt, bringt man ¾ l reines Leitungswasser und 25 ccm Indigolösung. Aus einer Bürette mit $^1/_{10}$ ccm-Einteilung titriert man die Indigolösung unter starkem Rühren durch tropfenweise Zugabe der Permanganatlösung. Die Tropfen sollen so schnell fallen, daß man sie gerade noch zählen kann. Zum Rühren verwendet man am zweckmäßigsten einen elektrischen Rührer. Die Titration ist beendet, wenn die blaue Farbe in ein reines Gelb übergegangen ist und ein weiterer Tropfen Permanganatlösung keine Farbänderung mehr verursacht. Da die Geschwindigkeit, mit der die Permanganatlösung zufließt, die Ergebnisse der Analyse beeinflußt, ist von mancher Seite ein Bürettenhahn empfohlen worden, der auf eine bestimmte Tropfenzahl in der Minute einstellbar ist (siehe Abb. 40). Die Titration darf nicht überschritten werden, da sich der Überschuß an Permanganat nicht bemerkbar macht.

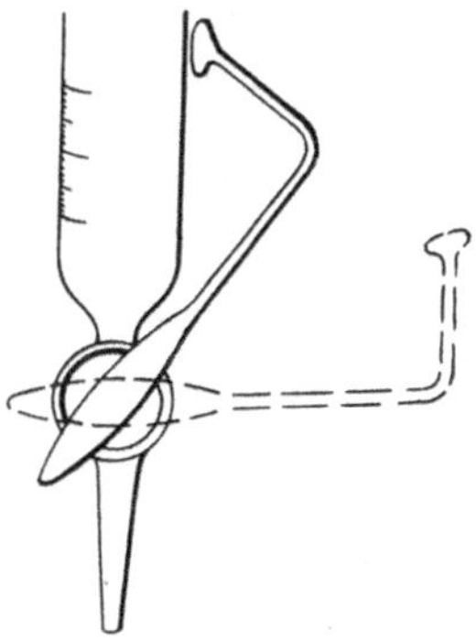

Abb. 40. Bürettenhahn, der die Einstellung einer bestimmten Tropfenzahl pro Minute ermöglicht.

Die Anzahl der für Indigo allein verbrauchten Kubikzentimeter Permanganatlösung bezeichnet man als „Indigozahl". Man führt nun die gleiche Titration mit ¾ l Leitungswasser, 25 ccm Indigolösung und 5 ccm der Gallussäurelösung durch. Zieht man von der Anzahl der hierfür verbrauchten Kubikzentimeter Permanganatlösung die „Indigozahl" ab, so erhält man die „Gallussäurezahl". Diese soll praktisch konstant sein.

Nach Ermittelung dieser beiden Werte folgen die Titrationen der unveränderten und der entgerbten Gerbstofflösung. Man titriert zunächst 5 ccm der Gerbstofflösung mit ¾ l Leitungswasser und 25 ccm Indigolösung wie oben. Von der Anzahl der verbrauchten Kubikzentimeter Permanganat zieht man wieder die Indigozahl ab. Der Verbrauch für die Gerbstofflösung und für die Gallussäure darf nicht mehr als die Hälfte des Verbrauches für die Indigolösung betragen, weil die Ergebnisse sonst zu niedrig ausfallen. Da nun auch die Nichtgerbstoffe Permanganat verbrauchen, müssen sie in einer entgerbten Lösung für sich ermittelt werden und vom Gesamtpermanganatverbrauch der Gerbstofflösung in Abzug gebracht werden.

Die Entgerbung. a) Mit Gelatine: Zu 50 ccm der Gerbstofflösung setzt man 25 ccm einer frisch bereiteten 2proz. Lösung von Gelatine, 25 ccm einer gesättigten Kochsalzlösung, die im Liter 50 ccm konzentrierte Schwefelsäure enthält, und etwa 2 g Kaolin. Das Gemisch wird geschüttelt, 15 Minuten stehen gelassen, durch ein Papierfilter filtriert und 10 ccm des Filtrates (entspr. 5 ccm der nicht entgerbten Lösung) mit Permanganat titriert. Das Ergebnis wird als Nichtgerbstoffe bezeichnet.

b) Entsprechend der offiziellen Methode (mit Hautpulver): Zu 100 ccm Gerbstofflösung gibt man 7 g „schwach chromiertes“ Hautpulver und etwas Kaolin, schüttelt 15 Minuten im Schüttelapparat, filtriert durch ein Faltenfilter (S. & S. 505) und titriert 5 ccm des klaren Filtrates.

Berechnung. Man zieht vom Ergebnis der Titration der Gerbstofflösung die „Nichtgerbstoffe“ ab und erhält so den Permanganatverbrauch für den Gerbstoff. Die Gallussäurezahl hat man bereits bestimmt. Aus diesen beiden Werten errechnet man, wieviel Gallussäure der in der Gerbstofflösung enthaltene Gerbstoff entspräche. Multipliziert man diese Zahl mit dem Gallussäurefaktor des betreffenden Gerbstoffes (bei Gerbstoffen unbekannter Zusammensetzung im Mittel 1,66), so erhält man die der Schüttelmethode entsprechende Menge Gerbstoff.

Berechnungsbeispiel:

a) Indigo allein (Indigozahl)	20 ccm	Permanganatlösung
b) Indigo + Gallussäure	24 „	„
Gallussäurezahl (b − a)	4 „	„
c) Indigo + Gerbstofflösung	32 „	„
d) Indigo + entgerbte Lösung.	24 „	„

Der Permanganatverbrauch für Gerbstoff allein beträgt 32 − 24 = 8 ccm. Die Gallussäurezahl für eine Gallussäurelösung von 1 g im Liter beträgt 4 ccm; 8 ccm würde einer Konzentration von $^8/_4 = 2$ g im Liter entsprechen. Die Gerbstoffkonzentration der Lösung beträgt demnach $2 \times 1,66 = 3,32$ g im Liter = 0,332%.

Die Gallussäurefaktoren sind aus Tabelle 81 zu ersehen.

Tabelle 81. Gallussäurefaktoren nach Procter und Hirst.

Gerbmaterial	1 g Gallussäure entspr. Menge Gerbstoff	1 g Gerbstoff entspr. Menge Gallussäure
Kastanienextrakt	1,65	0,604
Eichenextrakt	1,89	0,527
Myrobalanen	1,73	0,577
Quebrachoextrakt.	1,69	0,592
Lärchenrinde, Hemlockrinde	1,97	0,501
Extrakt aus geputzter Hemlockrinde	2,28—2,53	0,437—0,395
Valonea, Sumach	1,55	0,604
Eichenrinde	1,71	0,583
Mimosarinde	1,88	0,529
Mangroverinde	1,46	0,682
Würfelgambir.	1,78	0,559
Reine Gallusgerbsäure	1,34	0,742
Sulfitcelluloseablauge, Durchschnitt .	8,72	0,119
Durchschnittsfaktor für Gerbstoffe .	1,66	0,602

2. Über die Bestimmung des Unlöslichen.

Die durch Auslaugung der Gerbmittelprobe oder durch Auflösen von Extrakt hergestellte Analysenlösung wird bei der offiziellen Methode zur Bestimmung des Gesamtlöslichen mit Kaolin durch ein Filter (Schleicher & Schüll Nr. 590) filtriert (§ 26). Bei dem vorher am meisten verwendeten Filterverfahren wurde die Filtration mit Hilfe der Berkefeld-Filterkerze vorgenommen.

Diese zuerst von Parker und Payne vorgeschlagenen Filterkerzen bestehen aus reiner Kieselgur. Sie sind 13 cm lang und haben einen Durchmesser von 3 cm. Vor dem erstmaligen Gebrauch müssen die Kerzen mit heißer 10proz. Salzsäure gereinigt und anschließend mit destilliertem Wasser gründlich ausgewaschen werden. Gebrauchte Kerzen werden mit Wasser gespült (nicht abgebürstet). Dann wird das Wasser aus den Poren durch Durchleiten von Luft entfernt. Hierauf legt man die Kerzen 24 Stunden in eine heiße Bichromat-Schwefelsäure-Lösung[1]. Es wird dann mit Wasser, Ammoniak und schließlich wieder mit Wasser bis zur Neutralität gewaschen und getrocknet.

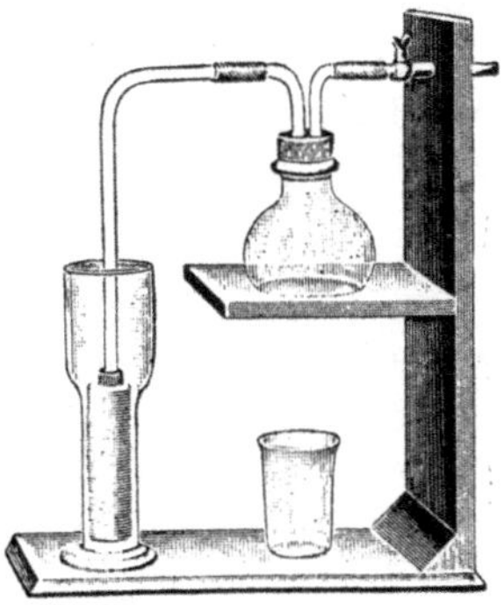

Abb. 41. Berkefeld-Filterkerze.

Die Anwendung der Filterkerze ist aus den Abb. 41 und 42 zu ersehen. Die Filterkerze, die man in einen zur Aufnahme der zu filtrierenden Lösung bestimmten, gekröpften Zylinder einsetzt, wird durch zwei rechtwinklig gebogene Glasröhren, die durch Gummischlauch miteinander verbunden sind, mit einem kugelförmigen Gefäß in Verbindung gebracht, das andererseits an eine Saugpumpe angeschlossen ist (Abb. 41).

Sobald die Gerbstofflösung in den Zylinder gebracht ist, wird die Saugpumpe in Gang gesetzt. Die Lösung wird nun durch die Filterkerze hindurchgesaugt.

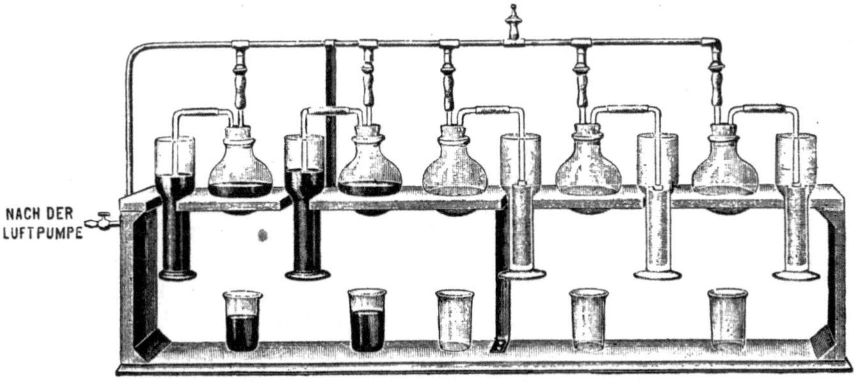

Abb. 42. Apparat für gleichzeitige Verwendung mehrerer Filterkerzen.

Ist eine genügende Luftverdünnung erreicht, so schließt man den Hahn nach der Saugpumpe. Der Filtrierprozeß geht trotzdem weiter. Von der filtrierten Lösung verwirft man die ersten 300 ccm, da die Kerze noch Wasser enthalten kann, das durch die filtrierte Lösung verdrängt werden muß. Man saugt dann weitere 150 ccm ab und verwendet diese zur Bestimmung des Gesamtlöslichen. Der Gewichtsunterschied zwischen dem Verdampfungsrückstand der so filtrierten Lösung und dem der ursprünglichen Gerbstofflösung gibt den unlöslichen Anteil an. Eine Anordnung für die gleichzeitige Filtration mehrerer Lösungen ist aus Abb. 42 zu ersehen.

---

[1] In letzter Zeit hat sich die Verwendung von Aktivin an Stelle von Bichromat-Schwefelsäure sehr eingebürgert.

Die Bestimmung des Unlöslichen ist eine der besonders schwierigen Aufgaben, die bei der Untersuchung von Gerbstofflösungen an den Gerbereichemiker herantreten. Die Abweichungen, die hierbei die Analysenergebnisse verschiedener Laboratorien zeigen, sind sehr groß. Der Streit um die geeignetste Methode ist daher schon so alt wie die Analysenmethoden selbst und besonders in jüngster Zeit sind wieder Vorschläge gemacht worden, die bestehende Mißstände beseitigen wollen und auf die hier kurz eingegangen werden soll.

Nach Stiasny (*8*) sind sowohl der von den meisten europäischen Chemikern benutzten Filterkerzenmethode wie der in Amerika bevorzugten Filtration durch Papier und Kaolin (sog. Kontaktmethode) folgende Merkmale gemeinsam:

1. Die Art des Filtermateriales ist von Einfluß auf das „Unlösliche".
2. Die Bezeichnung „Unlösliches" erfolgt willkürlich und ohne wissenschaftliche Begründung der Grenze zwischen „Löslichem" und „Unlöslichem".
3. Jede Filtration ist — mehr oder weniger — mit einer Verengung der Poren des Filtermateriales verknüpft und erfolgt dementsprechend mit abnehmender Geschwindigkeit.

Diese Nachteile haften nun einer dritten Methode, die immer mehr Anhänger gewinnt, nicht an, der Methode des Sedimentierens oder Zentrifugierens. Bei diesen Methoden fällt das Filtermaterial weg.

Bergmann, Immendörfer und Correns scheiden die unlöslichen Stoffe aus Gerbstofflösungen durch Zentrifugieren ab. Eine abgemessene Menge der trüben Gerbstofflösung wird mit der genau abgemessenen Menge einer wässerigen Suspension von besonders hergestelltem Bariumsulfat gemischt und das Gemisch 10 Minuten lang mit der gleichen Tourenzahl (2000) zentrifugiert[1].

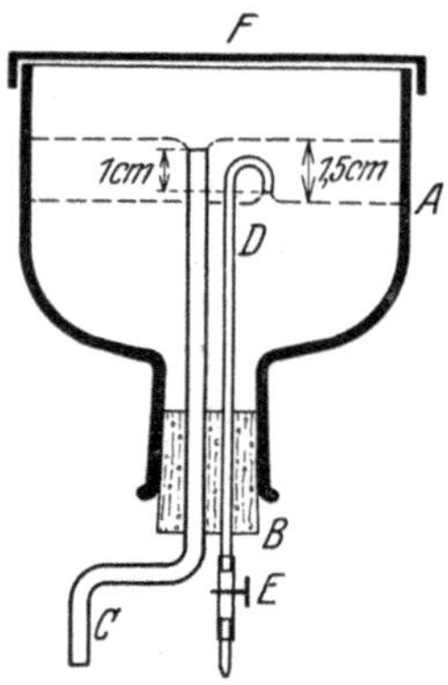

Abb. 43. Apparat zur Bestimmung des Unlöslichen nach Nemec und Kudlacek (Colleg. 1930, 73).

Kubelka und seine Mitarbeiter (Nemec u. Kudlacek) bestimmen die unlöslichen Stoffe von Gerbstofflösungen durch Sedimentation in einem besonderen Apparat, der in Abb. 43 wiedergegeben ist. Die Grundlage für diese Methode bildet die Annahme, daß die Grenze zwischen Löslichem und Unlöslichem bei einer Teilchengröße von 1 μ liegt.

Der Hauptbestandteil der Apparatur (Abb. 43) ist eine umgekehrte Flasche mit einem inneren Durchmesser von ca. 9 cm, deren Boden abgesprengt ist. Die Flasche steht auf einem Dreifuß oder auf einem Ständerringe. Der Hals der Flasche ist durch einen zweifach durchbohrten Gummistöpsel verschlossen, durch den zwei Röhren hindurchführen. Die Röhre *C* mit einem inneren Durchmesser von 3,5 mm dient zur Einstellung des Flüssigkeitsniveaus in der Weise, daß die überflüssige Lösung in ein untergestelltes Gefäß abfließt. Der untere Teil ist zweckmäßig abgebogen, damit er beim Arbeiten mit der anderen Röhre *D* nicht hinderlich ist. Die Röhre *D* ist bei weitem enger, hat einen inneren Durchmesser von nur 1,5 mm. Das obere Ende ist zu einem Knie von 180° abgebogen, das untere Ende trägt einen Kautschukschlauch mit gläsernem Auslaufrohr. Der Verschluß geschieht durch einen Quetschhahn. Abgedeckt ist der Apparat mittels eines gläsernen Deckels (z. B. mit einer Petrischale).

Beim Arbeiten mit dem Apparat verfährt man folgendermaßen: Man verschließt das enge Rohr *D* mit einem Quetschhahn, stellt unter den Abfluß des Rohres *C* ein Becherglas und gießt sodann die zu prüfende Gerbstofflösung von

[1] Über Einzelheiten der Methode siehe Collegium **1925**, 413.

Analysenstärke in den Apparat. Die überschüssige Flüssigkeit fließt durch das Rohr *C* ab, wodurch sich das Flüssigkeitsniveau auf eine konstante Höhe einstellt. Dabei ist folgendes zu bedenken: Infolge der Oberflächenspannung wird sich das Niveau immer etwas höher als die Abflußöffnung der Röhre *C* einstellen. Andererseits wird bei Röhre *D* das Niveau stets tiefer liegen, als dem Abflußrand dieser Röhre entspricht. Will man deshalb einen Niveauunterschied von 1,5 cm erzielen, so darf man den Unterschied der Abflußöffnungen nicht auf dieses Maß, sondern auf ein geringeres einstellen. Durch Versuche wurde festgestellt, daß die Höhendifferenz von etwa 1,0 bis 1,1 cm genügt, um die gewünschte Flüssigkeit abzuziehen. Durch Öffnen des Quetschhahnes wird die Flüssigkeitsschicht, aus welcher die Teilchen größer als 1 bereits entfernt sind, abgehebert. Damit hierbei die Flüssigkeit nicht aufgewirbelt wird, ist es notwendig, langsam auslaufen zu lassen. Für die benötigte Flüssigkeitsmenge für ca. 100 ccm soll die Auslaufdauer 4 bis 5 Minuten betragen. Die Bestimmung des Unlöslichen aus der Differenz der Eindampfrückstände erfolgt wie üblich.

Vor der Zentrifugiermethode hat die Sedimentiermethode noch den Vorzug, daß sie keiner kostspieligen Apparatur bedarf und die Fehlerquellen, die sich aus Unregelmäßigkeiten im Zentrifugenlauf ergeben können, vermeidet. Dagegen erfordert sie eine längere Arbeitsdauer (24 Stunden) und verlangt einen Thermostaten, in den die Absatzzylinder eingesetzt werden.

Die Einwände, die gegen die Kontaktmethode (Papier und Kaolin) vorgebracht wurden, bezogen sich hauptsächlich auf die Dauer der Filtration, die Schwierigkeit, bei manchen Extrakten klare Filtrate zu erhalten, auf die Abhängigkeit vom Filtrierpapier, Kaolinsorte, Kaolinkerngröße und auf die derzeit vorgeschriebene Arbeitsweise bei der Herstellung der Kontaktfilter.

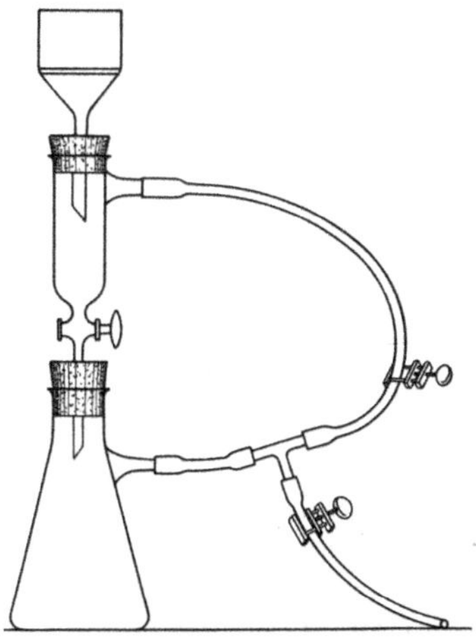

Abb. 44. Apparat zur Bestimmung des Unlöslichen nach McCandlish und Atkin (Colleg. 1929, 103).

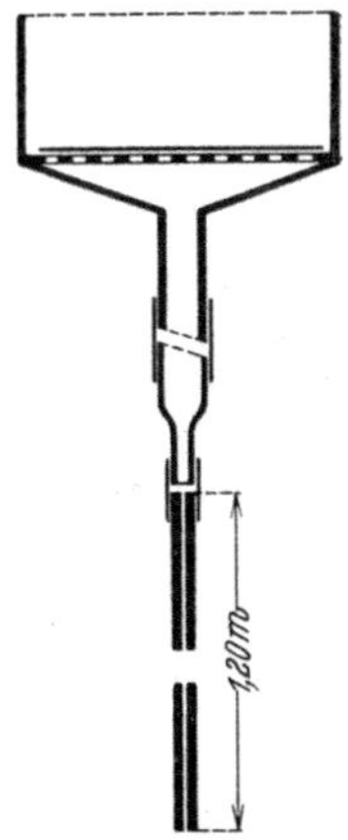

Abb. 45. Saugfilter nach Rieß zur Bestimmung des Unlöslichen.

Die auf diesem Gebiete in letzter Zeit erfolgten Verbesserungsvorschläge stammen in erster Linie von McCandlish-Atkin, Turnbull, Rieß und Schmidt.

McCandlish und Atkin arbeiten mit einem besonderen Apparat (siehe Abb. 44) und verwandten die Saugwirkung einer Wasserstrahlpumpe. Die Gesamtzeit bis zur Erzielung eines klaren Filtrates übersteigt niemals 2½ Stunden. Nur kräftige Filtrierpapiere sind verwendbar.

Turnbull benützt den gleichen Apparat mit dem Unterschied, daß statt eines Papierfilters ein Glasfilter zur Verwendung kommt. Als Kaolinsorte wird ein Tonpulver aus gemahlenen Backsteinen vorgeschlagen. Man erhält klare Filtrate.

Die Methode von Rieß arbeitet ohne besonderen Apparat (siehe Abb. 45) und ohne Saugpumpe. Sie verwendet einen Büchnertrichter und ein capillares Saugrohr von vorgeschriebenen Dimensionen. Die Arbeitsweise hat den Vorteil eines konstanten und geringen Vakuums (keine Verdunstungsfehler!), der Verwendung dünner Papiere, der Billigkeit und Einfachheit. Nach weniger als 30 Minuten erhält man ein klares Filtrat.

Die Methode von Schmidt macht für sich den Vorteil geltend, daß mehrere hintereinander gesammelte Filtrate (je 50 ccm) gute Konstanz der Trockenrückstände aufweisen. Die Arbeitsweise ist folgende:

75 ccm der analysenstarken Lösung werden in einem verschließbaren Meßzylinder mit 1 g Kaolin bei 18° C geschüttelt, kurz absitzen gelassen und durch S. & S. 590 filtriert; das Filtrat wird verworfen. Im gleichen Meßzylinder werden 75 ccm neuer Gerbstofflösung mit dem zurückgebliebenen Kaolin geschüttelt und durch das gleiche Filter filtriert. Das Filtrat wird nochmals verworfen. Eine dritte Menge (75 ccm) Gerbstofflösung wird im gleichen Meßzylinder mit dem zurückgebliebenen Kaolin erneut geschüttelt, durch das gleiche Filter filtriert und zur Bestimmung des Gesamtlöslichen verwendet.

Auch gegen die Filterkerzenmethode werden Einwände erhoben, so vor allem die Kostspieligkeit, Dauer und Kosten der Reinigung, nachteilige und unterschiedliche Wirkung der Reinigung, Verschiedenheit der Ergebnisse bei wechselndem Vakuum usw.

Bei allen Methoden ist es letzten Endes die Teilchengröße der zu filtrierenden Lösung, welche die Schwankungen der Menge des Unlöslichen bedingt. Die Teilchengröße ist aber in hohem Maße abhängig von der Art des Auflösens und der Art des Abkühlens der zur Analyse verwendeten Gerbstofflösungen. Es ist nicht gleichgültig, bei welcher Temperatur man löst und wie lange man erhitzt, und es ist besonders wichtig, wie rasch und unter welchen Bedingungen man abkühlt. Stiasny (*5*) ist der Ansicht, daß es von wesentlicher Bedeutung ist, ob das Kühlwasser genau 18° hat oder ob es kälter ist, ob der Kühlbehälter ruhendes oder fließendes Wasser enthält, ob der Wasserdurchlaß rasch oder langsam erfolgt, ob ein oder mehrere Kolben gleichzeitig gekühlt werden usw. Der Einfluß aller dieser Faktoren auf die Teilchengröße und damit auf die Menge des sog. „Unlöslichen“ ist außer Zweifel. Die bestehenden Arbeitsvorschriften sind noch nicht so eindeutig, daß man die in verschiedenen Laboratorien durchgeführten Bestimmungen des Unlöslichen miteinander vergleichen könnte. Auch die zur Zeit gültige internationale Methode wird in diesem Punkt noch eine schärfere Festlegung der Arbeitsmethode erfahren müssen.

3. Die Bestimmung des Zuckergehaltes von Gerbmitteln.

Die in den Gerbmitteln vorhandenen Zuckerstoffe liefern bei der Gärung organische Säuren, die zu Beginn des Gerbprozesses eine wichtige Rolle spielen. Die Bestimmung der Zuckerstoffe in den Gerbmitteln und in Gerbbrühen ist deshalb von Bedeutung. Die Zuckergehalte der wichtigsten Gerbmittel nach v. Schröder sind in Tabelle 82 zusammengestellt.

Die Bestimmung des Zuckers erfolgt nach der Fehlingschen Methode. Es wird zuerst der Gerbstoff aus der Lösung quantitativ ausgefällt und das Filtrat sodann mit alkalischer Kupferoxydlösung erhitzt; bei Anwesenheit von Traubenzucker oder ähnlichen Stoffen fällt Kupferoxydul aus, das zu metallischem Kupfer reduziert und als solches gewogen wird. Das ausgeschiedene Kupfer dient als Maß für den vorhandenen Traubenzucker. Die Bestimmung läßt sich auch maßanalytisch durchführen, indem man das überschüssige Kupfersulfat nach der Reduktion mit Jodkalium umsetzt und das Jod mit $^{n}/_{10}$ Thiosulfat titriert. Die Differenz zwischen der hierbei und bei einem Blindversuch verbrauchten Menge Thiosulfat gibt die Grundlage für die Errechnung des Zuckergehaltes.

Für die Zuckerbestimmung sind folgende Lösungen erforderlich:

a) Kupferlösung, enthaltend 69,2 g reinstes Kupfersulfat im Liter.

b) Seignettesalzlösung, enthaltend 346 g Seignettesalz und 250 g Ätzkali im Liter.

c) Bleiessig. 300 g essigsaures Blei werden mit 100 g reinem Bleidioxyd und etwa 50 ccm Wasser gut verrieben und auf dem Wasserbad unter Ersatz des verdampfenden Wassers digeriert, bis der Brei weiß geworden ist. Die Masse wird in einen Literkolben gespült, nach dem Erkalten zur Marke aufgefüllt und nach gutem Absitzen filtriert.

d) Glaubersalz. Man stellt eine konzentrierte Lösung von schwefelsaurem Natrium her und verdünnt diese derart, daß sie der obigen Bleiessiglösung äquivalent ist, was durch Probefällung aus einer Bürette leicht ermittelt werden kann.

Ansatzmengen der Gerbmaterialien für die Zuckerbestimmung.

Fichtenextrakt	etwa	7,5 g
Hemlockextrakt	„	15,0 g
Myrobalanenextrakt	„	10,0 g
Sumachextrakt	„	10,0 g
Eichenholzextrakt (flüssig)	„	15,0 g
Kastanienholzextrakt (flüssig)	„	15,0 g
Quebrachoextrakt (fest)	„	15,0 g
Quebrachoextrakt (flüssig)	„	20,0 g
Dividiviextrakt	„	20,0 g

Ausführung der gewichtsanalytischen Zuckerbestimmung. Man löst die abgewogene Extraktmenge in 200 ccm heißem Wasser und füllt nach dem Erkalten die Lösung auf 250 ccm auf. Gerbbrühen werden je nach dem vermuteten Zuckergehalt unmittelbar verwendet oder auf die Hälfte oder ein Drittel eingedampft. Gerbmaterialien werden in der üblichen Weise extrahiert und die Lösung, wenn erforderlich, eingedampft.

Tabelle 82. Zuckergehalt der wichtigsten Gerbmittel (v. Schröder).

Gerbmaterial	Zuckergehalt, bezogen auf 13% Wassergehalt	
	Grenzzahlen %	Mittelwert %
Eichenrinde	1,75—3,46	2,65
Fichtenrinde	2,65—4,47	3,53
Weidenrinde	1,76—2,87	2,16
Birkenrinde	—	2,18
Mimosenrinde	0,33—1,57	0,91
Hemlockrinde	—	0,71
Dividivi	7,98—8,83	8,39
Algarobilla	7,95—10,49	8,23
Myrobalanen	3,15—7,05	5,35
Valonea	1,21—3,57	2,69
Trillo	1,70—2,85	2,41
Knoppern	0,54—0,71	0,65
Sumach	4,44—4,62	4,53
Canaigre	4,27—8,45	6,24
Kastanienholz	0,24—0,36	0,30
Quebrachoholz	0,09—0,29	0,25
Würfelgambir	—	1,85
Catechu	—	0,50
Fichtenrindenextrakt	4,58—9,44	7,84
Hemlockextrakt	2,71—5,80	4,42
Flüssiger Kastanienholzextrakt	2,61—3,53	2,87
Flüssiger Eichenholzextrakt	2,47—3,92	3,19
Fester Quebrachoextrakt	—	1,05
Fester Sulfitcelluloseextrakt	3—10	6,5

100 ccm der so bereiteten Gerbstofflösung werden mit 10 ccm Bleiessiglösung versetzt, 15 Minuten stehen gelassen und durch ein trockenes Filter in einen trockenen Kolben filtriert. Durch Zugabe eines Tropfens Bleiessig zu einer kleinen Probe des klaren Filtrates stellt man fest, ob aller Gerbstoff ausgefällt ist. Hierauf gibt man zu 50 ccm des gerbstoffreien Filtrates 5 ccm Natriumsulfatlösung, um den überschüssigen Bleiessig abzuscheiden. Man filtriert durch ein trockenes Filter.

Von diesem bleifreien Filtrat verwendet man 25 bzw. 40 ccm, je nach der Menge des vorhandenen Zuckers, zur eigentlichen Zuckerbestimmung. Man gibt

Tabelle 83. Tafel zur Ermittelung des Traubenzuckers aus den gewichtsanalytisch erhaltenen Kupfermengen (bei 30 Minuten Kochdauer).

Cu mg	Traubenzucker mg	Cu mg	Traubenzucker mg	Cu mg	Traubenzucker mg	Cu mg	Traubenzucker mg	Cu mg	Traubenzucker mg	Cu mg	Traubenzucker mg
1	0,4	57	24,9	113	53,6	169	81,4	225	109,7	281	139,0
2	0,8	58	25,4	114	54,1	170	81,9	226	110,2	282	139,5
3	1,2	59	25,9	115	54,6	171	82,4	227	110,7	283	140,0
4	1,6	60	26,4	116	55,1	172	82,9	228	111,2	284	140,5
5	2,0	61	26,9	117	55,7	173	83,4	229	111,8	285	141,1
6	2,5	62	27,4	118	56,2	174	83,9	230	112,3	286	141,6
7	2,9	63	28,0	119	56,7	175	84,4	231	112,8	287	142,1
8	3,3	64	28,5	120	57,2	176	84,9	232	113,3	288	142,6
9	3,7	65	29,0	121	57,7	177	85,4	233	113,8	289	143,2
10	4,1	66	29,5	122	58,2	178	85,9	234	114,4	290	143,7
11	4,5	67	30,0	123	58,7	179	86,4	235	114,9	291	144,2
12	4,9	68	30,5	124	59,2	180	86,9	236	115,4	292	144,7
13	5,3	69	31,0	125	59,7	181	87,4	237	115,9	293	145,3
14	5,7	70	31,6	126	60,2	182	87,9	238	116,4	294	145,8
15	6,1	71	32,1	127	60,7	183	88,4	239	117,0	295	146,3
16	6,5	72	32,6	128	61,2	184	88,9	240	117,5	296	146,9
17	7,0	73	33,1	129	61,7	185	89,4	241	118,0	297	147,4
18	7,4	74	33,6	130	62,2	186	89,9	242	118,5	298	147,9
19	7,8	75	34,1	131	62,6	187	90,4	243	119,0	299	148,4
20	8,2	76	34,6	132	63,1	188	90,9	244	119,5	300	149,0
21	8,6	77	35,1	133	63,6	189	91,3	245	120,1	301	149,5
22	9,0	78	35,7	134	64,1	190	91,8	246	120,6	302	150,1
23	9,4	79	36,2	135	64,6	191	92,3	247	121,1	303	150,6
24	9,9	80	36,7	136	65,1	192	92,8	248	121,6	304	151,1
25	10,3	81	37,2	137	65,6	193	93,3	249	122,1	305	151,7
26	10,7	82	37,7	138	66,1	194	93,8	250	122,7	306	152,2
27	11,1	83	38,2	139	66,6	195	94,3	251	123,2	307	152,8
28	11,6	84	38,7	140	67,1	196	94,8	252	123,7	308	153,3
29	12,0	85	39,2	141	67,6	197	95,3	253	124,2	309	153,9
30	12,4	86	39,8	142	68,1	198	95,8	254	124,8	310	154,4
31	12,9	87	40,3	143	68,6	199	96,3	255	125,3	311	155,0
32	13,3	88	40,8	144	69,1	200	96,8	256	125,8	312	155,5
33	13,7	89	41,3	145	69,6	201	97,3	257	126,3	313	156,0
34	14,1	90	41,8	146	70,1	202	97,8	258	126,9	314	156,5
35	14,6	91	42,3	147	70,6	203	98,3	259	127,5	315	157,1
36	15,0	92	42,8	148	71,1	204	98,8	260	128,0	316	157,6
37	15,4	93	43,3	149	71,5	205	99,3	261	128,5	317	158,1
38	15,9	94	43,9	150	72,0	206	99,8	262	129,0	318	158,7
39	16,3	95	44,4	151	72,5	207	100,3	263	129,5	319	159,2
40	16,7	96	44,9	152	73,0	208	100,8	264	130,1	320	159,8
41	17,2	97	45,4	153	73,5	209	101,4	265	130,6	321	160,3
42	17,6	98	45,9	154	74,0	210	101,9	266	131,1	322	160,9
43	18,0	99	46,4	155	74,5	211	102,4	267	131,6	323	161,4
44	18,4	100	46,9	156	75,0	212	102,9	268	132,2	324	162,0
45	18,9	101	47,5	157	75,5	213	103,5	269	132,7	325	162,5
46	19,3	102	48,0	158	76,0	214	104,0	270	133,2	326	163,0
47	19,7	103	48,5	159	76,5	215	104,5	271	133,7	327	163,6
48	20,2	104	49,0	160	77,0	216	105,0	272	134,2	328	164,1
49	20,7	105	49,5	161	77,5	217	105,5	273	134,7	329	164,7
50	21,3	106	50,0	162	78,0	218	106,0	274	135,3	330	165,2
51	21,8	107	50,5	163	78,5	219	106,6	275	135,8	331	165,8
52	22,3	108	51,0	164	79,0	220	107,1	276	136,3	332	166,3
53	22,8	109	51,6	165	79,5	221	107,6	277	136,8	333	166,9
54	23,3	110	52,1	166	80,0	222	108,1	278	137,4	334	167,4
55	23,9	111	52,6	167	80,5	223	108,7	279	137,9	335	167,9
56	24,4	112	53,1	168	81,0	224	109,2	280	138,4	336	168,4

Tabelle 83 (Fortsetzung).

Cu mg	Traubenzucker mg	Cu mg	Traubenzucker mg	Cu mg	Traubenzucker mg	Cu mg	Traubenzucker mg	Cu mg	Traubenzucker mg	Cu mg	Traubenzucker mg
337	169,0	361	182,5	385	196,3	409	210,3	433	224,4	457	240,6
338	169,5	362	183,1	386	196,9	410	210,8	434	225,1	458	241,3
339	170,1	363	183,7	387	197,5	411	211,4	435	225,8	459	242,0
340	170,6	364	184,2	388	198,0	412	212,0	436	226,4	460	242,6
341	171,2	365	184,8	389	198,6	413	212,6	437	227,1	461	243,3
342	171,7	366	185,4	390	199,2	414	213,2	438	227,8	462	244,0
343	172,2	367	186,0	391	199,8	415	213,8	439	228,5	463	244,7
344	172,8	368	186,5	392	200,3	416	214,4	440	229,1	464	245,3
345	173,3	369	187,1	393	200,9	417	214,9	441	229,8	465	246,0
346	173,9	370	187,7	394	201,5	418	215,5	442	230,5	466	246,7
347	174,5	371	188,3	395	202,1	419	216,1	443	231,2	467	247,4
348	175,0	372	188,8	396	202,7	420	216,7	444	231,8	468	248,0
349	175,6	373	189,4	397	203,3	421	217,3	445	232,5	469	248,7
350	176,2	374	190,0	398	203,8	422	217,9	446	233,2	470	249,4
351	176,8	375	190,6	399	204,4	423	218,4	447	233,9	471	250,1
352	177,3	376	191,1	400	205,0	424	219,0	448	234,5	472	250,8
353	177,9	377	191,7	401	205,6	425	219,6	449	325,2	473	251,4
354	178,5	398	192,3	402	206,2	426	220,2	450	235,9	474	252,1
355	179,1	399	192,8	403	206,8	427	220,8	451	236,6	475	252,8
356	179,6	380	193,4	404	207,3	428	221,4	452	233,2		
357	180,2	381	194,0	405	207,9	429	221,9	453	237,9		
358	180,8	382	194,6	406	208,5	430	222,5	454	238,6		
359	181,4	383	195,2	407	209,1	431	223,1	455	239,3		
360	181,9	384	195,7	408	209,7	432	223,7	456	239,9		

in ein 200 ccm-Becherglas 30 ccm Kupferlösung, 30 ccm Seignettesalzlösung, 60 ccm Wasser (bei 25 ccm Zuckerlösung) bzw. 45 ccm Wasser (bei 40 ccm Zuckerlösung). Das Gemisch wird zum Sieden erhitzt und dann auf ein kochendes Wasserbad gestellt. Hierauf gibt man 25 bzw. 45 ccm Zuckerlösung unter Umrühren zu und läßt die Flüssigkeit genau 30 Minuten auf dem siedenden Bad stehen. Dann wird das abgeschiedene Kupferoxydul durch ein gewogenes Asbeströhrchen an der Saugpumpe abfiltriert und mit heißem Wasser, dann Alkohol und zuletzt mit Äther ausgewaschen. Man reduziert im Wasserstoffstrom, läßt in diesem erkalten und wägt. Die Traubenzuckermenge, welche der ermittelten Menge Kupfer entspricht, ist aus der Tabelle 83 abzulesen.

M a ß a n a l y t i s c h e Z u c k e r b e s t i m m u n g n a c h A p p e l i u s u n d S c h m i d t. Die Methode besteht darin, daß man den Überschuß an Fehlingscher Lösung durch Titration mit Thiosulfat nach vorausgegangenem Abscheiden der dem Kupfer äquivalenten Jodmenge ermittelt.

Man gibt in einen Erlenmeyerkolben 10 ccm der Kupfersulfatlösung und 10 ccm Seignettesalzlösung. Dazu fügt man entweder Wasser allein (beim Blindversuch) oder die bleifreie Zuckerlösung (siehe S. 203) mit Wasser. Die Gesamtflüssigkeit soll 50 ccm betragen. Man erhitzt dieses Gemisch 3 Min. lang über freier Flamme zum Sieden, dann kocht man noch 2 Minuten bei mäßiger Flamme, wobei man den Kolben auf ein Drahtnetz stellt, das mit einer Asbestglocke mit passender Öffnung verdeckt ist.

Man kühlt in kaltem Wasser schnell ab — nicht unter 25° — fügt 3 g Kaliumjodid (aufgelöst in höchstens 10 ccm Wasser) und 10 ccm 25proz. Schwefelsäure hinzu, wonach sofort unter Umschütteln mit $^{n}/_{10}$ Thiosulfat titriert wird. Ist die Farbe hellbraungelb geworden, so wird ziemlich viel Stärkelösung als Indikator zugegeben und tropfenweise mit Thiosulfat weitertitriert, bis die Farbe rein sahnengelb geworden ist. Die Flüssigkeit kann eine Viertelstunde stehen bleiben, bevor sie durch Luftoxydation wieder blau wird. Tritt diese Blaufärbung bald ein, so war die Reaktion anscheinend noch nicht beendet. Es wurde dann entweder zu wenig Jodkalium oder zu wenig Säure oder zu viel Wasser verwendet, oder aber man hat durch zu schnelles Titrieren (besonders bei niedriger Temperatur) die Gleichgewichtsreaktion eingeholt. Die Differenz zwischen der Probe und einem Blindversuch ergibt den Zuckergehalt, der aus Tabelle 84 abzulesen ist. Die Zuckerlösung soll für die Analyse so verdünnt sein, daß der Unterschied gegen den Blindversuch nicht mehr als 10 bis 12 ccm $^{n}/_{10}$ Thiosulfatlösung beträgt.

Tabelle 84. Tabelle zur Umrechnung der verbrauchten Kubikzentimeter $^{n}/_{10}$ Thiosulfat in Glucose bzw. Saccharose. Kochdauer 2 Min.[1].

ccm $^{n}/_{10}$ Thiosulfat	mg Glucose $C_6H_{12}O_6$	mg Saccharose $C_{12}H_{22}O_{11}$	mg Stärke $C_6H_{10}O_5$
1	3,2	3,1	2,8
2	6,3	6,2	5,7
3	9,4	9,3	8,5
4	12,6	12,4	11,4
5	15,9	15,6	14,3
6	19,2	18,8	17,3
7	22,4	22,0	22,2
8	25,6	25,2	23,1
9	28,9	28,4	26,1
10	32,3	31,7	29,1
11	35,7	35,0	32,1
12	39,0	38,3	35,1
13	42,4	41,6	38,2
14	45,8	44,9	41,3
15	49,3	48,2	44,4
16	52,8	51,6	47,5
17	56,3	55,1	50,7
18	59,8	58,7	53,9
19	63,3	62,3	57,1
20	66,9	65,9	60,3
21	70,7	69,6	63,7
22	74,5	73,3	69,1
23	78,5	77,1	70,7
24	82,6	80,9	74,3
25	86,6	84,7	77,9
26	90,7	88,6	81,6
27	94,8	92,5	85,3

Ist die Zuckerlösung zu verdünnt, so kann man statt 50 ccm auch 100 oder 150 ccm (als Gesamtflüssigkeit) verwenden. Man muß dann jedoch länger kochen, bei 100 ccm 4 Min., bei 150 ccm 8 Minuten.

Bruns ersetzt das Jodkali zu $^{5}/_{6}$ durch Rhodankalium.

Bestimmung des Rohrzuckers. Die Methode beruht darauf, daß man zunächst den Gesamtzucker als Glucose bestimmt, und von der aus ihm erhaltenen Kupfermenge, das nur mit Glucose abgeschiedene Kupfer abzieht. Die Differenz gibt die auf den Invertzucker entfallende Kupfermenge an. Zur Invertierung des Rohrzuckers in Glucose versetzt man 50 ccm des durch Bleiessig von Gerbstoff und durch Natriumsulfat von überschüssigem Blei befreiten Filtrates mit 10 ccm verdünnter Schwefelsäure (1:5) und erhitzt ½ Stunde auf kochendem Wasserbad. Nach dem Abkühlen neutralisiert man mit verdünnter Lauge und füllt die Lösung zu 100 ccm auf. Falls nötig, wird nochmals filtriert; dann verwendet man 50 ccm (entsprechend 25 ccm der sonstigen Zuckerbestimmung) zur Bestimmung des Gesamtzuckers. Eine zweite Bestimmung führt man mit der gewöhnlichen Lösung, die nicht mit Schwefelsäure invertiert wurde, aus. Von der bei der ersten Bestimmung erhaltenen Kupfermenge zieht man die bei der zweiten Bestimmung erhaltene Kupfermenge ab und liest aus Tabelle 85 die entsprechende Menge Invertzucker ab. Durch Multiplizieren mit dem Faktor 0,95 wird dieser Wert in Rohrzucker umgerechnet. Bei der maßanalytischen Methode ist Tabelle 84 zu verwenden.

[1] Nach Schoorl, Ztschr. f. angew. Chem. **1899**, **633**.

Tabelle 85. Zahlentafel zur Ermittelung des Invertzuckers aus den gewichtsanalytisch bei 30 Minuten Kochdauer erhaltenen Kupfermengen

Cu mg	Invertzucker mg	Cu mg	Invertzucker mg	Cu mg	Invertzucker mg	Cu mg	Invertzucker mg	Cu mg	Invertzucker mg	Cu mg	Invertzucker mg
1	0,6	55	28,4	109	55,5	163	83,3	217	111,6	271	140,6
2	1,2	56	28,8	110	56,0	164	83,8	218	112,1	272	141,1
3	1,8	57	29,3	111	56,5	165	84,3	219	112,7	273	141,7
4	2,4	58	29,8	112	57,0	166	84,8	220	113,2	274	142,2
5	3,1	59	30,3	113	57,5	167	85,3	221	113,7	275	142,8
6	3,7	60	30,8	114	58,0	168	85,9	222	114,3	276	143,3
7	4,3	61	31,3	115	58,6	169	86,4	223	114,8	277	143,9
8	4,9	62	31,8	116	59,1	170	86,9	224	115,3	278	144,4
9	5,5	63	32,3	117	59,6	171	87,4	225	115,9	279	145,0
10	6,1	64	32,8	118	60,1	172	87,9	226	116,4	280	145,5
11	6,6	65	33,3	119	60,6	173	88,5	227	116,9	281	146,1
12	7,1	66	33,8	120	61,1	174	89,0	228	117,4	282	146,6
13	7,6	67	34,3	121	61,6	175	89,5	229	118,0	283	147,2
14	8,1	68	34,8	122	62,1	176	90,0	230	118,5	284	147,7
15	8,6	69	35,3	123	62,6	177	90,5	231	119,0	285	148,3
16	9,0	70	35,8	124	63,1	178	91,1	232	119,6	286	148,8
17	9,5	71	36,3	125	63,7	179	91,6	233	120,1	287	149,4
18	10,0	72	36,8	126	64,2	180	92,1	234	120,7	288	149,9
19	10,5	73	37,3	127	64,7	181	92,6	235	121,2	289	150,5
20	11,0	74	37,8	128	65,2	182	93,1	236	121,7	290	151,0
21	11,5	75	38,3	129	65,7	183	93,7	237	122,3	291	151,6
22	12,0	76	38,8	130	66,2	184	94,2	238	122,8	292	152,1
23	12,5	77	39,3	131	66,7	185	94,7	239	123,4	293	152,7
24	13,0	78	39,8	132	67,2	186	95,2	240	123,9	294	153,2
25	13,5	79	40,3	133	67,7	187	95,7	241	124,4	295	153,8
26	14,0	80	40,8	134	68,2	188	96,3	242	125,0	296	154,3
27	14,5	81	41,3	135	68,8	189	96,8	243	125,5	297	154,9
28	15,0	82	41,8	136	69,3	190	97,3	244	126,0	298	155,4
29	15,5	83	42,3	137	69,8	191	97,8	245	126,6	299	156,0
30	16,0	84	42,8	138	70,3	192	98,4	246	127,1	300	156,5
31	16,5	85	43,4	139	70,8	193	98,9	247	127,6	301	157,1
32	17,0	86	43,9	140	71,3	194	99,4	248	128,1	302	157,6
33	17,5	87	44,4	141	71,8	195	100,0	249	128,7	303	158,2
34	18,0	88	44,9	142	72,3	196	100,5	250	129,2	304	158,7
35	18,5	89	45,4	143	72,9	197	101,0	251	129,7	305	159,3
36	18,9	90	45,9	144	73,4	198	101,5	252	130,3	306	159,8
37	19,4	91	46,4	145	73,9	199	102,0	253	130,8	307	160,4
38	19,9	92	46,9	146	74,4	200	102,6	254	131,4	308	160,9
39	20,4	93	47,4	147	74,9	201	103,2	255	131,9	309	161,5
40	20,9	94	47,9	148	75,5	202	103,7	256	132,4	310	162,0
41	21,4	95	48,4	149	76,0	203	104,2	257	133,0	311	162,6
42	21,9	96	48,9	150	76,5	204	104,7	258	133,5	312	163,1
43	22,4	97	49,4	151	77,0	205	105,3	259	134,1	313	163,7
44	22,9	98	49,9	152	77,5	206	105,8	260	134,6	314	164,2
45	23,4	99	50,4	153	78,1	207	106,3	261	135,1	315	164,8
46	23,9	100	50,9	154	78,6	208	106,8	262	135,7	316	165,3
47	24,4	101	51,4	155	79,1	209	107,4	263	136,2	317	165,9
48	24,9	102	51,9	156	79,6	210	107,9	264	136,8	318	166,4
49	25,4	103	52,4	157	80,1	211	108,4	265	137,3	319	167,0
50	25,9	104	52,9	158	80,7	212	109,0	266	137,8	320	167,5
51	26,4	105	53,5	159	81,2	213	109,5	267	138,4	321	168,1
52	26,9	106	54,0	160	81,7	214	110,0	268	138,9	322	168,6
53	27,4	107	54,5	161	82,2	215	110,6	269	139,5	323	169,2
54	27,9	108	55,0	162	82,7	216	111,1	270	140,0	324	169,7

Tabelle 85 (Fortsetzung).

Cu mg	Invert-zucker mg	Cu mg	Invert-zucker mg	Cu mg	Invert-zucker mg	Cu mg	Invert-zucker mg	Cu mg	Invert-zucker mg	Cu mg	Invert-zucker mg
325	170,3	351	184,9	377	199,7	403	214,6	429	229,8	455	245,2
326	170,9	352	185,4	378	200,3	404	215,2	430	230,4	456	245,7
327	171,4	353	186,0	379	200,8	405	215,8	431	231,0	457	246,3
328	172,0	354	186,6	380	201,4	406	216,4	432	231,6	458	246,9
329	172,5	355	187,2	381	202,0	407	217,0	433	232,2	459	247,5
330	173,1	356	187,7	382	202,5	408	217,5	434	232,8	460	248,1
331	173,7	357	188,3	383	203,1	409	218,1	435	233,4	461	248,7
332	174,2	358	188,9	384	203,7	410	218,7	436	233,9	462	249,3
333	174,8	359	189,4	385	204,3	411	219,3	437	234,5	463	249,9
334	175,3	360	190,0	386	204,8	412	219,9	438	235,1	464	250,5
335	175,9	361	190,6	387	205,4	413	220,4	439	235,7	465	251,0
336	176,5	362	191,1	388	206,0	414	221,0	440	236,3	466	251,6
337	177,0	363	191,7	389	206,5	415	221,6	441	236,9	467	252,2
338	177,6	364	192,3	390	207,1	416	222,2	442	237,5	468	252,8
339	178,1	365	192,9	391	207,7	417	222,8	443	238,1	469	253,4
340	178,7	366	193,4	392	208,3	418	223,3	444	238,7	470	254,0
341	179,3	367	194,0	393	208,8	419	223,9	445	239,3	471	254,6
342	179,8	368	194,6	394	209,4	420	224,5	446	239,8	472	255,2
343	180,4	369	195,1	395	210,0	421	225,1	447	240,7	473	255,8
344	180,9	370	195,7	396	210,6	422	225,7	448	241,0	474	256,4
345	181,5	371	196,3	397	211,2	423	226,3	449	241,6	475	256,9
346	182,1	372	196,8	398	211,7	424	226,9	450	242,2		
347	182,6	373	197,4	399	212,3	425	227,5	451	242,8		
348	183,2	374	198,0	400	212,9	426	228,0	452	243,4		
349	183,7	375	198,6	401	213,5	447	228,6	453	244,0		
350	184,3	376	199,1	402	214,1	428	229,2	454	244,6		

Es sei an dieser Stelle noch auf eine neue Methode der Zuckerbestimmung hingewiesen, wie sie von Clarke und Frey als eine Art offizielle Methode der American Chemical Society vorgeschlagen worden ist[1].

II. Die qualitative Untersuchung der Gerbmittel.

Die qualitative Untersuchung der Gerbmittel, d. h. die Feststellung der Art des Gerbstoffes kann erfolgen 1. durch eine Reihe von Unterscheidungsreaktionen, 2. durch die Fluoreszenzprobe nach Gerngroß (*1*) und 3. durch mikroskopische Untersuchung.

1. Unterscheidungsreaktionen.

Die heutige Kenntnis von der Natur und dem Bau der in den pflanzlichen Gerbmitteln enthaltenen Gerbstoffe reicht noch nicht aus, um sichere Unterscheidungsmethoden auf die chemische Konstitution aufzubauen. Wir sind heute noch gezwungen, empirisch ermittelte Reaktionen zur Kennzeichnung der einzelnen Gerbstoffarten zu benutzen. Da viele Gerbstoffe sich bei diesen Reaktionen ähnlich verhalten, ist eine bestimmte Charakterisierung der einzelnen Gerbstoffe mitunter sehr schwierig. Von einer qualitativen Gerbstoffanalyse im strengen Sinn der analytischen Chemie kann man noch nicht sprechen. Eine weitere Schwierigkeit beruht darin, daß die Art der Vorbehandlung mancher Gerbstoffextrakte, ferner Zusätze von künstlichen Gerbstoffen und von Zell-

[1] Näheres siehe J. Amer. Leather Chem. Assoc. **1928**, 105ff.

stoffablauge das qualitative Verhalten der Gerbstoffe beeinflussen. Die Unterscheidungsreaktionen der Gerbstoffe werden daher stets etwas Unbefriedigendes an sich haben.

Für die qualitative Untersuchung ist es zweckmäßig, die Gerbstoffe nach Procter in zwei große Gruppen einzuteilen: die Pyrogallol- und die Pyrocatechingruppe. Gerbstoffe, welche die Eigenschaften beider Gruppen zeigen, müssen als gemischte Gerbstoffe bezeichnet werden. Diese Einteilung beruht auf dem Verhalten der Gerbstoffe bei folgender Prüfung:

Man erhitzt 1 g Gerbmaterial mit 3 ccm Glycerin 20 Minuten lang auf 200°, verdünnt dann das Gemisch mit Wasser und schüttelt mit Äther aus. Der Ätherauszug enthält entweder Pyrogallol oder Pyrocatechin und bei den gemischten Gerbstoffen beide Verbindungen, die qualitativ nachgewiesen werden können.

A. Proben zur Unterscheidung der Pyrogallol- und der Pyrocatechin-Gerbstoffe.

a) Die Formaldehyd-Salzsäure-Probe. Nach Stiasny (*1*) wird diese Reaktion wie folgt ausgeführt:

Man versetzt 50 ccm einer 0,4 proz. Lösung des Gerbstoffes in einem Erlenmeyer mit 5 ccm konzentrierter Salzsäure und 10 ccm 40 proz. Formaldehydlösung und erhitzt 30 Minuten über freier Flamme am Rückflußkühler zum Sieden. Man beobachtet, ob während des Kochens ein Niederschlag entsteht. Dann kühlt man gut ab, filtriert, versetzt 10 ccm des Filtrates mit 1 ccm einer 1 proz. Eisenalaunlösung und setzt schließlich, ohne zu schütteln, ca. 5 g festes Natriumacetat zu. Man beobachtet, ob eine starke blauviolette Färbung auftritt.

Bei dieser Behandlung fallen die Protocatechingerbstoffe beim Kochen vollkommen aus, während die Pyrogallolgerbstoffe ganz oder teilweise in Lösung bleiben und mit Eisenalaun nachgewiesen werden können.

Man sieht aus Tabelle 86, daß die Pyrocatechingerbstoffe fast alle ein einheitliches Verhalten zeigen. Bei den Pyrogallolgerbstoffen dagegen ist die Reaktion nicht einheitlich. Ein Schluß auf Anwesenheit von Pyrocatechingerbstoffen in einer Lösung von Pyrogallolgerbstoffen kann also aus dem Auftreten einer Fällung allein nicht gezogen werden. Auf Grund der im Filtrat einer Fällung nach Zusatz von Eisenalaun und Natriumacetat auftretenden violetten Färbung kann andererseits die Anwesenheit von Pyrogallolgerbstoffen eindeutig nachgewiesen werden.

Läßt man Formaldehyd und Salzsäure in der Kälte auf Gerbstofflösungen mehrere Tage einwirken, so zeigen sich im wesentlichen die gleichen Unterschiede zwischen den beiden Gerbstoffgruppen wie bei Kochhitze. Bei Eichenrinde, Fichtenrinde, Birkenrinde, Palmetto und Sumach treten die Fällungen in der Kälte anscheinend nur unvollständig ein.

Merkwürdigerweise stimmt das Verhalten der Gallus- und Protocatechusäure bei der Reaktion mit den nach diesen Stoffen benannten Gerbstoffgruppen nur sehr wenig überein [Stiasny (*2*)]. Gallussäure gibt eine reichliche, weiße Fällung, Pyrocatechusäure nur eine sehr geringe Fällung. Untersuchungen über das Verhalten einfacher Dioxybenzole (Resorcin, Brenzcatechin, Hydrochinon) zeigten, daß die Stellung der Hydroxylgruppen nicht ohne Einfluß auf die Formaldehydreaktion ist. Die Metaverbindung (Resorcin) gibt im Gegensatz zur Ortho- und Paraverbindung eine vollständige Fällung. Ferner scheint die Formaldehydreaktion davon beeinflußt zu werden, ob die Hydroxylgruppen der Phenole alkyliert sind oder nicht. Die alkylierte Hydroxylgruppe erschwert scheinbar den mit der Fällung verbundenen Kondensationsprozeß. Sehr auffallend ist ferner, daß methylierte Gallussäure bei der Einwirkung von Formaldehyd völlig unverändert bleibt, während gewöhnliche Gallussäure eine reichliche Füllung gibt.

Tabelle 86. Verhalten der Gerbstofflösungen gegen Formaldehyd bei Gegenwart von Salzsäure und Kochen am Rückflußkühler[1].

Nr.	Gerbmaterial	Fällung	Reaktion des Filtrates mit Eisenalaun
1	Quebracho	vollständig	keine Reaktion
2	Catechu	,,	,, ,,
3	Maletto	,,	undeutlich
4	Mangrove	,,	keine Reaktion
5	Hemlock	,,	,, ,,
6	Fichte	,,	schwach violett
7	Aleppokiefer	,,	keine Reaktion
8	Mimosa	,,	,, ,,
9	Birke	,,	zartgrün
10	Weide	,,	keine Reaktion
11	Palmetto	,,	,, ,,
12	Cajotta	,,	,, ,,
13	Eichenrinde	fast vollständig	blau
14	Canaigre	vollständig	schwach violett
15	Kermek	,,	,, ,,
16	Sumach	fast vollständig	violett
17	Pistacia lentiscus	vollständig	,,
18	Gambir	,,	keine Reaktion
19	Dividivi	anschein. vollständig	stark violett
20	Eichenholz	heiß: klar abgekühlt: geringe Fällg.	blau
21	Kastanienholz	heiß: klar abgekühlt: geringe Fällg.	blauviolett
22	Knoppern	heiß: sehr geringe Fällg. abgekühlt: geringe Fällg.	,,
23	Valonea	heiß: klar abgekühlt: geringe Fällg.	,,
24	Myrobalanen	heiß: sehr geringe Fällg. abgekühlt: geringe Fällg.	violett
25	Teri	beträchtlich	blauviolett
26	Algarobilla	,,	,,
27	Bablah	reichlich	violett
28	Gallen	heiß: geringe Fällung abgek.: beträchtl. Fällg.	blauviolett

b) Die Bleiacetatprobe in essigsaurer Lösung (Stiasny und Wilkinson). Durch basisches Beiacetat werden alle Gerbstoffe und die phenolartigen Nichtgerbstoffe ausgefällt. Auch normales Bleiacetat gibt mit sämtlichen Gerbstoffen Niederschläge, doch gibt das Filtrat dieser Fällungen bei den meisten Gerbstoffen mit Natronlauge noch gelbe Färbungen. Durch Essigsäure wird die Ausfällung der Pyrocatechingerbstoffe verhindert. Die Pyrogallolgerbstoffe werden in essigsaurer Lösung ganz oder teilweise gefällt. Auf diesem unterschiedlichen Verhalten beruht die Reaktion zur Unterscheidung der beiden Gerbstoffgruppen. Die Reaktion wird folgendermaßen ausgeführt:

5 ccm Gerbstofflösung von Analysenstärke werden mit 10 ccm Essigsäure (10proz.) und 5 ccm einer Lösung von normalem Bleiacetat (10proz.) versetzt. Die klar gebliebene Lösung oder, bei eintretender Fällung, das klare Filtrat wird mit etwa 10 Tropfen Eisenalaun allein bzw. mit 10 Tropfen Eisenalaun und 0,5 g festem Natriumacetat versetzt, ohne daß man nachher umschüttelt. Man beobachtet, ob Fällungen eintreten sowie ob die Lösung sich nach der Zugabe von Eisenalaun färbt (siehe Tabelle 87).

[1] Gerber **1905**, 187.

Tabelle 87. Verhalten der Gerbstoffe bei der Bleiacetatprobe in essigsaurer Lösung [nach Lauffmann (*1*)].

Gerbstoffauszug von	Verhalten bei Zusatz von Essigsäure und Bleiacetat	Farbe des Filtrates nach Zusatz von	
		Eisenalaun	Eisenalaun und Natriumacetat
Quebrachoholz . . .	keine Fällung	grün bis olivgrün	violett
Mangroverinde . . .	,, ,,	olivgrün	,,
Mimosenrinde . . .	,, ,,	tief blauviolett	tief blauviolett
Fichtenrinde	,, ,,	olivgrün	violett
Gambir	,, ,,	grün	tiefgrün (unt. hellblau)
Catechu	,, ,,	,,	violett
Hemlockrinde . . .	,, ,,	,,	,,
Ulmo	,, ,,	,,	,,
Eichenholz	vollst. ,,	keine best. Farbe	keine best. Farbe
Kastanienholz . . .	unvollst. ,,	hellviolett	violett
Myrobalanen	,, ,,	tief blauviolett	tief blauviolett
Sumach	,, ,,	violett	violett
Dividivi	,, ,,	,,	,,
Valonea	vollst. ,,	keine best. Färbung	keine best. Färbung
Algarobilla	unvollst. ,,	violett	violett
Celluloseauszug . . .	keine ,,	keine best. Färbung	keine best. Färbung

Die Gerbstoffe verhalten sich also bei dieser Reaktion gerade umgekehrt wie bei der Formaldehydreaktion, die Pyrogallolgerbstoffe werden gefällt, die Pyrocatechingerbstoffe dagegen nicht. Zu beachten ist, daß die Reaktion bei sulfitierten Gerbstoffen versagt. Bei sulfitierten Gerbstoffauszügen entsteht natürlich auf Zusatz von Bleiacetat stets eine Fällung von Bleisulfit.

c) Die Bromwasserprobe (Stiasny und Wilkinson). Versetzt man 2 bis 3 ccm einer Gerbstofflösung von Analysenstärke mit 5 bis 10 Tropfen Bromwasser, das 4 bis 5 g Brom im Liter enthält, so zeigt sich bei den Pyrocatechingerbstoffen sofort ein Niederschlag. Pyrogallolgerbstoffe geben zuerst lösliche Bromderivate, die aber öfter erst nach und nach durch überschüssiges Brom unlösliche Oxydationsprodukte liefern. Solche Niederschläge, die erst nach längerem Stehen sich bilden, haben daher keine Bedeutung. Bei sulfitierten Pyrocatechingerbstoffen und bei Anwesenheit von Zelluloseextrakt ist die Bromreaktion ebenfalls undeutlich. Ein Überschuß an Brom verhindert fast immer die Fällung, da lösliche Verbindungen entstehen [Grasser (*2*)]; nur beim Mimosarindengerbstoff bleibt die Trübung erhalten. Auf Zusatz von Alkali zu der mit Bromwasser versetzten Gerbstofflösung wird die Flüssigkeit klar und nimmt eine gelbe bis tiefbraune Färbung an. Valoneagerbstoff bleibt hierbei getrübt.

d) Ausfärbung auf Garancinestreifen [Paeßler (1)]. Wenn man Garancinestreifen, die mit Metallsalzen gebeizt sind, mit Gerbstofflösungen behandelt, so entstehen Farblacke, deren Färbung je nach der Art des Gerbstoffes verschieden sind. Als Metallsalze zum Vorbeizen werden hauptsächlich Aluminiumsalze verwendet. Die Reaktion führt man folgendermaßen aus:

Etwa 25 ccm der filtrierten Gerbstofflösung von Analysenstärke werden in einem Literbecherglas mit heißem Wasser auf ein Liter verdünnt. Paeßler (*1*) fand, daß eine Gerbstoffkonzentration von ¾% für die Probe am günstigsten ist. Man erhitzt zum Sieden, gibt einen Garancinestreifen in die Lösung und kocht eine halbe Stunde unter Ersatz des verdampfenden Wassers. Dann nimmt man den Streifen heraus und trocknet ihn nach genügendem Abspülen. Es wird sogleich ein neuer Streifen in die Lösung gegeben, wieder eine halbe Stunde gekocht usw., bis nach 7 bis 9 Streifen die Gerbstofflösung nahezu erschöpft ist.

Durch die einzelnen Gerbstoffe werden hierbei die Streifen verschieden gefärbt. Zwischen den Pyrocatechin- und den Pyrogallolgerbstoffen sind die Farbunterschiede besonders deutlich. Bei den nacheinander auftretenden Färbungen reagieren in einem Gerbstoffgemisch zuerst die Pyrogallolgerbstoffe, dann die der Pyrocatechingruppe. Sulfitierte Gerbstoffauszüge können nach dieser Probe nicht geprüft werden. Die Ausfärbungen hängen nach Schneider und Seiwerth nicht nur von der Art der Metallsalze ab, sondern auch von der Form, in welcher das Salz an die Faser gebunden ist, von der Oxydationsstufe, der Basizität und dem Grad der Unlöslichkeit der fixierten Beizen. Die Verfasser geben für Aluminium- und für Titansalze folgende Färbungen an:

Für Aluminium:

a) grünlichgelb: Myrobalanen, Dividivi, Algarobilla, Sumach, Granatrinde, Knoppern, Valonea;

b) unrein und schwach gelbbraun: Kastanienholz, Eichenholz, chinesische Gallen, Maletto;

c) graubraun: Bablah, Weidenrinde, Eichenrinde;

d) rötlichbraun: Kino, Hemlockextrakt, Mimosa, Fichtenrinde, Quebracho, Mangrove;

e) lichtbraun: Gambir;

f) stark braungelb: Catechu;

g) braunorange: Ratanhiawurzel.

Für Titan:

a) lebhaft gelbbraun: Kastanienholz, Granatrinde, Algarobilla, Bablah, Myrobalanen, chinesische Gallen;

b) lebhaft orangebraun: Eichenholz, Eichenrinde, Sumach, Dividivi, Valonea, Knoppern;

c) matt gelbbraun: Kino, Weidenrinde;

d) mattbraun: Fichtenrinde, Hemlock, Mimosa, Maletto;

e) rotbraun: Gambir, Ratanhiawurzel, Quebracho, Mangrove;

f) dunkelrotbraun: Catechu.

e) **Die Nitrosomethylurethanprobe.** Vogel und Schüller haben als Reagenz zur Unterscheidung der Pyrogallol- und Pyrocatechingerbstoffe das Nitrosomethylurethan

$$CO\begin{cases} OC_2H_5 \\ N(CH_3)\cdot NO \end{cases}$$

vorgeschlagen. Die Reaktion wird nach ihren Angaben folgendermaßen ausgeführt:

10 bis 12 ccm der klar filtrierten Gerbstofflösung von Analysenstärke (etwa 0,4% Gerbstoff) versetzt man in einem Reagenzglas oder in einem Kölbchen mit 3 bis 5 Tropfen verdünnter (etwa 10proz.) Salzsäure. Ein größerer Überschuß von Salzsäure fällt den Gerbstoff aus und ist daher zu vermeiden. Man kocht nun die angesäuerte Lösung auf, die hierbei völlig klar bleiben muß. Bei manchen besonders empfindlichen Gerbstofflösungen (besonders Gambirlösungen) läßt sich bisweilen beim Zusatz der Säure in der Kälte eine Opalescenz nicht ganz vermeiden, die sich jedoch bei Anwendung der angegebenen Säuremenge beim Aufkochen verliert. Zu der siedenden Lösung setzt man nun unter dem Abzug 5 bis 7 Tropfen Nitrosomethylurethan und kocht dann 3 bis 4 Minuten, bis sich das Reagenz völlig zersetzt hat. Da das Nitrosomethylurethan in Wasser schwer löslich ist, sinken die Tropfen zunächst auf den Boden. Nach kurzer Zeit aber setzt eine immer heftiger werdende Gasentwicklung ein, wodurch die Öltröpfchen in der Lösung herumgewirbelt werden und als feine Tröpfchen in der

Flüssigkeit auf- und absteigen. Es muß so lange (gewöhnlich 3 bis 4 Minuten) gekocht werden, bis alles Nitrosomethylurethan zersetzt ist, da unzersetzt bleibende Tröpfchen eine Trübung vortäuschen können.

Mit Beginn der Gasentwicklung tritt bei fast allen Gerbstoffen eine Verfärbung der Lösung nach Weinrot ein. Bei den Pyrocatechingerbstoffen tritt während des Kochens ein immer stärker werdender schokoladebrauner bis gelbbrauner Niederschlag auf, während die Pyrogallolgerbstoffe keine Fällung geben. Nach dem Kochen läßt man die Lösung abkühlen. Zu rasches Abkühlen ist zu vermeiden. Hat die Lösung Zimmertemperatur angenommen, so filtriert man und prüft eine Probe des gelb bis bräunlichrot gefärbten Filtrates mit Eisenalaun und Natriumacetat. Liegen reine Pyrocatechingerbstoffe vor, so tritt bei richtiger Ausführung der Reaktion keinerlei Färbung des Filtrats ein, ein Zeichen, daß alle Pyrocatechingerbstoffe quantitativ ausgefällt wurden. Sollte eine Verfärbung eintreten, so liegt entweder eine Beimengung von Pyrogallolgerbstoffen vor, oder die angewandte Menge Nitrosomethylurethan war zu gering. Man wiederholt dann mit dem Rest des Filtrates durch Zusatz von einigen Tropfen Salzsäure und Nitrosomethylurethan die Reaktion und prüft wieder mit Eisenalaun und Natriumacetat. Eine Verfärbung, besonders nach Violett, zeigt dann die Gegenwart von Pyrogallolgerbstoffen an.

Die von Vogel und Schüller beobachteten Fällungserscheinungen und Färbungen sind in Tabelle 88 zusammengestellt.

Tabelle 88. Verhalten der Gerbstoffe gegenüber Nitrosomethylurethan.

Gerbstoff	Verhalten bei Zusatz des Reagenz	Farbe des Niederschlages	Farbe des Filtrates	Prüfung des Filtrates mit Eisenalaun und Natriumacetat
Quebracho . . .	Dunkelrotfärbg. Niederschlag	schokol.-braun	rotbraun	keine Dunkelfärbung
Fichtenrinde . .	„	gelblich bis weinrot	„	
Mangroverinde .	„	braunrot	rot bis weinrot	
Hemlockrinde. .	„	bräunlichgelb	goldgelb	
Mimosarinde . .	„	gelbbraun	weinrot	
Malettorinde . .	„	„	dunkelrot	
Weidenrinde . .	„	rotbraun	fast wasserhell	
Birkenrinde . .	„	„	gelbbraun	
Ulmorinde . . .	„	„	rotbraun	
Catechu	„	schokol.-braun	braungelb	
Gambir	geringe Rotfärb. Niederschlag	rotgelb	gelbbraun	

Pyrogallol gibt beim Kochen mit Nitrosomethylurethan nur eine Dunkelfärbung. Eine Lösung von Protocatechusäure bleibt allerdings merkwürdigerweise beim Behandeln mit Nitrosomethylurethan vollkommen klar und färbt sich nur etwas dunkler. Gallussäure gibt eine Dunkelfärbung.

Die Nitrosomethylurethan-Reaktion kann auch bei sulfitierten Gerbstoffen und bei Gemischen von pflanzlichen Gerbstoffen mit synthetischen Gerbstoffen angewandt werden. Zelluloseextrakte reagieren mit Nitrosomethylurethan nicht.

v. d. Waerden hat die Zuverlässigkeit der Nitrosomethylurethanreaktion in Frage gestellt; er hält die anderen Unterscheidungsreaktionen für sicherer. Vogel (*1*) sieht dagegen auch auf Grund seiner neueren Versuche Nitrosomethylurethan für ein charakteristisches Reagenz auf Pyrocatechingerbstoffe an.

B. Reaktionen zur Unterscheidung einzelner Gerbstoffgruppen.

a) Die Schwefelammoniumprobe (Eitner und Meerkatz). Diese Probe gestattet die Unterscheidung von zwei Untergruppen innerhalb der Pyrocatechingerbstoffe. Die Probe wird folgendermaßen ausgeführt:

25 ccm einer 2,5proz. Lösung des Gerbstoffes werden mit 2 bis 3 Tropfen konzentrierter Schwefelsäure versetzt und 1 bis 2 Minuten gekocht. Zu der abgekühlten Lösung setzt man 5 g Kochsalz und läßt 5 bis 10 Minuten stehen. Hiernach filtriert man und gibt 2 bis 3 ccm des Filtrates zu 15 ccm Wasser, dem 10 bis 15 Tropfen Schwefelammonium zugesetzt waren. Man schüttelt im Reagenzglas gut durch und läßt absitzen.

Bei dieser Reaktion werden die Gerbstoffe der Pyrogallolgruppe sämtlich, von den Gerbstoffen der Pyrocatechingruppe nur die der Mimosarinde, Eichenrinde, Hemlock- und Malettrinde gefällt. Bei Hemlock erscheint die Fällung erst nach einiger Zeit. Die Niederschläge zeigen folgende Farbe:

Pyrogallolgerbstoffe: Kastanienholz: bräunlich, später rot; Eichenholz: gelblich, später bordeauxrot; Myrobalanen: grüngelb unverändert; Dividivi: hellgrünlichgelb unverändert; Valonea: gelblichgrün, später chamois; Knoppern: gelblich, später rotbraun.

Pyrocatechingerbstoffe: Mimosarinde: rötlichweiß; Malettorinde: gelbbraun; Eichenrinde: gelblich, später rehbraun; Hemlockrinde: nach längerer Zeit gelbbraun.

Kein Niederschlag entsteht bei folgenden Gerbstoffen: Quebracho, Mangrove, Fichte, Catechu und Gambir.

Die Schwefelammoniumprobe gestattet hiernach vor allem die Unterscheidung zweier Untergruppen unter den Pyrocatechingerbstoffen.

Stiasny (*3*) gibt auf Grund der bisherigen Proben folgende Gruppeneinteilung der Gerbstoffe an:

I. Gruppe. Völlige Ausfällung mit Formaldehyd-Salzsäure; das Filtrat gibt mit Eisenalaun und Natriumacetat keine Violettfärbung. Bestätigende Reaktion: Die ursprüngliche Gerbstofflösung gibt mit Bromwasser (siehe S. 211) einen Niederschlag, mit Essigsäure-Bleizucker (siehe S. 210) keinen Niederschlag.

Weitere Trennung durch die Schwefelammoniumprobe:

Gruppe Ia kein Niederschlag; bestätigende Reaktion: mit Eisenalaun grün. Hierher gehören: Quebracho, Fichtenrinde, Hemlock, Mangrove, Gambir, Ulmo.

Gruppe Ib mit Schwefelammonium: Niederschlag; bestätigende Reaktion: mit Eisenalaun blauviolett. Hierher gehören: Mimosa, Malett.

II. Gruppe. Kein Niederschlag während des Kochens mit Formaldehyd-Salzsäure; bestätigende Reaktion: die ursprüngliche Gerbstofflösung gibt mit Bromwasser keinen Niederschlag, mit Schwefelammonium einen Niederschlag.

Hierher gehören: Eichenholz, Kastanienholz, Valonea, Myrobalanen.

III. Gruppe. Beim Kochen mit Formaldehyd-Salzsäure entsteht ein reichlicher Niederschlag; das Filtrat gibt mit Eisenalaun und Natriumacetat eine violette Färbung.

Weitere Trennung erfolgt durch die Bromwasserreaktion:

Gruppe IIIa. Mit Bromwasser entsteht ein Niederschlag. Hierher gehören: Eichenrinde und Pistacia lentiscus.

Gruppe IIIb. Mit Bromwasser entsteht kein Niederschlag: Sumach, Algarobilla, Dividivi.

Eine weitere Unterscheidung ermöglichen die im folgenden aufgeführten Proben.

b) Zinnchlorür und Salzsäure. Man gibt zu einem Kubikzentimeter einer Gerbstofflösung in einer Porzellanschale 10 ccm eines Gemisches von Zinnchlorür und konzentrierter Salzsäure und läßt 10 Minuten stehen. Dabei geben die Gerbstoffe der Koniferen- und Mimosaarten eine sehr deutliche rosenrote Färbung. Bei Fichtenrinde ist die Reaktion besonders deutlich.

c) **Kalkwasser.** Verschiedene Gerbstoffe geben mit Kalkwasser charakteristische Färbungen. Man gibt zu der Gerbstofflösung in Analysenstärke in einer Porzellanschale Kalkwasser. Es treten verschieden gefärbte Niederschläge auf, die infolge Oxydation ihre Farbe rasch wechseln. Man läßt daher die Flüssigkeit zur Beobachtung einige Zeit stehen. Der Wert der Reaktion zur Unterscheidung von Gerbstoffen in Gemischen ist nur gering, da sich die auftretenden Färbungen unter Umständen gegenseitig decken. Für einige Gerbstoffe sind die auftretenden Färbungen in Tabelle 89 angeführt.

Tabelle 89. Kalkwasserprobe.

Gerbmittel	Auftretende Farbenreaktion
Catechu	sich langsam bildender rötlicher Niederschlag
Gambir	kein Niederschlag
Fichtenrinde	brauner Niederschlag
Mangroverinde	roter Niederschlag, dunkelt nach
Quebracho	lichtbrauner Niederschlag
Mimosarinde	rötlich- oder gelbbrauner Niederschlag
Eichenrinde	rötlichbrauner Niederschlag
Sumach	gelber Niederschlag, wird hellgrün
Myrobalanen	gelber, grünlich werdender Niederschlag
Dividivi	gelber Niederschlag, wird purpurrot
Valonea	gelber Niederschlag, wird purpurrot

Bemerkenswert ist, daß Pyrocatechin, Protocatechusäure und Phloroglucin keinen Niederschlag geben. Bei Pyrogallol tritt eine violette, schnell braun werdende Färbung, bei Gallussäure eine weiße, sich rasch bläuende Fällung ein.

d) **Konzentrierte Schwefelsäure.** Zu einem Tropfen eines Gerbmittelauszuges gibt man vorsichtig 1 ccm konzentrierter Schwefelsäure derart, daß sie sich unter die Gerbstofflösung schichtet. Es bildet sich hierbei ein farbiger Ring an der Berührungsfläche der beiden Flüssigkeiten. Seine Farbe ist für viele Gerbstoffe charakteristisch. Man schüttelt gut durch und verdünnt mit Wasser. Fast die Hälfte aller Gerbstoffe geben hierbei eine tief karminrote Färbung, die beim Verdünnen mit Wasser in Hellrot übergeht. Die Färbungen der einzelnen Gerbstoffe sind in Tabelle 90 angegeben (Procter-Paeßler).

Tabelle 90. Schwefelsäureprobe.

Gerbmaterial	Farbe unverdünnt	Farbe verdünnt
Catechu	rotbraun	rotbraun
Eichenrinde	carmin	blaßrot
Gambir	,,	braun
Lärchenrinde	tief rotbraun	tief rotbraun
Hemlockrinde	carmin	rötlich
Fichtenrinde	tief rotbraun	tief rotbraun
Weidenrinde	rotbraun (nicht intensiv)	—
Acacia catechu	rotbraun	rotbraun
Mangroverinde	,,	,,
Canaigre	gelbbraun	gelbbraun
Mimosarinde	carmin	blaßrot
Aleppogallen	grünlich bis schmutziggelb	—
Sumach	gelb	gelb
Myrobalanen	,,	,,
Granatbaumrinde	orangebraun	orangebraun
Algarobilla	dunkel gellbbraun	dunkel gelbbraun
Dividivi	carminrot	carminrot
Valonea	dunkelgelb	dunkelgelb
Bablah	rötlich violett	—

e) Die Fichtenspanprobe auf Phloroglucin. Ein Fichtenspan wird mit dem zu untersuchenden Gerbmittelauszug befeuchtet und vor oder nach dem Trocknen mit konzentrierter Schwefelsäure betupft. Bei phloroglucinhaltigen Gerbstoffen wird der Span tief rot. Manchmal erscheint die Färbung erst nach einigen Stunden.

Es hat sich indes gezeigt, daß auch andere Phenole außer Phloroglucin die Reaktion geben. Das Auftreten der Färbung läßt deshalb mit Sicherheit den Schluß nicht zu, daß Phloroglucin in den untersuchten Gerbstoffen vorhanden ist.

Grasser [(*1*) S. 198] verwendet an Stelle eines Fichtenspanes ein Filtrierpapier, das mit einer 1proz. alkoholischen Vanillinlösung getränkt ist. Die Färbung tritt beim Betupfen mit konzentrischer Schwefelsäure sofort auf.

Auch in der Kalischmelze kann Phloroglucin mit der Fichtenspanprobe nachgewiesen werden [Lauffmann (*2*)].

f) Die Alkutinprobe [Kohnstein; Pollak; Stiasny (*4*)]. Alkutin wird als Albuminose von Gerbstoffen gefällt. Die an sich unvollständige Fällung wird mehr oder weniger quantitativ, wenn man sie in gesättigter Salzlösung (Ammonsulfat, Calciumchlorid, Kaliumnitrat, Natriumchlorid) ausführt. Bei Zusatz von konzentriertem Ammoniak entsteht im Filtrat je nach der Art des Gerbstoffes eine charakteristische Färbung, die sich beim Erhitzen manchmal ändert, bald intensiver, bald blasser wird und mitunter auch ganz verschwindet. Nach Kohnstein sind die Reaktionen so deutlich, daß man ohne Berücksichtigung der Niederschläge schon aus der Farbe des alkalischen Filtrates auf die Art des vorliegenden Gerbstoffes schließen kann. Die Probe wird folgendermaßen ausgeführt:

10 g Alkutin werden in 100 ccm Wasser kalt gelöst. Von dieser Lösung gibt man 5 ccm zu 10 ccm Gerbstoffauszug und beobachtet Farbe des Niederschlages und Farbe des Filtrates nach Zusatz von Ammoniak und nach dem Kochen (siehe Tabelle 91).

Tabelle 91. Verhalten einiger Gerbstoffe bei der Alkutinprobe.

Gerbmaterial	Farbe des Niederschlages	Farbe des Filtrates in der Kälte beim Versetzen mit NH_3	Farbe d. ammoniakalischen Filtrates in der Kochhitze
Quebracho	blütenweiß	weingelb	weingelb
Mangrove	rosarot-fleischfarb.	fleischfarb. ins Viol.	dunkel bordeauxrot
Sumach	weiß	schwefelgelb	orange
Knoppern	grauweiß	licht fleischfarbig	weingelb
Fichtenrinde	rötlichweiß	grünn	„
Eichenrinde	lichtgelb	weingelb	hell weingelb
Eichenholz	braungelb	rotbraun	rotbraun heller
Kastanienholz	„	„	„ „
Myrobalanen	grünweiß	zitronengelb	orange

Pollak schlägt zur Erzielung klarer Filtrate einen geringen Zusatz von Kaolin vor. Die an den einzelnen Filtraten von Stiasny (*4*) beobachteten Farbenreaktionen weichen von den Angaben Kohnsteins ab.

g) Probe mit salpetriger Säure. Zum Nachweis von gebundener Ellagsäure, also der Gerbstoffe, die „Blume“ bilden, kann die Probe mit salpetriger Säure dienen. Zu einigen Kubikzentimetern eines sehr verdünnten Gerbstoffauszugs in einer Porzellanschale gibt man einige Kristalle von Kalium- oder Natriumnitrit und dann 3 bis 5 Tropfen $^{n}/_{10}$-Salz- oder Schwefelsäure. In typischen Fällen wird die Lösung sofort rosen- oder karmoisinrot und geht dann langsam durch Purpur in Indigoblau über, während in anderen Fällen, wie zum Beispiel bei Sumach, wo die Reaktion schwach ist oder durch andere Substanzen beeinflußt wird, die Endfarbe grün oder sogar bräunlich ist.

Die Reaktionserscheinungen bei den Ellagengerbstoffen sind folgende:

Aleppogallen	rotblaue Färbung
Sumach.	schwache Färbung
Myrobalanen	rotblaue Färbung
Granatrinde	rotblaue Färbung
Algarobilla	rotblaue Färbung
Dividivi.	rotblaue Färbung
Valonea.	rotblaue Färbung

h) Brechweinsteinprobe. Man versetzt 5 ccm Gerbstofflösung mit 10 ccm Brechweinsteinlösung (40proz.). Dabei entsteht bei Quebracho, Mangrove, Ulme kein Niederschlag, Gambir wird getrübt, Kastanie, Mimosa, Myrobalanen, Sumach, Valonea, Dividivi und Algarobilla werden mehr oder weniger gefällt. Die Filtrate der Fällungen färben sich auf Zusatz von Eisenalaun grün.

i) Ammoniumacetatprobe. Man versetzt 5 ccm einer starken Gerbstofflösung mit 10 ccm einer 40proz. Lösung von Ammoniumacetat. Mit Quebracho, Mangrove, Ulme, Mimosa und Gambir entstehen keine Niederschläge. Bei Gegenwart geringster Mengen von Aluminiumsalzen tritt jedoch eine Fällung ein. Die Gerbstoffe von Kastanie und Eiche geben starke Niederschläge. Valonea, Myrobalanen, Algarobilla und Dividivi werden allmählich gefällt. Bei Sumach tritt erst nach Stunden ein Niederschlag auf.

k) Natriumsulfitprobe. Gibt man in eine Porzellanschale einige Tropfen Gerbstofflösung und fügt einen Natriumsulfitkristall hinzu, so entsteht bei einer Anzahl von Gerbstoffen eine Rotfärbung. Bei Valonea ist diese Reaktion ganz besonders ausgeprägt.

l) Eiweiß-Metallsalzprobe von Grasser. Grasser (*3*) läßt auf Gerbstofflösungen Metallsalze und dann Eiweiß einwirken. Es entstehen unlösliche Doppelverbindungen verschiedener Färbung, die zur qualitativen Unterscheidung der Gerbstoffe in einzelnen Fällen benutzt werden können. Die Farbreaktionen bei den einzelnen Gerbstoffen sind in Tabelle 93 (S. 218) zusammengestellt.

m) Farbreaktionen mit Antipyrin-Salzsäure nach Appelius und Keigueloukis. Appelius und Keigueloukis fanden, daß beim Kochen der pflanzlichen Gerbstoffe mit Antipyrin in salzsaurer Lösung Farbstoffe entstehen, die Flanellstreifen verschieden färben. Beim Betupfen der so gefärbten Wollstoffstreifen mit 10proz. Natronlauge treten Farbenumschläge auf. Charakteristische Unterschiede lassen sich feststellen, wenn man die feuchten gefärbten Flanellstreifen im ultravioletten Licht der Quarzlampe beobachtet[1].

Die Reaktion verdient deshalb besonderes Interesse, weil sie unter Umständen gestattet, an Hand der entstehenden Färbungen die Gerbmittel nach Rinden, Hölzern, Blättern und Früchten sowie Gallen und Knoppern zu unterscheiden.

Die auftretenden Färbungen sind in Tabelle 92 angegeben.

Tabelle 92. Färbungen von Flanellstreifen bei der Antipyrin-Salzsäure-Reaktion nach Appelius und Keigueloukis.

Gerbstoff	Farbe der Flanellstreifen	Farbumschlag mit verdünnt. NaOH	Fluoreszenz
Rinden	rot bis bräunlichrot	grün mit Ausnahme von Mimosa	violett
Hölzer	hellgelb bis braun	braun	gelb, bei Eichen- und Kastanienholz grau
Blätter und Früchte	hellgelb bis braun	braun	olivbraun
Gallen u. Knoppern	hellgelb bis braun	braun	gelbbraun

[1] Einzelheiten siehe Collegium **1930**, 330ff.

Tabelle 93. Eiweiß-Metallsalzprobe nach Grasser.

	Gallussäure	Digallussäure	Tannin	Sumach	Quebracho	Maletto	Tee	Maté	Kaffee
Leim und Eiweiß . . .	keine Fällg.	Fällung	Fällung	Fällung	Fällung	Fällung	Fällung	Fällung	Fällung
Eisenchlorid	blau	blau	blaugrün	blaugrün	grün	grün	blaugrün	grün	grün
Bleiacetat	Fällung	Fällung	Fällung	Fällung	Fällung	Fällung	Fällung	Fällung	Fällung
Kalilauge	—	—	—	—	rot	rot	rot	rotgelb, dann grün	gelb, dann grün
Ammoniak.	—	—	—	—	rot	rot	rot	gelb, dann grün	gelb, dann grün
Barytwasser	gelbe Fällung	hellblaue Fällung	dunkelgrüne Fällung	hellgrüne Fällung	violette Fällung	violette Fällung	braune Fällung	gelbe Fällung	gelbe Fällung
Kalkwasser	—	—	—	—	violette Fällung	violette Fällung	braune Fällung	gelbe Fällung	gelbe Fällung
Saure Kupfersulfatlösung	—	—	—	—	grün	grün	—	gelbgrüner Niederschlag	gelbgrüner Niederschlag
Fehlingsche Lösung. . .	—	—	—	—	schwache Reduktion	schwache Reduktion	—	—	schwache Reduktion
Silberammoniumnitrat .	—	—	—	—	Reduktion	Reduktion	—	erst gelblich, dann Reduktion	erst gelblich, dann Reduktion
Bromwasser	—	—	—	—	gelbe Fällung	gelbe Fällung	—	rote Fällung	rote Fällung
Uranylacetat.	—	—	—	—	rote Fällung	rote Fällung	—	braune Fällung	braune Fällung
Rauchende Salpetersäure	—	—	—	—	gelbrote Fällung	gelbrote Fällung	—	blutrot	blutrot
Ammonmolybdat. . . .	—	—	—	—	gelb bis rot	rötlich	—	blutrot	blutrot
Ferricyankalium	—	—	—	—	Wärme rotbraun, dann dunkelgrün	braun, dann grün	Hitze grün	Hitze grün	Hitze grün, dann blaugrau

n) Nachweis von Quebracho nach Jablonski. Zur Erkennung von Quebracho in Extraktgemischen und im Leder benützt Jablonski die Fluoresceinprobe im Abdampfrückstand des Essigätherauszuges. Der wässerige Gerbstoffauszug wird mit Essigäther extrahiert, die Essigätherlösung eingedampft und der Rückstand mit 2 Teilen Phthalsäureanhydrid im Reagenzglas vorsichtig über kleiner Flamme zum Schmelzen gebracht. Nach Zusatz einiger Körnchen geschmolzenen Chlorzinks erhitzt man, bis die Masse fest wird. Man läßt erkalten, erhitzt mit verdünnter Salzsäure, gießt die Lösung ab und kocht den meist klebrigen Rückstand mit Wasser aus. Versetzt man die filtrierte Lösung mit Natronlauge im Überschuß, so zeigt die so erhaltene Flüssigkeit bei Anwesenheit von Quebracho die bekannte gelbgrüne Fluorescenz des Fluoresceins.

o) Nachweis von Gambir (Hoppenstedt). Zu 5 ccm Gerbstofflösung gibt man 5 ccm Alkohol und versetzt mit 1 ccm einer 10proz. Lösung von Kalilauge und fügt 10 ccm Petroläther hinzu. Nach gutem Durchschütteln läßt man die Schichten sich trennen. Zeigt die obere Petrolätherschicht eine stark grüne Fluorescenz, so enthält die Gerbstofflösung Gambir.

p) Nachweis von Hemlock. Zu 50 ccm Gerbstofflösung gibt man 20 g wasserfreies Chlorcalcium und schüttelt bis zur Lösung. Dann läßt man abkühlen und filtriert. 5 ccm des klaren Filtrates werden mit 1 ccm konzentrierter Essigsäure versetzt und hierauf noch 5 ccm Amylacetat zugegeben. Nach dem Durchschütteln läßt man die Flüssigkeiten sich trennen. Ist Hemlock zugegen, so färbt sich die obere Schicht stark gelbbraun. Bei anderen Gerbstoffen bleibt diese Schicht farblos.

Außer den hier genannten Reaktionen sind noch eine ganze Reihe anderer Proben vorgeschlagen worden, auf die aber hier nicht eingegangen werden soll, da ihre praktische Bedeutung gering ist. Kurz erwähnt sind sie unter anderem in Grassers ,,Handbuch für gerbereichemische Laboratorien", 3. Aufl. Viele werden auch in den Berichten der Kommission für qualitative Gerbstoffuntersuchung des I.V.L.I.C. jeweils besprochen[1].

C. Kennzahlen der Gerbstoffe.

Neben den bisher aufgeführten qualitativen Gerbstoffreaktionen, deren bedingter Wert aus der Ähnlichkeit, die manche Gerbstoffe bei den einzelnen Proben zeigen, ohne weiteres einleuchtet, hat man auch Kennzahlen für einzelne Gerbstoffe aufgestellt, die ähnlich wie bei den Fettstoffen eine Charakterisierung zulassen. Diese Kennzahlen sind: die Alkoholzahl, Äthylacetatzahl, Amylacetatzahl, (Jodzahl), Molybdänzahl, Furfurolfällungszahl und Formaldehydfällungszahl. Im Gegensatz zu den rein qualitativen Unterscheidungsreaktionen haben die Kennzahlen quantitativen Charakter. Ihre Bestimmung erfordert meist längere Zeit.

Es muß betont werden, daß diese Kennzahlen der Gerbstoffe nicht den analytischen Wert haben wie bei den Fetten und Ölen. Sie gestatten aber häufig Schlüsse darüber, ob dieser oder jener Gerbstoff vorliegen kann oder nicht.

a) Alkoholzahl. Die Alkoholzahl gibt das in Alkohol Unlösliche eines Gerbstoffes in Prozenten des Gesamtlöslichen an. Man gibt in einen 100 ccm-Meßkolben genau 10 ccm einer 2,5 bis 3proz. Gerbstofflösung und füllt mit absolutem Alkohol bis zur Marke auf. Dann schüttelt man gut durch und läßt 1 Stunde stehen. Die Lösung wird filtriert. 30 ccm des Filtrates werden eingedampft, den Rückstand trocknet man bei 100 bis 105° bis zur Gewichtskonstanz. Gleichzeitig werden 10 ccm der ursprünglichen Gerbstofflösung ebenfalls zur Trockne verdampft. Von dem Trockenrückstand dieser 10 ccm zieht man das Doppelte des

[1] Siehe z. B. Collegium **1927**, 184.

Rückstandes von 50 ccm der alkoholischen Lösung ab und drückt die Differenz in Prozenten des Gesamtrückstandes der 10 ccm aus. Die Alkoholzahlen der wichtigsten Gerbstoffe sind in Tabelle 94 zusammengestellt.

Tabelle 94. Alkoholzahlen und Äthylacetatzahlen (Stiasny und Wilkinson).

Gerbmaterial	Alkoholzahl	Äthylacetatzahl
Quebracho (natur.)	0—5	70—80
„ (sulfitiert)	0—5	0—70
Fichtenrinde	etwa 40	etwa 30
Mangrove	0—5	0—5
Ulmo	0—5	70—80
Gambir	5—10	50—65
Mimosa	0—5	30—40
Eichenrinde	17	1
Hemlock	9	18
Pistacia lentisc.	29	3
Kastanienholz	10—20	0—16
Eichenholz	20—30	0—12
Myrobalanen	0—15	30—50
Sumach	5—20	40—60
Valonea	20—40	5—15
Dividivi	0—10	30—50
Algarobilla	0—5	50—60
Sulfitcellulose	30—70	0—5

Die Pyrocatechingerbstoffe zeichnen sich demnach durch niedrige Alkoholzahlen aus, die meisten Pyrogallol-Gerbstoffe weisen höhere auf; dabei machen allerdings Dividivi und Algarobilla eine merkwürdige Ausnahme.

b) Äthylacetatzahl. Die Äthylacetatzahl gibt denjenigen Anteil des Gerbstoffes an, der sich mit Äthylacetat aus der wässerigen Lösung des Gerbstoffes ausschütteln läßt, ausgedrückt in Prozenten des Gesamtlöslichen. Man gibt 25 ccm der reinen 0,4proz. Gerbstofflösung in einen Scheidetrichter und schüttelt wiederholt mit Äthylacetat aus, bis das Äthylacetat nicht mehr gefärbt erscheint. Da beim Ausschütteln bei manchen Gerbstoffen unangenehme Emulsionen entstehen, so empfiehlt sich die automatische Extraktion in einer Apparatur, wie sie in Abb. 46 wiedergegeben ist. Man bringt 25 ccm Gerbstofflösung in das Gefäß, dessen Dimensionen so bemessen sein sollen, daß die Gerbstofflösung eine möglichst hohe Schicht bildet. In die Gerbstofflösung bringt man den schmalen, kleinen Trichter *C* und setzt dann den Kühler auf. Das Äthylacetat befindet sich im Kolben *B*, der auf einem Wasserbade erhitzt wird. Die Äthylacetatdämpfe kondensieren sich im Kühler, aus dem das Lösungsmittel in den kleinen Trichter fließt und dann durch die Gerbstofflösung nach oben steigt. Das mit Gerbstoff beladene Äthylacetat sammelt sich über der Gerbstofflösung und fließt in den Kolben *B* zurück. Das Gefäß *A* wird durch fließendes Wasser gekühlt[1].

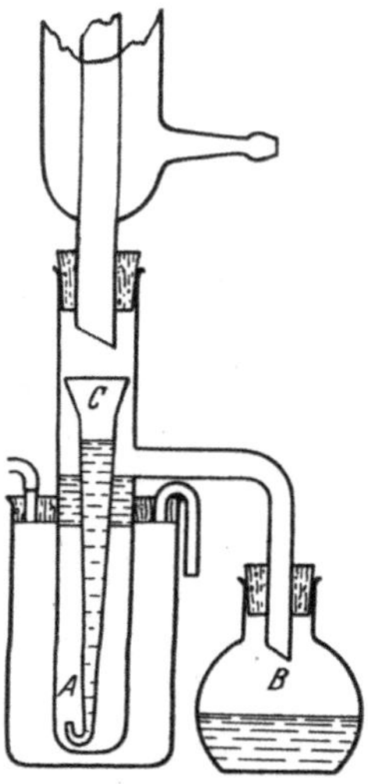

Abb. 46. Apparat zur Bestimmung der Äthylacetatzahl.

Man bringt den Inhalt des Gefäßes *A* nach der Extraktion in einen kleinen Scheidetrichter und läßt die wässerige Schicht in einen 50 ccm Meßkolben ab. Dann spült man das Gefäß *A* mit etwas Wasser in den Scheidetrichter nach und läßt die wässerige Schicht ebenfalls in den Meßkolben fließen. Man füllt hierauf bis zur Marke auf, mischt gut durch und dampft 40 ccm zur Trockne ein. Der Trockenrückstand wird mit $^5/_4$ multipliziert und von dem Trockenrückstand von 25 ccm der ursprünglichen klaren Lösung abgezogen. Die Differenz wird

[1] Die Firma Schott & Genossen, Jena, stellt einen Apparat her, bei dem der kleine Trichter eingeschmolzen ist und unten in eine Glasfilterplatte mündet. Auf diese Weise wird das Äthylacetat in sehr feine Tröpfchen verteilt, wodurch die Extraktionsdauer wesentlich herabgesetzt wird (Collegium **1928**, 275).

in Prozenten des Gesamtlöslichen ausgedrückt. Die Äthylacetatzahlen sind in Tabelle 94 angegeben.

c) Molybdänzahl. Zum Nachweis bestimmter Gerbstoffe benützt Lauffmann (*3*) die sogenannte Molybdänzahl, für deren Bestimmung er folgende Vorschrift angibt:

Man wägt die bei der Untersuchung der Gerbstoffauszüge nach dem Filterverfahren angewandten Gerbextraktmengen auf $^1/_{10}$ g genau ab und löst zu 250 ccm auf. Im Filtrat der so erhaltenen Lösungen wird die Menge des durch das Molybdänreagens (gleiche Volumenteile einer 10proz. Lösung von Ammonmolybdat und einer 15proz. Lösung von Chlorammonium) erzeugten Niederschlages in folgender Weise bestimmt:

10 ccm des Filtrates der Gerbstofflösung werden mit 10 ccm Molybdänreagenz gefällt. Vom Filtrat werden 10 ccm zur Trockne verdampft und im Wassertrockenschrank bis zum gleichbleibenden Gewicht getrocknet. Ferner werden 10 ccm des Filtrates der Gerbstofflösung und 10 ccm des Gemisches der Lösungen von Ammoniummolybdat und Chlorammonium zusammen in einer Schale zur Trockne verdampft und ebenfalls bis zum gleichbleibenden Gewicht getrocknet. Die Niederschlagsmenge wird dann erhalten, wenn man das Gewicht des beim Filtrat von der Fällung erhaltenen Trockenrückstandes verdoppelt und den so erhaltenen Wert von der Menge des Trockenrückstandes abzieht, den man beim Abdampfen der mit dem Molybdänreagens versetzten Gerbstofflösung erhält.

Lauffmann hat nach dieser Methode folgende Molybdänzahlen ermittelt:

Eichenrindenauszug (8 Muster) . . .	65,5	bis	81,3
Eichenholzauszug (8 Muster)	112,0	,,	152,1
Fichtenrindenauszug (8 Muster) . . .	23,6	,,	36,7
Kastanienauszug (6 Muster).	148,2	,,	194,3
Quebrachoauszug, fest (6 Muster) . .	2,0	,,	33,8
Quebrachoauszug, sulfit. (7 Muster) .	0,0	,,	23,4
Mangroveauszug	117,9		
Mimosarindenauszug	67,9		

d) Jodzahl. Die Einwirkung des Jodes auf Gerbstoffe ist von zahlreichen Forschern untersucht worden, so von Boettinger, Jean, Grasser (*4*), Hinrichsen und Kedesky (siehe Literaturübersicht).

Hinrichsen und Kedesky haben die Jodzahlen der Gerbstoffe wie folgt ermittelt:

Zu 25 ccm Gerbstofflösung (die etwa 0,1 g Gerbstoff enthalten) gibt man 20 ccm Jodwasser ($^1/_3$ normal) und 2 g Natriumbicarbonat und läßt das Gemisch über Nacht stehen. Am nächsten Tag wird der Überschuß an Jod mit $^n/_3$-Thiosulfatlösung zurücktitriert. Die gleiche Probe wird mit 30 ccm der Nichtgerbstofflösung ausgeführt, die den 25 ccm Gerbstofflösung entsprechen.

Auf diese Weise wurde gefunden, daß Quebracho, Mangrove, Ulme und Gambir einen Niederschlag geben, während Eiche, Kastanie, Mimosa, Myrobalanen und Sumach klar bleiben. Die Nichtgerbstoffe geben keine Niederschläge. Die erhaltenen Jodzahlen sind jedoch wenig charakteristisch.

e) Furfurolfällungszahl. Furfurol bildet bei Gegenwart von Salzsäure mit den Gerbstoffen Kondensationsprodukte, und zwar je nach Art des Gerbstoffes in verschiedenem Maße [Lauffmann (*4*)]. Die Kondensationsprodukte sind braune bis schwarze Körper, die in Äther unlöslich, in heißem Alkohol und in Alkali mehr oder weniger löslich sind. Zur Bestimmung der Furfurolfällungszahlen verfährt Lauffmann folgendermaßen:

Zu 50 ccm der klaren Gerbstofflösung von Analysenstärke gab er je 20 ccm einer klaren 7proz. Furfurollösung und einer 20proz. Salzsäure und kochte das

Gemisch eine halbe Stunde am Rückflußkühler. Der entstandene Niederschlag wurde heiß filtriert, ausgewaschen, bis zum konstanten Gewicht getrocknet und gewogen. Durch Umrechnung der Niederschlagsmenge auf 100 Teile Gesamtlösliches (das besonders zu bestimmen ist) erhielt er Furfurolfällungszahlen, die aus Tabelle 95 zu ersehen sind.

Tabelle 95.
Furfurol- und Formaldehydfällungszahlen (nach Lauffmann).

Gerbstoffe	Furfurol-fällungs-zahlen	Formaldehyd-fällungs-zahlen
Quebracho	98—112	91—100
„ (sulfitiert) . .	76—90	82—93
Fichtenrinde	37—49	40—50
Mimosarinde	100—112	96
Mangroverinde	79	71
Gambir	101—109	80—84
Kastanienholz	12—14	6—11
Eichenholz	17—21	12—19
Sumach	12—24	11—17
Valonea	13—27	3—5
Myrobalanen	11—14	6—11
Dividivi	7	3
Eichenrinde	40—53	42—62

f) Formaldehydfällungszahl. Auf analoge Weise wie die Furfurolfällungszahlen hat Lauffmann (*5*) auch die Formaldehydfällungszahlen der Gerbstoffe ermittelt. Die Zahlen sind in Tabelle 95 angegeben.

g) Eine wichtige Konstante ist ferner das Verhältnis der gerbenden Stoffe zu den löslichen Nichtgerbstoffen, das bei den einzelnen Gerbmitteln eine ganz verschiedene Größenordnung aufweist. Grasser gibt folgende Werte an:

Hemlock, Eichenholz . . .	1	bis	2	zu	1
Eichenrinde	1	„	1,5	„	1
Algarobilla, Dividivi . . .	2			„	1
Valonea, Mimosa	2	„	3	„	1
Kastanienholz	2	„	3,5	„	1
Gambir	1,2	„	1,5	„	1
Sumach	1,5	„	1,8	„	1
Myrobalanen	1,5	„	2,5	„	1
Mangrove	2,5	„	4	„	1
Quebracho (natur.)	8	„	10	„	1.

Auch die sog. **Anteilzahlen** der Gerbmittel, wie sie auf Seite 97 u. 98 angegeben sind, bilden ein Maß für das Verhältnis von Gerbstoff zu Nichtgerbstoff.

D. Reaktionen zum Nachweis von Sulfitcellulose.

Über Sulfitcellulose- oder Zellstoffextrakte siehe Seite 51. Ihr Nachweis in Gerbstoffextrakten ist nicht so leicht, wie oft angenommen wird. Die üblichen für den Nachweis empfohlenen Proben sind die Anilinprobe von Procter und Hirst und die Cinchoninprobe von de Hesselle. Grasser (*5*) hat außerdem eine sog. Vanillinprobe und einen elektroosmotischen Weg für die Feststellung von Sulfitcellulose vorgeschlagen.

a) Anilinprobe von Procter und Hirst. Man versetzt 5 ccm einer 0,4 proz. Lösung des zu prüfenden Gerbstoffes mit genau 0,5 ccm Anilin, schüttelt kräftig durch und gibt genau 2 ccm konzentrierte Salzsäure zu. Bei Anwesenheit von Sulfitcellulose erscheint die Flüssigkeit trübe. Die Trübung nimmt beim Stehen zu. Die entscheidende Beobachtung ist vor Ablauf von 15 Minuten zu machen.

Die Reaktion ist nicht zuverlässig [siehe die Arbeiten von Moeller, Becker, Grasser (*6*), Baldracco und anderen]. Sind bei der Extraktion von Gerbhölzern Sulfite oder Alkalien mitverwendet worden, so können hierdurch ligninhaltige Stoffe in den Gerbstoffauszug hineingekommen sein. Solche Extrakte geben dann ebenfalls die Anilinreaktion. Auch manche künstliche Gerbstoffe geben bei der Anilinprobe eine Trübung.

Knowles empfiehlt die Verwendung von Ameisensäure an Stelle von Salzsäure, um die bei Zugabe der Salzsäure erfolgende Ausfällung der Gerbstoffe zu vermeiden. Er verwendet für 5 ccm Gerbstofflösung 0,5 ccm Anilin und 1 ccm Ameisensäure (70proz.).

b) Cinchoninprobe (Appelius-Schmidt und de Hesselle). Für diese Methode sind folgende Lösungen erforderlich: 1. 15 g reinstes Cinchonin werden mit ca. 100 ccm destilliertem Wasser versetzt; dann wird unter Umschwenken tropfenweise konzentrierte Schwefelsäure bis zur Lösung zugegeben und mit destilliertem Wasser auf ein Liter aufgefüllt.

2. 15 g reines Tannin (Kahlbaum) werden in wenig heißem Wasser gelöst, die Lösung wird kalt zu 1 Liter aufgefüllt.

3. Etwa 40proz. Salzsäure.

Die Methode erlaubt sowohl den qualitativen wie den quantitativen Nachweis von Sulfitcellulose.

Qualitativ: 100 ccm der zu untersuchenden Lösung von Analysenstärke werden mit 5 ccm Salzsäure 2 Minuten gekocht, dann abgekühlt und filtriert. 50 ccm des vollständig klaren Filtrates werden mit 10 ccm der Tanninlösung und 10 ccm der Cinchoninsulfatlösung versetzt und langsam bis zum Sieden erhitzt. Bei Gegenwart von Sulfitcellulose bildet sich ein klumpiger schwarzbrauner Niederschlag.

Quantitativ: Etwa 7,5 g Sulfitcellulose werden in 450 ccm destilliertem Wasser heiß gelöst, mit 25 ccm Salzsäure (40proz.) versetzt und auf 500 ccm aufgefüllt. 100 ccm der Lösung werden 2 Minuten gekocht, abgekühlt und wieder auf 100 ccm aufgefüllt. Dann gibt man zu 50 ccm der vollständig klar filtrierten Lösung 10 ccm der Tanninlösung, versetzt mit 10 ccm Cinchoninsulfatlösung und erhitzt langsam bis zum Sieden. Der entstehende Niederschlag wird heiß auf ein gewogenes Filter gebracht oder besser dekantiert, 2 bis 3 mal mit kochendem Wasser gewaschen und bis zur Gewichtskonstanz bei 100° getrocknet.

1 g Cinchoninniederschlag entspricht ca. 1,35 g Sulfitcellulose-Extrakt wasserfrei oder 2,74 g 50proz. Extrakt.

Bei sulfitierten Extrakten darf, falls der Cinchoninwert unter 5% Trockensubstanz liegt, nicht auf eine absichtliche Beimengung von Sulfitcellulose geschlossen werden (Pollak).

Auch die Zuverlässigkeit der Reaktion von de Hesselle ist sehr umstritten. Müller hält sie bei genauem Einhalten der Arbeitsvorschriften für brauchbar[1].

c) Vanillinprobe nach Grasser. Die Sulfitcelluloseablaugen enthalten Vanillin in gebundener Form (Kürschner). Durch Umkehr der Phloroglucinreaktion weist Grasser die Sulfitcellulose folgendermaßen nach:

Etwa 10 ccm der zu untersuchenden Extraktprobe verdünnt man mit der drei- bis vierfachen Wassermenge, macht mit Natronlauge (1:5) stark alkalisch und erhitzt in einer Porzellanschale etwa 10 Minuten bis zum Kochen. Man säuert nun mit verdünnter Salzsäure (1:5) kräftig an, kocht kurz auf, kühlt ab und filtriert den ausgeschiedenen Gerbstoff ab. Das Filtrat schüttelt man hierauf mit etwa 5 bis 10 ccm Äther kräftig aus und zieht den Äther dann mit einer Pipette ab. Liegen reine Gerbstoffextrakte vor, so ist die ätherische Lösung nur schwach gelblich gefärbt, ist aber Sulfitcellulose zugegen, so zeigt die ätherische Lösung eine mehr oder weniger gelbbraune Färbung. Setzt man zu der Ätherlösung 2 bis 3 ccm konzentrierte Salzsäure und 1 ccm einer etwa 1proz. alkoholischen Phloroglucinlösung hinzu und schüttelt kräftig durch, so zeigt die saure wässerige Lösung eine sattgelbe bis gelbbraune Farbe, wenn keine Sulfitcellulose vor-

[1] Siehe Collegium **1929**, 7.

handen ist. Sind von der letzteren aber fünf oder mehr Prozente der Extraktprobe beigemengt, so nimmt die wässerige Schicht eine deutlich rotbraune Farbe an. Bei längerem Stehen wird die Lösung dunkelbraun.

Diese Reaktion soll nach Grasser den Nachweis der geringsten, praktisch in Frage kommenden Zusätze von Sulfitcellulose zu pflanzlichen Gerbstoffextrakten gestatten. Über die Zuverlässigkeit der Methode gehen die Ansichten auseinander.

d) Elektroosmotischer Nachweis von Sulfitcellulose nach Grasser. Siehe Collegium **1920**, 17ff.

Eine weitere Methode zum Nachweis der Sulfitcellulose, vor allem aber zur Unterscheidung der synthetischen von den natürlichen Gerbstoffen ist die Fluoreszenzprobe.

2. Die Fluoreszenzprobe.

In neuester Zeit hat die Anwendung der Lumineszenzanalyse im filtrierten Ultraviolettlicht neue Möglichkeiten für die Untersuchung der Gerbstoffe geschaffen[1]. Die Methode knüpft sich vor allem an die Arbeiten von Gerngroß und von Meunier und deren Mitarbeiter.

Ihr Wesen besteht darin, daß man eine ultraviolettreiche Lichtquelle benutzt, deren sichtbare Strahlen durch ein Filter zurückgehalten werden. Im Strahlengang dieser Lichtquellen bleiben die meisten Stoffe unsichtbar. Manche Stoffe besitzen aber die Fähigkeit, das eingestrahlte Licht in ein solches mit größerer Wellenlänge zu verwandeln, derart, daß die so zustande kommende „sekundäre Lichtemission“ dem Auge physiologisch wahrnehmbar wird. Die Substanzen, welche dieses Vermögen besitzen, zeigen die Erscheinung der Lumineszenz, die auch Fluoreszenz genannt wird, wenn das Leuchten sofort mit der Erregung aufhört. Bringt man also einen Körper, der die Fähigkeit der Lumineszenz besitzt, in das von sichtbarem Lichte befreite Ultraviolettlicht, so wird er je nach der Wellenlänge der Einstrahlung und der sekundären Lichtemission in verschiedenen Farben hell aufleuchten, während das nicht Lumineszierende dunkel bleibt.

Abb. 47. Analysenquarzlampe (Quarzlampen Ges. m. b. H. Hanau).

Eine derartige Vorrichtung, wie sie vor allem von Gerngroß und seinen Mitarbeitern gebraucht wurde, die „Analysenquarzlampe“ der Quarzlampen G. m. b. H., Hanau, ist in Abb. 47 wiedergegeben.

Ein Quecksilberquarzbrenner befindet sich in einem Blechkasten. Durch einen Schlitz, der mit einem Nickeloxydglasfilter versehen ist, tritt fast nur die Strahlung der starken 366-$\mu\mu$-Linie des Quecksilberdampflichtes hindurch und fällt auf die Beobachtungsplattform, auf welche man die zu untersuchenden Gegenstände bringt.

[1] Es sei auf das Buch von P. W. Danckwortt: Lumineszenzanalyse im filtrierten ultravioletten Licht. 2. Aufl., Leipzig 1929, hingewiesen.

A. Die Flüssigkeitsfluoreszenz der Lösungen künstlicher Gerbstoffe und der Sulfitcelluloseablaugen in Gemischen mit natürlichen Gerbextrakten.

Die erste Beobachtung und Nutzanwendung der Lumineszenzerscheinungen von Gerbmitteln stammt von O. Gerngroß und seinen Mitarbeitern Bán und Sándor.

Verdünnt man natürliche Gerbextrakte auf 1:1000 und stellt sie in kleinen offenen Schälchen von etwa 5 cm Länge und 2 cm Höhe unter die Lampe, so erscheinen sie mit wenigen Ausnahmen dunkel. Die in Tabelle 96 angegebenen

Tabelle 96. Fluoreszierende künstliche Gerbstoffe.
(Wässerige Lösungen 1 : 1000.)

Nr.	Gerbstoff	Herstellende Firma	Fluoreszenz
1	Gerbstoff F	I. G. Farb. A. G.	violett
	(Leukanol)	Röhm & Haas, Philadelphia	violett
2	Gerbstoff FC	I. G. Farb. A. G.	violett
3	Gerbstoff G 3	Gebr. Graf, Köln	violett
4	Ordoval G	I. G. Farb. A. G.	hellblau
	(Sorbanol)	Röhm & Haas, Philadelphia	hellblau
5	Ordoval 2 G	I. G. Farb. A. G.	hellblau
6	Neradol ND	I. G. Farb. A. G.	dunkelviolett
7	Neradol FB	I. G. Farb. A. G.	dunkelviolett
8	Gerbstoff Kárpáti	I. G. Farb. A. G.	blauviolett
9	Ewol	Griesheim-Elektron	rosa
10	Carbatan A	Renner & Co.	violett
11	Carbatan R	Renner & Co.	violett
12	Carbatan Spezial	Renner & Co.	violett
13	Tannesco	Jucker & Co.	himmelblau
14	Embasol	Deutsch-Koloniale Gerb- und Farbstoffwerke	schwach violett
15	Queol D	Deutsch-Koloniale Gerb- und Farbstoffwerke	violett
16	Bleich-Deka	Deutsch-Koloniale Gerb- und Farbstoffwerke	stärker violett
17	Queol	Deutsch-Koloniale Gerb- und Farbstoffwerke	stärker violett
18	Deka-Extrakt	Deutsch-Koloniale Gerb- und Farbstoffwerke	stärker violett
19	Hansa	Rophil-Extrakt-Ges. m. b. H.	violett
20	Saxonia	Byk-Guldenwerke	violett
21	Calnel B	Usines Callenelle, Belgien	hellblau-violett
22	Calnel P	Usines Callenelle, Belgien	hellblau-violett
23	Diatan CC	C. Peufaillit, Paris	himmelblau
24	Diatan OO	C. Peufaillit, Paris	hellblau-violett
25	Selatan	Geigy, Grenzach a. Rh.	hellblau

Tabelle 97. Nichtfluoreszierende künstliche Gerbstoffe.
(Wässerige Lösungen 1:1000.)

Nr.	Gerbstoff	Herstellende Firma
1	Gerbstoff HS	I. G. Farb. A. G.
2	Holzkohlengerbstoff	I. G. Farb. A. G.
3	Humuskohlegerbstoff	I. G. Farb. A. G.
4	Gerbstoff W.	I. G. Farb. A. G.
5	Resorcingerbstoff	I. G. Farb. A. G.
6	Neradol D	I. G. Farb. A. G.
7	Clarex F	L. Peufaillit, Paris
8	Clarex O	L. Peufaillit, Paris
9	Prytan	L. Peufaillit, Paris
10	Maxsyntan	H. M. McArthur u. Co., Liverpool
11	Nerathan	Labor. Garrique, Fory a. Seine
12	Cortannol	Weiler-ter-Meer
13	Carbatan N	Renner u. Co.
14	Carbatan F	Renner u. Co.

synthetischen Gerbstoffe leuchten hingegen unter den gleichen Bedingungen außerordentlich stark in verschiedenen Färbungen.

Tabelle 97 enthält die nicht fluoreszierenden künstlichen Gerbstoffe.

Verwendung konzentrierterer Lösungen ist unzweckmäßig, da sie nur an der bestrahlten Oberfläche einen Fluoreszenzring geben und die Erscheinungen lange nicht so deutlich zeigen wie bei der Erreichung einer Verdünnung, bei welcher die ganze Flüssigkeit durchstrahlt erscheint (Gerngroß, Ban und Sandor).

Zu Tabelle 96 ist noch zu bemerken, daß geringe Zusätze von Alkali die himmelblaue Fluoreszenz von Tannesco sehr verstärken, Säure eine Farbenveränderung nach Grün hervorruft. Bei den verschiedenen Sulfitcellulosepräparaten einschließlich Embasol (Tabelle 96 Nr. 14 bis 20) tritt beim Alkalischmachen ein Umschlag der Flüssigkeitsfluoreszenz von Violett nach Grasgrün ein. Ein Zusammenhang zwischen der Fluoreszenzreaktion und der Procter-Hirstschen Anilinsalzsäurereaktion, die bei Sulfitcelluloseablaugen und vielen künstlichen Gerbstoffen eintritt, besteht nicht, denn z. B. geben die sehr stark fluoreszierenden Gerbstoffe Ordoval G und 2 G, ferner Tannesco gar keine oder nur eine sehr geringe Procter-Hirst-Reaktion, während die verschiedenen Neradol D-Typen bei positiver Procter-Hirst-Reaktion nicht fluoreszieren.

Die natürlichen Gerbstoffe besitzen in Gemischen mit den synthetischen Produkten für die Fluoreszenz der letzteren ein beträchtliches Auslöschungsvermögen, doch sind in den auf 1:1000 verdünnten Lösungen 10 bis 20% der Kunstprodukte meist mit absoluter Sicherheit wahrnehmbar.

Besonders unangenehm macht sich die Auslöschung der Fluoreszenz bei den Sulfitcelluloseablaugen bemerkbar, so daß man mit Sicherheit die Fluoreszenzprobe erst bei einer Beimengung von 40% und mehr zum natürlichen Gerbextrakt anwenden kann.

Auf folgende Weise gelingt es jedoch den natürlichen Gerbstoff zu entfernen und die Probe sehr zu verfeinern (Meunier und Jamet).

25 g Seignettesalz werden in destilliertem Wasser gelöst und tropfenweise unter Schütteln eine Lösung von 10proz. neutralem Bleiacetat zugefügt, so lange der sich anfänglich bildende Niederschlag noch löst (ca. 20 ccm Bleiacetat). Mit 10 ccm der vorher umzuschüttelnden Lösung, welche allmählich einen nicht weiter zu beachtenden Bodensatz bildet, versetzt man 10 ccm des zu untersuchenden Extraktes, der etwa 15 g von 30° Bé auf 1 l verdünnt enthalten soll. Man fügt eine Messerspitze Kaolin hinzu, schüttelt um und beobachtet das Filtrat unter der Lampe.

Bei Gegenwart von Sulfitcelluloseablauge, und zwar bis herab zu 5% Beimengung, ist, besonders wenn man einen reinen Extrakt dagegen hält, deutlich eine blauviolette Fluoreszenz festzustellen. Bei Fichtenrinden- und Malettorindenextrakten, welche selbst einen blauvioletten fluoreszierenden „Nichtgerbstoff" enthalten, der also durch das Verfahren nicht entfernt wird, hat die Methode keinen Erfolg. Hier bietet die Tatsache eine Unterscheidungsmöglichkeit, daß die Fluoreszenz der Sulfitcelluloseablauge von Watte nicht irreversibel absorbiert wird, während dies bei dem blauvioletten Fluoreszenzstoff von Fichten- und Malettorinden der Fall ist (Gerngroß und Sandor). Auch das gelb fluoreszierende Fisetin in Quebracho-, Tizerah-, Mimosa- und manchen Urundayextrakten stört den Fluoreszenznachweis der Sulfitablauge in wesentlicher Weise [Gerngroß, (*2*)].

B. Flüssigkeitsfluoreszenz natürlicher Gerbmittel.

a) In wässeriger Lösung. In etwa 1:5000 verdünnten Quebracho- und Tizerah-Extrakten macht sich eine schwache gelbgrüne (Meunier und Bonnet), in Fichten- und Malettorinde-Extrakten eine blauviolette Fluoreszenz der Flüssigkeit (Gerngroß und Sandor) bemerkbar. In Vergleich zu den starken Fluoreszenzen der Lösungen künstlicher Gerbstoffe ist diese Lumineszenz schwach zu nennen. Graugrünlich und noch schwächer fluoreszieren Eichenholzextrakte, während Donga fahl rot lumineszient. Ansäuren vermindert in allen Fällen die Erscheinung, während Alkalischmachen bei Donga eine Verstärkung bei gleichzeitigem Umschlagen nach Orange, bei Fichte und Maletto eine Verstärkung in sehr charakteristischer Weise nach Grasgrün ganz ähnlich wie bei den Sulfitcelluloseablaugepräparaten bewirkt. Die Quebracho- und Tizerahfluoreszenz wird durch Alkali bei gleichzeitiger Verdunkelung der Lösung unterdrückt.

Ganz im allgemeinen sei bemerkt, daß die Heranziehung der Lösungsfluoreszenz natürlicher Gerbextrakte für analytische Entscheidungen nur mit äußerster Vorsicht geschehen darf, da, wie Gerngroß hervorhebt, eine große Anzahl Unsicherheitsfaktoren dabei zu berücksichtigen sind.

b) In organischen Lösungsmitteln. Schon Dietrich stellte fest, daß alkalialkoholische Gambirlösungen an Petroläther eine stark grüne Fluoreszenz abgeben.

Kubelka und Nemec schütteln die wässerigen Gerbextrakte mit Äther bzw. Essigester aus oder extrahieren die Festextrakte mit Alkohol und beobachten die Fluoreszenz in den organischen Medien, wobei sie durch Sauer- bzw. Alkalischmachen und Beobachtung der Wattefluoreszenz die Unterscheidungsmöglichkeiten für die verschiedenen Extrakte erweitern.

Meunier und Jamet extrahieren die festen Gerbmaterialien oder Extrakte mit Aceton und beobachten die Lumineszenz der Acetonlösungen. Protocatechugerbstoffe wie Quebracho, Tizerah, Mimosa geben sofort gelbe Fluoreszenz, Catechu, Gambir, Fichte, Hemlock fluoreszieren nach diesen Forschern erst violett, dann weiß, endlich ebenfalls gelb. Bei Mangrove ist die gelbe Fluoreszenz sehr gering. Pyrogallolgerbstoffe wie Kastanie, Eichenholz, Myrobalanen, Valonea, Dividivi, Gallen fluoreszieren violett. Blattgerbstoffe wie Sumach fluoreszieren durch ihren Chlorophyllgehalt rot.

C. Adsorptive Faserfluoreszenz natürlicher Gerbmittelauszüge.

a) Die gelbe Fluoreszenz von Quebracho-, Tizerah- und Mimosaextrakten. Taucht man Faserstoffe wie Filtrierpapier, Baumwolle, Wolle, alle Arten Kunstseide, Naturseide in Quebracho- und Tizerahlösungen ein, so macht sich durch Adsorption des bereits in der Lösung schwach gelb fluoreszierenden Stoffes an diesen Produkten eine prachtvoll gelb leuchtende Fluoreszenz bemerkbar. Meunier und Bonnet, denen man die Entdeckung dieser interessanten Erscheinung verdankt, wiesen auch nach, daß sie durch das Fisetin, 3, 3′, 4′-Trioxyflavonol

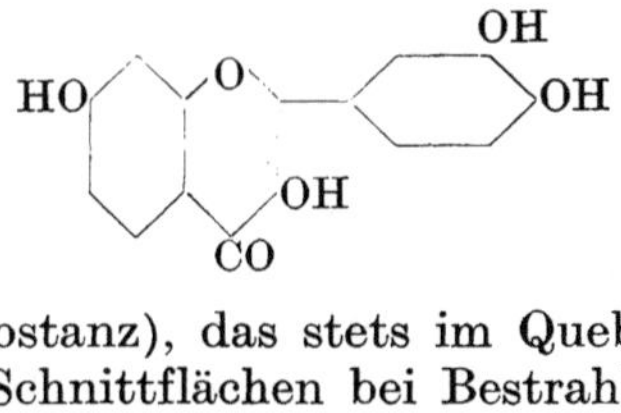

(oder wohl seine Muttersubstanz), das stets im Quebrachoholz vorkommt, veranlaßt ist, dessen frische Schnittflächen bei Bestrahlung ebenfalls gelb fluoreszieren. Sie zeigten auch, daß man diese Reaktion zur Erkennung von Quebracho und Tizerah in Extrakten und Ledern anwenden kann.

Allerdings gibt auch stets Mimosa sehr deutlich, wenn auch weniger stark, diese Fluoreszenz (Gerngroß und Sandor), sie findet sich auch zuweilen in Urundayextrakten. Gerngroß und Hübner konnten ferner zeigen, daß die vier genannten Extrakte auch die Fluoreszeinreaktion nach Einbeck und

Jablonski geben, sie wiesen ferner am kristallisierten Fisetin nach, daß es stark die Fluoreszeinreaktion liefert und daß demnach die Fluoreszein- und die Fluoreszenzreaktion durch Fisetin veranlaßt ist. Diese Forscher machen auch Angaben, wie man unter Zugrundelegung der Beobachtung, daß die gelbe Fluoreszenz der Quebracholösungen an Watte im filtrierten Ultraviolettlicht unter bestimmten Bedingungen eben noch bei einer Verdünnung von 1:1000000 sichtbar ist, den Quebrachogehalt in anderen nicht fluoreszierenden Gerbextrakten bestimmen kann (Gerngroß und Hübner).

b) Die blauviolette Fluoreszenz von Fichte-, Maletto- und Lärchenrindenextrakten. Gerngroß und Sandor machten ferner die wichtige Beobachtung, daß auch das in Deutschland, Österreich und der Tschechoslowakei am meisten verwendete, heimische Gerbmittel, der Fichtenrindenextrakt, beim Eintauchen von Faserstoffen aus Cellulose wie Filterpapier, Watte, Viscoseseide eine prachtvolle, und zwar blauviolette Fluoreszenzfarberscheinung zeigt. Das gleiche gilt von Malettorinden und in geringerem Maße von Lärchenrindenextrakten.

Man kann so das Vorhandensein von Fichtenrinden- und Malettorindenextrakten in anderen Extrakten erkennen. Auch die entsprechenden Lederauszüge äußern die violette Fluoreszenz, doch ist der Nachweis in lange gelagertem Leder nicht so sicher wie bei Quebracho und Tizerah. Denn, wenngleich auch die gelbe Fluoreszenz des Fisetinkörpers allmählich langsam abnimmt und verschwindet, so ist dies bei dem violetten Fluoreszenzstoff, der ziemlich leicht oxydabel ist, in stark erhöhtem Maße der Fall. Er wird von Nitrocellulose, z. B. gewöhnlicher handelsüblicher Schießwolle, im Gegensatz zum Fisetin nicht adsorbiert. So kann man in Gemischen von den violett und gelb fluoreszierenden Stoff enthaltenden Extrakten, wie z. B. in Quebracho- und Fichtenrinden-Extraktgemischen, beide Substanzen nebeneinander nachweisen. Solche Gemische fluoreszieren an Watte, wenn etwa gleiche Mengen von Blauviolett und Gelb vorhanden sind, infolge von Komplementärfarbenbildung weiß, sonst je nach dem Überwiegen des einen oder des anderen Bestandteiles blauviolett oder sogar gelb. Durch wiederholtes Behandeln solcher Extrakte mit Nitrocellulose, die nur den gelb fluoreszierenden Stoff aus der Lösung nimmt, erhält man endlich eine Flüssigkeit, die an Watte nur mehr violett fluoresziert. Triacetylcellulose und Cellon adsorbieren den violetten Stoff nicht. Diacetylcellulose nimmt ihn jedoch auf (Gerngroß, Sandor und Tsou).

Die Konstitution des violett fluoreszierenden Stoffes ist noch nicht festgestellt, wenngleich es Gerngroß in neuester Zeit gelang, seine Isolierung aus der mit Tetrachlorkohlenstoff erschöpfend entharzten Rinde durch Extraktion mit trockenem Äther durchzuführen. Der violette, bisher noch nicht benannte Fluoreszenzstoff unterscheidet sich vom Fisetin und seiner Muttersubstanz nicht nur durch seine Fluoreszenzfarbe, sondern auch dadurch, daß er nicht von Eiweiß (Hautpulver) und Tonerde irreversibel zurückgehalten wird und auch nicht durch neutrales Bleiacetat gefällt wird, also typische „Nichtgerbstoff"-Eigenschaften besitzt. Durch Stehen an der Luft, vor allem durch Oxydation mit Kaliumpermanganat, das sofort entfärbt wird, nimmt jedoch seine Lösung gelbbraune Farbe und starkes Leimfällungsvermögen an. Seine wässerige Lösung zeigt eine sehr empfindliche und charakteristische Rotfärbung mit Eisenchlorid, die allmählich in braun übergeht. Der vielleicht eine physiologische Vorstufe eines Fichtenrindengerbstoffes vorstellende Fluoreszenzfarbstoff hat seinen Sitz in dem an das Cambium angrenzenden Teil der Rinde; er enthält etwa 30% Zucker, zersetzt sich im Schmelzpunktrohr bei 155° C und liefert durch erschöpfende Acetylierung mit Pyridin und Essigsäureanhydrid ein wohl definiertes Acetylprodukt.

Bisweilen zeigen auch andere Extrakte wie Hemlockrinden-, Kastanien- und Eichenextrakte schwach gelbe bzw. violette Fluoreszenzen an Watte, doch ist die Erscheinung wechselnd und im Vergleich zu der bei Quebracho, Tizerah, Fichte, Maletto und Lärche beschriebenen unwesentlich und völlig uncharakteristisch.

I. A. Jowanowitsch zeigte endlich auch, wie man mit Hilfe des Fluoreszenzmikroskopes durch unmittelbare Beobachtung von Lederschnitten oder herauspräparierten Lederfasern die Gerbung mit fluoreszierenden synthetischen Gerbstoffen, mit Quebracho- oder Fichtenrindenextrakten nachweisen kann.

3. Die mikroskopische Untersuchung der pflanzlichen Gerbmittel.

In vielen Fällen kann eine mikroskopische Untersuchung die Identifizierung eines Gerbmateriales ermöglichen. Priestmann hat eine mikroskopische Ermitt-

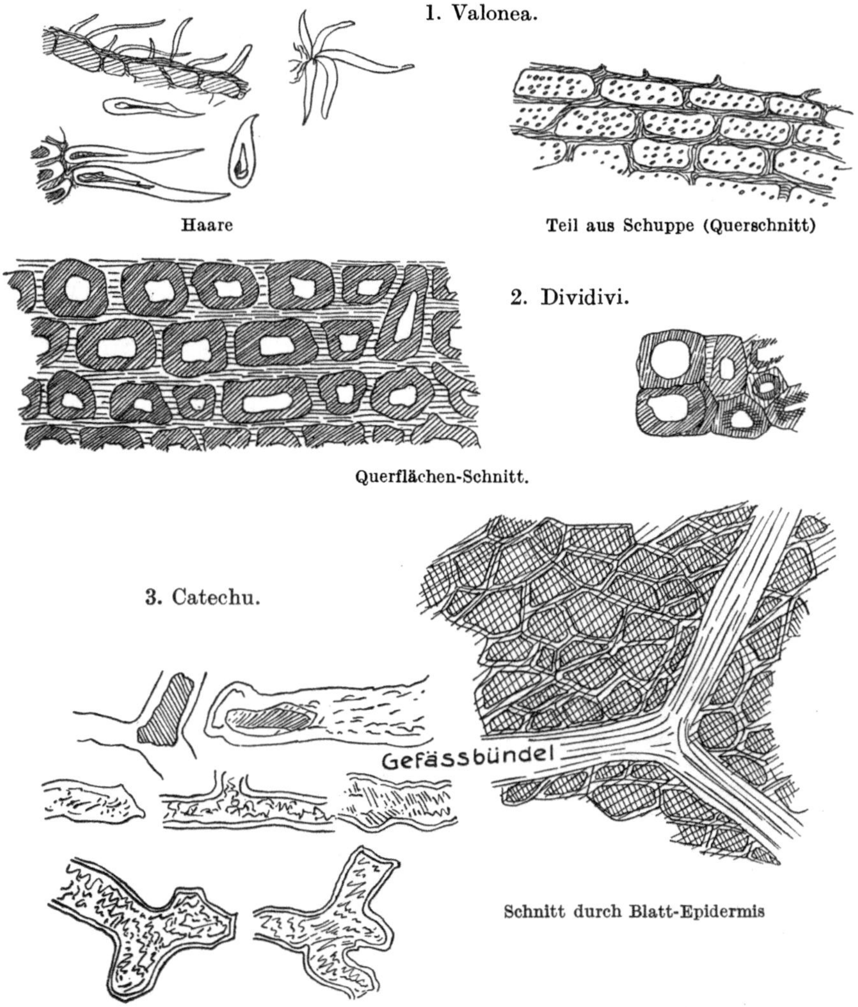

Abb. 48a.

lung von Sumachverfälschungen ausgearbeitet, Grasser (7) ein Verfahren für die mikroskopische Untersuchung von Gerbstoffextrakten angegeben.

Die **Priestmann**sche Sumachuntersuchung ist im Collegium 1905, S. 184, beschrieben. Dort sind auch zahlreiche Mikrophotographien von Sumach und seinen Verfälschungen zu finden.

Die **Grasser**sche Methode für die mikroskopische Untersuchung von Gerbextrakten sei hier kurz angegeben. Die Methode beruht darauf, daß man die Bodensätze von Gerbstoffauszügen einer Untersuchung durch das Mikroskop

5. Myrobalanen. 4. Sumach.

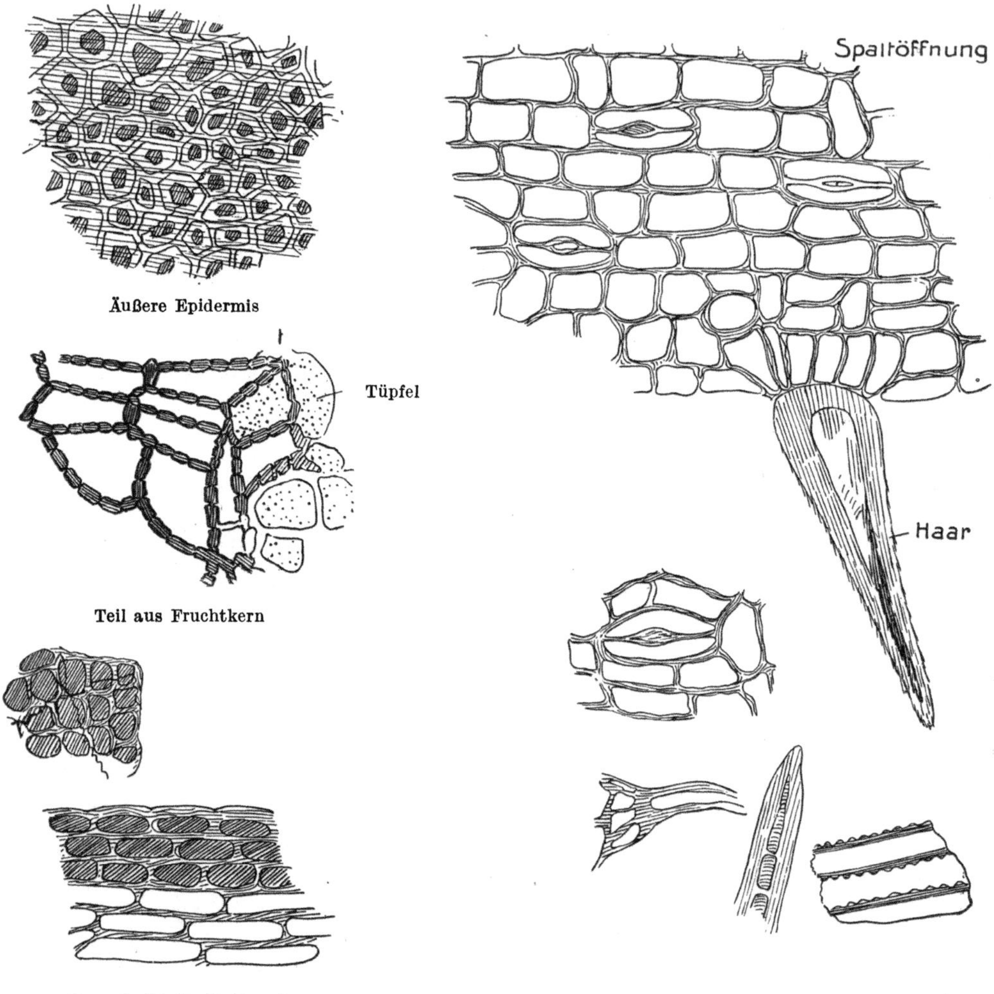

Abb. 48b.

unterzieht. Die Mehrzahl der handelsüblichen Extrakte scheidet bei längerem Stehen einen unlöslichen Bodensatz ab, der außer Phlobaphenen besonders Harzflocken und Teile der Pflanzenorganismen enthält. **Grasser** schlägt für die Untersuchung solcher Bodensätze, die für die einzelnen Extrakte charakteristisch sind, folgende Arbeitsweise vor:

Die festen Extrakte werden möglichst gut gepulvert und mit heißem Wasser auf dem Wasserbad gelöst. Es soll ein dünnflüssiger Extrakt entstehen, der auch nach dem Abkühlen wenig an Konsistenz zunimmt. Diese so hergestellte Lösung oder auch der ursprüngliche flüssige Handelsextrakt wird nun in hohe, möglichst enge Standzylinder gefüllt und einige Tage ruhig sich selbst überlassen, bis sich eine genügende Menge des erforderlichen Bodensatzes gebildet hat. Manche stark verkochten Extrakte, besonders aber die geklärten, enthalten nur geringere Mengen solcher Anteile. Sie brauchen längere Zeit zur Abscheidung. Wesentlich beschleunigt kann das Absetzen dadurch werden, daß man dem Extrakt soviel Wasser zusetzt, daß er eine deutliche Trübung anzunehmen beginnt. Allerdings werden durch diese Maßnahme besonders viel Phlobaphene und schwerer lös-

6. Mimosa.

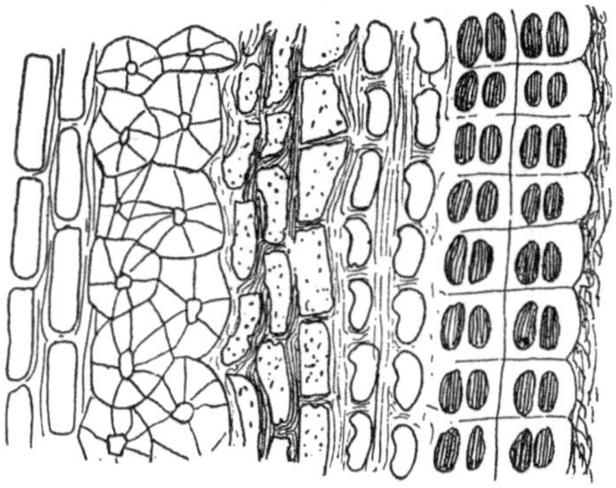

Steinzellen Korkgewebe,
Querschnitt d. äußeren Teiles

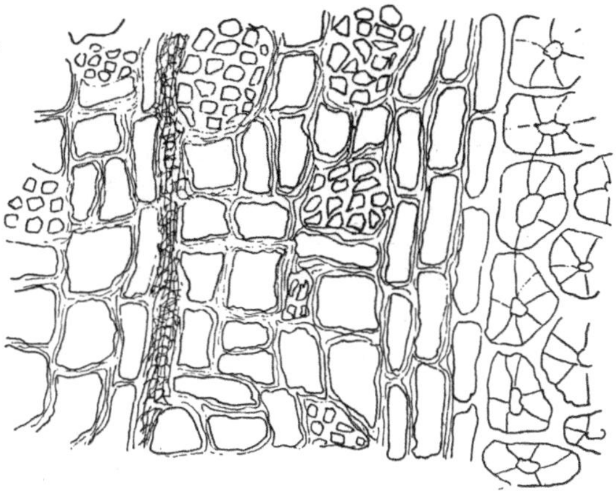

Abgestorbene Epidermis Steinzellen
Querschnitt d. inneren Teiles

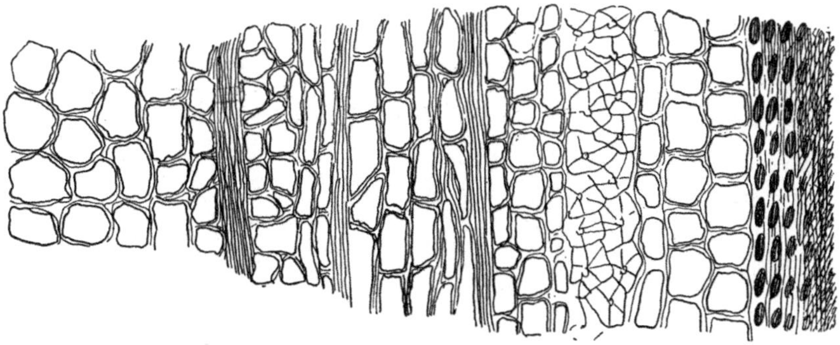

Längsschnitt
Abb. 48c.

liche Gerbstoffe abgeschieden, die in Flocken ausfallen und alle anderen unlöslichen Verunreinigungen der Extrakte, auf die es bei der mikroskopischen Untersuchung aber gerade ankommt, mit zu Boden reißen.

Nach Abgießen der überstehenden Flüssigkeit gibt man zu dem Bodensatz etwas 1proz. Natronlauge, um alle Phlobaphene, schwer lösliche Gerbstoffe und Harzstoffe in Lösung zu bringen. Durch Verdünnen mit Wasser erleichtert man die Abscheidung der unlöslich gebliebenen Anteile. Man zentrifugiert hierauf bei mäßiger Rotation und erhält dadurch eine für die mikroskopische Untersuchung genügende Menge Bodensatz. Eine zu lange Einwirkung der Natronlauge kann eine Quellung der Pflanzenteile verursachen. Dies muß vermieden werden.

Der Bodensatz wird nun mit 1 oder 2 Tropfen einer 0,25proz. Oxalsäurelösung vermengt, um die Masse etwas aufzuhellen. Dann bringt man einen Tropfen des Gemisches auf den Objektträger und bedeckt ihn mit einem Deckgläschen. Man sucht dann bei geringer Vergrößerung die ganze Fläche nach größeren Pflanzenteilen ab und prüft diese bei stärkerer Vergrößerung auf ihre genaue anatomische Beschaffenheit. Viele Gerbstoffe zeigen sehr charakteristische Gewebeteile, die von Haaren, Schuppen, Gefäßbündeln, der Blattepidermis, Fruchtteilen, verschiedenen Zellen u. dgl. herrühren.

7. Mangrove.

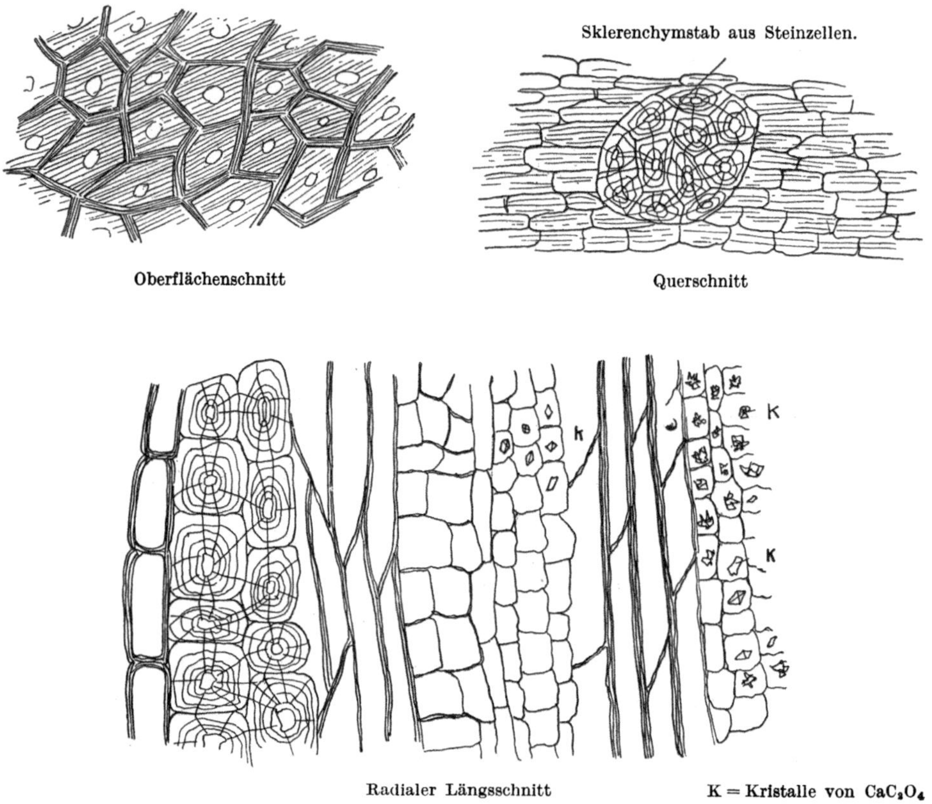

Abb. 48d.

Zum Vergleich der im Mikroskop gefundenen Gebilde gibt **Grasser** (7) eine Anzahl Zeichnungen, die eine Identifizierung dieses oder jenes Gerbstoffes ermöglichen sollen. Sie sind auf S. 229 bis 233 zusammengestellt.

Über die mikroskopische Untersuchung von **Gambir** siehe die Ausführungen von **Brumwell**, die durch Mikrophotographien erläutert sind.

Eine weitere optische Methode zur qualitativen Unterscheidung von Gerbstoffen ist die **spektrophotometrische Methode von de la Bruère**. Er verwendet einen Spektrographen mit Quarzprisma und ein Spektrophotometer für Ultraviolett von **Hilger**. Für Einzelheiten sei auf die Originalliteratur verwiesen.

III. Spezielle Untersuchung von Gerbextrakten und Gerbbrühen.

1. Gerbextrakte.

a) Die Bestimmung der gerbenden Stoffe, Nichtgerbstoffe, des Unlöslichen, der Zuckerstoffe, der Nachweis von synthetischen Gerbstoffen und Sulfitcellulose ist im Abschnitt I und II besprochen worden.

b) Dichte von flüssigen Extrakten. Die Bestimmung der Dichte erfolgt durch Spindeln mit Aerometern. Die Dichte wird nach Baumé-, Barkometer- oder

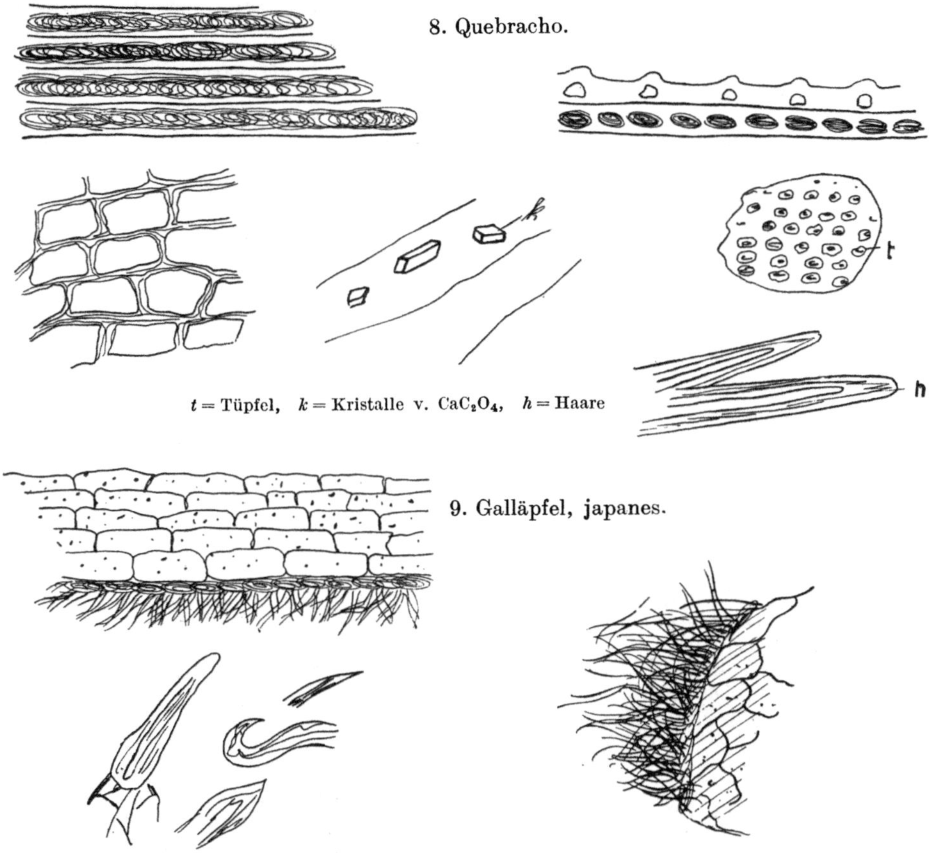

Abb. 48e.

Twaddle-Graden gemessen oder durch das spezifische Gewicht ausgedrückt. Die Beziehungen zwischen den verschiedenen Dichtemaßen sind in Bd. I dieses Handbuchs angegeben. Die Dichte von Extrakten ist stets bei 15^0 zu messen.

c) Aschegehalt. Zur Feststellung mineralischer Bestandteile, die unter Umständen absichtlich zugesetzt sein können, dient die Aschebestimmung von Extrakten.

2 g fester oder 3 bis 4 g flüssiger Extrakt werden genau in eine tarierte Platin- oder auch Quarzschale eingewogen und durch mäßiges Glühen verascht. Flüssige Extrakte werden vorher eingedampft. Man steigert allmählich das Erhitzen, bis die Asche rein weiß ist und keine schwarzen Teilchen mehr in der Asche oder an

den Tiegelwänden mehr zu sehen sind. Zur Beschleunigung der Veraschung kann man ein- oder mehrmals die erkaltete Asche mit einigen Tropfen einer Ammoniumnitratlösung befeuchten und erneut glühen. Die Schale wird im Exsiccator abgekühlt und gewogen. Der Aschegehalt wird in Prozenten der eingewogenen Extraktmengen angegeben.

Die qualitative Untersuchung der Asche erfolgt nach den üblichen analytischen Methoden. Man wird hauptsächlich auf Eisen, Aluminium, Erdalkalien, Magnesium und Alkalien, daneben auch auf Kieselsäure (Sand) zu prüfen haben. Kleine Mengen Calcium, Magnesium und Alkalien können aus dem Extraktionswasser stammen, größere Mengen machen einen absichtlichen Zusatz wahrscheinlich. Dabei ist aber stets auf schweflige Säure in der ursprünglichen Probe zu prüfen (Sulfitierung).

Als durchschnittliche Aschegehalte von Gerbextrakten gibt Grasser [(*1*) S. 289] folgende Werte an:

Quebrachoextrakt, fest, natur.	0,6 bis 1,4%
„ flüssig, leicht sulfit. .	1,4 „ 2,0%
„ „ stark „ .	5,0 „ 8,0%
Eichenholzextrakt, fest	3,0 „ 4,0%
Fichtenrindenextrakt, flüssig	1,0 „ 2,0%
Eichenholzextrakt, flüssig.	0,3 „ 3,0%
Kastanienextrakt, flüssig	0,2 „ 1,2%
Malettextrakt, flüssig.	1,5 „ 2,0%
Urundayextrakt, fest, natur.	1,6 „ 1,9%
„ flüssig, sulfit.	7,5%

Nach Vogel (*2*) kann der durchschnittliche Aschegehalt der wichtigsten festen Gerbextrakte wie folgt angegeben werden:

Quebrachoextrakt Ordinary, unbehandelt	1,0%
Quebrachoextrakt (Triumph), kaltlöslich, unsulfitiert. .	1,8%
Urunday, unbehandelt	2,0%
Kastanienholzextrakt	2,0%
Fichtenrindenextrakt	2,5%
Eichenholzextrakt	3,0%
Mimosarindenextrakt	3,0%
Myrobalanenextrakt	3,0%
Blockgambir	3,5%
Sumach	4,2%
Würfelgambir	4,5%
Valoneaextrakt	5,0%
Mangroveextrakt	5,0%
Quebrachoextrakt, sulfitiert	5,7%

d) Prüfung auf Sulfitierung. Qualitativ. Man gibt einige Gramm des Extraktes in ein Reagenzglas, verdünnt mit etwas Wasser, gibt einen halben Kubikzentimeter verdünnte Schwefelsäure hinzu und erwärmt. Bei Gegenwart von Sulfiten tritt ein deutlicher stechender Geruch nach Schwefeldioxyd auf.

Oder aber man gibt zu 10 g des Auszuges etwas verdünnte Salzsäure und einige Stückchen Zink. Dann hängt man einen Bleiacetatpapierstreifen in das Kölbchen hinein und erwärmt mäßig. Ist Sulfit vorhanden, so bildet sich durch Reduktion der schwefligen Säure Schwefelwasserstoff, der eine Bräunung des Bleiacetatpapiers bewirkt. Diese Reaktion ist aber sehr unsicher.

Quantitative Bestimmung des Sulfits. Man löst 25 g des Gerbstoffextraktes auf 250 ccm auf und verdünnt hiervon 25 ccm auf 400 ccm mit destilliertem Wasser. Nach Zusatz von einigen Tropfen verdünnter Salzsäure wird gekocht, bis kein Geruch nach schwefliger Säure mehr bemerkbar ist. Man filtriert und bestimmt die vorhandene Schwefelsäure wie üblich mit Bariumchlorid.

Hierauf werden 25 ccm der Lösung in einer Platinschale mit 10 ccm 10proz. Sodalösung und 10 ccm 10proz. Jod-Jodkaliumlösung versetzt, eingedampft, getrocknet und verascht (elektrischer Ofen oder Alkoholbrenner). Die Asche wird mit Wasser übergossen, mit etwas Bromwasser versetzt, kurz erwärmt und in ein Becherglas übergeführt. Man säuert mit Salzsäure an, kocht bis zur Vertreibung des Broms und fällt die Schwefelsäure mit Chlorbarium. Die Differenz beider Sulfatbestimmungen gibt die in Form von Sulfiten vorhandene schweflige Säure an.

$$BaSO_4 \cdot 0,2744 = SO_2\text{*}.$$

Burton und Charlton nehmen das Verhältnis von freier zur gebundenen schwefligen Säure als Maß für die bleichende Wirkung eines Extraktes. Sie bestimmen die beiden Formen der Säure wie folgt:

3,5 bis 4 g Extrakt werden in einem Destillationskolben mit 200 ccm Wasser verdünnt und in einer halben Stunde im CO_2-Strom etwa 30 ccm Wasser zur Bestimmung der freien schwefligen Säure abdestilliert. Dann fügt man 10 ccm konzentrierte Phosphorsäure und 50 ccm Wasser hinzu und destilliert in einer weiteren halben Stunde die gebundene schweflige Säure ab.

Durch Destillation von 3 bis 4 g Extrakt und 250 ccm Wasser mit 10 ccm Phosphorsäure im CO_2-Strom während einer Stunde erhält man den Gesamtgehalt an schwefliger Säure.

Grasser (*5*) führt den Nachweis von Sulfit und Bisulfit in Extrakten auf elektroosmotischem Wege. Bei Gegenwart von Sulfit oder Bisulfit tritt in den kathodischen Dialysaten SO_4 auf[1].

Weitere Methoden der Sulfit- und Bisulfitbestimmung siehe bei Parker und Payne[2] und Hough[3].

e) Prüfung auf Anilinfarbstoffe [Grasser (*1*)]. 5 ccm des Extraktes werden mit etwa 2 ccm Natronlauge (1:10) versetzt, durchgeschüttelt, dann 5 ccm Benzol zugefügt und erneut durchgeschüttelt. Man läßt hierauf eine Trennung der Schichten eintreten und gießt das Benzol durch ein trockenes Filter. Bei Anwesenheit von Auramin, das mitunter schon zum Färben von Extrakten benutzt wurde, bleibt auf dem Filter eine intensiv gelb gefärbte Randzone. Man versetzt das Filtrat mit 1 ccm verdünnter Schwefelsäure und schüttelt gut durch, wobei, falls Auramin anwesend ist, nach der Trennung der Säure vom Benzol die erstere deutlich gelb gefärbt erscheint. Durch weiteren Zusatz von 1 ccm konzentrierter Essigsäure zum Benzol und kräftiges Durchschütteln erhält man abermals nach Trennung der beiden Schichten die Essigsäure deutlich gefärbt. Beim Abdampfen hinterläßt sie eine tief gelb gefärbte Zone.

2. Gerbbrühen.

a) Über die Bestimmung der gerbenden Stoffe, Nichtgerbstoffe, des Unlöslichen und der Zuckerstoffe siehe Abschnitt I und II.

b) Dichte. Bestimmung erfolgt wie bei flüssigen Extrakten (siehe S. 233).

c) Bestimmung der Farbe. Das Färbvermögen und der Farbton gegenüber der Blöße ist bei Gerbbrühen naturgemäß von großer Wichtigkeit. Das einfachste und sicherste Mittel zur Bestimmung der Farbe einer Gerbbrühe besteht darin, daß man ein Stück Blöße mit der betreffenden Brühe angerbt, leicht abölt und langsam auftrocknet. Man erhält dann einwandfrei die Färbung, welche die untersuchte Brühe bei der Gerbung dem Leder erteilen wird.

* Nach Gerbereichem. Taschenb. der Vagda 2. Aufl., S. 64.

[1] Näheres siehe Collegium **1920,** 17ff.

[2] Parker u. Payne: Collegium **1920,** 17.

[3] Hough: Journ. Soc. Leather Trades Chem. **1920,** 5.

Farbbestimmungen mit dem Tintometer von Lovibond haben für die Praxis der Gerberei wenig Bedeutung, werden aber in manchen Ländern noch vielfach ausgeführt.

Pollak (*2*) hat für eine Anzahl fester Extrakte die Lovibondschen Zahlen für Rot und Gelb folgendermaßen angegeben:

	Rot	Gelb
Fichtenrindenextrakt	8,0	19,0
Eichenholzextrakt, entfärbt	6,6	23,0
Quebrachoextrakt, sulfitiert	6,0	15,9
Kastanienholzextrakt, nicht entfärbt	4,7	15,5
Quebrachoextrakt unbehandelt	4,3	7,3
Quebrachoextrakt Triumph	4,5	12,5
Mimosarindenextrakt	3,5	4,7
Kastanienholzextrakt, entfärbt	2,9	9,0
Valex-Extrakt	2,6	12,3
Sumachextrakt	0,4	1,1

d) Bestimmung der Säuren. Durch Gärung der Zuckerstoffe, die aus den Gerbmitteln in die Brühen gelangen, entstehen organische Säuren, besonders Essigsäure, Milchsäure und Buttersäure. (Näheres hierüber ist im Abschnitt über die ‚Chemie der Gerbung' ausgeführt.) Bei der Untersuchung der Gerbbrühen ist deshalb die Feststellung ihres Gehaltes an Säuren von Bedeutung. Die Säuren bestehen aus flüchtigen Säuren (Ameisen-, Essig-, Propion- und Buttersäure) und aus nichtflüchtigen Säuren (Milch-, Bernstein-, Apfel- und Gallussäure). Für die Säurebestimmung sind zahlreiche Verfahren vorgeschlagen worden, von denen die wichtigsten im folgenden angegeben werden sollen:

1. Methode Procter (*4*). Man titriert 10 ccm der klaren Brühe mit Kalkwasser, das auf $^{n}/_{10}$-Salzsäure mit Methylorange eingestellt ist, bis sich die erste Spur einer bleibenden Trübung zeigt. Wenn Oxalsäure oder freie Schwefelsäure in der Brühe vorhanden sind, die mit Kalkwasser sofort eine Trübung geben, so gibt man vorher einen Überschuß von neutralem Calciumacetat oder Calciumchlorid hinzu, füllt auf das Doppelte des ursprünglichen Volumens auf, filtriert und titriert 20 ccm dieser Lösung.

Bei Fichtenrindenauszügen entsteht gleich zu Beginn eine Trübung. In diesem Fall ist die Methode nicht verwendbar.

2. Methode Koch. Man gibt in einem Erlenmeyerkolben zu 25 ccm der klar filtrierten Gerbbrühe 25 ccm Gelatinelösung (5 bis 6 g pro l). Wenn der sich bildende Niederschlag sich nicht sofort absetzt, so ist die Gelatinelösung zu konzentriert und der Versuch ist mit einer verdünnteren Lösung zu wiederholen. Der Niederschlag wird abfiltriert. Vom Filtrat titriert man 25 ccm mit einer Barytlösung von bekanntem Gehalt, bis die Lösung intensiv dunkel wird. Bei reinen Fichtenbrühen tritt gleichzeitig eine Grünfärbung auf. Die so ermittelte Gesamtsäure wird als Essigsäure berechnet. Die für die Probe verwendete Gelatinelösung muß vollständig neutral bzw. ihr Säuregehalt gegen Barytlösung ermittelt sein.

3. Methode Yocum, Faust und Riker. Die Methode gleicht der von Koch, nur wird außer Gelatine bei der Ausfällung des Gerbstoffes noch eine 2proz. Lösung von Gummi arabicum zugesetzt und nachher mit Kaolin filtriert. Die Titration erfolgt mit $^{n}/_{10}$-Natronlauge unter Verwendung von Hämatin als Indicator.

4. Methode Bennett. Man bringt die Gerbbrühe auf 0,2% Gerbstoffgehalt und titriert 1. 10 ccm mit $^{n}/_{10}$-Natronlauge und 5 Tropfen Phenolphthalein als Indicator. 2. Man gibt zu 10 ccm Gerbbrühe 5 ccm einer 0,5proz. Weinsäurelösung, verdampft das Ganze zur Trockne, erhitzt den Rückstand eine Stunde

im Trockenschrank, löst dann in etwas destilliertem Wasser und titriert wie bei 1. mit $^n/_{10}$-Natronlauge. — 3. Man verdampft 11 ccm der nach dem Schüttelverfahren erhaltenen Nichtgerbstofflösung nach Zusatz von 5 ccm einer 0,5proz. Weinsäurelösung zur Trockne, trocknet, löst und titriert wie unter 2.

Von den unter 2. und 3. genannten Titrationswerten bringt man die der Weinsäure entsprechende Alkalimenge in Abzug. Die erste Titration ergibt die Gesamtsäure der Brühe, die zweite die löslichen nichtflüchtigen Säuren und die dritte Titration die nichtflüchtigen Nichtgerbstoffsäuren.

5. Methode Steven und Anacker. 10 ccm der verdünnten Gerbbrühe werden abends in eine Diffusionshülse (Schleicher & Schüll Nr. 579, Durchmesser 16 mm, Länge 100 mm) hineinpipettiert. Die Hülse wird über Nacht in ein Becherglas eingehängt, welches 150 ccm destilliertes Wasser enthält. Am anderen Morgen titriert man das Dialysat mit $^n/_{10}$-Natronlauge gegen Phenolphthalein, hängt die Hülse evtl. nochmals 5 Stunden in 150 ccm destilliertes Wasser und titriert den Rest der Säure im zweiten Dialysat. 1 ccm $^n/_{10}$-Natronlauge entspricht 6 mg Essigsäure.

6. Kubelka und Wagner entgerben die Lösung zuerst mit Karboraffin (einer technischen Kohle von hoher Adsorptionskraft) unter Zusatz von Kaliumchlorat und titrieren dann mit $^n/_{10}$-Natronlauge gegen Phenolphthalein.

7. Methode Grasser (*8*) zur Trennung und quantitativen Bestimmung der Säuren. Bei der Methode wird folgende Apparatur verwendet (siehe Abb. 49):

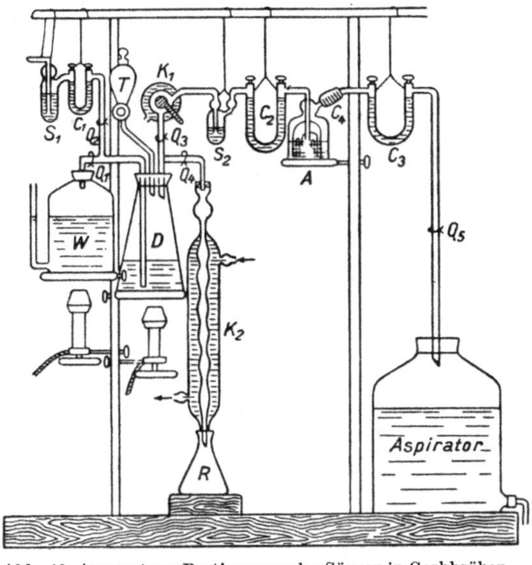

Abb. 49. Apparat zur Bestimmung der Säuren in Gerbbrühen nach Grasser.

Der Apparat besteht aus einem Destillationskolben D von 500 ccm Fassungsraum, in dem ein Rohr bis auf den Boden reicht, welches Wasserdampf aus dem Dampferzeuger W einzuleiten gestattet. Dasselbe Rohr zweigt in einem T-Stück ab zu einem Kohlensäure-Absorptionsrohr C_1, dem eine Schwefelsäure-Trockenflasche S_1 vorgeschaltet ist. Im Kolben D münden weiter noch ein mit Hahn verschließbarer Tropftrichter T und ein T-Stück, das einerseits zum absteigenden Kühler K_2, andererseits durch den Rückflußkühler K_1 zur Waschflasche S_2, dem Absorptionsrohr C_2, dem Kaliapparat A und nochmals zu einem U-Rohr C_3 führt, welch letzteres zu einem Wasseraspirator führt. C_2 ist mit reinem Chlorcalcium, A mit konzentrierter Lauge, dessen Rohr C_4 halb mit Natronkalk, halb mit Chlorcalcium, C_3 abermals in dem gegen A zugewendeten Schenkel mit Chlorcalcium, im anderen mit Natronkalk gefüllt. S_2 ist ein mit Schwefelsäure beschickter Blasenzähler. Q_1 bis Q_5 sind Schraubenquetschhähne. Sämtliche Verbindungen sind aus starkem Druckgummischlauch hergestellt. Die Arbeitsweise mit diesem Apparat ist folgende:

Der Apparat wird so zusammengestellt, wie die Abb. 49 zeigt, nur wird der Kaliapparat A vorerst ausgeschaltet und somit C_2 direkt mit C_3 verbunden; nun werden die Quetschhähne Q_1 und Q_4 geschlossen, Q_2, Q_3 und Q_5 derart geöffnet, daß durch langsames Auslaufen des Wassers aus dem Aspirator ein ganz langsamer Strom trockener und kohlensäurefreier Luft durch S_1 und C_1 einströmt. Sobald man annehmen kann, daß alle in dem Apparat vorhanden gewesene kohlensäurehaltige Luft abgesaugt und durch kohlensäurefreie Luft ersetzt ist, schaltet man den Kaliapparat A ein, läßt aus dem Tropftrichter T 150 bis 200 ccm Brühe in D einlaufen und verschließt den Hahn von T. Nun erhitzt man den Destillationskolben D zum Sieden, so daß alle Kohlensäure ausgetrieben wird und durch die Gefäße S_2 und C_2 getrocknet zur Absorption in A gelangen kann, während das mitdestillierende Wasser durch den Kühler K_1 stets dem Kolben D zurückgeführt wird. Erkennt man am Kaliapparat, daß keine absorptionsfähigen Gase diesen mehr durchstreichen, so läßt man durch stärkeres Öffnen von Q_5 einen heftigeren Luftstrom den ganzen Apparat durchziehen, um alle noch evtl. darin verbliebene Kohlensäure mitzureißen und zur Absorption in A zu bringen. Durch Wägen des Kaliapparates ermittelt man aus dessen Gewichtszunahme die Menge der Kohlensäure, welche in der Brühe vorhanden war. Nach beendetem Austreiben der Kohlensäure verschließt man die Quetschhähne Q_2, Q_3 und Q_5, öffnet Q_1 und Q_4 und bringt durch Erhitzen den Wasserdampferzeuger W in Tätigkeit und wärmt D nur mit einer kleineren Flamme so viel, daß sich nicht allzu große Mengen von Kondenswasser darin ansammeln. Durch diese somit eingeleitete Wasserdampfdestillation wird der Brühe die gesamte flüchtige Essigsäure entzogen und es kann diese nach Beendigung der Destillation, im Kolben R angesammelt, mit $^n/_{10}$-Lauge titriert werden. Sollte das Volumen der Brühe in D 250 ccm überschreiten, so empfiehlt es sich, einen Teil der Flüssigkeit durch Abdestillieren zu entfernen. Der Rückstand, welcher meistens noch die nichtflüchtige Milchsäure enthält, kann abermals nach Entfernen der Gerbstoffe mit Gelatinelösung (Methode Koch) titrimetrisch mit Barytlösung und Phenolphthalein bestimmt werden.

e) Bestimmung der Wasserstoffionenkonzentration (p_H-Wert). Der p_H-Wert von Gerbbrühen, der für den Gerbprozeß von außerordentlicher Bedeutung ist, wird nach der elektrometrischen oder einer der kolorimetrischen Methoden bestimmt, wie sie im Band I, erster Teil, ausgeführt sind. Für die praktische Kontrolle der Gerbbrühen hat sich das Folienkolorimeter von Wulff besonders bewährt. Die p_H-Werte der wichtigsten Gerbmittelauszüge sind in Tabelle 98 zusammengestellt. (Natürliche p_H-Werte.)

Tabelle 98. p_H-Werte der wichtigsten pflanzlichen Gerbmittelauszüge.

Gerbmittelauszug	Mittlerer p_H-Wert
Quebrachoextrakt, (natur.)	4,9
„ schwach sulfit.	5,3
„ stark sulfit.	6,4
Eichenholzextrakt	3,6
Kastanienholzextrakt	3,6
Fichtenrindenextrakt	4,3
Mimosarindenextrakt	5,2
Mangroverindenextrakt	5,4
Valoneaextrakt	3,8
Myrobalanenextrakt	3,2
Sumachextrakt	4,1
Blockgambir	4,3
Würfelgambir	4,7
Malettextrakt	

Außer der Wasserstoffionenkonzentration ist das Pufferungsvermögen der Gerbbrühen von großer Bedeutung für ihren spezifischen Gerbwert. Das Pufferungsvermögen der verschiedenen Gerbmittelauszüge kommt dadurch zum Ausdruck, daß die einzelnen Auszüge zur Veränderung ihres p_H-Wertes ganz unterschiedliche Mengen von Säure bzw. Alkali erfordern.

f) Bestimmung des Quellwertes (Claflin). 200 ccm der Brühe werden mit einer 10 g Trockensubstanz entsprechenden Menge unbehandelten Hautpulvers 10 Minuten lang in einer Pulverflasche gelinde geschüttelt und dann sorgfältig durch ein grobes Glasfilter gegossen. Das Filtrat mißt man in einem 200 ccm-Meßzylinder. Druck darf auf das Hautpulver nicht ausgeübt werden.

Die vom Hautpulver zurückgelassene Wassermenge dient als Maß für den Quellwert der Brühe.

g) Bestimmung des Entkälkungsvermögens. Zur Ermittlung, wieviel Kalk (in der zu gerbenden Blöße) eine Gerbbrühe durch ihre Säure zu neutralisieren vermag, benützt man die auf S. 236 beschriebene Methode von Procter (Titration mit Kalkwasser).

h) Bestimmung der Eiweißstoffe. Alte Gerbbrühen enthalten gelöste und ausgefällte Eiweißstoffe, deren Bestimmung mitunter erforderlich werden kann. Zur Ermittlung des Gesamteiweiß verdampft man 30 ccm der nichtfiltrierten Brühe unter Zusatz einiger Tropfen konzentrierter Schwefelsäure in einem Aufschließungskolben zur Trockne, fügt dann 20 ccm konzentrierter Schwefelsäure und etwas Kupferoxyd oder einen Tropfen Quecksilber zu und schließt in der üblichen Weise auf. Die in der klaren Flüssigkeit nach Kjeldahl ermittelte Ammoniakmenge wird auf Hautsubstanz umgerechnet (0,017 g NH_3 = 0,014 g N; mittlerer Stickstoffgehalt der Hautsubstanz = 17,4%).

Zur Bestimmung der gelösten Eiweißstoffe benützt man die filtrierte Brühe und verfährt dann in gleicher Weise.

i) Aussalzen von Gerbstofflösungen. Die Gerbstofflösungen und Gerbbrühen stellen polydisperse Systeme dar, d. h. ihre disperse Phase, die Gerbstoffteilchen, sind in ganz verschiedener Größe vorhanden. Von der Teilchengröße wird die Gerbwirkung einer Brühe weitgehend beeinflußt; auch scheint die Adstringenz einer Gerbstofflösung mit der Teilchengröße in enger Beziehung zu stehen (siehe S. 105). Um sich über die Konzentration der Gerbstoffteilchen verschiedener Größe und damit über die Adstringenzverhältnisse der Gerbbrühe ein Bild zu machen, bedient man sich der fraktionierten Aussalzung.

Durch allmählichen Elektrolytzusatz werden zuerst die größten, dann die kleineren Gerbstoffteilchen ausgeflockt. Die Verhältnisse liegen zwar bei den pflanzlichen Gerbbrühen nicht so klar wie bei sonstigen polydispersen Systemen, z. B. Schwefelsolen mit Teilchen verschiedener Größe. Immerhin läßt sich durch einen Elektrolytzusatz in drei Stufen derart, daß man die Gerbstofflösung erst $1/3$, dann $2/3$ und zuletzt vollständig mit Kochsalz sättigt, eine Fraktionierung des Gerbstoffs erzielen, die nur durch die verschiedene Teilchengröße bedingt sein kann. Eine Erscheinung, die von Stiasny und seinen Mitarbeitern beobachtet wurde, ist allerdings bei dieser fraktionierten Aussalzung merkwürdig. Wenn man die bei $1/3$-Sättigung ausgeflockten Anteile in Wasser löst und zu dieser Lösung wieder Kochsalz bis zu $1/3$-Sättigung zugibt, so wird nicht der ganze Gerbstoff, sondern nur ein Teil davon wieder ausgefällt. Und wenn man die zweite Fraktion, die bei $1/3$-Sättigung noch in Lösung blieb, bei $2/3$-Sättigung aber ausflockte, in Wasser löst und diese Lösung dann wieder mit Kochsalz fraktioniert fällt, so findet man nicht alles in der zweiten Fraktion wieder, sondern der gelöste Gerbstoff verteilt sich auf alle Fraktionen. Es hat, nach Stiasnys Anschauung, bei der Ausflockung ein Zusammenschmelzen der Teilchen stattgefunden und die beim Auflösen dieser Masse erfolgende Zerteilung führt in bezug auf Aussalzbarkeit wieder zu allen Fraktionen. Durch dieses Verhalten unterscheiden sich die Gerbstofflösungen von den oben genannten Schwefelsolen. Es ist also bei Gerbbrühen eine Reinigung einer Fraktion durch wiederholtes Lösen und Wiederfällen nicht möglich.

Bei der fraktionierten Aussalzung einer Gerbstofflösung verfährt man folgendermaßen:

Man bringt von einer klaren 1proz. Gerbstofflösung je 100 ccm in drei Glasflaschen mit eingeschliffenem Stopfen. In das erste Glas gibt man 11 g, in das zweite 22 g und in das dritte 32 g fein gepulvertes Kochsalz, verschließt die

Gläser gut und läßt sie sofort ½ Stunde im Schüttelapparat rotieren. Anschließend läßt man zwei Stunden stehen. Dann saugt man durch Glasfilter (Schott u. Gen. Jena < 7) ab. Die Niederschläge werden in heißem Wasser gelöst und die Lösungen auf je 100 ccm aufgefüllt. In der ursprünglichen Gerbstofflösung sowie in den drei Lösungen bestimmt man den Gerbstoffgehalt nach Löwenthal und gibt die einzelnen Aussalzfraktionen in Prozenten des nach Löwenthal bestimmten Gerbstoffes an.

Die einzelnen Gerbstoffe zeigen bei der fraktionierten Aussalzung ein ganz verschiedenes Verhalten. In manchen Fällen sind die Mengen der einzelnen Fraktionen so charakteristisch, daß sie zur Identifizierung der betreffenden Gerbstoffe dienen könnten.

Literaturübersicht.

Allen: Collegium **1911**, 217.
Appelius u. Keigueloukis: Collegium **1930**, 330.
Appelius u. Schmidt: Collegium **1913**, 308; **1921**, 222.
Baldracco: Collegium **1913**, 251; **1929**, 450.
Becker: Collegium **1912**, 613.
Bell-Stephens: Dinglers Polytechn. Journ. **20**, 168 (1826).
Bennet: Journ. Amer. Leather Chem. Assoc. **1916**, 500.
Bergmann, Immendörffer, Correns: Collegium **1925**, 413.
Biggin: Scherers Journ. **5**, 46 (1800).
Boettinger: Chem.-Ztg. **1896**, 984.
Bruère, de la: Cr. **1923**, 12 u. 52.
Brumwell: Collegium **1911**, 382.
Bruns: Chem.-Ztg. **1921**, 486.
Burton u. Charlton: Collegium **1927**, 360.
Cerych: Gerber **1895**, 241.
Dekker: Gerbstoffe **1912**, 481ff.
Dietrich: Pharm. Zentralhalle, N. F. **17**, 855 (1896).
Eitner u. Meerkatz: Gerber **1885**, 157.
Freudenberg: Abderh. Hdb. I/10, 453.
Gerngroß (*1*): Collegium **1921**, 224.
Gerngroß (*2*): Collegium **1930**, 527.
Gerngroß, Ban u. Sandor: Collegium **1925**, 565.
Gerngroß u. Hübner: Collegium **1927**, 426.
Gerngroß u. Sandor: Collegium **1926**, 9; (*4*): Ebenda **1926**, 1; **1927**, 12.
Gerngroß, Sandor u. Tsou: Collegium **1927**, 21.
Giusiana: Cr. **1914**, 547.
Grasser (*1*): Handb. für gerbereichem. Laborat., 3. Aufl. **1929**; (*2*): Collegium **1921**, 224; (*3*): Ebenda **1911**, 185; (*4*): Ebenda **1910**, 408; **1911**, **46**; (*5*): Ebenda **1920**, 17; (*6*): Ztschr. f. Leder- u. Gerbereichemie **1922**, 377; (*7*): Collegium **1911**, 349; (*8*): Ebenda **1910**, **406** (nach Handbuch für gerbereichem. Lab., S. 327/328).
Hesselle, de: Collegium **1921**, 425.
Hinrichsen u. Kadesky: Mitt. **1907**.
Hoppenstedt: Journ. Soc. Leather Trades Chem. **1912**, Nr. 2.
Hough: Journ. Soc. Leather Trades Chem. **1920**, 5.
Jablonski: Collegium **1909**, 162.
Jean: Annali chim. appl. **5**, 134.
Jedlicka: Collegium **1909**, 162.
Jowanowitsch: Collegium **1928**, 40.
Keiguelоukis: Collegium **1929**, 30.
Knowles: Journ. Soc. Leather Trades Chem. **1920**, 13.
Koch: Dinglers Polytechn. Journ. **1887**, 265.
Koerner: Dtsch. Gerber-Ztg. **1906**, 39.
Kohnstein: Collegium **1912**, 153.
Kubelka u. Nemec: Collegium **1929**, 421.
Kubelka u. Wagner: Collegium **1924**, 41.
Lauffmann (*1*): Ledertechn. Rdsch. **1914**, Nr. 5 bis 8; (*2*): Collegium **1919**, 294; (*3*): Ebenda **1913**, 10; **1920**, 129; (*4*): Ebenda **1919**, 118; (*5*): Ebenda **1917**, 322.

Löwenthal: Journ. f. prakt. Ch. **3**, 150 (1860; Ztschr. f. anal. Ch. **1877**, **33** u. 201; **1881**, **91**.
McCandlish-Atkin: Journ. Soc. Leather Trades Chem. **1929**, 69.
Nemec u. Kudlacek: Collegium **1930**, 72.
Meunier u. Jamet: Cr. **18**, **166** (1926).
Meunier u. Bonnet: Compt. rend. **180**, 2038 (1925).
Möller: Collegium **1914**, **152** u. **382**.
Münz u. Rampacher: Compt. rend. **79**, 380 (1874).
Paeßler (*1*): Collegium **1906**, 287, 392.
Parker u. Payne nach Grasser (*1*), S. 289.
Pollak (*1*): Collegium **1912**, 134.
Pollak (*2*): Ullmanns Enzyklop. d. techn. Chemie 2. Aufl. Bd. V, 678.
Priestmann: Collegium **1905**, 184.
Procter (*1*): Journ. Soc. Chem. Ind. **1887**, 94; (*2*): Nach Grasser (*1*), S. 243.
Procter (*3*): Gerbereichem. Untersuch. **1901**, 106.
Procter (*4*): Sitzungsber. d. Chem. Gesellsch. in Newcastle a. T. **1879**.
Procter u. Hirst: Collegium **1905**, 184.
Ries (*1*): Collegium **1926**, 417; (*2*): Ebenda **1929**, 103.
Simand, Eitner, Weiß u. Meerkatz: Gerber **1887**, 94.
Schneider u. Seiwerth nach Gnamm: Gerbstoffe u. Gerbmittel **1924**, 38.
Schreiner: Gerber **1888**, **243**.
Schwarzberg: Collegium **1928**, 151.
Sheard: Collegium **1908**, 275.
Steven u. Anacker: Collegium **1927**, 300.
Stiasny (*1*): Gerber **1905**, 187; Collegium **1911**, 258, 323; **1912**, 484; (*2*): Gerber **1905**, 233.
Stiasny (*3*): Gerbereichem. Taschenb. (Vagda), 2. Aufl. **1929**; (*4*): Collegium **1912**, 496; (*5*): Vortrag, gehalten bei der Jahresvers. d. I.V.L.I.C., Stuttgart 1929.
Stiasny u. Wilkinson: Collegium **1911**, 318 u. 324.
Turnbull: Journ. Amer. Soc. Leather Chem. **1929**, 121.
Vogel (*1*): Collegium **1925**, 189.
Vogel (*2*): Collegium **1931**, 197.
Vogel u. Schüller: Collegium **1923**, 319.
Waerden, v. d.: Collegium **1924**, 323.
Wilkinson siehe Stiasny.
Wilson u. Kern (*1*): Journ. Ind. and Engin. Chem. **12**, 465 (1920); (*2*): Chemistry of Leath Manuf. **1923**, 221; (*3*): Journ. Ind. and Engin. Chem. **13**, 772 (1921).
Yocum, Faust u. Riker: Collegium **1910**, 410.

D. Die Gewinnung der pflanzlichen Gerbmittel.

Von **Dr. Wilhelm Vogel**, Freiberg i. Sa.

I. Allgemeines über die Gerbmittelgewinnung.

Alle heute technisch verwendeten Produkte pflanzlichen Ursprungs kamen ursprünglich wildwachsend vor. Sobald man aber ihre praktische Verwendbarkeit erkannt hatte, ging man vielfach dazu über, sie auch durch Anpflanzung zu gewinnen, namentlich dann, wenn sich ein Mangel an dem wildwachsenden Produkte einstellte. Die Anlage von Kulturen ermöglicht es, innerhalb weiter Grenzen den mengenmäßigen Anforderungen der Praxis Rechnung zu tragen. Außerdem bietet sie den besonderen Vorteil, durch die Wahl des entsprechenden Bodens und der günstigsten klimatischen Bedingungen, sowie durch systematische Auswahl der geeignetsten Arten ein besonders hochwertiges Produkt hervorzubringen. Als ein Beispiel derartiger Entwicklung sei der Kautschuk genannt. Während er ursprünglich ausschließlich von wildwachsenden Pflanzen geliefert wurde, wird heute der weitaus größte Teil des Kautschuks im Plantagenbau gewonnen. Von den Gerbmitteln werden gegenwärtig noch die Mehrzahl in ihrem ursprünglichen Vorkommen erzeugt. Als solche Gebiete natürlichen Vorkommens gerbstoffliefernder Pflanzen seien nur einige der wichtigsten aufgeführt, nämlich das südamerikanische Quebrachogebiet, die europäischen und nordamerikanischen Kastanienwälder, das kleinasiatische und griechische Verbreitungsgebiet der Valoneaeiche und die Mangrovenwälder der Tropen. Zu den bedeutendsten zum Zwecke der Gerbstoffgewinnung angelegten Kulturen gehören die Mimosenpflanzungen in Südafrika, die europäischen Eichenschälwälder, die Sumachkulturen Siziliens, die Gambirpflanzungen in Ostindien und den Malaienstaaten, die Dividivipflanzungen in Venezuela und Kolumbien, die Canaigrepflanzungen in Mexiko und Texas. Bei der Gewinnung der natürlich vorkommenden Gerbmittel wird noch vielfach Raubbau getrieben. Man denke nur an die Ausbeutung der Quebracho- und der Kastanienwälder. Wenn es sich dagegen um Kulturen gerbstoffliefernder Pflanzen handelt, dann haben die Eigentümer selbst das größte Interesse an einer rationellen Bewirtschaftung der Pflanzungen und sachgemäßen Gewinnung der Erzeugnisse.

Bei der Gewinnung pflanzlicher Gerbmaterialien hat man zwischen einer Urproduktion und einer verarbeitenden oder veredelnden Produktion zu unterscheiden. Die Urproduktion umfaßt die Gewinnung des gerbstoffhaltigen Pflanzenteils und die sich unmittelbar anschließenden Arbeiten, wie Trocknen, Sortieren, Zerkleinern und Fertigmachen zum Versand. Bei diesen Arbeiten wird bereits eine Anreicherung des Gerbstoffes erzielt. In noch viel höherem Maße ist aber die Gerbstoffanreicherung der Zweck der veredelnden Produktion. Sie besteht darin, daß man das Gerbmittel von Verunreinigungen oder gerbstoffarmen Bestandteilen befreit. So wird z. B. der Sumach durch das sog. Ventilieren von Sand, Erde und Metallteilchen befreit. Er erfährt dadurch nicht nur eine Gerbstoffanreicherung, sondern gleichzeitig eine Verbesserung seiner Qualität, weil der so gereinigte Sumach hellere und klarere Brühen gibt. Durch Entkernen der Myrobalanen erhöht sich der Gerbstoffgehalt des lufttrockenen Handelsproduktes von 34 auf 50%. Die Valoneen enthalten ungefähr 30% Gerbstoff. Ihr gerbstoffreichster Teil sind die Schuppen. Letztere werden daher zuweilen abgetrennt und kommen dann als Trillo mit einem Gerbstoffgehalt von 40% und darüber in den Handel. Zur Gerbmaterialveredlung gehört nicht nur die Entfernung von Verunreinigungen und gerbstoffarmen Bestandteilen, sondern dazu ist besonders auch die Gewinnung von Extrakten aus dem rohen Gerbmaterial zu zählen. Sie stellt den Höhepunkt der Gerbstoffveredlung dar und ist vorwiegend bei Gerbmaterialien mit niedrigem und mittlerem Gerbstoffgehalt am Platze. Die Extraktherstellung bedeutet nicht nur eine wesentliche Anreicherung des Gerbstoffgehaltes; sie gestattet außerdem durch besondere Maßnahmen wie Klären, Entfärben, chemische Behandlung u. dgl. die Gerbstoffe in erhöhter Reinheit und Wirksamkeit herzustellen.

Die Gewinnung der Gerbmittel hat sich dem Pflanzenteile, welcher den Gerbstoff enthält, anzupassen. Am einfachsten gestaltet sich die Gewinnung der Gerbhölzer. Wenn sie wie Eichenholz und Kastanienholz mitsamt der Rinde verarbeitet werden, können sie ohne weitere Umstände sofort nach dem Fällen, evtl. nach einigem Lagern, nach Entfernung der Äste auf Extrakt weiterverarbeitet werden. Quebracho- und Urundaybäume müssen außer von Ästen und Zweigen auch von Rinde und Splint befreit werden. Dies erfolgt sofort an Ort und Stelle. Das verbleibende Kernholz ist dann fertig für die Verarbeitung in der Extraktfabrik. Die Gewinnung der Gerbhölzer ist nicht nur am einfachsten, sondern auch am ergiebigsten; denn es wird durch verhältnismäßig wenig Arbeit gleich eine große Menge zur weiteren Verarbeitung geeigneten Gerbmaterials gewonnen. Umständlicher und weniger ertragreich gestaltet sich die Rindengewinnung. Das Schälen am stehenden Stamm wird nur selten ausgeführt. Im allgemeinen muß der Baum zunächst gefällt werden; erst dann kann das Schälen der Rinde erfolgen. Dies muß durch geschultes Personal vorgenommen werden. Häufig ist dazu auch die Einhaltung einer bestimmten Jahreszeit erforderlich. Die geschälte Rinde ist dann unter Beobachtung verschiedener Vorsichtsmaßregeln zu trocknen. Noch umständlicher und noch weniger ertragreich als die Rindengewinnung ist das Ernten der Gerbfrüchte, Gerbblätter und der krankhaften gerbstoffhaltigen Auswüchse. Mühsam müssen diese kleinen Gebilde mit der Hand gepflückt und dann mit großer Vorsicht getrocknet werden. Viel Kleinarbeit ist auch aufzuwenden bei der Gewinnung der Gerbwurzeln und Gerbknollen. Bei ihrer Gewinnung ist der Reinigung vom anhaftenden Erdreich besondere Aufmerksamkeit zu schenken. Es ist bis jetzt nicht gelungen, Maschinen zu konstruieren, welche die Gewinnung der Gerbmittel in rationeller, überall einfach auszuführender Weise gestatten. Die ganze Gewinnung muß mit der Hand unter eventueller Benützung einfacher Werkzeuge vor sich gehen. Sie ist daher ziemlich kostspielig und nur dort lohnend, wo verhältnismäßig billige Arbeitskräfte in genügender Zahl zur Verfügung stehen.

Unmittelbar an die Gewinnung der Gerbmittel schließt sich ihre Trocknung an. Hierbei ist stets zu beachten, daß jedes Gerbmittel neben leichtlöslichen, wenig gefärbten Gerbstoffen noch schwerlösliche, stärker gefärbte Gerbstoffe enthält. Diese dunkel gefärbten Stoffe bilden sich unter bestimmten Umständen aus den hellen Gerbstoffen, und zwar hauptsächlich durch die Einwirkung von Luft und Licht, wobei Feuchtigkeit und Wärme die Umwandlung in die dunkel gefärbten Stoffe besonders begünstigen, und wobei vielleicht auch Fermente mitwirken. Diese Einwirkung kann unter Umständen soweit gehen, daß sich aus den löslichen Gerbstoffen unlösliche Stoffe bilden. Beim Vorhandensein von Feuchtigkeit und in der Wärme tritt leicht auf dem Gerbmaterial Schimmelbildung auf, die eine Zerstörung von Gerbstoff zur Folge haben kann. Die Gerbmittel sind direkt nach ihrer Gewinnung meistens sehr wasserreich. Dies gilt namentlich für die Rinden, Blätter, Früchte und Wurzeln. Der Zweck des Trocknens ist nun der, diesen hohen Wassergehalt soweit zu vermindern, daß er nur noch geringe Schwankungen zeigt, die lediglich von der jeweils herrschenden Luftfeuchtigkeit und Temperatur abhängig sind. In diesem Zustand werden die Gerbmittel als lufttrocken bezeichnet. Der durchschnittliche Wassergehalt der einzelnen lufttrockenen Gerbmittel ist verschieden und liegt zwischen 12 bis 17,5%. Eichenrinde z. B. enthält unmittelbar nach dem Schälen 50 bis 60% Wasser. Dieser Wassergehalt muß durch Trocknen auf ungefähr 13% vermindert werden; es ist also pro 100 kg Rinde die beträchtliche Menge von rund 40 bis 50 l Wasser durch Trocknen zu entfernen. Die Anwendung höherer Wärmegrade verbietet sich beim Trocknen der Gerbmittel gewöhnlich von selbst; denn man müßte die Wärme künstlich erzeugen, wodurch das Trocknen unnötig verteuert wird. Man trocknet daher die Gerbmittel einfach an der Luft. Um ein schnelles Trocknen zu erzielen, muß man die Gerbmittel in möglichst dünner Schicht der trocknenden Luft aussetzen, damit die wasserabgebende Fläche möglichst groß ist. Außerdem ist während des Trocknens für öfteres Umlagern zu sorgen, damit keine lokale Erwärmung durch Gärung eintritt, die Gerbstoffverluste zur Folge haben kann. Auch guter Luftzug muß während des Trocknens vorhanden sein. Ferner ist das Gerbmaterial möglichst vor Niederschlägen und vor Bodenfeuchtigkeit, sowie besonders in wärmeren Ländern auch vor den Sonnenstrahlen zu schützen. Alle Gerbstoffe färben sich unter dem Einfluß des Lichtes infolge von Oxydation mehr oder weniger dunkel. Diese Dunkelfärbung tritt um so stärker auf, je höher die Feuchtigkeit und je stärker die Belichtung ist. Durch Regen kann außerdem eine geringe Auswaschung gerade des hellsten wertvollsten Gerbstoffes stattfinden. Der Gerber hat daher mit Recht eine Abneigung gegen verregnete Rinden, weil sie dunkle Brühen und dunkle Leder geben. Tatsächlich werden allerdings unsere einheimischen Rinden meist im Freien getrocknet und sind dabei allen Unbilden der Witterung ausgesetzt. Trotzdem kann man durch entsprechendes Aufstellen oder Aufhängen den Erfordernissen einer sachgemäßen Trocknung bis zu einem gewissen Grade Rechnung tragen. Wie dabei im einzelnen zu verfahren ist, wird später an geeigneter Stelle näher beschrieben.

Auf die Trocknung folgt bei vielen Gerbmitteln eine Sortierung. Diese Sortierung gründet sich stets auf äußere Merkmale wie Farbe, Form, Aussehen, Größe und wird in Handarbeit ausgeführt. Auf diese Weise werden für ein und dasselbe Gerbmittel Sorten von verschiedener Beschaffenheit und entsprechend verschiedenem Werte geschaffen. Die wichtigste Grundlage für die Bewertung ist jedoch der Gerbstoffgehalt. Er steht manchmal mit der Bewertung nach äußeren Eigenschaften nicht vollkommen im Einklang. Daher wird die Bewertung auf Grund äußerer Kennzeichen zweckmäßig durch analytische Untersuchung kontrolliert.

Die getrockneten und nötigenfalls sortierten Gerbmittel kommen entweder ganz oder in mehr oder weniger zerkleinertem Zustand zur Lagerung und zum Versand. Unzerkleinerte Hölzer und Rinden kommen ohne Verpackung zum Versand, zerkleinerte Hölzer und Rinden, sowie die Blätter, Früchte und krankhafte Auswüchse werden in Säcken verpackt zum Versand gebracht. Das Gewicht der einzelnen Säcke mit Gerbmaterial ist für die verschiedenen Gerbmittel verschieden, für ein und dasselbe Gerbmittel im allgemeinen ziemlich einheitlich. Auch bei der Lagerung und beim Transport müssen die Gerbmittel sachgemäß behandelt werden. Diese Behandlung besteht in der Hauptsache darin, daß man sie gegen Feuchtigkeit und gegen zu starke Einwirkung des Lichtes schützt. Die unzerkleinerten Gerbmittel erleiden dann keine nennenswerte Veränderung, vor allem tritt kein Gerbstoffverlust ein. Manche Gerbmittel dunkeln allerdings unter dem Einfluß des Lichtes etwas nach. Dem wirkt man dadurch entgegen, daß man die Gerbmittelspeicher möglichst dunkel hält, indem man wenig Fenster einbaut und Fürsorge trägt, daß die Fenster durch Läden verschlossen werden. Auch die zerkleinerten Gerbmittel erleiden bei trockener, sachgemäßer Lagerung keine merkliche Abnahme ihres Gerbstoffgehaltes. Bei jahrelanger Lagerung, die allerdings praktisch wenig in Frage kommt, ist eine geringe Gerbstoffabnahme und eine Dunkelfärbung nicht ganz ausgeschlossen.

II. Die spezielle Gewinnung der einzelnen Gerbmittel.

1. Gerbrinden.

Die Eichenrinde. Die Eiche liefert uns in der Rinde ihrer jungen Stämme eines der edelsten Gerbmaterialien, das in Nord- und Mitteleuropa schon seit Jahrhunderten angewandt wird. Die Eiche ist in ganz Europa, in Zentralasien, Sibirien und in Nordamerika außerordentlich verbreitet, und zwar kommt sie entweder einzeln vor oder bildet ganze Waldungen. Für Gerbmaterialgewinnung kommt in Europa hauptsächlich die Trauben- und die Stieleiche, in Nordamerika die Kastanien- und die Roteiche in Betracht.

Die jungen Eichen besitzen eine glatte, borkefreie Rinde. Von einem gewissen Alter an stellt sich jedoch Borkebildung ein. Sie beginnt am Fuß der Stämme und schreitet mit zunehmendem Alter allmählich nach oben fort. Ganz alte Eichen haben daher mit Ausnahme der schwächeren Äste meist nur borkige Rinde. Bei unseren heimischen Eichen tritt die Borkebildung, die nebenbei bemerkt, stark vom Standort abhängig ist, gewöhnlich im Alter von 12 bis

20 Jahren ein; doch bleibt die Stammrinde zuweilen auch bis zum 25. Jahre borkefrei. Da die Borke gerbstoffarm ist, hat glatte Rinde gewöhnlich mehr Gerbstoff als borkige. Auch sonst, besonders wegen der helleren Farbe des damit hergestellten Leders, kommt der jungen Rinde gerberisch ein höherer Wert zu als der alten. Um borkige Rinde zur Lederherstellung verwenden zu können, muß man sie entborken. Das ist jedoch eine Arbeit, die in den meisten Fällen nicht lohnt. Man gewinnt daher schon seit Jahrhunderten für Gerbereizwecke lediglich die Eichenjungrinde. Dies erfolgt in den Eichenschälwäldern, die in manchen Gegenden auch als Lohbecken, Hauberge oder Eichenbüsche bezeichnet werden. Die Eichenschälwälder, die zu den Niederwaldbetrieben gerechnet werden, stellen eigenartig eingerichtete und bewirtschaftete Waldungen dar. Ihr Hauptzweck ist die Gewinnung von möglichst viel und möglichst guter Eichenjungrinde. Bei ihnen ist stets die Rindengewinnung die Hauptnutzung. Die Gewinnung des Holzes jedoch, das meist nur als Brennholz dient, ist Nebennutzung. Im Gegensatz zum Eichenschälwald bildet beim Eichenhochwald die Holznutzung die Hauptsache, während die Rinde dabei meist verloren gegeben wird.

Die Anlage eines Eichenschälwaldes ist nur lohnend, wenn die klimatischen und die Bodenverhältnisse eine Gewähr für eine gute Entwicklung der Eichenpflanzungen bieten. Die Eichen brauchen eine mittlere Sommerwärme (Mai bis Oktober) von mindestens 12,5° C. Der Schälwald gedeiht noch gut in Gegenden mit 7 bis 7,5° C mittlerer Jahrestemperatur. Im allgemeinen gilt innerhalb der Grenzen der für die gemäßigte Zone in Betracht kommenden Temperaturen, daß der Ertrag des Eichenschälwaldes qualitativ und quantitativ um so höher ist, je milder das Klima und je höher die mittlere Sonnenwärme ist. Vielfach besitzen Weinbau und Schälwald das gleiche Verbreitungsgebiet. Relativ hohe Luftfeuchtigkeit ist für die Entwicklung der Eiche zwar förderlich, doch gedeiht sie auch bei trockener Luft, wenn ihr der Standort sonst zusagt. Außer Wärme und einer gewissen Luftfeuchtigkeit ist ferner genügend Licht von wesentlichem Einfluß auf die Güte der Rinde. Man bevorzugt daher für die Anlage von Schälwäldern sonnige Süd-, West- und Osthänge, während man die rauhen Nordhänge meidet. An den Boden stellt die Eiche keine allzu hohen Ansprüche. Der Schälwald verlangt einigermaßen lockeren Boden, der in milden Lagen auch flachgründig und trocken sein kann. Im Gegensatz dazu beansprucht der Eichenhochwald tiefgründigen Boden und ein hohes Maß von Bodenfrische. Der Rindenertrag und die Güte der Rinde eines Eichenschälwaldes hängen weniger von der Art des Grundgesteines ab, aus welchem der Boden entstanden ist. Für einen guten Ertrag des Eichenschälwaldes ist vielmehr vor allem ein nicht zu niedriger Gehalt des Bodens an mineralischen Stoffen, besonders an Kalk und Stickstoff, erforderlich. Die Frage, ob die Traubeneiche oder die Stieleiche bessere Rinde und besseres Erträgnis liefert, war von jeher viel umstritten. Sie läßt sich etwa dahin beantworten, daß beide Eichenarten ungefähr gleich gute Resultate geben, wenn auf die klimatischen und Standortsverhältnisse, welche jede der beiden Arten erfordert, gebührend Rücksicht genommen wird. Die Traubeneiche bevorzugt nämlich mehr das Gebirge, die Stieleiche mehr die Ebene. Man kultiviert daher in gebirgigen Gegenden im allgemeinen die Traubeneiche, in der Tiefebene die Stieleiche. In Deutschland wird von den Forstleuten für gewöhnlich der Anbau der Traubeneiche für vorteilhafter gehalten. Tatsächlich ist auch wenigstens für Süd- und Mitteldeutschland die Traubeneiche die bessere Schälwaldeiche. Die Rinde der Traubeneiche läßt sich leichter schälen als die Rinde der Stieleiche. Außerdem wird vielfach behauptet, daß die Rinde der Traubeneiche sich kürzer mahlt und eine mehligere Lohe und mehr Staub liefert, während die Rinde der Stieleiche weniger Staub und eine Lohe von mehr wolliger und faseriger Beschaffenheit gibt.

Der Gerbstoffgehalt der Rinde sowie der Rindenertrag nehmen im Eichenschälwald von Jahr zu Jahr zu. Seinen Höhepunkt erreicht der Gerbstoffgehalt, wenn die Rinde am Fuße des Stammes anfängt, rauh und rissig zu werden, sowie den Silberglanz und die gleichmäßig silbergraue Farbe zu verlieren. Dies ist in sehr mildem Klima, bei günstiger Lage und fruchtbarem Boden in 12 bis 15, in rauhen Lagen in 16 bis 20 Jahren der Fall. Die Rinde ist dann reif zur Ernte. Die Zeit, welche von der Anlage des Schälwaldes bis zur Ernte (Abtrieb) gebraucht wird, bezeichnet man als Umtriebszeit. Sie ist insofern von besonderer Wichtigkeit, als man soviel Schläge anzulegen pflegt, wie der Umtrieb Jahre zählt, damit man regelmäßig jedes Jahr einen Schlag abtreiben kann. Will man also einen Schälwald mit 15jährigem Umtrieb anlegen, so teilt man das zur Verfügung stehende Land in 15 Schläge, von denen jedes Jahr einer neu angepflanzt wird. Die Reihenfolge und die Richtung dieser Schläge ist möglichst so zu wählen, daß später die jüngeren Bestände durch die älteren vor den rauhen Ost- und Nordostwinden geschützt werden. Auch der Anlage zweckmäßiger Zu- und Abfahrtswege ist im Interesse der Wirtschaftlichkeit des Eichenschälwaldes eine besondere Aufmerksamkeit zu schenken.

Die Neuanlage eines Eichenschälwaldes erfolgt entweder durch Saat oder durch Pflanzung. Für die Saat werden Eicheln in den gut bearbeiteten Boden gesät, und zwar rechnet man 3 bis 5 hl Eicheln pro Hektar. Die Saat wird jedoch nur ausnahmsweise bei Pflanzenmangel angewandt. Die beste und gebräuchlichste, wenn auch etwas teuerere Art ist die Pflanzung. Die hierzu erforderlichen Pflanzen werden in einem besonderen Pflanzgarten gezogen. Zur Anlage eines Schälwaldes verwendet man bei besonders reinem Boden 2 bis 3jährige, bei sehr graswüchsigen Böden 5 bis 7jährige Pflanzen (Heistern). Eine besondere Pflanzungsart ist die sog. Stummelpflanzung. Sie besteht darin, daß 3 bis 6jährige, gut bewurzelte, etwa daumenstarke Eichenpflanzen am Wurzelknoten scharf durchschnitten und die unteren Teile zur Pflanzung verwendet werden. Der so behandelte Wurzelstock treibt kräftigere Schößlinge und zeigt rascheres Wachstum als die ungestummelte Pflanze. Bei Anlage eines Schälwaldes soll eine Pflanzweite von 1,50 m nicht überschritten werden. Man rechnet mit einer Bestockungsdichte von 4000 bis 5000 Stamm pro Hektar. Im vorstehenden wurde die Neuanlage eines Eichenschälwaldes kurz beschrieben. Bereits bestehende Schälwälder werden durch glatten Abhieb der Stangen dicht über dem Boden verjüngt. Die im Boden verbleibenden Stöcke schlagen dann wieder aus. Entstandene Lücken werden gewöhnlich durch Pflanzung, seltener durch Eichelstecksaat wieder ausgefüllt. Einen durch Saat oder Pflanzung erhaltenen Stamm bezeichnet man als Kernwuchs. Im Gegensatz dazu nennt man Stockausschläge die nach dem ersten Abtrieb aus dem Wurzelstock sich bildenden Nachwüchse, von denen aus jedem Stock stets mehrere ausschlagen. Im allgemeinen wachsen Kernpflanzen langsamer als Stockausschläge, und ihre Rinde ist etwas schwieriger schälbar als die der Stockausschläge.

Zur Erzeugung einer guten Rinde bedarf der Eichenschälwald einer pfleglichen Behandlung. Bereits im 3. bis 5. Jahre nach der Anlage erfolgt zweckmäßig ein sog. Läuterungshieb, bei dem die allerschwächsten Lohden, d. s. die am Boden kriechenden Stämmchen, herausgenommen werden. In der Zeit zwischen 8. und 12. Jahr findet eine Durchforstung statt. Sie bezweckt, die Schläge etwas lichter zu stellen, um durch stärkere Sonnenbestrahlung den Holz- und Rindenertrag zu erhöhen. Bei ihr werden alle schwachen, unterdrückten Lohden weggenommen, sowie die als Bei-, Wild- oder Raumhölzer bezeichneten Stämmchen anderer Holzarten, wie Birken, Buchen, Weiden entfernt. Um eine leichtere Rindenernte zu ermöglichen, wird im Winter vor der Rindennutzung nochmals ein Hieb zur Entfernung des Raumholzes vorgenommen.

Um die Rinde zu ernten, muß sie vom Stamm geschält werden. Dies ist am leichtesten möglich zur Zeit des Knospenausbruches der Blätter, also zur Zeit der Saftströmung. In dieser Zeit ist das Cambium, das zwischen Rinde und Holzkörper liegt, in stärkster Wachstumstätigkeit. Die Rinde hängt infolgedessen weniger fest mit dem Holzkörper zusammen und läßt sich leichter vom Stamm ablösen; nur die Markstrahlen verursachen einen geringen Widerstand. Man wählt daher diesen Zeitpunkt für die Rindengewinnung. Er liegt in unserem Klima ungefähr zwischen Ende April oder Anfang Mai bis Ende Juni, zuweilen auch bis Mitte Juli. Vielfach ist in Gerberkreisen die Ansicht verbreitet, nur die während dieser Zeit geschälte Rinde besitze einen hohen Gerbstoffgehalt. Diese Ansicht ist jedoch, wie zahlenmäßige Untersuchungen bewiesen haben, nicht zutreffend; der Gerbstoffgehalt der Eichenrinde ist vielmehr während des ganzen Jahres annähernd gleich. Daher kann auch außerhalb der Saftzeit geschält werden; nur muß man dann für eine gute Lockerung der Rinde sorgen. Diese kann erreicht werden durch Einwirkung von Wasserdampf. Einen Apparat hierfür hat zuerst der Franzose Maître konstruiert. Sein Verfahren hat sich aber wegen seiner Umständlichkeit nicht eingeführt. Im Jahre 1915 gelang es dann H. A. Gütschow in Eberbach in Baden, ein Verfahren auszuarbeiten, welches durch entsprechend geleitetes Dämpfen gestattet, Eichenrinde und Fichtenrinde auch außerhalb der Saftzeit sauber und ohne jedes Klopfen zu schälen. Als weitere Verbesserung führte Gütschow einen Trockenkasten ein, der es durch entsprechende Heizungs- und Ventilationsvorrichtungen ermöglicht, die frisch geschälte Rinde in zwei Stunden vollständig lufttrocken und versandfähig zu machen. Dies ist von besonderer Wichtigkeit für das Schälen während des Winters und durch die Ausschaltung der Gefahr der Schädigung der Rinde durch Verregnen. — Das Schälen der Rinde während der Saftzeit geht morgens und abends am leichtesten. Bei warmer und feuchter Luft oder auch bei warmem Regen löst sich die Rinde leichter als bei trockenem Wind. Frost hebt die Schälbarkeit vorübergehend ganz auf. Zu Beginn der Schälzeit lassen sich die stärkeren Stangen besser schälen als die schwächeren. Später ist es umgekehrt. Die Rinde der Traubeneiche ist immer etwas leichter schälbar als die der Stieleiche. Eine gefällte Stange ist meist schon am zweiten Tage nach dem Fällen schwerer zu schälen, besonders bei warmem Wetter; daher werden zweckmäßig nur soviel Eichen gefällt, als man am gleichen Tage schälen kann.

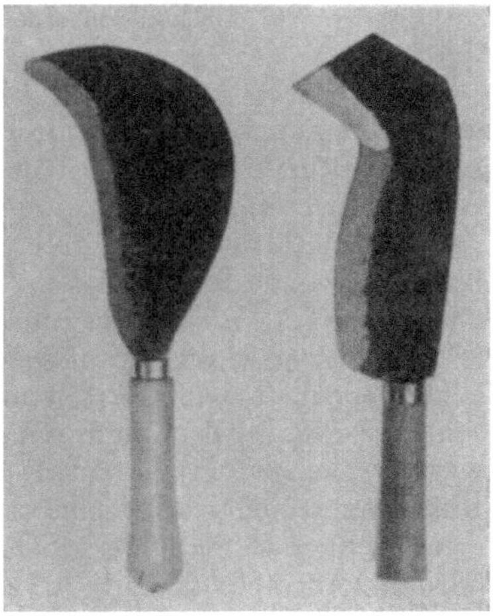

Abb. 50. Heppe.

Zum Schälen der Rinde sind verschiedene Werkzeuge nötig. Zum Fällen und Entästen der Stämme, sowie zum Aufschlitzen der Rinde längs des Stammes benützt man ein Beil. Zum Entästen und zum Aufschlitzen der Rinde senkrecht zur Stammrichtung bedient man sich vielfach einer Heppe (Abb. 50). Zum Ablösen der Rinde vom Stamm wird ein Lohlöffel oder Lohschäler gebraucht. Der Lohlöffel (Abb. 51) ist ein flacher Löffel aus Eisen oder noch besser aus Knochen mit einem hölzernen Griff. Der Lohschäler (Abb. 52) ist ein Werkzeug, das einem großen Spatel gleicht. Zum Klopfen der Rinde, um ihr Ablösen zu erleichtern, verwendet man einen Holzhammer. Das Schälen selbst kann am stehenden, am geknickten oder am liegenden Stamme erfolgen. Beim Schälen am stehenden Stamme wird der Stamm zunächst mit der Heppe abgeästet. Dann schneidet man ebenfalls mit der Heppe einen 2 bis 4 cm breiten Rindenstreifen von oben bis auf den Boden aus und trennt ihn ab. Hierauf schält man

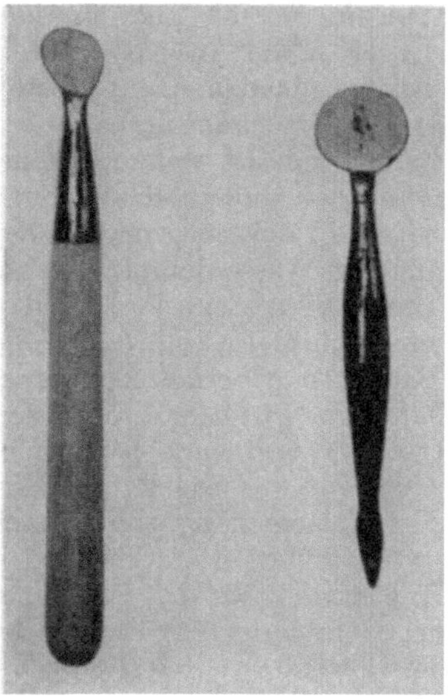

Abb. 51. Lohlöffel.

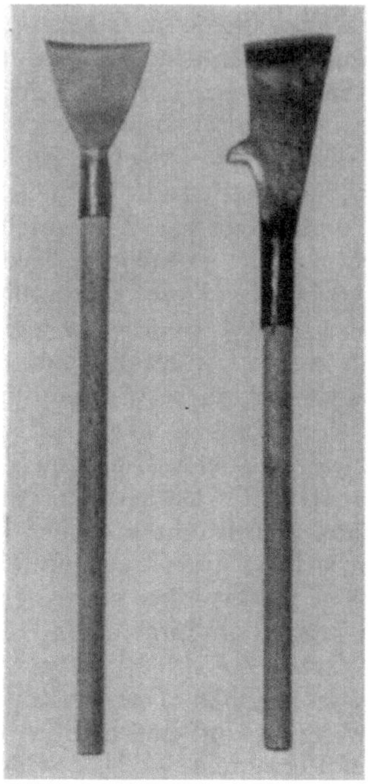

Abb. 52. Lohschäler.

die Rinde mit dem Lohlöffel bis zu ca. 3 cm Stammdurchmesser hinauf, wobei man eine Leiter verwenden muß, um die höheren Stammteile erreichen zu können. Zum Trocknen bleibt die Rinde am Stamme hängen. Nach dem Trocknen wird sie vom Stamm entfernt, und nun erst wird der Stamm gefällt. Die zuerst abgelösten 2 bis 4 cm breiten Streifen werden auf eine Länge von etwa 80 cm geschnitten und in Büscheln zum Trocknen an die geschälten Stämme angebunden. Diese Büschel werden als Kälber bezeichnet. Das Schälen am stehenden Stamm ist eine rasche, billige und, was das Trocknen anlangt, auch sehr zweckmäßige Arbeitsweise, hat jedoch den Nachteil, daß dabei die Wipfel- und Astrinde verloren geht. Beim Schälen im geknickten Zustand wird der Stamm nach vorhergegangenem Entästen ¾ bis 1 m hoch über dem Boden angesägt und dann umgeknickt. Dann wird wie am stehenden Stamm nach Herausschneiden eines schmalen Streifens geschält. Die Rinde wird hierauf sofort vollständig vom Stamm abgetrennt und für sich getrocknet. Bei diesem Verfahren kann man die Wipfel hinauf bis etwa 1½ cm Durchmesser schälen. Die Äste bleiben meist ungeschält. Wenn sie geschält werden sollen, ist das nur nach vorherigem Klopfen möglich. Der untere Stammteil wird nach dem Schälen abgehauen oder abgesägt. Das am meisten gebräuchliche Verfahren ist das Schälen am liegenden Stamme. Die gefällten Stämme werden nach dem Entästen und Entwipfeln in Scheite von meist 1 m Länge zersägt und die Scheite dann geschält. In manchen Gegenden werden die Stämme auch ohne vorheriges Zersägen gleich in ihrer ganzen Länge geschält. Das Abhauen oder Absägen der Stämme erfolgt am zweckmäßigsten unmittelbar über dem Wurzelknoten möglichst glatt und etwas schräg, damit das Wasser leicht ablaufen kann und ein Faulen des Holzes vermieden wird. Diese Art des Abhiebes bietet auch den Vorteil, daß die jungen Ausschläge sich leicht bewurzeln und gut und rasch entwickeln können. Das Klopfen der Rinde soll vorsichtig mit dem Holzhammer ohne Verletzung der Rinde erfolgen. Zerfetzte Rinde, wie man sie beim Klopfen mit dem Beilrücken erhält, ist in ihrer Qualität minderwertig.

Eine der wichtigsten Arbeiten bei der Gewinnung der Eichenrinde ist das Trocknen. Es muß mit größter Sorgfalt ausgeführt werden; denn unsachgemäßes Trocknen kann eine starke Minderung der Qualität zur Folge haben. In dem Abschnitt: Allgemeines über die Gerbmittelgewinnung wurde bereits darauf hingewiesen, daß frische Eichenrinde 50 bis 60% Wasser enthält, das durch Trocknen auf 14 bis 15% herabgesetzt werden muß. Im gleichen Abschnitt wurden auch die hauptsächlichsten Gesichtspunkte hervorgehoben, die beim Trocknen zu beachten sind: rasches Trocknen, Schutz des Trockengutes gegen Regen und Bodenfeuchtigkeit, sowie gegen zu starke Sonnenstrahlung, keine zu hohen Schichten. Leider lassen sich in der Praxis diese Grundsätze nicht immer vollkommen durchführen. Ideal wäre z. B. das Trocknen in zweckmäßig gebauten Trockenschuppen. Das hat man auch versucht, ist aber wieder davon abgekommen, weil die Anlage und Instandhaltung derartiger Schuppen viel zu kostspielig ist. Auch das Bedecken der Eichenrinde bei Regenwetter mit wasserdichter Leinwand oder mit Matten wird nur zuweilen, namentlich in Ungarn, für besonders hochwertige Rinden angewandt. Im allgemeinen sucht man durch entsprechende Aufstellung der Rinde den Grundsätzen einer sachgemäßen Trocknung nach Möglichkeit Rechnung zu tragen. Wenn am stehenden Stamm geschält wird, wird die Rinde auch gleich am Stamm getrocknet. Das Trocknen der am geknickten oder am liegenden Stamm geschälten Rinde wird auf besonderen Gestellen ausgeführt. Holz zur Herstellung solcher Gestelle ist an Ort und Stelle ja in den geschälten Stangen, Prügeln und Ästen zur Genüge vorhanden. Die einfachste Form eines solchen Gestelles besteht in einer waagrechten Stange, deren Enden in einer in den Boden eingeschlagenen Gabel liegen (Abb. 53). Wenn man nun immer je zwei Rindenschalen, die Innenseite gegen Innenseite an den schwächeren Enden zusammengebunden sind, in reitender Stellung über diese Stange hängt, so hat man ein einfaches brauchbares Trockenverfahren. Man kann auch mehrere Trockengestelle dieser Art in entsprechender Entfernung nebeneinander stellen und die Rindenschalen mit der Fleischseite nach unten zum Trocknen darüberlegen. Vielfach werden die Rinden auch in Pyramiden aufgestellt (Abb. 54), indem man sie mit der Fleischseite nach innen dachförmig gegen eine Stange lehnt und den First zum Schutz gegen Regen mit Rindenschalen überdeckt. Zum Schutz gegen die Bodenfeuchtigkeit werden die unteren Enden der schräggestellten Rinden auf eine Reisigschicht gestellt. Verbreitet ist auch das Trock-

Abb. 53. Einfaches Gestell für Rindentrocknung.

Abb. 54. Pyramidenförmig zum Trocknen aufgestellte Rinde.

nen auf Kreuzböcken nach Abb. 55. Ferner ist das Trocknen auf Horden gebräuchlich. Zu diesem Zwecke werden größere Trockengerüste gebaut, indem man Gabelpfähle in die Erde schlägt und Längs- und Querstangen darüber legt. Auf das Gestell, das eine Neigung nach Süden erhält, werden dann die Rindenschalen zum Trocknen aufgelegt.

Abb. 55. Rindentrocknung auf Kreuzböcken.

Sobald die Rinden trocken sind, sollen sie unverzüglich aus dem Walde entfernt und an die Gerbereien oder Lohmühlen abgeliefert werden. Für den Transport werden sie entweder lose verladen oder in Bündel geschnürt. Verladen, Umladen und Entladen hat möglichst bei trockenem Wetter zu erfolgen. Beim Transport, besonders bei längerem Bahntransport, sind die Wagen gut mit einer wasserdichten Plane abzudecken. Die Lagerung der Rinden hat in einem gut gereinigten, trockenen, luftigen, gegen Regen und Licht geschützten Raume zu erfolgen.

Der Grad der Trocknung kann ein verschiedener sein. Für den Geschäftsverkehr pflegt man zu unterscheiden den wald-lufttrockenen (kürzer waldtrokkenen) und den mahldürren Zustand. Waldtrocken ist eine Rinde, wenn sie sich beim Biegen leicht brechen läßt, mahldürr dagegen, wenn sie alle Zähigkeit verloren hat und vollständig spröde geworden ist. Beim Trocknen der Rinde tritt ein starkes Schwinden ein, und zwar schwindet Astglanzrinde um 41%, Stammglanzrinde um 34% des Grünvolums. Beim Übergang vom waldtrockenen in den mahldürren Zustand beträgt der Schwindbetrag 11 bis 20%.

Das Erträgnis des Eichenschälwaldes ist großen Schwankungen unterworfen, die stark von der Lage und Bodenbeschaffenheit des Waldes, sowie von der Art seiner Bewirtschaftung abhängen. Ein Schälwald mit 18jährigem Umtrieb ergibt bei mittlerem Ertrag pro 1 ha 54 dz (Doppelzentner) waldtrockene Rinde oder pro 1 ha und 1 Jahr den 18. Teil also 3 dz. Bei sehr hohem Ertrag kann man pro ha und Jahr 5 dz, bei sehr niedrigem Ertrag 1,5 dz und noch etwas weniger rechnen.

Zum Schlusse seien noch einige Zahlenangaben nach Fribolin „Der Eichenschälwald“ aufgeführt. Diese Zahlen beziehen sich auf Glanzrinde bei 15jährigem Umtrieb und geben die Mittelwerte für das Verhältnis zwischen fm (Festmeter), rm (Raummeter) und Gewicht:

1 rm ungeschältes Holz gibt 100 kg grüne oder 52 kg trockene Rinde.
1 fm ungeschältes Holz gibt 515 kg grüne oder 260 kg trockene Rinde.
1 fm grünes Holz wiegt mit Rinde 1010 kg, geschält 1030 kg.
1 fm Rinde wiegt grün 935 kg, waldtrocken 800 kg.
1 rm Rinde wiegt grün 420 kg, trocken 220 kg.
1 rm Holtz enspricht ungeschält 0,39 fm, geschält 0,40 fm.
100 kg grüne Rinde geben im Mittel 51 kg trockene Rinde.

Nordamerika besitzt eine große Anzahl von Eichenarten, die fast alle eine gerbstoffreiche Rinde liefern. Am meisten gebraucht wird in der Gerberei die Rinde der Kastanieneiche, Chestnut oak (Quercus Prinus oder Quercus castanea). Die Kastanieneiche ist ein Baum mittlerer Größe, der unter günstigen Wachstumsbedingungen eine Höhe von 16 bis 28 m und einen Durchmesser von 60 bis 80 cm erreicht. Sie gedeiht besonders gut in tiefen, fruchtbaren, feuchten Böden, vermag sich aber auch den mageren, trockenen Böden höherer Lagen anzupassen. Auf sumpfigem Boden gedeiht sie nicht. Sie wächst bei Temperaturen von 20 bis 35° C und einer Niederschlagsmenge von 900 bis 1800 mm. Im nördlichen Teile ihres Vorkommensgebietes findet sie sich in Höhen bis zu 800 m über dem

Meere, im südlichen Teile ist sie bis zu Höhen von 700 bis 1400 m verbreitet. Der Nachwuchs erfolgt vorwiegend durch Sprößlinge. Die Sproßbildung ist in jüngeren Jahren sehr gut, später läßt sie nach und hört bei einem Alter gegen 120 Jahre wahrscheinlich ganz auf. Der Ertrag der Kastanieneiche an Eicheln ist gering. Gute Samenjahre gibt es nur unregelmäßig und in weitauseinanderliegenden Zwischenräumen. Die Kastanieneiche bildet nur selten geschlossene Wälder, sondern kommt meist mit den verschiedensten anderen Bäumen, namentlich anderen Eichenarten, Hemlock, Pitchpine u. a. vor. Dabei bildet sie selten den überwiegenden Teil des Baumbestandes. Das Holz der Kastanieneiche ist von dunkelbrauner Farbe und hat einen helleren Splint. Es ist schwer, hart und haltbar, aber etwas weicher und leichter als das Holz anderer Eichenarten.

Die Kastanieneiche kommt vor von Süd-Maine westwärts zum Eriesee und von Central New York südwärts durch West-Pensylvanien, Maryland und West-Virginia bis Kentucky und Tennessee, sowie im Gebirge von Nord-Alabama und Georgia. Das reichste Vorkommen und die beste Qualität von Kastanieneiche findet sich im Appalachian- und im Alleghenis-Gebirge. Ungefähr bis zum Jahre 1900 wurden 85 bis 90% der Kastanieneiche lediglich der Rinde wegen gefällt. Vom Holz wurde nur das allerbeste verwendet; das andere ließ man nach dem Schälen der Rinde einfach liegen. Als jedoch die wertvolleren Hölzer seltener wurden, ging man bald dazu über, auch das Holz der Kastanieneiche mehr zu verwenden, und heutzutage wird es viel als Brückenholz, Stollenholz, Zaunholz, Fournierholz und Bauholz gebraucht. Etwas wird auch auf Extrakt verarbeitet.

Die Rinde der Kastanieneiche wird nur von alten, wildgewachsenen Stämmen gewonnen. Sie ist etwa 2 bis 3 cm dick, dabei aber gewöhnlich noch glatt und borkearm. Die Dicke des Fleisches beträgt mindestens 1 cm. Die Borke ist gerbstoffreich. In ihrem Aussehen und in ihren gerberischen Eigenschaften ist die Rinde unserer Eichenrinde ähnlich, aber etwas gerbstoffreicher. Das Schälen der Rinde erfolgt ausgangs Winter oder im zeitigen Frühjahr. Die Rinde wird nach dem Fällen der Bäume in meterlangen und fast einen halben Meter breiten Stücken geschält und in üblicher Weise getrocknet. In den Gerbereien wird die Kastanieneichenrinde meist zusammen mit Hemlockrinde und Kastanienholzextrakt verwendet.

Die Fichtenrinde. Ein in Europa viel gebrauchtes, verhältnismäßig billiges Gerbmittel ist die Rinde der Fichte oder Rottanne (Picea vulgaris Lk.). Sie wird zuweilen auch als Tannenrinde bezeichnet. Diese Bezeichnung ist jedoch nicht zutreffend; denn die Rinde der Edel- oder Weißtanne enthält so wenig Gerbstoff, daß sich ihre Verwendung für Gerbereizwecke nicht lohnt.

Die Fichtenwaldungen werden fast ausschließlich im Hochwaldbetrieb bei 70 bis 100jährigem Umtrieb bewirtschaftet, und zwar hat man fast immer geschlossene reine Fichtenbestände. Wird jedoch mit anderen Holzarten vermischt, so kommen zweckmäßig Buchen und Tannen, aber nicht Kiefern oder Eichen in Frage. Zur Anlage eines Fichtenwaldes pflanzt man drei- bis vierjährige, in Saatbeeten gezogene Pflänzchen, immer je 3 bis 4 Stück zusammen, in den gut bearbeiteten Boden. Die Fichte wird entweder als Durchforstungsholz im Alter von 30 bis 60 Jahren oder im Kahlschlag im Alter von 70 bis 100 Jahren geschlagen. Im Fichtenwalde bildet die Holzgewinnung stets die Hauptnutzung, die Rindengewinnung nur die Nebennutzung. Daher muß die Rindengewinnung sich ganz nach der Holznutzung richten. Das ältere Fichtenholz dient als Bau- und Werkholz; das jüngere bildet das Rohmaterial für die Zellstoff- und Papierfabrikation; schwaches Holz und Abfallholz wird als Brennmaterial verwendet.

Die Rinde junger Fichten ist glatt und an der Außenseite von rotbrauner

Farbe. Mit zunehmendem Alter überzieht sie sich mit einer rot- oder graubraunen, seltener grauweißen Borke. Innen ist die Rinde holzgelb oder bräunlich gefärbt und glatt, matt oder glänzend, sowie feinfaserig. Ihre Dicke schwankt je nach dem Alter von 2 bis 8 mm. Die bei jüngeren Rinden kaum 1 mm dicke Borke kann bei älteren Rinden bis 1 cm dick werden. Die Fichtenrinde besitzt einen harzigen, balsamischen Geruch und einen bitteren, aromatischen Geschmack. Der Bruch der Rinde ist mehr oder weniger eben oder blättrig schuppig. Die Hauptmenge des Gerbstoffes sitzt in dem weißen Fleisch, während die Borke nur wenig, etwa 2 bis 4% Gerbstoff enthält. Für die Beurteilung der Fichtenrinde nach dem Augenschein gilt daher im allgemeinen die Regel, daß die Rinde um so besser ist, je dickfleischiger und heller und je weniger borkig sie ist. Jüngere Bäume bis zum Alter von etwa 30 Jahren liefern auch bei geringer Borkebildung ein schlechteres Material. Daher sind dünnfleischige Rinden, auch wenn sie borkefrei sind, meist gerbstoffarm. Erst bei überhandnehmender Borkebildung im höheren Alter geht der Gerbstoffgehalt wieder zurück. Sehr alte borkige Rinden sind daher nicht zu empfehlen oder nur nach Entborkung zu verwenden. Beim Vergleich von borkefreien oder borkearmen Rinden ist die stärkere als die bessere anzusprechen. An ein und demselben Stamme mit glatter, borkefreier Rinde ist der Gerbstoffgehalt in verschiedenen Höhen annähernd gleich. Umfangreiche Untersuchungen haben ergeben, daß der Gerbstoffgehalt der Fichtenrinde während der verschiedenen Jahreszeiten keinen wesentlichen Schwankungen unterliegt. Vom Standpunkt des Gerbstoffgehaltes kann daher die Schälung zu jeder Jahreszeit vorgenommen werden. Einen außerordentlichen Einfluß auf den Gerbstoffgehalt und die Qualität der Rinde übt der Standort aus. Schlechte, steinige und trockene Böden ergeben eine gerbstoffarme, im Fleische dünne Rinde mit frühzeitig eintretender reichlicher Borkebildung. Auf gutem, nährstoffreichem, genügend feuchtem Boden wächst die Fichte rasch; die Rinde ist im Fleisch kräftig entwickelt und gerbstoffreich. Die Borkebildung tritt erst spät und dann nur schwach ein. Aus der starken Abhängigkeit der Qualität der Rinde vom Standort erklärt es sich, daß die Rinden mancher Gegenden besonders geschätzt werden. Die eingehenden Untersuchungen von Prof. v. Schröder haben jedoch zu dem Resultat geführt, daß für die wichtigsten, Fichtenrinde liefernden Länder Europas der durchschnittliche Gerbstoffgehalt ungefähr gleich ist (10,6 bis 12,1%); dagegen wechselt die Qualität der Fichtenrinde innerhalb ein und desselben Landes je nach dem Standorte. Die Fichtenrinde enthält sehr viel zuckerartige Stoffe und wird daher überall dort mit Vorliebe angewandt, wo eine reichliche Säurebildung der Brühen und eine starke Schwellung der Haut beabsichtigt wird. Der Zuckergehalt guter Rinden erhöht sich nicht nur prozentual mit zunehmendem Gerbstoffgehalt, sondern gute Rinden enthalten auch auf 100 Teile Gerbstoff bezogen mehr Zucker als schlechtere Rinden. Dies gilt ganz besonders für die sehr hellen Rinden. Wenn man daher starke Säurebildung und Schwellwirkung anstrebt, dann empfiehlt sich die Verwendung ganz heller Rinden. Vollkommen ungeeignet sind in diesem Falle stark verregnete Rinden; denn bei ihnen hat neben dem Rückgang des Gerbstoffgehaltes hauptsächlich der Zuckergehalt eine beträchtliche Verminderung erfahren.

Als Zeitpunkt für das Schälen der Rinden ist die Saftzeit am günstigsten, weil die Rinde da am leichtesten zu schälen ist. Die Saftzeit beginnt je nach Witterung und Lage meist im Mai, in höheren Lagen oft erst im Juni und dauert bis Ende August. Die Fichte wird in tieferen Lagen gewöhnlich im Winter gefällt und im Frühjahr geschält. In höheren Gebirgslagen erfolgt die Fällung während der Saftzeit im Sommer, und die Rinde wird dann sofort geschält. Später als Ende August sollte man nicht mehr schälen, weil dann die Rinde nicht mehr richtig trocknen kann. Nach dem Gütschowschen Verfahren kann die Fichtenrinde in ähnlicher Weise wie die Eichenrinde zu jeder Jahreszeit geschält und getrocknet werden.

Das Schälen der Rinde erfolgt in ähnlicher Weise wie das Schälen der Eichenrinde. Zum Anreißen der Rinde bedient man sich des Beiles oder der Heppe, zum Ablösen des Lohlöffels oder Lohschälers. Das Schälen wird nur am liegenden Stamm, und zwar in der Weise vorgenommen, daß die Rinde der gefällten Stämme in Abständen von einem Meter rings um den Stamm durchgeschnitten und dann oben auf dem Stamme in der Längsrichtung aufgerissen wird. Von diesem Längsschnitt aus werden dann die Rinden mit dem Schälseien in meterlangen Schalen abgelöst. Bei starken Stämmen wird die Schale der Länge nach in zwei Stücke zerlegt.

Da nur sachgemäß getrocknete Rinde ihren vollen Gerbstoffgehalt behält, ist gutes Trocknen von größter Wichtigkeit. Zum Trocknen wird die etwas angetrocknete, zusammengerollte Rinde um den Fuß starker Bäume aufgestellt oder an die gefällten Stämme angelehnt. In letzterem Falle wird sie zum Schutze der Innenseite gegen Regenwasser mit ungerollten Rinden überdeckt. Auch das Trocknen in Pyramiden oder auf Gestellen in ähnlicher Weise, wie für Eichenrinde geschildert, ist gebräuchlich. Die Trockengestelle sind möglichst in der Nähe der Abfahrwege an trockenen, grasfreien, sonnigen und luftigen Stellen anzulegen. Nach dem Trocknen wird die Rinde meist direkt am Abfuhrweg ins Raummaß gesetzt. Die also gesetzten Stöße werden dann zum Schutz gegen Regen mit größeren, nicht gerollten, möglichst von Astlöchern freien Rinden abgedeckt. Die Deckrinden ragen beiderseits etwas über den Stoß hinaus und werden gegen Herunterwehen durch den Wind mit Steinen beschwert.

Die Menge Rinde, welche einer bestimmten Menge Holz entspricht, ist bei Stämmen verschiedenen Alters bedeutenden Schwankungen unterworfen. Als Anhaltspunkt können ungefähr folgende Zahlen dienen:

100 fm Holz liefern etwa 7 fm Rinde. Da ein Festmeter Rinde ungefähr 3,6 rm Rinde entspricht, so sind das etwa 25 rm Rinde. 1 rm Rinde wiegt im Mittel 125 kg. Mithin ergeben 100 fm Holz $25 \times 125 = 3125$ kg Rinde. Nach anderen Angaben liefern 100 fm Holz 4000 kg waldtrockene Rinde. Für Deutschland nimmt man an, daß 1 ha Fichtenwald 430 fm = 1548 rm Rinde liefert. 1 rm Fichtenlohe besitzt bei dichter Lagerung ein Gewicht von 450 bis 500 kg.

Im vorstehenden wurde die Gewinnung der Fichtenrinde durch Schälen kurz beschrieben. Vielfach wird aber die Fichtenrinde auch abgeschnitzt. Dies geschieht namentlich bei den während des Winters gefällten Bäumen, und man erhält dann die sogenannte Schnitz- oder Reppelrinde. Diese Rinde läßt man meist an Ort und Stelle verfaulen, und es gehen auf diese Weise jährlich ganz beträchtliche Mengen Rinde verloren. Obwohl der Gerbstoffgehalt der Schnitzrinde infolge des anhaftenden Holzes geringer ist als der von Schälrinde, läßt sie sich doch ganz gut zu Lohe verarbeiten, wenn sie zweckmäßig gewonnen wurde. Es muß beim Abschnitzen darauf gesehen werden, daß nicht zuviel Holz an der Rinde bleibt. Bei gutem Wetter läßt sie sich durch breites Auseinanderwerfen rasch trocknen. Sie wird dann in Bündel gebunden und schnell unter Dach gebracht, oder, wenn sie draußen bleibt, mit breiten Schälrindenstreifen abgedeckt.

Das Fichtenholz enthält so minimale Mengen Gerbstoff, daß es für die Verwendung zu Gerbereizwecken nicht in Frage kommt. Die im Handel unter der Bezeichnung „Fichtenholzextrakte" vorkommenden Erzeugnisse sind nicht etwa durch Auslaugen des Fichtenholzes gewonnene Gerbstoffextrakte, sondern werden aus den Abfallaugen hergestellt, die bei der Cellulosefabrikation nach dem Sulfitverfahren anfallen. (Näheres siehe unter Celluloseextrakt.)

Die Weidenrinde. Die Weidenrinde bildet für Rußland und die skandinavischen Länder ein wichtiges Gerbmaterial. Sie liefert ein helles Leder von großer Weichheit und wird daher mit Vorliebe zur Herstellung von Oberleder verwendet. Sie ist das Gerbmittel für Juchtenleder und dänisches Handschuhleder. Als Abfallprodukt der Korbflechterei wird sie auch in Deutschland und den benachbarten Ländern zur Lederherstellung beigezogen.

Die Weidenarten sind entweder baumartig oder stellen größere oder kleinere Sträucher dar. Für Gerbereizwecke kommt in Rußland hauptsächlich die Rinde der Sandweide (Salix arenasia) und der Fieberweide (Salix Russeliana) in Betracht, während in Mitteleuropa vorwiegend die Rinde der Korbweide (Salix viminalis) und der Salweide (Salix capraea) als Abfallprodukt der Korbflechterei zur Lederherstellung Verwendung finden. Die Anpflanzung der Weide erfolgt durch Stecklinge. Sie bevorzugt feuchten Boden. Sie ist raschwüchsig. Die Rinde kann bereits nach 4 bis 8 Jahren gewonnen werden. Die Ruten und Zweige der Weide werden im Frühjahr, wenn sich der Saft in voller Entwicklung befindet, geschnitten und sind dann leicht schälbar. In Mitteleuropa werden die Weiden vielfach auch schon im Februar geschnitten. Die geschnittenen Ruten werden in kegelförmigen Haufen, welche von Erde umgeben sind, einige Wochen stehen gelassen, dann einige Tage in Wasser gestellt und geschält. Vor Regen und Sonne geschützt wird die Rinde dann getrocknet.

Die Weidenrinden des Handels sind gewöhnlich nur einige Millimeter dick, manchmal bis zu 1 m lang und bis zu 3 cm und mehr breit. Ihre Farbe und sonstige Beschaffenheit hängt stark von der Weidenart ab. Auf der Außenseite zeigen sie gewöhnlich kleine Längsrunzeln; innen sind sie glatt. Außen sind sie von mattgrauer oder graugrüner, innen von heller, fast weißer oder gelblicher, auch bräunlicher Farbe. Sie sind meist sehr faserreich und besitzen daher einen grobfaserigen Bruch und eine gewisse Zähigkeit. Die für Gerbereizwecke in Frage kommenden Weidenrinden müssen von Borke frei sein. Nach den Angaben russischer Fachleute kann 1 ha 4 bis 5jähriger Weidenpflanzung 5 bis 7 t Rinde liefern.

Die Birkenrinde. Die Birke ist ein Waldbaum der gemäßigten und kalten Zone der nördlichen Halbkugel, der von allen Holzgewächsen am weitesten gegen Norden vordringt. In den skandinavischen Ländern, in Rußland und auf Island, sowie in Nordamerika wird Birkenrinde in ausgedehnterem Maße zum Gerben verwendet, und zwar benutzt man in Europa vorwiegend die Rinde von Betula alba, in Nordamerika die Rinde der nahe verwandten Betula lenta.

Man zieht die Birke durch Pflanzung 2 bis 5jähriger Pflänzchen, welche aus den Schlägen genommen werden, wo sie aus angeflogenem Samen von selbst wachsen. Das Schälen der Rinde wird entweder am gefällten oder am stehenden, lebenden Baume vorgenommen. Das günstigste Schälalter der Birke liegt zwischen 50 bis 60 Jahren. Von älteren Stämmen ist die Rinde leichter abzubringen als von jüngeren Stämmen und von Ästen. Birkenrinde läßt sich überhaupt nicht so leicht schälen wie Eichenrinde und Fichtenrinde; sie zerbröckelt und zerbricht während des Schälens.

Die Birkenrinde besteht aus einer weißen, lederartigen Korkschicht, dem Birkenbast, und dem darunter liegenden Fleische, der eigentlichen Rinde. Nur letztere kann für Gerbzwecke Verwendung finden, während der gerbstoffarme Bast entfernt werden muß. Die Birkenrinde kommt in flachen, harten, gelbbraunen Stücken von 0,5 bis 2 cm Dicke in den Handel, ist außen und innen glatt und zeigt einen grobkörnigen, ebenen Bruch. Gewöhnlich sitzt stellenweise noch etwas von dem durch seine blättrige Struktur und weiße Farbe charakteristischen Bast auf der Rinde.

Die Rinde älterer Stämme ist gerbstoffreicher als die von jüngeren Stämmen und Ästen. Bei ein und demselben Stamm nimmt der Gerbstoffgehalt von oben nach unten zu. Zweigrinde, sowie die schwarze Borke ganz alter Stämme ist für Gerbereizwecke wertlos.

Nach Jakimoff liefert 1 rm Birkenholz 20 kg Rinde und 5,5 kg Bast. Nach Angabe von anderer Seite können aus 1 rm 20jährigem Birkenprügelholz 65 bis 80 kg lufttrockene Rinde gewonnen werden.

Aus dem weißen, korkartigen Bast der Rinde wird durch trockene Destillation das Juchtenöl (Birkenrindenteeröl) gewonnen. Es entsteht vorwiegend aus dem im Birkenbast in einer Menge von fast 50% vorkommenden Betulin und dient zum Einfetten von Juchtenleder, dem es Wasserdichtigkeit und den bekannten charakteristischen Teergeruch verleiht.

Die Lärchenrinde. Die Rinde der Lärche (Larix europaea) dient in Schottland zum Gerben von Schaffellen, wird aber auch sonst in Europa wie in Nordamerika verschiedentlich zum Gerben gebraucht. In neuerer Zeit schenkt man in Rußland der Lärchenrinde besondere Aufmerksamkeit. Rußland verfügt in seinem nördlichen Teil, namentlich aber in Zentral- und Ostsibirien über riesige, fast noch gar nicht ausgenutzte Bestände alter Lärchenwaldungen, von deren Ausbeutung man sich viel verspricht. Die dort vorwiegend vorkommenden Lärchenarten sind Larix sibirica und Larix duharica. In Bau, Eigenschaften, Gewinnung und Verwendung weist die Lärchenrinde viele Ähnlichkeiten mit der Fichtenrinde auf. In der Farbe zeigt die Lärchenrinde jedoch ein tieferes Rot als die Fichtenrinde; von letzterer unterscheidet sie sich auch durch ihre grobrissige, ziemlich starke Borke. Jakimoff schildert ein Verfahren, nach welchem die Lärchenrinde derart vom lebenden Baume abgenommen wird, daß ungefähr 20% des Korkes am Stamme zurückbleiben, um den Baum nicht zu schädigen. Die Rinde der nach diesem Verfahren geschälten Bäume erneut sich beständig. Wenn das Verfahren sich bewährt, können die russischen Lärchenwaldungen für die Gerbstoffwirtschaft von Bedeutung werden.

Die Hemlockrinde. Eine ähnliche Rolle wie in Europa die Fichtenrinde, spielt in den Vereinigten Staaten von Nordamerika und in Canada die Hemlockrinde als Gerbmittel. Sie stammt von der Hemlocktanne. Wegen ihres düsteren Aussehens und wegen der merkwürdigen Ähnlichkeit ihrer Zweiggruppierung mit dem Schierling wird sie auch als Schierlingstanne bezeichnet. Die Franzosen in Canada nennen sie „Peruche", die Anglo-Amerikaner „Spruce-pine" (Sprossentanne). Sie gehört zu den verbreitetsten Coniferen Nordamerikas. Ihr Verbreitungsgebiet erstreckt sich von Virgina bis Neufundland im Osten beginnend, über den ganzen Kontinent bis Kalifornien und Alaska im Westen. Im Osten findet sich als Hauptspezies die Tsuga canadensis, im Westen die etwas gerbstoffreichere Tsuga mertensiana. Die Hemlocktanne bildet ausgedehnte Wälder, die meist aus Bäumen des verschiedensten Alters und der verschiedensten Größe bestehen. Das etwas grobfaserige aber feste und starke Hemlockholz findet als Bauholz Verwendung. Die Rinde der Hemlocktanne war bereits im Jahre 1875 als Gerbmittel bekannt. In den folgenden Jahren nahm ihre Verwendung nicht nur in Amerika rasch zu, sondern es wurde auch der europäische Markt mit Hemlockrinde, Hemlockextrakt und Hemlockleder überschwemmt. Mit dem Aufkommen des Quebrachos verschwand der Hemlock allmählich aus Europa wieder, und heutzutage hat die Hemlockrinde und in der Hauptsache auch der Hemlockextrakt fast nur noch für Nordamerika seine Bedeutung. In den Zeiten, als der Hemlock aufkam, wurde furchtbar bei seiner Gewinnung gewüstet. Auf weite Flächen wurden alle nur halbwegs stärkeren Hemlocktannen gefällt und ihrer Rinde beraubt, während man das Holz einfach liegen und verfaulen ließ. Ja nicht selten wurde am lebenden Baume, soweit als man hinaufreichen konnte, die Rinde einfach abgeschält und der Baum sich selbst überlassen. Gegenwärtig erfolgt die Rinden- und die Holzgewinnung und die Verwertung sachgemäß, aber im allgemeinen wird immer noch mehr gewonnen als nachwächst. Die Hemlocktanne schlägt nämlich, einmal abgehauen, nicht wieder von neuem aus, weshalb Rindenschläge, wenn sie nicht wieder angesät werden, mit der Zeit der vollständigen Verödung anheimfallen.

Zur Gewinnung der Hemlockrinde werden die Bäume im Frühjahr gefällt und die Rinde sofort geschält. Die Rinde wird dann mit der Fleischseite nach oben mehrere Monate zum Trocknen liegen gelassen und hierauf bis zum Abtransport in kleinen Stößen aufgeschichtet.

Die Rinde der Hemlocktanne hat äußerlich viel Ähnlichkeit mit der Rinde der Föhre. Sie besteht aus einer braunen, innen glatten Fleischschicht und einer rotbraunen Borkeschicht. Die Borke ist auf der Außenseite grau gefärbt und von starken Längsrissen durchzogen. Die Borke ist der Sitz des roten Farbstoffes, der den mit Hemlock hergestellten Ledern die charakteristische rötliche Farbe erteilt. Das Fleisch ist feingeschichtet und faserfrei. Die Hemlockrinde besitzt eine Dicke von 2,5 bis 4 cm; davon entfallen ungefähr $^1/_3$ auf das Fleisch und $^2/_3$ auf die Borke (englisch ross). Hemlockrinde ist leicht, riecht schwach balsamisch und schmeckt schwach adstringierend. Der durchschnittliche Gerbstoffgehalt der Hemlockrinde beträgt 7 bis 12%, im Mittel 10%. Bemerkenswert ist die Feststellung Eitners, daß die Borke gewöhnlich mehr Gerbstoff enthält als das Fleisch. Bei Eichen- und Fichtenrinde ist das gerade umgekehrt. Der Gerbstoffgehalt der Hemlockrinde hängt viel vom Alter und Standort der Rinde ab. Die Rinden von Pennsylvanien und Michigan gelten im allgemeinen als gerbstoffreicher wie diejenigen aus Wisconsin, Virginia und Nord-Karolina.

Die Mimosenrinde. Die ursprünglich in Australien wild wachsenden Akazienarten, von denen die Mimosenrinde gewonnen wird, wurden im Jahre 1880 in Südafrika eingeführt. Dort hat sich bald eine ausgedehnte Mimosenkultur entwickelt, die einen derartigen Aufschwung nahm, daß sie heute einen wichtigen Wirtschaftszweig ausmacht. Gegenwärtig bildet Südafrika den Hauptlieferanten von Mimosenrinde für den Weltmarkt, während Australien als Mimosenrindenproduzent fast ganz in den Hintergrund getreten ist, bisweilen wird sogar Mimosenrinde von Südafrika nach Australien importiert. Anbauversuche mit Mimosa im ehemaligen Deutsch-Ostafrika waren von Erfolg, so daß auch von dort Mimosenrinde für den Weltmarkt geliefert wird. Die Anbauversuche in Algier, Indien, Kalifornien, Brasilien und Argentinien haben zu keiner Kultur größeren Umfanges geführt. Soweit sie überhaupt Erfolg hatten, dient die gewonnene Rinde nur für den lokalen Bedarf.

Die gerbstoffreichen Akazien werden als Gerberakazien bezeichnet. Die Engländer nennen sie „wattles" und ihre Rinden „wattle-barks". Die Buren gebrauchen zuweilen für die Rinde die Bezeichnung „Wolle". Für die Kultur der Gerberakazie hat man naturgemäß die gerbstoffreichsten Arten ausgewählt. Für den Handel kommen hauptsächlich folgende Rinden in Betracht: 1. Black-Wattle, auch Green- oder Sydney-Wattle genannt, stammt von Ac. decurrens und Ac. mollissima. 2. Gold-Wattle von Ac. pycnantha und Ac. penninervis. 3. Silver-Wattle von Ac. dealbata. Als die gerbstoffreichsten gelten von diesen Sorten die Black- und Gold-Wattles, während die Silver-Wattles ihres geringeren Gerbstoffgehaltes wegen weniger geschätzt sind.

Ursprünglich als die Mimosenrinde in Australien von wildwachsenden Bäumen gewonnen wurde, machte man in der Wahl der Bäume keinen Unterschied. Man gewann Rinde von ganz verschiedenem Alter und Gerbstoffgehalt und mischte sie einfach durcheinander. Daher waren die Rinden des Handels in ihrem Gerbstoffgehalt großen Schwankungen unterworfen. Seit man aber in Australien und dann in Südafrika zur Mimosenkultur übergegangen ist und hierfür die gerbstoffreichsten Arten ausgesucht hat, zeigen die Rinden des Handels im allgemeinen einen hohen und gleichmäßigeren Gerbstoffgehalt. Außer der Wahl der zweckmäßigsten Akazienart spielen für die Entwicklung der Pflanzungen auch Klima und Bodenbeschaffenheit eine wichtige Rolle. Eine mittlere Jahrestemperatur von 10 bis 15° C und eine Regenmenge von nicht unter 400 mm begünstigen das Wachstum der Gerberakazie. Frost, sowie anhaltende und zu hohe Hitze verträgt sie in den ersten Jahren nicht; später läßt diese Empfindlichkeit nach. In Natal gedeiht die Mimosa am besten in Höhen von 300 bis 1100 m über dem Meere. Sie liebt sandige Lehmböden, die einigermaßen locker, aber auch tiefgründig sein müssen, damit die Wurzeln sich gut ausbreiten können, und andererseits das Wasser vom Boden festgehalten wird.

Zur Neuanlage einer Mimosenpflanzung muß der Boden zunächst gründlich mit Pflug und Egge bearbeitet werden. Dann wird der Samen in Abständen von 1,5 bis 2 m reihenweise ausgesät, indem man mehrere Samenkörner in jedes der 2 bis 3 cm tiefen Löcher legt. Die Anlage von Saatbeeten und das Versetzen der auf denselben gezogenen Pflänzchen in die eigentlichen Pflanzungen empfiehlt sich nicht, weil dabei selbst unter den günstigsten Umständen zu viele Pflanzen eingehen. Der Samen keimt wegen seiner Hartschaligkeit sehr schwer. Zur Förderung der Keimfähigkeit wird er daher vor dem Aussäen, das im Herbst oder Frühjahr erfolgt, mehrere Male mit heißem Wasser übergossen und dann mit kaltem Wasser gut nachgewaschen. Weniger angewandt wird das Anrösten der Samen in einer Pfanne. Im ersten Jahre wird gewöhnlich zwischen die Mimosensaaten Mais gepflanzt. Die jungen Pflänzchen der Gerberakazie liegen zunächst dicht auf dem Boden. Nach einigen Monaten richten sie sich auf, und nun setzt ein sehr schnelles Wachstum ein. Nach einem Jahre haben sie bereits eine Höhe von 2 bis 3 m, nach 4 bis 5 Jahren eine solche von 8 bis 9 m erreicht. Achtjährige Gerberakazien sind 15 bis 20 m hoch bei einem Stammdurchmesser von 20 bis 25 cm. Die Mimosa wächst außerordentlich üppig. Es werden daher bereits nach 1½ bis 2 Jahren die schwächeren Stämme herausgenommen. Da ihre Rinde noch nicht verwertbar ist, läßt man sie an Ort und Stelle verfaulen. Im 5. und 6. Jahre erfolgt eine richtige Durchforstung (Abb. 56), indem man abwechselnd immer eine Baumreihe schlägt und die andere stehen läßt. Die Bäume stehen daher jetzt im Abstande von 3 bis 4 m und haben die für ihre Entwicklung nötige Menge Licht und Luft, wodurch die Bildung einer gerbstoffreichen Rinde sehr begünstigt wird. Die Rinde der bei dieser Durchforstung geschlagenen Bäume wird geschält und bildet die erste Nutzung der Pflanzung. Man rechnet dabei mit einem Ertrage von 3700 bis 5000 kg pro ha, was einem Rindenertrage von 600 bis 800 kg Rinde pro ha und Jahr entspricht. Dieser erste bereits nach 5 bis 6 Jahren erzielte Ertrag ist schon wesentlich besser als der Ertrag des Eichenschälwaldes; denn für letzteren rechnet man bei vollständigem Abtrieb nach 12 bis 20 Jahren mit 300, günstigstenfalls mit 500 kg Rinde pro ha und Jahr. Dabei ist noch weiter zu berücksichtigen, daß der Gerbstoffgehalt der Mimosenrinde 3 bis 4mal so hoch ist wie derjenige unserer Eichenrinde. Im 7. bis 9. Jahre nach der Anlage der Pflanzung beginnt bereits am Fuß der Stämme Borkebildung, wodurch der Gerbstoffgehalt der Rinde herabgedrückt wird. Dies ist daher der gegebene Zeitpunkt für den Abtrieb. Die Bäume werden gefällt und am liegenden Stamme geschält. Zuweilen wird das Schälen auch am stehenden Stamme vorgenommen. Beim eigentlichen Abtrieb erhält man nach den Angaben von Angus 6200 bis 7500 kg trockene Rinde pro 1 ha. Der Gesamtrindenertrag, nämlich die Vornutzung bei der Durchforstung und der Ertrag des Abtriebes zusammen, beläuft sich demnach auf 10000 bis 12500 kg pro ha oder 1200 bis 1500 kg pro ha und Jahr. T. R. Sim gibt den Ertrag einer 8jährigen Pflanzung mit 12 t Rinde pro ha an, was in Übereinstimmung mit den Angaben von Angus 1500 kg pro ha und Jahr ergibt. Im Vergleich zum Eichenschälwald liefert eine Mimosapflanzung das 4 bis 5fache an Rinde und das 14 bis 18fache an Gerbstoff. Diese Zahlen beweisen, daß der Eichenschälwald gegen die Mimosapflanzungen nicht konkurrieren kann. Außer der Rindennutzung ist bei der Gerberakazie auch noch der Holzanfall in Rechnung zu setzen. Er beträgt nach Sim für eine 8jährige Pflanzung etwa 50 t Holz. Das Holz wird teils in den Bergwerken, teils als Brennholz verwendet. In Natal schätzt man, daß von den Einnahmen für eine Mimosenpflanzung 56% auf den Verkauf der Rinde, 33% auf den Holzverkauf in die Bergwerke und 11% auf den Erlös für Brennholz entfallen. Ein für Holz aufnahmefähiger Markt,

Abb. 56. 6jähriger Black-Wattle-Bestand in Durchforstung. (Aus „Der Tropenpflanzer" 1906.)

billige Arbeitskräfte und günstige Transportverhältnisse bilden eine wesentliche Vorbedingung für die Rentabilität der Mimosenkultur. Alle diese Voraussetzungen treffen in Südafrika zu; sie, sowie die günstigen klimatischen und Bodenverhältnisse und vor allem natürlich die rege Nachfrage nach Mimosenrinde sind der Grund für den Aufschwung der südafrikanischen Mimosenpflanzungen.

Nach dem Umtrieb ist keine Neuanpflanzung nötig. Im Gegensatz zum Eichenschälwald schlagen zwar die stehengebliebenen Wurzelstöcke nicht aus. Dafür sorgen aber die ausgefallenen Samen für den Nachwuchs. Ihre Keimfähigkeit wird befördert durch Abbrennen der abgeholzten Schläge. Die Verjüngung der Pflanzung erfolgt durch natürliche Saat. Nach einem ¾ Jahr bis 1 Jahr wird durch Entfernen der überflüssigen Pflanzen dafür gesorgt, daß die stehenbleibenden Stämmchen genügend Raum für eine kräftige Entwicklung erhalten.

Die Rinde der Gerberakazie kann während des ganzen Jahres geschält werden, sobald feuchte Witterung eintritt. Im März und April löst sie sich am leichtesten. Wegen der gerade in diesen Monaten eintretenden reichlichen Regenfälle besteht jedoch die Gefahr, daß sie durch Verregnen beschädigt wird. Die im Juli und August gewonnene sogenannte Winterrinde gilt als die bessere. Während dieser Monate ist jedoch ein Schälen nur dort möglich, wo reichliche Bodenfeuchtigkeit und häufig auftretende Nebel die Schälbarkeit erleichtern. Die geschälten etwa 1 m langen Rinden werden in ungefähr 25 kg schwere Bündel zusammengebunden und in den Trockenschuppen gebracht. Früher erfolgte das Trocknen im Freien an der Sonne. Man erkannte jedoch bald, daß die im Schatten und vor Regen geschützt getrocknete Rinde wertvoller ist. Man hat daher einfache, aus Holz gebaute und mit Wellblech gedeckte Trockenschuppen angelegt, in denen die Rinde über Balken gehängt getrocknet wird. Die frische Rinde enthält etwa 53% Feuchtigkeit, die lufttrockene Rinde, wie sie zum Export gelangt, 12%. Zur Gewinnung von 100 kg lufttrockener Rinde sind demnach 187 kg frische Rinde erforderlich. Während die für den Export bestimmten Rinden lufttrocken sein müssen, werden die zur Extraktfabrikation dienenden Rinden nicht erst getrocknet, sondern möglichst bald nach der Ernte der Extraktfabrik zugeführt, wo sie dann sogleich verarbeitet werden.

Die Mimosenrinde wird in drei verschiedenen Formen in den Handel gebracht:

1. in Rindenrollen von etwa 20 cm Länge („sticks"),
2. in Stücken von 2 bis 5 cm Länge („chopped bark" — gehackte Rinde),
3. zu einem mehr oder weniger feinen Pulver zermahlen („ground bark").

Für die Zerkleinerung der Rinden sind über das ganze Land verteilt Schneide- und Mahlmühlen vorhanden, die meist besonderen Unternehmern gehören. Für den Versand in Rollen, der übrigens weniger üblich ist, werden die Rindenstreifen mit Maschinen zu Bündeln vereinigt und fest mit Draht umwickelt. Die gebräuchlichste Versandform ist die gehackte Rinde in Ballen gepreßt.

1 t Rinde nimmt nachstehendes Volumen ein:

in Stücken von etwa 25 cm Länge	2,5 cbm
in Ballen von 61 × 55 × 40 cm gepreßt	1,5 „
in Ballen gestampft	1,4 „
in Ballen gestampft und gepreßt	1,3 „

Alle Mimosenrinden sind hart und schwerer als Wasser. Charakteristisch ist die eigentümlich dunkle, schwarzviolette Färbung, welche die Mimosenrinden auf ihrer Außenseite zeigen. Diese Färbung ist bei den black Wattles besonders dunkel. Die Außenseite ist entweder glatt und von Längsrunzeln, zuweilen auch von Längs- und Querrunzeln durchzogen, oder sie ist borkig. Die Innenseite ist glatt und längsfaserig. Der Bruch der Mimosenrinde ist außen meist scharf und glatt, innen langfaserig und zäh. Im Gegensatz zu der dunklen Außenfläche ist die Rinde im Innern braun oder weinrot.

Die Mangrovenrinde. Die Mangrovenrinde, zuweilen auch als Mangle- oder Kokorinde bezeichnet, ist ein verhältnismäßig billiges, aber wegen der roten Farbe, die es dem Leder erteilt, weniger beliebtes Gerbmaterial. Unter Mangrove versteht man im botanischen Sinne nicht etwa eine einzelne Baumart, sondern eine ganze Pflanzenformation. Die hauptsächlich aus Rhizophora-, Brugiera- und Ceriopsarten bestehenden Pflanzen gedeihen nur auf dem sumpfigen Boden der tropischen Meeresküsten, der entsprechend dem Wechsel von Ebbe und Flut bald trocken liegt, bald vom Meere bedeckt wird. Namentlich Stellen mit schwacher Brandung, also besonders Flußmündungen und Meeresbuchten sind dort von einem ausgedehnten Mangroven-Wald- und Buschgürtel umsäumt, der von den Engländern als „tidal forest" d. i. Flutwald bezeichnet wird. Die für die seichten Küsten der Tropen charakteristischen Mangrovenwälder sind in ihrem Vorkommen an das Salzwasser des Meeres gebunden und steigen in den Flußmündungen und Buchten nur soweit hinauf, als das Wasser noch brackig ist. Im Bereiche des reinen Süßwassers verschwinden sie vollkommen. Wegen des vielen stehenden Wassers sind die Mangrovengebiete gefürchtete Brutstätten der Moskitos, auch der die Malaria übertragenden Anophelesarten. Die ungesunden klimatischen Verhältnisse in den Mangrovegebieten erschweren die Gewinnung der Mangroverinde. Im gerberischen Sinne versteht man unter Mangrove die Rinde einer Anzahl von Mangrovearten, die sich durch hohen Gerbstoffgehalt auszeichnen. Das sehr harte und zähe braunrote Kernholz der Mangrove bildet ein geschätztes Nutzholz.

Das Verbreitungsgebiet der Mangrove wird zweckmäßig in ein östliches und ein westliches eingeteilt. Das Gebiet der östlichen Mangrove umfaßt die tropischen Küstengebiete von Ostafrika, Südindien, Philippinen, Niederländisch-Indien, Neuguinea und Nordaustralien. Zum Gebiet der westlichen Mangrove gehören die tropischen Küsten von Westafrika, Mittel- und Nordbrasilien, Guyana, Venezuela, Columbien, Ecuador und Zentralamerika, sowie die südlichen Küsten der Vereinigten Staaten. (Siehe Karte auf Seite 366.)

Die Mangrove bietet ein eigenartiges, charakteristisches Aussehen. Sie erreicht eine Höhe bis zu 15 m. Ihr Stamm sitzt auf einem Gerüste von bogenförmig verlaufenden Stelzwurzeln; von den Ästen hängen zahlreiche Luftwurzeln herab, mit denen sie sich im lockeren Uferschlamm gegen die bei Flut oft stürmisch andrängenden Wellen verankert. An den Zweigen hängen die 20 bis 30 cm, unter Umständen bis 1 m langen Keimlinge herab. Der durch ihren Standort im Wasser bedingten Eigentümlichkeit der Mangrove hat die Natur dadurch Rechnung getragen, daß die mit einer lederartigen Schale versehenen Früchte bereits am Baume keimen, indem ein Stengel aus der Frucht herauswächst. Diese nach unten zu dicker werdenden Keimlinge fallen nach erreichter Reife ab und bohren sich durch die Wucht des Falles mit ihrem unteren, zur Ausbildung der Wurzel bestimmten Ende tief in den Schlamm ein, in dem sie aufrecht stehen bleiben und in kurzer Zeit Wurzeln entwickeln, die den Keimling endgültig im Boden befestigen. Auf diese Weise vermehrt und ersetzt sich die Mangrove außerordentlisch schnell, und an die Stelle von abgeholzten Wäldern treten bald wieder neue von gleicher Üppigkeit.

Die Gewinnung der Mangrovenrinde erfolgt am lebenden oder am gefällten Baume. Wenn die Rinde vom lebenden Baume geschält wurde, soll sich in einiger Zeit der Baum wieder mit einer neuen Rinde bedecken. Mehr gebräuchlich ist das Schälen am gefällten Baume. Nach dem Schälen wird die Rinde sofort an eine trockene Stelle gebracht und rasch getrocknet. Hinsichtlich des Gerbstoffgehaltes ist es gleichgültig, zu welcher Jahres- oder Tageszeit das Schälen der Rinde vorgenommen wird. Ebensowenig ist das Alter der gefällten Bäume oder der Baumteil, von welchem die Rinde gewonnen wurde, auf den Gerbstoffgehalt von Einfluß. Dagegen ist die Baumart und das Gewinnungsgebiet von großer Wichtigkeit für den Gerbstoffgehalt. Hiervon wird weiter unten noch die Rede sein. Für die Farbe des mit Mangrove hergestellten Leders spielt nach den Untersuchungen Päßlers an ostafrikanischen Mangroven das Alter der Bäume keine Rolle; dagegen ist hierfür die Baumart, von welcher die Rinde stammt, von Einfluß. Nach Päßler liefern die Rinden von Rhizophora und Brugiera-Arten im allgemeinen ein dunkleres, röter gefärbtes und weniger lichtechtes Leder als die Rinden von Ceriops und Xylocarpus. Die Mangroverinde kann wohl während des ganzen Jahres geschält werden. Bei den genannten ostafrikanischen Rindenarten ergaben die gegen Ende des Jahres geernteten Rinden, auch die von Rhizophora und Brugiera, ein wesentlich helleres und namentlich weniger rotes Leder, das auch bei Belichtung eine mehr gelbbraune als rotbraune Farbe annahm. Diese Erscheinung ist wahrscheinlich mit den gegen Ende des Jahres für eine rasche

Trocknung besonders günstigen Witterungsverhältnissen zu erklären. Überhaupt hat sich die ursprünglich sehr störende, rötliche Farbe der mit Mangrove hergestellten Leder wesentlich gebessert, seit man der richtigen Fällungszeit, sowie dem zweckmäßigen Trocknen und der sachgemäßen Behandlung nach dem Trocknen mehr Aufmerksamkeit schenkt. Zum Zwecke des Trocknens werden die ungefähr meterlangen, handbreiten Rindenstücke auf einem freien Platz reihenweise auf untergelegten Stöcken kurze Zeit ausgelegt und dann in Schuppen aufgestapelt. Hier werden sie entweder mit der Axt oder auf einer Mühle zerkleinert, dann in Säcke verpackt und in den Handel gebracht.

Der Gerbstoffgehalt der Mangrovenarten ist außerordentlich verschieden. Viele Arten sind so gerbstoffarm, daß sich die Rindengewinnung gar nicht lohnt. Im östlichen Mangrovegebiet kommen für die Gerbrindengewinnung hauptsächlich nachstehende Arten in Betracht: Rhizophora mucronata, Rh. conjugata, Ceriops Candolleana, Brugiera gymnorrhiza und Xylocarpus granatum. Die Mangrove des westlichen Gebietes stammt fast ausschließlich von Rhizophora Mangle. Der Gerbstoffgehalt ist nicht nur von der Mangrovenart abhängig, sondern schwankt auch für die gleiche Art stark nach dem Standort, an welchem der Baum wächst. Allgemein ist die östliche Mangrove bedeutend gerbstoffreicher als die westliche. Im Durchschnitt enthält bei 14,5% Wasser die östliche Mangrove 36% Gerbstoff und 9% Nichtgerbstoff, die westliche nur 24% Gerbstoff, aber 15% Nichtgerbstoffe. Diese Zahlen lassen erkennen, daß die westliche Mangrove trotz niedrigeren Gerbstoffgehaltes bedeutend mehr Nichtgerbstoffe besitzt. Für den europäischen Gerbrindenmarkt kommt nur die östliche Mangrove in Frage. Am höchsten bewertet sowohl nach Gerbstoffgehalt wie Lederfarbe wird die Rinde aus Madagaskar und Ostafrika. Die Rinden aus Indien, Ceylon und Java sind etwas gerbstoffärmer. Die amerikanischen Rinden sind nur für die Vereinigten Staaten und die Länder ihres Vorkommens von gerberischer Bedeutung.

Die Mangrovenrinde des Handels besteht aus steinharten, sehr schweren, bis 10 cm langen, 3 bis 5 cm breiten, rinnig eingebogenen Stücken, die bis zu 3 cm dick werden, jedoch meist nur 1 cm Dicke besitzen. Sie sind außen ziemlich glatt und eben oder auch wulstig, mit Querfurchen und Quersprüngen, sowie mit Spuren von Ast- und Blattansätzen, meist aber mit kleinen, knotigen Wulsten bedeckt. Die Stücke weisen keine oder nur geringe Borkenbildung auf. Die Rinde ist innen und außen rot bis dunkelbraun, von schwach aromatischem Geruch und und zusammenziehendem Geschmack. Sie ist schwer brüchig. Der Querbruch ist niemals faserig, sondern stets körnig. Jüngere Rinden sind etwas zähbrüchig und zeigen außen eine hornige, rotbraune bis schwarze Korkschicht, die bis zu 2 mm dick ist. Charakteristisch für Mangrovenrinde sind die hellen Sklerenchymmassen, welche das dunkle Grundgewebe durchziehen und in einem Querschnitt durch die Rinde meist schon mit bloßem Auge, jedenfalls aber bei Vergrößerung mittels Lupe, deutlich zu erkennen sind.

Die Malettrinde. Die gerbstoffreichste Rinde, die wir zur Zeit kennen, ist die Malettrinde, die auch als Maletto- oder Australrinde bezeichnet wird. Es ist die Rinde des im südlichen Westaustralien ziemlich weitverbreiteten und zum Teil mit anderen Eukalyptusarten große Bestände bildenden Eucalyptus occidentalis, eines 20 bis 30 m hohen Baumes, der wegen der charakteristischen schirmförmigen Gestalt seiner Krone in seiner Heimat als „flat topped Yate“ (Kopf mit flacher Krone) bezeichnet wird. Dieser Eucalyptus gedeiht am besten auf tonig-lehmigen oder auch lehmigsandigen Böden bei ziemlich warmen Temperaturen, deren Extreme zwischen 45° C und einigen Grad unter dem Gefrierpunkt liegen. Auch eine gewisse Regenmenge (35 bis 50 cm im Jahr) ist für seine gute Entwicklung nötig. In regenarmen Gegenden entwickelt er sich nur strauchartig und verkümmert. Die Malettrinde war den australischen Gerbern schon seit langer Zeit bekannt, aber erst seit 1904 wurden größere Mengen derselben, vorwiegend nach Deutschland, exportiert. Man ging dann in Australien sofort zu einer raubbaumäßigen Ausbeutung der vorhandenen, nicht übermäßig großen Bestände über, so daß sich die australische Regierung zu Verordnungen gezwungen sah, um das Abholzen der Wälder einzuschränken. Diese Verordnungen kamen jedoch reichlich spät, und es konnte ihnen auch nicht genügend Geltung verschafft werden.

Zur Gewinnung der Malettrinde wird der Baum gefällt, dann wird die rauhe, schwärzliche Borke entfernt. Hierauf wird die Rinde geschält und getrocknet. Die trockene Rinde wird zerkleinert und kommt in Säcke verpackt in den Handel. Die Rinde des Handels ist also nur das Rindenfleisch. Sie besteht vorwiegend aus etwa 5 bis 35 cm langen und 2 bis 8 mm starken Bruchstücken von hell- oder dunkelbrauner Farbe und ist meist in etwa 350 kg schwere viereckige Ballen verpackt. Die Rindenstücke zeigen nicht selten in der Längsrichtung des Stammes Gänge mit eigentümlichen Ausschwitzungen. Zuweilen finden sich namentlich an dicken Rinden ganze Nester mit solchen Ausschwitzungen vor. Diese Ausschwitzungen sind nichts anderes als ein gewissermaßen auf natürlichem Wege gebildeter, fester Gerbstoffextrakt. Gute Malettrinden sind von heller Farbe. Die bisweilen vorkommenden dunklen Rinden wurden entweder ungenügend getrocknet oder sind nach der Trocknung wieder feucht geworden. Sie haben sich dann auf dem Transport erhitzt und in ihrer Qualität gelitten.

Die Malettrinde ist nicht nur die gerbstoffreichste Rinde. Ihr Gerbstoff ist auch ausgezeichnet durch seine leichte Löslichkeit und durch die schöne helle Farbe, die er dem Leder gibt. Wegen der geringen zur Verfügung stehenden Menge ist jedoch die Malettrinde für den internationalen Gerbstoffhandel nur von untergeordneter Bedeutung. Die in Australien in Angriff genommene Wiederaufforstung der Malettwälder wird sich in nächster Zeit auf dem Gerbstoffmarkt noch nicht bemerkbar machen.

2. Gerbhölzer.

Das Eichenholz. Bei der Besprechung des Eichenschälwaldes wurde bereits erwähnt, daß sein Hauptzweck die Gewinnung von möglichst viel und möglichst gerbstoffreicher Rinde ist. Das nach dem Schälen verbleibende Holz findet lediglich als Brennholz Verwendung. Der Gerbstoffgehalt des lufttrockenen jungen Eichenholzes beträgt nämlich nur 0,5 bis 1,5%, ist daher so niedrig, daß eine Verwendung für Zwecke der Gerberei nicht in Frage kommt. Außerdem enthält dieses Jungholz etwa doppelt soviel Nichtgerbstoffe als Gerbstoff. Selbst wenn man derartiges junges Holz auf Extrakt verarbeiten würde, würde der gewonnene Extrakt ganz abgesehen von der schlechten Ausbeute schon wegen des Überwiegens der Nichtgerbstoffe über die Gerbstoffe eine sehr ungünstige Zusammensetzung besitzen. Aus den gleichen Gründen ist es auch nicht zweckmäßig, die beim Abtrieb des Eichenschälwaldes anfallenden Stämme ohne vorheriges Schälen, also mitsamt der Rinde auf Extrakt zu verarbeiten. Derartige Stämme enthalten im lufttrockenen Zustand etwa 3% Gerbstoff und etwas mehr als die gleiche Menge Nichtgerbstoffe, ergeben daher geringes Rendement und ungünstig zusammengesetzten Extrakt.

Mit zunehmendem Alter erhöht sich der Gerbstoffgehalt des Eichenholzes, und zwar bildet das Kernholz den eigentlichen Sitz des Gerbstoffes, während das Splintholz gerbstoffarm ist. Je älter die Eichen sind, um so mehr herrscht im allgemeinen das Kernholz vor, und um so gerbstoffreicher ist das Holz. Besonders gerbstoffreich ist das Kernholz der Wurzelstöcke von alten Eichen.

Beim Eichenholz ist der Gerbstoffgehalt und auch das Verhältnis von den Nichtgerbstoffen zum Gerbstoff ziemlich starken Schwankungen unterworfen. Sie sind abhängig vom Alter und vom Standort der Eichen, sowie von dem Gerbstoffteile, von welchem das Holz stammt. Es ist daher außerordentlich schwierig, für Eichenholz eine einigermaßen zutreffende durchschnittliche Zusammensetzung anzugeben. Der Gerbstoffgehalt älteren Eichenholzes schwankt von 3,3 bis 10%. Gehalte von mehr als 10% sind als Ausnahmen zu betrachten. Das Splintholz enthält nur 0,8 bis 2% Gerbstoff. Für die Herstellung eines hochwertigen Eichenholzextraktes werden daher Rinde und Splint, die ungefähr 25% der Gesamtholzmenge ausmachen, entfernt. Den Hauptsitz des Gerbstoffes bildet das Kernholz. Am gerbstoffreichsten ist die Wurzel. Der Gerbstoffgehalt des Stammholzes nimmt von unten nach oben zu ab. Die äußeren Schichten des Kernes enthalten den meisten Gerbstoff; nach innen zu geht der Gerbstoffgehalt zurück.

Das Eichenholz wird nicht als eigentliches Gerbmittel gebraucht, sondern bildet lediglich das Rohmaterial für die Herstellung von Eichenholzextrakten. Diese Extrakte wurden erstmals im Jahre 1883 hergestellt und werden gegenwärtig hauptsächlich in Südslawien, Frankreich, Spanien, Schweden, Rußland und Nordamerika fabriziert. Die Verarbeitung von Eichenholz auf Extrakte ist nur rentabel, wenn das lufttrockene Holz mindestens 5% Gerbstoff enthält. Das Eichenholz ist unser bestes und dauerhaftestes Nutzholz. Es eignet sich vortrefflich für Hoch-, Erd- und Wasserbauten, wird für den Schiffbau und als Faßdaubenholz sehr geschätzt und ist höchst wertvoll zur Herstellung von Möbeln, Parkettböden und zum Wagenbau. Die Hauptmenge des gesunden Eichenholzes wird daher als Nutzholz verarbeitet, nur die Abfälle des Nutzholzes, schadhaftes Holz, Astholz und Wurzelstöcke werden der Verarbeitung auf Gerbstoffextrakte zugeführt. Die Eichenholzextraktfabriken sind daher häufig solchen Fabriken angegliedert, deren Hauptbetrieb in der Verarbeitung des Nutzholzes zu Möbeln, Parkettböden, Faßdauben u. dgl. besteht.

Die Eiche wird als Hochwald mit 120 bis 180jährigem Umtrieb oder als Oberholz des Mittelwaldes kultiviert. Der Bestand an alten Eichen ist überall im Rückgang begriffen, da mehr abgeholzt als nachgepflanzt wird.

Das frischgeschlagene Eichenholz hat einen Wassergehalt von 36 bis 42%. Derselbe geht beim Lagern im Laufe der Zeit bis auf 14,5% zurück. Ein Raummeter Eichenknüppel wiegt grün 680 bis 710 kg, trocken 490 bis 520 kg.

Das Kastanienholz. Wichtiger als das Eichenholz ist für die Gerberei das Kastanienholz. Ähnlich wie das Eichenholz wird es auch nicht direkt als Gerbmittel gebraucht, wohl aber findet der aus ihm hergestellte Gerbextrakt eine ausgedehnte Anwendung. Das Holz, welches hierfür in Frage kommt, ist das Holz der Edelkastanie (Castanea vesca), während das Holz der Roßkastanie seines geringen Gerbstoffgehaltes wegen zur Lederherstellung nicht gebraucht wird. Die Edelkastanie, der Baum, welcher die eßbaren Kastanien liefert, gedeiht am besten in den Mittelmeerländern. Er bildet in Italien, auf Corsica, in Südslawien, Südfrankreich und Spanien ausgedehnte Waldungen, findet sich aber auch in Südungarn, in der Schweiz, im Elsaß, in der Rheinpfalz, in Baden und in Hessen. Rußland besitzt ausgedehnte Kastanienwaldungen am Schwarzen Meer an den Ausläufern des Kaukasus. Die kaukasische Kastanie ist die Castanea sativa. Für die Vereinigten Staaten von Nordamerika ist das Holz der Castanea dentata ein wichtiger Gerbstofflieferant.

Das Holz der Edelkastanie besitzt viele ähnliche Eigenschaften wie das Eichenholz, dem es auch in der Farbe ziemlich gleicht, ist jedoch viel leichter. Es ist ein geschätztes Nutzholz. Das entrindete Holz von 12 bis 18jährigen Edelkastanien wird in den Weinbaugebieten der Pfalz und am Rhein in großem Umfange zu Weinbergpfählen verwendet. Während des Weltkrieges wurde in der Pfalz versucht, Kastanienschälwälder anzulegen. Obwohl dieselben ergiebiger sind als die Eichenschälwälder, nahmen sie doch keinen größeren Umfang an, weil sie der Konkurrenz der ausländischen Gerbmittel, namentlich der Mimosa, nicht gewachsen sind. Für die Gerbstoffgewinnung spielen diese Kastanienschälwälder keine Rolle, hierfür kommen vielmehr ausschließlich die älteren Kastanienbäume in Betracht. Zu ihrer Verarbeitung auf Extrakt besteht in Südslawien, Italien und Südfrankreich eine große Anzahl von Fabriken.

Die Edelkastanie ist ein in ihrer Jugend raschwüchsiger Baum. Unter günstigen Bedingungen erreicht sie in den deutschen Gegenden ihres Vorkommens im Alter von 50 Jahren eine Stammhöhe von 16 m und darüber und bis zu 30 cm Durchmesser. Noch viel höher und dicker wird sie in den Mittelmeerländern. Berühmt sind in dieser Hinsicht die mehrere hundert Jahre alten Bäume der Kastanienwälder im Innern von Corsica. Dort gibt es Baumriesen, welche 50 bis 60 rm Holz liefern, während sonst der Durchschnitt nur 12 rm pro Baum beträgt. Der Edelkastanie ist bis ins höhere Alter eine starke Stockausschlagfähigkeit eigen. Eine gewisse Bodenfrische, mildes Klima und viel Sonne begünstigen die Entwicklung der Kastanie außerordentlich. Nasser Standort, Niederungen und Frostlagen sagen ihr nicht zu. Die Bäume der Ebene werden im allgemeinen weniger geschätzt wie diejenigen des Gebirges, weil ihr Holz leicht rötlich wird, und dann auch der daraus hergestellte Extrakt eine dunklere Färbung annimmt. Für die Extraktfabrikation werden gewöhnlich nur Bäume verwendet, die über 60 bis 70 Jahre alt sind. Der Wassergehalt des frisch gefällten Kastanienholzes beträgt 60% und geht nach einjähriger Lagerung auf 35 bis 40% zurück. Für den Wassergehalt des lufttrockenen Holzes werden im Durchschnitt 14,5% angenommen. Der Gerbstoffgehalt des Holzes ist außer vom Standort auch stark vom Alter der Bäume abhängig, und zwar nimmt er mit dem Alter zu. Bemerkenswert ist ferner, daß auch das Splintholz ungefähr den gleichen Gerbstoffgehalt wie das Kernholz besitzt, und daß auch die Rinde gerbstoffreich ist, weshalb man das Kernholz mit samt dem Splint und der Rinde auf Extrakt verarbeiten kann. Die Rinde junger Äste und Stämme ist glatt und von olivgrüner Farbe, wird aber bald durch Flechtenansatz weißfleckig. Erst im Alter von 20 bis 30 Jahren beginnt die Bildung einer dunklen, längsrissigen Borke.

Ältere Kastanien neigen leicht zur Kernfäule. Mit der Fäulnis soll ein Gerbstoffverlust verbunden sein; doch ist diese Frage noch nicht vollkommen geklärt. Jedenfalls vertreten Smaic und Wladika die Ansicht, daß auch vermodertes Holz seiner analytischen Zusammensetzung nach unbedenklich zur Extraktherstellung verwendet werden kann; allerdings lassen sie dabei die Frage offen, ob die bei der Analyse für Gerbstoff und Nichtgerbstoff gefundenen Werte nicht teilweise auch auf gerbstoffähnliche Farbstoffe und ähnlich sich verhaltende Extraktivstoffe zurückzuführen sind.

Die südeuropäischen Kastanienwälder haben stark unter der sog. Tintenkrankheit zu leiden. Sie wird hervorgerufen durch einen Pilz, Blepharospora cambivora Petri. Die Krankheit führt ihren Namen von den schwarzvioletten oder schwarzgelben Ausschwitzungen, welche die davon befallenen Bäume am Fuß oder an den dickeren Wurzeln zeigen, und durch welche das um solche Stellen liegende Erdreich schwarz gefärbt wird. Die Infektion der Kastanienbäume erfolgt durch Sporen der Blepharospora oder durch Überreste ihres Myceliums. Als Folge der Infektion beginnen die tiefer liegenden Wurzeln zu faulen. Diese Fäulnis schreitet von unten nach oben fort und führt schließlich zum Absterben des Baumes. Als erstes äußeres Symptom der Tintenkrankheit beobachtet man im Frühjahr, daß die Kätzchen nicht zur Entfaltung gelangen und abfallen, ohne geblüht zu haben. Ferner ist im Juli an den kranken Bäumen ein Gelbwerden der Blätter zu beobachten. Bei der Betrachtung eines Kastanienwaldes aus der Ferne kann man an den gelben Blättern die Ausdehnung der von der Krankheit befallenen Gebiete leicht feststellen. Die kranken Bäume, deren Blätter im Juli gelb geworden sind, sterben auf magerem Boden schon im zweiten Jahre, auf fetterem Boden im 3. bis 5. Jahre ab. Zur Bekämpfung der Tintenkrankheit werden die davon befallenen Bäume gefällt. Eine Desinfektion des umgebenden Erdreiches mit Kupfervitriollösung wird empfohlen. Nach den neuesten Untersuchungen von Petri soll man die Krankheit, besonders in ihrem Anfangsstadium, auch dadurch wirksam bekämpfen können, daß man das Erdreich um die ganzen Wurzeln herum gut auflockert. Es kommt dann der Pilz unter der Einwirkung von Luft, Licht und Wärme zum Absterben. Außerdem hat man in Frankreich versucht, japanische Kastanien anzupflanzen, da dieselben gegen die Krankheit widerstandsfähig sein sollen.

In noch stärkerem Maße als die europäischen Kastanienwälder haben die Kastanienbestände Nordamerikas unter einer Pilzkrankheit, dem Kastanienmehltau (Chestnut Blight), zu leiden. Diese Krankheit ist wahrscheinlich durch junge Kastanienstöcke zwischen 1890 und 1895 aus dem Orient in Amerika eingeschleppt, aber erst im Jahre 1904 richtig erkannt worden. Die Krankheit wird hervorgerufen durch einen sehr ansteckenden Pilz (Endothia parasitica). Letzterer dringt in wunde Stellen der Rinde ein. Seine Fäden wachsen rasch durch die äußere und innere Rinde und verursachen den Tod des lebenden Gewebes. Der Pilz überzieht allmählich den ganzen Baum, der dann gewöhnlich 2 bis 6 Jahre nach erfolgter Infektion abstirbt. Die Krankheit hat sich bereits über das ganze nordamerikanische Kastaniengebiet ausgedehnt. Ihr Vordringen erfolgt in der Richtung von Osten nach Westen. In den Staaten Maryland und Virginia sind bis 100% aller Kastanienbäume vom Mehltau befallen und 50 bis 100% bereits abgestorben. In dem westlicher gelegenen Kentucky sind teilweise erst 10 bis 30% der Bäume infiziert und bis zu 50% abgestorben. Nach den Untersuchungen von Nelson und Gravatt zeigt das Holz von Kastanienbäumen, die bereits vor 20 bis 30 Jahren abgestorben waren, gegenüber dem Holz lebender Bäume nur einen geringen Gerbstoffverlust und kann unbedenklich bis zum weitgehenden Verfall zur Extraktgewinnung verwendet werden. Als Nutzholz hat es dagegen stark an Wert verloren. Da gegenwärtig sehr viel derartiges abgestorbenes Holz zur Verfügung steht, werden in den Vereinigten Staaten große Mengen von Kastanienholzextrakt zu billigen Preisen auf den Markt gebracht. Nach den neuesten Feststellungen ist die Krankheit der amerikanischen Kastanien im Rückgang begriffen.

Das Quebrachoholz. Ein Gerbstoff, der, vorwiegend als Extrakt, gegenwärtig weitaus am meisten zur Lederherstellung Verwendung findet, ist der aus Südamerika stammende Quebracho. Dieses Holz war wegen seiner außergewöhnlichen Härte und Widerstandsfähigkeit in seinem Ursprungslande schon seit langer Zeit als vorzügliches Bau- und Nutzholz geschätzt. Seinen gerberischen Wert hat man verhältnismäßig spät erkannt. Im Jahre 1867 soll es zuerst als Gerbmittel auf der Weltausstellung in Paris und 1873 in Philadelphia ausgestellt gewesen sein. Dubosc in Le Havre stellte auf der Pariser Weltausstellung im Jahre 1878 den ersten Quebrachoextrakt aus. In Deutschland wurde Quebrachoholz erstmalig um 1880 in Pirmasenser Lederfabriken angewandt. Die von dort stammenden Gebrüder Harteneck gehören zu den Hauptbegründern der argentinischen Quebrachoextraktindustrie. Sie haben nicht nur die Gewinnung des Quebrachoholzes und des daraus hergestellten Extraktes im Ursprungslande in die Wege geleitet, sondern sich auch um die Einführung des Quebrachos in die Leder- und Extraktindustrie von Europa und Nordamerika unvergängliche Verdienste erworben. Im Jahre 1895 wurde in Puerto Casado (Paraguay) die erste Quebrachoextrakt-Fabrik gegründet. In diesem Jahre wird zum ersten Male Quebrachoextrakt als Exportartikel aufgeführt, und zwar in einer Menge von 402 t. Die Quebrachoindustrie hat dann in der Folge einen riesigen, in seinen Ausmaßen typisch amerikanischen Aufschwung genommen.

Der weiße Quebracho (spanisch: Quebracho blanco) enthält fast gar keinen Gerbstoff und kommt daher für die Herstellung von Gerbstoffextrakten nicht in Frage. Hierfür dient ausschließlich das Kernholz des roten Quebrachos (spanisch Quebracho colorado). Seine beiden wichtigsten Arten sind der Quebracho Chaqueño (Schinopsis Balansae) und der Quebracho Santiagueño (Schinopsis Lorentzii). Der Quebracho Chaqueño findet sich im östlichen, der Quebracho Santiagueño im westlichen Teile des Quebrachogebietes. Außerdem kommt noch im nordöstlichen Teile der Coronillo, auch Quebracho macho (männlicher Que-

Abb. 57. Übergang der Steppe zum Quebrachowald. Die überragenden, hohen Bäume sind Quebrachos. (Phot. v. Dr. W. Vogel.)

bracho) genannt, vor, wahrscheinlich Schinopsis Brasiliensis. Am gerbstoffreichsten ist der Quebracho Chaqueño, der vorwiegend das Ausgangsmaterial für die Extraktgewinnung liefert; doch werden, allerdings nur in geringem Umfange, auch die beiden anderen Arten des roten Quebrachos zur Extraktherstellung mitverwendet.

Bezüglich der Grenzen des Quebrachogebietes und des Vorkommens der einzelnen Quebrachoarten wird auf die Karte Abb. 109 verwiesen.

Das Quebrachogebiet darf man sich nicht, wie es fälschlicherweise öfters geschieht, als ein ungeheures, zusammenhängendes Urwaldgebiet vorstellen, sondern es findet dort ein steter Wechsel statt von offenem Land, welches Grassteppen- und Strauchsteppen-, in Zeiten der Trockenheit fast Wüstensteppencharakter trägt, mit dichtem Wald oder mit gestrüppbestandenem Sumpfgebiet (Abb. 57). Der Quebrachobaum selbst bildet nicht etwa dichte zusammenhängende Waldungen, sondern findet sich nur vereinzelt in den von anderen Pflanzen gebildeten Wäldern. Das dichte und mit zahllosen Dorngewächsen bestandene Unterholz wird von den höheren und durch ihre charakteristische Form schon von weitem kenntlichen Quebrachobäumen überragt.

Das Klima des Quebrachogebietes ist ein Übergangsklima vom rein tropischen zum subtropischen. Die mittlere Sommertemperatur liegt bei 24 bis 28° C, während sich die mittlere Wintertemperatur von 12 bis 20° C bewegt. Im Sommer kommen aber auch verschiedentlich Temperaturen bis zu 45° C im Schatten, im Winter bis einige Grade unter Null vor. Der Umstand, daß im Quebrachogebiet den heißen Sommertemperaturen verhältnismäßig niedrige Wintertemperaturen gegenüberstehen, macht das Leben in diesen Gegenden auch für den Europäer noch erträglich. Die jährliche Niederschlagsmenge beträgt im Gebiete des Quebracho Chaqueño 900 bis 1500 mm, also durchschnittlich 1200 mm, im Gebiete des Quebracho Santiagueño 600 bis 900, also durchschnittlich 750 mm. Die Verteilung dieser Niederschläge ist jedoch sehr unregelmäßig. Die Hauptregenmenge fällt in den Sommermonaten (November bis April), während die Wintermonate (Mai bis Oktober) verhältnismäßig regenarm sind. 5 bis 6 wöchentlichen Perioden völliger Trockenheit, während welcher das Vieh infolge Mangels an Weide und Wasser massenhaft zugrunde geht, folgen bisweilen riesige Regen, die ausgedehnte Überschwemmungen verursachen und zeitweise für weite Gebiete jeglichen Verkehr unterbinden. Aus diesem Grunde müssen die Extraktfabriken stets große Holzvorräte in ihrer unmittelbaren Nähe oder an höher gelegenen, leicht erreichbaren Sammelplätzen zur Verfügung haben. Fieber kommt verhältnismäßig wenig vor. Zuweilen treten Typhus- und Pockenepidemien auf. Außer der zeitweise übermäßigen Hitze bilden eine große Belästigung die vielen Fliegen, Moskitos, Heuschrecken, Sand- und anderen Flöhe, Skorpione, Schlangen u. dgl.

Was die Bodenverhältnisse anlangt, so ist das Quebrachogebiet ein meist vollkommen ebenes, steinloses Alluvialland, das nur 20 bis 100 m über dem Meeresspiegel liegt. Der Boden besteht im allgemeinen aus Humus, bisweilen mit feinem Sand gemischt. Der Boden ist kalkarm, aber reich an Kalisalzen. Schwierig sind im Quebrachogebiet die Wasserverhältnisse. Meist ist nur das wenige Meter unter der Oberfläche sich findende Wasser Süßwasser. Die tieferen Schichten enthalten gewöhnlich Salzwasser. Auch die träge dahinfließenden, stark gewundenen, zur Sumpfbildung neigenden Flüsse führen meist Salzwasser; nur das Wasser des Parana und des Paraguay ist Süßwasser, das zwar durch lehmige Stoffe gelblich gefärbt ist, aber nur sehr wenig Salze gelöst enthält. Die ungünstigen Wasserverhältnisse erschweren die Erschließung des Quebrachogebietes. Als Kesselspeisewasser und auch zur Abgabe als Trinkwasser an die Bevölkerung müssen die Eisenbahnzüge stets mehrere Tankwagen mit Süßwasser mitführen. Ferner haben die nicht am Parana oder Paraguay gelegenen Extraktfabriken vielfach Schwierigkeiten in der Beschaffung eines guten Kesselspeise- und Extraktionswassers.

Das ganze Quebrachogebiet ist außerordentlich dünn bevölkert. Die ursprünglich ansässige Bevölkerung, Indianer der verschiedensten Stämme, kommt hauptsächlich in Paraguay als Arbeiter in Frage. Im argentinischen Teile des Quebrachogebietes besteht das Hauptelement der Arbeiterschaft aus Correntinern, einer Mischung der eingewanderten Spanier mit den eingeborenen Indianern des Guaranistammes. Die Europäer bilden, obwohl ihrer Zahl nach gering, als Kolonisten, Handwerker, Techniker, Kaufleute das eigentliche Kulturelement.

Die Quebrachowälder befinden sich teils in privatem, teils in staatlichem Besitz. Die Gewinnung des Quebrachoholzes erfolgt in Paraguay vielfach noch mit Arbeitern, die monatlichen Lohn erhalten. Das gebräuchlichere Verfahren jedoch ist die Vergebung der Arbeit im Akkord. Der Unternehmer überträgt die Quebrachoausbeutung seines eigenen oder eines von ihm zur Ausbeutung gepachteten Waldes einem sog. Contratisten. Der Unternehmer stellt dem Contratisten die nötigen Zugtiere und Karren zur Verfügung und gibt ihm Vorschuß für die Entlohnung und Unterhaltung seines Personals. Dafür verpflichtet sich der Contratist, das Holz zu fällen, zu bearbeiten und an den vereinbarten Sammelplatz zu schaffen. Seine Bezahlung erhält der Contratist nach einem vorher vereinbarten Einheitssatz auf Grund des bei der Ablieferung festgestellten Gewichtes.

Das Fällen des Holzes erfolgt zwar das ganze Jahr hindurch, wird aber im Sommer gewöhnlich in vermindertem Umfang betrieben, weil die Arbeiter zu schwer unter der Hitze und der Unzahl von Insekten zu leiden haben. Die Arbeiter hausen in primitiven, rasch aus den an Ort und Stelle befindlichen Materialien hergestellten Hütten (Ranchos). Ihr einziges Werkzeug ist eine gute Axt. Mit Dampf oder Motoren betriebene Sägen und andere Maschinen zum Fällen haben sich nicht bewährt, weil ihr Betrieb zu umständlich und zu kostspielig ist. Wie schon erwähnt, stehen die Quebrachobäume vereinzelt im dichten Buschwald. Um zu ihnen zu gelangen, werden zunächst mit dem Buschmesser primitive Wege (Picadas) durch den Wald geschlagen. Von ihnen aus arbeitet man sich dann zu den einzelnen Bäumen heran. Das Fällen geschieht in üblicher Weise, indem kurz über dem Boden von verschiedenen Seiten Kerben in den Stamm eingehauen werden (Abb. 58), bis der Baum fällt, wobei er alles ihm im Wege stehende Gestrüpp mit niederreißt. Sofort nach dem Fällen wird entästet, die Spitze abgehauen, Rinde und Splint entfernt. In den staatlichen Waldungen von Argentinien dürfen Stämme mit einem geringeren Durchmesser als 30 cm, mit Rinde 1 m über dem Erdboden gemessen, nicht geschlagen werden. Je nach Dicke und sonstiger Beschaffenheit wird das gefällte Holz verschieden bearbeitet. Im Gebiete des Quebracho Chaqueño wird das meiste Holz durch Entfernen von Rinde und Splint als Blockholz (rollizos) für die Extraktfabriken zugerichtet. Stärkere, gesunde und gerade gewachsene Stämme werden bisweilen auch zunächst auf eine bestimmte Länge gebracht und dann das Kernholz vierkantig behauen. Das gibt die sogenannte vigas, aus denen in den Sägereien mittels einer Kreissäge Eisenbahnschwellen (durmientes) geschnitten werden. Schwache Stämme und dicke Äste (postes) finden nach der Entfernung von Rinde und Splint als Zaunpfosten und Telegraphenstangen Verwendung. An dünneren Ästen wird Rinde und Splint gelassen. Sie dienen als Brennholz (leña). Der gerbstoffreichste Teil des Quebrachobaumes ist die Wurzel. Seit sich in dem am leichtesten zugänglichen Teil des Quebrachogebietes eine gewisse Holzknappheit bemerkbar macht, ist man daher dazu übergegangen, auch die Wurzeln auszugraben und auf Extrakt zu verarbeiten. In manchen Gebieten werden jetzt sogar die Wurzeln der vor vielen Jahren gefällten Bäume für diesen Zweck gewonnen.

Abb. 58. Fällen eines Quebrachobaumes. Weißer Splint und dunkles Kernholz sind deutlich zu erkennen. (Phot. v. Dr. W. Vogel.)

Eine schwierige Arbeit ist der Abtransport des Holzes von der Fällstelle. Die

Stämme werden zunächst mit einem Ochsengespann aus dem Dickicht heraus an den nächsten Weg geschleift. Hier werden sie auf ziemlich primitive zwei- oder vierräderige Karren verladen, auf denen sie dann von mehreren Paar Ochsen gezogen, auf den vielfach sehr schlechten Wegen zum nächsten Sammelplatz oder zur Fabrik gefahren werden. Als Sammelplatz wird meist ein freier, etwas höher gelegener Platz in der Nähe der Bahnlinie gewählt. Das Ab- und Aufladen erfolgt hier mittels eines einfachen Krahnes mit Handwinde (Abb. 59). Eine gut geleitete Extraktfabrik muß stets auf ihrem Hofe einen für mehrere Monate reichenden Holzvorrat lagern haben, um ungestört weiterarbeiten zu können, wenn die Holzzufuhr infolge von Überschwemmungen, großer Trockenheit, Viehseuchen oder auch eines Streikes der Waldarbeiter eine Unterbrechung erleidet.

Abb. 59. Verladen von Quebrachostämmen an einem Sammelplatze mittels eines primitiven Krahnes. (Phot. v. Dr. W. Vogel.)

Ein Querschnitt durch einen Quebrachostamm zeigt einen roten, festen Kern, um den sich ein weicher, weißer Splint legt, der von einer braunen Rinde umschlossen wird. Das Verhältnis von Rinde und Splint zum Kern ist stark vom Alter der Bäume abhängig. Je jünger der Baum bzw. je geringer sein Durchmesser ist, um so höher ist der Anteil an Rinde und Splint, also an denjenigen Anteilen, die bei der Gewinnung des Kernholzes verloren gehen. Der Anteil von Rinde und Splint beträgt, den Durchmesser 1 m über dem Boden gemessen, bei 30 cm Durchmesser 25%, bei 40 cm Durchmesser 11%, bei 50 cm Durchmesser 8% und bei 60 cm Durchmesser nur 5%. Bis zu einem Durchmesser von 40 cm wachsen die Bäume am raschesten. Der Durchschnittsdurchmesser der am meisten gefällten Bäume beträgt 40 bis 60 cm. Es kommen jedoch auch Bäume bis zu reichlich einen Meter Durchmesser vor. Derartige Baumriesen sind allerdings meist kernfaul. An manchem Quebrachokernholz kann man größere Löcher und Gänge beobachten. Sie sind durch eine große Raupe verursacht, sind jedoch keineswegs ein Zeichen für eine schlechte Qualität des betreffenden Holzes. Die Quebrachostämme sind selten ganz gerade, sondern weisen meist Krümmungen auf und bilden daher ein sehr sperriges Ladegut. Das spezifische Gewicht des Kernholzes liegt zwischen 1,2 bis 1,4. Bei gesunden Bäumen ist es im allgemeinen im Stamm höher als in den Ästen und im unteren Teile des Stammes größer als im oberen. Bei gesunden Bäumen nimmt es mit dem Alter zu; bei beschädigten Bäumen nimmt es rasch ab.

Alle Teile des Quebrachobaumes sind gerbstoffhaltig. Am gerbstoffreichsten ist das Kernholz. An ihm sind bisweilen einzelne Stellen zu beobachten, die aus Gerbstoffextrakt bestehen, der sich auf natürlichem Wege gebildet hat. Dieser natürliche Gerbstoffextrakt ist in seinem Aussehen, seiner Zusammensetzung und seinen sonstigen Eigenschaften dem Gerbstoffextrakt des Handels ziemlich ähnlich. Der Wassergehalt von frischem, gesunden Quebrachokernholz beträgt unmittelbar nach dem Raspeln zu Hirnschnitt 18 bis 21%. Für das nach Europa exportierte Holz, bei dem es sich um schon etwas abgelagertes und ausgetrocknetes Material handelt, kann man für Hirnschnitt unmittelbar nach dem Raspeln 14 bis 15% Wasser annehmen. Bei geraspeltem Holz, das längere Zeit in unserem Klima offen gelagert hat, geht der Wassergehalt auf 10 bis 12% zurück.

Für die Ausbeute an Quebrachoholz werden sehr stark voneinander abweichende Zahlen angegeben. Wenn man nur die gewinnenswerten, größeren Bäume berücksichtigt, so werden für die Paraguaywälder 300 bis 600 t, für die besten Waldungen von Nord-Santa Fe bis zu 1000 t Quebrachokernholz pro Quadratkilometer geschätzt. Danach darf man hochgerechnet 400 bis 500 t pro Quadratkilometer als Durchschnitt annehmen.

Der Nachwuchs des Quebrachos erfolgt durch die von den Bäumen fallenden Samen. Die Samen keimen sehr langsam; sie brauchen zur Keimung 3 bis 4 Monate. Die jungen Pflänzchen wachsen äußerst langsam und erreichen im ersten Jahre nur eine Höhe von 4 bis 5 mm. Bisher wurden keine durchgreifenden Maßregeln getroffen, um für den nötigen Nachwuchs des Quebrachos zu sorgen. Bei der außerordentlich starken Ausbeutung findet eine ständige Verminderung der Bestände statt. Wenn in der jetzigen Weise weiter gewirtschaftet wird, ist in einigen Menschenaltern mit der Erschöpfung der Bestände an Quebracho Chaqueño zu rechnen. Um wenigstens einigermaßen für die Ergänzung der Quebrachobestände zu sorgen, wurde vorgeschlagen, das Abholzen von Bäumen mit weniger als 40 cm Durchmesser zu verbieten und einen mindestens 40jährigen Umtrieb einzuführen. Aber selbst die Durchführung dieser Maßnahme dürfte praktisch auf große Schwierigkeiten stoßen.

Das Urundayholz. Mit dem Knapperwerden der Quebrachovorräte suchte man auch andere im Quebrachogebiete vorkommende gerbstoffhaltige Hölzer zur Verarbeitung auf Extrakt heranzuziehen. Zu diesen zählt in erster Linie der Urunday. Der Urunday oder Urunday pardo (Astronium Balansae Engl.) gehört wie der Quebracho zur Familie der Anacardiaceen. Es ist ein ziemlich gerade wachsender Baum, der eine Höhe von 15 bis 20 cm und einen Durchmesser von 50 bis 60 cm erreicht. Im Aussehen ist er dem Quebracho Chaqueño sehr ähnlich (Abb. 60). Für die Gerbstoffgewinnung kommt nur das Kernholz in Frage; es hat eine mehr bräunliche Farbe, während beim Quebrachoholz der Stich ins Rötliche vorherrscht. Sonst ist das Urundayholz ähnlich hart und gegen äußere Einflüsse beständig wie das Quebrachoholz. Der Urunday wächst im allgemeinen in der gleichen Zone wie der Quebracho. Während aber der Quebracho sich in tiefer gelegenen Landstrichen besser entwickelt, bevorzugt der Urunday hochgelegenen Kamp. Das Verbreitungsgebiet des Urunday reicht nicht ganz so weit nach Westen und nach Süden, dafür aber weiter nach Osten als das Quebrachogebiet. Ebenso wie der Quebracho findet sich auch der Urunday nur als Einsprengling und bildet keine zusammenhängenden Wälder. Während der Quebracho aus der Wurzel nicht wieder ausschlägt, und auch seine Nachzucht durch Samen wegen ihrer schweren Keimbarkeit und ihres langsamen Wachstums Schwierigkeiten bietet, treibt der Urunday mit Leichtigkeit Wurzelschößlinge, die man mit gutem Erfolg als Stecklinge verpflanzen kann. Sie zeigen auch ein verhältnismäßig rasches Wachstum. Die Gewinnung des Urundayholzes gleicht vollkommen derjenigen des Quebrachos.

Urunday, Quebracho, Chaqueño.
Abb. 60. (Phot. v. Dr. W. Vogel.)

Der Gerbstoffgehalt des Urundaykernholzes schwankt, soweit die bisher vorliegende geringe Anzahl untersuchter Proben eine solche Angabe zuläßt, von 11 bis 16%. Es enthält demnach nur zwei Drittel soviel Gerbstoff wie das Quebrachoholz. Dieser geringe Gerbstoffgehalt gestattet keinen weiten Transport des Holzes. Urunday wird daher ausschließlich im Gebiete seines Vorkommens verarbeitet, und zwar nur auf Extrakt. Entweder wird reiner Urundayextrakt hergestellt und als solcher in den Handel gebracht, oder Urunday wird zusammen mit Quebracho auf Quebrachoextrakt verarbeitet. Letztere Arbeitsweise ist, zumal wenn dabei der Anteil des Urunday kein zu hoher ist, ohne weiteres möglich, weil der Urunday nicht nur botanisch, sondern auch in seinen gesamten gerberischen Eigenschaften dem Quebracho sehr nahesteht.

Das Tizrahholz. Ein anderes, dem Quebracho ziemlich ähnliches Gerbmaterial ist das Tizrahholz, das etwa seit Anfang dieses Jahrhunderts als Gerbmittel, und zwar vorwiegend als Rohmaterial für die europäischen Extraktfabriken in den Handel gebracht wird. Tizrah, auch Tisrah, Tizera oder Tesera ist ein zur Familie der Sumachgewächse gehöriger, dorniger, dem Hagedorn ähnlicher, gewöhnlich reich verzweigter Baumstrauch (Rhus pentaphylla). Er wächst in mehr oder weniger dichten Büschen, die selten eine Höhe von 2 bis 3 m und einen Umfang von 5 bis 6 m überschreiten. Der äußerst langsam wachsende Strauch liebt trockenen Boden und vermag sich leicht auch an arme Böden anzupassen. Tizrah kommt von den Kanarischen Inseln über Nordafrika bis nach Sizilien vor und ist in Marokko, Algier und Tunis ziemlich verbreitet. In der Gegend von Rabat bedeckt er allein oder in Vermischung mit der Korkeiche ausgedehnte Flächen. Zur Gewinnung wird der Strauch samt seinen stark entwickelten, zum Teil kriechenden Wurzeln umgehauen und dann in kleinere Stücke zerteilt. Als Tizrahholz, zuweilen auch unter der Bezeichnung Marokkoholz, kommen dann die oberen Wurzelteile, die Stammstücke und die stärkeren Äste in den Handel. Dieses Handelsprodukt besteht aus sehr unregelmäßigen Stücken der verschiedensten Form und Stärke, von großen Wurzelstücken bis herab zu Ästen von nur wenigen Zentimeter Durchmesser. Die schwächeren Stücke sind berindet, die stärkeren von einer rissigen Borke bedeckt. Der Querschnitt von Ast- und jüngeren Stammstücken zeigt unter einem blaß fleischfarbigen Splint einen dunkel rotbraunen bis lederbraunen Kern. Alte knorrige, oft der Länge nach gesplitterte

Stammstücke und Knüppel haben durchweg eine rotbraune, vielfach sehr dunkle Färbung. Bei der Gewinnung des Holzes ist größtes Gewicht darauf zu legen, daß Erde, Schmutz und Steine, überhaupt Verunreinigungen jeder Art möglichst gründlich entfernt werden. Von besonderer Wichtigkeit für die Beurteilung des Wertes ist ferner die Sortierung, das heißt, das prozentuale Verhältnis der Baumstümpfe und Stämme zu den dünnen Ast- und Zweigstücken. Je weniger das Sortiment von den gerbstoffarmen Ast- und Zweigstücken enthält, um so besser ist es. Reines, lufttrockenes Kernholz besitzt ein spez. Gewicht von 1,10 bis 1,25. Das helle Holz ist im allgemeinen spezifisch schwerer und gerbstoffreicher als das dunkle. 1 cbm gut geschichtetes Tizrahholz des Handels wiegt 450 bis 460 kg.

Der Gerbstoffgehalt des handelsüblichen Tizrahholzes schwankt von 16 bis 30%. Für ein gutes Sortiment kann als Durchschnitt etwa 20% Gerbstoff und 2 bis 3% Nichtgerbstoffe bei 14,5% Wasser angenommen werden. Da der Tizrahstrauch äußerst langsam wächst und Nachpflanzungen nicht erfolgen, gehen die an sich nicht übermäßigen großen Bestände allmählich ihrer Erschöpfung entgegen, wenn die Ausbeutung in der bisherigen Weise fortgesetzt wird.

3. Gerbblätter.

Der Sumach. Das wichtigste Blättergerbmittel, zugleich eines der edelsten Gerbmittel überhaupt, ist der Sumach oder Schmack. Er besteht aus den getrockneten und meist zerkleinerten Blättern verschiedener Sträucher aus der Familie der Anacardiaceen. Die wichtigeren Handelssorten des Sumachs werden in der Hauptsache von folgenden drei Pflanzen geliefert:

1. dem Gerbersumach, Rhus coriaria. Er kommt hauptsächlich in den Mittelmeerländern vor, besonders in Sizilien, Süd- und Mittel-Italien, Spanien, Portugal, Marokko, Kleinasien, Griechenland und Südfrankreich. Er ist der wertvollste und gerbstoffreichste Sumach.

2. dem Perückenbaum, Rhus cotinus. Dieser Baum liefert den Norditalienischen, Triester, Dalmatiner, Kroatischen, Krainer, Tiroler und Ungarischen Sumach.

3. dem Gerberstrauch, Coriaria myrtifolia. Er wächst hauptsächlich in Südwesteuropa und Nordafrika. Von ihm stammt u. a. der provencalische Sumach.

In den Vereinigten Staaten von Nordamerika wächst der Sumach wild in einer Zone, die sich von Maryland über Virginia und Carolina bis Nord-Georgia erstreckt. Auch in Tennessee und Kentucky kommt Sumach vor. Am höchsten bewertet wird der Sumach aus Virginia, das nebenbei bemerkt auf der gleichen geographischen Breite liegt wie Sizilien. Die wichtigsten für Gerbereizwecke in Betracht kommenden amerikanischen Sumacharten sind: der glatte oder weiße Sumach (Rhus glabra), White sumach, ferner der Zwerg- oder schwarze Sumach (Rhus copallina), Dwarf sumach, und der Staghorn Sumach (Rhus hirta). Von diesen drei Arten wird der weiße Sumach am meisten geschätzt.

Der Sumach wird teils von wildwachsenden Pflanzen, teils in besonders angelegten Pflanzungen gewonnen. Die letzteren liefern den gerbstoffreichsten und wertvollsten Sumach. Die Hauptpflanzungen befinden sich auf Sizilien in den Provinzen Palermo, Trapani und Catania. Da Sizilien der Hauptlieferant von Sumach für den Weltgerbstoffmarkt ist, wird im folgenden die Gewinnung des Sumachs unter besonderer Berücksichtigung der dort herrschenden Verhältnisse geschildert.

Der Sumach ist eine genügsame Pflanze und stellt nur geringe Ansprüche an den Boden. Er bevorzugt tonige und steinige Kalkböden von mäßiger Tiefgründigkeit und gedeiht besonders gut auf vulkanischen Böden. Eine Hauptbedingung für die Erzeugung eines gerbstoffreichen Produktes ist jedoch ein warmes Klima. Gegen Frost und zuviel Regen ist er sehr empfindlich. Hügeliges Gelände liefert namentlich an abschüssigen, der Sonne zugekehrten und vor starken Winden geschützten Stellen den besten Sumach. In Sizilien gedeiht er in Höhen bis zu 700 bis 800 m über dem Meeresspiegel. Die nördlicheren und infolgedessen kälteren Gebiete bringen sowohl in Europa wie in Nordamerika gerbstoffärmeren Sumach hervor. In Sizilien wird zwischen männlichem (mascolino) und weiblichem (feminello) Sumach unterschieden. Der männliche Sumach, der hauptsächlich in den Provinzen Palermo und Trapani vorkommt, ist gerbstoffreicher als der sich vorwiegend in Catania findende weibliche Sumach, der auch als Seesumach bezeichnet wird. Letzterer stellt nichts anderes dar als männlichen Sumach, der unter den veränderten Boden und klimatischen Bedingungen entartet ist.

Zur Anlage einer Sumachpflanzung eignen sich Samen nicht, weil sie nur selten zur vollen Reife gelangen. Man verwendet daher ausschließlich Schößlinge, das sind die Triebe der Wurzelausläufer alter Wurzelstöcke. Diese Schößlinge werden im Dezember oder Januar in einer Entfernung von 60 bis 70 cm in 15 bis 20 cm tiefe Löcher gepflanzt. Auf diese Weise kommen auf 1 ha ungefähr 25000 Sumachpflanzen. In manchen Gegenden Siziliens pflanzt man aber nur 10000 Pflanzen pro Hektar. Die Pflanzen haben je nach Bodenbeschaffenheit, Klima und Pflege eine Lebensdauer von 25 bis 50 Jahren. Sobald infolge spärlicher Belaubung der Ertrag zurückgeht, macht sich die Anlage neuer Pflanzungen notwendig. Zur Pflege einer Sumachpflanzung genügt ein Durchlüften der Erde und regelmäßiges, gutes Entfernen des Unkrautes. Im ersten Jahre werden die Pflanzen entweder sich selbst überlassen oder 15 cm über dem Boden abgeschnitten. Im 2. und 3. Jahre schneidet man sie 2 bis 3 cm über dem Boden ab. Im 3. Jahre beginnt die eigentliche Ernte, und dieses Jahr gilt als das ertragreichste. Die Blätter der ein- und zweijährigen Pflanzen werden meist auch schon verwendet, obwohl sie noch ziemlich gerbstoffarm sind.

Für die Ernte ist es von größter Wichtigkeit, daß der richtige Zeitpunkt gewählt wird, das ist derjenige Zeitpunkt, in welchem die Blätter den meisten Gerbstoff enthalten. Durch Untersuchungen, welche W. Eitner an bosnischem und H. Macagno an virginischem Sumach ausgeführt haben, wurde nämlich bewiesen, daß der Gerbstoffgehalt bis zu einem gewissen Maximum zunimmt, dann nimmt er wieder ab, um schließlich ziemlich konstant zu bleiben. Der amerikanische Sumach erreicht dieses Maximum im Juli, der sizilianische Sumach zwischen Juni und August. Der mit seinem Höchstgehalt geerntete Sumach besitzt weiter den Vorteil, daß er ein sehr reines, helles Leder liefert, während zu spät geerntete Blätter ein stärker gefärbtes Leder geben. Es beruht dies wahrscheinlich darauf, daß sich in den Blättern während der weiteren Reife Quercitin bildet. Für die Beurteilung der richtigen Reife dient die Farbe der Blätter. Sobald die Blätter anfangen, sich zu röten, ist der richtige Zeitpunkt für die Ernte gegeben. Man darf nicht erst abwarten, bis die Blätter eine hellrote oder gar, wie es bei Überreife der Fall ist, eine purpurrote Färbung angenommen haben. Dem Umstand, daß die Qualität der Blätter bei beginnender Rötung am besten ist, wird bei der Ernte in zweckmäßiger Weise dadurch Rechnung getragen, daß man die Erntezeit auf 3 bis 4 Zeitabschnitte verteilt. Es werden dann im Mai oder Juni die untersten, im Juli die nächst oberen, im August die höheren und im September die obersten Blätter gesammelt. Bei dieser letzten Ernte schneidet man die ganzen Zweige samt den reifen Blättern ab. Die Stocklohden mit den stärkeren Ästen werden dann im Dezember oder Januar entfernt. Bei diesem Verfahren der aussetzenden

Ernte werden fast alle Blätter im reifen Zustand eingesammelt. Man kann aber die ganze Ernte auch auf einmal vornehmen. Dann muß man einen Zeitpunkt wählen, in welchem die Mehrzahl der Blätter reif ist. Bei dieser Art von Ernte haut man sämtliche Stocklohden bis 15 cm über dem Boden ab und bindet die samt ihren Blättern von den stärkeren Ästen abgehauenen schwächeren Äste in kleine Garben. Die stärkeren Äste werden in Reißigbündel gebunden und dienen als Brennholz. Dieses Verfahren der ununterbrochenen Ernte hat den Vorteil, daß die Erntekosten bedeutend billiger sind, ihm steht aber der Nachteil gegenüber, daß nicht alle Blätter im reifen Zustand eingesammelt werden. Außerdem soll bei der ununterbrochenen Ernte durch den Sommerhieb die Ausschlagfähigkeit der Stöcke geschwächt und verkürzt werden. Zum Abschneiden des Sumachs bedient man sich in Sizilien der Sichel (Abb. 61).

Abb. 61. Ernten des Sumachs mittels der Sichel. (Nach einer Photographie der R. Stazione Sperim. per l'Ind. d. Pelli in Neapel.)

Unmittelbar auf die Ernte folgt das Trocknen, das je nach der Art seiner Ausführung und je nach dem Wetter 2 bis 6 Tage dauert und mit großer Vorsicht ausgeführt werden muß, um eine einwandfreie Ware zu erhalten. Während des Trocknens ist der Sumach unbedingt vor Regen zu schützen. Durch Regen leidet er sehr stark in seiner Qualität, kann unter Umständen dadurch sogar schwarz und unbrauchbar werden. Das Trocknen erfolgt entweder im freien an der Sonne unter öfterem Wenden der verhältnismäßig hohen Blätterschicht oder in bedeckten, gut gelüfteten Schuppen. Letzteres Verfahren geht zwar langsamer vor sich, hat aber den Vorteil, daß die Blätter während des Trocknens sowohl gegen Regen wie gegen die bleichenden Sonnenstrahlen geschützt sind. Wegen seiner Kostspieligkeit wird es jedoch noch nicht allgemein angewandt. In der Umgebung von Palermo hängt man vielfach die Blattgarben an Hecken oder Ästen zum Trocknen auf. Dies hat gegenüber dem Trocknen auf dem Boden den Vorteil, daß die Luft freien Zutritt hat, wodurch das Trocknen beschleunigt wird. Außerdem können sich den Blättern nicht, wie beim Trocknen auf dem Boden, Sand und Erde beimengen.

Die Trennung der Blätter von den gerbstoffarmen Stengeln und Zweigen wird mit dem Dreschflegel oder mit einer Dreschwalze ausgeführt auf einer sonnigen, gegen Wind geschützten Tenne, die mit Steinen gepflastert ist, um das Laub gegen Verunreinigungen durch Sand und Staub zu schützen. Will man Blättersumach gewinnen, so dürfen die Blätter nicht zu stark austrocknen, und das Dreschen muß in den kühlen Morgenstunden vorgenommen werden. Zur Herstellung von Sumachpulver ist ein starkes Austrocknen der Blätter und Dreschen während der heißesten Tagesstunden erforderlich. Während des Dreschens (Abb. 62), das gewöhnlich 4 bis 5mal wiederholt werden muß, werden die Äste,

Zweige, Blattstiele und Blattrippen mittels Gabel und Rechen möglichst von der eigentlichen Blattmasse getrennt. Nachdem eventuell noch eine Reinigung auf Separatoren erfolgt ist, ist nun der sog. Blättersumach (foglio) fertig. Für den Versand wird er dann mit hydraulischen Pressen in Juteballen von 250 kg Gewicht gepreßt. Er wandert hauptsächlich in die Fabriken, welche Sumachextrakt herstellen. In den Lederfabriken kommt der Sumach meist in Pulverform zur Verwendung. Zur Herstellung des Sumachpulvers wird der Blättersumach auf Steinmühlen, deren Steine aus sehr hartem, vulkanischem Gestein verfertigt sind, zu einem gleichmäßigen, staubförmigen Mehl vermahlen. Bessere Sumachsorten werden zur Trennung von anhaftendem Sand und Erde noch der Ventilation unterworfen. Zu diesem Zwecke geht der Sumach durch Mühlen, wie man sie zur Trennung der Spreu vom Getreide benützt. Durch einen starken Luftstrom wird das leichte Sumachmehl von den schweren mineralischen Beimengungen getrennt. Der so behande'te Sumach wird als „ventilato“, ventiliert, evtl. auch doppelt ventiliert bezeichnet, während der nicht derart gereinigte Sumach in Sizilien die Bezeichnung „campagna“ führt. Der gemahlene Sumach wird sofort in Säcke von 75 kg Gewicht verpackt. Der Sumach muß in luftigen, gut trockenen Räumen gelagert werden. Bei zu hoher Feuchtigkeit erleidet er leicht durch Gärung und Schimmelbildung Zersetzungen, die eine starke Qualitätsminderung zur Folge haben. Derartiger Sumach ist meist an seiner dunkleren Farbe und am Fehlen des typischen Sumachgeruches erkenntlich. Der durchschnittliche Wassergehalt von Sumach, der längere Zeit an der Luft gelagert hat, beträgt 12%. Im Handel kommt jedoch vielfach Sumach vor, der auf 7 bis 10% Wasser ausgetrocknet ist.

Abb. 62. Dreschen des getrockneten Sumachs. (Nach einer Photographie der R. Stazione Sperim. per l'Ind. d. Pelli in Neapel.)

Der Sumach enthält häufig Verunreinigungen und Verfälschungen. Als Verunreinigungen kommen hauptsächlich Sand und Erde in Frage, die durch Berühren des Sumachs mit dem Boden oder beim Mahlen hineingelangt sind. Diese Verunreinigungen sind durch Veraschen leicht nachweisbar. Guter Sumach hat 6,5 bis 9,0, im Mittel 8% Asche. Schlecht behandelter und ungenügend ventilierter Sumach zeigt höhere Aschegehalte. Unangenehm ist eine Beimengung von kleinen Eisenteilchen, die auf dem Leder leicht Eisenflecken erzeugen. Sie können entfernt werden, indem man den Sumach über starke Magnete laufen läßt. Als Verfälschungs- und Streckungsmittel werden besonders beigemengt die Blätter vom Lentisk (Pistacia lentiscus), der sich in großen Mengen im Mittelmeergebiet findet. Diese Blätter enthalten nur 10 bis 15% Gerbstoff. Noch weniger Gerbstoff enthalten die Blätter des Erdbeerbaumes (Tamarix africana), der ebenfalls in jenen Gegenden vorkommt, und dessen Blätter auch bisweilen zur Verfälschung des Sumachs verwendet werden. Durch derartige Verfälschungen wird der Gerbstoffgehalt bedeutend heruntergedrückt. Außerdem ist die Farbe des mit solchem Sumach gegerbten Leders dunkler und weniger lichtecht als die Farbe, welche reiner Sumach gibt. Diese Verfälschungen werden am besten durch mikroskopische Untersuchung nachgewiesen.

Der Ertrag der Sumachpflanzungen hängt stark vom Standort, dem Wetter und der sachgemäßen Bewirtschaftung ab. In Sizilien rechnet man pro Hektar einen Ertrag von 750 bis 850 kg, im Höchstfall bis 1250 kg trockenem Laub.

Der Gambir ist neben Catechu wohl der älteste Gerbstoffextrakt. Er ist schon seit Jahrhunderten bei den Eingeborenen von Südostasien als Genußmittel (Betelkauen) in Gebrauch und hierfür in primitiver Weise hergestellt worden. Erst später erkannte man seine Brauchbarkeit für die Zwecke der Färberei und Gerberei.

Der Gambir, auch als Gutta Gambir, Gambircatechu, gelbes Catechu, Cachou clair, Katagambe, fälschlicherweise auch als Terra japonica bezeichnet, ist ein Extrakt, der aus den Blättern und jungen Trieben von Uncaria gambir, einer Kletterpflanze aus der Familie der Rubiaceen, gewonnen wird. Der Gambirstrauch findet sich wildwachsend in Hinterindien und den malaiischen Inseln, besonders auf Sumatra, Java, Borneo und Bintang. Zu Anfang des 19. Jahrhunderts legten Chinesen auf der Insel Singapore die ersten Gambirplantagen an, die aber bald wieder in Verfall gerieten. Erst als in den dreißiger Jahren des vorigen Jahrhunderts der Gambir in Europa Eingang in die Färberei und Gerberei fand, breitete sich von Singapore aus die Gambirkultur rasch auf die Halbinsel Malakka und die genannten malaiischen Inseln aus. So bestanden zum Beispiel auf der Insel Bintang im Jahre 1832 bereits 6000 Gambirplantagen; im Jahre 1870 waren es 60000. Ihren Höhepunkt erreichte die Gambirproduktion gegen Ende des vorigen Jahrhunderts. Auf dem Gerbstoffmarkt erstand ihr dann ein gefährlicher Konkurrent in dem billigen Quebracho. Die Gambirerzeugung wurde unwirtschaftlich, und an ihre Stelle trat vielfach die rentablere Kautschuk- und Tabakkultur.

Die Gambirpflanze wächst nur in Gegenden, die etwa bis 10° nördlich oder südlich des Äquators liegen. Sie braucht also ein ausgesprochen tropisches Klima und entwickelt sich besonders gut an Flußufern, Waldrändern und auf geneigtem, nicht sumpfigem Boden. Sie gedeiht bis in Lagen, die 400 bis 500 m über dem Meere liegen, und braucht viel Sonne. Im Schatten werden ihre Blätter weniger und kleiner. Die Anlage einer Gambirplantage erfolgt entweder durch Aussaat oder durch Stecklinge. Für die Aussaat wählt man ein nicht zu feuchtes, gut bearbeitetes Stück Land. Nach 3 Monaten können die 7 bis 8 cm hohen Pflänzchen verpflanzt werden. Man pflanzt sie in Abständen von 2 bis 3 m in etwa 20 cm tiefe Löcher. Durch wiederholtes Beschneiden wird der Strauch nun zu stärkerer Verzweigung gezwungen, und zwar schneidet man die Zweige, wenn sie eine Länge von 50 bis 60 cm erreicht haben. Nach 10 Monaten kann man die ersten Blätter ernten, aber erst nach 2 bis 3 Jahren erhält man eine regelmäßige Ernte. Die Sträucher entwickeln sich bis zu 2,40 bis 2,70 m Höhe. Für die Ernte werden die jungen Zweige mit einem sehr scharfen Messer in etwa einen Fuß langen Stücken abgeschnitten und in große Bündel von etwa 40 kg Gewicht gesammelt. Die Blätter wachsen rasch wieder nach, so daß man 3 bis 4mal jährlich ernten kann. Als Ertrag wird gerechnet, daß eine Gambirpflanzung von 100000 Sträuchern täglich etwa 35 kg Blockgambir liefert. Bei sorgfältiger Bodenbewirtschaftung soll eine Gambirpflanzung 12 bis 20 Jahre ertragsfähig bleiben, meistens wird sie aber schon nach 6 Jahren aufgegeben, weil man die Mühe und Kosten der Düngung scheut. Statt den Boden zu düngen, zieht man die Anlage neuer Kulturen vor, da meist genügend Land zur Verfügung steht.

Die Gewinnung des Gambirs erfolgt auf verschiedene Weise. Die Eingeborenen, die Chinesen und die Europäer haben ihre eigene Methode und jeder hält die seine für die beste. Die Methode der Eingeborenen ist sehr primitiv; die Methode der Chinesen hat sich als praktisch erwiesen und nach ihr wird ein großer Teil des Gambirs gewonnen, soweit er nicht auf europäische Art rein fabrikmäßig hergestellt wird. Wenn eine genügende Anzahl der oben erwähnten Bündel angesammelt ist, wird sogleich mit der weiteren Verarbeitung begonnen. In einer ausgemauerten Mulde werden die Zweige in 5 bis 10 cm lange Stücke weiter zerkleinert und letztere dann in einem großen Kessel unter geringem Wasserzusatz gekocht. Mit eigenartigen vierzackigen Instrumenten wird die kochende Masse im Kessel zwei Stunden beständig umgeworfen, bis Blätter und Stengelteile genügend ausgekocht sind. Mit großen hölzernen dreizackigen Gabeln werden nun die ausgekochten Blätter und Stengel entfernt und dann die zurückbleibende Flüssigkeit weiter gekocht, wobei die obenschwimmenden Unreinigkeiten mittels eines aus einer leeren Kokosnußschale bestehenden Hebers entfernt werden. Wenn die Flüssigkeit die nötige Konsistenz erreicht hat, was gewöhnlich in einer Stunde der Fall ist, wird sie in kleine hölzerne Eimer gegossen, in denen sie im Verlauf von etwa 6 Stunden abkühlt. Die nun folgende Prozedur ist wohl die eigenartigste bei der Gambirherstellung. Der Kuli nimmt einen oder zwei dieser Eimer und setzt in die Flüssigkeit ein rundes Stück Holz, auf dem er seine Handflächen hin und herreibt, bis die Flüssigkeit bedeutend dicker geworden ist und eine fast gelbe Farbe erlangt hat. Nun scheint ein Koagulations- oder Kristallisationsvorgang in der Masse angebahnt zu sein, der sich fortsetzt, bis der Gambir etwa die Festigkeit geronnenen Fettes erreicht hat. Die weitere Behandlung richtet sich danach, ob der Extrakt auf „Block"- oder „Würfelgambir" verarbeitet werden soll. Um Blockgambir zu gewinnen, wird der Extrakt in hölzerne Formen gegossen, in denen er etwa 12 Stunden verbleibt. Er hat sich dann in eine feste Masse verwandelt, die geschnitten und an der Sonne weitergetrocknet wird. In Matten verpackt kommt der so hergestellte Blockgambir dann in den Handel. Für die Fabrikation von Würfelgambir verwendet man besondere Formen, deren Seitenwände Merkzeichen tragen, die je 12 cm voneinander entfernt sind. Wenn der Extrakt hierin so fest geworden ist, daß er, ohne seine Form zu verlieren, aus dem Behälter entfernt werden kann, wird der Behälter geöffnet und die Masse mit scharfen Messern entlang den Merkzeichen zu Würfeln von 12 cm Länge und Breite geschnitten. Die Würfel werden dann weiter getrocknet (Abb. 63), wobei sie natürlich an Größe verlieren. Der Blockgambir des Handels bildet außen feste, innen meist weiche und knetbare Blöcke von gelber Farbe. Die Gambirwürfel sind porös, leicht zerreiblich, außen matt gelbbraun, innen gelblich gefärbt. Alte Würfel sind durch und durch braun.

Abb. 63. Trocknen von Würfelgambir auf Sumatra.

Block- und Würfelgambir enthalten infolge ihrer primitiven Herstellungsweise viele Verunreinigungen und sind in ihrem Gerbstoffgehalt und in ihrer ganzen Zusammensetzung großen Schwankungen unterworfen. Um auf rationellem Wege ein gutes gleichmäßiges Produkt zu gewinnen, wurde vor etwa 30 Jahren von Europäern auf Sumatra die erste Fabrik gegründet, um Gambir im Großbetriebe nach modernen Fabrikationsmethoden herzustellen. Heute arbeiten mehrere solcher Fabriken mit gutem Erfolge. In diesen Fabriken wird das Rohmaterial auf Häckselmaschinen zerkleinert, dann in kupfernen Batterien ausgelaugt und in kupfernen Vakuumapparaten eingedampft. Den syrupdicken Extrakt läßt man aus dem Vakuumapparat in Kisten fließen und bringt ihn nach dem Erstarren in den Kisten zum Versand. Die beiden bekanntesten Fabrikmarken derartiger Herstellung sind der Indragiri- und der Asahangambir.

Der Gambir besteht seiner Hauptmasse nach aus Catechugerbsäure (33 bis 47%) und Catechin (8 bis 20%). Die gewöhnlichen, nicht fabrikmäßig hergestellten Gambirsorten sind zuweilen mit Sand oder Stärke verfälscht.

	Blockgambir %	Würfelgambir %	Indragirigambir %	Asahangambir %
Gerbstoffe	39,0	55,0	42,5	51,0
Nichtgerbstoffe	13,0	17,0	17,5	14,5
Unlösliches	8,0	12,0	3,5	4,0
Wasser	40,0	16,0	36,5	30,5
	100,0	100,0	100,0	100,0
Asche	3,5	4,5	3,5	3,5

Die Zahlen zeigen, daß der fabrikmäßig hergestellte Gambir wesentlich weniger Unlösliches enthält als der auf primitive Weise gewonnene Block- und Würfelgambir. Der Würfelgambir besitzt den niedrigsten Wasser- und entsprechend den höchsten Gerbstoffgehalt. Mit der in den Gambirfabriken gebräuchlichen, den Qubrachoextraktfabriken nachgebildeten Apparatur kann man Extrakte mit weniger als 25% Wasser nicht herstellen. Der Blockgambir mit seinem hohen Wassergehalt ist im Innern meist noch teigförmig. Bei ihm tritt daher sehr häufig starke Schimmelbildung auf, während der Würfelgambir bei seinem niedrigen Wassergehalte dieselbe kaum und der fabrikmäßig hergestellte Gambir auch nur selten zeigt.

Im Anschluß an den Gambir sei noch ein anderer Pflanzenextrakt erwähnt, der dem Gambir im Aussehen sehr ähnlich ist und bisweilen mit ihm verwechselt wird, das ist der Catechu, indisch Cachou, englisch Cutch, auch Terra japonica (japanische Erde) genannt, weil man ihn ursprünglich irrtümlicherweise für einen Stoff mineralischer Herkunft hielt. Seit dem 16. Jahrhundert in Europa bekannt, ist Catechu der älteste Gerbstoffextrakt des Handels. Er wird gewonnen aus dem Kernholz der vorwiegend in Indien und Burma vorkommenden Acacia Catechu, einem 10 bis 15 m hohen Baume. Zur Herstellung des Catechu wird das Holz zu feinen Spänen zerkleinert und dann mit Wasser in irdenen Töpfen ungefähr 12 Stunden gekocht, wobei das Volum des Wassers auf die Hälfte zurückgeht. Die Flüssigkeit wird dann in einen geräumigen Kessel umgefüllt und darin unter Umrühren bis zur Syrupdicke eingekocht. Hierauf füllt man den Extrakt in mit Blättern ausgefüllte Holzformen, in denen er erkaltet und dabei zu einer ziegelartigen Masse erstarrt. Die Ausbeute an Catechu beträgt 3 bis 10% vom Gewicht des Holzes. Der Catechu bildet unregelmäßige Blöcke oder Stücke von dunkler, matter, schwarzbrauner Farbe. Die Blöcke sind von Blättern durchsetzt und im Innern vielfach noch weich. Catechu enthält ähnlich wie der Gambir als Hauptbestandteil Catechin und Catechugerbsäure. Der Pegucatechu, auch brauner Catechu genannt, gilt als die beste Sorte. Weniger geschätzt ist der Bengalcatechu. Khakicatechu oder Khakicutch besteht vorwiegend aus Mangroveextrakt. Unter dem Ausdruck „Cutch" versteht man heute in England meist einen festen Mangroveextrakt. Als durchschnittliche Zusammensetzung des echten Catechu gibt Eitner an: Gerbstoff 50,7 bis 52,7%; Nichtgerbstoffe 26,3 bis 23,5%; Unlösliches 10,6 bis 11,9%; Wasser 12,4 bis 11,9%. Der Catechu ist als Gerbmittel heutzutage fast ganz durch Mangrove und andere billigere Extrakte verdrängt. Er gerbt zwar schnell durch, gibt aber ein dunkleres Leder als Gambir; ferner ist das damit hergestellte Leder weich und neigt zur Bildung gelber Flecken. In der Zeugfärberei und im Zeugdruck ist der Catechu größtenteils durch Anilinfarben ersetzt.

Die Mangueblätter. Ein Blättergerbmittel, das in Brasilien viel zur Herstellung von Unter- und Oberleder verwendet wird, ist die Mangue. Die weiße Mangue, Mangue branco (zum Unterschied von der roten Mangue oder Mangrove, deren Rinde als Gerbmittel dient), ist ein strauchartiges Gewächs aus der Familie der Combretaceen. Ihr botanischer Name ist Conocarpus racemosus L. oder Laguncularia racemosa Gaertn. Sie wird bisweilen auch als Mangle bezeichnet. Die Pflanze wächst in Salzwassersümpfen, welche sich in der Nähe von Flußmündungen befinden, und bildet dort vielfach zusammen mit der Mangrove kleine Wälder. Sie kommt innerhalb der Tropenzone an der Ostküste von Südamerika und der Westküste von Afrika in großer Menge vor. Ihre dicken, zerbrechlichen, ovalen, hellgrünen Blätter werden einfach abgestreift und müssen dann möglichst rasch extrahiert werden; sonst erhitzen sie sich und werden gelb. Beim Trocknen färben sie sich braun und geben dann dunklere Brühen. Die Blätter wachsen immer wieder nach. Sie können jährlich 2 bis 3mal geerntet werden. Der Strauch ist das ganze Jahr grün. Am gerbstoffreichsten sind die jungen Blätter (im September und Oktober); im Hochsommer (Januar und Februar) sind die Blätter am gerbstoffärmsten. Auch Rinde, Zweige und Blüten der weißen Mangue enthalten gewinnenswerte Mengen von Gerbstoff. Das ziemlich harte Holz des Manguestrauches dient lediglich als Brennholz.

Der Gerbstoffgehalt der Mangueblätter schwankt je nach Standort und Jahreszeit von 14 bis 28%. Ebenso ist das Verhältnis der Nichtgerbstoffe zum Gerbstoff starken Schwankungen unterworfen. Junge Blätter enthalten wesentlich weniger Nichtgerbstoffe als Gerbstoffe; bei voll ausgebildeten Blättern dagegen ist der Nichtgerbstoff nur etwas geringer als der Gerbstoffgehalt. Blätter, die beim Lagern heiß und gelb geworden sind, haben bedeutend mehr Nichtgerbstoffe als Gerbstoff.

4. Gerbfrüchte.

Valonea und Trillo. Die Valoneen sind die Fruchtbecher mehrerer Eichenarten, die in Kleinasien, auf dem südlichen Balkan, namentlich in Griechenland und auf den zwischen beiden Ländern gelegenen Inseln wild wachsen. Sie werden auch als Valonia, Velani, Velandia, Wallonen, Ackerdoppen oder Eckerdoppen bezeichnet. Die gleichfalls übliche Bezeichnung türkische, levantinische oder kleinasiatische Knoppern ist unrichtig; denn die Knoppern sind nicht wie die Valoneen Früchte, sondern krankhafte Auswüchse, die durch den Stich der Gallwespe auf den jungen Früchten der Stieleiche erzeugt werden. In ihren Ursprungsländern schon seit langer Zeit als Gerbmittel verwendet, wurde die Valonea im Jahre 1842 zum erstenmal von Smyrna, dem Haupthandelsplatz für Valonea, nach Triest gebracht, von wo aus sie allmählich Eingang in die österreichische und ungarische Lederindustrie fand. In Deutschland wird sie erst seit Anfang der achtziger Jahre in steigendem Umfang verwendet.

Die beiden wichtigsten Eichenarten, von denen die Valonea stammt, sind Quercus Vallonea, die sich hauptsächlich in Kleinasien und Quercus macrolepis, die sich vorwiegend in Griechenland findet. Die von ersterer herrührenden Früchte sind durch breite, kantige, die Fruchtbecher von Quercus macrolepis durch breite flache Schuppen charakterisiert. Im Vergleich zu den Früchten unserer heimischen Eichen sind die Valoneen viel größer, ihre Becher viel dicker und die Schuppen bedeutend stärker entwickelt. Die von den Fruchtbechern eingeschlossene Eichel fehlt bei den Valoneen des Handels meistens; sie wurde entweder absichtlich entfernt oder ist von selbst ausgefallen. Die Valoneenbecher der Handelsware besitzen einen Durchmesser von 2 bis 6 cm. Im frischen Zustande sind sie von tiefgoldener Farbe mit einem Stich ins Grünliche; erst beim Trocknen, das unter beträchtlicher Volumverminderung vor sich geht, nehmen sie die der Handelsware eigene graubraune Farbe an.

Die Eiche, von welcher die Valoneen stammen, ist ein immergrüner Baum, der zwar jedes Jahr blüht, dessen Früchte aber zwei Sommer zur Reife brauchen. Man hat daher auf ihm gleichzeitig kleine Früchte, die von der Blüte des laufenden Jahres stammen und noch in der Entwicklung begriffen sind, neben den großen Früchten der Blüte des vorhergegangenen Jahres, die ihrer Reife entgegengehen. Die Valoneaeichen bilden keine ausgedehnten Wälder, sondern stehen meist in Gruppen von einigen hundert Stück in Abständen von 6 bis 10 m zusammen. Sie kommen sowohl im Gebirge wie in der Ebene vor. Die Früchte der Gebirgseichen sollen die besseren sein. Im Alter von 15 bis 16 Jahren beginnt die Valoneaeiche Früchte zu tragen. Im April und Mai sind die ersten Ansätze hierzu zu erkennen. Zu dieser Zeit ist der Baum sowohl gegen starke Kälte als auch gegen große Hitze sehr empfindlich, weil beide Temperaturextreme eine Schwächung des Fruchtstengels hervorrufen und so das Abfallen der Früchte bewirken. Im Juli fängt die Frucht an zu reifen; im August und September ist sie zum Ernten reif. Jetzt werden die Früchte mit Stangen von den Bäumen geschlagen oder, soweit sie erreichbar sind, auch abgepflückt. Durch das Abschlagen leiden die Bäume. Bäume, deren Früchte mit der Hand abgenommen wurden, tragen reichlicher Früchte. Die abgeschlagenen oder abgepflückten Früchte werden bei günstigem Wetter zunächst an Ort und Stelle auf dem Erdboden teilweise getrocknet. Hierauf werden sie auf den eigentlichen Trockenplatz gebracht. Hier werden sie in etwa 15 cm hohen Schichten ausgebreitet und öfters umgeschaufelt, bis sie trocken sind. Durch das Trocknen verlieren die Valoneen etwa die Hälfte ihres Gewichtes und ihres Volumens. Beim Trocknen und Umschaufeln fällt ein großer Teil der Eicheln aus. Sie werden nach Möglichkeit entfernt und dienen entweder als Schweinefutter oder als Nahrungsmittel der einheimischen Bevölkerung. Beim Umschaufeln bricht ein Teil der Schuppen ab. Letztere werden entweder bei der Ware belassen oder von ihr getrennt und kommen dann für sich unter dem Namen Trillo oder Tirnak in den Handel. Während des Trocknens sind die Früchte unbedingt vor Regen zu schützen. Im allgemeinen sind in der Heimat der Valonen die Sommermonate sehr trocken. Wenn jedoch ausnahmsweise einmal im August oder Anfang September, während die Früchte noch im Freien zum Trocknen auf dem Erdboden liegen, starke Regenschauer eintreten, und es nicht mehr gelingt, die Früchte rechtzeitig unter Dach zu bringen, dann werden sie verregnet und stark in ihrer Qualität geschädigt. Derartige Früchte sind nach dem Trocknen dunkel und minderwertig. Es können sogar durch längeren Regen die im Freien lagernden Valoneen vollkommen verdorben werden. Die Bedingungen für eine Valoneaernte von guter Qualität sind also ein gemäßigter

Sommer, damit die Früchte regelmäßig heranreifen und nicht zu viel abfallen, sowie ferner ein trockener Herbst bis anfangs Oktober, damit die Früchte ohne beregnet zu werden, im Freien getrocknet werden können. Unter Dach befindliche noch nicht richtig getrocknete Früchte, müssen öfters umgeschaufelt werden, weil sie sich sonst infolge Selbsterhitzung dunkel färben. In früherer Zeit hat man eine derartige Selbsterhitzung absichtlich herbeigeführt, weil man dadurch die Farbe der Valoneen zu verbessern glaubte. Man hat jedoch die Schädlichkeit dieses Verfahrens erkannt und es daher aufgegeben.

Nach dem Trocknen am Gewinnungsort wird die Valonea in Säcke gefüllt und meist als Kamellast an die nächste Bahnstation gebracht. Sammelpunkt für die Valoneen ist Smyrna. Hier befinden sich die großen Handelsfirmen, welche trockene, gut gelüftete, eigens für diesen Artikel gebaute Speicher besitzen. In ihnen wird die Valonea, und zwar nach den verschiedenen Erzeugungsgebieten getrennt, untergebracht. Zunächst wird sie noch unter öfterem Umschaufeln einer Nachtrocknung unterworfen. Hieran schließt sich das Sortieren an, das von Frauen, Kindern und alten Männern besorgt wird. Beim Sortieren werden Erde, Steine, Zweige, Blätter und andere Unreinigkeiten, sowie nach Möglichkeit auch die Eicheln entfernt. Vielfach erfolgt auch noch eine Auslese nach Größe und Schönheit der Früchte, wodurch besondere Sortimente gebildet werden. Nach dieser Sortierung sind die Valoneen versandfertig.

Der Ertrag einer ausgewachsenen, kleinaseatischen Valoneaeiche beläuft sich nach Parker auf 400 bis 600 kg, kann aber in sehr guten Jahren bis 800 kg erreichen. Der Ausfall der Valoneaernte ist sehr schwankend und stark von den Witterungsverhältnissen und der Behandlung der Bäume bei der Ernte abhängig.

Der Gerbstoffgehalt ist ferner stark abhängig von dem Entwicklungszustand, in welchem die Valonea geerntet wurde. Nach dem Entwicklungszustand unterscheidet man nach Jahn folgende 4 Sorten:

1. Camatina, fälschlicherweise auch als Blüte bezeichnet, sind die Früchte von der Größe einer Haselnuß. Bei ihnen ist der Becher noch vollständig geschlossen und die Eichel nicht zu erkennen. Sie fallen zwischen Ende Juni und Anfang August des ersten Jahres von selbst von den Bäumen.

2. Camata sind etwas weiter entwickelte Früchte des ersten Jahres, bei denen die Eichel bereits sichtbar ist, und die ebenfalls von selbst von den Bäumen gefallen sind.

3. Rabdista ist die nahezu ausgereifte Frucht vom August des zweiten Sommers. Die Eicheln sind häufig schon ausgefallen, die Schuppen nach oben gerichtet.

4. Chondra ist die völlig ausgereifte Frucht vom September und Oktober des zweiten Sommers. Bei ihr sind die Eicheln meist ausgefallen, die Schuppen stehen waagrecht vom Becher ab oder sind sogar hakenförmig nach unten gebogen.

Die Handelsvalonea besteht aus den letzten beiden Entwicklungszuständen. Camata findet sich im Handel selten, dagegen bildet Camatina zuweilen eine besondere Handelsware. Zahlenmäßige Untersuchungen von Jahn und von Eitner haben übereinstimmend ergeben, daß die am wenigsten entwickelten Früchte am gerbstoffreichsten sind, während die völlig ausgereiften Früchte den niedrigsten Gerbstoffgehalt aufweisen.

Nach der örtlichen Herkunft der Valonea werden im Handel im wesentlichen zwei Sorten unterschieden, nämlich die Smyrna-Valonea, die aus Kleinasien und den ihm vorgelagerten Inseln, sowie der Insel Kreta stammt, und die griechische Valonea oder Inselware. Darunter versteht man die von der Balkanhalbinsel und den griechischen Inseln stammende Ware. Die Smyrna Valonea wird im allgemeinen höher bewertet als die Inselware. Über Smyrna wird unter dem Namen Caramania eine angeblich aus Syrien stammende Valoneasorte in den Handel gebracht, die sich von der Smyrna-Valonea durch dünnere und flachere Becher und durch kleinere Schuppen unterscheidet. Sie enthält weniger (höchstens bis zu 25%) Gerbstoff als die Smyrna-Valonea.

Bisweilen kommen Valoneen vor, deren obere Schuppenteile mit einer dunklen, klebrigen Masse bedeckt sind. Nach Eitner handelt es sich dabei um Ausschwitzungen einer Zuckerart, des sog. Eichenmannas. Derartige Ausschwitzungen haben zwar auf den Gerbstoffgehalt keinen Einfluß, verschmieren aber beim Mahlen leicht die Mühlen. Auch kann der an der klebrigen Masse angesetzte Schmutz, besonders wenn er eisenhaltig ist, Anlaß zu Fleckenbildungen auf dem Leder geben.

Die Valonea wird zuweilen verfälscht, indem man besseren Sorten geringwertige Ware beimengt. Um den Anschein zu erwecken, daß eine Ware einen hohen Anteil von Trillo enthält, werden ihr andere Bestandteile zugesetzt, die in ihrem Aussehen dem Trillo ähneln. Es kommen hierfür in Betracht Zweig- und Blatteile, sowie geringwertige Valoneasorten und Eicheln, die auf besonderen Mühlen zu Splittern von der Größe des Trillo vermahlen wurden. Auch dem Trillo werden manchmal solche Zusätze, namentlich grob gemahlene Eicheln, beigemengt.

Die **Myrobalanen** sind die getrockneten Früchte von verschiedenen Arten der Terminalia, eines in den Tropen weitverbreiteten Baumes. Die Myrobalanen des Handels stammen vorwiegend von Terminalia Chebula, einem vielgestaltigen Baume aus der Familie der Comdretaceen. Dieser Baum findet sich in ganz Vorderindien bis zum Himalaya, ferner in Hinterindien, Ceylon und dem südostasiatischen Archipel. Besonders verbreitet ist er in den Waldungen von Madras, Bengalen, Bombay und Burma. Von der dortigen Forstverwaltung wird er auch zwecks Gewinnung seiner Früchte in größerem Umfange angepflanzt. Auch sein Holz ist wertvoll. Er wechselt jährlich seine Blätter und erreicht in den Wäldern eine Höhe von 13 bis 17 m. Über die Verwendung seiner Früchte als Gerbmittel werden im Jahre 1801 von Johnson die ersten Angaben gemacht. Um 1852 nennt Voltz die Myrobalanen ein in England allgemein gebrauchtes Gerbmaterial. Heute zählen die Myrobalanen zu den wichtigeren Gerbmitteln des internationalen Gerbstoffhandels.

Die Myrobalanen sind in frischem Zustand weiche, einer Pflaume ähnliche Früchte. In getrockneter Form bilden sie die Myrobalanen des Handels. Es sind längliche, auf beiden Seiten mehr oder weniger spitz zulaufende, gerippte, harte Nüsse. Ihre Farbe ist grünlichgelb oder gelbbraun, kann aber auch rötlichbraun bis schwarzbraun sein. Sie sind 2,5 bis 5 cm lang und 1,5 bis 2,5 cm dick. Das durchschnittliche Gewicht einer getrockneten Myrobalane beträgt 4,5 g. Sie bestehen aus der Fruchthülle (Fleisch) und einem steinigen Kern, welcher den gerbstofffreien Samenkern umschließt. Letzterer enthält ein scharfriechendes Öl, welches dem mit Myrobalanen gegerbten Leder den bekannten, charakteristischen Geruch und ein etwas schmieriges Anfühlen verleiht. Am gerbstoffreichsten ist das Fleisch mit einem durchschnittlichen Gerbstoffgehalt von 34%, während der Gerbstoffgehalt des Steinkernes nur 2,5 bis 5% beträgt. Für getrocknete Myrobalanen macht der Steinkern 30 bis 40% der ganzen Myrobalanen aus.

Die Gewinnung der Myrobalanen ist ziemlich einfach. Die wertvolleren Sorten werden zur Zeit der Reife gepflückt, die geringeren Sorten werden geschüttelt oder fallen wegen Überreife von selbst ab. Die besonders geschätzten hellen Myrobanalen sind diejenigen, die noch unausgereift gepflückt wurden, die dunkleren

Sorten sind völlig ausgereifte Früchte, die größtenteils von selbst vom Baume gefallen sind. Nach dem Sammeln werden die Myrobalanen in der Sonne getrocknet. Vor dem Einsacken und Verschiffen werden sie gewöhnlich nochmals ausgeklaubt und sortiert. Nach dem Herkunftsgebiete werden 5 Sorten von Myrobalanen unterschieden: „Bhimlies“ aus Bimlipatam in Madras; „Rajpores“ aus Bombay; „Jubbelpores“ aus Jabbalpur in den Zentralprovinzen; „Vingorlas“ aus den Bombay-Wäldern; „Madras Coast“ aus der Küste von Madras. Über den günstigsten Zeitpunkt der Ernte gehen die Ansichten noch auseinander. Die am meisten geschätzten Bhimlies und Jubbelpores werden gewöhnlich grün und unreif gesammelt, die Bombayfrüchte dagegen, wenn sie reifer sind. Vom englischen Imperial Institute ausgeführte Untersuchungen, die auch durch in Indien selbst angestellte Versuche bestätigt wurden, ergaben, daß die Myrobalanen am gerbstoffreichsten sind, wenn sie völlig reif sind. Wenn auch bei diesem Reifeprozeß die Außenseite der Nuß etwas dunkler wird, so hat das doch wenig oder gar keinen Einfluß auf die Farbe der aus solchen Myrobalanen hergestellten Brühen oder des damit hergestellten Leders.

Da die Hauptmenge des Gerbstoffes bei den Myrobalanen im Fleisch sitzt, während der Kern gerbstoffarm ist, lag es nahe, durch Entkernen ein gerbstoffreicheres Material herzustellen. Diese vom Kern befreiten Früchte kommen als „entkernte Myrobalanen“ in den Handel und enthalten durchschnittlich 50% Gerbstoff. Das Entkernen wurde ursprünglich an den ganz frischen, im vollen Saft befindlichen Nüssen mit der Hand vorgenommen und dann das Fleisch aufgetrocknet. Das frische Fleisch färbte sich jedoch unter dem Einfluß von Luft und Licht dunkel, wodurch die so entkernten Myrobalanen für die Verwendung in der Gerberei an Qualität einbüßten. Um ein Produkt von normaler heller Farbe zu erhalten, ging man daher dazu über, die Entkernung nicht im ganz frischen Zustand, sondern erst nach einigem Trocknen vorzunehmen, wenn die Frucht zwar noch weich, aber nicht mehr so saftreich ist. Bei diesem Verfahren wird der Kern durch einfaches Drücken mit einer Walze ausgequetscht und das Fleisch dann rasch und gut aufgetrocknet. Die als Abfall gewonnenen Kerne geben, besonders auch wegen des in ihnen enthaltenen Öles, ein gutes Feuerungsmaterial. Man hat auch versucht, das Entkernen an der völlig getrockneten Handelsware auf besonders gebauten Schrotmühlen vorzunehmen, doch hat sich dieses Verfahren nicht bewährt, weil dabei keine gute Scheidung der gerbstoffreichen Schale von dem gerbstoffarmen Kern erreicht wird, und infolgedessen zu viel Gerbstoff verloren geht.

Der **Dividivi** ist die getrocknete Samenhülse von Caesalpinia coriaria, einer Leguminose, die im tropischen Amerika von Westindien und Mexiko bis zum nördlichen Brasilien, Venezuela und Columbien heimisch ist. Auf Curacao und in Venezuela nennt man die Bäume „los dividivos“. Davon rührt die Bezeichnung der Handelsware her. Andere Bezeichnungen für die Dividivifrüchte sind Libidivi, Cascalote, Samak und Quatta pana. Dividivi wurde bereits im Jahre 1769 von Caracas nach Spanien eingeführt, fand aber erst seit 1845 in Europa als Gerbmittel allgemeinere Verbreitung. In den Vereinigten Staaten von Nordamerika nahm die Verwendung von Dividivi erst seit dem Weltkrieg größeren Umfang an. Während die Preisfestsetzung für Dividivi früher in Hamburg erfolgte, geschieht dies jetzt in New York.

Der Dividivibaum erreicht eine Höhe von 7 bis 10 m, wird ungefähr 100 Jahre alt und trägt vom 5. Jahre ab Früchte. Seine volle Entwicklung erreicht er erst mit 20 Jahren. Je nach Klima, Boden und Alter der Bäume erntet man 10 bis 50 kg trockene Dividivihülsen pro Baum. Ein ausgewachsener Baum kann unter günstigsten Umständen bis 130 kg trockene Früchte pro Jahr tragen. Der Dividivibaum liebt mäßige Luft- und Bodenfeuchtigkeit und ist anspruchslos bezüglich des Bodens. Zu große Feuchtigkeit, besonders Bodennässe wirkt schädlich auf Wachstum und Gerbstoffgehalt. Dividivi wurde ursprünglich nur von wildwachsenden Bäumen gewonnen, wird aber jetzt auch in Anpflanzungen erzeugt. Die Anlage erfolgt durch Samen. Diese werden zunächst in einem Samenbeet in Abständen von 8 cm nach jeder Richtung eingelegt und 1 cm hoch mit Erde bedeckt. Das Samenbeet muß während der heißen Tageszeit beschattet und durch Regen oder Begießen feucht gehalten werden. Nach 10 Tagen erscheinen die Sämlinge über der Erde. Die Beschattung ist nun allmählich einzuschränken und ganz aufzuheben, wenn die Pflänzchen 15 cm hoch sind. Auch ein Begießen ist nun nur noch bei sehr heißem und trockenem Wetter nötig. Wenn die Pflänzchen 30 cm hoch sind, werden sie auf ihren dauernden Standort in Entfernungen von 4 bis 4½ m nach jeder Richtung verpflanzt. Für die ersten drei Monate wird ihnen eine Beschattung durch beigesteckte Zweige gegeben. Die Pflege der Pflanzung beschränkt sich auf die Unterdrückung des Unkrautes, bis die Sträucher den Boden so hinreichend beschatten, daß diese Arbeit unnötig wird. Dies ist gewöhnlich bei erreichter Tragfähigkeit der Fall. Die Ernte ist sehr einfach. Die Schoten werden, wenn sie tiefbraun sind, gepflückt, vielfach auch abgeschüttelt, eingesammelt, an der Sonne getrocknet und in Säcke verpackt. Bei übermäßigem Regen oder zu großer Trockenheit fällt die Ernte sehr schlecht aus, kann sogar unter Umständen ganz verloren gehen. Für die Verpackung sind besonders gute, dichte Säcke notwendig, damit keine Verluste eintreten an dem besonders gerbstoffreichen Pulver, das aus den Schoten abbröckelt.

Dividivi ist ein sehr gerbstoffreiches Gerbemittel. Der Dividivi des Handels enthält 25 bis 50, im Mittel 41,5% Gerbstoff. Am gerbstoffreichsten ist die mittlere Schicht der Fruchtwand, während die Kerne fast gerbstofffrei sind. Die Handelsware enthält von der Gewinnung her vielfach Verunreinigungen durch Sand, Steine und Erde. Man hat daher versucht, durch Entfernung dieser Verunreinigungen, sowie des größten Teiles der gerbstoffarmen Bestandteile eine besonders gerbstofffreie Ware herzustellen. Ein solches Produkt kommt gegenwärtig unter dem Namen „Casumo" in den Handel. Es wird gewonnen, indem man den Dividivi des Handels zunächst einer Vorzerkleinerung unterwirft und dann die Verunreinigungen, die Samen und einen Teil des Zellgewebes von dem Staub und dem Rest des Zellgewebes trennt. Der Staub und der Rest des Zellgewebes werden dann weiter zerkleinert und kommen als grobes, gelbes Mehl in den Handel. Für ein derartiges Produkt wurde von der deutschen Versuchsanstalt für Lederindustrie in Freiberg folgende Zusammensetzung gefunden: Gerbstoff 62,2% — Nichtgerbstoffe 13,7% — Unlösliches 13,1% und Wasser 11,0%. Dieses auf rein mechanischem Wege hergestellte Dividivipräparat enthält ebensoviel Gerbstoff wie feste Gerbstoffextrakte.

Die **Algarobilla** ist die getrocknete Schotenfrucht mehrerer Caesalpinia-Arten, namentlich von Caesalpinia brevifolia, einem Busche, der auf den westindischen Inseln, in Mittel- und Südamerika wildwachsend vorkommt. Dieser Busch ist besonders in Chile heimisch, vorwiegend in den Provinzen Atacama und Coquimbo, wo er in Höhen von 300 bis 1300 m über dem Meere wächst. In diesen Gegenden ist der Winter kalt mit frostigen Nächten und zuweilen Schnee. Die Pflanze ist sehr widerstandsfähig gegen Trockenheit. Wenig Regen oder Schnee während des Winters genügen für eine gute Algarobillaernte, die aber außerdem noch einen trockenen Sommer erfordert. Die abgefallenen oder abgeschüttelten Früchte werden sofort eingesammelt und vor Regen geschützt getrocknet. Auf diese Weise wird eine Primaware erhalten. Früchte, die längere Zeit auf dem Erdboden liegen bleiben, ziehen Feuchtigkeit an, werden klebrig, und es haften ihnen infolgedessen Erde, Sand, Steinchen, Blätter u. dgl. an. Derartige (Secunda-) Ware enthält weniger Gerbstoff und gibt ein Leder von ungünstiger Farbe.

Algarobilla wurde bereits im Jahre 1840 zur Herstellung von Tinte in Deutschland eingeführt. Als Gerbmittel wird sie erst seit den achtziger Jahren verwendet. Die für den Weltgerbstoffmarkt zur Verfügung stehende Menge an Algarobilla, die fast ausschließlich aus Chile stammt, ist verhältnismäßig gering. Die Algarobilla besteht aus runden, 3 bis 5 cm langen, 1 bis 2,5 cm dicken Hülsen. Ihre glänzende, gerunzelte Oberfläche ist gelb, bräunlich, unter Umständen sogar dunkelbraun gefärbt und an den Samenlagern etwas aufgetrieben. Die Hülsen enthalten 2 bis 6 linsenähnliche, braune Kerne. Vielfach ist an einzelnen Stellen die Oberflächenschicht abgerieben, so daß das darunterliegende, reichverzweigte Zellgewebe sichtbar wird, das mit einer gelbroten, glänzenden Masse erfüllt ist, die größtenteils aus Gerbstoff besteht. Diese gerbstoffreiche, staubförmige Masse löst sich beim Transport leicht ab und sammelt sich auf dem Boden der Säcke als feines Pulver an. Die Algarobillaschoten bestehen ungefähr zu 50% aus derartigem Staub, während der Anteil des Zellgewebes etwa 20% und derjenige der Samen 30% ausmacht. Der Staub enthält 63%, das Zellgewebe 45% und die Samen nur 6% Gerbstoff. Mit 35 bis 52, im Mittel 43% Gerbstoffgehalt stellt die Algarobilla ein sehr gerbstoffreiches Gerbmaterial dar. Sie wird außer in ihrem Ursprungsland vorwiegend in England und Deutschland verwendet. Die an sich schon geringe zur Verfügung stehende Menge ist durch den stark vom Wetter abhängigen Ausfall der Ernte großen Schwankungen unterworfen. Anbauversuche mit Algarobilla in verschiedenen englischen Kolonien haben kein befriedigendes Resultat ergeben.

5. Krankhafte Auswüchse.

Durch den Stich des Weibchens der Gallwespe entstehen auf den Knospen, Blättern und Früchten mancher Pflanzen, vorwiegend der verschiedensten Eichenarten, eigentümliche Wucherungen, die man allgemein als Gallen bezeichnet. Die Gallen bilden sich nur auf den jungen noch in der Entwicklung begriffenen Knospen, Blättern oder Früchten. Durch den Stich des Gallwespenweibchens und das abgelegte Ei oder die aus letzterem entwickelte Larve wird ein Reiz auf das Zellgewebe ausgeübt, der eine Zellwucherung verursacht, so daß an der betroffenen Stelle blasige Auftreibungen von verschiedenartiger Form entstehen. Die Wespenarten, welche durch ihren Stich die Gallenbildung verursachen, gehören zu der Familie der Cynipidae. Je nach der Art des die Gallenbildung hervorrufenden Insektes, sowie je nach der Art der betroffenen Pflanze oder des betroffenen Pflanzenteiles unterscheiden sich die entstandenen Gallen in ihrer äußeren Form, in ihrem inneren Aufbau und in ihrer chemischen Zusammensetzung. Die ganze Entwicklung der Gallwespen findet im Innern der Galle statt. Aus dem Ei entwickelt sich die Larve, die sich nach einiger Zeit verpuppt. Aus der Puppe schlüpft dann die Wespe aus, die sich, sofern nicht schon eine natürliche Öffnung vorhanden ist, ein Flugloch durch die Gallwand bohrt, durch welches sie entweicht. In den auf den verschiedenen Eichenarten vorkommenden Gallen findet meist eine größere oder geringere Gerbstoffaufspeicherung statt. Die bei uns in Deutschland häufig an der Unterseite von Eichenblättern vorkommenden kirschroten, weichen, grün bis rot gefärbten kugeligen Gallen werden nicht reif, sondern fallen im Herbst zusammen mit den Blättern ab. Im Orient und anderen warmen Ländern hingegen reifen die Gallen vollständig aus und werden dann hauptsächlich ihres hohen Gerbstoffgehaltes wegen gewonnen. Die Galläpfel waren bereits den alten Ägyptern und den Römern bekannt. Durch die Kreuzzüge wurden die asiatischen Gallen und später mit der zunehmenden

Verbesserung der Verkehrsmittel die japanischen und chinesischen Gallen auf den europäischen Markt gebracht. Sie wurden jedoch fast ausschließlich in der Färberei, zur Tintenherstellung und zu medizinischen Zwecken gebraucht. Auch heute noch finden sie vorwiegend für diese Zwecke Verwendung. Gerberische Bedeutung haben eigentlich nur die Knoppern erlangt; aber auch sie besitzen in den billigeren und regelmäßiger auf den Markt kommenden Valoneen und Myrobalanen einen scharfen Konkurrenten.

Die **Knoppern** sind eine besondere Art von Gallen, die durch den Stich der Knoppernwespe (Cynips calicis Burgsdorff) in die ganz jungen, noch in der Entwicklung begriffenen Früchte der Stieleiche, seltener der Traubeneiche hervorgerufen werden. Für die Entstehung der Knoppern ist also das Vorhandensein sowohl der Stieleiche wie der Knoppernwespe Voraussetzung. Dies trifft besonders zu in Ungarn und Jugoslawien, und von dort stammen auch die am meisten geschätzten Knoppernsorten. Aber auch in Österreich, Bulgarien und Rumänien finden sich Knoppern von verschiedener Güte. Die Knoppernwespe legt ihr Ei gewöhnlich zwischen dem heranwachsenden Fruchtknoten und dem Becher der Eichenfrucht ab. Durch die sich bildende Knopper verkümmert dann die Frucht, so daß Becher und Eichel mehr oder weniger von der Galle überwuchert werden. Bei manchen Knoppern sind daher Becher und Eichel noch deutlich erkennbar; sehr oft hat jedoch die Knopper die ganze Frucht umwachsen, so daß von letzterer überhaupt nichts mehr zu sehen ist. Die Knoppern, an welchen noch Becher und Eichel sichtbar sind, werden im allgemeinen mehr geschätzt als diejenigen, deren ganze Frucht überwuchert ist, weil erstere gerbstoffreicher sein sollen; doch ist dies nicht mit voller Sicherheit erwiesen.

Die spätestens Anfang Juni eintretende Blütezeit der Stieleiche ist als der Beginn der Knoppernbildung anzusehen. Für die Entstehung recht zahlreicher Knoppern bildet ein reichliches Blühen der Eichen, sowie ein hinreichendes Vorkommen schwärmelustiger Wespen die Voraussetzung. Beides ist nur bei gutem, nicht anhaltend regnerischem und stürmischem Wetter möglich. Für eine günstige Entwicklung der sich bildenden Knoppern ist ein warmes, nicht zu trockenes Wetter erforderlich. Am ertragreichsten sind freistehende Eichen mit gut ausgebildeter Krone; weniger Ertrag liefern die Randbäume. Am geringsten ist die Ausbeute bei Eichen in geschlossenen Beständen.

Die Knoppern sind meist Anfang September reif und fallen dann ab. Sobald dies eintritt, wird mit dem Einsammeln begonnen. Die Sammler, meist Frauen und Kinder, durchstreifen in Reihen den Wald und lesen die auf dem Boden liegenden Knoppern auf. Letztere werden in Säcke gefüllt und auf den Trockenplatz gebracht. Je nach der Ergiebigkeit der Ernte wird dieses Einsammeln alle zwei Tage mehrmals wiederholt. Die Entlohnung erfolgt in der Weise, daß für ein bestimmtes Hohlmaß, meist für 1 hl, ein bestimmter Preis bezahlt wird. Die Knoppern, welche vom Abfallen bis zum Einsammeln nicht verregnet wurden, werden besonders hoch bewertet.

An das Einsammeln der Knoppern schließt sich unmittelbar das Trocknen und Reinigen an. Beide Arbeiten werden gleichzeitig miteinander im Walde selbst vorgenommen. Auf einem ebenen, sonnigen Platze wird ein Bretterboden, eine sog. „Brücke“ hergestellt. Dieser Boden ist durch hochkantig gestellte Bretter mit einem Rande versehen und in der Mitte etwas erhöht, damit bei Regenwetter das Wasser seitlich ablaufen kann. Auf diese von Norden nach Süden verlaufende Brücke werden die Knoppern 10 bis 12 cm hoch aufgeschichtet und dann bei trockenem Wetter täglich 4 bis 5mal mit einer hölzernen Wurfschaufel von einem Ende des Bodens gegen das andere immer gegen den Luftzug umgeschaufelt. Hierbei werden die schwereren Knoppern am weitesten geschleudert, während die leichteren Stiele, Eicheln, Sand und Erde näher gegen den Umschaufelnden zu Boden fallen und entfernt werden. Je wärmer das Wetter, um so rascher erfolgt das Trocknen. Unbedingt zu vermeiden ist während des Trocknens ein Beregnen. Daher werden die Knoppern schon bei drohendem Regen mit Decken zugedeckt. Die ganze Trocknung erfordert eine halbe bis eine Woche je nach der Witterung. Nicht vollständig trockene Knoppern werden sehr leicht schimmelig und unbrauchbar. Die auf der Brücke im Walde angetrockneten Knoppern werden dann in trockene Lagerräume gebracht, wo sie bis zum Versand wöchentlich auch ein- bis zweimal umgeschaufelt werden müssen, damit sie nicht schimmeln.

Der Ausfall der Knoppernernte ist sehr schwankend. Man rechnet alle 5 bis 9 Jahre, im Durchschnitt alle 7 Jahre mit einer guten Ernte. In Stieleichenbeständen mit eingesprengten anderen Holzarten nimmt man im Jahresdurchschnitt einen Ertrag von 20 bis 50 kg trockener Knoppern pro Hektar an.

Die Knoppern sind gelbbraune bis dunkelbraune höckerige oder runzelige Gebilde von 1,5 bis 2,5 cm Durchmesser. Sie enthalten 24 bis 40, im Durchschnitt 30% Gerbstoff und 7,5% Nichtgerbstoff. Die Knoppern besitzen vorwiegend für Österreich und Ungarn gerberische Bedeutung. Außerhalb dieser beiden Länder finden sie nur wenig Verwendung. Aber auch in ihren Ursprungsländern nimmt die Erzeugung der Knoppern infolge des Rückganges der Eichenbestände dauernd ab.

Sonstige Gallen gibt es zwar noch in großer Zahl. Wegen der geringen zur Verfügung stehenden Mengen, der stark schwankenden Ernteerträgnisse und ihres hohen Preises haben sie jedoch nur vorübergehend, namentlich in Zeiten großer Gerbstoffknappheit, zur Lederherstellung Verwendung gefunden. Es genügt daher an dieser Stelle nur einige der wichtigsten zu erwähnen. Ende der 70er Jahre hat man ohne Erfolg versucht, die in der Türkei, in Kleinasien und Persien vorkommenden Rovegallen, auch Bassorahgallen oder Sodomäpfel genannt, in die Gerberei einzuführen. Sie sind von kugel- oder birnenförmiger Gestalt und enthalten im Durchschnitt auch etwa 30% Gerbstoff. Die Aleppo- oder Smyrnagallen enthalten 60 bis 70% Gerbstoff. Einen ähnlichen Gerbstoffgehalt weisen die China- und Japangallen auf. Diese ostasiatischen Gallen werden auf gewissen Sumacharten durch den Stich einer Blattlaus hervorgerufen. Die genannten hochprozentigen Gallen bilden zwar einen internationalen Handelsartikel, werden aber kaum in der Gerberei, sondern vorwiegend zur Tannin- und zur Tintenherstellung gebraucht.

6. Gerbknollen und Gerbwurzeln.

Canaigre. Als Canaigre bezeichnet man die gerbstoffhaltigen Wurzelknollen des Sauerdorns (Rumex hymenosepalus). Die Pflanze ist unter dem Namen „red dock“ (roter Ampfer), wilder Rhabarber und „Tanners dock“ „Gerbampfer“ bekannt. Sie wächst wild in den Tälern und Niederungen vom nördlichen Mexiko, sowie in den Unionstaaten Texas, Arizona und Kalifornien. Canaigre war den Mexikanern schon lange als Arznei- und Gerbmittel bekannt; aber erst im Jahre 1882 wurde der erste Versuch gemacht, Canaigre als Gerbmittel auf den Weltmarkt zu bringen. Da er jedoch naß verschickt wurde, geriet er auf dem Transport in Gärung und wurde unbrauchbar. Mit besserem Erfolge wurde er 1884 in getrocknetem Zustand auf den Markt gebracht. Ein Versand in größerem Umfang setzte jedoch erst im Jahre 1891 ein. Es wurde zunächst ausschließlich wild gewachsener Canaigre auf den Markt geworfen. Da man sich in den Vereinigten Staaten und in Europa lebhaft für das neue Gerbmaterial interessierte, ging man in seinem Ursprungsland bald dazu über, dasselbe zu kultivieren. Es wurden ausgedehnte Flächen mit Canaigre angepflanzt, auch eine Fabrik zur Herstellung von Extrakt errichtet. Man hielt in der damaligen Zeit, wo auch der Quebracho eben anfing, sich in der Lederindustrie Eingang zu verschaffen, den Canaigre für das Gerbmittel der Zukunft, das man wie Kartoffeln anzubauen gedachte. Während aber der Quebracho sich den Weltmarkt eroberte, vermochte der Canaigre trotz mancher guter gerberischer Eigenschaften sich nicht durchzusetzen. Er hat im internationalen Gerbstoffhandel niemals eine wichtigere Rolle gespielt und besitzt heute nur noch für seine Ursprungsländer einige Bedeutung. Anbauversuche mit Canaigre in Südfrankreich, Algier und in Queensland hatten zwar Erfolg, haben aber auch nicht zu einem Anbau größeren Umfanges geführt. Die Gründe, warum der Canaigre keine größere Bedeutung erlangte, sind darin zu suchen, daß von der wildwachsenden Pflanze nicht hinreichende Mengen verschafft werden konnten, um den Bedürfnissen des Handels zu genügen. Außerdem war der Anbau nicht lohnend genug, weswegen die Farmer sich bald einträglicheren Kulturen zuwandten. Ferner stand der Einbürgerung des Canaigre in die Lederindustrie sein ziemlich hoher Stärkegehalt entgegen. Die Stärke verkleistert nämlich bei heißer Auslaugung. Die Auslaugung muß daher bei einem Wärmegrad vorgenommen werden, der unter der Verkleisterungstemperatur der Stärke liegt, und ist dann unvollkommen.

Für eine gute Entwicklung braucht der Canaigre ein kühles Klima und mäßige Feuchtigkeit. Obgleich die Pflanze wild meist nur auf sandigem Boden wächst, gedeiht sie in Kultur doch auch auf sandig-lehmigem und feuchtem Boden. Die Fortpflanzung kann durch Samen oder durch Wurzeln erfolgen. Die Fortpflanzung durch Samen hat sich weniger bewährt. Zur Anlage einer Pflanzung werden die Wurzeln in der Zeit zwischen Juli und September gepflanzt und müssen bis April reichlich Wasser erhalten. Ende September beginnt die Bildung neuer Wurzeln, die bis April dauert. Im April blüht dann die Pflanze und erreicht ihre volle Größe. Nach der Blüte etwa Ende Mai sterben die Blätter und die Blüten, welch letztere nur wenig Samen gebildet haben, ab. Die Wurzel ist perennierend. Sie erreicht im zweiten und dritten Jahre ihren höchsten Gerbstoffgehalt, wobei ihre Farbe immer dunkler wird. Dann fängt sie an abzusterben; ihr Gerbstoffgehalt geht zurück und nach dem 4. Jahre ist sie nicht mehr zu gebrauchen. Im 2. oder 3. Jahre wird sie daher geerntet. Bei der Ernte werden die Wurzeln mit der Hand aus dem Boden herausgerissen und dann zur Entfernung aller Erde gut gewaschen. Hierauf werden sie in Schnitzel oder Scheiben geschnitten und durch Sonnenhitze oder künstliche Hitze von etwa 50° C getrocknet. Die frischen Wurzeln enthalten 66 bis 68% Wasser, das durch Trocknen auf 10 bis 15% vermindert wird. Als Erträgnis einer Canaigrepflanzung rechnet man in Kalifornien auf 1 Hektar durchschnittlich 40000 kg grüne Wurzeln. Das entspricht etwa 12000 kg getrockneter Ware. Der Gerbstoffgehalt des Canaigre beträgt 20 bis 35% Gerbstoff und 10 bis 18% Nichtgerbstoff bei 15% Wasser. Im Durchschnitt wird der Gerbstoffgehalt zu 30% angenommen.

Badan, sibirischer Steinbrech (Saxifraga crassifolia, Bergenia crassifolia) ist ein perennierendes, krautartiges Gewächs, das bei uns vielfach als Zierpflanze zu finden ist und in großen Mengen wildwachsend im Altai, im Sajanischen Gebirge, im Baikalgebiet und den Gouvernements Tomsk, Semipalatinsk, Jenisseisk und Irkutsk vorkommt. Badan wächst hauptsächlich an Berg- und Steinhängen (außer der Südseite) in Höhen von 300 bis 2400 m und gedeiht am besten in Höhen von 300 bis 500 m. Es ist eine stengellose 15 bis 40 cm hohe Staude mit großen, dicken, runden, lederartigen, winterharten Blättern und hyazinthenähnlichen Blüten. Für die Verwendung als Gerbemittel kommt die fleischige, bis zu 2,5 cm dicke, runde Wurzel in Frage, die in ihrem Aussehen einer Meerrettigstange ähnelt. Von der Hauptwurzel gehen meist verschiedene Nebenwurzeln aus, aus denen ebenfalls Blätterbüschel austreiben. Der Wurzelstock ist mit feinen Wurzelfäserchen im Erdreich verankert. Die äußere Schicht der Wurzel bildet schuppenförmig übereinanderliegende Ringe. Frische Wurzeln brechen sehr leicht. Getrocknete Wurzeln erreichen höchstens die Dicke eines Daumens und sind sehr hart. Die Bruchstelle ist rosarot gefärbt. Wenn die Wurzel beim Ausziehen aus dem Boden abbricht, so wächst die in der Erde verbleibende Wurzel nach und treibt schon im folgenden Jahre wieder neue Blätter. Die Blütezeit des Badans ist Ende Mai. Seine Samen reifen Ende Juli.

Bereits im Jahre 1819 wurde in England ein Patent auf die Anwendung von Badan als Gerbmittel erteilt. Er hat jedoch nur in Rußland in geringem Umfang Verwendung gefunden. In neuester Zeit hat er die Aufmerksamkeit der gerberischen Kreise wieder auf sich gelenkt. Das Bestreben Rußlands, sich von der Gerbmaterialeinfuhr möglichst unabhängig zu machen, führte dazu, die reichen Vorkommen des Badans in Sibirien und ihre Ausbeutungsmöglichkeit gründlich zu erforschen. Über die Ergebnisse ist von den russischen Forschern in der Fachpresse ziemlich ausführlich berichtet worden. Der Badan erneut sich durch Samen oder durch Teilung des Wurzelstockes. Aus den Wurzeln erneuert er sich in 3 Jahren, aus den Samen in 4 Jahren. Die Erntezeit ist im Juni und Anfang Juli. Die Wurzeln werden mit der Hand aus dem Boden herausgerissen, was verhältnismäßig leicht vonstatten geht, dann von den Blättern befreit, gereinigt und getrocknet. Die frischen Wurzeln enthalten 50 bis 60% Wasser. Wegen ihres hohen Stärkegehaltes werden sie leicht schimmelig und gehen rasch in Gärung über. Man darf sie daher nicht in Haufen liegen lassen, sondern sie werden sofort unter Dach auf schrägen Holzstützen angetrocknet, nachdem die dickeren Wurzeln vorher gespalten wurden. Dies erfordert 3 bis 4 Wochen. An das Antrocknen muß sich sofort das vollständige Trocknen in geheizten Räumen anschließen. Hierbei darf jedoch die Temperatur nicht zu hoch steigen, um ein Verkleistern der Stärke zu vermeiden. Der getrocknete Badan muß sowohl beim Lagern wie auf dem Transport stets gut trocken gehalten werden.

An den Ufern des Jenissei befinden sich ausgedehnte, mit wildem Badan bestandene Gebiete. Dort wurde festgestellt, daß Versuchsflächen von 10 qm Oberfläche 8 bis 24 kg rohe Badanwurzel ergaben; das würde ungefähr 4000 bis 12000 kg trockenem Badan pro Hektar entsprechen. Bei Anbauversuchen wurde festgestellt, daß 1 qm Badanpflanzung durchschnittlich 2 kg Rohwurzel und 1,5 kg Blätter liefert; das wären nach dem Trocknen 1 kg Wurzel und 0,5 kg Blätter. Aus diesen Versuchen berechnet sich für 1 ha ein Ertrag von 10000 kg trockener Badanwurzel. Diese Zahlen erscheinen reichlich hoch; denn nach einer anderen Angabe wird für den Fall der Kultur, wofür nur unfruchtbares Berg- und Hügelgelände in Frage käme, mit einem Ertrag von 3200 kg trockener Badanwurzel pro Hektar oder bei 5jähriger Ernte mit 640 kg jährlich gerechnet.

Der Ausbeutung des in Rußland in sehr großen Mengen vorhandenen, wildwachsenden Badans stehen die großen Entfernungen, die schlechten Wege und Verkehrsmittel ebenso im Wege wie der Umstand, daß der Badan in sehr schwach bevölkerten Gebieten vorkommt, entgegen. Man beabsichtigt daher vorerst nur die Ausbeutung der in der Nähe von Eisenbahnen oder schiffbaren Flüssen gelegenen Gebiete, sowie die Errichtung von Extraktfabriken in Gegenden, in denen der Badan massenhaft vorkommt. Diese Fabriken sollen die Wurzeln und die ebenfalls gerbstoffreichen Blätter ohne vorherige Trocknung nach den modernsten Verfahren direkt auf festen Extrakt verarbeiten. Außerdem ist die Anlage von Badankulturen geplant. In diesen Kulturen will man nur die Blätter gewinnen und auf Extrakt verarbeiten, die Wurzeln aber in der Erde belassen, damit sie jedes Jahr wieder Blätter treiben. Nach den mit Canaigre gemachten Erfahrungen ist sehr zu bezweifeln, ob es gelingen wird, dem Badan auch nur einigermaßen die Bedeutung zu verschaffen, die man sich in Rußland von ihm verspricht.

E. Die Verarbeitung der pflanzlichen Gerbmittel auf Extrakte.

Von **Dr. Wilhelm Vogel,** Freiberg i. Sa.

I. Allgemeines.

Die pflanzlichen Gerbmittel sind unmittelbar nach ihrer Gewinnung ziemlich wasserreich. Infolgedessen ist ihr Gerbstoffgehalt verhältnismäßig niedrig. Außerdem besteht für dieses wasserreiche Material leicht die Gefahr der Schimmelbildung. Um derselben vorzubeugen und gleichzeitig den Gerbstoffgehalt anzureichern, werden die Gerbmittel getrocknet, und zwar macht man sie lufttrocken. Im lufttrockenen Zustand besitzen sie einen Wassergehalt, der nur noch geringen von der Temperatur und von der Luftfeuchtigkeit abhängigen Schwankungen unterworfen ist. Der durchschnittliche Wassergehalt der lufttrockenen Gerbmittel liegt, für die einzelnen Gerbmittel verschieden, zwischen 12 und 17,5%. Nach der Höhe ihres Gerbstoffgehaltes kann man die Gerbmitte in nachstehende drei Klassen einteilen:

Gerbmittel mit niedrigem Gerbstoffgehalt (6 bis 12%)		Gerbmittel mit mittlerem Gerbstoffgehalt (12 bis 30%)		Gerbmittel mit hohem Gerbstoffgehalt (über 30%)	
Eichenholz	6,5%	Quebrachoholz	20,0%	Myrobalanen (ganz)	34,0%
Kastanienholz	9,0%	Westl. Mangrove	24,0%	Östl. Mangrove	36,0%
Eichenrinde	10,0%	Siz. Sumach	26,0%	Mimosenrinde	36,0%
Hemlockrinde	10,0%	Valonea	29,0%	Trillo	40,0%
Weidenrinde	10,0%	Knoppern	30,0%	Dividivi	41,5%
Birkenrinde	10,0%			Malettorinde	42,0%
Fichtenrinde	11,5%			Algarobilla	43,0%
				Myrobalanen (entkernt)	50,0%

Nur die Gerbmittel mit mittlerem oder hohem Gerbstoffgehalt vertragen die Transportkosten auf weite Entfernungen. Für die Gerbmittel mit niedrigem Gerbstoffgehalt findet die Entfernung, auf welche sie transportiert werden können, an den hohen Frachtkosten bald eine Grenze. Um die Transportkosten für die Gerbmittel überhaupt zu verringern und sie möglichst billig an den Ort ihres Verbrauches zu liefern, wird vielfach der Gerbstoffgehalt auch der lufttrockenen Gerbmittel noch weiter angereichert. Ein Mittel hierzu besteht darin, daß man sie von allen Bestandteilen, die nur wenig oder gar keinen Gerbstoff enthalten, nach Möglichkeit auf mechanischem Wege befreit. Ein derartiges Verfahren stellt z. B. das Ventilieren des Sumachs dar, der hierbei von Sand, Erde, Stielen, Blattrippen u. dgl. Verunreinigungen befreit und im Gerbstoffgehalt angereichert wird. Eine ähnliche Wirkung wird erzielt, wenn die gefällten Quebrachobäume von den gerbstoffarmen Bestandteilen, Rinde und Splint, befreit werden. Der Gerbstoffgehalt der Myrobalanen wird durch das Entkernen von 34 auf 50%, also um 47% erhöht. Wenn man den Trillo von den Valoneen abscheidet, erhält man ein Gerbmaterial mit 40% Gerbstoff, während die ursprünglichen Valoneen nur 29% Gerbstoff enthielten, bewirkt also eine Steigerung des Gerbstoffgehaltes um 38%. Bei den Gerbrinden sind derartige Methoden nicht anwendbar. Allein auch für sie hat man einen Weg zur Anreicherung des Gerbstoffes gefunden, und zwar in der Herstellung von Extrakten. Dieses Verfahren, das übrigens für alle Gerbmittel anwendbar ist, besteht darin, daß man die zweckmäßig zerkleinerten Gerbmittel mit Wasser auslaugt und die bei der Auslaugung gewonnenen Brühen zu flüssigen oder festen Extrakten eindampft.

Der älteste Gerbextrakt ist der Catechu, der bereits im 16. Jahrhundert von Ostasien nach Europa gebracht wurde. Auch der Gambir ist ein Extrakt, der den Eingeborenen von Südostasien seit Jahrhunderten bekannt ist. Beide Extrakte werden auf primitivste Weise gewonnen durch einfaches Auskochen des Rohmateriales und Eindicken des Saftes in offenen Kesseln über freiem Feuer. Diese Art der Herstellung von Catechu und Gambir bildet ein häusliches Gewerbe. Die fabrikmäßige Erzeugung von Gerbstoffextrakten beginnt Anfang des 19. Jahrhunderts, als man in Frankreich begann, für die Seidenfärberei Kastanienholzextrakte herzustellen. Diese Extrakte haben erst Ende der siebziger Jahre Eingang in die Gerberei gefunden. Um diese Zeit begann in Nordamerika die ausgedehnte Herstellung von Hemlockextrakt. In die achtziger Jahre fällt dann der Anfang der südamerikanischen Quebrachoextrakt-Industrie, die in der Folgezeit rasch einen riesigen Aufschwung nahm und heute in der Gerbextraktherstellung weitaus an erster Stelle steht. Gegenwärtig werden fast alle wichtigeren Gerbmaterialien in größerem oder kleinerem Umfange auf Extrakte verarbeitet. Hierfür ist eine große Anzahl von Extraktfabriken vorhanden. Sie liegen entweder in den Gebieten, wo die Gerbmittel vorkommen und erzeugen dort den entsprechenden Extrakt, oder es sind europäische und nordamerikanische Fabriken, welche importierte Gerbmaterialien auf Extrakte verarbeiten. Die Apparatur, welche die Gerbstoffextraktindustrie verwendet, ist in der Hauptsache der Zuckerindustrie entnommen. Die apparativen Fortschritte der Zuckerindustrie, wie die Auslaugung in geschlossenen Gefäßen unter Einschaltung von Vor- und Zwischenwärmern, das Eindampfen im Vakuum haben wesentlich zur Entwicklung der Gerbstoffextraktindustrie beigetragen. Einen weiteren Fortschritt der Gerbextraktindustrie bedeutete die Einführung besonderer Verfahren, wie Klärung, Entfärbung, Sulfitierung der Extrakte. Erst diese Verfahren haben es den Extraktfabrikanten ermöglicht, der Lederindustrie Extrakte zu liefern, die alle gewünschten Eigenschaften besitzen. Die Einführung der modernen Brühen- und Faßgerbung veranlaßte die Lederindustrie in steigendem Maße zur ausgedehnteren Verwendung von Gerbstoffextrakten. Die Extraktindustrie hat sich rasch dieser Entwicklung angepaßt und ist imstande, der Lederindustrie die benötigten Extrakte in ausreichender Menge und guter Qualität zur Verfügung zu stellen.

Die Herstellung von Extrakten ist ganz besonders bei Gerbmitteln mit niedrigem Gerbstoffgehalt angebracht. Eichenholz und Kastanienholz z. B. enthalten so wenig Gerbstoff, daß man sie allein als Streumaterial bei der Grubengerbung gar nicht gebrauchen kann, sondern nur in Kombination mit anderen gerbstoffreicheren Gerbmitteln. Will man den Eichenholz- und den Kastanienholzgerbstoff in konzentrierter Form gewinnen, so ist man auf die Herstellung von Extrakt angewiesen. Gerade die Extrakte dieser beiden Hölzer finden wegen ihrer hervorragenden Eignung für die moderne Schnellgerbung immer ausgedehntere Verwendung. Da das Ausgangsmaterial wegen seines niedrigen Gerbstoffgehaltes keinen weiteren Transport verträgt, liegen die Extraktfabriken, welche es verarbeiten, in oder wenigstens in der Nähe großer Eichen- und Kastanienwälder, oder sie bilden Nebenbetriebe von Fabriken, in welchen das Holz als Nutzholz verarbeitet und nur aus dem Abfallholz Extrakt gewonnen wird. Eichenrinde und Fichtenrinde, die wegen ihres geringen Gerbstoffgehaltes ebenfalls keine Beförderung auf weite Entfernungen gestatten, werden in den Ländern ihres Vorkommens oder in benachbarten Ländern der Gerberei zugeführt. Sie werden allerdings verhältnismäßig wenig in Gerbstoffabriken auf Extrakte verarbeitet, sondern vorwiegend in den Gerbereien selbst ausgelaugt oder als Streumaterial gebraucht. Gerbmaterialien mit 20% Gerbstoff und mehr vertragen den Versand auf weite Entfernungen, auch nach Übersee. So wird z. B. das Quebrachoholz nach Europa und Nordamerika versandt, doch stehen die dort aus Holz hergestellten Extraktquantitäten bedeutend zurück hinter den gewaltigen Mengen von Quebrachoextrakt, die unmittelbar im südamerikanischen Ursprungslande erzeugt werden. Sumach kommt fast ausschließlich als Gerbmaterial in den Handel; in einigen Verbrauchsländern wird daraus auch Extrakt erzeugt. Zur Herstellung von Valoneaextrakt sind zwar im Ursprungslande einige Fabriken vorhanden; weitaus die größte Menge jedoch gelangt als Gerbmaterial auf den Markt. Knoppern besitzen nur als solche eine allerdings örtlich beschränkte Bedeutung. Daraus hergestellter Extrakt wird nicht gehandelt. Die Gerbmittel mit hohem Gerbstoffgehalt kommen vorwiegend als solche auf den Markt, nur für Mimosa hat sich in Südafrika eine ausgedehntere Extraktindustrie entwickelt. Auch aus den Myrobalanen und der östlichen Mangrove wird sowohl in den Ursprungsländern wie in einigen Verbrauchsländern Extrakt hergestellt. Als Gerbstoffextrakte des Handels, die ausschließlich in ihren Ursrpungsländern erzeugt werden, sind schließlich noch Gambir, Catechu und Kino zu nennen.

Die Herstellung von Gerbextrakten findet nicht nur in den Gerbstoffextraktfabriken statt, sondern die Gerbereien und Lederfabriken stellen sich auch selbst aus den Gerbmaterialien einen Teil der in ihrem Betrieb benötigten Gerbbrühen her. Die Gesichtspunkte, welche dabei den Gerber und den Extraktfabrikanten leiten, sind verschieden. Dem Gerber ist es darum zu tun, möglichst reine und klare Brühen zu erhalten, die dem Leder eine schöne helle Farbe geben. Er kann daher in der Auslaugung mit der Temperatur nicht so hoch gehen wie der Extraktfabrikant. Auch wird er meist im Verhältnis zu dem auszulaugendem Material weniger Extraktionswasser anwenden als der Extraktfabrikant. Das Eindampfen der erhaltenen Brühen wird der Gerber nur so weit treiben, als es für die Verwendung in seinem Betriebe unbedingt erforderlich ist. Der Gerber erhält also weniger, dafür aber in ihrer Qualität bessere Brühe als der Extraktfabrikant. Dem steht aber der Nachteil gegenüber, daß die Auslaugung keine so vollständige ist, daß also beim Gerber meist etwas mehr Gerbstoff in der ausgelaugten Lohe verbleibt. In der Extraktfabrik kommt es in erster Linie darauf an, möglichst viel Gerbstoff und alle sonstigen Stoffe, die für die Lederherstellung von Bedeutung sind, herauszuholen. Das läßt sich nur erreichen durch Auslaugung bei höheren Temperaturen und bei Anwendung großer Wassermengen. Der Extraktfabrikant erhält zwar ein besser ausgelaugtes Material als der Gerber, hat dafür aber einen höheren Dampfverbrauch sowohl wegen der höheren Auslaugetemperaturen als auch wegen der größeren Mengen Wasser, die zu verdampfen sind. Ferner ist noch zu berücksichtigen, daß der Extraktfabrikant seine fertigen Extrakte möglichst hoch durch Eindampfen konzentrieren muß.

Betrachtet man die Vorteile und Nachteile der Gerbstoffextrakte gegenüber den rohen Gerbmaterialien, so ist zunächst darauf hinzuweisen, daß feststeht, daß unter sonst gleichen Umständen die Gerbwirkung der Extrakte die gleiche ist wie diejenige der Gerbmaterialien, und dies ist ja schließlich die Hauptsache. Gegenüber den Gerbmitteln besitzen die Extrakte den Vorteil einer einfacheren Handhabung. Um eine Gerbbrühe herzustellen, braucht man die flüssigen Extrakte nur mit kaltem oder warmem Wasser zu verdünnen, bzw. die festen

Extrakte in heißem Wasser zu lösen. Die Herstellung einer Brühe von bestimmter Stärke ist mit Extrakten viel leichter auszuführen als durch Auslaugung von Gerbmaterial. Die Gerbstoffextrakte können auf einen ganz bestimmten garantierten Gerbstoffgehalt eingestellt werden. Dies gilt namentlich für die flüssigen Extrakte. Bei den festen Extrakten ändert sich der Gerbstoffgehalt allerdings mit dem Wassergehalt, was jedoch beim Gebrauch leicht berücksichtigt werden kann. Jedenfalls ist der Gerbstoffgehalt und die Zusammensetzung eines Extraktes viel gleichmäßiger als eines Gerbmateriales. Denn bei letzterem hängen Gerbstoffgehalt und sonstige Eigenschaften stark ab von der Beschaffenheit des Bodens, auf welchem es gewachsen ist, von den Witterungsverhältnissen, unter denen es aufgewachsen und geerntet worden ist, von der Sorgfalt, mit der es bei der Gewinnung und Lagerung behandelt wurde. Im Gegensatz dazu ist es dem Extraktfabrikanten verhältnismäßig leicht möglich, Extrakte von stets gleichem Gerbstoffgehalt und annähernd gleichen sonstigen Eigenschaften herzustellen. Der im Extrakt vorhandene Gerbstoff kann im Gerbereibetrieb vollständig ausgenützt werden. Wenn der Gerber Rohmaterial selbst auslaugt, bleibt immer eine gewisse Menge des tatsächlich vorhandenen Gerbstoffes in der ausgelaugten Lohe zurück und dient als Brennmaterial. Gerade diesen Verlust muß der Gerber stets in Rechnung setzen, wenn er den Preis des Gerbstoffes im Gerbmaterial mit demjenigen im Extrakte vergleicht. Als ein Vorteil der Extrakte ist ferner zu betrachten, daß der Fabrikant den Extrakten während ihrer Herstellung durch spezielle Verfahren, wie Klärung, Entfärbung, Sulfitierung besondere, wertvolle Eigenschaften geben kann. Dadurch kann der Nachteil wieder ausgeglichen werden, daß die Extrakte infolge des Auslaugens bei höherer Temperatur und durch das Eindampfen sich etwas dunkler färben und auch dem damit gegerbten Leder eine etwas dunklere Farbe geben als die vom Gerber selbst durch Auslaugung der Gerbmaterialien hergestellten Brühen. Ein anderer Nachteil der Extrakte besteht darin, daß sie zuweilen durch Zusatz von Melasse, Traubenzucker, anorganischen Salzen, Zellulose- und anderen billigen Extrakten verfälscht werden. Derartige Verfälschungen kommen jedoch heutzutage nur sehr selten vor. Außerdem sind die meisten von ihnen analytisch leicht nachweisbar.

Die Gerbstoffextrakte kommen in flüssiger, teigförmiger und fester Form in den Handel. Aus den flüssigen Extrakten können durch einfaches Verdünnen mit Wasser sofort gebrauchsfertige Gerbebrühen hergestellt werden. Nachteilig ist jedoch, daß sie wegen ihres hohen Wassergehaltes verhältnismäßig hohe Frachtkosten verursachen. Auch ihre Verpackung in Fässern ist kostspieliger als die Verpackung des festen Extraktes in Säcken. Die Verwendung flüssigen Extraktes ist hauptsächlich da am Platze, wo sein Bezug in Kesselwagen auf nicht zu weite Entfernungen möglich ist, oder wenn einem Betriebe kein Dampf und sonstige Einrichtungen zur Auflösung fester Extrakte zur Verfügung stehen. Trotz des Nachteiles der Auflösung in heißem Wasser wird man im übrigen meist den festen Extrakten den Vorzug geben.

II. Die Apparate und die allgemeine Arbeitsweise zur Herstellung von Gerbextrakten.

1. Die Zerkleinerung und Transport des Rohmateriales.

Die Herstellung der Gerbextrakte zerfällt in drei Hauptabschnitte: Die Zerkleinerung des Rohmateriales, die Auslaugung desselben und das Eindampfen der beim Auslaugen erhaltenen Brühen.

Die Gerbmaterialien gelangen fast immer im lufttrockenen Zustand zur Verarbeitung auf Extrakte; nur manche gerbstoffhaltige Blätter werden auch frisch verarbeitet. Für die Extraktion müssen die Gerbmaterialien eine Zerkleinerung erfahren. Die Art und der Grad der Zerkleinerung sind für die Ausbeute an Extrakt von wesentlichem Einfluß. Im allgemeinen gilt die Regel: je feiner die Zerkleinerung, um so besser die Auslaugung. Demnach müßte man glauben, daß bei Zerkleinerung zu staubförmigem Pulver die beste Ausbeute an Extrakt erzielt wird. Nach diesem Gesichtspunkte verfährt man ja auch tatsächlich bei der Untersuchung der Gerbmaterialien auf ihren Gerbstoffgehalt, indem man das zu feinem Pulver gemahlene Material erschöpfend mit Wasser extrahiert. Für den Großbetrieb ist eine derart weitgehende Zerkleinerung unzweckmäßig, weil sich das feine Mahlgut zu Klumpen zusammenballt, welche die Flüssigkeit nur ungenügend hindurchlassen, so daß eine mangelhafte Auslaugung die Folge ist. Außerdem werden durch ein so feines Material sehr leicht die Siebe und Ventile verstopft. Für die betriebsmäßige Auslaugung darf das Rohmaterial nur soweit zerkleinert werden, daß es von der Brühe gut umspült und leicht durchdrungen werden kann. Die Größe, bis zu welcher das Rohmaterial zerkleinert werden kann, ist für die einzelnen Gerbmaterialien verschieden. Jedenfalls soll das zerkleinerte Material ein und desselben Gerbmateriales möglichst gleichmäßig in seiner Größe sein. Um dies zu erreichen, läßt man das Material meist Sichter oder Siebe von bestimmter Weite passieren. Das auszulaugende Material soll möglichst von faseriger, wolliger oder körniger Beschaffenheit sein. Staubbildung ist bei der Zerkleinerung tunlichst zu vermeiden, und soweit Staub entsteht, empfiehlt es sich, ihn durch Entstaubungsanlagen zu entfernen und in Staubsäcken zu sammeln, um ihn später dem zu extrahierenden Material etwa in der Mitte oder oben auf den Extraktionsgefäßen vorsichtig wieder beizumischen. Von welchem Einfluß auf das Resultat der Auslaugung der Zerkleinerungsgrad des Rohmateriales ist, hat Pawlowitsch in einer Reihe von vergleichenden Betriebsversuchen gezeigt, die er mit zerkleinertem Kastanienholz in einer Batterie von 8 Gefäßen bei einer Arbeitsdauer von 36 bis 38 Stunden ausführte. Er fand, daß bei verschiedener Dicke der Holzspäne die nebenstehenden Prozentsätze des vorhandenen Gerbstoffes ausgelaugt wurden.

Dicke der Späne mm	Ausgelaugter Gerbstoff %
5	91
12—18	85
5—7	86
12—15	72
5—7	88
12—20	80
5—7	89,5
12—17	83,5

Bei ähnlichen Betriebsversuchen mit geraspeltem Eichenholz stellte er ferner fest, daß aus Spänen von durchschnittlich 5 bis 7 mm Dicke 79,5%, dagegen aus solchen von 10 bis 20 mm Dicke nur 67,5% des vorhandenen Gerbstoffes extrahiert werden konnten.

Versuche von Gaylay mit zerkleinertem Kastanienholz ergaben, daß bei gleichbleibender Dicke der Späne bei Verminderung der Länge in der Faserrichtung von 25 auf 6 mm eine Erhöhung der Gerbstoffausbeute von 34 auf 72% eintrat. Es folgt hieraus, daß man Gerbhölzer senkrecht zur Faserrichtung möglichst weitgehend zerkleinern soll. Praktisch kann man jedoch nicht unter 3 mm heruntergehen, weil das Material sonst so fein wird, daß eine Verstopfung der Diffuseure eintritt.

Der Gerbmaterialstaub hat nicht nur eine schlechte Extraktion und eine Verstopfung der Extrakteure zur Folge, sondern birgt auch noch eine weitere Gefahr in sich. Er ist nämlich leicht brennbar und mit Luft gemischt äußerst explosiv. Räume, in denen Gerbmaterialstaub vorhanden ist, wie Raspel- und Mühlenanlagen, Elevatoren, Lohspeicher u. dgl. dürfen daher niemals mit offener Flamme betreten werden. Außerdem ist durch gutes Schmieren der in den genannten Räumen befindlichen Maschinen und Transporteinrichtungen dafür Sorge zu tragen, daß ein Heißlaufen der Lager vermieden wird.

Sehr schädlich sind Eisenteilchen in den zerkleinerten Gerbmaterialien; denn sie bewirken nicht nur eine Dunkelfärbung der Brühen, sondern können auch eine Beschädigung der Mühlen zur Folge haben. Man baut daher feststehende oder rotierende Magnetapparate ein, an denen das Mahlgut, bevor es in die Mühle gelangt, vorbeipassieren muß. Durch die Magnete werden dann die Eisenteilchen angezogen und so aus dem zerkleinerten Gerbmaterial entfernt.

Zerkleinerung der Rinden. Die Rindengerbemittel werden fast allgemein durch Mahlen zerkleinert. Hierfür steht eine ganze Anzahl guter Maschinen zur Verfügung. Auf manchen dieser Maschinen, wie z. B. der Hammermühle, kann die Zerkleinerung ohne weiteres in dem Zustand, wie die getrockneten Rinden aus dem Walde kommen, ausgeführt werden. Für viele Mühlen ist jedoch eine Vorzerkleinerung nötig. Diese Vorzerkleinerung erfolgt entweder auf Rindenschneidern oder Rindenbrechern. Rindenschneider wendet man zur Vorzerkleinerung

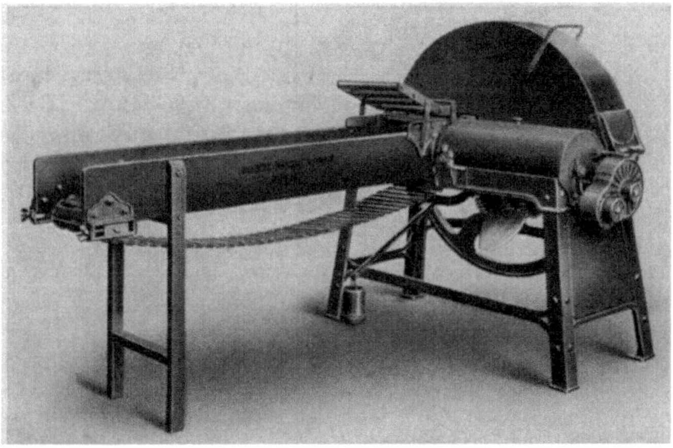

Abb. 64. Rindenschneider der Bad. Maschinenfabrik, Durlach.

langfaseriger Rinden an, wie Eichen- und Mimosenrinde, während für kurzfase rige, borkige Rinden wie Fichten-, Birken-, Hemlock-, Mangrove- und Malettorinde die Vorzerkleinerung im Rindenbrecher vorzuziehen ist.

Die Rindenschneider (Abb. 64) gleichen einer Häckselmaschine. Auf einem eisernen Untergestell lagert ein von einer Riemenscheibe angetriebenes Schwungrad, an dessen Armen mehrere scharf schneidende Messer befestigt sind. Die Zuführung des Materiales erfolgt aus einer mit einem endlosen Förderband versehenen Einlegelade, und zwar führt das Förderband die Rinden gegen ein mit Zähnen versehenes Walzenpaar, dessen obere Walze federnd gelagert ist. Diese Walzen erfassen das Material und schieben es gegen die Messer vor. Die Maschine kann auf Schnittlängen von 6, 12 und 24 mm eingestellt werden. Ihre Leistung in 10 Stunden beträgt 10 bis 20 t Rinde bei einem Kraftbedarf von 2,5 bis 3 PS.

Im Rindenbrecher (Abb. 65) wird das Material zwischen zwei mit exzentrisch angeordneten Stahlzähnen versehenen Brechwalzen soweit vorzerkleinert, daß es auf der Mühle vollständig vermahlen werden kann. Bei einer Walzenbreite von 500 mm vermag diese Maschine bei einem Kraftbedarf von 1 bis 2 PS stündlich 300 bis 500 kg Rinde zu zerkleinern. Eine Maschine von 600 mm Walzenbreite leistet mit 1,5 bis 3 PS ungefähr 600 bis 800 kg stündlich. Der Grad der

Zerkleinerung kann durch Verstellen der Entfernung der beiden Walzen reguliert werden.

Auf die Vorzerkleinerung in der Schneide- oder Brechmaschine erfolgt die Zerkleinerung auf der Rindenmühle. Es gibt verschiedene Mühlenkonstruktionen; für alle gilt jedoch die Regel, daß die Mühle um so mehr leistet, je regelmäßiger und gleichförmiger das vorzerkleinerte Material ist. Die älteste Art der Mühlen sind die Steinmühlen. Eine solche Mühle besteht aus zwei flachen, kreisrunden, aufeinanderliegenden Steinscheiben, von denen die eine sich um eine senkrecht zur Steinfläche stehende Achse dreht. Die Steine sind auf den Mahlflächen mit Furchen versehen. Die Leistungsfähigkeit der Steinmühlen ist im Vergleich zu den Mühlen modernen Systems gering. Sie werden nur noch zum Mahlen des Sumachs, hauptsächlich in Sizilien, angewandt. Dies hat seinen Grund darin, daß man beim Sumach, der dem Leder eine sehr helle Farbe gibt, von vornherein jede Berührung mit Eisenteilen vermeiden will, damit die fertigen Leder keine Eisenflecken zeigen. Auch die Glockenmühlen, die sich übrigens nur zum Vermahlen gut trockener, nicht harziger Rinden eignen, sind wegen ihrer geringen Leistungsfähigkeit veraltet und nur noch wenig im Gebrauch. Bei diesen Mühlen wird ähnlich wie bei den Kaffeemühlen die Zerkleinerung durch einen geriffelten Mahlkonus bewirkt, der sich in einem geriffelten Metallgehäuse bewegt. Am meisten werden heutzutage zum Vermahlen von Gerbmaterialien die Zentrifugal- oder Schleudermühlen, auch Schlagmühlen oder Desintegratoren genannt, benützt (Abb. 66, 67, 68).

Abb. 65. Rindenbrecher der Maschinenfabrik Moenus A. G., Frankfurt a. M.

Abb. 66. Schlagmühle der Maschinenfabrik Turner A. G., Frankfurt a. M., mit abgehobenem Deckel und herausgenommenen Rosten.

Abb. 67. Schlagmühle der Maschinenfabrik Turner A. G., Frankfurt a. M., geschlossen.

Bei dieser Art von Mühlen rotiert in einem mit geriffelten Wänden versehenen

Gehäuse mit hoher Tourenzahl (1800 bis 2500 Umdrehungen pro Minute) ein Schlagkreuz. Durch die Zentrifugalkraft dieses Schlagkreuzes wird das Mahlgut solange gegen die geriffelten Wände geschleudert, bis es genügend fein zerkleinert ist. Durch einen am Boden des Gehäuses angebrachten Stahlrost verläßt das Mahlgut dann die Mühle. Durch Variierung der Durchgangsweite dieses Rostes kann die Feinheit des Mahlgutes reguliert werden. Die Mühle liefert ein mehr körniges und faseriges, weniger mehliges Mahlgut. Sie besitzt ferner den Vorteil, daß auf ihr auch feuchte und harzige Rinden ohne Schwierigkeit verarbeitet werden können. Ein weiterer Vorzug besteht darin, daß kleinere Eisenteilchen oder Steinchen, die aus Versehen in diese Mühle geraten, nicht so leicht wie bei manchen anderen Systemen Beschädigungen hervorrufen. Zwecks gleichmäßiger Zuführung des Mahlgutes ist die Mühle meist mit einem Trichter versehen, aus welchem ihr das Mahlgut durch eine Schüttelvorrichtung zugebracht wird. Da die Mahlflächen sich nicht berühren, ist ihre Abnützung gering. In ihrer Leistungsfähigkeit ist die Zentrifugalmühle den meisten anderen Systemen überlegen, besonders wenn die Bewältigung großer Mengen von Gerbmaterial in Frage kommt. Allerdings ist auch ihr Kraftverbrauch sehr hoch. Für die Leistungsfähigkeit und den Kraftbedarf der oben abgebildeten Schleudermühle gibt nebenstehende Tabelle einen Anhalt.

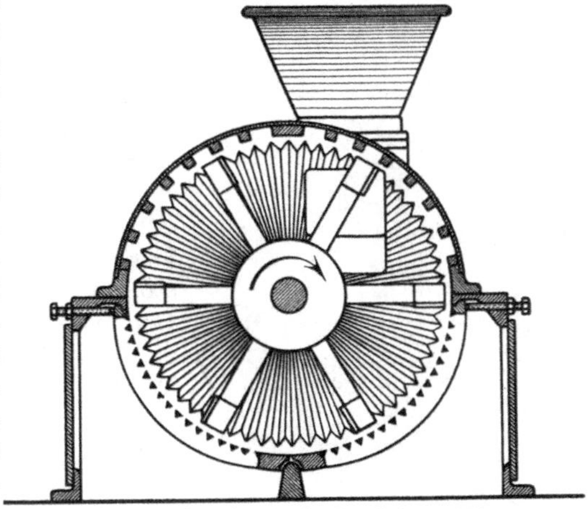

Abb. 68. Schnitt durch eine Schlagmühle.

	Rostweite mm	Stündl. Leistung Flügeldurchmesser 600 mm kg	Stündl. Leistung Flügeldurchmesser 1000 mm kg
Eichenrinde	10	ca. 300	ca. 750
Fichtenrinde. . . .	10	„ 240	„ 600
Mangrovenrinde . .	20	„ 1500	„ 3000
Mimosarinde. . . .	10	„ 300	„ 750
Myrobalanen . . .	1½	„ 120	„ 300
Dividivi.	3	„ 150	„ 400
Valonea.	1½	„ 200	„ 450
Betriebskraft . . .		„ 5 PS	„ 15 PS
Tourenzahl pro Min.		2500	1800

Die vorstehende Tabelle läßt auch die für verschiedene Gerbmaterialien gebräuchlichen Weiten des Gitterrostes erkennen. Ergänzend zu den in der Tabelle aufgeführten Rostweiten sei noch bemerkt, daß die Rostweite ungefähr betragen soll: für Algarobilla 5 mm, Eichenholz 20 mm, Kastanienholz 20 mm, Quebrachoholz 20 mm, Knoppern 3 mm, Sumach 10 mm. Allgemein ergibt sich aus der Zusammenstellung, daß man für Früchte etwa 1½ bis 3, für Rinden 10 bis 20 und für Hölzer 20 mm Rostweite wählt.

Eine Vervollkommnung der Zentrifugalmühlen stellt die sog. Hammermühle dar (Abb. 69). Sie besteht aus einem Mahlgehäuse, in welchem sich ein mit hoher Geschwindigkeit rotierendes Schlagwerk befindet, während am unteren Teil der Mühle ein auswechselbarer Rost angebracht ist. Die Schläger sind gelenkig aufgehängt. Infolge der Zentrifugalkraft stellen sie sich im Betrieb starr nach außen und wirken dann ähnlich wie Dreschflegel. Auf der Hammermühle können

Gerbmaterialien jeder Art, Rinden auch ohne Vorzerkleinerung, zu einem faserigen, nahezu staubfreien Produkt von beliebiger Feinheit vermahlen werden. Die Mühle ist auch gegen Fremdkörper, die in das Gehäuse geraten, ziemlich unempfindlich, weil die gelenkig aufgehängten Schläger ein Ausweichen ermöglichen.

Abb. 69. Hammermühle der Friedr. Krupp Grusonwerk A. G., Magdeburg-Buckau. (Oberes Gehäuse abgehoben, Hämmer in Betriebsstellung.)

Zum Schroten und Vermahlen nicht harziger, gut trockener Gerbmaterialien werden die Mahlscheiben-Lohmühlen viel gebraucht. Sie eignen sich besonders zur Zerkleinerung von faserigen Rinden wie Eichenrinde, Weidenrinde u. a., von Gerbholzspänen und nicht harzigen Fruchtgerbstoffen wie Knoppern, Valonea, Myrobalanen. Der bekannteste Typ von dieser Mühlenart ist die Lohmühle „Excelsior“ (Abb. 70). Bei dieser Mühle wird das Mahlgut zwischen zwei in einem eisernen Gehäuse befindlichen, mit dreieckigen Zähnen versehenen Scheiben, von denen die eine feststehend, die andere beweglich ist, zerrieben. Die Einstellung auf Feinheit kann während des Ganges der Mühle mittels eines Handrades erfolgen, indem die gegenseitige Entfernung der beiden Scheiben verändert wird. Die Mahlscheiben dieser Mühle sind auf beiden Seiten mit Zähnen versehen. Man kann sie daher nach Abnutzung der einen Seite umkehren und von neuem gebrauchen. Durch zeitweise Änderung der Umdrehungsrichtung durch Schränken des Antriebsriemens schleifen sich die Zähne selbsttätig nach. Die abgebildete Excelsiormühle ist mit der bereits bei der Schleudermühle erwähnten aus Trichter und Schüttelrinne bestehenden selbsttätigen Zubringvorrichtung versehen. Zur Entfernung von Eisenteilchen wird in die Schüttelrinne meist ein Magnet eingebaut. Die Scheibenmühle liefert ein außerordentlich gleichmäßiges, körniges oder wollfaseriges Mahlerzeugnis. Ihr Nachteil besteht darin, daß sie sich für weiche und harzige, ebenso für sehr harte Materialien weniger eignet. Die beschriebene Excelsiormühle verarbeitet bei einem Mahlscheibendurchmesser von 400 mm und einem Kraftbedarf von ca. 4 PS ungefähr 200 kg Fichtenrinde oder 130 kg Eichenrinde oder 120 kg Valonea pro Stunde.

Abb. 70. Lohmühle „Excelsior“ der Bad. Maschinenfabrik, Durlach.

Zerkleinerung der Holzgerbmittel. Eine besondere Art von Zerkleinerung erfordern die Gerbhölzer. Bei ihnen werden gewöhnlich die ganzen Stämme, Blöcke oder größere Stücke zu feinen Spänen zerkleinert. Diese Zerkleinerung wird auf besonderen Raspelmaschinen ausgeführt. Erfolgt hierbei das Abraspeln parallel zur Längsrichtung des Stammes, so erhält man den sog. Lohschnitt; erfolgt es aber senkrecht zur Längsrichtung, so resultiert der Hirnschnitt. Der Lohschnitt findet nur als Streumaterial in der Gerberei Verwendung. Zur Extraktion nimmt man ausschließlich Hirnschnitt. Man unterscheidet zwei Arten von Raspeln, Scheibenraspeln und Trommelraspeln.

Eine Scheibenraspel ist in Abb. 71 dargestellt. Sie besteht aus einer rasch rotierenden Scheibe mit einer Anzahl radial angeordneter Schlitze, in welche die leicht auswechselbaren Messer eingesetzt sind. Dieser Scheibe wird in einer waagrechten oder schrägen Einlegelade das zu raspelnde Holz zugeführt. Die Zuführung erfolgt automatisch, indem ein in der Lade laufender Druckklotz das Holz gegen die Scheibe vorschiebt. Das abgeraspelte Holz fällt direkt auf eine unter der Raspel verlaufende Transportvorrichtung, die es zu den Extrakteuren schafft. Die Feinheit des Schnittes wird dadurch geregelt, daß man die Messerschneiden mehr oder weniger über die Scheibe vorstehen läßt. Die abgebildete Scheibenraspel wird vorwiegend zur Herstellung von Quebracho-Lohschnitt verwendet, kann aber auch für Hirnschnitt gebraucht werden. Ferner gestattet sie die Verarbeitung von Holzabfällen jeder Art wie Wurzeln, Ästen, Zweigen, Schwarten und dgl. Eine Raspel dieser Art von mittlerer Größe besitzt einen Durchmesser der Planscheibe von 1600 mm, eine nutzbare Ladenbreite von 450 mm und eine nutzbare Ladenlänge von 2 m. Bei einem Kraftbedarf von ca. 25 PS vermag sie pro Stunde etwa 1200 kg Hirnschnitt oder 500 kg Quebracho-Lohschnitt zu liefern.

Abb. 71. Scheibenraspel von Gebr. Burberg, Mettmann.

Abb. 72. Trommelraspel von Gebr. Burberg, Mettmann.

Zur Herstellung von Hirnschnitt für Extraktionszwecke bedient man sich meist der Trommelraspeln (Abb. 72). Sie haben einen doppelt-konischen Messerkopf, der die Schlitze mit den leicht auswechselbaren, an ihrer Schneide abwechselnd glatten und gezahnten Messern enthält. In einer waagrechten Lade wird das Holz mittels eines automatischen Vorschubs dem rasch rotierenden Messerkopf zugeführt. Bei einem Durchmesser des Messerkopfes von 1000 mm, einer nutzbaren Ladenbreite von 600 mm und einer nutzbaren Ladenlänge von 3 m und 120 t pro Minute braucht eine derartige Raspel 35 bis 40 PS und liefert etwa 1300 kg Hirnschnitt pro Stunde. Zur Verarbeitung von ganzen Quebrachostämmen auf Hirnschnitt werden Raspeln von noch größeren Dimensionen und in ganz besonders kräftiger Ausführung benützt. Eine derartige Raspel hat z. B. einen Messerkopf von 1560 mm Durchmesser, eine Lade von 750 mm nutzbarer Breite, sowie 5 m totaler und 3,7 m lichter Länge, so daß Stämme jeder Länge unverkürzt verarbeitet werden können. Ferner ist sie mit einem Schwungrad

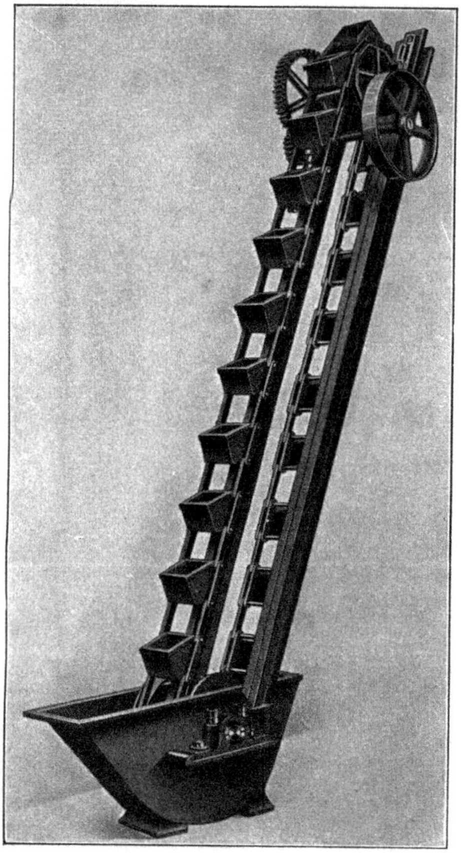

Abb. 73. Elevator. (Gebr. Burberg, Mettmann.)

Abb. 74. Elevator. (Gebr. Burberg, Mettmann.)

von 3 m Durchmesser versehen, das 100 Umdrehungen pro Minute macht, und hat eine ungefähre stündliche Leistung von 2500 bis 4000 kg Quebrachohirnschnitt bei einem Kraftverbrauch von 70 bis 80 PS.

Es wurde bereits darauf hingewiesen, daß für eine gute Extraktion ein gleichmäßiges, zweckmäßig zerkleinertes Material erforderlich ist. Nun gibt es aber beim Raspeln des Holzes auch viele größere Splitter und Stücke, die sich nur sehr unvollkommen auslaugen lassen. Dies ist namentlich beim Verraspeln des äußerst harten Quebrachoholzes der Fall. Die Quebrachoextraktfabriken lassen daher die von den Raspeln kommende Lohe durch einen Sichter von bestimmter Maschenweite laufen. Die dabei ausgeschiedenen größeren Splitter und Stücke werden dann in einer Zentrifugal- oder Hammermühle noch auf die richtige Feinheit zerkleinert, bevor sie zur Auslaugung nach den Diffuseuren gelangen.

Die Zerkleinerung von Früchte-, Wurzel- und Blättergerbmitteln erfolgt allgemein durch Mahlen der trockenen Materialien. Hierzu bedient man sich der unter Rindenzerkleinerung bereits beschriebenen Mühlen, hauptsächlich der Schleuder-, Hammer- und Scheibenmühlen. Manche Früchte wie Myrobalanen, Valoneen, Knoppern werden zuweilen auch ohne vorherige Zerkleinerung ausgelaugt oder für die Auslaugung nur zerquetscht.

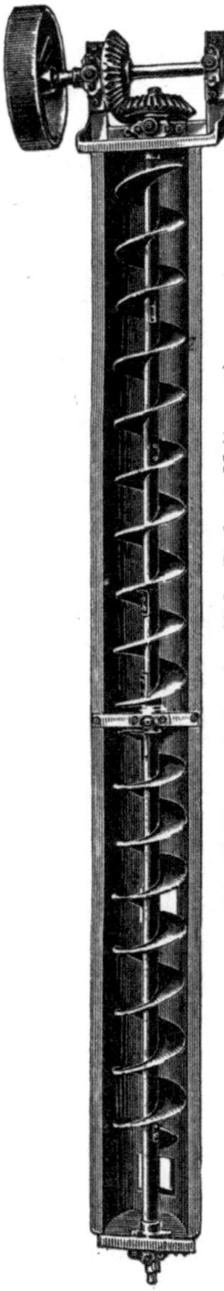

Abb. 75. Transportschnecke. (Gebr. Burberg, Mettmann.)

Abb. 76. Transportband. (Gebr. Burberg, Mettmann.)

Der Transport des Rohmateriales. Für das rationelle Arbeiten einer Extraktfabrik bildet die möglichst intensive Ausnützung mechanischer Transporteinrichtungen eine unerläßliche Voraussetzung. Zum Heranbringen des Rohmateriales an die Raspeln und Mühlen muß von Schmalspurbahnen, Hängebahnen, Laufkranen und fahrbaren Kranen ausgiebiger Gebrauch gemacht werden. Die wichtigsten Vorrichtungen, welche innerhalb der Extraktfabrik für den Transport des zerkleinerten Rohmateriales in Frage kommen, sollen im folgenden kurz geschildert werden. Für den Transport in senkrechter oder schräger Richtung bedient man sich der Elevatoren oder Becherwerke. Den Transport in horizontaler Richtung besorgen die Transportschnecken, die Transportbänder, die Kratzer transporteure und die Schüttelrinnen. Schließlich sind noch als modernste Transporteinrichtungen die pneumatischen Transportanlagen zu erwähnen.

Der Elevator (Abb. 73, 74) besteht aus zwei endlosen Ketten oder einem endlosen Gurt, die am Kopf- und Fußteile über Kettenräder laufen. An den Ketten oder dem Gurt sind in bestimmten Abständen eiserne Becher angebracht. Diese Becher füllen sich in dem am unteren Fußstück befindlichen Schöpftrog mit dem Material, fördern es in senkrechter oder schräger Richtung nach oben, um es dann oben auszuwerfen. Im Trog ist ein Spannlager zum Nachziehen der Ketten oder Gurte angebracht. Für denTransport trockener Materialien ist der Elevator meist mit einem staubdichten, hölzernen oder eisernen Gehäuse umgeben.

Die Transportschnecken (Abb. 75) transportieren in horizontaler Richtung und in Steigungen bis zu 25°. Bei ihnen befördert eine in einem hölzernen oder eisernem Troge laufende Schnecke aus Eisenblech das Material bis zu einer im Boden des Troges angebrachten Öffnung, durch die es dann herausfällt.

Das Transportband (Abb. 76) ist ein endloses Band aus Hanf, Baumwolle, Gummi oder Leder, das an einem Ende über eine Antriebstrommel, am anderen

Ende über eine Spannrolle läuft und auf seiner tragenden Seite durch hölzerne oder eiserne Tragrollen, die in bestimmter Entfernung voneinander angebracht sind, unterstützt wird. Das Fördergut wird an einem Ende des Bandes aufgeschüttet, bewegt sich mit ihm fort und kann an jeder beliebigen Stelle durch einen schräg gestellten Abstreifer abgeworfen werden. Größere Transportbänder besitzen statt des primitiven Abstreifers einen auf Schienen laufenden Abwurfwagen, der das Abwerfen des Transportgutes ebenfalls an jeder beliebigen Stelle gestattet.

Der Kratzertransporteur (Abb. 77) besteht aus einer einfachen oder doppelten endlosen Kette, die am einen Ende über ein Antriebskettenrad, am anderen über ein Spannrad läuft. Auf der Kette selbst sind in bestimmten Ab-

Abb. 77. Kratzertransporteur.

ständen eiserne und hölzerne Kratzer befestigt. Der Kratzertransporteur läuft in einer Rinne, in welcher er durch die Kratzer das Material vorwärtsschiebt, das dann am Ende der Rinne oder durch eine in derselben angebrachte Öffnung herausfällt.

Die Schüttelrinne (Abb. 78) ist eine flache Rinne aus Eisenblech oder Holz, die auf schrägen, federnden Stützen ruht und durch eine mit einem Exzenter oder einer Kurbel verbundene Schubstange in ihrer Längsrichtung schnell hin- und herbewegt wird, so daß das Fördergut allmählich vorwärts rutscht.

Die pneumatischen Transportanlagen führen sich wegen ihres wirtschaftlichen und staubfreien Arbeitens immer mehr zur Beförderung sowohl von frischer wie von gebrauchter Lohe ein. Eine pneumatische Transportanlage setzt sich in der Hauptsache zusammen aus einem Exhaustor, den aus runden Blechrohren bestehenden Rohrleitungen, den Rezipienten und einem Filter. Die Anordnung und Wirkungsweise einer pneumatischer Förderanlage ist aus Abb. 79

ersichtlich, dem Schema einer pneumatischen Saugförderanlage für trockene Lohe nach einem Entwurf der Miag in Braunschweig. Durch den in dem Exhaustor (Kreiskolbengebläse) G erzeugten Luftstrom wird die auf dem Rindenschneider zerkleinerte Rinde mittels der Düse D_1 durch die Förderleitung Fl_1 nach dem Rezipienten R_1 gesaugt. In R_1 wird das Fördergut von der Förderluft unter Luftabschluß getrennt und fällt durch die Schleuse S_1 mittels eines Drehtrichters und

Abb. 78. Schüttelrinne. (Gebr. Burberg, Mettmann.)

Fallrohren in den Lagerraum. Von hier kann sie dann mit der Düse D_2 durch die Förderleitung Fl_2 nach dem Rezipienten R_2 gefördert werden. Von R_2 gelangt sie durch die Schleuse S_2 nach der Mühle. Der Exhaustor G steht mit dem Filter F und durch die Luftleitung L_l mit den beiden Rezipienten R_1 und R_2 in Verbin-

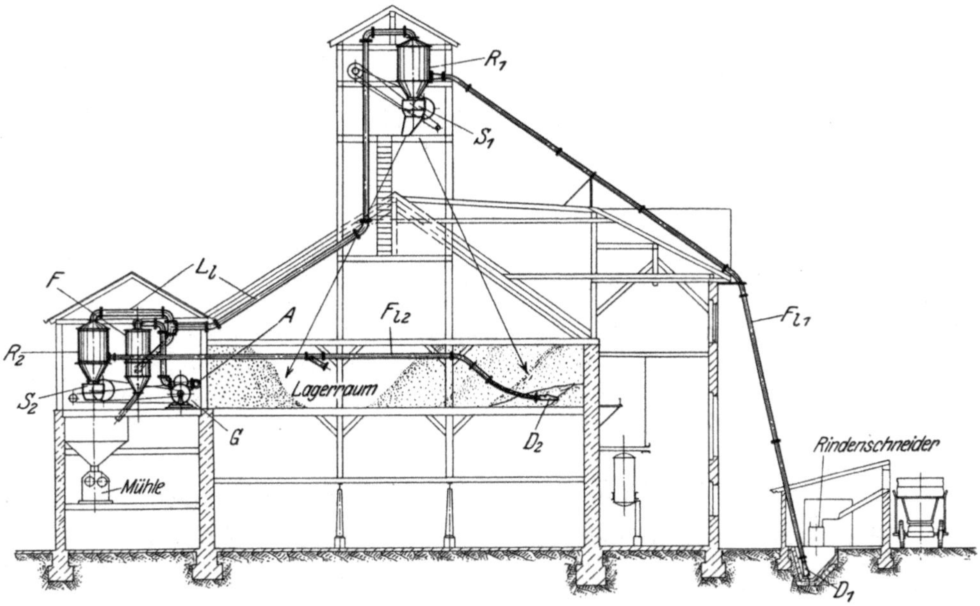

Abb. 79. Pneumatische Lohtransportanlage nach einem Entwurfe der Miag, Braunschweig. D_1, D_2 Saugdüsen, F Filter, Fl_1, Fl_2 Förderleitung, G Exhaustor, Ll Luftleitung, R_1, R_2 Rezipienten, S_1, S_2 Schleusen.

dung. Die von den Rezipienten abziehende Förderluft wird in dem Filter F von den mitgeführten Unreinigkeiten, namentlich Staub, gereinigt und dann vom Exhaustor ins Freie ausgeblasen.

Die sämtlichen beschriebenen Transportvorrichtungen eignen sich zur Beförderung von frischer Lohe. Für ausgelaugte, nasse Lohe sind Transportbänder nicht gut brauchbar. Hierfür kommen hauptsächlich Schüttelrinnen und Kratzertransporteure, aber auch Schnecken und pneumatische Anlagen in Frage.

Ein Beispiel für die zweckmäßige Ausnützung der mechanischen Transportvorrichtungen in der Extraktfabrik stellt die Abb. 80 dar. Es ist daraus nach einem Entwurf von Gebr. Burberg in Mettmann die mechanische Beförderung des Rohmaterials einer Quebrachoextraktfabrik vom Quebrachostamm bis zur ausgelaugten Lohe ersichtlich. Der Quebrachostamm wird auf der Raspel zerkleinert. Die Lohe fällt direkt auf ein Transportband und wird durch dasselbe in den Elevatorkasten befördert. Von hier bringt sie der Elevator nach oben in das Splittersieb. Die genügend zerkleinerten Späne fallen durch das Sieb in die Verteilungsschnecke. Durch am Boden dieser Schneckenrinne angebrachte, mit Schiebern versehene Öffnungen, kann die Lohe dann auf den Schüttboden verteilt werden. Über der Füllöffnung jedes Diffuseurs befindet sich ein Fülltrichter, durch den die Diffuseure mit der Lohe gefüllt werden. Die Späne, welche größer sind als die Maschenweite des Splittersiebes werden durch den Siebüberschlag der Splittermühle zugeführt. Nach entsprechender Zerkleinerung in dieser Mühle gelangen sie in den Elevatorkasten und von hier durch den Elevator und das Splittersieb in die Verteilungsschnecke. Die ausgelaugte Lohe wird aus den Diffuseuren in eine Schüttelrinne entleert und durch dieselbe nach dem Kesselhaus befördert.

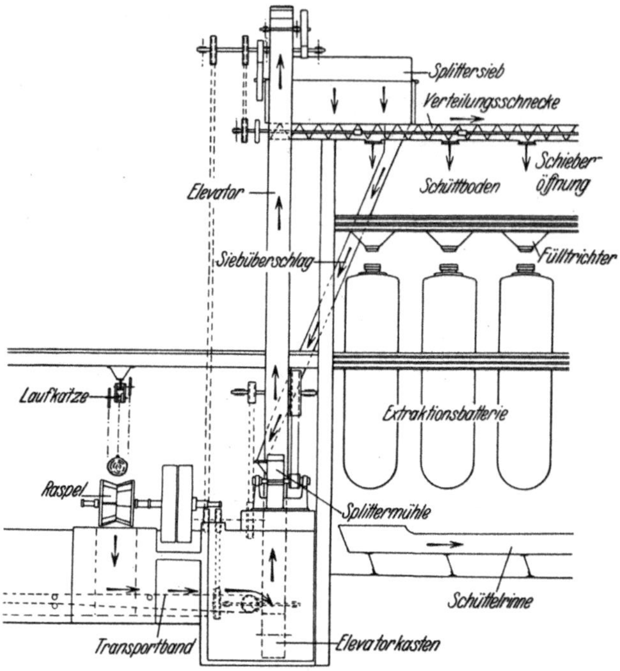

Abb. 80. Der mechanische Transport der Lohe in einer Quebracho-Extraktfabrik. (Entwurf von Gebr. Burberg Mettmann.)

2. Die Extraktion des zerkleinerten Rohmateriales.

Das Prinzip und die Bedingungen einer zweckmäßigen Extraktion. Auf die Zerkleinerung der Gerbmaterialien folgt ihre Auslaugung mit Wasser. Die einfachste Form der Auslaugung wird in der Weise vorgenommen, daß man ein Gefäß mit dem zerkleinerten Gerbmaterial füllt, Wasser darüber gießt und, nachdem das Gerbmaterial eine Zeitlang mit dem Wasser gestanden hat, die Brühe abzieht, dann das Gerbmaterial von neuem mit Wasser übergießt, die Brühe wieder abzieht und diesen Vorgang so lange wiederholt, bis der Gerbstoff ganz oder wenigstens größenteils ausgezogen ist. Diese Arbeitsweise liefert jedoch sehr schwache Brühen und ist daher unrationell. Man hat deshalb eine Anzahl von Gefäßen miteinander zu einer Batterie verbunden und läßt die von einem Gefäß kommende Brühe auch die übrigen Gefäße der Reihe nach passieren, und zwar arbeitet man meist nach dem Gegenstromprinzip, in dem die Lohe in dem frisch gefüllten Gefäß mit einer Brühe zusammengebracht wird, die bereits durch die übrigen Gefäße gelaufen ist und sich stark mit Gerbstoff angereichert hat, während das am meisten ausgelaugte Gefäß frisches Wasser erhält und nach genügender Auslaugung zur Entleerung gebracht wird. Bei dieser Art von Extraktion nimmt der Gehalt der in den einzelnen Gefäßen befindlichen Lohe an Gerbstoff in der Richtung auf das Gefäß, welches Wasser erhält und unmittelbar vor der Entleerung steht, ab. Umgekehrt reichert sich die Brühe in der Richtung von dem Gefäß, welches Wasser erhält, nach dem frisch mit Lohe gefüllten Gefäß zu, in steigendem Maße mit Gerbstoff an.

Wenn die trockene, lockere, frische Lohe mit Wasser oder Brühe zusammengebracht wird, so saugt sie sich zunächst mit der Flüssigkeit voll. Durch die aufgesaugte Flüssigkeit werden die in den Zellen der Gerbmaterials enthaltenen Gerbstoffe gelöst. Es ist daher in den Zellen eine konzentriertere Lösung vor handen als außerhalb der Zellen. Diese konzentrierte Lösung sucht ihre Konzentration durch die Zellwände hindurch mit der außerhalb befindlichen schwächeren Lösung auszugleichen, sie „diffundiert" durch die Zellwand und gibt so lange gelöste Stoffe an die außerhalb befindliche schwächere Lösung ab, bis innerhalb und außerhalb der Zellwand eine gleichkonzentrierte Lösung vorhanden, oder mit anderen Worten, bis das Gleichgewicht zwischen den beiden Lösungen hergestellt ist. Dann ist die Auslaugung vorläufig beendet. Sie kommt aber sofort wieder in Fluß, wenn die außerhalb der Lohe befindliche Flüssigkeit entfernt und durch neue ersetzt wird, die weniger konzentriert ist als die in der Lohe enthaltene. Durch mehrfache Wiederholung dieses Diffusionsvorganges werden der Lohe allmählich die in ihr enthaltenen löslichen Stoffe bis auf einen geringen Rest entzogen. Der Zweck der Extraktion ist, der Lohe die in ihr enthaltenen Gerbstoffe und sonstigen löslichen Stoffe möglichst vollständig und in möglichst unveränderter, guter Form zu entziehen. Die Erreichung dieses Zweckes ist von einer Reihe verschiedener Faktoren abhängig.

Für eine gute Extraktion ist der Grad der Zerkleinerung des Rohmateriales von größter Wichtigkeit. Wie in dem Abschnitt über Zerkleinerung näher ausgeführt wurde, wäre das Ideal die Zerkleinerung zu staubförmigem Pulver. Eine derart weitgehende Zerkleinerung ist aber für die Extraktion im Großen nicht möglich, weil sich so feines Material leicht zu Klumpen zusammenballt, welche die Flüssigkeit nur ungenügend hindurchlassen, und weil dieses feine Material die Siebe und Ventile der Extraktionsgefäße verstopft. Nähere Angaben, wieweit ungefähr praktisch die Zerkleinerung für die einzelnen Gerbmaterialien zweckmäßig ist, finden sich auf S. 297. Aus demUmstande, daß für Betriebsverhältnisse die Zerkleinerung eine unvollkommene ist, ergibt sich ohne weiteres die Tatsache, daß auch die Auslaugung im Betrieb niemals vollkommen sein kann, sondern daß immer ein gewisser Prozentsatz des in der frischen Lohe vorhandenen Gerbstoffes in der ausgelaugten Lohe zurückbleiben wird.

Außer der richtigen Zerkleinerung ist für eine gute Auslaugung, die Temperatur der Auslaugeflüssigkeit von maßgebendem Einfluß. Die günstigste Auslaugetemperatur ist für die verschiedenen Gerbstoffe verschieden. Sie wurde in einer Anzahl wissenschaftlicher Arbeiten festgestellt, die in der Hauptsache von W. Eitner, Procter und Parker, Paeßler, Pawlowitsch, Gayley, Jakimoff, sowie Schepelansky und Grosnopulo ausgeführt wurden. Die Ergebnisse dieser Arbeiten sind in den Tabellen 1 und 2 zusammengestellt.

Die Tabelle 99 „Auslaugung der pflanzlichen Gerbmaterialien bei Temperaturen von 15 bis 100° C" nimmt die erhaltene beste Gerbstoffausbeute mit 100 an, während die anderen Zahlen die darauf bezogene Prozentzahl angeben. Wenn z. B. für Quebrachoholz mit einem Gerbstoffgehalt von 20% auf das Material berechnet bei 80 bis 90° der beste Auslaugeerfolg erzielt wird, so wird er mit 100 in die Tabelle eingesetzt. Werden dann bei 60 bis 70° C nur noch 16% auf das Material berechnet gefunden, so werden diese mit 80 eingestellt. Die

Tabelle 99. Auslaugung der pflanzlichen Gerbmaterialien bei Temperaturen von 15—100° C.

Auslauge-temperatur	Eichenrinde		Fichtenrinde	Weidenrinde			Birkenrinde	Mimosenrinde	Mangrovenrinde	Eichenholz	Quebrachoholz		Sumach		Valonea		Trillo	Myrobalanen		Dividivi	Algarobilla	Badan
°C	Pr	Ps	Pw	Ps	Pw	Sch	J	Pr	Pr	Pw	Pr	Ps	Pr	Ps	Pr	Ps	Pr	Pr	Ps	Ps	Ps	Pw
15	62	70		82		65 (20)	73	66	62		35	70	70	90	64	89	71	79	82	87	86	
15—30	71		59		87	77 (30)	87 (30)	91	76	57	47		87		72		74	84				62
30—40	83		64		95			94	83	61	54		91		84		86	90				65
40		85		93		80						80		100		90			87	88	94	
40—50	85		68		96	82 (50)	92 (50)	94	88	66	70		99		94		91	93				84
50—60	89		72		94			95	96	77	76		100		99		100	96				85
60		93		100		86						84		94		94			92	90	94	
60—70	95		75		100	92 (70)		98	95	86	80		94		100		99	97				89
70—80	96		94		98			100	97	92	88		89		98		99	97				100
80		100		99		96	95					98		94		96			100	91	99	
80—90	100		89		96		100 (90)	96	100	98	100		83		96		94	98				93
90—100	100		100		93	100 (90—95)		94	96	100	90		82		94		94	100				94
100		100		89			95					100		87		100			95	100	100	

Abkürzungen: Pr = Procter u. Parker, Ps = Paeßler, Pw = Pawlowitsch, Sch = Schepelansky u. Grosnopulo, J = Jamikoff.

Tabelle 100 „Auslaugung der pflanzlichen Gerbmaterialien bei Temperaturen von 100 bis 159°" wurde von Eitner aufgestellt und von Paeßler ergänzt. Die Zahlen wurden in der Weise gefunden, daß die Gerbmaterialien im Autoklaven 2 Stunden der Einwirkung von Temperaturen von 100°, 121°, 144° und 159° bei 1, 2, 4 und 6 Atmosphären Druck unterworfen wurden. Dann wurden sie vollständig ausgelaugt und die erhaltenen Lösungen analysiert. Die Zahlen dieser Tabelle geben den Prozentgehalt an Gesamtextrakt, Gerbstoffen und Nichtgerbstoffen an, berechnet auf das angewandte Gerbmaterial.

Die Tabellen zeigen, daß die Empfindlichkeit der einzelnen Gerbmittel gegen Wärme sehr verschieden ist. Bei der Mehrzahl der Gerbemittel liegen die günstigsten Auslaugetemperaturen zwischen 80 und 100°. Doch gibt es auch Gerbemittel, deren Gerbstoff schon bei wesentlich niedrigeren Temperaturen eine teilweise Zersetzung erleidet. Zu diesen gehört in erster Linie der Sumach, der bei Temperaturen über 60° bereits Zersetzung erfährt. Seine günstigste Auslaugetemperatur liegt bei 40 bis 60°. In der Praxis wird er vielfach sogar kalt oder nur lauwarm ausgelaugt. Der Trillo zeigt bei 50 bis 60° die beste Auslaugung. Für Valonea fanden Procter und Parker 60 bis 70°, Paeßler dagegen 100° als günstigste Auslaugetemperatur. Die Verschiedenheit der Resultate ist vielleicht durch die verschiedene Beschaffenheit des untersuchten Rohmateriales zu erklären. Wahrscheinlich stellt aber 100° die zweckmäßigere Auslaugetemperatur für Valonea dar.

Tabelle 100. Auslaugung der pflanzlichen Gerbmaterialien bei Temperaturen von 100—159° C.

Rindengerbmittel.

Druck in Atm.	Temperatur in ° C	Eichenrinde			Fichtenrinde			Weidenrinde			Hemlockrinde			Mimosenrinde		
		G. E. %	G. %	N. G. %	G. E. %	G. %	N. G. %	G. E. %	G. %	N. G. %	G. E. %	G. %	N. G. %	G. E. %	G. %	N. G. %
1	100	22,1	11,1	11,0	20,1	16,2	12,9	10,8	4,8	6,0	13,7	9,3	4,4	42,1	31,6	10,5
2	121	23,8	8,0	15,8	32,8	12,9	19,9	13,3	3,2	10,1	14,0	8,3	5,7	44,2	30,7	13,5
4	144	23,9	5,6	18,3	31,5	8,5	23,0	17,5	1,6	15,9	12,7	4,5	8,2	44,2	30,0	14,2
6	159	24,0	3,2	20,8	30,7	6,5	24,2	19,4	1,6	17,8	13,7	2,1	11,6	41,3	26,6	14,7

Holzgerbmittel.

Druck in Atm.	Temperatur in ° C	Eichenholz			Eichenholz[1]			Kastanienholz[1]			Quebrachoholz			Quebrachoholz[1]		
		G. E. %	G. %	N. G. %	G. E. %	G. %	N. G. %	G. E. %	G. %	N. G. %	G. E. %	G. %	N. G. %	G. E. %	G. %	N. G. %
1	100	9,8	6,4	3,4	11,0	7,7	3,3	14,6	12,2	2,4	23,9	21,0	2,9	26,4	24,8	1,6
2	121	10,9	6,5	4,4	12,4	7,5	4,9	15,5	12,3	3,2	24,4	21,5	2,9	27,0	25,0	2,0
4	144	23,6	5,5	18,1	18,3	6,7	11,6	21,1	10,5	10,6	25,4	18,4	7,0	30,8	25,6	5,2
6	159	24,8	2,6	22,2	24,5	5,8	18,7	24,7	9,5	15,2	26,2	13,6	12,6	34,2	23,1	11,1

Blätter- und Früchtegerbmittel.

Druck in Atm.	Temperatur in ° C	Sumach			Valonea			Dividivi			Myrobalanen			Algarobilla		
		G. E. %	G. %	N. G. %	G. E. %	G. %	N. G. %	G. E. %	G. %	N. G. %	G. E. %	G. %	N. G. %	G. E. %	G. %	N. G. %
1	100	43,4	22,8	20,5	49,2	30,0	19,2	69,4	45,1	24,3	41,7	25,0	16,7	68,6	36,4	32,2
2	121	52,3	22,7	29,6	50,7	27,3	23,4	64,7	33,1	31,6	44,2	23,0	21,2	63,0	24,0	39,0
4	144	51,1	11,3	39,8	47,8	24,8	23,0	55,9	18,1	37,8	46,0	14,5	31,5	49,2	8,4	40,8
6	159	47,5	8,9	38,6	41,4	18,9	22,5	46,5	14,9	31,6	44,1	12,5	31,6	48,8	8,5	40,3

G. E. = Gesamtextrakt; G. = Gerbstoff; N. G. = Nichtgerbstoffe.

[1] Festgestellt von Paeßler bei einstündiger Einwirkung. — Die übrigen Versuche von Eitner bei zweistündigem Erhitzen ausgeführt.

Bei niedrigen Temperaturen werden im allgemeinen mehr Nichtgerbstoffe als Gerbstoffe ausgezogen. Mit steigender Temperatur nimmt die Extrahierbarkeit der Gerbstoffe stärker zu als die der Nichtgerbstoffe, so daß bei mittleren und höheren Temperaturen die Nichtgerbstoffe von den Gerbstoffen überwogen werden. Dies gilt aber nur für Temperaturen bis 100°; für Sumach sogar nur bis 60°. Wesentlich anders liegen die Verhältnisse bei Temperaturen über 100°, wie aus Tabelle 100 ersichtlich ist. Dann nimmt in den meisten Fällen mit steigender Temperatur die Menge des Gesamtextraktes zu, aber im Verhältnis zwischen Gerbstoffen und Nichtgerbstoffen tritt insofern eine Verschiebung ein, als die Nichtgerbstoffe mit steigender Temperatur einen starken Zuwachs, die Gerbstoffe eine mehr oder weniger große Abnahme erfahren. Die Zunahme der Nichtgerbstoffe hat teilweise ihren Grund in einem Zerfall des Gerbstoffes, in der Hauptsache jedoch werden die Nichtgerbstoffe aus den schwerlöslichen und den inkrustierenden Stoffen des Gerbmateriales gebildet. Von den Rindengerbstoffen ist gegen höhere Temperaturen nur die Mimosa ziemlich beständig. Ihr Gerbstoff erfährt bis zu 121, ja sogar bis zu 144° nur verhältnismäßig geringe Zersetzung; die Nichtgerbstoffe jedoch erfahren bei diesen Temperaturen bereits eine nicht unbeträchtliche Zunahme. Am widerstandsfähigsten gegen höhere Temperaturen sind die Gerbhölzer. Sie sind an sich relativ arm an Nichtgerbstoffen. Bei Temperaturen von 100 bis 121° erleiden weder die Gerbstoffe noch die Nichtgerbstoffe der Hölzer eine stärkere Abnahme. Erst über 121° macht sich mit steigender Temperatur eine beträchtliche Verminderung des Gerbstoffes und eine bedeutende Vermehrung der Nichtgerbstoffe bemerkbar. Aus den beiden Tabellen ergeben sich für die verschiedenen Gerbmaterialien nachstehende günstigste Auslaugetemperaturen:

	°C		°C
Eichenrinde	90—100	Kastanienholz	100—120
Fichtenrinde	90—100	Quebrachoholz	100—120
Weidenrinde	90—100	Sumach	50—60
Birkenrinde	90	Valonea	90—100
Hemlockrinde	90—100	Trillo	60—80
Mimosenrinde	70—80	Myrobalanen	90—100
bzw.	120—140	Algarobilla	90—100
Mangrovenrinde	80—90	Badan	70—80
Eichenholz	100—120		

Aus der Tatsache, das jedes Gerbmaterial eine besonders günstige Auslaugetemperatur besitzt, ergibt sich, daß man bei Herstellung von Gerbmaterialmischungen zum Zwecke der Extraktion zweckmäßig nur solche Gerbmaterialien miteinander mischen soll, deren günstige Auslaugetemperaturen ziemlich nahe beieinander liegen. Um eine Zersetzung der gegen höhere Temperaturen besonders empfindlichen Gerbstoffe nach Möglichkeit zu vermeiden, beginnt man vielfach die Auslaugung bei niedrigen Temperaturen und steigert allmählich die Temperatur bis zur günstigsten Auslaugetemperatur. Diese Arbeitsweise bietet noch einen weiteren Vorteil. Je höher nämlich die Extraktionstemperatur ist, um so dunkler sind die dabei erhaltenen Brühen, und um so dunkler ist die Farbe des damit hergestellten Leders. Wird nun zunächst die Hauptmenge des Gerbstoffes bei niedrigeren Temperaturen extrahiert, und erst gegen Schluß der Extraktion die Temperatur gesteigert, so werden wesentlich hellere Brühen erhalten. Die Dunkelfärbung der Extraktbrühen wird übrigens nicht nur durch erhöhte Temperatur, sondern auch durch die Berührung der Brühen mit Luft bedeutend begünstigt. Aus diesem Grunde sollen die Extraktbrühen, namentlich die heißen Brühen, nie mehr als unbedingt nötig ist, mit der Luft in Berührung kommen, sind die Extraktionsgefäße möglichst abzudecken, und verdienen die geschlossenen Batterien vor den offenen entschieden den Vorzug. Die geschlossenen Batterien haben außerdem noch den weiteren Vorteil, daß die ihnen zugeführte Wärme viel besser ausgenützt wird, als es bei offenen Batterien der Fall ist.

Für eine gute Auslaugung ist ferner die Extraktionsdauer von Wichtigkeit. Man versteht darunter die Zeit, während welcher das Gerbmaterial mit der Extraktionsbrühe in Berührung bleibt. Ist die Extraktionszeit zu kurz, so hat die in den Zellen des Gerbmaterials befindliche konzentrierte Lösung nicht Zeit, sich mit der außerhalb befindlichen dünneren Lösung ins Gleichgewicht zu stellen. Es findet daher nicht genügend Diffusion statt. Die Extraktionsdauer ist stark abhängig von der Extraktionstemperatur, und zwar derart, daß bei höherer Temperatur die Extraktion wesentlich rascher erfolgt.

Große Bedeutung kommt der Menge Brühe zu, die man im Verhältnis zum Gewicht des auszulaugenden Materiales gewinnt. Wenn man z. B. pro 1000 kg frischer Lohe 3000 l Extraktbrühe erhält, so ist das die dreifache Brühenmenge. Die Brühenmenge, die für eine hinreichende Extraktion notwendig ist, hängt außer von der Zerkleinerung des Gerbmateriales und der Extraktionstemperatur auch von der Natur des auszulaugenden Gerbmateriales ab. Bei zweckmäßiger Zerkleinerung und günstigster Auslaugetemperatur rechnet man im Betriebe allgemein mit der 2,0- bis 3,5fachen Brühenmenge. Bei einer Brühenmenge von weniger als 2,0 werden zwar die Brühen etwas konzentrierter; dafür ist aber die Auslaugung mangelhafter, indem mehr Gerbstoff in der angelaugten Lohe zurückbleibt. Je mehr man über die 3,5fache Brühenmenge hinausgeht — es wird tatsächlich zuweilen bis zur 5fachen Brühenmenge gegangen — um so dünner werden die Brühen, um so besser die Ausbeute, um so stärker muß aber auch die Verdampfstation in Anspruch genommen werden, und man gelangt bald zu dem Punkte, wo die Kosten für das Eindampfen ebenso hoch oder höher sind, als der Wert des durch Anwendung der großen Brühenmenge mehr gewonnenen Gerbstoffes.

Größte Aufmerksamkeit ist bei der Auslaugung von Gerbmaterialien der Beschaffenheit des Extraktionswassers zu schenken. Bei harten Wässern bilden die in ihnen enthaltenen Calcium- und Magnesiumsalze mit dem Gerbstoffe unlösliche Verbindungen. Dadurch können Gerbstoffverluste von mehreren Prozenten verursacht werden. Auch die Farbe der Brühen kann durch hartes Wasser ungünstig beeinflußt werden. Sehr schädlich ist ferner ein Eisengehalt des Extraktionswassers. Eisensalze geben mit pflanzlichen Gerbstoffbrühen starke Dunkelfärbung, unter Umständen sogar dunkle, fast schwarze Niederschläge. Das Extraktionswasser muß daher vollkommen eisenfrei sein, und es ist peinlich darauf zu achten, daß weder das Extraktionswasser noch die gerbstoffhaltige Brühe mit Eisenteilen oder Eisensalzen in Berührung kommt. Wenn für die Extraktion nur hartes Wasser zur Verfügung steht, so muß es vor der Verwendung unbedingt nach einem der bekannten Verfahren, wie dem Kalk-Soda- oder dem Permutitverfahren enthärtet werden. Aber auch nach einer derartigen Wasserreinigung bleiben, namentlich wenn das Wasser hohe permanente Härte besaß, größere oder geringere Mengen von Alkalisalzen im Wasser gelöst. Diese Salze üben zwar keinen ungünstigen Einfluß auf die Farbe der Extraktbrühen aus, haben auch keine Gerbstoffverluste während der Extraktion zur Folge. Sie machen sich aber doch im fertigen Extrakt insofern bemerkbar, als sie unnötigerweise den Nichtgerbstoff- und Aschegehalt erhöhen. Man muß daher bestrebt sein, nicht nur möglichst weiches, sondern auch möglichst salzfreies Wasser für die Extraktion zu benutzen. Dies wird am zweckmäßigsten dadurch erreicht, daß man alles Kondenswasser für die Extraktion gebraucht und dasselbe nur, soweit es nicht ausreicht, durch Brunnenwasser ergänzt. Auch Regenwasser ist im weitgehendstem Maße für die Extraktion nutzbar zu machen. Vielfach ist Flußwasser, das ja im allgemeinen weich ist, besser für die Extraktion geeignet als Brunnenwasser. Außer der Härte und dem Salzgehalt ist für eine gute Extraktion der Gehalt des Extraktionswassers an wirksamer Säure von maßgebender Bedeutung. Einen zahlenmäßigen Ausdruck findet dieser Gehalt durch den p_H-Wert. Die natürlichen Wässer sind nur selten neutral, sondern meist schwach alkalisch. Wässer, die nach dem Kalk-Sodaverfahren gereinigt wurden, werden stets mehr oder weniger stark alkalisch reagieren. Andererseits zeigen die Kondens- und Brühenwässer saure Reaktion. Wird der p_H-Wert niedrig gehalten, d. h. also wenn das Extraktionswasser stark sauer ist, dann ist zwar die Farbe der Brühe hell, es können aber leicht durch die Säure Gerbstoffe ausgefällt werden. Wasser mit p_H über 7, also alkalisches Wasser, befördert zwar die Diffusion; aber derartige Brühen oxydieren sich sehr rasch und färben sich dunkel. Dies ist jedoch unbedingt zu verneiden. Man hält daher den p_H-Wert bei der Extraktion unter 7. Am zweckmäßigsten hat sich die Extraktion bei p_H 5 bis 6 erwiesen. Alkalische Extraktionswässer werden durch Zusatz von Salzsäure oder Schwefelsäure, zu sauere Wässer durch Natronlauge oder Soda auf diesen p_H-Wert gebracht.

Durch Bewegung der Brühen kann die Extraktion wesentlich beschleunigt werden. Man hat daher Rührwerke oder Röhren zum zeitweiligen Hindurchblasen von Luft in die Extraktionsgefäße eingebaut. Auch offene Heizschlangen bewirken neben ihrem Hauptzweck, der Erwärmung der Brühen, durch den ausströmenden Dampf eine Bewegung der Flüssigkeit. Ferner hat man, um eine raschere Auslaugung zu erzielen, versucht, die feststehenden Extrakteure durch rotierende zu ersetzen; sie haben sich aber nur wenig eingebürgert. Ferner wurden geschlossene Diffuseure mit Brühenzirkulation konstruiert. Bei denselben wird die oben durch eine Zentrifugalpumpe abgesaugte Brühe unten wieder in den Diffuseur gepreßt und auf diese Weise in zirkulierender Bewegung gehalten. Dadurch, daß die Brühe von unten nach oben durch das Extraktionsgut geht, bleibt letzteres stets locker, und es wird Klumpenbildung vermieden. Weil die Brühe nun die einzelnen Loheteilchen leicht von allen Seiten bespülen kann, wird eine gute Auslaugung bewirkt. Durch Bewegung wird die Extraktion wohl beschleunigt; aber die Bewegung darf nicht zu rasch und zu stark sein; sonst besteht die Gefahr, daß zu viele Staubteilchen mitgerissen und trübe, schlammige, sich schwer klärende Brühen erhalten werden.

Man hat versucht, dem Extraktionswasser Chemikalien, wie Soda, Natriumsulfit, Natriumbisulfit u. a. zuzusetzen, um die Auslaugung zu beschleunigen und zu erhöhen. Die Versuche haben sich jedoch nicht als zweckmäßig erwiesen, weil bei derartiger Arbeitsweise entweder Dunkelfärbung der Brühen oder zum mindesten unnötige Erhöhung der Gehaltes an Nichtgerbstoffen eintritt. Wenn eine Behandlung der Brühen mit Chemikalien erforderlich ist, dann hat dieselbe entweder mit den Brühen unmittelbar nach der Extraktion oder nach dem Eindampfen der Extraktionsbrühen im Double- oder Triple-Effet zu erfolgen.

Die Extraktionsgefäße und Extraktionsbatterien. Die Extraktionsgefäße werden aus den verschiedensten Materialien hergestellt. Am meisten gebräuchlich sind Holz und Kupfer. Sehr gut brauchbar ist Holz, und zwar verwendet man am besten 5 bis 10 cm starkes, astfreies Kiefern- oder Pitschpineholz. Für Extraktionsgefäße aus Holz rechnet man im allgemeinen mit einer Gebrauchsfähigkeit von 10 bis 15 Jahren. Sie sind nur für offene Extraktion oder höchstens für Drucke bis zu einer halben Atmosphäre zu gebrauchen. Für höheren Druck, sowie überhaupt für eine gute geschlossene Extraktion nimmt man Diffuseure aus

Kupfer. Kupfer ist entschieden das geeignetste Material für Diffuseure. Es wird von den gerbstoffhaltigen Brühen nicht nennenswert angegriffen und besitzt eine Haltbarkeit von 30 bis 40 Jahren. Allerdings ist sein Anschaffungspreis sehr hoch. Man hat daher ein billigeres Material gesucht und eiserne Extraktionsgefäße gebaut, die mit Holz oder säurebeständigen, glasierten Steinen oder mit Blei ausgekleidet sind. Derartige Gefäße sind wohl brauchbar, erfordern aber verhältnismäßig viel Reparaturen und haben sich daher nur in beschränktem Umfange eingeführt. Rein eiserne Gefäße sind unbrauchbar, weil Eisen die gerbstoffhaltigen Brühen dunkel färbt. Dauerhaft und brauchbar sind Gefäße aus Eisenbeton. Sie können für einen Druck von einigen Atmosphären gebaut werden und besitzen gegenüber den kupfernen Diffuseuren den Vorteil, daß sie die Wärme gut halten. Anfangs werden sie zwar von den Gerbstoffbrühen etwas angegriffen, doch bildet sich bald an den Wänden eine dünne, undurchlässige Schicht, welche den Beton gegen weitere Angriffe schützt. Aluminium und Legierungen desselben bilden ein für Extraktionsgefäße sehr geeignetes Material. Wegen der geringen Härte und wohl auch wegen des noch verhältnismäßig hohen Preises haben sie bis jetzt noch wenig Anwendung gefunden. Es ist jedoch damit zu rechnen, daß die Leichtmetalle bei weiteren Fortschritten in der Technik ihrer Herstellung und Verarbeitung und bei weiterer Senkung ihres Anschaffungspreises sich in Zukunft auch als Material für die Herstellung von Gerbstoff-Extraktionsgefäßen einführen werden.

Was die Form der Extraktionsgefäße anlangt, so verwendet man für offene Extraktion sowohl runde wie viereckige Gefäße. Für geschlossene Extraktion sind ausschließlich runde Gefäße in Gebrauch. Flache Gefäße sind ungeeignet. Die Gefäße müssen eine hohe Form besitzen, damit die Brühe einen möglichst langen Weg während der Extraktion zurückzulegen hat. Nachstehende Beispiele geben einen Anhaltspunkt für die Dimensionierung der Extraktionsgefäße. Ein viereckiges Extraktionsgefäß von einer unteren lichten Bodenfläche von 1,20 × 1,20, einer oberen lichten Fläche von 1,10 × 1,10 und einer Höhe von 1,50 m hat einen Inhalt von rund 2000 l und kann mit etwa 400 bis 500 kg frischer Lohe gefüllt werden. Für einen kupfernen Diffuseur einer Batterie mit geschlossener Auslaugung zur Extraktion von Quebrachoholzhirnschnitt kommen folgende Dimensionen und Füllungen in Betracht:

Durchmesser in m	0,85	0,95	1,15	1,30	1,75
Höhe in m	1,62	2,47	3,35	5,00	5,00
Inhalt in Litern	700	1500	3000	6000	12000
Ausreichend für Füllung mit Quebrachohirnschnitt, kg	220	420	840	2100	5000

Die Stärke des Kupferbleches beträgt für einen Betriebsdruck von 2 Atmosphären 5 bis 7 mm.

Im allgemeinen kann man für 1000 l Fassungsraum des Extraktionsgefäßes mit einer Füllung von 250 bis 350 kg Lohe rechnen. In besonderen Fällen kann jedoch die Füllung bis gegen 200 kg heruntergehen oder bis reichlich 400 kg steigen.

Ein hölzernes Extraktionsgefäß für offene Extraktion in einfachster Ausführung (Abb. 82) besitzt einen doppelten Boden. Der obere Boden D, der Seihboden, ist 10 bis 25 cm über dem wirklichen Boden angebracht und reichlich durchlöchert. Auf ihn kommt das auszulaugende Gerbmaterial zu liegen. In der Ecke oder an der Mitte einer Seite sitzt der Pfaffe P, ein viereckiges Holzrohr, welches bis unter den Seihboden reicht und oben mit einem mittels des Keiles K verschließbaren Überlauf U nach dem nächsten Gefäß versehen ist. Unter dem Seihboden liegt eine Dampfheizschlange S aus Messing- oder Kupferrohr. Der wirkliche Boden hat an seiner Unterseite einen Spund oder ein Ventil *H* zum Ablassen der Brühe. Mittels eines durchlöcherten Deckels kann das Gefäß abgedeckt werden.

Die Einrichtung eines geschlossenen, kupfernen Extrakteurs mit Vorwärmer ist aus Abb. 81 ersichtlich. Durch die mit einem eisernen Bügel verschließbare Öffnung *3* wird das Extraktionsgut eingefüllt. Durch den unten seitlich angebrachten Verschluß *4* wird die ausgelaugte Lohe entleert. Das Extraktionswasser oder die Extraktbrühe tritt von oben in den Extrakteur ein und passiert von oben nach unten das Extraktionsgut. Durch den Läuterboden (Siebboden) *5* wird die Brühe vom Extraktionsmaterial getrennt und kann dann je nach der Ventilstellung entweder durch die Leitung *11* oder *12* zu einem anderen Diffuseur geleitet oder durch die Abdruckleitung *13* zum Brühensammelgefäß befördert werden. Beim Übergang von einem Diffuseur zum anderen passiert die Brühe einen Vorwärmer (*2*), in dem sie nach Bedarf erwärmt werden kann. In dem Vorwärmer durchläuft die Brühe eine Reihe von Kupfer- oder Messingrohren, die mit Dampf geheizt werden. Der Vorwärmer arbeitet nach dem Gegenstromprinzip. Die Brühe passiert ihn von unten nach oben. Der Dampf tritt durch die Leitung *8* von oben ein und strömt nach unten zu einem Kondenstopf. Das in letzterem sich sammelnde Kondenswasser wird durch die Leitung *9* dem Extraktionswassertank zugeführt. Zur Vermeidung von Wärmeverlusten ist der Vorwärmer gut isoliert (*14*). Auch für Diffuseure ist eine Isolation sehr empfehlenswert. Bei *7* geht die Druckluftleitung in den Diffuseur. Ferner ist ein Sicherheitsventil *6* angebracht. Außerdem empfiehlt sich die Anbringung eines Manometers, um den im Diffuseur herrschenden Druck zu messen, und der Einbau eines Thermometers in die Brühenleitung kurz vor ihrem Eintritt in den Diffuseur, um die Temperatur der Brühe feststellen und regulieren zu können. Unmittelbar unter der oberen Haube ist seitlich ein Entlüftungshahn angebracht, durch den während des Füllens des Diffuseurs mit Brühe oder nach dem Überdrücken mit Druckluft die Luft entweichen kann. Gleichzeitig dient dieser Hahn zur Kontrolle der

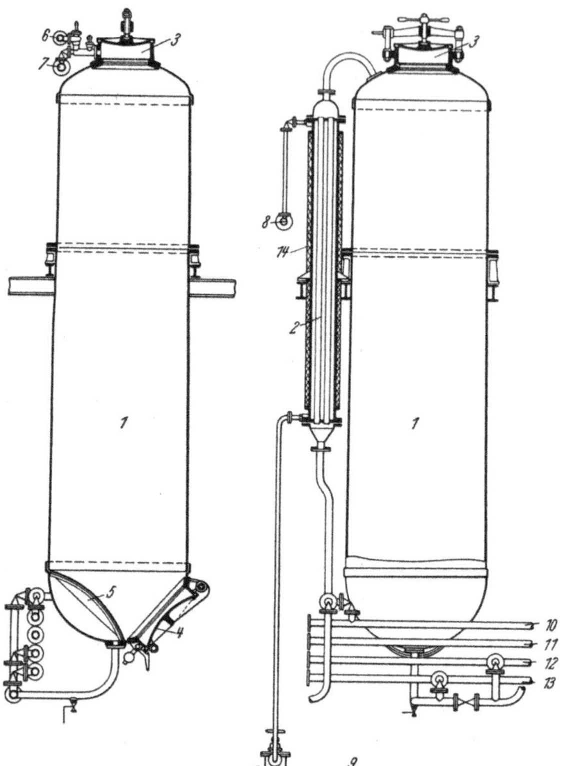

Abb. 81. Geschlossener kupferner Extrakteur mit Vorwärmer. (Volkmar Hänig & Co., Heidenau-Dresden.)

1 Extrakteur, *2* Vorwärmer, *3* Füllverschluß, *4* Entleerungsverschluß, *5* Läuterboden, *6* Sicherheitsventil, *7* Druckluftleitung, *8* Dampfleitung, *9* Kondenswasserleitung, *10* Wasserleitung, *11* Umführungsleitung, *12* Umgehungsleitung, *13* Abdrückleitung, *14* Isolation.

Füllung des Diffuseurs mit Brühe oder Wasser. Der vorstehend beschriebene Diffuseur besitzt am Boden keine Heizschlange, weil er mit einem Vorwärmer verbunden ist. Die Extraktionsgefäße von Batterien, die ohne Vorwärmer arbeiten, haben am Boden eine Heizschlange. Diese Heizschlangen werden heute alle geschlossen gebaut. Die früher üblichen durchlöcherten Heizschlangen sind unzweckmäßig, weil durch die Kondensation des ausströmenden Dampfes eine unnötige Verdünnung der Brühen erfolgt, und weil durch Überhitzung leicht eine Schädigung des Gerbstoffes eintreten kann.

Um möglichst konzentrierte Brühen und eine möglichst weitgehende Auslaugung zu erzielen, werden bei der Extraktherstellung gewöhnlich mehrere Extraktionsgefäße zu einer Batterie vereinigt. Je größer die Anzahl der Gefäße ist, um so mehr Flüssigkeit passiert ein gewisses Quantum Extraktionsgut, um so besser ist daher die Auslaugung. Durch die Verhältnisse der Praxis findet jedoch die Anzahl der Gefäße sehr bald ihre Grenze. Praktisch werden Batterien von 4 bis 12 Extraktionsgefäßen gebraucht. Batterien mit 6 bis 8 Gefäßen haben sich als am zweckmäßigsten erwiesen. Die einzelnen Gefäße einer Batterie müssen gleich groß sein und sind durch Rohrleitungen miteinander verbunden. Die Rohrverbindung ist derart angeordnet, daß der letzte Diffuseur mit dem ersten verbunden ist. Es kann daher jeder Diffuseur der erste und auch der letzte sein, und es ist demnach ein vollkommen kontinuierliches Arbeiten möglich. Die Brühe wird immer von demjenigen Diffuseur genommen, der zuletzt mit frischem Material beschickt wurde. Andererseits erhält stets dasjenige Gefäß das frische Wasser, welches als nächstes entleert werden soll. Bei einer modernen geschlossenen Batterie ist jeder Diffuseur mit einer Wasserzuleitung versehen. Ferner sind die Diffuseure untereinander mit einer Brühenleitung verbunden. Durch diese Leitung kann die Brühe eines Diffuseurs in einen anderen übergeleitet werden. Die Leitung kann aber auch dazu dienen, die stärkste Brühe nach dem Sammelgefäß abzuführen. Eine Druckluftleitung gestattet das Überdrücken der Brühe des zu entleerenden Diffuseurs auf den nächsten. Zuweilen erfolgt dieses Überdrücken auch mit Dampf. Bei einfachen offenen Extraktionsbatterien wird die Brühe durch Überlaufen oder Überpumpen von einem Gefäß in das andere befördert.

Die geschlossenen Batterien sind den offenen stets vorzuziehen. In der geschlossenen Batterie kommen die Brühen nicht wie bei der offenen mit Luft in Berührung und sind daher gegen Oxydation geschützt, weshalb man hellere Brühen als in einer offenen Batterie erhält. Die geschlossenen Batterien brauchen weniger Dampf, weil sie keinen Dampf nach außen abgeben. Es tritt bei ihnen kein Dunst in den Extraktionsräumen auf, und ihr wärmewirtschaftlicher Effekt ist viel günstiger. Ferner kann man in geschlossenen Gefäßen die gewünschte Temperatur in viel kürzerer Zeit erreichen und viel besser regeln als in offenen. In offenen Gefäßen muß die Brühe über- und abgepumpt werden. Eine heiße Brühe läßt sich aber schlecht pumpen. Wenn sie zu heiß ist, zieht zuweilen die Pumpe überhaupt nicht, so daß man gezwungen ist, zu warten, bis die Brühe sich entsprechend abgekühlt hat. Demgegenüber bietet die geschlossene Batterie den Vorteil, daß man Brühen von jeder Temperatur mit Luft oder Dampf abdrücken kann. Das Überdrücken mit Luft verdient entschieden den Vorzug, weil dabei die Gefahr der Zersetzung des Gerbstoffes durch übermäßiges Erhitzen und eine unnötige Verdünnung der Brühen durch Kondensieren des Dampfes vermieden wird. Das Abdrücken geht viel rascher von statten wie das Abpumpen. Die geschlossene Batterie ermöglicht daher bei gleichem Rauminhalt ein wesentlich rascheres Arbeiten als die offene. Schließlich enthält die Lohe aus geschlossenen Gefäßen, von welcher die Brühe abgedrückt worden ist, 6 bis 10% weniger

Wasser als die Lohe aus offenen Auslaugegefäßen, von der die Brühe abgepumpt wurde. Der Heizwert einer durch Abdrücken der Brühe erhaltenen ausgelaugten Lohe ist demnach entsprechend höher. Die geschlossene mit Vorwärmern ausgestattete Batterie gestattet ein vollständig kontinuierliches, dabei rasches Arbeiten unter leichtem Einhalten der gewünschten Temperatur. Andererseits kann die Extraktion jederzeit ohne Nachteil beliebig unterbrochen, dann aber leicht und schnell wieder in Gang gesetzt werden.

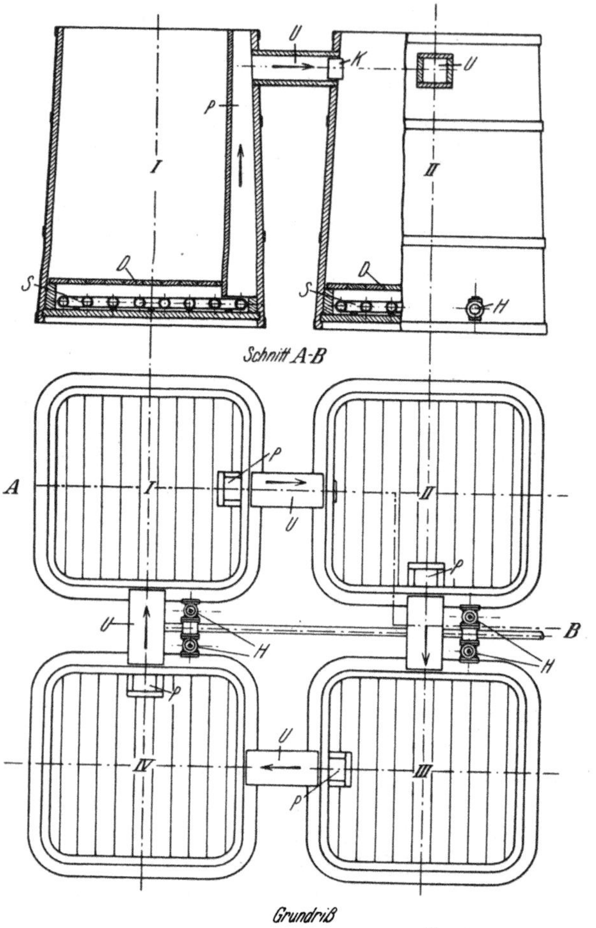

Abb. 82. Offene Extraktionsbatterie nach dem Überlaufsystem.
D Doppelboden, *K* Verschlußkeil, *S* Heizschlange, *H* Ablaßhahn, *P* Pfaffen, *U* Überlauf.

Die Arbeitsweise der Extraktionsbatterien. Nachdem jetzt das Prinzip der Gerbstoffextraktion, sowie die Einrichtung der zur Extraktion dienenden Gefäße und Batterien besprochen ist, soll an einigen Beispielen die Arbeitsweise der Extraktionsbatterien erläutert werden.

In Gerbereien findet man nicht selten noch hölzerne oder gemauerte Extraktionsgruben, die vollkommen wasserdicht in die Erde eingelassen sind und nur etwas über den Erdboden vorstehen. Eine derartige Aufstellung ist unpraktisch. Eintretende Undichtigkeiten werden häufig erst bemerkt, wenn größere Mengen von Brühe durch Abfließen in den Boden verloren gegangen sind. Reparaturen sind umständlich und zeitraubend, weil man von außen schlecht beikommen kann. Die Aufstellung der Extraktionsgefäße soll daher stets vollkommen frei über dem Boden auf einer Balkenunterlage oder auf einem Podium erfolgen. Dies bietet noch den besonderen Vorteil, daß man seitlich unten eine Öffnung zum Entleeren der ausgelaugten Lohe anbringen kann, wodurch ein einfaches und rasches Entleeren möglich ist, während aus den in den Boden eingelassenen Gefäßen die Lohe ausgeworfen werden muß, eine unbequeme und zeitraubende Arbeit.

Eine einfache offene, nach dem Überlaufsystem arbeitende Extraktionsbatterie zeigt Abb. 82. Sie besteht aus 4 hölzernen, viereckigen Extraktionsgefäßen *I* bis *IV* mit Doppelboden *D* und Heizschlange *S*. Die Gefäße sind untereinander durch den mit einem Keil verschließbaren Überlauf *U* verbunden. Der Überlauf ist der Ausfluß des Pfaffen *P*. Am Boden jeden Gefäßes ist ein Hahn *H* zum Ablassen der Brühe angebracht. Die Wasserzuleitung erfolgt durch einen an einen Wasserhahn angeschlossenen Schlauch. Um mit der Batterie zu arbeiten, werden zunächst alle 4 Gefäße mit Lohe gefüllt. Dann läßt man in Gefäß *I* Wasser laufen, bis die Lohe mit Wasser überdeckt ist und das Wasser nahezu auf der Höhe der unteren Kante des Überlaufes steht. Die Lohe wird mit dem Wasser einen Tag oder über Nacht stehen gelassen. Dann wird von neuem Wasser in Gefäß *I* gegeben. Dadurch steigt die Extraktbrühe in dem Pfaffen von *I* in die Höhe und fließt durch den Überlauf in Gefäß *II*. Man gibt in *I* so lange Wasser bis *II* gefüllt ist. Die aus *I* kommende Brühe reichert sich in *II* weiter mit Gerbstoff an, während die Lohe von *I* durch das zugegebene Wasser weiter ausgelaugt wird. Nach einer bestimmten Zeit gibt man wiederum Wasser auf *I*, dadurch wird die Brühe von *I* in *II* und die von *II* in *III* gedrängt. Man wiederholt die Zugabe von Wasser in *I* nochmals, dadurch wird auch Gefäß *IV* mit Brühe gefüllt. Angenommen, die Brühe sei nun in *IV* hinreichend konzentriert, dann wird sie durch Öffnen des Abflußhahnes *H* in ein Sammelgefäß abgelassen. Inzwischen ist auch *I* genügend ausgelaugt. Die darin noch befindliche ganz schwache Brühe wird entweder weglaufen lassen oder zum Stellen der Farben oder zum Auflösen von Extrakten verwendet. Aus Gefäß *I* wird die ausgelaugte Lohe entfernt und das Gefäß mit frischer Lohe gefüllt. Im Gefäß *II* wird dann der Zulauf von *I* mit dem Keil *K* verschlossen und dem Gefäß frisches Wasser gegeben, wodurch die Brühe von *II* nach *III*, die von *III* nach *IV* und die von *IV* nach *I* fließt. Die konzentrierte Brühe von *I* läßt man nun nach dem Sammelgefäß laufen. Die dünne Brühe von II wird weglaufen lassen und das Gefäß entleert. In dieser Weise wird weitergearbeitet. Es ergibt sich dabei bei jedem Aufguß am Ende des Systems ein frisch gefülltes Gefäß mit konzen trierter Brühe, während am Anfang des Systems ein ausgelaugtes Gefäß steht, das entleert wird. Während der Auslaugung ist auf eine zweckmäßige Führung der Brühentemperatur durch Erwärmen mittels der Heizschlangen zu sehen. Die frische Lohe laugt man bei niederen oder mittleren Temperaturen aus, dagegen geht man in dem zu entleerenden Gefäß beim vorletzten und letzten Aufguß je nach der Art des Gerbmateriales mehr oder weniger nahe an die Siedetemperatur heran. Die Stärke der Brühen wird durch Spindeln mit dem Aräometer gemessen.

Abb. 83 stellt eine nach dem Überpumpsystem arbeitende offene Extraktionsbatterie dar, die aus 8 Holzbottichen besteht, welche in zwei Reihen nebeneinander angeordnet sind. Die Einrichtung des einzelnen Diffuseurs ist aus Abb. 84 ersichtlich. Der mit einem Doppelboden *2* versehene Holzbottich *1* hat eine Heizschlange *3*, die durch ein Ventil *4* an die Dampfleitung *7* angeschlossen ist. Zum Entleeren dient eine seitlich angebrachte, durch einen Deckel mit Bügel verschließbare Öffnung *5*. Durch einen Stutzen *6* wird die Extraktbrühe abgepumpt. Der Bottich kann durch einen lose aufgelegten Deckel abgeschlossen werden. Für die Brühenförderung ist die Batterie mit einer feststehenden Saug- und Druckpumpe verbunden. Zu dieser Pumpe geht eine Saugleitung *9*, die mit jedem Diffuseur durch einen Zweiwegehahn *8* verbunden ist. Von der Pumpe zur Batterie führt eine Druckleitung *14*, die in der Mitte zwischen den beiden Bottichreihen verläuft und durch Ventile *12* und *13* mit zwei schwenkbaren Rohrstutzen *10* und *11* verbunden ist. Die Druckleitung ist durch ein Ventil *15* an die Wasserleitung angeschlossen. Durch entsprechendes Schwenken des Rohrstutzens kann daher in einer Gruppe von 4 Bottichen jeder einzelne je nach Bedarf mit Extraktbrühe oder mit Wasser gefüllt werden. Bei einem lichten Durchmesser von 1 m oben und 1,18 m unten, sowie einer Höhe von 2 m faßt jeder Bottich 1,3 cbm und kann mit 350 kg einer Lohe gefüllt werden, die z. B. aus 63% Fichtenrinde, 24% Mimosenrinde und 13% Myrobalanen besteht. Die Arbeitsweise der in normalem Betrieb befindlichen Batterie wird durch folgendes Beispiel erläutert:

Angenommen Gefäß *III* sei eben frisch mit Lohe gefüllt, dann wird die Brühe von *II* auf *III* gepumpt, indem der Hahn *8* geöffnet und die Pumpe in Gang gesetzt wird. Die Brühe wird dann durch die Brühensaugleitung *9* nach der Pumpe gesaugt und von dieser in die Brühendruckleitung *14* gedrückt, aus der sie durch Öffnen des Ventils *12* und Einstellen des Rohrstutzens *10* auf Gefäß *III* in letzteres ausfließt. In analoger Weise wird nun der Reihe nach die Brühe von *I* auf *II*, von *VIII* auf *I*, von *VII* auf *VIII*, von *VI* auf *VII*, von *V* auf *VI* und von *IV* auf *V* gepumpt.

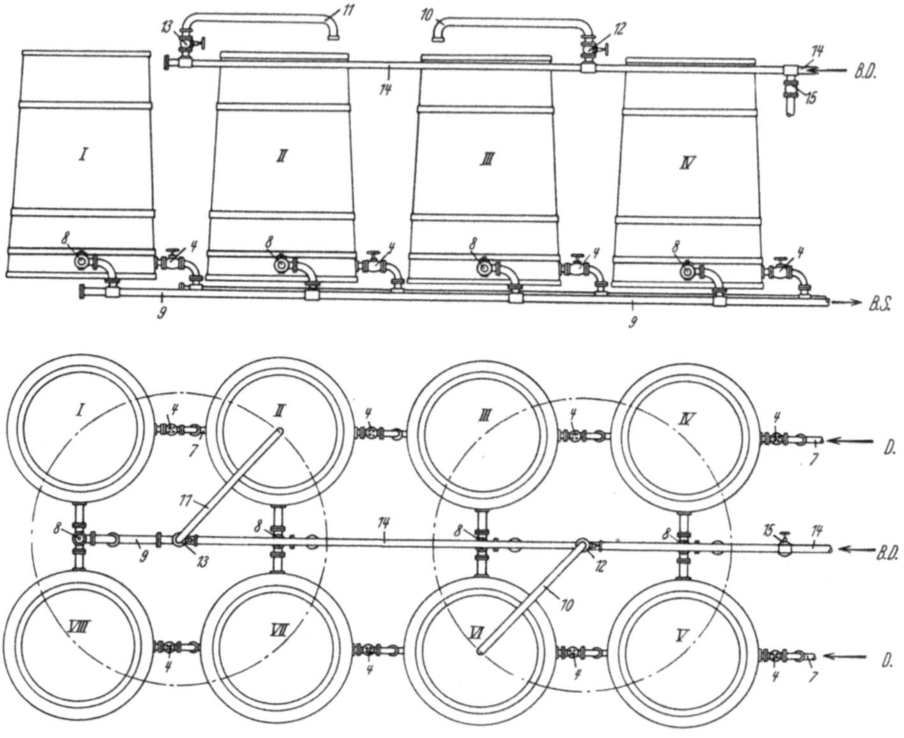

Abb. 83. Offene Extraktionsbatterie aus Holz nach dem Überpumpsystem.
7 Dampfleitung der Heizschlangen, *8* Zweiwegehahn, *9* Saugleitung der Pumpe, *10* und *11* Schwenkbare Rohrstutzen, *12* und *13* Verbindungsventile, *14* Druckleitung der Pumpe, *15* Verbindungsventil zum Anschluß an die Wasserleitung, *B.S.* Brühensaugleitung zur Pumpe, *B.Dr.* Brühendruckleitung von der Pumpe, *D.* Dampfzuleitung.

Über die Lohe von Gefäß *IV* wird dann durch Öffnen des Hahnes *15* durch die Leitung *14* und den Rohrstutzen *10* Wasser gegeben. Hierauf werden sämtliche Gefäße durch ihre Heizschlange erwärmt, und zwar das am meisten ausgelaugte Gefäß *IV* auf etwa 90 bis 100°, *V* auf etwa 90°, *VI* auf etwa 80°, *VII* auf etwa 70°, *VIII* auf etwa 60°, *I* auf etwa 50, *II* auf etwa 40°, *III* auf 30 bis 40° und mehrere Stunden auf diesen Temperaturen gehalten.

Nunmehr wird die Brühe von *III* (die stärkste Brühe) durch die Saugleitung *9* nach dem Brühensammelgefäß gepumpt. Zu diesem Zweck befindet sich an der Brühendruckleitung eine durch einen Hahn verschließbare Abzweigung, die nach dem Brühensammelgefäß führt. Hierauf wird die Brühe von *II* auf *III*, von *I* auf *II*, von *VIII* auf *I*, von *VII* auf *VIII* usw. übergepumpt bis zur Brühe *IV* auf *V*. Das Gefäß *IV* wird alsdann von der Lohe entleert und mit frischer Lohe gefüllt. Während des Entleerens und Füllens von *IV* werden die übrigen Gefäße wieder auf die entsprechende Temperatur erwärmt, und zwar *V* auf ca. 90 bis 100°, *VI* auf ca. 90° usw. bis herab zu *III*, das auf ca. 40° gebracht wird. Sobald *IV* mit frischer Lohe gefüllt ist, werden die Brühen wieder der Reihe nach übergepumpt, und zwar von *III* auf *IV* beginnend bis zu *V* auf *VI*. Nachdem *V* frisches Wasser erhalten hat, werden sämtliche Gefäße erwärmt und mehrere Stunden auf den entsprechenden Temperaturen gehalten, nämlich *V* auf 90 bis 100°, *VI* auf ca. 90°, *VII* auf ca. 80°, *VIII* auf ca. 70°, *I* auf ca. 60°, *II* auf ca. 50°, *III* auf ca. 40° und *IV* auf 30 bis 40°. Nach Abführung der (stärksten) Brühe von *IV* wird die Arbeitsweise in analoger Weise fortgesetzt, wie oben nach Abziehen der stärksten Brühe aus *III* beschrieben wurde.

Abb. 85 veranschaulicht eine moderne, geschlossene, mit Zwischenwärmern ausgestattete kupferne Extraktionsbatterie zu sechs Diffuseuren. Das aus dem Elevator kommende Extraktionsgut wird durch eine Transportschnecke auf den Lohboden verteilt. Über jedem Diffuseur befindet sich eine muldenförmige Vertiefung des Lohbodens, die ungefähr die für eine Diffuseurfüllung nötige Lohmenge faßt. Die Ventile sind fast alle von einem Arbeitspodium aus bedienbar. Die Entleerung der ausgelaugten Lohe erfolgt seitlich unten. Die anfallende Lohe wird durch ein Transportband nach den Kesseln befördert.

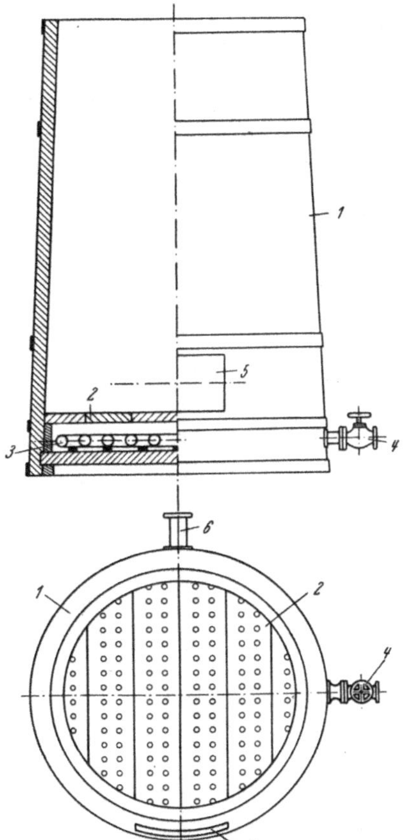

Abb. 84. Offener Holzdiffuseur für eine nach dem Überpumpsystem arbeitende Batterie.

1 Hölzerner Extraktionsbottich, *2* Doppelboden, *3* Kupferne Heizschlange, *4* Dampfeinlaßventil für die Heizschlange, *5* Entleerungsöffnung, *6* Stutzen zum Ablaßhahn.

Abb. 86 stellt schematisch eine geschlossene, kupferne Extraktionsbatterie zu 8 Diffuseuren mit einem Vorwärmer und den nötigen Zwischenwärmern, sowie mit Brühen-, Wasser- und Druckluftleitung dar. Die Arbeitsweise dieser Batterie soll an einem Beispiel beschrieben werden. Das Prinzip dieser Arbeitsweise besteht darin, daß man, während ein Diffuseur entleert und frisch gefüllt wird, durch die übrigen Diffuseure eine bestimmte Zeitlang Brühe hindurchpumpt, und zwar erhält der als nächster zu entleerende Diffuseur frisches, heißes Wasser. Von ihm aus durchläuft die Brühe der Reihe nach die übrigen Diffuseure bis zu demjenigen, der dem in Entleerung und Füllung befindlichen benachbart ist. Von diesem benachbarten Diffuseur geht die Brühe dann durch die Brühenleitung zu den Klärbottichen.

Angenommen der Diffuseur D_4 sei zwecks Entleerung und frischer Füllung ausgeschaltet. Es sind dann folgende Ventile geöffnet W_5, $C_{5, 6, 7, 8, 1 \text{ und } 2}$, $A_{6, 7, 8, 1, 2 \text{ und } 3}$, B_3, sowie das Hauptventil *Ba*. Durch die Wasserpumpe wird nun frisches Wasser, das durch den Hauptvorwärmer auf die nötige Temperatur gebracht wurde, bei W_5 in den Diffuseur D_5 gepumpt, den es von oben nach unten durchströmt. Die Brühe von D_5 fließt durch das geöffnete Ventil C_5 (Ventil B_5 ist geschlossen) und den Vorwärmer V_6 von oben durch das offene Ventil A_6 in den Diffuseur D_6, durchfließt ihn von oben nach unten und anschließend in analoger Weise die Diffuseure D_7, D_8, D_1, D_2 und D_3 nebst den zugehörigen Vorwärmern, um dann durch das geöffnete Ventil B_3 in die Brühenleitung Br zu gelangen, in der sie nach den Klärbottichen fließt. Wenn genügend Brühe zu den Klärbottichen gepumpt und der Diffuseur D_4 entleert und mit

Abb. 85. Geschlossene, kupferne Extraktionsbatterie mit Zwischenwärmern. (Volkmar Hänig & Comp., Heidenau-Dresden.)

frischer Lohe gefüllt ist, dann werden sämtliche Ventile, auch das Hauptventil Ba geschlossen. Offen gehalten werden nur B_5 und B_4, sowie der Fülldeckel von D_4. Nunmehr wird durch Öffnen von L_5 Druckluft auf den Diffuseur D_5 gegeben, wodurch die Brühe von D_4 durch B_5 in die Brühenleitung Br und von dieser durch B_4 von unten in den mit frischer Lohe gefüllten Diffuseur D_4 gedrückt wird. D_4 wird also von unten nach oben mit Brühe gefüllt. Sobald D_4 mit Brühe gefüllt ist, wird sein Fülldeckel und Ventil B_4 geschlossen. Außerdem werden B_5 und L_5 geschlossen und die Druckluft durch den Entlüftungshahn abgelassen. Diffuseur D_5 ist nun zur Entleerung und Füllung ausgeschaltet. Während seiner Entleerung und Füllung erhält D_6 durch W_6 heißes, frisches Wasser, wobei die Ventile analog wie oben für D_5 beschrieben so gestellt sind, daß die Brühe von D_6 aus der Reihe nach die Diffuseure $D_{7,\,8,\,1,\,2,\,3\text{ und }4}$ nebst den zugehörigen Vorwärmern durchläuft, um durch die Brühenleitung Br zu den Klärbottichen zu gelangen. Nach genügender Auslaugung von D_6 wird das Durchpumpen abgestellt und seine Brühe mit Druckluft auf den inzwischen gefüllten D_4 gedrückt. In der geschilderten Weise schreitet die Extraktion dann regelmäßig weiter.

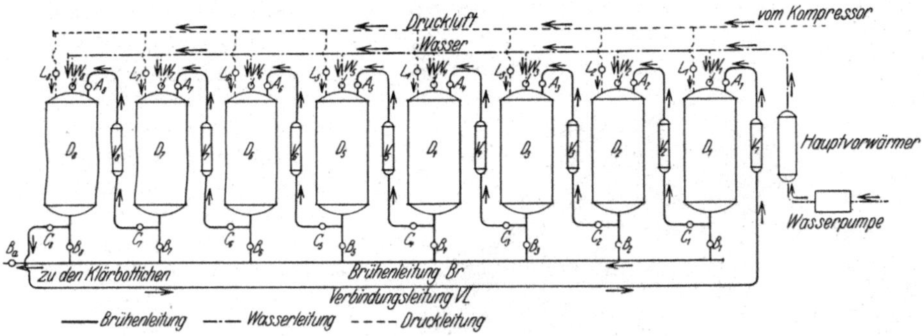

Abb. 86. Schema einer geschlossenen, kupfernen Extraktionsbatterie mit Vorwärmer und Zwischenwärmern.

Die vorstehend geschilderte Arbeitsweise ist in der Quebrachoindustrie vielfach üblich. Nehmen wir für die skizzierte Batterie von 8 Diffuseuren für jeden 12000 l Inhalt an, so beträgt die Diffuseurfüllung 5000kg Quebrachohirnschnitt. Der Hauptvorwärmer besitzt 40 qm, die Zwischenwärmer 12 qm Heizfläche. Ausgelaugt wird bei einer Temperatur von 110 bis 120°, also im Mittel 115° C. Zum Entleeren eines Diffuseurs sind 30 bis 45 Minuten, zum Füllen 15 bis 20 Minuten erforderlich. Das Überdrücken mit Druckluft von 1,5 bis 2 Atm. Druck dauert 10 bis 15 Minuten. Während des Entleerens und Füllens des ausgeschalteten Diffuseurs wird durch die übrigen Diffuseure 65 bis 70 Minuten lang heißes Wasser bzw. Brühe nach den Klärbottichen gepumpt mit einer Geschwindigkeit von durchschnittlich 200 l pro Minute. In der angeführten Zeit werden also 13000 bis 14000 l Brühe nach den Klärbottichen gepumpt, das ist die 2,6 bis 2,7fache Menge vom Gewicht der Diffuseurfüllung. Bei der geschilderten Arbeitsweise können in 24 Stunden durchschnittlich 15 Diffuseurfüllungen und ebensoviel Entleerungen stattfinden. Die erhaltene Brühenmenge liefert nach dem Eindampfen 21000 kg festen natürlichen Quebrachoextrakt. Die Leistung der Batterie beläuft sich also bei der beschriebenen Arbeitsweise auf 21 t festen Quebrachoextrakt in 24 Stunden.

Die von der Batterie kommende Brühe wird nun einer kürzeren oder längeren Klärung unterworfen. Bei manchen Extrakten wird mit der Klärung auch eine Entfärbung verbunden. Die geklärte und eventuell entfärbte Brühe wird dann aus den Klärgefäßen zum Eindampfen in das Double- oder Triple-Effet eingezogen.

Wärmewirtschaftliches. Die Heizung der Extraktionsbatterien erfolgt zweckmäßig aus einem eigenen Dampfsammler, der auf 2 bis 3 Atm. Druck reduzierten Frischdampf enthält. Für Gerbmaterialien, die keine hohen Auslaugetemperaturen erfordern, kann auch Abdampf verwendet werden. Um unnötige Wärmeverluste zu vermeiden, sind die Diffuseure, die Vor- und Zwischenwärmer, sowie die Rohrleitungen gut zu isolieren. Das Kondenswasser ist unter möglichster Vermeidung von Abkühlung restlos wieder zu verwenden, am besten als Extraktionswasser.

Die ausgelaugte Lohe. Die Auslaugung ist von einer ganzen Reihe von Umständen abhängig, auf die eingangs dieses Kapitels hingewiesen wurde. Jedenfalls kann im praktischen Betrieb niemals eine vollständige Auslaugung des vorhandenen Gerbstoffes und der Nichtgerbstoffe erreicht werden. Die Frage, wieviel Prozent Gerbstoff noch in der ausgelaugten Lohe verbleiben dürfen, läßt sich nicht mit einer einfachen Zahlenangabe beantworten. Der Gerbstoffgehalt der ausgelaugten Lohe liegt meist bei gerbstoffreichen Materialien höher als bei gerbstoffarmen. Als ungefährer Anhaltspunkt möge dienen, daß der Gerbstoffgehalt der ausgelaugten Lohe für gerbstoffarme Materialien etwa 15 bis 20%, für Materialien mit mittlerem und hohem Gerbstoffgehalt etwa 10% des in der frischen Lohe enthaltenen Gerbstoffes beträgt, und zwar für ausgelaugte Lohe vom gleichen Wassergehalt, wie ihn die frische Lohe besaß.

Abb. 87. Lohtrockenpresse der Maschinenfabrik Moenus A. G., Frankfurt a. M.

Die ausgelaugte Lohe wird in Leder- und Extraktfabriken am zweckmäßigsten als Brennmaterial für die Dampfkesselfeuerung verwendet. Nun besteht aber eine Schwierigkeit insofern, als die von der Extraktion kommende Lohe eine große Menge Feuchtigkeit enthält und in diesem Zustand nicht ohne weiteres zur Heizung des Dampfkessels brauchbar ist. Ausgelaugtes Holz enthält 45 bis 50%, ausgelaugte Rinden bis 75% Wasser und darüber. Ausgelaugtes Holz mit 45 bis 50% Wassergehalt kann direkt als Heizmaterial verwendet werden, zumal wenn es heiß, wie es von der Extraktion kommt, sofort zur Verbrennung gelangt. Ausgelaugte Rinden und andere Gerbmaterialien mit höherem Wassergehalt müssen vor der Verfeuerung auf einen Wassergehalt von etwa 50% gebracht werden. Dieser kann entweder durch Trocknen der Lohe an der Luft oder auf mechanischem Wege durch Auspressen erreicht werden. Trocknen an der Luft erfordert viel Zeit, Raum und Arbeitslohn. Die mechanische Trocknung erfolgt rascher und ist billiger. Zu ihrer Ausführung bedient man sich der Lohtrockenpresse (Abb. 87). Auf derselben wird die feuchte Lohe zwischen zwei rotierenden Walzen ausgepreßt und dadurch der Wassergehalt auf etwa 50% erniedrigt. Weiteres Herabsetzen der Feuchtigkeit durch Trocknen empfiehlt sich nicht. Die ausgelaugte Lohe mit etwa 50% Feuchtigkeit kann direkt als Brennmaterial Verwendung finden. Hierzu ist allerdings eine besonders gebaute Feuerung nötig. Am besten eignet sich ein Treppenrost oder ein Schrägrost. Auf ihn wird die Lohe aufgeschüttet; sie rutscht in dem Maße, wie sie verbrennt, von selbst nach und erfährt dabei vor der eigentlichen Verbrennung eine Art Vortrocknung. Als Beispiel für die anfallenden Lohmengen sei angeführt, daß 1000 kg frischer Quebrachohirnschnitt 1220 kg ausgelaugte Lohe liefern. 35 t Rindenlohe (Fichte und Eiche) geben 64,5 t ausgelaugte Lohe von 62% Feuchtigkeit oder 54,3 t Lohe mit 55% Feuchtigkeit.

Über den Heizwert ausgelaugter Lohen gibt nachstehende Zusammenstellung Aufschluß:

1 kg Abfallstoff	Wassergehalt %	Heizwert Calorien	Steinkohle kg
Fichtenlohe, an der Sonne abgetrocknet	35	1845	0,263
„ gut gepreßt	51	1234	0,176
„ schlecht gepreßt	62	814	0,116
„ abgelaufen	72	433	0,061
Eichenlohe, an der Sonne abgetrocknet	35	1906	0,272
„ gut gepreßt	49	1359	0,194
„ schlecht gepreßt	58	1007	0,143
„ abgelaufen	69	576	0,082
Quebrachoholz (Lohschnitt) frisch extrahiert	50	1545	0,220
„ (Hirnschnitt) „ „	45	1763	0,251
Kastanienholz „ „ „	50	1703	0,243
Sumachblätter, gut gepreßt	65	625	0,089

Kolonne 3 dieser Tabelle gibt den Gegenwert der Lohe in Steinkohle von 7000 Calorien Heizwert an. Aus ihr kann man errechnen, wieviel Kilo Steinkohle durch eine bestimmte Menge ausgelaugter Lohe ersetzt werden können. Wenn z. B. 5000 kg gut gepreßte Eichenlohe zur Verfügung stehen, so können dieselben $5000 \times 0{,}194 = 970$ kg Steinkohle ersetzen.

3. Das Eindampfen der Brühen.

Die aus der Extraktionsbatterie kommende Brühe ist schwach. Je nach dem Gerbstoffgehalt des angewandten Rohmateriales und der bei der Extraktion eingehaltenen Arbeitsweise schwankt ihre Konzentration etwa von 2° bis 8° Bé. Zur Herstellung eines konzentrierten Extraktes muß daher die Brühe eingedampft werden. Der einfachste Weg, das Eindampfen in offenen Gefäßen ist zeitraubend und kostspielig. Außerdem färben sich dabei die Brühen durch Oxydation dunkel. Das Eindampfen in offenen Gefäßen muß bei einer Temperatur von 100° erfolgen. Bei dieser Temperatur erleiden manche Gerbstoffe — es sei z. B. nur auf den Sumach hingewiesen —, bereits größere oder geringere Zersetzung. Eine Verbesserung bedeutet das Eindampfen in geschlossenen Gefäßen. Allein auch hierbei muß die übliche Siedetemperatur eingehalten werden, und die Brühen kommen noch zuviel mit der Luft in Berührung. Um auch diese Nachteile auszuschalten, wird das Eindampfen in geschlossenen Gefäßen unter vermindertem Luftdruck vorgenommen. Bei diesem Eindampfen im Vakuum kommen die Brühen nur mit wenig Luft in Berührung, sind also gegen Dunkelfärbung geschützt. Außerdem ist das Eindampfen bei einer niedrigeren Temperatur als 100° möglich; denn der Siedepunkt einer Flüssigkeit ist abhängig von dem auf ihr lastenden Druck. Je höher das Vakuum ist, um so niedriger liegt der Siedepunkt. Durch den niedrigen Siedepunkt beim Eindampfen im Vakuum ist daher die Gerbstofflösung vor Zersetzung geschützt. Zur Erzeugung der Luftleere ist der Verdampfkörper mit einer Vakuumluftpumpe verbunden. Sobald die Verdampfung begonnen hat, verdrängt der Dampf die Luft und an Stelle der Luft befindet sich nun Dampf über der Brühe. Da dieser Dampf, der gewöhnlich als Brüden bezeichnet wird, auf die Flüssigkeit einen Druck ausübt, muß er fortwährend beseitigt werden. Zu diesem Zweck wird der durch die Luftpumpe abgesaugte Dampf kondensiert, indem man ihn einen mit kaltem Wasser gekühlten Raum passieren läßt. Dadurch wird der Dampf niedergeschlagen und fließt als Kondenswasser ab. Der Apparat, in welchem der Dampf niedergeschlagen wird, heißt Kondensator. Die drei Hauptbestandteile einer Vakuumverdampfanlage sind demnach der Verdampfkörper, die Luftpumpe und der Kondensator.

Die Verdampfkörper besitzen meist zylindrische, kugel- oder blasenartige Form. Zum Eindampfen von Gerbextraktbrühen bestehen alle mit der Brühe in Berührung kommenden Teile aus Kupfer oder Messing. In den Verdampfkörper (Abb. 90) ist ein aus Röhren bestehender Heizraum eingebaut. Diese Röhren werden an ihrer Innenseite von der Extraktbrühe umspült, während sie an ihrer Außenseite durch Dampf geheizt werden. Über dem Röhrensystem befindet sich der eigentliche Verdampfraum. Für stark schäumende Flüssigkeiten, zu denen auch die Gerbextraktbrühen gehören, ist oben noch ein Schaum- und Tropfenfänger eingebaut. Durch denselben werden die hochgerissenen Brühenteile abgefangen und in den Verdampfraum zurückgeführt.

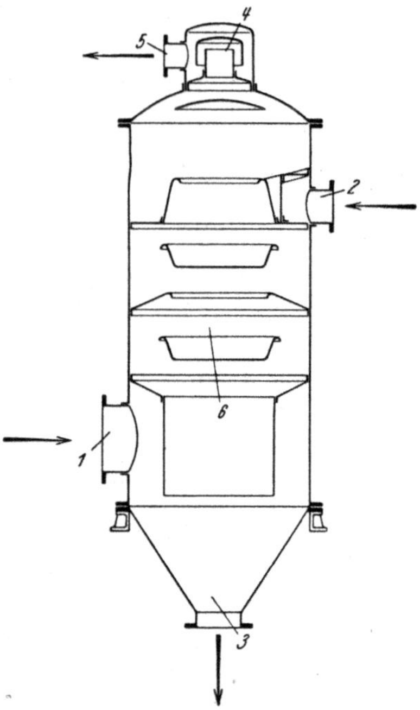

Abb. 88. Einspritzkondensator. (Volkmar Hänig & Co., Heidenau-Dresden.)
1 Brüdendampf-Eintritte, *2* Kühlwasser-Eintritt, *3* Kühlwasser-Ablauf, *4* Prellkappe, *5* zur Luftpumpe, *6* Wasserüberfälle (Katarakte).

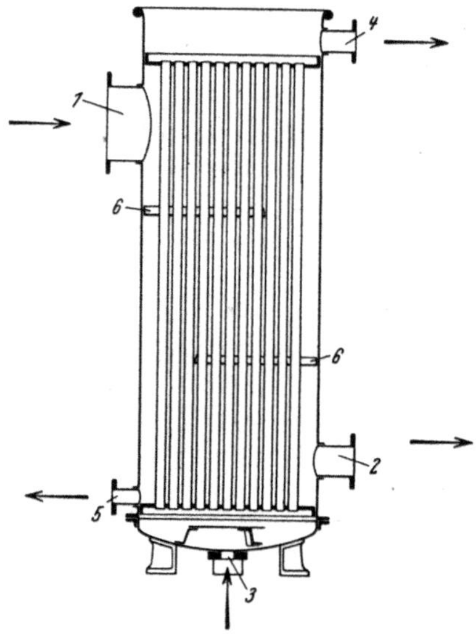

Abb. 89. Oberflächenkondensator. (Volkmar Hänig & Co., Heidenau-Dresden.)
1 Brüdeneintritt, *2* Luftaustritt, *3* Kühlwasser-Eintritt, *4* Kühlwasser-Austritt, *5* Kondensat-Auslauf, *6* Dampfführungen.

Bei den Luftpumpen unterscheidet man zwei in ihrer Wirkungsweise völlig voneinander abweichende Typen, Naßluftpumpen und Trockenluftpumpen. Die Naßluftpumpen saugen aus dem Verdampfkörper den Brüden samt der Luft ab, kondensieren den Brüden in einer in ihnen eingebauten Einspritzvorrichtung für kaltes Wasser und schaffen die Luft, sowie das Gemisch von kondensiertem Brüden und Einspritzwasser fort. Sie können ihr Einspritzwasser bis zu 4 m Saughöhe selbst ansaugen und das Gemisch von kondensiertem Brüden und Kühlwasser bis zu 5 m Höhe drücken. Die Trockenluftpumpen schaffen lediglich die Luft aus dem Verdampfapparat weg, während die Brüden in besonderen Kondensatoren, die zwischen dem Verdampfapparat und der Luftpumpe eingeschaltet sind, niedergeschlagen und dann abgeleitet werden. Die Luftpumpen kommen meist in liegender Anordnung als Dampfpumpe oder für Riemenantrieb eingerichtet zur Verwendung. Für kleinere Apparate und geringes Vakuum genügt gewöhnlich eine Naßluftpumpe. Für größere Apparate und zur Erzielung eines hohen Vakuums ist eine Trockenluftpumpe nötig.

Unter den Kondensatoren unterscheidet man ebenfalls zwei verschiedene Typen, nämlich Einspritz-Kondensatoren und Oberflächen-Kondensatoren. Die Wirkungsweise der Einspritz-Kondensatoren zeigt Abb. 88. Der Brüden tritt von unten bei *1* in den cylindrischen mit kataraktartigen Stufen *6* versehenen Kühler ein, steigt nach oben und wird durch das bei *2* eintretende und über die Katarakte ihm nach unten entgegen fließende Kühlwasser kondensiert. Das Gemisch von Kühlwasser und Brüdenkondensat verläßt den Kühler bei *3* durch ein Fallrohr. Der Stutzen *5* ist mit einer Trockenluftpumpe verbunden. Damit keine Flüssigkeit in die Trockenluftpumpe gelangen kann, ist oben bei *4* eine Prellkappe angebracht. Die Einspritzkondensation ist eine nasse Kondensation. Sie gibt ein Gemisch von kondensiertem Brüden und Kühlwasser. Im Gegensatz dazu stellt die Oberflächenkondensation eine trockene Kondensation dar, bei der kondensierter Brüden und Kühlwasser jedes für sich gewonnen werden. Ein Beispiel für die Oberflächenkondensation gibt Abb. 89. Der vom Verdampfapparat kommende Brüden tritt oben bei *1* ein und umspült die Außenseiten eines Röhrensystems, durch welches ununterbrochen Kühlwasser läuft, das unten bei *3* ein- und oben bei *4* austritt. Durch das Kühlwasser wird der Brüden kondensiert. Der kondensierte Brüden tritt bei *5* aus. Die Luft wird durch den Stutzen *2*, der mit der Trockenluftpumpe in Verbindung steht, abgeführt. Das Brüdenwasser, das ein besonders reines Wasser darstellt, kann für andere Zwecke, z. B. zur Extraktion, verwendet werden, ebenso das Kühlwasser. Beide Wässer sind angewärmt; es wird daher auch die Wärme gut ausgenützt.

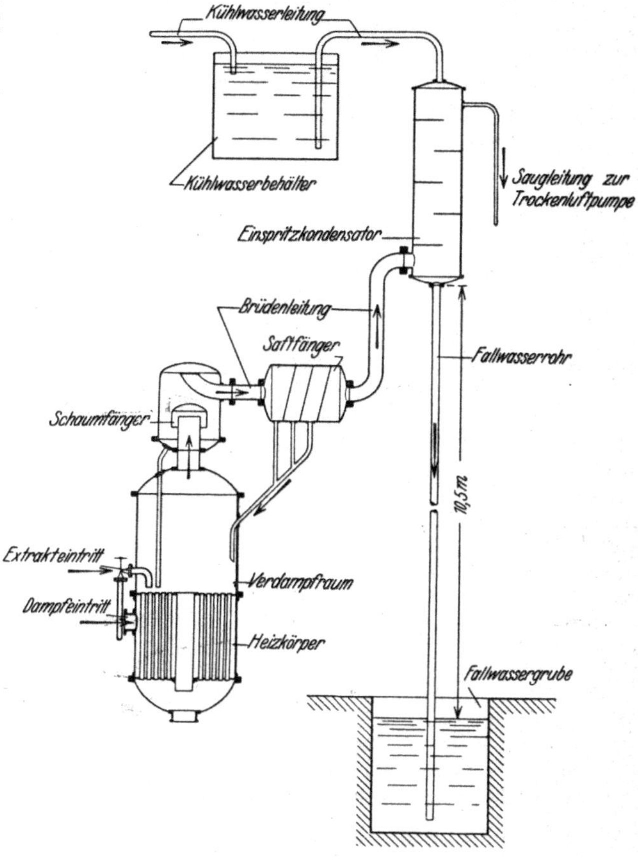

Abb. 90. Schema einer Vakuum-Verdampfanlage mit Einspritzkondensator.

Die Anordnung und Wirkungsweise einer Vakuumverdampfeinrichtung mit Einspritzkondensator und Trockenluftpumpe stellt Abb. 90 dar. Das ganze Verdampfsystem ist durch die am Kondensator oben seitlich angebrachte Saugleitung mit der Trockenluftpumpe verbunden. Durch das von der Luftpumpe erzeugte Vakuum wird die Extraktbrühe in den Verdampfapparat gesaugt. Sie wird dann durch den Heizkörper erwärmt und beginnt alsbald zu kochen und zu schäumen. Der Brüden wird zunächst durch den Schaumfänger gezogen und gelangt dann in den Saftfänger. Letzterer ist eingebaut, damit beim Überkochen des Extraktes die Brühe nicht in den Kondensator gelangt und mit dem Fallwasser zusammen verloren geht. Der Saftfänger besteht aus einem liegenden Zylinder mit mehreren schrägstehenden durchlochten Blechen. Durch letztere wird die überkochende Flüssigkeit aufgefangen und fließt dann durch ein Rohr wieder in den Verdampfapparat zurück. Vom Saftfänger gelangt der Brüden seitlich unten in den Kondensator. Dem aufsteigenden Brüden tritt das Kühlwasser entgegen, das, durch das Vakuum aus dem Kühlwasserbehälter angesaugt, oben in den Kondensator tritt und über die Katarakte nach unten fließt. Durch das Kühlwasser wird der Brüden kondensiert und fließt zusammen mit dem Kühlwasser durch das 10,5 m lange barometrische Fallrohr in die mit Wasser gefüllte Fallwassergrube, die oben einen Überlauf besitzt, durch welchen das Fallwasser abfließt.

Ein Apparat wie der vorstehend beschriebene wird als Einkörperapparat oder Simple-Effet bezeichnet. Um Dampf zu sparen, werden meist mehrere solcher Apparate miteinander verbunden. Man erhält dann die Zweikörperapparate oder Double-Effets, die Dreikörperapparate oder Triple-Effets und die Vierkörperapparate oder Quadruple-Effets. Am gebräuchlichsten sind die Double- und Triple-Effets. Die Wirkungsweise derartiger Verdampfanlagen soll an einem Triple-Effet gezeigt werden (Abb. 91). Körper *I* wird mit Abdampf oder einem Gemisch von Abdampf und Frischdampf geheizt. Der aus der Extraktbrühe von Körper *I* sich entwickelnde Brüden wird durch ein weites Rohr (Brüdenleitung) in den Heizraum von Körper *II* geleitet. Der Brüden von Körper *II* dient zum Heizen von Körper *III*. Damit die Brühe ins Kochen gerät, muß das Vakuum in Körper *II* größer sein als in Körper *I* und in Körper *III* größer als in *II*. Der Brüden von Körper *III* wird durch eine Trockenluftpumpe abgesaugt und in einem Kondensator niedergeschlagen. Das in den Heizkammern der einzelnen Körper gebildete Kondenswasser wird durch eine besondere Pumpe abgesaugt oder durch einen automatischen Kondenstopf abgeleitet. Die einzudampfende Extraktbrühe wird zunächst durch die Brühenzuleitung in Körper *I* eingezogen, gelangt dann nach entsprechender Konzentrierung durch die Brühenleitung in Körper *II*, wo sie weiter konzentriert, und dann von Körper *II* in *III*, wo sie fertig eingedickt wird.

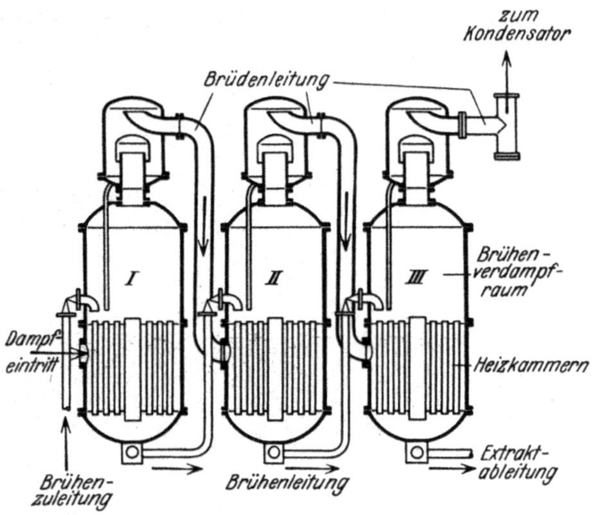

Abb. 91. Schema eines Triple-Effets.

Der fertige Extrakt wird durch die Extraktableitung in ein Sammelgefäß gebracht. Dies erfolgt entweder durch eine Pumpe oder durch einen Montejus. Beim Pumpen wird der Extrakt einfach durch die Pumpe abgesaugt und nach dem Sammelbottich gedrückt. Montejus oder Saftheber sind liegend oder stehend angeordnete, meist zylindrisch geformte Druckgefäße, die mit der zu fördernden Flüssigkeit gefüllt werden. Nach beendeter Füllung wird die im Montejus befindliche Flüssigkeit durch eine Steigleitung nach dem Gefäß gedrückt, welches die Flüssigkeit aufnehmen soll. Aus Abb. 92 ist die Wirkungsweise eines Montejus zu ersehen. Es ist ein liegendes zylindrisches Gefäß, in das eine Zulaufleitung vom letzten Körper des Verdampfapparates führt. Außerdem besitzt der Montejus ein bis auf seinen Boden reichendes Rohr, durch welches der Extrakt nach dem Sammelgefäß gedrückt wird. Ferner ist zur Beobachtung des Druckes ein Manometer und zum Ablassen der Luft ein Lufthahn angebracht. Durch eine Druckleitung wird die zum Abdrücken des Montejus nötige Druckluft oder der dazu benützte Dampf zugeführt. Der Montejus steht tiefer als der Verdampfapparat. Zur Füllung des Montejus kann man nach Öffnung des Lufthahnes den Extrakt einfach aus dem letzten Körper des Verdampfapparates durch seine natürliche Schwere zufließen lassen. Zu diesem Zwecke muß an diesem Körper das Vakuum

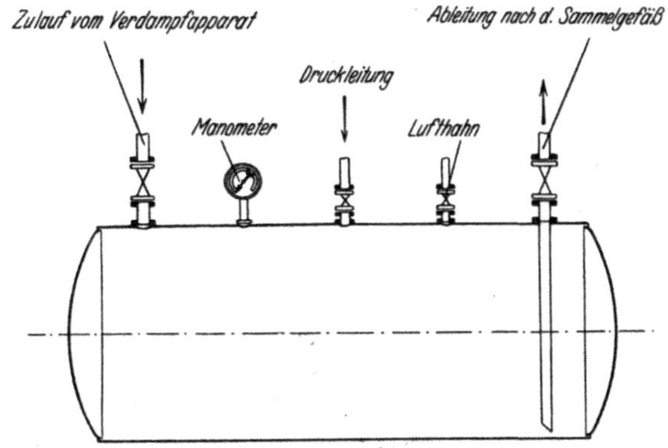

Abb. 92. Schema eines Montejus.

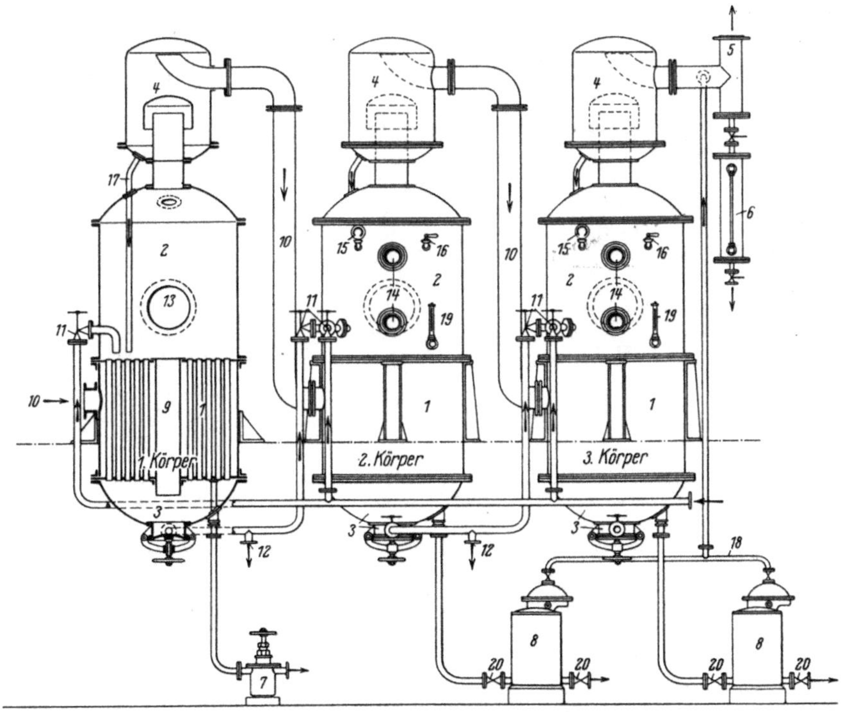

Abb. 93. Triple-Effet. (Volkmar Hänig & Co., Heidenau-Dresden.)

1 Heizkammern, *2* Verdampfraum, *3* Reinigungsöffnung, *4* Tropfenfänger, *5* Anschluß zum Kondensator, *6* Rücklauf-Sammler, *7* Kondenstopf, *8* Kondenswasser-Automaten (unter Vakuum arbeitend), *9* Zirkulationsrohre, *10* Dampf-Eintritt- und Brüden-Leitungen, *11* Brühen-Ein- und Übersaugventile, *12* Ablaßstutzen, *13* Mannlöcher, *14* Schau- und Leuchtgläser, *15* Vakuummeter, *16* Lufthähne, *17* Rücklaufrohre, *18* Luftsaugleitung, *19* Thermometer, *20* Rückschlagventile.

und die Extraktzufuhr abgestellt und sein Lufthahn geöffnet werden. Noch zweckmäßiger ist es, den Montejus auch mit der Vakuumleitung zu verbinden;

dann kann man den Extrakt aus dem letzten Verdampfkörper in den Montejus saugen, ohne die Verdampfung in diesem Körper unterbrechen zu müssen. Um den Extrakt aus dem Montejus nach dem Sammelgefäß zu befördern, wird das Ventil der Zulaufleitung und der Lufthahn geschlossen, dagegen das Ventil der Ableitung geöffnet. Sobald jetzt noch das Ventil der Druckleitung geöffnet wird, wird der Extrakt durch die Ableitung nach dem Sammelgefäß gedrückt.

Nachdem nunmehr das Prinzip der Vakuumverdampfapparate skizziert ist, soll an zwei Triple-Effets die technische Ausführung derartiger Apparate gezeigt werden. Abb. 93 stellt die übliche Ausführung eines Triple-Effets dar, den sog. Roberts-Verdampfer. Es sind drei miteinander verbundene stehende zylinderförmige Körper, die in ihrem Innern im unteren Teil die Heizkammer *1* und

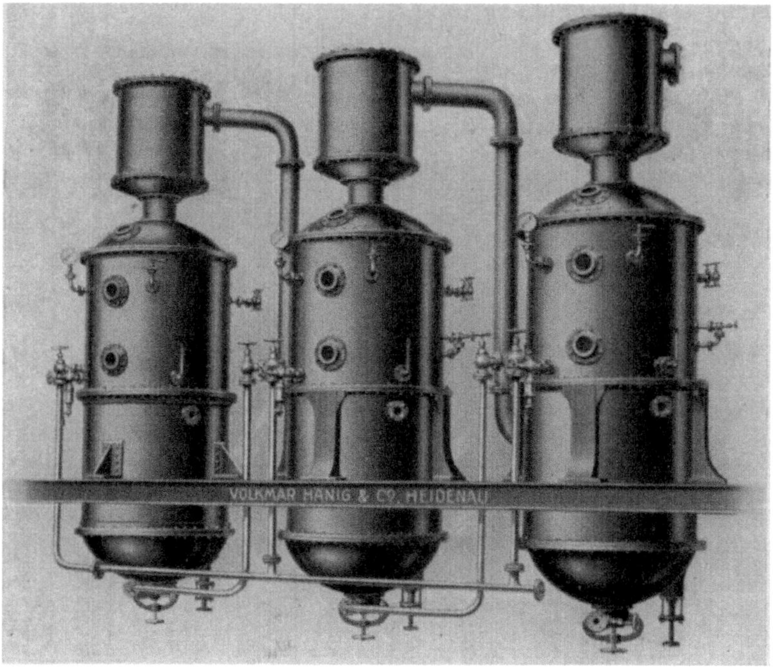

Abb. 94. Triple-Effet. (Volkmar Hänig & Co., Heidenau-Dresden.)

darüber den Verdampfraum *2* enthalten. Am Boden eines jeden Körpers ist die mit Bügel verschließbare Reinigungsöffnung *3* angebracht. Über dem Verdampfraum befindet sich ein Aufsatz, welcher den Schaum- und Tropfenfänger *4* enthält. Der in diesen Aufsatz mitgerissene Extrakt fließt durch ein Rücklaufrohr *17* in den Verdampfraum zurück. Der 1. Körper wird durch Abdampf oder ein Gemisch von Abdampf und Frischdampf geheizt, der seitlich bei *10* eintritt. Durch das weite Rohr *10* gelangt der Brüden des 1. Körpers in die Heizkammer des 2. Körpers und durch ein ähnliches Rohr *10* der Brüden des 2. Körpers in die Heizkammer des 3. Körpers. Der Brüden des letzteren hat bei *5* den Anschluß zum Kondensator. Mitgerissene Flüssigkeit wird im Rücklaufsammler *6* gesammelt. Die Entfernung des Kondenswassers aus dem 1. Körper erfolgt durch einen gewöhnlichen Kondenstopf *7*. Zur Abscheidung des Kondenswassers aus dem 2. und 3. Körper, die unter Vakuum stehen, dient ein besonders konstruierter Kondenswasser-Automat *8*, der ebenfalls unter Vakuum arbeitet und mit der Vakuumleitung *18* verbunden ist. Außerdem ist er mit einem Rückschlagventil *20* ausgestattet. Die Extraktbrühe tritt nach Öffnung des Ventiles *11* in den Verdampfraum. Durch die Stutzen *12* kann die vom 1. in den 2., bzw. vom 2. in den 3. Körper übergehende Brühe behufs Untersuchung oder für andere Zwecke abgezogen werden. An Vakuummetern *15* wird die Luftleere, an Thermometern *19* die Temperatur abgelesen, die während des Arbeitens in jedem Körper herrscht. Durch ein Mannloch *13* kann man zur Vornahme von Reinigungs- und Reparaturarbeiten in das Innere des Verdampfkörpers gelangen. Durch Lufthähne *16* läßt man beim Abstellen des Apparates Luft ein, so daß das Vakuum aufgehoben wird. Schaugläser *14*, sowie ein an der Rückseite angebrachtes, durch eine Lampe erhelltes Leuchtglas ermöglichen es, das Sieden der Flüssigkeit zu beobachten. Die äußere Ansicht eines derartigen Triple-Effets veranschaulicht Abb. 94.

Abb. 95. Dreistufiger Schnell-Umlaufverdampfapparat „Multiplex“ von Wilhelm Wiegand, Merseburg.

Eine modernere Ausführungsart stellen die Schnellumlauf-Verdampfapparate dar. Die äußere Form eines derartigen Verdampfers zeigt Abb. 95. Die Wirkungsweise ist aus Abb. 96 zu ersehen. Bei diesem System ist die Heizkammer seitlich vom Verdampfraum angeordnet und mit letzterem durch ein Zirkulationsrohr verbunden. Um den Apparat in Betrieb zu setzen, wird er zunächst luftleer gepumpt, dann tritt bei *a 1* (Abb. 96) die einzudampfende Flüssigkeit in die Doppelböden *b 1* ein und steigt in den mit Dampf umgebenen Röhren *r 1* gleichmäßig hoch. Die Flüssigkeit gerät sehr bald ins Sieden und entwickelt Brüden. Im unteren Teile der Heizröhren bildet der Brüden zunächst Blasen, jedoch wird seine Menge immer größer, so daß er bald einen Strom von wachsender Geschwindigkeit bildet. Die Flüssigkeit hängt sich an die Rohrwände, an denen sie der Brüden dann hochtreibt. Der mittlere und obere Teil der Röhren ist also nicht mehr mit Flüssigkeit gefüllt, sondern es sind lediglich die Rohrwände benetzt. Die im unteren Teile der Röhren gebildeten Schaumblasen werden dabei zerstört, so daß die Flüssigkeit die Röhren in Form von Tropfen, welche vom oberen Rand der Röhren abspringen, verläßt. Dicht über dem oberen Rohrboden ist eine Platte angeordnet. Die Brüdengeschwindigkeit zwischen dieser und dem Rohrboden ist so groß, daß die Tropfen keine Zeit zum Niedersinken haben, sondern sofort nach dem Stutzen *d 1* und durch diesen in den Abscheider *A 1* geblasen werden. Hier sinkt die Flüssigkeit zu Boden und steigt dann durch das Rohr *a 2* in den Doppelboden und die Heizröhren des zweiten Körpers, während der Brüden in den Heizraum *H 2* steigt und hier als Heizdampf dient. Der Vorgang der Verdampfung wiederholt sich hier in gleicher Weise wie im ersten Körper und dann noch zum drittenmal im dritten Körper, aus welchem die auf die gewünschten Grade eingedampfte Flüssigkeit abgezogen wird. Der Brüden des letzten Körpers wird dann im Kondensator niedergeschlagen.

Der Vorteil des Schnellumlauf-Verdampfers gegenüber dem Roberts-Ver-

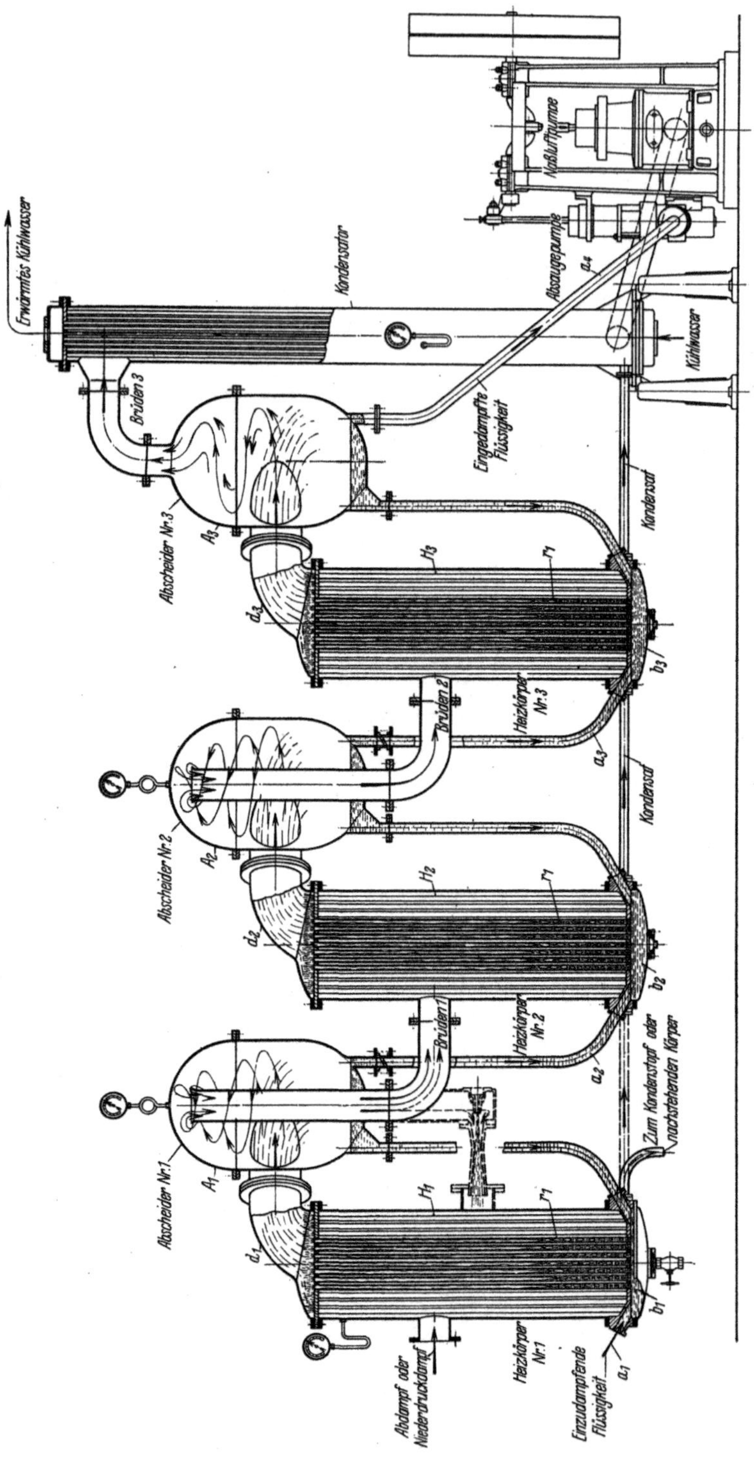

Abb. 96. Schema des dreistufigen Schnell-Umlaufverdampfapparates „Multiplex" von Wilhelm Wiegand, Merseburg.

dampfer besteht darin, daß durch die stärkere Zirkulation mit dem Schnellumlaufverdampfer eine intensivere Wärmeübertragung und infolgedessen eine höhere Verdampfungsleistung, eine kürzere Kochzeit und eine bessere Schonung des einzudampfenden Materiales erzielt und Schaumbildung vermieden wird. Der Schnellumlauf-Verdampfer wird ähnlich wie der Roberts-Verdampfer als Ein- und Mehrkörper-Apparat gebaut.

Die bisher beschriebenen Verdampfapparate gestatten lediglich die Herstellung von flüssigem Extrakt. Für denselben sind Konzentrationen von 20 bis 30° Bé üblich. Will man festen Extrakt erzeugen, so muß der in dem Double- oder Triple-Effet gewonnene Extrakt in besonderen Apparaten noch weiter eingedickt werden. Zu diesem Zwecke wird der im Mehrkörper-Verdampfapparat auf etwa 25° Bé konzentrierte Extrakt in einen besonderen Vakuumapparat gezogen und in demselben so stark eingedampft, daß er beim Erkalten erstarrt. Am gebräuch-

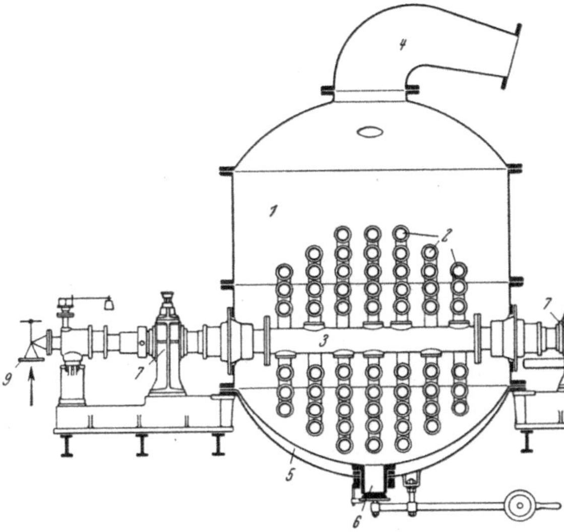

Abb. 97. Vakuum-Verdampfapparat von Volkmar Hänig & Co., Heidenau-Dresden.
1 Vakuumapparat, *2* Heizschlangenrührwerk, *3* Hohlwelle, *4* Helmrohr für Dunstabzug, *5* Dampfdoppelboden, *6* Ablaßvorrichtung, *7* Hohlwellenlager, *8* Antriebsvorgelege, *9* Dampf-Eintritt, *10* Kondenswasser-Austritt.

lichsten sind kupferne Vakuumapparate mit heizbarem Doppelboden und heizbarem Rührwerk. Das nötige Vakuum wird durch eine Trockenluftpumpe erzeugt. Zwischen diese und den Apparat ist ein Kondensator eingebaut, der den Brüden niederschlägt. Das heizbare Rührwerk, welches meist in Form einer rotierenden Heizschlange ausgeführt wird, ist deshalb nötig, weil sich beim Eindampfen der hochkonzentrierten Extrakte auf der Oberfläche eine mehr oder weniger zähe Haut bildet, welche den aus der Flüssigkeit aufsteigenden Dampfblasen den Durchgang verwehrt. Dadurch wird nicht nur die Verdampfung verzögert, sondern auch der Extrakt wesentlich höher, als nötig ist, erhitzt. Das Rührwerk verhindert die Hautbildung und bewirkt ein energisches Durcharbeiten der zähen Masse, sowie eine rasche Verdampfung bei niedriger Temperatur. Die schematische Darstellung eines derartigen Vakuumapparates zeigt Abb. 97. In dem Vakuumapparate *1* befindet sich ein Heizschlangenrührwerk, das aus einer Messinghohlwelle *3* besteht, auf welcher die kupfernen Heizschlangen angebracht sind. Die Hohlwelle ruht in zwei außerhalb des Apparates befindlichen Lagern *7* und wird durch ein Vorgelege *8* angetrieben. Der zur Heizung des

Rührwerkes nötige Dampf tritt bei *9* in die Hohlwelle und durchströmt das Rührwerk. Das gebildete Kondenswasser tritt bei *10* aus. Den unteren Abschluß des Apparates bildet der mit Dampf heizbare Doppelboden *5*, in den die Ablaßvorrichtung *6* eingebaut ist. Der abziehende Brüden wird durch das auf den Apparat aufgesetzte Helmrohr *4* dem Kondensator zugeführt. Die äußere Ansicht dieses Vakuumapparates gibt Abb. 98 wieder. Das Eindampfen eines 25° Bé starken Extraktes in einem derartigen Vakuumapparat zu einem festen Extrakt von 20 bis 25% Wassergehalt beansprucht eine Zeit von 10 bis 15 Stunden.

Nach einem anderen Prinzip arbeiten die zuerst von Kestner in Lille gebauten Verdampfapparate, die besonders in Kastanienholz- und Eichenholz-Extraktfabriken vielfach in Gebrauch sind. Bei den eben beschriebenen Verdampfapparaten mit heizbarem Rührwerk muß der Extrakt 10 bis 15 Stunden lang eingedampft werden, um eine derartige Konzentration zu erlangen, daß er nach dem Ablassen fest wird. Wenn auch infolge des Arbeitens im Vakuum die Siedetemperatur wesentlich unter 100° C gehalten wird, so kann doch die lange Berührung mit dem heißen Rührwerk besonders bei empfindlichen Extrakten leicht zu einer Dunkelfärbung führen. Im Gegensatz hierzu wird der Extrakt im Kestnerapparat, der ohne Vakuum arbeitet, zwar einer höheren Temperatur ausgesetzt, aber nur ganz kurze Zeit. Die Konstruktion des Apparates ist jedoch so eingerichtet, daß diese kurze Einwirkungszeit ausreicht, um die nötige Wassermenge zu verdampfen. Beim Kestnerapparat wird der etwa 25° Bé starke Extrakt zunächst durch einen Vorwärmer gepumpt, der aus einem System kupferner Röhren besteht, die in einem stehenden Zylinder eingebaut sind und von außen mit Dampf geheizt werden. Vom Vorwärmer gelangt der nahezu auf Siedetemperatur erwärmte Extrakt in den eigentlichen Verdampfer. Dieser setzt sich zusammen aus mehreren Bündeln senkrecht stehender, 7 m langer „Kletterröhren". Das ganze Röhrensystem ist von einem Stahlmantel umschlossen und wird mit Frischdampf von mindestens 135° geheizt. Während der Extrakt in den langen, dünnen Kletterröhren emporsteigt, wird er zum Sieden erhitzt und bildet an den Wänden der Heizröhren dünne Häutchen. Der aus diesen Häutchen bestehende Extrakt wird von den unten in den langen Röhren sich bildenden Dampfblasen nach aufwärts gehoben und fließt dann durch andere Röhren wieder nach unten, wobei er eine weitere Konzentration erfährt. Aus dem unteren Teil des Verdampfers fließt dann der Extrakt in den seitlich angebrachten Separator. Der zylindrisch gebaute Separator ist doppelwandig, so daß durch Abkühlung der Außenwand sich bildendes Kondenswasser nicht in den Extrakt gelangen kann und diesen wieder verdünnt. Unten läuft er konisch zu und endet in einen Hahn zum Ablassen des Extraktes. Im Separator werden Extrakt und Brüden voneinander getrennt. Der Extrakt fließt in die Kühlpresse, nach deren Passieren er direkt in Säcke abgefüllt wird. Der Brüden wird dem Vorwärmer als Heizdampf zugeführt. Obwohl das Fassungsvermögen des Kestner-Verdampfers verhältnismäßig klein ist, besitzt er doch infolge des raschen Extraktumlaufes und der angewandten höheren Tem-

Abb. 98. Vakuum-Eindampfapparat mit heizbarem Rührwerk. (Volkmar Hänig & Co., Heidenau-Dresden.)

peraturen eine sehr große und günstige Verdampfungsleistung. Da während der außerordentlich kurzen Einwirkungszeit der höheren Temperaturen keine Luft vorhanden ist, erleiden die Extrakte, besonders die aus Gerbhölzern hergestellten, auch kaum eine nachteilige Veränderung.

Ein dem Kestnerverdampfer ähnlicher Apparat ist der Fertigverdampfer von Wilhelm Wiegand in Merseburg, den Abb. 99 zeigt. Die Arbeitsweise dieses Apparates geht derart vor sich, daß der etwa 25⁰ Bé starke Extrakt durch eine

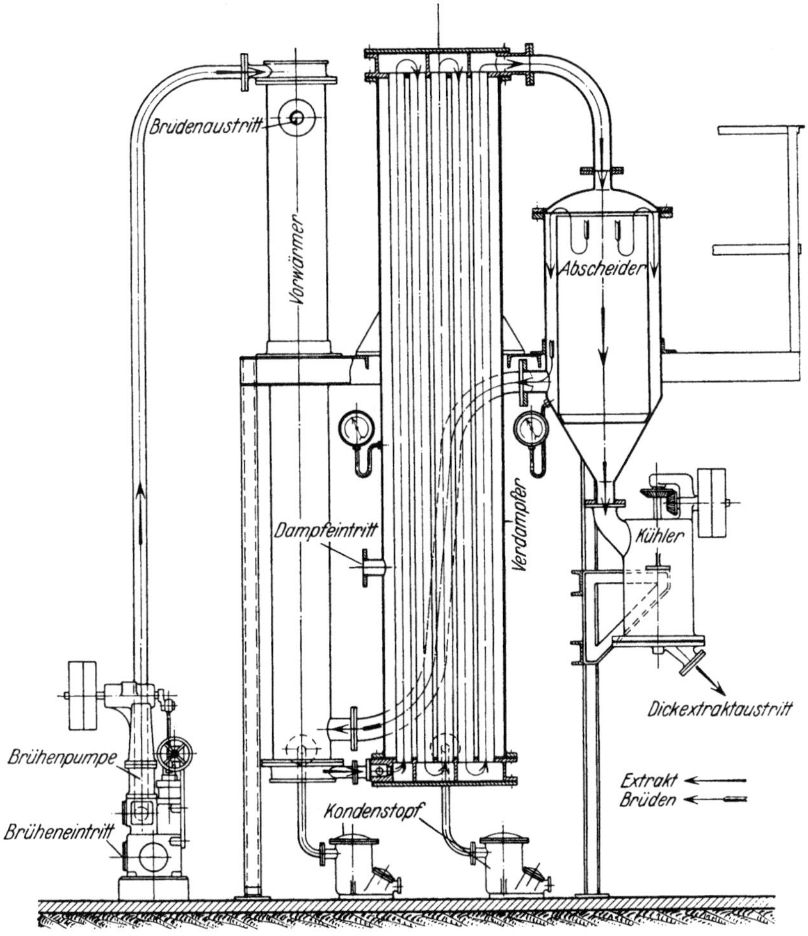

Abb. 99. Fertigverdampfer von Wilhelm Wiegand, Merseburg.

Kolbenpumpe aus Bronze von oben in den Vorwärmer gepumpt wird, den er unten wieder verläßt, um sofort von unten in den Verdampfer zu gelangen, dessen Rohre er in der durch Pfeile angedeuteten Richtung durchläuft. Der Extrakt tritt dann oben aus dem Verdampfer aus und kommt von oben in den Abscheider. Der beim Durchgang durch den Abscheider entweichende Brüden wird dem Vorwärmer als Heizdampf zugeführt. Der vom Brüden befreite Extrakt tritt durch die unten am konischen Teil des Abscheiders angebrachte Öffnung in den mit dem Abscheider verbundenen Kühler, aus dem er in zähflüssiger Form nach unten in einen bereitstehenden Sack abfließt. Der Kühler ist ein mit Rührwerk versehener stehender Messingzylinder, der von einem mit Wasser gekühlten

Mantel umgeben ist. Die Arbeitsweise des beschriebenen Verdampfers besteht also in einem kontinuierlichen Durchpumpen von Extrakt. Die Pumpe führt dem Apparate ständig flüssigen Extrakt zu, der nach Passieren von Vorwärmer, Verdampfer und Abscheider aus dem Kühler als zähflüssige, rasch erhärtende Masse abfließt.

Das Eindampfen der Extrakte in dem oben beschriebenen Vakuumapparat mit Heizschlangen-Rührwerk führt ebenso wie das Eindampfen in Kestner- und ähnlichen Apparaten zu festem Extrakt mit etwa 20 bis 25% Wassergehalt. Zwecks Ersparnis von Transportkosten wäre es aber erwünscht, den Wassergehalt auf ein Minimum herabzudrücken. Dies ist auch bis zu einem gewissen Grade möglich; allein die bis jetzt hierfür bekannten Verfahren sind meist entweder zu kostspielig oder zu wenig leistungsfähig, weshalb sie sich bisher noch nicht allgemeiner in der Gerbextraktindustrie eingebürgert haben. Mit Rücksicht auf die große wirtschaftliche Bedeutung gerade dieser Verfahren für die Zukunft

Abb. 100. Vakuum-Trockenschrank. (Volkmar Hänig & Co., Heidenau-Dresden.)

sollen die wichtigsten derselben an Beispielen kurz erläutert werden. Wegen der starken Empfindlichkeit der Gerbstoffe gegen höhere Temperaturen führt man das Trocknen im Vakuum bei niedrigeren Temperaturen aus. Sofern höhere Temperaturen zur Anwendung kommen, ist man darauf bedacht, dieselben nur möglichst kurze Zeit zur Wirkung zu bringen.

Einer der einfachsten Wege zur Verminderung des Wassergehaltes der festen Extrakte besteht darin, daß man die im gebräuchlichsten Vakuumapparat oder im Kestnerverdampfer gewonnenen Extrakte nach dem Erhärten durch Mahlen pulverisiert und den gemahlenen Extrakt in einem Vakuumtrockenschrank weiter trocknet. Ein derartiger Trockenschrank (Abb. 100) besteht aus einem zylindrischen oder viereckigen, gut isolierten, mit einem Deckel luftdicht verschließbaren Gehäuse, welches mit Dampf oder heißem Wasser heizbare Horden zur Aufnahme des Trockengutes enthält und mit einer Luftpumpe zur Erzeugung des Vakuums verbunden ist.

Für die Herstellung fester Extrakte mit niedrigem Wassergehalt werden auch Vakuum-Dünnschicht-Trockner verwendet. Ein solcher Apparat ist der Vakuum-Walzentrockner (Abb. 101). Eine heizbare rotierende Trommel taucht in die in einer Mulde befindliche Extraktlösung, deren Niveau durch Regulierung des Zuflusses aus einem Vorratgefäß stets auf gleicher Höhe gehalten wird. Trommel und Mulde befinden sich in einem luftdicht verschließbaren, durch eine Naßluftpumpe evakuierten Gehäuse. Die Trommel benetzt sich beim Durchgang durch die Mulde mit Extraktlösung; nach dem Verlassen der Mulde verdunstet das Wasser dieser dünnen Extraktschicht rasch und bedeckt die Trommel mit einer feinen, flockigen Schicht festen Extraktes. Dieser Extrakt wird, kurz bevor die Trommel wieder in die in der Mulde befindliche Lösung taucht, durch einen Schaber abgekratzt, so daß er in einen darunter befindlichen Behälter fällt, aus dem er periodisch oder kontinuierlich entleert werden kann.

Abb. 101. Vakuum-Walzentrockner. (Volkmar Hänig & Co., Heidenau-Dresden.)

Zu den Dünnschichttrocknern gehört ferner der kontinuierlich arbeitende Heureka-Trockenapparat von Volkmar Hänig & Co in Heidenau (Abb. 102). Er besteht aus einem liegenden schrankartigen Gefäß mit beiderseitigen, leicht zu öffnenden Türen. Im Innern sind eine

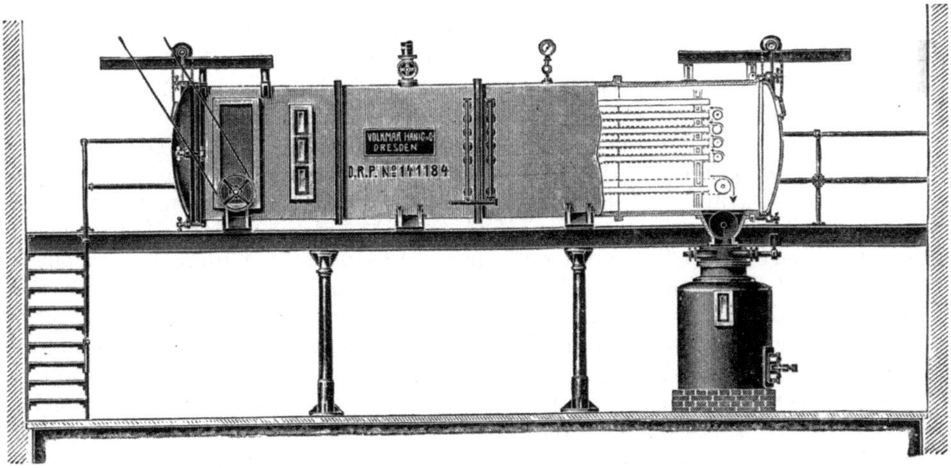

Abb. 102. Vakuum-Bandtrockner „Heureka" von Volkmar Hänig & Co., Heidenau-Dresden.

Anzahl mit Dampf heizbare Platten eingebaut, über welche sich metallene endlose Bänder bewegen. Der zu trocknende, flüssige Extrakt wird auf der einen Seite selbsttätig und gleichmäßig auf das sich fortbewegende Band aufgegeben und von demselben über die geheizten Platten geführt. Der Apparat ist durch eine Luftpumpe evakuiert; daher verdampft das Wasser schon bei niedriger Temperatur, wobei die Masse aufschäumt und in ein lockeres, aber staubfreies Gebilde umgewandelt wird. Am anderen Ende der Heizplatten angelangt, löst sich das Trockengut von selbst vom Bande und fällt in ein Sammelgefäß, aus welchem es von Zeit zu Zeit ohne Unterbrechung des Trockenprozesses und ohne Störung der Luftleere entnommen werden kann. Die Trockendauer, das ist die Zeit, während der der Extrakt über die Heizplatten bewegt wird, beträgt nur wenige Minuten.

Auf einem anderen Prinzip beruhen die Zerstäubungsverfahren. Als ein Beispiel für dieselben sei das Verfahren angeführt, welches sich auf Grund des dem Ingenieur Dr. Krause erteilten D.R.P. Nr. 297388 ausgebildet hat. Die Einrichtung dieses Verfahrens wird von der Lurgi Gesellschaft für Wärmetechnik in Frankfurt a. Main ausgeführt. Das Prinzip dieses Verfahrens besteht darin, daß in einem geschlossenen Raum, dem Trockenraum, eine durch eine Dampfturbine angetriebene Metallscheibe, die Zerstäubungsscheibe, mit der außerordentlich hohen Geschwindigkeit von 5000 bis 10000 Umdrehungen pro Minute rotiert. Aus einem über dem Trockenraum angebrachten Gefäß fließt die zu trocknende Flüssigkeit in stetigem Strahl auf die Mitte der Zerstäubungsscheibe, wird durch die Zentrifugalkraft nach dem Rande der Scheibe abgedrängt und von dort aus mit einer außerordentlich großen Geschwindigkeit in den Raum hinausgeschleudert und gleichzeitig zerstäubt. Dadurch bildet sich um die Scheibe herum ein scheibenförmiges Gebilde feinster Nebelteilchen, die mit der trockenen Luft des Raumes in Berührung treten und blitzartig schnell ihr Wasser abgeben, also trocknen, ohne sich dabei merklich zu erwärmen. Um den Wasserdampf zu entfernen, wird von unten oder von der Seite her ein Strom warmer Trockenluft zugeführt. Die getrockneten Teilchen fallen zum Teil in dem warmen Luftstrom zu Boden, zum Teil werden sie von dem aufsteigenden Luftstrom mitgerissen und dann durch eine Filteranlage von der Luft getrennt. Eine schematische Darstellung einer Krause-Trockenanlage bietet Abb. 103. In dem Trockenraum *A* läuft die Zerstäubungsscheibe *B*, die durch die darunter befindliche Dampfturbine *C* angetrieben wird. Der zu trocknende Extrakt von 20 bis 25° Bé läuft aus dem Behälter *H* durch das Rohr *G* auf die Zerstäubungsscheibe *B*. Der Zulauf wird durch das Ventil *I* geregelt. Die Luft wird durch den von der Dampfturbine *P* getriebenen Ventilator *O* durch das ganze System hindurchgesaugt. Sie wird zunächst in dem mit Dampf geheizten Erhitzer *L* auf die nötige Temperatur gebracht und strömt dann durch den Kanal *M* und den Leitapparat *D* in den Trockenraum. Durch die Einwirkung des aus *D* ausströmenden warmen Luftstromes auf den durch die Zerstäubungsscheibe ausgebreiteten Nebelschwaden findet die eigentliche Trocknung in einer verhältnismäßig dünnen horizontalen Schicht statt. Ein Teil des trockenen Extraktes fällt auf den Boden des Trockenraumes, wird durch den rotierenden Räumer *E* ständig in einen Abfalltrog *F* befördert und von diesem durch die Transportschnecke *K* abgeführt. Der andere Teil des trockenen Extraktes wird durch die Luft mit fortgerissen und durch die Saugschlauchfilter-Anlage *N* zurückgehalten. Er wird dann durch mechanische Vorrichtungen abgeschüttelt und fällt ebenfalls in die Transportschnecke *K*. Die Abluft des Filters wird schließlich durch den Ventilator *O* und den Schornstein *T* ins Freie befördert. Das Krauseverfahren gestattet, Extrakte mit nur etwa 5% Wassergehalt herzustellen.

Die Eindampfapparate erfordern eine sehr sorgfältige Behandlung. Ganz besonders ist darauf zu achten, daß sich an den Heizröhren, sowie überhaupt in den Apparaten kein Belag absetzt. Ein derartiger Belag kann durch das Extraktionswasser, aber auch durch in den Gerbmaterialien selbst vorhandene Verbindungen, sowie durch schwerlösliche Gerbstoffe (Phlobaphene) verursacht sein. Er wirkt wie eine Isolierschicht und drückt den Verdampfungseffekt stark herab. Die Entfernung derartigen Belages kann nur auf mechanischem Wege durch Abkratzen und Abklopfen erfolgen. Um die Siederohre von Belag zu befreien, empfiehlt es sich, einen Metallpfropfen oder eine Metallbürste durch dieselben hindurchzuziehen. Um die Verdampfapparate von Belag frei zu halten, ist es ratsam, sie in bestimmten Zwischenräumen mit etwa 10%iger Sodalösung auszukochen und nach dem Ablassen dieser Lösung mit heißem Wasser nachzuspülen.

Alles in einer Extraktfabrik anfallende Kondenswasser muß, möglichst bevor es sich viel abkühlen kann, im Betrieb als Extraktions- oder als Kesselspeise-

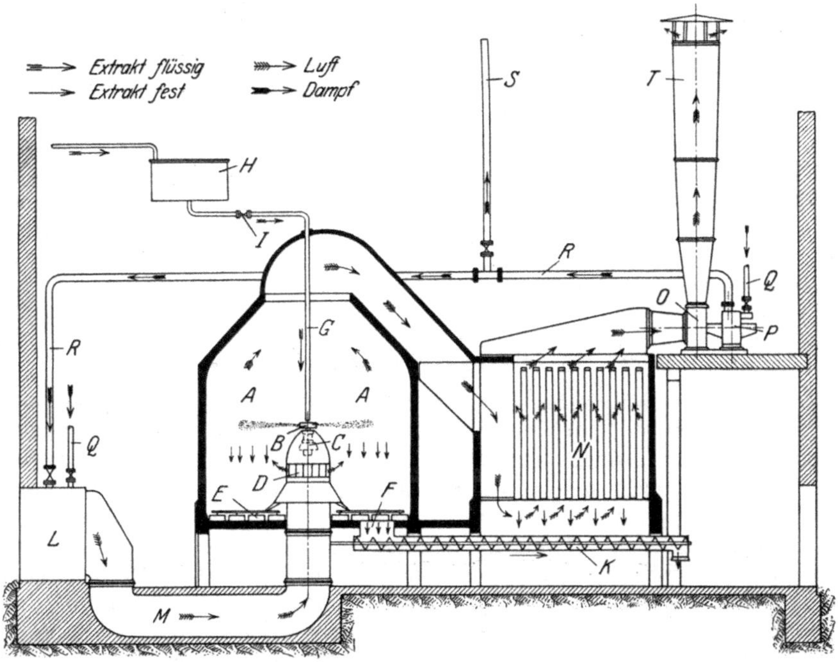

Abb. 103. Zerstäubungs-Trockenanlage der Lurgi, Frankfurt a. M.
A Trockenraum, *B* Zerstäubungsscheibe, *C* Dampfturbine für Zerstäuber, *D* Leitapparat, *E* Räumer, *F* Abfalltrog, *G* Extraktzulauf, *H* Extraktbehälter, *I* Zulaufregulierventil, *K* Transportschnecke, *L* Lufterhitzer, *M* Luftzuleitungskanal, *N* Saugschlauchfilter, *O* Ventilator, *P* Dampfturbine für Ventilator, *Q* Frischdampfzuleitung, *R* Abdampfleitung, *S* Dampfauspuff, *T* Schornstein.

wasser wieder Verwendung finden. Dabei ist jedoch zu beobachten, daß das Extraktionswasser möglichst neutral sein soll, während das Brüdenkondensat sauer reagiert. Die saure Reaktion ist auf den Gehalt des Brüdenwassers an Essigsäure und geringen Mengen von Ameisensäure zurückzuführen. Diese Säuren stammen aus dem ausgelaugten Gerbmaterial. Bei Benützung des Brüdenkondensates zur Extraktion oder Kesselspeisung sind derartige Wässer vorher mit Sodalösung zu neutralisieren. Wenn die im Betrieb gebrauchten Brunnenwässer von Haus aus schwach alkalisch reagieren, erübrigt sich vielfach diese Neutralisation. Jedenfalls ist der Reaktion dieser Wässer besondere Aufmerksamkeit zu schenken, weil saures Wasser einerseits fällend auf Gerbstoffe wirkt und andererseits auf die Siederöhren und die Wände des Dampfkessels leicht eine korrodierende Wirkung ausübt. Die sauren Wässer zerfressen auch rasch die gewöhnlich aus Eisen hergestellten Kondensatoren. Um dies zu verhüten, läßt man zuweilen den sauren Brüden einen mit Kalk gefüllten besonderen Brüden-Neutralisationsapparat passieren.

Der aus dem letzten Körper der Mehrfach-Verdampfapparate kommende flüssige Extrakt wird in ein Sammelgefäß geleitet und dann durch Verdünnen mit Wasser oder durch Verstärken mit einem konzentrierteren Extrakt auf eine bestimmte Dichte oder einen bestimmten Gerbstoffgehalt eingestellt und kommt dann in Fässer oder Kesselwagen abgezogen zum Versand. Der aus den gewöhnlichen Vakuumapparaten oder den Kestner-Verdampfern gewonnene Extrakt wird in heißem teigförmigen Zustand direkt in Säcke gefüllt. Die Säcke werden sofort zugenäht und dann einzeln auf dem Boden oder auf Gestellen ausgelegt, bis der Extrakt erkaltet und fest geworden ist. In manchen Fabriken wird der Extrakt auch in mit Papier ausgelegte Kisten gefüllt. Die Kisten werden nach dem Erkalten des Extraktes entweder mit einem Deckel zugenagelt, so daß der Extrakt in Kisten verpackt in den Handel kommt, oder der Extrakt wird nach dem Erkalten und Festwerden aus den Kisten herausgenommen und in Säcke verpackt. Wo es angängig ist, ist des billigeren Preises wegen die Verpackung in Säcken derjenigen in Kisten vorzuziehen. Die Verpackung in Kisten ist nur für stark hygroskopische, schwer gut fest werdende Extrakte am Platze. Besondere Aufmerksamkeit ist der Verpackung pulverförmiger Extrakte zu schenken. Um Verluste durch Verstauben zu vermeiden, müssen sie in sehr dichte Säcke, unter Umständen in Doppelsäcke gefüllt werden.

4. Das Reinigen der Extrakte.

Die von der Extraktionsbatterie kommenden Brühen sind nicht vollkommen klar. Sie enthalten stets größere oder geringere Mengen feiner, staubförmiger Gerbmaterialteilchen, welche den Brühen ein trübes, schlammiges Aussehen verleihen. Ferner enthalten die heißen Extraktbrühen einen gewissen, für die einzelnen Gerbmaterialien ganz verschiedenen Prozentsatz von schwerlöslichen Gerbstoffen, die sich beim Abkühlen der Brühen als mehr oder weniger flockiger Niederschlag ausscheiden. Diese Bestandteile scheiden sich auch bei der Verwendung der Extrakte in der Gerberei in den Farben und Gruben ab und geben zur Schlammbildung Veranlassung. Man ist daher schon bei der Herstellung der Extrakte darauf bedacht, derartige Bestandteile nach Möglichkeit auf mechanischem oder chemischem Wege zu entfernen.

Der einfachste Weg ist die Klärung der Brühen nach vorhergegangener oder unter gleichzeitiger Abkühlung. Man leitet die von der Extraktionsbatterie kommenden heißen Brühen in besondere Klärbottiche, die meist im Freien in größerer Zahl aufgestellt sind. In ihnen kühlt sich die heiße Brühe ab, während sich gleichzeitig die unlöslichen Stoffe als Schlamm absetzen. Das Abkühlen der großen Flüssigkeitsmengen erfordert jedoch ziemlich viel Zeit. Um es zu beschleunigen, baut man entweder in die Klärbottiche Kühlschlangen ein, durch welche fortwährend kaltes Wasser geleitet wird, oder man leitet die heißen Brühen, bevor sie in die Klärbottiche gelangen, durch Röhren, die mit kaltem Wasser oder mit kalter Kochsalzlösung gekühlt werden.

Zur Trennung der geklärten Brühe von dem abgeschiedenen Schlamm kann man verschiedene Wege einschlagen. Naheliegend ist es, die überstehende geklärte Brühe einfach abzuziehen. Das ist allerdings eine etwas unvollkommene Arbeitsweise, weil leicht von dem Schlamm wieder etwas unter die Brühe gerät, und weil zusammen mit dem Schlamm viel Brühe zurückbleibt. Wesentlich besser und in rationellerer Weise gelingt die Trennung von Brühe und Schlamm durch Filtrieren. Eine einfache Filtervorrichtung besteht aus mehreren miteinander verbundenen Holzbottichen mit Doppelboden. Über dem durchlochten Doppelboden befindet sich die aus ausgelaugter Lohe, zuweilen auch aus Koks bestehende Filterschicht, die oben durch einen ebenfalls durchlochten Boden oder ein Kupfer- oder Messingdrahtnetz abgeschlossen ist. Die zu filtrierende Brühe gelangt aus einem höher stehenden Gefäße von unten in den ersten Filtrierbottich und passiert dessen Filterschicht langsam von unten nach oben. Der Bottich besitzt oben ein Überlaufrohr, das am Boden des zweiten Bottichs endigt. Die Brühe durchläuft nun diesen und eventuell noch einige weitere gleich eingerichtete Filtrierbottiche ebenfalls von unten nach oben. Die Filterschicht hält die unlöslichen Bestandteile zurück. Durch Waschen mit heißem Wasser, das am besten das Filter von oben nach unten durchläuft, kann das Filter, wenn es nicht mehr genügend wirksam ist, regeneriert werden.

Vielfach werden zum Filtrieren der trüben Brühen Rahmenfilterpressen gebraucht (Abb. 104). Eine solche Filterpresse besteht in der Hauptsache aus einer Anzahl flacher, durch ein Gestell vereinigter, rechteckiger, hölzerner Rahmen, die mit Filtertüchern ausgekleidet sind und durch eine Druckplatte vermittels einer

Abb. 104. Filterpresse mit Holzeinsätzen (A. L. G. Dehne, Halle a. d. Saale).

durch ein Handrad bedienbaren Schraubenspindel fest und dicht aneinander gepreßt werden. Der Zufluß der trüben Brühe zur Presse erfolgt von einem höher stehenden Gefäß aus, oder die Brühe wird zugepumpt. Die Brühe tritt von unten in die Presse ein, durchläuft die einzelnen Filter und fließt gereinigt oben durch Auslaufschnäbel in eine Rinne ab. Sobald die Filterkammern mit Schlamm vollgefüllt sind, wird der Brühenzulauf abgestellt, eventuell noch mit Wasser nachgewaschen, und die Schraubenspindel zurückgedreht. Hierauf werden die Rahmen, in denen sich der Schlamm als fester Kuchen abgeschieden hat, auseinander genommen und der Schlammkuchen ausgeschüttelt. Um ohne Unterbrechung filtrieren zu können, arbeitet man mit zwei Pressen, von denen immer die eine in Tätigkeit ist, während die andere gereinigt wird.

Die modernste Art der Brühenreinigung ist das Zentrifugieren. Hierzu werden Zentrifugen von spezieller Bauart verwendet. Bei ihnen sind die Seitenwände der rotierenden Trommel nicht durchlocht, sondern voll. Der Schlamm wird gegen die Innenwand der Zentrifuge geschleudert und sammelt sich dort an, während die klare Brühe durch ein am oberen Gehäuserand befestigtes gekrümmtes Rohr abläuft.

Infolge ihrer feinschlammigen Beschaffenheit geht das Klären und Filtrieren der Gerbstoffbrühen meist nicht so glatt und rasch vor sich, wie man wünscht, und es fällt häufig schwer, klare Brühen zu erhalten. Um das Klären zu befördern wird nach dem Verfahren von Gondolo ein Kunstgriff angewandt, indem man der auf 25 bis 40° abgekühlten Brühe Rinderblut oder eine Lösung von Blutalbumin zusetzt. Hierauf wird die Brühe auf 60 bis 70° erwärmt. Bei dieser Temperatur gerinnt das Eiweiß. Die hierbei sich bildenden Flocken setzen sich rasch ab und reißen dabei die Schlammstoffe mit zu Boden. Durch Abziehen der überstehenden Flüssigkeit oder durch Filtrieren ist dann der Schlamm leicht von der klaren Brühe zu trennen. Die Brühenklärung nach der Methode von Gondolo wird viel bei der Herstellung von Eichenholz- und Kastanienholz-Extrakten angewandt. Wärmewirtschaftlich ist sie wie alle mit Abkühlung der Brühen verbundenen Reinigungsmethoden unrationell. Außerdem hat sie nicht unerhebliche Gerbstoffverluste zur Folge, die 10% und mehr von der vorhandenen Gerbstoffmenge ausmachen können.

Außer der ungünstigen wärmewirtschaftlichen Seite haben alle vorstehend beschriebenen, mechanischen Klärverfahren den Nachteil, daß sie beträchtliche Gerbstoffverluste nach sich ziehen. Der anfallende Schlamm bildet ein lästiges Abfallprodukt, das weiter nicht mehr zu verwerten ist. Man hat daher versucht, die schwerlöslichen Gerbstoffe auf chemischem Wege in leichtlösliche überzuführen. Durch Alkalien wie Soda, Potasche, Ammoniak, Borax u. dgl. können die schwerlöslichen Gerbstoffe in Lösung gebracht werden. Allein durch die Alkalien werden die Gerbstoffe dunkel gefärbt, und die damit hergestellten Leder zeigen eine unschöne Farbe. Außerdem ist zu berücksichtigen, daß Gerben nur in saurer Lösung möglich ist. Sobald daher die Brühen sauer werden, fallen die durch Alkalien löslich gemachten Gerbstoffe wieder aus. Aus diesem Grunde haben derartige Extrakte keine Aufnahme in der Gerberei gefunden. Einen wirklich brauchbaren Weg, die schwerlöslichen Gerbstoffe in Lösung zu bringen, stellt dagegen die sogenannte Sulfitierung dar. Dieses Verfahren wurde im Jahre 1897 der Firma Lepetit, Dollfus und Gansser in Mailand durch D.R.P. Nr. 91603 und Zusatzpatent Nr. 167095 geschützt. Es besteht darin, daß man die aus den Mehrkörper-Verdampfern kommenden Brühen von 20 bis 25° Bé mit einem Gemisch von Natriumsulfit und Natriumbisulfit längere Zeit bei 100 bis 150° erhitzt. Dadurch werden die schwerlöslichen Gerbstoffe verschiedener Extrakte in leichtlösliche übergeführt. Das Sulfitieren wird hauptsächlich beim Quebracho in größtem Maßstabe zur Herstellung der sog. „kaltlöslichen" Extrakte angewandt und wird bei der Besprechung des Quebrachoextraktes näher behandelt werden.

In das Gebiet der chemischen Extraktreinigung gehört auch die Behandlung der Extrakte mit Metallsalzlösungen. Metallsalze (außer Alkalien) bilden mit Gerbstoffen unlösliche Verbindungen, die man als Farblacke bezeichnet. Manche dieser Farblacke sind schöne hellgelbe Verbindungen. Durch sie wird daher die wenig beliebte, rötliche Farbe, welche manche Gerbstoffe wie z. B. Quebracho dem Leder geben, aufgehellt und mehr nach Gelb verschoben. Derartige Extrakte werden als „entfärbt" bezeichnet. Als Chemikalien für die Entfärbung wurden Salze von Aluminium, Blei, Antimon, Baryum, Chrom und Titan in Vorschlag gebracht. Von den Salzen dieser Metalle haben sich diejenigen des Aluminiums sowohl wegen ihrer günstigen aufhellenden Wirkung wie auch wegen ihres billigen Preises weitaus am besten bewährt. Manche dieser Salze haben nicht nur eine entfärbende Wirkung, sondern begünstigen auch die Klärung. Wenn daher bei der Herstellung eines Extraktes vor oder nach seiner Klärung der Zusatz derartiger Metallsalzlösungen erfolgt, so erhält man Extrakte, die als „geklärt und entfärbt" bezeichnet werden.

5. Die Anlage einer Extraktfabrik.

Wenn eine Extraktfabrik rentabel arbeiten soll, sind schon bei ihrer Anlage verschiedene Gesichtspunkte zu berücksichtigen. Vor allem ist die Wahl des Ortes von größter Wichtigkeit. Man wird die Fabrik dort errichten, wo das Rohmaterial, das sie verarbeiten soll, in hinreichender Menge vorkommt, und wo günstige Verkehrswege die Anfuhr des Rohmateriales und der Hilfsstoffe, sowie den Abtransport der Fertigfabrikate erleichtern. Aber auch die klimatischen und die Arbeiterverhältnisse müssen ein ersprießliches Arbeiten der Fabrik gestatten. Die Fabriken zur Herstellung von Quebracho-, Kastanienholz-, Eichenholz-, Mimosenrinden-, Mangrove-, Valonea- und Myrobalanenextrakt liegen größtenteils im Gebiete des Vorkommens dieser Gerbmittel oder in dessen unmittelbarer Nähe. Die europäischen und nordamerikanischen Extraktfabriken, welche importierte Gerbmaterialien verarbeiten, liegen möglichst in Hafenstädten oder an schiffbaren Flüssen, sowie in der Nähe von Lederfabrikationszentren. Ihre Hauptaufgabe ist die Herstellung von Extrakten aus hochprozentigen, überseeischen Gerbmitteln und von Spezialextrakten, die durch mechanische oder chemische Verfahren eine Veredelung erfahren haben.

Ein außerordentlich wichtiger Faktor für das gedeihliche Arbeiten einer Extraktfabrik ist die Wasserfrage. Als Extraktions- und Kesselspeisewasser ist unbedingt ein gutes, weiches Wasser erforderlich. Hartes und schlechtes Wasser bei der Extraktion hat nicht nur unnötige Gerbstoffverluste zur Folge, sondern beeinträchtigt auch die Qualität des erhaltenen Extraktes. Ferner erschwert derartiges Wasser durch Bildung von Kesselstein und Schädigung der Maschinen und Apparate den Betrieb in hohem Grade. Die Wassermengen, welche namentlich als Kühlwasser beim Eindampfen der Extrakte erforderlich sind, sind ganz beträchtlich. Es muß daher nicht nur gutes Wasser, sondern auch Wasser in hinreichender Menge zur Verfügung stehen. Für das Kühlwasser spielt allerdings die Qualität keine so wichtige Rolle wie für das Extraktions- und Kesselspeisewasser. Immerhin ist ein gutes Kühlwasser vorteilhafter als ein schlechtes, weil die Apparate, besonders die Kühler, durch ein gutes Wasser wesentlich weniger angegriffen werden und infolgedessen eine viel höhere Lebensdauer besitzen.

Vor Einrichtung einer Extraktfabrik ist ein wohldurchdachter und gut durchgerechneter Plan aufzustellen, der auch die Möglichkeit einer Vergrößerung offen läßt. Dampfkessel und Maschinen, Zerkleinerungs- und Transporteinrichtungen, Extraktions- und Verdampfapparate müssen untereinander und mit der beabsichtigten Produktion im Einklang stehen. Dabei sind die einzelnen Maschinen und Apparate tunlichst in ihrer Größe so zu wählen, daß beim Ausfall eines einzelnen Teiles infolge Reparatur der Gesamtbetrieb keine zu starke Schädigung erleidet. Um die Herstellungskosten des Extraktes möglichst niedrig zu halten, ist größter Wert auf weitgehendste Ausnützung der mechanischen Transportvorrichtungen zu legen. Ganz besondere Aufmerksamkeit erfordert die Energie- und Wärmewirtschaft. Die rationellste Antriebskraft einer Extraktfabrik ist eine Dampfmaschine oder Dampfturbine, die von sämtlichem oder wenigstens vom größten Teil des für den Betrieb nötigen Dampfes durchströmt wird und so die nötige Energie für den Antrieb der Zerkleinerungs- und Transporteinrichtungen, der Pumpen, der Dynamos für Lichterzeugung u. dgl. liefert. Der Abdampf der Dampfmaschine wird in einem eigenen Dampfsammler gesammelt und dient, eventuell mit Frischdampf vermischt, der auf entsprechenden Druck reduziert wurde, zur Heizung der Batterie und der Verdampfapparate. Sämtliche Kondenswässer sind zu sammeln und möglichst ohne viel Abkühlung als Extraktions-

oder Kesselspeisewasser zu verwenden. Gute Isolierung aller Dampfleitungen und Apparate, ausgiebige Verwendung von Kondenstöpfen, Einbau von Kesselspeisewasservorwärmern, eines Ekonomisers oder ähnlichen Apparates gewährleisten eine rationelle Wärmewirtschaft.

Für die Verbrennung ausgelaugter Gerbmaterialien für sich allein oder in Mischung mit anderen Brennmaterialien wie Kohle, Holz oder Torf sind Schrägrost- oder Treppenrostvorfeuerungen am geeignetsten. Die ausgelaugte Lohe von Hölzern enthält 45 bis 50%, von Rinden 75% Feuchtigkeit und darüber. Ausgelaugtes Holz wird gewöhnlich so, wie es von der Batterie kommt, verfeuert, während ausgelaugte Rinden vor der Verfeuerung durch die Lohtrockenpresse gehen, wodurch ihr Wassergehalt auf etwa 50% herabgesetzt wird. Auf Schräg- oder Treppenrosten rutscht das Material in dem Maße, wie es verbrennt, von selbst nach und erfährt dabei zunächst im oberen Teil eine Vortrocknung, und erst im unteren Teile des Rostes findet dann die eigentliche Verbrennung statt. Diese Art der Verfeuerung ausgelaugter Gerbemittel ist die rationellste. Durch stärkeres Trocknen des ausgelaugten Materiales, das bisweilen unter Ausnützung der Wärme der Abgase der Feuerung ausgeführt wird, wird zwar der Heizwert des Materiales erhöht, allein die Kosten hierfür stehen meist nicht im entsprechenden Verhältnis. Außerdem besitzt zu trockene Lohe den Nachteil, daß sie zu rasch verbrennt. Wird das Trocknen durch die Abgase der Feuerung ausgeführt, so besteht außerdem die Gefahr, daß der Zug des Schornsteines zu stark darunter leidet. Für die Bedienung der Feuerung ist wichtig, daß mit keinem zu großen Luftüberschuß gefeuert, und daß die zugeführte Luft wenn möglich vorgewärmt wird. Zum Zwecke einer möglichst intensiven Wärmeausnützung müssen die Kesselwände und Kesselrohre, die Heizrohre der Vor- und Zwischenwärmer, sowie der Verdampfapparate genügend oft gereinigt werden, damit sich keine Krusten an ihnen ansetzen. Bei richtiger Anlage und rationeller Arbeitsweise genügt in den meisten Fällen das in der Extraktfabrik anfallende ausgelaugte Material zur Aufrechterhaltung des gesamten Betriebes.

Wenn das in der Fabrik anfallende, ausgelaugte Material alle zur Extraktherstellung nötige Kraft und Wärme liefern soll, muß die Größe der Fabrik, d. h. die Menge des täglich zu verarbeitenden Rohmateriales richtig gewählt werden. Am besten haben sich Fabriken mittlerer Größe bewährt. Zu kleine Fabriken arbeiten meist unrationell. Die allgemeinen Unkosten sind im Verhältnis zu der geringen Produktion zu hoch. Außerdem reicht meist die anfallende ausgelaugte Lohe für den Betrieb nicht aus, weshalb sich die Herstellungskosten für den fertigen Extrakt durch die Ausgaben für Zusatzbrennmaterial unnötig verteuern. Ganz große Fabriken arbeiten zwar technisch gewöhnlich noch etwas billiger als mittlere, aber die Beschaffung der riesigen Mengen von Rohmaterial, die sie verschlingen, bereitet ungewöhnliche Schwierigkeiten. Bei dieser Gelegenheit sei auch darauf hingewiesen, daß eine gut geleitete Extraktfabrik stets einen für mehrere Monate reichenden Vorrat an Rohmaterial in nächster Nähe der Fabrik lagern muß, damit die Fabrik auch dann weiter arbeiten kann, wenn unvorhergesehene Ereignisse die Materialzufuhr verhindern. Als zweckmäßige Größe für eine Kastanienholzextraktfabrik kann man eine Fabrik annehmen, die täglich 50 bis 60 Tonnen Holz verarbeitet. Für Quebrachoextraktfabriken dürfte eine Anlage, die 100 bis 150 Tonnen Holz täglich zu verarbeiten vermag, am günstigsten sein.

Der Dampf- und Wasserverbrauch einer Extraktfabrik ist außer von anderen untergeordneten Umständen hauptsächlich von der Art der Auslaugung abhängig, nämlich von der Menge Wasser, die für eine bestimmte Menge Rohmaterial angewandt wird. Wie bereits ausgeführt wurde, gebraucht man im allgemeinen die 2 bis 3½fache Brühenmenge vom Gewicht des auszulaugenden Materiales. Je höher die Brühenmenge im Vergleich zum auszulaugenden Material ist, um so höher ist der Dampf- und Wasserverbrauch der Batterie, sowie ganz besonders der Verdampfstation. Für den hohen Wasserverbrauch gibt Watson ein Beispiel an. In einer Musterfabrik für Kastanienholzextrakt wird das zerkleinerte Kastanienholz derart ausgezogen, daß man die 3,5fache Brühenmenge bekommt. In dieser Fabrik werden in 24 Stunden aus 114,3 Tonnen Kastanienholz von 5,5 bis 6% Gerbstoffgehalt 22,9 Tonnen 25proz. Extrakt erzeugt. Das entspricht einem Rendement von 20%. Die Fabrik besitzt einen Gebäudeflächenraum von 2322 qm. Der Flächenraum für das Aufstapeln eines für 5 Monate reichenden Holzvorrates beträgt 40500 qm, wenn das Holz 1¼ m hoch gestapelt wird. Der Wasserverbrauch für die genannte Produktion beläuft sich auf 4500 cbm. Auch ein Beispiel für den Kraft- und Wasserverbrauch in der Quebrachoindustrie auf Grund eigener Erfahrungen sei angeführt. Für die Herstellung von 50 Tonnen natürlichem festem Quebrachoextrakt mit 24% Wasser innerhalb 24 Stunden sind unter Zugrundelegung eines Rendements von 28% etwa 180 Tonnen Quebrachoholz zu verarbeiten. Bei einer Auslaugung mit der 2,6 bis 2,7fachen Brühenmenge auf das angewandte Holz berechnet braucht eine derartige Fabrik ungefähr 1000 bis 1200 qm Kesselheizfläche, 500 bis 600 PS Betriebskraft, 200 cbm Diffuseurinhalt, 650 qm Double-Effet-Heizfläche und 150 qm Heizfläche für die Vakuumapparate. Der Wasserverbrauch beträgt etwa 300 cbm pro Stunde; das entspricht 7200 cbm in 24 Stunden.

Die Anlage einer Quebracho-Extraktfabrik (entworfen von V. Hänig, Heidenau) ist aus den Abb. 105, 106 und 107 ersichtlich. Überblickt man den Grundriß entsprechend dem Fabrikationsgang, so werden die Stämme zunächst im Raspelhaus zerkleinert. Hierfür sind 3 Raspeln *2* vorgesehen. Ihr Antrieb erfolgt durch einen Drehstrommotor *38*. Zum Schleifen der Messer ist eine Schleifmaschine *3* vorhanden. Das zerkleinerte Holz wird durch ein Transportband *4* zum Elevator *5* und durch diesen zum Lohsilo *7* (von Schnitt *A—B*) befördert. Dieser Silo befindet sich bereits in der Extraktionsanlage. Sie besteht aus 2 Batterien, jede zu 8 Diffuseuren *9* mit Hauptvorwärmer *11* und Zwischenwärmern *10*. Ferner sind zwei Brühenpumpen *12* vorhanden. Das Beschicken der Diffuseure mit Lohe erfolgt durch fahrbare Silos *8*. Die ausgelaugte Lohe wird durch Kratzertransporteure *24*, *25* und *27* sowie einen Elevator *26* zu den Kesselfeuerungen befördert. Die von den Batterien kommende Brühe wird in die im Verdampfhaus befindlichen Brühenbehälter *13* gepumpt. Von diesen wird sie in einen der beiden Dreikörper-Schnellumlauf-Verdampfer *14* gezogen. Der in diesen Verdampfern konzentrierte Extrakt wird in einem Behälter *15* gesammelt (siehe auch Schnitt *C—D*) und von da mittels einer Zentrifugalpumpe *16* nach den neben den Vakua angebrachten Einziehbehältern *17* gepumpt. Von letzteren gelangt er in die Vakuumapparate *18*, in denen er dann bis zur Sirupdicke weiter eingedampft wird. Im Verdampfhaus ist außerdem noch ein Zentralkondensator *19* mit den zugehörigen Luftpumpen *20*, ein Dampfsammler *21*, ein Kompressor *22* und ein Druckluftbehälter *23* untergebracht. Ein Elektromotor *38* treibt die Rührwerke der Vakuums. Zu den im Kesselhaus aufgestellten 3 Dampfkesseln *29* wird die als Heizmaterial dienende ausgelaugte Lohe durch einen Kratzertransporteur *27* gebracht. Mit Wasser werden die Kessel durch die mit Elektromotor *38* angetriebenen Pumpen *30* gespeist. Im Maschinenhaus ist die Dampfmaschine *32* aufgestellt, die mit einem Drehstromgenerator *33* verbunden ist. Außerdem sind noch die Wasserpumpe *35* und die elektrische Schalttafel *34* hier untergebracht. Schließlich ist noch ein Extrakttrockenraum vorhanden, in dem sich lediglich der Abdampfsammler *39* befindet. Im übrigen

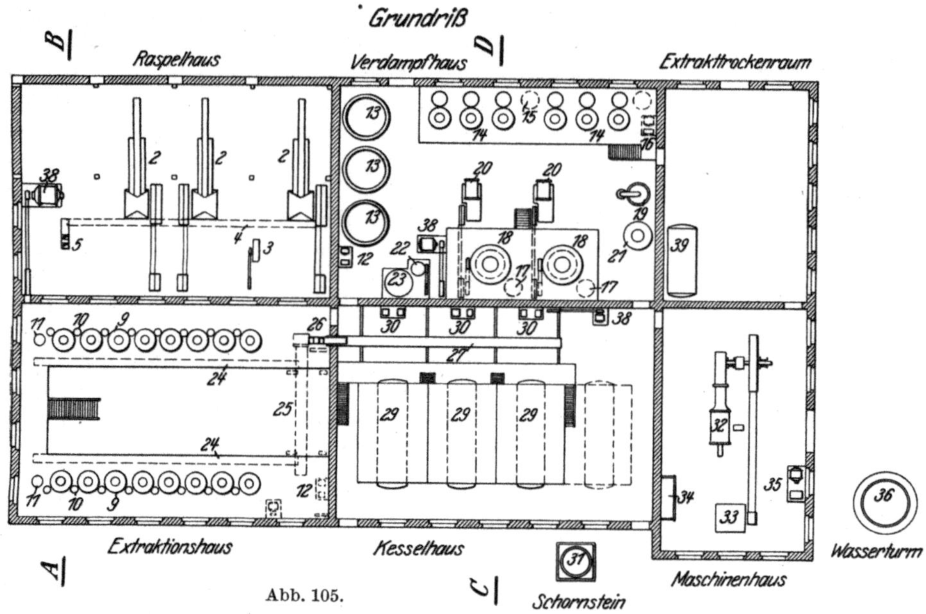

Abb. 105.

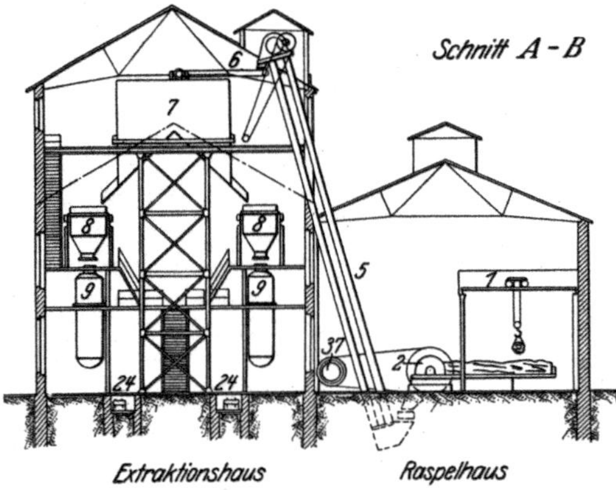

Abb. 106.

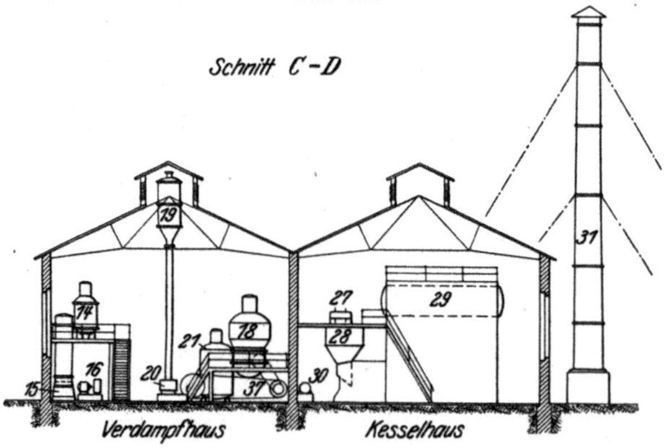

Abb. 107.

Abb. 105 bis 107. Grundriß und Aufriß einer Quebracho-Extraktfabrik. (Entworfen von Volkmar Hänig & Co., Heidenau-Dresden.)

1 Laufkran zur Stammanlieferung,
2 Raspelmaschinen,
3 Messerschleifmaschine,
4 Transportband,
5 Elevator,
6 Transportband,
7 Silo für Lohe,
8 Fahrbare Silos zur Diffuseurbeschickung,
9 Diffuseure,
10 Zwischenwärmer,
11 Hauptvorwärmer,
12 Brühenpumpen,
13 Brühenbehälter,
14 Dreikörper-Schnellumlauf-Verdampfer,
15 Behälter für konzentrierten Extrakt,
16 Zentrifugalpumpe,
17 Einziehbehälter,
18 Festextrakt-Vakuumapparate,
19 Zentral-Kondensator,
20 Luftpumpen,
21 Dampfsammler,
22 Druckluft-Kompressor,
23 Druckluft-Behälter,
24 Kratzertransporteur,
25 Kratzertransporteur,
26 Elevator,
27 Kratzertransporteur,
28 Spänebunker,
29 Dampfkessel,
30 Kesselspeisepumpen,
31 Schornstein,
32 Dampfmaschine,
33 Drehstromgenerator,
34 Schalttafel,
35 Wasserpumpe,
36 Wasserturm mit Wasserbehälter,
37 Transmissionen,
38 Motore,
39 Abdampfsammler.

dient dieser Raum, der mit der neben anliegenden Verdampfstation durch eine Türe verbunden ist, hauptsächlich dazu, den aus den Vakuums in Säcke abgezogenen Extrakt zum Erkalten und Erhärten auszulegen und ihn dann aufzustapeln. Von den übrigen Anlagen der Fabrik ist noch der Schornstein *31* und der Wasserturm *36* zu erwähnen.

III. Die Zusammensetzung der wichtigsten Gerbextrakte und ihre spezielle Herstellungsweise.

Eine Übersicht über die durchschnittliche Zusammensetzung der wichtigsten pflanzlichen Gerbstoffextrakte gibt Tabelle 101. In ihr sind die am meisten im Handel befindlichen Extrakte aufgeführt, und zwar wird zunächst die Zusammensetzung nach der Filtermethode und die Schwankung des Gerbstoffgehaltes angegeben. Eine weitere Rubrik enthält die Zahlen für den Unterschied zwischen Filter- und Schüttelmethode. Mit diesen Zahlen können die nach der Filtermethode gefundenen Analysenresultate leicht in die entsprechenden Werte nach der Schüttelmethode umgerechnet werden. Außerdem geben die eingeklammerten Zahlen auch den Gerbstoff- und den Nichtgerbstoffgehalt nach Schüttelmethode direkt an. Die Zahlen, welche ausdrücken, wieviel Teile Nichtgerbstoffe auf 100 Teile Gerbstoffe kommen, sind von Wichtigkeit für die Beurteilung der säurebildenden Eigenschaften eines Extraktes. Der Aschegehalt läßt vielfach Schlüsse zu, ob man es mit einem natürlichen oder mit einem behandelten Extrakte zu tun hat. Die aufgeführten p_H-Werte sind Durchschnittswerte, die natürlich um einige Zehntel nach oben und unten schwanken. Schließlich ist auch noch die Anteilzahl aufgeführt, d. i. die auf 100 Teile löslicher Stoffe entfallende Gerbstoffmenge nach Filtermethode.

Im folgenden sollen nun Besonderheiten bei der Herstellung sowie die Zusammensetzung der einzelnen Extrakte kurz besprochen werden, wobei die gleiche Einteilung und die gleiche Reihenfolge eingehalten wird, wie sie bei der Behandlung der Gewinnung der einzelnen Gerbmittel befolgt wurde.

1. Eichenrindenextrakt.

Die Herstellung von Eichenrindenextrakt bereitet Schwierigkeiten. Der Eichenrindengerbstoff erleidet unter dem Einfluß der Wärme leicht Zersetzung unter Abspaltung von unlöslichen roten Körpern, dem sog. „Eichenrot“. Die Extrakte zeigen daher eine rote Farbe und ein trübes Aussehen. Außerdem besitzen sie im Vergleich zum Gerbstoffgehalte einen unverhältnismäßig hohen Nichtgerbstoffgehalt. Der Gerber zieht es daher vor, die Eichenrinde selbst auszulaugen. Der Eichenrindenextrakt kommt meist in flüssiger Form in einer Stärke von 22 bis 25° Bé in den Handel und at dann etwa nebenstehende Zusammensetzung.

	Filtermethode %	Schüttelmethode %
Gerbstoff	25,0	23,0
Nichtgerbstoffe . .	13,0	15,0
Unlösliches . . .	1,0	1,0
Wasser	61,0	61,0
	100,0	100,0
Aschegehalt . . .	2,0	2,0

In neuester Zeit kommen auch feste Eichenrindenextrakte auf den Markt. Ein wahrscheinlich aus der Rinde der Korkeiche hergestellter fester Extrakt des Handels enthält 64,2% Gerbstoffe, 21,3% Nichtgerbstoffe, 1,2% Unlösliches und 13,3% Wasser, sowie 5,3% Asche.

In den Vereinigten Staaten von Nordamerika wird ein guter Extrakt aus der Rinde der Kastanieneiche (Chestnutoak) gewonnen, der bei 30° Bé einen Gerbstoffgehalt von 28% zeigt.

Tabelle 101. Die Zusammensetzung der wichtigsten Gerbstoffextrakte. Filtermethode.

Die eingeklammerten Zahlen geben den Gerbstoff- bzw. Nichtgerbstoffgehalt nach Schüttelmethode an.

Gerbstoffextrakt	⁰ Bé	Durchschnittliche Zusammensetzung: Gerbstoff %	Nichtgerbstoffe %	Unlösliches %	Wasser %	Schwankungen des Gerbstoffgehaltes %	Unterschied zwischen Filter- und Schüttelmethode %	Auf 100 Teile Gerbstoff kommen Teile Nichtgerbstoff	Mittlerer Aschegehalt %	Mittleres p_H	Anteilzahl
Quebrachoextrakt natürlich, flüssig	22,5	**35,0** (33,0)	3,0 (5,0)	3,0	59,0	30—40	2,0	8,6	0,5	4,9	92,2
Quebrachoextrakt schwach sulfit., flüssig	22,5	**36,0** (34,0)	3,8 (5,8)	0,2	60,0	30—42	2,0	10,6	2,0	5,3	90,4
Quebrachoextrakt stark sulfitiert, flüssig	28,5	**30,8** (36,0)	9,0 (11,0)	0,0	53,0	36—40	2,0	23,7	6,5	6,4	80,9
Quebrachoextrakt natürlich, fest	—	**65,0** (62,0)	4,7 (7,7)	8,0	22,0	60—70	3,0	7,2	1,0	4,9–5,2	93,3
Quebrachoextrakt sulfitiert, fest	—	**69,5** (66,5)	8,5 (11,5)	0,0	22,0	65—75	3,0	12,2	5,5	5,9–6,2	89,1
Quebrachoextrakt kaltlöslich, unsulfitiert, fest (Triumph)	—	**77,0** (74,0)	6,0 (9,0)	0,0	17,0	74—80	3,0	7,8	2,0	4,7–4,9	92,8
Eichenholzextrakt flüssig	25,0	**27,0** (25,0)	12,0 (14,0)	1,0	60,0	22—31	2,0	44,5	1,8	3,7	69,2
Eichenholzextrakt fest	—	**60,7** (57,7)	22,0 (25,0)	1,8	15,5	54—70	3,0	36,6	2,7	3,7	73,4
Kastanienholzextrakt flüssig	25,0	**31,5** (30,0)	7,5 (9,0)	1,0	60,0	26—34	1,5	23,8	0,5	3,6	78,9
Kastanienholzextrakt flüssig	27,5	**34,0** (32,5)	9,0 (10,5)	1,0	56,0	30—36	1,5	26,5	0,6	3,6	74,4
Kastanienholzextrakt flüssig	30,0	**39,0** (37,0)	9,8 (11,8)	1,2	50,0	36—44	2,0	25,2	0,8	3,6	79,9
Kastanienholzextrakt fest	—	**66,0** (62,0)	15,5 (19,5)	2,5	16,0	57—75	4,0	23,5	1,5	3,5	81,0
Fichtenrindenextrakt flüssig	21,5	**22,0** (19,5)	14,5 (17,0)	1,5	62,0	20—25	2,5	66,0	2,0	4,3	60,3
Fichtenrindenextrakt fest	—	**54,0** (50,0)	34,0 (38,0)	2,5	9,5	53—58	7,0	63,0	2,5	4,3	61,4
Mimosenrindenextrakt flüssig	23,0	**31,5** (29,5)	8,0 (10,0)	0,5	60,0	28—36	2,0	25,4	1,5	5,2	78,8
Mimosenrindenextrakt flüssig	30,0	**42,0** (39,5)	10,0 (12,5)	0,5	47,5	37—44	2,5	23,8	2,0	5,2	80,8
Mimosenrindenextrakt fest	—	**62,5** (58,5)	16,0 (20,0)	1,5	20,0	60—65	4,0	26,0	3,0	5,2	79,6
Mangroveextrakt flüssig	24,0	**32,0** (30,5)	8,0 (9,5)	1,0	59,0	28—36	1,5	25,0	2,5	5,4	80,0
Mangroveextrakt fest	—	**59,0** (56,0)	17,0 (20,0)	1,0	23,0	56—66	3,0	28,8	5,0	5,4	77,6
Valoneaextrakt flüssig	25,0	**30,0** (27,5)	8,5 (11,0)	0,5	61,0	24—34	3,0	28,7	2,0	3,8	78,0
Valoneaextrakt fest	—	**69,0** (63,0)	21,0 (27,0)	1,0	9,0	65—73	6,0	30,4	5,0	3,8	76,7

Tabelle 101 (Fortsetzung).

Gerbstoffextrakt	⁰ Bé	Durchschnittliche Zusammensetzung: Gerbstoff %	Nichtgerbstoffe %	Unlösliches %	Wasser %	Schwankungen des Gerbstoffgehaltes %	Unterschied zwischen Filter- und Schüttelmethode %	Auf 100 Teile Gerbstoff kommen Teile Nichtgerbstoff	Mittlerer Aschegehalt %	Mittleres p_H	Anteilzahl
Myrobalanenextrakt flüssig	22,0	**26,0** (22,0)	9,0 (5,0)	1,0	64,0	22—32	4,0	34,6	1,5	3,2	74,3
Myrobalanenextrakt fest	—	**59,0** (51,0)	18,0 (26,0)	5,0	18,0	57—65	8,0	30,5	3,0	3,2	75,6
Sumachextrakt flüssig	22,0	**23,5** (21,5)	11,0 (13,0)	0,5	65,0	21—27	2,0	46,8	1,0	4,0	68,1
Sumachextrakt flüssig	26,0	**27,0** (25,0)	13,0 (15,0)	1,0	59,0	24—30	2,0	48,2	1,2	4,0	67,5
Sumachextrakt flüssig	30,0	**30,0** (28,0)	15,0 (17,0)	1,0	54,0	27—33	2,0	50,0	1,5	4,0	66,6
Sumachextrakt fest	—	**64,0** (60,0)	29,0 (33,0)	1,0	6,0	56—65	4,0	45,3	5,0	4,0	68,8
Blockgambir, fabrikmäßig hergestellt	—	**51,0** (39,0)	14,5 (26,5)	4,5	30,0	45—53	12,0	28,5	3,5	4,3	78,0
Würfelgambir	—	**55,0** (40,0)	17,0 (32,0)	12,0	16,0	48—58	15,0	30,9	4,5	4,3	76,4

2. Fichtenrindenextrakt.

Fichtenrindenextrakt wird seit etwa 50 Jahren fabrikmäßig hergestellt. Der Fichtenrindengerbstoff ist zwar nicht so leicht zersetzlich wie der Eichenrindengerbstoff, immerhin zeigt er doch wie alle Rindengerbstoffe größere Empfindlichkeit als die Holzgerbstoffe, besonders gegen höhere Temperaturen. Temperaturen über 100⁰ verträgt er nicht. Bei der Extraktion von Fichtenrinde ist daher schon anhaltendes Kochen zu vermeiden. Abgesehen von einer etwaigen Gerbstoffzersetzung gehen dabei Stoffe in Lösung, die sonst ungelöst bleiben würden. Diese Stoffe erhöhen unnötigerweise den Nichtgerbstoffgehalt und drücken den Gerbstoffgehalt herab. Infolge Unkenntnis dieser Tatsache hatten die ursprünglich erzeugten Fichtenrindenextrakte eine sehr ungünstige Zusammensetzung, wie vorstehende Beispiele zeigen.

	I %	II %	III %
Gerbstoff	18,3	21,4	25,4
Nichtgerbstoffe	29,0	30,6	28,6
Unlösliches	2,7	0,6	1,5
Wasser	50,0	47,4	44,5
	100,0	100,0	100,0
Auf 100 Teile Gerbstoffe entfallen Nichtgerbstoffe	159	143	112

Die Fichtenrinde selbst enthält auf 100 Teile Gerbstoff nur 60,8 Teile Nichtgerbstoffe, während vorstehende Extrakte das Doppelte an Nichtgerbstoffen und darüber aufweisen.

Um ein günstigeres Verhältnis zwischen Gerbstoffen und Nichtgerbstoffen zu erzielen, wird nach dem Verfahren von Bruml und Silberberger (D.R.P. Nr. 306529) die Rinde vor der Extraktion mittels Benzin entharzt. Dadurch werden Extrakte gewonnen, die etwa ebensoviel Nichtgerbstoffe wie Gerbstoffe enthalten, und die außerdem haltbarer und in ihrer gerberischen Wirkung günstiger sein sollen. Aber auch derartige Extrakte sind wegen ihres hohen Nichtgerbstoffgehaltes noch immer eher als Schwellextrakte wie als Gerbstoffextrakte zu bezeichnen.

Weitere Fortschritte wurden erzielt durch sachgemäßere Auslaugung. Die Hauptauslaugung erfolgt am zweckmäßigsten bei 75°, und erst gegen Schluß der Auslaugung wird die Temperatur dann auf 95° gesteigert. Auf diese Weise können Extrakte gewonnen werden, in denen nur noch 70 bis 80 Teile Nichtgerbstoffe auf 100 Teile Gerbstoffe treffen. Noch weiter ging Jakimoff (D.R.P. Nr. 282140). Er laugt das Gerbmaterial zunächst bei einer den Gefrierpunkt des Wassers nur wenig übersteigenden Temperatur, zweckmäßig bei 1 bis 5°, aus und nimmt erst dann die Auslaugung bei höherer Temperatur vor. Nur die heiße Extraktion wird auf Gerbextrakt verarbeitet, während die kalte Fraktion, die größtenteils Nichtgerbstoffe, namentlich Zucker, enthält, entweder zur Vorbergung verwendet oder nach Vergärung des in ihr enthaltenen Zuckers auf Alkohol verarbeitet wird. Nach diesem Verfahren können Extrakte gewonnen werden, in denen auf 100 Teile Gerbstoffe nur noch etwa 50 Teile Nichtgerbstoffe kommen. Diese veredelten Extrakte sind weniger zähflüssig und lassen sich daher wesentlich rascher eindampfen und trocknen als die nicht veredelten. Auf diese Weise hergestellte feste Extrakte sind ferner weniger hygroskopisch und klebrig, auch bedeutend haltbarer als die nicht veredelten. Außerdem gerben sie rascher durch.

Eine andere Art, die Qualität des Fichtenrindenextraktes zu verbessern, ist die Sulfitierung. Dadurch wird der größte Teil des Unlöslichen in Gerbstoffe übergeführt unter verhältnismäßig geringer Steigerung der Nichtgerbstoffe. Eine vollständige Sulfitierung des Unlöslichen gelingt allerdings nicht. Die Sulfitierung wird nach Jakimoff zweckmäßig in der Weise durchgeführt, daß man den Extrakt 20 bis 25 Stunden bei 96° C mit einem Gemisch von gleichen Teilen festem, wasserfreiem Natriumsulfit und Bisulfit behandelt. An Sulfit plus Bisulfit zusammen werden 30 bis 45% vom Trockengewicht des im Extrakt enthaltenen Unlöslichen angewandt. Für die Wirkung einer derartigen Sulfitierung bei einem veredelten Fichtenrindenextrakt gibt Jakimoff vorstehende Zahlen an.

	Gerbstoff %	Nicht-gerbstoffe %	Unlösliches %
Ursprünglicher Extrakt .	50,8	37,8	11,4
25% Sulfit + Bisulfit . .	53,4	42,3	4,4
35% Sulfit + Bisulfit . .	55,7	41,3	3,0
45% Sulfit + Bisulfit . .	58,6	39,5	1,9

Wegen ihres hohen Zuckergehaltes neigen die Fichtenrindenextrakte stark zur Schimmelbildung. Flüssige Extrakte gehen außerdem leicht in Gärung über. Man muß daher die Extrakte kühl lagern. Um Gärung und Schimmelbildung zu verhüten, wird dem Extrakt gewöhnlich eine geringe Menge von Natriumbisulfit zugesetzt.

Der Fichtenrindenextrakt wird meist in flüssiger Form, in neuerer Zeit auch in fester Form in den Handel gebracht. Die flüssigen Extrakte werden in Deutschland gewöhnlich auf 22% Gerbstoffgehalt eingestellt und haben dann etwa folgende Zusammensetzung:

Gerbstoffe.	22,0%	(20—25)
Nichtgerbstoffe . . .	14,5%	(10—18)
Unlösliches	1,5%	(0,5—2)
Wasser	62,0%	(58—70)
	100,0%	

Asche: 2% Dichte: 18—23° Bé.

Als Beispiel eines guten, festen Extraktes diene: Gerbstoffe 54,0%, Nichtgerbstoffe 34,0%, Unlösliches 2,5%, Wasser 9,5%.

3. Hemlockextrakt.

Hemlockextrakt wurde bereits in den siebziger Jahren in den Vereinigten Staaten von Nordamerika hergestellt. Eine Zeitlang wurde auch Europa damit überschwemmt. Besonders in England wurde er viel angewandt. Heutzutage ist er nur noch für die Vereinigten Staaten und für Canada von Bedeutung. Zu seiner Herstellung wird die gut getrocknete Rinde nicht allzu fein gemahlen und in offenen Holzbatterien ausgelaugt. Die frische Rinde wird mit Wasser von 60 bis 70° extrahiert, und erst gegen Schluß wird die Temperatur auf 95° gesteigert. Für die Herstellung flüssigen Extraktes wird im Mehrfachverdampfer auf 25 bis 27% Gerbstoff eingedampft. Fester Extrakt mit 54 bis 58% Gerbstoff wird gewonnen durch weiteres Eindampfen des flüssigen Extraktes in einem Vakuumwalzentrockner. Zur Herstellung entfärbter Extrakte wird dem Extraktionswasser oder dem fertigen Extrakte etwas Natriumbisulfit zugesetzt. Auch geklärte Extrakte werden hergestellt, indem man die von der Batterie kommende Brühe abkühlt. Hierbei scheiden sich vorwiegend die für Hemlock charakteristischen roten Farbstoffe ab. Die überstehende Brühe wird eingedampft.

4. Mimosenrindenextrakt.

Flüssiger Mimosaextrakt wird schon seit längerer Zeit in den europäischen und nordamerikanischen Extraktfabriken aus importierter Mimosenrinde hergestellt. Im Jahre 1916 wurde in Pietermaritzburg die erste Fabrik zur Herstellung festen Extraktes errichtet. Ihr folgten bald weitere Fabriken, und so hat sich in Südafrika rasch eine gut eingerichtete, sehr leistungsfähige Mimosaextraktindustrie entwickelt. Sie verarbeitet die frische oder nur angetrocknete Rinde, während die für den Export bestimmte Rinde gut und vorsichtig getrocknet werden muß. Die Auslaugung erfolgt in geschlossenen, kupfernen Extraktionsbatterien, das Eindampfen zunächst in Mehrkörperverdampfern und dann in den üblichen Vakuumeindampfapparaten. Flüssigen Extrakten wird zur Verhinderung der Gärung etwas Natriumbisulfit oder Kresol zugesetzt.

Flüssige Mimosenextrakte haben meist eine Dichte von 20 bis 25° Bé. Als durchschnittliche Zusammensetzung derselben kann angenommen werden: Gerbstoffe 30% (24 bis 36), Nichtgerbstoffe 7% (5 bis 9), Unlösliches 0,5% (0,5 bis 1,5%), Wasser 62,5% (60 bis 70), Asche 1,5% (0,5 bis 2). Auch ein auf 30° Bé eingedickter Extrakt kommt auf den Markt. Er enthält durchschnittlich: Gerbstoffe 42%, Nichtgerbstoffe 10%, Unlösliches 0,5% und Wasser 47,5%. Die Zusammensetzung des handelsüblichen festen Extraktes ist etwa: Gerbstoffe 62,5% (60 bis 65), Nichtgerbstoffe 16% (16 bis 20), Unlösliches 1,5% (1 bis 2), Wasser 20% (18 bis 23), Asche 3%.

Der unter dem Namen „Extrakt Mimosa D" mit einer Dichte von 28° Bé in den Handel kommende Gerbstoffauszug ist kein Mimosenextrakt, sondern ein stark sulfitierter Quebrachoauszug von der Zusammensetzung: Gerbstoffe 38%, Nichtgerbstoffe 8%, Unlösliches 0%, Wasser 54%. Asche 6,5%. Dieser Extrakt wurde früher viel als Bleichextrakt verwendet, ist jedoch gegenwärtig stark durch Zelluloseextrakt oder synthetische Gerbstoffe verdrängt.

5. Mangrovenrindenextrakt.

Mangrovenrindenextrakt wird gegenwärtig bereits in beträchtlicher Menge in seinem Ursprungsland hergestellt und in fester Form in den Handel gebracht. Der größte Teil dieses Extraktes stammt aus dem Gebiete der östlichen Mangrove. Auf Borneo, Sumatra, den Philippinen und auf Madagaskar befinden sich modern eingerichtete leistungsfähige Fabriken. In neuster Zeit sind auch im Gebiete der westlichen Mangrove, besonders an der Ostküste vom tropischen Südamerika Mangroveextraktfabriken errichtet worden. Die flüssigen Mangroveextrakte werden fast ausschließlich in europäischen oder nordamerikanischen Fabriken aus importierter Mangrovenrinde erzeugt. Der Mangroveextrakt führt in England und Nordamerika meist die Bezeichnung Cutch auch Khakicutch. Diese Bezeichnung rührt daher, daß der Mangroveextrakt vielfach als Ersatz für Catechu (Cutch) dient, namentlich zum Färben von Fischnetzen, Seilen, Segeln und Kleidern.

Die Mangrove ist leicht auslaugbar. Die Auslaugung wird zweckmäßig mit Wasser von gewöhnlicher Temperatur vorgenommen. Die Brühe enthält dann zwar etwas weniger Gerbstoffe als bei heißer Extraktion. Dafür enthält sie aber auch viel weniger färbende Extraktivstoffe. Die Auslaugung bei nicht zu hoher Temperatur empfiehlt sich auch deswegen, damit nicht zuviel von den in der Rinde vorhandenen Schleim- und Gummistoffen in den Extrakt übergeht. Letztere sind wohl der Hauptgrund dafür, daß der auf die übliche Weise hergestellte feste Extrakt nicht vollkommen hart und trocken erhalten wird, sondern stets eine zähe, klebrige Beschaffenheit beibehält. Derartiger Extrakt zeigt zuweilen einen Wassergehalt bis zu 29%. Bemerkenswert ist ferner der hohe Aschegehalt des Mangroveextraktes. Derselbe ist jedoch nicht auf zugesetzte Chemikalien zurückzuführen. Die Asche besteht zu einem hohen Prozentsatz aus Chloriden. Die Salze sind bereits in der Mangrovenrinde vorhanden und rühren aus dem salzigen Boden des Brackwassergebietes her, auf welchem die Mangrove wächst.

Als ein großer Nachteil der Mangrove wurde die rote Farbe empfunden, welche sie dem Leder gibt. Dies stand lange Zeit der umfangreicheren Verwendung der Mangrove in der Lederindustrie trotz ihres billigen Preises hinderlich im Wege. Man hat jedoch bald gelernt, durch zweckmäßige Auswahl der Bäume, durch Ausnützung des richtigen Zeitpunktes für das Schälen, durch sorgfältige Behandlung der Rinde beim Trocknen und Auslaugen diesen Übelstand auf ein erträgliches Maß zu beschränken. Auch mehrere chemische, hauptsächlich auf der Wirkung von Reduktionsmitteln beruhende Verfahren zur Entfärbung des Mangrovegerbstoffes wurden vorgeschlagen und durch Patente geschützt. Durch D.R.P. Nr. 198782 ist der Firma Carl Feuerlein in Feuerbach ein Verfahren zur Entfärbung von Gerbstoffextrakten mittels Chromverbindungen patentiert. In diesem Patent wird zur Entfärbung von Mangroveextrakt Chromoacetat empfohlen. Die Badische Anilin- & Sodafabrik in Ludwigshafen entfärbt nach D.R.P. Nr. 206166 Gerbextrakte durch Behandeln mit Formaldehydsulfoxylaten in reiner Form oder in Verbindung mit Formaldehydbisulfiten. Das D.R.P. Nr. 221345 von Dr. H. Damköhler und H. Schwindt, Berlin, beschreibt ein elektrolytisches Verfahren zur Behandlung gerbstoffartiger Auszüge aus Pflanzenteilen, insbesondere der Mangrove. Der Deutschen Versuchsanstalt für Lederindustrie und Dr. H. Arnoldi in Freiberg/Sa. wurde durch DRP. Nr. 220021 ein Verfahren zum Entfärben von Gerbstoffauszügen geschützt, welches dadurch gekennzeichnet ist, daß die Auszüge mit aktiviertem Aluminium (Aluminiumamalgam) behandelt werden. Von allen diesen Verfahren hat jedoch keines allgemeinere Anwendung gefunden. Die heute im Handel befindlichen Mangroveextrakte werden vielmehr fast ausschließlich aus sachgemäß gewonnenem Rohmaterial durch zweckmäßige Auslaugung und Klärung ohne viel chemische Behandlung hergestellt. Die leichte Auslaugbarkeit der Mangrovenrinde, sowie die Auslaugung mit Wasser von gewöhnlicher Temperatur gestatten die Herstellung von Extrakten mit einem geringen Gehalt an Unlöslichem. Als Beispiel eines guten, flüssigen Extraktes von 24° Bé sei angeführt ein Extrakt mit einem Gehalt von 32% Gerbstoff, 8% Nichtgerbstoff, 1% Unlöslichem und 59% Wasser. Aschegehalt 2,5%. Als Durchschnitt für einen festen aus östlicher Mangrove hergestellten Extrakt sei erwähnt ein Extrakt mit 59% (56 bis 66%) Gerbstoff, 17% (11 bis 20%) Nichtgerbstoffen, 1% (0,3 bis 2%) Unlöslichem und 23% Wasser, Aschegehalt 5%.

6. Malettorindenextrakt.

Als in den Jahren 1903/04 die Malettorinde in den Handel kam, erschienen bald auch flüssige Malettoextrakte auf dem Markt, und zwar reguläre, deren Auflösung in der Wärme erfolgt, und kaltlösliche, aus welchen man durch Verdünnen mit Wasser von gewöhnlicher Temperatur Brühen jeder beliebigen Stärke herstellen kann. Bei einer Dichte von 22 bis 24° Bé enthielten diese Extrakte 59 bis 55% Wasser, 30 bis 36% Gerbstoff und kein oder nur einige Zehntel Prozent Unlösliches. Da die Rinde selbst im Durchschnitt 42% Gerbstoff enthält, war der Gerbstoffgehalt dieser Extrakte niedriger als derjenige der Rinde. Außerdem hatte das Auslaugen und Eindampfen bei höheren Temperaturen zur Folge, daß die mit derartigen Extrakten gegerbten Leder stets eine etwas dunklere Farbe zeigten als Leder, die mit der Rinde oder deren Brühe gegerbt waren. Die Herstellung von Extrakten aus derartigen hochwertigen Gerbmaterialien hat daher wenig Zweck. Ein Gerbmaterial wie die Malettorinde wird zweckmäßiger in Mischung mit anderen gerbstoffärmeren Gerbmaterialien als Streumaterial oder zur Extraktion gebraucht. Auch die Herstellung von festem Extrakt ist wegen der Schädigung der Farbe nicht zu empfehlen. Tatsächlich kommen gegenwärtig Malettoextrakte nur noch selten in den Handel.

7. Ulmoextrakt.

Ein Extrakt, der in Südamerika, besonders in Chile, als Gerbextrakt eine größere lokale Bedeutung besitzt, ist der Ulmoextrakt. Er wird dort in einigen modern eingerichteten Extraktfabriken aus der Rinde von Eucriphia cordifolia gewonnen und in fester Form in den Handel gebracht. Er besteht aus etwa 67,8% Gerbstoff, 9,7% Nichtgerbstoffen, 0,5% Unlöslichem und 22% Wasser. Aschegehalt 2,3%. $p_H = 5{,}0$.

8. Angicoextrakt.

Ein anderer südamerikanischer Rindenextrakt von bis jetzt mehr lokaler Bedeutung ist der Angicoextrakt. Er wird in Brasilien in mehreren Fabriken in fester Form hergestellt und findet in der brasilianischen Gerberei ausgedehnte Verwendung. Als Ausgangsmaterial dient die Rinde von Angico Vermelho (Piptadenia rigida Benth., Acacia Angico Mart.), einer Pflanze, die zu der gerbstoffreichen Familie der Leguminosen gehört. Eine Probe von sulfitiertem Angicoextrakt hatte folgende Zusammensetzung: Gerbstoffe 54,2%, Nichtgerbstoffe 25,2%, Unlösliches 1,2%, Wasser 19,4%. Asche 9,3%. Die Hauptmenge der Asche bestand aus Alkalisalzen, die von der Sulfitierung herrührten. Dieser Extrakt gab dem Leder eine dunkle, ausgesprochen rotbraune Farbe. Der Angico findet sich in größerer Menge in Brasilien. Die Rinde selbst ist ein gutes Gerbmittel und wird in Brasilien viel gebraucht. Brasilien hofft, durch allgemeine Verwendung von Angicorinde und durch Schaffung einer Angicoextraktindustrie die Einfuhr ausländischer Extrakte, namentlich von Quebrachoextrakt, bedeutend zu vermindern.

9. Eichenholzextrakt.

Die erste Fabrik zur Herstellung von Eichenholzextrakt wurde etwa im Jahre 1883 in Zupanje in Slavonien errichtet. Ihr folgten einige Jahre später die Fabriken in Belisce, Mitrowitz, Sisak und Nasic. Letztere hat seit 1921 ihren Sitz in Zagreb. Gegenwärtig wird die Herstellung von Eichenholzextrakt hauptsächlich in Jugoslavien, Frankreich, Schweden und den Vereinigten Staaten von Nordamerika betrieben. Auch Rußland hat sich in den letzten Jahren vorwiegend für seinen eigenen Bedarf eine Eichenholzextraktindustrie geschaffen. In Deutschland bildete während des Weltkrieges das Eichenholz einen der wichtigsten Rohstoffe für die Herstellung von Gerbextrakten, jedoch hat sich diese Industrie nach dem Kriege nur noch in geringem Umfange erhalten. Die Eichenholzextraktfabriken bilden vielfach Nebenbetriebe von Fabriken, welche das Eichenholz vorzugsweise zu Parkettholz, Eisenbahnschwellen, Faßdauben und sonstigen Nutzzwecken verarbeiten. Die hierbei entstehenden Abfälle, aber auch das stärkere Astholz, das Holz der Wurzelstöcke und das Sägemehl werden in diesen Fabriken zur Extraktherstellung beigezogen. Für die Extraktherstellung ist nur das Kernholz älterer Eichen brauchbar. Die Rinde wird wegen ihres hohen Gehaltes an Farbstoffen, der Splint wegen seines hohen Nichtgerbstoffgehaltes entfernt. Das hochwertige Holz alter Eichen, welches früher zur Verfügung stand und bis zu 10% Gerbstoff enthielt, ist durch allmähliche Ausrottung der alten Bestände fast gänzlich verschwunden. Die Extraktindustrie ist heute auf gerbstoffärmeres Material angewiesen. Dieses von jüngeren Bäumen stammende Holz enthält im Durchschnitt 6% Gerbstoff, 2% Nichtgerbstoffe, 57% Unlösliches und 35% Wasser. Es hat allerdings den Vorteil, daß es weniger Farbstoffe enthält als das alte Holz, und gibt daher hellere Extrakte und helleres Leder. Die Extraktherstellung aus Holz mit weniger als 3% Gerbstoff ist nicht mehr lohnend.

Zur Extraktherstellung wird das von Rinde und Splint befreite Holz mit Raspeln zu Hirnschnitt zerkleinert, dessen Späne am zweckmäßigsten eine Dicke von 5 bis 7 mm besitzen. Das zerkleinerte Holz wird meist in offenen, seltener in geschlossenen Batterien ausgelaugt. 1 cbm Diffuseurraum faßt 300 bis 350 kg Eichenholzlohe. Bei der Auslaugung spielen unter sonst gleichen Umständen die Temperatur und die Auslaugezeit eine wichtige Rolle. Früher hat man, was auch heute noch vielfach geschieht, in hölzernen mit einem Deckel zugedeckten Gefäßen ausgelaugt, die mit Doppelboden und Heizschlange versehen waren, und zwar bei einer Temperatur von 90 bis 100° C. Beim Auslaugen unter Druck in geschlossenen Gefäßen erfährt der Gehalt des Extraktes an Nichtgerbstoffen eine bedeutende Steigerung, während der Gerbstoffgehalt zurückgeht. So hat z. B. Thuau beim Auslaugen des gleichen Eichenholzes in offenen Bottichen und in geschlossenen Diffuseuren unter Druck Extrakte erhalten, welche vorstehende Zusammensetzung hatten.

	In offenen Bottichen ausgelaugt %	Unter Druck ausgelaugt %
Gerbstoffe	31,5	26,0
Nichtgerbstoffe	8,5	13,5
Unlösliches	0,0	0,5
Wasser	60,0	60,0
	100,0	100,0
Auf 100 Teile Gerbstoff treffen Nichtgerbstoffe	27 Teile	52 Teile

Neuerdings haben jedoch Pawlowitsch und Karatejew gezeigt, daß man auch in geschlossenen Batterien unter Druck eine gute Ausbeute und günstig zusammengesetzte Extrakte erhalten kann, wenn man die Temperatur bei der Extraktion allmählich ansteigen läßt und die Auslaugezeit entsprechend abkürzt. Nach Betriebsversuchen der genannten Autoren erfolgt die beste Auslaugung von Eichenholz bei 132° im letzten, bei 127° C im vorletzten und bei 120° C in den übrigen Diffuseuren. Die Brühenmenge beträgt meist das 2 bis 2,5fache vom Gewicht des ausgelaugten Holzes. Nach Pawlowitsch braucht man für die Auslaugung beim Erwärmen auf 70° in den Gefäßen mit starker Brühe und bis 95° in den letzten Waschwässern 36 bis 48 Stunden. Wird mit kochend heißem Wasser in allen Diffuseuren ausgelaugt, so sind 20 bis 24 Stunden nötig, während die Auslaugung bei 120 bis 125° nur 8 Stunden erfordert. Dabei werden im Betriebe durchschnittlich 75% des vorhandenen Gerbstoffes ausgelaugt. Jedenfalls sind Auslaugetemperatur und Auslaugezeit von entscheidendem Einfluß auf die mehr oder weniger günstige Zusammensetzung des erhaltenen Extraktes. Dagegen üben sie keinen Einfluß auf den Gehalt des Extraktes an Unlöslichem aus. Letzteres hängt vielmehr ausschließlich von der Art und der Sorgfalt der Brühenklärung ab.

Die von der Batterie kommenden Brühen, die gewöhnlich eine Stärke von 2 bis 3° Bé haben, werden nach den Klärbottichen gepumpt. Zum Zwecke der Klärung werden sie abgekühlt und dann entweder einfach auf mechanischem Wege durch Absetzenlassen oder nach besonderen Verfahren geklärt. Das Abkühlen erfolgte früher vielfach durch Rieselkühler. Da hierbei jedoch die Brühe infolge der starken Berührung mit der Luft dunkel gefärbt wurde, gebraucht man jetzt ausschließlich Röhrenkühler, bei welchen die Brühe durch die vom Kühlwasser umspülten Röhren fließt. Das gebräuchlichste Klärverfahren ist das Verfahren von Gondolo (Französ. Pat. Nr. 130265 und 130046). Die Brühen werden zunächst auf etwa 40° C abgekühlt, dann unter gutem Rühren mit verdünntem Rindsblut oder mit einer Lösung von Blutalbumin kräftig durchmischt und auf 70° erwärmt. Hierauf wird rasch abgekühlt und die Brühe der Ruhe überlassen. Durch das Erwärmen auf 70° gerinnt das Bluteiweiß, scheidet sich in Flocken aus und reißt alle schwerlöslichen und suspendierten Stoffe mit sich zu Boden. Von dem Bluteiweiß darf nur soviel zugegeben werden, als zur Klärung ausreicht; denn es werden durch dasselbe auch Gerbstoffe ausgefällt und mitniedergerissen. Wenn der Niederschlag sich abgesetzt hat, wird die überstehende klare Brühe abgezogen und eingedampft. Der in den Klärgefäßen abgeschiedene Schlamm wird entweder in Filterpressen oder durch Zentrifugieren von der Gerbstoffbrühe getrennt und findet seines Stickstoffgehaltes wegen als Düngemittel Verwendung. Außer Blutalbumin werden bei der Eichenholz-Extraktherstellung zuweilen auch Bleisalze, namentlich Bleinitrat, zur Klärung und Entfärbung gebraucht. Die Brühen erhalten dadurch eine besonders schöne, helle, gelbe Farbe; bei Anwendung von Bleisalzen ist jedoch große Vorsicht nötig, weil die Bleisalze auch viel Gerbstoff mit sich niederreißen.

Die geklärten Brühen werden in Mehrkörper-Verdampfapparaten auf 25 bis 30° Bé eingedickt und dann in ein großes Sammelgefäß gebracht, aus dem sie nach Einstellung auf einen bestimmten Gerbstoffgehalt in Fässer abgefüllt werden. Die bei der Extraktion von Eichenholz gewonnenen Brühen enthalten Essigsäure und geringe Mengen von Ameisensäure. Diese Säuren greifen beim Eindampfen der Brühe die Verdampfapparate und die Brüdenpumpen an und haben eine rasche Abnützung derselben zur Folge. Um dies zu verhüten, werden die Brüden durch besondere mit Kalkmilch gefüllte Waschapparate geleitet, die hinter jedem Verdampfkörper eingeschaltet sind. Die auf diese Weise gewonnene Calciumacetatlösung liefert nach dem Eindampfen und Trocknen ein beinahe weißes Pulver, das sich zusammensetzt aus 89% essigsaurem Kalk, 5% ameisensaurem Kalk, 1% kohlensaurem Kalk und 5% Wasser. Auf diese Weise können aus 10 Tonnen Eichenholz 20 bis 25 kg Essigsäure in Form ihres Kalksalzes als Nebenprodukt gewonnen werden. Der Eichenholzextrakt von 25° Bé enthält 0,2 bis 0,3% freie Essigsäure.

Flüssiger Eichenholzextrakt gerät wegen seines Zuckergehaltes während der heißen Jahreszeit leicht in Gärung. Um dies zu verhindern, erhält er Zusätze von 0,3 bis 0,4% Natriumbisulfit oder 0,1% Phenol oder 0,3% Fluornatrium. In neuerer Zeit hat die Herstellung flüssiger Extrakte stark abgenommen. Es wird jetzt sehr viel fester Extrakt in den Handel gebracht, entweder als zusammenhängender fester Extrakt oder in Pulverform. Gute Eichenholzextrakte haben ungefähr vorstehende durchschnittliche Zusammensetzung.

	Flüssiger Extrakt %	Fester Extrakt %	Pulver-extrakt %
Gerbstoff	27,0	60,0	66,0
Nichtgerbstoffe	12,0	23,0	23,0
Unlösliches	1,0	1,6	1,8
Wasser	60,0	15,4	9,2
	100,0	100,0	100,0

10. Kastanienholzextrakt.

Der 1818 entdeckte Kastanienholzgerbstoff wurde ursprünglich in der Seidenfärberei verwendet. Für diesen Zweck wurde vorwiegend in Frankreich in sehr primitiver Weise Kastanienholzextrakt hergestellt. Erst Ende der siebziger Jahre begann die Erzeugung von Kastanienholzextrakt für Gerbereizwecke. Heutzutage sind die Hauptherstellungsländer Südfrankreich, Korsika, Italien, Jugoslavien, Spanien, die Schweiz und in größtem Umfange die Vereinigten Staaten von Nordamerika.

Als Ausgangsmaterial dient das Holz der Edelkastanie. Ursprünglich wurden nur die älteren, über 60 bis 70 Jahre alten Bäume auf Extrakt verarbeitet. Sie enthalten bei 35% Wasser 7 bis 9%, ausnahmsweise auch bis 12% Gerbstoff und ca. 1,5% Nichtgerbstoffe. Diese alten Kastanienbestände haben sich jedoch im Laufe der Zeit stark gelichtet und sind in Europa nur noch in Italien in größerem Umfange vorhanden. Durch den Rückgang der alten Bestände wurde man gezwungen, immer mehr auf die Verarbeitung jüngeren Holzes überzugehen. Dies wird dadurch ermöglicht, daß die Kastanie viel rascher nachwächst als die Eiche. Die Kastanie wächst aus den Wurzeltrieben von selbst nach, und bereits 30 Jahre nach dem Abholzen ist wieder ein schlagbarer Wald vorhanden, dessen Holz sich für die Extraktion schon ganz gut eignet. Es enthält bei 35% Wasser 6 bis 7% Gerbstoff und etwa 1,3% Nichtgerbstoffe. Derartiges Holz gelangt heutzutage in den europäischen Fabriken vorwiegend zur Verarbeitung. Obwohl der Gerbstoffgehalt dieses Holzes niedriger ist als derjenige des älteren Holzes, bietet es doch auch Vorteile. Die aus dem jüngeren Holze gewonnenen Extrakte sind heller und geben dem Leder eine hellere Farbe; außerdem sind sie besser löslich und neigen weniger zur Schlammbildung als die Extrakte aus älterem Kastanienholz.

Zur Verarbeitung auf Extrakt werden die Bäume nach dem Fällen von der Rinde und von verfaulten Teilen befreit und in Klötze von 1¼ bis 1½ m Länge geschnitten. Nachdem sie einige Zeit gelagert haben, werden sie an die Fabrik geliefert, die sie meist unter Dach nochmals eine Zeitlang lagern läßt, damit das Holz einigermaßen getrocknet zur Verarbeitung gelangt. Ganz frisches Holz enthält ungefähr 70% Wasser und verarbeitet sich sehr schlecht. Das Kastanienholz kommt meist mit einem Wassergehalt von 30 bis 35% zur Verarbeitung. Die Zerkleinerung erfolgt mittels Raspeln zu Hirnschnitt.

Die Extraktion wird meist in offenen Holzbottichen vorgenommen, die zu Batterien von 12 bis 16 Gefäßen vereinigt sind. Ähnlich wie beim Eichenholz sind auch beim Kastanienholz geschlossene kupferne Extrakteure in Batterien von 6 bis 8 Stück vorzuziehen. Bei offenen Batterien sind nur Temperaturen bis 100° anwendbar; die Auslaugung beansprucht viel Zeit und große Wassermengen. In geschlossenen Batterien erfolgt die Auslaugung am zweckmäßigsten, wenn man für die frische Lohe eine Temperatur von 80 bis 85° und für die bereits größtenteils ausgelaugte Lohe eine solche von 125 bis 130° einhält. Damit jedoch bei den letzteren Temperaturen der Gehalt an Nichtgerbstoffen, die sich unter diesen Umständen aus der Zellulose des Holzes bilden, nicht zu hoch wird, muß die Auslaugezeit möglichst kurz gehalten werden und soll nicht mehr als 10 bis 25 Minuten betragen. Die Menge der aus der Batterie kommenden Brühe beträgt je nach der Arbeitsweise das 1,5 bis 2fache vom Gewicht des auszulaugenden Holzes und hat eine Stärke von 2 bis 4° Bé.

Die von der Batterie kommende heiße Brühe gelangt nach Passieren eines Röhrenkühlers, in dem sie auf 20 bis 30° abgekühlt wird, in den Koagulierbottich. Hier wird sie mittels eines Rührwerkes möglichst gut mit Blut- oder Blutalbuminlösung vermischt, und zwar rechnet man ungefähr 10 l flüssiges Blut mit etwa 15% Trockenrückstand auf 3500 l Brühe von 2 bis 3° Bé. Nach gründlicher Durchmischung wird die Brühe auf 75° erwärmt, um das Eiweiß auszufällen. Dann wird sie durch einen Röhrenkühler in den Absitzbottich gepumpt. Nach dem Absitzen wird die überstehende klare Brühe im Triple-Effet auf 25° Bé eingedickt. Der Extrakt wird nun in einen großen Sammelbottich gebracht. Hier setzt sich nochmals etwas Unlösliches ab. Außerdem wird der Extrakt hier zur Verhinderung der Gärung und zwecks weiterer Entfärbung meist noch mit 1% Natriumbisulfit versetzt und auf den garantierten Gerbstoffgehalt eingestellt. Der Extrakt ist nun fertig zum Abfüllen in Fässer. Zur Herstellung von festem Extrakt wird der von dem Triple-Effet kommende Extrakt meist in Kestnerapparaten weiter eingedickt. Zur Erzeugung von pulverförmigem Extrakt bedient man sich des Vakuum-Walzentrockners. Aus 100 Tonnen Holz werden etwa 17 t flüssiger Extrakt mit 30% Gerbstoff oder 8,5 t fester Extrakt mit 60% Gerbstoff gewonnen.

Im Handel werden nach der Herstellung zwei Arten von Kastanienholzextrakt unterschieden, nämlich „geklärter" (clarifié) einerseits und „doppelt geklärter und blutentfärbter" (double clarifié et décoloré) andererseits. Die flüssigen Extrakte enthalten bei einer Dichte von 25 bis 30° Bé meist 30 bis 41% Gerbstoffe. In neuerer Zeit kommen auch feste Kastanienholzextrakte in Block- oder Pulverform in den Handel. Für diese Extrakte werden 68 bis 72% Gerbstoff garantiert. Eine durchschnittliche Zusammensetzung läßt sich für Kastanienextrakte schwer angeben. Die Unterschiede sind je nach der Herstellungsweise (Auslaugung, Klärung, Entfärbung) zu groß. Daher können nur einige Beispiele aufgeführt werden:

	Flüssiger Extrakt			Fester Extrakt	
	25° Bé %	28° Bé %	30° Bé %	Europ. Herkunft Blockform %	Amerik. Herkunft Pulverform %
Gerbstoff	30,4	35,2	38,8	64,6	71,5
Nichtgerbstoffe	8,0	8,7	9,5	14,0	18,9
Unlösliches	0,6	0,6	0,7	1,4	2,6
Wasser	61,0	55,5	51,0	20,0	7,0
	100,0	100,0	100,0	100,0	100,0
Asche	0,5	0,6	0,7	1,3	3,0

11. Quebrachoextrakt.

Der Quebrachoextrakt ist derjenige Gerbstoffextrakt, der weitaus am meisten von allen pflanzlichen Gerbstoffextrakten gebraucht wird. Der größte Teil dieses Extraktes wird in den Fabriken seiner Ursprungsländer Argentinien und Paraguay in fester Form hergestellt. Die europäischen und nordamerikanischen Extraktfabriken stellen aus Quebrachoholz oder auch aus aufgelöstem südamerikanischen Extrakte meist Spezialmarken vorwiegend in flüssiger, in geringerem Umfange auch in fester Form her.

Als Ausgangsmaterial für die Extraktherstellung dient das von Rinde und Splint befreite rote Kernholz des Quebracho colorado chaqueño. Auch dickere Äste und die Wurzeln werden zur Extraktfabrikation mitverwendet. Die von Rinde und Splint befreiten Stämme werden in der Heimat des Quebrachos als „Rollizos" bezeichnet. Auf Extrakt werden hauptsächlich Rollizos vom sog. „tipo fabrica" verarbeitet, das sind mittelstarke und starke, vorwiegend gesunde Stämme, die nur vereinzelt etwas angefault sein dürfen. Auch soll sich nicht zu viel Campanaholz darunter befinden. Man versteht darunter die Stämme abgestorbener oder umgefallener Bäume, deren Rinde und Splint abgefault sind. Die Oberfläche des Campanaholzes ist durch die Einwirkung von Luft und Licht stark dunkel gefärbt, zuweilen auch infolge von Waldbränden verkohlt. Die Oberflächenschicht wird gewöhnlich noch im Walde mit der Axt entfernt. Das verbleibende Kernholz ist besonders hart und gerbstoffreich; es ist jedoch etwas dunkler gefärbt als frisches Holz und gibt infolgedessen dunklere Brühen. Aus diesem Grunde soll es nur bis zu einem gewissen Prozentsatz mit frischem Holz zusammen verarbeitet werden. Stark angefaultes und kernfaules Holz darf ebenfalls nur in geringer Menge dem guten Holze beigemengt werden.

Für die Extraktherstellung werden die Quebrachostämme in großen Trommelraspeln zu Hirnschnitt von 3 bis 4 mm Dicke zerkleinert. Das zerkleinerte Holz passiert einen Sichter von 6 bis 8 mm Maschenweite. Die hierbei abfallenden Späne werden in einer Schlagkreuzmühle gemahlen. Das zerkleinerte Quebrachoholz wird in kupfernen Diffuseuren, von denen 6 bis 8 Stück zu einer Batterie vereinigt sind, mit Wasser von 110 bis 120° C ausgelaugt. Die dabei gewonnene Brühe beträgt ungefähr das 2,5fache vom Gewicht der auszulaugenden Lohe. Die Brühe wird in Holzbottichen hauptsächlich zur Abscheidung mechanischer Verunreinigungen einer kurzen Klärung unterworfen und dann sofort im Double- oder Triple-Effet auf 20 bis 25° Bé eingedampft. Das weitere Eindampfen erfolgt in den üblichen, mit Heizschlange und heizbarem Rührwerk versehenen Vakuumapparaten. Sobald der Extrakt zur Sirupdicke eingedickt ist, wird er heiß in Säcke abgezogen. Diese Säcke werden sofort zugenäht und zum Trocknen ausgelegt. Nach einigen Tagen ist der Extrakt fest und versandfertig. Der auf diese Weise hergestellte Extrakt ist der natürliche oder warmlösliche auch als „regulärer" oder „ordinary" bezeichnete Extrakt, in Argentinien Extracto comun oder Extracto ordinario genannt. Außer dem natürlichen Extrakte wird auch sulfitierter oder kaltlöslicher Extrakt hergestellt. Seine Herstellung erfolgt in der Weise, daß der aus dem Double- oder Triple-Effet kommende 20 bis 25° Bé starke, flüssige Extrakt in einem mit Rührwerk und Heizschlange versehenen Bottich bei 90 bis 95° längere Zeit mit einem Gemisch von Natriumsulfit und Natriumbisulfit behandelt wird. Das weitere Eindampfen des sulfitierten Extraktes wird dann in Vakuumapparaten in gleicher Weise wie bei den natürlichen Extrakten ausgeführt. Bei Verwendung guten Holzes und sachgemäßer Arbeitsweise werden aus 100 t Holz 27 bis 28 t natürlicher oder 30 bis 31 t sulfitierter fester Quebrachoholzextrakt mit einem Wassergehalt von 23 bis 24% gewonnen.

Die Gerbstoffe des Quebrachoextraktes, deren chemische Konstitution noch unbekannt ist, bestehen vorwiegend aus Verbindungen, die in kaltem Wasser leicht löslich sind. Daneben ist aber auch eine nicht unbeträchtliche Menge schwerlöslicher Verbindungen, der sogenannten Phlobaphene, vorhanden. Sie sind nur in heißem Wasser oder in konzentrierten Extraktbrühen löslich. Beim Abkühlen der heißen Brühen oder beim Verdünnen der konzentrierten Lösungen fallen sie aus. Sie erschweren die Gerbung, setzen sich am Boden der Gruben ab und gehen für den Gerbprozeß verloren. Man war daher seit langem bestrebt, einen an Phlobaphenen armen sog. „kaltlöslichen" Quebrachoextrakt zu erzeugen.

Die Lösung des Problemes gelang im Jahre 1897 der Firma Lepetit, Dollfus und Gansser in Mailand und Garessio mit ihrem durch D.R.P. Nr. 91603 sowie Zusatzpatent Nr. 167095 geschützten Sulfitierungsverfahren. Der Patentanspruch von Nr. 91603 lautet:

„Verfahren zur Darstellung neuer Farbstoffe und Gerbstoffe aus den natürlichen Farbstoffen und Gerbstoffen bzw. ihren Extrakten, dem Gelbholze, Fisetholze, Quercitron, Quebracho, Hemlock und der Fichte gekennzeichnet durch Einwirkung von Bisulfiten oder Sulfiten der Alkalien bei Temperaturen von 100 bis 150° C, evtl. unter Druck, auf die Extrakte der angeführten Farbstoff- bzw. Gerbstoffhölzer oder die Farbstoff- bzw. Gerbstoffhölzer selbst."

Der Anspruch des Zusatzpatentes ist folgendermaßen formuliert:

„Eine weitere Ausführungsform des durch Patent 91603 geschützten Verfahrens zur Darstellung von kaltlöslichen Quebrachoextrakten aus schwerlöslichen Extrakten, dadurch gekennzeichnet, daß man die klarlöslichen, schwach alkalischen Produkte, welche durch Erhitzen von schwerlöslichem, harzigem Quebrachoextrakt und neutralem Natriumsulfit auf 85 bis 91° C entstehen, längere Zeit auf diese Temperatur erhitzt und dann ansäuert."

Aus den beiden Patentschriften seien auch die Herstellungsbeispiele für Quebracho angeführt:

„Die Darstellung von auch in kaltem Wasser völlig löslichen Derivaten aus gewöhnlich schlecht löslichen Quebrachoextrakten geschieht entweder

a) durch Erhitzen von 300 kg Quebrachoextrakt von 25° Bé und 70 bis 80 kg Natriumbisulfit von 35° Bé im Druckgefäß während 6 bis 7 Stunden auf 140 bis 150° C, oder

b) durch Erhitzen von 500 kg Quebrachoextrakt und 150 kg Natriumbisulfit von 35° Bé im offenen Rührkessel, der durch Dampf geheizt werden kann, unter fortwährendem Rühren während 8 bis 10 Stunden auf etwa 100° C, indem das verdampfte Wasser von Zeit zu Zeit ersetzt wird.

100 kg schwerlöslicher Quebrachoextrakt von 25° Bé werden unter Umrühren mit 15 bis 20 kg krystallisierten Natriumsulfits und 20 bis 29 l Wasser so lange auf 85 bis 90° C erhitzt, bis eine herausgenommene Probe, in kaltem Wasser gelöst, keinen Niederschlag auf Zusatz von Natriumbisulfit zeigt. Je nach der Beschaffenheit des Ausgangsmaterials, ob dasselbe mehr oder wenig harzig ist, wird dieser Punkt nach 3 bis 5 Stunden erreicht. Man fügt nun 4 bis 5 l Essigsäure oder 8 bis 10 kg stark gesättigtes Natriumbisulfit von 38° Bé hinzu und läßt erkalten."

Die beim Auftreten der sulfitierten Extrakte lebhaft erörterte Frage, ob durch Oxydation des sulfitierten Extraktes, besonders beim Lagern des damit gegerbten Leders freie Schwefelsäure entstehen kann, die zerstörend auf das Leder wirken würde, wurde durch wissenschaftliche Arbeiten von Parker und Gansser sowie durch die Erfahrungen der Praxis einwandfrei dahin entschieden, daß eine Gefahr der Schädigung des Leders durch Bildung freier Schwefelsäure aus sulfitierten Extrakten nicht vorhanden ist.

R. Lepetit, der Erfinder des Sulfitierungsverfahrens, hat gezeigt, daß in den sulfitierten Extrakten die schweflige Säure in zwei verschiedenen Formen vorhanden ist:

1. Anorganisch gebunden als Sulfit (Na_2SO_3) und als Bisulfit ($NaHSO_3$). Die in dieser Form vorhandene schweflige Säure wird durch Mineralsäuren in Freiheit gesetzt und kann abdestilliert werden.

2. Organisch gebunden. Die so vorhandene schweflige Säure ist durch Mineralsäuren nicht abspaltbar.

Stiasny und Orth fassen das Ergebnis ihrer umfangreichen Untersuchungen über die Wirkung der Sulfitierung folgendermaßen zusammen:

„Durch Sulfitierung von Quebrachoextrakt wird eine Verkleinerung der Kolloidteilchen (Dispersitätserhöhung) und ein chemischer Abbau des Gerbstoffes bewirkt. Bei geringer Sulfitierung äußert sich diese Wirkung in einer Löslichmachung der Phlobaphene und damit in einer Vermehrung der gerberisch wirksamen Gerbstoffe; diese Vermehrung überwiegt bedeutend die geringe Bildung von Nichtgerbstoffen durch Abbau oder Tannatbildung. Bei steigendem Sulfitierungsgrad macht sich die Teilchenverkleinerung und auch die Nichtgerbstoffbildung zunehmend bemerkbar. Die durch Umwandlung von Gerbstoffen in Nichtgerbstoffe bedingten Gerbstoffverluste werden immer größer und können, bei entsprechend hohem Sulfitierungsgrad, bis zur vollständigen Zerstörung des Gerbstoffes führen.“

Wenn auch der genaue Reaktionsverlauf der Sulfitierung noch nicht vollkommen aufgeklärt ist, so hat doch am meisten Wahrscheinlichkeit die Annahme für sich, daß durch die Sulfitierung die Sulfogruppe (SO_3H) in das Molekül des Quebrachogerbstoffes eingeführt wird und dadurch eine lösliche Verbindung entsteht.

Nach dem Freiwerden der Patente ist die Sulfitierung zum Allgemeingut der Gerbextrakt- und Lederindustrie geworden. Die Sulfitierung wird am besten mit einem Gemisch von Natriumsulfit und Natriumbisulfit vorgenommen, indem man die festen Salze in der erforderlichen Menge Wasser auflöst und diese Lösung dem flüssigen natürlichen Quebrachoextrakt zusetzt. Auch die im Handel befindliche konzentrierte Bisulfitlauge kann verwendet werden. Die südamerikanischen Extraktfabriken stellen sich meist ihre Bisulfitlauge selbst her durch Verbrennen von Schwefel und Einleiten der entstehenden schwefligen Säure in Sodalösung. Häufig wird bei der Sulfitierung auch etwas Aluminiumsulfat zugesetzt, um die Farbe, welche der Extrakt dem Leder gibt, von Rot nach Gelb zu verschieben. Um Gerbstoffverluste infolge Bildung unlöslicher Aluminiumtannate zu vermeiden, darf der Zusatz von Aluminiumsulfat nicht sehr hoch sein und soll etwa 2% auf das Gewicht des festen Extraktes berechnet nicht überschreiten.

Die Sulfitierung wird am zweckmäßigsten in einem mit Siebboden, kupferner Heizschlange, Messingpropellerrührer, Deckel und Abzugskamin versehenen Bottich ausgeführt, wie er in Abb. 108 dargestellt ist. Zur Herstellung der handelsüblichen sulfitierten argentinischen Extrakte gibt man zu der auf 90 bis 95° erhitzten etwa 20° Bé (bei 60° C gespindelt) starken Lösung von natürlichem Extrakt unter gutem Rühren Bisulfitlauge, welche auf festen Extrakt berechnet 2,5% Natriumsulfit (wasserfrei) und 2,5% Natriumbisulfit (wasserfrei) enthält. Nach einiger Zeit wird 0,5 bis 1% wasserfreies Aluminiumsulfat (auf das Gewicht des festen Extraktes berechnet) in der nötigen Menge Wasser gelöst zugesetzt, und das Ganze bei 90 bis 95° C so lange gerührt, bis eine herausgenommene Probe in einen Glaszylinder mit kaltem Wasser gegossen vollständig löslich ist. Dies wird im allgemeinen nach 6 bis 12 Stunden erreicht. Die Sulfitierung kann auch in einem kupfernen Autoklaven bei 120 bis 140° C vorgenommen werden.

Obwohl dadurch die Sulfitierungszeit abgekürzt wird, verdient doch das Sulfitieren im Bottich wegen des sicheren und leichter kontrollierbaren Arbeitens den Vorzug.

Die auf vorstehende Weise erhaltenen Extrakte sind zwar vollkommen kaltlöslich, geben aber dem Leder kein so gutes Gewicht wie die natürlichen Extrakte. Um die gewichtgebenden Eigenschaften besser zu erhalten, wird der Quebrachoextrakt bisweilen nur ansulfitiert. Wenn man z. B. mit nur 1% Natriumsulfit und 1% Natriumbisulfit auf festen Extrakt berechnet 6 bis 10 Stunden sulfitiert, so erhält man zwar keinen vollständig kaltlöslichen Extrakt, immerhin gelingt es auf diese Weise, bis zu 90% der Phlobaphene in lösliche Verbindungen überzuführen. Außer diesen schwach (mit 1 bis 3% Sulfit) sulfitierten und den mittelstark sulfitierten Extrakten vom Typ der argentinischen Erzeugnisse gibt es auch noch stark sulfitierte Extrakte. Diese Extrakte sind als Mimosa-D-Extrakte bekannt und werden vorwiegend als Bleichextrakte verwendet. Sie haben in neuerer Zeit an Bedeutung verloren, weil an ihrer Stelle vielfach Zelluloseextrakte oder synthetische Gerbstoffe gebraucht werden. Zur Herstellung eines derartigen Extraktes wird auf festen natürlichen Extrakt berechnet mit 15 bis 16% Natriumbisulfit bei 90 bis 95° etwa 6 bis 8 Stunden sulfitiert.

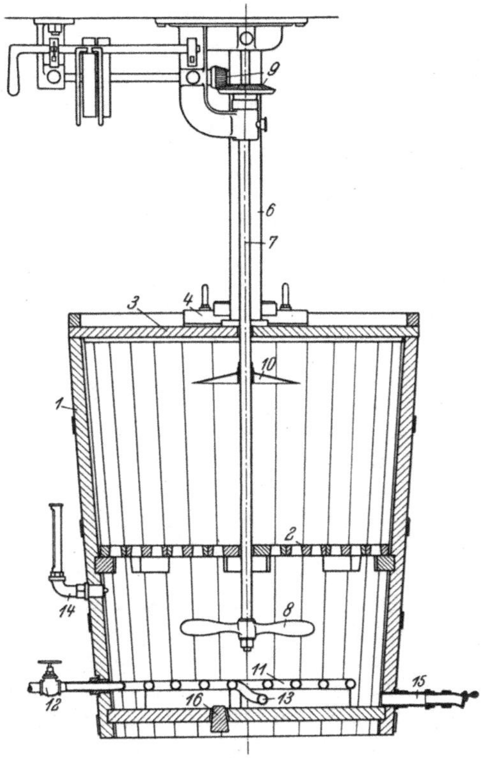

Abb. 108. Löse- und Sulfitier-Einrichtung für Gerbstoffextrakte.

1 Holzbottich, *2* Siebboden, *3* Holzdeckel zum Abdecken des ganzen Bottichs, *4* Deckel zum Verschließen der Füllöffnungen, *6* Holzkamin, *7* Messingwelle, *8* Propeller, *9* Kegelradgetriebe, *10* Kupferhaube zum Schutz gegen Hochsteigen der Extraktlösung, *11* Heizschlange, *12* Dampfzuleitungsventil, *13* Abdampfleitung, *14* Thermometer, *15* Ablaßhahn für den Extrakt, *16* Spund zum Ablassen der Brühe beim Reinigen.

Unsulfitierte, kaltlösliche Extrakte, die in ihren gewichtgebenden Eigenschaften den natürlichen Extrakten so gut wie gleich kommen, werden nach dem D.R.P. Nr. 212876 von Redlich, Pollak und Jurenka erhalten. Dieses Verfahren besteht im wesentlichen darin, daß die von den Diffuseuren kommende heiße Brühe zunächst abgekühlt wird, wobei sich Schlamm absetzt. Die über dem Schlamm stehende Brühe wird abgezogen, während der Schlamm in einer geringen Menge Soda gelöst wird. Diese schwach alkalische Lösung wird nun unter gutem Rühren der zuerst abgezogenen Brühe zugesetzt, wobei starke Flockenbildung eintritt. Die nach einigen Stunden vollkommen klare Brühe wird vom Schlamm abgezogen und bildet auf eine bestimmte Konzentration oder zur Trockene eingedampft den reinen kaltlöslichen Quebrachoextrakt. Der Schlamm wird wiederum unter Alkalizusatz in Wasser gelöst und zur Klärung einer weiteren Menge frischer, von der Extraktion kommender Quebrachobrühe verwendet. Die bei diesem Verfahren schließlich als unlöslich übrigbleibenden verhältnismäßig geringen Gerbstoffmengen werden auf sulfitierten Extrakt verarbeitet und als solcher in den Handel gebracht.

Im österreichischen Patent Nr. 69195 wird Dr. H. Franke ein Verfahren geschützt, dessen Anspruch lautet:

„Verfahren zum Aufschließen der in rohen Quebrachobrühen vorhandenen schwerlöslichen Gerbstoffe, wobei heiße Brühen mit alkalisch reagierenden Mitteln unter Luftabschluß mit oder ohne Druck erhitzt und hierauf mit der zur Neutralisation äquivalenten Menge Säure versetzt wird, dadurch gekennzeichnet, daß als alkalisch reagierendes Mittel Oxyde, Hydroxyde oder Salze (Karbonate) der Erdalkalien und als Säuren vorzugsweise solche, die mit den Erdalkalien schwer- oder unlösliches Salz bilden, zur Verwendung gelangen."

Zusammensetzung von Quebrachoextrakten:

Extraktsorte	° Bé	Gerbstoff %	Nichtgerbstoffe %	Unlösliches %	Wasser %	Asche %
Flüssiger Extrakt, unbehandelt.	22,5	35,0	3,0	3,0	59,0	0,5
Flüssiger Extrakt, schwach sulfitiert	22,5	36,0	3,8	0,2	60,0	1,5
Flüssiger Extrakt, mittelstark sulfitiert . . .	23,0	35,6	4,4	0,0	60,0	2,5
Flüssiger Extrakt, mittelstark sulfitiert . . .	27,5	42,0	5,8	0,0	52,2	3,0
Flüssiger Extrakt, stark sulfitiert (Mimosa-D-Typ)	27,0	37,0	8,5	0,0	54,5	6,0
Fester, regulärer, argentinischer Extrakt . .	—	65,0	4,7	8,3	22,0	0,7
Fester, sulfitierter, argentinischer Extrakt . .	—	69,5	8,5	0,0	22,0	5,5
Fester, unsulfitierter, kaltlöslicher Extrakt („Triumph")	—	77,0	6,0	0,0	17,0	2,0

12. Urundayextrakt.

Aus Urundaykernholz wird im Quebrachogebiet in gleicher Weise wie aus Quebracho Extrakt erzeugt, und zwar wird Urundaykernholz entweder zusammen mit Quebracho auf Quebrachoextrakt verarbeitet, oder es wird aus ihm allein Urundayextrakt hergestellt, der in fester Form meist als natürlicher, seltener als sulfitierter Extrakt in den Handel kommt. Entsprechend dem niedrigen Gerbstoffgehalt des Urundayholzes ist auch die Ausbeute an Extrakt geringer, und zwar werden aus 100 kg Holz nur gegen 20 kg fester natürlicher Extrakt erhalten. Urundayextrakt ist schwieriger zu sulfitieren als Quebrachoextrakt. Es gelingt unter sonst gleichen Umständen nicht so leicht, einen vollständig kaltlöslichen Extrakt herzustellen. Auch die Farbe kann dabei selbst bei Zusatz von Aluminiumsulfat nicht so gut und so stark aufgehellt werden wie bei der Sulfitierung von Quebrachoextrakt.

	Natürl. Urunday-extrakt %	Sulfit. Urunday-extrakt %
Gerbstoff	69,7	67,2
Nichtgerbstoffe . .	5,8	10,5
Unlösliches . . .	2,5	0,3
Wasser	22,0	22,0
	100,0	100,0
Asche	2,0	7,5

Die ersten in den Handel gebrachten natürlichen Urundayextrakte waren in ihrer Zusammensetzung den entsprechenden Quebrachoextrakten sehr ähnlich, nur enthielten sie etwas mehr Nichtgerbstoffe und etwas mehr Asche. Die gegenwärtig im Handel befindlichen Urundayextrakte zeigen wesentlich weniger Unlösliches. Reaktionen, um Urundayextrakt von Quebrachoextrakt zu unterscheiden, sind bis jetzt nicht bekannt. Obiges Beispiel sei für die Zusammensetzung des Urundayextraktes angeführt.

13. Tizrahextrakt.

Der Tizrahgerbstoff kommt in seinen analytischen und gerberischen Eigenschaften dem Quebrachogerbstoff fast vollständig gleich. Das meiste Tizrahholz wird daher in den europäischen Extraktfabriken auf Quebrachoextrakt verarbeitet. Gelegentlich im Handel aufgetauchte flüssige Tizrahextrakte hatten nebenstehende Zusammensetzung.

	I %	II %
Gerbstoff	32,1	41,3
Nichtgerbstoffe	4,2	4,7
Unlösliches	1,0	0,7
Wasser	62,7	53,3
	100,0	100,0

Tizrahextraktbrühen neigen leicht zur Schlammbildung und klären sich viel schwieriger als Quebrachobrühen. Auch die Sulfitierung von Tizrahextrakt ist bedeutend schwieriger als diejenige von Quebrachoextrakt, und es gelingt kaum, dabei mit den üblichen Mengen von Sulfiten vollkommen kaltlöslichen Extrakt zu erhalten.

14. Fichtenholzextrakt.

Das Fichtenholz enthält viel zu wenig Gerbstoffe, als daß man daraus einen Gerbstoffextrakt herstellen könnte. Die als Fichtenholzextrakte in den Handel kommenden Produkte sind meist Zelluloseextrakte.

15. Sumachextrakt.

Die Herstellung von Sumachextrakt erfordert große Vorsicht. Als Ausgangsmaterial ist gute, unverfälschte Ware zu nehmen. Wegen der leichten Zersetzlichkeit des Sumachs müssen sowohl beim Auslaugen wie beim Eindampfen höhere Temperaturen vermieden werden, sonst wird ein Extrakt erhalten, der nicht nur viel Unlösliches, sondern auch im Verhältnis zum Gerbstoff zuviel Nichtgerbstoffe enthält und noch außerdem dem Leder eine schlechte Farbe gibt. Ferner ist ein sorgfältiges Klären und Entfärben erforderlich, das vorwiegend unter Verwendung von Blei-, Barium- und Magnesiumsalzen ausgeführt wird. Nur auf diese Weise ist es möglich, Extrakte herzustellen, welche eine günstige Zusammensetzung zeigen und dem Leder die verlangte helle Farbe geben. Die Sumachextrakte kommen meist flüssig in Dichten von 22 bis 30° Bé in den Handel. Sie sind leicht zersetzlich und müssen kühl aufbewahrt werden. Ihr Gerbstoffgehalt ist im allgemeinen nicht höher als derjenige von sizilianischem Blättersumach. Es bedeutete daher einen großen Fortschritt, daß es in neuester Zeit gelungen ist, festen Sumachextrakt in Pulverform herzustellen, bei dem die guten gerberischen Eigenschaften und die helle Farbe des Ausgangsmaterials vollständig erhalten geblieben sind.

Mittlere Zusammensetzung flüssiger Sumachextrakte siehe nebenstehende Tabelle.

	22° Bé %	26° Bé %	30° Bé %
Gerbstoff	23,5	27,0	30,0
Nichtgerbstoffe	11,0	13,0	15,0
Unlösliches	0,5	1,0	1,0
Wasser	65,0	59,0	54,0
	100,0	100,0	100,0
Asche	1,0	1,2	1,5

Der feste Sumachextrakt hat 64% Gerbstoff, 29% Nichtgerbstoffe, 1% Unlösliches und 6% Wasser.

16. Gambir und Catechu

wurden bereits in dem Kapitel über die Gewinnung der pflanzlichen Gerbmittel besprochen (siehe S. 276ff.).

17. Mangueextrakt.

Aus den Blättern und Stielen der weißen Mangue wird in neuerer Zeit in Brasilien Extrakt hergestellt. Die frischen, höchstens 1 bis 2 Tage alten Blätter werden in einer Häckselmaschine zerkleinert und ähnlich wie Sumach vorsichtig mit warmem Wasser ausgelaugt. Die hierbei gewonnene Brühe wird abgekühlt, geklärt und die überstehende klare Flüssigkeit im Double-Effet auf 38 bis 40° Bé eingedampft. Der Extrakt wird noch heiß in die Fässer gefüllt, in denen er in den Handel kommt. Er hat etwa folgende Zusammensetzung: Gerbstoffe 32,1%, Nichtgerbstoffe 28,6%, Unlösliches 1,0%, Wasser 38,3%, Asche 11,3%. Der hohe Aschegehalt ist nicht auf chemische Behandlung zurückzuführen, sondern rührt aus dem salzhaltigen Boden her, auf welchem die Mangue wächst.

Der Mangueextrakt wird bis jetzt nur in flüssiger Form hergestellt und meist nur in seinem Erzeugungsland Brasilien zum Gerben von Unter- und Oberleder sowie zum Färben von Fischnetzen, Tauen und Segeln verwendet. Viel gebraucht wird er in Brasilien auch zum Färben khakibrauner Uniform- und Kleiderstoffe.

18. Valoneaextrakt.

Seit etwa 1907 wird in Smyrna ein fester Valoneaextrakt fabriziert, der unter dem Namen „Valex" in den Handel kommt. Später sind in Smyrna selbst sowie in Konstantinopel, in der Nähe von Athen und auf der Insel Mytilene weitere Valoneaextraktfabriken entstanden. Für die Herstellung von Valoneaextrakt ist gutes, möglichst von allen Unreinigkeiten befreites Ausgangsmaterial zu verwenden, das Valonea und Trillo im richtigen Verhältnis gemischt enthält. Die Auslaugung des durch Mahlen grob zerkleinerten Materiales muß vorsichtig unter Vermeidung höherer Temperaturen erfolgen. In den Valoneaextrakten sind die natürlichen, guten Eigenschaften des Valoneagerbstoffes vollständig erhalten geblieben. Die Extrakte zeigen einen hohen Gerbstoffgehalt und im Verhältnis dazu nicht allzu hohe Nichtgerbstoffe. Bemerkenswert ist auch ihr geringer Gehalt an Unlöslichem. Man kann sie daher fast ohne Rückstand in Wasser von Zimmertemperatur auflösen. Geringe Bedeutung kommt den flüssigen Extrakten zu, deren Gerbstoffgehalt im allgemeinen nicht höher liegt als derjenige der Valonea selbst. Die festen Extrakte gelangen in Pulverform mit einem sehr niedrigen Wassergehalt auf den Markt. Als durchschnittliche Zusammensetzung derselben kann angenommen werden: Gerbstoff 69%, Nichtgerbstoffe 21%, Unlösliches 1%, Wasser 9%. — Asche 5%.

19. Myrobalanenextrakt.

Fester Myrobalanenextrakt wird in Indien, flüssiger in Europa und Nordamerika hergestellt. Die ursprünglichen Erzeugnisse enthielten im Vergleich zum Gerbstoff zu hohe Nichtgerbstoffe, sowie ferner zuviel Unlösliches. Sie gaben daher beim Auflösen trübe schlammige Brühen und lieferten dunkle, mißfarbige Leder. Man hat jedoch bald gelernt, die Myrobalanen vorsichtig, bei nicht zu hoher Temperatur auszulaugen, sowie die Brühen gut zu klären und vorsichtig einzudampfen. Die gegenwärtig im Handel befindlichen Myrobalanenextrakte weisen daher eine günstigere Zusammenstellung auf. Die flüssigen Extrakte haben bei einer Dichte von 22° Bé durchschnittlich 26% Gerbstoff, 9% Nichtgerbstoffe, 1% Unlösliches und 64% Wasser. Der feste Extrakt enthält durchschnittlich 59% Gerbstoffe, 18% Nichtgerbstoffe, 5% Unlösliches und 18% Wasser.

20. Dividivi, Algarobilla und Knoppern.

Aus diesen Gerbmitteln werden keine Extrakte hergestellt. Abgesehen davon, daß die Ausgangsmaterialien für den Weltgerbstoffmarkt nur in verhältnismäßig geringer Menge zur Verfügung stehen, handelt es sich bei ihnen um hochwertige

Gerbmittel, die zweckmäßiger in Verbindung mit anderen Gerbmitteln vom Gerber selbst ausgelaugt werden, zumal ihr Gerbstoff ziemlich empfindlich ist und namentlich beim Eindampfen der Brühen in seiner Zusammensetzung und Farbe nur leiden würde.

21. Galläpfel.

Aus Galläpfeln werden Gerbextrakte nicht hergestellt; die Galläpfel bilden jedoch neben Myrobalanen und Sumach ein wichtiges Rohmaterial für die Herstellung von Tannin.

22. Canaigreextrakt.

Zur Herstellung von Canaigreextrakt werden die frischgeernteten Wurzelknollen nach entsprechender Zerkleinerung ausgelaugt. Bei der Auslaugung des Rohmateriales, sowie beim Eindampfen der Brühen sind höhere Temperaturen zu vermeiden, weil sonst die im Canaigre vorhandene Stärke verkleistert. Zur Zeit, als der Canaigre ein wichtiges Gerbmittel zu werden versprach, hat man auch versucht, ihn auf Extrakt zu verarbeiten. Ein solcher auf zweckmäßige Weise gewonnener fester Extrakt enthielt 50% Gerbstoff, 28% Nichtgerbstoff, 2% Unlösliches und 20% Wasser. Ebensowenig wie der Canaigre selbst hat sich jedoch der aus ihm hergestellte Extrakt in der Lederindustrie einzubürgern vermocht.

23. Badanextrakt.

In Rußland hat man Versuche zur Herstellung von Badanextrakt vorgenommen. Da die Badanwurzel ebensoviel Gerbstoffe wie Nichtgerbstoffe enthält, hat man dabei, um dieses ungünstige Verhältnis zu verbessern, nach dem Verfahren der kalt-heißen Extraktion von Smetkin und Jakimoff (siehe S. 346) gearbeitet. Die getrockneten Badanwurzeln wurden nach entsprechender Zerkleinerung angefeuchtet und zunächst mit Wasser von 23^0 ausgelaugt. Hierauf folgte die heiße Auslaugung bei 95^0. Die bei der heißen Auslaugung gewonnene Brühe ergab nach dem Eindampfen im Kestner-Apparat auf 20^0 Bé einen Extrakt von der Zusammensetzung: 21,6% Gerbstoffe, 11,4% Nichtgerbstoffe, 1,2% Unlösliches und 65,8% Wasser. Es erscheint zweifelhaft, ob es gelingen wird, das genannte Verfahren so auszugestalten, daß sich seine Anwendung zur Herstellung von Badanextrakt im Großbetrieb lohnt. Außerdem wurde bereits bei der Besprechung der Badangewinnung darauf hingewiesen, daß die Zukunft des Badans als Gerbmittel namentlich von russischer Seite wohl zu optimistisch beurteilt wird.

IV. Lagerung, Transport und Auflösen der Extrakte.

Die Gerbstoffextrakte sind zwar keine sehr empfindliche Ware; immerhin bedürfen doch sowohl die flüssigen wie die festen Extrakte beim Lagern und beim Transport einer gewissen Sorgfalt, um ihre guten Eigenschaften unversehrt zu erhalten. Die Lagerung soll möglichst in kühlen Räumen erfolgen. Übermäßige Kälte und Hitze können den Extrakten bedeutenden Schaden zufügen. Während feste Extrakte durch Frost kaum zu leiden haben, gefrieren die flüssigen Extrakte bei entsprechender Kälte. Beim Gefrieren wird in erster Linie das im Extrakt vorhandene Wasser zu Eis. Durch die beim Gefrieren eintretende Volumvergrößerung können die Fässer gesprengt werden. Versuche über den Einfluß der Kälte auf flüssige Extrakte wurden von Maschke mit Quebracho- und Eichenholzextrakt ausgeführt. Diese Extrakte hielten mehrtägige Einwirkung von Kältegraden von 10 bis 11° ohne wesentliche Änderung ihres Gerbstoffgehaltes aus. Wurden sie mehrere Tage einer Kälte von —17° ausgesetzt, so trat eine Verminderung des Gerbstoffgehaltes unter entsprechender Erhöhung der Nichtgerbstoffe ein. Für den Quebrachoextrakt erfuhr auch der Gehalt an Unlöslichem eine Zunahme. Weiter zeigten die gefrorenen Extrakte nach dem Wiederauftauen eine Entmischung und eine Trennung in mehrere Schichten. Diese Erscheinung konnte durch Erwärmen und gutes Durchmischen ohne sonstige Nachteile wieder beseitigt werden. Bei heißem Wetter besteht ebenfalls die Gefahr des Platzens der Fässer. Es gehen nämlich dann die in den Extrakten enthaltenen zuckerartigen Stoffe in Gärung über, und die hierbei entstehenden Gase treiben die Fässer auseinander. Eine derartige Zersetzung tritt besonders leicht auf bei sehr zuckerreichen Extrakten, wie Fichtenrinden-, Sumach- und Eichenholzextrakten. Um die Gärung zu verhindern, werden solchen Extrakten geringe Mengen antiseptisch wirkender Chemikalien zugesetzt, und zwar etwa 0,5% Natriumbisulfit oder Fluornatrium oder 1% Phenol oder Kresol. Angebrochene Fässer von flüssigem Gerbextrakt sind stets geschlossen zu halten, um eine Dunkelfärbung durch den Luftsauerstoff zu vermeiden.

Die festen Extrakte kommen entweder als zusammengebackene Laibe (Blockform) oder pulverförmig in den Handel. Der Wassergehalt dieser Extrakte schwankt etwa von 4—28%. Die pulverförmigen Extrakte müssen in sehr dichte, einfache oder Doppelsäcke verpackt sein, damit kein Verstäuben des Extraktes stattfinden kann. Bei Doppelsäcken kann der Innensack aus Papier bestehen. Die in Blockform zur Lagerung oder zum Transport gelangenden Extrakte müssen gut erhärtet sein und dürfen nicht zuviel Wasser enthalten; sonst werden sie besonders in warmen Gegenden wieder teigig und drücken durch die Säcke durch. In Stapeln von solchen Extrakt kleben dann die einzelnen Säcke zusammen und sind schwer wieder voneinander zu trennen. Für Extrakte, welche die Tropen passieren müssen und in Gegenden mit gemäßigtem oder kaltem Klima zur Ausladung gebracht werden, ist ein gutes Erhärten und ein nicht übermäßig hoher Wassergehalt des Extraktes von größter Wichtigkeit. Andernfalls kann unter besonders ungünstigen Umständen der Extrakt derart fest zusammenkleben, daß er beim Entladen stückweise mit der Axt auseinandergehauen werden muß. Die stark wasserhaltigen Extrakte, die meist durch ihre klebrige Beschaffenheit schon als solche kenntlich sind, neigen außerdem namentlich in feuchter, warmer Luft sehr leicht zur Schimmelbildung. Dadurch leidet die Qualität des Extraktes; denn ein schimmeliger Extrakt gibt trübe Brühen und unschöne Farbe.

Die Gerbextrakte kommen nur selten im lufttrockenen Zustand in den Handel, d. h. mit einem Wassergehalte, der nur noch geringen Schwankungen unterworfen ist, die lediglich von der Temperatur und der Feuchtigkeit der umgebenden Luft abhängen. Ihr Wassergehalt liegt meist über, zuweilen aber auch unter demjenigen des lufttrockenen Zustandes. Die Extrakte letzterer Art ziehen beim Lagern Wasser an, während diejenigen der ersten Art Wasser verlieren. Dieser Vorgang und die damit verbundene Gewichtsänderung dauern solange, bis der lufttrockene Zustand erreicht ist. Dann finden nur noch die genannten geringen von Temperatur und Feuchtigkeit der umgebenden Luft abhängigen Änderungen statt, derart, daß bei zunehmender Temperatur oder bei Abnahme des Luftfeuchtigkeitsgehaltes der Wassergehalt eines Extraktes abnimmt und umgekehrt. Außer von Temperatur und Luftfeuchtigkeit ist der Wassergehalt eines festen Gerbstoffextraktes auch abhängig von der Natur des betreffenden Extraktes selbst. Er wird nicht nur durch die Verschiedenheit der Gerbstoffe bedingt, sondern hängt auch viel von den Nichtgerbstoffen, namentlich den in ihnen enthaltenen zuckerartigen Stoffen und anorganischen Salzen ab. Vogel hat für die wichtigsten Gerbextrakte in Pulverform bei einer mittleren Temperatur von 19° C (Schwankungen von 12,2 bis 24° C) und einer mittleren relativen Feuchtigkeit von 47,1% (Schwankungen 30 bis 67,8%) die nachstehenden Zahlen für den Wassergehalt in lufttrockenem Zustand gefunden:

	Höchster Wassergehalt %	Niedrigst. Wassergehalt %	Mittlerer Wassergehalt %
Quebrachoextrakt (natürlich)	13,5	11,5	12,5
Quebrachoextrakt (sulfitiert)	15,4	13,2	14,3
Quebrachoextrakt Triumph (kaltlöslich, unsulfitiert)	13,6	11,2	12,4
Eichenholzextrakt	10,9	9,3	10,1
Mangroveextrakt	13,2	10,2	11,7
Mimosenrindenextrakt	12,5	10,2	11,3
Urundayextrakt (natürlich)	14,5	12,6	13,5
Valoneaextrakt	9,9	8,5	9,2
Würfelgambir	11,7	10,4	11,0
Kastanienholzextrakt (italienisch)	12,6	11,2	11,9
Tizrahextrakt	11,3	9,7	10,5
Fichtenrindenextrakt	9,3	7,7	8,5
Kastanienholzextrakt (amerikanisch)	7,0	6,4	6,7
Sumachextrakt	10,9	8,3	9,6

Auch die Art der Zerkleinerung ist auf die Veränderung des Wassergehaltes von Einfluß. Pulverförmige Extrakte ziehen wegen ihrer größeren Oberfläche die Feuchtigkeit rascher an und geben sie leichter wieder ab als Extrakte in kompakter Form. Die kompakten Extrakte kommen meist mit einem Wassergehalt in den Handel, der höher liegt als derjenige der lufttrockenen Ware. Sie verlieren beim Lagern an Wasser, wodurch ihr Gerbstoffgehalt entsprechend zunimmt. Gleichzeitig verlieren sie dabei ihre zähe Beschaffenheit und werden derart spröde, daß sie leicht in Stücke zerfallen und ohne Schwierigkeit zerbröckelt werden können. Im Gegensatz dazu besitzen die pulverförmigen Extrakte des Handels im allgemeinen einen Wassergehalt, welcher ungefähr demjenigen des lufttrockenen Extraktes entspricht. Ihr Wasser- und Gerbstoffgehalt erfährt daher beim Lagern gewöhnlich nur geringere Veränderungen. Manche, sehr trocken aus der Fabrikation kommende pulverförmige Extrakte ziehen an der Luft sogar Wasser an, verlieren also etwas an Gerbstoffgehalt. Dabei nehmen sie vielfach eine krümelige und etwas schmierige Beschaffenheit an. Schließlich ist auch die Art der Aufbewahrung und Stapelung von wesentlichem Einfluß auf den Wassergehalt eines Extraktes. In einem großen luftigen Raume ändert sich der Wassergehalt rascher als in einem engen, geschlossenen und dumpfen Raume. Unter sonst gleichen Umständen verlieren hohe, dichte Stapel prozentual weniger Wasser als niedrige, lose Stapel oder gar einzelne Säcke.

Das Austrocknen des Extraktes möge an einem festen, argentinischen sulfitierten Quebrachoextrakte gezeigt werden, welcher in der üblichen Form von kompakten Laiben in einfache Säcke verpackt zum Versand kam. Dieser Extrakt besaß in der argentinischen Fabrik beim Abziehen aus dem Vakuum 26,2%, nach dem Erhärten vier Tage später 25% Wasser. Nach viermonatlichem Lagern in der Fabrik während der heißen Jahresseit war der Wassergehalt auf 22,2% zurückgegangen. Auf dem Überseetransport verlor die Extraktpartie 0,5% an Gewicht, so daß der Wassergehalt nur noch 21,8% betrug. Beim Lagern des Extraktes in der gemäßigten Zone in einem geschlossenen, ungeheizten Schuppen sank der Wassergehalt auf 18,5%. Einzelne Säcke mit Quebrachoextrakt verlieren in der gemäßigten Zone im Laufe von 3 bis 4 Jahren weiter an Gewicht, und zwar gehen natürliche Extrakte auf 12 bis 13% und sulfitierte Extrakte auf 14 bis 15% Wassergehalt zurück. Dies ist der Wassergehalt des lufttrockenen Quebrachoextraktes; denn er zeigt je nach der Temperatur und der Feuchtigkeit der Luft dann nur noch geringe Zu- oder Abnahme.

Zur Verwendung in der Gerberei müssen die flüssigen Extrakte mit Wasser verdünnt, die festen in Wasser gelöst werden. Vor der Verdünnung mit Wasser sind die flüssigen Extrakte gut durchzumischen, weil sich bei manchen Extrakten während des Lagerns leicht unlösliche Bestandteile ausscheiden. Das Durchmischen erfolgt bei geschlossenen Fässern durch Rollen derselben, bei offenen Fässern durch kräftiges Umrühren ihres Inhaltes. Nach der Durchmischung ist es nicht zweckmäßig, einen Extrakt mit kaltem Wasser zu vermischen; es empfiehlt sich vielmehr, die Mischung des Extraktes mit heißem Wasser unter gutem Umrühren vorzunehmen und die Extraktlösung dann erkalten zu lassen. Selbstverständlich darf für empfindliche Extrakte wie Sumach das Wasser nicht so heiß sein, daß durch dasselbe eine teilweise Zersetzung des Gerbstoffes verursacht werden kann.

Zum Auflösen fester pulverförmiger Extrakte ist es am besten, das Extraktpulver unter gutem Rühren in heißes Wasser einzutragen, bis die gewünschte Konzentration erreicht ist. Kompakte Extrakte werden in manchen Betrieben vor dem Auflösen gemahlen. Abgesehen von den dabei durch Verstäuben eintretenden Verlusten verursacht dieses Verfahren Arbeits- und Kraftverbrauch. In vielen Fällen, namentlich für schon etwas ausgetrocknete Extrakte genügt es, durch eine Anzahl Schläge mit einem schweren Hammer oder einer Axt auf den noch zugebundenen Sack den Extrakt in Stücke zu hauen, dann den Sack aufzuschneiden und den Inhalt auszuschütten. Falls der Extrakt für diese Behandlung nicht spröde genug ist, entfernt man zunächst den Sack, und hackt dann den Laib mit der Axt in Stücke. Das Lösen des auf diese Weise zerkleinerten Extraktes wird in der Weise vorgenommen, daß man die Extraktstücke in heißes Wasser einträgt. Durch Rühren wird das Auflösen bedeutend beschleunigt. Das zuweilen noch übliche Auflösen in einem Gefäß mit offener Dampfschlange empfiehlt sich nicht, weil an den Stellen, an welchen der Dampf ausströmt, infolge Überhitzung leicht Dunkelfärbung der Extraktlösung eintritt. Sofern der Extrakt es ohne Zersetzung verträgt, soll die Temperatur der Flüssigkeit beim Auflösen möglichst 90 bis 95° C betragen. Beim Auflösen namentlich fester Extrakte ist sehr darauf zu achten, daß sämtlicher Extrakt in Lösung gebracht wird und sich kein Bodensatz abscheidet. Was die zum Lösen eines festen Extraktes nötige Menge Wasser anlangt, so diene als Richtschnur, daß man im allgemeinen durch Auflösen von 100 kg festem Extrakt in 100 l Wasser Extrakte von etwa 18 bis 23° Bé erhält. Wenn man weniger Wasser nimmt, werden die Extrakte zu dickflüssig. Will man dünnere Lösungen, so wendet man entsprechend mehr Wasser an. Eine sehr zweckmäßige Vorrichtung zum Auflösen von festem Extrakt stellt die auf S. 357 abgebildete Sulfitiereinrichtung dar. Sie eignet sich gut zum Auflösen fester Extrakte und besitzt den weiteren Vorteil, daß im gleichen Bottich nach erfolgter Auflösung des Extraktes anschließend gleich auch die Sulfitierung ausgeführt werden kann.

F. Der Gerbstoffhandel.

Von **Dr. Wilhelm Vogel,** Freiberg i. Sa.

1. Die Entwicklung des Gerbstoffhandels.

Die Herstellung von Leder mit pflanzlichen Gerbmitteln war bereits im Altertum bekannt, wie zahlreiche Funde aus der Zeit der alten Ägypter, Griechen und Römer beweisen. Diese Völker benützten als Gerbmaterialien die Rinde der Kiefer, der Erle, des Granatäpfelbaumes, ferner Sumachblätter, Eicheln, Galläpfel und andere an Ort und Stelle vorkommende Gerbmittel. Auch im Mittelalter wurden nur diejenigen Gerbmaterialien gebraucht, die in der Nähe der Gerberei oder im Lande selbst vorkamen. Bis in die Neuzeit hinein wurde die Gerberei handwerksmäßig betrieben. Durch strenge und engstirnige Zunftvorschriften war jeglicher Fortschritt gehemmt. Auch der Einkauf der Gerbmaterialien, der meist auf öffentlichem Markte erfolgte, wurde von der Zunft scharf überwacht. Erst im 19. Jahrhundert, besonders in der zweiten Hälfte desselben, setzte dann der Übergang der Gerberei vom Handwerk zur Industrie ein. Die Gerberei machte sich die Fortschritte der Technik, namentlich auf dem Gebiete des Maschinenwesens, sowie die Erkenntnisse der chemischen und physikalischen Wissenschaft zunutze. Die altherkömmlichen Gerbmethoden erfuhren grundlegende Veränderungen; die Zeit für die Herstellung des Leders wurde stark abgekürzt. Die kleinen, handwerksmäßig betriebenen Gerbereien verschwanden immer mehr. Dafür entstand seit den letzten Jahrzehnten des vorigen Jahrhunderts in Europa und Nordamerika eine sehr leistungsfähige, hochentwickelte Lederindustrie. Für die Bedürfnisse derselben reichten sehr bald die in der Nähe der Fabriken und im eigenen Lande vorhandenen Gerbmittel nicht mehr aus. Dies war um so mehr der Fall, als die in den Hauptzentren der Lederfabrikation, in Mittel-, West- und Nordeuropa, sowie in Nordamerika in größerer Menge vorkommenden Gerbmaterialien wie Eichen-, Fichten- und Hemlockrinde, Eichen- und Kastanienholz sehr gerbstoffarm sind. Man war daher in den genannten Ländern gezwungen, in steigendem Maße bedeutende Mengen von Gerbmaterialien aus dem Auslande, besonders aus überseeischen Ländern zu beziehen.

Zur Bildung hochprozentiger Gerbemittel ist neben einem geeigneten Boden ein warmes oder feuchtwarmes Klima erforderlich. Alle hochwertigen Gerbmaterialien finden sich daher in der tropischen oder subtropischen Zone. So liefert, um nur die wichtigsten derselben zu erwähnen, Australien und Südafrika die ausgezeichnete Mimosenrinde, Argentinien und Paraguay das Quebracho- und Urundayholz. In den tropischen Küstengebieten von Asien, Afrika und Amerika sind namentlich an den Flußmündungen riesige Bestände von Mangrove vorhanden. Myrobalanen, Gambir und Catechu stammen aus Ostindien, Sumach und Valonea aus den Mittelmeerländern. Die Abb. 109 gibt einen Überblick über die Gebiete, in welchen diese Gerbmittel vorkommen. Die meisten dieser Gebiete sind Agrarländer mit schwach entwickelter Industrie, vielfach auch dünn bevölkert. Es lag nun nahe, daß die europäische und nordamerikanische Lederindustrie zur Ergänzung ihres ständig steigenden Gerbstoffbedarfes, der durch die einheimische Produktion bei weitem nicht mehr befriedigt werden konnte, die ihr fehlenden Gerbstoffe aus den tropischen und subtropischen Gebieten bezog. Diese Umstände bildeten die Ursache für die Entstehung und Entwicklung des internationalen Gerbstoffhandels. Nach Lage der Verhältnisse bewegt er sich von der tropischen und der südlichen gemäßigten Zone nach der nördlichen gemäßigten Zone, in Europa von den südlichen Ländern nach Mittel-

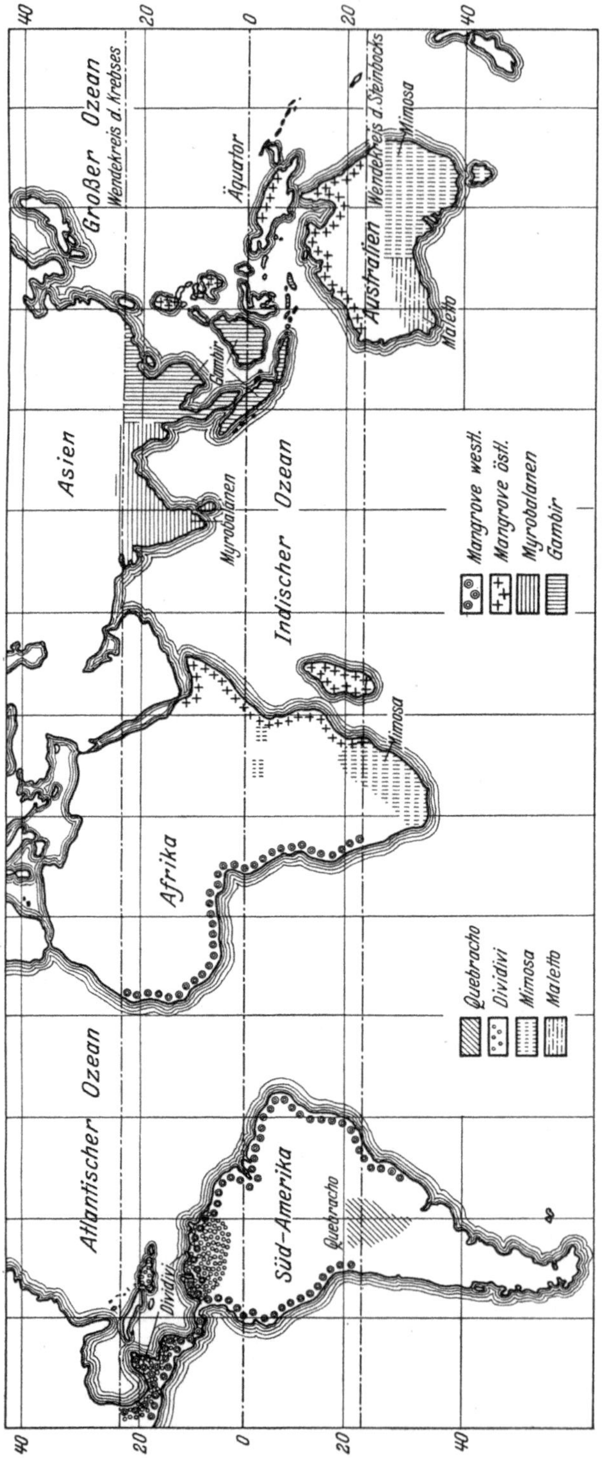

Abb. 109. Das Verbreitungsgebiet der wichtigeren tropischen und subtropischen Gerbmittel.

und Nordeuropa. Außerdem ist eine Ostwestrichtung von Südasien nach Europa und Amerika, sowie umgekehrt eine Richtung von Amerika nach Europa festzustellen.

Die lederindustriellen Länder bezogen ursprünglich die ihnen fehlenden Gerbstoffe lediglich in Form der Gerbmittel aus den Erzeugungsländern. Es bedeutete einen gewaltigen Fortschritt, als man dazu überging, zum Zwekke der Frachtersparnis aus den Gerbmitteln Extrakte herzustellen. Sowohl in den Ursprungsländern der Gerbmittel wie in den Zentren der Lederindustrie oder an günstig zu letzterer gelegenen Orten hat sich im Laufe der letzten 50 Jahre eine außerordentlich leistungsfähige Extraktindustrie entwikkelt. So hat sich zum Handel mit Gerbmitteln der Handel mit Gerbextrakten gesellt. Die Entwicklung zielt darauf ab, die Gerbextrakte möglichst im Ursprungslande herzustellen, während den in Ländern mit hochentwickelter Lederindustrie gelegenen Extraktfabriken vorwiegend die Aufgabe der Herstellung von Spezialextrakten zufällt. Letztere kommen vielfach noch in flüssiger Form in den Handel. Im allgemeinen macht sich jedoch eine zunehmende Bevorzugung der festen

Extrakte geltend, und auch bei diesen ist man bestrebt, durch Herabsetzung des Wassergehaltes den Gerbstoffgehalt weiter zu erhöhen. Die Gesamtentwicklung des Gerbstoffhandels läuft also darauf hinaus, die Gerbstoffe der Lederindustrie vorwiegend als Extrakte in möglichst konzentrierter Form zur Verfügung zu stellen. Dies entspricht auch vollkommen den Bedürfnissen der Lederindustrie, die infolge der zunehmenden Anwendung der Brühen- und Faßgerbung mehr Extrakte und weniger Gerbmittel benötigt.

Als Beispiel für die Entwicklung des Gerbstoffhandels mögen nachstehende Angaben über den Gerbstoffverbrauch Deutschlands dienen, das unter den ledererzeugenden Ländern nach den Vereinigten Staaten von Nordamerika an zweiter Stelle steht. Deutschland hat seit 1860 die Einfuhr ausländischer Gerbmittel, und zwar zunächst vorwiegend von österreichischer Eichen- und Fichtenrinde, seit 1880 die Einfuhr des Quebrachoholzes und anderer überseeischer Gerbmaterialien in größerem Umfange aufgenommen. Gegenwärtig erzeugt es in der Form von Eichen- und Fichtenrinde nur $^1/_6$ seines Gerbstoffbedarfes selbst, während $^5/_6$ importiert werden müssen. Nachstehende Zahlen zeigen den Bedarf der deutschen Lederindustrie an pflanzlichen Gerbstoffen in Tonnen:

	1910	1925	1928
Gerbrinden und Gerbfrüchte	248232	163493	141418
Flüssige Gerbstoffextrakte	57185	36908	30376
Feste Gerbstoffextrakte	8055	28958	35761
Künstliche Gerbstoffe	—	5431	6362

Die Zahlen zeigen den starken Rückgang im Verbrauch von Gerbmitteln und flüssigen Extrakten, sowie die außerordentliche Zunahme im Verbrauch der festen Extrakte. Der Anteil der künstlichen Gerbstoffe, die alle in Deutschland selbst hergestellt werden, ist noch verhältnismäßig gering.

2. Die Organisation des Gerbstoffhandels.

Der Gerbstoffhandel hat die Aufgabe, den Übergang der Gerbmittel oder Gerbextrakte vom Erzeuger zum Verbraucher zu vermitteln. In früheren Zeiten, als noch ausschließlich einheimische Gerbmittel gebraucht wurden, brachte der Erzeuger einfach seine Gerbmaterialien auf den Markt, wo er sie direkt an den Gerber verkaufte. Auch heute decken die meisten Gerbereien und Lederfabriken noch ihren Bedarf an einheimischen Gerbmitteln durch unmittelbaren Einkauf, indem sie die Gerbmaterialien auf den von den Waldbesitzern veranstalteten Auktionen steigern oder sich ohne weiteres mit Rindenerzeugern über den Preis einigen. Der Bezug von Gerbextrakten, die im Inlande oder in benachbarten Ländern hergestellt werden, erfolgt ebenfalls meist durch direkten Einkauf des Verbrauchers bei der herstellenden Fabrik oder deren Vertreter. Wesentlich anders liegen die Verhältnisse für überseeische Gerbstoffe. Die Gerbmaterialien müssen zunächst in den Ursprungsländern von Einzelhändlern aufgekauft, gesammelt und zum Verschiffungshafen befördert werden. Hier werden sie entweder zunächst bis zur Verschiffung gelagert oder unmittelbar auf den Überseedampfer übernommen. Im Produktionsgebiet oder in den wichtigsten Verschiffungshäfen desselben muß also ein Händler seinen Sitz haben, welcher den Gerbstoff sammelt, seinen Verkauf an den überseeischen Importeur, die Verschiffung, Verzollung, Bezahlung der Fracht u. dgl. besorgt. Die Händler sind in diesem Falle entweder Einzelkaufleute oder große Gesellschaften und Syndikate. Sie befassen sich nur mit dem Handel der an Ort und Stelle jeweils erzeugten Gerbmaterialien oder Extrakte. So befinden sich die Gerbstoffhändler für Quebracho in Buenos Aires, für Mimosenrinde in Durban, für Myrobalanen in Bombay und Madras, für Gambir und Catechu in Singapore und Rangun, für Valonea in Smyrna, für Sumach in Palermo, für Eichen- und Fichtenrinde in Wien.

Im Einfuhrhafen angekommen, wird der Gerbstoff von dem dort befindlichen Händler übernommen. Er hat entweder die Ladung bereits schwimmend an seine Kunden verkauft und führt sie ihnen nun direkt per Flußschiff oder per Bahn zu, oder er nimmt die Partie auf Lager, um sie nach Bedarf an seine Kundschaft abzugeben. Diese Gruppe von Händlern hat ihren Sitz in Hamburg, London, Amsterdam, Antwerpen, Le Havre, Paris und New York u. a. Orten. Es sind ausschließlich Einzelkaufleute, die aber entsprechend dem Bedarf der zu beliefernden Länder die verschiedensten Gerbmaterialien und Extrakte führen. An den vorgenannten Plätzen werden auch die Preise für die einzelnen Gerbmaterialien und Extrakte regelmäßig notiert. Besonders einflußreich auf den Handel sind die Notierungen von Hamburg, London, Paris und New York.

In Hamburg liegt das Gerbstoffgeschäft zum weitaus überwiegenden Teil in der Hand von etwa 15 Firmen, die im „Verein der am Gerbstoffhandel beteiligten Firmen“ zusammengeschlossen sind. Der Gerbstoffhändler kauft dort entweder direkt vom Ablader oder durch einen Agenten der Abladefirma. In letzterem Falle ist der Agent lediglich der Vermittler des Geschäftes. Die Ware geht direkt an den Gerbstoffimporteur, der auch direkt an den Ablader zahlt. Im Verkehr mit dem Quebracho-Pool arbeitet der Importeur direkt mit dem Erzeuger zusammen. Der Pool hat in Hamburg eine Verkaufsstelle errichtet, von welcher der Extrakt bezogen werden muß. Für den Verkauf hat der Pool Mindestpreise vorgeschrieben. Der Gerbstoffhändler erhält für den Verkauf des Quebrachoextraktes eine Kommission. Der Gerbstoffhändler kauft meist auf eigene Rechnung und bezahlt in bar oder unter Zuhilfenahme eines Bankkredites. Er verkauft an die Lederindustrie im Rahmen ihres Bedarfes meist mit freibleibender Offerte und unter Gewährung von Krediten.

Die Lieferungs- und Zahlungsbedingungen sind für die einzelnen Gerbmaterialien an den verschiedenen Handelsplätzen und selbst bei den einzelnen Gerbstoffhändlern sehr verschieden. Die Internationale Gerbervereinigung erstrebt die Schaffung eines einheitlichen Lieferungskontraktes. Uneinheitlich sind auch die Normen zur Unterscheidung der Qualitäten der einzelnen Gerbmaterialien. Hierfür sind meist nur äußere Merkmale, wie Größe, Aussehen, Farbe u. dgl. oder eine bestimmte Provenienz maßgebend. Die Gerbextrakte werden unter bestimmten Markenbezeichnungen gehandelt, wobei ein Minimalgerbstoffgehalt garantiert wird. Auch die Untersuchungsmethode (Filter- oder Schüttelmethode), nach welcher dieser Gerbstoffgehalt zu bestimmen ist, wird festgelegt. Die Bemusterung größerer Extraktpartien wird im Verschiffungs- oder Abladehafen von sachkundiger Seite sorgfältig ausgeführt. Die gezogenen Muster werden luftdicht verschlossen und versiegelt. Bei Differenzen wird das Muster einem unparteiischen Speziallaboratorium zur Untersuchung übergeben.

3. Die Preisgestaltung im Gerbstoffhandel.

Die Preise für pflanzliche Gerbstoffe liegen gegenwärtig über dem Stande der Vorkriegszeit und befanden sich von 1925 bis 1930 in aufsteigender Entwicklung, die allerdings unter verschiedenen Schwankungen verlief. Die Preisschwankungen auf dem Weltgerbstoffmarkt waren in der Zeit nach dem Kriege häufiger und stärker als vor demselben. Die Gründe für die Preisunterschiede der verschiedenen Gerbstoffe sind entweder innerer Art und durch die verschiedenartige Natur der einzelnen Gerbstoffe bedingt, oder sie sind durch äußere Verhältnisse wie Schwierigkeiten in ihrer Beschaffung, handels- oder zollpolitische Maßnahmen verursacht.

Um die Preise verschiedener Gerbmaterialien und Extrakte miteinander zu vergleichen, muß man sie auf eine einheitliche Vergleichsbasis bringen. Hierfür wird am zweckmäßigsten der in ihnen vorhandene wirksame Bestandteil, der Gerbstoff, zugrunde gelegt, und zwar berechnet man sich am besten den Preis für 1 kg reinen Gerbstoff. Der Gerbstoffgehalt für Gerbmaterialien wird entweder direkt durch Analyse festgestellt, oder man nimmt den durchschnittlichen Gerbstoffgehalt des betreffenden Gerbmateriales an. Für Gerbstoffextrakte wird der garantierte und tatsächlich bezahlte Gerbstoffgehalt in Ansatz gebracht. Hierbei ist jedoch zu berücksichtigen, daß in Extrakten der Gerbstoff voll ausnutzbar ist, während die Gerbmaterialien vom Gerber erst extrahiert werden müssen, wobei ein Teil des Gerbstoffes, der je nach dem Gerbmaterial etwa 10 bis 25% beträgt, in der ausgelaugten Lohe zurückbleibt und für die Gerbung verloren geht. Wenn man daher z. B. den Preis für 1 kg Gerbstoff in der Fichtenrinde und im Fichtenrindenextrakt oder im Quebrachoholz und im Quebrachoextrakt miteinander vergleichen will, so müssen außer diesem Gerbestoffverlust auch die Kosten für Zerkleinerung und Auslaugen des Gerbmateriales entsprechend in Rechnung gestellt werden. Nur so gelangt man zu Vergleichszahlen, die der Wirklichkeit entsprechen. Wenn man die Preise für 1 kg reinen Gerbstoff von verschiedenen Gerbmitteln und Extrakten miteinander vergleicht, so sollte man meinen, daß die Preisunterschiede nicht sehr bedeutend sind. Tatsächlich sind aber ganz erhebliche Preisdifferenzen vorhanden, wie die nachstehende Tabelle 102 beweist.

Tabelle 102.

Gerbmittel bzw. Gerbstoffextrakt	Preis für 1 kg reinen Gerbstoff im Juli 1927 M.	Besondere Eigenschaften des betr. Gerbmittels bzw. Extraktes
Mangrovenrinde	0,50	Liefert schwammiges, loses Leder von dunkelroter Farbe
Fichtenrinde	0,50	Gibt gelbbraunes, nachdunkelndes Leder von guter, aber nicht erstklassiger Qualität
Mimosenrinde	0,58	Liefert festes, schweres Leder von rötlicher Farbe und gutem Gewicht
Myrobalanen	0,60	Geben helles, aber weiches und schwammiges Leder
Quebrachoextrakt	0,71	Erzeugt rötliches, nachdunkelndes festes Leder, gerbt schnell und gibt gutes Gewicht
Dividivi	0,72	Gerbt schnell, liefert aber weiches, lockeres Leder von mißfarbigem, rötlichem Aussehen
Hemlockrinde	0,76	Gibt festes, gewichtiges Leder von roter, stark nachdunkelnder Farbe
Kastanienholzextrakt	0,76	Gibt helles festes Leder und gutes Gewicht
Knoppern	0,88	Liefern helles Leder von großer Festigkeit
Valonea	0,91	Edles Gerbmaterial, das zähes und festes Leder von heller Farbe liefert
Eichenrinde	1,25	Gibt Leder von vorzüglichen Eigenschaften
Sumach	1,25	Gibt sehr helles, lichtechtes Leder von großer Milde; wird daher vorwiegend für Fein- und Luxusleder verwendet

Aus dieser Zusammenstellung geht hervor, daß die Gerbmittel und Gerbextrakte nicht nach ihrem Gerbstoffgehalt allein bewertet werden, sondern daß auch ihre sonstigen gerberischen Eigenschaften wie Farbe, Lichtechtheit, Festigkeit und Gewicht des damit hergestellten Leders bei der Preisbildung Berücksichtigung finden. In diesem Umstande liegt in erster Linie der Grund dafür, daß in den edelsten Gerbstoffen wie Sumach und Eichenrinde der Gerbstoff 2½ mal soviel kostet wie in der Mangroven- oder Fichtenrinde.

Neben den durch ihre gerberischen Eigenschaften bedingten Unterschieden zeigen die Gerbmittel und Gerbextrakte noch Preisschwankungen, die durch die verschiedenartigsten äußeren Umstände veranlaßt sein können. Wie allgemein richten sich auch die Gerbstoffpreise nach Angebot und Nachfrage. Schwache Ernten haben ein Anziehen der Preise zur Folge, während besonders gute Ernten preisdrückend wirken. Namentlich bei den Frucht- und Blättergerbmitteln wie Valonea, Myrobalanen, Sumach u. a. kann der Ausfall der Ernte von größerem Einfluß auf die Preisbildung sein. Rückgang in der Erzeugung und Schwierigkeiten bei der Gewinnung, Erhöhung der Arbeitslöhne und Verteuerung der Frachten ziehen meist eine entsprechende Preissteigerung nach sich. Durch das Aufkommen hochwertiger billiger Gerbmaterialien kann der Preis von niedrigprozentigen Gerbmitteln derart gedrückt werden, daß sich ihre Gewinnung kaum mehr lohnt. Früher viel gebrauchte Gerbmaterialien wie Eichenrinde, Fichtenrinde, Gambir können gegen den billigen Quebracho, die Mimosa und die Myrobalanen nur noch schwer konkurrieren. Ihre Produktion ging daher bedeutend zurück. Statt des Eichenschälwaldes wird Hochwald angelegt. Die Gambirpflanzer wandten sich anderen, gewinnbringenderen Kulturen, wie der Anpflanzung von Kautschuk zu. Ein geringes Angebot von Gerbstoffen kann auch durch Spekulation veranlaßt sein. Namentlich in den überseeischen Produktionsgebieten halten zuweilen Erzeuger wie Händler mit dem Verkaufe zurück in der Absicht, höhere Preise zu erzielen. Plötzliche unvorhergesehene größere Käufe können bereits ein leichtes Anziehen der Gerbstoffpreise zur Folge haben. Wenn unerwartet derart riesige Mengen von Gerbstoffen gebraucht werden, daß die Erzeuger sie selbst bei intensivster Produktion nicht zu liefern vermögen, können die Preise zu einer schwindelnden Höhe emporschnellen, wie der Weltkrieg gezeigt hat. Überproduktion und Überangebot ziehen naturgemäß eine Preissenkung nach sich. Die Preise können aber auch durch Trusts künstlich hoch gehalten werden. Ein Beispiel hierfür gibt die Zusammenstellung in Tabelle 103, in welcher die Durchschnittspreise für festen Quebrachoextrakt und einige überseeische Gerbmittel pro Tonne cif Hamburg aufgeführt sind.

Tabelle 103.

Jahr	Fester warm löslicher Quebrachoextrakt M.	Mimosenrinde M.	Mangrovenrinde M.	Valonea M.	Entkernte Myrobalanen 1. Sorte M.
1913	300	150	120	150	190
1924	340	180	150	160	260
1925	335	200	170	170	310
1926	355	182	150	180	240
1927	400	260	150	245	250
1928	470	290	150	260	260
1929	480	220	150	250	260
1930	480	220	150	250	260

Der Quebracho als der am meisten angewandte Gerbstoff ist für die Preise der meisten übrigen Gerbstoffe tonangebend. Die Quebrachoextraktindustrie hat während des Krieges einen riesigen Aufschwung genommen. Sie versäumte es in der Nachkriegszeit, sich rechtzeitig auf den verminderten Absatz einzustellen. Daher trat eine außerordentlich starke Überproduktion ein. Die Folgen davon waren, wie aus der Tabelle 103 ersichtlich, gedrückte Preise, die sich nur 12 bis 15% über den Preisen von 1913 hielten. Im Juni 1926 schlossen sich nun die Quebrachoextraktfabriken zu einem Pool unter Führung der Forestal Land, Timber and Raiways Co. zusammen. Der Pool rationierte die Produktion der einzelnen Fabriken und erhöhte, wie die Tabelle zeigt, in rascher Folge die Extraktpreise von 355 auf 480 M. Auf dieser Höhe wurden sie von Januar 1928 ab gehalten, bis sie im Dezember 1930 eine Herabsetzung auf 440 M. erfuhren. Der Quebracho-Pool hat auch Einfluß auf die Preisgestaltung von Mimosenrinde und Mimosenextrakt sowie von Kastanienholzextrakt ausgeübt. Ein Blick auf die Tabelle läßt erkennen, daß mit Ausnahme von Mangrovenrinde auch die übrigen aufgeführten Gerbmaterialien von 1927 ab im Preise stark angezogen und sich im großen und ganzen auf dem hohen Preisniveau gehalten haben. Schließlich sei noch darauf hingewiesen, daß der Preis der Gerbstoffe zuweilen auch durch Zölle beeinflußt wird. So setzten in Deutschland die Eichenschälwaldbesitzer zum Schutze des heimischen Schälwaldes in den Jahren 1879 und 1902 Einfuhrzölle auf rohe Gerbmittel und Extrakte durch. Als man jedoch sah, daß der erhoffte Mehrverbrauch an Eichenrinde und die gewünschte Preissteigerung ausblieben, und die Einfuhr an billigen ausländischen Gerbstoffen sogar stark zunahm, gab man den Zoll auf rohe Gerbmaterialien wieder auf und behielt nur einen geringen Zoll auf Gerbextrakte bei, der aber in jüngster Zeit auch aufgehoben wurde, da er weder für die deutsche Rindengewinnung noch für die deutsche Extraktindustrie einen Schutz darstellte, sondern nur eine unnötige Belastung der deutschen Lederindustrie bedeutete. Argentinien sucht durch einen höheren Ausfuhrzoll auf Quebrachoholz dasselbe derart zu verteuern, daß sich für das Ausland der Bezug des Holzes und seine Verarbeitung auf Extrakt kaum mehr lohnt. Auf diese Weise soll die Extraktausfuhr gesteigert und die inländische Extraktindustrie gefördert werden. Man ging in Argentinien in dieser Bestrebung sogar soweit, daß man ernstlich daran dachte, die Ausfuhr von Quebrachoholz überhaupt zu verbieten, doch ist diese Absicht bis jetzt nicht in die Tat umgesetzt worden.

Wie die vorstehenden Ausführungen beweisen, ist es eine ganze Reihe von Umständen, die Einfluß auf die Preisgestaltung der pflanzlichen Gerbstoffe ausüben. Vom Standpunkt des Verbrauchers sind alle unnötigen Einflüsse möglichst auszuschalten, und es ist ein durch Spekulation nicht beunruhigter, durch Zölle nicht belasteter und durch Trusts in der Preisbildung nicht gehemmter Gerbstoffhandel anzustreben, der die Preise nach Angebot und Nachfrage den Wünschen und Bedürfnissen seiner Abnehmer entsprechend regelt.

I. Der Handel mit den wichtigsten Gerbmitteln und ihren Extrakten.

1. Allgemeine Bemerkungen.

Wenn im folgenden Handelssorten und Handelsmarken erwähnt werden, wird auf ihre eingehendere Beschreibung verzichtet, wenn dieselbe in den Abschnitten „Allgemeine Beschreibung der pflanzlichen Gerbmittel“, „Gewinnung der pflanzlichen Gerbmittel“ und „Verarbeitung der pflanzlichen Gerbmittel auf Extrakte“ bereits erfolgt ist. Über die durchschnittliche Zusammensetzung der Gerbmittel gibt die Zusammenstellung auf S. 97 und über die Zusammensetzung der Extrakte die Tabelle 344 Aufschluß. Ferner wird die geographische Verbreitung der einzelnen Gerbmittel aus den vorhergehenden Kapiteln als bekannt vorausgesetzt. Diesbezüglich wird auch auf die Karte auf S. 366 verwiesen. Die angeführten Preise sind im allgemeinen ungefähre Durchschnittspreise, die lediglich als Anhaltspunkte bei Berechnungen und Kalkulationen dienen können.

Die statistischen Angaben sind vorwiegend der Abhandlung von Dr. C. Steyer, „Produktion, Handel und Verbrauch pflanzlicher Gerbmaterialien in der Weltwirtschaft", zum Teil auch dem Buch von Pollak, „Beiträge zur Gerbstoffversorgung" entnommen. Ferner wurden die monatlichen Nachweise über den auswärtigen Handel Deutschlands sowie verschiedene statistische Angaben der Fachpresse verwendet.

2. Die Eichenrinde.

Handelssorten. In Deutschland unterscheidet man drei Hauptsorten: Spiegelrinde, Raitelrinde und Raurinde. Die Spiegelrinde, auch Glanzrinde oder Spiegelgut genannt, führt ihren Namen von dem silberweißen Glanz, welchen die Rinde der Traubeneiche besitzt. Es ist die Rinde von Stangen bis zu 12 cm Stockdurchmesser mit der Rinde gemessen. Je nach dem Baumteil, von dem die Rinde herrührt, pflegt man die unterste Stammrinde als Erdgut, die mittlere als Baumgut und die oberste Stammrinde, sowie die Rinde vom Wipfel und den stärkeren Ästen als Wipfelgut zu bezeichnen. Im Einklang mit der chemischen Untersuchung wird das Erdgut am höchsten, das Wipfelgut am niedrigsten bewertet. Raitelrinde ist die Rinde von Stangen mit 12 bis 24 cm Durchmesser. Die Rinde vom Stamm und den Ästen alter Bäume mit mehr als 24 cm Durchmesser heißt Raurinde, Grobrinde oder Altholzrinde.

Im Rindenhandel wird die jüngere Rinde entweder unsortiert als Originalrinde gehandelt oder sortiert als Prima- (Ia), Sekunda- (IIa) und Tertia- (IIIa) Ware. Als Primaware gelten nur die ganz glatten Rinden, während die rissigen und borkigen Rinden je nach dem Grade der Borkigkeit als Sekunda- und Tertiaware angenommen werden.

Die Gütebestimmung der Rinden erfolgt meist nach einigen äußeren, allerdings ziemlich unsicheren Merkmalen. Glanzrinde ist immer besser als borkige Rinde. Gute Glanzrinde soll keine Sprünge und Risse aufweisen und sich fettig anfühlen. Reichlich und üppig entwickelte Pocken auf der Oberfläche werden als ein gutes Zeichen angesehen. Das Fleisch soll körnig und faserarm, der Bruch kurzfaserig und körnig sein. Eine faserreiche Rinde ist gerbstoffärmer und schwieriger zu zerkleinern. Rinden mit Flecken, Klopfstellen, Schimmelbildung sind schlecht behandelt und minderwertig. Im allgemeinen gilt, daß borkefreie Rinde um so besser ist, je dicker und stärker sie im Fleisch ist. Die Stammrinde ist besser als die Astrinde, borkefreie Fußrinde besser als Wipfelrinde. Die borkefreie Rinde der Traubeneiche besitzt meist einen silberweißen Glanz, während die Rinde der Stieleiche gewöhnlich dunkler, bisweilen mattgrün gefärbt ist. Aus der Farbe der Rinde dürfen jedoch keine Schlüsse auf die Qualität derselben gezogen werden, außer wenn die Dunkelfärbung durch Beregnen hervorgerufen wurde. Stark beregnete Rinden sind stets minderwertig.

In Frankreich, dessen Eichenschälwälder zu einem großen Teile von der Grüneiche gebildet werden, klassifiziert man die Rinden nach der Farbe der Innenseite der frisch geschälten Rinde in: écorce jaune (gelbe Rinde, auch écorce grise, graue Rinde genannt), ferner in écorce rouge (rote Rinde), écorce noire (schwarze Rinde) und écorce blanche (weiße Rinde). Dabei wird die erste am höchsten, die letzte am niedrigsten eingeschätzt.

In den Vereinigten Staaten von Nordamerika bildet die Rinde der Kastanieneiche (Chestnut oak) ein beliebtes Gerbmaterial. Sie wird durch Schälen älterer Bäume gewonnen. Bei dieser etwa 2 bis 3 cm dicken Rinde, die meist in Stücken von 1 m Länge und 15 bis 30 cm Breite in den Handel kommt, macht das Fleisch nur ein Drittel, die Borke dagegen zwei Drittel aus. Während bei den europäischen

Eichenrinden die Borke gerbstoffarm ist, enthält die Borke der Kastanieneichenrinde fast ebensoviel Gerbstoffe wie das Fleisch. Bei sehr alten amerikanischen Rinden ist allerdings die Borke zuweilen verfault und enthält dann wenig Gerbstoff. Da die Borke nahezu die Hälfte des Gewichtes der ganzen Rinde ausmacht, wird der Gesamtgerbstoff der Rinde durch die Beschaffenheit der Borke stark beeinflußt. Das Fleisch der amerikanischen Rinde ist fester und spröder als bei unserer Eichenrinde und läßt sich daher leichter und mehr pulverförmig vermahlen. Beste Kastanieneichenrinde ist ungefähr mit unserer besten Spiegelrinde gleichwertig. Außer der am meisten gebrauchten Rinde der Kastanieneiche wird in Nordamerika auch die Rinde der spanischen Eiche (Spanish oak) zum Gerben verwendet. Diese schöne hellgraue Rinde, bei der das Fleisch vorherrscht, ist gerbstoffärmer, gibt aber ein festeres und helleres Leder als die Rinde der Kastanieneiche. Die billigste nordamerikanische Eichenrinde ist diejenige der Schwarzeiche (Black oak). Die schwarze Außenrinde, die den Namen Schwarzeiche veranlaßte, muß für die Verwendung in der Gerberei entfernt werden. Die besseren Sorten dieser Rinde dienen als Quercitronrinde zur Herstellung des gelben Farbstoffes Quercitrin, während die farbstoffarmen Rinden zum Gerben verwendet werden.

Handelsgebräuche. Die Eichenrinde bildet keinen internationalen Handelsartikel. Wegen ihres niedrigen Gerbstoffgehaltes verträgt sie den Transport auf weitere Entfernungen nicht. Sie wird meist im Erzeugungsland oder in benachbarten Ländern verbraucht. Die besten deutschen Schälgebiete liegen am Rhein, der Mosel und der Saar. Der Verkauf erfolgt meist auf Auktionen für ganze Waldgebiete. Die Gerber erwerben sich hierbei ohne Zwischenhandel ihren Bedarf. Die Rinden werden entweder zur Abfuhr ab Wald oder zur freien Lieferung an die nächstgelegene Bahnstation abgegeben. Die wichtigsten deutschen Rindenmärkte finden in Hirschhorn am Neckar, in Cochem und Trier statt. Deutschland bezieht auch noch beträchtliche Mengen von Eichenrinde aus den ehemals österreich-ungarischen Gebieten. Das Geschäft wird meist mit Wiener Gerbstoffhändlern abgeschlossen. Die Preise werden gewöhnlich für Lieferung bis zur deutschen Grenzstation vereinbart.

Der Preis für gute Eichenrinde betrug in Deutschland in den letzten Jahren 10 bis 12 M. pro 100 kg.

Statistisches. Deutschland besaß im Jahre 1900 eine Eichenschälwaldfläche von 446500 ha, deren jährlicher Ertrag an Eichenrinde auf 65000 t geschätzt wurde. Diese Menge reichte jedoch für den Bedarf der deutschen Lederindustrie bei weitem nicht aus; es fand auch noch eine beträchtliche Einfuhr aus Österreich-Ungarn, Frankreich, Belgien und Holland statt. Über die Gesamteinfuhr aus diesen Ländern, die seit 1900 auf etwa die Hälfte zurückgegangen ist, geben nachstehende Zahlen Aufschluß:

1900	43400 t	1927	27000 t
1913	32000 t	1928	22000 t
1925	22000 t	1929	16000 t
1926	17000 t	1930	17000 t

Für 1925 berechnet sich der Verbrauch der deutschen Lederindustrie an Eichenrinde auf rund 60000 t. Hiervon sind 22000 t importiert, so daß sich für dieses Jahr die deutsche Eichenrindenproduktion auf 38000 t stellt.

Im Jahre 1928 verbrauchte die deutsche Lederindustrie 44000 t Eichenrinde. Hiervon ist die eine Hälfte im Lande selbst erzeugt, die andere Hälfte eingeführt.

Von der deutschen Eichenrindeneinfuhr im Jahre 1930 stammten 9657 t aus der Tschechoslowakei, 4203 t aus Ungarn und 2525 t aus Luxemburg.

Ein ähnlich starker Rückgang der Eichenrindenproduktion ist in anderen europäischen Ländern festzustellen. So ist sie z. B. in Frankreich von 300000 t im Jahre 1900 auf 50000 t im Jahre 1925 zurückgegangen.

Die Erzeugung der Vereinigten Staaten von Nordamerika an Rinde der Kastanieneiche belief sich 1925 auf 97000 t, wovon etwas über 3000 t exportiert wurden.

Die Welterzeugung an Eichenrinde betrug 1925 in

Deutschland	40000 t
Frankreich	50000 t
Ungarn	30000 t
Tschechoslowakei	30000 t
Ver. Staaten	97000 t
Übrigen Ländern	85000 t
	332000 t

Unter Zugrundelegung eines Preises von 12 M. für 100 kg stellt die Weltproduktion von rund 330000 t Eichenrinde einen Wert von rund 40 Mill. M. dar.

Seit der Jahrhundertwende ist die Produktion der Eichenrinde in ständigem Rückgang begriffen. Der Hauptgrund dafür liegt darin, daß die Eichenrinde mit ihrem geringen Gerbstoffgehalt von durchschnittlich nur 10% trotz ihrer anerkannt vorzüglichen gerberischen Eigenschaften mit den hochprozentigen billigen überseeischen Gerbmaterialien und Extrakten preislich nicht mehr konkurrieren kann. Der Eichenschälwaldbetrieb ist vollkommen unrentabel. Seine Umwandlung in Hochwald, besonders Fichten- oder Kiefernwald ist in vollem Gange. Wenn man auch die Eichenrinde noch für lange Zeit hinaus für die Herstellung gewisser Spezialmarken von Unterledern nicht ganz wird entbehren können, wird man sie doch dort, wo es möglich ist, durch billigere Gerbmaterialien ersetzen. Es ist daher mit einem weiteren Rückgange der Eichenrindenerzeugung, wohl aber auch mit einer Erhöhung ihres Preises zu rechnen.

3. Die Fichtenrinde.

Handelssorten. Die Fichtenrinde kommt gewöhnlich in Rollen von 1 m Länge in den Handel. Eine besondere Sortierung wird nicht getroffen. Für die Beurteilung nach dem Augenschein wird auf S. 252 verwiesen. Manche Provenienzen werden bevorzugt. So werden z. B. die steiermärkischen und oberösterreichischen Rinden ihres hohen Gerbstoffgehaltes wegen besonders geschätzt. Verregnete Rinden sind wegen ihres Gerbstoffverlustes und ihrer dunklen Farbe minderwertig. Die sog. Schnitz- oder Reppelrinde ist als Handelsprodukt von geringer Bedeutung.

Handelsgebräuche. Die Fichtenrinde wird ähnlich wie die Eichenrinde gewöhnlich von ihrem Lagerplatz im Wald ab direkt an die Verbraucher versteigert. Der Bezug aus benachbarten Ländern erfolgt meist durch Vermittlung von Gerbstoffhändlern. Wo die Rinde mit der Eisenbahn versandt wird, ist es am einfachsten, dem Verkauf das bahnamtlich festgesetzte Gewicht zugrunde zu legen. Vielfach wird jedoch auch nach Raummetern verkauft. Ein Raummeter (Ster) waldtrockener Fichtenrinde, wie sie zur Abfuhr und Verladung kommt, wiegt 125 bis 135 kg. Der zuweilen noch übliche Verkauf nach der Anzahl der Rollen ist wegen der Ungleichmäßigkeit der Rollen weniger zu empfehlen.

Als Preis für Fichtenrinde in den letzten Jahren kann 6 bis 7 M. pro 100 kg ab Verladestation angenommen werden.

Fichtenrindenextrakt. In neuerer Zeit ist es gelungen, durch sachgemäße Auslaugung und Klärung einen Fichtenrindenextrakt von guter Qualität herzustellen. Solcher Extrakt wird in Deutschland, Schweden und Jugoslawien hergestellt. Er kommt meist in Pulverform in Säcken von 50 kg mit einem Gerbstoffgehalt von 55 bis 60% in den Handel. Sein Preis cif Hamburg betrug 1928 und 1929 pro Tonne 500 M. Die Mengen, die von diesem Extrakt in den Handel gebracht werden, sind verhältnismäßig unbedeutend.

Statistisches. In Deutschland ist eine Fläche von 2492000 ha mit Fichte bestanden.

Die Einfuhr Deutschlands an Fichtenrinde ist aus nachfolgenden Zahlen zu ersehen. Die ihr gegenüberstehende Anfuhr ist so gering, daß sie vernachlässigt werden kann. Man darf daher die gesamte Einfuhr als in Deutschland verbraucht annehmen. Die Einfuhr erfolgte in der Hauptsache aus Österreich, der Tschechoslowakei, Ungarn, Steiermark und Kärnten.

Deutschlands Einfuhrmenge

1908	31900 t	1927	30000 t
1913	27400 t	1928	24400 t
1925	21300 t	1929	14700 t
1926	12200 t	1930	15500 t

Von der deutschen Fichtenrindeneinfuhr des Jahres 1930 stammten 13000 t aus Österreich und 2000 t aus der Tschechoslowakei.

Die Produktion an Fichtenrinde betrug im Jahre 1925 in

Deutschland	45000 t
Tschechoslowakei	40000 t
Steiermark	22000 t
Nieder- und Oberösterreich	14000 t
Kärnten	19300 t
Übrige Länder	30000 t
	170000 t

Wenn man für diese Jahresproduktion von 170000 t einen Preis von 6 M. pro 100 kg zugrunde legt, so repräsentiert sie einen Wert von 10 Mill. M.

Die Fichtenrinde stellt neben der Eichenrinde das wichtigste und billigste in Mitteleuropa vorkommende Gerbmaterial dar. Erst während des Weltkrieges hat man dort bei der herrschenden Gerbstoffnot ihren Wert richtig erkannt. Nach der Schätzung von Paeßler könnten in Deutschland jährlich 220000 t Fichtenrinde gewonnen werden. Die Forstwirtschaft müßte sich dann allerdings auf Sommerfällung umstellen. Das Schälen der Fichten müßte allgemein durchgeführt und auch die Schnitzrinde, die gegenwärtig entweder im Walde verfault oder verbrannt wird, der Lederindustrie zugeführt werden. Die für Fichtenrinde gegenwärtig gezahlten Preise lohnen jedoch eine derartige Umstellung nicht. Ähnlich wie in Deutschland könnte auch in den übrigen Ländern Mitteleuropas weit mehr Fichtenrinde gewonnen werden, als es tatsächlich geschieht. Rußland besitzt riesige, noch wenig oder gar nicht ausgenutzte Fichtenwälder. Bei einer Ausnutzung derselben in dem Umfange, wie sie gegenwärtig in Deutschland der Fall ist, könnte der gesamte Gerbstoffbedarf Rußlands gedeckt werden.

4. Die Weidenrinde.

Die Weidenrinde spielt als Gerbmittel nur für Rußland und die skandinavischen Länder eine Rolle. Die mit Weiden bestandene Fläche wird im europäischen Rußland auf 1 Mill. ha geschätzt. In den neunziger Jahren wurden in Rußland bis zu 300000 t Weidenrinde verbraucht. Im Jahre 1913/14 war der Bedarf auf 70000 t gesunken. Die russische Regierung macht große Anstrengungen, die Weidenrindenproduktion wieder zu heben und veranschlagt den Bedarf für 1929 auf 200000 t. Auch in Deutschland, wo bisher die Weidenrinde nur in ganz geringem Umfange für Gerbereizwecke benützt wurde, will man die Weidenkultur fördern. Es ist jedoch wenig wahrscheinlich, daß dadurch der deutschen Lederindustrie größere Mengen einheimisches Gerbmaterial zur Verfügung gestellt werden. Obwohl die Weidenrinde bereits 3 bis 4 Jahre nach der Pflanzung gewonnen werden kann, ist doch zu berücksichtigen, daß die deutschen Weidensorten ziemlich gerbstoffarm sind und daß die Pflege der Weidenkulturen hohe Lohnkosten erfordert. Die bei der Korbflechterei abfallende Rinde hat durch das Einweichen in Wasser einen Teil ihres Gerbstoffes, und zwar gerade des wertvollsten, verloren.

Nach ihrem Gerbstoffgehalt und ihren sonstigen Eigenschaften kann man die Weidenrinde im Preise etwa ebenso hoch wie die Fichtenrinde bewerten, 6 M. pro 100 kg. Nimmt man für Rußland eine Produktion von 100000 t an, so würde dieselbe einen Wert von 6 Mill. M. darstellen.

5. Die Hemlockrinde.

Handel. Die Hemlockrinde ist in den Vereinigten Staaten und in Canada eines der wichtigsten Gerbmaterialien. Man unterscheidet den Eastern (östlichen) Hemlock, Tsuga canadiensis und den Western (westlichen) Hemlock, Tsuga heterophylla. Der östliche Hemlock findet sich von der Küste des atlantischen Ozeans bis zum westlichen Ende des Lake Superior. Seine Rinde und der daraus hergestellte Extrakt bilden die Handelsprodukte des Hemlock. Der etwas gerbstoffreichere westliche Hemlock kommt in Britisch Kolumbien und den südlich davon gelegenen Küstenstrichen der Union (Washington und Oregon) bis Nordkalifornien vor. Er ist wohl in bedeutender Menge vorhanden; allein bei den dort herrschenden Gewinnungsmethoden und den hohen Transportkosten fällt verhältnismäßig wenig Rinde an, die nur ausreicht, den Bedarf der in jenen Gegenden gelegenen Gerbereien zu decken.

Hemlockextrakt kommt vorwiegend in flüssiger, in geringer Menge auch in fester Form in den Handel. Der flüssige Extrakt wird in Nordamerika für den einheimischen Gebrauch in Tankwagen, für den Export in Hartholzfässern verfrachtet, mit einem Gehallt von 25 bis 27% Gerbstoff. Der feste Extrakt enthält 54 bis 58% Gerbstoff.

Der Preis für 100 kg Hemlockrinde beträgt 1,75 bis 2 $. Für Hemlockextrakt in Zisternen notierte New York im Jahre 1929 pro engl. Pfund 3 cts bei einem garantierten Gerbstoffgehalt von 25%.

Statistisches. Ende der siebziger Jahre des vorigen Jahrhunderts, als der Hemlock aufkam und in den nordamerikanischen Wäldern bei seiner Gewinnung schlimmster Raubbau getrieben wurde, wurde Europa mit Hemlockrinde und Hemlockextrakt zu fabelhaft billigen Preisen überschwemmt. Infolge der regen Nachfrage und der starken Lichtung der Bestände haben sich jedoch die Preise mit der Zeit den Preisen für andere Gerbmaterialien angepaßt. Heutzutage hat die Ausfuhr von Hemlock aus Nordamerika fast ganz aufgehört; er wird in den Vereinigten Staaten und in Canada selbst verbraucht. Obwohl in den Vereinigten Staaten die Hemlockrinde mengenmäßig noch immer das am meisten gebrauchte Gerbmaterial ist, ist ihre Erzeugung doch im Laufe der Zeit bedeutend zurückgegangen. Ihre Produktion in den Vereinigten Staaten betrug:

1888	1250000 t	1927	139000 t
1922	185000 t	1929	113000 t
1925	144000 t		

Der Verbrauch der Vereinigten Staaten an flüssigem Hemlockextrakt belief sich:

1919 auf	8865 t	1925 auf	3300 t
1922 „	3400 t	1927 „	2500 t
1923 „	3200 t	1929 „	1900 t

An festem Extrakt wurden 1922 in den Vereinigten Staaten nur 393 t verbraucht.

Hemlock spielt heutzutage für den internationalen Gerbstoffmarkt keine nennenswerte Rolle mehr, ist jedoch für die nordamerikanische Lederindustrie von großer Bedeutung.

6. Die Mimosenrinde.

Handel. Die in den Erzeugungsgebieten für Mimosenrinde übliche Unterscheidung in Gold-, Black- und Silver-Wattle ist im Handel nicht gebräuchlich. Die Rinde wird vielmehr gewöhnlich unter der Bezeichnung „gute Durchschnittsqualität" gehandelt und kommt in der Hauptsache in gehacktem Zustande, vereinzelt auch gemahlen zum Versand, und zwar vorwiegend in Ballen von etwa 90 kg gepreßt. Die ostafrikanische und die gemahlene Rinde sind meist in Säcke zu 80 bis 90 kg verpackt.

Das Hauptproduktionsgebiet für den Welthandel ist Südafrika, und zwar Transvaal, Natal, Oranje-Freistaat und Kapkolonie mit den Hauptverschiffungshäfen Durban und East London. Auch aus Ostafrika, namentlich aus Kenya wird über den Hafen von Mombassa Mimosenrinde in den Handel gebracht. Die australischen Mimosenrinden sind zur Zeit für den Welthandel ohne praktische Bedeutung. Am meisten geschätzt wird die südafrikanische Rinde. Die ostafrikanische Rinde steht zwar im allgemeinen im Gerbstoffgehalt etwas höher, wird aber trotzdem minder bewertet, weil sie wegen der dortigen wenig entwickelten Produktions- und Verkehrsmittel gewöhnlich in schlechterem Zustande (verregnet) auf den Markt gelangt. Wichtige Handelsplätze für Mimosa sind London, Hamburg und New York.

Im Jahre 1913 wurde in Südafrika für den Export der Mimosenrinden eine Government Inspection of wattle bark eingesetzt mit folgenden Bestimmungen:

Jeder Pflanzer, dessen Rinde inspiziert werden soll, muß mit dem Department of Agriculture, das seine Handelsmarke einträgt, ein Übereinkommen treffen. Die Rinde muß in Säcken verpackt sein, deren Bruttogewicht nicht über 200 Pfund betragen darf. Offizielle Standardmarken sind:

H, 1 heavy choice (schwarz, ausgesuchte Ware),
H, 2 heavy fair average quality (schwarze gute Durchschnittsware),
M, 1 medium choice (mittlere, ausgesuchte Ware),
M, 2 medium fair average quality (mittlere gute Durchschnittsware),
T, 1 thin choice (dünne ausgesuchte Ware),
T, 2 thin fair average quality (dünne gute Durchschnittsware),
B G below gerade (unter dem Durchschnitt).

Standardmuster werden von der Regierung festgesetzt. Auf dem Sack müssen sich an dem Nahtende befinden: das Wappen der Union of South Africa, die Standardmarke und die Handelsmarke der Firma. Ein Zertifikat wird nur ausgestellt, wenn mindestens 10% der Sendung geprüft sind.

Diese Maßnahme der südafrikanischen Regierung hat sich als zweckmäßig erwiesen. Am meisten wird die fair average quality nach Londoner Typmustern gehandelt.

Mimosenrindenextrakt wird seit 1916 in Südafrika hergestellt. Er kommt in Säcken zu 50 kg in den Handel und wird unter verschiedenen Marken wie „Elefant", „N. C. S.", „Peicu", „Comec" u. a. mit einem garantierten Gerbstoffgehalt von 62% gehandelt. In verschiedenen europäischen und nordamerikanischen Fabriken werden aus importierter Mimosenrinde ebenfalls Extrakte, vorwiegend in flüssiger Form hergestellt. Der Preis für festen, südafrikanischen Mimosenextrakt cif Hamburg betrug im Jahre 1929 pro Tonne 24 £.

Statistisches. Der Anbau von Mimosa hat sich in Südafrika seit der Einführung derselben aus Australien im Jahre 1880 zu einem der bedeutendsten Produktionszweige dieses Landes entwickelt. Die südafrikanische Union führt den Mimosenbaum in ihrem Wappen, ein Zeichen dafür, welch große Bedeutung man ihm dort beimißt. Angebaut wird vorwiegend die Black Wattle liefernde Akazie, weil sie für das dortige Klima am geeignetsten ist und eine größere Rindenausbeute liefert als andere Arten. Im Gerbstoffgehalt steht die Black Wattle allerdings etwas hinter der Gold Wattle zurück. Außer den günstigen Boden- und Klimaverhältnissen hat zu dem raschen Aufschwung der Mimosenkultur auch wesentlich der Umstand beigetragen, daß in Südafrika genügend billige Arbeitskräfte zur Verfügung stehen, und daß das bei der Schälung abfallende Holz in den Bergwerken und als Brennmaterial günstige Verwertung findet. Nach neueren Schätzungen setzt sich in Natal die Gesamteinnahme für eine Mimosapflanzung zusammen aus 56% für den Verkauf der Rinde, 33% aus dem Holzverkauf in die Bergwerke und 11% aus dem Erlös für Brennholz.

	1921 ha	1926 ha
Natal.	90225	93640
Kapkolonie	19960	19917
Transvaal	6119	11278
Oranje-Freistaat	506	787
Sa.:	116810	125622

Nach Angabe des Imperial Institut waren in Südafrika mit Mimosa bebaut siehe nebenstehende Tabelle.

Von den Pflanzungen befinden sich 30% im Besitz großer Syndikate, welche die Ausfuhr selbst vornehmen und selbst Extrakt herstellen.

In der englischen Kolonie Kenya und im Schutzgebiet Kenya (ehemaliges Deutschostafrika) waren im Jahre 1925 insgesamt 3576 ha mit Mimosa bepflanzt. Die Rindenproduktion dieses Gebietes betrug im gleichen Jahre 3167 t.

Seit 1916 wird in Südafrika in modern eingerichteten Fabriken auch fester Mimosenrindenextrakt hergestellt. Eine bedeutende Stellung in der Mimosenextraktindustrie nimmt die englische Forestal Compagnie, die auch in der Qeubrachoindustrie führend ist, ein. In Kenya wurde 1923 ebenfalls eine Extraktfabrik errichtet, die 1926 bedeutend erweitert wurde, so daß sie monatlich 100 t festen Mimosenextrakt liefern kann.

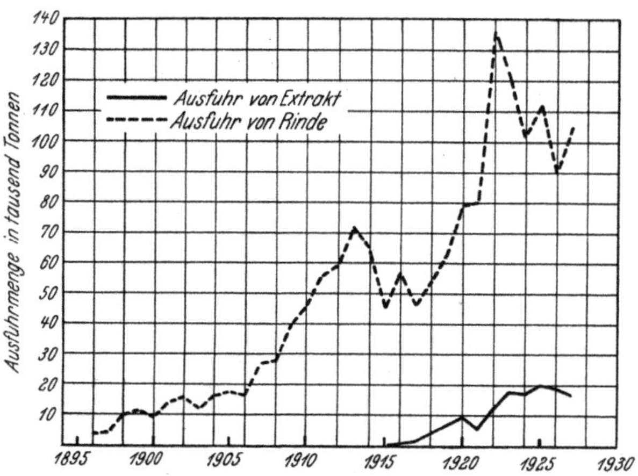

Abb. 110. Ausfuhr von Mimosenrinde und Mimosenextrakt aus der südafrikanischen Union.

Über die Entwicklung der südafrikanischen Mimosenproduktion gibt Abb. 110 Aufschluß. Sie enthält die Ausfuhr von Mimosenrinde und Mimosaextrakt aus der südafrikanischen Union. Da der Eigenverbrauch für die Zwecke der Lederindustrie gering ist, kann die Ausfuhr als ungefähr der Produktion entsprechend angenommen werden.

Eine Übersicht über die Preisentwicklung für Mimosenrinde und Mimosaextrakt bietet Abb. 111.

Wie die Ausfuhr von Mimosa aus Südafrika sich auf die einzelnen Länder mit hochentwickelter Lederindustrie verteilt, ist aus Tabelle 104 zu entnehmen. Im Jahre 1913 gingen 69% der Rindenausfuhr nach England und 21% nach Deutschland. Im Jahre 1925 hat Deutschland ein Drittel mehr an Rinde aufgenommen als England, dessen Mimosenrindenverbrauch im Jahre 1927 auf über die Hälfte von 1913 gesunken ist, während der deutsche Import gegen 1913 um fast 50% gestiegen ist und denjenigen Englands um eine Kleinigkeit übertrifft. Auch die Einfuhr Deutschlands an Mimosaextrakt hat stark zugenommen. Die Vereinigten Staaten von Nordamerika, die 1913 nur ganz unbedeutende Mengen von Mimosenrinden gebrauchten, führen dieses Gerbmaterial jetzt in beträchtlichen Mengen ein. Interessant ist, daß Australien, die Heimat der Mimosenrinden bereits 1913 erhebliche Quantitäten davon aus Südafrika bezog. Die Mengen sind jedoch stark zurückgegangen, und es macht den Eindruck, als ob Australien jetzt seinen Bedarf an Mimosa wieder aus der eigenen Erzeugung zu decken vermag. Es scheint der Zeitpunkt nicht mehr ferne zu liegen, wo Australien selbst wieder als Lieferant von Mimosa auf den Weltmarkt tritt.

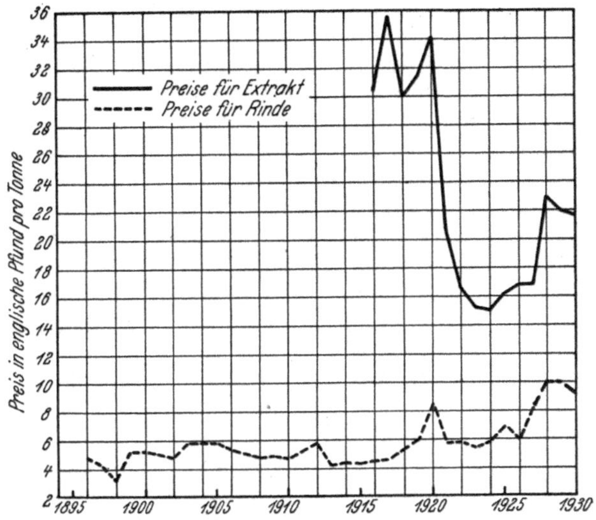

Abb. 111. Die Preisentwicklung von Mimosenrinde und Mimosenextrakt.

Die Mimosa stellt jedenfalls eines der besten und zukunftsreichsten Gerbmittel dar.

Tabelle 104. Verteilung der südafrikanischen Mimosaausfuhr auf die einzelnen Länder.

(Angaben in 1000 t.)

Importland	Mimosenrinde					Mimosaextrakt			
	1913	1917	1920	1925	1927	1917	1920	1925	1927
Großbritannien	49,6	25,5	36,5	20,4	21,6	1,18	7,54	9,80	7,04
Deutschland	15,4	—	3,5	30,3	22,8	—	—	5,48	6,26
Ver. St. v. Nordamerika	0,1	3,1	20,5	9,8	11,2	—	0,71	0,40	0,14
Belgien	0,5	—	2,2	12,0	26,0	—	0,06	1,07	1,64
Australien	4,4	9,0	3,2	1,7	0,8	0,11	0,31	0,07	0,05
Übrige Länder	2,3	8,7	13,0	37,6	23,2	0,10	0,88	3,34	2,23
Summa	72,3	46,3	78,9	111,8	105,6	1,39	9,50	20,16	17,36

7. Die Mangrovenrinde.

Handel. Die Mangrovenrinde ist ein sehr gerbstoffreiches Material und steht in den tropischen Küstengebieten in riesigen Mengen zur Verfügung. Sie ist leicht auslaugbar und gerbt rasch. Trotz ihres billigen Preises findet sie jedoch noch verhältnismäßig wenig Anwendung, hauptsächlich deswegen, weil sie ein loses Leder von wenig beliebter, dunkelroter Farbe gibt. Ein weiterer Grund liegt in den ungesunden klimatischen Verhältnissen und der schweren Zugänglichkeit ihres Vorkommensgebietes.

Für den Weltgerbstoffhandel kommt nur die gerbstoffreiche östliche Mangrove in Betracht. Die westliche Mangrove ist nur von Bedeutung für den Verbrauch des eigenen oder benachbarter Länder. Als wertvollste Rinde des Handels wird im allgemeinen diejenige von Madagaskar bezeichnet, da sie den höchsten Gerbstoffgehalt besitzt und verhältnismäßig helles Leder gibt. Die Rinden aus Ostafrika sind ihr jedoch gleichwertig, nur etwas dunkler in der Farbe und etwas kräftiger. Die Rinden aus Ostindien sind meist außerordentlich kräftig, aber von geringerem Gerbstoffgehalte wie die ostafrikanischen.

Die Mangrovenrinde wird in Stücke zerkleinert und in Säcke von 60 bis 80 kg Gewicht verpackt in den Handel gebracht. Man unterscheidet zwischen harter (non fibrous) und faseriger (fibrous) Rinde. Für beide Sorten wird meist ein Minimalgerbstoffgehalt von 38% garantiert. Die wichtigsten Verschiffungshäfen in den Ursprungsländern sind Majunga für Madagaskar, Mombasa für Ostafrika und Singapore für Indien. Als bedeutendere europäische Handelsplätze kommen in Betracht Hamburg, London, Liverpool, Le Havre und Marseille. Der Durchschnittspreis für Mangrovenrinde ab Hamburg betrug in den letzten Jahren 6 bis 8 £ pro Tonne. New York notierte 32 bis 35 $ pro Tonne.

Zur Herstellung von Mangroveextrakt wurden in den Ursprungsländern verschiedene Fabriken angelegt. Die Anlage solcher Fabriken scheint besonders für Rinden von geringerem Gerbstoffgehalt angebracht. Auf Sumatra, Borneo, in Ostafrika, Brasilien und Französisch Guyana wurden Fabriken gebaut. Die ungünstigen klimatischen und Arbeitsverhältnisse haben jedoch bis jetzt die Entwicklung dieser Fabriken gehemmt. Mangroveextrakt wird auch, und zwar aus importierter Rinde, in einigen europäischen Ländern, namentlich Deutschland, England und Schweden teils in flüssiger, teils in fester Form erzeugt. Der überseeische feste Mangroveextrakt wird in Säcken von 50 kg Gewicht mit einem Minimalgerbstoffgehalt von 58% gehandelt. Sein Durchschnittspreis cif Hamburg betrug in den letzten Jahren 18 bis 19 £ pro Tonne. In England und den Vereinigten Staaten von Nordamerika führt der Mangroveextrakt allgemein die Bezeichnung „Cutch". Richtiger wäre die Bezeichnung „Mangrove-Cutch", um Verwechslungen mit dem echten „Cutch" aus Catechu zu vermeiden.

Statistisches. Die Weltproduktion an Mangrovenrinde für 1925 wird zu 20000 t angenommen. Sie verteilt sich nach der Einfuhr folgendermaßen:

China	8860 t
Deutschland	5373 t
Ver. Staaten von Nordamerika	2124 t
Peru	509 t
England	411 t
Frankreich	283 t
Übrige Länder	2440 t
	Sa.: 20000 t

Bei Zugrundelegung eines Preises von 150 M. pro Tonne ergibt sich ein Gesamtwert von 3 Mill. Mark.

Aus der Zusammenstellung ist ersichtlich, daß China sich in der Mangrove mit einem billigen, in seiner Nähe in Südostasien in größerer Menge vorhandenen Gerbmaterial versorgt. In ähnlicher Weise bezieht das an sich an Gerbstoffen arme Peru größere Mengen Mangrove aus den ihm nahe gelegenen süd- und mittelamerikanischen Produktionsländern. In Europa ist der bei weitem größte Mangrovenverbraucher Deutschland, dem England und Frankreich erst in weitem Abstand folgen. Auch die Vereinigten Staaten nehmen beträchtliche Mengen von Mangrovenrinde auf. Sie waren nach Deutschland schon vor dem Weltkriege einer der größten Mangrovekonsumenten. In England hat man die Verwendung von Mangrove erst während des Krieges in etwas größerem Umfange aufgenommen, und sie ist seitdem in ständigem Zunehmen begriffen.

Die Produktion von Mangroveextrakt in den Ursprungsländern wird von Steyer für 1925 zu 2000 t berechnet. Hiervon haben eingeführt:

Ver. Staaten von Nordamerika . .	896 t
England	671 t
Deutschland.	127 t
Übrige Länder.	306 t
Sa.:	2000 t

Bei einem Preis von 370 M. pro Tonne ergibt das einen Wert von rund 800000 M. Man sieht, der Wert der Mangroveextrakterzeugung in den Ursprungsländern ist noch sehr gering. Im Hinblick auf die riesigen Mangrovemengen, die in den Tropen zur Verfügung stehen, ist jedoch die Annahme berechtigt, daß mit der fortschreitenden Erschließung dieser Gebiete, mit zunehmender Verbesserung der Arbeits- und Transportverhältnisse in Zukunft auch die Mangrovegewinnung eine Steigerung erfahren wird.

8. Die Malettorinde.

Die aus dem südöstlichen Teile von Westaustralien stammende Malettorinde ist eines der gehaltreichsten und wertvollsten Gerbmaterialien. Sie wird grob zerkleinert, zuweilen auch gemahlen in Säcken von 75 bis 80 kg Gewicht in guter Durchschnittsqualität gehandelt. In Hamburg, das neben Londen den Haupthandelsplatz bildet, kostete sie 1928 etwa 17 bis 18 £, 1929 ca. 15 £ pro Tonne.

Die Malettorinde erschien im Jahre 1903 erstmalig in einer Menge von 500 bis 600 t auf dem Weltmarkt. Im Jahre 1904 wurden etwa 3000 t aus Australien exportiert, davon gingen 2600 t nach Deutschland, das den hohen gerberischen Wert der Malettorinde am ersten erkannt hat und ein Hauptkonsument derselben geblieben ist. Im Jahre 1905 erreichte die Malettoausfuhr mit 16000 t, von denen Deutschland 15000 t aufnahm, ihren Höhepunkt. Infolge maßlosen Raubbaues ging die Produktion des an sich nicht in übermäßigen Mengen vorhandenen Materiales rasch und stark zurück. Um das Aussterben des die Malettorinde liefernden Baumes (einer Eukalyptusart) zu verhindern, griff die australische Regierung mit strengen Schutzmaßnahmen ein. Ein sachgemäßer Anbau ist in die Wege geleitet. Für den Weltgerbstoffmarkt stehen gegenwärtig jährlich nur einige Tausend Tonnen Malettorinde zur Verfügung.

9. Das Eichenholz.

Handel. Das Eichenholz kommt seines niedrigen Gerbstoffgehaltes wegen als Gerbmaterial nicht in Betracht. Dagegen wird das in der Eichenholzsägeindustrie abfallende Holzmaterial in ausgedehntem Umfang auf Eichenholzextrakt verarbeitet. Solcher Extrakt wird in Jugoslawien, Schweden, Rußland und den Vereinigten Staaten von Nordamerika hergestellt. Rußland verfügt über ausgedehnte Eichenwaldungen, die nach Pawlowitsch gegenwärtig nur zu 10% des Möglichen ausgenutzt werden. Die russische Produktion an Eichenholzextrakt wird ausschließlich im eigenen Lande verbraucht. Man ist außerdem dabei, eine Anzahl neuer Fabriken zur Herstellung dieses Extraktes anzulegen, um die Einfuhr ausländischer Gerbstoffe zu vermindern. Die Vereinigten Staaten von Nordamerika stellen größere Mengen von Eichenholzextrakt her, der teils im

Lande selbst verbraucht, teils exportiert wird. Die schwedische Eichenholzextraktproduktion wird größtenteils von den nordeuropäischen Ländern aufgenommen. Die jugoslavischen Extrakte bilden einen wichtigen Exportartikel dieses Landes und werden zum größten Teil in den meisten europäischen Ländern (außer Rußland und den nordischen Staaten) abgesetzt. Auch Frankreich und Polen stellen Eichenholzextrakt her.

Der Eichenholzextrakt wird in flüssiger und in fester Form in den Handel gebracht. Der flüssige Extrakt kommt in Fässern mit einem Bruttogewicht von 250 kg, wovon 35 kg auf die Tara entfallen, in den Handel. Beim festen Extrakt unterscheidet man den festen Extrakt, der in Form eines kompakten Laibes in Säcken mit einem Bruttogewicht von 50 bis 65 kg in den Handel gebracht wird, und den pulverförmigen Extrakt, der in staubdichten Säcken mit einem Fassungsinhalt von ca. 70 kg zum Versand gelangt. Nach der Art der Herstellung wird unterschieden zwischen geklärten (clarifié), auch doppelt geklärten Extrakten einerseits, sowie geklärten und entfärbten (dekolorierten) Extrakten andererseits. Der Extrakt wird auf Grund eines bestimmten, seitens der Lieferfirma garantierten Gerbstoffgehaltes gehandelt. Meist wird auch unter der Bezeichnung des Herkunftslandes, also jugoslavischer, schwedischer, französischer Eichenholzextrakt, verkauft. Zur näheren Charakterisierung geben die Fabriken gewöhnlich ihren Erzeugnissen auch noch besondere Markenbezeichnungen. Wichtige Verschiffungshäfen sind Triest, Le Havre, Hamburg. Die flüssigen Extrakte haben meist einen Gerbstoffgehalt von 30, 35 und 41%, die festen von 58 bis 60% und die pulverförmigen von 65 bis 70%. Der Preis für festen Eichenholzextrakt mit 60% Gerbstoff cif Hamburg betrug im Jahre 1929 etwa 480 M. pro Tonne.

Statistisches. Die Eichenholzextrakterzeugung läßt sich schwer feststellen, da sie in einigen Ländern (Deutschland, Frankreich) statistisch zusammen mit dem Kastanienholzextrakt aufgeführt wird. Im Jahre 1925 betrug sie in Jugoslavien 12751 t, in Schweden 4482 t, in den Vereinigten Staaten 6110 t. Von der Produktion der Vereinigten Staaten wurden 3280 t exportiert, so daß für den Inlandsverbrauch 2830 t blieben.

10. Das Kastanienholz.

Handel. Ähnlich wie das Eichenholz kommt auch das Kastanienholz seines niedrigen Gerbstoffgehaltes wegen als Gerbmaterial nicht zur Verwendung; dagegen wird der aus dem Holz hergestellte Extrakt sehr viel in der Lederindustrie angewandt. Der Kastanienholzextrakt enthält denjenigen Gerbstoff, der nach dem Quebracho im Weltgerbstoffverbrauch an zweiter Stelle steht. Die Hauptproduktionsländer sind Frankreich, Italien, Jugoslavien, die Schweiz, Spanien und Deutschland sowie die Vereinigten Staaten von Nordamerika. Das Kastanienholz dient hauptsächlich wegen seiner Kernschäligkeit viel weniger als Nutzholz wie das Eichenholz. Der Kastanienholzextrakt wird daher nicht wie der Eichenholzextrakt aus Abfällen, sondern aus der ganzen Holzmasse gewonnen, und zwar sind hierfür die alten Bäume als die gerbstoffreichsten am besten geeignet. In Europa sind nur noch in Italien alte Kastanienbestände zu finden. In den übrigen Ländern war man gezwungen, immer mehr auf die Verarbeitung jüngeren, nur 25 bis 30 Jahre alten Holzes überzugehen. Obwohl der Gehalt desselben geringer ist, so bietet es doch den Vorteil, daß aus ihm hellere und besser lösliche Extrakte von geringerer Schlammbildung erhalten werden. Wenn auch in Europa die ganz alten Kastanien immer mehr verschwinden, so ergänzen sie sich doch durch Wurzeltriebe wieder verhältnismäßig rasch. Auch die in Südeuropa auftretende Tintenkrankheit hat keine zu umfangreiche Ausbreitung angenommen. In Europa ist also durch ein gesundes Betriebssystem einigermaßen für Nachwuchs gesorgt. Wesentlich anders liegen die Verhältnisse in den Vereinigten Staaten von Nordamerika. In den dortigen Wäldern wurde ein furchtbarer Raubbau getrieben. Drei Fünftel des ursprünglichen Waldbestandes sind verschwunden. 3 bis 4mal mehr Holz, als nachwächst, wird jährlich den Wäldern entnommen. Dazu kommt noch die außerordentliche starke Dezimierung der Bestände durch den Kastanienmehltau. Es stehen daher in den Vereinigten Staaten gegenwärtig der Lederindustrie zwar gewaltige Mengen von Kastanienholzextrakt zu ungewöhnlich billigen Preisen zur Verfügung; andererseits wird aber auch schon in einigen Jahrzehnten mit einem sehr fühlbaren Mangel an diesem Extrakte zu rechnen sein.

Der Kastanienholzextrakt wird in flüssiger und in fester Form in den Handel gebracht. Die flüssigen Extrakte besitzen 30 bis 41%, die festen 60 bis 72% Gerbstoffe. Der flüssige Extrakt kommt in Fässern mit einem Bruttogewicht von ca. 250 kg, wovon etwa 35 kg auf die Tara entfallen, in den Handel. Vielfach gelangt er besonders in den Vereinigten Staaten auch in Zisternen zum Versand. Der feste Extrakt wird in Säcke mit einem Bruttogewicht von ca. 70 kg, oder in Kisten von ungefähr 100 kg Bruttogewicht zum Versand gebracht. Er bildet entweder eine feste kompakte Masse oder ein loses Pulver. Die pulverförmigen Extrakte sind wasserärmer und daher gerbstoffreicher. Für alle Extrakte wird ein Minimalgerbstoffgehalt garantiert. Bezüglich der Herstellung wird bemerkt, daß zuweilen vollständig naturelle, unbehandelte Extrakte in den Handel kommen. Meist wird der Kastanienholzextrakt jedoch geklärt (clarifié) oder doppelt geklärt und entfärbt (double clarifié et decoloré) geliefert. In neuerer Zeit werden nach Europa auch nordamerikanische Extrakte in Pulverform mit einem garantierten Gerbstoffgehalt von 68 bis 72% eingeführt. Bei diesen Extrakten wird unterschieden zwischen unbehandelten (Standard) und behandelten (Blutan) Marken. Außer dem Minimalgerbstoffgehalt und der Herstellungsweise wird auch die Provenienz angegeben, wie z. B. französischer, italienischer, jugoslavischer, amerikanischer Kastanienholzextrakt. Die europäischen Kastanienholzextraktfabriken sind zu einem Pool zusammengeschlossen, der etwa 35 Fabriken umfaßt. Die einzelnen Fabriken haben für ihre Erzeugnisse noch besondere Markenbezeichnungen.

Als Beispiele für den Preis im Jahre 1930 seien angeführt:

a) Kastanienholzextrakt, dekoloriert, französ. oder italienisch, flüssig, 30% Gerbstoff min. Filter-Meth., cif Hamburg, 100 kg netto, einschließlich Fässer 7,50 $.

b) Kastanienholzextrakt, dopp. geklärt u. blutentfärbt, flüssig, 35% Gerbstoff min. Filter-Meth., cif Hamburg, 100 kg netto, einschließlich Fässer 8,50 $.

c) Flüssiger amerikanischer Kastanienholzextrakt in Zisternen notierte Ende Dezember 1930 in New York 1½ cts das engl. Pfund (= 0,453 kg) auf Basis von 25% Gerbstoff. Wie billig dieser Extrakt ist, wird klar, wenn man sich vergegenwärtigt, daß unter den gleichen Voraussetzungen Celluloseextrakt $1^3/_8$ und Hemlockextrakt 3 cts kostet.

d) Fester europäischer Kastanienholzextrakt clarifié, 60% Gerbstoff min. Filter-Meth., cif Hamburg kostete per 100 kg brutto, einschließlich Säcke 12 bis 14 Dollar.

e) Pulverförmiger amerikanischer Kastanienholzextrakt mit garantiert 68% Gerbstoff wurde cif Hamburg, brutto per 100 kg mit ungefähr 12 $ für Standard- und etwa 15 $ für Blutanmarken gehandelt.

Statistisches. In der nachstehenden Zusammenstellung der Weltproduktion an Kastanienholzextrakt sind für einige Länder, in deren Statistik der Eichenholzextrakt zusammen mit dem Kastanienextrakt aufgeführt wird, geringe Mengen von Eichenholzextrakt inbegriffen. Im Jahre 1925 wurden an Kastanienholzextrakt erzeugt in:

Frankreich	78600 t
Italien	80000 t
Spanien	6900 t
Deutschland	7000 t
Ver. Staaten	110000 t
Weltproduktion	282500 t

Nachstehende Tabelle gibt den **Verbrauch der deutschen Lederindustrie** an Kastanienholzextrakt, einschließlich geringer Mengen von Eichenholz- und Fichtenrindenextrakt an. Ferner ist die Gesamtmenge an verbrauchtem reinen Kastaniengerbstoff berechnet sowie die Anzahl Prozent, die davon in flüssiger und in fester Form in den Handel kam. Hierbei wird für flüssigen Extrakt ein Gerbstoffgehalt von 30% und für festen eine solcher von 60% zugrunde gelegt.

	Deutschlands Verbrauch an Kastanienholzextrakt		Gesamtverbrauch an reinem Kastaniengerbstoff	Vom Gesamtgerbstoffverbrauch waren	
	flüssig t	fest t	t	flüssig %	fest %
1925	10267	3069	4921	62,6	37,4
1926	8265	3901	4810	51,3	48,7
1928	10592	6250	6928	45,8	54,2

Aus den Zahlen ist ersichtlich, daß in Deutschland der Verbrauch an Kastaniengerbstoff im Zunehmen begriffen ist, und daß der feste Extrakt in steigendem Maße verwendet wird. Die Zunahme des Verbrauches geht auch aus der nebenstehenden Ein- und Ausfuhrübersicht Deutschlands hervor. Bemerkenswert ist jedoch, daß der gegenwärtige Verbrauch an Kastanienextrakt hinter demjenigen von 1913 noch sehr stark zurücksteht.

	Einfuhr t	Ausfuhr t	Einfuhrüberschuß t
1913	35717	145	35572
1925	8293	24	8269
1927	15622	949	14673
1929	10246	758	9488
1930	11180	1225	9955

Die **deutsche Einfuhr** verteilte sich in den letzten drei Jahren in nachstehender Weise auf die wichtigsten Produktionsländer.

	1928 t	1929 t	1930 t
Italien	4625	3417	3627
Frankreich	2358	1984	1731
Schweden	2591	2098	2639
Jugoslavien	727	665	1215
Schweiz	768	594	546
Ver. Staaten	892	995	915
Sa.:	12969	10246	10673

Nachstehend wird der **Verbrauch der Vereinigten Staaten** an Kastanienholzextrakt angegeben. Außer reinem Kastanienextrakt werden dort auch Mischungen von Kastanien- und Eichenholzextrakt in den Handel gebracht. Diese Mischungen sind in den aufgeführten Mengen mit inbegriffen:

1923	140510 t
1925	101583 t
1927	93371 t
1929	101453 t

In den Vereinigten Staaten wird vorwiegend flüssiger Kastanienextrakt gebraucht, der wie bereits erwähnt, vorwiegend in Zisternen zum Versand gelangt. Von der im Jahre 1929 dort verbrauchten Gesamtmenge an reinem Kastaniengerbstoff kamen ungefähr 75% in Form von flüssigem Extrakt in den Handel.

11. Der Quebracho.

Umfang und Ergiebigkeit des Quebrachogebietes. Der Quebracho kommt nur in Südamerika vor, und zwar im nördlichen Argentinien, im westlichen Paraguay, im Süden von Bolivien und im südwestlichen Teil der brasilianischen Provinz Matto Grosso. Als Gerbmaterial wird lediglich das Kernholz des roten Quebrachos (Queb. colorado) verwendet. Abb. 112 gibt eine Übersicht über die einzelnen Sorten, die in forstlicher Beziehung bei diesem Quebracho unterschieden werden. Als der gerbstoffreichste und wertvollste gilt der Quebracho aus dem Gran Chaco und aus Paraguay, das Holz von Schinopsis Balansae, dem Quebracho Chaqueño. Etwas gerbstoffärmer ist das Holz von Schinopsis Lorentzii, dem Quebracho Santiagueño. Im Westen des Quebrachogebietes, an den Ausläufern der Anden, findet sich der Quebracho Horco, der Bergquebracho. Im nordwestlichen Teile des Quebrachogebietes auf dem linken Ufer des Paraguaystromes kommt zusammen mit dem Quebr. Chaqueño der Quebracho Coronillo vor. Der Bergquebracho und der Coronillo, zwei botanisch noch nicht eindeutig festgelegte Abarten, sind gerbstoffärmer als der gewöhnliche Quebr. Chaqueño. Für die Zwecke der Gerbmaterialgewinnung wird fast ausschließlich der letztere ausgebeutet. In seinem Bereiche liegen auch fast alle Extraktfabriken. Die meisten und größten derselben gruppieren sich im Gran Chaco um Resistencia. Eine andere Gruppe von Fabriken liegt im Norden des Quebrachogebietes am Rio Paraguay. Im Gebiete des Bergquebrachos befindet sich lediglich die kleine Fabrik Juto. Der Santiago Quebracho wird größtenteils nur auf Eisenbahnschwellen, Brückenpfeiler, Pfosten u. dgl. verarbeitet.

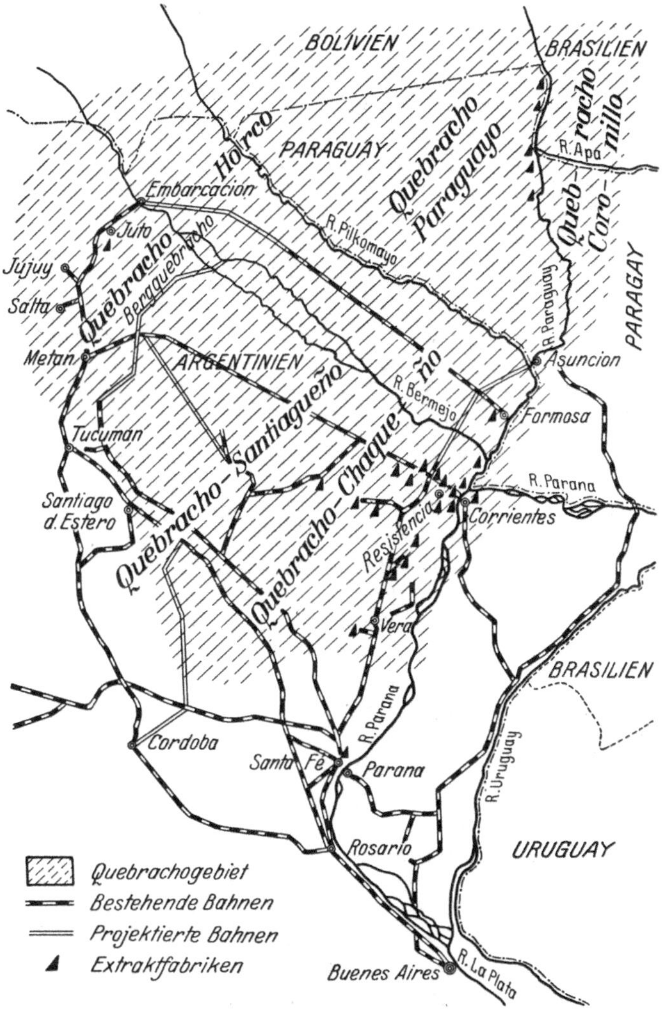

Abb. 112. Das Quebrachogebiet und die Quebrachoextraktfabriken (nach einem Entwurfe von Dr. W. Vogel).

Die Größe des gesamten Quebrachogebietes wird von Kaerger auf 675000 qkm geschätzt. Lütgens gibt das Verbreitungsgebiet des Quebracho Chaqueño zu 270000 qkm an. Er nimmt in demselben das Verhältnis von Wald zu Kamp wie 1 zu 1 an. Dann wären 135000 qkm Wald mit Quebr. Chaqueño vorhanden. Er legt weiter eine durchschnittliche Ausbeute von 500 t Holz pro Quadratkilometer zugrunde. Unter diesen Voraussetzungen hätten zur Zeit der Aufstellung von Lütgens Berechnung im Jahre 1910 rund 67,5 Mill. Tonnen Quebr. Chaqueño zur Verfügung gestanden.

	Ursprüngl. Gesamt-ausdehnung qkm	Ausgebeutet und unter Ausbeutung stehend qkm
In Argentinien	445000	113000
In Paraguay	312000	35000
In Brasilien	20000	3000
In Bolivien	30000	—
Sa.:	807000	151000

Von kompetenter privater Seite werden dem Verfasser nebenstehende Angaben für 1929 zur Verfügung gestellt, die sich auf das gesamte Quebrachogebiet und auf sämtliche Arten des roten Quebrachos beziehen. Unter der Annahme, daß 1 qkm 250 t Holz liefert, folgt, daß bei Beginn der Ausbeutung mindestens 200 Mill. Tonnen Quebrachoholz vorhanden waren. Davon sind bis jetzt schätzungsweise 43 Mill. Tonnen verbraucht worden. Es würde also eine Existenz von 157 Mill. Tonnen rotem Quebrachoholz verbleiben.

Die Ausbeutung der Quebrachowälder ist, da keinerlei systematische Nachpflanzung stattfindet, ein Raubbau. Andererseits ist aber der natürliche Nachwuchs trotz des langsamen Wuchses des Quebrachos nicht gering zu schätzen, weil die kleinen Bäumchen durch das Ausholzen Luft und Licht erhalten, die für ihre Entwicklung sehr förderlich sind. Man will in Wäldern, in denen aller Quebracho ausgebeutet war, und in denen 20 Jahre lang nichts mehr geschlagen wurde, fast die gleiche Raummaßmenge Quebracho festgestellt haben wie vor der Ausbeutung, nur mit dem Unterschiede, daß die Bäume kleiner, dafür aber in größerer Zahl vorhanden waren.

Die Ausbeutung der Quebrachowälder wurde im Süden, im gerbstoffreichsten und ergiebigsten Teil begonnen. Sie wird sich immer mehr nach Norden und gleichzeitig auch nach Westen ausdehnen. Mit dem Fortschreiten der von der argentinischen Regierung begonnenen beiden Eisenbahnlinien Resistencia-Metan und Formosa-Embarcacion (siehe Abb. 112) werden ausgedehnte, bisher wenig oder gar nicht ausgebeutete Quebrachogebiete erschlossen. Auch die bisher bei und südlich von Resistencia dicht beisammen liegenden Extraktfabriken müssen sich allmählich weiter nach Norden verschieben.

Handel. Als Lieferanten für Quebrachoholz und Extrakt kommen nur Argentinien und Paraguay in Betracht. Die Produkte für den Export werden meist mit Leichtern auf dem Rio Paraguay und dem Parana nach Buenos Aires befördert. Wichtige Sammelhäfen am Parana, denen die Quebrachoerzeugnisse per Bahn zugeführt werden, sind Resistencia, Santa Fe und Rosario. In Rosario kann direkte Übernahme auf die Überseedampfer stattfinden. Alle Quebrachogesellschaften haben ihren Hauptsitz oder einen Vertreter in Buenos Aires. Von Buenos Aires aus werden fast sämtliche Übersee- und inländischen Geschäfte abgeschlossen. Die bedeutendsten europäischen und nordamerikanischen Handelsplätze für Quebracho sind Hamburg, Rotterdam, Antwerpen, Le Havre, Bordeaux, Marseille, Genua und New York.

Die Quebrachogesellschaften und die Fabriken beziehen das Holz entweder aus eigenen Wäldern oder aus Wäldern, die sie zur Holzgewinnung gemietet haben. In letzterem Falle bezahlen sie einen vorher vereinbarten Preis pro Tonne gewonnenen Holzes. Die Holzgewinnung selbst vergeben sie meist an einen Vertrauensmann, sog. Kontradisten, der das Holz auf eigene Rechnung herausholt und dafür einen bestimmten Preis. pro Tonne bezahlt erhält. Der Kontradist hält sich Arbeiter (peones), die im Akkord arbeiten. Die Anfuhr in die Fabrik oder an die Bahnsammelstelle erfolgt auf Karren, die von Ochsen gezogen werden. Die Quebrachogesellschaften unterhalten vielfach ein eigenes Netz von Kleinbahnen.

Im Handel mit Quebrachoholz werden zwei Hauptsorten unterschieden, nämlich Leña (Brennholz) und Rollizos (Blockholz). Leña ist das aus dünnen Ästen, Knüppeln und anderen Abfällen bestehende Kleinholz, das in der dortigen Gegend als Heizmaterial für Lokomotiven, Flußdampfer, Fabriken, Bäckereien, Haushalt usw. dient. Für die Extraktgewinnung und den Export kommt es nicht in Frage. Hierfür dienen ausschließlich die Rollizos, das von Rinde und Splint befreite Holz des Stammes und der dicken Äste. Es wird nach verschiedenen Typen sortiert, nämlich Tipo exportacion, Tipo fabrica, Rollizos campana und Trocillos. Der Tipo exportacion besteht aus großen, gesunden Stämmen. Der Tipo fabrica enthält neben vorwiegend gesundem und frischem Holz auch etwas Campanaholz und Raigones, sowie etwas angefaultes Holz beigemengt. Es ist das Durchschnittsholz, wie es in den südamerikanischen Fabriken meist verarbeitet wird, wird aber auch viel exportiert. Unter Trocillos versteht man gutes Astholz in Stücken bis zu 1 m Länge. Es wird teils in heimischen Fabriken verarbeitet, kommt aber auch zum Export. Rollizos campana sind die Stämme abgestorbener Bäume, die durch Sturm umgefallen sind oder auch geschlagen wurden. Splint und Rinde sind verfault. An dieses Holz geht der Bohrwurm nicht heran. Es ist stark ausgetrocknet, sehr hart und dunkel gefärbt. Sein Gerbstoffgehalt ist zwar im allgemeinen hoch, doch wird es ungern in größerer Menge zur Extraktfabrikation herangezogen, weil es dunkle Brühen gibt und außerdem seine Verarbeitung infolge der außerordentlichen Härte nicht angenehm ist. Unter Raigones versteht man das Holz, welches nach erfolgter Fällung jahrelang im Walde liegen geblieben und reichlich mit Bohrwurmlöchern durchsetzt ist. Seine Farbe ist infolge der langen Lagerung etwas dunkler als bei frischem Holz. Im übrigen ist es gesund und namentlich für die Extraktfabrikation durchaus geeignet. Gajos sind die Äste, Raizes die Wurzeln des Quebrachobaumes. Die Wurzeln sind sehr gerbstoffreich und werden daher seit dem Knappwerden der Quebrachovorräte im Ursprungslande viel auf Extrakt verarbeitet, und zwar nicht nur die Wurzeln von frischen Bäumen, sondern auch von alten Stämmen, die schon vor vielen Jahren gefällt wurden. Hinsichtlich der Herkunft gilt das Holz aus Santa Fe, dem Chaco und aus Formosa als beste, das Holz aus Paraguay als gute Qualität. Das Holz aus der Provinz Santiago del Estero und aus Brasilien wird weniger geschätzt und kommt auch nur in unbedeutender Menge zum Export. Das Quebrachoholz wird als Blockholz unzerkleinert von den Ursprungsländern aus zum Versand gebracht und geht in dieser Form an die europäischen und nordamerikanischen Extrakt- oder Lederfabriken. Geringe Mengen Quebrachoholz werden in Europa auch durch Raspeln zerkleinert und kommen in Säcken mit ca. 75 kg Gewicht für Streuzwecke als Lohschnitt und für Extraktionszwecke als Hirnschnitt in den Handel. Der Durchschnittspreis für 1 Tonne Quebrachoholz cif Hamburg betrug im Jahre 1929 ungefähr für Tipo exportacion £ 6,5, für Tipo fabrica £ 5,15. Für Trocillos und prima Raigones wurden ungefähr gleiche Preise gezahlt wie für Tipo fabrica. Die Durchschnittspreise für 1 Tonne Quebrachoholz loco Buenos Aires in argentinischen Goldpesos (1 Goldpeso = 4,05 M.) sind aus Abb. 113 zu ersehen.

Der Quebrachoextrakt wird im Ursprungsland nur in fester Form hergestellt und in Säcken von rund 50 kg Bruttogewicht in den Handel gebracht. Man unterscheidet zwei Hauptmarken, den (natürlichen) warmlöslichen Extrakt, englisch als Ordinary, spanisch als Ordinario oder Comun bezeichnet, und den (sulfitierten) kaltlöslichen Extrakt, dessen älteste Marke die Marke „Crown“ (spanisch „Corona“) ist. Für beide Marken wird gewöhnlich ein Minimalgerbstoffgehalt von 63% nach Schüttel- oder Filtermethode, für sulfitierten Extrakt zuweilen auch von 64% garantiert. Beim Verkauf nach Südamerika muß der Käufer das in Buenos Aires durch vereidigte Wieger festgestellte Gewicht bezahlen. Bei Lieferungen nach Europa zahlt der Kunde im allgemeinen das Gewicht, welches im Bestimmungshafen festgestellt wird. Jede Fabrik hat für ihren Extrakt eine besondere Markenbezeichnung. Diese Markenbezeichnungen werden auch im Handel viel gebraucht. Jeder Sack trägt die entsprechende Marke. Sie ist für warmlösliche Extrakte mit schwarzer, für kaltlösliche mit roter Farbe auf die Säcke aufgedruckt. Die Markenbezeichnungen der einzelnen Fabriken sind aus Tabelle 105 zu ersehen. Die Quebrachoextraktfabriken sind unter Führung der Forestal Land Timber and Railways Company seit 1926 zu einem Pool zusammengeschlossen. Der Pool, dem die meisten Fabriken angehören, kontingentiert die Produktion und setzt die Preise fest. Der Preis wurde von 15 £ im Jahre 1913 und 17 £ im Jahre 1926 in rascher Folge auf 24 £ im Jahre 1928 erhöht und hat sich auf dieser Höhe gehalten bis zum Dezember 1930, wo eine Herabsetzung auf 22 £ erfolgte. Dieser Preis bezieht sich auf 1 Tonne warmlöslichen Extrakt cif Hamburg. Der kaltlösliche Extrakt ist im allgemeinen um 1 £ teurer als der warmlösliche. Nach der Preisherabsetzung kostete Ende 1930 in New York warmlöslicher fester Extrakt 4½ Cents per lb. (= 0,45 kg) und kaltlöslicher $4^7/_8$ Cents per lb. zuzüglich Zoll. Flüssiger Extrakt kostete unverändert 3 Cents per lb. beim Bezug in Tanks und 3½ Cents per lb. beim Bezug in Fässern. Eine Übersicht über die Preise von 1 Tonne warmlöslichem Quebrachoextrakt in Buenos Aires von 1895 bis 1930 gibt Abb. 113. Der Preis ist in argentinischen Goldpesos angegeben (1 Goldpeso = 4,05 M.).

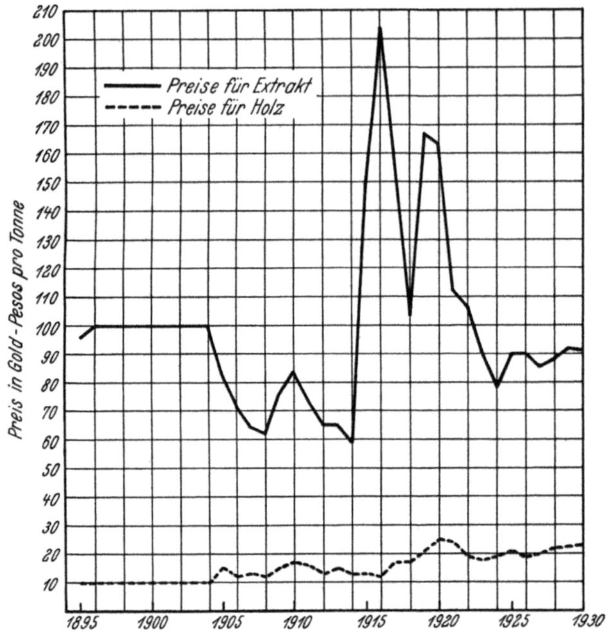

Abb. 113. Durchschnittspreise von Quebrachoholz und von Quebrachoextrakt von 1894 bis 1930. (Entworfen von Dr. W. Vogel.)

Statistisches. In der argentinischen Statistik erscheint der Quebrachoextrakt zum ersten Male im Jahre 1895 mit einer Ausfuhr von 402 t. Wie sie von da ab zugenommen hat, läßt Abb. 114 erkennen. Da der Eigenverbrauch Argentiniens unbedeutend ist, und weil auch die paraguayischen Quebrachoerzeugnisse über Buenos Aires exportiert werden, kann man die Ausfuhr ungefähr der Produktion

Tabelle 105. Die Quebrachoextraktfabriken nach dem Stande vom Jahre 1930.

Nr. auf der Karte Abb. 115	Name der Fabrik bzw. des Ortes, in dem sie liegt	Gründungsjahr	Derzeitiger Besitzer	Jahresproduktionsfähigkeit an festem Extrakt t	Bezeichnung der hergestellten Extraktmarken	
					warmlösliche	kaltlösliche
			a) Fabriken in Argentinien.			
1	Villa Guillermina .	1903	La Forestal Lda.	40000	Forestal (C. F. del C)	Crown
2	Villa Ana	1911	La Forestal Lda.	24000	Forestal (C. F. del C)	Crown
3	Tartagal	1910	La Forestal Lda.	25000	Forestal (C. F. del C)	Crown
4	Gallareta	1907	La Forestal Lda.	18000	Forestal (C. F. del C)	Crown
5	Puerto Tirol. . . .	1906	Cia Quebrachales Fusionados Lda.	25000	Quebrachales Fusionados Urunday ordinario	Optimus Urunday soluble
6	Rio Arazá.	1916	Fontana Lda.	18000	Forestal (C. F. del C)	Sol
7	Formosa	1910	Cia Argentina de Quebracho (Formosa)	14000	Formosa	Horse Head
8	Corrientes.	1926	Sociedad Industrial de Corrientes	15000	S. I. C.	
9	Villa Angela. . . .	1924	La Chaqueña S. A.	15000	Chaqueña	
10	La Escondida . . .	1926	Noetinger, Lepetit S. A.	15000	Tupá	
11	Puerto Vilelas . . .	1916	Compania Productora de Tanino	12000	Z.	
12	La Ganadera . . .	1920	Elaboradora de Extractos Curtientes, S. A. Industrial y Comercial	7000	101	
13	Santa Fe	1919	S. A. de Materías Colorantes	7000	Santa Fe	
14	Resistencia	1922	Francia Argentina S. A.	7000	F. A.	
15	Villa Jalon	1916	José Femenia	6000	J. F.	
16	Samuhi	1917	S. A. Samuhi	7000	Samuhi	Samuhi claro
17	La Verde	1922	Sociedad Industrial de Quebracho	6000	Superior	
18	Puerto Bermejo . .	1924	Cia Comercial Noruega Argentina	4000	La Cruz	
19	General Pinedo . .	1921	Guillermo Welbers	5000	Cielo	
20	Las Palmas	1909	Cia Las Palmas del Chaco Austral	2000	Las Palmas	
			Übertrag	272000		

Tabelle 105 (Fortsetzung).

Nr. auf der Karte Abb. 115	Name der Fabrik bzw. des Ortes, in dem sie liegt	Gründungsjahr	Derzeitiger Besitzer	Jahresproduktionsfähigkeit an festem Extrakt t	Bezeichnung der hergestellten Extraktmarken	
					warmlösliche	kaltlösliche
			Übertrag	272 000		
21	Yuto	1929	Otto Francke y Cia	6000	Supertan	
22	Rio Arazá.	1904	Harteneck, Proske y Cia	3000	Lobo	
			b) Fabriken in Paraguay.			
23	Puerto Pinasco . .	1917	Cia Internacional de Productos	27000	Supremo	Luna
24	Puerto Casado. . .	1895	Carlos Casado Lda.	18000	Casado	Tanextra
25	Puerto Guarany . .	1915	Socièdad Forestal Puerto Guarany	13000	Puerto Guarany	
26	Puerto Sastre . . .	1905	Cia Campos y Quebrachales Puerto Sastre	12000	Puerto Sastre	
27	Puerto Mihanovich. (Puerto Voluntad)	1930	Cia Campos y Quebrachales Puerto Sastre	10000		
			Gesamtproduktionsfähigkeit	361000		

gleichsetzen, besonders in Zeiten mit normalen Absatzverhältnissen. In Zeiten der Überproduktion wird in den Fabriken und in den Häfen viel Extrakt auf Lager genommen. Die Extraktproduktion erreichte im Jahre 1915 erstmals 100000 t und war im Jahre 1919 auf 140000 t gestiegen. Während des Krieges wurde eine Reihe neuer Extraktfabriken gegründet. Sie waren in der Nachkriegszeit zunächst gut beschäftigt, namentlich von 1923 bis 1927, den Jahren, in welchen ein riesiger Aufschwung im Extraktverbrauch einsetzte, der im Jahre 1925 mit 281000 t seinen Höhepunkt erreichte. Dann trat ein gewaltiger Rückschlag ein, der noch anhält. Im Jahre 1930 waren die Fabriken nur mit ungefähr der Hälfte ihrer Leistungsfähigkeit ausgenützt. Bei Verfolgung der Ausfuhr von Quebrachoholz in Abb. 114 sieht man, daß dieselbe zunächst mengenmäßig immer viel höher war als die Ausfuhr von Extrakt; besonders in den Jahren 1909 bis 1913 geht sie sprunghaft in die Höhe. In jener Zeit haben die europäischen und nordamerikanischen Extraktfabriken sehr viel Holz verarbeitet. Während des Krieges nimmt die Holzausfuhr sehr stark ab, und im Jahre 1918 ist sie zum ersten Male niedriger als die Extraktausfuhr und fällt sogar auf die unbedeutende Menge von nur 15000 t. In der Folgezeit hat sich dann die Holzausfuhr stets unter der Extraktausfuhr gehalten. Es ist eine vollständige Wandlung eingetreten. Die europäischen und nordamerikanischen Extraktfabriken verarbeiten bedeutend weniger Quebrachoholz als vor dem Kriege. Die Extraktfabrikation konzentriert sich auf die Ursprungsländer. Man ging sogar soweit, daß in Argentinien im Jahre 1929 ein Gesetz eingebracht werden sollte, das die Einfuhr von Quebrachoholz vollständig verbietet, um dem Lande die Kosten für die Extraktherstellung zu erhalten. Bis jetzt ist dieses Gesetz jedoch nicht zur Annahme gekommen. Es liegt aber durchaus im Bereiche der Möglichkeit, daß Argentinien das Quebracholholz mit einem hohen Exportzoll belegt.

Die Tabelle 105 bietet eine Übersicht über die im Jahre 1930 vorhandenen Quebrachoextraktfabriken, über ihre Produktionsfähigkeit und die von den einzelnen Fabriken hergestellten Extraktmarken. Die geographische Lage der Fabriken ist aus Abb. 115 zu ersehen. Nach der Tabelle 105 beträgt die Jahresproduktionsfähigkeit der zur Zeit bestehenden Fabriken 361000 t. Der Export im Jahre 1929 belief sich aber nur auf 151000 t, das sind nur 41,8% der Produktionsfähigkeit.

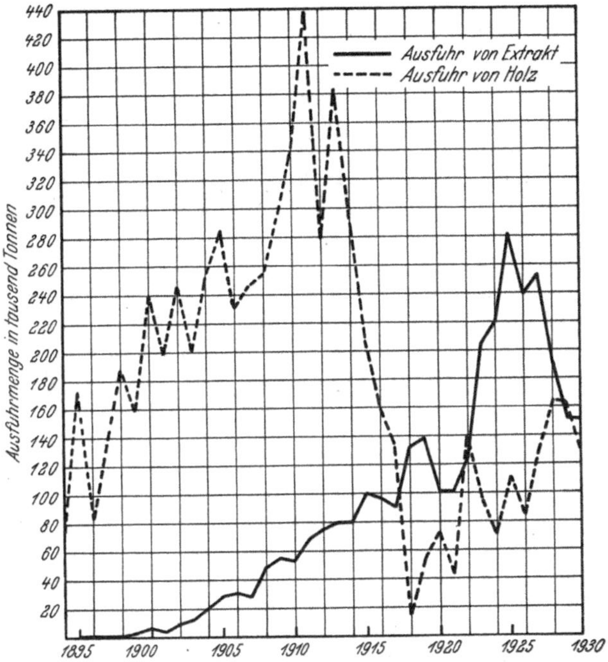

Abb. 114. Ausfuhr von Quebrachoholz und von Quebrachoextrakt aus Argentinien von 1895 bis 1930. (Entworfen von Dr. W. Vogel.)

Tabelle 106 zeigt, wie sich das exportierte Quebrachoholz auf die wichtigsten Bezugsländer verteilt. Deutschland bezieht beträchtliche Mengen, die aber hinter der Menge von 1913 zurückstehen. England, das vor dem Kriege mit Abstand die weitaus größten Mengen aufnahm, bezog 1928 überhaupt kein Holz mehr, dagegen hat Frankreich seinen Import außerordentlich gesteigert, während der italienische Import stark zurückgegangen ist. Bemerkenswert ist, daß die Vereinigten Staaten 1928 fast 10mal soviel Quebrachoholz importierten wie 1913 und fast die Hälfte des aus Argentinien exportierten Holzes aufnahmen.

Tabelle 106. Der Quebrachoholzexport Argentiniens. (Nach der offiziellen argentinischen Statistik.)

Importland	1911 t	1913 t	1918 t	1925 t	1928 t
Deutschland	3888	21507	—	549	16912
England	376638	283208	—	5861	—
Frankreich	6644	328	—	33213	31422
Italien	29725	26922	2557	11034	8260
Belgien	—	2454	—	11226	18900
Vereinigte Staaten	8318	9433	3627	24435	81796
Übrige Länder	13003	20112	8582	25421	10063
Gesamtexport	438216	383964	14766	111739	167353

Aus Tabelle 107 geht die Verteilung des aus Argentinien exportierten Quebrachoextraktes auf die wichtigsten Verbrauchsländer hervor. Für 1928 steht Deutschland mit 58000 t = 22,6% des Gesamtexportes an erster Stelle, ihm folgen die Vereinigten Staaten mit 36000 t = 14% und England mit 25000 t = 9,7%.

Tabelle 107. Der argentinische Export an Quebrachoextrakt.
(Nach der offiziellen Statistik.)

	1913 t	1918 t	1925 t	1928 t
Deutschland	5705	—	95613	58804
England	22384	21104	26882	25165
Frankreich	3563	24118	18305	18898
Italien	3222	13203	16760	12640
Belgien.	6241	—	11972	13439
Ver. Staaten	28402	61276	60232	35997
Übrige Länder	10167	13255	52004	91840
Gesamtexport	79684	132956	281768	256783

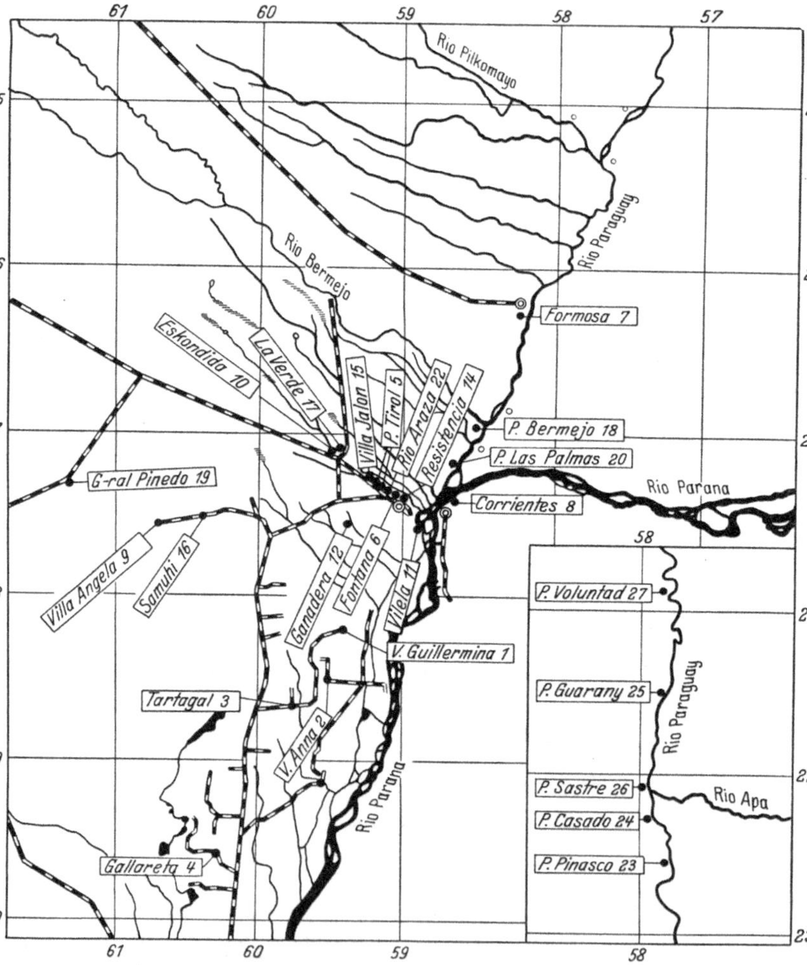

Abb. 115. Die südamerikanischen Quebrachoextraktfabriken im Jahre 1930. (Entworfen von Dr. W. Vogel.)

Interessant ist eine Übersicht über die Gesamtextraktproduktion vom Beginn der südamerikanischen Quebrachoextraktfabrikation im Jahre 1895 bis zum Jahre 1928 (Tabelle 108). In diesem Zeitraum wurden rund 3 Mill. Tonnen

Quebrachoextrakt produziert. Hiervon haben aufgenommen: die Vereinigten Staaten 27,5%, Deutschland 19%, England 18% und Frankreich 7%.

Tabelle 108.
Von der Gesamt-Extraktproduktion 1895—1928 wurden exportiert:

Bestimmungsland	Menge t	Von der Gesamtmenge 1895—1928 %
Deutschland .	562069	19,0
England . . .	530441	18,0
Frankreich . .	205782	7,0
Italien	169808	5,8
Belgien . . .	137932	4,7
Ver. Staaten .	813349	27,5
Holland . . .	91217	3,1
Übrige Länder	439739	14,9
Gesamtmenge.	2950337	100,0

Über Deutschlands Ein- und Ausfuhr von Quebrachoholz und -extrakt seien nachstehende Zahlen aufgeführt:

	Quebrachoholz		Quebrachoextrakt	
	Einfuhr t	Ausfuhr t	Einfuhr t	Ausfuhr t
1913	117081	6193	17276	20155
1925	35220	160	29308	5528
1927	31412	283	38113	4158
1929	17487	16	23612	3406
1930	19139	47	23698	4105

Vorstehende Zahlen lassen den Rückgang der deutschen Extraktindustrie in der Herstellung von Quebrachoextrakten gegen 1913 deutlich erkennen. 1913 wurde sehr viel Holz eingeführt und sehr viel Extrakt ausgeführt. Gegenwärtig beträgt die Einfuhr von Holz nur $^1/_7$ von 1913, gleichzeitig ist aber auch die Extraktausfuhr auf $^1/_6$ von 1913 gesunken. Die Einfuhr von Quebrachoextrakt hat dagegen stark zugenommen.

Nachstehende Zahlen geben den Verbrauch an Quebrachoholz und -extrakt für Deutschland und die Vereinigten Staaten an:

	Quebrachoholz		Quebrachoextrakt			
	1925	1929	1925		1929	
			flüssig	fest	flüssig	fest
	t	t	t	t	t	t
Deutschland	14015	16050	17123	24546	10039	22717
Ver. Staaten v. Nordam. .	3240	2133	59268 flüssig + fest		38033	27983

12. Das Urundayholz.

Mit dem Knapperwerden des Quebrachoholzes wurde auch das Kernholz des im Quebrachogebiete in größeren Mengen vorkommenden Urunday (Astronium Balansae) zur Gerbstoffgewinnung beigezogen. Dieses Holz enthält zwar ⅓ weniger Gerbstoff als das Quebrachoholz, ist aber sonst besonders auch in gerberischer Hinsicht dem Quebracho sehr ähnlich. Das Holz als solches wird nicht in den Handel gebracht, sondern nur der aus demselben hergestellte Extrakt, der in gleicher Weise wie der Quebrachoextrakt in warmlöslicher und kaltlöslicher Form fabriziert wird. Größere Mengen von Urundayholz werden wohl auch im Ursprungslande zusammen mit Quebrachoholz auf Quebrachoextrakt verarbeitet. Die Mengen von Urundayextrakt, die aus Argentinien ausgeführt werden, und die zum größten Teil nach Deutschland gehen, sind nicht beträchtlich. Sie betrugen 1925: 2700 t — 1926: 2800 t — 1927: 6400 t — 1928: 6200 t. Der Urundayextrakt ist etwas billiger als der Quebrachoextrakt. Er wird wie der Quebrachoextrakt in Säcken von brutto 50 kg zum Versand gebracht und mit einem Minimalgerbstoffgehalt von 63% gehandelt. Im Jahre 1929 kostete die Tonne Urundayextrakt cif Hamburg 21 bis 22 £. Es ist wahrscheinlich nicht anzunehmen, daß der Urundayextrakt sich zu einem wichtigeren Artikel des Weltgerbstoffmarktes entwickeln wird, wohl aber dürfte er dazu berufen sein, zur Ergänzung und Streckung der Quebrachovorräte zu dienen.

13. Das Tizrahholz.

Ein Holz, das in seinen gerberischen Eigenschaften die größte Ähnlichkeit mit dem Quebracho aufweist, ist das Tizrah- oder Marokkoholz. Es stammt von einem unserem Hagedorn ähnlichen Strauche, Rhus pentaphylla, einer sehr langsam wachsenden, in Marokko, Algier und Tunis ziemlich verbreiteten Pflanze. Seit Anfang dieses Jahrhunderts wird es in größerem Umfange in Europa auf den Markt gebracht. und zwar in Stücken, die aus Wurzel-, Stamm- und Astteilen bestehen und lose verladen werden. Die Tizrahgewinnung wurde ursprünglich vorwiegend im östlichen Marokko betrieben. Als dort die Vorräte knapp wurden, wandte man sich auch im westlichen Marokko der Tizrahausbeutung zu. Die Hauptausfuhr erfolgt gegenwärtig über die Häfen von Rabat, Fedala, Casablanca, Saffi und Mogador. Für die Bewertung des Holzes im Handel spielt die Provenienz und die Sortierung eine Rolle. Als bestes Holz gilt das von Mogador, nach ihm kommt das von Casablanca und Rabat, während das Kenitraholz weniger geschätzt wird. Unter der Sortierung versteht man das prozentuale Verhältnis der Baumstümpfe und Stämme zu den dünnen Ast- und Zweigstücken. Das Sortiment ist um so besser, je weniger Äste und Zweige es enthält. In den Gerbereien wird Tizrahholz, dessen Zerkleinerung ziemlich schwierig ist, kaum verwendet. Fast alles Tizrahholz wandert in die europäischen Extraktfabriken und dient dort vorwiegend zur Herstellung von Quebrachoextrakt. Tizrahextrakt wird nur vereinzelt und in geringen Mengen in den Handel gebracht. Die Tonne Tizrahholz kostete 1929 cif Hamburg 4 bis 5 £.

Über die Vorräte an Tizrah lassen sich keine genaueren Angaben machen. Für 1925 kann die Erzeugung auf Grund der Ausfuhr von Marokko mit 10000 t angenommen werden. Tizrah wird auf dem Weltgerbstoffmarkt nie eine größere Bedeutung erlangen. Dazu sind einerseits die vorhandenen Mengen viel zu gering, andererseits erfolgt der Nachwuchs, der 100 und mehr Jahre bis zur Gerbstoffnutzung betragen soll, viel zu langsam.

14. Der Sumach.

Handel. Der Sumach kommt hauptsächlich in den Mittelmeerländern vor. Im Handel werden die einzelnen Sumachsorten unterschieden nach dem Land oder der Gegend, von welcher sie stammen; so gibt es z. B. sizilianischen, süd- und mittelitalienischen, spanischen, portugiesischen, griechischen, anatolischen, französischen, dalmatinischen, tiroler, ungarischen, bulgarischen, montenegrinischen, kaukasischen, algerischen Sumach u. a. m. Ferner ist zu erwähnen der schwedische Sumach und der im Kapland vorkommende Kapsumach. In Nordamerika findet sich ebenfalls Sumach, der nach seinem Vorkommen meist als virginischer Sumach bezeichnet wird. Der beste und gerbstoffreichste ist der sizilianische Sumach. Der Handelssumach besteht zum weitaus größten Teil aus dem in Sizilien von angebauten Pflanzen gewonnenen Sumach. Der meiste dort im Lande gesammelte Sumach wird nach Palermo geschafft, das den wichtigsten Handelsplatz bildet. Er kommt entweder ungemahlen als Blättersumach (foglie) in Ballen von 250 bis 300 kg gepreßt in den Handel oder als feines Pulver von gelbgrüner Farbe in Säcken von ca. 75 kg Bruttogewicht verpackt. Blättersumach ist fast ausschließlich für die Extraktfabriken bestimmt; in der Gerberei wird gewöhnlich das Sumachpulver verwendet. In Sizilien werden die Sumachblätter zunächst mehrmals in Steinmühlen gemahlen. Für bessere Sumachsorten wird das hierbei erhaltene Mahlgut noch einer Nachbehandlung, der sog. „Ventilation“, unterworfen, die darin besteht, daß man durch Windmühlen oder Ventilatoren das feine leichte Sumachpulver von den schwereren Verunreinigungen wie Sand, Erde, Holz- und Eisenteilchen u. dgl. trennt. Der ungereinigte Sumach führt die Bezeichnung „campagna“. Der gereinigte Sumach wird als ventiliert („ventilato“) bzw. doppelt ventiliert in den Handel gebracht. Neben seinem hohen Gerbstoffgehalt zeichnet sich der sizilianische Sumach gerade durch seine vorzügliche Qualität infolge seiner sorgfältigen Behandlung bei der Gewinnung, beim Zerkleinern und Reinigen aus. Da der Sumach viel zur Herstellung sehr heller und feiner Leder gebraucht wird, muß er unbedingt vollkommen eisenfrei sein. Von sonstigen Sumachsorten ist noch zu erwähnen, der Karstsumach, der vorwiegend von Triest aus, und der bulgarische Sumach, der namentlich von Varna aus gehandelt wird. Der sizilianische Sumach wird zuweilen durch Beimengung minderwertiger Sumacharten oder der Blätter von Pistacia Lentiscus oder von Tamarix africana verfälscht. Der Sumachhandel ist daher ein Vertrauensgeschäft. Die sizilianischen Sumachproduzenten und Händler halten in neuer Zeit sehr auf eine reine, reelle Qualität und werden in diesen Bestrebungen auch von seiten der Regierung nachdrücklich unterstützt. Der sizilianische Sumach wird meist mit einer Gerbstoffgarantie von 24 bis 28% nach Filtermethode verkauft. Bei Palermosumach wird außerdem gewöhnlich extra doppelt ventilierter und gereinigter Sumach garantiert. Der Preis für Sumach ist starken Schwankungen unterworfen. Er betrug im Jahre 1929 cif Hamburg für sizilianischen Sumach mit 26% Gerbstoff etwa 27 bis 30 M. pro 100 kg.

In Italien, Deutschland, der Schweiz und in Frankreich werden auch Sumachextrakte hergestellt. Sie kommen entweder in flüssiger Form in Fässern von ca. 200 kg Nettogewicht in den Handel oder als fester Extrakt (im Handel als krystallisiert bezeichnet) in Säcken oder Fässern mit ca. 100 kg netto. Für den flüssigen Extrakt werden 25% Gerbstoff, für den festen 65 bis 70% Gerbstoff nach Filtermethode garantiert. Der Durchschnittspreis cif Hamburg belief sich 1929 pro 100 kg für flüssigen Extrakt auf 56 bis 60 M., für festen Extrakt auf ca. 195 M.

Statistisches. Es liegen nicht genügend statistische Unterlagen vor, um die Weltproduktion an Sumach feststellen zu können. Schätzungsweise werden sie zu 30000 t jährlich angenommen. Ungefähr die Hälfte davon wird in Sizilien erzeugt. Deutschland hat im Jahre 1929 an Sumach 2059 t eingeführt, davon 1848 t aus Italien. 1930 waren es 2110 t, davon 2035 aus Italien. Für Sumachextrakt belief sich 1929 Deutschlands Einfuhr auf 277 t, seine Ausfuhr auf 365 t. An Sumachextrakt wurden in Deutschland im Jahre 1929 verbraucht 3635 t flüssiger und 1890 t fester Extrakt. Die Vereinigten Staaten von Nordamerika verbrauchten 1929 an flüssigem Sumachextrakt 1431 t und an festem Extrakt 252 t, an Blättersumach 2480 t. England hat im Jahre 1925 im ganzen 6127 t Sumach eingeführt; davon stammten 85% aus Italien. Die Sumachausfuhr Englands betrug nur 67 t.

15. Der Gambir.

Handel. Der aus Britisch-Ostindien, namentlich den Straits Settlements, und aus Niederländisch-Indien, hauptsächlich Sumatra und Borneo, stammende Gambir ist einer der ältesten in der Gerberei verwendeten festen Extrakte. Sein Verbrauch erreichte um die Jahrhundertwende seinen Höhepunkt, ging aber dann infolge der Konkurrenz des billigeren Quebrachos stark zurück, zumal die Pflanzer in den Ursprungsländern sich der rentableren Kultur von Kautschuk und Tabak zuwandten. Der Hauptstapel- und Handelsplatz für Gambir ist Singapore.

Im Handel werden je nach der Art der Herstellung drei Hauptsorten unterschieden, der Blockgambir, der Würfelgambir und der Reingambir. Block- und Würfelgambir werden von der einheimischen Bevölkerung auf ziemlich primitive Weise hergestellt, enthalten vielfach Verunreinigungen und sind in ihrer Zusammensetzung ungleichmäßig. Im Gegensatz dazu ist der Reingambir, als dessen Typ der Asahanreingambir gilt, in modern eingerichteten Fabriken durchaus sachgemäß hergestellt, wodurch auch eine gleichmäßige Zusammensetzung verbürgt wird. Die gerbstoffärmste Sorte ist der Blockgambir. Er kommt in Form von Laiben in den Handel, die in Grasmatten eingeschlagen sind und ungefähr 27 kg wiegen. Im Innern sind die Laibe noch von teigförmiger Beschaffenheit und neigen daher sehr leicht zur Schimmelbildung, wodurch ihr Wert ungünstig beeinflußt wird. Blockgambir wird in Säcken mit ca. 90 kg oder in Kisten mit ca. 105 kg Bruttogewicht gehandelt. Garantiert wird meist ein Gerbstoffgehalt von 28 bis 30% nach Schüttelmethode. Sein Wassergehalt beträgt 40 bis 45%. Blockgambir kostete 1929 pro Tonne cif Hamburg 27 bis 30 £.

Der Würfelgambir wird in Säcken mit 60 bis 90 kg Gewicht in den Handel gebracht. Garantiert wird ein Gerbstoffgehalt von 38 bis 40% nach Schüttelmethode, oder es wird nach Londoner Standardmuster gehandelt. Der Preis für Würfelgambir stellte sich 1929 cif Hamburg pro Tonne auf 38 bis 40 £. In New York notierte Ende 1929 Singaporewürfelgambir 9½ cts das engl. Pfund (= 0,45 kg); das entspricht etwa 880 M. pro Tonne. Bei der Gerbstoffgarantie ist sehr zu beobachten, ob sie sich auf Schüttel- oder Filtermethode bezieht. Da nämlich das in jedem Gambir enthaltene Catechin beim Filtrieren durch Hautpulver von diesem aufgenommen wird, während dies beim Schütteln mit Hautpulver nicht der Fall ist, sind die Unterschiede zwischen den beiden Methoden besonders groß und können 12 bis 15% im Gerbstoffgehalt ausmachen. So entspricht z. B. im Würfelgambir einem Gerbstoffgehalt von 40% nach Schüttelmethode ein solcher von 55% nach Filtermethode.

Der Asahan- und ähnlicher im Fabrikationswege hergestellter Gambir ist in Kisten mit ca. 65 kg Bruttogewicht verpackt. Es wird außer Reinheit und Gleichmäßigkeit ein Wassergehalt von 30% mit 1½% Franchise und ein Gerbstoffgehalt von 38% nach Schüttelmethode (entspricht 50% nach Filtermethode) garantiert. Asahangambir kostete 1929 cif Hamburg pro Tonne 37 bis 39 £.

Statistisches. Die jährliche Weltproduktion an Gambir wird auf 25000 t geschätzt. Der Hauptkonsument ist England; aber auch Frankreich, die Vereinigten Staaten und Deutschland verbrauchen größere Mengen. Englands Gambireinfuhr im Jahre 1925 belief sich auf 2136 t; davon stammten 65% aus den Straits Settlements und 30% aus Holländisch-Indien. Der Verbrauch Englands im Jahre 1925 wird mit 2100 t angegeben. Die Vereinigten Staaten brauchten 1925 1171 t und 1929 1022 t Gambir. Der lokale Bedarf der Produktionsländer ist ziemlich bedeutend, weil der Gambir außer zur Ledererzeugung für die eingeborene Bevölkerung auch als Kaumaterial dient.

16. Der Catechu (Cutch).

Unter Catechu oder Cutch versteht man Festextrakte verschiedener Herkunft. Der Gambircatechu oder gelbe Catechu wurde bereits unter Gambir besprochen. Unter Khakicatechu oder Khakicutch versteht man Mangrovenextrakt. Besonders in England ist der Ausdruck Cutch ziemlich allgemein für Mangroveextrakt gebräuchlich. Ursprünglich diente der Ausdruck Catechu oder

Cutch ausschließlich für den aus dem Kernholz von Acacia Catechu in Indien, Nordborneo und den britischen Malaienstaaten gewonnenen braunen oder Pegucatechu, auch Bombaycatechu genannt. Dieser Catechu enthält bei 12 bis 20% Wasser etwa 35 bis 45% Gerbstoff und als Hauptbestandteil einen kristallisierbaren Stoff, das Catechin. In Indien werden zwei Arten von Catechu erzeugt, nämlich „Dark" (dunkler) Catechu oder „Cutch" und „Pale" (heller) Catechu oder „Katha". Letzterer wird von den Eingeborenen gekaut. Auch der dunkle Catechu wird gerberisch wenig mehr verwendet. Seine Anwendung in der Färberei geht ebenfalls zurück. Die jährliche Gesamtproduktion an diesem „Cutch" wird auf 15000 t geschätzt. Für den Weltgerbstoffmarkt ist er von keiner Bedeutung, da er ja meist für andere als gerberische Zwecke verwendet wird. Deutschlands Einfuhr an Gambir und Catechu zusammen belief sich im Jahre 1929 auf 533 t und 1930 auf 502 t.

17. Valonea und Trillo.

Die Valoneen werden im Handel nach ihrer Herkunft, nach ihrer Sortierung und nach ihrem Entwicklungszustand unterschieden.

Nach der Herkunft unterscheidet man die Smyrnavalonea, die aus Kleinasien und den ihm vorgelagerten Inseln, sowie der Insel Kreta stammt und die griechische Valonea, die von der Balkanhalbinsel und den griechischen Inseln stammt. Letztere Sorte wird häufig kurz als Inselware bezeichnet, obwohl der größte Teil derselben vom Festland der Balkanhalbinsel herrührt. Die Smyrnasorten werden am meisten geschätzt und stehen auch im Preis am höchsten. Die griechischen Sorten aus Morea wie Mayna, Arcadia, Achina und Patrassa stehen im Gerbstoffgehalt den Smyrnasorten am nächsten. Zu den griechischen Mittelsorten gehören: Missolonghi, Astaco, Maytika, Caravassera, Prevesa, Santa Maura, Parga und Corfu, sowie Enos, Makri und Rodosto. Geringere Sorten sind die albanischen Albania, Valona und Durazzo. Die Inselware wird im allgemeinen nach Muster gehandelt.

Die roh eingebrachten Valoneen enthalten stets mehr oder weniger Eicheln, Steine, Sand, Laub und Rindenabfälle. Sie werden sortiert und nach der Sortierung unterschieden. Bei sortierter Ware schwankt der Trillogehalt zwischen 10 bis 25% und soll jedenfalls nicht mehr als ein Drittel des Gesamtgewichtes betragen. Der Handel in sortierter Ware erfolgt nach festliegenden Standardbezeichnungen. Die wertvollste, ausgesuchte Ware ist die hochprima Smyrna Valonea, auch als Criblé, Mezzana, Fina oder Uso Triest bezeichnet. Sie enthält die größten, schönsten und hellsten Becher in möglichster Gleichmäßigkeit und ohne Eicheln. Prima Smyrna Valonea, auch Unaqua genannt, soll aus möglichst großen, gleichmäßigen unbeschädigten Stücken bestehen, darf aber auch einen gewissen Prozentsatz kleinerer Becher enthalten. Unter Valonea brutto oder naturale, auch Originalvalonea genannt, versteht man eine wenig oder gar nicht gereinigte Ware, die eine größere Menge von Eicheln, auch etwas Sand, Steinchen und minderwertige Ware enthalten darf. Die Sekundasorte führt die Bezeichnung Uso-Inglese oder Inglese, besteht in der Hauptsache aus unregelmäßigen, kleineren und mittleren Bechern und darf etwas mehr Eicheln enthalten. Refuso (Scandt, Scert) ist eine mindere Ware, die aus schlecht aussehenden, beschädigten, geringeren Früchten besteht und viel Trillo enthält. Die allergeringste Sorte ist die Caramania. Sie kommt aus Kleinasien und Syrien und stammt von einer anderen Eichenart wie die Valonea.

Bei jeder Valoneasorte unterscheidet man noch die verschiedenen Entwicklungs- und Reifezustände, in denen die Früchte in den Handel kommen und deren Bezeichnung öfter der Sortenbezeichnung beigefügt ist. Camatina sind unreife Valoneen mit verkümmerter Eichel, Camata weiter entwickelte, aber noch nicht völlig ausgebildete Früchte. Die Bezeichnung Rabdista für ausgereifte und Condra für überreife Früchte ist weniger in Gebrauch.

Der Haupthandelsplatz für Valonea ist Smyrna. Dorthin wird der größte Teil der türkischen Ernte gebracht, dort wird die Ware sortiert, und von dort erfolgt ihr Verkauf und ihre Verschiffung. Die Verschiffung der unzerkleinerten Ware erfolgt entweder lose in ganzen Ladungen oder in Säcken mit ca. 65 kg Gewicht brutto. Für die Importländer sind Hamburg, London und New York die wichtigsten Handelsplätze. Der Verkauf erfolgt meist nach den oben genannten Standardtypen oder nach Muster. Nach Nordamerika werden auch Verkäufe mit Gerbstoffgarantie abgeschlossen.

Der Trillo, das sind die Schuppen der Valoneabecher, bildet ein eigenes Handelsprodukt. Er wird im allgemeinen unzerkleinert unter der Bezeichnung „prima" mit einem garantierten Gerbstoffgehalt von 42% nach Filtermethode gehandelt.

In Smyrna und in Griechenland befinden sich auch verschiedene Extraktfabriken, die einen vorzüglichen Valoneaextrakt herstellen. Dieser Extrakt kommt unter der Bezeichnung „Valex", „Velonian", „Valonextrakt" u. a. in Pulverform in Säcken mit ca. 80 kg Gewicht und einem garantierten Gerbstoffgehalt von 65% nach Filtermethode in den Handel.

Der Valoneagerbstoff ist einer der edelsten, den wir kennen; dementsprechend ist er auch keiner der billigsten. Im Jahre 1929 betrugen die Preise pro Tonne Valonea cif Hamburg in £ ungefähr: für Criblé 9 bis 11, Extra Unaqua 8 bis 9, Unaqua 7,10 bis 8,10, Ia. naturale 7 bis 8, naturale 6,10 bis 7,10, Uso-Inglese 6 bis 7, Inglese 5,10 bis 6,10, Refuso 5 bis 6. Für Trillo wurden 9 bis 11 £ bezahlt. Der Preis pro Tonne Valoneaextrakt belief sich 1929 auf 33 £.

Statistisches. Die Valoneaernte ist außerordentlich großen Schwankungen unterworfen. Je nach dem Ausfall der Ernte schwanken auch die Preise sehr stark. Die Höhe der Ernte kann nur geschätzt werden. Die durchschnittliche Ernte an Smyrnavalonea wird auf 40000 bis 45000 t geschätzt bei Schwankungen von 30000 bis 100000 t. In den letzten Jahren wird die Ernte angenommen für 1927 zu 36000 t, für 1928 zu 43500 t, für 1929 zu 40000 t und für 1930 zu 30000 t. Etwa 20 bis 25% davon wird in den türkischen Gerbereien verbraucht. Die gesamte türkische Ernte wird angegeben für 1926 zu 35500 t, für 1927 zu 42500 t und für 1928 zu 55000 t. Die Ernte an griechischer Valonea ist wesentlich geringer und kann mit etwa 10000 t pro Jahr in Ansatz gebracht werden.

Von der Smyrnaernte von 40000 t im Jahre 1929 wurden 36000 t ausgeführt. Die Ausfuhr verteilte sich folgendermaßen:

Rußland	10220 t	Ägypten	1930 t
Ver. Staaten	5830 t	Holland	1660 t
England	5390 t	Frankreich	1170 t
Deutschland	4410 t	Übrige Länder	2720 t
Italien	2930 t		

Interessant ist an dieser Statistik, daß Rußland weitaus der größte Abnehmer war.

Der Export der Türkei an Valoneaextrakt betrug: 1924: 300 t — 1925: 2660 t — 1927: 4480 t — 1928: 5160 t.

Deutschlands Einfuhr an Valonea belief sich 1927 auf 8019 t, 1928 auf 6457 t, 1929 auf 6006 t und 1930 auf 7877 t. Die Ausfuhr ist so gering, daß sie unberücksichtigt bleiben kann.

Die Vereinigten Staaten verbrauchten 1925: 7294 t und 1929: 5103 t Valonea.

18. Die Myrobalanen.

Handel. Die Myrobalanen bilden eine wichtige, wenn auch nicht besonders edle, dafür aber auch nicht zu teuere Ware des internationalen Gerbstoffhandels. Sie stammen aus Vorderindien. Die Hauptproduktionsbezirke sind die Gebiete von Madras, Bombay, Bengalen und Burma. Die Früchte werden entweder mit der Hand gepflückt oder geschüttelt und aufgelesen. Die gepflückten (picked) Früchte, die meist kurz vor der Reife gewonnen werden und von schöner heller Farbe sind, werden mehr geschätzt als die geschüttelten. Die getrockneten Früchte werden von den Maklern der Exporthäuser in den Produktionsgebieten aufgekauft und nach den Hauptsammelplätzen und Verschiffungshäfen Bombay, Kalkutta und Madras gesandt. Hier erfolgt die Sortierung nach Farbe, Größe, Aussehen u. dgl., die Verpackung in Säcke und der Versand nach den Verbrauchsländern. Die wichtigsten Handelsplätze für Myrobalanen in Europa bzw. Nordamerika sind London, Liverpool, Hamburg und New York. Die meisten Myrobalanen werden unzerkleinert als Nüsse gehandelt. Es komemn aber auch entkernte Myrobalanen in den Handel. Der Versand erfolgt entweder in Säcken mit 60 bis 80 kg Gewicht oder in Pockets (kleinen Säcken) von 25 bis 30 kg. Das Entkernen wird in den Produktionsgebieten vorgenommen. Am meisten werden die Myrobalanen des Jubbelporedistriktes entkernt, weil dort die meisten Entkernungsanstalten liegen, doch kommen auch aus den anderen Provinzen entkernte Myrobalanen in den Handel. Die entkernten Myrobalanen führen sich weniger ein, weil sie leicht verfälscht und mit weniger gesunden Früchten vermengt werden können. Außerdem ist beim Einkauf ganzer Früchte die Unterscheidung bestimmter Sorten möglich. Die entkernten Myrobalanen eignen sich in der Gerberei lediglich als Streumaterial; für Extraktionszwecke verdienen die ganzen Früchte den Vorzug.

Die verschiedenen Myrobalanensorten werden meist nach in London vorliegenden Standardmustern oder nach Qualitätsbezeichnung verkauft. Die wichtigsten Qualitätsbezeichnungen sind folgende:

Bhimlies 1 (B 1) Bhimlies 2 (B 2)	aus Bhimlipatam in Madras.
Rajpores 1 (R 1) Rajpores 2 (R 2)	aus Bombay.
Jubbelpores 1 (J 1) Jubbelpores 2 (J 2)	aus Jabbalpur in den Zentralprovinzen.

Vingorlas (V) aus Bombay.
Madras Coast von der Küste von Madras.

Die Bhimlies, Rajpores und Jubbelpores sind ungefähr gleichwertig. Vingorlas und Madras Coast haben einen wesentlich geringeren Gerbstoffgehalt. Außer dem Gerbstoffgehalt zeigen die einzelnen Sorten auch noch andere feinere Unterschiede. Die Myrobalanen sind an sich kein Gerbmaterial mit hohen gewichtgebenden Eigenschaften. Die einzelnen Sorten unterscheiden sich aber doch etwas in dieser Beziehung. Das beste Gewicht geben die Jubbelpores, dann folgen nach der Höhe der gewichtgebenden Eigenschaften Bhimlies, Coast Madras, Rajpores und Vingorlas. Bhimlies geben die hellste Farbe und die meiste Säure; Jubbelpores besitzen das geringste Säurebildungsvermögen, dagegen setzen sie und Vingorlas die meiste Blume ab.

Die entkernten Myrobalanen werden meist nach Londoner Standardmustern gehandelt und in zwei Qualitäten geliefert unter der Bezeichnung „Crushed I“ und „Crushed II“. Die zwei wichtigsten dieser Standardmuster sind „Combined Standard 1919“ und „Standard P. M.“

Die Preise für ganze Myrobalanen cif Hamburg im Jahre 1929 betrugen pro

Tonne für Ia Qualitäten £ 8,5 bis 9, für IIa Qualitäten £ 6 bis 6,10. Für entkernte Myrobalanen wurden bezahlt für Crushed I £ 12 bis 12,10, für Crushed II £ 9 bis 9,15.

Aus Myrobalanen wird auch Extrakt hergestellt, und zwar im Ursprungsland in fester, in einigen europäischen Fabriken vorwiegend in flüssiger Form. Der feste Extrakt wird hauptsächlich von Bombay und Kalkutta in Säcken von 50 kg mit einem garantierten Gerbstoffgehalt von 58% und unter verschiedenen Markenbezeichnungen wie „Tigerkopf", „Bimbley" u. a. in den Handel gebracht. Cif Hamburg kostete im Jahre 1929 die Tonne 22 bis 23 £.

Statistisches. Die durchschnittliche jährliche Myrobalanenerzeugung Indiens wird zu 63000 t angenommen.

Indiens Myrobalanenausfuhr im Fiskaljahre 1925/26 siehe nebenstehende Tabelle.

Bestimmungsland	Ausfuhrmenge t	Gesamtausfuhr %
England	23332	44,7
Ver. Staaten	14376	27,5
Deutschland	4153	7,8
Frankreich	3412	6,6
Übrige Länder	6938	13,4
Gesamtausfuhr	52211	100,0

Indiens Ausfuhr an Myrobalanenextrakt im Fiskaljahre 1925/26 betrug 1553 t. Davon gingen 60,5% nach England, 11,6% nach Frankreich und 8,7% nach Deutschland.

Englands Myrobalanenhandel 1925:

Gesamteinfuhr	27397 t
Gesamtwiederausfuhr	1190 t
Einfuhrüberschuß	26207 t

Der Einfuhrüberschuß entspricht auch dem ungefähren Verbrauche Englands.

Der Verbrauch der Vereinigten Staaten im Jahre 1929 belief sich auf 14448 t Myrobalanen, 326 t flüssigen und 205 t festen Myrobalanenextrakt.

Deutschlands Einfuhr an Myrobalanen steht eine so geringe Ausfuhr gegenüber, daß sie vernachlässigt werden kann. Die Einfuhr betrug.

1913 t	1925 t	1927 t	1929 t	1930 t
11722	5958	8610	5723	6627

Alle statistischen Daten lassen deutlich erkennen, daß England den Myrobalanenhandel beherrscht und selbst der größte Myrobalanenverbraucher ist.

19. Dividivi.

Die Hauptproduktionsgebiete für Dividivi liegen in Venezuela, Kolumbien, den Republiken San Domingo und Haiti, in Niederländisch Westindien, auf Jamaika und in Mexiko. Außer in diesen amerikanischen Ländern wird auch in Vorderindien, besonders an der Küste von Madras eine allerdings verhältnismäßig geringe Menge von Dividivi erzeugt. Der Dividivi wurde bereits im Jahre 1769 von Caracas nach Spanien eingeführt, aber erst seit der Mitte des vorigen Jahrhunderts fand er in Europa als Gerbmittel allgemeinere Verwendung. Vor dem Kriege war Deutschland der Hauptverbraucher. Seit 1915 sind jedoch die Vereinigten Staaten einer der Hauptabnehmer für Dividivi geworden. In diesem Jahre war die Einfuhr der Vereinigten Staaten 14mal größer als vor dem Kriege. In den letzten Jahren ist die Einfuhr stark zurückgegangen. Auch in England wird Dividivi viel gebraucht.

Der Dividivi kommt unzerkleinert in Säcken von 40 bis 50 kg, der Madras-Dividivi auch in Pockets von ca. 25 kg in den Handel. Die Säcke müssen gut staubdicht sein, damit der von der äußeren Hülle der Früchte sich abtrennende Staub, der den gerbstoffreichsten Bestandteil darstellt, nicht verloren geht. Hauptsammelplätze und Verschiffungshäfen für Dividivi sind Maracaibo, Rio Hacha (in Kolumbien), Monte Christi auf San Domingo, Curacao, Madras u. a. Die wichtigsten europäischen bzw. nordamerikanischen Handelsplätze sind Hamburg, London, Amsterdam und New York. Die Sortierung erfolgt nach der Größe der Früchte und nach ihrer Farbe. Je größer, fleischiger und hellfarbiger die einzelnen Schoten sind, als um so wertvoller werden sie beurteilt. Der Verkauf geschieht entweder nach Sortenbezeichnung oder nach Muster. Die wichtigsten Handelssorten in der ungefähren Reihenfolge ihrer Qualität und Beliebtheit sind: Curacao-, Monte Christi-, Rio Hacha-, Jamaika-, Madras Coast-, Maracaibo-, Pampatar-, Cumanadividivi. Die drei zuerst genannten Qualitäten bestehen aus besonders großen und hellen Qualitäten. Madras Coastdividivi ist zwar hell in der Farbe, aber kleinfrüchtig. Als Casumo wird ein gepulverter und besonders gut gereinigter mexikanischer Dividivi von hohem Gerbstoffgehalt in den Handel gebracht. Der Preis für Dividivi betrug im Jahr 1929 cif Hamburg pro 100 kg etwa 13 Holl. Gulden (= rd. 22 M.). New York notierte Ende 1929 pro Tonne (= 907,2 kg) 46 $, das sind pro 100 kg rund 21 M.

Statistisches. Die Produktion an Dividivi betrug im Jahre 1925 in Venezuela 4000 t, Kolumbien 2300 t, Rep. San Domingo und Haiti 1500 t, Niederländisch-Westindien 200 t, Jamaika 100 t, Madras 300 t. Zusammen ergibt das eine Produktion von 8400 t.

Der Verbrauch der Vereinigten Staaten an Dividivi belief sich im Jahre 1925 auf 3423 t, 1927 auf 1117 t.

Deutschlands Einfuhr an Algarobilla, Dividivi, Bablah, Kino u. a. betrug 1928: 3792 t und 1929: 2269 t. Von dieser Einfuhr kamen aus Venezuela 1928: 1351 und 1929: 1307 t. Die letztgenannten Zahlen stellen wohl die Hauptmenge des nach Deutschland eingeführten Dividivi und, da eine nennenswerte Ausfuhr nicht in Betracht kommt, wohl auch den ungefähren Verbrauch Deutschlands an Dividivi dar.

20. Algarobilla.

Die auf den Weltgerbstoffmarkt kommende Algarobilla stammt ausschließlich aus Chile, das namentlich in den Provinzen Coquimbo und Atacama größere Mengen erzeugt. Die Algarobilla gelangt in ganzen Früchten in Säcken von 40 bis 50 kg Gewicht in den Handel. Sie wird nur in einer Qualität (fair merchantable quality) gehandelt. Man versteht darunter unbeschädigte, hellgelbe Früchte. Der Preis hierfür stellte sich 1929 cif Hamburg auf 14 bis 15 £ pro Tonne. Der durchschnittliche Jahresertrag wird auf 3000 t veranschlagt. Die Hauptverbraucher sind England und Deutschland. England hat im Jahre 1925 an Algarobilla 91 t verbraucht. Wegen der geringen zur Verfügung stehenden Mengen besitzt Algarobilla keine größere Bedeutung für den Weltgerbstoffmarkt.

21. Die Knoppern.

Die Knoppern stammen hauptsächlich aus Ungarn und Jugoslavien. Bis Mitte der 80er Jahre des vorigen Jahrhunderts bildete die Knopper für Österreich-Ungarn und die Balkanstaaten ein beachtliches Gerbmaterial. In der Folgezeit wurde sie durch billigere Gerbmaterialien wie Valonea und Myrobalanen mehr und mehr verdrängt, bis ihr die Gerbstoffknappheit des Krieges wieder einigen Aufschwung brachte, der aber in der Nachkriegszeit auch bald wieder nachließ. Sie wird unzerkleinert in Säcken von 50 bis 60 kg Gewicht zum Versand gebracht. Wichtige Handelsplätze sind Budapest, Wien, Ödenburg und Fünfkirchen. Die Knoppern werden in Ia, IIa und IIIa Qualität gehandelt. Ia Knoppern müssen eine schöne hellgelbe Farbe besitzen und schimmelfrei sein. IIa und IIIa Qualitäten sind entsprechend dunkler und zeigen vielfach Schimmelansatz bis starken Schimmelbelag. Ferner wird ein Unterschied zwischen diesjähriger und alter Ware gemacht. Bei der diesjährigen Ware ist die Larve der Knopperngallwespe noch in der Frucht; bei älterer Ware fehlt die Larve. Vielfach werden die Knoppern im Handel auch nach dem Lande oder dem Gebiete, dem sie entstammen, bezeichnet. Der Preis pro Tonne Knoppern cif Hamburg belief sich 1929 auf etwa 200 M.

Die Knoppernernte ist außerordentlich großen Schwankungen unterworfen. Sie beträgt in sehr guten Jahren bis zu 15000 t, in schlechten Jahren nur 3000 t. Der Durchschnittsertrag an Knoppern kann zu etwa 8000 t angenommen werden. Die Knoppern sind ein Gerbmaterial des europäischen Festlandes. Ihre Erzeugung ist infolge des Rückganges der Eichenwälder in Abnahme begriffen. Aus diesem Grunde, sowie namentlich wegen des verschiedenen Ausfalles der Ernte und der dadurch bedingten großen Preisschwankungen wird sie trotz ihrer guten gerberischen Eigenschaften weniger gern verwendet.

22. Die Gallen.

Für die Gallen, auch Galläpfel oder Gallnüsse genannt, kommen drei Hauptproduktionsgebiete in Betracht, nämlich der Orient (asiatische Türkei, Persien, Kurdistan und Mesopotamien), China und Japan. Die europäischen Galläpfel, die von der Halbinsel Morea, aus Ungarn, Istrien und Italien stammen, sind als Gerbmaterial vollkommen bedeutungslos. Die Japangallen werden im Lande selbst verbraucht und kommen schon seit langem nicht mehr auf den internationalen Gerbstoffmarkt. Die orientalischen und chinesischen Gallen haben als Gerbmaterial nur in ihren Produktionsländern etwas Bedeutung. Soweit sie im internationalen Handel erscheinen, dienen sie zum größten Teile zur Tanninherstellung und zur Tintenfabrikation. Bei den Orientgallen wird nach ihrer Farbe zwischen schwarzen, grünen, weißen und roten, bei den Chinagallen nach ihrer Form zwischen zackigen und runden Gallen unterschieden. Die Orientgallen werden fast ausschließlich nach Muster, die Chinagallen nach der Bezeichnung „gute Durchschnittsqualität der Ernte“ gehandelt. Die Orientgallen kommen in einfachen oder Doppelsäcken von 100 kg und mehr, die Chinagallen meist in einfachen Säcken von 50 kg in den Handel. Wichtige Sammelplätze für Gallen in den Ursprungsländern sind: für Orientgallen Smyrna, Aleppo, Bagdad und Basra, für Chinagallen Hankow, Shanghai und Kanton, für Japangallen Kobe und Nagasaki. Die wichtigsten europäischen und amerikanischen Handelsplätze sind Marseille, London, Hamburg, New York und Boston. Der Durchschnittspreis 1929 cif Hamburg belief sich für Orientgallen auf ca. 100 M., für Chinagallen auf 110 bis 120 M. pro 100 kg.

23. Canaigre und Badan.

Der Canaigre hat nur für seine Produktionsgebiete Mexiko und den Süden der Vereinigten Staaten als Gerbmaterial eine allerdings auch nur untergeordnete Bedeutung. Für den Weltgerbstoffmarkt kommt er nicht in Frage.

Die Gewinnung des Badans in größerem Umfange wird in Rußland erst in die Wege geleitet. Wenn er auch nur einen bescheidenen Teil der auf ihn gesetzten

Hoffnungen erfüllt, kommt er günstigstenfalles als Gerbmaterial für Rußland in Betracht. Als Gerbmaterial für den Weltmarktbedarf eine Rolle zu spielen, dazu dürfte der Badan kaum berufen sein.

II. Die Weltproduktion und der Welthandel der pflanzlichen Gerbmaterialien.

An die Besprechung des Handels und der Produktion der einzelnen Gerbmaterialien und ihrer Extrakte soll sich nun ein zusammenfassender Überblick über die Weltgerbstoffproduktion und den Weltgerbstoffhandel anschließen, wobei sich vorwiegend an die Zahlen gehalten wird, welche C. Steyer in seiner Abhandlung „Produktion, Handel und Verbrauch pflanzlicher Gerbmaterialien in der Weltwirtschaft" gibt. Unberücksichtigt bleiben lediglich seltene Gerbmaterialien von lokaler Bedeutung, deren Verwendung in so geringer Menge erfolgt, daß sie außer acht gelassen werden können, ohne daß sich im Gesamtbild etwas ändert. Zugrunde gelegt werden die Zahlen von 1925 als demjenigen Jahre der Nachkriegszeit, in welchem im Gerbstoffverbrauch wie in der Lederindustrie Zustände herrschten, die einigermaßen normalen Verhältnissen gleich kommen. Für die Wertberechnungen sind die Preise von Juli und August 1927 angesetzt. Sie entsprechen ungefähr dem Mittel, um welches die Gerbstoffpreise

Tabelle 109.
Die Weltproduktion an pflanzlichen Gerbmaterialien im Jahre 1925.

Nr.	Gerbmaterial	Produktion in Tausend Tonnen	Durchschnittsgehalt an reinem Gerbstoff %	Produktion an reinem Gerbstoff in Tausend Tonnen	Wert in Millionen M.	Anteil an der Weltproduktion von reinem Gerbstoff %
1	Quebrachoextrakt (einschl. Quebrachoholz)	250,0	65	162,5	117,5	34,1
2	Kastanienholzextrakt	282,5	30	84,8	68,4	17,8
3	Mimosarinde	112,0	36	40,3	23,5	8,5
4	Eichenrinde	330,0	10	33,0	40,0	6,9
5	Valonea	75,0	29	22,0	19,7	4,6
6	Myrobalanen	62,0	34	21,4	12,8	4,5
7	Fichtenrinde	170,0	11,5	20,0	10,0	4,2
8	Hemlockrinde	150,0	10	15, 0	11,2	3,2
9	Mimosaextrakt	18,1	64,5	11,7	8,7	2,5
10	Gambir	25,0	40	10,5	15,8	2,2
11	Eichenholzextrakt	33,6	26,5	9,0	10,7	1,9
12	Catechu	15,0	50	7,5	9,5	1,6
13	Mangrovenrinde	20,0	36	7,2	3,6	1,5
14	Sumach	30,0	26 u. 18	6,6	8,6	1,4
15	Weidenrinde	65,0	10	6,5	3,6	1,3
16	Dividivi	8,0	41,5	3,3	2,4	0,7
17	Knoppern	8,0	30	2,4	2,1	0,5
18	Malettorinde	5,0	42	2,1	1,4	0,4
19	Tizeraholz	10,4	20	2,1	0,4	0,4
20	Urundayextrakt	2,8	64,5	1,8	1,1	0,4
21	Algarobilla	3,0	43	1,3	0,5	0,3
22	Myrobalanenextrakt	2,2	60	1,3	0,8	0,3
23	Mangroveextrakt	2,0	65	1,3	0,7	0,3
24	Hemlockextrakt	4,3	28	1,2	1,5	0,3
25	Synth. Gerbst. Deutschland	4,0	30	1,2	2,7	0,3
	Gesamtproduktion	1687,9		476,0	377,2	100,0

länger als ein Jahr mit nur geringen Abweichungen schwankten. Da die einzelnen Gerbmaterialien und Extrakte ganz verschiedene Gerbstoffgehalte besitzen, wurde, um eine einheitliche Vergleichsbasis zu erhalten, der mengenmäßige Verbrauch auf reinen Gerbstoff berechnet unter Zugrundelegung des durchschnittlichen Gerbstoffgehaltes.

Wie aus Tabelle 109 hervorgeht, belief sich die Weltproduktion an pflanzlichen Gerbstoffen auf 476000 t im Werte von 377,2 Mill. M. Daraus ergibt sich für 1 kg reinen Gerbstoff ein Durchschnittspreis von rund 0,80 M. Die Tabelle und noch deutlicher Abb. 116 zeigen, daß der am meisten angewandte Gerbstoff der Quebracho ist, der 34,1% der Weltgerbstofferzeugung ausmacht. Aus dieser überragenden Stellung des Quebrachos wird es leicht verständlich, daß sein Preis maßgebend ist für die Preisgestaltung der meisten übrigen Gerbstoffe. Ungefähr halb so groß wie beim Quebracho ist der Weltverbrauch an Kastanienholzgerbstoff. Quebracho- und Kastanienholzgerbstoff zusammen sind mit 52% am Weltgerbstoffverbrauch beteiligt. Daß gerade diese beiden Holzgerbstoffe so außerordentlich begehrt sind, hängt in erster Linie mit ihrer hervorragenden Eignung für die moderne Schnellgerbung zusammen. An 3. Stelle steht mit 8,5% die zukunftsreiche Mimosa. Nimmt man den Mimosenextrakt dazu, so liefert sie 11% des Weltgerbstoffverbrauches. Die seit uralter Zeit gebrauchte Eichenrinde stellt nur 6,9%, die Fichtenrinde nur 4,2%, die Hemlockrinde nur 3,2% der Weltgerbstofferzeugung. Mit einem weiteren Rückgang des Verbrauches dieser drei Gerbrinden dürfte in Zukunft zu rechnen sein. Bei den Früchtegerbstoffen ist der Verbrauch am größten für Valonea (4,6%) und Myrobalanen (4,8% einschließlich ihres Extraktes). Die Produktion an den anderen Früchtegerbstoffen, Dividivi, Knoppern und Algarobilla ist von untergeordneter Bedeutung. Von den Holzgerbstoffen ist nur der Eichenholzextrakt mit 1,9% noch von einiger Wichtigkeit, während der Urunday- und Tizrahverbrauch eine nebensächliche Rolle spielt. Der geringe Anteil der Mangrove (einschließlich Extrakt 1,8%) überrascht etwas, wenn man die riesigen zur Verfügung stehenden Mengen in Betracht zieht. Weidenrinde (1,3%) besitzt nur lokale Bedeutung. Die Produktion an Malettorinde (0,4%) ist entsprechend den geringen vorhandenen Beständen niedrig. Der Anteil der teuren Blättergerbstoffe Gambir (2,2%) und Sumach (1,4%), mit denen zusammen gleich noch der Catechu (1,6%) erwähnt sei, am Weltgerbstoffmarkt ist zwar mengenmäßig gering, dafür sind sie aber, besonders der Sumach, wegen ihrer günstigen Eigenschaften ein fast unentbehrliches, sehr geschätztes Material.

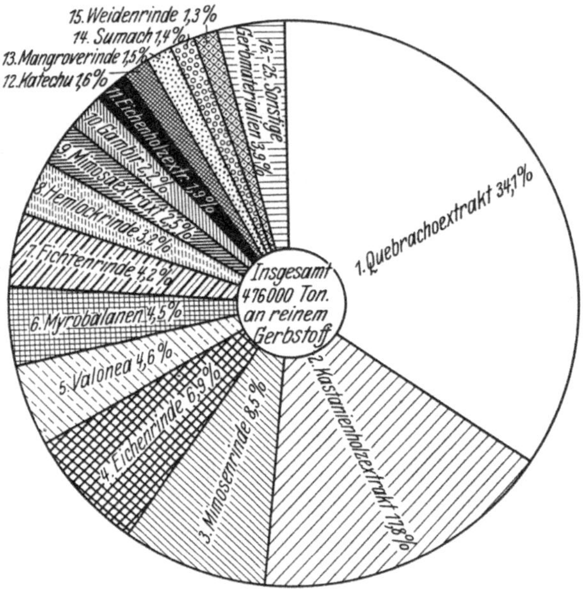

Abb. 116. **Prozentischer Anteil der einzelnen Gerbmaterialien an der Weltgerbstoffproduktion.**

Wie sich die Weltgerbstoffproduktion auf rohe Gerbmittel und auf Extrakte verteilt, darüber gibt nachstehende Zusammenstellung Aufschluß:

	Mengenmäßig				Wertmäßig	
	Produktion t	Von der Gesamtproduktion %	Entspricht reinem Gerbstoff t	Von der Gesamtmenge reinem Gerbstoff %	Wert in Millionen Mark	Vom Gesamtwert %
Rohe Gerbmittel	1049200	62,2	183150	38,5	139,9	38,5
Gerbextrakte	639500	37,8	292800	61,5	237,3	61,5
Insgesamt	1688700	100,0	475950	100,0	377,2	100,0

Die Zahlen zeigen, daß zwar zahlenmäßig die Produktion an rohen Gerbmitteln bedeutend höher ist als an Extrakten. Gerade umgekehrt, und das gibt erst das richtige Bild, gestalten sich die Zahlen, wenn man auf reine Gerbstoffe umrechnet. Dann beträgt mengen- und wertmäßig der Anteil der Gerbmittel nur 38,5%, derjenige der Extrakte dagegen 61,5%. Während man in der Gerberei ursprünglich nur die Gerbmittel verwendet hat, hat gegen Ende des vorigen Jahrhunderts ein ständig steigender Verbrauch an Extrakten eingesetzt. Diese Entwicklung ist noch nicht abgeschlossen. Voraussichtlich wird sich in Zukunft das Verhältnis der Extrakte zu den rohen Gerbmaterialien noch weiter zugunsten der Extrakte verschieben.

Der Verbrauch der wichtigsten Staaten an reinem Gerbstoff im Jahre 1925 ist aus folgender Übersicht zu entnehmen:

	Verbrauch an reinem Gerbstoff t	Vom Weltgerbstoffverbrauch %	Einwohner Millionen	Gerbstoffverbrauch pro Einwohner kg
Ver. Staaten	115500	24,3	105,7	1,09
Deutschland	61500	12,9	64,5	0,95
Großbritannien	52000	10,9	47,3	1,04
Frankreich	41000	8,6	40,0	1,03
Rußland	34800	7,3	100,0	0,35
Italien	26500	5,5	39,0	0,68
Übrige Staaten	144650	30,5	—	—
Insgesamt	475950	100,0		

Wenn man, wie es in vorstehender Zusammenstellung geschehen ist, den Gerbstoffverbrauch eines Landes mit seiner Bevölkerung in Zusammenhang bringt, so zeigt sich, daß er bei den kulturell hochstehenden Ländern der nördlichen gemäßigten Zone pro Jahr rund 1 kg auf den Kopf der Bevölkerung ausmacht. In Italien mit seinem warmen Klima und infolgedessen geringerem Schuhverbrauch ist er entsprechend niedriger. Auffallend gering und bezeichnend für den wirtschaftlichen und kulturellen Tiefstand ist er in Rußland.

Tabelle 110 bietet eine Übersicht über den Welthandel in pflanzlichen Gerbmaterialien in den Jahren 1913 und 1925, sowohl der Menge wie dem Werte nach. Sie enthält die Gerbstoffeinfuhren und die Gerbstoffausfuhren für die einzelnen Länder einander gegenübergestellt. Es ergibt sich daraus, daß im Jahre 1913 die im Welthandel umgesetzte Menge Gerbmaterial sich auf rund 1 Mill. Tonnen im Werte von 161 Mill. M. belief, während für 1925 der Gesamtumsatz des Gerbstoffhandels nur etwa 890 Mill. Tonnen, aber im Werte von 232 Mill. M. betrug. Die absolute Menge des in der Welt gehandelten Gerbmateriales ist also um ungefähr 10% zurückgegangen, dagegen hat der Gesamtwert des Gerbstoffhandels eine Erhöhung um 44% erfahren. Diese Wertzunahme des Gerbstoffhandels ist teilweise auf eine Verteuerung der pflanzlichen Gerbmaterialien zurückzuführen, in der Hauptsache aber ist sie mit der strukturellen Veränderung des Gerbstoffhandels zu erklären. In der Vorkriegszeit wurden hauptsächlich billige, rohe Gerbmittel gehandelt. Nach dem Kriege aber traten mehr und mehr teuere, hoch-

Tabelle 110.
Der Welthandel in pflanzlichen Gerbmaterialien für die Jahre 1913 und 1925.

Länder	Mengenmäßig in Tonnen				Wertmäßig in Mark			
	Einfuhr 1913	Ausfuhr 1913	Einfuhr 1925	Ausfuhr 1925	Einfuhr 1913	Ausfuhr 1913	Einfuhr 1925	Ausfuhr 1925
Deutschland	318952	34253	181136	9893	46510000	7100000	39650000	3120000
Großbritannien	200800	38210	130270	13640	37810000	7410000	43630000	4784000
Frankreich	23236	136360	40745	45279	8463467	19680000	16540000	18988000
Italien	39357	24660	42833	37437	4944000	4904300	8058000	12191000
Niederlande	13088	6933	19667	1242	2888520	1607930	5240450	331790
Belgien (Luxemburg)	11170	10613	21127	10786	714900	679210	6590600	1444300
Südslavien	—	—	1502	10834	—	—	571800	3375000
Österreich	52254	61030	15874	34992	9410160	5823000	3503000	1657000
Tschechoslovakei	—	—	37380	25040	—	—	8808000	1536700
Union der S. S. R.	60000	—	55623	136	17500000	—	18600000	65000
Spanien	5618	2768	15366	905	4669600	309940	6233000	196050
Portugal (1924)	—	—	1936	—	—	—	1106800	—
Norwegen	6557	141	7545	303	1260000	196000	2278000	55260
Schweden	15506	2021	9700	3366	3302000	303500	3503000	1152800
Dänemark	6387	541	4120	321	1527700	349400	1762700	135870
Finnland	7856	70	4072	8	2618320	5600	1744500	2980
Lettland	—	—	2970	—	—	—	1263000	—
Estland	—	—	1055	—	—	—	369370	—
Litauen (1924)	—	—	1336	2	—	—	165710	82
Polen	—	—	11940	433	—	—	3006800	135000
Rumänien	5820	212	8630	1442	2071700	45250	3647200	169300
Bulgarien	2345	750	2874	1073	536344	61176	1167300	93460
Ungarn	—	—	10580	1190	—	—	1738000	74930
Griechenland	1450	8720	3950	5722	135660	1055840	893300	558900
Schweiz	8410	1357	10350	1844	1157160	753030	1511000	1020000
U.S.A.	158026	14080	127500	22480	18468400	3400450	31316400	6870000
Canada	20660	6190	22420	3850	4819160	228140	7119380	155740
Argentinien	11910	463630	23400	348364	761280	40350500	759200	80656000
Paraguay	—	20000	—	64662	—	3500000	—	21000000
Venezuela	—	—	8	3783	—	—	5330	389740
Kolumbien (1923)	—	—	801	2137	—	—	2503	162570
Mexiko	—	—	701	4712	—	—	352920	463450
Chile	474	—	3000	539	227650	—	515330	79600
Brasilien	—	—	4216	—	—	—	1907500	171
Union v. Südafrika	518	66110	1275	119700	158450	6311000	693400	22630000
Ägypten	4030	—	5600	43	486297	—	1220000	15420
Britisch Indien	2200	65830	3120	73230	1123800	9028000	1895000	14763000
Niederländ. Indien	170	8973	19	4385	104690	5634790	13110	6709220
Straits Settlements	—	24160	—	9532	—	10544000	—	7488000
China	6513	4040	10480	5140	489000	3552000	1584200	3954300
Japan	—	—	14920	—	1317000	92300	5810000	—
Türkei	2263	60220	—	44000	533300	12485000	—	8976000
Australien	4000	7335	4260	2225	571000	1233000	1733400	475930
Neuseeland	4534	25	2310	59	1004300	4240	846600	20000
Gesamt	994104	1069252	866611	914729	175583858	146647596	237355805	225894563

prozentige Gerbmaterialien und besonders viel gerbstoffreiche Extrakte an ihre Stelle, weshalb der Weltgerbstoffhandel an reinem pflanzlichen Gerbstoff sowohl mengen- wie wertmäßig erheblich zugenommen hat.

III. Die Zukunft der Gerbstoffproduktion.

Die Bestände an vielen pflanzlichen Gerbstoffen werden gegenwärtig in weit größerem Umfange ausgebeutet, als ihrem natürlichen Nachwuchse oder ihrer Nachpflanzung entspricht. Es braucht nur auf den Raubbau verwiesen zu werden, der mit den Quebrachowäldern getrieben wird, auf die starke Lichtung der Kastanien-, Eichen- und Hemlockbestände, die ständig zurückgehende Gewinnung von Eichen- und Fichtenrinde. Bei den Früchte- und Blättergerbstoffen ist zwar durch die Natur für fortlaufenden Ersatz gesorgt; allein es handelt sich bei ihnen um Gerbstoffe von verhältnismäßig geringer Ergiebigkeit. Eine Steigerung ihrer Produktion ist nur innerhalb enger Grenzen möglich; außerdem ist der Ertrag der Ernte stark von der Witterung abhängig und großen Schwankungen unterworfen. Jedenfalls ist sicher, daß in absehbarer Zeit sich ein Knapperwerden der Gerbstoffvorräte bemerkbar machen wird, zumal mit der Zunahme der Menschheit und mit dem Fortschreiten der Zivilisation der Gerbstoffbedarf immer größer wird. Es erhebt sich daher die Frage, welche Wege sind augenblicklich vorgezeichnet, um dem mit der Zeit immer fühlbarer werdenden Mangel an pflanzlichen Gerbstoffen zu begegnen.

Nahe liegt zunächst die Ausnutzung bisher gar nicht oder zu wenig ausgenutzter Gerbmittel wie die intensivere Gewinnung von Fichtenrinde, die Nutzbarmachung der gewaltigen Fichten- und Eichenwälder Rußlands, der riesigen Mangrovebestände in den tropischen Küstengebieten. Weiter ist der Auffindung und Verwertung bisher wenig oder nicht bekannter Gerbmaterialien erhöhte Aufmerksamkeit zu schenken. In den tropischen Gebieten von Südamerika und Afrika, in Australien und in China sind noch beachtliche Gerbstoffvorräte vorhanden, die der Verwertung harren. Gleichzeitig ist die Kultur hochwertiger Gerbmittel künftig viel intensiver zu betreiben als bisher. In erster Linie kommt hierfür die Mimosa in Betracht. Ihr Anbau ist nicht nur in ihrem jetzigen Produktionsgebiet zu erweitern, sondern auch in anderen Teilen der Erde, wo die klimatischen und Bodenverhältnisse hierfür günstig sind, zu versuchen. Auch die Versuche Rußlands mit dem Anbau von Badan sind in diesem Zusammenhang zu erwähnen. Ferner ist die Frage zu studieren, ob bzw. wie weit eine Erhöhung der Gewinnung von Valonea, Myrobalanen, Gambir und Dividivi möglich ist. Weiter trägt zur Verminderung der Gerbstoffknappheit die Verwendung von Streckungs- und Ersatzmitteln bei. In einer den Bedarf weit übersteigenden Menge und zu billigen Preisen steht uns ein derartiges Mittel in den Zelluloseextrakten zur Verfügung. Wenn sie auch für sich allein angewandt, kein marktfähiges Leder geben, so leisten sie doch als Streckmittel, zum Löslichmachen schwerlöslicher Gerbstoffe, zur Beschleunigung der Gerbung und zur Aufhellung der Farbe wertvolle Dienste, vorausgesetzt, daß gut gereinigte und zweckmäßig zusammengesetzte Extrakte in richtiger Weise angewandt werden. Ferner sei darauf hingewiesen, daß wahrscheinlich die Mineralgerbung künftig noch mehr als bisher die pflanzliche Gerbung ersetzen wird. Die Chromgerbung hat für die Herstellung von Oberleder bereits in größtem Umfange, für Riemenleder und andere Ledersorten teilweise die pflanzliche Gerbung verdrängt. Vielleicht ist auch die Eisengerbung dazu berufen, einen Teil der pflanzlichen Gerbung zu ersetzen. Schließlich steht noch ein von den bisher aufgeführten gänzlich verschiedener Weg offen, der Ersatz der natürlichen Gerbstoffe durch synthetische.

Schon seit einer Reihe von Jahren werden synthetische Gerbstoffe angewandt, zurzeit allerdings noch in einem Umfange, der im Vergleich zum Verbrauch an pflanzlichen Gerbstoffen als sehr bescheiden zu bezeichnen ist. Der Grund hierfür liegt darin, daß diese künstlich hergestellten Gerbstoffe noch keinen vollwertigen Ersatz der natürlichen Gerbstoffe darstellen, mit denen sie auch in ihrem chemischen Aufbau nicht identisch sind. Es ist jedoch anzunehmen, daß es früher oder später gelingt, den natürlichen Gerbstoffen vollkommen ebenbürtige Produkte auf künstlichem Wege zu gewinnen. Dann werden die synthetischen Gerbstoffe mit den natürlichen in größerem Umfange in Wettbewerb treten. Wie bei den künstlichen Farbstoffen, dem synthetischen Kampfer und dem synthetischen Kautschuk wird die Preisfrage im Vordergrunde stehen. Außer den speziellen Eigenschaften der Gerbstoffe wird für die umfangreichere Verwendung der natürlichen oder der synthetischen Gerbstoffe in erster Linie die Frage ausschlaggebend sein, ob die Natur oder die chemische Industrie den Gerbstoff billiger zu liefern vermag. Aber selbst wenn die synthetischen Gerbstoffe mit den natürlichen in Preis und Eigenschaften konkurrieren können, ist an ein Verschwinden der natürlichen Gerbstoffe kaum zu denken.

Literaturübersicht.

Verzeichnis der Abkürzungen für Zeitschriften.

Berl. Ber.	Berliner Berichte für Leder, Häute, Felle usw. 1893—1911.
Collegium	Collegium, Zeitschr. des Intern. Ver. d. Lederind.-Chemiker.
Chem.-Ztg.	Chemiker-Zeitung.
Cr.	Le Cuir Technique.
Dtsch. Gerber-Ztg.	Deutsche Gerber-Zeitung 1867—1870, 1873—1908.
Gerber	Der Gerber.
Gerber-Courier	Gerber-Courier, Wien.
Gerber-Ztg.	Gerber-Zeitung 1858—1895.
H. a. C.	La Halle au Cuirs.
Journ. Amer. Leather Chem. Assoc	The Journal of the American Leather Chemists Association.
Journ. Soc. Leather Trades Chem.	Journal of the intern. Society of Leather Trades Chemists.
Kolloid-Ztschr.	Kolloidzeitschrift.
Leder-Ind.	Die Lederindustrie. Seit 1909 Fortsetzung der Deutschen Gerberzeitung.
Leder-Markt	Der Ledermarkt.
Ledertechn. Rdsch.	Ledertechnische Rundschau. Beilage zu „Die Lederindustrie“.
Leder-Ztg.	Lederzeitung und Berliner Berichte. Seit 1912 Fortsetzung der Berliner Berichte.
Pflanzer	Der Pflanzer, Zeitschrift für Land- und Forstwirtschaft in Deutsch-Ost-Afrika.
Sch. u. L.	Schuh- und Leder, Kampffmeyersche Zeitung.
T. d. L.	Technikum des Ledermarktes 1912—1914.
Tropenpflanzer	Der Tropenpflanzer, Zeitschrift für Tropische Landwirtschaft.
Beih. z. Tropenpflanzer	Beihefte zum Tropenpflanzer.
W.	„Westnik Kojewenci promischlenosty i torgowly“, Bote der Lederindustrie und des Lederhandels. Organ des Ledersyndikats der U. d. S. S. R.
Ztschr. f. angew. Ch.	Zeitschrift für angewandte Chemie.

Von den Zeitschriften sind berücksichtigt:

Berl. Ber. 1893—1911.
Collegium 1899—1930.
Chem.-Ztg. 1898—1929.
Cr. 1909—1913; 1920—1929.
Dtsch. Gerber-Ztg. 1867—1870; 1873—1908.
Gerber 1874—1930.
Gerber-Courier 1878—1930.
Gerber-Ztg. 1858—1895.

H. a. C. 1893—1913.
Journ. Amer. Leather Chem. Assoc. 1921 bis 1930.
Journ. Soc. Leather Trades Chem. 1922 bis 1930.
Kolloid-Ztschr. 1909—1929.
Leder-Ind. 1909—1930.
Leder-Markt 1892—1930.
Ledertechn. Rdsch. 1909—1930.
Leder-Ztg. 1912—1930.
Pflanzer 1908—1911.
Sch. u. L. 1896—1910.
T. d. L. 1912—1914.
Tropenpflanzer 1900—1918.
Beih. z. Tropenpflanzer 1900—1920.
W. 1928—1929.
Ztschr. f. angew. Ch. 1905—1929.

Allgemeines über Gerbmittel und Gerbextrakte.

Barabasch, B.: „Sawod dubilnich extraktow." Gerbextrakt-Fabrik, ihr Bau, Einrichtung und die Herstellung von Extrakten aus russischen Gerbmaterialien. Ledersyndikat der U. d. S. S. R. Moskau 1923.
Büsgen, N.: Beobachtungen über das Verhalten des Gerbstoffes in den Pflanzen. Jena: Gustav Fischer 1889.
Dekker, J.: Die Gerbstoffe. Berlin: Gebr. Bornträger 1913.
Dumesny, P., u. J. Noyer: L'Industrie chimique des Bois. Paris: Librairie Bernard Tignol.
Franke, H.: Die pflanzlichen Gerbstoffe. Magdeburg: Selbstverlag des Verfassers. Rötgerstraße 13. 1909.
Ganswindt, A.: Die Gerb- und Farbextrakte. Wien u. Leipzig: A. Hart eben 1916.
Gnamm, H.: Die Gerbstoffe und Gerbmittel. Stuttgart: Wissenschaftl. Verl.-Ges. 1925.
Grafe, V.: Grafes Handbuch der organischen Warenkunde 3, 1. Halbband: J. Dekker: Gerbstoffe. Stuttgart: Poeschel 1929.
Grasser, G.: Die Rohmaterialien des Gerbers. Leipzig: Paul Schulze 1923.
Harvey, A.: Tanning Materials. London: Crosby Lockwood and Son 1921.
Hausbrand, E.: Wärmewirtschaft in der Lederindustrie. Berlin: V. d. I.-Verlag 1921.
Hähnel, v. F.: Die Gerbrinden. Berlin: Robert Oppenheim 1880.
Jettmar, J.: Pflanzliche Gerbmittel und deren Extrakte. Wien u. Leipzig: A. Hartleben 1922.
Kraus, G.: Grundlinien zu einer Physiologie des Gerbstoffes. Leipzig: Wilhelm Engelmann 1889.
Manstetten, L.: Die Auslaugung pflanzlicher Gerbmaterialien. Berlin: F. A. Günther & Sohn 1913.
Mierzinski, S.: Die Gerb- und Farbstoffextrakte. Wien u. Leipzig: A. Hartleben 1887.
Oettinger, C.: Neuere Gerbmaterialien. Leipzig u. Wien: Fr. Deuticke 1914.
Paeßler, J.: Allgemeines über die pflanzlichen Gerbmittel. Freiberg i. Sa.: Selbstverlag des Verfassers 1925.
Pawlowitsch, P.: Die Gerbextrakte. Wien: Julius Springer 1929.
Pollak, L.: Beiträge zur Gerbstoffversorgung. Wien: Julius Springer 1929.
Powarnin, G.: „Dubilnoje Korje ie go sbor." Gerbrinde und ihre Gewinnung. Ledersyndikat der U. d. S. S. R. Moskau 1923.
— „Russkie Konzentrirowanie naturalnie dubilnie materiali." Russische konzentrierte natürliche Gerbmaterialien. Ledersyndikat der U. d. S. S. R. Moskau 1923.
Schächterle, E.: Vakuum-Eindick- u. Verdampf-Apparate. Berlin: C. Pataky 1926.
— Die Extraktionsapparate. Berlin: C. Pataky 1927.
Schmidt, J., u. A. Wagner: Gerberei-Technisches Auskunftsbuch für die gesamte Lederindustrie. Durlach: Selbstverlag von J. Schmidt 1905.
— Gerbei-Technisches Auskunftsbuch für die gesamte Lederindustrie. Durlach: Selbstverlag von J. Schmidt 1918.
Schröder, v. J.: Gerberei-Chemie. Berlin: F. A. Günthers Zeitungsverlag 1898.
Steyer, C.: Produktion, Handel und Verbrauch pflanzlicher Gerbmaterialien in der Weltwirtschaft. Inaug.-Dissertation Erlangen 1928.
Tejessy, M.: Die Verfeuerung der Gerberlohe. Wien: Im Selbstverlag 1, Wien I, Operngasse 6, 1919.
Trimble, H.: The Tannins. Philadelphia: J. B. Lippincott Company 1892/94.
Wagner, A.: Gerberei-Technisches Taschenbuch. Leipzig: Deutscher Verlag G. m. b. H. 1925.
— u. J. Paeßler: Handbuch für die gesamte Gerberei und Lederindustrie. Leipzig: Deutscher Verlag G. m. b. H. 1925.
Wiesner, v. J.: Die Rohstoffe des Pflanzenreiches. Leipzig: W. Engelmann 1914, 1918, 1921.
Wilson, J. A.: Die moderne Chemie in ihrer Anwendung in der Lederfabrikation. Leipzig: P. Schulze 1925.
1—41: Jahresbericht der Deutschen Gerberschule zu Freiberg i. Sa. Freiberg i. Sa. 1889 bis 1930.

Berichte über die Tätigkeit der Deutschen Versuchsanstalt für Lederindustrie zu Freiberg i. Sa. Freiberg i. Sa. 1898—1929.
Nihoul u. Martinez: Influence de la nature de l'eau sur l'extraction des matieres tannantes. Collegium **1902**, 80, 87, 95.
Paeßler u. Appelius: Ein Beitrag zur Untersuchung über den Einfluß der Härte des Wassers auf die Ausnutzung der Gerbmaterialien. Collegium **1902**, 223.
Nihoul: Influence des bicarbonates alcalinoterreux renfermés dans les eaux naturelles dures sur l'extractions des matières tannantes. Collegium **1903**, 175, 182.
Manstetten: Über Auslaugung pflanzlicher Gerbmaterialien. Collegium **1904**, 130, 145.
Paeßler: Über den Einfluß der in natürlichen Wässern vorkommenden Chloride bei der Auslaugung verschiedener Gerbmaterialien. Collegium **1904**, 297ff.
Nihoul: Action des matières salines sur les infusions et les extraits tanniques. Collegium **1905**, 15ff.
Franke: Über die Auslaugung von Gerbmaterialien und die Überwachung von Extraktionsbetrieben. Collegium **1909**, 110.
Kerr: Notes on Extraction of tanning materials. Collegium **1909**, 181.
Pollak: Gerbstoffe, Gerbextrakte und deren Technologie. Collegium **1912**, 59ff.
Powarnin: Praktische Fragen aus der Chemie der Gerbstoffe. Collegium **1912**, 105.
Wladika u. Kudlaček: Wirkung der Schwefelsäure bei der Extraktion von Gerbmaterialien. Collegium **1912**, 347ff.
Parker u. Bloekey: Der Wert der Nichtgerbstoffe in Gerbmaterialien und Extrakten. Collegium **1912**, 640.
Pollak: Ein neues Klär- und Entfärbungsmittel für die Gerbextraktindustrie. Collegium **1913**, 84, 121.
Redlich: Behandeln von Gerbextrakten. Collegium 1913, 338.
Leturque: Die Behandlung der Rinden. Collegium **1913**, 520.
Pollak: Die Gerbextrakte im Kriege. Collegium **1917**, 23, 82 u. 318.
Abraham: Die Gerbextrakte im Kriege. Collegium **1917**, 161; **1918**, 7.
Paeßler: Allgemeines über die pflanzlichen Gerbemittel und die in diesen enthaltenen Gerbstoffe. Collegium **1919**, 244.
Smaic u. Wladika: Zur Technologie der pulverförmigen Gerbextrakte. Collegium **1919**, 322.
Tejessy: Extrakterzeugung und Erfindung der Wärmepumpe. Collegium **1920**, 47.
Reavell: Eindampf-Fragen und die Herstellung von Gerbstoffauszügen. Collegium **1920**, 180.
Vié: Die Entfärbung von Gerbstoffauszügen. Collegium **1921**, 345.
— Klären und Löslichmachen von Gerbstoffauszügen. Collegium **1921**, 485.
Griffith: Die Beziehung der Gerbextraktindustrie zum Gerben. Collegium **1923**, 361.
Watson: Die Herstellung von Gerbextrakten. Collegium **1923**, 362.
Reavell: Die Erzeugung von Gerbextrakten. Collegium **1923**, 374.
— Verbrennung nasser Gerbrinden auf mechanischen Rosten. Collegium **1923**, 372.
Stiasny u. Orth: Über den Einfluß der Sulfitierung auf die Eigenschaften des Quebrachoextraktes. Collegium **1924**, 23ff.
Pawlowitsch: Über die Verwertung der ausgelaugten Holzspäne der Extraktfabriken. Collegium **1924**, 274.
— Zur Theorie des Schneidens von Holz unter einem bestimmten Winkel. Collegium **1924**, 367.
— Über den Einfluß der Temperatur auf die Auslaugung von Eichenholz, Weidenrinde, Fichtenrinde und Badanwurzel. Collegium **1926**, 570.
Jakimoff: Die physikalisch-chemische Natur der Gerbstoffe und Nichtgerbstoffe. Collegium **1928**, 426.
Grasser: Die Herstellung der Gerb- und Farbstoffextrakte. Chem.-Ztg. **1913**, 373.
Thuau: Etude des extraits tannants. Cr. **1908**, Nr. 1ff.; **1909**, 28ff.
Franke: Sur l'extraction des matières tannantes et son contrôle. Cr. **1909**, 82.
Wladicka: Consideration générales sur la purification et la clarification des extraits. Cr. **1909**, 483, 536.
Thuau: L'origine des extraits sulfités. Cr. **1911**, 304.
Bourdon: Un Procédé nouveau pour l'extraction pratique des tanins. Cr. **1911**, 733.
Armand: Extraits decolores et extraits clarifiés. Cr. **1912**, 309.
Giusiana: Decolaration d'extraits par les résinates metalliques. Cr. **1912**, 611.
— Notes sur l'Evaporation. Cr. **1913**, 163.
Vié: La décoloration des extraits tannants. Cr. **1920**, 546.
— La clarification et la solubilisation des extraits tannants. Cr. **1921**, 36.
— La Récupération de l'acide acétique pendant l'evaporation des extraits tannants. Cr. **1921**, 329 u. 507.

Jedlicka: La Récupération de l'acide acétique pendant l'evaporation des extraits tannants. Cr. **1921**, 392.
Deprasse: La Récupération de l'acide acétique pendant l'evaporation des extraits tannants. Cr. **1921**, 424 u. 507.
— La filtration centrifuge des extraits tannants. Cr. **1922**, 83.
— La concentration à sec des extraits tannants. Cr. **1923**, 344.
— Appareil Thornycroft breveté pour lessivage automatique. Cr. **1924**, 6.
— Un inventaire des matières tannantes aux Etats-Unis. Cr. **1924**, 256.
— Les nouveaux resultats obtenus en extraits tannants. Cr. **1924**, 319, 336.
Boisseau: L'outillage d'évoparation en tannerie. Cr. **1924**, 477.
Besse: Technique des extraits tannants. Cr. **1927**, 148.
Boisseau: La dissolution des extraits sec. Cr. **1928**, 408.
Gondolo: Verfahren zur Extraktion des Tannins. Dtsch. Gerber-Ztg. **1880**, Nr. 1.
Schroeder, v., u. Bartel: Erfahrungen und Versuche über Extraktion der Gerbmaterialien. Dtsch. Gerber-Ztg. **1893**, Nr. 106ff.; **1894**, Nr. 58ff.
— Verfahren zum Entfärben und Klären von gerbstoffhaltigen Flüssigkeiten. Dtsch. Gerber-Ztg. **1894**, Nr. 68.
Bartel: Zur Gerbstoffextraktion. Dtsch. Gerber-Ztg. **1895**, Nr. 144ff.
Eitner: Die Extraktgerberei in Anpassung an unsere Verhältnisse. Gerber **1881**, 147ff.; **1882**, 1ff.
— Über Extrakte. Gerber **1884**, 225.
— Neues Verfahren zur Reinigung von Gerbstoff-Extrakten. Gerber **1885**, 256.
— Entkorkte Rinde. Gerber **1889**, 195.
— Zur Extraktion der Gerbmaterialien. Gerber **1907**, 167ff.
— Weitere Bemerkungen zur Extraktion der Gerbmaterialien. Gerber **1908**, 291ff.
Wladika: Allgemeines über Reinigen und Klären der Extrakte. Gerber **1909**, 169.
Jedlicka: Zur Beurteilung des dunklen Blutalbumins für Klärung der Gerbextrakte. Gerber **1909**, 211.
Klipstein: Die Zukunft der Gerbstoffe. Gerber **1921**, 100.
— Gerbstofferzeugung in den Vereinigten Staaten im Jahre 1919. Gerber **1921**, 104.
Balderston: Gerbmittel in Ostasien. Gerber **1921**, 169.
Griffith: Über die Lage der amerikanischen Gerbextraktindustrie. Gerber **1922**, 90.
— Normalverkaufsbedingungen für Gerbrinden. Gerber **1923**, 21.
Baumbach: Die Verwendbarkeit der Lohe in den Feuerungsanlagen. Gerber **1923**, 150.
Pollak: Die Zukunft der Gerbstoffbeschaffung. Gerber **1925**, 29.
Pawlowitsch: Die Entwicklungsmöglichkeiten der Herstellung der Gerbextrakte in der Union d. S. S. R. Gerber **1926**, 229.
— Die gerbereitechnologische Charakteristik der Gerbextrakte. Gerber **1927**, 125ff.
— Die Gerbextraktindustrie in Italien. Gerber **1927**, 139.
Perlzweig: Die Verwertung der einheimischen Gerbstoffe in der U. d. S. S. R. Gerber **1929**, 122.
— Kalte oder warme Extraktion Gerber **1890**, 97.
Reavel: The manufacture of wood extract. Journ. Amer. Leather Chem. Assoc. **1923**, 451.
Paige: Tanning materials survey. Journ. Amer. Leather Chem. Assoc. **1924**, 146.
Abreu: Notes on the tanning materials of Brazil. Journ. Amer. Leather Chem. Assoc. **1926**, 357.
— Consumption of vegetable tanning materials. Journ. Amer. Leather Chem. Assoc. **1926**, 412.
Goghill: A survey of the tanning materials. Journ. Amer. Leather Chem. Assoc. **1928**, 234.
— Die Gerbrinde und ihre Ersatzmittel in den Vereinigten Staaten von Amerika. Leder-Ind. **1909**, Nr. 227.
— Die Trocknung der Lohrinde im Walde. Leder-Ind. **1915**, Nr. 6.
Hirschfeld: Über Dampfschälung. Leder-Ind. **1918**, Nr. 257.
Fiebing: Gerbextrakt. Leder-Markt **1893**, 453ff.; **1894**, 61ff.
— Entrinden von Eichstämmen unabhängig von der Jahreszeit. Ledertechn. Rdsch. **1915**, 74.
Eßlinger: Schälen von Eichen- und Fichtenrinden zu jeder Jahreszeit. Ledertechn. Rdsch. **1915**, 341.
Paeßler: Über gerbstoffhaltige Rinden und Hölzer für die Lederindustrie. Ledertechn. Rdsch. **1916**, 13.
Schmidt: Verarbeitung gerbstoffhaltiger Rinden. Ledertechn. Rdsch. **1919**, 41.
Baumbach: Die Verwendbarkeit der Lohe in den Feuerungsanlagen. Ledertechn. Rdsch. **1923**, 89.
— Rotierende Extraktions-Anlage. Ledertechn. Rdsch. **1923**, 103.
— Das Auflösen von Festextrakt. Ledertechn. Rdsch. **1923**, 112.
— Vermahlung von Gerbmaterial. Ledertechn. Rdsch. **1923**, 113.
— Die Selbstherstellung der Gerbbrühen. Ledertechn. Rdsch. **1923**, 129.

Brand: Rindenspeicher mit Zerkleinerungsanlage der Lederfabrik Franz Prasse, Weida. Ledertechn. Rdsch. **1924**, 41.
— Pulverförmige Gerbstoffextrakte. Ledertechn. Rdsch. **1924**, 117, 126.
Patek: Die Rindennutzung. Ledertechn. Rdsch. **1924**, 155.
Peters: Rußlands Versorgung mit Gerbmaterialien. Ledertechn. Rdsch. **1927**, 264.
Körner: Über die einheimische Gerbstoffproduktion. Ledertechn. Rdsch. **1929**, 132ff.
— Lohfeuerung. Ledertechn. Rdsch. **1929**, 46.
— Die Verwertung der einheimischen Gerbstoffe in Rußland. Ledertechn. Rdsch. **1929**, 81.
Perlzweig: Über die Herstellung von Gerbextrakten in Schweden. W. **1928**, 201.
Pawlowitsch: Das Extrahieren. W. **1928**, 207.
Cheifetz: Die Ausnutzung von einheimischen Gerbmaterialien und der Bau von Extraktionsanlagen. W. **1928**, 262.
Sidorow: Pneumatischer Transport von zerkleinerter Rinde. W. **1928**, 314.
— Der Bau von Extraktfabriken. W. **1929**, 542.

Eichenrinde.

Bernhardt, A.: Eichen-Schälwald-Katechismus. Berlin: F. A. Günther & Sohn 1877.
Fribolin, F.: Der Eichenschälwaldbetrieb. Berlin: Wiegandt, Hempel u. Parex 1875.
Glauer, v. S.: Anleitung zur Anlage, Behandlung und Nutzung der Eichenschälwälder. Leipzig: Hugo Voigt 1864.
Hartig, Th.: Über den Gerbstoff der Eiche. Stuttgart: J. G. Gottasche Buchhandlung 1869.
Jentsch, Fr.: Der deutsche Eichenschälwald und seine Zukunft. Berlin: Julius Springer 1899.
— Untersuchungen über die Verhältnisse des deutschen Eichenschälwaldbetriebes. Berlin: Kampfmeyerscher Verlag G. m. b. H. 1906.
Neubrandi J. G.: Die Gerbrinde mit besonderer Beziehung auf die Eichenschälwaldwirtschaft. Frankfurt a. M.: J. D. Sauerländers Verlag 1869.
Reuter, Fr.: Die Kultur der Eiche und der Weide. Berlin: Julius Springer 1875.
Schenck, C. A.: Die Rentabilität des deutschen Eichenschälwaldes. Darmstadt: C. F. Wintersche Buchdruckerei 1899.
Wohmann, W., C. Neubauer u. C. A. Lotichius: Die Schälung von Eichenrinde zu jeder Jahreszeit. Wiesbaden: C. W. Kreidels Verlag 1873.
Smaic u. Wladika: Über die Gerbmaterialien in den Jahren 1914—1918. Collegium **1921**, 143.
Jalade: Die Eichenrinde. Collegium **1925**, 216.
— L'écorce de chêne. Cr. **1924**, 64.
Boisseau: Les extraits d'écore de chêne. Cr. **1924**, 449.
Günther: Zukunfts-Gewinnung der Eichenrinde. Dtsch. Gerber-Ztg. **1870**, Nr. 13, 14.
— Schälung des stehenden Eichenausschlagwaldes. Dtsch. Gerber-Ztg. **1870**, Nr. 16.
— Ein Beitrag zur Eichenschälwaldfrage aus der Eifel. Dtsch. Gerber-Ztg. **1876**, Nr. 46.
Spitta Söhne: Die Eichenschälwald-Kultur in der Mark Brandenburg. Dtsch. Gerber-Ztg. **1876**, Nr. 47.
Fribolin: Rindengewinnung im Elsaß. Dtsch. Gerber-Ztg. **1877**, Nr. 15, 17, 18.
— Ertrag und Rentabilität des Eichenschälwaldes. Dtsch. Gerber-Ztg. **1877**, Nr. 90, 92, 93.
Haldek: Die Entwicklung der Eichenrindenproduktion in Ungarn. Dtsch. Gerber-Ztg. **1878**, Nr. 27, 30.
Heß: Über Materialerträge im Eichenschälwald. Dtsch. Gerber-Ztg. **1878**, Nr. 38, 39.
— Zur Eichenschälwaldwirtschaft. Dtsch. Gerber-Ztg. **1879**, Nr. 39.
— Über Eichenrinden-Schälung in Frankreich. Dtsch. Gerber-Ztg. **1882**, Nr. 42, 43.
— Die Lage der Eichenschälwald-Kultur in Bayern. Dtsch. Gerber-Ztg. **1883**, Nr. 1.
— Über Anlagen und Behandlung der Lohbecken. Dtsch. Gerber-Ztg. **1887**, Nr. 69, 70, 71.
Hoffmeister: Bericht und Gutachten über die Gewinnung und Behandlung der Eichenlohrinden in Ungarn und Siebenbürgen. Dtsch. Gerber-Ztg. **1890**, Nr. 60ff.
Paeßler: Der Eichenschälwald auf dem Königl.-sächs. Staatsforstrevier Tharandt. Dtsch. Gerber-Ztg. **1893**, Nr. 89, 90.
Keller: Der Eichenschälwald und seine Rentabilität. Dtsch. Gerber-Ztg. **1896**, Nr. 13, 14.
Eitner: Die afrikanische Eichenrinde. Gerber **1876**, 503.
— Stiel- oder Traubeneiche. Gerber **1878**, 4.
— Schälung der Eichenrinde in Streifen. Gerber **1878**, 185.
Weiß: Untersuchungen über Eichenrinden. Gerber **1885**, 181.
Eitner: Entkorkte Rinde. Gerber **1889**, 195.
— Bosnische Eichenrinde. Gerber **1895**, 62.
— Die Gewinnung von Eichen- und Fichtenrinde. Gerber **1916**, 43.

Kohnstein: Ausblick auf die Rindengerbstoffgewinnung Österreich-Ungarns im Weltkriege. Gerber **1917**, 97.
— Über die ungünstige Lage der Schälwaldwirtschaft. Gerber **1920**, 40.
— Verfahren zum Schälen von Eichen- und Fichtenrinde zu jeder Jahreszeit. Gerber **1924**, 2.
Jakimow: Die pflanzlichen Gerbstoffe der U. d. S. S. R. Gerber **1927**, 55.
— Über die Gerbstoffe Rußlands. Gerber **1928**, 199.
Kampffmeyer: Eichen-Kultur. Der Schälwald und seine Erträge. Gerber-Ztg. **1858**, Nr. 6ff.
Klump: Der Eichenschäl- und Hackwaldbetrieb im Odenwalde. Gerber-Ztg. **1858**, Nr. 28.
— Die Schälwaldfrage in Deutschland. Gerber-Ztg. **1859**, Nr. 41ff.
Muhl: Die Vorteile der Eichenschälwaldwirtschaft. Gerber-Ztg. **1860**, 22.
— Pflege der Eiche, -Schäl- und Hackwald. Gerber-Ztg. **1860**, 30ff.
— Die Durchforstungen in den Eichenschälwaldungen und deren Einfluß auf Holz- und Rindenertrag. Gerber-Ztg. **1860**, 47ff.
Pretorius: Einige Erfahrungen über Schälwald-Kulturen. Gerber-Ztg. **1860**, 64.
Hammerstein: Über die Erträge und die Bewirtschaftung der Eichenschälwaldungen im Hannöverschen. Gerber-Ztg. **1860**, 167, 183.
Reuter: Die Eichen- und Weidenkultur der Neuzeit, praktische Mitteilungen. Gerber-Ztg. **1860**, 198ff.
— Bemerkungen zu dem Reisebericht des Forstmeisters Tramnitz zu Breslau über die Siegner Eichenhackwälder. Gerber-Ztg. **1860**, 255ff.
— Warum es mit den Eichnschälwaldungen in Norddeutschland nicht vorwärts gehen will. Gerber-Ztg. **1862**, 77.
Kohli: Die Nachzucht der Eiche im Bezirk Köslin. Gerber-Ztg. **1864**, 59.
Nördlinger: Wieviel Glanzrinde liefert im Schälwald ein gegebenes Holzmaß. Gerber-Ztg. **1865**, 11.
Wohmann: Die Gewinnung der Eichen-Lohrinden in Nassau. Gerber-Ztg. **1865**, 31.
— Zur Eichen-Schälwaldfrage in Kurhessen. Gerber-Ztg. **1865**, 65.
Grunert: Die Eichenkulturen auf der Geest in den Niederlanden. Gerber-Ztg. **1866**, 83, 88.
Weißmüller: Die Lohhecken, ihre Anlagen und Pflege. Gerber-Ztg. **1874**, 37, 43, 53, 61.
Grunert: Der Eichenschälwald im Regierungsbezirk Trier, mit Bezug auf Wirtschaft und Ertrag. Gerber-Ztg. **1874**, 77.
— Die Eichenrinde als Gerbmaterial. Gerber-Ztg. **1875**, 183ff.
— Der rentable Eichenhochwald-Betrieb. Gerber-Ztg. **1877**, 101ff.
Fischbach: Über Gerberinde-Gewinnung, namentlich in Gemeinde-Waldungen. Gerber-Ztg. **1880**, 37, 44.
— Eichen-Pflanzungen. Gerber-Ztg. **1882**, 96, 101.
— Erscheint es wünschenswert, die im Regierungsbezirk Kassel vorhandenen Eichenschälwaldungen zu erhalten? Gerber-Ztg. **1882**, 123ff.
— Der Eichenschälwaldbetrieb in Bayern. Gerber-Ztg. **1882**, 259.
— Eichenschälwald-Anlagen. Gerber-Ztg. **1883**, 93.
— Eichenschälwald-Kultur. Gerber-Ztg. **1883**, 111.
— Eichen-Anpflanzungen. Gerber-Ztg. **1883**, 154.
— Eichen-Anpflanzungen in Ost- und Westpreußen. Gerber-Ztg. **1883**, 252.
— Welcher Eiche ist bei der Anlage von Lohbecken der Vorzug zu geben? Gerber-Ztg. **1887**, 77.
— Über Anlage und Behandlung der Lohbecken. Gerber-Ztg. **1887**, 76, 95.
— Die Eichen- und Eichenschälwaldungen in Deutschland. Gerber-Ztg. **1894**, 398.
— Der Rückgang der Odenwälder Eichenschälwaldwirtschaft, seine Ursachen und seine Folgen. Leder-Ind. **1910**, Nr. 234.
Günther: Vorschläge zur Hebung der Lohwaldwirtschaft. Leder-Ind. **1911**, Nr. 119, 130.
— Ein Schädling der Eichenschälwaldungen. Leder-Ind. **1911**, Nr. 127.
— Eichenschälwaldbestand. Leder-Ind. **1913**, Nr. 61.
— Die Gewinnung und Verwertung von Eichen- und Fichtenlohrinde im Zeichen des Krieges. Leder-Ind. **1916**, Nr. 13.
— Vorschriften für die Eichenrinden-Gewinnung. Leder-Ind. **1916**, Nr. 119, 121, 124.
— Siegener Hauberge und Haubergswirtschaft, sowie ein Wort über Umwandlung geeigneter Haubergsflächen in Ackerland. Leder-Markt **1895**, 152.
— Die Zukunft des Eichenschälwaldes. Leder-Markt **1898**, Nr. 34, 37.
— Die Rentabilität des Eichenschälwaldes. Leder-Markt **1906**, Nr. 70.
— Die Gewinnung von Eichen- und Fichtenrinde im Kriege. Leder-Markt **1916**, Nr. 6.
Paeßler: Die Eichenrinde. Ledertechn. Rdsch. **1916**, 109ff.
— Wissenswertes über den Eichenschälwald. Ledertechn. Rdsch. **1920**, 1ff.
— Verfahren zum Schälen von Eichen- und Fichtenrinde zu jeder Jahreszeit. Ledertechn. Rdsch. **1924**, 78.

Peters: Weiteres von Rußlands Gerbstoffpflanzen. Ledertechn. Rdsch. **1927**, 146.
— Russische Gerbrinden. Ledertechn. Rdsch. **1928**, 225.
Sergeew: Über die Qualität von Weiden-, Fichten- und Eichenrinde. W. **1928**, 297.
Ketow u. Sassobin: Versuchsergebnisse über die kalte Extraktion von Eichenrinde. W. **1928**, 423.

Fichtenrinde.

Paeßler: Die Fichtenrinde in der Lederindustrie. Collegium **1917**, 14, 59.
Smaic u. Wladika: Über die Gerbmaterialien in den Jahren 1914—1918. Collegium **1921**, 34, 88.
Jakimow u. Anikin: Die Aussichten einer rationellen Untersuchung und Verwertung der Fichtenrinde. Collegium **1927**, 546.
Jakimow: Die Fichtenrinde und die Bereitung hochwertiger Fichtenrinden-Extrakte. Collegium **1929**, 334.
Schröder, v.: Über den Wassergehalt frischer Fichten- und Eichenrinden zu verschiedenen Zeiten des Jahres. Dtsch. Gerber-Ztg. **1866**, Nr. 33.
Councler: Aufforderung zur Gründung einer Fabrik von Fichtenlohextrakt. Dtsch. Gerber-Ztg. **1866**, Nr. 92.
Schröder, v.: Einfluß der Witterung auf den Gerbstoffgehalt der Fichtenrinde. Dtsch. Gerber-Ztg. **1887**, Nr. 98, 99.
— Über Fichtenrindenextrakte. Dtsch. Gerber-Ztg. **1887**, Nr. 23ff.
— Die Fichtenrinde und ihre Zukunft. Dtsch. Gerber-Ztg. **1888**, Nr. 1.
— Die wirtschaftliche Bedeutung der inländ. Fichtenrinde. Dtsch. Gerber-Ztg. **1888**, Nr. 7.
— Untersuchung von Fichtenextrakten und Fichtenrinden. Dtsch. Gerber-Ztg. **1888**, Nr. 96, 98.
— Über den Wert der Fichtenrinde als Gerbmaterial. Dtsch. Gerber-Ztg. **1889**, Nr. 74, 75.
Eitner: Fichtenrinde-Extrakt. Gerber **1886**, 133.
Jakimow: Die pflanzlichen Gerbstoffe der U. d. S. S. R. Gerber **1927**, 55.
— Über die Gerbstoffe Rußlands. Gerber **1928**, 199.
Anonymus: Pine Bark. Journ. Soc. Leather Trades Chem. **1924**, 561.
— Notwendige Beschaffenheit von Fichtenlohrinde. Leder-Ind. **1916**, Nr. 8.
Rieder: Fichtenreißig-Extrakt. Ledertechn. Rdsch. **1914**, 133.
Ludwig: Anleitung zur Gewinnung von Fichtengerbrinde. Ledertechn. Rdsch. **1916**, 235, 243.
Peters: Weiteres von Rußlands Gerbstoffpflanzen. Ledertechn. Rdsch. **1927**, 146.
— Russische Gerbrinden. Ledertechn. Rdsch. **1928**, 225.
Kowalewski: Zur Frage der Anschaffung von Fichtenrinde. W. **1928**, 36.
Jakimow: Fichtenrinde als Gerbmaterial und Methoden ihrer rationellen Verarbeitung auf Gerbextrakte. W. **1928**, 435.
Charlin: Versuche über das Sammeln von Fichtenrinde. W. **1929**, 90.

Weidenrinde.

Kagan, A. L.: Sbor i sagotowka iwowogo korja. Das Sammeln von Weidenrinde. Leningrad 1927.
Reuter, Fr.: Die Kultur der Eiche und der Weide. Berlin: Julius Springer 1875.
Smaic u. Wladika: Über die Gerbmaterialien in den Jahren 1914—1918. Collegium **1921**, 250.
Eitner: Neue Bezugsquelle für Weidenrinde. Gerber **1877**, 109.
— Weidenrinde als Gerbstoff. Gerber **1924**, 131.
Jakimow: Die pflanzlichen Gerbstoffe der U. d. S. S. R. Gerber **1927**, 55.
— Über die Gerbstoffe Rußlands. Gerber **1928**, 199.
— Weidenrinde. Ledertechn. Rdsch. **1909**, 277.
Peters: Weiteres von Rußlands Gerbstoffpflanzen. Ledertechn. Rdsch. **1927**, 146.
— Russische Gerbrinden. Ledertechn. Rdsch. **1928**, 225.
Sergeew: Über die Qualität von Weiden-, Fichten- und Eichenrinde. W. **1928**, 297.
Kostenko: Die Qualität von Weidenrinde. W. **1929**, 272.
Sawadsky: Gerbmaterialien vom Jakutsk-Gebiet. W. **1929**, 370.
Kern: Weide als Gerbmittel. W. **1929**, 449.
Kutowsky: Qualität der Weidenrinde. W. **1929**, 505.
Schepelansky u. Grosnopulo: Besseres Extrahieren der Weidenrinde. W. **1929**, 600.

Birkenrinde.

Jakimoff u. Tolski: Die Birkenrinde als Gerbmaterial. Collegium **1930**, 233.
Pappelbaum: Die Birkenrinde. Dtsch. Gerber-Ztg. **1881**, Nr. 57.
Jakimow: Die pflanzlichen Gerbstoffe der U. d. S. S. R. Gerber **1927**, 56.

Lange: Birkenrinde. Gerber-Ztg. **1884**, 195; **1889**, 185.
Peters: Weiteres von Rußlands Gerbstoffpflanzen. Ledertechn. Rdsch. **1927**, 146.
Anikina: Über die Möglichkeit der Gerbung mit der Birkenrinde. W. **1928**, 310.
Sawadsky: Gerbmaterialien vom Jakutsk-Gebiet. W. **1929**, 370.
Jakimoff u. Tolski: Birkenrinde als Gerbmaterial. W. **1929**, 514.

Lärchenrinde.

Smaic u. Wladika: Über die Gerbmaterialien in den Jahren 1914—1918. Collegium **1921**, 92.
Jakimow u. Weltisowa: Die Rinde der sibirischen Lärche als Rohmaterial für die Herstellung von Gerbstoffen. Collegium **1928**, 488.
— Lärchenrinde. Gerber **1874/75**, 268.
Golowin u. Ignatow: Lärche als Gerbstoff. Ledertechn. Rdsch. **1929**, 25.
Jakimow u. Weltisowa: Sibirische Lärchenrinde als Gerbmaterial. W. **1928**, 208.
Golowin u. Ignatow: Lärche als Gerbstoff. W. **1928**, 594.
Sawadsky: Gerbmaterialien vom Jakutsk-Gebiet. W. **1929**, 370.
Lewin: Gerbmaterialien des Burjaten-Gebietes. W. **1929**, 507.

Hemlockrinde.

Pappelbaum: Die Rinde der Hemlocktanne. Dtsch. Gerber-Ztg. **1881**, Nr. 58.
— Hemlockextrakt. Gerber **1875**, 327; **1882**, 65; **1887**, 102.
— Die Hemlockrinde. Gerber-Courier **1892**, Nr. 21.
— Kalkulation des Kostenpreises des Gerbstoffes aus der Hemlocktanne. Gerber-Ztg. **1879**, 129.
Thümen: Die Hemlocktanne und ihre Rinde. Gerber-Ztg. **1885**, 271.
— Fester Hemlockextrakt. Gerber-Ztg. **1888**, 107.
Paige: Tanning Materials Survey. Journ. Amer. Leather Chem. Assoc. **1924**, 160.
Kirtland: Hemlock Bark. Journ. Amer. Leather Chem. Assoc. **1925**, 487.
Davidson u. Sherrard: The Tannin Content of Alaskan Mounthain Hemlock Bark. Journ. Amer. Leather Chem. Assoc. **1928**, 371.
— Die Gerbrinde und ihre Ersatzmittel in den Ver. Staaten von Amerika. Leder-Ind. **1909**, Nr. 227.
Maschke: Henry Tremble über den Hemlock-Gerbstoff. Sch. u. L. **1898**, Nr. 3.

Mimosenrinde.

Maiden, J. H.: Wattles and Wattle-Barks. Sydney: G. S. Chapmann 1891.
Sutton: Wattle Bark, A. Paying Industry. Pietermaritzburg: P. Davis & Sons 1892.
Zimmermann: Die Gerbrinden liefernden Akazien. Jena: Gustav Fischer 1930.
Bennett: Die Gerbung von Sohlleder mit Mimosarinde. Collegium **1909**, 93.
Paeßler: Die Mimosenrinde und ihre Bedeutung für die Lederindustrie. Collegium **1911**, 57.
Lepetit: Mimosa-D-Extrakt. Collegium **1911**, 131.
Pollak: Über Gerbstoffe, Gerbextrakte und deren Technologie. Collegium **1912**, 66.
— Mimosenrinde als Gerbmittel. Collegium **1917**, 149.
— Die Mimosenindustrie in Natal. Collegium **1919**, 231.
Reavell: Eindampf-Fragen und die Herstellung von Gerbstoffauszügen. Collegium **1920**, 180.
Vié: Die Verwendung verschiedener Akazienarten in der Gerberei. Collegium **1922**, 83.
Phillips: Das Gerbmittel Mimosarinde. Collegium **1922**, 297.
Reavell: Die Erzeugung von Gerb-Extrakten. Collegium **1923**, 374.
Williams: Südafrikanische Gerbmittel. Collegium **1928**, 464.
Srinivasan: Mimosas de l'Inde Meridionale. Cr. **1922**, 267.
Goffart: Les acacies à écorce tannifère. Cr. **1924**, 142.
Srinivasan: Utilisation industrielles de l'acacia. Cr. **1924**, 147.
Goffart: Vers de nouveaux tanin. Cr. **1924**, 468.
Welch, Me Glynn u. Coombs: Sur la nature et la distribution du tanin dans les écorces de mimosa. Cr. **1925**, 37.
Drouhard: Les reboisements en mimosas du Vakinaukaratra. Cr. **1925**, 47.
— Le mimosa en Afrique du Sud. Cr. **1925**, 109.
— Acacias a tan dans l'Union Sud-Afrique. Cr. **1925**, 120.
Sim: L'industrie du mimosa noir. Cr. **1925**, 287, 308, 334.
Carle: Note sur les plantes tannifieres de Madagascar. Cr. **1927**, 379, 403.
Heim de Balsac u. Deforge: Contribution à l'étude des écorces tannifères de Madagascar. Cr. **1928**, 47.
— Procédés de culture et d'exploitation de l'acacia a tanin de Madagascar. Cr. **1928**, 282.
— Un parasite de l'acacia en Afrique du Sud. Cr. **1928**, 371.
— La culture et l'industrie du mimosa en Afrique du Sud. Cr. **1928**, 472.

Heim de Balsac u. Deforge: Enquete americaine sur la culture de l'acacia a tanin. Cr. **1928**, 472.
— La culture et l'industrie du mimosa et des extraits d'écorce de mimosa en Afrique du Sud. Cr. **1928**, 499.
Chevalier: Révision des Acacia du Nord, de l'Ouest et du Centre Africain. Cr. **1928**, 524.
Pappelbaum: Mimosarinden. Dtsch. Gerber-Ztg. **1881**, Nr. 47.
— Australische Mimosa-Rinde. Dtsch. Gerber-Ztg. **1882**, Nr. 39.
Bartel: Über Akazien und die Kultur der Gerbrinden liefernden Arten. Dtsch. Gerber-Ztg. **1891**, Nr. 90ff.; **1892**, Nr. 4ff.
Kaerger: Über die Kultur der Gerbstoffpflanzen. Dtsch. Gerber-Ztg. **1894**, Nr. 9, 11.
Eitner: Mimosenrinde. Gerber **1875**, 160.
— Mimosaextrakt. Gerber **1882**, 65.
Eitner: Neue Mimosarinden. Gerber **1895**, 195.
Reavell: Herstellung von Mimosenrindenauszug. Gerber **1921**, 129.
— Die schwarze Akazie. Gerber **1924**, 55.
— Die Lage der Mimosarinden-Industrie. Gerber **1925**, 63.
— Südafrikanische Mimosarinde. Gerber **1926**, 81.
— Die Forestal Land, Timbre & Railway Co. Gerber **1927**, 107.
— Die Mimosarinde und ihre Bezugsquellen. Gerber-Ztg. **1880**, 167.
— Mimosarinde. Gerber-Ztg. **1880**, 250; **1887**, 311.
— Eine neue Bezugsquelle für Mimosa. Gerber-Ztg. **1888**, 105.
Harvey: The Vacuum Extraction of Tanning Materials. Journ. Amer. Leather Chem. Assoc. **1921**, 696.
Paige: Tanning Materials Survey. Journ. Amer. Leather Chem. Assoc. **1924**, 149, 157.
Hoar: Tanning Materials Survey, Wattle Culture. Journ. Amer. Leather Chem. Assoc. **1924**, 541.
Passelegue: Preparation of Mimosa Bark for Exportation. Journ. Amer. Leather Chem Assoc. **1925**, 294.
— The Wattle Bark Industry. Journ. Amer. Leather Chem. Assoc. **1929**, 508.
Jalade: La culture des acacias tanniferes dans nos possessions de l'Afrique du Nord. Journ. Soc. Leather Trades Chem. Assoc. **1922**, 350.
— Wattle Bark from Ceylon. Journ. Soc. Leather Trades Chem. **1924**, 316.
— Cultivation of Blak Wattle. Journ. Soc. Leather Trades Chem. **1924**, 316.
Anonymus: Wattle Barks. Journ. Soc. Leather Trades Chem. **1925**, 274.
Welch u. Coombs: Australian tanning Materials. Journ. Soc. Leather Trades Chem. **1926**, 491.
— Mimosarinde aus Deutsch-Ostafrika. Leder-Ind. **1909**, Nr. 245.
— Die Australische Wattle-Rinde. Leder-Markt **1904**, Nr. 101.
Gieseler: Über die Kultur der Gerber-Akazie auf Buschland in Westusambara. Leder-Markt **1907**, Nr. 71.
— Gerberakazienkultur in Deutsch-Ostafrika. Leder-Markt **1908**, Nr. 11.
Paeßler: Über festen Mimosenrindenauszug. Ledertechn. Rdsch. **1924**, 113.
Allen: Afrikanische Mimosarinde, Mimosarinden-Auszüge. Ledertechn. Rdsch. **1928**, 213.
Zimmermann: Botanisches über Gerberakazien. Pflanzer **1908**, 24.
Schellmann: Gerberrinde. Pflanzer **1908**, 44.
Zimmermann: Die verschiedenen Varietäten von Gerberakazien. Pflanzer **1908**, 175.
— Gerbstoffanalysen — Gerberakazien. Pflanzer **1908**, 304.
— Akazienrinden von Transval und dem East Protectorate. Pflanzer **1911**, 353.
Maschke: Einiges über Mimosarinde und Canaigre-Wurzel. Sch. u. L. **1897**, Nr. 3.
— Reiner Mimosaextrakt. T. d. L. **1914**, 230.
Holtz: Über Black-Wattle-Wirtschaft in Natal. Tropenpflanzer **1906**, 445.
Fließ: Die Gerber-Akazie. Praktische Erfahrungen auf dem Gebiete der Gerber-Akazien-Kultur in Natal. Tropenpflanzer **1906**, 578.
Gieseler: Über die Kultur der Gerberakazie auf Buschland in West-Usambara. Tropenpflanzer **1907**, 642.
— Zur Frage der Gerberakazien-Kultur in Deutsch-Ostafrika. Tropenpflanzer **1908**, 92.
Hintze: Eucalyptus und Wattle-Pflanzungen. Tropenpflanzer **1913**, 489, 498.
Bodenstab: Die wichtigsten Gerbstoffpflanzen der Deutsch-Afrikanischen Schutzgebiete. Tropenpflanzer **1913**, 619.
Powarnin: Einige Worte über die Mimosa vom Schwarzen-Meer-Gebiet. W. **1928**, 442.
— Mimosakultur in Süd-Afrika. W. **1929**, 71.

Mangrove.

Paeßler: Zur Frage der Verwendbarkeit der Mangrovenrinde als Gerbmaterial. Collegium **1902**, 322.
— Über Verwendbarkeit der Mangrovenrinde als Gerbmaterial. Collegium **1904**, 15.

Paeßler: Preisausschreiben für die Herstellung eines Mangrovenextraktes. Collegium **1905**, 280.
— Mangrove-Extraktfabriken in Borneo und Sumatra. Collegium **1909**, 41.
Pollak: Über Gerbstoffe, Gerbextrakte und deren Technologie. Collegium **1912**, 66.
Coombs u. Alcock: Australische Mangrove-Rinde. Collegium **1913**, 63.
— Die Mangrovenrinde. Collegium **1920**, 182.
Pilgrin: Über Mangrove. Collegium **1922**, 297.
Heim u. Schell: Über Gerbrinden der Mangrove von Madagaskar. Collegium **1924**, 147.
— L'écorce et l'extrait de palétuvier employés pour le tannaga. Cr. **1909**, 32.
Noyer: Les Matieres tannantes dans nos colonies. Leur transformation en extraits. Cr. **1920**, 570, 600, 628.
Jumelle: Les palétuviers dans les colonies françaises. Cr. **1921**, 206.
— Les arbres a tanin de la mangrove dans les colonies françaises. Cr. **1921**, 292.
Heim u. Schell: Écorces tannantes de la mangrove de Madagascar. Cr. **1923**, 89.
Heim u. Cercelet: Contribution a l'étude des plantes de la mangrove d'Indo-Chine. Cr. **1924**, 124.
Carle: Note sur les plantes tannifières de Madagascar. Cr. **1927**, 379, 402.
Guillaumin: Le Mangrove Malgache et ses produits. Cr. **1928**, 431.
Hedin: L'exploitation du Palétuvier dans la baie de Manoka (Cameroun). Cr. **1928**, 524.
— Über südamerikanische Gerbstoffe. Dtsch. Gerber-Ztg. **1878**, Nr. 34.
Pappelbaum: Manglerinde. Dtsch. Gerber-Ztg. **1881**, Nr. 47.
Paeßler u. Kauschke: Die Mangrovenrinde als Gerbmaterial. Dtsch. Gerber-Ztg. **1896**, Nr. 151, 153, 155.
— Mangrovenrinde. Dtsch. Gerber-Ztg. **1897**, Nr. 10.
— Etwas über Mangrovenrinde. Dtsch. Gerber-Ztg. **1901**, Nr. 141.
Diehl: Mangroverinde, das gegenwärtig billigste Material. Dtsch. Gerber-Ztg. **1906**, Nr. 9.
— Mangrove. Dtsch. Gerber-Ztg. **1907**, Nr. 217ff.
Eitner: Gerbstoff-Excurse. Gerber **1877**, 74.
— Rundschau: Im Gebiete der Lederindustrie. Gerber **1900**, 129.
— Gerbstoffexkurs. Gerber **1902**, 232, 262.
— Die Bedeutung Madagaskars. Gerber **1920**, 55.
— Die Mangrovewälder in Cochinchina. Gerber **1921**, Nr. 1103.
Schneider: Mangrove auf Philippinen-Inseln. Gerber **1921**, 53.
— Neue Mangrovegebiete. Gerber **1923**, 125.
Pollak: Mangroverindenextrakt von den Philippinen. Gerber **1928**, 53.
— Mangrovenrinde aus Deutsch-Ostafrika. Gerber-Courier **1897**, Nr. 48.
— L'écorce de Mangrove en Australie. H. a. C., Partie technique **1911**, 92.
— Le Mangrove. H. a. C., Partie technique **1911**, 146.
— Le Mangrove de Philippines. H. a. C., Partie technique **1911**, 172ff.; **1912**, 3ff.
Paige: Tanning Materials Survey. Journ. Amer. Leather Chem. Assoc. **1924**, 151.
Welch u. Coombs: Australian Tanning Materials. Journ. Soc. Leather Trades Chem. **1926**, 491.
— Die Mangrovenrinde. Leder-Ind. **1920**, Nr. 13.
— Manglerinde. Leder-Markt **1893**, 1086.
Körner: Ein neuer Gerbstoff. Leder-Markt **1897**, Nr. 54.
Hänlein: Mangrovenrinde aus Deutsch-Ostafrika. Leder-Markt **1897**, Nr. 94.
— Über Mangrovenrinde. Leder-Markt **1899**, Nr. 82.
Wünsch: Über die Mangrovenrinde. Leder-Markt **1901**, Nr. 74.
— Ausbeutung von Mangroverinde in Ostafrika. Leder-Markt **1905**, Nr. 49.
— Mangrovenrinde und -Extrakt in Südamerika. Leder-Markt **1916**, Nr. 69.
— Über das Preisausschreiben für die Herstellung eines Mangroveextraktes. Ledertechn. Rdsch. **1909**, 211.
Paeßler: Die Mangrovenrinde und ihre Entfärbung. Ledertechn. Rdsch. **1910**, 7.
— Einige Mitteilungen über Mangrovengerbstoffe und deren Entfärbung. Ledertechn. Rdsch. **1911**, 23.
— Die Untersuchungsergebnisse von deutsch-ostafrikanischen Mangrovenrinden. Ledertechn. Rdsch. **1911**, Nr. 43ff.
— Gerbstoffe in Bahia (Brasilien). Ledertechn. Rdsch. **1928**, 49.
Maschke: Auch ein Wort über Mangrovenrinde. Sch. u. L. **1902**, Nr. 37.
Moller: Die Mangrove von S. Thomé. Tropenpflanzer **1901**, 339.
Strunk: Chemische Untersuchung von Mangrovenrinde. Tropenpflanzer **1906**, 116.
— Mangrovenrinde aus Mozambique. Tropenpflanzer **1908**, 152.
— Schutz der Mangrovenwaldungen in Mozambique. Tropenpflanzer **1908**, 551.
Warburg: Zum neuen Jahr. Tropenpflanzer **1910**, 4.
Bodenstab: Die wichtigsten Gerbstoffpflanzen der Deutsch-Afrikanischen Schutzgebiete. Tropenpflanzer **1913**, 471, 557.

Jentsch u. Büsgen: Forstwirtschaftliche und forstbotanische Expedition nach Kamerun und Togo. Beih. z. Tropenpflanzer **1909**, 255.
Coombs u. Russel: Die Mangrovenrinde von Nordqueensland und die Gewinnung von Mangroveextrakt. Ztschr. f. angew. Ch. **1913** (II), 118.
Brünnlich u. Smith: Einige Mangrovenrinden Queenslands. Chem.-techn. Repertorium **1912**, 228.
— Gerbstoffgehalt und Ausnutzung der verschiedenen Mangrovearten. Internat. Schuh- u. Lederbörse **1906**, Nr. 29.
— Mangrove in West-Afrika. Techn. Briefe, Beilage zu Häute u. Leder **1908**, 116.

Malettrinde.

Paeßler: Über Malettrinde. Collegium **1905**, 224, 232, 237; **1906**, 58, 65.
Salt: Quelques notes sur l'écorces de Mallet. Cr. **1922**, 15.
— Maletto-Rinde. Dtsch. Gerber-Ztg. **1904**, Nr. 153.
Eitner: Die Malettrinde. Gerber **1904**, 347; **1905**, 1, 17.
— Zur angeblichen Verfälschung der Malettrinde. Gerber **1906**, 33.
— Les Matières tannantes d'Australie. H. a. C., Partie technique **1913**, 94.
— Malettrinde in Westaustralien. Leder-Ind. **1909**, Nr. 264.
— Anbau von Malettrinde in den deutschen Schutzgebieten. Leder-Markt **1905**, Nr. 57.
Smith: Gerbstoff von Eukalyptusbäumen. Leder-Markt **1905**, Nr. 65.
— Die Detarifierung der Malettorinde. Leder-Markt **1905**, Nr. 90, 102.
Paeßler: Über Maletto und ihre Kultur. Leder-Markt **1906**, Nr. 94.
— Malett-Bark. Pflanzer **1911**, 407.
— Malett-Rinde. Sch. u. L. **1905**, Nr. 1.
— Die Malettrinde als Gerbmaterial. Tropenpflanzer **1908**, 178, 187.

Eichenholz und Eichenholzextrakt.

Maschke u. Wallenstein: Eichenholz- und Kastanienholzextrakte. Berl. Ber. **1900**, Nr. 2.
Jedlička: Zuckerartige Stoffe des Eichenholzextraktes. Collegium **1909**, 113, 121.
Pollak: Über Gerbstoffe, Gerbextrakte und deren Technologie. Collegium **1912**, 63.
Jedlička: Natürliche organische Säuren des Eichenholzextraktes. Collegium **1913**, 33.
Thuau: Die Herstellung des Eichenholzextraktes in offenen Bottichen. Seine Verwendung, seine Vorteile. Collegium **1914**, 184.
Jedlička: Zur Analyse des Eichenholzextraktes. Collegium **1916**, 360, 381.
Paeßler: Eichenholz und Eichenholzauszug. Collegium **1919**, 313, 357, 381.
Liebert: Notiz über die Ursache von Gasentwicklung in Eichengerbextrakten. Collegium **1921**, 76.
Smaic u. Wladika: Über die Gerbmaterialien in den Jahren 1914—1918. Collegium **1921**, 145.
Pawlowitsch: Über die Herstellung von Eichenholz- u. Kastanienholzextrakt. Collegium **1923**, 277, 313.
— Über den Gerbstoffgehalt der Eiche. Collegium **1925**, 627.
— Über den Einfluß der Temperatur auf die Auslaugung von Eichenholz. Collegium **1926**, 570.
Thuau: L'extrait de chêne en cuves ouvertes. Cr. **1913**, 595.
Vié: La Decoloration des Extraits tannants. Cr. **1920**, 546.
Boisseau: L'extrait du bois de chêne et l'opportunité du développement de son emploi actuel en tannerie. Cr. **1925**, 73.
Besse: Technique des extraits tannants. Cr. **1927**, 151.
Mitscherlich u. Eitner: Über die Verwendbarkeit der im Eichenholz enthaltenen Gerbsäure. Dtsch. Gerber-Ztg. **1875**, Nr. 9.
Henry: Über die Verteilung des Gerbstoffes in der Eiche. Dtsch. Gerber-Ztg. **1887**, Nr. 79 bis 82.
Eitner: Eichenholzextrakt. Dtsch. Gerber-Ztg. **1888**, Nr. 99 u. 101.
Koch: Über die Zusammensetzung der Eichenholzextrakte und Eichenextrakte. Dtsch. Gerber-Ztg. **1893**, Nr. 47.
— Eichenholz-Gerbstoff-Extraktion. Gerber **1874/75**, 136.
Eitner: Die Extraktgerberei in Anpassung an unsere Verhältnisse (Eichenholzextrakt). Gerber **1882**, 64.
— Eichenholzextrakt. Gerber **1888**, 255.
Trost: Gewicht von Eichenholz. Gerber **1919**, 176.
Pawlowitsch: Die Entwicklungsmöglichkeiten der Fabrikation von Kastanien- und Eichenholzextrakt in Rußland. Gerber **1925**, 115, 123.
— Eichenholzextrakte. Gerber-Courier **1902**, Nr. 35.

Anonymus: The oak and its products. Journ. Soc. Leather Trades Chem. **1924**, 561.
— Eichenholz zur Gerbstoffextraktgewinnung. Leder-Ind. **1916**, Nr. 4.
— Über das Gewicht von Eichen-Gerbholz. Leder-Ind. **1918**, Nr. 24.
— Gewicht von Eichengerbholz. Leder-Ind. **1919**, Nr. 134.
— Eichenholzextrakt. Leder-Markt **1895**, 559.
Paeßler: Eichenholz und Eichenholzauszug. Ledertechn. Rdsch. **1919**, 25, 29, 33, 37, 43, 45.
Pawlowitsch: Über die Herstellung von Eichenholz- und Kastanienholz-Extrakt. Ledertechn. Rdsch. **1923**, 131, 142; **1924**, 3.
Peters: Weiteres von Rußlands Gerbstoffpflanzen. Ledertechn. Rdsch. **1927**, 264.
Kotow: Zum Bau der Eichenholzextraktfabrik in Wolsk. W. **1928**, 35.
Nikischin: Über die Qualität des ukrainischen und weißrussischen Eichenholzes. W. **1928**, 298.
Farbirowitsch: Das Extrahieren von Eichenholz unter Druck. W. **1928**, 516.
Nikischin: Untersuchung der Herstellung von trockenem Eichenholzextrakt. W. **1928**, 591.
Mesjeninow: Gerbstoffhaltige Pflanzen des Nordkaukasus und die Möglichkeiten ihrer Ausnutzung in der Lederindustrie. W. **1929**, 215, 367.
Wojutski: Eichenholz von geringem Durchmesser als Rohmaterial für Extraktfabriken. W. **1919**, 525.
— Der Bau von Extraktfabriken. W. **1929**, 542.

Kastanienholz.

Aitken: Chestnut Extracts. Collegium **1905**, 283.
Pollak: Über Gerbstoffe, Gerbextrakte und deren Technologie. Collegium **1912**, 63.
— Natürliche organische Säuren des Kastanienholzextraktes. Collegium **1913**, 86.
— Beiträge zur Kenntnis des Kastanienholzextraktes. Collegium **1913**, 291; **1914**, 668, 715; **1915**, 435.
Kohnstein: Die Bedeutung des Kastanienholzextraktes im Kriege. Collegium **1917**, 340.
Gayley u. Riethof: Zucker in Kastanienauszügen. Collegium **1919**, 227.
— Die Extraktion von Kastanienholz. Collegium **1920**, 492.
Smaic u. Wladika: Über die Gerbmaterialien in den Jahren 1914—1918. Collegium **1921**, 197, 236.
Vié: Klären und Löslichmachen von Gerbstoffauszügen. Collegium **1921**, 485.
Griffith: Der Kastanienholzgerbstoff. Collegium **1922**, 81.
Jalade: Die Auslangung des Kastanienholzes. Collegium **1922**, 84.
Depasse: Die Kastanienextraktindustrie. Collegium **1922**, 297.
Pawlowitsch: Über die Herstellung von Eichenholz- und Kastanienholz-Extrakt. Collegium **1923**, 277, 313.
Griffith: Über Kastanienholz. Collegium **1923**, **343**.
— Die Beziehung der Gerbextraktindustrie zum Gerber. Collegium **1923**, 361.
Watson: Die Herstellung von Gerbextrakten. Collegium **1923**, 362.
Gaylay: Die Auslangung von Kastanienholz. Collegium **1923**, 367.
Gravatt: Die Verbreitung einer speziellen Krankheit, des sog. „Chestnut Blight" der Kastanie in den Vereinigten Staaten. Collegium **1924**, 380.
Vié: La décoloration des extraits tannants. Cr. **1920**, **546**.
Jalade: L'extraction du bois de châtaignier. Cr. **1921**, **134**.
Depasse: Les usines de châtaignier. Leur progrès. Cr. **1921**, 459, 485.
Schell: Les maladies du châtaignier. Cr. **1922**, 312.
Oberfell: Fabrication et emploi de l'extrait de châtaignier. Cr. **1923**, 56.
Gravatt: La propagation de la maladie spéciale du châtaignier des Etats-Unis dite „Chestnut Blight" au Sud des Monts Appalaches. Cr. **1924**, 188.
Kellung: Survivance de châtaigniers à la maladie particulière de châtaigneraies des Etats-Unis. Cr. **1925**, 120.
Dufrenoy: Les méthodes de lutte contre la maladie du châtaignier. Cr. **1925**, 490, 510.
— Les progrès de la maladie du châtaignier aux Etats-Unis. Cr. **1928**, 138.
Nelson u. Gravatt: La teneur tannique de châtaigniers morts. Cr. **1929**, 505.
— Das geraspelte Kastanienholz zum Gerben des Leders. Dtsch. Gerber-Ztg. **1868**, Nr. 34.
— Heller Kastanienholzextrakt. Dtsch. Gerber-Ztg. **1877**, Nr. 54, 56.
Eitner: Kastanienholz-Extrakt. Gerber **1874/75**, 363; **1876**, 380, 389.
— Extraktgerberei in Anpassung an unsere Verhältnisse. Gerber **1882**, 63.
— Kastanienholz-Extrakt. Gerber **1882**, 101; **1909**, 128.
Kohnstein: Bedeutung des Kastanienextraktes im Kriege. Gerber **1916**, 316, 341.
Kirchgaßner: Anpflanzung der Edelkastanie. Gerber **1917**, Nr. 1021.
Pollak: Die Gerbextraktindustrie der Vereinigten Staaten von Nordamerika. Gerber **1922**, 75ff.

Depasse: Die Industrie des Kastanienextraktes. G. **1924**, 165, 173.
— Die Kastanienwälder Frankreichs. Gerber **1925**, 94.
Pawlowitsch: Die Entwicklungsmöglichkeiten der Fabrikation von Kastanien- und Eichenholzextrakt in Rußland. Gerber **1925**, 115, 123.
Pollak: Die Krankheit des Kastanienbaumes in den Vereinigten Staaten und neue Ideen der Gerbstoffbeschaffung. Gerber **1926**, 129.
Jakimoff: Die pflanzlichen Gerbstoffe der U. d. S. S. R. Gerber **1927**, 56.
— Die Gerbstoffindustrie Frankreichs. Gerber **1928**, 129.
— Extrait de Châtaignier. La maladie de l'encre. H. a. C. **1909**, 838.
Schell: Diseases of the french chestnut — tree particulary the „Ink-Malady". Journ. Amer. Leather Chem. Assoc. **1922**, 353.
Gravatt: The spead of the chestnut blight in the Southern Appalachians. Journ. Amer. Leather Chem. Assoc. **1924**, 138.
Paige: Tanning Materials Survey. Journ. Amer. Leather Chem. Assoc. **1924**, 160.
Lo Priore: The „Ink-Malady" of the chestnut and its remedies. Journ. Amer. Leather Chem. Assoc. **1924**, 363.
Kelley: Chestnut trees surviving blight. Journ. Amer. Leather Chem. Assoc. **1925**, 33.
Frey u. Leinbach: The distribution of tannin in the american chestnut tree with particular reference to stumps and roots. Journ. Amer. Leather Chem. Assoc. **1925**, 457.
Griffith: Chestnut tannin. Journ. Amer. Leather Chem. Assoc. **1925**, 487.
Gravatt u. Marshall: Chestnut blight in the Souther Appalachians. Journ. Amer. Leather Chem. Assoc. **1927**, 48.
Metcalf: Chestnut blight in Europe. Journ. Amer. Leather Chem. Assoc. **1927**, 279.
Dufrenoy: Control methods against chestnut black canker. Journ. Amer. Leather Chem. Assoc. **1927**, 279.
Blanco: Chestnut disease. Journ. Amer. Leather Chem. Assoc. **1927**, 547.
Karstian u. Stickel: The natural replacement of blight killed chestnut in the hardwood forests of the Northeast. Journ. Amer. Leather Chem. Assoc. **1928**, 16, 17.
Graves: The cause of the persistent development of basal shoots from blighted chestnut trees. Journ. Amer. Leather Chem. Assoc. **1928**, 457.
Nelson u. Gravatt: The tannin content of dead chestnut trees. Journ. Amer. Leather Chem. Assoc. **1929**, 479.
Priore: The „ink" disease of chestnut trees. Journ. Soc. Leather Trades Chem. **1924**, 110.
Kirchgaßner: Die Edelkastanie im Niederwald. Leder-Ind. **1917**, Nr. 33.
— Kastanienholzextrakt. Leder-Markt **1904**, Nr. 69.
Paeßler: Die Rinde und das Holz der Edelkastanie. Ledertechn. Rdsch. **1916**, 213ff.
— Die gerberische Bedeutung der Edelkastanie und Eindrücke von einer Reise in die Edelkastaniengebiete der Pfalz. Ledertechn. Rdsch. **1921**, S. 9ff.
— Gerbstoff aus dem Holz der echten Kastanie. Tropenpflanzer **1918**, 36.
Perlzweig: Die Technik der Herstellung von Kastanienholzextrakt in Italien. W. **1928**, 92.
Mesjeninow: Gerbstoffhaltige Pflanzen des Nordkaukasus. W. **1929**, 215, 367.
— Kastanienholz-Extrakt der Firma „Progil" in Lyon. W. **1929**, 381.
Kerr: La fabrication de l'extrait de châtaignier aux Etats-Unis. Le Morche des Cuirs **1911**, 86ff.

Quebracho.

Lütgens, R.: Beiträge zur Kenntnis des Quebrachogebietes in Argentinien und Paraguay. Hamburg: L. Friedrichsen & Co. 1911.
Vogel, W.: Die Südamerikanischen Quebrachoextrakte. Freiberg i. Sa.: Selbstverlag des Verfassers 1925.
— Die Herstellung und Beurteilung der kaltlöslichen Quebrachoextrakte. Freiberg i. Sa.: Selbstverlag des Verfassers 1929.
Lepetit: Beiträge zur Kenntnis der sulfithaltigen Quebrachoextrakte. Collegium **1903**, 225ff.
Junghahn: Zur Technologie des Quebracho-Extraktes. Collegium **1905**, 71ff.
Thuau: Les extraits de quebracho non sulfitée. Collegium **1909**, 368, 424.
Pollak: Über Gerbstoffe, Gerbextrakte und deren Technologie. Collegium **1912**, 65.
Allen: Über den Wassergehalt des Quebrachoholzes. Collegium **1912**, 151.
Grasser: Über Quebrachoextrakte und ihre Verwendung. Collegium **1912**, 559.
— Die Weltproduktion an Quebracho und die Compagnie Forestal. Collegium **1913**, 453.
Allen: Kernfaules Quebrachoholz. Collegium **1915**, 38.
Auerbach: Kernfaules Quebrachoholz. Collegium **1915**, 130.
Smaic u. Wladica: Über die Gerbmaterialien in den Jahren 1914 bis 1918. Collegium **1921**, 245.
Kerr: Die Quebrachohölzer in Südamerika. Collegium **1922**, 80.
— Die Quebrachowaldungen von Südamerika. Collegium **1923**, 340.

Vogel: Die südamerikanischen Quebrachoextrakte. Collegium **1926**, 66.
— Über die Quebrachoindustrie in Argentinien. Chem.-Ztg. **1905**, 117.
Durland: La région du Quebracho en Argentine. Cr. **1925**, 77.
Chevalier: La Question des Quebrachos a tannin. Cr. **1929**, 223.
— Extraits sec de quebracho d'Argentine. Cr. **1929**, 264.
Di Lullo: Le „paai" dermite du quebracho. Cr. **1929**, 516.
— Der Quebracho, ein neues Gerbmaterial. Dtsch. Gerber-Ztg. **1877**, Nr. 100, 102.
Schröder: Untersuchungen über Quebrachoholz und Quebrachoextrakte. Dtsch. Gerber-Ztg. **1888**, Nr. 53ff.
— Über Quebracho. Dtsch. Gerber-Ztg. **1895**, Nr. 138.
— Quebracho in Paraguay. Dtsch. Gerber-Ztg. **1902**, Nr. 131, 134.
— Quebracho-Industrie in Paraguay. Dtsch. Gerber-Ztg. **1902**, Nr. 144, 145.
Martell: Die Quebrachoindustrie in Argentinien und Paraguay. Dtsch. Gerber-Ztg. **1909**, Nr. 79, 89, 100.
Fischer: Quebrachoholz und -Extrakt als Handelsartikel. Dtsch. Gerber-Ztg. **1914**, Nr. 57, 59.
Eitner: Quebracho, ein neues Gerbmaterial. Gerber **1878**, 25.
— Der Quebrachogerbstoff in Beziehung auf die Österreichische Lederindustrie. Gerber **1896**, 75ff.
— Quebrachoindustrie in Paraguay. Gerber **1920**, 22.
— Die Quebrachowälder Südamerikas. Gerber **1921**, 130, 158, 164.
— Die Quebrachoextrakt-Industrie. Gerber **1925**, 128.
— Die Aussichten des Quebrachos. Gerber **1926**, 33.
— Die Forestal Co. Gerber **1926**, 133.
— Die Forestal Land, Timber and Railway Co. Gerber **1927**, 106.
— Quebracho. Gerber-Courier **1895**, Nr. 41.
Müller: Quebracho. Gerber-Courier **1895**, Nr. 48, 49.
— Die Quebrachoindustrie in Argentinien und Paraguay. Gerber-Courier **1904**, Nr. 24, 25, 26.
Badermann: Die Urwaldindustrie der Quebrachogewinnung. Gerber-Courier **1915**, Nr. 50, 52.
— Plaudereien über Quebrachoholz und Mimosarinde. Gerber-Ztg. **1888**, 276ff.
— Du Quebracho en Allemagne. H. a. C. **1895**, 275.
Nihoul: Les Extraits de Quebracho solubles à froid. H. a. C. **1901**, 531.
— Les Extraits sec de Quebracho. H. a. C. **1909**, 138.
Parker: L'industrie du Quebracho dans l'Argentine. H. a. C., Partie technique **1910**, 28, 36.
Kerr: Quebracho forests of South America. Journ. Amer. Leather Chem. Assoc. **1921**, 172.
Paige: Tanning materials Survey. Journ. Amer. Leather Chem. Assoc. **1924**, 148.
Durland: The quebracho region of Argentina. Journ. Amer. Leather Chem. Assoc. **1924**, 587.
Bennet: The quebracho-extrakt industry. Journ. Amer. Leather Chem. Assoc. **1926**, 222.
— Chaco territory of Paraguay. Journ. Amer. Leather Chem. Assoc. **1926**, 404.
Vogler: Paraguayischer Quebracho-Extrakt. Leder-Ind. **1919**, Nr. 220.
Matsching: Der Quebracho-Colorado. Leder-Markt **1892**, Nr. 28.
Simmonds: Quebrachoholz. Leder-Markt **1892**, Nr. 78.
— Quebrachoholz für die Gerberei. Leder-Markt **1893**, 1085.
Körner: Über die Stammpflanzen des Quebrachoholzes. Leder-Markt **1897**, Nr. 47.
— Quebracho-Colorado. Leder-Markt **1900**, Nr. 27, 28, 34.
— Quebracho. Leder-Markt **1900**, Nr. 45.
Offermann: Die Erschließung der Quebrachowaldungen in Argentinien. Leder-Markt **1906**, Nr. 39.
— Die Quebrachoproduktion in der Welt und die Forestal-Compagnie. Leder-Markt **1913**, Nr. 12.
— Etwas vom Quebrachoextrakt. Ledertechn. Rdsch. **1911**, 97, 124.
Appelius: Die Bewertung kaltlöslicher Quebrachoextrakte. Ledertechn. Rdsch. **1911**, 377.
Vogel: Über das südamerikanische Quebrachogebiet und die Quebrachoindustrie. Ledertechn. Rdsch. **1923**, 138; **1924**, 1.
Neuberger: Gewinnung und Verwertung des Quebrachos in Argentinien. Ledertechn. Rdsch. **1925**, 14.
Vogel: Die südamerikanischen Quebrachoextrakte. Ledertechn. Rdsch. **1925**, 90.
— Die Quebrachoausfuhr Argentiniens. Leder-Ztg. **1916**, 1118.
— Die Produktion von Quebrachoextrakt in Paraguay. Leder-Ztg. **1917**, 767.
— Quebrachoextrakt in Argentinien und Uruguay. Leder-Ztg. **1918**, 449.
— Zur Quebrachogewinnung in Argentinien. Leder-Ztg. **1919**, 614.
— Die Kultur des Quebrachobaumes in Deutschland. Sch. u. L. **1900**, Nr. 13.
— Quebracho. Sch. u. L. **1903**, Nr. 2.
Grasser: Quebrachoextrakte und ihre Verwendung. T. d. L. **1912**, 17.
Wolkow: Quebrachoindustrie Argentiniens. W. **1928**, 135.

Urundayholz.

Vogel: Über Urunday und Urundayextrakt. Collegium **1926**, 535; Ledertechn. Rdsch. **1927**, 13.

Tizrahholz.

Vogel: Tizrahholz und Tizrahextrakt. Collegium **1929**, 68.
Laufmann: Zur Kenntnis wenig untersuchter bzw. neuer Gerbemittel, Marokkoholz. Ledertechn. Rdsch. **1914**, 323.
Eitner: Tizerah ein neuer Gerbstoff. Ledertechn. Rdsch. **1921**, 170.

Sumach.

Pollak: Über Gerbstoffe, Gerbextrakte und deren Technologie. Collegium **1912**, 63 bis 65.
— Culture du sumac en Sizilie. Collegium **1912**, 699.
— Der Anbau des Sumachs auf Sizilien und die Möglichkeit von dessen Anbau in Nordafrika. Collegium **1913**, 519.
Lauffmann: Zur Kenntnis wenig untersuchter bzw. neuer Gerbmittel. Collegium **1915**, 203.
Smaic u. Wladika: Über die Gerbmaterialien in den Jahren 1914—1918. Collegium **1921**, 243.
— Der virginische Sumachstrauch. Dtsch. Gerber-Ztg. **1869**, Nr. 16, 21.
— Die Sumachkultur in den Verein. Staaten von Nord-Amerika. Dtsch. Gerber-Ztg. **1880**, 91.
— Über die Kultur des Sumach-Baumes in Italien. Dtsch. Gerber-Ztg. **1882**, Nr. 34.
— Sumachkultur in Nord-Amerika. Dtsch. Gerber-Ztg. **1884**, Nr. 51.
— Sumach. Dtsch. Gerber-Ztg. **1892**, Nr. 1.
— Sizilianischer Sumach, seine Kultur und sein Handel. Dtsch. Gerber-Ztg. **1892**, Nr. 105.
— Sumach. Gerber **1874/75**, 297.
Eitner: Beitrag zur Kenntnis des Sumachs. Gerber **1892**, 51.
— Sumachverfälschung in Italien. Gerber **1897**, 161, 268.
Andreasch: Sizilianischer Sumach und seine Verfälschung. Gerber **1898**, 139ff.
Eitner: Lentisk. Gerber **1905**, 63.
— Neue Maßnahmen zur Verhinderung der Sumachverfälschung. Gerber **1906**, 318.
— Sumach. Gerber **1921**, 128, 144.
Pollak: Neue Gerbmaterialien und Hilfsstoffe für die Lederindustrie. Gepulverter Sumach. Gerber **1925**, 117.
— Sumach. Gerber **1926**, 138.
— Eine neue Quelle für Sumach. Gerber-Courier **1907**, Nr. 34.
— Der Sumach. Gerber-Ztg. **1868**, 141.
— Der amerikanische Sumach und die verbesserte Sumachmühle. Gerber-Ztg. **1869**, 165ff.
— Sumach-Produktion in einigen Teilen Österreichs. Gerber-Ztg. **1874**, 207.
— Die Sumach-Kultur in Sizilien. Gerber-Ztg. **1879**, 249.
— Über den Amerikanischen Sumach. Gerber-Ztg. **1883**, 135.
— Die Kultur des Sumachs in Nordamerika. Gerber-Ztg. **1884**, 129.
— Le sumac. H. a. C., Partie technique **1911**, 99ff.
— Le sumacs au point de vue commercial. H. a. C., Partie technique **1912**, 78, 98.
— Culture du sumac en Sicilie. H. a. C., Partie technique **1912**, 172.
Paige: Tanning materials survey. Journ. Amer. Leather Chem. Assoc. **1924**, 152, 157.
Lamb: Sumac, its cultivation, analytical content and utilization. Journ. Amer. Leather Chem. Assoc. **1926**, 524.
Hoar: American sumac. Journ. Soc. Leather Trades Chem. **1923**, 481.
Anonymus: Sumac. Journ. Soc. Leather Trades Chem. **1926**, 345.
— Sumach. Leder-Markt **1893**, 409.
Simmonds: Der Sumach des Handels. Leder-Markt **1893**, 740.
— Der Kampf um reinen Sumach. Leder-Markt **1905**, Nr. 1.
— Mastix im Sumach. Leder-Markt **1905**, Nr. 42.
— Der Anbau des Sumachs in Nordafrika. Leder-Markt **1905**, Nr. 60.
— Rückgang der Sumachkultur in Sizilien. Leder-Markt **1913**, Nr. 49.
— Über das Klären und Bleichen von Sumach-Extrakt. Ledertechn. Rdsch. **1912**, 117.
— Verwendung und Gewinnung von Sumach in Nordamerika. Leder-Ztg. **1915**, 1204.
Paeßler: Sumach. Leder-Ztg. **1920**, Nr. 55ff.
Jettmar: Der Sumachextrakt und seine Verwendung. T. d. L. **1913**, 209, 217.
Wulfowitsch: Sumach-Plantagen im Nordkaukasus. W. **1929**, 167.
Mesjeninow: Gerbstoffhaltige Pflanzen des Nordkaukasus und die Möglichkeiten ihrer Ausnutzung in der Lederindustrie. W. **1929**, Nr. 4, S. 215; Nr. 6, S. 367.

Gambir.

Paeßler: Über eine neue Gambir-Sorte. Collegium **1909**, 16, 21.
— Gambiranbau und -markt in den Straits Settlements. Collegium **1909**, 42.
Hough: Die Herstellung von Gambir im fernen Osten. Collegium **1924**, 146.
Eaton u. Bishop: Gambir, seine Extraktion und Bewertung. Collegium **1927**, 218.
Hough: La fabrikation du gambir en Extrême-Orient. Cr. **1923**, 156.
— Le gambir et sa preparation. Cr. **1924**, 493.
Fontaine: Le gambir: sa culture, son exploitation. Cr. **1926**, 417.
— L'extrait de gambir pour d'Asahan. Cr. **1928**, 93, 113.
— Der Gambir. Dtsch. Gerber-Ztg. **1870**, Nr. 1.
— Gambir oder Terra Japonica und Catechu. Dtsch. Gerber-Ztg. **1881**, Nr. 59.
Evans: Der Gambir. Dtsch. Gerber-Ztg. **1887**, Nr. 103.
Wildmann: Gambir. Dtsch. Gerber-Ztg. **1893**, Nr. 108.
— Über Gerbstoffextrakte. Gambir. Gerber **1874/75**, 315, 327.
Eitner: Die Extraktgerberei in Anpassung an unsere Verhältnisse. Gambir. Gerber **1882**, 51.
— Über Catechu und Gambir. Gerber **1909**, 85, 99.
— Kohinoor Gambir. Gerber **1913**, 141.
Pollak: Asahan-Reingambir und seine Anwendung. Gerber **1921**, 130.
— Anbau von Gambir in den Britischen Malayenstaaten. Gerber **1926**, 154.
— Reines Gambir (Catechu) für Gerber. Gerber-Courier **1895**, Nr. 16.
— Bereitung von Gambir-Catechu. Gerber-Courier **1895**, Nr. 42.
— Wie cubisches Gambir gemacht wird. Gerber-Ztg. **1870**, 17.
— Gambir, Cutch. Gerber-Ztg. **1887**, 243.
— Gambir cutch. Journ. Amer. Leather Chem. Assoc. **1922**, 305.
Zubeley: A note on catechu gambir. Journ. Amer. Leather Chem. Assoc. **1922**, 362.
— Gambir. Journ. Amer. Leather Chem. Assoc. **1922**, 407.
Peters: Gambir; its preparation. Journ. Soc. Leather Trades Chem. **1924**, 562.
Eaton u. Bishop: Gambir (Gambir Uncaria) Its. Extraction an Valuation. Journ. Soc. Leather Trades Chem. **1926**, 395.
— Der Handel mit Gambir in den Straits-Settlements. Leder-Ind. **1910**, Nr. 63.
— Gambir und seine Fabrikation. Leder-Markt **1892**, 948.
Paeßler: Ein Gutachten über Asahan-Reingambir. Ledertechn. Rdsch. **1913**, 404.
— Gambir. Ledertechn. Rdsch. **1920**, 157.
Körner: Über Gambir. Ledertechn. Rdsch. **1928**, 81ff.
Schlechter: Reisebericht der Expedition nach den Südsee-Kolonien. Gambirplantagen. Tropenpflanzer **1901**, 320, 462.
— Die Anpflanzung von Gambir. Tropenpflanzer **1908**, 52.
— Gambir-Anbau und Markt- in den Straits-Settlements. Tropenpflanzer **1909**, 36.
Bodenstab: Die wichtigsten Gerbstoffpflanzen der Deutsch-Afrikanischen Schutzgebiete. Tropenpflanzer **1913**, 676.

Catechu.

Hanson: Catechu zum Gerben und Färben. Collegium **1918**, 16.
— Le „cutch" de l'acacia catechu. Cr. **1928**, 213.
— Catechu. Dtsch. Gerber-Ztg. **1891**, Nr. 1.
— Khaki-Catechu. Dtsch. Gerber-Ztg. **1906**, Nr. 117; **1907**, Nr. 216ff.
— Über Gerbstoffextrakte (Catechu). Gerber **1874/75**, 303.
Eitner: Die Extraktgerberei in Anpassung an unsere Verhältnisse (Catechu-Extrakt). Gerber **1882**, 51.
— Über Catechu und Gambir. Gerber **1909**, 85, 99.
— Catechu in Nordasien. Gerber **1922**, 142.
— Über Catechu oder Terra japonica. Gerber-Ztg. **1883**, 147.
Dietrich: Die Catechu-Palme. Gerber-Ztg. **1885**, 121.
— Pegu-Catechu. Leder-Markt **1894**, 869.
Leather: Die Auskochung bzw. Herstellung des Catechu (Cutch) und des „Kath" aus dem Holze von Acacia catechu. Leder-Markt **1896**, 363.
Bodenstab: Die wichtigsten Gerbstoffpflanzen der Deutsch-Afrikanischen Schutzgebiete. Tropenpflanzer **1913**, 676.
— Khaki-Catechu. Techn. Briefe **1908**, 39.

Valonea und Trillo.

Bodenstab: Valonea-Ernte und -Verfälschung Smyrnas. Berl. Ber. **1912**, Nr. 112.
Parker u. Leech: The relative Tanning Values of Greek and Smyrna Valonia, and the Comparative Values of cup and beard of each. Collegium **1904**, 10.

Parker: The Adulteration of Tanning Materials. Collegium **1904**, 174.
Paeßler: Über Valonea-Extrakt. Collegium **1907**, 308, **317**.
Balderston: Das Auslaugen von Valonea. Collegium **1916**, 76.
Paeßler: Valonea und Trillo. Collegium **1917**, 268, 293.
Smaic u. Wladika: Über die Gerbmaterialien in den Jahren 1914 bis 1918. Collegium **1921**, 193ff.
Möller: Knoppern und Valonea. Chem.-Ztg. **1901**, 771.
— Einiges über die Valoneenbäume in Griechenland. Dtsch. Gerber-Ztg. **1882**, Nr. 81.
Asriel: Untersuchung von Valonea und von einzelnen Teilen derselben. Dtsch. Gerber-Ztg. **1896**, Nr. 30.
Eitner: Smyrna-Valonea von 1875 und ihr Wert. Gerber **1876**, 401.
— Zur Valonea-Frage. Gerber **1876**, 430.
— Valonea 1876. Gerber **1877**, 28.
— Einiges über Valonea im allgemeinen. Gerber **1877**, 195.
— Valonea 1877. Gerber **1878**, 49.
— Ein Valonea-Prozeß. Gerber **1878**, 137.
— Über Valonea. Gerber **1879**, 44, 53.
— Valonea 1879. Gerber **1880**, 1.
— Valonea 1880. Gerber **1881**, 1.
— Valonea 1886. Gerber **1887**, 1.
— Valonea. Gerber **1888**, 78.
— Gerbstoffexkurse (Künstlicher Trillo). Gerber **1895**, 61.
— Valonea. Gerber **1921**, 110, 113.
— Smyrna Valonea. Gerber-Courier **1890**, Nr. 12.
Asriel: Untersuchung von Valoneen und von einzelnen Teilen derselben. Gerber-Courier **1896**, Nr. 13.
Kort: L'extrait sec de Valonée. H. a. C., Partie technique **1912**, 187; **1913**, 2.
Paige: Tanning materials survey. Journ. Amer. Leather Chem. Assoc. **1924**, 154.
Procter: Valonia and its extracts. Journ. Amer. Leather Chem. Assoc. **1927**, 608.
Holmes: Valonea in Asia Minor. Journ. Amer. Leather Chem. Assoc. **1929**, 585.
— Die Verfälschung der Valonea. Leder-Ind. **1912**, Nr. 222.
— Die Valonea. Leder-Markt **1893**, 93.
Parker u. Leech: Griechische und Smyrna-Valonea. Leder-Markt **1904**, Nr. 32, 34.
— Valonea. Leder-Markt **1905**, Nr. 101, 102.
— Handelsübliche Ansprüche an Valonea. Ledertechn. Rdsch. **1915**, 261.
— Trockener Valonea-Extrakt. T. d. L. **1913**, 53.
— Reiner Valoneaextrakt. T. d. L. **1914**, 231.
— Verfahren zur Herstellung eines Valonea-Extraktes (Engl. Pat.). Techn. Briefe **1908**, 74.

Myrobalanen.

Paeßler: Über das Verhalten von Myrobalanen-Extrakten bei der Aufbewahrung unter verschiedenen Verhältnissen. Collegium **1903**, 369.
Parker u. Blockey: The relative tanning valuee of the different species and growths of Myrobalanen. Collegium **1904**, 101, 109, 113.
Pollak: Über Gerbstoffe, Gerbextrakte und deren Technologie. Collegium **1912**, 66.
— Myrobalanen aus Birma als Gerbmaterial. Collegium **1917**, 314.
Lefèvre: Les myrobalans. Cr. **1924**, 470.
— Les caracteristiques des myrobalans de Indes. Cr. **1925**, 38.
Schröder: Über die Verteilung des Gerbstoffes in den Myrobalanen. Dtsch. Gerber-Ztg. **1889**, Nr. 56.
— Zur Extraktion der Myrobalanen. Dtsch. Gerber-Ztg. **1894**, Nr. 74, 76.
Bartel: Eine schwer zu extrahierende Myrobalanensorte. Dtsch. Gerber-Ztg. **1896**, Nr. 4.
Bozenhardt u. Constabel: Untersuchungen von Myrobalanen und von einzelnen Teilen derselben. Dtsch. Gerber-Ztg. **1896**, Nr. 27.
— Über Myrobalanen. Gerber **1874/75**, 49, 110.
— Myrobalanen. Gerber **1876**, 442.
Eitner: Entkernte Myrobalanen. Gerber **1902**, 307.
Wladika: Die Myrobalanen in der Extraktfabrikation. Gerber **1908**, 250, 265.
— Myrobalanen. Gerber-Courier **1898**, Nr. 2.
— Entkernte Myrobalanen. Gerber-Ztg. **1888**, 87.
Paigé: Tanning materials survey. Journ. Amer. Leather Chem. Assoc. **1924**, 154.
— The characters of indian myrobalans. Journ. Amer. Leather Chem. Assoc. **1925**, 188.
— Indian myrobalans. Journ. Amer. Leather Chem. Assoc. **1925**, 188.
— Myrobalanen. Leder-Markt **1894**, 869.

Paeßler u. Hoffmann: Beiträge zur Kenntnis des Myrobalanen-Gerbstoffes. Ledertechn. Rdsch. **1913**, 129.
Maschke: Einiges über Myrobalanen und deren Extrakte. Sch. u. L. **1897**, Nr. 7.
— Exkursion über Myrobalanen. Sch. u. L. **1902**, Nr. 22.
Bodenstab: Die wichtigsten Gerbstoffpflanzen der Deutsch-Afrikanischen Schutzgebiete. Tropenpflanzer **1913**, 676.

Dividivi.

Bodenstab: Dividivi. Gerber **1918**, 244.
— Dividivi-Kultur in Venezuela. Gerber **1925**, 121.
Pollak: „Casumo". Gerber **1928**, 173.
Paige: Tanning materials survey. Journ. Amer. Leather Chem. Assoc. **1924**, 153.
Seshachalam u. Chondary: A Note on South Indian Dividivi. Journ. Amer. Leather Trades Chem. **1924**, 233.
Schramm: Untersuchung verschiedener Dividivi-Sorten. Leder-Markt **1897**, Nr. 25.
Martin: Der Handel mit Dividivi. Ledertechn. Rdsch. **1923**, 133.
Paeßler: „Tannon" eine neues Dividivipräparat. Ledertechn. Rdsch. **1926**, 95.
— „Casumo" ein veredelter Dividivi. Ledertechn. Rdsch. **1928**, 105.
Warburg: Dividivi in Deutsch-Ostafrika. Tropenpflanzer **1901**, 85.
— Dividivi-Anpflanzung in Deutsch-Ostafrika. Tropenpflanzer **1909**, 444.
Bodenstab: Die wichtigsten Gerbstoffpflanzen der Deutsch-Afrikanischen Schutzgebiete. Tropenpflanzer **1913**, 630.

Algarobilla.

Bodenstab: Algarobilla. Dtsch. Gerber-Ztg. **1878**, Nr. 79.
Haug, Ostern u. Souvairau: Untersuchungen von Algarobilla und deren einzelnen Teilen. Dtsch. Gerber-Ztg. **1894**, Nr. 108.
Eitner: Algarobilla. Gerber **1878**, 267; **1879**, 185.
— Algarobilla oder Mesquit-Bohne. Tropenpflanzer **1900**, 467.

Knoppern.

Paeßler: Die Knoppern und sonstige Gallen. Collegium **1919**, 142ff.
Smaic u. Wladika: Über die Gerbmaterialien in den Jahren 1914—18. Collegium **1921**, 195.
— Die Knoppern. Dtsch. Gerber-Ztg. **1887**, Nr. 37, 39.
Eitner: Die Extraktgerberei in Anpassung an unsere Verhältnisse (Knoppernextrakt). Gerber **1882**, 65.
— Die Knoppern vom Jahre 1884. Gerber **1884**, 269.
— Die Nutzung der Knoppern. Gerber **1887**, 79, 91.
— Billige Knoppern. Gerber **1894**, 267.
Paeßler: Die Knoppern und sonstige Gallen. Ledertechn. Rdsch. **1919**, 1ff.

Gallen.

Meyer: Über Gallen. Collegium **1910**, 180.
Smaic u. Wladika: Über die Gerbmaterialien in den Jahren 1914–1918. Collegium **1921**, 197.
Eberwein: Die Galläpfel und die Trüffeln. Dtsch. Gerber-Ztg. **1880**, Nr. 72.
— Rove oder Rowe. Dtsch. Gerber-Ztg. **1881**, Nr. 15.
Hundeshagen u. Philip: Über Rowe. Dtsch. Gerber-Ztg. **1890**, Nr. 103.
Vogel: Über Tamarisken-Gallen. Gerber **1876**, 665.
Eitner: Rove. Gerber **1878**, 14; **1880**, 65; **1881**, 76.
— Sohlledergerbung mit Rove statt Valonea. Gerber **1881**, 15.
Stoeckel: Über „Rove". Gerber **1883**, 174.
Jedlička u. Hula: Vorläufige Mitteilungen über gerbstoffhaltige Gallen einiger Bäume Böhmens. Gerber **1925**, 165.
— Über die Rove. Gerber-Ztg. **1881**, 13ff.
— Chinesische Galläpfel. Gerber-Ztg. **1883**, 87.
Councler: Untersuchung deutscher Galläpfel und Smyrna-Rove. Gerber-Ztg. **1884**, 269.
Paeßler: Knoppern und sonstige Gallen. Ledertechn. Rdsch. **1919**, 1ff.
— Ausfuhr von Galläpfeln aus Japan. Tropenpflanzer **1914/15**, 476.

Canaigre.

Andreis, E.: Canaigre. Tipografia Alessandro Fino. Torino 1897.
Collingwood, C. B., J. W. Toumey u. F. A. Gulley: Canaigre. University of Arizona, Bull. Nr. 7. Tuscon Arizona 1893.
Forbers, R. H.: Canaigre. University of Arizona, Bull. Nr. 21. Tuscon Arizona 1896.
— Canaigre. Berl. Ber. **1884**, Nr. 25.
— Neue Gerbstoffe, Canaigre. Berl. Ber. **1897**, Nr. 30.
— Der Canaigre und die Gerbextrakte. Collegium **1913**, 452.

Piedallu: Über die Akklimatisation einer schnellwächsigen Lohpflanze (Gerbstoffpflanze), Rumex hymenosepalum (Canaigre), in Frankreich. Collegium **1917**, 334.
— Das Canaigre. Dtsch. Gerber-Ztg. **1891**, Nr. 93.
— Neues von Canaigrewurzel. Dtsch. Gerber-Ztg. **1892**, Nr. 53.
— Canaigre-Gerbstoff. Dtsch. Gerber-Ztg. **1893**, Nr. 68, 69.
— Canaigre. Dtsch. Gerber-Ztg. **1894**, Nr. 8, 9, 10.
— Die Canaigre-Kultur. Dtsch. Gerber-Ztg. **1895**, Nr. 41.
— Zur Anwendung der Canaigre-Wurzel. Dtsch. Gerber-Ztg. 1895, Nr. 103.
Andreis: Canaigre. Dtsch. Gerber-Ztg. **1897**, Nr. 98ff.
— Anbau von Canaigre als Gerbstoffpflanze in Mexiko. Dtsch. Gerber-Ztg. **1903**, Nr. 128.
Eitner: Canaigre, ein neues Gerbmaterial. Gerber **1891**, 109.
— Über Canaigre. Gerber **1893**, 135, 149.
— Zur Kultur des Canaigre. Gerber **1897**, 232.
— Canaigre. Gerber **1899**, 156.
— Über Canaigre. Gerber-Courier **1895**, Nr. 4.
— Canaigre-Knollen, ein neues Gerbmaterial. Gerber-Ztg. 1887, 279, 285.
— Canaigre. Leder-Markt **1892**, Nr. 99; **1893**, 1192; Leder-Markt **1893**, 1192.
— Über Canaigre. Leder-Markt **1895**, 428.
— Canaigre. Leder-Markt **1899**, Nr. 80; **1900**, Nr. 25; **1901**, Nr. 88.

Badan.

Jakimoff, P. J.: Badan, eine technisch wichtige Pflanze. Herausgegeben von Sibkoschtrest. Nowosibirsk 1927.
Smetkin: Die Wurzel des Badan, ein sibirisches Gerbmittel. Collegium **1924**, 255.
Jakimoff: Über die Gewinnung der Badanwurzel. Collegium **1925**, 543.
— Badan, ein sibirisches Gerbmittel. Collegium **1925**, 537.
Smetkin-Jakimoff: Über den Gerbstoff Badan. Collegium **1926**, 285.
Jakimoff: Badan, eine technisch wichtige Pflanze. Collegium **1927**, 442.
Ssadikow u. Jakimoff: Versuche zur Gewinnung hochwertiger Extrakte aus Badan und anderen heimischen Materialien. Collegium **1927**, 496.
Smetkin u. Jakimoff: Fabrikversuche zur Herstellung von veredeltem Gerbextrakt aus Badan nach der Methode von Smetkin-Jakimoff. Collegium **1928**, 477.
— Über die Gerbstoffpflanze Badan. Gerber **1927**, 8.
Jakimoff: Die pflanzlichen Gerbstoffe der U. d. S. S. R. Gerber **1927**, 56.
Frey u. Leinbach: Note on Badan. Journ. Amer. Leather Chem. Assoc. **1927**, 243.
Smetkin: Die Wurzel des Badan, ein sibirisches Gerbmittel. Ledertechn. Rdsch. **1924**, 121.
Jakimoff u. Smetkin: Badan-Extrakt. Ledertechn. Rdsch. **1928**, 241.
Körner: Einiges zur Badan-Frage. Ledertechn. Rdsch. **1928**, 249.
Oettinger: Badanwurzel. T. d. L. **1914**, 225.
Entin: Einrichtung von Sammelpunkten für Badan. W. **1928**, 94.
Jablonko: Das Problem von Badan. W. **1928**, 155.
— Erfahrungen 1 jähriger Arbeit mit Badan. W. **1929**, 322.
Jakimoff: Das Problem der Badan- und anderer wurzelartiger Gerbmaterialien. W. **1929**, 324.
Lewin: Gerbmittel des Burjaten-Gebietes. W. **1929**, 507.

Auszug aus der Patentliteratur über Gerbmitteluntersuchung.

Von **Prof. Dr. Max Bergmann**, Dresden.

Erklärung der Abkürzungen.

A.P.	Amerikanisches Patent.	Holl.P.	Holländisches Patent.
Aust.P.	Australisches Patent.	Ö.P.	Österreichisches Patent.
Can. P.	Canadisches Patent.	R.P.	Russisches Patent.
D.R.P.	Deutsches Reichspatent.	Schwz.P.	Schweizer Patent.
E.P.	Englisches Patent.	Zus.P.	Zusatzpatent.
F.P.	Französisches Patent.		

D.R.P. 411661/Kl. 42 l vom 25. 11. 1923. — Coll. 1925, 527.

M. Bergmann, *E. Immendörfer*, Dresden, und *E. Correns*, Eilenburg Sa.

Verfahren zur Kontrolle von Gerbstoffen bei der Herstellung und Verwendung im Betriebe durch Zusatz von Stoffen zu verdünnten Gerbstofflösungen, die Trübungen ergeben, deren Stärke (in an sich bekannter Weise) bestimmt wird und einen Rückschluß auf die Menge des vorhandenen Gerbstoffes gestattet. Verwendbar sind z. B. Alkaloide u. a. N-haltige Basen.

D.R.P. 459428/Kl. 28a vom 1. 4. 1926. — Coll. 1928, 500.

Institut für angewandte Chemie, Erfinder: W. Ssadikow, Leningrad.

Verfahren zur Darstellung von Adsorptionsmitteln für die analytische Untersuchung von Gerbmitteln, speziell zur Gewinnung eines neuartigen Hautpulvers aus den Sehnen eines Tierkörpers, das sich als reines Kollagen erweist und infolge seiner geringen Wasserlöslichkeit eine Chromierung entbehrlich macht.

Auszug aus der Patentliteratur über pflanzliche Gerbmittel.

Von **Prof. Dr. Max Bergmann**, Dresden.

D.R.P. 149148/Kl. 28a vom 22. 12. 1901. — C. 1904, I, 1186.

G. F. Bögel, Altona-Ottensen.

Verfahren und Vorrichtung zur ununterbrochenen Extraktion von Gerbmitteln mittels Zentrifugalkraft, wobei ein Teil der abgeschleuderten Brühe zur nächsten Zentrifuge geleitet, der andere Teil dagegen wieder in die gleiche Zentrifuge zurückgeschafft wird.

D.R.P. 156151/Kl. 12d vom 11. 11. 1902. — C. 1904, II, 1629.

G. A. Clowes, Eastbourne, und *E. P. Hatscheck*, Needham Market.

Verfahren zum Entfärben und Klären organischer Flüssigkeiten. Zusatz von abgetöteten Hefezellen, die ganz oder teilweise von ihrem Inhalt befreit sind.

D.R.P. 206166/Kl. 28a vom 6. 1. 1906. — C. 1909, I, 1062.

Badische Anilin- & Soda-Fabrik, Ludwigshafen a. Rhein.

Verfahren zur Entfärbung von Gerbstoffextrakten. Verwendung von Formaldehydsulfoxylaten in reiner Form oder in Verbindung mit Formaldehydbisulfiten.

D.R.P. 195245/Kl. 28a vom 2. 9. 1906. — C. 1908, I, 1232.

G. F. Bögel, Altona-Ottensen.

Verfahren zur ununterbrochenen Extraktion von Gerbmaterialien. Das Extraktionsgut durchzieht bei seiner Abwärtsbewegung freischwebend im Gegenstrom die aufsteigende Auslaugeflüssigkeit, so daß eine besonders gute Auslaugung stattfindet.

D.R.P. 195144/Kl. 28a vom 4. 9. 1906. — C. 1908, I, 1232.

Fr. Heckmann, Berlin, *A. F. Diehl sen.*, München.

Verfahren zur Extraktion von staubförmigen Gerbmaterialien. Das Extraktionsgut wird in geschlossenem Behälter mittels Schnecke von unten nach oben gehoben. Die Extraktionsflüssigkeit sinkt im Gegenstrom von oben nach unten.

D.R.P. 205253/Kl. 28a vom 24. 2. 1907. — C. 1909, I, 606.

M. Gollmert, Schöneberg b. Berlin.

Verfahren und Vorrichtung zum Auslaugen von Gerbmaterialien, Farbhölzern, Zuckerrüben u. dgl. nach dem Gegenstromprinzip. Langer, waagerechter Behälter, der mit Rühr- und Transportschnecke versehen ist.

D.R.P. 198782/Kl. 28a vom 9. 4. 1907. — C. 1908, II, 275.

C. Feuerlein, Feuerbach-Stuttgart.

Verfahren zum Entfärben von Gerbstoffextrakten. Eine völlige und dauernde Entfärbung wird durch Zusatz von Chromoverbindungen, bei schwächer gefärbten Extrakten schon durch Zusatz von basischen Chromisalzen oder von solchen schwacher Säuren oder von organischen Chromkomplexsalzen bewirkt.

D.R.P. 212876/Kl. 28a vom 13. 5. 1908. — C. 1909, II, 947.

A. Redlich, Wien, *L. Pollak*, Wien, *C. Jurenka*, Wilsdorf.

Verfahren, um Quebracho-Extrakte unter Verwendung von Alkali zu klären und leicht- sowie kaltlöslich zu machen. Der Schlamm, von dem die überstehende Flüssigkeit getrennt wird, wird mit geringen Mengen Alkali leichtlöslich gemacht und hat dann die Eigenschaft, die abgezogene, noch trübe Brühe unter Bildung eines sich leicht absetzenden Bodensatzes völlig zu klären.

D.R.P. 221345/Kl. 28a vom 5. 7. 1908. — C. 1910, I, 1820.

H. Damköhler und *H. Schwindt*, Bremen.

Verfahren zur Behandlung gerbstoffhaltiger Auszüge aus Pflanzenteilen, insbesondere der Mangroverinde. Niederschlagung der unerwünschten Farbstoffe durch Elektrolyse der Gerbstofflösungen unter Zusatz von Metallsalzlösungen.

D.R.P. 218534/Kl. 28a vom 21. 7. 1908. — C. 1910, I, 783.
Zus.P. 228262/Kl. 28a vom 21. 12. 1909. — C. 1910, II, 1643.

Nitritfabrik A. G., Köpenick.

Verfahren zur Herstellung von Gerbstoffextrakten und Gerbstoffen. Die Zersetzung der Gerbmaterialien beim Extrahieren wird verhindert, indem man sie vor dem Auslaugen
1. einer höheren Temperatur (über 40°) aussetzt,
2. mit Schwefeldioxyd-Gas behandelt.

D.R.P. 220021/Kl. 28a vom 8. 9. 1908. — C. 1910, I, 1080.

Deutsche Versuchsanstalt für Lederindustrie u. *H. Arnoldi*, Freiberg/Sa.

Verfahren zum Entfärben von Gerbstoffauszügen. Einwirkung von aktiviertem Aluminium (Aluminiumamalgam).

D.R.P. 242483/Kl. 28a vom 16. 9. 1909. — C. 1912, I, 307.

Gesellschaft Tannum, Bremen.

Verfahren zum Entfärben gerbstoffhaltiger Auszüge aus Pflanzenteilen mittels Bariumaluminiumverbindungen, z. B. Bariummetaluminat, und darauffolgendem Zusatz von verdünnter Schwefelsäure oder von schwefelsauren Salzen.

D.R.P. 271584/Kl. 28a vom 9. 6. 1912. —

E. Urff, Wels, Oberösterreich.

Vorrichtung zum Auslaugen von pflanzlichen Stoffen, insbesondere Gerbmaterialien in Zylindern, die in 3 Kammern geteilt sind, von denen die mittlere Kammer zur Zuführung der Auslaugeflüssigkeit in die äußeren Kammern bestimmt ist.

1. D.R.P. 284119/Kl. 28a vom 17. 10. 1912. — Coll. 1915, 268; C. 1915, I, 1389.
Zus.P. 299857/Kl. 28a vom 6. 7. 1913. — Coll. 1917, 350; C. 1917, II, 512.
Zus.P. 299988/Kl. 28a vom 30. 1. 1914. — Coll. 1917, 350; C. 1917, II, 513.
2. Zus.P. 393697/Kl. 28a vom 15. 1. 1921. — Coll. 1924, 231.
3. D.R.P. 260379/Kl. 12q vom 17. 3. 1912. — C. 1913, II, 106.
D.R.P. 265415/Kl. 12q vom 17. 3. 1912. — Coll. 1913, 325 u. 604.

Badische Anilin- & Soda-Fabrik, Ludwigshafen.

Verfahren zur Herstellung von in kaltem Wasser leicht löslichen Gerbstoffpräparaten aus Gerbstoffextrakten, welche unlösliche bzw. schwerlösliche Bestandteile enthalten, indem man ihnen Stoffe zusetzt, die

1. durch Kondensation von Phenolsulfosäuren oder Sulfosäuren aromatischer Kohlenwasserstoffe mit Formaldehyd entstehen[1],

2. aus im Kern durch eine (Iso-) Propylgruppe substituierten aromatischen Kohlenwasserstoffen bestehen,

3. durch Kondensation von Kresolsulfosäuren bei gewöhnlichem oder vermindertem Druck gewonnen werden,

D.R.P. 274974/Kl. 28a vom 2. 2. 1913. — Coll. 1914, 536.

E. Dammer, Duisburg.

Verfahren zur Herstellung eines zur Entfärbung und Klärung von Gerb- und Farbstoffextrakten dienenden Mittels aus Sojabohnen. Die Sojabohnen werden gereinigt, gemahlen, ohne jeden Zusatz und ohne Einbrausen von Dampf mechanisch entfettet und getrocknet.

1. D.R.P. 292531/Kl. 12o vom 32. 2. 1913. — C. 1916, II, 207.
2. D.R.P. 318948/Kl. 12o vom 23. 1. 1915. — Coll. 1920, 173.

Badische Anilin- & Soda-Fabrik, Ludwigshafen.

Verfahren zur Darstellung wasserlöslicher Kondensationsprodukte 1. aus Formaldehyd und Naphthalinsulfosäuren bei An- oder Abwesenheit von Kondensationsmitteln

[1] Vgl. Pat. 299987/Kl. 28a „Zum Bleichen von Leder“ (C. 1917, II, 513).

unter gewissen Bedingungen, 2. aus obigen Produkten unter Zusatz von Naphthalin oder Stoffen, die durch Einwirkung von Formaldehyd auf Naphthalin entstehen. Die Produkte erleichtern die Lösung von schwerlöslichen pflanzlichen Gerbstoffen.

D.R.P. 381414/Kl. 28a vom 20. 12. 1913. — Coll. 1923, 301.
Fr. Haßler, Hamburg-Volksdorf.

Verfahren, um schwer oder nicht lösliche Gerbstoffe in kaltem Wasser leicht löslich zu machen durch Zusatz von Kondensationsprodukten, die durch Erhitzen der Sulfosäuren aromatischer Kohlenwasserstoffe erhalten wurden, zu Gerbextrakten.

D.R.P. 392387/Kl. 28a vom 11. 2. 1914. — Coll. 1924, 184.
W. Moeller, Hamburg.

Verfahren zur Überführung der schwerlöslichen Bestandteile von vegetabilischen Gerbstoffen in eine in Wasser leichtlösliche Form durch Zusatz von Kondensationsprodukten sulfonierter Säureharze oder sulfonierter natürlicher Kohlenwasserstoffe mit oder ohne Erwärmen und Druckanwendung.

Vgl. auch **E.P. 213493** vom 27. 7. 1923
E.P. 567814 vom 25. 6. 1923
Can.P. 240595 vom 27. 8. 1923 } C. 1925, II, 1918.

D.R.P. 306529/Kl. 28a vom 22. 8. 1916. — Coll. 1919, 25.
L. Bruml und *R. Silberberger*, Klattau, Böhmen.

Verfahren zur Gewinnung eines hochwertigen Gerbstoffes aus Fichtenrinde. Entfernung des Harzes durch bei etwa 100° siedende Lösungsmittel und dann Verarbeitung auf Extrakt.

D.R.P. 356446/Kl. 38h vom 6. 11. 1917. — C. 1925, II, 1326.
E. R. Besemfelder, Charlottenburg.

Verfahren zur Verhütung des Reißens gerbstoffhaltiger harter Hölzer beim Trocknen mit heißen Gasen oder Dämpfen. Das Holz wird in weiches, gegebenenfalls schwach alkalisch gemachtes Wasser eingebracht und dieses langsam zum Sieden erhitzt. Nach dem Auslaugen wird die Extraktionsflüssigkeit abgelassen und unmittelbar darauf die Trocknung des Holzes mit heißen Gasen oder Dämpfen bewerkstelligt.

D.R.P. 438756/Kl. 28a vom 31. 12. 1928. — Coll. 1927, 155.
Ö.P. 97386 vom 18. 12. 1918. — C. 1925, I, 1260.
J. Häusler, Wien.

Verfahren zur Herstellung fester Gerbextrakte. Einwirkung eines erwärmten Luftstromes auf zerstäubte gerbstoffhaltige Flüssigkeiten.

D.R.P. 437054 vom 1. 2. 1920. — Coll. 1927, 57; C. 1927, I, 553, bzw. als
Schwz. P. 87972 vom 1. 6. 1920. — C. 1921, IV, 308.
I. G. Farbenindustrie, Frankfurt a. M.

Verfahren zur Herstellung von in kaltem Wasser leicht löslichen Gerbstoffpräparaten. Gerbstoffhaltige Rinden und Hölzer, fertige Gerbstoffextrakte oder deren un- oder schwerlösliche Bestandteile oder die zwecks Herstellung der Extrakte einzudickenden Brühen werden mit wasserlöslichen organischen Sulfo- und Carbonsäuren, insbesondere auch Sulfosäuren von nichtsubstituierten mindestens tricyclischen aromatischen Kohlenwasserstoffen oder des Carbazols, deren Gemischen oder Rohprodukten, behandelt.

E.P. 167538 vom 30. 4. 1920. — C. 1922, IV, 397.
W. H. Ockleston, Kelsall, Chester, und *Th. Burnell Carmichael*, Waterloo b. Liverpool.

Verfahren zur Herstellung von Gerbmitteln. Gerbextrakte werden mit löslicher Stärke 2 Stunden im Sieden erhalten und sind dann in abgekühltem Zustand von besonders guter Gerbwirkung.

D.R.P. 350377 vom 2. 10. 1920. — Coll. 1922, 68.
Byk-Guldenwerke, Berlin.

Verfahren zur Gewinnung und Reinigung von Tannin, durch Abscheidung schwerlöslicher Metalltannate aus den Rohstoffen, evtl. nach vorherigem Auslaugen derselben mit Säuren in Gegenwart von Reduktionsmitteln.

D.R.P. 367496/Kl. 28b vom 16. 1. 1921. — Coll. 1922, 395.

R. Rieder, Langen b. Frankfurt.

Verfahren zur Gewinnung von Rindengerbstoffen. Maschinelle Vorrichtung zur Ablösung und Auslaugung der Rinde im umlaufenden Walkbehälter.

D.R.P. 372075 vom 24. 9. 1921. — Coll. 1923, 127.

J. A. Reavell, Beckenham, und *Kestner Evaporator & Engineering Company Ltd.*, London.

Verfahren zum Auslaugen von zerkleinerten löslichen Gerbstoffen. Beschreibung einer Einrichtung, die eine ununterbrochene Auslaugung gestattet.

D.P.R. 374578 vom 18. 10. 1921. — Coll. 1923, 167.

Ch. W. Nance, London.

Verfahren zum Herstellen von Gerblösungen. Benutzung niedriger Temperatur und hoher Luftleere bei der Auslaugung.

D.R.P. 426842/Kl. 28a vom 27. 7. 1923. — Coll. 1926, 279.

H. Renner & Co., Hamburg.

Verfahren zur Herstellung von in kaltem Wasser leicht löslichen Gerbstoffauszügen unter Verwendung eines Bruchteiles der bisher üblichen Menge von Sulfosäuren oder deren Salzen und durch Erhitzen im Autoklaven auf ca. 125°. Man kann auch Basen und Sulfosäuren getrennt einwirken lassen.

A.P. 1563010 vom 23. 2. 1924. — C. 1926, I, 2644.

Röhm & Haas Comp., Delaware, U. S. A.

Herstellung von in kaltem Wasser leicht löslichen Gerbstoffpräparaten vegetabilischer Abkunft, indem man in Gegenwart von Alkali Sulfitablauge zugibt und ansäuert.

D.R.P. 429180/Kl. 28a vom 6. 3. 1924. — Coll. 1926, 327.
E.P. 219347 vom 24. 1. 1923. — C. 1926, II, 1228.
A.P. 1581224 vom 23. 1. 1924. — C. 1926, II, 1228.

Hutchings Lim., Warrington, Engl., und *J. A. S. Morrison*, Crappenhall.

Verfahren zur Herstellung von Gerbmitteln vegetabilischer Abkunft durch weitgehende Dispergierung auf mechanischem Weg. Man kann so die Cellulosebestandteile des Rohstoffes oder den sich aus der Gerbflüssigkeit ausscheidenden Schlamm für eine Adsorption durch die Blöße vorbereiten.

E.P. 590578 vom 18. 12. 1924. — C. 1927, I, 1651.

F. Ch. O. Picard, Paris.

Verfahren zur Gewinnung von vegetabilischen Gerbstoffen. Der Rohstoff wird zunächst mit Äther ausgezogen, dieser verdampft, hierauf der breiige Rückstand mit siedendem Wasser extrahiert und die wässerige Lösung zur Trockne verdampft. Die Gerbstoffausbeute erhöht sich um ca. 14%.

Schwz.P. 121351 vom 24. 10. 1925. — C. 1930, I, 2675; Coll. 1931, 318.

Mineral A. G., Brig, Schweiz.

Herstellung von Gerbbrühen. Vorgemahlene gerbstoffhaltige Produkte werden in Kolloidmühlen zusammen mit Kieselsäure, Chromoxyd und ähnl. fein zerkleinert und dann direkt verwendet (vgl. D.R.P. 429180/Kl. 28a und Auslandspat. von *Hutchings Lim.*).

R.P. 6179 vom 24. 2. 1927. — C. 1929, I, 2852.

P. Jakimoff, Leningrad.

Konzentrieren von Gerbextrakten durch Ausfrieren zwecks Entfernung von Nichtgerbstoffen und Wasser.

F.P. 648546 vom 8. 2. 1928. — C. 1929, II, 2002; Coll. 1931, 317.

R. Lepetit, Mailand.

Gewinnung von pflanzlichen Gerb- und Farbstoffextrakten. Entfärben mit Zusätzen löslicher Sulfide und Silikate unter Zugeben saurer Salze.

D.R.P. 282140/Kl. 28a vom 2. 3. 1928. — Coll. 1929, 656.

P. Jakimoff, Leningrad.

Verfahren zur Herstellung von Gerbextrakt. Auslaugung des Gerbmaterials zuerst bei + 1 bis 5° C; dadurch Entfernung der meisten Nichtgerbstoffe. Dann Auslaugung wie sonst üblich.

A.P. 1786880 vom 30. 4. 1928. — C. 1931, I, 3081.

A. G. Wackenreuter, Chicago, Ill.

Herstellung von vegetabilischen Gerbstofflösungen. Diese werden zentrifugiert, eingedampft und für die Gerbung wieder verdünnt. Gebrauchte Gerbbrühen werden ebenfalls zentrifugiert, konzentriert und wieder für Gerbzwecke verwendet.

E.P. 330344 vom 7. 7. 1928. — C. 1930, I, 788; Coll. 1931, 273.

R. Aistrup, Kopenhagen.

Herstellung von Gerbstoffextrakten in trockener Form durch Einengen, Trockenzerstäubung und Pressen in Brikettform.

E.P. 332935 vom 25. 1. 1929. — C. 1931, I, 3081.

Forestal Land, Timber & Railways Co., Lim., London, *R. O. Phillips*, London.

Verfahren zur Herstellung von Gerbstoff- und Celluloseextrakten. Man setzt dem Wasser in den Extraktbottichen schweflige Säure, neutrale oder alkalische Sulfitlösungen zu.

Zweites Kapitel.

Das Gerbverfahren mit pflanzlichen Gerbmitteln.

Von **Dr.-Ing. Hellmut Gnamm,** Stuttgart.

A. Allgemeine Chemie.

Der Gerbprozeß, bei dem die tierische Haut unter der Einwirkung von Gerbstoffen in Leder verwandelt wird, ist einer der kompliziertesten Vorgänge im organischen Stoffgebiet. Seit mehr als einem Jahrhundert bemühen sich die Forscher, den Chemismus dieses Vorgangs aufzuklären. Die Anschauungen über den Lederbildungsprozeß wurden naturgemäß von der Entwicklung der chemischen Wissenschaft wesentlich beeinflußt und die Vorstellungen von der Bildung des Leders durch die Gerbung haben deshalb im Lauf der Jahrzehnte manche Wandlung erfahren. Wenn auch der Kampf der verschiedenen Anschauungen allmählich eine Klärung des ganzen Fragenkomplexes gezeitigt hat, so kann doch unsere heutige Kenntnis des Gerbprozesses uns noch kein befriedigendes Bild des Vorgangs geben, der die Umwandlung der rohen tierischen Haut in Leder bewirkt.

Es mag manchem Praktiker als eine müßige Arbeit erscheinen, sich mit der Aufklärung des Gerbvorgangs zu befassen. Der Einwand, daß man seit vielen hundert Jahren Leder, und zwar gutes Leder herstelle, ohne den Chemismus des Gerbprozesses zu kennen, darf jedoch den Lederindustriechemiker nicht davon abhalten, mit allen Mitteln die Aufklärung dieses Vorgangs anzustreben. Denn erst dessen völlige Aufklärung wird eine restlose Beherrschung des Lederbildungsprozesses durch den Gerbereichemiker bringen.

Vor 60 Jahren hat Knapp in seinem Buch „Natur und Wesen der Gerberei" die Worte geschrieben: „Durchläuft man die sehr lange Liste von Patenten und Verbesserungen im Fache der Gerberei, so muß man gestehen, daß ein nicht unbedeutender Teil des Bestrebens, zu nützen und Fortschritte zu machen, durch die unrichtigen Anschauungen, wie sie gang und gäbe sind, eine falsche, unfruchtbare Richtung erhalten hat."

Die Gerbereichemie hat seit Knapps Zeiten zwar ganz beträchtliche Fortschritte gemacht. Die obigen Worte verdienen aber auch heute noch Beherzigung.

Aber nicht nur die Aufklärung der bei der Gerbung vor sich gehenden chemischen und physikalischen Prozesse ist für den praktischen Gerbereibetrieb von großer Wichtigkeit. Wer den Verlauf der Gerbung in bestimmter Weise beeinflussen, den Lederbildungsprozeß also in diese oder jene Bahnen leiten will, die zu Ledersorten von besonderen Eigenschaften führen sollen, der muß auch über alle Faktoren, die auf den Gerbprozeß irgendwelchen Einfluß ausüben können, auf das genaueste unterrichtet sein. So spielen Temperatur, Konzentration, Wasserstoffionenkonzentration, die Nichtgerbstoffe, der Säuregehalt in den Gerbbrühen eine wichtige Rolle, deren Nichtbeachtung dem Gerber unerfreuliche Überraschungen bringen kann. Den Einfluß dieser Faktoren, die den alten Gerbern teilweise wohl gefühlsmäßig bekannt waren, mehr und mehr wissenschaftlich aufgeklärt und systematisch festgelegt zu haben, ist das Verdienst der modernen Gerbereichemie.

Der Gerbprozeß stellt somit der Wissenschaft der Gerbereichemie zwei Aufgabenkomplexe: 1. Die Aufklärung des bei der Lederbildung sich abspielenden chemischen oder physikalischen Prozesses. 2. Die Erforschung aller Faktoren, die auf die Gerbung der Haut irgendeinen Einfluß ausüben. Der an zweiter Stelle genannte Aufgabenkreis steht vorerst dem praktischen Gerbereibetrieb näher. Die Lösung dieser Aufgaben muß durchgeführt werden, wenn auch die Aufklärung des Gerbprozesses selbst noch nicht abgeschlossen ist.

Im folgenden soll zuerst kurz geschildert werden, welche Wandlungen die Vorstellungen vom Gerbprozeß in den letzten hundert Jahren durchlaufen haben, und wie der Kampf der Anschauungen zu einer fortschreitenden gegenseitigen Klärung verhalf. Bei dem Suchen nach Wahrheit hat diese gegenseitige Beeinflussung eine wichtige Rolle gespielt, und man muß deshalb auch den früheren Anschauungen über den Gerbprozeß mehr als eine nur geschichtliche Bedeutung zubilligen. Weiterhin werden dann alle Faktoren, die bei dem Gerbprozeß eine Rolle spielen, eingehend behandelt und Art und Umfang ihrer Wirksamkeit systematisch festgelegt werden.

I. Der Gerbprozeß.

Als ein charakteristisches Merkmal aller Gerbstoffe ist an früherer Stelle (siehe S. 101) ihre Eigenschaft, Gelatine zu fällen, erwähnt worden. Gibt man zu einer wässerigen Lösung von Gelatine (Leim oder überhaupt Eiweiß) eine Gerbstofflösung, so „flockt die Lösung aus", es entsteht eine in Wasser sehr schwer lösliche Gelatine-Gerbstoff-Verbindung, deren Natur und Zusammensetzung bisher nicht eindeutig aufgeklärt werden konnte.

Man hat versucht, diese Reaktion zwischen Gelatine und Gerbstoff in gewissem Sinne als Grundprinzip der Gerbung hinzustellen. Besonders der Umstand, daß man aus der Hautsubstanz durch Kochen die Leimlösung herstellen kann, die von Gerbstoff ausgefällt wird, sprach für diesen Vergleich. Allein die Vorgänge, die sich zwischen der tierischen Haut, also dem Kollagen, wie es in der Hautfaser vorliegt, und den kolloiden Gerbstofflösungen abspielen, sind doch wesentlich anderer Art, so daß aus dem Studium der Gelatine-Gerbstoff-Reaktion nur ein recht bescheidener Gewinn für die Aufklärung des Gerbvorgangs bei der tierischen Haut erwuchs. Im einen Fall trifft der Gerbstoff ein Sol, im andern Fall das Kollagen in einer Form, die wir noch gar nicht genau bestimmen können und die mit dem Gel, wie es z. B. aus einem Sol ausgeflockt wird, keineswegs identisch ist.

Welches sind nun die äußeren Erscheinungsformen des Gerbprozesses?

Die tierische Haut, die ein kunstvolles Gewebe von Fasern, und zwar in der Hauptsache Kollagenfasern darstellt, verändert sich an der Luft sehr rasch. Einmal bewirken die auf der Haut vorhandenen Bakterien eine rasche Zerstörung, die in eine immer tiefer gehende Fäulnis ausartet; andererseits tritt, wenn diese Zerstörung durch irgendwelche Mittel zurückgehalten wird, eine Verklebung der Fasern ein, die bei genügend raschem Trocknen die Haut in eine hornige, blechige Masse überführt. Durch Behandeln mit warmem Wasser erfolgt eine Auflösung der Haut, die durch Anwesenheit von Säuren, Alkalien und Salzen begünstigt wird und in einer Umwandlung des wasserunlöslichen Kollagens in das schon bei 30 bis 40° im Wasser lösliche, strukturlose Glutin besteht.

Alle diese charakteristischen Eigenschaften verliert die tierische Haut durch die Gerbung, durch ihre Umwandlung in Leder. Das Leder ist der natürlichen Fäulnis nicht mehr unterworfen, es behält beim Trocknen seine Biegsamkeit und Elastizität bei, es löst sich in heißem Wasser nicht auf, weil eine Umwandlung der durch die Gerbung veränderten Kollagenfasern nicht mehr eintritt. Fahrion (*1*) hat den Begriff „Leder" folgendermaßen formuliert: „Leder ist tierische Haut, welche beim Einlegen in Wasser und nachherigem Auftrocknen nicht hart und blechig wird, sondern weich und geschmeidig bleibt, welche bei Gegenwart von kaltem Wasser nicht fault und beim Kochen mit Wasser keinen Leim liefert." Auf eine Eigenschaft des wahren Leders, die aus der obigen Definition zwar abgeleitet werden kann, die aber hier von Fahrion nicht ausdrücklich aufgeführt ist, muß noch besonders eingegangen werden.

Behandelt man ein Stück wasserhaltige Blöße mit Alkohol von steigender Konzentration und entfernt dadurch das Quellwasser, so erhält man ein sog. alkoholgares Leder. Beim Liegen an der Luft verdunstet der Alkohol, und die Zwischenräume der Haut füllen sich mit Luft, die ein Zusammenkleben der Fasern verhindert. Die Haut bleibt besonders nach einigem Ziehen und Dehnen weich und geschmeidig. Trotzdem ist dieses alkoholgare Leder kein richtiges Leder. Denn sobald man das alkoholgare Leder in Wasser legt, saugt es sich damit voll und geht dadurch wieder in den Zustand der Rohhaut über, die der Fäulnis unterliegt.

Hängt man je ein Stück Blöße in eine wässerige angesäuerte Kochsalzlösung und in eine Chromalaunlösung, so erhält man nach einiger Zeit in beiden Fällen ein Produkt, das zunächst der Fäulnis nicht mehr unterworfen ist. Legt man die beiden Stücke in Wasser, so zeigt sich bald, daß das aus der Kochsalzlösung stammende Stück der Zersetzung verfällt, während das mit Chromalaunlösung behandelte Hautstück beständig bleibt. Das Kochsalz wird ausgewaschen, das Chromsalz wird von der Haut festgehalten.

Eine der wichtigsten Eigenschaften des wahren Leders ist nach diesen Versuchsbeispielen die Fähigkeit, den Stoff, durch den die Rohhaut in Leder umgewandelt wurde, auch bei der Einwirkung von viel Wasser, d. h. beim Auswaschen festzuhalten. Oder umgekehrt: Wahre Gerbstoffe dürfen aus dem Leder, das sie durch ihre Einwirkung auf Rohhaut erzeugt haben, durch Wasser nicht ausgewaschen werden, einen bestimmten vom Leder aufgenommenen Überschuß, der an der Lederbildung nicht mehr beteiligt war, natürlich ausgenommen.

Man sieht aus der Gegenüberstellung von Rohhaut und Leder, daß der zwischen diesen beiden Stoffen bei der Gerbung sich abspielende Umwandlungsprozeß wohl kaum nach dem Schema einer einfachen chemischen Reaktion verlaufen kann. Dabei ist noch folgendes zu bedenken. Die verschiedenen pflanzlichen Gerbstoffe lassen sich keineswegs auf eine gemeinsame Wirkungsformel bringen. Wir kennen zwar die Konstitution der in der praktischen Gerberei verwendeten Gerbstoffe nicht, wissen aber, daß es chemisch sehr verschiedene Körper sein können, wie aus der Einteilung der Gerbstoffe S. 106 hervorgeht. Das einzige, was allen Gerbstoffen gemeinsam ist, sind phenolische Hydroxylgruppen. Bedenkt man aber, daß auch viele anorganische Salze, ferner Fette und noch andere Stoffe als wahre Gerbstoffe fungieren können, so bleibt die Aussicht, den Gerbprozeß in eine einfache, gemeinsame Formel kleiden zu können, recht gering.

Das Hautkollagen sowohl wie die Gerbstoffe sind komplizierte Körper von bis jetzt unbekannter Konstitution. Solange uns aber diese beiden an dem Gerbprozeß beteiligten Hauptfaktoren — Kollagen und Gerbstoff — in ihrer chemischen Zusammensetzung unbekannt sind, solange wird uns auch in den Gerbprozeß der Einblick, der eine restlose Aufklärung bringen kann, verwehrt sein.

Es werden solange an Stelle von erwiesenen Tatsachen mehr oder weniger begründete Theorien treten, die mit der Weiterentwicklung der wissenschaftlichen Anschauungen bald anerkannt, bald verworfen werden.

Es ist aber dabei noch zu bedenken, daß vielleicht die Unterschiede in der chemischen Konstitution der Gerbstoffe nicht so sehr ins Gewicht fallen, wie ihr verschiedenes kolloidchemisches Verhalten, das sich auf Unterschiede in der Teilchengröße und Aussalzbarkeit gründet. So zeigt z. B. das Membrandiffusionsvermögen einzelner Gerbstofflösungen beträchtliche Unterschiede, ferner weichen die Elektrolytmengen, die zum Ausfällen verschiedener Gerbstofflösungen gleicher Konzentration erforderlich sind, sehr voneinander ab. Gerade diese letztgenannte Tatsache legt die Vermutung nahe, daß, falls man beim Gerbprozeß einen Adsorptionsvorgang annimmt, zwischen der Aussalzbarkeit und dieser Adsorption durch Ausfällung des Gerbstoffs an der Hautfaser ein enger Zusammenhang bestehen könnte. Die verschiedene Wirksamkeit der natürlichen Gerbstoffe ist also nicht nur in einer strukturchemischen Verschiedenheit, sondern in ihrem deutlich voneinander abweichenden kolloidchemischen Verhalten zu suchen.

Eine weitere Komplikation erfährt der Gerbprozeß durch die in allen Lösungen pflanzlicher Gerbstoffe vorhandenen löslichen Nichtgerbstoffe, die ihrer Art und Menge nach als Begleiter der einzelnen Gerbstoffe sehr verschieden sind. Dabei ist nicht nur an die Wechselbeziehungen zwischen diesen Nichtgerbstoffen und der Hautsubstanz zu denken. Es ist sehr wahrscheinlich, daß die Nichtgerbstoffe den Charakter der Gerbstofflösungen dadurch erheblich beeinflussen, daß sie auf die Teilchengröße der Gerbstoffe einwirken.

So liegen die Probleme, die sich bei der Erforschung des Gerbprozesses ergeben, nicht allein auf rein chemischem, sondern auch auf kolloidchemischem (physikalischem) Gebiet. Die wichtigsten Versuche einer Deutung des Gerbvorgangs sollen nun kurz aufgeführt werden.

Während der ersten Hälfte des 19. Jahrhunderts betrachtete man das Leder als ein Salz der „Gerbsäure" und der angeblich als Base wirkenden Hautsubstanz. Diese rein chemische Betrachtungsweise des Gerbvorgangs schloß die Forderung in sich, daß Gerbsäure und Blöße stets in stöchiometrischem Verhältnis sich miteinander verbinden und daß infolgedessen das entstehende Produkt, das Leder, und ebenso der aus der Einwirkung von Gerbstoff auf Gelatine entstehende Körper, eine konstante Zusammensetzung haben muß. Aber schon Davy konnte im Jahre 1803 feststellen, daß man beim Fällen von Gelatine mit Tannin Tannate von ganz verschiedener Zusammensetzung erhielt. Er schrieb diese Erscheinung unbekannten Faktoren zu, deren Aufklärung noch abzuwarten sei, hielt aber trotzdem den Gerbprozeß für einen rein chemischen Vorgang. Diese Anschauung, daß die Lederbildung ein der Salzbildung ähnlicher Prozeß sei, wurde bis zur Mitte des 19. Jahrhunderts aufrechterhalten, ohne daß ihre Richtigkeit ernstlich bezweifelt wurde.

Erst Knapp trat ihr in den fünfziger Jahren entgegen. Auf Grund seiner Arbeiten über das Gerben mit Fettsäuren, über die Gerbung mit Chrom- und Aluminiumsalzen (Herstellung weißgarer Leder mit Hilfe von amorphem Pulver) kam er zu einer anderen Auffassung der bei der Lederbildung sich abspielenden Vorgänge. Er sprach die Vermutung aus, daß bei der Gerbung keinerlei chemische Prozesse stattfinden; er hielt die Gerbung vielmehr lediglich für eine Folge der „Flächenanziehung". Später hat man diesen Vorgang als „Adsorption" bezeichnet. Die Kraft der tierischen Haut, Substanzen aus Lösungen unlöslich auf sich niederzuschlagen, beruht nach Knapp auf der allgemeinen Vergrößerung der Oberfläche infolge der faserigen Struktur. Der Gerbstoff dringt in die Poren der Haut ein und umhüllt die Fasern.

Knapp verlangte deshalb von einem guten Gerbstoff, daß er sich in Wasser löst, aus der Lösung leicht abzuscheiden ist, und daß er kolloidal oder doch amorph, nicht kristallinisch ist. Gegen die chemische Auffassung des Gerbprozesses führte Knapp folgendes an (nach Gnamm, Gerbstoffe und Gerbmittel):

1. Wenn im Leder die Hautsubstanz an den Gerbstoff. chemisch gebunden wäre, so müßten auch andere leimgebende Substanzen, wie Knochen, Sehnen usw., mit Gerbstoffen Leder geben, was nicht der Fall ist.

2. Tonerde- und Eisensalze, welche Leimlösungen gar nicht fällen, haben ausgezeichnete gerbende Eigenschaften. Außerdem führt er die bereits erwähnte Verschiedenheit der Gerbstoffe an (pflanzliche, mineralische, Fettgerbstoffe usw.).

3. Bei chemischen Verbindungen der Faserstoffe geht gewöhnlich die Struktur der letzteren verloren. Beim Leder dagegen tritt die anatomische Struktur und die Form der Bindegewebefasern erst recht deutlich hervor. Als Ausnahme führt Knapp die Schießbaumwolle an, doch kann in dieser die Verbindung der Zellulose mit der Salpetersäure nicht mehr rückgängig gemacht werden wie beim Leder. Ferner ist in der Schießbaumwolle die Salpetersäure nicht mehr als solche nachweisbar, während das auf der Haut fixierte Gerbmittel sich wie chemisch frei verhält, auf welcher Eigenschaft bekanntlich das Schwärzen der lohgaren Leder mit Eisensalzen beruht.

4. Die Haut nimmt aus konzentrierter Lösung mehr Gerbstoff auf als aus verdünnter. Die Verbindung von Haut und Gerbstoff geht somit nicht nach bestimmten Gewichtsverhältnissen vor sich, wie dies bei allen chemischen Verbindungen der Fall ist.

5. Endlich führt Knapp an, daß die Verbindung zwischen Gerbstoff und Hautfasern bei manchen Ledern, z. B. beim weißgaren, schon durch Wasser wieder aufgehoben werden könne.

Während der Zeit, in der Knapp auf Grund seiner Arbeiten zu dieser Vorstellung vom Gerbprozeß kam, die für die spätere physikalische Anschauung die Grundlage bildete, begann sich mit den Arbeiten von Graham die Kolloidchemie zu entwickeln. Im Jahre 1891 hat Weiske als erster die Vermutung ausgesprochen, daß das Tannat der Gelatine kein Salz, sondern das Produkt des Niederschlags von Solen verschiedener elektrischer Ladung sei. Zur selben Zeit versuchten v. Schröder und Paeßler als Anhänger der Knappschen Anschauungen durch eingehende Untersuchungen folgende Fragen zu klären.

1. Ist die Aufnahme des Gerbstoffs durch die Haut eine begrenzte? d. h. kann eine gewisse Gewichtsmenge Haut ganz beliebige Gerbstoffmengen bei der Lederbildung binden oder gibt es ein Maximum an Gerbstoff, über das hinaus mehr Gerbstoff von der Haut nicht gebunden werden kann?

2. Für den Fall, daß die Gerbstoffaufnahme durch die Haut eine begrenzte ist, — unter welchen Bedingungen tritt das Maximum der Gerbstoffaufnahme ein? Wie groß ist das Maximum an Gerbstoff, das eine bestimmte Gewichtsmenge Haut zu binden imstande ist?

v. Schröder hat diese Fragen nicht nur aus wissenschaftlich-theoretischen Gründen aufgeworfen. Besonders die letzte Frage ist auch für den praktischen Gerber von hohem Interesse, da sie aufs engste mit den Bedingungen verknüpft ist, unter denen das höchste Lederrendement zu erzielen ist.

Das Gesamtergebnis der Untersuchungen war, daß die Aufnahme von Gerbstoff durch die Haut eine Grenze hat, daß unter bestimmten Bedingungen, die beim Gerbprozeß einzuhalten sind, ein Maximum in der Gerbstoffaufnahme eintritt, daß aber diese Gerbstoffaufnahme nicht nach einfachen multiplen Verhältnissen vor sich geht. Die Menge des Gerbstoffs, der auf der Hautfaser niedergeschlagen wird, ist wechselnd und abhängig von der Konzentration der Gerbstofflösungen. Auch v. Schröder kam zur Anschauung, daß bei der Aufnahme des Gerbstoffs durch die Blöße physikalische Prozesse vorliegen.

Diese physikalische Auffassung des Gerbprozesses, die dann später von Stiasny weiter ausgebaut wurde, fand im Anfang der neunziger Jahre einen überzeugten Gegner in Fahrion (*1*), der damals sich mit eingehenden Untersuchungen über die Fettgerbung befaßte. Er wandte sich vor allem gegen die auf S. 436 zusammengefaßte Anschauung Knapps und suchte sie folgendermaßen zu widerlegen[1]:

Zu 1. Knochen, Sehnen usw. haben allerdings mit der tierischen Haut die Eigenschaft gemein, beim Kochen mit Wasser Leim zu liefern. Auch wenn diese verschiedenen Glutine chemisch identisch sind, so brauchen die verschiedenen Kollagene noch nicht chemisch identisch zu sein. Jedenfalls sind sie aber physikalisch verschieden, und da für das, was man unter Leder versteht, die Struktur der tierischen Haut charakteristisch ist, Knochen und Sehnen diese Struktur aber nicht haben, so können sie auch kein Leder liefern.

Zu 2. Die Meinung, ein richtiger Gerbstoff müsse Leimlösung fällen, muß vollständig aufgegeben werden. Es gibt Substanzen, wie z. B. Gallussäureester, Salicylsäure, Maclurin, welche Leimlösung fällen, aber keine Gerbstoffe sind; andererseits gibt es Substanzen, wie z. B. Formaldehyd und Chinon, welche Leimlösung nicht fällen und vorzügliche Gerbstoffe sind. Die großen Unterschiede unter den Gerbstoffen sind nicht zu bestreiten; andererseits gibt es aber auch Merkmale, die allen gemeinsam sind.

Zu 3. Gerade das Beispiel der Schießbaumwolle ist ein Beweis dafür, daß bei chemischen Verbindungen der Faserstoffe deren Struktur nicht verloren zu gehen braucht. Auch beim chromgaren Leder kann die Verbindung zwischen Haut nicht rückgängig gemacht werden, und ein wirkliches echtes Leder darf beim Kochen mit Wasser keinen Leim mehr liefern. Die Schießbaumwolle ist eine Nitroverbindung, das lohgare Leder muß vom chemischen Standpunkt als ein Salz bzw. als ein Ester aufgefaßt werden, und es wird daher der Hydrolyse unterliegen. In einer wäßrigen Lösung von ölsaurem Natron verhält sich ein Teil des Natrons auch wie chemisch frei. Dafür, daß die Gerbstoffe sich ähnlich verhalten können, dient folgender Versuch als Beweis. Eine wäßrige Lösung der (kristallisierbaren) Myrobalanengerbsäure, mit Eisenoxydsalzlösungen einen intensiv blauschwarzen Niederschlag gebend, wurde mit einer Lösung von schwefelsaurer Tonerde gefällt. Der Niederschlag, welcher kaum anders aufgefaßt werden kann denn als Aluminiumsalz der Gerbsäure, wurde abfiltriert und auf dem Filter mit kaltem Wasser vollständig ausgewaschen. Hierauf wurde er in reinem Wasser suspendiert und einige Tropfen einer Eisenoxydsalzlösung zugegeben. Es trat eine deutliche Blaufärbung ein. Das Verhalten des lohgaren Leders gegen Eisensalze spricht daher keineswegs gegen eine chemische Bindung zwischen Haut und Gerbstoff.

Zu 4. Auch die Baumwolle nimmt aus konzentrierter Lösung mehr Salpetersäure auf als aus verdünnter und liefert Produkte mit stark schwankendem Stickstoffgehalt. Bei chemischen Reaktionen der Faserstoffe sind stöchiometrische Verhältnisse nicht zu erwarten. Es ist nur notwendig, daß das Maximum der Gerbstoffaufnahme konstant ist, und daß sich eine Gerbstofflösung durch Schütteln mit überschüssigem Hautpulver vollständig entgerben läßt. Die bei der Gerbung gebildete reine Ledersubstanz besteht aus annähernd gleichen Teilen Hautsubstanz und Gerbstoff und enthält etwa 8,9 bis 9,1% Stickstoff.

Zu 5. Schon unter 3. wurde die Hydrolyse als Ursache der Zersetzlichkeit chemischer Verbindungen genannt. Allerdings führt eine einmalige Behandlung

[1] Siehe: Neue Gerbmethoden u. Gerbtheorien, S. 32.

einer derartigen Verbindung mit Wasser nur zu einem Gleichgewichtszustand, der von der Menge des Wassers abhängig ist. Beim ölsauren Natron wird das Natron nur teilweise abgespalten, das Wasser und die Ölsäure teilen sich gesetzmäßig in die vorhandene Menge. Aber auch beim Leder liegt die Sache ähnlich, sogar das weißgare Leder kann durch einmalige Behandlung mit Wasser nicht vollständig entgerbt werden.

Fahrion (*2*) blieb bei der alten Auffassung, daß die Gerbung ein chemischer Prozeß sei. Er ließ zwar die Theorie, daß das Leder ein von tierischer Haut und Gerbstoff gebildetes „Salz" sei, fallen, sah aber in der Gerbung einen Oxydationsvorgang. Ausgehend von seinen Beobachtungen bei der Fettgerbung, bei der er das Peroxyd der Klupanodonsäure als gerbendes Agens betrachtete, kam er zu der Anschauung, daß auch bei der pflanzlichen Gerbung gewisse Peroxyde die Träger des Gerbprozesses sind und daß bei jeder richtigen Gerbung eine Oxydation der Hautfaser stattfinde.

Um die gleiche Zeit hat Körner den Anschauungen Knapps ein modernes Gewand gegeben. Er fand für die pflanzlichen Gerbstoffe Molekulargewichte über 1000 und sprach deshalb nicht nur der Haut, sondern auch den Gerbstoffen jede Fähigkeit, chemische Verbindungen einzugehen, wegen mangelnder Ionisation ab. Er erklärte die Gerbung für einen reinen Adsorptionsvorgang. Da ihm die Knappsche Umkleidungstheorie aber nicht genügte, nahm er an, daß die primär entstehende Adsorptionsverbindung das Bestreben habe, in eine homogene „feste Lösung" überzugehen, indem sich der adsorbierte Gerbstoff nach den Gesetzen der Diffusion in das Innere der Haut zu verbreiten suche. Das Leder sei von diesem Gesichtspunkt aus als tierische Haut aufzufassen, deren Fasern nicht von Gerbstoff umkleidet, sondern von ihm mehr oder weniger durchdrungen seien.

Fahrion sah durch diese Theorie seine chemische Auffassung nicht widerlegt.

Im Jahre 1901 kam P. Schröder auf Grund seiner Untersuchungen über den Formalingerbungsprozeß zu der Schlußfolgerung, daß dieser Prozeß unzweifelhaft chemischer Natur sei. Nierenstein übernahm diese Anschauung auf die pflanzliche Gerbung. In den pflanzlichen Gerbstoffen sollte nach seiner Ansicht die Tannongruppe $R_1—COO—R_2$ vorhanden sein, wobei R_1 und R_2 Arylradikale darstellen. Der Gerbprozeß sollte bedingt sein durch die Kondensation, die sich zwischen der Ketongruppe des Tannonkomplexes und den Aminogruppen der tierischen Haut abspielte. Eine Ähnlichkeit der Kondensation mit der Bildung der Schiffschen Basen wurde angenommen.

So bestanden um die Jahrhundertwende die physikalische Anschauung mit einer rein kolloidalen Erklärung einerseits und der Annahme eines Adsorptionsvorganges andrerseits neben drei verschiedenen chemischen Deutungen des Gerbprozesses: der Salzbildung, der Oxydation und der Kondensation. Aber keine konnte eine befriedigende Erklärung des Gerbvorganges geben.

Es rang sich hier und dort die Erkenntnis durch, daß man mit einer Universaltheorie das Wesen des Gerbvorganges kaum zu erklären vermochte.

Im Jahre 1907/08 hat Stiasny (*1*) die bis dahin laut gewordenen Anschauungen über den Gerbprozeß an Hand zahlreicher Versuche einer kritischen Betrachtung unterzogen. Er wandte sich gegen die Behauptung Fahrions, daß ohne Oxydation nur ein minderwertiges Leder entstehe, das gegen Auswaschen mit Wasser nicht widerstandsfähig sei. Nach der Gerbung zweier Blößenstücke, von denen eines mit Wasserstoffperoxyd vorbehandelt war, erhielt er gleiche Mengen auswaschbarer Stoffe. Auch gegen die Kondensationshypothese Nierensteins erhob er Einwendungen. Zunächst hielt er es für noch nicht erwiesen, ob reaktionsfähige Aminogruppen in der Haut angenommen werden können.

Die Annahme solcher Gruppen gründete sich hauptsächlich auf die Natur der Hautspaltungsprodukte, die Aminosäurecharakter haben. Daraus aber ohne weiteres einen Schluß auf das Vorhandensein von reaktiven Aminogruppen in der Haut selbst zu ziehen, hielt Stiasny nicht für erlaubt. Auch die rein mechanischen Auffassungen des Gerbprozesses, wie sie Kopecky, Glücksmann und Claflin (*1*) im Jahre 1907 veröffentlichten, hielt Stiasny für nicht berechtigt. Dagegen bezeichnete er die von Körner vertretene Theorie der „festen Lösungen" als bemerkenswert.

Seine eigene Auffassung vom Gerbprozeß hat Stiasny folgendermaßen formuliert:

Jede Gerbung besteht:

1. aus der Adsorption eines kolloidal gelösten Stoffes durch das Gel der Haut;
2. aus sekundären Veränderungen, welche der adsorbierte Stoff (unter katalytischer Mitwirkung der Hautfaser) erleidet.

Im Verfolg dieser Anschauung kam Stiasny zur Überzeugung, daß die fortschreitende Kenntnis der Konstitution der Gerbstoffe für die Erklärung des Gerbvorganges wenig Nutzen bringen wird, so wünschenswert eine Klarstellung der Natur dieser Körperklasse auch sein mag. Er begründete diese Auffassung vor allem damit, daß es sich, im Sinne der erwähnten Anschauung, beim Gerbprozeß nicht um einen chemischen Eingriff des Gerbstoffmoleküls in die Hauteiweißkörper handle, sondern um eine Wirkung, zu deren Verständnis die Kenntnis einiger physikalischer Eigenschaften der gerbenden Substanz weit mehr nötig sei als die völlige Erschließung ihrer chemischen Konstitution. Die wichtigsten dieser Eigenschaften sind: Diffusionsvermögen, relative Löslichkeit bzw. Fällbarkeit durch Elektrolyte und die Verschiedenheit des Verlaufs der Adsorption durch chemisch völlig inaktive Körper wie Kohle u. dgl. Die Kenntnis dieser Eigenschaften ist für die erste Phase des Gerbvorgangs, die Adsorption des kolloidal gelösten Gerbstoffs durch das Gel der Haut, von außerordentlichem Wert. Dagegen wird die Erweiterung unserer Kenntnis der chemischen Konstitution der Gerbstoffe für die sekundären Vorgänge von Nutzen sein, die bei der pflanzlichen Gerbung wahrscheinlich aus Oxydations-, Anhydrisierungs- und Kondensationsprozessen bestehen.

Diese sekundären Veränderungen des adsorbierten Gerbstoffes können aber nach Stiasnys Ansicht nicht nur chemischer Natur sein, sondern auch in physikalischen Zustandsänderungen bestehen. Eine solche Veränderung ist der Übergang des primär adsorbierten Hydrosols in das unlösliche Hydrogel. Die Umwandlung geht allmählich vor sich und wird von der Hautfaser katalytisch beeinflußt.

Chemische Umwandlungen des adsorbierten Gerbstoffes nahm Stiasny deshalb an, weil viele Gerbstofflösungen schon beim Stehen analoge Veränderungen erleiden, bei denen eine teilweise Umsetzung von Gerbstoff in unlösliche Stoffe erfolgt (Ellagsäurebildung).

Daß nun diese in der zweiten Phase des Gerbprozesses vor sich gehenden Umwandlungen bei den einzelnen Gerbstoffen ganz verschieden sein müssen, schloß Stiasny aus der bekannten und von Youle und Griffith bewiesenen Tatsache, daß der Auswaschverlust eines Leders von der Art des verwendeten Gerbstoffes abhängig ist. Auch wies er darauf hin, daß diese sekundären Veränderungen des adsorbierten Gerbstoffes ganz allmählich verlaufen. Die Abnahme des Auswaschverlustes von Leder mit dem Alter spricht für diese Anschauung.

Stiasny kam also in gerader Fortführung der Knappschen Gedankengänge zu der Überzeugung, daß der Gerbprozeß als rein physikalischer Vorgang (Adsorptionsprozeß) aufzufassen ist, bei dem chemische Umsetzungen nur in bezug auf die sekundären Veränderungen anzunehmen seien, welche die von der Hautfaser adsorbierten Gerbstoffe erleiden. Den Vorgang der Formaldehydgerbung betrachtete Stiasny als einen Sonderfall, dem eine chemische Natur nicht abgesprochen werden könne.

Neben diesen Anschauungen Stiasnys bieten die Gedankengänge Fahrions (*3*), welche die Entwicklung seiner Vorstellungen vom Gerbprozeß bis zum Jahre 1910 zum Ausdruck bringen, einen interessanten Vergleich. Er deutete das Wesen der Gerbung wie folgt:

„Die echte Gerbung ist in der Hauptsache ein chemischer Prozeß. Auf rein physikalischem Wege, z. B. durch Adsorption eines Kolloids, geht die Haut niemals in Leder über. Andererseits sind aber einleitende physikalische Prozesse, wie Capillarattraktion, Diffusion, Adsorption unentbehrlich, weil die Poren der Haut sehr eng und daher die inneren Hautmoleküle zunächst mit dem Gerbstoff, auch mit dem gelösten, gar nicht in Berührung sind und daher auch nicht mit ihm chemisch reagieren können. Aus demselben Grunde erfordert der Gerbprozeß Zeit und die physikalischen und chemischen Vorgänge spielen sich nebeneinander ab. Die äußeren Hautpartien können schon den physikalischen und chemischen Teil der Gerbung hinter sich haben, während die inneren noch vollkommen intakt sind. Die Gerbung wird immer schwieriger, je mehr sie sich ihrem Ende nähert; deshalb ist sie in der Praxis auch niemals eine vollständige; auch ein technisch einwandfreies Leder kann noch eine gewisse Menge ungegerbter Hautteilchen enthalten. Der chemische Teil der Gerbung besteht in einer durch Kondensationsprozesse veranlaßten Komplexbildung. Zu dem austretenden Wasser liefert die Haut den Wasserstoff, der Gerbstoff den Sauerstoff."

Fahrion nimmt außer der echten Gerbung noch eine „Pseudogerbung" an. Er hält sie zwar auch nicht für einen rein physikalischen Vorgang, die chemische Natur der Haut wird aber nicht verändert. Die Haut soll dabei katalytisch wirken, als wasserentziehendes Mittel, indem sie den Pseudogerbstoff in amorphe Anhydroderivate umwandelt und diese auf sich niederschlägt. Erfolgt der Niederschlag aus wässeriger Lösung, wie bei der Tannin- und Phlobaphengerbung, so ist der Prozeß umkehrbar, indem bei intensiver Einwirkung von reinem Wasser der auf der Haut abgelagerte, sekundäre Pseudogerbstoff in den primären zurückverwandelt wird und wieder in Lösung geht. (Diese komplizierten Fahrionschen Anschauungen muten heute etwas seltsam an.) Nach Fahrions Ansicht ist die pflanzliche Gerbung nur zum geringen Teil eine echte Gerbung; ungleich stärker ist die Pseudogerbung, die in der Fällung der Phlobaphene bestehen soll.

Die in obigem geschilderten Anschauungen Fahrions bedeuteten also bereits eine Abkehr von der Oxydationstheorie. Dagegen blieb er nach wie vor bei der rein chemischen Auffassung des Gerbprozesses, wenn er auch physikalische Vorgänge als Nebenerscheinungen zugestand. Umgekehrt schrieb Stiasny dem Hauptprozeß physikalische Natur zu und hielt chemische Sekundärerscheinungen für möglich. Diese Anschauungen bekämpften sich vor allem im ersten Jahrzehnt des gegenwärtigen Jahrhunderts; die Literatur der damaligen Zeit ist reich an Polemiken.

Im Jahre 1913 brachte Powarnin (*1*) einen neuen Gedanken in die Gerbtheorien hinein, die Hypothese des „aktiven Carbonyls". Er betrachtete das aktive Carbonyl als die Ursache der einheitlichen, nicht umkehrbaren, chemischen Gerbung mit organischen Stoffen, gleichzeitig mit kolloidalen Prozessen. Powarnin nahm im Kollagen ein dem Diketopiperazin analoges Skelett an. Den Vorgang der Lederbildung formulierte Powarnin folgendermaßen:

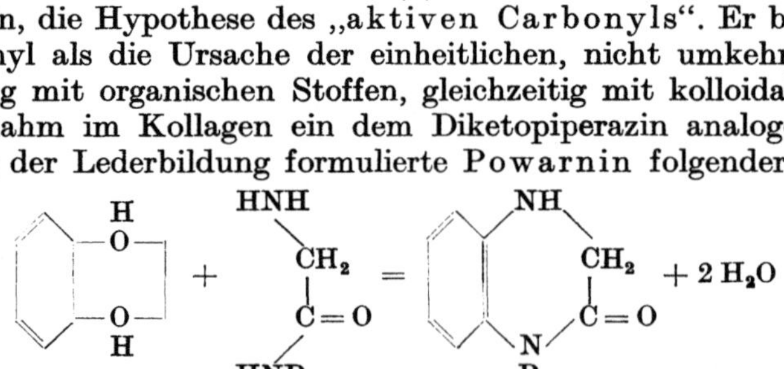

Für eine derart bestimmte Formulierung des Vorganges der Lederbildung fehlen vorerst alle Unterlagen. Dagegen ließen sich vielerlei Gründe aufführen, daß die obige „Pyrazinformel“ des Leders nicht zutreffen kann.

Später kam Powarnin zu der Anschauung, daß es keinen einheitlichen Gerbprozeß gäbe (siehe später).

Einen weiteren Versuch zur Deutung des Gerbvorganges hat Möller mit seiner Peptisationstheorie unternommen (1916 bis 1921). Möller war der Anschauung, daß nur das Phlobaphen (die peptisierte Substanz) gerbt und nicht der Gerbstoff, welcher nur als Peptisator, als Lösungsmittel der Phlobaphene wirke. Beim Gerben wird der Peptisator vom Leder aufgenommen, das Phlobaphen setzt sich auf der Blöße ab und gerbt dieselbe, während der Peptisator ausgewaschen wird.

Im Jahre 1916 veröffentlichten Procter und Wilson eine Auffassung des Gerbprozesses, die zwischen den bisher einander schroff gegenüberstehenden Theorien, der chemischen und der physikalischen, eine versöhnliche Mitte hielt. Man hat deshalb diese Anschauung von Procter und Wilson vielfach als physiko-chemische Theorie des Gerbprozesses bezeichnet.

Nach Ansicht der beiden Forscher sind die bisher erörterten Gerbtheorien deshalb nicht befriedigend, weil sie keinen quantitativen Ausdruck für die beim Gerbvorgang herrschenden Gesetzmäßigkeiten beibringen. Sie versuchten deshalb auf Grund früherer Arbeiten, in denen quantitative Gleichungen für die Quellungs- und Kontraktionswirkungen von Elektrolyten auf kolloidale Gallerten abgeleitet wurden, auch beim Gerbvorgang die quantitativen Verhältnisse durch Formeln festzulegen.

Die Gerbstoffe lösen sich in Wasser in Form kolloider Sole, in denen sie in sehr kleinen Teilchen von hoher Molekulargröße vorhanden sind. Sie besitzen nur geringe Diffusion und chemische Reaktionsfähigkeit. Die einzelnen kolloiden Teilchen haben gleich den Ionen elektrische Ladungen. Der Gerbstoff ist negativ, während die Haut in saurer Lösung positiv geladen ist. Wenn nun die Haut in die schwach saure Gerbstofflösung gebracht wird, so findet, sobald die Gerbstoffteilchen die Hautsubstanz berühren, ein elektrischer Ausgleich statt unter gleichzeitigem Ausfällen der entgegengesetzt geladenen Kolloide Gerbstoff und Haut. In alkalischer Lösung ist die Haut negativ geladen, es tritt dann keine Gerbung ein, da keine Anziehungskräfte wirksam sind.

Der Grad der Gerbung hängt nach Procter und Wilson nicht von dem absoluten Wert der elektrischen Ladungen in der Hautsubstanz und den Gerbstoffteilchen ab, sondern von der Summe der absoluten Werte der Potentialdifferenzen, die durch Veränderung des Elektrolytgehaltes der Lösung abgeändert werden kann, während der Wert der elektrischen Ladung der gleiche bleibt. Der höchste Grad der Durchgerbung wird erreicht, wenn bei gegebener Konzentration die Potentialdifferenzen entgegengesetzte Vorzeichen tragen und ihr absoluter Wert ein Minimum darstellt. Wenn die Konzentration der Elektrolyte in der Lösung zunimmt, so nehmen die Potentialdifferenzen zwischen der Lösung und dem Gel der Hautfaser einerseits und der die Gerbstoffteilchen umgebenden Oberflächenschicht andererseits ab und die Gerbwirkung vermindert sich.

In dem Kampf um die Anschauungen über den Gerbprozeß bildete diese mathematische Behandlung des Problems ein neues Moment. Da Wilson der Ansicht ist, daß seine Theorie eine „endgültige“ Auffassung der pflanzlichen Gerbung bedeute, so sei hier auf die von ihm festgelegte mathematische Formulierung des Prozesses näher eingegangen (Wilson siehe S. 565):

Ein Stück Haut steht mit einer Lösung in Verbindung, die außer Gerbstoff nur noch die Säure HA enthält. Hat sich das Gleichgewicht zwischen der Lösung und dem Hautstückchen eingestellt, so möge in der Gerbstofflösung folgende Gleichung erfüllt sein:

$$x = [H^+] = [A^-].$$

In der Gelphase möge

$$y = [H^+]$$

sein; ferner sei

$$z = [CH^+] \text{ (Konzentration des Kollagenkations)},$$

so daß

$$[A'] = y + z$$

ist.

Da Wilson bei der Haut dieselben Gleichgewichtsbedingungen annimmt wie bei der Gelatine, formuliert er die zwischen Gelphase und der äußeren Lösung auftretende Potentialdifferenz auf Grund früherer Untersuchungen:

$$E = \frac{RT}{F} \log \frac{y}{x} = \frac{RT}{F} \log \frac{-z + \sqrt{4x^2 + z^2}}{2x}\ {}^{*}.$$

Da jedes Gerbstoffteilchen negativ geladen ist, muß es auch mit einer entsprechenden Zahl von Kationen versehen sein, die sich in der die einzelnen Gerbstoffteilchen umhüllenden, dünnen Schicht befinden. Die Konzentration dieser Kationen möge z_1, die der Anionen A' in der umhüllenden dünnen Schicht y_1 sein. Dann ist die Gesamtkonzentration der Kationen $y_1 + z_1$. Die Potentialdifferenz an der Grenzfläche der umhüllenden dünnen Schicht und der eigentlichen Lösung läßt sich folgendermaßen berechnen:

$$E_1 = \frac{RT}{F} \log \frac{x}{y_1} = \frac{RT}{F} \log \frac{2x}{-z_1 + \sqrt{4x^2 + z_1^2}}.$$

Es ist hieraus ersichtlich, daß E und E_1 verschiedene Vorzeichen haben müssen.

Nach der Gerbtheorie von Procter-Wilson besteht die erste Phase der Gerbung in einem Ausgleich der beiden Ladungen. Die Gerbgeschwindigkeit wird daher am Anfang der Summe der absoluten Werte der Potentialdifferenzen direkt proportional sein:

$$\frac{RT}{F} \log \frac{4x^2}{(-z + \sqrt{4x^2 + z^2})(-z_1 + \sqrt{4x^2 + z_1^2})}.$$

In diesem Ausdruck bedeutet z den absoluten Wert der elektrischen Ladung des Kollagens und z_1 den der Ladung der Gerbstoffteilchen, während x die Wasserstoffionenkonzentration der Lösung ist. Bei konstantem x muß bei einem Anwachsen von z oder z_1 auch die Gerbgeschwindigkeit zunehmen.

Diese Gerbtheorie, wie sie Procter und Wilson vertraten, befaßt sich nicht mit Natur und Aufbau des Kollagens und der Gerbstoffe. Sie betrachtet lediglich die gegenseitige Einwirkung der beiden Stoffe, die sie als Kation und Anion aufweisen. Das Endprodukt dieser „Salzbildung" ist das Leder. Gegen die obigen mathematischen Ausführungen läßt sich nichts vorbringen. Eine erschöpfende Behandlung und Lösung des Gerbproblems bedeuten sie aber nicht.

Thomas (*1*) sucht die Richtigkeit der Wilsonschen Anschauung durch eine Reihe von Arbeiten zu beweisen. Er lehnt die Adsorptionstheorie ab und hält die Gerbung für eine Salzbildung zwischen den Stickstoffgruppen des Hautproteins und den Säuregruppen der Gerbstoffe. Die Bedingung für die größte Gerbstoff-

---

* Auf die Ableitung der Formel muß verzichtet werden. Siehe vor allem die Donnansche Theorie der Membrangleichgewichte. Elektrochem. Ztschr. **17**, 572 (1911); ferner Procter u. Wilson: J. chem. Soc. Lond. **1916**, 307.

aufnahme ist dann erfüllt, wenn die Potentialdifferenz zwischen Haut und Gerbbrühe ihr Maximum erreicht. Er weist nach, daß im alkalischen Gebiet, jenseits von $p_H = 8$, eine Gerbung durch Tannin, das frei von chinonartigen Produkten und Nichtgerbstoffen ist, nicht stattfindet, und bewertet diesen Befund als strengen Beweis zugunsten der chemischen Betrachtungsweise der pflanzlichen Gerbung. Er kommt zu dem Schlusse: Bei der Gerbung mit pflanzlichen Gerbstoffen wird der Umwandlungsprozeß der Haut in Leder durch die chemische Verbindung zwischen den Amino- (und möglicherweise Imino-) Gruppen der Kollagenkomplexe als Kationen und den Säuregruppen der als schwache organische Säuren reagierenden Gerbstoffe als Anionen herbeigeführt, und der Verlauf dieser Bindung ist abhängig von dem p_H-Wert der Gerbstofflösung.

Bungenberg de Jong betont, daß er bei Versuchen mit Tannin als Vertreter der pflanzlichen Gerbstoffe weder durch Kataphorese noch durch viscosimetrische Messungen wässeriger Lösungen eine capillarelektrische Ladung hat nachweisen können; er schließt daraus, daß der elektrische Vorgang bei der Gerbung nicht das Maßgebende sein kann. Er hält deshalb die Gerbung in erster Linie für eine physikalische Dehydratation der lyophilen Kolloide in der Haut, bedingt durch die Adsorption des Gerbstoffes. —

Die in den bisherigen Abschnitten entwickelten drei großen Universaltheorien über den Lederbildungsprozeß, die chemische, physikalische und die physikochemische Theorie stehen bis zum heutigen Tage noch unentschieden nebeneinander. Wir wissen nicht, wie der Vorgang, bei dem die Blöße durch Einwirkung von Gerbstoff zu Leder wird, genau zu charakterisieren ist.

In der Nachkriegszeit hat man auf die Festlegung von Universaltheorien nicht mehr so großen Wert gelegt infolge der mehr und mehr sich durchsetzenden Erkenntnis, daß die Gerbung als ein komplizierter Vorgang anzusehen ist, bei dem sehr wohl mechanische, chemische, kolloidchemische und physikalische Prozesse gleichzeitig oder nacheinander sich abspielen können. An Stelle der Formulierung einheitlicher Universalhypothesen ist man dazu übergegangen, durch systematische Einzeluntersuchungen eine Aufklärung des Gerbvorganges dadurch anzubahnen, daß man das gegenseitige Verhalten von Stoffen prüfte, die einfacher als Kollagen und Gerbstoff, aber verwandt mit ihnen sind. Das Schwergewicht dieser Arbeiten lag allerdings auf der chemischen Seite. Die Untersuchung der Gerbwirkung des Formaldehyds spielte eine große Rolle. So stellte Gerngroß 1920 das Kondensationsprodukt von Diketopiperazin mit Protocatechualdehyd her und untersuchte die Aufnahme von Formaldehyd durch die Blöße. Er schloß aus seinen Beobachtungen, daß bei der pflanzlichen Gerbung eine Kondensation vom Aldehydtypus stattfinde. Bergmann (*1*—*7*) und seine Mitarbeiter studierten die Einwirkung des Formaldehyds auf verschiedene Aminosäurederivate in einer Reihe von Arbeiten und stellten fest, daß die verschiedenen Stickstoffgruppen der Proteine, an einfachen Modellen geprüft, Formaldehyd aufnehmen und so festhalten, daß man an der Entstehung echter chemischer Bindungen nicht zweifeln kann; andererseits bestehen aber auch so lockere Bindungen des Formaldehyds, daß er schon durch geringe Säurekonzentrationen wieder abgelöst werden kann. Powarnin (*1*) vertritt auf Grund von Versuchen mit Diketopiperazin und Phenolen sowie mit Protocatechualdehyd die Anschauung (1919), daß bei der pflanzlichen Gerbung Aldehydkondensationen und Komplexbildungen ohne Wasserabspaltung stattfinden. Andererseits wurde von mehreren Forschern betont, daß Diketopiperazin kein vollständiges Analogon des Kollagens darstelle. Powarnin und Aggeew fanden 1923, daß sich die Schrumpfungstemperatur der Blöße bei der Hydrolyse verringert und beim Gerben vergrößert. Sie halten diese Vergrößerung beim Gerben für die Folgeerscheinung eines chemischen Prozesses. Herzog stellte auf Grund röntgenographischer Untersuchungen des Kollagens fest, daß es Diketopiperazin- und Dipeptidbindungen enthält (1923). Takaoki Sasaki (1921) hat gefunden, daß sich Aldehyde mit solchen Diketopiperazinen kondensieren, die eine CH_2-Gruppe im Piperazinring enthalten. Diese Kondensation erfolgt aber unter Bedingungen, die mit den Verhältnissen bei der Gerbung nichts zu tun haben. Bergmann (*8*) und seine Mitarbeiter studierten 1926 das Verhalten der Dioxopiperazine gegen Gerbstoffe und Farbstoffe.

Diese wenigen Beispiele, die man beliebig vermehren könnte, sollen dartun, in welcher Weise die Wissenschaft in den letzten Jahren bestrebt war, durch Teiluntersuchungen den komplizierten Vorgang des Gerbprozesses aufzuklären. Es scheint, daß das Fortschreiten der Erkenntnis dieses Prozesses aufs engste mit der Weiterentwicklung der Chemie der Proteine verbunden ist.

II. Kolloidchemische Betrachtung der pflanzlichen Gerbbrühen.

Man hat schon oft versucht, die Gerbstoffe nach den Eigenschaften, die sie dem Leder erteilen, zu gruppieren. Diese Bemühungen waren aber erfolglos, da man je nach der Natur der mitextrahierten Begleitstoffe so verschiedene Leder erhält, daß eine Einteilung nach dem erwähnten Gesichtspunkt noch kein brauchbares Ergebnis gezeitigt hat. Es ist bei Einhaltung bestimmter Gerbbedingungen wohl möglich, mit Gerbmaterialien, die deutliche Unterschiede zeigen, das gleiche Leder herzustellen.

Andererseits unterscheidet der praktische Gerber sehr wohl zwischen den einzelnen Gerbmaterialien. Er wählt für Sohlleder eine andere Zusammensetzung seiner Gerbbrühen als für ein weiches Leder und hält die Wahl der richtigen Gerbmittel und deren richtiges Gemisch für einen bedeutungsvollen Faktor des Gerbprozesses. Ohne Frage sind Art und Menge der für die Gerbung gewählten Gerbmittel für die Eigenschaften des Leders und in gleicher Weise auch für den Verlauf des Gerbprozesses von bestimmter Bedeutung. Die Geschwindigkeit der Gerbung sowie die Farbe, das Gewicht und die Festigkeit des Leders kann der praktische Gerber durch die Zusammensetzung der verwendeten Gerbbrühen wohl beeinflussen. Die Grundsätze, von denen er sich hierbei leiten läßt, sind aber rein erfahrungsmäßig festgelegt, und entbehren, wie es immer bei solchen empirisch entstandenen Arbeitsgewohnheiten zu finden ist, nicht der Widersprüche.

Wir müssen uns gestehen, daß der Gerbereichemiker mit dem Stand seines heutigen Wissens dem Problem der selektiven Gerbstoffverwendung zunächst noch ratlos gegenübersteht und eben vorerst auch auf die Nutzanwendung von Erfahrungstatsachen angewiesen ist. Es ist nicht möglich, die einzelnen Gerbmittel bzw. die in ihnen enthaltenen Gerbstoffe in bezug auf ihre spezifische Gerbwirkung nach irgendeinem wissenschaftlichen Prinzip zu charakterisieren, oder anders ausgedrückt, die Gerbereichemie kann heute auf die Frage, warum man mit diesem Gerbstoffgemisch ein festes und mit jenem ein weiches Leder erzielt, eine wissenschaftlich begründete Antwort noch nicht geben. Dies ihr zum Vorwurf zu machen, wie das wohl mitunter geschieht, ist ungerecht. Hängt doch dieser Fragenkomplex mit der überaus komplizierten Natur von Rohhaut und Gerbstoff, mit der Verschiedenheit der chemischen Natur der Gerbstoffe, mit dem Gerbprozeß, also mit Problemen zusammen, von deren Lösung die chemische Forschung noch weit entfernt ist.

Ob und wie weit aber die Aufklärung der chemischen Konstitution der Gerbstoffe und der Rohhautsubstanz der Frage einer selektiven Gerbstoffverwendung Nutzen bringen wird, ist schwer zu sagen, wenngleich die konstitutionelle Aufklärung der Gerbstoffe im Interesse der Erweiterung unserer gerbereichemischen Kenntnisse immer wünschenswert sein wird. Vorerst bleibt uns jedoch nichts übrig, als die verwendeten Gerbmittel in der Form zu studieren, in der sie alle zur Einwirkung auf die Haut gelangen, und das ist die ,,Gerbbrühe", d. h. der wässerige Auszug der Gerbmittel. Die Eigenschaften der Gerbbrühen und der in ihnen wirksamen Gerbstoffe aufzuklären, ist eine Forderung, deren Erfüllung möglich und von unbestrittenem praktischem Nutzen ist. Stiasny (*2*), der diese Forderung wohl erstmals deutlich ausgesprochen hat, betont mit Recht, daß durch das vergleichende Studium der Eigenschaften der Gerbbrühen, auf denen die Gerbung unmittelbar beruht, Licht in die Frage gebracht werden kann, warum wir gerade einen bestimmten Gerbstoff für einen bestimmten Zweck bevorzugen, warum wir zum Angerben und zum Ausgerben verschiedene Brühen verwenden müssen, warum die einen Gerbmittel sich besonders zu Feinleder, die anderen zur Unterlederherstellung eignen usw. Er hält es für wenig wahrscheinlich, daß uns die konstitutionelle Aufklärung jemals zu Ergebnissen führen wird, welche der überlieferten Praxis in diesem oder jenem Falle einen Irrtum oder Vorurteil nachzuweisen erlauben; wohl aber kann uns das Studium der sog. kolloidchemischen Eigenschaften der Gerbstoffe bzw. ihrer Auszüge zu einem solchen Ergebnis führen. Daß hierdurch die Bedeutung der Konstitutionsforschung in keiner Weise beeinträchtigt wird, ist schon erwähnt worden.

Die in der Gerbereipraxis verwendeten Gerbbrühen sind polydisperse Systeme, d. h. kolloide Lösungen, in denen die disperse Phase — die Gerbstoffe — in verschiedenen Teilchengrößen vorhanden sind. Es ist sehr wahrscheinlich, daß diese Teilchengröße der Gerbstoffe eine wichtige Rolle bei der Gerbung spielt. In dem Abschnitt ,,Chemie der Gerbstoffe" ist gezeigt, daß Stiasny mit Hilfe der fraktionierten Aussalzung Aufschluß über die Teilchengrößenverhältnisse sich verschafft hat. Es hat sich bei der fraktionierten Aussalzung ferner ergeben, daß die Oberflächenspannungserniedrigung der Fraktionen mit abnehmender Teilchengröße abnimmt, was von Stiasny als ein überraschendes Ergebnis bezeichnet wird. Da mit gesteigerter Oberflächenaktivität auch eine gesteigerte Adsorption verbunden ist, und Stiasny die Adsorption für die erste Phase der Gerbung hält, so gelangt er zu dem Schluß, daß aus großteiligen Gerbstofflösungen der Gerbstoff eine stärkere Adsorption erfahren, also reichlicher an die Haut anfallen wird als aus kleinteiligen Lösungen. Auf diese Weise läßt sich ein Zusammenhang zwischen Adstringenz und Teilchengröße erklären, der durch manche Beobachtungen in der Praxis der Gerberei an Wahrscheinlichkeit gewinnt.

Würden Blößen aus der Wasserwerkstatt sogleich in starke Gerbbrühen gebracht werden, in denen Gerbstoffe sowohl mit hohem wie mit niederem Dispersitätsgrad, also in Form von großen und von kleinen Teilchen vorhanden sind, so würden die großen Teilchen eine stärkere Adsorption erfahren als die kleineren Teilchen. Die großen Gerbstoffteilchen verursachen eine Überladung des Narbens, eine Verstopfung der Capillaren des Hautgefüges und verhindern oder verlangsamen zum mindesten die weitere Durchgerbung der Haut. Der Narben solcher Leder würde stark zusammengezogen und verworfen erscheinen. Deshalb benützt man in der Gerberei zum Angerben der Blößen solche Brühen, durch die bereits eine größere Anzahl Häute hindurchgegangen und die dabei von den großen Gerbstoffteilchen befreit worden sind.

Die praktische Erfahrung deckt sich hier also mit der aus den verschiedenen Adsorptionsverhältnissen der Gerbstoffteilchen abgeleiteten Erkenntnis des Zusammenhangs zwischen Adstringenz und Dispersionsphase, die zur Forderung führt, mit kleinteiligen Gerbstofflösungen die Gerbung zu beginnen und mit allmählich weniger dispers werdenden Brühen fortzusetzen. Man wird ferner bei der Wahl der Gerbstoffe zur Angerbung und Ausgerbung darauf Rücksicht nehmen müssen und alle Bedingungen zu beobachten haben, daß im ersten Teil des Gerbprozesses eben Gerbbrühen mit kleinen und im letzten Teil Gerbbrühen mit größeren Gerbstoffteilchen zur Verwendung kommen. Ein Mittel zur Feststellung, daß die richtigen Bedingungen vorliegen, bietet die wiederholt erwähnte Methode der fraktionierten Aussalzung.

Von den Faktoren, die auf die Teilchengröße von Einfluß sind, ist ein sehr wichtiger die Konzentration der Brühe. Zunehmende Verdünnung wirkt teilchenverkleinernd (bei den einen Gerbstoffen stärker als bei den anderen). Die alte v. Schrödersche „goldene Gerberregel", verdünnt anzugerben und mit allmählich steigender Konzentration weiterzugerben, erfährt auf diese Weise ihre kolloidchemische Begründung und Berechtigung. Bei zunehmender Konzentration an Gerbstoff erreicht die Teilchengröße ein Maximum, wie aus Untersuchungen von Kubelka und Belavsky über den Einfluß der Gerbstoffkonzentration auf das Unlösliche hervorgeht.

Einen weiteren Einfluß auf die Teilchengröße der in den Gerbbrühen enthaltenen Gerbstoffe üben ohne Zweifel die Nichtgerbstoffe aus. Dadurch erklärt sich z. B. der gerbmildernde Einfluß, den die mit Nichtgerbstoffen angereicherten Angerbbrühen eines Farbenganges besitzen.

Dabei ist zu unterscheiden: Beeinflussung der mittleren Dispersität durch die Menge der Nichtgerbstoffe und die durch die Natur der Nichtgerbstoffe bedingte spezifische Wirkung auf die Teilchengröße der Gerbstoffe. Diese scheint bei den Nichtgerbstoffen ganz verschieden zu sein. Gallussäure erhöht die Dispersität, wirkt also teilchenverkleinernd auf die Gerbstoffe. Der Nichtgerbstoff in Sumachauszügen scheint z. B. gegenteilig zu wirken. Zuckerstoffe beeinflussen die Teilchengröße der Gerbstoffe fast gar nicht.

Die Teilchengröße der Gerbstoffe in wässerigen Gerbmittelauszügen ist auch abhängig vom p_H-Wert des Auszuges. Die Teilchengröße nimmt mit abnehmendem p_H-Wert der Lösung zu. Diese Zunahme erfolgt bei fast allen Gerbstoffen stetig und langsam bis zu einem Grenzgebiet, das zwischen p_H 2 und 3,5 liegt. Sinkt der p_H-Wert über den Grenzwert hinaus, so erfolgt eine Teilchenvergrößerung in dem Maß, daß sich große Mengen unlöslicher Anteile aus der Lösung ausscheiden. Der p_H-Grenzwert ist bei den einzelnen Gerbstoffen verschieden.

Stiasny hat weiter festgestellt, daß mit zunehmender Teilchengröße auch die Irreversibilität der Gerbstoffaufnahme zunimmt, was besondere praktische Bedeutung hat.

Um sich über den Zusammenhang zwischen Teilchengröße und Gerbwirkung klar zu werden, kann man als Maß für die Gerbwirkung die in bestimmten Zeiten unauswaschbar aufgenommenen Gerbstoffmengen wählen [Stiasny (*3*)]. Dabei hat sich gezeigt, daß man nicht etwa sagen kann, mit zunehmender Teilchengröße nehme die Gerbwirkung zu oder ab. Die Verhältnisse liegen nicht so einfach. Man kann annehmen, daß sehr grobteilige Gerbstoffe (Phlobaphene) eine geringe Gerbwirkung (gemessen an der Aufnahme unauswaschbaren Gerbstoffes) ausüben, daß mit abnehmender Teilchengröße die Gerbwirkung zunimmt, daß dies aber nur bis zu einer gewissen Grenze — dem Optimum der Gerbwirkung bei einer bestimmten Teilchengröße — der Fall ist, da bei weiterer Abnahme der Teilchengröße die Gerbwirkung wieder abnimmt.

Aus diesen wenigen Angaben läßt sich erkennen, daß eine vergleichende Prüfung der Gerbstoffe auf Aussalzbarkeit, Teilchengröße, Oberflächenspannung,

d. h. ihre kolloidchemischen Eigenschaften zu Ergebnissen führen kann, die praktisches Interesse verdienen und dem Gerber, der nur sehr langsam Erfahrungsmaterial zu sammeln in der Lage ist, wertvolle Fingerzeige bieten können.

Außer diesen rein kolloidchemischen Faktoren wird der Verlauf des Gerbprozesses aber noch von einer Reihe von anderen Faktoren beeinflußt, die in den folgenden Abschnitten besprochen werden sollen.

III. Diffusionsvermögen, Gerbgeschwindigkeit. Gerbvermögen.

Die Geschwindigkeit, mit der die Gerbstoffe aus ihren Lösungen in die tierische Haut eindringen, ist sehr verschieden. Das Diffusionsvermögen des einen Gerbstoffes ist größer als das des anderen. Man hat auf verschiedene Weise versucht, das Diffusionsvermögen der einzelnen Gerbstoffe zu bestimmen.

1. Membrandiffusion der Gerbstoffe.

Neuner und Stiasny prüften die Membrandiffusion der Gerbstoffe und wählten als Membran Pergament. Sie untersuchten die Gerbstoffe von Quebracho, Kastanienholz, Eichenholz, Fichtenrinde, Eichenrinde, Mimosarinde, Malettorinde, Mangroverinde, Ulmenrinde, Sumach, Myrobalanen, Valonea und Tannin.

Es zeigte sich bei allen untersuchten Gerbstofflösungen, daß die Nichtgerbstoffe wesentlich rascher diffundieren als die Gerbstoffe. Es gelingt aber im allgemeinen nicht, die Gerbstoffe durch Dialyse von den Nichtgerbstoffen zu trennen. Denn auch nach 9tägiger Versuchsdauer blieb noch stets ein beträchtlicher Teil der Nichtgerbstoffe in dem verwendeten Dialysierschlauch zurück.

Die Membran absorbierte erhebliche Mengen von Gerbstoff. Dies zeigte ein Vergleich des Gesamtrückstandes der ursprünglichen Gerbstofflösung mit der Summe der Gesamtrückstände der Dialysate und des im Schlauch verbliebenen Restes.

Den Verlauf der Dialyse zeigt folgendes Diagramm (s. Abb. 117).

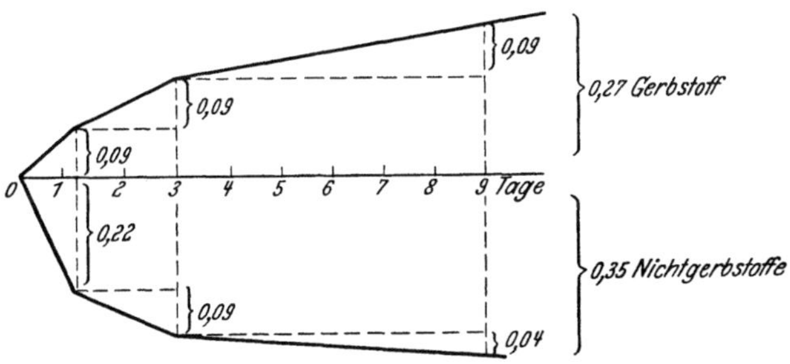

Abb. 117. Membrandiffusion von Gerbstoffen und Nichtgerbstoffen nach Neuner und Stiasny.

In bezug auf die Mengen des Dialysats verhalten sich die einzelnen Gerbstoffe verschieden. Es wurden gefunden bei:

Tannin	4,20%	vom Gesamtgerbstoff im Dialysat
Mangrove	4,88%	
Maletto	5,22%	
Eichenrinde	8,62%	
Quebracho	10,16%	
Eichenholz	10,79%	
Mimosa	12,29%	
Valonea	14,19%	
Sumach	15,18%	
Kastanienholz	17,69%	
Myrobalanen	19,18%	
Fichtenrinde	20,11%	

Vergleicht man dagegen das Diffusionsvermögen der Nichtgerbstoffe, so ergibt sich eine wesentlich andere Reihenfolge:

Quebracho	32,33%	vom Gesamtnichtgerbstoff im Dialysat
Kastanienholz	33,47%	
Valonea	36,80%	
Eichenholz	40,26%	
Maletto	40,91%	
Mimosa	43,69%	
Eichenrinde	45,29%	
Fichtenrinde	46,13%	
Myrobalanen	47,02%	
Mangrove	49,98%	
Sumach	60,46%	

Neuner und Stiasny stellten bei ihren Versuchen weiterhin fest, daß während des Dialysiervorganges eine teilweise hydrolytische Spaltung von Gerbstoffen stattfindet, wodurch die Nichtgerbstoffe vermehrt werden. Bestimmt man die Summe der Nichtgerbstoffe im Dialysat und in der Restlösung und rechnet diese Menge in Prozente der ursprünglich vorhandenen Nichtgerbstoffe um, so ist die Zunahme der Nichtgerbstoffe deutlich zu erkennen. Das gleiche gilt analog für die Gerbstoffreihe (s. Tabelle 111).

Tabelle 111. Verminderung bzw. Vermehrung der Gerbstoffe und Nichtgerbstoffe durch die Dialyse.

	Nichtgerbstoffe nach der Dialyse in % der Nichtgerbstoffe vor d. Dialyse	Gerbstoffe nach der Dialyse in % der Gerbstoffe vor der Dialyse
Eichenholz	110,57	91,51
Eichenrinde	108,71	91,05
Maletto	111,75	97,89
Myrobalanen	103,37	96,35
Valonea	102,10	93,40

Die Verfasser nahmen eine katalytische Wirkung der Membran als Ursache für diesen Umwandlungsprozeß an und sahen in dieser Erscheinung einen Beweis für die Berechtigung ihrer Auffassung, daß auch bei der Gerbung die Hautfaser katalytisch auf sekundäre Änderungen des adsorbierten Gerbstoffes wirkt.

Die Konzentration der Lösung ist von großem Einfluß auf das Membrandiffusionsvermögen. Je konzentrierter die Lösung ist, um so geringer ist die relative Menge der diffundie-

Tabelle 112. Einfluß der Konzentration auf die Diffusionsgeschwindigkeit von Gerbstoffen.

	Die ursprüngliche Gerbstofflösung enthielt in 100 ccm		Das Dialysat enthielt	
	Gesamtrückstand g	Gerbstoff g	Gerbstoff in % von ursprünglich vorhandenem Gerbstoff	Nichtgerbstoff in % von ursprünglich vorhandenem Nichtgerbstoff
Quebracho	0,860	0,749	14,92	27,84
	1,756	1,551	10,16	32,33
	9,177	8,107	4,43	32,21
Kastanie	1,690	1,100	17,69	33,47
	9,957	6,595	6,77	22,53
Myrobalanen	0,655	0,449	23,23	44,92
	1,740	0,933	19,16	47,02
Tannin	1,739	1,631	4,20	38,10
	10,300	9,746	1,58	42,60
Mangrove	0,885	0,746	4,63	49,02
	1,775	1,489	4,88	49,98

renden Gerbstoffe. Bei den Nichtgerbstoffen ist die Konzentration der Lösung ohne Wirkung auf die Diffusion. Tabelle 112 enthält die von Neuner und Stiasny ermittelten Werte.

Bei den Ergebnissen dieser Untersuchungen fällt das Verhalten von Mangrove auf. Bei diesem Gerbstoff wurde innerhalb der beobachteten Konzentrationsgrenzen keine Verschiedenheit im Diffusionsvermögen beobachtet. Die Tatsache, daß verdünnte Gerbstofflösungen infolge ihres weniger kolloiden Charakters, rascher diffundieren, beweist die Berechtigung und Zweckmäßigkeit des in der Gerbereipraxis geübten Verfahrens, mit verdünnten, besser diffundierenden Lösungen zu beginnen und mit konzentrierteren die Gerbung zu beenden.

Ein besonders interessanter Versuch der genannten Verfasser darf hier nicht unerwähnt bleiben. Es wurden Gerbstoffgemische, die je einen Pyrogallolgerbstoff und einen Pyrocatechingerbstoff enthielten, auf ihr Diffusionsvermögen geprüft. Hierzu wurde das Verhalten der Gerbstoffe gegen Formaldehyd und Salzsäure herangezogen (siehe S. 209). Wird z. B. ein Gemisch von Quebracho und Kastanie der Reaktion unterworfen, so entspricht die Formaldehydfällung dem Anteil an Quebracho, während der Gesamtrückstand der Lösung als Quebracho + Kastanie anzusprechen ist. Das Verhältnis dieser beiden Größen, also der Quotient

$$Q = \frac{\text{Formaldehydfällung}}{\text{Gesamtrückstand}}$$

kann somit als ein Maß für den im Gemisch vorhandenen Pyrocatechingerbstoff angesehen werden. Eine Zunahme dieses Quotienten Q im Dialysat bedeutet demnach eine Anreicherung an Pyrocatechingerbstoff, d. h. der Quebrachogerbstoff eilt dem Gerbstoff der Kastanie voraus. Eine Abnahme des Quotienten Q bedeutet eine Vermehrung des Pyrogallolgerbstoffes, der dann rascher diffundiert als der Pyrocatechingerbstoff. Wenn diese Verhältniszahlen auch nicht absolut genau sind, so zeigen sie doch, daß die Diffusionsverhältnisse bei Gerbstoffgemischen nicht immer so liegen, wie man nach der Diffusionsgeschwindigkeit der Einzelgerbstoffe (siehe S. 447) erwarten sollte.

Den in der Tabelle 113 zusammengefaßten Ergebnissen ist folgendes zu entnehmen: Aus dem Gemisch Eichenholz-Mangrove diffundiert Eichenholz rascher als Mangrove, was mit dem Einzelverhalten der Gerbstoffe übereinstimmt. Bei den Gemischen Eichenholz-Quebracho und Eichenholz-Mimosa war eine Konstanz des Faktors $\frac{A}{B}$ zu erwarten, da die Komponenten dieser Gemische annähernd gleiches Einzelverhalten zeigen. Diese Erwartung wurde auch durch den Versuch bestätigt. Dagegen fehlte bei den Gemischen Kastanie-Quebracho und Eichenholz-Fichte die Übereinstimmung mit dem Einzelverhalten bei der Dialyse. Es deutet dies auf eine gegenseitige Beeinflussung der Komponenten in bezug auf das Diffusionsvermögen hin.

Wenn auch die Diffusionsverhältnisse, wie sie zwischen tierischer Haut und Gerbstofflösung bestehen, anders geartet sein werden als bei einer Membran aus Pergament, so kann trotzdem die Charakterisierung des Membrandiffusionsvermögens der einzelnen Gerbstoffe lehrreiche Anregungen für die praktische Gerberei liefern.

Die Ergebnisse der Untersuchungen von Neuner und Stiasny über das Membrandiffusionsvermögen der einzelnen Gerbstoffe erhalten eine besondere Bedeutung, wenn man sie mit Versuchen vergleicht, die Stiasny 13 Jahre später von einem ganz anderen Gesichtspunkt aus durchgeführt hat. Diese Versuche befaßten sich mit der bereits mehrfach erwähnten Aussalzbarkeit der verschiedenen Gerbmittelauszüge (Stiasny und Salomon). Ordnet man die dabei unter-

Tabelle 113. Diffusionsgeschwindigkeiten von Gerbstoffgemischen.

Mischung	Stunden nach Beginn der Dialyse	Formaldehydfällung in g (*A*)	Gesamtrückstand in g (*B*)	$\frac{A}{B}$
Eichenholz-Mangrove	0	0,2789	0,4922	0,566
	24	0,2391	0,3819	0,626
	69	0,2102	0,2989	0,703
	141	0,1619	0,2216	0,731
Eichenholz-Quebracho	0	0,2806	0,4778	0,584
	24	0,2104	0,3626	0,580
	141	0,0822	0,1433	0,574
Kastanie-Mangrove	0	0,2787	0,4944	0,563
	24	0,2378	0,3824	0,622
	69	0,2096	0,3082	0,680
	141	0,1660	0,2320	0,715
Kastanie-Maletto	0	0,2612	0,4965	0,526
	24	0,2391	0,4394	0,544
	69	0,2212	0,3645	0,607
Kastanie-Quebracho	0	0,3033	0,4940	0,614
	24	0,2606	0,4251	0,613
	69	0,2060	0,3362	0,613
	141	0,1592	0,2570	0,619
Eichenholz-Fichte	0	0,1789	0,4980	0,359
	24	0,1443	0,4102	0,352
	69	0,1210	0,3262	0,371
	141	0,0431	0,0939	0,458
Eichenholz-Mimosa	0	0,2649	0,4995	0,530
	69	0,1724	0,3162	0,545
	141	0,0537	0,1080	0,500

suchten Gerbstoffe nach ihrer Aussalzbarkeit, d. h. nach der Menge des aussalzbaren Gerbstoffes, so erhält man eine Gerbmittelreihe, die zeigt, daß zwischen Membrandiffusionsvermögen und Aussalzbarkeit, d. h. Teilchengröße, ein ganz bestimmter Zusammenhang besteht. Man wird ganz allgemein sagen können, daß die Membrandiffusion um so größer ist, je geringer die Aussalzbarkeit, d. h. je kleiner die mittlere Teilchengröße eines Gerbmittelauszuges ist.

2. Diffusionsgeschwindigkeit von Gerbstofflösungen in Gelatinegallerte.

Im Jahre 1911 hat Hoppenstedt erstmals zur Bestimmung der Diffusionsgeschwindigkeit der einzelnen Gerbstoffe ihr Verhalten gegenüber Gelatinegelen in Glasröhren herangezogen. Es bleibe hier zunächst unbeachtet, inwieweit man die Eindringungsgeschwindigkeit der Gerbstoffe in Gelatine gleichsetzen kann mit ihrer Gerbgeschwindigkeit gegenüber tierischer Haut. Hoppenstedt stellte für die steigende Diffusionsgeschwindigkeit folgende Reihenfolge fest: Mangroverinde, Quebracho, Hemlock, Algarobilla, Valonea, Eichenrinde, Myrobalanen, Kastanienholz, Gambir, Dividivi, Sumach.

Ähnliche Versuche hat Thomas (*2*) angestellt. Er verwendete eine 5proz. Gelatinelösung, die 0,1% Eisenchlorid enthielt, und Gerbstofflösungen mit 1% Trockenrückstand. Nach einer bestimmten Zeit wurde der durch die Färbung der Gelatine gekennzeichnete Fortschritt der Diffusion festgestellt und folgende Reihe steigender Diffusionsgeschwindigkeit ermittelt: Gelbholz, Quebracho, Hemlock, Lärchenrinde, Eichenrinde, Kastanienholz, Gambir, Sumach.

Gnamm kam bei neueren Untersuchungen über das Diffusionsvermögen von Gerbstofflösungen gegenüber Gelatinegelen unter ähnlichen Bedingungen wie bei den Thomasschen Versuchen zu andern Ergebnissen. 20 untersuchte Gerbstoffe zeigten das in Abb. 118 graphisch dargestellte Diffusionsvermögen.

Es ergibt sich also folgende Reihe steigender Diffusionsgeschwindigkeiten: Tizerah, Fichtenrinde, Mangrove, Mimosa, Maletto, Mimosa D, Gambir, Eichenrinde, Gerbstoff F, Kastanie, Catechu, Valonea, Hemlock, Quebracho, Eichenholz, Sumach, Myrobalanen, Dividivi, Weidenrinde, Tannin.

Auffallend ist, daß die Diffusion in gleichen Zeiten nicht etwa gleich schnell vor sich geht. In den ersten 24 Stunden ist die Diffusionsgeschwindigkeit am größten, nimmt hierauf stark ab, bleibt dann aber gleich, von einigen wenigen Ausnahmen abgesehen. Da die Versuche in Glasröhren mit ½ mm-Einteilung vorgenommen worden sind, konnten Ablesungenauigkeiten kaum in Frage kommen. Mehrere Vergleichsversuche gaben dieselben Resultate. Der p_H-Wert aller Gerbstofflösungen lag zwischen 4 und 5.

Das Diffusionsvermögen der Gerbstoffe gegenüber Gelatinegallerte ist auch abhängig von der Konzentration der Lösung. Läßt man eine 0,7 proz. und eine 4,4 proz. Gerbstofflösung bei gleichen p_H-Werten auf Gelatinegel einwirken, so zeigt die Gerbstofflösung mit höherer Konzentration die größere Diffusionsgeschwindigkeit. Daneben treten noch Verschiedenheiten auf, für die keinerlei Gesetzmäßigkeiten anwendbar sind. Abb. 119 zeigt die Diffusionsgeschwindigkeiten verschieden starker Gerbstofflösungen.

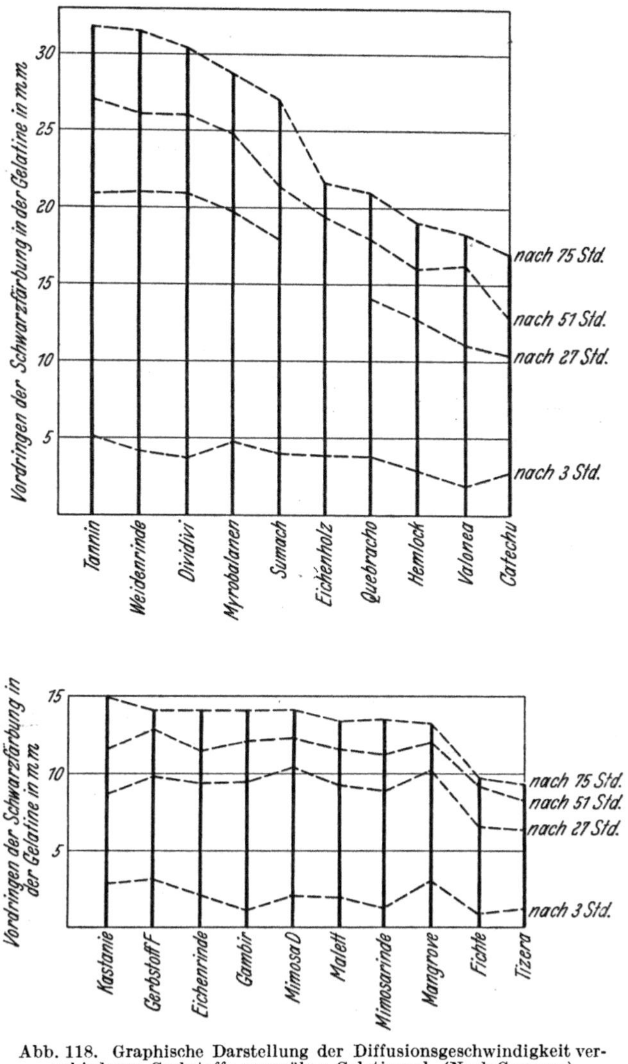

Abb. 118. Graphische Darstellung der Diffusionsgeschwindigkeit verschiedener Gerbstoffe gegenüber Gelatinegel. (Nach Gnamm.)

Zur Feststellung des Einflusses, den der p_H-Wert auf das Diffusionsvermögen von Gerbstofflösungen in Gelatinegallerten ausübt, haben Wilson und Kern Gelatinelösung, die mit Ferrichlorid versetzt war, mit Weinsäure auf $p_H = 2{,}5$ eingestellt und durch Zusatz verschiedener Mengen Natronlauge eine Reihe von Gelatinelösungen hergestellt, deren p_H-Werte zwischen 2,5 und 11 lagen. Auf die fest gewordenen Gelatinegallerten wurden dann Gambir- und Quebrachoextraktlösungen gegossen, die den gleichen p_H-Wert hatten wie die Gelatine, in die sie diffundieren sollten. Das Ergebnis der Untersuchungen ist in Abb. 120 wiedergegeben.

Wie sehr aber die Versuchsbedingungen bei Arbeiten mit Gelatinegallerten die Ergebnisse beeinflussen, zeigen die Untersuchungen von Gnamm, die ebenfalls die Ermittelung des Einflusses der p_H-Werte auf die Diffusionsgeschwindigkeit zum Ziele hatten. Gnamm stellte die Gelatine- und Gerbstofflösungen mit Phosphorsäure und Natronlauge auf die p_H-Werte 2, 4, 6, 8 und 10 ein und erhielt Diffusionskurven, wie sie in Abb. 121 angegeben sind.

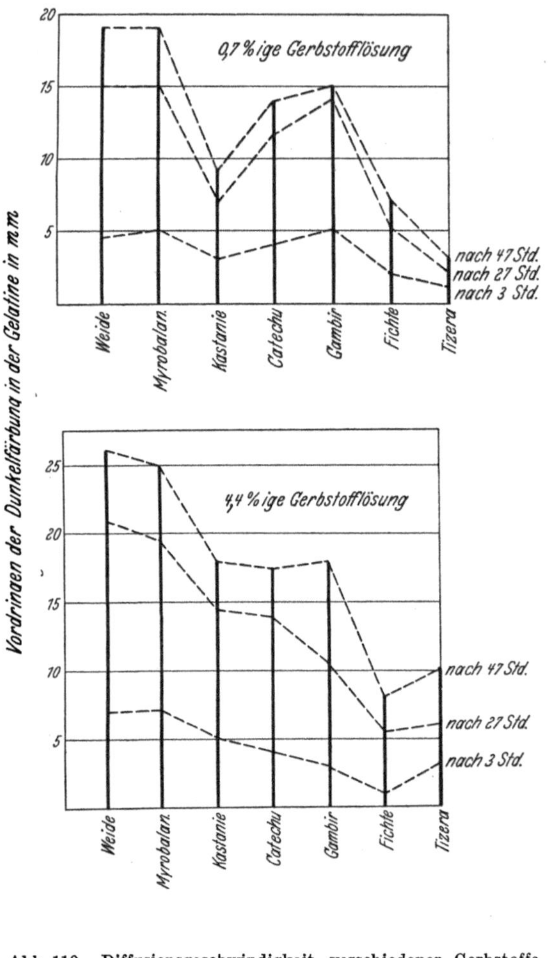

Abb. 119. Diffusionsgeschwindigkeit verschiedener Gerbstoffe gegenüber Gelatinegel bei verschiedener Konzentration der Lösungen. (Nach Gnamm.)

Thomas (*2*) erklärt den Unterschied zwischen den Diffusionsgeschwindigkeiten verschiedener Gerbstofflösungen gegenüber Gelatine durch das wechselnde Verhältnis zwischen Gerbstoffen und Nichtgerbstoffen. Die Diffusionsgeschwindigkeit ist nach seinen Untersuchungen um so größer, je mehr Nichtgerbstoffe im Verhältnis zum Gerbstoff vorhanden sind. Wilson und Kern erklären dies in folgender Weise: Gerbstoffe und gewisse Nichtgerbstoffe bilden Verbindungen mit der Hautsubstanz. Die Hautgerbstoffverbindung ist beständig, die Haut-Nichtgerbstoffverbindungen werden dagegen leicht dissoziiert. Die Nichtgerbstoffe haben ein weit kleineres Molekulargewicht als die Gerbstoffe und dringen deshalb schneller in die Haut ein. Wenn nun die langsamer diffundierten Gerbstoffe an eine Stelle gelangen, wo sie sich mit den Hautproteinen vereinigen könnten, so ist diese schon durch Nichtgerbstoffe besetzt. Die Gerbstoffe, die sich sonst nur in den äußeren Blößen festsetzen und dadurch ein weiteres Durchdringen stark behindern würden, dringen auf diese Weise in das Innere der Haut ein und bewirken so eine Vergrößerung der Diffusionsgeschwindigkeit. Die Wirkung ist um so stärker, in je höherem Maß sich die Nichtgerbstoffe mit dem Hautkollagen verbinden können. In dem Maß, wie die Verbindung der Proteine mit den Nichtgerbstoffen hydrolysiert wird, soll sich nach Wilson und Kern die stabile Protein-Gerbstoffverbindung bilden.

Für diese Erklärung der wechselnden Diffusionsgeschwindigkeiten der Gerbstoffe fehlen vorerst die Beweise. Einmal sind die meisten Versuche über die Diffusionsgeschwindigkeit an Gelatine vorgenommen worden, während Wilson und Kern von Hautgerbstoffverbindungen und Haut-Nichtgerbstoffverbindungen (in ihrer obenerwähnten Theorie) sprechen. Dann aber müßte, falls die

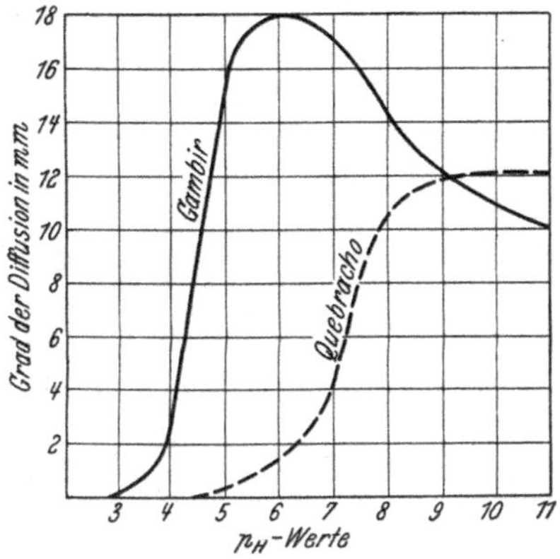

Abb. 120. Einfluß des p_H-Wertes auf das Diffusionsvermögen von Gerbstofflösungen gegenüber Gelatinegel (Wilson und Kern).

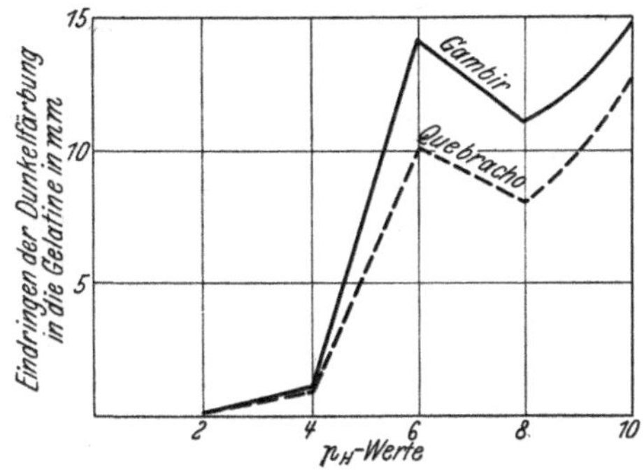

Abb. 121. Einfluß des p_H-Wertes auf das Diffusionsvermögen von Gerbstofflösungen gegenüber Gelatinegel (nach Gnamm).

Annahme von Wilson und Kern zutrifft, zwischen den Gerbstoffreihen wie sie Thomas oder Hoppenstedt für die Zunahme der Diffusionsgeschwindigkeit aufgestellt haben, und der in Tabelle 114 aufgeführten Reihe der Gerbmittel, geordnet nach abnehmender relativer Nichtgerbstoffmenge eine Übereinstimmung bestehen.

Ordnet man die wichtigsten Gerbmittel nach der Nichtgerbstoffmenge, die sie, auf die Gerbstoffmenge berechnet, enthalten, so erhält man die folgende Reihe (Tabelle 114):

Tabelle 114. Verhältnis von Gerbstoff und Nichtgerbstoff in den wichtigsten Gerbmitteln.

	Durchschnittl. Mengen an		Nichtgerbstoffe als % vom Gerbstoff
	Gerbstoff %	Nichtgerbstoffen %	%
Fichtenrinde	11,5	7,0	60,8
Eichenrinde	10,0	5,5	55,0
Sumach	26,0	14,0	53,8
Eichenholz (flüss. Extr.)	26,0	13,0	50,0
Algarobilla	43,0	21,0	48,8
Dividivi	41,0	19,5	47,5
Myrobalanen (gew.)	34,0	14,0	41,2
Valonea	29,0	10,0	34,5
Gambir (Block)	39,0	13,0	33,3
Trillo	40,0	12,5	31,2
Mangroverinde	36,0	9,0	25,0
Mimosarinde	33,0	7,5	22,7
Malettorinde	48,0	10,0	20,8
Kastanienholz	8,5	1,7	20,0
Quebracho, sulfit.[1]	69,0	11,0	15,9
Quebracho, natürl.[1]	65,0	6,0	9,0

[1] Feste Extrakte.

Bei einer Anordnung der Gerbmittel nach der sog. „Anteilzahl“ $\frac{\text{Gerbstoff} \times 100^*}{\text{Gesamtlösliches}}$ würde man eine ähnliche Reihe erhalten. Wie man sieht, ist mit der von Hoppenstedt aufgestellten Gerbmittelreihe zwar noch eine ganz allgemeine Übereinstimmung festzustellen, während bei der Thomasschen Reihe man von einer Analogie nicht mehr sprechen kann. Am ehesten gleicht die obige Nichtgerbstoffreihe noch der von Neuner und Stiasny nach abnehmender Membrandiffusionsgeschwindigkeit geordneten Reihenfolge der Gerbmittel, ausgenommen vielleicht Eichenrinde und Eichenholz. Die Beziehungen zwischen Diffusionsgeschwindigkeit und relativem Nichtgerbstoffgehalt der Gerbmittelauszüge sind daher nicht eindeutig.

Bruère hat die Diffusion von Kastanienholz- und Eichenholzextrakt in Gelatinegallerte von dem Gesichtspunkt aus untersucht, welche Veränderungen das Aussehen der sich bildenden Gelatine-Gerbstoffverbindungen bei wechselnden p_H-Werten der Gerbstofflösungen erleidet. Er verwendete 2proz. Lösungen von Goldblattgelatine in Versuchsgläschen von 18 mm Durchmesser. Er stellte fest, daß die vom Gerbstoff durchdrungene Zone bei den beiden Extrakten ein ganz verschiedenes Aussehen hatte. Der Eichenholzauszug erzeugte bei den niedrigen p_H-Werten bis 3,7, der Kastanienholzauszug bis 4,7 zweifarbige marmorierte Diffusionszonen, während die Gerbstoffauszüge mit höheren p_H-Werten einfarbige, homogen aussehende gegerbte Schichten erzeugten. Es liegt nahe, diese Erscheinung mit der Adstringenz, die mit sinkenden p_H-Werten zunimmt, in Verbindung zu bringen.

Zusammenfassend kann man sagen, daß die Versuche mit Gelatinegallerten kein sicheres Bild von der Diffusionsgeschwindigkeit der einzelnen Gerbstoffe geben. Es lassen sich zwar gewisse Reihen aufstellen, bei denen manche Gerbstoffe in charakteristischer Folge auftreten. Vergleichbare Werte sind aber schwer zu erzielen, da der Vorgang, der sich zwischen Gelatinegallerte und Gerbstofflösungen abspielt, von vielen Faktoren beeinflußt wird, deren Wirkung nicht zu übersehen ist. Der wichtigste dieser „unsicheren“ Faktoren ist die Art der Nichtgerbstoffe. Eine ebenfalls wichtige Rolle spielt die Beschaffenheit der verwendeten Gelatine, die es in sehr verschiedenen Qualitäten gibt. Einen besonders deutlichen Einfluß übt der p_H-Wert der Gerbstofflösung auf die Gelatinegallerte aus; dieser Einfluß ist aber anderer Art als bei der Hautsubstanz. Durch Lösungen mit extremen p_H-Werten wie p_H 2 oder 10 erfährt Gelatinegallerte weitgehende Veränderungen, so daß die bei solchen Gallerten beobachtete scheinbare Diffusionsgeschwindigkeit kaum mehr zu Vergleichen herangezogen werden kann. Von weiterem Einfluß auf die Versuche ist die Zeit, die man zwischen dem Erstarren der Gelatinelösung und dem Aufgießen der Gerbstofflösung verstreichen läßt. Bekanntlich nimmt die Festigkeit von Gelatinegelen mit der Zeit zu. Bei verschieden alten Gelen kann man verschiedene Diffusionsgeschwindigkeiten beobachten. In allen diesen Erscheinungen ist der Grund dafür zu suchen, daß die Versuchsergebnisse verschiedener Beobachter mitunter sehr voneinander abweichen.

Das Verhalten der Gerbstofflösungen gegenüber Gelatinegelen kann man nicht vergleichen mit dem Verhalten der Gerbstoffe gegen tierische Haut. Gelatinegallerten sind homogene Massen; die tierische Haut ist ein faseriges Gefüge, das verschiedene Schichten mit wechselnder Struktur aufweist. Das Verhalten der Gerbstoffe gegenüber der Hautsubstanz bedarf daher einer Betrachtung für sich.

---

* Siehe auch Seite 461.

3. Diffusionsvermögen pflanzlicher Gerbstoffe gegenüber der tierischen Haut. — Gerbvermögen.

Die Benutzung der Gelatine als Prüfungsmaterial für das Diffusionsvermögen der Gerbstoffe liegt wegen ihrer einfachen Verwendungsweise nahe. Viel schwieriger gestaltet sich die Feststellung, wie sich die einzelnen Gerbstoffe bei ihrem Eindringen in die tierische Haut verhalten. Einmal ist es recht schwer, bei den erforderlichen Reihenversuchen für die einzelnen zu prüfenden Gerbstoffe gleichwertige Hautstücke zu erhalten. Verschiedenheiten in der Struktur der Blößenstücke können aber sehr erhebliche Unterschiede der Versuchsergebnisse bedingen. Sodann ist die Beobachtungsfläche sehr klein; geringe Differenzen in der Durchgerbung lassen sich schwer feststellen. Und endlich ist die Färbung der gegerbten Zone nicht so klar wie bei eisenhaltiger Gelatine.

Trotzdem aber wird nur die Beobachtung des Verhaltens gegenüber tierischer Haut diejenigen Aufschlüsse über die einzelnen Gerbstoffe bringen, deren Auswertung für die praktische Gerbung von Nutzen ist. Eine Gleichstellung der Diffusionsgeschwindigkeit der Gerbstoffe in Gelatinegallerte mit dem Eindringungsvermögen in die tierische Haut ist nicht ohne weiteres statthaft. Die Struktur der Gelatine läßt sich, wie schon erwähnt, mit der Struktur der tierischen Haut nicht vergleichen. Dazu kommt, daß die Nichtgerbstoffe, die rascher als die Gerbstoffe diffundieren, ebenfalls eine Schwarzfärbung mit Eisen geben. Das Fortschreiten der gefärbten Zone gestattet also keine genauen Schlüsse auf die Diffusionsgeschwindigkeit der Gerbstoffe allein, sondern immer nur auf das Eindringungsvermögen der aus den einzelnen Gerbmitteln hergestellten Gemische von löslichen Gerbstoffen und Nichtgerbstoffen.

Mezey (*1*) hat das Eindringungsvermögen einer Reihe pflanzlicher Gerbstoffe in die tierische Haut untersucht. Er benützte für die Versuche entkälkte und gewaschene Kalbsblöße, von der er 5×7 cm große Stücke, die in fließendem Wasser gut ausgewaschen waren, in Gefäße einhängte, die 500 ccm der zum Vergleich herangezogenen Gerbstofflösungen enthielten. Diese Lösungen wurden aus selbstbereiteten Extrakten von Sumach, sulfitiertem Quebracho, gewöhnlichem Quebracho, Mangrove und Kastanienholz hergestellt. Die Konzentration der verwendeten Lösungen war 0,5, 1, 2, 4 und 8% auf den Trockenrückstand bezogen. Nach Ablauf von je ½, 1, 2, 4 und 24 Stunden wurde nach Entfernung des äußeren Randes von jedem Hautstück ein Längsschnitt von etwa 3 mm Breite abgenommen. Der Streifen wurde mit Wasser abgespült und zwischen Filtrierpapier abgepreßt; mit einem Mikrotom wurden dann sofort vier gleich dünne, mikroskopische Querschnitte abgenommen, die je fünf Minuten lang mit den folgenden Lösungen behandelt wurden:

Destilliertes Wasser,
1 proz. $K_2Cr_2O_7$-Lösung,
destilliertes Wasser,
95 proz. Alkohol,
Alkohol absolutus,
Alkohol-Xylol (3 : 1),
Alkohol-Xylol (1 : 1),
Xylol.

Der so behandelte Schnitt wurde mit Canadabalsam auf einem Objektträger befestigt und unter dem Mikroskop mit Hilfe eines Mikrometers die Breite der gegerbten Zone festgestellt. In der Tabelle 115 sind die Ergebnisse der Messungen in Mikrometereinheiten (1 Mikrometereinheit = 0,0166 mm) angegeben.

Um Konzentrationsänderungen während der Gerbung zu vermeiden, hat Mezey (*1*) die verdünnteren Gerbstofflösungen in den ersten vier Stunden

Tabelle 115. Diffusionsvermögen pflanzlicher Gerbstoffe in Kalbsblöße (in Mikrometereinheiten, 1 Mikrometereinheit = 0,0166 mm).

Gerbstoff	Gerbdauer in Stunden	Konzentration der Lösungen (Gesamtrückstand)				
		0,5%	1%	2%	4%	8%
		Mikrometereinheiten				
Sumach	½	2	4	6	7	15
	1	4	7	9	11	20
	2	6	9	12	20	30
	4	8	12	17	25	—
	24	—	—	—	—	—
Sulfitierter Quebracho	½	8	10	16	18	22
	1	11	13	18	24	30
	2	13	16	21	35	38
	4	16	22	26	60	65
	24	38	—	—	—	—
Gewöhnlicher Quebracho	½	4	7	9	10	14
	1	6	11	13	16	20
	2	8	13	16	19	30
	4	11	16	20	24	—
	24	30	35	40	—	—
Mangrove	½	3	5	7	8	10
	1	5	7	10	11	12
	2	6	8	11	13	15
	4	8	10	14	18	24
	24	17	22	30	—	—
Kastanie	½	3	6	10	keine Messung	
	1	5	8	12	15	20
	2	8	10	15	20	28
	4	13	20	25	—	—
	24	20	35	—	—	—

Der Strich (—) bedeutet, daß eine zuverlässige Messung infolge der Schwarzfärbung der ganzen Schnittfläche nicht mehr möglich war.

stündlich neu angesetzt. Durch Bichromat erhielt die gegerbte Zone eine braune bis braunschwarze Färbung, die sich klar von der nicht gegerbten Fläche abhob. Gleichzeitig ließ sich die Diffusion der Nichtgerbstoffe durch eine Gelbfärbung der Fasern erkennen. Die Messungen wurden von der Narbenseite aus vorgenommen, die man unter dem Mikroskop sehr deutlich von der Fleischseite unterscheiden kann. Die in Tabelle 115 angegebenen Zahlen sind jedesmal Mittelwerte von vier Messungen. Die vier Messungen stimmten unter sich gut überein.

Bringt man die bei diesen Untersuchungen Mezeys erhaltenen Ergebnisse durch Kurvenscharen mit den Koordinaten Zeit und Mikrometereinheiten zum Ausdruck, so entstehen sehr lehrreiche Bilder (siehe Abb. 122a bis d). Mezey zieht aus dem Resultat seiner Untersuchungen folgende Schlüsse:

1. Der sulfitierte Quebracho besitzt in jedem Falle die größte Diffusionsgeschwindigkeit.
2. Die hierbei miteinander verglichenen Gerbstoffe können gemäß ihrem Eindringungsvermögen in folgende Reihe geordnet werden: Sulfitierter Quebracho, Kastanie, gewöhnlicher Quebracho, Sumach, Mangrove.
3. Diese Reihenfolge bleibt für alle hier untersuchten Konzentrationen gleich, mit Ausnahme von Sumach, der bei niedrigen Konzentrationen eher der Mangrove, bei höheren Konzentrationen eher dem gewöhnlichen Quebracho gleichkommt.
4. Der Kastaniengerbstoff dringt nach einem kleinen Widerstand rasch vor und überflügelt nach 4 Stunden den gewöhnlichen Quebracho, ohne doch den sulfitierten Quebracho zu erreichen.
5. Die Diffusionsgeschwindigkeitskurve von Mangrove weist in allen Fällen einen Knick auf; dies zeigt, daß dieser Gerbstoff rasch an die Haut anfällt und dann nur äußerst langsam weiter diffundiert.

6. Die Diffusionsgeschwindigkeit der hier untersuchten Gerbstoffe läßt sich nicht direkt auf ihre Adstringenz zurückführen. Kastanie und gewöhnlicher Quebracho besitzen z. B. eine größere Diffusionsgeschwindigkeit als der viel mildere Sumachgerbstoff. Der letztere dringt dagegen rascher vor als der adstringentere Mangrovegerbstoff. Die allgemeine Meinung, wonach die adstringenten Gerbstoffe langsamer in die Haut eindringen als die milden Gerbstoffe, entstammt der Erscheinung, die der Gerber mit dem Ausdruck „Totgerbung" bezeichnet. Diese Totgerbung erfolgt dann, wenn man eine ungegerbte Haut in eine konzentrierte, adstringente Gerbflüssigkeit bringt, wobei die äußeren Hautpartien so stark angegerbt werden, daß dem weiteren Eindringen des Gerbstoffes Widerstand geleistet wird.

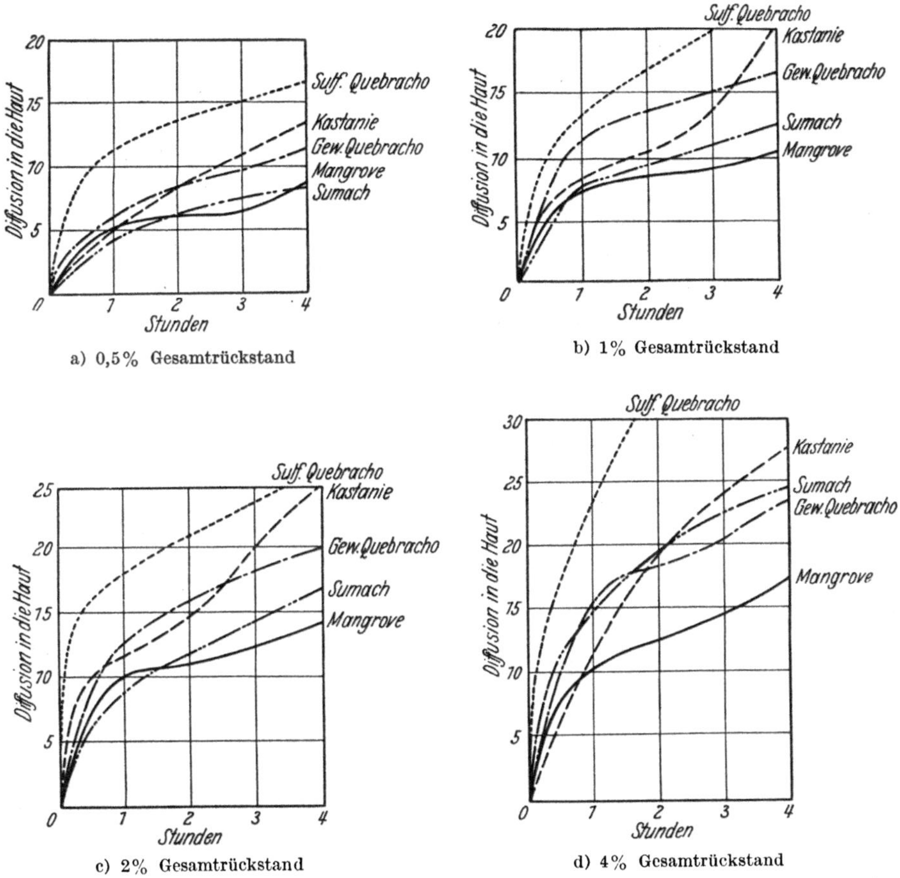

a) 0,5% Gesamtrückstand
b) 1% Gesamtrückstand
c) 2% Gesamtrückstand
d) 4% Gesamtrückstand

Abb. 122a bis 122d. Diffusionsvermögen von pflanzlichen Gerbmittelauszügen verschiedener Konzentration in Kalbsblöße (Mezey, Colleg. 1925, 307).

Wie man sieht, gleicht die Reihenfolge der Gerbstoffe nach ihrem Eindringungsvermögen in die tierische Haut keiner der Reihen, die nach dem Diffusionsvermögen gegenüber Gelatine aufgestellt worden sind. Auch trifft die Wilsonsche Annahme nicht zu, daß die Diffusionsgeschwindigkeit dann am größten sei, wenn das Verhältnis von Nichtgerbstoffen zu Gerbstoff am größten ist. Für den Begriff der „Adstringenz" der Gerbstoffe, der eine wissenschaftliche Formulierung bisher noch nicht erfahren hat (siehe S. 104), konnten die Versuche auch keine weitere Klärung bringen. Zu den Feststellungen von Mezey ist weiter zu bemerken: Da der p_H-Wert der Gerbstofflösungen nicht angegeben ist, scheinen die Versuche beim natürlichen p_H-Wert der frisch bereiteten Lösungen ausgeführt worden zu sein. Das bedingt natürlich ganz andere Ergebnisse als wenn etwa die

Versuchslösungen alle auf einen gleichen p_H-Wert gebracht werden. Auch der p_H-Wert der Blöße vor der Gerbung kann die Diffusionsgeschwindigkeit beeinflussen.

Gnamm hat ähnliche Versuche mit 10 verschiedenen Gerbmittelauszügen durchgeführt und fand im allgemeinen die Feststellungen von Mezey bestätigt. Abweichungen sind auf verschiedene Versuchsbedingungen zurückzuführen. So wurden Blößenstücke mit einem p_H-Wert 7 verwendet und außerdem — entsprechend der Wirklichkeit in der Praxis — die Gerbmittelauszüge nicht wie bei Mezey in den ersten vier Stunden stündlich erneuert, sondern es wurde in der gleichen Gerbbrühe weitergegerbt. Der p_H-Wert der Brühen war der natürliche p_H-Wert (also wie bei Mezey). Die untersuchten Gerbmittel ließen sich auf Grund dieser Versuche in folgende Reihen mit zunehmender Diffusionsgeschwindigkeit ordnen:

Nach 48stünd. Gerbung, 3^0 Bé		Nach 7täg. Gerbung, anfangs 3^0 Bé, dann 4^0 Bé
Sumach		Eichenrinde
Malettorinde		Mimosarinde
Eichenrinde		Gambir
Mimosarinde		Quebracho, natürl.
Myrobalanen		Malettorinde
Quebracho, natürl.		Sumach
Gambir		Myrobalanen
Quebracho, sulfit.		Valonea
Valonea		Kastanie
Kastanie	↓	Quebracho, sulfit.

Es besteht also zwischen der Reihe nach 7tägiger Gerbung und der Mezeyschen Reihe eine gewisse Übereinstimmung. Doch scheint es, daß das spezifische Diffusionsvermögen der Gerbstoffe durch diese Versuche noch nicht hinreichend aufgeklärt ist. Er wäre zu hoffen, daß in umfangreicherem Maße, als bisher geschehen, das Problem der spezifischen Diffusion der verschiedenen Gerbstoffe in die Blöße Gegenstand von Untersuchungen werden wird, da dieses Problem für die Praxis der Gerberei von großer Bedeutung ist.

Dabei müssen folgende Faktoren, welche das Diffusionsvermögen der Gerbstoffe in die tierische Haut beeinflussen, berücksichtigt werden: p_H-Wert der Blöße und der Gerblösung, Konzentration, Alter und Temperatur der Gerblösung, mechanische Beeinflussung, Salzgehalt der Blöße.

Außer diesen Faktoren wird aber als unbekannter Faktor bei den einzelnen Gerbmittelauszügen stets eine spezifische Neigung zu rascherer oder langsamerer Diffusion wirksam sein, die letzten Endes die verschiedene Eindringungsgeschwindigkeit der Gerbmittelauszüge bedingt und vorerst nicht weiter zu erklären ist. Es ist sehr wahrscheinlich, daß hierbei außer den in der chemischen Struktur begründeten Unterschieden der Gerbstoffe das bisher viel zu wenig beachtete natürliche Puffervermögen der einzelnen Gerbmittelauszüge eine nicht unwesentliche Rolle spielt.

Gerbvermögen. Gibt nun die Diffusionsgeschwindigkeit eines Gerbstoffes zugleich ein Bild seines Gerbvermögens? Die Diffusionsgeschwindigkeit einer Gerbstofflösung ist ein qualitativer Wert, der das Eindringen des Gerbstoffes in die Haut während irgendeiner Zeiteinheit angibt. Die Aufnahmefähigkeit der Haut gegenüber der Gerbstofflösung, ein quantitativer Begriff, ist vom Eindringungsvermögen nur insofern abhängig, als die für die maximale Gerbstoffaufnahme erforderliche Zeit von der Diffusionsgeschwindigkeit bedingt ist. Man kann also den Begriff „Gerbvermögen“ oder „Gerbwert“ eines Gerbstoffes bzw. Gerbmittels qualitativ und quantitativ auffassen, d. h. ihn entweder mit der Gerbdauer oder aber mit der Menge des aufgenommenen Gerbstoffes in Verbindung bringen. Für die Lederbildung ist die letztere, die quantitative Auffassung, die wichtigere. Man findet deshalb auch bei den meisten Versuchen und vergleichenden Arbeiten, daß das „Gerbvermögen" oder die „Gerbgeschwindigkeit" durch die Menge Gerbstoff gemessen wird, welche von gleichen Mengen Hautsubstanz unter gleichen Bedingungen in gleichen Zeiten aus den einzelnen Gerbmittellösungen irreversibel gebunden wird.

Zur Feststellung, wie groß die Gerbstoffmengen sind, die von gleichen Mengen Hautsubstanz aus den einzelnen Gerbstofflösungen aufgenommen werden, sind verschiedene Wege eingeschlagen worden. Paeßler und v. Schröder gerbten Blößenstücke in verschiedene Gerbstofflösungen während einer bestimmten Zeit und ermittelten die Abnahme der Gerbstoffkonzentration in der Lösung. Die Menge des aus der Lösung verschwundenen Gerbstoffes wurde als der von der Blöße aufgenommene Gerbstoff betrachtet. Als Kontrolle wurde vor und nach der Gerbung eine Stickstoffbestimmung der Blöße vorgenommen und aus dem Unterschied der beiden Stickstoffmengen der aufgenommene Gerbstoff berechnet. Auch Bennett (*1*) bestimmte die Gerbstoffaufnahme durch die Konzentrationsabnahme der verwendeten Gerbstofflösung. Statt Blöße benützte er Hautpulver. Auf Grund seiner Versuche kam er zu folgender Reihe, in der die Gerbstoffe nach steigenden gewichtgebenden Eigenschaften geordnet sind: fester Quebrachoextrakt, flüssiger Quebrachoextrakt, Gambir, Valonea, Mimosa, Myrobalanen, Kastanienholz. Diese Reihenfolge wurde bei 10 proz. Gerbstofflösungen beobachtet. Danach würden Myrobalanen dem Leder ein doppelt so hohes und auch Gambir ein höheres Gewicht als Quebracho erteilen. Die gegen Bennett vorgebrachten Einwände, daß bei so hohen Konzentrationen der nicht gebundene Gerbstoff eine schwer zu kontrollierende Rolle spiele, sind durchaus berechtigt.

Thomas und Kelly (*1*) haben bei ihren Untersuchungen über den Einfluß der Konzentration des Gerbstoffes auf die Gerbung trockenes Hautpulver mit Gerblösungen geschüttelt und das Hautpulver nach der Gerbung ausgewaschen, bis das Waschwasser mit Eisenchlorid keine Dunkelfärbung mehr zeigte. Dann wurde das Hautpulver ausgedrückt, in einem warmen Luftstrom getrocknet und sein Gehalt an Feuchtigkeit, Hautsubstanz (Stickstoff $\times$ 5,614), Fett und Asche bestimmt. Der nach Abzug der Summe dieser Bestandteile von 100 sich ergebende Rest wurde wie bei dem Verfahren von Wilson und Kern (siehe S. 187) als Gerbstoff berechnet. Die so erhaltenen Adsorptionskurven zeigen ein scharfes Maximum, das nicht auftritt, wenn man Hautpulver verwendet, das vorher angefeuchtet wurde. Die Versuche von Thomas und Kelly hatten in erster Linie den Zweck, den Einfluß der Konzentration der Lösungen auf den Gerbprozeß zu klären. Zum Vergleich des Gerbvermögens verschiedener Gerbstoffe im oben besprochenen Sinn eignen sich die Ergebnisse der Versuche nicht. Auch wird die Gerbstoffaufnahme durch trockene Hautsubstanz sich unter anderen Verhältnissen vollziehen, als dies bei feuchter Blöße oder feuchtem Hautpulver der Fall ist.

Mezey (*2*) hat in ähnlicher Weise wie Thomas und Kelly mit einer Reihe von Gerbstoffen Versuche angestellt. Er benutzte jedoch ein zuvor in Wasser gequollenes Hautpulver und Lösungen mit bedeutend geringeren Konzentrationen. Als geeignete Konzentration wählte er eine solche von 6% Trockenrückstand. 100 ccm dieser Lösungen vermögen 2 g Hautpulver beinahe vollständig zu sättigen und von 6% an ruft eine Konzentrationserhöhung keine namhafte Änderung in der Aufnahme von irreversibel gebundenem Gerbstoff mehr hervor. Zur Feststellung des durch Hautpulver irreversibel gebundenen Gerbstoffes und damit des Gerbvermögens von Gerbstofflösungen stellte Mezey folgenden Versuch an:

Gleiche Mengen von Hautpulver (entsprechend 2 g Trockengewicht) werden mit je 15 ccm Wasser eine halbe Stunde lang angefeuchtet und dann mit 100 ccm der Gerblösung während 6 Stunden im Schüttelapparat bewegt. Das gegerbte Hautpulver wurde abgesaugt, sofort mit 1 l destilliertem Wasser gewaschen und in eine passende Vorrichtung versetzt, in welcher es über Nacht unter Zutropfenlassen von einem weiteren Liter destillierten Wassers verblieb. Die letzten Waschwässer gaben mit Gelatine-Kochsalz keine Fällung, färbten sich aber auf Zusatz von Eisenalaun ganz schwach bläulich. Es wurde davon abgesehen, das Waschen bis zum Ausbleiben der letztgenannten Reaktion fortzusetzen, da diese im Hautpulver verbliebenen minimalen Mengen von Nichtgerbstoffen gegenüber den sonstigen Fehlerquellen der Arbeit ruhig zu vernachlässigen sind. (Zur vollkommenen Entfernung der Nichtgerbstoffe wären etwa 5 bis 6 l destilliertes Wasser nötig gewesen.) Das gewaschene Hautpulver wurde dann zunächst bei 50° C und schließlich bei 105° C vollständig getrocknet und in verschlossenen Wassergläschen sorgfältitg gewogen.

Die Ergebnisse dieser Untersuchungen sind in der Tabelle 116 zusammengestellt.

Tabelle 116. Gerbstoffaufnahme von Hautpulver aus verschiedenen Gerbmittelauszügen (Mezey).

Gerbextrakt	Von 2 g Hautpulver irreversibel gebundener Gerbstoff in g a	Irreversible Gerbstoffaufnahme in % des Hautpulvers b	Irreversible Gerbstoffaufnahme in % der angewandten Gerbstoffmenge (Trockenrückstand) c
Gambir	0,8364	41,82	13,94
Mangrove	0,9516	47,58	15,86
Sulfitierter Quebracho A	0,9604	48,02	16,00
Sulfitierter Quebracho B	0,9884	49,42	16,47
Sumach	0,9942	49,71	16,57
	1,0378	51,39	17,29
Valonea A	1,0085	50,42	16,81
	1,0278	51,36	17,13
Valonea B	1,0048	50,24	16,75
Myrobalanen A	1,0697	53,48	17,83
Myrobalanen B	1,0259	51,29	17,10
Kastanie A	1,1897	59,48	19,83
	1,1712	58,56	19,52
Kastanie B	1,3880	69,40	23,13
Kastanie C	1,4042	70,21	23,40
	1,3922	69,61	23,20
Mimosa	1,3133	65,66	21,89
Flüssiger Quebracho	1,3310	66,55	22,18
Fester Quebracho	1,5303	76,50	25,50
	1,5538	77,89	25,89
Reines Tannin	1,7194	85,97	28,65
	1,6965	84,82	28,27

Die unter b angegebenen Zahlen stellen das Gerbvermögen der Gerbstoffe dar; sie sind der quantitative Ausdruck für ihre gewichtgebenden Eigenschaften. Mezey betrachtet diese Werte als Grundziffern für das Mindestrendement, das mit den betreffenden Gerbmitteln zu erzielen ist. Bei der Versuchsreihe ist interessant, daß unter allen Gerbstoffen das reine Tannin dem Hautpulver das höchste Gewicht verleiht; diese Tatsache spricht erneut gegen die noch immer verbreitete Anschauung, daß reines Tannin kein besonderes Gerbvermögen besitze.

Im weiteren Verlauf seiner Untersuchungen vergleicht Mezey noch das ermittelte Gerbvermögen mit dem offiziellen Gerbstoffgehalt der Extrakte. Er fand, daß der Quotient aus der „Anteilzahl" der Extrakte und ihrer Gerbkapazität annähernd eine konstante Größe (etwa 1,1) darstellt, mit Ausnahme des sulfitierten Quebrachoextraktes, bei dem diese Konstante auf 1,74 ansteigt. Siehe Tabelle 117.

Tabelle 117.

Gerbextrakt	b Irreversible Gerbstoffaufnahme in % des Hautpulvers, Mittelwerte der Gerbkapazität	d Gesamtrückstand des Extraktes	e % Gerbstoff (Sch.-V.) im Extrakt	f $\frac{\text{Gerbstoff} \times 100}{\text{Gesamtrückst.}}$ oder „Anteilzahl" des Extraktes[1]	$\frac{f}{b}$ oder $\frac{\text{Anteilzahl}}{\text{Gerbkapazität}}$
Sulfitierter Quebracho A	48,0	37,9	31,7	83,6	1,74
Sumach	50,0	38,0	20,4	53,6	1,08
Myrobalanen B	51,3	40,5	23,1	57,0	1,11
Kastanie A	59,0	38,4	25,3	65,9	1,12
Kastanie C	69,9	36,8	27,6	75,0	1,07
Mimosa	65,7	83,1	64,7	78,0	1,16
Fester Quebracho	77,0	84,2	71,8	85,2	1,10
Reines Tannin	85,3	91,7	89,0	97,0	1,13

Es wird aus diesen Beobachtungen der Schluß gezogen, daß das Gerbvermögen der normalen (nicht sulfitierten) Extrakte zu ihrem offiziellen Gerbstoffgehalt in konstantem Verhältnis steht, oder daß die Beziehung gilt

$$\text{Gerbvermögen} = K \times \text{offizieller Gerbstoffgehalt.}$$

Die Konstante K ist etwa 1,1. Mit anderen Worten: Die vom Hautpulver bei einem Überschuß an Gerbstoff irreversibel gebundenen Gerbstoffmengen sind den nach der offiziellen Schüttelmethode ermittelten Werten direkt proportional, stehen aber in keinem Verhältnis zu den Gerbstoffmengen, die bei einem Überschuß an Hautpulver irreversibel gebunden werden (Wilson-Kern-Methode).

Zu diesen Versuchen von Mezey muß ganz besonders hervorgehoben werden, daß die Gerbungen anscheinend nicht beim gleichen p_H-Wert ausgeführt, sondern die Gerbstofflösungen bei ihrem natürlichen p_H-Wert benützt wurden. Das bedeutet, daß wahrscheinlich z. B. die Kastanienbrühe einen p_H von etwa 3, die aus Mimosarinden und natürlichem Quebracho hergestellten Brühen aber einen p_H-Wert von 5 bis 5,5 aufwiesen. Wie auf S. 468 gezeigt wird, ist aber die Gerbstoffaufnahme durch Hautsubstanz gerade vom p_H-Wert der Gerblösung ganz besonders abhängig. Der Vergleichswert der Mezeyschen Zahlen für das Gerbvermögen ist deshalb leider gering.

Gerbungsgrad. Endlich ist von verschiedener Seite versucht worden, eine Methode zur zahlenmäßigen Ermittlung der Intensität der Gerbung festzulegen. Als erster hat Fahrion (*4*) mit seinem bekannten Verfahren zur Bestimmung der Wasserbeständigkeit des Leders dessen Gerbungsgrad bestimmt. Die Methode beruht im wesentlichen darin, daß man 1 g zerkleinertes Leder in einem 100 ccm-Meßkolben mit 80 ccm destilliertem Wasser 10 Stunden im kochenden Wasserbad erhitzt, auf 100 ccm auffüllt, durch Leinen filtriert, von dem Filtrat 50 ccm abpipettiert und eindampft. Der so erhaltene, trocken gewogene Eindampfrückstand, dessen organische Substanz durch eine Asche-

[1] Es sei bemerkt, daß unter der „Anteilzahl" man im allgemeinen den Ausdruck $\frac{\text{Gerbstoff} \times 100}{\text{Gesamtlösliches}}$ versteht. Der Gesamtrückstand kann zur Berechnung der Anteilzahl nicht herangezogen werden.

bestimmung noch besonders ermittelt werden muß, wird als „Wasserlösliches" in Rechnung gesetzt. Aus dieser Zahl errechnet man den Gehalt an organischen, durch heißes Wasser nicht gelösten Bestandteilen, ausgedrückt in Prozenten der ursprünglich eingewogenen, aschefreien Trockensubstanz. Der ermittelte Wert wird als die Wasserbeständigkeit des zu prüfenden Leders (W.B.) bezeichnet. Gerngroß und Gorges haben diese Methode zur quantitativen Bestimmung des Gerbungsgrades mittels der Heißwasserprobe weiter ausgebaut[1].

Powarnin und Aggeew haben den Gerbungsgrad durch die sog. Schrumpfungstemperatur des betreffenden Leders zu messen versucht. Sie benützten die thermische Verkürzung der mehr oder weniger stark gegerbten Kollagenfaser als Maß für die Intensität der erfolgten Gerbung. Auch die Arbeiten von Schiaparelli und Careggio über die Gelatinierungstemperatur des Leders sind in diesem Zusammenhang zu nennen.

4. Einfluß der Konzentration auf die Gerbgeschwindigkeit.

Auf S. 459 wurde bereits auf die Untersuchungen hingewiesen, die Thomas und Kelly (*1*) darüber angestellt haben, welchen Einfluß die Konzentration einer Gerbstofflösung auf die Gerbgeschwindigkeit ausübt. Es wurden abgewogene Mengen Hautpulver mit 100 ccm Gerbstofflösung geschüttelt, die gegerbten Hautpulverproben so lange ausgewaschen, bis das Waschwasser keine Eisenreaktion mehr zeigte und die Gewichtszunahmen der Hautpulverproben ermittelt. Die Verfasser haben auf diese Weise die Gerbgeschwindigkeit von Gambir,

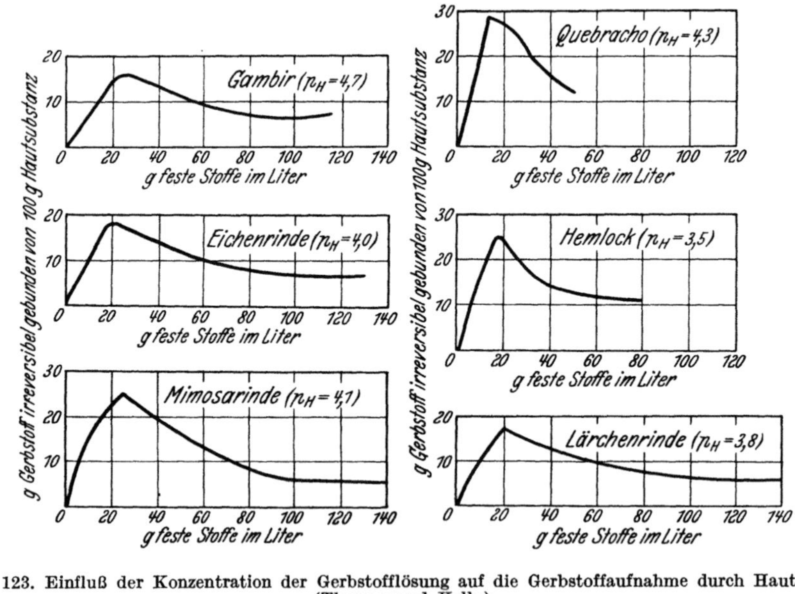

Abb. 123. Einfluß der Konzentration der Gerbstofflösung auf die Gerbstoffaufnahme durch Hautpulver (Thomas und Kelly).

Eichenrinde, Mimosarinde, Quebracho, Hemlockrinde und Lärchenrinde bei verschiedenen Konzentrationen und bei einer Einwirkungsdauer von 24 Stunden festgestellt, gemessen als Gerbstoffmenge, die von 100 g Hautsubstanz irreversibel gebunden wird. Die Ergebnisse sind in Abb. 123 zusammengestellt.

[1] Siehe im übrigen Band III des Handbuches unter „Leder".

Der p_H-Wert der Gerbstofflösungen war allerdings nicht einheitlich. Charakteristisch für alle diese Kurven, die ein Bild über die Gerbstoffaufnahme als Funktion der Konzentration geben, ist das scharfe Ansteigen zu einem Maximum von wechselndem Wert und das langsame Abfallen entsprechend der Zunahme der Gerbstoffkonzentration. Bei allen untersuchten Gerbstofflösungen ist die Gerbgeschwindigkeit bei einer Konzentration von etwa 10 bis 20 g Trockensubstanz im Liter am größten. Die dann erfolgende Abnahme der Gerbgeschwindigkeit verläuft nahezu proportional der Konzentrationszunahme. Ordnet man die untersuchten Gerbstoffe nach dem erreichten Höchstwert, so erhält man folgende Reihe: Quebracho, Mimosa, Hemlock, Lärche, Eichenrinde, Gambir.

Man kann die Maxima der Kurven auf verschiedene Weise erklären. Die Gerbgeschwindigkeit nimmt am Anfang mit steigender Konzentration so rasch zu, daß in sehr kurzer Zeit eine Sättigung der Oberfläche der einzelnen Hautfibrillen mit Gerbstoff eintritt. Die Folge dieser Sättigung ist eine verringerte Durchlässigkeit für die noch vorhandene Gerbstofflösung, die nun nicht mehr oder sehr langsam in das Innere der Fasern einzudringen vermag. Eine andere Erklärung läßt sich aus den Arbeiten von Thomas und Foster entnehmen; sie beobachteten, daß die Potentialdifferenz an der Oberfläche von Gerbstoffteilchen mit wachsender Konzentration der Lösungen abnimmt, und sahen in dieser Verringerung der Potentialdifferenz den Grund für die verminderte Geschwindigkeit der Gerbstoffaufnahme. Die Kurven fallen nach dieser Erklärung entsprechend der Abnahme der Potentialdifferenz.

Die Beobachtungen von Thomas und Kelly stimmen mit der als „Totgerbung" bezeichneten Erscheinung in der Praxis überein.

5. Einfluß der Temperatur auf die Gerbgeschwindigkeit.

Daß die Temperatur der Gerbstofflösung auf die Geschwindigkeit der Gerbstoffaufnahme einen wesentlichen Einfluß ausübt, haben ebenfalls Thomas und Kelly (*3*) durch Untersuchungen an Eichenrinde-, Gambir-, Quebracho- und Mimosarindenbrühen gezeigt. Die Versuche wurden mit Hautpulver ausgeführt, das vorher zur Entfernung der Fettstoffe mit Chloroform extrahiert worden war. Nach Vertreiben des Chloroforms wurde das Hautpulver durch ein feines Sieb gesiebt, so daß nach Absieben der kleinsten Teilchen die zu den Versuchen verwendeten Proben aus möglichst gleichgroßen Teilchen bestanden. Für jede Probe wurde eine Hautpulvermenge, die 2 g Trockensubstanz entsprach, genommen.

Die Gerbstofflösungen hatten eine Konzentration von 40 g Trockensubstanz im Liter. Ihre p_H-Werte waren folgende:

Mimosarinde.	$p_H = 4{,}47$
Eichenrinde	$p_H = 4{,}54$
Gambir.	$p_H = 4{,}68$
Quebracho	$p_H = 4{,}37$.

Die p_H-Werte waren also praktisch gleich. Die Geschwindigkeit der Gerbstoffaufnahme wurde bei vier verschiedenen Temperaturen festgestellt: bei $4^0 \pm 1^0$ C (Thermostat), bei $7^0 \pm 1^0$ C, bei Zimmertemperatur $25^0 \pm 3^0$ C und im Brutschrank bei $37{,}5^0 \pm 0{,}5^0$ C. Zuerst wurden die Hautpulverproben und 200 ccm der Gerbstofflösungen auf die Versuchstemperatur gebracht. Dann wurde die Gerbstofflösung auf das Hautpulver gegossen. Die Flaschen, in denen die Gerbung vor sich ging, wurden von Zeit zu Zeit von Hand umgeschüttelt.

Nach den festgesetzten Versuchszeiten (siehe graphische Darstellung) wurde der Inhalt der Flaschen im Wilson-Kern-Extraktor filtriert und das gegerbte Hautpulver mit destilliertem Wasser ausgewaschen, bis mit Ferrichlorid keine

Färbung des Waschwassers mehr erfolgte. Die bei 4^0 und 7^0 gegerbten Proben wurden auch während des Auswaschens gekühlt. Die ausgewaschenen Proben wurden zuerst an der Luft, dann im Vakuum bei 100^0 getrocknet und gewogen. Die Gewichtszunahme des Hautpulvers ergab die Menge des aufgenommenen Gerbstoffs bzw. die Gerbgeschwindigkeit. Die Abb. 124 und 125 zeigen die Gerbstoffaufnahme bei verschiedenen Temperaturen und innerhalb verschiedener Zeiten. Betrachtet man die Gerbungskurven als Funktionen der Zeit, so erhält man die Abb. 124, während sie in den Abb. 125 als Funktionen der Temperatur erscheinen.

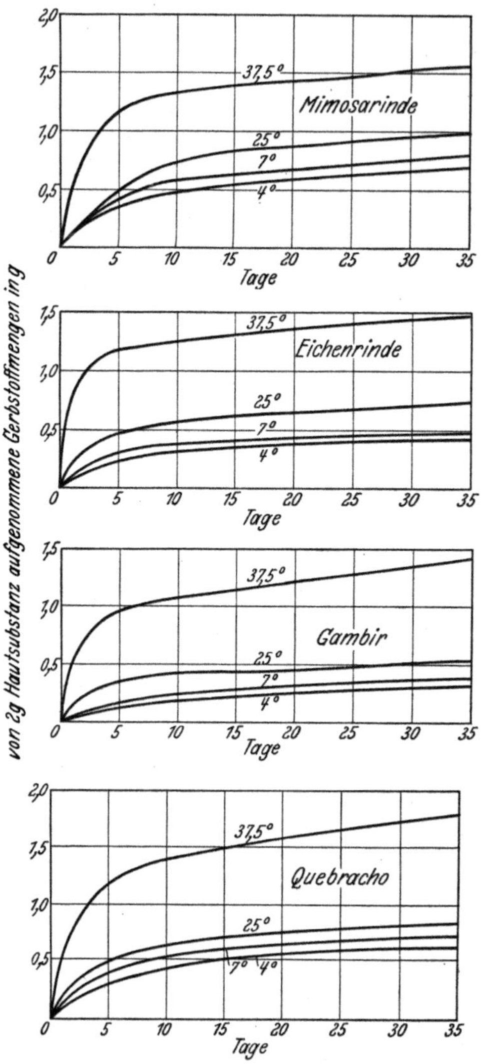

Abb. 124. Einfluß der Temperatur auf die Gerbstoffaufnahme (Thomas und Kelly).

Man sieht, daß die Geschwindigkeit der Gerbstoffaufnahme bei $37{,}5^0$ weit größer ist als bei 25^0 und daß die Erhöhung der Temperatur von 25 auf $37{,}5^0$ (also um $12{,}5^0$) eine weit größere Erhöhung des aufgenommenen Gerbstoffes bedingt als die Temperaturerhöhung von 7^0 auf 25^0 (also um 18^0). Die Kurven lassen außerdem deutlich erkennen, daß bei niederen Temperaturen die Gerbgeschwindigkeit mit steigender Temperatur nur sehr langsam zunimmt.

6. Einfluß von Neutralsalzen auf die Gerbgeschwindigkeit.

Wilson berichtet in seinem Buche über die Chemie der Lederfabrikation[1] über Versuche, welche den Einfluß von Natriumchlorid und Natriumsulfat auf die Gerbgeschwindigkeit von Gambir- und Hemlockrindenextrakt bei verschiedenen p_H-Werten zeigen. Jedesmal wurde Hautpulver (entsprechend 2 g Trockensubstanz) mit 100 ccm Gerbflüssigkeit, die eine bestimmte Menge Salz enthielt, 24 Stunden geschüttelt. Die gegerbten Hautpulverproben wurden in einen Wilson-Kern-Extraktor gebracht, filtriert und gewaschen, bis die Waschwässer mit Ferrichlorid keine Färbung mehr ergaben. Dann wurde das Hautpulver wie bei den anderen Versuchen im Vakuum bei 100^0 getrocknet und gewogen. Die Gewichtszunahme ergab die aufgenommene Gerbstoffmenge.

Die Gerbstoffextrakte wurden zunächst durch Zentrifugieren geklärt und dann so verdünnt, daß sie, nach dem Hinzufügen von bestimmten Mengen Salzsäure oder Natronlauge zur Einstellung der p_H-Werte, auf 2, 5, 8 zum Schluß 40 g Trockensubstanz im Liter enthielten.

[1] **2**, 2. Aufl., S. 546ff.

Die Ergebnisse der Versuche sind in Abb. 126 und 127 dargestellt.

Aus den Kurvenbildern geht hervor, daß bei einem p_H-Wert von 2 beide Salze die Gerbstoffaufnahme in beträchtlichem Maße verlangsamen. Natriumsulfat ist dabei wirksamer als Natriumchlorid. Mit der Konzentration der Lösung an Salz wächst die hemmende Wirkung. Am schwächsten ist die Neutralsalzwirkung bei einem p_H-Wert von 5.

Wilson erklärt die hemmende Wirkung der Neutralsalze auf die Gerbung dadurch, daß sowohl die Potentialdifferenz an der Grenzfläche von Kollagengel

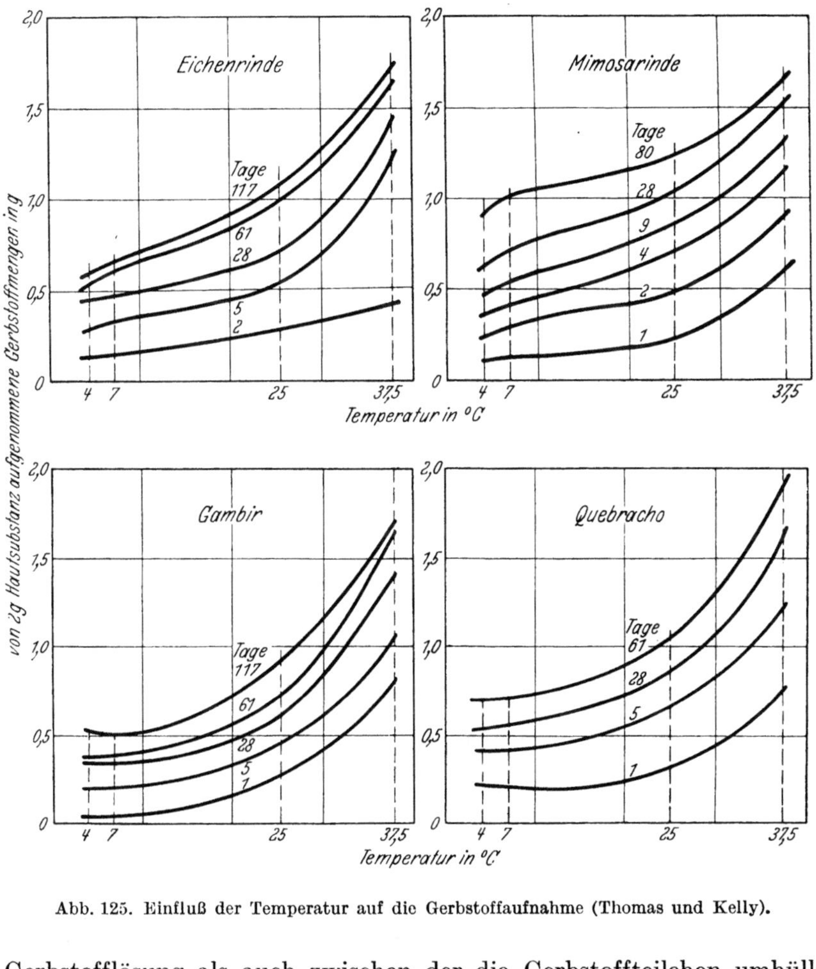

Abb. 125. Einfluß der Temperatur auf die Gerbstoffaufnahme (Thomas und Kelly).

und Gerbstofflösung als auch zwischen der die Gerbstoffteilchen umhüllenden dünnen Schicht und der Lösung herabgesetzt werde. Da das Maximum der Potentialdifferenz zwischen Kollagengel und Gerbbrühe wahrscheinlich bei einem p_H-Wert von 2 liegt, sei es verständlich, warum der hemmende Einfluß der Neutralsalze bei diesem p_H-Wert am größten ist.

Die Hydratationswirkung der Neutralsalze spielt bei den geschilderten Vorgängen ebenfalls eine Rolle. Durch die Neutralsalze wird der Lösung Wasser entzogen und so die Gerbstoffkonzentration erhöht.

Bei sehr starken Salzkonzentrationen beginnen die Gerbstofflösungen auszuflocken. Die Gerbwirkung wird dabei herabgesetzt.

Im Zusammenhang mit diesen Beobachtungen über die Wirkung von Neutralsalzen auf die Gerbstoffaufnahme gewinnen die Untersuchungen von Berg-

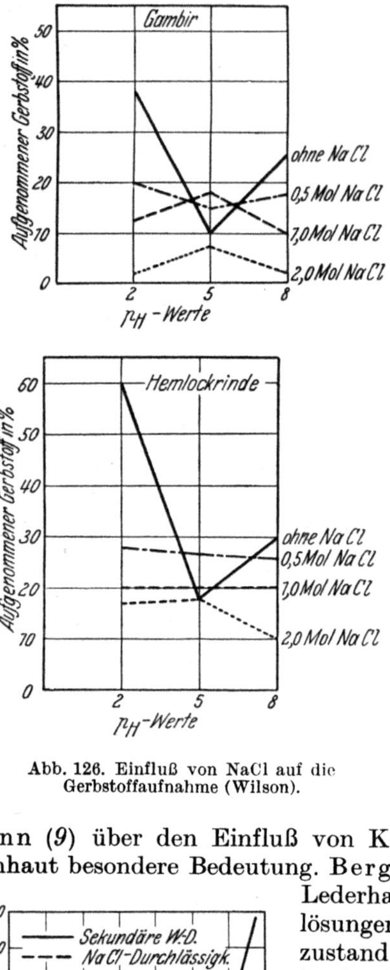

Abb. 126. Einfluß von NaCl auf die Gerbstoffaufnahme (Wilson).

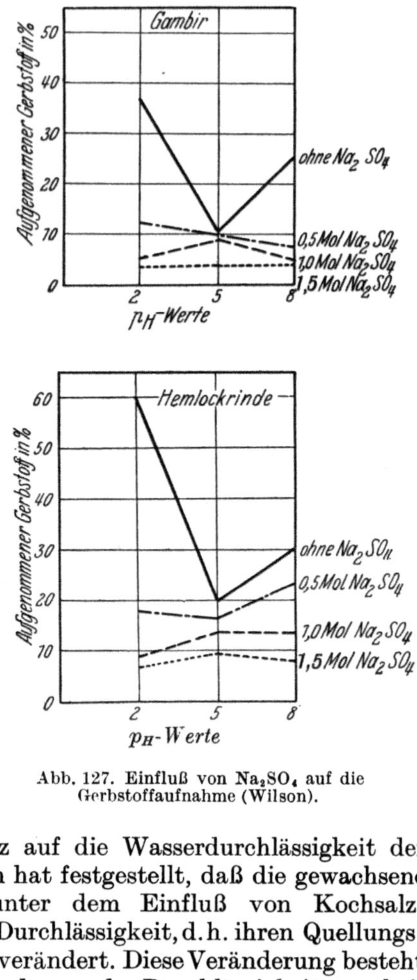

Abb. 127. Einfluß von Na_2SO_4 auf die Gerbstoffaufnahme (Wilson).

mann (*9*) über den Einfluß von Kochsalz auf die Wasserdurchlässigkeit der Rohhaut besondere Bedeutung. Bergmann hat festgestellt, daß die gewachsene Lederhaut[1] unter dem Einfluß von Kochsalzlösungen ihre Durchlässigkeit, d. h. ihren Quellungszustand stark verändert. Diese Veränderung besteht in einer Verminderung der Durchlässigkeit, anscheinend also in einer Verringerung der Porenweite. Es hat sich gezeigt, daß die Änderung der Durchlässigkeit von der Konzentration des Kochsalzes abhängig ist. Je höher die Salzkonzentration ist, um so stärker wird die Durchlässigkeit der Haut herabgedrückt. Die durch das Kochsalz bewirkte Verringerung der Durchlässigkeit wird durch Auswaschen mit Wasser nicht einfach rückgängig gemacht. Die nachträgliche (sekundäre) Wasserdurchlässigkeit ist vielmehr verschieden von der ursprünglichen (primären). Betrag und Richtung dieser Abweichung sind abhängig von der Konzentration des zuvor angewandten

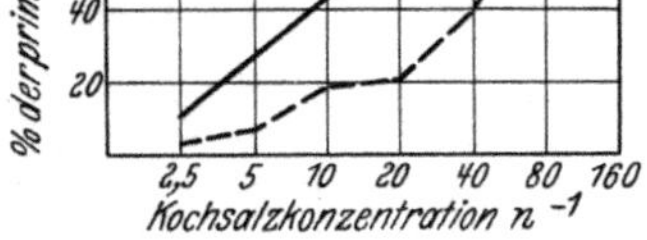

Abb. 128. Einfluß von Kochsalz auf die Wasserdurchlässigkeit der Rohhaut (Bergmann).

[1] Die Versuche wurden mit geschwitzter Kalbsblöße durchgeführt. Näheres siehe Collegium **1928**, 599.

Kochsalzes. In Abb. 128 sind die Beziehungen zwischen primärer, sekundärer und Kochsalzdurchlässigkeit bei verschiedenen Salzkonzentrationen veranschaulicht.

Es ist offensichtlich, daß die durch Salze bedingten Hemmungen bei der Gerbstoffaufnahme wie die Veränderung der Durchlässigkeit der Rohhaut unter dem Einfluß von Salzlösungen auf die gleichen physikalischen Vorgänge an der Hautfaser zurückzuführen sind. Verminderung der Gerbstoffaufnahme und Verringerung der Durchlässigkeit verlaufen dabei in der Richtung der steigenden Salzkonzentration parallel.

Tabelle 118. Einfluß von Neutralsalzen auf die Gerbstoffaufnahme durch Hautpulver bei $p_H = 4,1$. (Nach Gustavson.)

Hautpulver wurde behandelt mit	p_H der Lösung nach der Behandlung	100g Kollagen nehmen auf g Gerbstoff
Na_2SO_4 (molar)	4,40	40,1
$MgSO_4$ (molar)	4,40	42,1
$(NH_4)_2SO_4$ (molar)	4,41	49,8
K_2SO_4 (0,5 molar)	4,41	51,6
H_2O	4,42	56,8
NaCl (molar)	4,43	62,0
KCl (molar)	4,43	62,2
KNO_3 (molar)	4,43	59,3
$KClO_3$ (0,5 molar)	4,43	61,6
$MgCl_2$ (molar)	4,44	63,2
KBr (molar)	4,44	65,4
KJ	4,46	73,8
KCNS (molar)	—	80,4
$SrCl_2$ (molar)	4,48	76,6
$BaCl_2$ (molar)	4,48	80,3
$CaCl_2$ (molar)	4,48	78,9

Auch Gustavson hat den Einfluß von Neutralsalzen auf die Gerbstoffaufnahme von Hautpulver untersucht, indem er das zum Gerben verwendete Hautpulver vorher mit Neutralsalzlösungen behandelte. Er weichte 100 g Hautpulver in einem Liter molarer Neutralsalzlösungen, wozu er verschließbare Flaschen verwendete. Die Lösungen waren mit einer Toluolschicht bedeckt. Die Weichdauer betrug 14 Tage. Der p_H-Wert der Lösungen lag zwischen 5,7 und 6. Die Hautpulverproben wurden dann durch Waschen mit Wasser von Salz befreit und die Menge der peptisierten Hautsubstanz bestimmt. Die salzfreien Hautpulverproben wurden mit 95-proz. Alkohol entwässert und an der Luft getrocknet. Im trockenen Produkt wurde Feuchtigkeit, Asche und Proteingehalt bestimmt.

Tabelle 119. Einfluß von Neutralsalzen auf die Gerbstoffaufnahme durch Hautpulver bei verschiedenen p_H-Werten. (Nach Gustavson.)
Konzentration der Lösung 22,5 g Gesamtrückstand im Liter.

Hautpulver wurde behandelt mit	100 g Kollagen haben g Gerbstoff aufgenommen bei			
	$p_H = 2,40$	$p_H = 4,20$	$p_H = 7,15$	$p_H = 8,20$
Na_2SO_4 (molar)	40,2	30,1	38,6	14,9
H_2O (molar)	49,7	40,2	48,6	21,0
NaCl (molar)	50,2	41,6	50,4	28,2
KCl (molar)	49,8	41,2	50,0	24,6
KBr (molar)	54,0	44,1	51,6	27,5
KJ (molar)	59,2	45,2	59,2	30.9
KCNS (molar)	61,2	44,8	60,4	31,8
$BaCl_2$ (molar)	58,7	47,0	58,2	31,5
$CaCl_2$ (molar)	58,4	47,8	60,8	32,8

Der p_H-Wert der Lösungen wurde mit NaOH bzw. HCl eingestellt.

Dann wurde soviel von diesem Hautpulver, als 3 g Kollagen entsprach, 6 Stunden in 50 ccm Wasser eingeweicht und anschließend mit 200 ccm Hemlockrindenbrühe gegerbt, die 45 g Trockensubstanz im Liter und einen p_H-Wert von 4,10 hatte. Der Einfluß der verschiedenen Neutralsalze, mit denen das Hautpulver vorher behandelt worden war, auf die Gerbstoffaufnahme, geht aus den Tabellen 118 und 119 hervor.

Die Ergebnisse dieser Untersuchungen Gustavsons sind außerordentlich interessant. Der Wirkungsgrad der einzelnen Neutralsalze entspricht der Reihenfolge der Hoffmeisterschen Reihen. Der Einfluß der Anionen auf die Gerbstoffaufnahme läßt folgende Ordnung mit abnehmender Wirksamkeit zu:

$$CNS > J > Br > Cl > H_2O > SO_4 .$$

Die Sulfate führen demnach eine ausgesprochene Verminderung der Gerbstoffaufnahme herbei. Die an Chloride gebundenen Kationen lassen sich ihrer Wirksamkeit nach folgendermaßen ordnen:

$$Ca > Ba > Sr > Mg > K \text{ u. } Na.$$

Die Salze der Erdalkalien begünstigen die Gerbstoffaufnahme in ausgesprochener Weise.

IV. Der Einfluß der Wasserstoffionenkonzentration (p_H-Wert) auf die Gerbung.

Einer der wichtigsten Faktoren, die den Verlauf des Gerbprozesses beeinflussen, ist die Wasserstoffionenkonzentration der Gerbbrühen, oder, wie man kurz sagt, ihr „p_H-Wert". Vom p_H-Wert der Gerbstofflösungen hängt nicht allein die Geschwindigkeit der Gerbstoffaufnahme durch die Hautsubstanz ab, sondern auch gewisse Eigenschaften des bei der Gerbung entstehenden Leders. Die Acidität der Brühen und ihre Bedeutung für die Gerbung war auch früher dem praktischen Gerber bekannt. Auch wußte er, daß die Schwellwirkung einzelner Säuren (Schwefel-, Salz-, Milchsäure) ganz verschieden war, ohne daß er den Grund dieser Erscheinung kannte. Es ist auch hier wieder die moderne wissenschaftliche Forschung gewesen, die durch den Begriff der Wasserstoffionenkonzentration einen zahlenmäßigen Ausdruck für die Stärke der Säuren geschaffen hat. Durch die Möglichkeit ihrer Messung ist dem Gerber eines der wichtigsten Mittel zur Kontrolle des Gerbprozesses in die Hand gegeben, das ihm in vielen Fällen nach Gesetzmäßigkeiten zu arbeiten gestattet, in denen er bisher sich nach unübersichtlichen Erfahrungsgrundsätzen zu richten gewohnt war.

Über den Einfluß des p_H-Wertes auf die Gerbstoffaufnahme durch Hautsubstanz liegen zunächst Untersuchungen von Thomas und Kelly (*4*) vor. Genau wie bei der Prüfung des Konzentrationseinflusses stellten sie die einzelnen Gerbstofflösungen durch Zusatz von Natronlauge bzw. Säure auf die verschiedenen p_H-Werte ein und ließen die Lösungen auf Hautpulver einwirken. Nach der Gerbung wurde das Hautpulver quantitativ mit destilliertem Wasser ausgewaschen und der fixierte Gerbstoff bestimmt, der als Maß für die Geschwindigkeit der Gerbstoffaufnahme diente. Die Versuche wurden mit Quebracho, Gambir, Eichen-, Mimosen-, Hemlock- und Lärchenrindenextrakten ausgeführt, ihre Ergebnisse sind in den Abb. 129 uud 130 graphisch dargestellt.

Allen Kurven gemeinsam ist der steile Anstieg links vom p_H-Wert 5 bei einer Gerbdauer von 24 Stunden. Nach Thomas und Kelly (*4*) steht diese Erscheinung in guter Übereinstimmung mit der Tatsache, daß die positive Ladung des Kollagens in dem Maße wächst, in dem die p_H-Werte kleiner werden und sich vom isoelektrischen Punkt entfernen. Auch die negative Ladung der Gerbstoffe bei p_H-Werten über 2 erklärt das Kurvenbild. In manchen Fällen ist bei einem p_H-Wert von 2 ein Abfall der Kurve zu bemerken. Diese Erscheinung wird damit erklärt, daß es in dem p_H-Gebiet um 2 herum sehr schwierig ist, zuverlässige Resultate zu erhalten, da das Kollagen bei hohem Säuregehalt beträchtlich schwillt und hydrolysiert wird.

Die Gerbstoffaufnahme zeigt bei fast allen Kurven folgenden Charakter: In der Nähe von $p_H = 5$ liegt ein Minimum der Gerbstoffaufnahme. Auf beiden

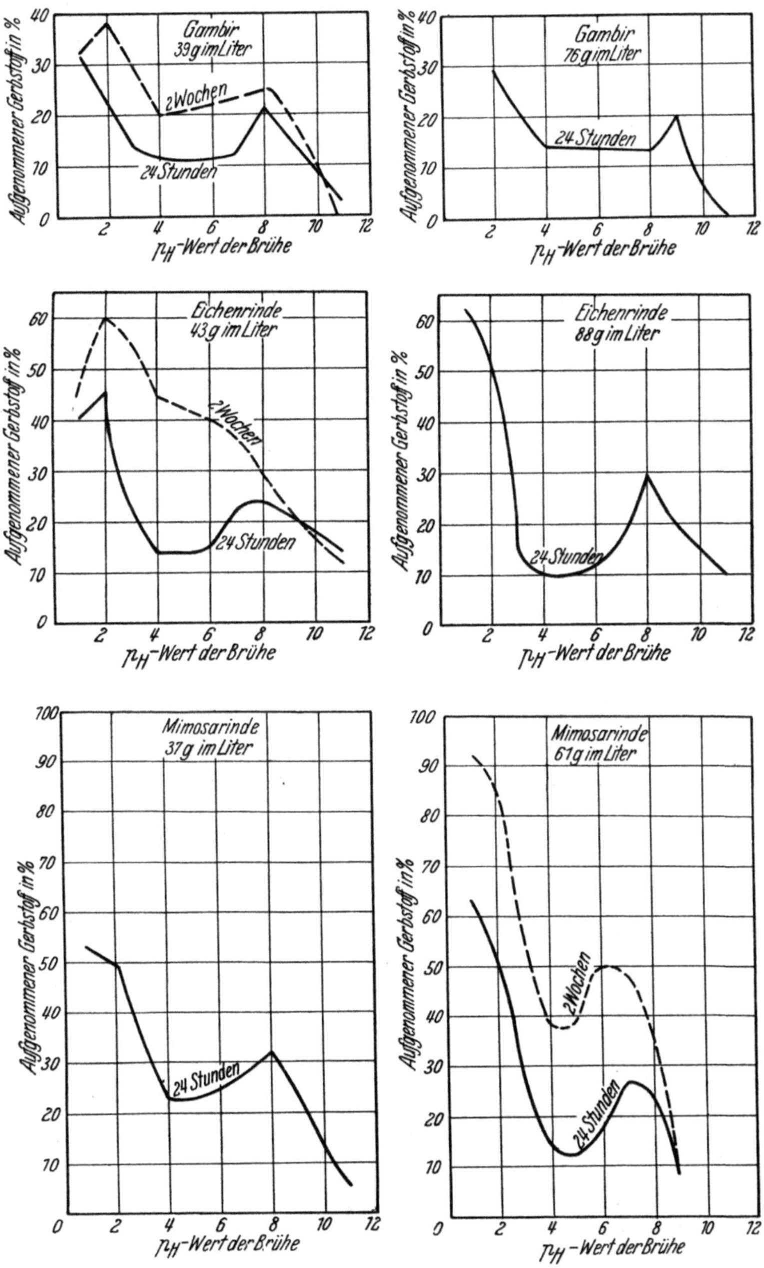

Abb. 129. Einfluß des p_H-Wertes des Gerbmittelauszuges auf die Gerbstoffaufnahme durch Hautpulver (nach Thomas und Kelly).

Seiten des Minimums steigen die Kurven zu Maxima bei $p_H = 2$ bis 3 und $p_H = 7$ bis 8 an und fallen dann wieder stark ab.

Wilson (II, S. 524) bringt die Umkehrung der Kurve zwischen $p_H = 5$ und $p_H = 8$ mit den beiden Schwellungsminima der Haut in Zusammenhang, die von Wilson und Gallun (*1*) bei den p_H-Werten 5 und 7,7 festgestellt worden sind.

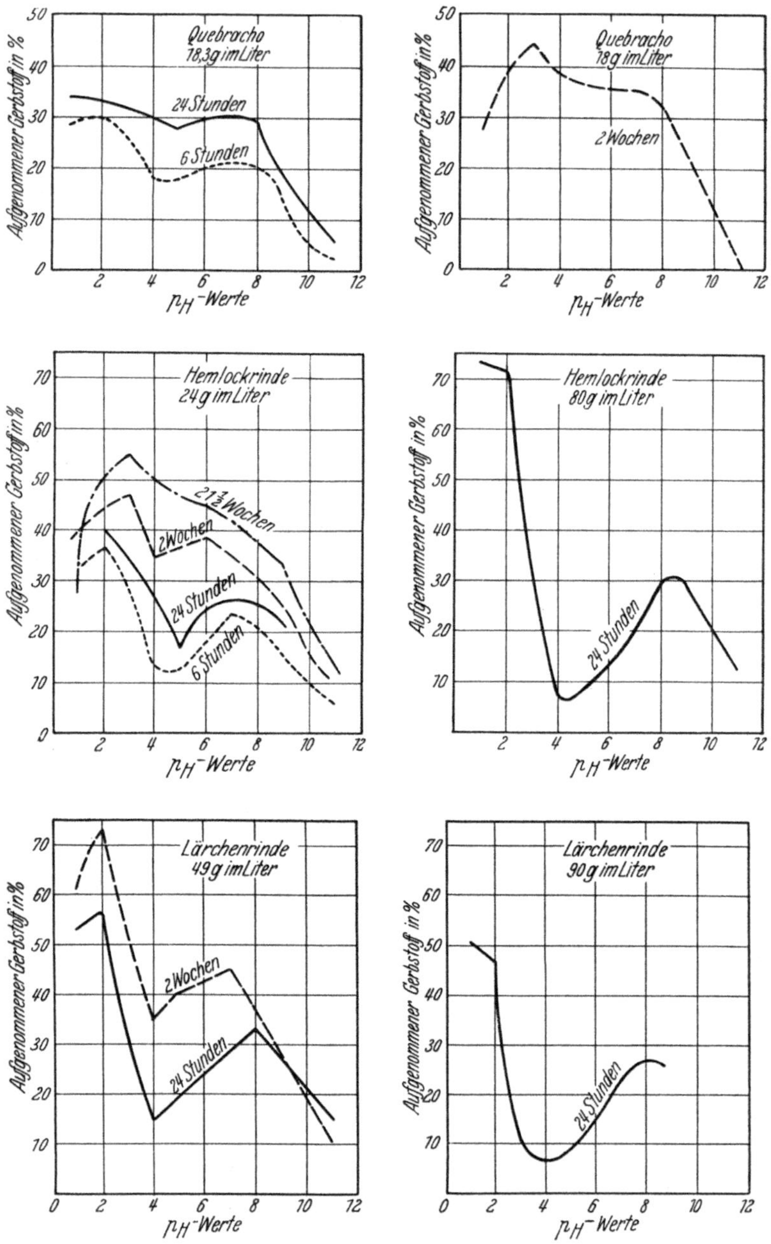

Abb. 130. Einfluß des p_H-Wertes des Gerbmittelauszuges auf die Gerbstoffaufnahme durch Hautpulver (nach Thomas und Kelly).

Er nimmt an, daß das Kollagen beim Übergang von der sauren in die alkalische Lösung möglicherweise eine intramolekulare Umlagerung erleidet und daß das

Minimum bei $p_H = 5$ und das Maximum bei $p_H = 7{,}7$ den beiden isoelektrischen Punkten der zwei Kollagenformen entspricht. Bezeichnet man die in saurer Lösung stabile Form mit A, die in alkalischer Lösung stabile mit B, so geht nach Wilsons Anschauung beim Anwachsen der p_H-Werte von 5 auf 7,7 die Verwandlung von A in B schneller vor sich als die Bildung negativ geladener Ionen der Form A. Wilson schließt daraus, daß die Gesamtladung des Kollagens doch in wachsendem Maße positiv wird, was sich in einer erhöhten Gerbgeschwindigkeit äußert.

Thomas und Kelly (5) haben die gleichen Versuche auch mit Tanninlösungen vorgenommen, um den Einfluß der Wasserstoffionenkonzentration der Lösung auf die Gerbstoffaufnahme bei einem Gerbstoff mit bekannter Konstitution zu untersuchen. Die Versuchsanordnungen waren die gleichen wie bei den oben geschilderten Versuchen. Die gegerbten Hautpulverproben wurden zum Schluß getrocknet und gewogen. Es wurden vier Versuchsreihen mit folgenden Einwirkungszeiten ausgeführt: 6⅓ Stunden, 24 Stunden, 2 Wochen, 12 Wochen. Die Konzentration der Tanninlösung betrug 40 g Tannin im Liter. Die Wasserstoffionenkonzentration wurde, wie bei allen anderen Versuchen, mit der Wasserstoffelektrode gemessen. Die Ergebnisse zeigt Abb. 131.

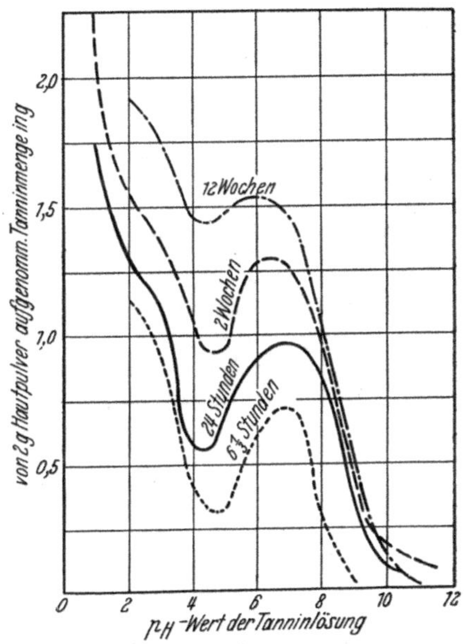

Abb. 131. Einfluß des p_H-Wertes auf die Aufnahme von Tannin durch Hautpulver (Thomas und Kelly).

Diese Kurven gleichen im wesentlichen denjenigen, welche die Aufnahme von Gerbstoff aus technischen Gerbstofflösungen veranschaulichen (siehe S. 469). Beim p_H-Wert von 4,4, dem isoelektrischen Punkt des Kollagens, entsteht ein Minimum, von dem aus sowohl mit zunehmenden wie mit abnehmenden p_H-Werten die Gerbgeschwindigkeit ansteigt. Auf der alkalischen Seite tritt jedoch vom p_H-Wert 7 ab ein weiterer steiler Abfall der Kurven ein. Die technischen Gerbstofflösungen zeigen dagegen bei p_H-Werten über 8 noch eine deutliche Gerbwirkung.

Thomas und Kelly (5) nehmen an, daß diese beim Tannin beobachteten Verschiedenheiten auf die Abwesenheit von Gallussäure und chinonähnlichen Stoffen zurückzuführen ist, und daß diese Stoffe, die bei technischen Extrakten vorhanden sind, eine Gerbstoffaufnahme im alkalischen Gebiet bewirken. Die geringen Mengen, die aus Tanninlösungen im alkalischen Gebiet aufgenommen werden, schreiben sie Verunreinigungen und Abbauprodukten durch Hydrolyse und Oxydation zu (Verfärbungen der Lösungen und des Hautpulvers).

Nun besteht aber bei diesen Versuchen eine Ungenauigkeit, die Thomas und Kelly selbst erkannt haben, und auf die Pawlowitsch besonders hingewiesen hat. Bei allen Versuchen ist das gegerbte Hautpulver mit destilliertem Wasser ausgewaschen worden, das infolge der gelösten Kohlensäure einen p_H-Wert von 5,8 aufwies. Das Hautpulver konnte also beim Auswaschen einen p_H-Wert von 5,8 annehmen, ehe alles Lösliche ausgewaschen war. Dadurch konnte der ursprüngliche Gerbzustand verändert werden.

Thomas und Kelly haben deshalb zwei weitere Versuchsreihen mit Hemlockbrühen durchgeführt, in denen die bei verschiedenen p_H-Werten gegerbten Hautpulverproben mit Pufferlösungen von den entsprechenden p_H-Werten ausgewaschen wurden. Die Auswaschlösungen bis $p_H = 4$ enthielten nur Salzsäure, die Lösungen von p_H 5 bis 9 $^1/_{15}$ Mol. phosphorsaures Natrium mit den erforderlichen Mengen Salzsäure oder Natronlauge. Für die Herstellung der Lösung mit $p_H = 10$ wurde nur Natronlauge verwendet. Die auf diese Weise erzielten Ergebnisse sind in Abb. 132 angegeben.

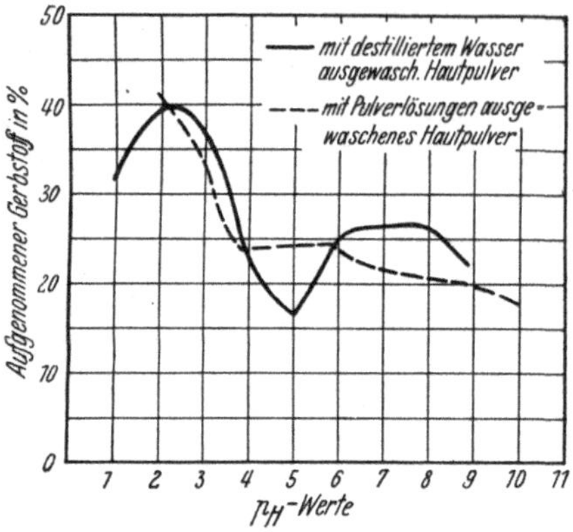

Abb. 132. Einfluß des p_H-Wertes auf die Gerbstoffaufnahme bei Auswaschen des Hautpulvers mit Pufferlösungen (Thomas und Kelly).

Der Unterschied zwischen den beiden Kurven ist auffallend. Beim Auswaschen mit Pufferlösungen erhält man Werte, deren kurvenmäßige Darstellung weder ein Minimum bei $p_H = 5$ noch ein Maximum bei p_H 7 bis 8, sondern einen allmählichen Abfall aufweist.

Thomas und Kelly (*6*) erklären den Unterschied mit einer spezifischen Wirkung des Phosphatpuffers und weisen auf ihre Versuche über den Einfluß von Neutralsalzen auf die Gerbung hin (siehe S. 466). Danach verringert Natriumchlorid und Natriumsulfat in Konzentrationen von 0,5 bis 1 und 2 Molen im Liter, die Durchgerbung oberhalb und unterhalb $p_H = 5$.

Ob die beim Auswaschen mit Natriumphosphatlösung vorhandene Konzentration von $^1/_{15}$ Mol im Liter auf die Gerbgeschwindigkeit so stark hemmend wirkt, ist aber zweifelhaft. Pawlowitsch nimmt als sehr wahrscheinlich an, daß bei $p_H = 7$ bis 8 kein Maximum der Durchgerbung vorhanden ist und daß das von den amerikanischen Forschern beobachtete Maximum der Gerbung bei p_H 7 bis 8 nur der nachträglichen Bindung des Gerbstoffes beim Auswaschen mit CO_2-haltigem Wasser vom $p_H = 5{,}8$ zuzuschreiben ist, nachdem die Haut vorher von einer hochdispersen Gerbstofflösung vom p_H 7 bis 8 durchtränkt war. Er weist dann noch auf die Untersuchungen von Wilson und Kern (*3*) hin, die gezeigt haben, daß die wahre Gerbstoffaufnahme jenseits von $p_H = 7{,}3$ stark fällt (siehe Abb. 133). Auch die Feststellungen von Thomas und Frieden, daß bei der Gerbstoffgelatineprobe das Maximum der Fällung zwischen p_H 3,5 und 4,5 gelegen ist und daß mit der Erhöhung des p_H-Wertes die Empfindlichkeit der Reaktion rasch abnimmt, führt Pawlowitsch als Beweis für die Berechtigung seiner Vermutungen an.

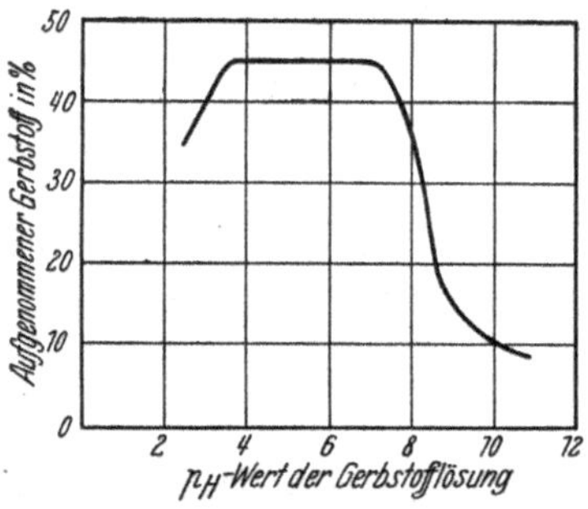

Abb. 133. Einfluß des p_H-Wertes auf die wahre Gerbstoffaufnahme (nach Wilson-Kern).

Um den Einfluß des p_H-Wertes der Gerbstofflösungen auf die Gerbstoffaufnahme in diesem strittigen Punkt weiter aufzuklären, hat Pawlowitsch (*1*) mit Gelatine und mit Hautpulver Versuche angestellt. Auf die Gelatineversuche soll hier nicht weiter eingegangen werden, da die Faktoren, die sie beeinflussen, sehr unsicher sind (siehe S. 454). Die Hautpulverversuche führte Pawlowitsch folgendermaßen aus: Nichtchromiertes Hautpulver (2 g Trockengewicht) wurde mit 150 ccm Quebracholösung (5,33 g im Liter), die vorher auf den entsprechenden p_H-Wert eingestellt und filtriert worden war, 6 Stunden lang geschüttelt. Dann wurde das gegerbte Hautpulver im Wilsonschen Apparat, der unten mit Gaze umwickelt war, abgesaugt, und zwar solange, bis das Filtrat hell war. Hierauf wurde im Filtrat der Rückstand bestimmt und aus seiner Menge die vom Hautpulver aufgenommene Substanz (Gerbstoff + Nichtgerbstoff) ermittelt. Das Ergebnis zeigt Abb. 134. Die Kurve der Abb. 134 würde bedeuten, daß die Gerbstoffaufnahme durch Hautpulver vom $p_H = 6$ bis $p_H = 8$ sich allmählich verringert und daß eine besonders scharfe Verringerung bei $p_H = 8$ eintritt. Danach würde zwischen $p_H = 4{,}4$ und 7,7 die Gerbgeschwindigkeit nicht, wie Thomas und Kelly gefunden haben, ansteigen, sondern abnehmen, was wiederum mit den Ergebnissen der Versuche der gleichen Forscher, bei denen die gegerbten Hautpulver mit Pufferlösungen ausgewaschen worden waren, teilweise übereinstimmt (siehe Abb. S. 132). Die ganze Frage des Einflusses, den die p_H-Werte zwischen 4 und 8 auf die Gerbstoffaufnahme durch Hautsubstanz ausüben, ist noch nicht restlos geklärt, so überzeugend auch viele der geschilderten Versuchsergebnisse sind.

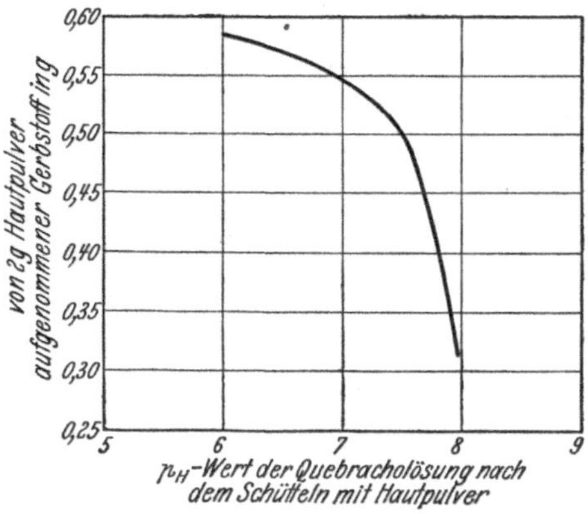

Abb. 134. Gerbstoffaufnahme von Hautpulver bei verschiedenen p_H-Werten (nach Pawlowitsch.)

Um festzustellen, ob die Natur der Säuren, mit denen man die Gerbstofflösungen auf die einzelnen p_H-Werte bringt, die Gerbstoffaufnahme durch

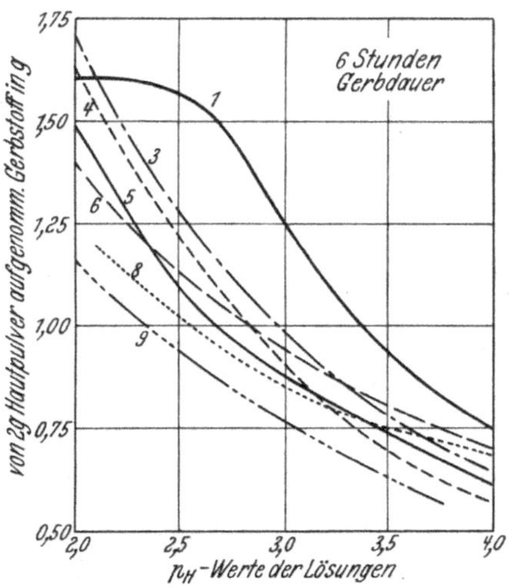

Abb. 135. Einfluß verschiedener Säuren auf die Gerbstoffaufnahme bei 6 Stunden Gerbdauer (Thomas und Kelly).
1 Essigsäure, *3* Milchsäure, *4* Ameisensäure, *5* Zitronensäure, *6* Weinsäure, *8* Oxalsäure, *9* Salzsäure.

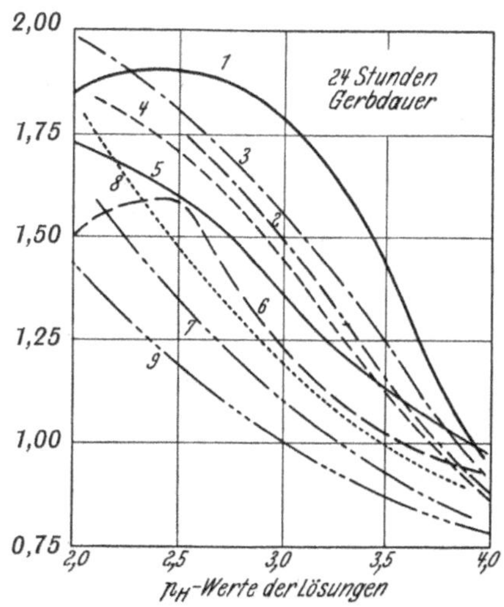

Abb. 136. Einfluß verschiedener Säuren auf die Gerbstoffaufnahme bei 24 Stunden Gerbdauer (Thomas und Kelly).
1 Essigsäure, *2* Milchsäure, *3* Bernsteinsäure, *4* Ameisensäur,e *5* Zitronensäure, *6* Weinsäure, *7* Oxalsäure, *8* Monochloressigsäure, *9* Salzsäure.

Hautpulver spezifisch beeinflussen, haben Thomas und Kelly (7) dann noch weitere Versuche mit neun verschiedenen organischen Säuren ausgeführt.

Zu Hautpulver, das 2 g wasserfreiem Material entsprach, wurden in einer Flasche zunächst 50 ccm destilliertes Wasser und nach einer Stunde ein Mimosarindenauszug (40 g Gesamtrückstand im Liter), dessen p_H-Wert mit der Säure eingestellt war, zugegeben. Es wurden mit jeder der zu prüfenden Säuren Lösungen hergestellt, deren p_H-Werte 2, 2,5, 3, 3,5 und 4 betrugen. Die Einwirkung der Gerbstofflösungen auf die Hautpulverproben währte 6 bzw. 24 Stunden (Schüttelapparat). Dann wurde wie bei früheren Versuchen filtriert und gewaschen. Die Gerbstofflösungen waren bei keinem Versuch erschöpft, wie durch die Gelatinereaktion nachgewiesen werden konnte. Die Hautpulverproben wurden getrocknet und gewogen und die Gewichtszunahmen als aufgenommener Gerbstoff betrachtet. Das Ergebnis ist in Abb. 135 und 136 graphisch dargestellt.

Die Ergebnisse der Versuche zeigen, daß die Gerbstoffaufnahme nahezu umgekehrt proportional der Dissoziationskonstante der Säure ist, mit welcher der p_H-Wert der Lösung eingestellt wurde.

Auch Stiasny (*4*) und seine Mitarbeiter haben den Einfluß verschiedener Säuren auf die Gerbstoffaufnahme untersucht. Sie gerbten 6 g Hautpulver mit Mimosa-, Fichte- und Mimosa-Fichtebrühen, die teils mit Salzsäure, teils mit Milchsäure auf die p_H-Werte 4 und 3 eingestellt waren. Die Gesamtgerbung wurde bei diesen p_H-Werten vorgenommen. Die Ergebnisse zeigt die Tabelle 120.

Tabelle 120. Einfluß verschiedener Säuren und p_H-Werte auf die Gerbstoffaufnahme (nach Stiasny).

Art der Säure	p_H-Wert	Gesamtgerbstoff	Unauswaschbarer Gerbstoff	Unauswaschbarer Gerbstoff nach 1 Monat Lagern
		Mimosabrühe.		
	4,84	44,5	28,0	41,2
Salzsäure . . .	4,0	49,6	31,7	42,1
	3,0	53,1	37,6	43,5
Milchsäure . .	4,0	48,9	32,9	—
	3,0	56,4	38,0	42,7
		Fichtenbrühe.		
	4,4	36,9	15,5	17,9
Salzsäure . . .	4,0	39,8	20,2	22,6
	3,0	45,8	23,8	28,4
Milchsäure . .	4,0	38,8	19,6	21,1
	3,0	57,4	36,5	41,7
		Mimosa-Fichtenbrühe.		
	4,6	37,1	19,2	19,4
Salzsäure . . .	4,0	38,8	20,6	26,5
	3,0	49,3	29,6	38,0
Milchsäure . .	4,0	36,3	20,0	25,2
	3,0	56,6	37,3	45,0

Aus den Zahlen der Tabelle 120 geht hervor, daß mit zunehmender Acidität sowohl die Gesamtgerbstoffaufnahme, wie auch die Menge unauswaschbar aufgenommenen Gerbstoffes zunimmt. Man sieht, daß bei p_H-Wert = 3 Milchsäure einen wesentlich stärkeren Einfluß auf die Gerbstoffaufnahme ausübt als Salzsäure. Diese Beobachtung stimmt mit den Versuchsergebnissen von Thomas und Kelly (*7*) (siehe S. 473) überein. Die Tabelle 120 zeigt weiterhin, daß der Säureeinfluß auf die Mimosagerbung verschieden ist von dem Säureeinfluß auf die Fichtengerbung. Bei Mimosagerbung gleichen sich nach einmonatiger Lagerzeit die Unterschiede wieder aus, die in bezug auf die Aufnahme unauswaschbaren Gerbstoffes bei verschiedenen Aciditäten zutage traten. Bei der Fichtengerbung ist dies nicht der Fall. Die an sich weniger intensive Fichtengerbung wird in bezug auf Gerbstoffaufnahme erst bei größerem Milchsäurezusatz (p_H = 3) der Mimosagerbung gleichwertig. Fichtenbrühe braucht etwa dreimal so viel Milchsäure, um auf einen p_H von 3 gebracht zu werden, wie Mimosabrühe vom gleichen Gerbstoffgehalt. Auch verhält sich, wie aus Tabelle 120 weiter zu ersehen ist, ein Mimosa-Fichtenrindegemisch ähnlich wie Fichtenrinde allein; es kommt also neben Fichtenrinde die charakteristische Gerbwirkung der Mimosarinde nur unvollkommen zur Geltung.

Spezifisches Puffervermögen der Gerbmittelauszüge (Pufferindex). Es ist hier der geeignete Ort, um auf eine Eigenschaft der verschiedenen Gerbmittelauszüge hinzuweisen, die bisher nur geringe Beachtung gefunden hat, nämlich das jedem Gerbmittelauszug eigentümliche Pufferungsvermögen gegenüber Säuren und Alkalien. W. B. Pleass hat in einer kürzlich erschienenen Arbeit diese spezifische Eigenschaft der Gerbmittelauszüge als „Pufferindex" bezeichnet.

Untersucht man die p_H-Werte frisch bereiteter Gerbmittelauszüge von gleicher Dichte, so erhält man die natürlichen p_H-Werte, die zwischen 3,3 und 5,7 liegen (siehe Tabelle 121). Um diesen p_H-Wert um eine Einheit nach oben oder unten zu verschieben, sind bei den einzelnen Gerbmittelauszügen ganz verschiedene Mengen Säure und Alkali erforderlich. Diese Verschiedenheit kann als ein Maß für das wechselnde Puffervermögen (spezifisches Puffervermögen) der Gerbmittelauszüge gewertet werden. Die Ursache dieser Erscheinung ist ohne Zweifel in erster Linie durch die Menge und Natur der in den Gerbmittelauszügen vorhandenen Nichtgerbstoffe bedingt. Daß diese aber nicht den einzigen Faktor bilden, der das Puffervermögen beeinflußt, zeigt z. B. die Fichtenrinde, die mit der größten relativen Nichtgerbstoffmenge ein ganz geringes Puffervermögen aufweist (siehe Tabelle 121).

Tabelle 121. Spezifisches Puffervermögen der Gerbmittel.

Gerbmittel	Natürlicher p_H-Wert der frischen Lösung	Erforderliche Anzahl ccm $n/_{10}$-Säure bzw. Lauge zur Verschiebung des p_H-Wertes von 100 ccm 3° iger Brühe um eine Einheit	
		nach unten	nach oben
Myrobalanen	3,5	35	24
Valonea	3,9	26	15
Kastanie	3,3	24	13
Dividivi	3,5	20	8
Sumach	5,0	18	15
Quebracho sulfitiert	5,5	18	11
Eichenrinde	4,7	15	15
Gambir	5,1	14	11
Eichenholz	4,3	13	25
Tizerah	5,1	12	5
Fichtenrinde	4,7	9	9
Mimosarinde	5,7	7	7
Quebracho natürlich	5,7	5	15

Tabelle 121 zeigt neben den natürlichen p_H-Werten einiger Gerbmittelauszüge die Mengen $n/_{10}$ Salzsäure und Natronlauge, die erforderlich sind, um in 100 ccm Gerbmittelauszug von 3° Bé den natürlichen p_H-Wert um eine Einheit zu erniedrigen bzw. zu erhöhen.

Die Zahlen, welche die erforderliche Menge $n/_{10}$ Säure und Lauge angeben, können als Pufferindex oder spezifisches Puffervermögen der einzelnen Gerbmittel angesehen werden. Demnach zeigt natürlicher Quebrachoauszug den niedrigsten, Myrobalanenauszug den höchsten Pufferindex.

Besondere Bedeutung gewinnt das Puffervermögen der verschiedenen Gerbstoffe bei alten Gerbbrühen in der Gerberei, in denen sich Salze, vor allem Kalksalze aus den Blößen, ansammeln. Pleass hat darauf hingewiesen, daß hier die Natur der Säure, die zur Veränderung des p_H-Wertes der Gerbbrühen verwendet wird, auf den Pufferindex ganz verschieden einwirkt. Er zeigt dies an einem Versuch, bei dem er verschiedene Mengen Schwefelsäure und Milchsäure zu einer technischen Gerbbrühe zusetzt (Tabelle 122).

Tabelle 122. Einfluß von Schwefelsäure und Milchsäure auf den Pufferindex von Gerbmittelauszügen. (Nach Pleass.)

Zusatz von Säure zu 100 ccm Brühe	p_H-Wert	Pufferindex
0	3,16	4,4
2,5 ccm n-Schwefelsäure . . .	2,74	3,9
5,0 ccm n-Schwefelsäure . . .	2,40	2,1
5,0 ccm 6,24 n-Milchsäure . .	2,73	11,5
10,0 ccm 6,24 n-Milchsäure . .	2,64	14,8

Der Zusatz von Schwefelsäure bewirkt also eine Verminderung des p_H-Wertes und des Pufferindex, während ein Zusatz von Milchsäure zwar den p_H-Wert der Gerbbrühe ebenfalls erniedrigt, den Pufferindex aber ganz außergewöhnlich erhöht.

Die Bedeutung dieser Erscheinungen für den praktischen Gerbprozeß ist heute noch keineswegs vollkommen aufgeklärt. Pleass sieht zwischen der sog. „milden" Wirkung einzelner Gerbbrühen und deren Pufferindex einen engen Zusammenhang. Es ist sehr wahrscheinlich, daß die Eigenschaften des Leders durch den Pufferindex der Gerbbrühen wesentlich beeinflußt werden. Denn die Art und Menge der Gerbstoffaufnahme ist sehr stark auch vom Schwellungsgrad der Haut abhängig (siehe die unten erwähnten Arbeiten von Stiasny). Die Untersuchungen über den Pufferindex gewinnen deshalb noch besondere Bedeutung im Zusammenhang mit der Schwellwirkung der Gerbbrühen und der Rolle, die der p_H-Wert bei dieser Schwellwirkung spielt (siehe S. 482).

Stiasny suchte festzustellen, ob der starke Einfluß des p_H-Wertes auf die Gerbstoffaufnahme darauf beruht, daß die Haut stärker geschwollen wird, oder darauf, daß die kolloidchemischen Eigenschaften der Gerbbrühen eine Änderung erfahren. Er stellte zu diesem Zweck Gerbversuche mit Hautpulver an, das vor der Gerbung mit Salzsäure ($p_H = 3$) geschwellt und dessen Schwellung durch Formaldehyd fixiert war. Das so vorbehandelte Hautpulver wurde nun mit Mimosabrühe gegerbt, deren p_H-Wert mit Salzsäure auf 3 gebracht worden war. Zum Vergleich wurde das ebenso vorbehandelte Hautpulver mit der gleichen Mimosabrühe (p_H 4,84) ohne Salzsäurezusatz gegerbt. Es zeigte sich, daß bei gleichem fixiertem Quellungsgrad die Gerbung unabhängig vom p_H-Wert der Gerbbrühen verläuft. Es zeigte sich ferner, daß vergleichende fraktionierte Aussalzversuche keinen wesentlichen Einfluß der Säurezusätze auf die Teilchengröße der Gerbbrühen erkennen ließen (siehe Tabelle 123). Stiasny zieht aus diesen Versuchen und ihren Ergebnissen die Folgerung, daß die Hauptursache der Beeinflussung der Gerbstoffaufnahme durch Säurezusätze in dem ver-

Tabelle 123. Aussalzungen von Mimosabrühen bei verschiedenem p_H-Wert, eingestellt mit Salz- und mit Milchsäure. (Nach Stiasny.)

Art der Säure	p_H-Wert	1. Aussalz.-Fraktion	2. Aussalz.-Fraktion	3. Aussalz.-Fraktion	Gesamtaussalzung
	4,84	14,4	19,3	28,3	62,0
Salzsäure	4,0	13,4	16,2	34,6	64,2
	3,0	14,0	13,2	37,8	65,0
Milchsäure	4,0	13,1	18,1	38,9	64,1
	3,0	13,3	12,3	37,1	62,7

schiedenen Quellungsgrad zu suchen ist, den die Haut durch diesen Säurezusatz erfährt. —

Daß die pflanzlichen Gerbstoffe die Wasserstoffionenkonzentration von Säurelösungen verringern, haben Tschernow und Ssipina gezeigt. Sie stellten aus Schwefelsäure, Salzsäure, Milchsäure und Essigsäure $n/_{50}$ Lösungen einmal mit destilliertem Wasser, dann mit verschiedenen Gerbstofflösungen von 1^0 Bé her, indem sie 20 ccm $n/_{10}$ Säurelösung mit den verschiedenen Gerbstofflösungen bzw. mit Wasser auf 100 ccm auffüllten. Die dabei beobachteten verschiedenen p_H-Werte sind aus Tabelle 124 ersichtlich.

Tabelle 124. Einfluß der Gerbstoffe auf die p_H-Werte von Säuren. (Nach Tschernow und Ssipina.)

Zur Herstellung der $n/_{50}$-Lösungen verwendeten Gerbstoffe	p_H-Wert der Brühe von 1^0 Bé	HCl	H_2SO_4	Essig-säure	Milch-säure
1. Wasser	(5,80)	1,83	1,91	2,55	3,05
2. Mangroverinde	4,33	1,88	1,97	2,77	3,33
3. Mimosarinde	4,72	1,93	2,04	2,86	3,53
4. Quebracho (Ordinary)	4,70	1,98	2,09	2,89	3,60
5. Quebracho (Corona)	5,49	2,01	2,13	3,14	3,89
6. Valonea	4,01	2,10	2,20	3,19	3,66
7. Weidenrinde	4,60	2,07	2,20	3,22	3,80

Das Verhältnis der Wasserstoffionenkonzentration der reinen Säuren (1. Reihe in Tabelle 124) zu der in Anwesenheit der Gerbstoffe herrschenden Wasserstoffionenkonzentration ist in der Tabelle 125 angegeben.

Tabelle 125. Verhältnis zwischen den p_H-Werten der reinen Säuren und denen der Gerbstofflösungen. (Siehe Tabelle 124.)

Gerbstoffe	HCl	H_2SO_4	Essigsäure	Milchsäure
Mangroverinde	1,12	1,14	1,66	1,91
Mimosarinde	1,25	1,34	2,04	3,02
Quebracho (Ordinary)	1,41	1,51	2,18	3,55
Quebracho (Corona)	1,51	1,66	3,89	6,92
Valonea	1,86	1,95	4,36	4,07
Weidenrinde	1,73	1,95	4,68	5,62

Die Gerbstoffe verringern demnach die Wasserstoffionenkonzentration der Säuren in verschiedenem Maße. Bei schwachen Säuren ist der Einfluß der Gerbstoffe stärker (siehe Essig- und Milchsäure in Tabelle 124); die Größe der p_H-Wertänderung hängt von der Natur des Gerbstoffes ab und ist eben in erster Linie durch das schon erwähnte spezifische Puffervermögen bedingt.

Es fragt sich nun, ob die Beobachtungen, die von verschiedenen Forschern über den Einfluß der Wasserstoffionenkonzentration auf die Gerbstoffaufnahme durch Hautpulver gemacht worden sind, ohne weiteres auch für die tierische Haut Geltung haben.

Wenn man eine Reihe von Gerbstofflösungen mit den p_H-Werten 2 bis 10 bereitet, in diese Lösungen Streifen einer dicken Rindshaut einhängt und diese von Zeit zu Zeit anschneidet, um das Vordringen der Gerbung zu verfolgen, so findet man, daß sich die Hautstücke teilweise anders verhalten als das Hautpulver. Man wird z. B. nach 48 Stunden feststellen, daß das Hautstück aus der Lösung mit $p_H = 2$ zwar stark geschwollen, daß der Gerbstoff aber fast gar nicht nach innen gedrungen ist. Auch das Hautstück aus der Lösung mit $p_H = 3$ und 4 zeigt nur eine geringe Durchgerbung, 4 aber mehr als 3. Am breitesten ist der Gerbstreifen bei den Blößenstücken auf den Lösungen mit p_H 6 und 8, wobei das Maximum bei 8 liegt. Bei den Stücken aus den Lösungen mit $p_H = 9$ und 10 ist die angegerbte Zone wieder schmaler. Die mangelhafte Durchgerbung bei den niederen p_H-Werten stimmt mit den bei der Gerbung von Hautpulver gemachten Beobachtungen nicht überein. Dazu ist aber folgendes zu sagen: Das fein verteilte lockere Hautpulver wird von Anfang an ganz von den Gerbstofflösungen durchdrungen, die tierische Haut dagegen bildet mit ihrer äußeren Schicht eine feste Grenzfläche, welche die Gerbstofflösung zunächst von dem Hautinnern abschließt. Die Gerbstoffaufnahme ist bei niederen p_H-Werten auch bei der Hautblöße sehr stark. Das rasche Eindringen des Gerbstoffes bewirkt aber eine Überladung und Übergerbung der äußeren Schicht der Blöße, es bildet sich eine für weiteren Gerbstoff schwer durchlässige Schicht, welche die Gerbung erheblich verlangsamt, weil die Diffusion in das Innere der Haut unterbunden ist. Aus diesem Grund erscheint die in stark saueren Gerblösungen angegerbte Blöße beim Anschneiden um sehr viel weniger durchgegerbt als Blößen, welche die gleiche Zeit in weniger saueren Brühen gegerbt wurden.

Bei $p_H = 3$ ist diese hemmende Wirkung der mit Gerbstoff überladenen Oberfläche weit geringer, bei $p_H = 4$ trifft eine Überladung der Oberfläche der Blöße nicht mehr zu. Dagegen tritt hier bereits das aus den früher geschilderten Versuchen bekannte Minimum der Gerbstoffaufnahme in der Nähe des ersten isoelektrischen Punktes in die Erscheinung. Von jetzt ($p_H = 4$) ab stimmen die an der Blöße bei den verschiedenen p_H-Werten beobachteten Gerbgeschwindigkeiten mit den am Hautpulver gemachten Beobachtungen ungefähr überein.

Man darf aber nicht vergessen, daß die Feststellung des Fortschrittes der Gerbung am Schnitt von Blößenstücken lediglich den Grad der Gerbstoffdiffusion, nicht aber die Gerbstoffaufnahme durch die Hautsubstanz anzeigt.

Genauere Versuche über den Einfluß der Wasserstoffionenkonzentration auf die Gerbstoffaufnahme von Hautstücken haben Parker und Gilman (*1*) durchgeführt.

Parker und Gilman (*1*) verwendeten für ihre Untersuchungen Ochsenhautstücke von 500 bis 600 g Gewicht. Nachdem Aschegehalt, Feuchtigkeit und Hautsubstanz bestimmt worden waren, wurde die Gerbung der Blößenstücke in einer Gerbbrühe vorgenommen, die aus Valonea, Myrobalanen, Mimosarinde und Kastanienholz hergestellt war.

Es wurden fünf verschiedene Gerbbrühenreihen mit den p_H-Werten 2, 2,5, 3, 4, 5 angesetzt. In jeder Reihe begann die Gerbung in einer Brühe mit 1,86% Gerbstoff und 1,18% Nichtgerbstoff und wurde dann folgendermaßen weitergeführt:

1	Tag	in	einer	Brühe	mit	1,86%	Gerbstoff	und	1,18%	Nichtgerbstoff
1	,,	,,	,,	,,	,,	2,29%	,,	,,	1,45%	,,
3	Tage	,,	,,	,,	,,	2,56%	,,	,,	1,63%	,,
2	,,	,,	,,	,,	,,	3,09%	,,	,,	1,97%	,,
7	,,	,,	,,	,,	,,	3,65%	,,	,,	2,41%	,,
7	,,	,,	,,	,,	,,	4,90%	,,	,,	2,34%	,,
7	,,	,,	,,	,,	,,	5,62%	,,	,,	2,68%	,,
14	,,	,,	,,	,,	,,	6,37%	,,	,,	3,04%	,,

Nach 3, 7, 14, 21 und 42 Tagen wurden von den Hautstücken Proben entnommen und Feuchtigkeit, Asche, Hautsubstanz, aufgenommener Gesamtgerbstoff und Nichtgerbstoff bestimmt. Die p_H-Werte der Lösungen wurden täglich neu eingestellt. Das Ergebnis der Untersuchungen zeigt Tabelle 126.

Es muß besonders betont werden, daß die Zahlen der Tabelle 126 nicht den gebundenen Gerbstoff (wie er nach der Wilson-Kern-Methode bestimmt wird),

Tabelle 126. Von 100 g Ochsenblöße aus Gerbbrühen mit verschiedenem p_H-Wert aufgenommene Gesamtstoffmengen (in g). (Bei 14% Feuchtigkeit.)

Gerbdauer	$p_H 2$	$p_H 2{,}5$	$p_H 3$	$p_H 4$	$p_H 5$
Nach 3 Tagen	31,0	24,5	24,0	22,0	19,5
Nach 7 Tagen	46,0	45,0	49,0	40,0	55,0
Nach 14 Tagen	65,5	67,0	69,0	59,0	64,0
Nach 20 Tagen	86,0	86,0	84,5	75,0	79,0
Nach 42 Tagen	111,0	105,0	96,0	87,0	90,0

sondern die Gesamtmenge der von der Haut aus der Brühe aufgenommenen löslichen Stoffe angeben. Allerdings ist bei den Versuchen nicht angegeben, ob und in welcher Weise die aus den Gerbbrühen entnommenen Hautproben ausgewaschen worden sind.

Eine graphische Darstellung der bei den verschiedenen p_H-Werten aufgenommenen Gesamtstoffe gibt die in Abb. 137 enthaltenen Kurvenbilder.

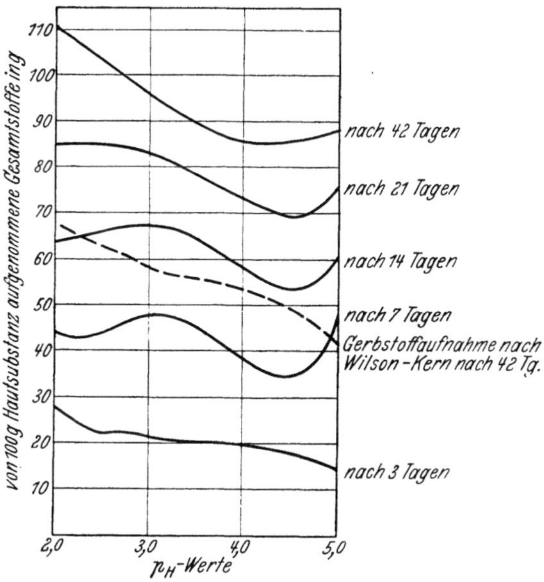

Abb. 137. Einfluß des p_H-Wertes auf die Aufnahme der löslichen Stoffe aus Gerbbrühen durch Ochsenblöße (Parker und Gilman).

Die in den Lösungen mit $p_H = 3$, 4 und 5 gegerbten Hautstücke waren nach 21 Tagen vollkommen durchgegerbt, die auf den Lösungen mit $p_H = 2{,}5$ nach 28 Tagen, die bei $p_H = 2$ gegerbten erst nach 36 Tagen. Obwohl die Durchgerbung bei $p_H = 2$ und 2,5 nach 21 Tagen noch nicht beendet war, hatten die betreffenden Hautstücke bis dahin mehr Stoffe aufgenommen als die Stücke in weniger saueren Brühen. Man sieht hieraus, daß die anfangs erwähnte Beurteilung der Gerbstoffaufnahme nach dem Schnitt der Blöße keine eindeutigen Werte liefern kann oder vielmehr, daß die Begriffe „Durchgerbgeschwindigkeit“ und „Gerbstoffaufnahme“ durchaus nicht gleich zu setzen sind.

Das Maximum der Gerbstoffaufnahme liegt bei den Versuchen von Parker und Gilman bei $p_H = 3$ bis 3,5, das Minimum bei 4,5. Mit zunehmender Gerbdauer verschwindet das Maximum und das Minimum wird flacher. Nach 42 Tagen ist zwar noch ein Minimum vorhanden, es zeigt aber deutlich das Bestreben, zu verschwinden. Die gestrichelte Kurve in Abb. 137 zeigt den von der Blöße tatsächlich gebundenen Gerbstoff an (Gerbstoffaufnahme nach Wilson-Kern). Die Gerbstoffaufnahme nach dieser Kurve stimmt mit den am Hautpulver vorgenommenen Gerbversuchen annähernd (nicht zahlenmäßig) überein.

Nach 6 wöchentlicher Gerbung hatte das bei $p_H = 2$ gegerbte Leder zwar den meisten Gerbstoff aufgenommen; es war aber hart und brüchig und zeigte eine wenig schöne, rotbraune Farbe. Das bei $p_H = 2{,}5$ gegerbte Leder war fest und nicht brüchig, die Farbe war besser als die der erstgenannten Probe, aber auch noch rötlich. Das bei $p_H = 3$ gegerbte Leder schien am meisten den für ein Sohlleder erforderlichen Eigenschaften zu entsprechen. Es war fest, nicht brüchig, hatte eine gute Farbe und ein hohes Rendement. Auf der Narbenseite zeigte sich nur eine geringe Blumebildung. Die bei $p_H = 4$ und 5 gegerbten Leder waren weich, stark blumig, hatten aber eine gute Farbe.

Thomas (*1*) kam zur Anschauung, daß der geeignete p_H-Wert, bei dem die pflanzliche Gerbung beginnen sollte, in der Nähe des ersten isoelektrischen Punktes, also zwischen p_H 4 und 5, zu suchen sei, da sich die Haut hier in einem verfallenen Zustand befinde und der Diffusion des Gerbstoffes den geringsten Widerstand biete. Eine allmähliche Erhöhung der Acidität würde dann die teilweise angegerbte Zone der Haut zum Quellen bringen und dort einen höheren Grad der Gerbung hervorrufen.

Parker und Gilman hielten es dagegen auf Grund obiger Untersuchungen für zweckmäßiger, die Gerbung bei $p_H = 3$ zu beginnen, ließen aber die Frage, ob dieser p_H-Wert im Verlauf der Gerbung zu ändern oder aufrechterhalten sei, noch offen.

Das Lederrendement, berechnet auf das Blößengewicht, das Parker und Gilman bei ihren Versuchen erzielten, steigt mit der Abnahme des p_H-Wertes der Gerbbrühen, wie Tabelle 127 zeigt.

Es muß allerdings in Rechnung gezogen werden, daß die Rendementswerte bei so kleinen Proben recht ungenau sein können.

Tabelle 127. Einfluß des p_H-Wertes der Gerbbrühen auf das Lederrendement. (Nach Parker und Gilman.)

p_H-Wert der Gerbbrühe	Blößengewicht der Proben g	Ledergewicht (14% H_2O) g	Rendement %
2,0	542	411	76,0
2,5	520	343	66,0
3,0	604	400	66,2
4,0	545	366	67,1
5,0	544	356	65,4

Pawlowitsch (*1*) hat ebenfalls an Blößenstücken den Einfluß der Wasserstoffionenkonzentration auf die Gerbstoffaufnahme untersucht. Er bereitete Gerbbrühen mit p_H-Werten von 3 bis 8 (Quebracho, 12° Bé) und verfolgte die Durchfärbung der einzelnen Blößenstücke. Bei einer Blößenstärke von 6 mm stellte er nach 6 Tagen folgende Durchfärbungszonen fest:

In der Lösung mit $p_H = 3,0$ . . . . 1,8 mm
„ „ „ „ $p_H = 3,93$ . . . . 1,5 mm
„ „ „ „ $p_H = 5,10$ . . . . 3,0 mm
„ „ „ „ $p_H = 6,12$ . . . . 4,1 mm
„ „ „ „ $p_H = 7,01$ . . . . 5,0 mm
„ „ „ „ $p_H = 7,5$ . . . . 4,6 mm
„ „ „ „ $p_H = 7,97$ . . . . 5,3 mm

Nach diesen Beobachtungen von Pawlowitsch erfolgt die Durchfärbung am schnellsten bei $p_H = 7$ bis 8. Da bei den Versuchen jedoch außergewöhnlich starke Gerbbrühen (12° Bé) Verwendung fanden, sind Vergleiche mit den bisher geschilderten, anderen Versuchsergebnissen kaum zulässig. Die geringe Durchfärbung bei niederen p_H-Werten ist auch hier eine Folge der Übergerbung der äußeren Schichten.

Einfluß des p_H-Wertes auf die Gerbbrühen. Durch die wechselnden p_H-Werte erfahren die Gerbbrühen in verschiedener Hinsicht teilweise sehr wesentliche Änderungen. Stellt man von irgendeiner Gerblösung mit Alkali und Säure Proben mit den p_H-Werten 2 bis 10 her, so fällt sofort die Verschiedenheit der Farbe der einzelnen Lösungen auf.

Wilson und Kern (*2*) untersuchten den Einfluß des p_H-Wertes von Quebracho- und Gambirbrühen auf deren Farbe. Sie stellten Brühen her, deren p_H-Werte mit Phosphorsäure auf $p_H = 2,5$ gebracht wurden. Aus diesen Brühen wurden dann durch Zusatz verschiedener Mengen Natronlauge Proben von

$p_H = 3$ bis 12 bereitet. Der Gerbstoffgehalt der Proben betrug 1% (Wilson-Kern-Methode). Dabei zeigte sich, daß die Farbe der Gambirlösungen von Strohgelb ($p_H = 3$) bis nach Dunkelrot ($p_H = 12$) wechselte. Die Quebrachoreihe wies ähnliche Farbveränderungen auf. Die Lösungen mit niederen p_H-Werten hatten einen Stich ins Violette. Gleichzeitig trat bei den p_H-Werten unter 4 ein geringer Niederschlag auf (siehe später). Die Gerbstofflösungen hatten ganz den Charakter von Indikatorreihen, wie sie für kolorimetrische p_H-Bestimmungen verwendet werden, d. h. mit Veränderung des p_H-Wertes einer Probe wechselte sofort die Farbe. Diese Reversibilität verschwand allerdings bei längerem Stehen an der Luft.

R. O. Page und W. A. Page untersuchten die Farbe von Leder, das in Gerbbrühen mit verschiedenen p_H-Werten gegerbt worden war. Sie benützten für die Versuche Mimosarinden- und Kastanienholzauszug und Blößenstücke von einer Ochsenhaut. Die Blößenstücke wurden vor der Gerbung mit Phosphorsäure und Natronlauge auf verschiedene p_H-Werte zwischen 1 und 9 gebracht. Der p_H-Wert wurde mit der Wasserstoffelektrode gemessen.

Dann wurden Mimosarinden- und Kastanienholzauszüge mit 25 g Trockenrückstand im Liter hergestellt und ihre p_H-Werte mit Salzsäure und Natronlauge ebenfalls von 1 bis 9 abgestuft. Die Hautstücke wurden in die Gerbstofflösung mit entsprechendem p_H-Wert eingefügt und nach 24 Stunden ihre Farbtöne miteinander verglichen.

Es zeigte sich bei beiden Versuchsreihen, daß die Farbe des Leders mit zunehmendem p_H-Wert der Lösung dunkler wird. Die Veränderung der Farbe entspricht ziemlich genau dem Verlauf der Gerbstoffaufnahmekurve, wie sie wiederholt angegeben worden ist, sie verläuft also nicht geradlinig zwischen $p_H = 1$ und 9. Behandelt man aber die Hautstücke alle gleichmäßig mit einer Pufferlösung vom p_H-Wert $= 5$ und gerbt sie dann in den Brühen mit p_H-Wert 1 bis 9, so verläuft die Farbveränderung ganz gleichmäßig. Die Gerbstofflösung mit $p_H = 1$ liefert das hellste, die mit $p_H = 9$ das dunkelste Leder. Daraus läßt sich der Schluß ziehen, daß die Unterschiede in der Färbung des Leders bei verschiedenen p_H-Werten mehr durch Veränderungen der Hautsubstanz selbst als durch die Gerbstofflösung bedingt sind.

Die verschiedenen p_H-Werte sind weiterhin von Einfluß auf die Oxydation von Gerbbrühen, wie dies Wilson (2. Aufl., Bd. I, S. 354 deutsche Ausgabe) an zwei Versuchsreihen zeigen konnte. Stellt man vom gleichen Gerbstoffextrakt zwei Reihen mit verschiedenen p_H-Werten ein und läßt die eine fest verschlossen, die andere offen an der Luft stehen, so findet man, daß die verschlossene Reihe nach 24 Stunden keine Veränderung zeigt, während die offene um so dunklere Lösungen aufweist, je höher der p_H-Wert liegt. Bringt man die verschlossenen Lösungen alle auf einen p_H-Wert von 3, so nehmen sie praktisch die gleiche Farbe an. Bei der Reihe, die der Luft ausgesetzt war, ist die Farbe nach dem Zurückbringen der Lösungen auf den p_H-Wert 3 um so dunkler, je höher zuerst die p_H-Werte lagen, während sie der Luft ausgesetzt waren. Außerdem bildet sich bei den Lösungen, deren p_H-Wert in der Nähe von 9 gelegen war, ein Niederschlag.

Zur Messung des bei den verschiedenen p_H-Werten sich abscheidenden Niederschlags ließ Wilson die einzelnen Gerbstofflösungen 3 Tage lang in flachen Schalen an der Luft stehen. Dann brachte er die Brühen auf ihr ursprüngliches Volumen und füllte sie in graduierte Zylinder von 100 ccm Inhalt. Der p_H-Wert wurde in jeder Lösung durch Zusatz von Salzsäure auf 3 gebracht. Nach weiterem Stehenlassen über Nacht wurde das Volumen des Niederschlages von 100 ccm der ursprünglichen Brühe abgelesen. Die Ergebnisse zeigt Abb. 138.

Die Wirkung der Wasserstoffionenkonzentration auf die Niederschlagsbildung ohne längeren Einfluß des Luftsauerstoffes ist z. B. bei Quebrachoextrakt eine recht verschiedene, wie Wilson und Kern (*3*) gezeigt haben. Sie gaben zu Quebrachobrühen, die nach den Vorschriften der A.L.C.A. bereitet waren, Schwefel- bzw. Salzsäure und Calcium- bzw. Natriumhydroxyd, um die Lösungen auf verschiedene p_H-Werte zu bringen. Dann wurde das Unlösliche durch Analyse bestimmt. Die Ergebnisse zeigt Abb. 139.

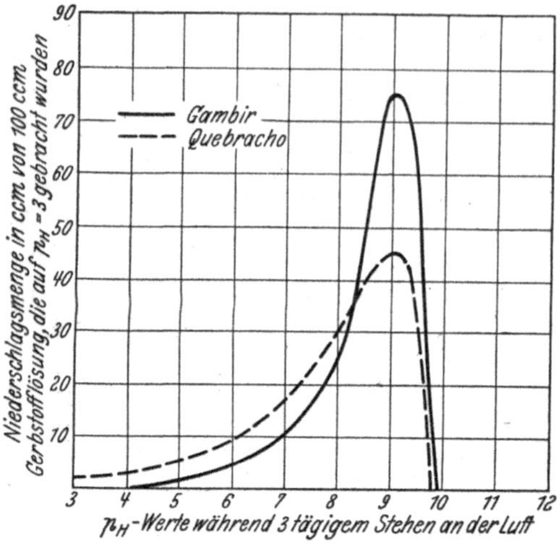

Abb. 138. Einfluß des p_H-Wertes der Gerbbrühen auf ihre Niederschlagsbildung an der Luft (Wilson).

Mit der Herabsetzung des p_H-Wertes der Lösungen durch Zusatz von Schwefel- oder Salszäure nimmt also der Prozentsatz des Unlöslichen zu; die Schwefelsäure ist dabei wirksamer als die Salzsäure. Mit steigendem p_H-Wert ist zunächst bis $p_H = 7$ eine Abnahme des Unlöslichen zu beobachten. Bei Verwendung von Natronlauge geht diese Abnahme gleichmäßig auch über $p_H = 7$ hinaus. Dagegen steigt bei Verwendung von Calciumhydroxyd die Menge des Unlöslichen von $p_H = 7$ an ganz plötzlich sehr stark an und erreicht sehr rasch außerordentlich hohe Werte.

Kubelka und Belavsky haben über den Einfluß des p_H-Wertes der Gerbmittelauszüge auf die Bildung unlöslicher Anteile die gleichen Feststellungen gemacht wie Wilson und Kern. Mit der Abnahme des p_H-Wertes nimmt die Menge der ausgeschiedenen unlöslichen Stoffe zu.

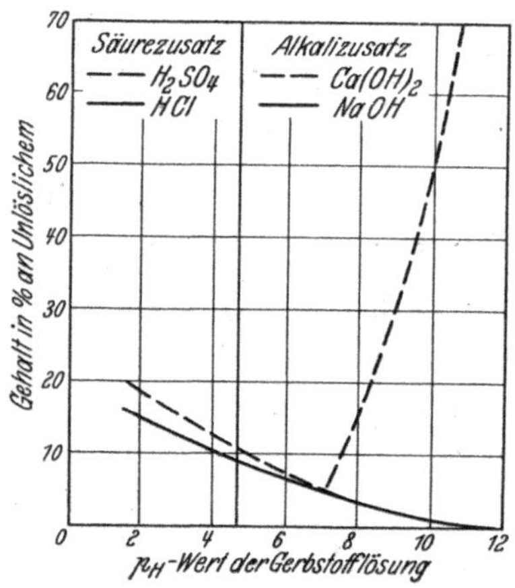

Abb. 139. Einfluß des p_H-Wertes auf die Bildung von Unlöslichem bei Quebrachoextrakt (Wilson und Kern).

Einfluß der Wasserstoffionenkonzentration auf die Schwellwirkung der Gerbbrühen. Bei der Gerbung von Sohlleder ist die Schwellwirkung der Gerbbrühen von großer Bedeutung, ihre Messung ist daher von verschiedener Seite Gegenstand von Untersuchungen gewesen, wobei die spezifische Wirkung der einzelnen Säuren stets besonders geprüft wurde. Claflin (*2*) hat Versuche an Hautpulver ausgeführt und die Erfahrung bestätigt, daß Milchsäure eine größere Schwellwirkung besitzt als Essigsäure und daß die Schwellwirkung der Säuren durch Zusatz von Neutralsalzen herabgesetzt wird.

Wilson und Gallun (*2*) benützten für ihre Untersuchungen über den Einfluß des p_H-Wertes von Gerbbrühen auf die Schwellung entkälkte und gebeizte Kalbsblößenstücke. Der Grad der Schwellung bei der Gerbung wurde mit einem besonderen Dickenmesser gemessen. Die Blößenstücke wurden vor und nach der Einwirkung der Gerbbrühen auf einer Metallplatte mit einem runden Stempel 2 Minuten bei konstantem Druck belastet und dann ihre Dicke abgelesen. Ehe sie in die Brühen mit verschiedenen p_H-Werten gebracht wurden, stellte man das ursprüngliche Volumen durch Schütteln mit Wasser wieder her. Auf diese Weise untersuchten Wilson und Gallun die Schwellwirkung einer Reihe von Eichenrindenbrühen bei 24stündiger Einwirkung auf Kalbsblöße. Der p_H-Wert der mit Milchsäure, teils mit, teils ohne Kochsalzzusatz, eingestellten Brühe wurde jeweils am Ende des Versuches, also nach 24 Stunden, bestimmt. Die Temperatur der Brühen betrug 20° C. Die dreifach ausgeführten Versuche zeigten eine gute Übereinstimmung der Ergebnisse, deren Durchschnittswerte in Tabelle 128 angegeben sind. Als Maß der Schwellung wurde das Verhältnis zwischen Endmessung und Anfangsmessung angesehen.

Tabelle 128. Einfluß des p_H-Wertes von Gerbbrühen (Eichenrinde) auf den Schwellungsgrad von Kalbsblöße).
(Nach Wilson und Gallun.)

Mole im Liter		Dickenmessung in mm (Mittelwert aus 3 Messungen)			End-p_H-Wert bei 25° C
Milchsäure	Kochsalz	A = Anfangswert	E = Endwert	Verhältnis E/A*	
0,000	0,00	1,346	2,150	1,60	4,64
0,0025	0,00	1,411	2,343	1,66	3,94
0,0050	0,00	1,383	2,699	1,95	3,74
0,010	0,00	1,433	3,842	2,68	3,47
0,025	0,00	1,470	4,564	3,10	3,05
0,050	0,00	1,360	4,497	3,31	2,81
0,100	0,00	1,434	5,100	3,56	2,52
0,100	0,05	1,456	4,522	3,11	2,49
0,100	0,10	1,458	3,918	2,69	2,47
0,100	0,25	1,461	3,483	2,38	2,43
0,100	0,50	1,420	2,182	1,54	2,37

Aus den Zahlen von Tabelle 128 geht hervor, daß mit sinkendem p_H-Wert bzw. mit steigender Milchsäurekonzentration die Schwellung zunimmt und mit Zunahme der Kochsalzkonzentration abnimmt. Die Wirkung der beiden Faktoren zeigt Abb. 140 und 141.

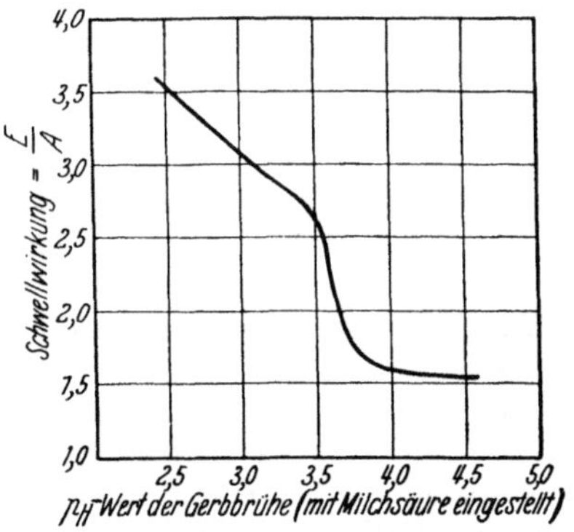

Abb. 140. Einfluß des p_H-Wertes auf die Schwellwirkung von Gerbbrühen.

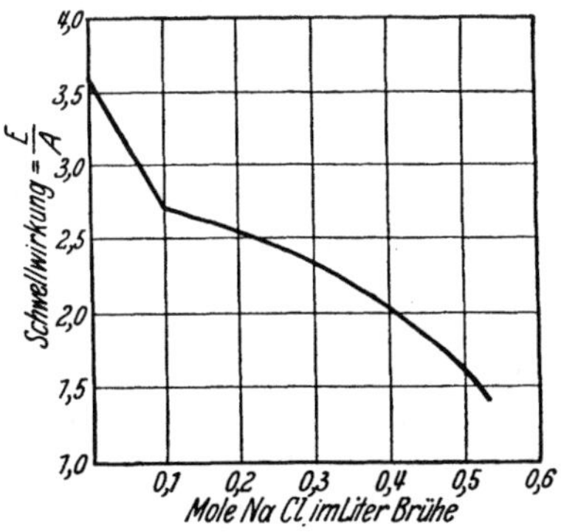

Abb. 141. Einfluß von NaCl auf die Schwellwirkung von Gerbbrühen.

Parker und Gilman (*2*) führten ihre Versuche in der gleichen Weise durch wie Wilson und Gallun (*2*), nur benutzten sie Blößenstücke, die nicht gebeizt worden waren. Sie dehnten ihre Versuche außerdem auf die verschiedene Wirkung von Schwefelsäure, Salzsäure und Milchsäure aus, um den Einfluß der Wertigkeit der Säure zu ermitteln. Als Gerbbrühe wurde ein Mimosarindenauszug von 25 g Gesamtstoffe im Liter verwendet. Nach 24 Stunden wurde die ein-

* Siehe Fußnote Seite 484.

getretene Schwellung der Hautstücke in der gleichen Weise wie bei den Versuchen von Wilson und Gallun (2) gemessen und der End-p_H-Wert der Gerbbrühen bestimmt. Die Ergebnisse der Untersuchungen sind aus Abb. 142 und Tabelle 129 ersichtlich.

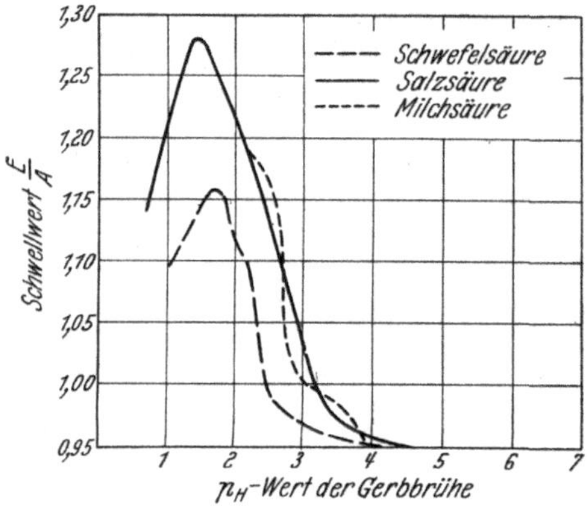

Abb. 142. Einfluß verschiedener Säuren auf die Schwellung von Kalbsblöße bei verschiedenem p_H-Wert der Gerbbrühe (Parker und Gilman).

Die Ergebnisse dieser Versuche sind deshalb interessant, weil sie zeigen, daß die zweiwertige Schwefelsäure nur ein halb so großes Schwellvermögen besitzt wie Salz- und Milchsäure und daß zwischen $p_H = 1$ und 2 ein Maximum der Schwellung liegt. Das Minimum der Schwellwirkung liegt beim isoelektrischen Punkt der Hautsubstanz. Von hier aus steigt die Kurve erst flach, dann sehr steil zu dem Maximum zwischen p_H 1 und 2 an. Die Wirkung der Salz- und der Milchsäure ist nahezu gleich.

Tabelle 129. Einfluß verschiedener Säuren bei wechselndem p_H-Wert der Gerbbrühe auf die Schwellung von Kalbsblöße. (Nach Parker und Gilman.)

Schwefelsäure			Salzsäure			Milchsäure		
Mole im Ltr.	Wert $\frac{E}{A}$*	End-p_H-Wert	Mole im Ltr.	Wert $\frac{E}{A}$*	End-p_H-Wert	Mole im Ltr.	Wert $\frac{E}{A}$*	End-p_H-Wert
0,00	0,95	4,80	0,01	0,96	3,81	0,01	0,96	**3,97**
0,01	0,96	3,35	0,02	0,99	3,40	0,02	0,98	**3,65**
0,02	0,99	2,67	0,02	1,16	2,45	0,03	1,00	**3,40**
0,03	1,09	2,35	0,03	1,18	2,32	0,04	1,02	**3,06**
0,04	1,12	2,05	0,03	1,19	2,20	0,05	1,07	**2,94**
0,05	1,15	1,92	0,04	1,24	1,89	0,10	1,14	**2,67**
0,10	1,13	1,34	0,05	1,27	1,72	0,25	1,17	**2,41**
0,25	1,09	1,00	0,10	1,20	1,08			
			0,25	1,13	0,74			

Zusammenfassung über die verschiedenen Auswirkungen des p_H-Wertes der Gerbbrühen auf den Gerbvorgang. Die zahlreichen aufgeführten Versuche über die Rolle des p_H-Wertes bei der Gerbung zeigen, daß dieser Faktor von ganz außerordentlicher Bedeutung für den Vorgang der Lederbildung ist. Die Geschwindigkeit, mit welcher der Gerbstoff in die Blöße eindringt und mit der er von der Hautsubstanz gebunden wird, ist in erster Linie vom p_H-Wert des Gerbmittelauszuges abhängig. Dieser p_H-Wert ist andererseits von einer Reihe von Faktoren beeinflußt, unter denen das spezifische Puffervermögen der einzelnen Gerbmittel eine besondere Rolle spielt. In den Fällen, wo zur Einstellung eines bestimmten p_H-Wertes Säuren zur Gerbbrühe zugesetzt werden, zeigt auch die Säure eine spezifische Wirkung. Endlich hängen auch die Farbe und die Schwellwirkung der Gerbbrühen weitgehend von ihrem p_H-Wert ab. Diese komplizierten Verhältnisse machen es verständlich, daß in der Praxis der Gerbung mit pflanz-

* Wert $\frac{E}{A}$ ist das Verhältnis der beiden Dickenmessungen, die vor (A) und nach (E) der Gerbung an der Blöße vorgenommen wurden, um die Schwellung zu messen. Der Wert $\frac{E}{A}$ kann daher als Maßstab für die durch die Gerbbrühe hervorgerufene Schwellung dienen.

lichen Gerbmitteln es der Gerbereichemie nur langsam gelingen will, dem Gerber eindeutige Thesen für seine Arbeitsmethoden herauszustellen.

Infolgedessen finden sich in der gerbereichemischen Literatur bisher nur ganz spärliche Angaben über die Beziehungen zwischen p_H-Wert der Gerbbrühen und den Eigenschaften des in diesen Brühen gegerbten Leders. Die zahlreichen Untersuchungen befassen sich nur mit dem Einfluß, den der p_H-Wert der Gerbmittelauszüge auf den Verlauf des Gerbprozesses ausübt, nicht aber mit dem Problem, in welchem Zusammenhang p_H-Wert der Brühen und Ledereigenschaften stehen.

Die in den bisherigen Ausführungen wiederholt angeschnittene Frage, bei welchem p_H-Wert man die Gerbung mit pflanzlichen Gerbmitteln beginnen soll, kann man nicht allgemein beantworten. Es kommt dabei ganz darauf an, welche Eigenschaften das zu gerbende Leder erhalten soll. Man kann die Gerbung bei einem p_H-Wert beginnen, der dem isoelektrischen Punkt der Blöße entspricht, und wird bei rascher Durchgerbung der stark verfallenen Haut, aber verhältnismäßig geringer Gerbintensität der Brühe ein weiches Leder erhalten. Je mehr der für die Angerbung gewählte p_H-Wert der Brühen abnimmt, um so mehr werden sich die physikalischen Eigenschaften der Blöße (Schwellung) und der Gerbbrühen (Teilchengröße, Adstringenz) ändern und man wird bei immer geringer werdender Diffusionsgeschwindigkeit aber zunehmender Gerbintensität der Brühe ein immer festeres Leder erhalten.

V. Einfluß synthetischer Gerbstoffe auf die Gerbung mit pflanzlichen Gerbbrühen.

Im Abschnitt „Chemie der Gerbstoffe" (siehe S. 105) wurden die Veränderungen besprochen, die Gerbstofflösungen durch Zusatz von synthetischen Gerbstoffen, wie Gerbstoff F, erfahren. Es wurde gezeigt, daß die kolloidchemischen Eigenschaften von pflanzlichen Gerbbrühen durch Gerbstoff F beeinflußt werden und daß die Menge unlöslicher Bestandteile bei manchen Gerbstoffextrakten verringert werden, wenn Gerbstoff F zugesetzt wird. Die Verringerung des Unlöslichen deutet auf eine teilchenverkleinernde Wirkung hin, die Gerbstoff F auf Lösungen pflanzlicher Gerbstoffe ausübt. Da man annehmen darf, daß Dispersitätsgrad und Diffusionsgeschwindigkeit bzw. Gerbwirkung in engem Zusammenhang stehen, so ist auch eine Einwirkung des Gerbstoffes F auf die Gerbgeschwindigkeit der pflanzlichen Gerbstoffe zu erwarten. Die Art dieses Einflusses konnten Stiasny und Orth nachweisen.

Sie bestimmten den von Hautpulver irreversibel aufgenommenen Gerbstoff bei einer Reihe von Gerbstofflösungen mit und ohne Zusatz von Gerbstoff F und ermittelten außerdem den Wilson-Kern-Wert in Prozent der nach dem Schüttel- und nach dem Filterverfahren erhaltenen Analysenwerte der Gerbstofflösungen. In Tabelle 130 ist die Zunahme des irreversibel aufgenommenen Gesamtgerbstoffes angegeben, bezogen auf jene Mengen von pflanzlichem Gerbstoff, die irreversibel aufgenommen werden, wenn der pflanzliche Gerbstoff allein verwendet wird.

Die Zahlen der Tabelle 130 zeigen deutlich den Einfluß, den Gerbstoff F auf die Gerbung ausübt. Dieser Einfluß ist bei den einzelnen Gerbstoffen verschieden. Bei Eichenholz, Mimosarinde und Kastanienholz wird die Gerbung durch Gerbstoff F-Zusatz wesentlich beschleunigt; dagegen fehlt die Wirkung bei Eichenrinde vollständig. Bei gewöhnlichem Quebracho ist die Wirkung gering, bei sulfitiertem Quebracho recht erheblich. Auch bei Gambir ist eine starke Wirkung

Tabelle 130. Einfluß von Gerbstoff F auf die Aufnahme pflanzlicher Gerbstoffe durch Hautpulver.

Gerbmittel	Wilson-Kern-Wert in % des Gerbstoffgehaltes (Sch.-V.)	Wilson-Kern-Wert in % des Gerbstoffgehalts (F.-V.)	Zunahme des irreversibel aufgenommenen Gerbstoffes in % des bei Alleinbenutzung irreversibel gebundenen pflanzlichen Gerbstoffes (Sch.-V.)
Quebracho	67,5	64,6	
Quebracho + Gerbstoff F	63,9	56,3	15
Eichenholz	59,2	56,1	
Eichenholz + Gerbstoff F	69,8	60,6	40
Würfelgambir	23,4	16,5	
Gambir + Gerbstoff F	42,8	26,1	120
Sulfitierter Quebracho	54,1	50,2	
Sulfitierter Quebracho + Gerbstoff F	62,8	57,2	30
Mimosa	54,4	52,8	
Mimosa + Gerbstoff F	72,7	65,4	35
Kastanienholz	44,8	39,0	
Kastanienholz + Gerbstoff F	63,0	55,5	54
Eichenrinde	73,3	70,4	
Eichenrinde + Gerbstoff F	81,2	71,4	2

festzustellen. Ein deutliches Bild vom Einfluß des Gerbstoffes F auf die Gerbstoffaufnahme erhält man durch die graphische Darstellung der Mengen des irreversibel gebundenen Gerbstoffes (siehe Abb. 143).

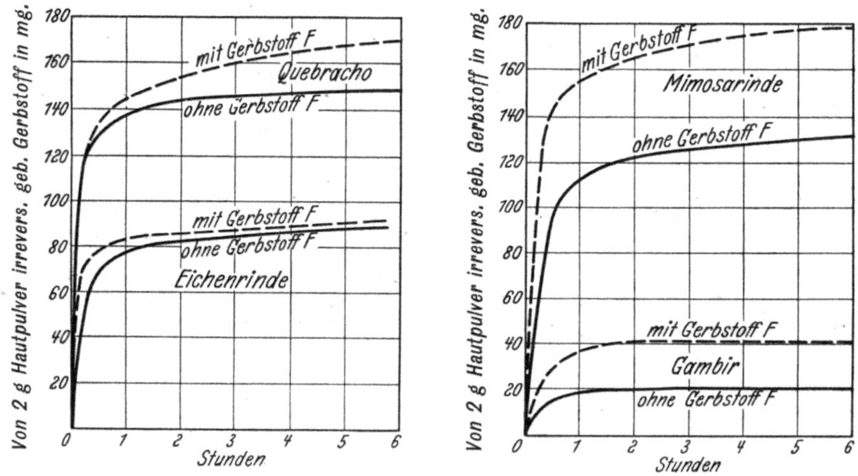

Abb. 143. Einfluß von Gerbstoff F auf die Gerbstoffaufnahme durch Hautpulver aus pflanzl. Gerbmittelauszügen (Stiasny und Orth).

Die Kurven der Abb. 143 zeigen, daß einerseits z. B. Mimosarindenauszug durch Zusatz von Gerbstoff F eine ganz erhebliche Beschleunigung der Gerbgeschwindigkeit erfährt, daß andererseits bei Eichenrindenauszügen Gerbstoff F fast unwirksam ist.

Es besteht dann weiterhin ein Unterschied der Gerbstoffaufnahme zwischen kalter und heißer Einwirkung von Gerbstoff F, wie Stiasny und Orth an Mimosarindenbrühen nachwiesen und wie aus den in Tabelle 131 zusammengefaßten Untersuchungsergebnissen ersichtlich ist.

Tabelle 131. Einfluß von Gerbstoff F, kalt bzw. heiß zugesetzt, auf die Gerbstoffaufnahme. (Nach Stiasny und Orth.)

	Irreversibel aufgenommener Gerbstoff nach			
	¼ Std.	½ Std.	1 Std.	6 Std.
Mimosa ohne Zusatz				
in g	0,108	0,117	0,119	0,130
in % (Sch.-V.)	45,2	49,0	49,8	54,4
Mimosa + Gerbstoff F, kalt				
in g	0,109	0,120	0,137	0,153
in % (Sch.-V.)	44,	49,0	56,0	62,5
Mimosa + Gerbstoff F, heiß				
in g	0,149	0,151	0,159	0,178
in % (Sch.-V.)	60,8	61,6	64,9	72,7

Eine weitere Aufklärung des Einflusses, den synthetische Gerbstoffe auf den Gerbprozeß ausüben, brachten die Untersuchungen von Bergmann, Münz und Seligsberger. Sie konnten feststellen, daß Sulfosäuregerbstoffe (wie z. B. Neradol ND) Veränderungen in den Diffusionseigenschaften der Haut bewirken. Neradol ND, und ebenso Naphthalinsulfosäuren, erhöhen die Strömungsgeschwindigkeit wässeriger Flüssigkeiten innerhalb der Haut auf das 10 bis 20fache. Am stärksten wirkt β-Naphthalinsulfosäure, wie aus Tabelle 132 ersichtlich ist.

Tabelle 132. Durchlässigkeit der Haut gegenüber Wasser und Sulfosäuregerbstoffen.

Konzentration	p_H-Wert	Durchlässigkeit in ccm pro Stunde		Durchlässigkeit für Sulfosäure in % (Wasser = 100)
		Wasser	Sulfosäure	
Neradol ND 100fach verdünnt	1,88	18	25	140
Neradol ND 50fach verdünnt	1,65	18,5	61	330
Neradol ND 20fach verdünnt	1,38	52	384	740
α-Naphthalinsulfosäure (wasserfrei) 4% = $^n/_5$	1,02	15	143	950
β-Naphthalinsulfosäure (wasserfrei) 4% = $^n/_5$	1,05	17	345	2030

Die in Tabelle 132 angegebenen Zahlen sind Mittelwerte aus 6 Bestimmungen. Diese Wirkung der Sulfosäuregerbstoffe auf die Haut scheint auf einen spezifischen Einfluß des Sulfosäureions zurückzuführen zu sein.

VI. Die Nichtgerbstoffe und ihr Einfluß auf die Gerbung.

Daß die Nichtgerbstoffe, die in den Gerbbrühen enthalten sind, als füllende Stoffe eine wichtige Rolle bei der Lederbildung spielen, soll hier nicht weiter erörtert werden. Bekanntlich lassen sich alle möglichen Stoffe in das Leder hineinbringen, die lediglich den Zweck haben, das Gewicht des Leders zu erhöhen, es zu imprägnieren oder fest zu machen. Die rein mechanischen Eigenschaften, die das Leder durch Aufnahme von Nichtgerbstoffen, von der spontanen Aufnahme natürlicher Nichtgerbstoffe aus Gerbbrühen an bis zur künstlichen Füllung des Leders, erfährt, beruhen auf einem Ausfüllen der Hohlräume zwischen den Fasern. Hier soll nur die chemische Natur der Nichtgerbstoffe und ihr Einfluß auf die Gerbung kurz besprochen werden.

Bennett (*2*) hat die verschiedenen, in den pflanzlichen Gerbbrühen vorkommenden Nichtgerbstoffe in fünf Gruppen eingeteilt. Man kann darüber streiten, ob diese Einteilung alle vorkommenden Nichtgerbstoffe zutreffend charakterisiert. Jedenfalls aber umfaßt sie die wichtigsten Nichtgerbstoffe, nämlich:

a) Zuckerstoffe,
b) Eiweißstoffe,
c) Stoffe mit Phenolcharakter,
d) Ligninstoffe,
e) Anorganische Salze.

Die Zuckerstoffe gehören zu den wichtigsten Nichtgerbstoffen. Ihre gerberische Bedeutung liegt darin, daß sie bei der Gärung Säuren bilden (siehe auch nächstes Kapitel „über die Gärung von Gerbbrühen"). Der Gehalt an Zuckerstoffen ist bei den Gerbmitteln verschieden (siehe S. 203). Die meisten Zuckerstoffe sind in Form von Glucose vorhanden. Der Einfluß der durch die Gärung in den Gerbbrühen gebildeten Säuren und der mit der Säurebildung in engem Zusammenhang stehenden Wasserstoffionenkonzentration ist in der Abschnitten über die Chemie der Gerbung S. 468 eingehend behandelt worden.

Die Eiweißstoffe. Bennett fand in einer Anzahl von Gerbmitteln folgenden Gehalt an Stickstoff (s. Tabelle 133). Aus diesem Stickstoffgehalt hat er dann den Eiweißgehalt errechnet. Große Bedeutung ist den Eiweißstoffen als Nichtgerbstoffen kaum zuzusprechen. Sie sind in den Gerbbrühen unlöslich, gelangen also nicht in das Leder. Dagegen ist ein Teil ihrer Zersetzungsprodukte in Wasser und Gerbstofflösungen löslich. Diese können auch in das Leder gelangen. Bennett ist der Ansicht, daß den Eiweißstoffen als Nichtgerbstoffen eine wesentlich größere Bedeutung zukommt, als gewöhnlich angenommen wird. Er sieht vor allem darin den praktischen Wert der Eiweißstoffe in den Gerbbrühen, daß sie den Mikroorganismen als Nährstoffe dienen, die am Zustandekommen der Gärung und Säurebildung beteiligt sind.

Tabelle 133. Stickstoffgehalt einiger pflanzlicher Gerbmittel. (Nach Bennett.)

Gerbmittel	% Stickstoff	mg Stickstoff auf 1 g Gerbstoff
Myrobalanen	0,56	18,1
Valonea	0,29	10,4
Valoneaschuppen	0,37	9,0
Mimosarinde (Natal). . . .	0,87	26,8
Sumach	0,87	35,2
Lentisk	1,18	69,2
Quebrachoholz	0,17	8,4

Die Nichtgerbstoffe mit Phenolcharakter umfassen verschiedene Stoffe, die in chemischer Hinsicht den Gerbstoffen ziemlich ähnlich sind. Sie enthalten teils Pyrocatechin-, teils Pyrogallolgruppen und geben manche für diese Gruppen charakteristische Reaktionen. Bennett nennt als wichtigste dieser Nichtgerbstoffe die Flavone, Catechine und die Phenolsäuren.

Die Flavone sind Farbstoffe, die gewöhnlich in Glucosidform vorkommen. Sie bilden ähnliche Zersetzungsprodukte wie die Gerbstoffe. Die Abkömmlinge des Quercetins finden sich im Quebrachoholz, im Gambir, Catechu, in der Eichen- und Mimosarinde. Das Myrcetin ist in den Myrobalanen, im Sumach und im Lentisk zu finden. Der venetianische Sumach enthält Fisetin. Die Flavone sind es wohl in erster Linie — neben den nicht zu den löslichen Nichtgerbstoffen gehörenden unlöslichen Phlobaphenen —, welche die Farbe des Leders bei der Gerbung bestimmen.

Über die Catechine ist auf S. 130ff. eingehend berichtet. Sie kommen in den meisten der zur Pyrocatechingruppe gehörenden Gerbmitteln vor. Der gerberische Wert dieser Stoffe ist fraglich. Erst durch Kondensationsprozesse gehen sie in Stoffe mit gerbenden Eigenschaften über.

Von den Phenolsäuren unter den Nichtgerbstoffen ist die bei fast allen Pyrogallolgerbstoffen vorkommende Gallussäure am besten bekannt. Sie hat keine gerbenden Eigenschaften. Nach Parker (*1*) soll sie auf die Ledersubstanz lösend wirken. Die gerberisch wichtigen Eigenschaften der Ellagsäure sind wiederholt erwähnt worden (siehe S. 14). Von den sonstigen Nichtgerbstoffen mit Phenolsäurecharakter ist nicht viel bekannt. Bennett ist der Ansicht, daß ein Teil von ihnen von der Haut und bei Gerbstoffanalysen auch von Hautpulver aufgenommen wird und daß deshalb bei den meisten Gerbmitteln der Gerbstoffgehalt zu hoch gefunden werde. Ob aber Stoffe mit derartigen Eigenschaften nicht doch eben als Gerbstoffe anzusehen sind, ist eine Frage, die schwer zu beantworten ist.

Ligninstoffe kommen besonders in den aus Gerbhölzern hergestellten Gerbextrakten vor. Sie besitzen gegenüber Hautpulver eine gewisse Affinität, unterscheiden sich aber in chemischer Hinsicht durchaus von den Gerbstoffen. Parker und Blockey haben durch ihre Versuche festgestellt, daß die Ligninstoffe die Adsorption der Gerbstoffe durch die Haut beeinträchtigen. Auch Versuche von anderer Seite haben gezeigt, daß größere Mengen von Ligninstoffen in Gerbbrühen ungünstig wirken.

Die anorganischen Salze besitzen keine gerberische Wirksamkeit. Sie beeinflussen aber die Gerbstoffaufnahme. Näheres siehe S. 464.

Über die Wirkung der Gesamtmenge der Nichtgerbstoffe auf die Gerbung gehen die Ansichten sehr auseinander. Während Parker und Blockey, wie schon oben erwähnt, den Nichtgerbstoffen einen durchaus ungünstigen Einfluß auf die Gerbung zusprechen, der das Eindringen des Gerbstoffes in die Haut verlangsamt, glaubten z. B. Thomas und Kelly zeigen zu können, daß die Nichtgerbstoffe die Gerbung unter Umständen bedeutend unterstützen. Thuau ist der Ansicht, daß manche Nichtgerbstoffe mit der Zeit in Gegenwart hydratisierender Substanzen in Gerbstoff verwandelt werden. An anderer Stelle fand Parker (*2*) bei Versuchsgerbungen, die er mit nichtgerbstoffreichem und nichtgerbstoffarmem Gerbextrakt ausgeführt hatte, daß ein hoher Gehalt an Nichtgerbstoffen die Widerstandsfähigkeit des Leders gegen Wasser sehr vermindere. Pawlowitsch (*2*) hält nur die färbenden Stoffe (Phlobaphene und Flavone) für gerberisch wichtig, weil sie die Gerbung verlangsamen und ein Zusammenziehen des Narbens verhindern würden. Von mancher Seite wird angenommen, daß die meisten Nichtgerbstoffe chinonartiger Natur sind, da sie in alkalischer Lösung gerbend wirken. Auf die Beziehungen, die man zwischen dem Gehalt eines Gerbmittels an Nichtgerbstoffen und seiner Adstringenz annimmt, wurde bereits hingewiesen (siehe S. 104).

Zu erwähnen ist hier ferner, daß die Nichtgerbstoffe die durchschnittliche Dispersität eines Gerbmittelauszuges entsprechend ihrer Menge erhöhen, d. h. also die mittlere Teilchengröße des Auszuges verkleinern. Dabei scheinen aber nicht alle Nichtgerbstoffe gleichmäßig zu wirken. Während z. B. ein Zusatz von Gallussäure auf einen Gerbmittelauszug teilchenverkleinernd wirkt (wie man durch Aussalzversuche feststellen kann), scheint der Sumachnichtgerbstoff gegenteilig zu wirken (Stiasny und Salomon). Bei der Bedeutung, welche die Dispersität der Gerbmittelauszüge für den Gerbprozeß hat, sind weitere aufklärende Versuche auf diesem Gebiet sehr wünschenswert.

Alles in allem bedarf Natur und Wirkung der Nichtgerbstoffe in den pflanzlichen Gerbmitteln noch sehr der Aufklärung, die Zuckerstoffe vielleicht ausgenommen. Über die Rolle der Nichtgerbstoffe bei der Gärung siehe S. 490.

VII. Einfluß von Ölen (Gerbölen) auf die Gerbung.

Der Begriff der sog. „Gerböle“ ist in der Gerbereipraxis noch nicht sehr alt. Man empfiehlt und benutzt derartige Öle — meist handelt es sich um sulfuriertes Ricinusöl — als Zusatz zur Gerbbrühe bei der Faßgerbung, um ein Aufscheuern der Häute zu vermeiden und um eine besonders milde Art der Gerbung zu erzielen.

Der Einfluß, den ein Zusatz von wasserlöslichen Ölen zur Gerbbrühe auf den Gerbvorgang ausübt, ist noch recht wenig untersucht worden. Jedenfalls bestehen über die Wirkung dieser Gerböle teilweise Vorstellungen, die kaum der Wirklichkeit entsprechen. Sehr viele Öle halten sich bei bestimmten Gerbstoff- oder Säurekonzentrationen gar nicht in Emulsion, scheiden das Fett in Flocken aus und können dann natürlich keinerlei Wirkung mehr auf die Gerbung ausüben. Solche Öle aber, die sich tatsächlich in den Gerbbrühen emulgieren, verursachen zweifellos eine ziemlich erhebliche Verzögerung der Gerbstoffaufnahme, die offenbar durch die um die Gerbstoffteilchen sich bildenden Ölhüllen verursacht wird. Nach etwa 48stündiger Gerbdauer verschwinden dann meist diese Unterschiede in der Aufnahme unauswaschbaren Gerbstoffes.

VIII. Über die Gärung von Gerbbrühen.

Bleibt eine Gerbbrühe längere Zeit sich selbst überlassen, so treten in ihrer Zusammensetzung Veränderungen auf, die teilweise in Oxydationserscheinungen begründet sind, zu größerem Teil aber durch die Tätigkeit zahlreicher Mikroorganismen hervorgerufen werden. Die Summe dieser letztgenannten Erscheinungen wird kurz als „G ä r u n g d e r G e r b b r ü h e n“ bezeichnet. Diese Gärung ist mit der Bildung von Alkoholen und Säuren, zum Teil auch von Äthern und Estern verbunden. Von diesen Gärungsprodukten sind für den Gerbprozeß die Säuren am wichtigsten.

Es ist an verschiedenen Stellen dieses Buches bereits auf den bedeutsamen Einfluß hingewiesen worden, den der Säuregehalt der Gerbbrühen bzw. seine Wasserstoffionenkonzentration auf den Verlauf der Gerbung ausübt. Der Säuregrad der Brühen, besonders am Anfang der Gerbung, ist ein außerordentlich wichtiger Faktor, der die Natur des aus der Gerbung hervorgehenden Leders zum großen Teil bestimmt. Die Herstellung fester Leder bedingt saure Gerbbrühen.

Die Leichtigkeit, mit der die Gerbstofflösungen infolge der Tätigkeit von Mikroorganismen ihre ursprüngliche Beschaffenheit ändern und dabei Säuren bilden, ist deshalb für den Gerber von größter Bedeutung. Ist er mit dem Mechanismus dieser Vorgänge und den Faktoren, welche sie hemmen bzw. beschleunigen, vertraut, so liegt es in seiner Hand, die Veränderungen so zu beeinflussen, wie er sie für den vorliegenden Fabrikationszweck wünscht.

Die Ursache der Gärungserscheinungen in den Gerbbrühen ist die Ansiedlung zahlloser Mikroorganismen der verschiedensten Arten. Das Auftreten von Schimmelpilzen auf der Oberfläche der Brühen, Absetzen von Schlamm, Gasentwicklung, Änderung von Geschmack, Geruch und Farbe der Brühen sind die äußeren, oft ganz plötzlich auftretenden Anzeichen dafür, daß die Zersetzungsarbeit der Bakterien im Gange ist.

Die Veränderungen, welche die Gerbbrühen bei der Gärung erleiden, sind keineswegs immer die gleichen. Die Gärungserscheinungen können so verschieden sein, daß auch ohne genauere Untersuchungen das Vorliegen ganz verschiedener Gärungsprozesse erkennbar ist. Mit anderen Worten, die Tätigkeit der einzelnen Bakterien führt zu verschiedenen Zersetzungsprodukten in den Gerbbrühen.

Es ist für eine genaue Untersuchung der in den Gerbbrühen vor sich gehenden Zersetzungsvorgänge eigentlich eine Isolierung aller Mikroorganismen erforderlich, um ihre physiologische Wirkung auf die in den Brühen vorhandenen Stoffe zu studieren. Dabei zeigt es sich aber, daß es vom gerberischen Standpunkt aus nicht nötig ist, auf alle gefundenen Bakterienarten und Sproßpilze bei der Untersuchung Rücksicht zu nehmen, weil viele von den Mikroorganismen so selten oder in so geringen Mengen auftreten, daß sie auf den für die Gerbung wichtigen Vorgang der Säurebildung gar keinen Einfluß haben. Andere Arten kommen zwar häufig und in größeren Mengen vor, sie führen aber entweder gar nicht zur Bildung von Säuren oder erzeugen diese nur in ganz geringen Mengen.

Über die nach dieser Klassifizierung noch verbleibenden, für die Veränderungen der Gerbbrühen wichtigen, d. h. in erster Linie säurebildenden Bakterien hat Andreasch schon vor 30 Jahren eingehende Untersuchungen ausgeführt, deren Ergebnisse noch heute Bedeutung haben. Eine Beschreibung der für die bakteriologische Untersuchung von Brühen anzuwendenden allgemeinen Methoden kann hier nicht in Frage kommen. Ihre Technik ist in jedem größeren Werk über Bakteriologie ausführlich beschrieben. Es soll aber hier wenigstens kurz das Verfahren geschildert werden, nach dem Andreasch seine Arbeiten ausgeführt hat, um demjenigen, dem bakteriologische Arbeiten fremd sind, wenigstens ein ungefähres Bild vom Verlauf derartiger Untersuchungen zu geben.

Andreasch (S. 5) verfuhr zur Herstellung der Bakterienkulturen folgendermaßen: Aus einer Pipette wurde ein Tropfen der Gerbbrühe oder einer starken unmittelbar vor Anlage des Präparates hergestellten Verdünnung derselben auf ein Deckglas gebracht, vorsichtig getrocknet und wie gewöhnlich gefärbt. Unter dem Mikroskop wurde dann die Anzahl der Keime in mehreren Teilen des Präparates gezählt und von der gefundenen Zahl auf die in einem Tropfen vorhandene Keimmenge geschlossen. Es genügt hierbei, die Deckgläser bei der Untersuchung auf entsprechend feingeteilte Objektträger zu legen, um die in einer bestimmten Fläche vorhandenen Keimmengen zu ermitteln. Daraus ergab sich eine eventuell erforderliche Verdünnung der Brühe mit sterilisiertem Wasser.

Aus der so hergestellten Infektionsflüssigkeit wurden dann mit sterilisierten Tropfpipetten mit langen, fein ausgezogenen Spitzen soviel Tropfen, als einem Keim entsprachen, auf die Kulturböden oder in die Kulturlösungen gebracht, die verschiedene Nährstoffe enthielten (Peptongelatine, Bierwürzegelatine, Kartoffeln u. dgl.). Auf Einzelheiten kann nicht weiter eingegangen werden. Die Kulturen wurden dann bei gewöhnlicher Temperatur oder im Brutofen weiter entwickelt. Von ihnen wurden die reinen Bakterien auf die Gerbstofflösung übertragen, in denen nunmehr ihre Tätigkeit durch zeitweise vorgenommene chemische Analyse der Brühen verfolgt und gleichzeitig durch erneute bakteriologische Untersuchung ihre Entwicklung beobachtet wurde. Diese kurzen Angaben können natürlich nur in ganz allgemeinen Zügen die Art und Weise der Untersuchungen charakterisieren. In Wirklichkeit erfordern diese Arbeiten außerordentliche Sorgfalt und Umsicht. Die Wahl der richtigen Nährlösungen, die Übertragung der Kulturen, Wahl der Gefäße, Einhaltung der Temperaturen, das alles sind Faktoren, welche die Ergebnisse der Untersuchungen ganz wesentlich beeinflussen.

Die chemische Analyse gibt erst zusammen mit der bakteriologischen Untersuchung darüber Aufschluß, welche Veränderungen in einer Gerbbrühe vor sich gehen, mit welcher Geschwindigkeit diese erfolgen, und ob diese Veränderungen nach der einen oder anderen Richtung einen anormalen Verlauf nehmen.

Andreasch teilt alle bis jetzt bekannten und näher charakterisierten Mikroorganismen, die sich in Gerbbrühen vorfinden, in drei Gruppen ein: 1. Die Fäulnisbakterien, 2. die Wasser- und Luftbakterien und 3. die eigentlichen Gärungserreger.

Die Fäulnisbakterien werden mit den Häuten in die Gerbbrühen eingeschleppt. Sie rufen keine saure Gärung hervor, sind aber deshalb wichtig, weil sie durch Löslichmachen eines Teiles der stickstoffhaltigen Hautsubstanz den Brühen jene Stickstoffmengen zuführen, welche die eigentlichen Gärungserreger zur wirksamen Entwicklung benötigen, zumal da in den meisten Fällen die in den Gerbmaterialien vorhandenen stickstoffhaltigen Verbindungen als Nährstoffe für die Bakterien nicht ausreichen würden. Besonders Häute, die durch den Schwitzprozeß enthaart wurden, bringen trotz des nachfolgenden reichlichen Wässerns bedeutende Mengen an Fäulnisbakterien mit in die Brühen, die den Häuten bis in weit vorgeschrittene Stadien der Gerbung folgen.

Die Wasser- und Luftbakterien rufen weder Fäulnis hervor noch bilden sie Säure. Sie verbrauchen aber ebenfalls die in den Brühen vorhandenen Nährstoffe und liefern Produkte, die manchmal den Gang des Gerbprozesses und damit die Qualität des Leders ändern können. Über 30 verschiedene Arten dieser Bakterien wurden in Gerbbrühen festgestellt. Die wichtigsten und bekanntesten davon sind einige Schimmelpilze, die mitunter die ganze Oberfläche von alten Brühen bedecken, so z. B. Penicillium glaucum, der stark saure Brühen liebt, Mucor mucedo, der auf feuchter Lohe wuchert und dessen Sporen mit dieser in die Brühen eingeschleppt werden, und Oidum lactis, der ein häufiger Begleiter der Milchsäuregärung in Gerbbrühen ist. Die Schimmelpilze sind ebenfalls nicht direkt an der Säurebildung beteiligt. Sie treten meist erst beim Abschluß der Säurebildung auf (besonders die Penicillium-Arten) oder wirken in sehr geringem Maß mit an der Alkohol- und Kohlensäureproduktion in den Brühen (wie Mucor und Oidum). Im allgemeinen kann das Auftreten von Schimmelpilzen auf Gerbbrühen als Anzeichen dafür gelten, daß in den Brühen durchgreifende Veränderungen der ursprünglichen Zusammensetzung schon begonnen haben oder sogar bereits beendet sind. Man wird sie am häufigsten in stark sauren Brühen finden, auf denen sie mitunter dicke, graue oder grüne „Rasen" bilden. Daß sie sogar in Eichen- und Quebrachoholzbrühen auftreten, ist ein Zeichen dafür, daß sie auch bei Mangel an Nährstoffen gedeihen. Selbst in Lösungen von käuflichem Tannin, dem nur Spuren von zuckerartigen Stoffen anhaften, die andern Mikroorganismen nicht mehr zur Entwicklung und Vermehrung genügen würden, vegetieren sie und rufen noch schwache Gärungen hervor. Daß aus den Schimmelpilzen ein Ferment, die Tannase, gewonnen werden kann, die einen Abbau der Gerbstoffe der Pyrogallolklasse ermöglicht, ist im Abschnitt über die „Chemie der Gerbstoffe" eingehend erörtert worden (siehe besonders die Arbeiten von Freudenberg und seinen Mitarbeitern).

Weitaus die wichtigsten der in den Gerbbrühen vorhandenen Mikroorganismen sind die eigentlichen Gärungserreger. Während nun die bakteriologische Untersuchung eine ganze Reihe von Bakterien und Sproßpilzen nachweist, die für die saure Gärung der Brühen verantwortlich zu machen sind, zeigt die chemische Analyse, daß die Stoffwechselprodukte dieser Bakterien ihrer Quantität nach nicht immer der Menge der sie erzeugenden Organismen entsprechen. Bei normalen Gerbbrühen können in größeren Mengen hauptsächlich nur folgende Produkte nachgewiesen werden:

Äthylalkohol,	Essigsäure,
Kohlensäure,	Milchsäure.

Für den Gerbprozeß sind vor allem die Essigsäure und die Milchsäure von Bedeutung. Der wichtigste Teil der bakteriologischen Brühenuntersuchung erstreckt sich daher auf die Feststellung, welche von den Sproß- und Spaltpilzen, die man aus den Brühen isolieren kann, Essigsäure- und Milchsäuregärung hervorrufen.

Die Essigsäure- und die Milchsäurebildung ist die Folge der Tätigkeit ganz verschiedener Organismen. Dabei ist für die Essigsäure charakteristisch, daß sie nicht direkt entsteht, sondern stets über den Äthylalkohol als primäres Gärungsprodukt, aus dem sie dann durch Oxydation gebildet wird. Dieser Vorgang der Essigsäurebildung über den Äthylalkohol tritt sehr häufig auf, so z. B. beim Sauerwerden des Weines und Bieres, bei der Essigsäurefabrikation und ähnlichen technischen Prozessen. Eine Betrachtung der Essigsäuregärung in den Gerbbrühen wird sich daher auf zwei Phasen des Prozesses erstrecken: 1. die Alkoholgärung und 2. die Oxydation des Alkohols durch Einwirkung des Luftsauerstoffes zu Essigsäure.

Die alkoholische Gärung. Sie wird durch Sproßpilze, und zwar in erster Linie durch Hefearten, hervorgerufen, die in manchen Brühen so reichlich auftreten, daß sie vorherrschen. Die wichtigsten dieser Organismen sind nach Andreasch (S. 16):

Saccharomyces Pasteurianus (Hansen),
Saccharomyces ellipsoideus II (Hansen),
Saccharomyces apiculatus (Reeß),
Saccharomyces ellipsoideus I (Hansen)
Saccharomyces acidi lactici (Grotenfeld),
Torula Rosahefe (mehrere Arten),
Orangegelber Torula.

Von diesen Arten sind in den Gerbbrühen die beiden erstgenannten am häufigsten zu finden, neben den Torula-Arten, die als ständige Begleiter der Saccharomyceten auftreten.

Die auf Gerbbrühen sich bildenden Hautdecken der Saccharomyces-Arten sind an ihrer graugelben Farbe zu erkennen, die mit dem Alter lichter wird. Die Hefen treten nicht nur in verdünnten Brühen sondern auch in konzentrierten Extrakten, z. B. in Eichenholzextrakt und besonders stark in Fichtenrindenextrakt auf. Gerade die letzteren zeigen mitunter im Sommer infolge der durch die höheren Temperaturen gesteigerte Wachstumsfähigkeit eine sehr starke Gärung unter lebhafter Kohlensäureentwicklung. Neben den Saccharomyces-Arten sind nach Andreasch an diesen manchmal stürmisch verlaufenden Gärungsprozessen auch Mycoderma-Arten (siehe später) beteiligt, die den Zucker der Extrakte direkt zu Wasser und Kohlensäure zerlegen, wobei die letztere unter Aufschäumen entweicht. Auch bei Myrobalanenbrühen, besonders wenn sie auf kaltem Wege hergestellt sind, treten mitunter derartige Erscheinungen auf, wie überhaupt die ohne Wärme extrahierten Brühen Sproßpilze rasch in großer Menge entwickeln.

Das Ausgangsprodukt für den durch die Tätigkeit der Mikroorganismen entstehenden Alkohol ist der in den Gerbbrühen vorhandene Zucker. Er wird durch die Gärung in Alkohol und Kohlensäure zerlegt:

$$C_6H_{12}O_6 \rightarrow 2\,C_2H_5OH + 2\,CO_2.$$

Es treten beim Gärungsprozeß neben dem Äthylalkohol auch höhere Alkohole, Säuren usw. auf, die aber gerberisch keine Bedeutung haben.

Nach den in manchen Gerbbrühen vorhandenen Zuckermengen müßte der Alkoholgehalt recht bedeutend sein. In Wirklichkeit erreicht er gewöhnlich nur die Menge von 2%, ganz selten, wenn die Verhältnisse für die Alkoholgärung besonders günstig sind, 3%. Dies hat besonders darin seinen Grund, daß die Tätigkeit der Essigsäurebakterien und der Mycoderma-Arten teilweise neben der Alkoholgärung hergeht. Dadurch findet mit jeder Alkoholproduktion auch gleichzeitig eine teilweise Alkoholzerstörung statt.

Die Essigsäuregärung. Soweit diese Alkoholzersetzung durch die Essigsäurebakterien verursacht wird, bildet sie den gerberisch wichtigsten Teil des Gärungsprozesses. Der entstehende Alkohol ist somit ein für die Essigsäureerzeugung notwendiges Zwischenprodukt. Andreasch hält es zwar nicht für unmöglich, daß in ganz seltenen Fällen — von denen er allerdings bei seinen Untersuchungen nie einen feststellen konnte — Gärungen stattfinden, bei denen die Essigsäure unmittelbar aus den in der ursprünglichen Brühe vorhandenen Nährstoffen von Kohlehydratcharakter gebildet wird. Der normale Weg der Essigsäurebildung in den Gerbbrühen führt aber über den primär durch die Tätigkeit der Hefen erzeugten Äthylalkohol, so daß die Entstehung der Essigsäure durch folgende Formel charakterisiert ist:

$$\underset{\text{Alkohol}}{C_2H_5OH} + \underset{\text{Sauerstoff}}{2\,O} = \underset{\text{Essigsäure}}{C_2H_4O_2} + \underset{\text{Wasser.}}{H_2O.}$$

Von den in den Gerbbrühen vorkommenden Essigsäurebildnern sind die wichtigsten:

Bacterium aceti (Hansen)
und Bacterium Pasteurianum (Hansen),

die beide fast immer zusammen auftreten. Sie erscheinen in den Brühen als kurze Stäbchen und bilden auch an der Oberfläche Kahmhäute. Der für die Bildung der Essigsäure erforderliche Sauerstoff wird der Luft entnommen. Die Bakterien wirken daher in gewissem Sinn als Sauerstoffüberträger. Die Temperatur darf für den Essigsäurebildungsprozeß nicht unter 12^0 sinken. Dies ist von großer Bedeutung. Kühlen im Winter Gerbbrühen unter diese Temperatur ab, so hört die Essigsäurebildung auf oder wird zum mindesten sehr vermindert, so daß der Säuregrad bzw. der p_H-Wert der Gerbbrühen und damit die Bedingungen für den Gerbprozeß unter Umständen wesentliche Änderungen erfahren.

Für das Zustandekommen der Essigsäurebildung in den Gerbbrühen sind demnach erforderlich:

Nähr- und Zuckerstoffe,
Alkoholbildner (Hefen),
Essigsäurebakterien,
Temperaturen nicht unter 12^0,
Luftzutritt.

Ist eine dieser Bedingungen nicht erfüllt, so wird keine Essigsäurebildung eintreten. In der Praxis der Gerberei werden mitunter die aus Sauerlohekästen gewonnenen Brühen zum Ansetzen weiterer Sauerbrühen benutzt. Es kann nun aber vorkommen, daß solche Sauerbrühen keine Alkoholgärungserreger mehr enthalten. Dann wird in den angesetzten Brühen (die mit der Sauerbrühe geimpft wurden) niemals Essigsäurebildung eintreten können.

Einen weiteren für den Mechanismus der Essigsäuregärung bedeutsamen Faktor bildet nun aber noch das Vorkommen der schon mehrfach erwähnten Sproßpilze, der Mycoderma-Arten, neben den Alkohol- und Essigsäurebakterien. Diese Organismen muß man als Feinde der letztgenannten Bakterien ansehen, mit denen sie in stetigem Kampf leben. Die Mycoderma-Arten haben die Fähigkeit, Äthylalkohol direkt in Kohlensäure und Wasser zu zerlegen. Außerdem vermögen sie die Essigsäure anzugreifen. Die Bakterien können auf diese Weise das Sauerwerden von Brühen stark hemmen, und wenn sie die anderen Bakterien überwuchern, den Prozeß sogar zum Stillstand bringen, da sie den für die Essigsäurebildung erforderlichen Alkohol zerstören, ehe die Tätigkeit der Essigsäurebildner eingesetzt hat. Die für die Mycoderma-Arten günstigste Temperatur liegt zwischen 12 und 20^0, also niedriger als die für die Essigsäurebildner optimale

Temperatur (33 bis 37°). Die von den Mycoderma-Arten gebildete Kohlensäure kann die fehlende Essigsäure als Schwellmittel nicht ersetzen.

Die Milchsäuregärung. Bei der Milchsäuregärung liegen die Verhältnisse nicht so einfach wie beim Essigsäurebildungsprozeß. Wohl handelt es sich auch hier zunächst um die Zerlegung von Zuckerstoffen durch den Einfluß von Bakterien. Der Gärungsprozeß kann aber außer einem normalen Verlauf auch derart verlaufen, daß in den Gerbbrühen unerfreuliche Erscheinungen auftreten. Die bekannteste dieser Erscheinungen ist die sog. „schleimige" Gärung.

Bei normalem Verlauf der Milchsäuregärung wird zuerst der Zucker mit Hilfe eines von der Lebenstätigkeit der Mikroorganismen abtrennbaren Enzyms aufgespalten, wobei die Milchsäure als Spaltprodukt entsteht. Milchsäure entsteht besonders in älteren Brühen und auch dann, wenn die Essigsäuregärung zum Stillstand gekommen ist. Bei der Milchsäuregärung werden jedoch, wie Andreasch mit mehreren Versuchen nachgewiesen hat, außer dem Zucker auch andere Nichtgerbstoffe zur Säurebildung herangezogen, und zwar durch die Tätigkeit der Spaltpilze im Gegensatz zu den Sproßpilzen (Saccharomyces, siehe später), die nur die Gärung des Zuckers bewirken und deren Tätigkeit aufhört, sobald die Zuckerstoffe in der Brühe erschöpft sind. Die Milchsäuregärung und der durch sie entstehende Säuregrad der Brühen ist daher nicht nur vom Zuckergehalt der Gerbbrühen, sondern von ihrem Gehalt an Gesamtnichtgerbstoffen abhängig.

Für die Milchsäuregärung ist charakteristisch, daß die entstehende Milchsäure von einer bestimmten Konzentration ab in den Gerbbrühen den Gärungsprozeß unterbindet. Die maximale Säurekonzentration, welche Milchsäure erzeugende Organismen ertragen können, beträgt 0,6 bis 0,8%. In alten Gerbbrühen wird diese Konzentration selten erreicht, weil gerade hier der von der Blöße mitgebrachte Kalk einen Teil der Säure neutralisiert.

Die Zahl der wirksamen Milchsäureerreger ist recht groß. Andreasch (S. 28) hat folgende Bakterien festgestellt:

a) Milchsäurebakterien der Milch.

Bacillus acidi lactici (Hueppe),
Bacterium acidi lactici (Grotenfeld),
Bacterium lactis acidi (Marpmann).
Alle drei Arten können in normalen Gerbbrühen vorkommen.

b) Milchsäurebakterien der Käsereifung.

Bacillus XIX (Adametz),
Bacillus a (Freudenreich),
Tyrothrixarten (Duclaux).
Kommen besonders in sehr alten Brühen (Stinkbrühen) vor.

c) Spezifische Bakterien der Milchsäuregärung in Gerbbrühen.
(Von Andreasch aus Gerbbrühen durch Plattenkultur gezüchtet.)

d) Milchsäurehefen.

Saccharomyces acidi lactici (Grotenfeld).
Milchsäurehefen aus Gerbbrühen von Andreasch isoliert. Ferner sind noch zu nennen ein gasbildender und verflüssigender Milchsäurebacillus, der bei Verwendung der früher gebräuchlichen Hundekotbeizen in die Gerbbrühen kam, und der Bacillus lactis viscosus (Adametz), der für das Auftreten der schleimigen Gärung verantwortlich gemacht wird.

Als normale Milchsäureerreger sind die in den Gruppen a, c und d genannten Arten zu bezeichnen. Die Gruppe b kommt meist nur in Brühen von schlechter Beschaffenheit vor, in denen viele Eiweißstoffe in Lösung sind. Sehr wichtig sind die Milchsäurehefen, die in ihrer Entwicklung auch durch die Gegenwart beträchtlicher Gerbstoffmengen nicht gehemmt werden. Sie sind es, die den Zucker zu Milchsäure vergären und die nur in dieser ersten Phase des Milchsäuregärungsprozesses tätig sind. Für die Fortentwicklung der Milchsäureerreger ist die Art der Stickstoffnahrung, die sie in den Brühen finden, wesentlich. Die Milchsäuregärung tritt vorzugsweise in älteren Brühen auf, in denen die Essigsäuregärung bereits zum Abschluß gekommen ist. Die günstigste Temperatur für den Milchsäurebildungsprozeß liegt bei 30° bis 35°; unterhalb 12° hört die Bildung der Säure nahezu auf.

Auf den Verlauf des Prozesses wirkt außerdem günstig die Anwesenheit von Phosphaten, die in einigen wenigen Gerbmitteln (Myrobalanen, Dividivi, Algarobilla) vorhanden sind. Im allgemeinen findet man in einer Brühe nicht mehr als eine oder zwei vorherrschende Arten von Bakterien, die nach der Art der Brühe und der Natur der in ihr vorhandenen Stickstoffverbindungen wechseln. Wie bedeutsam der letztgenannte Faktor auf die Tätigkeit der Bakterien sein kann, zeigt die Tatsache, daß in Gerbbrühenproben ein Zusatz von Pepton die durch die Gärung entstehende Milchsäuremenge ganz wesentlich erhöht. Die Steigerung des Peptonzusatzes läuft parallel mit der Zunahme der Milchsäure.

Ein hoher Gerbstoffgehalt vermindert die Tätigkeit mancher Milchsäurebakterien ganz bedeutend. Die Hefearten werden, wie schon erwähnt, von hohen Gerbstoffkonzentrationen in ihrer Wirksamkeit nicht beeinflußt.

Manche Bakterien bilden bei der Gärung Schleim. Auf diese Weise entstehen die bei der Gerbung mitunter vorkommenden „schleimigen Gerbbrühen". Meist sind dabei auch Fäulnisbakterien an der Arbeit. Die Brühen werden dick, fühlen sich wie eine dünne Leimlösung an und ziehen manchmal sogar Fäden. Der Schleim überzieht die Häute und erschwert oder verhindert gar die Diffusion des Gerbstoffes in das Innere der Haut. Der Haupterreger solcher krankhafter Prozesse ist der Bacillus lactis viscosus (Adametz). Die Erscheinung tritt fast nur bei alten Brühen auf, die nur einen geringen Gerbstoffgehalt aufweisen. Greig-Smith hat festgestellt, daß eine schwache Acidität und die Gegenwart von Galaktose, Lävulose, Saccharose, Dextrose, Mannit und Glycerin die Schleimbildung begünstigt, nicht aber Maltose, Lactose und Raffinose. Salze haben nur Einfluß, wenn der Zuckergehalt geringer als 1% ist. Werden zu der Brühe 3 Teile Natriumacetat auf 10000 l zugegeben, so wird das Schleimigwerden verhindert. Die schleimige Substanz ist ein Galakton, das durch Hydrolyse mit Schwefelsäure in Galaktose übergeführt wird. Es wurde beobachtet, daß die Schleimbildung gerne in dünnen, alten Brühen auftritt, die lange unbenutzt standen.

Die Ausführungen über die verschiedenen Gärungsprozesse zeigen, daß die in den Gerbbrühen vorhandenen Zuckerstoffe als Säurebildner von außerordentlicher Wichtigkeit sind, und daß für die Milchsäuregärung neben den Zuckern auch noch die anderen Nichtgerbstoffe als säurebildende Stoffe dienen. So konnte Andreasch nachweisen, daß z. B. in Sumachbrühen fast sämtliche Nichtgerbstoffe bis auf sehr kleine Reste zur Bildung von Milchsäure aufgebraucht wurden. Ganz allgemein kann man sagen, daß in Brühen mit gleichem Gerbstoffgehalt dort die größte Säuremenge erzeugt wird, wo die meisten Nichtgerbstoffe vorhanden sind. Nur von einer gewissen Gerbstoffkonzentration ab wird überall die gleiche Säuremenge produziert.

In allen Gerbbrühen wird die Gärung im großen und ganzen folgenden Verlauf nehmen: Sie beginnt unter der Einwirkung von Sproßpilzen als Alkoholgärung mit gleichzeitiger Kohlensäureentwicklung. Dann folgt die Überführung des Alkohols in Essigsäure. Gleichzeitig mit oder anschließend an diesen Prozeß tritt die Milchsäuregärung auf, bei der zuerst ebenfalls die Zuckerstoffe und dann auch andere Nichtgerbstoffe Milchsäure liefern. Zum Schluß überwuchern die Sproßpilze (Schimmel) jede andere Vegetation.

In der Tabelle 134 ist als Beispiel der Verlauf der Gärung einer Eichenrinde-Fichtenrindebrühe angegeben, wie Andreasch sie bei acht verschiedenen Farben feststellte.

Tabelle 134. Beispiel für den Verlauf der Gärung in einem Farbengang. (Nach Andreasch.)

Eichenloh-Fichtenlohbrühen (hergestellt durch kalte Extraktion in Batterien).

Farbe	Essigsäure	Milchsäure	Gerbstoff	Nichtgerbstoffe	Besondere Erscheinungen	Bakteriologischer Befund
	g in 100 ccm Brühe					
I. (stärkste Farbe)	0,39	0,45	1,83	2,88	Starke Gasentwicklung im Geschirr, Alkohol u. Kohlensäure nachgewiesen	Untergärige Hefearten, Bacterium aceti (Hansen), keine Mycoderma, wenig Milchsäureorganismen
II.	0,40	0,45	1,50	2,48	Schwache Gasentwicklung	Hefe, Bacterium aceti und Milchsäureorganismen (namentlich Hefen)
III.	0,42	0,51	1,27	2,31	—	Vermehrung der Essig- u. Milchsäurekeime
IV.	0,48	0,58	1,08	2,14	—	Vermehrung der Essig- u. Milchsäurekeime
V.	0,56	0,58	0,92	1,98	—	Essigsäurebakterien und Milchsäurehefen bleiben zurück
VI.	0,56	0,63	0,78	1,82	Beginn von Hautbildung durch Mycoderma	Vermehrung der Milchsäurebakterien u. Mycoderma
VII.	0,44	0,65	0,64	1,67	Dichte Mycoderma-Hautdecke	Milchsäurebakterien, Sarcina und Mycoderma in großer Menge
VIII. (schwächste Farbe)	0,47	0,48	0,58	1,53	Mycoderma-Haut und beginnendes Schimmeloberflächen-Wachstum	Fortschreitende Vermehrung der Milchsäureorganismen, Schimmel, Säureabfall, hervorgeruf. durch die Säureaufnahme der frisch eingetriebenen Blößen

Die Zahlen in Tabelle 134 zeigen die Säurezunahme während des Gebrauches der Brühen mit der gleichzeitigen Abnahme der löslichen Nichtgerbstoffe.

Zu der Frage, welche Gerbmittel die Gärung am meisten begünstigen, ist folgendes zu sagen. Nimmt man die Alkoholgärung, deren zweite Phase zur Essigsäurebildung führt, als Maßstab, so kann man nach Andreasch (S. 70) die gebräuchlichsten Gerbmittel in folgende Wertigkeitsreihe ordnen:

Fichtenrinde,	Valonea, Hemlockrinde,
Sumach, Eichenrinde,	Eichenholz,
Myrobalanen,	Knoppern, Quebrachoholz.

Die Gärfähigkeit richtet sich also ganz nach dem Zuckergehalt. Nimmt man aber die Milchsäuregärung als Basis, so erhält man bei genügend starker Brühenkonzentration bei allen Gerbmaterialien fast die gleichen Werte. Wenn aber infolge Neutralisation oder Säureaufnahme durch die Häute ein dem Gärungsprozeß gefährliches Ansteigen der Säurekonzentration verhindert wird, so werden im allgemeinen bei den Gerbmitteln die höchsten Milchsäuremengen erreicht, welche die meisten Nichtgerbstoffe enthalten, so z. B. bei Fichtenrinde und Sumach. Knoppern und Quebrachoholz stehen auch hier an letzter Stelle.

Kohlensäure-, Propionsäure- und Buttersäuregärung. Es ist schon erwähnt worden, daß die Kohlensäure bei der Alkoholgärung auftritt und daß bestimmte Arten von Bakterien, die Mycoderma-Arten, den Alkohol in Kohlensäure und Wasser zerlegen. Bei der Milchsäuregärung entsteht wenig Kohlensäure. Immerhin ist sie in fast allen Gerbbrühen anzutreffen. Ihre Konzentration erreicht aber nie namhafte Werte, weil sie immer wieder entweicht. Sie ist daher gerberisch als Gärungsprodukt ohne Bedeutung.

Das gleiche gilt auch von der in den Gerbbrühen in geringen Mengen nachgewiesenen Propion- und Buttersäure. Die erstere kann als Nebenprodukt bei der Alkoholgärung entstehen, und zwar durch Einwirkung von Hefe auf das bei der alkoholischen Gärung sich normalerweise zu 1 bis 2% bildende Glycerin, manchmal auch durch Vergärung der Kalksalze der Milch- und Apfelsäure. Die letztere findet sich in manchen Fruchtgerbstoffen.

Buttersäure bildet sich mitunter aus Calciumlaktat. Größere Buttersäuremengen können sich in Gerbbrühen nicht bilden, weil die für eine rasche Entwicklung der Bakterien erforderlichen Bedingungen erst in alten Brühen und auch da nur teilweise gegeben sind. Man hat der Buttersäure hier und dort einen Einfluß auf den Gerbprozeß zugeschrieben. Sie ist gerberisch ebenso wie die Propionsäure ohne Bedeutung, weil sie in den Brühen in viel zu geringen Mengen vorkommt, um irgendeine charakteristische Wirkung ausüben zu können.

Verhinderung der Gärung.

Michlin, Kopeliowitsch und Ssimskaja haben verschiedene Stoffe auf ihre gärungsverhindernde Wirkung untersucht. Durch Zusatz von 0,007% Formalin wird die Gärung unterbunden. 0,01% Natriumfluorid verhindert die Bildung der flüchtigen Säuren (Essigsäure), während ein Zusatz von 0,01% Hydrazin die Entstehung nichtflüchtiger Säuren unterdrückt. Durch kombinierte Anwendung von Natriumfluorid und von Hydrazin kann man also das Entstehen aller Säuren verhindern. Auch Kieselfluorwasserstoffsäure und ihre Salze scheinen bei Zusätzen von 0,03% die Gärung von Gerbmittelauszügen zu verhindern.

Literaturangaben.

Aggeew s. Powarnin u. Aggeew.
Andreasch: Gärungserscheinungen in Gerbbrühen. Leipzig 1926.
Belavsky s. Kubelka u. Belavsky.
Blockey s. Parker u. Blockey.
Bennett (*1*): The Leather World, Suppl. Juli **1919**; (*2*): Journ. Amer. Leather Chem. Assoc. **1916**, 519.
Bergmann (*1*): Hoppe-Seyler Ztschr. **131**, 18 (1923); (*2*): Vortrag bei I.V.L.I.C. am 2. 6. **1923**; (*3*): Ber. **57**, 662 (1924); (*4*): Ztschr. f. physiol. Ch. **146**, 247 (1925); (*5*): Hoppe-Seyler Ztschr. **145**, 194 (1925); (*6*): Ebenda **152**, 282 (1926); (*7*): Collegium **1926**, 249; (*8*): Biochem. Ztschr. **177**, 1 (1926); (*9*): Collegium **1928**, 599.
Bergmann, Münz u. Seligsberger: Gerber **1930**, Nr. 1339.
Bruère: Cr. **1930**, 73.
Bungenberg du Jong: Rec. trav. chim. Pays-Bas **42**, 437 (1923).
Carregio s. Schiaparelli u. Carregio.
Claflin (*1*): Journ. Amer. Leather Chem. Assoc. **1907**, 457; (*2*): Ebenda **1919**, 234.

Fahrion (*1*): Neue Gerbmethoden und Gerbtheorien. 1915. Collegium **1910,** 100; (*2*): Ebenda **1903,** Nr. 74; (*3*): Ebenda **1910,** 101; (*4*): Chem.-Ztg. **32,** 888 (1908).
Foster s. Thomas.
Frieden s. Thomas.
Gallun s. Wilson u. Gallun.
Gerngroß: Biochem. Ztschr. **108,** 82 (1920).
Gerngroß u. Gorges: Collegium **1926,** 391.
Gilman s. Parker u. Gilman.
Gierth s. Wilson-Stather-Gierth.
Glücksmann: Pharm. Praxis **1907.**
Gorges s. Gerngroß u. Gorges.
Greig-Smith: Proc. Linneau Soc. N.S.Wales **1920,** 45.
Gustavson: Journ. Amer. Leather Chem. Assoc. **1929,** 366.
Hoppenstedt: Collegium **1911,** 358.
Kelly s. Thomas u. Kelly.
Kern s. Wilson u. Kern.
Knapp: Natur und Wesen der Gerberei. **1858.**
Körner: Collegium **1905,** 207.
Kopecki: Collegium **1907,** 273.
Kopeliowitsch s. Michlin, Kopeliowitsch u. Ssimskaja.
Kubelka u. Belavsky: Collegium **1925,** 119.
Mezey (*1*): Collegium **1925,** 305; (*2*): Ebenda **1925,** 310.
Michlin, Kopeliowitsch u. Ssimskaja: W. **1929,** 125.
Möller: Collegium **1916,** 311.
Neuner u. Stiasny: Collegium **1910,** 129.
Orth s. Stiasny u. Orth.
Paeßler u. v. Schröder: Gerbereichemie. Berlin **1928,** 397.
Page, R. O. u. A. W. Page: Journ. Ind. and Engin. Chem. **1929,** 584.
Parker (*1*): Collegium **1912,** 44; (*2*): Ebenda **1910,** 178.
Parker u. Blockey: Collegium **1912,** 44.
Parker u. Gilman (*1*): Journ. Soc. Leather Trades Chem. **1927,** 213; (*2*): Ebenda **1927,** 222.
Pawlowitsch (*1*): Collegium **1928,** 2; (*2*): W. **1926,** 16.
Pleass: Journ. Soc. Leather Trades Chem. **1931,** 73.
Powarnin (*1*): Collegium **1914,** 634; (*2*): Ebenda **1925,** 294.
Powarnin u. Aggeew: Collegium **1924,** 198.
Procter u. Wilson: Journ. Chem. Soc. London **1916,** 1327.
Salomon s. Stiasny u. Salomon.
Sasaki s. Takaoki u. Sasaki.
Schiaparelli u. Careggio: Cr. **17,** 68 (1925).
v. Schröder u. Paeßler: Gerbereichemie **1898,** 397.
Smith s. Greig-Smith.
Ssimskaja s. Michlin, Kopeliowitsch u. Ssimskaja.
Stather s. Wilson-Stather-Gierth.
Stiasny (*1*): Chem.-Ztg. **1907,** 1242; Collegium **1908,** 117ff.; (*2*): Jahresber. v. Vagda **1923** bis **1924;** (*3*): Ebenda **1924/25;** (*4*): Collegium **1926,** 416.
Stiasny s. Neuner u. Stiasny.
Stiasny u. Orth: Collegium **1927,** 195.
Stiasny u. Salomon: Collegium **1923.**
Takaoki u. Sasaki: s. Powarnin, Collegium **1925,** 294.
Thomas (*1*): Collegium **1927,** 236; (*2*): Journ. Amer. Leather Chem. Assoc. **1920,** 593.
Thomas u. Foster: Journ. Ind. and Engin. Chem. **1922,** 191.
Thomas u. Frieden: Journ. Soc. Leather Trades Chem. **1923,** 385.
Thomas u. Kelly (*1*): Journ. Ind. and Engin. Chem. **1922,** 292; (*2*): Ebenda **1923,** 928; (*3*): Journ. Amer. Leather Chem. Assoc. **1929,** 282; (*4*): Journ. Ind. and Engin. Chem. **1923,** 1148; (*5*): Ebenda **1924,** 800; (*6*): Ebenda **1923,** 1262; (*7*): Ebenda **1929,** 697.
Thuau: Journ. Soc. Leather Trades Chem. **1925,** 208.
Wilson: Chemistry of Leather Manufact. **2,** 2. Aufl. (1929).
Wilson u. Kern (*1*): Journ. Ind. and Engin. Chem. **1922,** 45; (*2*): Collegium **1922,** 188; (*3*): Journ. Ind. and Engin. Chem. **1922,** 1128.
Wilson u. Gallun (*1*): Journ. Ind. and Engin. Chem. **1923,** 71; (*2*): Ebenda **1923,** 376.
Wilson-Stather-Gierth: Die Chemie der Lederfabrikation **1,** 2. Aufl. (1930).
Wilson s. Procter u. Wilson.

B. Die Praxis des Gerbverfahrens mit pflanzlichen Gerbmitteln.

Es ist nicht beabsichtigt, in diesem Kapitel die Arbeitsmethoden, welche zur Herstellung der verschiedenen Ledersorten führen, zu besprechen oder ins einzelne gehende Arbeitsvorschriften aufzustellen. Derartige Rezeptbücher von wechselndem praktischem Wert gibt es eine ganze Reihe. Sie kranken meist daran, daß sie viel zu sehr ins einzelne gehen und außer acht lassen, daß bei der Gerberei die örtlichen Sonderverhältnisse stets eine unvermeidliche Rolle spielen, deren Berücksichtigung sich nicht oder nur schwer umgehen läßt.

Wenn sich auch allgemeine Grundsätze, wie sie bei der Herstellung einerseits von festem, schwerem Leder und andererseits von weichem, leichtem Leder (Oberleder u. dgl.) üblich sind, aufstellen lassen, so sind doch die Anschauungen gerade über die bei der Gerbung einzuschlagenden Wege, auf denen man zu dieser oder jener Art von Leder gelangt, heute noch recht schwankend. In vielen Fällen führen verschiedene Verfahren zum gleichen Ziel. Im allgemeinen ist für die Herstellung bestimmter Lederarten viel wichtiger als der Gerbprozeß die differenzierte Behandlung der Haut in der Wasserwerkstatt, die aber an dieser Stelle nicht erörtert werden kann. Einmal in der Wasserwerkstatt begangene Fehler lassen sich bei der Gerbung und Zurichtung vielleicht in diesem oder jenem Fall etwas ausgleichen, aber niemals mehr ganz beheben. Der Grundcharakter des Leders wird in der Wasserwerkstatt festgelegt. Im Gegensatz zu den recht bestimmten Gesetzmäßigkeiten der Wasserwerkstatt gestattet der Gerbprozeß bei der pflanzlichen Gerbung gewissermaßen einen größeren Spielraum.

In den folgenden Abschnitten sollen die Formen, in denen heute die praktische Gerbung vor sich geht, besprochen und dabei die als wichtig erkannten allgemeinen Grundsätze für die Durchführung des Gerbprozesses aufgezeigt werden. Die beiden Hauptformen der Gerbung sind die Grubengerbung und die Faßgerbung. Die Gerbmethoden, bei denen besondere Kräfte zur Beschleunigung des Prozesses ausgenutzt werden (elektrische Gerbung, Vakuumgerbung, Gerbung unter Druck), sind heute noch stark problematischer Natur.

Eine kurze Betrachtung über die praktische Bedeutung der einzelnen pflanzlichen Gerbmittel sei vorausgeschickt.

I. Die praktische Bewertung der pflanzlichen Gerbmittel.

Für die Auswahl der Gerbmittel, mit denen in der praktischen Gerberei der Gerbprozeß durchgeführt werden soll, sind zwei Gesichtspunkte maßgebend: 1. der Preis und 2. die spezifischen Eigenschaften der einzelnen Gerbmittel.

Der Preis, der wechselnden Schwankungen unterworfen ist, spielt eine außerordentlich wichtige Rolle, wichtiger oft als die Rücksicht auf bestimmte Eigenschaften. Das treffendste Beispiel hierfür ist die Eichenrinde, die gerberisch als besonders hochwertiges Gerbmittel anzusehen ist, die aber in vielen Fällen durch andere Gerbmittel ersetzt werden muß, die nicht so hochwertig aber billiger als die Eichenrinde sind und die Gerbkosten erniedrigen. Die Frage, wieweit bei der Gerbung die Rücksichtnahme auf den Preis der Gerbmittel möglich ist, erfährt in fast jedem Fall eine andere Beurteilung und kann deshalb nicht allgemein beantwortet werden. Die Beantwortung dieser Frage hängt eng zusammen mit den spezifischen Eigenschaften der Gerbmittel und mit ihrer gegenseitigen Ersetzbarkeit. Dabei muß betont werden, daß der Gerber ein Gerbmittel in erster Linie nach den Eigenschaften beurteilt, die es dem Leder erteilt, ein Gesichtspunkt, der bei den bisherigen wissenschaftlichen Untersuchungen der Gerbereichemie leider etwas nebensächlich behandelt worden ist.

Die Gerbmittel, die in der Gerberei zur Verwendung gelangen, unterscheiden sich voneinander:

a) durch ihren verschiedenen Gehalt an gerbenden Stoffen,

b) durch ein verschiedenes Verhältnis zwischen Gerbstoffen und Nichtgerbstoffen (Säurebildungsvermögen, Adstringenz, Pufferungsvermögen),

c) durch verschiedene Gerbgeschwindigkeit,

d) durch die Art und den Grad der Satzbildung,

e) durch die besonderen Eigenschaften, die sie dem Leder erteilen (Farbe, Festigkeit, Milde u. dgl.).

Der Gerbstoffgehalt, der leicht bestimmbar ist, spielt nur insoweit eine Rolle, als bei der Herstellung von Gerbbrühen und Extrakten durch Auslaugung ein Gerbmittel mit hohem Gerbstoffgehalt rascher und leichter zu starken Brühen führt als gerbstoffärmere Materialien. Auch hier spricht die Kostenfrage mit, da naturgemäß bei den erstgenannten Gerbmitteln Auslaugung und Eindampfen zu Extrakten weniger Kohle verlangen als die letzteren (gleich starke Brühen zum Vergleich angenommen). Auf die Qualität der Brühen von gleicher Stärke hat der Gerbstoffgehalt des Gerbmittels aber keinen Einfluß.

Dagegen bildet das Verhältnis der gerbenden Stoffe zu den Nichtgerbstoffen ein charakteristisches Merkmal vieler, wenn auch nicht aller Gerbmittel. Über den vermutlichen Einfluß der Nichtgerbstoffe auf den Gerbprozeß sind schon auf S. 487 Angaben gemacht worden. Die Ansichten über diese Frage gehen auseinander. So nahm z. B. Parker an, daß das Eindringungs- d. h. Gerbvermögen der Gerbmittel mit der Zunahme des Gehaltes an Nichtgerbstoffen abnimmt, während Thomas zu einer entgegengesetzten Anschauung kam.

Dagegen steht die Bedeutung der Nichtgerbstoffe für die Gärung und Säurebildung der Gerbbrühen fest (siehe S. 490). Man kann deshalb die Gerbmittel einteilen in solche mit starkem Säurebildungsvermögen und in andere, die infolge eines geringen Gehaltes an Nichtgerbstoffen (vor allem Zuckerstoffen) in ihren Brühen nur einer schwachen Gärung unterliegen und infolgedessen nur geringe Mengen von Säuren bilden. Zu den ersteren gehört z. B. die Fichtenrinde, zu den letzteren Quebracho- und Eichenholz. Das Säurebildungsvermögen der Gerbmittel ist ein Faktor von hoher Bedeutung im Gerbprozeß, der aufs engste mit dem Einfluß der Wasserstoffionenkonzentration auf Gerbung und Gerbbrühen zusammenhängt. Die planmäßige Auswahl von Gerbmitteln mit bestimmtem Säurebildungsvermögen ist das wirksamste Mittel des Gerbers, den Gerbprozeß in die von ihm gewollten Bahnen zu lenken.

Die Unterschiede in der Gerbgeschwindigkeit, die bei den einzelnen Gerbmitteln feststellbar sind, und die Faktoren, welche sie beeinflussen können, sind im Abschnitt über die „Chemie der Gerbung" erörtert worden. Die dortigen Ausführungen ließen bereits erkennen, daß die Bedingungen, unter denen die Gerbstoffe auf die Haut einwirken, für den Verlauf des Gerbprozesses weit wichtiger sind als etwaige spezifische Eigenschaften der einzelnen in den Gerbmitteln enthaltenen Gerbstoffe. Diese Frage wird später noch weiter zu besprechen sein.

Ein für die Praxis wichtiger Unterschied zwischen den einzelnen Gerbmitteln ist die ganz verschiedene Neigung zur Bildung von Satz und Schlamm beim Stehenlassen ihrer Brühen. Dieser Satz ist, soweit er sich nicht in Form von „Blume" (Ellag- und Chebulinsäure) in und auf dem Leder abscheidet, als Gerbstoffverlust anzusehen, da er nicht zur Lederbildung beiträgt. Die Abscheidungen verzögern den Gerbprozeß dadurch, daß sie sich nicht nur in der Brühe, sondern als feiner Schlamm auch auf den Häuten selbst absetzen und das Eindringen der Gerbstofflösung in das Innere der Haut verhindern. Wieweit die Satzbildung durch die Wasserstoffionenkonzentration beeinflußt wird, ist auf S. 482 gezeigt worden. Jedenfalls weisen aber auch die Gerbmittel an sich ein ganz verschiedenes Verhalten in bezug auf die Abscheidungen in ihren Auszügen auf.

Um über die spezifische Satzbildung der einzelnen Gerbmittel ein Bild zu erhalten, hat Paeßler (*1*) lehrreiche Versuche angestellt. Er ließ Brühen von 2° Bé 60 Tage lang stehen und untersuchte den Gehalt der Brühen an gerbenden und Nichtgerbstoffen am Anfang und Ende des Versuches. Tabelle 135 enthält die Verluste, die nach 60 Tagen eingetreten waren.

Die Tabelle 135 zeigt, daß die Brühen aus Mangroverinde, Mimosarinde, Sumach, Quebrachoholz und dessen Auszügen (auch den kaltlöslichen), ferner aus Gambir beim Stehenlassen nur eine sehr geringe Verminderung des Gerbstoffgehaltes (0 bis 4%) erleiden. Dagegen tritt bei den Brühen aus Eichenrinde, Fichtenrinde und von Eichenholz- und Kastanienholzauszug eine Verminderung des Gerbstoffgehaltes von 7 bis 12% und bei Brühen aus Trillo, Myrobalanen, Valonea und Dividivi sogar eine Abnahme von 23 bis 29% ein. Danach neigen besonders die Gerbstoffe der Pyrogallolklasse zur Satz- und Schlammbildung. Von den Pyrocatechingerbstoffen zeigt nur die Fichtenrinde ein ähnliches Verhalten.

Tabelle 135. Verluste von 2°igen Gerbbrühen an Gerbstoffen und Nichtgerbstoffen nach 60 Tage langem Stehen.

Gerbmittel	100 ccm Brühe enthalten gerbende Stoffe		Verlust	100 ccm Brühe enthalten Nichtgerbstoffe		Verlust
	ursprünglich g	nach 60 Tagen g	%	ursprünglich g	nach 60 Tagen g	%
Mangroverinde	3,37	3,37	0	0,56	0,55	2
Mimosenrinde	2,85	2,79	2	0,63	0,41	35
Sumach	1,90	1,87	1,5	1,40	1,17	16
Quebrachoholz	3,87	3,72	4	0,30	0,18	40
Quebracho-Auszug, nicht behandelt	3,77	3,66	3	0,37	0,24	35
Quebracho-Auszug, kaltlöslich	3,22	3,09	4	0,68	0,51	25
Gambir	2,57	2,57	0	0,95	0,60	37
Eichenrinde	2,17	2,01	7,5	1,31	0,53	60
Fichtenrinde	2,12	1,90	10	1,73	1,18	32
Eichenholz-Auszug	2,28	1,99	12,5	1,38	1,31	5
Kastanienholz-Auszug	2,48	2,19	11,5	1,17	1,16	1
Knoppern	2,55	2,15	16	0,77	0,50	35
Trillo	2,49	1,92	23	0,83	0,75	10
Myrobalanen	2,29	1,74	24	0,98	0,57	42
Valonea	2,45	1,73	29	0,92	0,64	30
Dividivi	2,15	1,53	29	1,12	0,87	22

Was nun die besonderen Eigenschaften betrifft, welche die einzelnen Gerbstoffe dem Leder erteilen sollen, so muß man beim Versuch einer derartigen Charakterisierung sehr vorsichtig sein. Den verschiedenen Gerbmitteln, die bei der Herstellung der Brühen Verwendung finden, wird häufig nachgesagt, daß sie dem Leder diese oder jene bestimmte Eigenschaft verleihen sollen. Während man dem einen Gerbmittel nachrühmt, das Leder fest zu machen, wird anderen die Eigenschaft zugeschrieben, daß mit ihnen ein weiches und mildes Leder zu erzeugen sei. Bei der allgemeinen Beschreibung der Gerbmittel sind diese Eigenschaften genannt.

Einen Überblick über die spezifischen Eigenschaften, die man den einzelnen pflanzlichen Gerbmitteln gewöhnlich zuschreibt, gibt die Tabelle 136, wie sie im Bericht des Enquete-Ausschusses für die deutsche Lederindustrie 1930 (Gutachten von Dr. Vogel) enthalten ist.

Tabelle 136. Besondere Eigenschaften der wichtigsten pflanzlichen Gerbmittel. (Enqueteausschuß f. d. Lederindustrie 1930, S. 25.)

Gerbmittel	Besondere Eigenschaften
Eichenrinde	Gibt Leder von vorzüglichen Eigenschaften.
Fichtenrinde	Liefert gelbbraunes, nachdunkelndes Leder von geringerer Qualität wie eichenlohgares Leder.
Mimosarinde	Gibt festes, schweres Leder von rötlicher Farbe.
Mangroverinde	Liefert schwammiges, loses Leder von dunkelroter Farbe.
Hemlockrinde	Gibt festes, gewichtiges Leder von roter, stark nachdunkelnder Farbe.
Quebrachoextrakt . . .	Liefert rötliches, nachdunkelndes Leder, gerbt schnell und gibt gutes Gewicht.
Kastanienholzextrakt . .	Gibt helles festes Leder.
Valonea	Edles Gerbmaterial, das zähes und festes Leder von heller Farbe liefert.
Myrobalanen	Geben helles, aber weiches und schwammiges Leder.
Dividivi	Gerbt schnell, liefert aber weiches lockeres Leder von mißfarbigem rötlichem Aussehen.
Knoppern	Liefern helles Leder von großer Festigkeit.
Sumach	Gibt sehr helles, lichtechtes Leder von großer Milde. Findet vorwiegend für Fein- und Luxusleder Verwendung.

Die Eigenschaften eines Leders hängen von der Art, wie die Gerbung durchgeführt wird, weit mehr ab als von den spezifischen Eigenschaften der Gerbmittel. Für die Herstellung fester und harter Leder benötigt man Brühen mit höherem Säuregehalt, man wird daher in diesem Fall die Säurebildung — besonders am Anfang der Gerbung — fördern und wird sie bei der Herstellung weicher Leder zurückhalten. Aus diesem Grund spielt bei der Auswahl der Gerbmittel die jeweils vorhandene Menge säurebildender, d. h. vergärbarer Stoffe eine große Rolle. Dieser für die Gerbung so wichtige Faktor ist es, der manchen Gerbmitteln den Ruf eingebracht hat, daß sie das Leder fest machen würden. In Wirklichkeit kann man Gerbmittel, die eine hinreichende Menge an Säurebildnern aufweisen, für alle Ledersorten verwenden, während Gerbmittel, die arm an diesen Stoffen sind, sich für feste Leder, allein angewendet, nicht bewähren [Paeßler (*2*)]. Hieraus erklären sich auch manche sich stark widersprechenden Anschauungen. Man kann z. B. häufig die Weidenrinde als ein Gerbmittel rühmen hören, das ein besonders mildes und geschmeidiges Leder ergäbe. Gleichzeitig aber kann man aus russischen Lederfabriken erfahren, daß sich mit Weidenrinde ein gutes Sohlleder herstellen lasse. Nicht das Gerbmittel, sondern die Art seiner Verwendung entscheidet über die Eigenschaften des entstehenden Leders. Und deshalb benützt man in der Gerberei so gut wie nie ein einziges Gerbmittel für sich allein, sondern ein Gemisch mehrerer Gerbmittel. „In der richtigen Zusammenstellung dieses Gemisches besteht das wesentlichste Hilfsmittel, das wir haben, um uns die guten Eigenschaften der einzelnen Gerbmittel dienstbar zu machen und gleichzeitig ihre weniger guten Eigenschaften bis zu einem gewissen Grade auszugleichen und zu verdecken“ [Paeßler (*1*)].

Nun ist es außer Zweifel, daß die zahlreichen Gerbmittel, deren man sich in der Gerberei bedient, Gerbstoffe und Nichtgerbstoffe von ganz verschiedener chemischer Natur enthalten, und daß infolgedessen — außer den wechselnden Säurebildungsvermögen — in ihrer Einwirkung auf die Haut und dadurch auch in den Eigenschaften, die sie dem Leder verleihen, irgendein Unterschied bestehen muß. Aber hier stehen wir mit unseren Erfahrungen und wissenschaftlichen Erklärungen noch sehr am Anfang, was natürlich damit zusammenhängt, daß unsere Kenntnisse von der chemischen Natur der Gerbstoffe, der tierischen Haut und des Gerbvorganges noch recht bescheiden sind. Und auf rein empirischem Wege die spezifische Wirkung der einzelnen Gerbmittel und ihrer Gemische aufzuklären, ist außerordentlich schwer, weil bei Gerbversuchen stets eine Reihe von Faktoren nebeneinander wirksam sind, sie kaum zu trennen sind.

Alle Gerbgrundsätze und -vorschriften, nach denen heute in den Lederfabriken die Gerbmaterialien für die Gerbung gemischt werden, sind rein empirischer Art. Und diese Erfahrungstatsachen, für die in den meisten Fällen eine wissenschaftliche Begründung noch fehlt, werden daher sehr oft als wichtige Betriebsgeheimnisse betrachtet. Daß auf die Auswahl der Gerbmittel die Preisfrage einen erheblichen Einfluß ausübt, ist schon erwähnt worden.

Aber immer wieder muß betont werden, daß neben der Vorbehandlung in der Wasserwerkstatt der ausschlaggebende Faktor für die Erzielung bestimmter Ledereigenschaften in erster Linie in den Bedingungen zu suchen ist, unter denen die Gerbung begonnen und durchgeführt wird, d. h. die Wasserstoffionenkonzentration (Säuregrad), die Stärke und das Alter der Brühen, ferner der Wechsel der Gerbstoffkonzentration, und die Formen der Gerbung (siehe später). Die Wahl der Gerbmittel, als ein die Ledereigenschaften bestimmendes Moment kommt erst in zweiter Linie. Deshalb ist es nur bedingt richtig, wenn man z. B. die Eichenrinde, die Valonea, die Fichtenrinde, das Kastanienholz als Gerbmittel bezeichnet, die ein besonders festes Leder geben, oder wenn man Gambir und Mimosarinde für besonders weich machende Gerbmittel hält. Mit Eichenrinde läßt sich sowohl ein mildes, zügiges wie ein hartes, festes Leder herstellen, je nach den Bedingungen, unter denen man die Gerbung durchführt. Das Beispiel der Weidenrinde wurde bereits erwähnt. Mit Mimosarinde läßt sich ein sehr festes und ein sehr weiches Leder erzeugen und das gleiche gilt für viele andere Gerbmittel. Mit Valonea, die vielfach als ausgesprochenes Bodenledergerbmittel gilt, hat man früher in England sehr viel weiches Bekleidungsleder hergestellt.

Ein immerhin leicht bestimmbarer Unterschied zwischen den einzelnen Gerbmitteln besteht in der Farbe, die sie dem Leder erteilen und die natürlich auch bei der Zusammenstellung der in der Praxis verwendeten Gerbmittelgemische in Erwägung zu ziehen ist. Außerdem ist von Wichtigkeit, wie sich diese Farbe gegenüber äußeren Einflüssen verhält. Über die Farbe, welche die Gerbstoffe der verschiedenen Gerbmittel dem Leder geben und über deren Beständigkeit gegenüber Licht und Sauerstoff hat schon vor vielen Jahren Paeßler (*2*) Untersuchungen angestellt. Er gerbte Hautstücke mit verschiedenen Gerbmitteln (siehe Tabelle 137) und bewahrte von jedem Lederstück, nachdem es gut ausgewaschen, aufgespannt und im Dunkeln getrocknet war, einen Teil im Dunkeln, einen Teil im zerstreuten Tageslicht auf, während ein Teil nach Möglichkeit dem direkten Sonnenlicht ausgesetzt wurde. Dann wurde der Farbton der Leder, einem schon früher von Procter und Parker gemachten Vorschlag entsprechend, mit Hilfe des Lovibondschen Tintometers bestimmt, derart, daß die Zahlenwerte für die Grundfarben Gelb, Rot und Blau ermittelt wurde. An Hand dieser in Tabelle 137 angegebenen Zahlenwerte ist eine Charakterisierung und ein Vergleich der Farbtöne möglich.

Paeßler kommt auf diese Weise zu dem Ergebnis, daß Gambir, Sumach, Sumachextrakt und Allgarobilla das hellste Leder liefern. Das dunkelste und zugleich roteste gibt Mangroverinde. Die übrigen liegen in der Mitte und lassen sich von hell nach dunkel etwa in folgender Reihe ordnen: Myrobalanen, Valonea,

Tabelle 137. Farbbestimmung verschieden gegerbter Leder vor und nach der Belichtung mit Hilfe des Lovibondschen Tintometers. (Nach Paeßler.)

Leder gegerbt mit	a Nichtbelichtet			b Im zerstreuten Tageslicht belichtet			c Im direkten Sonnenlicht belichtet		
	rot	gelb	blau	rot	gelb	blau	rot	gelb	blau
Eichenrinde	3,5	3,5	2,0	5,0	4,5	3,0	6,0	5,0	3,5
Fichtenrinde	3,0	3,0	1,5	6,0	5,0	4,0	8,0	7,0	5,0
Mimosenrinde	4,5	3,5	3,0	6,0	4,5	3,0	6,5	5,0	3,5
Mangroverinde	6,5	4,0	3,0	7,0	5,0	4,0	8,0	6,0	4,0
Malettorinde	4,5	4,5	2,0	7,0	6,0	3,0	7,0	5,5	3,5
Valonea	2,0	2,5	1,5	2,0	3,5	1,5	2,5	4,0	1,5
Trillo	3,0	3,0	2,5	3,5	3,5	2,5	3,5	4,5	2,5
Myrobalanen	2,0	2,5	1,5	2,5	3,0	1,5	4,0	2,5	4,0
Dividivi	2,5	2,5	1,5	4,0	4,0	1,5	4,5	4,0	5,0
Algarobilla	1,5	2,5	0,5	2,0	3,0	0,5	2,5	3,0	1,0
Knoppern	2,0	2,5	1,0	2,0	3,0	1,0	2,5	3,5	1,0
Sumach	1,5	2,5	1,5	2,0	3,0	1,5	2,5	3,0	1,5
Quebrachoholz	5,0	4,0	3,5	8,0	6,0	3,0	8,0	6,0	4,5
Fichtenloh-Extrakt	4,5	4,0	2,0	6,0	5,5	3,0	7,0	5,5	3,5
Eichenholz-Extrakt	3,0	3,5	2,0	3,0	4,0	2,0	3,5	5,0	2,5
Kastanienholz-Extrakt	4,0	4,5	2,5	4,0	5,0	2,5	4,5	5,5	2,5
Quebracho-Extr., regulär	4,0	3,0	2,5	6,5	4,0	2,0	5,5	4,0	3,0
Quebracho-Extr., geklärt	4,5	3,5	1,5	7,0	5,0	3,0	8,0	5,0	3,5
Quebracho-Extrakt, kaltlöslich	2,5	2,0	0,5	5,0	4,0	2,5	4,5	3,5	2,0
Würfelgambir	1,5	1,5	0,5	2,5	1,0	2,5	2,5	1,0	2,5
Sumach-Extrakt	1,5	0,5	1,5	2,0	0,5	1,5	1,5	0,5	2,0

Die Farbbestimmung von Gerbmittelauszügen mit den Lovibondschen Tintometer ist heute in England noch vielfach üblich. Für die Praxis ist es im allgemeinen wertvoller, zur Feststellung der Farbe eines Gerbmittelauszuges mit einem Stückchen Haut einen Ausfärbversuch zu machen.

Knoppern, kaltlöslicher Quebrachoextrakt, Dividivi, Fichtenrinde, Eichenholzextrakt, Trillo, Eichenrinde, Quebrachoextrakt gewöhnlich und geklärt, Mimosarinde, Kastanienholzextrakt, Malettorinde, Quebrachoholz. Auch der Farbton ist bei den einzelnen Gerbmitteln sehr verschieden, je nachdem Gelb oder Rot vorherrscht.

Nun haben R. O. und A. W. Page (siehe S. 481) gezeigt, daß die Farbe des Leders weitgehend von der Wasserstoffionenkonzentration der Gerbbrühe abhängig ist. Bei den obigen Versuchen Paeßlers ist nicht angegeben, ob die Gerbungen alle beim gleichen p_H-Wert durchgeführt worden sind. Vielleicht ist damit auch die Färbung der Maletto- und Fichtenrindenleder zu erklären, die für gewöhnlich heller sind, als aus der Tabelle 137 hervorgeht. Gerbt man gleichmäßig vorbehandelte Hautstücke in den Brühen verschiedener Gerbmittel, die sämtlich auf den p_H-Wert 4,4 bis 4,5 (isoelektrischer Punkt des Kollagens) eingestellt sind, derart, daß man die Hautstücke innerhalb 35 Tagen durch Brühen von 1^0 bis 5^0 Bé laufen läßt, und trocknet sie nach Auswaschen (bis das Waschwasser klar abläuft) im Dunkeln auf, so erhält man Lederstücke, deren Farbcharakter im allgemeinen wohl der Paeßlerschen Reihe entspricht. Bei einzelnen Gerbstoffen zeigen sich aber doch Unterschiede. Es liefern Sumach, Gambir und außerdem Weidenrinde die hellsten Leder. Dann kommt als nächste Gruppe etwa: Valonea, Dividivi, Mimosarinde, Malettorinde und Fichtenrinde, als dritte Gruppe: Myrobalanen, natürlicher Quebrachoextrakt, Hemlockrinde und als Gruppe mit den dunkelsten Farben: Mangroverinde, Kastanienholz- und Eichenholzextrakt, Eichenrinde, Catechu und Tizerah.

Durch den Einfluß des Lichtes erfahren alle Leder eine Zunahme der Farbintensität (siehe Tabelle 137), im direkten Sonnenlicht natürlich stärker als im zerstreuten Tageslicht. Am wenigsten verändern sich Sumach, Sumachextrakt und Gambir, am stärksten Eichenrinde und Fichtenrinde. Bei Mimosarinde, Malettorinde und Quebrachoextrakt ist neben einer Zunahme der Farbintensität auch ein stärkeres Hervortreten von Rot festzustellen.

Weiterhin wird den Gerbmitteln in ihrer Eigenschaft, dem Leder „Gewicht zu geben", ein verschiedenes Verhalten zugeschrieben. Wenn auch die Aufnahme der Gerbstoffe und Nichtgerbstoffe weitgehend von verschiedenen Faktoren wie Wasserstoffionenkonzentration, Zeit und Temperatur abhängig ist, so muß doch den einzelnen Gerbmitteln auch ein spezifisches Verhalten in bezug auf die Gewicht machenden Eigenschaften zugesprochen werden, wie Versuche von Paeßler (*1*) gezeigt haben und wie dies auch die praktische Gerberei bestätigt. Die Menge der von 100 g Hautsubstanz bei höchster Durchgerbung aufgenommenen Gerbstoffe nannte v. Schröder die Durchgerbungszahl. Paeßler gibt für eine Reihe von Gerbmitteln folgende Durchgerbungszahlen an:

Mimosarinde	136	Knoppern	111
Quebrachoholz	130	Malettorinde	104
Kastanienholzauszug	130	Dividivi	103
Eichenholzauszug	129	Myrobalanen	101
Eichenrinde	126	Tannin	91
Fichtenrinde	123	Sumach	84
Mangroverinde	122	Sulfit. Quebrachoauszug	84
Valonea	112		

Die Gerbversuche, welche diese Werte ergaben, waren bei einer Säurekonzentration von 0,1% begonnen worden, die allmählich entsprechend dem Fortschreiten der Durchgerbung auf 0,6% gesteigert worden war.

Diese von Paeßler angegebene Säurekonzentration bedingte aber keineswegs gleiche p_H-Werte der benutzten Gerbbrühen. Die Verschiedenheit des natürlichen p_H-Wertes und das stark voneinander abweichende spezifische Pufferungsvermögen der Gerbmittelauszüge brachten es mit sich, daß die Versuche von Paeßler tatsächlich bei ganz verschiedenen p_H-Werten durchgeführt und deshalb auch die Ergebnisse nicht ohne weiteres vergleichbar sind. Die Gerbstoffaufnahme ist bekanntlich bei niedrigen p_H-Werten der Gerbbrühen höher als bei höheren p_H-Werten (siehe S. 468). Wenn man auch zweifellos von spezifischen gewichtgebenden Eigenschaften der einzelnen Gerbmittel sprechen kann, so wird doch das Lederrendement auch weitgehend von den äußeren Faktoren des Gerbprozesses (p_H-Wert, Zeit, Konzentration usw.) beeinflußt.

Zum Schluß dieses der praktischen Bewertung der Gerbmittel dienenden Kapitels sei noch auf eine Erscheinung hingewiesen, die ebenfalls als eine spezifische Eigenschaft der einzelnen Gerbmittel angesehen werden kann und bei der Betriebskontrolle und der Beurteilung von Brühen von Wichtigkeit ist. Es ist im allgemeinen im praktischen Betrieb üblich, die Stärke der Gerbbrühen durch Spindeln mit dem Brühenmesser zu ermitteln. Die Brühenmesser sind Aräometer, die je nach dem spezifischen Gewicht der Brühe mehr oder weniger tief unter den Flüssigkeitsspiegel sinken. Auf der angebrachten Skala liest man dann ab, was „die Brühe spindelt". Die Einteilung der Skala zeigt entweder Baumégrade oder, wie in manchen Ländern üblich, Barkometergrade oder Twaddlegrade[1]. Die Beziehungen zwischen dem spezifischen Gewicht und den verschiedenen Stärkegraden sind aus der an anderer Stelle dieses Handbuchs gebrachten Tabelle zu ersehen.

[1] Barkometergrad $= (s - 1) \times 1000$, Twaddlegrad $= (s - 1) \times 200$. $s =$ spez. Gewicht der Lösung.

Nun kann man aber aus dem spezifischen Gewicht bzw. den Baumégraden einer Gerbbrühe keinen sicheren Schluß auf ihren Gerbstoffgehalt ziehen, weil die Dichte der Brühe nicht nur von den Gerbstoffen, sondern auch von den Nichtgerbstoffen abhängt. Da das Verhältnis von Gerbstoffen und Nichtgerbstoffen aber bei den einzelnen Gerbmitteln verschieden ist, so können auch die aus den verschiedenen Gerbmitteln hergestellten Brühen gleicher Stärke nicht den gleichen Gerbstoffgehalt haben. Die Abweichungen, welche die Brühen der einzelnen Gerbmittel bei gleichen Baumégraden im Gehalt an Gerbstoffen und Nichtgerbstoffen zeigen, sind sehr charakteristisch, ebenso die Dichtenunterschiede bei Brühen mit gleichem Prozentgehalt an Gerbstoffen. Sie sind in den von Paeßler (*1*) stammenden Tabellen 138 und 139 angegeben.

Tabelle 138. Gerbstoff- und Nichtgerbstoffgehalt von Gerbmittelauszügen mit gleicher Dichte.

100 ccm Brühe von 2° Bé (spez. Gewicht 1,014) enthalten folgende Mengen Gerbstoffe und Nichtgerbstoffe:

Gerbmittel	Gerbende Stoffe g	Nichtgerbstoffe g	Gesamtlösliches g	Auf 100 Teile gerbende Stoffe entfallen Nichtgerbstoffe g
Sumach	1,9	1,4	3,3	74
Fichtenrinde	2,1	1,7	3,8	82
Dividivi	2,2	1,1	3,3	50
Eichenrinde	2,2	1,2	3,4	55
Eichenholzauszug	2,3	1,4	3,7	61
Myrobalanen	2,3	1,0	3,3	44
Valonea	2,5	0,9	3,4	36
Trillo	2,5	0,8	3,3	32
Kastanienholzauszug	2,5	1,2	3,7	48
Knoppern	2,5	0,8	3,3	32
Gambir	2,6	1,0	3,6	39
Mimosarinde	2,9	0,6	3,5	21
Quebracho, kaltlöslich	3,2	0,7	3,9	22
Mangroverinde	3,4	0,5	3,9	15
Quebracho, unbehandelt	3,8	0,3	4,1	8
Quebrachoholz	3,9	0,3	4,2	8

Tabelle 139. Dichte von Gerbmittelauszügen mit gleichem Gerbstoffgehalt. Eine Brühe von 2% Gerbstoff hat folgende Zusammensetzung und Dichte.

Gerbmittel	Gerbende Stoffe %	Nichtgerbstoffe %	Gesamtlösliches %	Spez. Gewicht	° Bé	° Barkom.
Sumach	2,0	1,5	3,5	1,0145	2,10	14,5
Fichtenrinde	2,0	1,6	3,6	1,0131	1,90	13,1
Dividivi	2,0	1,0	3,0	1,0124	1,80	12,4
Eichenrinde	2,0	1,1	3,1	1,0124	1,80	12,4
Eichenholzauszug	2,0	1,2	3,2	1,0121	1,75	12,1
Myrobalanen	2,0	0,9	2,9	1,0117	1,70	11,7
Valonea	2,0	0,7	2,7	1,0110	1,60	11,0
Trillo	2,0	0,6	2,6	1,0110	1,60	11,0
Kastanienholzauszug	2,0	1,0	3,0	1,0110	1,60	11,0
Knoppern	2,0	0,6	2,6	1,0107	1,55	10,7
Gambir	2,0	0,8	2,8	1,0107	1,55	10,7
Mimosarinde	2,0	0,4	2,4	1,0106	1,40	9,6
Quebrachoauszug, kaltlösl.	2,0	0,4	2,4	1,0086	1,25	8,6
Mangroverinde	2,0	0,3	2,3	1,0082	1,20	8,2
Quebrachoauszug, unbehandelt	2,0	0,2	2,2	1,0073	1,05	7,3
Quebrachoholz	2,0	0,2	2,2	1,0069	1,00	6,9

II. Die verschiedenen Gerbmethoden[1].

1. Die Grubengerbung.

Die älteste und auch heute noch wichtigste Form der Gerbung mit pflanzlichen Gerbmitteln ist die Grubengerbung, die in den „Farben" einerseits und in den „Versenken" und „Versätzen" andererseits durchgeführt wird.

Zu Beginn des Gerbprozesses werden die aus der Wasserwerkstatt kommenden Häute (Blößen) in dünne, gebrauchte Gerbbrühen gebracht, in denen eine gleichmäßige Angerbung und Durchfärbung erfolgen soll. Diese Brühen nennt der Gerber „Farben".

An diese Farbengerbung schließt sich bei den meisten Ledern — von der Faßgerbung sei abgesehen — die zweite Art der Grubengerbung, die Gerbung in Versätzen oder Versenken mit stärkeren Brühen. Während die Häute in die Farben senkrecht eingehängt werden, liegen sie in den Versenken und Versätzen wagrecht aufeinandergeschichtet und durch Loheschichten voneinander getrennt in den Gerbbrühen.

Beide Arten der Grubengerbung beruhen auf dem gleichen Prinzip: Die Haut ist von einer Lösung von Gerbstoffen und Nichtgerbstoffen umgeben, aus der diese Stoffe in die Haut hineindiffundieren, bis zwischen Haut und Lösung gewissermaßen ein Gleichgewichtszustand eintritt oder bis durch Entfernung der Haut der Gerbprozeß unterbrochen wird. Dabei muß dem schon wiederholt erwähnten Grundgesetz für jeden Gerbprozeß Rechnung getragen sein: Beginn der Gerbung mit schwacher und Durchführung der Gerbung mit steigender Gerbstoffkonzentration der Brühen.

Diese Durchführung des Gerbprozesses mit steigender Gerbstoffkonzentration war in früheren Zeiten, als man weder Extraktionsanlagen noch käufliche Gerbextrakte kannte, dem Gerber nicht ohne weiteres möglich. Er stellte seine Brühen durch Auslaugung von Eichen- und Fichtenrinde — meist bei gewöhnlicher Temperatur — her und erhielt dabei ganz schwache Brühen. Auch in den Versätzen wurden nur Brühenstärken von wenigen Prozenten Gerbstoff erzielt. Dadurch wurde eine sehr lange Gerbdauer erforderlich.

Erst die Herstellung von starken Gerbstoffextrakten durch heiße Auslaugung in besonderen Extraktionsanlagen gab dem Gerber die Möglichkeit, sich Gerbbrühen von beliebiger Stärke zu schaffen und damit den Gerbprozeß unter stetig ansteigender Gerbstoffkonzentration durchzuführen. Die Folge war eine wesentliche Verkürzung der Gerbdauer.

Im allgemeinen hat sich die äußere Form der alten Grubengerbung, wie sie vor der Einführung starker Gerbextrakte üblich war, auch heute noch erhalten. Die planmäßige Steigerung der Gerbstoffkonzentration im Laufe des Gerbprozesses gestattete aber ein sachgemäßeres Arbeiten und vor allem eine kürzere Gerbdauer als früher. Auch brachten technische Fortschritte Erleichterungen im Arbeitsverfahren.

Noch immer aber ist Farben-, Versatz- und Versenkgerbung der Weg, auf dem große Mengen lohgaren Leders hergestellt werden. Die Formen ihrer heutigen Anwendung sollen im folgenden kurz beschrieben werden. Dabei muß bedacht werden, daß man heute nicht etwa von einer allgemein gültigen Methode der Grubengerbung oder von einem „Stand", den sie heute erreicht hat, sprechen

[1] Es sei hier nochmals auf die Ausführungen von Seite 500 verwiesen. Es sollen in dem vorliegenden Abschnitt über die verschiedenen Gerbmethoden keinerlei Fabrikationsverfahren für bestimmte Ledersorten angegeben, sondern nur ganz allgemein die Formen erläutert werden, deren man sich heute bei der Gerbung des Leders mit pflanzlichen Gerbmitteln bedient.

kann. In den einzelnen Gerbereien und Lederfabriken wird man eine recht verschiedene Handhabung der Methoden, lohgares Leder herzustellen, finden, je nach der Auswirkung von Tradition, der persönlichen Einstellung des Leiters und lokalen Faktoren.

Die bei der Grubengerbung verwendeten runden oder rechteckigen Gruben weisen im Durchschnitt Maße auf, die nach Breite, Länge und Tiefe etwa 2 m betragen. In früheren Zeiten hat man für die Gruben Eichenholz verwendet, das dann seiner Kostspieligkeit wegen durch das ebensogut geeignete Fichtenholz ersetzt wurde. In neuerer Zeit werden die Gerbgruben auch aus Eisenbeton hergestellt.

Es ist viel darüber gestritten worden, ob die Benützung von Betongruben, auch wenn sie Schutzanstriche erhalten, nicht zu Verfärbungen der Gerbbrühen und damit auch der Leder führen kann. Jedenfalls ist für derartige Gruben ein mehrmaliger Anstrich mit geeigneten Teerprodukten unerläßlich, da nicht von der Hand zu weisen ist, daß die sauren Anteile der Gerbbrühen mit der Zeit in Sprünge und Risse der Betonwände eindringen und an den betreffenden Stellen eine Verfärbung der Brühen verursachen. Der Anstrich muß öfters erneuert werden. Es gibt Gerber, die noch immer den — übrigens fast unbegrenzt haltbaren — Holzgruben den Vorzug geben, besonders da sie im Gegensatz zu den Betongruben den Vorteil haben, daß sie bei einem notwendig werdenden Platzwechsel umgebaut werden können.

Die Gruben haben vielfach einen leicht geneigten Boden, an dessen tiefster Stelle ein Ablaufrohr in die Kanalisation führt. Dieser Auslauf wird mit einem Zapfen verschlossen. Gruben, die keinen Auslauf haben — in früheren Zeiten hatten natürlich die wenigsten Gruben diese Einrichtung —, müssen für die häufig vorzunehmende Reinigung leer gepumpt werden. Bei Versenk- bzw. Versatzgruben sind außerdem noch andere Vorrichtungen nötig, die später erwähnt werden.

Zu einer praktisch eingerichteten Farben- und Grubenwerkstatt gehört weiterhin ein Röhrensystem, das alle Gruben mit einer zentralen Pumpstation verbindet und ein Umpumpen der Grubenbrühen und ein Zuleiten der in besonderen Vorrats- und Mischgruben angesetzten frischen Brühen nach allen Stellen der Werkstatt ermöglicht. Leitungen und Pumpen müssen aus Kupfer hergestellt sein.

A. Die Farbengerbung.

Der schon erwähnte wichtigste Grundsatz der Gerberei, die sog. „goldene Gerberregel", wurde von v. Schröder folgendermaßen zum Ausdruck gebracht:

„Man muß beim Gerben mit gerbstoffarmen Brühen anfangen und den Gerbstoffgehalt der zur Anwendung kommenden oder sich bildenden Brühen in dem Maße, als die Gerbung fortschreitet, regelmäßig und stetig steigern. Je stetiger und regelmäßiger der Gerbstoffgehalt der Brühen zunimmt, um so gleichmäßiger verläuft die Gerbung und um so mehr Gerbstoff wird aufgenommen."

Nach diesem Grundgesetz erfolgt die Angerbung in den Farbengängen. Unter einem „Farbengang" versteht man eine aus 6, 8 oder auch mehr Gruben bestehende Einheit, innerhalb der die Stärke der Gerbbrühen derart wechselt, daß die erste Grube eine ganz schwache, d. h. schon beinahe ausgenutzte Brühe und die letzte eine an Gerbstoff reiche Brühe enthält. Zwischen der ersten und letzten Grube nimmt die Gerbstoffkonzentration stetig zu. Dadurch, daß die zu gerbende Blöße von der schwächsten Farbe der immer stärker werdenden Gerbbrühe bis zur stärksten entgegenwandert, verläuft der Prozeß der Farbengerbung nach dem Gegenstromprinzip.

Man erreicht dies auf folgende Weise: Nehmen wir an, es stehen Farbengänge mit je 8 Farben zur Verfügung, die entweder nach Abb. 144 oder 145 angeordnet sein können.

Von diesen 8 Farben ist Nummer *1* stets die jüngste und stärkste Brühe, Nummer *8* die am meisten ausgenutzte gerbstoffärmste, älteste Brühe, in der die

1	*2*	*3*	*4*	*5*	*6*	*7*	*8*

Abb. 144.

Gerbung beginnt. Immer wenn aus Grube Nr. *1* eine Partie herausgenommen wird, die den ganzen Farbengang von der schwächsten bis zur stärksten Brühe durchlaufen hat, rücken alle anderen Partien derart weiter, daß sie in die nächst stärkere Brühe kommen. Dabei wird aus der bisherigen stärksten Farbe Nr. *1* jetzt die zweitstärkste Nr. *2*, aus *2* wird *3*, aus *3* wird *4* und so fort, aus *7* wird *8* und die letzte Farbe bleibt für die Aufnahme einer neuen Partie Blößen frei. Da nun aber auch die bisher in Farbe *2* befindliche Partie in eine Brühe, die ganz frisch, und noch nicht benutzt ist, d. h. in die beste Farbe kommen muß, so wird in der beim Vorrücken frei werdenden Grube *8* eine solche neue Brühe Nr. *1* hergerichtet. Am zweckmäßigsten wird der Wechsel so vorgenommen, daß man von 8 Farben stets eine freiläßt, also nur *7* belegt, und die Partien dann folgendermaßen überzieht (es sollen z. B. in Abb. 144 in Farbe *1* bis *7* Häute hängen, Farbe *8* aber frei sein): Die älteste fertig gegerbte Partie aus *1* wird zur Weiterverarbeitung herausgezogen, gleichzeitig wird in der leeren Grube *8* die neue beste Farbe (jetzt Nr. *1*) hergerichtet. Dann wandert *2* nach *8* (jetzt *1*), *3* nach *1* (jetzt *2*), *4* nach *2* (jetzt *3*), *5* nach *3* (jetzt *4*), *6* nach *4* (jetzt *5*), *7* nach *5* (jetzt *6*), in *6* (jetzt *7*) wird die neue Blößenpartie eingehängt, *7* (jetzt *8*) bleibt frei und dient das nächste Mal zur Aufnahme der besten Farbe, wird also dann das nächste Mal, nach dem Ablassen der ältesten Brühe, Farbe *1*. Auf diese Weise wandern alle Häute den immer stärker werdenden Gerbbrühen entgegen. Nach dem ersten Wechsel würde die Gruppierung der Farben von Abb. 144 wie nebenstehend aussehen (Abb. 146).

1	*2*	*3*	*4*
5	*6*	*7*	*8*

Abb. 145.

2	*3*	*4*	*5*
6	*7*	*8* *leer*	*1*

Abb. 146.

Die Verwendung schwacher, alter Brühen zu Beginn der Gerbung ist zur Erzielung eines Leders mit schönem, glattem Narben unumgänglich nötig. Würde man die Gerbung gleich mit starken Brühen beginnen, so würde „Totgerbung" eintreten, d. h. die äußeren Schichten der Haut würden übergerbt, so daß sie eine weitere Diffusion von Gerbstoff nach dem Hautinnern verhindern. Eine weitere Folge der Anwendung zu starker Brühen am Anfang ist ein Zusammenziehen und manchmal auch ein Brüchigwerden des Narbens. Die gleiche Wirkung haben auch frische Brühen, selbst wenn sie nicht sehr stark sind. Den schönsten, glattesten Narben erhält man bei der Angerbung der Blößen in recht alten, fast ganz erschöpften Gerbbrühen und durch ganz langsame, gleichmäßige Erhöhung der Gerbstoffkonzentration während der weiteren Gerbung. Die Stärke der Gerbbrühen in den Farbengängen steigt im allgemeinen von $\frac{3}{4}^0$ bis 4^0 oder auch 5^0 Bè.

Für die Berechtigung der erwähnten „goldenen Regel" der Gerbung, die bei der Verwendung eines Farbenganges praktisch befolgt wird, läßt sich wissenschaftlich durchaus der Nachweis erbringen. Aus den mit frischen, starken Gerbmittelauszügen bereiteten „besten" Farben nehmen die bereits durch den ganzen Farbengang gewanderten und daher durchgefärbten Häute die Gerbstoffanteile mit größter Teilchengröße auf, da diese bekanntlich die stärkste Affinität zur Haut aufweisen (entsprechend ihrer leichten Aussalzbarkeit). Je mehr im Laufe der Weiterbenutzung der Gerbbrühe neue Partien durch sie hindurch gehen, um so mehr verschwinden aus der Brühe alle grobteiligen Gerbstoffe, um so mehr sinkt auch ihre Gerbstoffkonzentration. Ist dann nach 7- oder 8maligem Wechsel der Hautpartien allmählich aus der ursprünglich besten, stärksten Farbe die älteste und schwächste geworden, so enthält sie fast nur noch kleinteilige Gerbstoffe in geringer Konzentration. Gleichzeitig ist bei dieser Farbe die Zufuhr von Nichtgerbstoffen in Gestalt von Salzen u. dgl. aus der Blöße am stärksten. Alle diese Faktoren aber bedingen eine Verringerung der Adstringenz der Gerbbrühe und machen sie für eine Angerbung der Blöße geeignet.

Bei der Wahl der Gerbmittel für die Brühen in den Farbengängen gelten die im Abschnitt über „Die Bewertung der Gerbmittel" erörterten Grundsätze. Man wird eine größere Menge zuckerreicher Gerbmittel wählen, um die Säurebildung in den älteren Farben sicherzustellen, wenn man in Brühen mit niedrigen p_H-Werten angerben will. Unerläßlich ist dies bei der Herstellung von Sohlleder oder sonstigen festen Ledersorten. Die in den ältesten Farben sich bildende Säure hat dann eine zweifache Aufgabe (Procter S. 221): einmal soll sie den noch in der Blöße vom Äscherprozeß herstammenden Kalk langsam neutralisieren; weiterhin aber wird durch die Säure die Blöße in einen leicht geschwollenen Zustand gebracht, den sie während der ersten Zeit der Gerbung beibehalten soll.

In manchen Fällen, besonders wenn viel käufliche Extrakte zum Ansatz der Farbenbrühen verwendet werden, reicht die in den ältesten Farben durch Gärung sich natürlich bildende Säuremenge für die Herstellung fester Leder nicht aus. In solchen Brühen werden die Leder dunkel, wenn sie nicht vorher durch Behandlung mit verdünnten Säurelösungen weitgehend entkälkt worden sind. Auch wird der für eine leichte Schwellung der Blöße nötige p_H-Wert der Brühe nicht erreicht. Man kann diese Mißstände durch Zusatz von Säuren beheben. Am häufigsten wird Milchsäure verwendet. (Siehe hier die Abschnitte über die Faktoren, die den p_H-Wert der Brühen beeinflussen.)

Procter sah in dem richtigen Zusammenwirken der drei Faktoren: Kalk in der Blöße, Säure und Gerbstoff der Brühen die wichtigste Vorbedingung für den zweckmäßigen Verlauf der Gerbung von Sohlleder in den Farben. Überwiegt der Kalk die Säuremenge in den Brühen, so bildet er auf der Hautoberfläche mit dem Gerbstoff unlösliche Verbindungen. Sofern diese vor dem Einfluß der Luft geschützt bleiben, lösen sie sich meist in einer stärker sauren Brühe wieder auf [1]. Sie oxydieren sich aber sehr leicht und bilden dann auf der Haut stark dunkel gefärbte Stellen, die sich später nicht mehr entfernen lassen. War die Blöße vor der Gerbung eine Zeitlang der Luft ausgesetzt oder kam sie mit Wasser in Berührung, dessen Carbonathärte nicht entfernt war, so bildet sich auf der Haut Calciumcarbonat, das mit Gerbstoff auf dem Leder ebenfalls sehr unerfreuliche Flecken bildet (sog. Kalkflecken), die kaum mehr entfernt werden können. Der einzige Gerbstoff, der mit Kalk keine Verfärbungen gibt, ist nach Procter der Gerbstoff der Babulschoten, die in Indien viel zum Gerben verwendet werden.

[1] Diese Anschauung Procters trifft wohl nur für stark saure Brühen zu.

Für die Herstellung fester Leder ist es vorteilhaft, wenn die Blöße bei Beginn der Gerbung im Innern noch soviel Kalk enthält, daß sie während des ersten Angerbens etwas prall ist; ein Zusammenziehen des Narbens wird hierdurch verhindert.

Auch zwischen Säure und Gerbstoff bestehen nach Procter im ersten Stadium der Gerbung wichtige Beziehungen. Beide dringen in das Innere der Haut ein. Die Säure neutralisiert den noch vorhandenen Kalk und schwellt die Faser, der Gerbstoff ist bestrebt, sie zusammenzuziehen. Die Wirkung der beiden Faktoren ist also einander entgegengesetzt. Je weniger Gerbstoff vorhanden ist, um so stärker wird die Schwellung bei gleicher Säurekonzentration sein.

Die eigentliche Rolle, welche die in den Gerbbrühen vorhandenen Säuren beim Gerbprozeß spielen, wird aber in richtiger Weise erst aus dem Einfluß klar, den die Wasserstoffionenkonzentration der Brühen auf den Gerbvorgang ausübt (siehe S. 468).

Während für die Sohlleder und andere festen Leder die sauren Brühen für eine zweckmäßige Angerbung in den Farben Vorbedingung sind, verwendet man bei der Herstellung weicher lohgarer Leder zum Angerben saure Brühen nicht. Die Blößen werden deshalb in diesem Fall möglichst kalkrein in die Gerbung gebracht. Häute, die ein weiches, geschmeidiges Leder geben sollen, müssen in einem verfallenen und in keiner Weise geschwollenen Zustand in die ersten Farben kommen.

Für die Gerbung von Bodenledern und anderen festen und schweren Ledersorten gelten im allgemeinen Eichenrinde-, Fichtenrinde-, Quebracho-, Eichenholz- und Kastanienholzextrakt sowie Valonea als die geeignetsten Gerbmittel. Es werden stets Gerbmittelgemische verwendet. Auch Mimosa- und Malettorinde werden ihres hohen Gerbstoffgehaltes wegen herangezogen. Zur Erzielung saurer Brühen gibt man außer Fichtenrinde noch zuckerreiche Früchtegerbstoffe hinzu, die dann außerdem noch die erwünschte „Blume" abscheiden.

Die Bedingungen für die Abscheidung der Blume — Ellag- und Chebulinsäure — sind noch nicht erforscht. Es steht fest, daß die Blumebildung auf dem Leder, und was für Bodenleder noch wichtiger ist, in dem Leder nur innerhalb eines bestimmten p_H-Bereiches erfolgt. Der für die Blumebildung günstigste p_H-Wert scheint bei den einzelnen Gerbmitteln verschieden zu sein, aber stets unterhalb 5 zu liegen.

In Amerika wird für die Herstellung von Sohlleder sehr viel Hemlockrinde neben der Kastanieneiche (chestnut oak) verwendet. Die österreichischen „Fichtenterzen" sollen in reiner Fichtenrindengerbung, das sog. „rheinische Sohlleder" in reiner Eichenrindengerbung hergestellt worden sein.

Als Gerbmittel für weichere lohgare Leder werden Mimosarinde, Myrobalanen und Gambir genannt. Auch stark sulfurierter Quebrachoextrakt macht das Leder weich (läßt es allerdings auch leer), während sonst die Holzgerbstoffe sich mehr für feste Leder, und zwar am Ende des Gerbprozesses eignen. Dividivi wird vielfach als Ersatz für Gambir benutzt. Für Feinleder verwendet man Sumach, Gambir und als Ersatz mitunter auch Algarobilla.

Es muß aber auch hier darauf hingewiesen werden, daß es in erster Linie die Art der Durchführung des Gerbprozesses, vor allem die Einstellung der Wasserstoffionenkonzentration ist, welche den Charakter des Leders bestimmt. Mit Recht schrieb Paeßler in einem Aufsatz über die Gerbmittel (1919), daß man mit Eichenrinde sowohl ein festes Sohlleder wie ein weiches Oberleder herstellen könne, je nach den Bedingungen, unter denen man die Gerbung durchführt; und das Imperial Institute of London stellt in seinem Bericht über die Gerbmittel Großbritanniens Band XXV u. XXVI durchaus berechtigt fest, daß man mit Gambir sowohl ein weiches, wie ein festes Leder herstellen könne, daß sich Mimosarinde sowohl für schwere wie für leichte Ledersorten eigne, daß man mit Malettorinde sowohl Kalbfelle wie Rindshäute gerben würde und daß die Hemlockrinde als Gerbmittel nicht allein für Sohlleder, sondern auch für große Mengen Ober- und Feinleder in Frage komme. Siehe auch die Ausführungen auf S. 503.

Aus diesem Grund ist es für den modernen Gerber unerläßlich, die Wirkungsweise aller der Faktoren genau zu kennen, die den Gerbprozeß irgendwie beeinflussen. Diese Faktoren sind im Abschnitt über die „Chemie der Gerbung“ erläutert worden (siehe S. 432ff.). —

Die Stetigkeit der Gerbung in den Farbengängen ist nun nicht etwa die einer gleichmäßig ansteigenden Kurve. Stellt man sich vor, daß in jeder der acht Farben die Haut am Anfang den meisten Gerbstoff aufnimmt und daß diese Gerbstoffaufnahme mit der Abnahme der Gerbstoffkonzentration der Brühe in ein und derselben Farbe immer geringer wird (bis sie bei genügend langem Verweilen der Häute in der Brühe praktisch gleich Null würde), so entspricht der Verlauf der Gerbstoffaufnahme etwa der in Abb. 147 angegebenen Kurve.

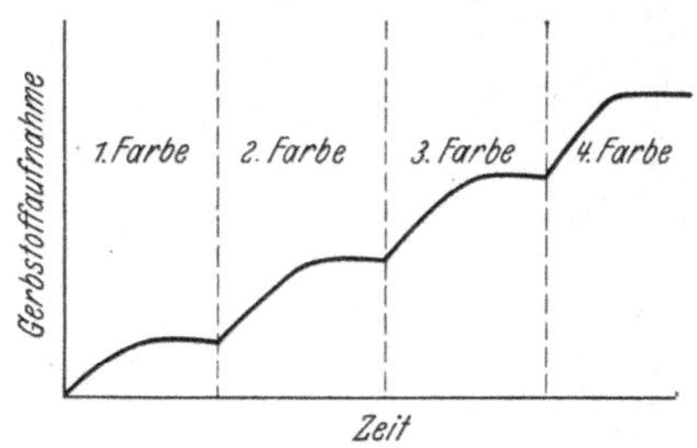

Abb. 147. Verlauf der Gerbstoffaufnahme durch die Haut in der Farbengerbung.

Die Gerbung in jeder einzelnen Brühe erfolgt bei abnehmender Gerbstoffkonzentration. Es hat deshalb keinen Zweck, die Häute zu lange in den einzelnen Gruben zu belassen. Hat sich zwischen Haut und Brühe einmal ein Gleichgewicht eingestellt, so wird weiterer Gerbstoff nicht mehr aufgenommen. Es ist deshalb auch schon von mancher Seite der Vorschlag gemacht worden, die Farbengerbung unter ununterbrochener Steigerung der Brühenkonzentration durchzuführen (siehe S. 515).

In den meisten Gerbereien erfolgt heute noch das Wechseln der verschiedenen Partien von einer Farbe in die andere durch Überziehen von Hand. Die Häute hängen in den Brühen an einer Stange, an der sie an mehreren Stellen (in der Regel an der Schwanzseite) festgebunden sind. Auf diese Weise können auch zwei Häute an einer Stange befestigt werden. In manchen Betrieben werden die Häute doppelt über die Stangen geschlagen. Die erste Methode ist vorzuziehen, erfordert aber tiefere Gruben. Die Stangen liegen auf dem oberen Grubenrand auf (Abb. 148). Beim Wechseln der Farben werden sie durch zwei Mann in die nächste Grube gezogen.

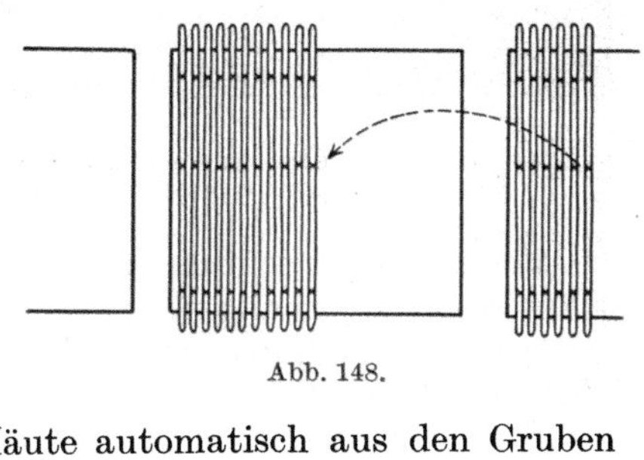

Abb. 148.

Das Überziehen von Hand ist natürlich mühselig und erfordert Zeit. Aus diesem Grund werden in manchen Betrieben die Häute automatisch aus den Gruben gehoben und in die nächste Brühe eingehängt. Abb. 149 zeigt eine solche Einrichtung. Die Stangen, an denen die Häute hängen, liegen dann nicht auf dem Grubenrand direkt auf, sondern auf einem in die Grube hineinpassenden rechteckigen Rahmen, der mitsamt den Stangen und Häuten durch eine Krahnenvorrichtung hoch gezogen werden kann. Die ganze Hautpartie schwebt dann über der Grube. Der Krahn wandert auf einer Leitschiene über die nächste Grube, in welche die Häute herabgelassen werden. Auf diese Weise kann in wenigen Minuten der Grubenwechsel vorgenommen werden.

In der ersten Zeit der Gerbung müssen die Häute wiederholt aus der Brühe gezogen und wieder eingelassen werden. Dies ist erforderlich, da sonst an den Stellen, an denen sich die Häute gegenseitig berühren und die deshalb längere Zeit von der Gerbbrühe nicht bespült wurden, Flecken bilden. Die Häute gerben dann nicht gleichmäßig an. Durch das Herausnehmen kommen die Häute immer wieder in eine andere Lage und die Fleckenbildung wird vermieden.

Vielfach benützt man auch Einrichtungen, die ein dauerndes Bewegen der Häute in den Gerbbrühen ermöglichen. Solche Einrichtungen sind die sog. „Schaukelrahmen" oder „Wippen". Auch hier ruhen die Stangen auf Rahmen, die innerhalb der Grube liegen. Bei den „Wippen" ist der Rahmen in zwei Zapfen um die Mittellinie wie eine zweiarmige Schaukel drehbar, so daß bald auf der einen, bald auf der anderen Seite die Häute abwechslungsweise gehoben und gesenkt werden. Es wird mitunter als ein Nachteil der „Wippen" bezeichnet, daß die in der Mitte in der Nähe der Zapfen am Drehpunkt hängenden Häute nur sehr wenig bewegt werden. Dieser Nachteil ist aber unbedeutend und läßt sich außerdem dadurch vermeiden, daß man die Häute parallel zur Schaukelebene einhängt.

Abb. 149. Transportanlage für ein automatisches Wechseln der Häute in der Farbengerbung (Demag, Duisburg).

Der Antrieb der Schaukelrahmen erfolgt durch Exzenterscheiben. Die Bewegung der Häute in den Farben begünstigt nicht nur eine tadellose gleichmäßige Färbung der Leder, sondern beschleunigt auch die An- und Durchgerbung. Eine Vorrichtung zum Bewegen der Häute in Gruben zeigt Abb. 150. Bewegungsvorrichtung und automatische Wechselanlagen lassen sich ohne Schwierigkeit vereinigen.

In manchen Betrieben sind sog. „Überlauffarben" im Gebrauch. Die einzelnen Gruben der Farbengänge sind durch Rohre derart miteinander verbunden, daß die Brühe jeweils vom Boden der einen Grube hochsteigen kann bzw. durch den Druck zufließender Brühe in die nächste Grube hinübergedrückt wird (siehe Abb. 151). Beim „Überlaufen" der vollen Gruben fließt also nicht die oberste sondern die Bodenschicht der Brühe in die nächste Grube ab.

Grube *1* bis *5* (Abb. 151) seien mit Brühen gefüllt; *1* ist die schwächste und *5* die stärkste Brühe. In Grube *1* hängen also die zuletzt eingehängten Häute, in Grube *5* diejenigen, die demnächst aus der Farbengerbung herauskommen. Nun wird die Partie *5* aus der Grube herausgezogen und dann in die Grube *5* eine frische Brühe gepumpt. Die bisher in *5* befindliche Brühe wird durch den Überlauf nach *4* gedrückt, die bisherige Brühe *4* nach *3*, *3* nach *2*, *2* nach *1*, und die bisherige älteste Brühe *1* fließt als verbraucht ab. Nun werden die Hautpartien gewechselt: es wird *4* nach *5*, *3* nach *4*, *2* nach *3* und *1* nach *2* herübergezogen und die Grube *1* ist zum Neueinhängen von Blößen frei. Dieses System hat den Vorteil, daß die beste und die schlechteste Brühe — ebenso natürlich alle Zwischenbrühen — stets in der gleichen Grube sind. Man kann daher die Blößen immer an der gleichen Stelle einhängen und die gegerbten Leder an derselben Stelle aus der Farbengerbung herausnehmen. Alle Überlaufsysteme haben den Nachteil, daß durch das Überdrücken der Brühen leicht der in den Gruben abgesetzte Schlamm mitgeführt wird und die Brühe trüb und schlammig machen kann.

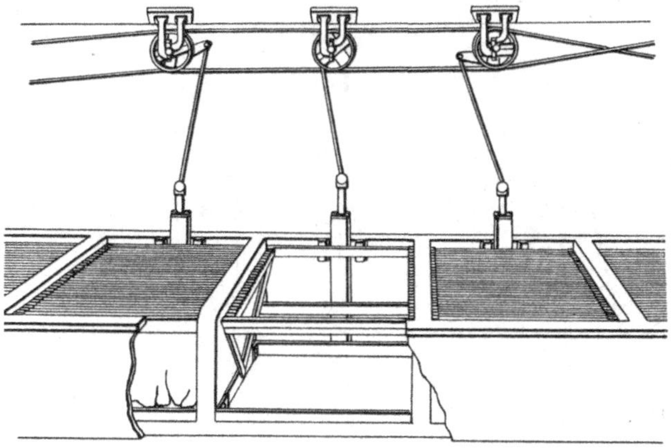

Abb. 150. Vorrichtung zum Bewegen der Häute in den Gruben (nach Wagner, Jettmar, Schmidt, Gerbereichemisches Auskunftsbuch).

Es ist, wie schon kurz erwähnt, vorgeschlagen worden, die frische Brühe nicht auf einmal, sondern langsam und ununterbrochen in die stärkste Farbe zulaufen

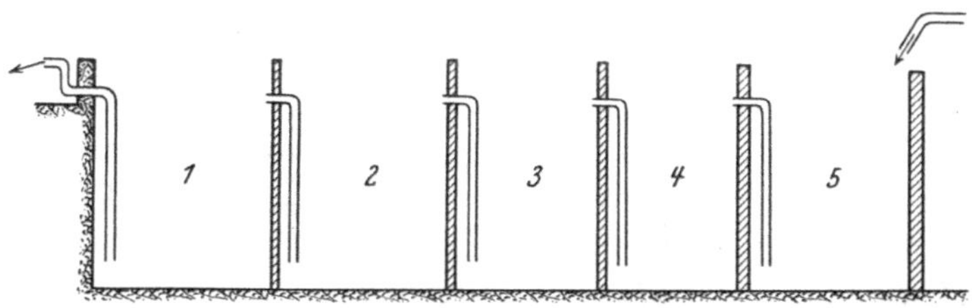

Abb. 151. System eines Überlauffarbenganges.

zu lassen, um dadurch eine ganz gleichmäßige Steigerung der Brühenstärke in den einzelnen Gruben zu erzielen (Schwarzberg). Die Geschwindigkeit des Zulaufes und Ablaufes muß dabei so geregelt sein, daß sich die Gerbstoffkonzentration des die Häute umfließenden Brühenstromes ununterbrochen steigert[1].

An dieser Stelle möge noch eine Vorrichtung zum Bewegen der Brühen geschildert werden, wie sie Borgmann und Friedental in ihrem Buch über „Die Feinlederfabrikation" (Berlin, 1923) beschrieben haben. Es handelt sich dabei um die Gerbung von kleineren Fellen, die in Geschirren aufgehängt werden und wobei die Brühen durch besondere Einrichtungen in stetiger Bewegung gehalten werden können (siehe Abb. 152).

In der Mitte des runden Gerbbottichs (Abb. 152) ist ein Kolben *a* mit einem Stempel *b* angebracht, der nicht ganz bis auf den Boden reicht. Durch die auf und ab gehende Bewegung dieses Stempels *b*, der durch den Hebel *f* in Tätigkeit gesetzt wird (Drehpunkt bei *d*), wird die Gerbbrühe in einer pulsierenden Be-

[1] Näheres hierüber siehe Collegium **1928**, 661.

wegung gehalten. Die Blößen werden an den radial angeordneten Latten *h*, die auf Stützen *p* an der Gefäßwand *D* und am Mittelrohr *a* befestigt sind, aufgehängt. Die Streben *s* halten das Mittelrohr in seiner Lage.

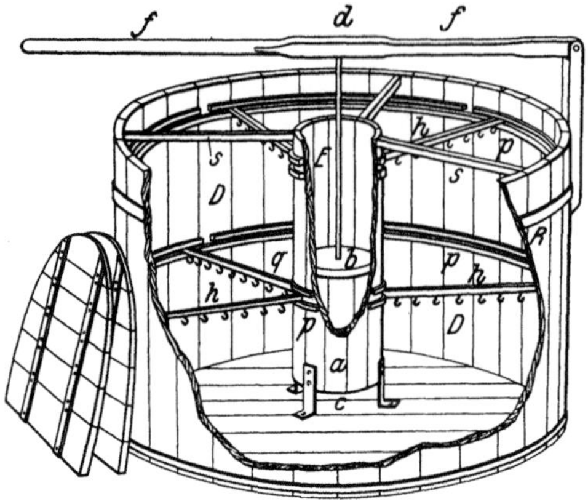

Abb. 152. Gerbgefäß mit Vorrichtung zum Bewegen der Gerbbrühe.

B. Die Gerbung in Versenken und Versätzen.

Es gibt Ledersorten, die in der Farbengerbung vollständig ausgegerbt werden, was im allgemeinen bei dünneren Häuten nicht länger als 4 bis 5 Wochen in Anspruch nimmt. Brühenstärke und Bewegungsvorrichtungen (Wippen) spielen dabei eine große Rolle. In anderen Fällen läßt man auf eine kürzere oder längere Farbengerbung eine Weiter- und Ausgerbung im Faß folgen (siehe bei Faßgerbung).

Für die meisten Bodenleder, Riemenleder und sehr viele andere feste Ledersorten aber bildet die Gerbung in den Farben nur das erste Stadium des Gerbprozesses, in dem die Blöße gerade durchgegerbt oder, besser gesagt, durchgefärbt wird. Hierzu genügt eine Farbengerbung von 3 bis 4 Wochen. Die Ausgerbung erfolgt erst in der zweiten Phase des Gerbprozesses, bei dem die Häute in Versenken und Versätzen mit starken Gerbbrühen in Berührung gebracht werden.

Nach der Farbengerbung mit ihrer die Haut gerade durchgerbenden Wirkung bedeutet der **Versenk** eine weitere Steigerung der Konzentration des wirksamen Gerbstoffes. Zum Versenken der Häute benutzt man Gruben von ähnlicher Form und Größe wie bei der Farbengerbung. Die Gruben werden zu Zweidrittel mit einer Gerbbrühe gefüllt, die stärker ist als die letzte Farbbrühe. In diese Brühe werden die Häute horizontal hineingelegt (versenkt). Hierzu bringt man in die Versenkgrube einen sog. „Versenkboden", wie ihn Abb. 153 zeigt. Der Boden schwimmt auf der Brühe und füllt das ganze Rechteck der Grube aus.

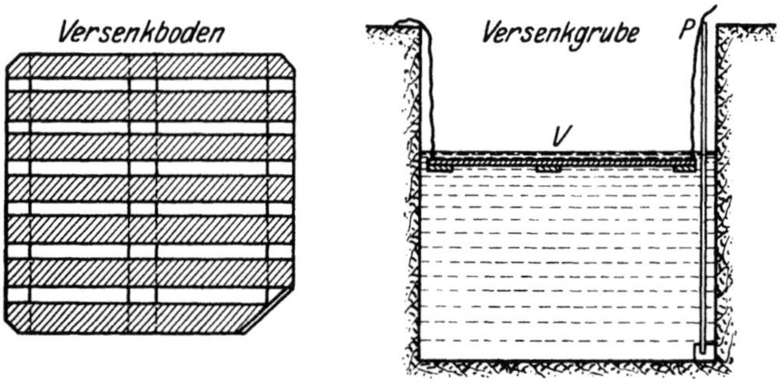

Abb. 153. Versenkgrube und Versenkboden.

Der Versenkboden verhindert, daß sich beim Einlegen in die Brühe einzelne Häute unregelmäßig zu Boden setzen können. Er trägt die zuerst eingelegte, unterste Haut und gestattet ein flaches gleichmäßiges Ausbreiten aller Häute. Zwischen die einzelnen Häute werden gemahlene Gerbmaterialien (Streulohe) eingestreut, damit die Häute nicht unmittelbar aufeinander liegen. Man verwendet hierzu in erster Linie Eichenrinde, dann aber auch Früchtegerbmittel wie Valonea, Dividivi u. dgl. Die Verwendung von geraspeltem Quebrachoholz als Streumaterial ist zwar möglich, aber heute wohl eine große Seltenheit.

Die Menge der in die Versenke eingestreuten Gerbmittel ist in den einzelnen Gerbereien sehr verschieden. Während der eine Gerber seine Versenke mehr als eine Art Farbe wirken läßt und demgemäß kein oder nur wenig Streumaterial auf die einzelne Haut verwendet, streut der andere seine Häute im Versenk sehr stark ein (bis zu 20 kg pro Haut) und erzielt dadurch mehr die Wirkung des nachher zu besprechenden Versatzes. Die Grenze zwischen Versenk und Versatz hat sich auf diese Weise vielfach verwischt. Die erstgenannte Art der Versenke mit sehr wenig Streulohe bezeichnet man ab und zu auch als „Versteckfarben"[1].

Je mehr nun Häute in die Versenkgrube eingelegt werden, um so weiter sinkt der Versenkboden mit den auf ihm liegenden Häuten, bis er auf dem Grund der Grube aufsitzt. Ist die Grube voll, so wird auf die oberste Haut eine dicke Schicht alter Lohe gelegt, um den Grubeninhalt vor dem unmittelbaren Einfluß der Luft zu schützen. Meist haben die Versenkgruben einen sog. „Pfaffen", der ein Abziehen der Brühe, ehe die Grube geleert wird, ermöglicht (siehe Abb. 153, *P*).

In den Versenken bleiben die Häute, sofern sie anschließend noch in Versätze kommen, meist nicht länger als vier Wochen. Da manche Gerber bei bestimmten Ledersorten nach der Farbengerbung nur mit Versenken arbeiten, so müssen dann weitere Versenke, die länger sitzen bleiben, die Aufgabe der Versätze übernehmen. Ein Schema gibt es hier nicht. Das Endziel, durch eine stetig steigende Gerbstoffkonzentration eine satte, vollständige Durchgerbung der Haut herbeizuführen, läßt sich auf verschiedenen Wegen erreichen.

Ein **Versatz** unterscheidet sich von einem Versenk dadurch, daß nicht wie beim letzteren zuerst die Brühe in die Grube gebracht und dann die Häute „versenkt" werden, sondern zuerst die Häute in die leere Grube eingelegt und dick eingestreut werden, worauf dann die Gerbbrühe in die Grube geleitet wird. Man schichtet demnach also die Häute aufeinander, streut zwischen sie eine 10 bis 15 cm hohe Schicht Streulohe und füllt auf diese Weise die Grube. Dann wird die Grube „abgetränkt".

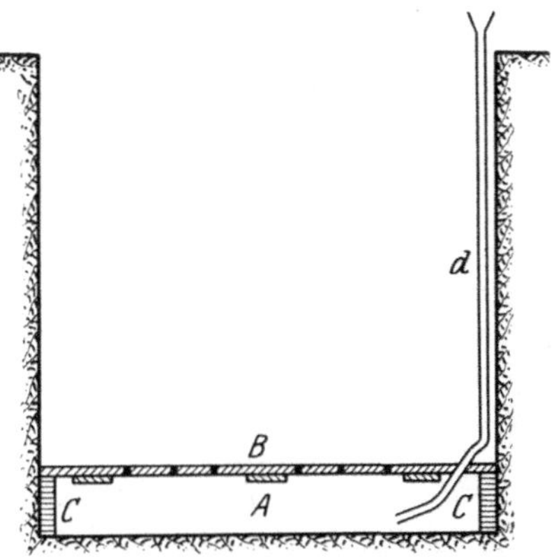

Abb. 154. Versatzgrube mit doppeltem Boden. *A* Freier Raum, in den die Brühe eintritt, *B* durchlochter Boden, *C* Auflage für *B*, *d* Zuflußrohr, oft auch durch Pfaffen ersetzt.

Die Versatzgruben haben einen doppelten Boden (siehe Abb. 154). In den Zwischenraum *A* zwischen dem Grubenboden und dem zweiten Boden mündet ein „Pfaffe" oder ein Kupferrohr, durch das die Abtränkbrühe auf den Boden des Versatzes fließt, wenn das Einlegen der Häute beendet ist. Die Gerbbrühe verdrängt von unten her die Luft zwischen den Häuten, durchdringt das Streumaterial und steigt allmählich nach oben bis zur obersten Haut, die wie bei den Versenken mit einer dicken Lohdecke zugedeckt ist. Mitunter werden die Versätze auch mit Brettern und Steinen beschwert. Das Einstreuen der Häute muß sehr sorgfältig geschehen und erfordert viel Zeit. Darin liegt ein Nachteil der Versätze. Man rechnet bis zu 30 kg Streumaterial pro Haut. Ist der Versatz abgetränkt, so läßt man ihn einige Zeit stehen. Das Streumaterial saugt sich nun mit der Brühe voll, die Grube muß deshalb nach einiger Zeit nachgefüllt werden. Dann bleibt der Versatz sich selbst überlassen, was bei der alten Sohlledergerbung

[1] Schon in der Mitte des vorigen Jahrhunderts wurden solche Versteckfarben benutzt. Man nannte sie damals auch „Stich". Die Häute verblieben in ihnen 4 bis 5 Wochen (Günther, Fabrikation des lohgaren Leders in Deutschland. 1867).

4 bis 6 Monate dauerte. Soll die Grube dann geleert werden, so wird zuerst die Brühe durch den Pfaffen oder das Rohr abgezogen und dann die Häute meist mittels eines Grubenziehers (Winde oder Krahn) aus der Versatzgrube herausgeholt.

Je nach der Ledersorte werden mehrere solcher Versätze gegeben. Bei der Gerbung von Sohlleder haben früher manche Gerber bis zu vier Versätzen aufeinander folgen lassen. Auch heute noch sind Sohlleder im Handel, die über ein Jahr gegerbt worden sind.

Um in der Versatzgrube die Gerbbrühe erneuern zu können, ohne daß die Häute längere Zeit trocken liegen, hat man auch Gruben mit einer besonderen Einrichtung vorgeschlagen, wie sie Abb. 155 zeigt. Die in Abb. 155 angegebene Einrichtung ermöglicht ein gleichzeitiges Abziehen der alten und Zugeben der neuen Brühen, also einen „kontinuierlichen" Versatzbetrieb. Die Pfeile zeigen den Kreislauf der Brühen an. B_1 ist ein durchlässiger, B_2 ein undurchlässiger Boden. Wird durch das Zuflußrohr A neue Brühe in den Raum zwischen B_1 und B_2 gepumpt, so verdrängt die neue Brühe die alte nach oben. Diese aber fließt durch das Ablaufrohr C nach dem untersten Raum R ab und wird von dort aus durch die Pumpe P abgezogen. Man kann auf diese Weise in der gleichen Grube mehrere Brühen geben, ohne die Häute aus dem Versatz ziehen zu müssen oder sie für kurze Zeit trocken liegen zu lassen. Das Streumaterial wird aber dabei nicht erneuert. Ob sich diese Art Versatzgruben in der Praxis eingeführt hat, ist nicht bekannt.

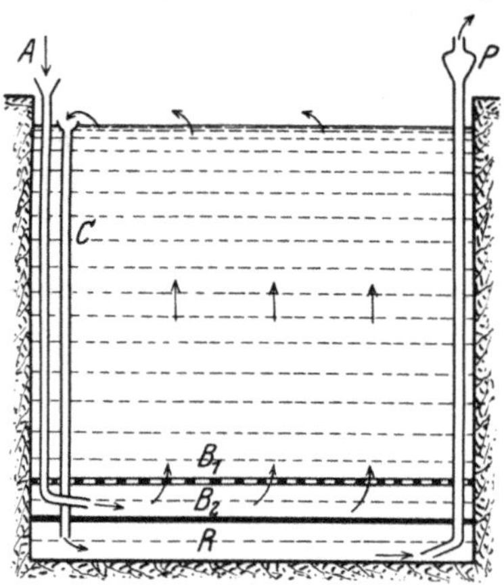

Abb. 155. Versatzgrube mit dreifachem Boden.

Die Beendigung der Gerbung nach einem oder mehreren Versätzen erkennt der Gerber am Schnitt des Leders. Das vollständig durchgegerbte Leder zeigt eine vollkommen gleichmäßig gefärbte Schnittfläche; die inneren Teile des Leders dürfen nicht heller gefärbt sein als die äußeren. Legt man einen schmalen Lederstreifen in 20proz. Essigsäure, so darf an keiner Stelle die Faserstruktur ein glasiges oder auch nur leicht durchscheinendes Aussehen annehmen (Essigsäureprobe).

Selbstverständlich hat auch für die Versenke und Versätze die Wasserstoffionenkonzentration der Brühen Bedeutung. Schwere, feste Leder werden auch in den Versenken und Versätzen mit sauren Brühen gegerbt, während für weiche, geschmeidige Leder, *sofern sie überhaupt versenkt oder versetzt werden*, auch in diesem Stadium der Gerbung die Brühen nicht zu sauer sein sollen. Je nachdem man Sohlleder, Riemenleder, Zeugleder, Fahlleder usw. herstellt, wird man im Verlauf des ganzen Gerbprozesses mit Brühen arbeiten, die sich in erster Linie durch ihren Säuregrad, d. h. durch ihren p_H-Wert voneinander unterscheiden. Die Mittel, den p_H-Wert der Gerbbrühen zu beeinflussen, sind wiederholt besprochen worden.

2. Die Faßgerbung.

Die Einführung der Faßgerbung bedeutete auf vielen Gebieten der Lederfabrikation einen Fortschritt. Durch die Gerbung im Faß kann die Gerbdauer wesentlich verkürzt werden. Sie eignet sich in erster Linie für die rasche Gerbung von Spalthäuten und von Kruponierabfällen (Bäuchen und Hälsen), dann aber auch von weicherem Volleder, besonders Feinleder aus leichteren Häuten. Ob für schwere Leder, wie technische Leder und Sohlleder die Faßgerbung ohne Schaden anwendbar ist oder nicht, ist eine Streitfrage, die hier nicht entschieden werden soll. Es gibt Lederfabriken, in denen die Herstellung von Sohlleder und Treibriemen nur in reiner Grubengerbung erfolgt, und solche, welche die Faßgerbung mit zu Hilfe nehmen. Bei der sog. „gemischten Gerbung", mittels der heutzutage große Mengen der verschiedensten Lederarten (besonders auch Vacheleder) hergestellt werden, hat sich jedenfalls die Faßgerbung als ein wertvolles Mittel zur Verkürzung der Gerbdauer erwiesen, ohne daß die Lederqualität leidet. Bei dieser „gemischten Gerbung" bedient man sich der Faßgerbung meist zwischen der Farbengerbung und den Versenken oder Versätzen.

Abb. 156. Gerbfaß der Maschinenfabrik Turner A. G., Frankfurt (Profileisenummantelung).

Mit Sicherheit läßt sich am fertigen Leder nicht erkennen, ob ein Teil der Gerbung im Faß erfolgt ist oder nicht. Andererseits muß zugegeben werden, daß bei der ausschließlich in Gruben erfolgenden Gerbung die Haut viel mehr geschont wird als im Faß, wo sie viele Stunden lang nach allen Seiten gebogen und geknickt wird.

Nihoul hat die Faßgerbung folgendermaßen charakterisiert:

1. Die Faßgerbung vermeidet die Anhäufung großer Mengen von Material in den Geschirren und Gruben. 2. Die oft beträchtlichen Unterschiede des Preises der Rohhäute bei Beginn der Arbeit und bei Beendigung der Lederherstellung treten der kürzeren Fabrikationsdauer wegen weniger in Erscheinung. 3. Die Häute sind in der Gerbbrühe in ständiger Bewegung, die Oberfläche der Häute ist in immer wechselnder Berührung mit der Gerbbrühe, die Umdrehung des Fasses bewirkt ein Zusammenfalten und Ausbreiten der Häute, wobei der Gerbstoff beim Zusammenfalten der Haut aus dieser herausgedrückt und durch frische Gerbstofflösung ersetzt wird, wodurch das Eindringen des Gerbstoffes in die Haut beträchtlich beschleunigt wird. 4. Die leicht oxydierbaren und schnell in Gärung

übergehenden Gerbstoffe können bei der Faßgerbung, noch bevor sie unlöslich werden, die Haut durchdringen und vermögen daher mit der Hautfaser unmittelbar zu reagieren.

Abb. 157. Gerbfaß der Bayer. Maschinenfabrik Schlageter, Regensburg. (Tiefgang, einfache Räderübersetzung, automatische Umschaltung für Rechts- und Linksgang.)

5. Durch das beständige Umwälzen wird die Entstehung übersättigter Lösungen vermieden. Abscheidungen auf der Haut, die gerbungshemmend wirken, können sich nicht bilden.
6. Durch das Reiben der Leder aneinander, und an den Faßwandungen tritt eine leichte Temperaturerhöhung ein, welche die Gerbung fördert. Es sei dahingestellt, ob die von Nihoul aufgeführten Faktoren alle als Vorteile zu werten sind.

Die hauptsächlichsten äußerlichen Nachteile der Faßgerbung sind: häufiges Auftreten eines zusammengezogenen Narbens und Aufscheuern der Häute an den Faßwandungen, wodurch Narbenbeschädigungen entstehen können.

Abb. 158. Gerbfaß „Triumph" der Bad. Maschinenfabrik Durlach (Räderkasten und automat. Zeitumsteuerung für die verschiedenen Geschwindigkeiten).

Die bei der Faßgerbung verwendeten Gerbfässer haben verschiedene Größe und Konstruktion. Die Abb. 156 bis 159 zeigen Gerbfässer, wie sie gewöhnlich in den Lederfabriken im Gebrauch sind. Abb. 160 zeigt eine Gerbfaßanlage, die vom oberen Beschickungsraum bedienbar ist.

Die Stärke der bei der Faßgerbung verwendeten Gerbbrühen richtet sich nach der Vorbehandlung, welche die Häute bereits erfahren haben. Kommen Blößen in das Gerbfaß, so wird man mit ganz dünnen (alten) Brühen angerben und deren Gerbstoffkonzentration allmählich steigern. Leder, die in den Farben angegerbt worden sind, können im Faß starke Brühen erhalten. Die gebräuchlichen Brühenstärken liegen bei der gemischten Gerbung zwischen 6 und 12° Bé. Häufig werden auch erhöhte Temperaturen angewandt (bis zu 35°).

Abb. 159. Farbenwerkstatt und Gerbfaßanlage (Bad. Maschinenfabrik Durlach).

Sehr wichtig bei der Faßgerbung ist, daß nur soviel Häute in die Fässer gebracht werden, daß sie noch in der Brühe schwimmen. Die Innenwandungen der

Abb. 160. Riemenloser Gerbfaßantrieb vom oberen Beschickungsraum bedienbar (Eisenwerk Wülfel-Hannover).

Fässer müssen mit Zapfen oder mit Schaufeln versehen sein, damit die Häute ständig in Bewegung gehalten werden und nicht an den Wandungen schleifen. Die Zapfen und Schaufeln erfassen die Häute, führen sie durch die Brühe mit hindurch und aus der Brühe heraus, bis sie bei der weiteren Drehung des Fasses allmählich immer wieder in die Brühe zurückfallen. Die Umdrehungszahl der Gerbfässer richtet sich nach ihrer Größe. Sie soll gering sein, z. B. für ein mittleres Gerbfaß etwa 4 bis 8 Umdrehungen in der Minute. Besondere Entlüftungsventile, die sich bei jeder Umdrehung einmal öffnen, verhindern die Bildung eines Überdruckes im Faß, der infolge Erwärmung oder Gasentwicklung entstehen kann. Sehr vorteilhaft ist bei der Faßgerbung die Einrichtung einer automatischen Umsteuerung des Antriebes (siehe Abbildungen), so daß die Umdrehung nach einer bestimmten Zeit immer wieder in anderer Richtung erfolgt. Man verhindert dadurch ein Verwickeln und Aufrollen der Häute und verringert die Gefahr des Aufscheuerns.

Über die Verwendung von Ölen bei der Faßgerbung siehe S. 490.

Gerbt man fortlaufend in einem Faß, wobei die Brühe immer wieder auf die gleiche Stärke zugebessert wird, so sammeln sich in der Faßbrühe viele Verunreinigungen, besonders Hautteilchen, an. Auch Kalksalze aus den Blößen können sich anreichern. Es ist deshalb notwendig, das Faß von Zeit zu Zeit zu reinigen und die Gerbbrühe frisch zu stellen.

Abb. 161. Farbhaspelanlage der Maschinenfabrik J. Krause G. m. b. H., Altona-Ottensen.

In letzter Zeit werden von vielen Extraktfirmen fertig ausgearbeitete Rezepte für die Faßgerbung von Ledern unter Verwendung dieses oder jenes Extraktes angegeben. Alle diese Vorschriften bedürfen meist der eingehenden Nachprüfung unter Berücksichtigung der örtlichen Verhältnisse und der Ledersorte, die hergestellt werden soll.

Das Gerben im Farbhaspel. Felle und dünne Häute werden sehr oft in besonderen Haspeln gegerbt, größere Häute abgefärbt. In Abb. 161 und 162 sind solche Haspelanlagen wiedergegeben.

Die Felle und Häute werden in die Brühe hineingeworfen, während der Haspel im Gang ist. Die Schaufelräder, die entweder 6 oder 8 Schaufeln haben, erfassen die oben schwimmenden Häute und treiben sie in der Brühe weiter. Es entsteht im Haspel eine kreisförmige Bewegung, durch welche die Häute fortgesetzt von oben nach unten und wieder nach oben wandern. Um die Bewegung der Häute zu erleichtern, ist der Boden des Haspels halbzylindrisch gebaut. Die Schaufeln sollen etwa zu einem Drittel in die Brühe eintauchen und sich gerade so schnell drehen, daß die Häute in Bewegung bleiben.

Die Gerbung im Haspel hat den Zweck, die Felle und Häute gleichmäßig anzufärben und durch die Bewegung die Durchgerbung zu beschleunigen. Zum Abfärben im Haspel, was man auch bei größeren Häuten ausführen kann, benützt man wie bei den ersten Farben ganz dünne, gebrauchte Brühen. Früher gab man mitunter etwas Lohe in die Haspelbrühen, um eine bessere Bewegung der Häute herbeizuführen.

3. Die Schnellgerbung.

Der Begriff der „Schnellgerbung" hat in den letzten Jahrzehnten aus verschiedenen Gründen Bedeutung gewonnen. Einmal haben plötzliche Steigerungen des Lederbedarfes, wie wir sie im letzten Krieg erlebt haben, es wünschenswert erscheinen lassen, große Ledermengen in kürzerer Zeit, als es das gewöhnliche Gerbverfahren zuläßt, herstellen zu können. Vor allem aber forderten die wirtschaftlichen Verhältnisse der Nachkriegszeit eine Abkürzung der Gerbdauer. Allein von den vielen vorgeschlagenen Methoden hat sich bis jetzt noch keine in wirklich entscheidender Weise durchsetzen können, mit Ausnahme der eben besprochenen *Faßgerbung*, die wohl als erste und heute am meisten angewandte Schnellgerbmethode angesehen werden kann. Bei der sog. „*Trockengerbung*" sucht man die Wirkung der Faßgerbung noch dadurch zu erhöhen, daß man Gerbmittelauszüge bis zu 25° Bé zum Gerben verwendet.

Abb. 162. Haspelanlage mit Rädervorgelege der Badischen Maschinenfabrik Durlach.

Schnellgerbung heißt: Beschleunigung der Gerbgeschwindigkeit. Bei der Faßgerbung erreicht man diese Beschleunigung durch Bewegung, durch hohe Brühenkonzentration und durch Erwärmung der Brühen. Außerdem sind folgende beschleunigende Mittel versucht worden: Anwendung luftverdünnter Gerbräume (*Nance*), Anwendung höherer Drucke, Anwendung des elektrischen Stromes und Zusatz besonderer Stoffe zu den Gerbbrühen.

Nance hat durch ein Vakuumverfahren die Gerbung sogar von schweren Häuten zu beschleunigen versucht. Er brachte die Blößen in besondere Behälter, in denen die Luft bis auf einen Druck von etwa 27 mm Quecksilber verdünnt worden war. Die Temperatur wurde so eingestellt, daß Wasser bei diesem Druck gerade sieden konnte. Auf diese Weise ließ sich ein großer Teil des in der Blöße vorhandenen Wassers verdampfen. Dann wurde die Gerbbrühe in die Behälter eingelassen, die das verdampfte Wasser in den Blößen ersetzen sollte. Das Verfahren soll bei richtiger Regulierung des Druckes und der Temperatur eine erhebliche Verkürzung der Gerbdauer ermöglichen. Ob das Nanceverfahren irgendwo im Großbetrieb längere Zeit Verwendung gefunden hat, ist nicht bekannt.

Auch die Methoden, bei denen die Beschleunigung des Gerbprozesses durch Anwendung von *Druck* angestrebt wird, haben sich bis jetzt noch nicht zu praktisch brauchbaren Formen entwickeln können. Erstmals wurde das Druckverfahren von *de Marneffe* vorgeschlagen.

In jüngster Zeit hat Luckhaus ein Schnellgerbverfahren empfohlen, bei dem die Wirkung von Vakuum und Druck wechselweise zur Anwendung kommt. Das Verfahren soll bei einer Gerbdauer von 8 bis 12 Tagen ein gutes Leder liefern. Abb. 163 und 164 zeigen das Schema einer Luckhausanlage für 100 Häute pro Tag.

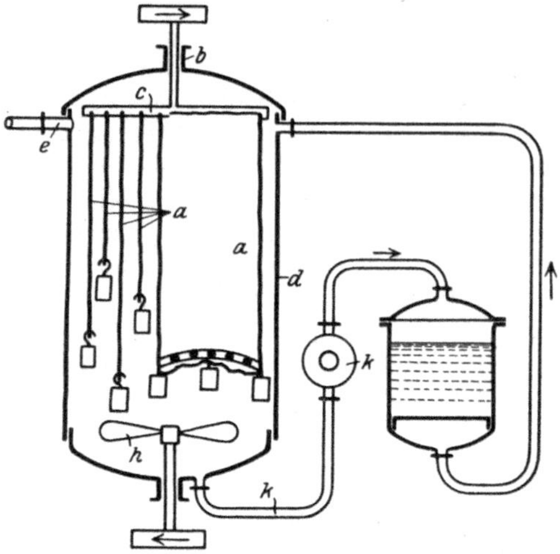

Abb. 163. Schema einer Luckhausanlage für 100 Häute pro Tag (Chem.-Ztg. 1929, 877).

Die Häute *a* (Abb. 163) sind derart an eine Vorrichtung *c*, die von dem Bügel *b* getragen ist, gehängt, daß sie gedreht werden können. So werden sie in den Behälter *d* eingeführt. Der Behälter ist gegen Luftdruck dicht und wird durch ein Ventil oder durch eine ähnliche Klappe luftleer gemacht. Danach wird die Gerbflüssigkeit in den Behälter *d* eingeführt. Das Ventil *e* des Behälters *d* wird sodann abwechselnd in Verbindung mit einem Leerraum und einem Raum mit Luftdruck gebracht, so daß die Häute einem Druck, der abwechselnd höher und niedriger als der atmosphärische Druck ist, unterworfen werden. Dadurch werden die Poren der Häute abwechselnd geöffnet und geschlossen, wodurch eine intensive Gerbung zustandekommt. Um die gerbende Wirkung zu erhöhen, ist es vorteilhaft, die Felle in der Flüssigkeit in entgegengesetzter Richtung zu verschieben. In der Abbildung ist noch eine Pumpe *k* zu sehen, die zur Beschleunigung der

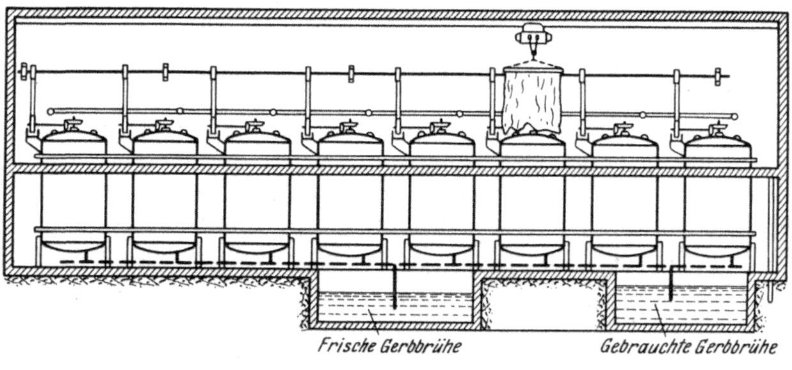

Abb. 164. Schema einer Luckhausanlage für 100 Häute pro Tag (nach Chem.-Ztg. 1929, 877).

Zirkulation der Flüssigkeit dient. Nach Belieben kann man entweder die Häute verschieben oder die Flüssigkeit durch den Rührer *h* oder die genannte Pumpe in Bewegung bringen; es lassen sich auch zugleich mehrere dieser Verfahren anwenden[1].

Nach Untersuchungen von Jablonski haben Luckhausleder bei der Heißwasserprobe die gleichen Werte geliefert wie Leder, die 18 Monate in der Grube gegerbt worden waren. Ein abschließendes Urteil über das Luckhausverfahren kann heute noch nicht gefällt werden. Zweifellos verdient das Verfahren das In-

[1] Chem.-Ztg. 1929, 877.

teresse der Gerber. Die bis jetzt in die Öffentlichkeit gelangten Unterlagen über die bei dem Verfahren erzielte Lederqualität reichen aber als Beweis für seine technische Brauchbarkeit noch nicht aus.

Versuche, den elektrischen Strom zur Beschleunigung der Gerbung heranzuziehen, gehen bis auf das Jahr 1849 zurück (Groß). Im Jahre 1877 ließ sich Lucien Gaulard in Paris die Verwendung der Elektrizität zur Gerbung patentieren. Er tauchte die Elektroden einer galvanischen Batterie in die Gerbbrühe, ohne allerdings irgendwelche Vorteile daraus für die Gerbung zu erzielen. 1886 wurde Abom und Landin in Stockholm ein Verfahren patentiert, nach welchem die Blößen mittels eines Wechselstromes elektrisch gegerbt werden sollten. Aber weder dieses Verfahren noch ein anderes, auf das ein Jahr später die Franzosen Worms und Balé in Paris ein Patent genommen hatten, und nach dem die Häute in rotierenden Fässern dem elektrischen Strom ausgesetzt wurden, brachte der Gerberei irgendwelche Vorteile. Sadlon äußerte sich damals über die elektrische Gerbung in der „Elektrischen Wochenschrift" von 1890, Heft 25, wenig ermutigend; er führte aus, „daß, wenn die Herren in Paris die Häute und den Extrakt mit 1% Terpentinöl in einem Faß unter sukzessivem Hinzufügen von Extrakt rotieren ließen, sie sich den elektrischen Strom von 8 Ampere und 100 Volt völlig ersparen könnten, ohne die geringste Änderung des Endresultates zu erfahren". Wenige Zeit später wurde dann in Amerika dieser Versuch ausgeführt und damit das Gerbverfahren Worms und Balé endgültig abgetan.

Auch ein Verfahren von Groth, das 1893 in London ein Patent erhielt, erfuhr keinerlei praktische Auswertung. Auch bei diesem Verfahren wurden die Häute ständig in einer Gerbbrühe bewegt, durch die mittels Elektroden ein elektrischer Strom geführt wurde. Die dabei beobachtete Gerbbeschleunigung beruhte aber auf der Bewegung der Häute und der Erwärmung der Brühe, nicht auf einer Wirkung des elektrischen Stromes.

Finot suchte 1892 die Wirkung des elektrischen Stromes auf die Gerbung dadurch zu erhöhen, daß er in das Gerbfaß noch Kohlenoxyd einleitete. Welche Rolle dieses Gas beim Gerbprozeß spielen sollte, ist unerfindlich.

Luckow und Jorissen erhielten 1897 ein Patent auf ein Verfahren, wonach die Häute durch Einreiben mit Graphit oder durch galvanische Abscheidung eines Metalles stromleitend gemacht werden sollten. Aber auch hierdurch wurde natürlich eine schnellere Gerbung nicht erzielt.

In den letzten Jahrzehnten vor dem Kriege wurde es stiller um das Problem der elektrischen Gerbung. Man hatte erkannt, daß die unmittelbare Einwirkung des elektrischen Stromes auf die Gerbbrühen und die Häute für den Gerbprozeß keinerlei Vorteile brachte.

Auf ganz anderen Grundlagen fußt die sog. Elektro-Osmose-Gerbung. Unter Elektro-Osmose versteht man die Wanderung von Kolloiden unter dem Einfluß von elektrischem Gleichstrom. Bei den elektro-osmotischen Erscheinungen handelt es sich entweder um die Wanderung von Flüssigkeiten durch ein Diaphragma (Elektro-Endosmose) oder um die Wanderung von Kolloiden an die Elektrode (Elektrophorese).

Die Kolloide haben teils positive Ladung (Metallhydroxyde, basische Farbstoffe, Eiweißkörper), teils negative Ladung (Kaolin, Ton, Stärke, Gerbstoffe). Die ersteren wandern zur Kathode, die letzteren zur Anode. Die Wanderung erfolgt unter dem Einfluß der elektrischen Potentialdifferenz. Diese ist bei den einzelnen Gerbstoffen verschieden groß (siehe S. 154).

Das elektro-osmotische Gerbverfahren ging von der Annahme aus, daß die Wanderung der Gerbstoffteilchen eine Beschleunigung der Gerbung verursachen könnte. Es werden hierzu in eine Gerbgrube zwei Diaphragmen eingebaut, zwischen denen die Häute hängen, ohne sich zu berühren. Außerhalb der Diaphragmen sind die Elektroden angebracht; die Anode besteht aus einer besonderen Hartbleilegierung, die Kathode aus Messing. Bei einem Gleichstrom von 40 bis 45 Ampère und 110 Volt Spannung beträgt der Diaphragmenabstand 2,5 m. Es können nach den Angaben der Elektro-Osmoseleder-A. G. Berlin sowohl Holz- wie Betongruben verwendet werden. Die Brühentemperatur soll 15⁰ betragen.

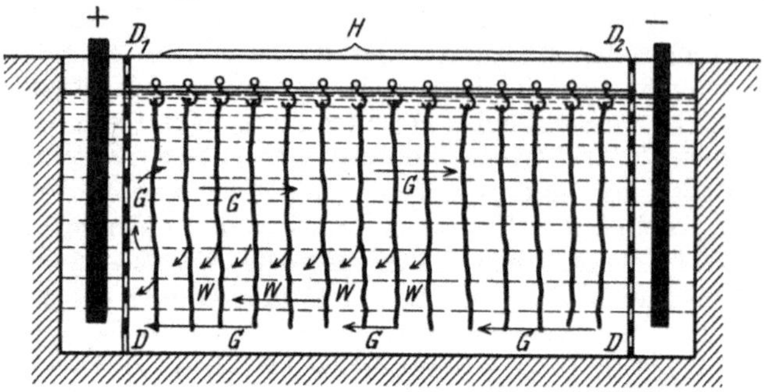

Abb. 165. Schematische Darstellung der elektroosmotischen Gerbung (Pollak).

Pollak hat die Wirkung der elektro-osmotischen Gerbung, wie in Abb. 165 angegeben, schematisch dargestellt.

Der eigentliche Gerbraum liegt zwischen den Diaphragmen D_1 und D_2, die für Gerbstoff undurchlässig sind und eine negative Ladung besitzen. Sie dienen außerdem als Schutz gegen die Einwirkung des elektrischen Stromes, der den Gerbstoff sofort zersetzen würde. Die Wanderung der Gerbstoffteilchen erfolgt im Sinne der $\rightarrow G_1$, während gleichzeitig das in der Blöße gebundene Wasser durch die als Exophorese bekannte Erscheinung entfernt wird ($\rightarrow w$). Da durch die Einwirkung des elektrischen Stromes gleichzeitig die positive Ladung der Haut verstärkt wird, so nahm man an, daß die Summe dieser Erscheinungen beschleunigend auf den Gerbprozeß wirken würde.

Die Häute sollen je nach ihrer Stärke und Größe 4 bis 8 Stunden in der elektroosmotischen Grube in einer Brühe von etwa 0,5⁰ Bé verbleiben. Die Temperatur soll 15⁰ betragen, jedenfalls 20⁰ nicht übersteigen. Nach der elektro-osmotischen Behandlung folgt die im Betrieb übliche Weiterverarbeitung. Synthetische Gerbstoffe sollen bei der elektro-osmotischen Gerbung nicht verwendet werden (Angaben der Elektro-Osmoseleder-A. G. Oldeslohe von 1924).

Sicherlich kann man dem elektro-osmotischen Gerbverfahren, besonders im Vergleich mit den früheren elektrischen Gerbmethoden, gewisse Erfolge nicht absprechen. Allein das Verfahren scheint doch noch nicht soweit entwickelt zu sein, daß es sich in namhafter Weise in die praktischen Betriebe hat einführen können. Die vor einigen Jahren angepriesenen Einrichtungen waren zudem reichlich teuer. Die weitere Entwicklung der elektro-osmotischen Gerbmethode bleibt abzuwarten.

Ein Schnellgerbverfahren, das auf einer sehr intensiven Bespülung der Häute durch Gerbbrühen von hoher Konzentration und höherer Temperatur beruht, ist das Gerbverfahren „Dufour-Lepetit", mit dem sich manche Gerbereien eine Zeitlang beschäftigt haben. Diese Schnellgerbmethode beruht auf einer Kombination der Patente von Bosio und Peradotto und von L. u. G. Dufour. Die Blößen werden nach einer kurzen Angerbung in starke Brühen eingehängt, die etwa 33⁰ warm sind und durch eine besondere Vorrichtung in dauernder, lebhafter Zirkulation erhalten werden. Man kann dabei eine oder mehrere Gruben verwenden. Gleichzeitig wird in die Brühe ein Strom von SO_2-Gas eingeleitet, das in einem besonderen Schwefelverbrennungsofen hergestellt wird. Die Gruben müssen deshalb gut verschlossen sein, da sonst das Gas zum Teil entweichen würde. Das SO_2-Gas soll die Gerbung beschleunigen, in der Hauptsache aber eine Oxydation der Gerbbrühen bei der raschen Zirkulation verhindern. Über eine Einführung des Verfahrens in größerem Umfang in die Betriebe ist nichts bekannt geworden. Die Anlage ist nicht billig und sehr kompliziert.

Mehrere Schnellgerbverfahren gründen sich auf den Zusatz besonderer Stoffe zu den Gerbbrühen. Cross, Greenwood und Lamb haben beobachtet, daß gewisse Hemicellulosen mit Gerbstoffen Verbindungen eingehen, die homogene Gallerten bilden. Sie stellten fest, daß die Adstringenz von Gerbstoffbrühen unter gewissen Umständen sich mit Hilfe dieser Verbindungen beeinflussen läßt. So konnte z. B. bei gleichzeitiger Verwendung von Tragasol und Gerbstofflösungen die Durchdringung von Blößen mit Gerbstoff erheblich beschleunigt werden.

Auf der Entfernung der grobteiligen Gerbstoffe aus den Gerbbrühen durch Aussalzung und einer dadurch erzielten Erhöhung der Diffusionsgeschwindigkeit beruht wohl ein Schnellgerbverfahren von S. Bocciardo & Co., Genua (D.R.P. 179610, 1905). Bei dem Verfahren werden hintereinander Brühen verwendet, die wechselnde Mengen von Salzen und Säuren enthalten.

Turnbull und Carmichael suchten dadurch eine Beschleunigung der Gerbung zu erzielen, daß sie Gerbstoffe in Stärkegallerte auflösten. Eine Reihe in den letzten Jahren ab und zu angepriesener Stoffe, die ein schnelleres Durchgerben bedingen sollten, sind stärkeähnliche Produkte. Der Erfolg blieb aber in den meisten Fällen hinter den Erwartungen zurück.

Casaburi sucht durch Verwendung eines Gemisches von Sulfitablauge und Tragasol am Anfang der Gerbung deren Verlauf zu beschleunigen. Er verwendet 50 Teile Tragasol, 48,5 Teile Sulfitablauge Hansa N und 1,5 Teile Schwefelsäure von 66^0 Bé. Die Zugabe dieses Gemisches soll die Benützung starker Gerbbrühen gestatten, ohne daß Totgerbung eintritt[1].

Schapringer will eine Beschleunigung der Gerbung durch Vorbehandlung der Blöße mit Lösungen organischer Nichtgerbstoffe oder schwach adstringenter Gerbstoffe, wie Tannin, herbeiführen.

Pawlowitsch will durch alkalische Angerbung und saure Ausgerbung den Gerbprozeß beschleunigen. Er hängt die Blößen 5 bis 10 Tage in 12 bis 14^0 Bé starke Brühen, die durch Alkali auf einen p_H-Wert von 7 bis 8 gebracht sind, und gerbt in Brühen von 16 bis 18^0 Bé aus, die einen p_H-Wert von 2 bis 5 haben. Durch die sauren Brühen soll eine Koagulation des in der Haut befindlichen Gerbstoffes eintreten.

Auf die Einwirkungen, die Sulfosäuregerbstoffe auf die Strömungsgeschwindigkeit von wässerigen Lösungen in der Haut ausüben und die Bergmann und seine Mitarbeiter näher untersucht haben und auf S. 487 erörtert sind, sei auch an dieser Stelle im Zusammenhang mit dem Problem der Schnellgerbung hingewiesen.

Endlich sind zum Erzielen einer raschen Durchgerbung der Häute Vorschläge laut geworden, nach denen die Gerbstoffe nicht in wässeriger Lösung zur Anwendung kommen, sondern suspendiert in Mineralöl, Blauöl oder sonstigen Ölen auf die Blößen einwirken. Ob derartige Verfahren in größerem Umfang ausprobiert worden sind, und zu welchen Ergebnissen die Versuche geführt haben, ist nicht bekannt.

Das Problem der Schnellgerbung hat bis zum heutigen Tag eine befriedigende Lösung nicht gefunden. Es ist außer allem Zweifel, daß die Frage, wie sich die Gerbdauer verkürzen läßt, ohne daß die Qualität der entstehenden Leder leidet, für die moderne Lederfabrikation von ganz außerordentlicher wirtschaftlicher Bedeutung ist.

[1] Näheres hierüber siehe in Cuir techn. **1930**, 109 u. 129.

Ob bei der heutigen wirtschaftlichen Entwicklung es sich der Gerber noch lange wird leisten können, seine Häute — und damit sein Betriebskapital — viele Monate lang in seinen Gruben festzulegen, ist zum mindesten recht ungewiß. Die ganze Entwicklung in der Lederindustrie drängt auf eine Verkürzung der Gerbdauer und auf die daraus sich ergebende Möglichkeit eines vermehrten Kapitalumsatzes.

Der Gerber und Gerbereichemiker ist im allgemeinen recht konservativ eingestellt. Neuerungen lösen in ihnen selten eine sofortige Begeisterung aus. Mit Vorsicht und Zurückhaltung geht er an alle als Verbesserung angepriesene Änderungen seines Gerbbetriebes heran. Das ist durchaus verständlich. Denn der Gerber spürt die Folgen von Änderungen in seinem Betrieb erst nach langer Zeit und die Mängel von neuen Herstellungsverfahren zeigen sich oftmals erst, nachdem er viele Partien verarbeitet hat. Jedenfalls kann er in den allerseltensten Fällen sofort mit Sicherheit entscheiden, ob irgendein neues Produkt, eine neue Arbeitsmethode ihm Vorteil oder wenigstens keinen Nachteil bringt. Denn Versuche im kleinen besagen in der Gerberei meist recht wenig und verraten nur die groben Mängel.

So kommt es, daß auch die auf verschiedene Weise gemachten Anstrengungen zur Verkürzung der Gerbdauer in den letzten Jahrzehnten nur ein schwaches Interesse fanden. Wohl wurden hier und dort einmal Versuche im größeren Stil unternommen, um diese oder jene Arbeitsmethode für eine raschere Gerbung auszuprobieren. Die Masse der Betriebe hat sich jedoch ablehnend verhalten. Aber das Problem ist wichtig, und die Zukunft wird seine Bedeutung immer mehr hervortreten lassen. Die Notwendigkeit, daß die Lederindustrie selbst mehr als bisher zur Lösung dieses Problemes beiträgt, tritt heute schon deutlich zutage. Daß die Schnellgerbmethode der Zukunft ein Leder liefern muß, das in seinen Eigenschaften dem „Leder alter Art" in keiner Weise nachstehen darf, ist selbstverständlich. Der Gerbereichemie erwächst bei der Prüfung aller Schnellgerbmethoden die sehr wichtige Aufgabe, festzustellen, inwieweit die erzeugten Leder berechtigten Anforderungen entsprechen. Sie ist nach ihrem heutigen Stand dazu wohl in der Lage. Sie wird aber in dem unvermeidlichen Kampf zwischen „Gerbung alter Art" und der schnelleren Gerbmethode auch dazu berufen sein, den grundsätzlich ablehnenden Stimmen übervorsichtiger Kundenkreise entgegenzutreten und dadurch wirklich wertvollen Neuerungen den Weg zu bahnen. Daß in der Gerberei und den Kreisen der gesamten Lederverbraucher dieser Weg auch für die brauchbaren Neuerungen voll von Hindernissen ist, die unbegründete Vorurteile und die sog. gefühlsmäßige Einstellung gegen die neuen Erzeugnisse und ihre Herstellungsmethoden aufbauen können, hat die Entwicklung der Chromgerbung zur Genüge bewiesen.

Literaturverzeichnis.

Aborn u. Landin: D.R.P. 40884 (1886).
Balé s. Worms u. Balé.
Carmichael s. Turnbull u. Carmichael.
Casaburi: Cuir techn. **1930**, 109, 129.
Cross, Greenwood u. Lamb: Journ. Soc. Dyers Colourists **35**, 62 (1919).
Finot: D.R.P. 72053 (1892).
Gaulard: D.R.P. 2052 (1877).
Greenwood s. Cross, Greenwood u. Lamb.
Groth: Application of electricity to tanning 1893.
Günther: Fabrikation des lohgaren Leders in Deutschland. 1867.
Jablonski: Collegium **1929**, 576.
Jörissen s. Luckow u. Jörissen.

Lamb s. Cross, Greenwood u. Lamb.
Landin s. Aborn u. Landin.
Luckhaus: Fr. Pat. 654457; Chem.-Ztg. **1929**, 877.
Luckow u. Jörissen: D.R.P. 99687 (1897).
de Marneffe: Halle aux Cuirs 1905.
Nihoul: Journ. Amer. Leather Chem. Assoc. **1915**, 461.
Nance: U.S.-Pat. 1065168 (1913).
Paeßler (*1*): Collegium **1919**, 285ff.; (*2*): Ebenda **1908**, 48.
Parker Collegium **1910**, 174; s. a. Procter u. Parker.
Pawlowitsch: E. Pat. 302408 (1927).
Pollak: Gerber **1926**, 174.
Procter (*1*): Principles of Leather Manufacture **1903**.
Procter u. Parker: Journ. Soc. Chem. Ind. Febr. 1895.
Schapringer: D.R.P. 439521 (1927).
Schwarzberg: Collegium **1928**, 661.
Thomas: Journ. Amer. Leather Chem. Assoc. **1920**, 593.
Turnbull u. Carmichael: B. Pat. 110470 (1917).
Worms u. Balé: D.R.P. 41516 (1887).

Auszug aus der Patentliteratur über allgemeine Gerbverfahren.

Von **Prof. Dr. Max Bergmann**, Dresden.

1. Ältere Patente über Verfahren und Vorrichtungen zum Gerben mit elektrischem Strom.

D.R.P. 107866/Kl. 28 vom 29. 12. 1898 *H. Zerener*, Berlin.
D.R.P. 108428/Kl. 28 vom 26. 10. 1898 *G. D. Burton*, Boston.
D.R.P. 110771/Kl. 28 vom 13. 2. 1898 *H. Zerener*, Berlin, *F. Jörissen*, Aachen.
D.R.P. 99687/Kl. 28 vom 4. 4. 1897 *C. Luckow*, Köln, *F. Jörissen*, Aachen.
D.R.P. 103051/Kl. 28 vom 7. 7. 1897 *J. Bing*, Paris.
D.R.P. 72053/Kl. 28 vom 29. 6. 1892 *E. J. Finot*, Paris.
D.R.P. 66762/Kl. 28 vom 18. 8. 1891 *A. Foelsing*, Düsseldorf.
D.R.P. 56948/Kl. 28 vom 17. 11. 1889 *C. Pieper*, Berlin.
D.R.P. 40884/Kl. 28 vom 16. 11. 1886 *J. W. Abom* und *J. Laudin*, Stockholm.
D.R.P. 27273/Kl. 28 vom 25. 8. 1883 *L. Gaulard*, London.

2. Neue Patente über allgemeine Gerbverfahren.

D.R.P. 179610/Kl. 28a vom 7. 7. 1905. — C. 1907, I, 1472.
S. Bocciardo & Co., Genua.

Schnellgerbverfahren. Behandlung mit neutralen, nicht gerbend wirkenden Salzen und nicht gerbend wirkenden Säuren vor der Gerbung und Auswaschen dieser Lösungen nach dem Gerben.

D.R.P. 253171/Kl. 28a vom 22. 3. 1910. — C. 1912, II, 1888.
Zus.P. 254101/Kl. 28a vom 26. 3. 1911. — C. 1913, I, 135.
Chemisch-Technologische Studiengesellschaft, Hersfeld, H. N.

Gerbverfahren.
1. Entwässerung der Haut mit Alkohol oder Aceton und dann Trocknung. Ausgerben mit wässeriger Lösung eines vegetabilischen Gerbstoffes, der noch Alkohol oder Aceton zugesetzt ist.
2. Die mit wasserverdrängenden Flüssigkeiten getränkten Hautblößen werden durch Vakuumdestillation getrocknet.

D.R.P. 268126/Kl. 28a vom 6. 10. 1911. — Coll. 1914, 46.
A. Bracher, Oberaach, Schweiz.

Verfahren und Vorrichtung zum Gerben von Häuten und Fellen. Sie werden in einem langen Schacht absatzweise vorwärtsbewegt, den die Brühe im Gegenstrom durchfließt.

D.R.P. 269895/Kl. 28b vom 16. 1. 1913.

J. Dennies, Canterbury, und *W. L. Fidler*, Ravenswood.

Faß zum Gerben unter Luftleere, das in einem mit Flüssigkeit gefüllten Behälter eingetaucht ruht, um die Luftleere möglichst lang aufrechtzuerhalten.

D.R.P. 275454/Kl. 28a vom 18. 2. 1913. — Coll. 1914, 623.

G. Durio, Turin.

Verfahren zum Schnellgerben von Häuten. Die Häute werden nach dem Entkälken durch Behandeln mit viel Wasser unter Druck absolut neutral gemacht. Hierauf wird auf die Häute mehrmals eine dünne Schicht handelsüblich konzentrierter Gerbextrakte aufgetragen und hierbei jede Bewegung der Häute und ein Überschuß an Gerbextrakten vermieden.

1. **D.R.P. 283285**/Kl. 28a vom 20. 9. 1913. — Coll. 1915, 232.
   Zus.P. 286678/Kl. 28a vom 8. 1. 1914. — Coll. 1915, 382.
2. **D.R.P. 352671**/Kl. 28a vom 1. 12. 1918. — Coll. 1922, 111.
3. **Zus.P. 357861**/Kl. 28a vom 10. 7. 1919. — Coll. 1922, 223.
4. **Zus.P. 359997**/Kl. 28a vom 14. 10. 1919. — Coll. 1922, 291.
   E.P. 152641 vom 16. 8. 1920. — C. 1921, II, 427.
   Ö.P. 104393 vom 24. 8. 1925. — C. 1927, I, 1400.

Elektro-Osmose, Akt.-Ges., Berlin.

Verfahren zur Gerbung, Imprägnierung usw. von Stoffen durch Elektro-Osmose; die nach 1. rasch durchbissenen Blößen werden nach 2. rascher ohne Strom in der üblichen Weise zu Ende gegerbt. Die elektrische Vorbehandlung geht nach 3. in Gerblösungen von 0,1 bis 0,5° Bé vor sich. Nach 4. bedeutet eine Vorbehandlung mit elektrischem Strom in reinem Wasser eine weitere Verbesserung des Verfahrens. Im Zus.P. 286678 ist ein Vorreinigungsverfahren beschrieben.

D.R.P. 296071/Kl. 28a vom 10. 6. 1914. — Coll. 1917, 90.

Dr. L. Schupp, Neckargemünd.

Verfahren zum Gerben von Häuten und Fellen in rotierendem Faß unter Vakuum.

A.P. 1402283 vom 31. 10. 1918. — C. 1923, II, 978.

R. B. Cook, Gomshall, und *W. W. Williams*, Bodelwyddan, Rhyddlan.

Verfahren zum Gerben tierischer Häute in einer aus pflanzlichen Gerbstoffen zusammengesetzten Gerbbrühe, der Natriumthiosulfat, Aluminiumsulfat, Vaseline, Glycerin, Lanolin und Terpentin zugesetzt sind.

D.R.P. 340479/Kl. 28b vom 12. 5. 1919.

F. Gilardini, Turin.

Verfahren zur Herstellung von Treibriemen mit aneindergereihten, durch erhitzte Formplatten bewirkten kleinen Vertiefungen, die die grüne Haut durch Pressen erhält und die im Gerbbad unverändert bleiben. Dadurch erhöht sich Dehnungswiderstand und Reißfestigkeit.

1. **D.R.P. 361969**/Kl. 28a vom 22. 10. 1919. — Coll. 1922, 324.
2. **Zus.P. 374633**/Kl. 28a vom 28. 7. 1920. — Coll. 1923, 168.

ad. 2. vgl. **Schwz.P. 88568** vom 13. 6. 1919. — C. 1921, IV, 837 und
Aust.P. 18013 vom 23. 1. 1929. — C. 1930, II, 1179.

G. Bosio und *A. Peradotto*, Turin, *Dufour-Lepetit A. G.*, Mailand, *A. Gansser*, Basel.

Schnellgerbverfahren.

1. bei hoher Dichte und Temperatur (40° C) der schnell umlaufenden Gerbbrühe,
2. unter Einblasen von gasförmiger schwefliger Säure, um die Brühe haltbarer zu machen.

D.R.P. 321343/Kl. 28b vom 31. 10. 1919. — Coll. 1920, 227.
Zus.P. 344325/Kl. 28b vom 16. 11. 1920. — C. 1922, IV, 200.

P. Ringbauer, Frankfurt a. M.

Gerbverfahren für Häute oder Kernstücke, die federnd eingespannt, einer Luftleere ausgesetzt sind und mit stark verdünnter Brühe behandelt werden.

D.R.P. 328884/Kl. 28b vom 8. 11. 1919. —

F. Gilardini, Turin.

Vorrichtung zum Schnellgerben von Häuten unter Verwendung einer Apparatur, in der die Haut partienweise von einer aus Trommeln oder Plattenpaaren austretenden, unter Druck stehenden Gerblösung in wenigen Minuten leicht gegerbt wird.

D.R.P. 383703/Kl. 28a vom 9. 3. 1920. — Coll. 1923, 393.
Schwz.P. 90713 vom 8. 3. 1930. — C. 1922, II, 721.
E.P. 140092 vom 10. 3. 1920. — C. 1922, II, 721.
Holl.P. 7238 vom 10. 3. 1920. — C. 1922, IV, 812.

Tannage Rationnel Meurant, Lüttich.

Verfahren zum Gerben von Häuten und Fellen. Anwendung von Sauerstoff oder sauerstoffhaltigen Gasen unter Druck.

D.R.P. 350595/Kl. 28a vom 25. 3. 1920. — Coll. 1922, 70.
E.P. 167785 vom 14. 2. 1920. — C. 1921, IV, 1356.
Schwz.P. 87970 vom 2. 3. 1920. — C. 1921, IV, 307.

A. Manvers, London.

Verfahren zum Gerben und Beschweren von Häuten. Wässern, Kalken, Gerben und Beschweren mit Leimlösung wird unter abwechselnder Anwendung von hohem Druck und Vakuum vorgenommen, das Gerben speziell im Vakuum.

D.R.P. 355251/Kl. 28b vom 21. 12. 1920. — Coll. 1922, 192.

A. Manvers, London.

Vorrichtung zum Aussaugen und Niederschlagen der in einem Gerbfaß sich entwickelnden Gase und Dämpfe zum Erzeugen einer Luftverdünnung im Gerbfaß. An das Gerbfaß ist eine Kammer angeschlossen, in der eine Brause die aus dem Gerbfaß eintretenden Dämpfe niederschlägt und gleichzeitig eine Saugwirkung auf die im Gerbfaß entwickelten Gase und Dämpfe ausübt, die eine Luftverdünnung im Gerbfaß zur Folge hat.

D.R.P. 370397 vom 20. 2. 1921. — Coll. 1923, 61.

M. Beretta, Mailand, Italien.

Verfahren zum Gerben von Häuten. Mechanische Einrichtung mit Triebwerk zur Zirkulation der Brühe durch die einzelnen Behälter und mit gleichzeitiger Filtration und Absitzenlassen der festen Teilchen in einer besonderen Kammer.

D.R.P. 349366/Kl. 28b vom 15. 3. 1921. —

K. Schönborn, Freienwalde.

Veredelungsverfahren für Leder, Häute oder Felle durch Abziehen des Narbens nach dem Vorgerben, besonders bei hartnarbigen Ledern, und folgendes Nachgerben und Zurichten.

D.R.P. 383798 vom 2. 8. 1921. — Coll. 1923, 395.
E.P. 167771 vom 10. 8. 1921. — C. 1921, IV, 1356.

V. Peradotto, Valpurga, Italien.

Verfahren zum Gerben von Häuten. Erzeugung einer Erwärmung durch Reibung der Flüssigkeit an den Häuten infolge starker Bewegung der Gerbbrühen durch Rührwerk.

D.R.P. 384126 vom 25. 3. 1922. — Coll. 1924, 28.

A. J. L. af Forselles, Stockholm.

Verfahren zum Enthaaren, Entwässern, Gerben und Trocknen von Häuten in luftleer gemachten Zylindern.

1. **E.P. 223621** vom 27. 4. 1923. — C. 1926, I, 2644.
2. **E.P. 310823** vom 1. 12. 1927. — C. 1930, I, 2506.
A.P. 1065168 — Wilson 1. (deutsche) Aufl. 305.

Ch. W. Nance, London.

Gerbverfahren.
1. im Autoklaven ohne Sauerstoffzufuhr bei Druck und Temperatur von mehr als 40^0 C,
2. im Autoklaven im Hochvakuum während der Prozesse der Wasserwerkstatt, dann wie oben.

D.R.P. 409040 vom 12. 7. 1923. — Coll. 1925, 277.

A. J. L. af Forselles, Stockholm.

Vorrichtung und Verfahren zur Herstellung von Leder durch Gerben. Gerbbehälter, die gleichzeitig mit der Luftleere-Erzeugungsvorrichtung sowie mit Extraktbehältern und deren Extrakteindampfer in Verbindung stehen, so daß eine Umschaltung nach jeder Richtung möglich ist.

F.P. 581165 vom 6. 8. 1923. — C. 1927, I, 1401.

L. Daugy, Paris.

Vervollkommnung in der Lederbearbeitung durch Streckung auf Rahmen vor oder während der Gerbung.

A.P. 1621612 vom 3. 10. 1923. — C. 1927, II, 661.

J. K. Tullis, New York.

Gerbverfahren. Angerben mit schwacher Gerblösung, völliges Trocknen und Ausgerben bei 20° Bé.

D.R.P. 440037/Kl. 28a vom 28. 1. 1924. — Coll. 1927, 160.

Plauson's Forschungsinstitut G. m. b. H., Hamburg.

Verfahren zum Gerben.

1. Vorgemahlene gerbstoffhaltige Produkte mit Wasser in Kolloidmühlen gemahlen. Der Brei wird direkt zum Gerben benutzt.
2. Zusatz von chrom- oder kieselsauren Verbindungen beim Vermahlen in der Kolloidmühle.
3. Zusatz von Ölen oder Fetten beim Vermahlen.

E.P. 243090 vom 27. 8. 1924. — C. 1927, I, 2261.
F.P. 604012 vom 27. 8. 1925.

R. H. Pickard, D. Jordan-Lloyd, A. E. Caunce, London.

Schnellgerbverfahren durch Entwässern mit Aceton, Verdampfen desselben bei ca. 57° evtl. im Vakuum, und folgendes Gerben.

D.R.P. 463084/Kl. 28a vom 3. 9. 1924. — Coll. 1929, 75.

A.-G. Lauro, Genua.

Verfahren zur ununterbrochenen Schnellgerbung, dadurch gekennzeichnet, daß man in einer Gruppe von 30 Bottichen unter Belassung der Häute darin die Gerblösung zirkulieren läßt und jeweils nur in einem Bottich Gerbextrakt zubessert, und zwar täglich um 0,4° Bé. Ferner werden dem Bottich, dessen Inhalt die höchste Dichte erreicht hat, die fertig gegerbten Häute entnommen und so in ständigem Kreislauf 1 Bottich täglich neu beschickt.

R.P. 9310 vom 20. 10. 1924. — C. 1931, I, 2428.

P. W. Wjatkin, USSR.

Verfahren und Vorrichtung zum Gerben von Häuten mit pflanzlichen Gerbbrühen bestimmter Konzentration in 3 Stufen mittels Wechselstrom gewisser Spannung und Ampère-Zahl und in der 3. Stufe unter Zusatz von Koagulationsmitteln, wie Alaun, Aluminiumsulfat oder Natriumsulfat.

E.P. 239405 vom 1. 12. 1924. — C. 1928, II, 1055.

L. Durand, Montreuil.

Schuhsohlen mit erhaltener Haarschicht, auf dem Weg eines Schnellgerbverfahrens fabriziert.

D.R.P. 439521/Kl. 28a vom 16. 7. 1925. — Coll. 1927, 157.

S. Schapringer, Osijek/Jugoslawien.

Verfahren zum Gerben tierischer Häute. Vorbehandlung während kurzer Zeit mit verdünnten Lösungen von organischen Nichtgerbstoffen und schwachen Gerbstofffen (Gallussäure oder Tannin), dann Nachbehandlung mit starken vegetabilischen Gerbextraktlösungen während einiger Stunden.

Can.P. 269399 vom 26. 12. 1925. — Coll. 1931, 323.

Amer. Elektro-Osmosis Co., New York.

Gerben von Leder. Die Häute werden in der Gerblösung der Einwirkung eines elektrischen Stromes zwischen Diaphragmen unterworfen, wobei die sich an den Elektroden ansetzenden Stoffe entfernt und die Gerbflüssigkeit von den Elektroden selbst ferngehalten wird.

1. **F.P. 635227** vom 30. 5. 1927. — C. 1928, II, 1962; Coll. 1930, 129.
2. **E.P. 294996** vom 3. 8. 1928. — C. 1930, II, 1179.
3. **E.P. 294997** vom 3. 8. 1928. — C. 1930, II, 1179.

J. G. Kästner, Frankfurt.

Erweichen und Veredeln von Leder während des Gerbprozesses: 1. durch Zusatz von Abkochungen aus Johannisbrotbaumkernen zu üblichen Gerbstoffen.

Derselbe und *C. H. Tröger*, Plauen.

2. 10 bis 300mal wechselnder Unter- und Überdruck bei 20 bis 25 Volt Gleichstrom und mit 35% des obigen Zusatzes,

3. ferner Einwirkung von Gasen, Dämpfen, radioaktiven Substanzen, Elektronenstrahlen, elektrischem Strom, Vakuum und Druck bis mehrere Atmosphären.

Dem 3. Verfahren entspricht **Belg.P. 353301** vom 3. 8. 1928 vgl. C. 1931, I, 727.

F.P. 637441 vom 28. 6. 1927. — Coll. 1930, 129.
Schwz.P. 133206 vom 28. 6. 1927. — C. 1930, I, 3267.

K. Dreyfuß, Deutschland.

Verwendung von stark sulfonierten Türkischrotölen beim Gerben, beim Beizen, Entkälken, Schwellprozeß und in der Chromgerberei; sie wirken beschleunigend und verhindern Anlaufen des Leders.

A.P. 1785966 vom 25. 7. 1927. — C. 1931, I, 1712.

Hickok Mfg. Co. Inc., Rochester, N. Y.

Gerbverfahren. Die Hautblößen werden so gestreckt und behandelt, daß die Hautfasern stets parallel zu liegen kommen. Herstellung von Strumpfhaltern.

A.P. 1763368 vom 28. 8. 1927. — C. 1930, II, 1325.

Pott & Co., Dresden.

Verfahren zur Beschleunigung und Verbesserung der vegetabilischen Gerbung durch Zusatz von Kondensationsprodukten aus Naphthalinsulfosäure und aliphatischen Alkoholen, die mehr als 2 Kohlenstoffatome enthalten, oder von im Kern propylierten Naphthalinsulfosäuren in Gegenwart von Kondensationsmitteln.

E.P. 302408 vom 20. 9. 1927. — C. 1929, II, 1121; Coll. 1931, 268.

P. Pawlowitsch, Taganrog, Rußland.

Gerbverfahren: Die Häute werden 5 bis 10 Tage bei 30 bis 37° mit Brühen von 12 bis 14° Bé behandelt, deren p_H durch Alkalizusatz auf 6 bis 12 gebracht wurde; dann kommen die Häute 36 bis 48 Stunden bei gleicher Temperatur in Gerbbrühen von 16 bis 18° Bé, deren p_H 2 bis 5 beträgt; dadurch erfolgt eine Koagulation des in die Haut eingedrungenen Gerbstoffes.

A.P. 1722398 vom 23. 1. 1928. — C. 1930, II, 2218.

W. S. Shaw, Boyne City, Mich.

Gerbverfahren unter Zusatz von Ameisensäure- oder Essigsäurelösung zur Ausgerbebrühe, Erhitzen derselben auf 90°, Zusatz von sulfoniertem Öl und Natriumbisulfit und Zuleiten der abgekühlten Lösung zu den Gruben.

D.R.P. 480702 vom 22. 3. 1928. — Coll. 1929, 653.

W. Kellings, Mülheim/Ruhr-Stymm.

Vorrichtung zum Brühengerben von Häuten mit mehrmaligem Abpressen der Häute. Beschleunigung der Brühengerbung ohne Zuhilfenahme von Chemikalien. Die Häute werden bei Übergang von einer Brühe zur anderen durch ein umlaufendes Abpreßwalzwerk sehr weitgehend von Wasser befreit, so daß nur der Gerbstoff in ihnen verbleibt. Durch Wegfall der umlaufenden Gerbfässer wird die Blöße geschont und ein festeres Leder erhalten.

A.P. 1789629 vom 4. 4. 1928. — C. 1931, I, 3080.

Ch. Kannel, Brooklyn, N. Y.

Verfahren zum Gerben von Sohlleder. In einem Bad, das Kaliumchromat, Borsäure, Schwefelsäure oder eine organische Säure und Glycerin enthält, wird die Blöße 16 bis 24 Stunden vorbehandelt und hierauf im Walkfaß unter konstantem Vakuum mit 12 bis 14° Bé starken Brühen binnen 24 Stunden ausgegerbt.

E.P. 317427 vom 16. 5. 1928. — Coll. 1931, 272.

H. J. Collins, London.

Imprägnierungsverfahren zum Imprägnieren von Häuten mit Gerblösungen unter Druck, wobei dieser stoßweise geändert wird.

E.P. 290681 vom 19. 5. 1928. — C. 1930, I, 3268; Coll. 1931, 267.
Schwz.P. 132927 vom 18. 5. 1928.

E. Luckhaus, Duisburg.

Verfahren und Vorrichtung zum Gerben von Häuten. Die Gerbflüssigkeit wird abwechselnd unter Luftdruck und Luftleere gesetzt. Eine Vorrichtung zum Aufhängen der Häute während des Gerbverfahrens und zum Bewegen der Aufhängevorrichtung wird beschrieben.

E.P. 320053 vom 26. 6. 1928. — Coll. 1931, 273.

C. A. Venino, A. Azzoni, Lecco, It.

Herstellung von Leder. Die Auflösung von Hautabfällen, die durch Behandlung mit Schwefelwasserstoff, Kaliumrhodanid oder Kalkwasser vorbereitet waren, wird zur Behandlung von Leder verwendet, das vegetabilisch gegerbt ist.

Aust.P. 17936 vom 21. 1. 1929. — C. 1930, II, 1325.

J. Denniss und *Th. Reid*, Sidney.

Verfahren zum Gerben von Häuten und Fellen. Weichen, Äschern und Angerben erfolgt unter Vakuum, hierauf werden die Häute in konzentrierten Gerbbrühen 10 bis 13 Tage lang eingehängt und so fertig gegerbt.

Aust.P. 18252 vom 6. 2. 1929. — C. 1930, I, 3512; Coll. 1931, 323.

A. J. Waters, Melbourne.

Schnellgerbverfahren: Entpickeln mit Thiosulfatlösung und Gerben mit Mimosa, Myrobalanen und Wattle von 60° Barkometer in ca. 14 Tagen.

F.P. 686383 vom 10. 12. 1929. — C. 1930, II, 3887.

S. Le Fèrre Varvel, Australien.

Gerbverfahren unter Anwendung von elektrischem Gleichstrom in 20 bis 25° Bé starken pflanzlichen Gerbbrühen.

F.P. 698589 vom 2. 7. 1930. — C. 1931, I, 3080.

United Shoe Machinery Corp., U. S. A.

Verfahren zum Gerben von Häuten und Fellen. Auf der Narben- und Fleischseite der durch Ausrecken von anhaftendem Wasser befreiten Häute wird eine konzentrierte Gerbstofflösung aufgetragen und nach dem Eindringen derselben zum Trocknen in einem abgedunkelten Raum aufgehängt. Die Gerbung wird dadurch verkürzt und die Maßausbeute um 15 bis 20% erhöht.

Namenverzeichnis.

Sachverzeichnis.

GPSR Compliance

The European Union's (EU) General Product Safety Regulation (GPSR) is a set of rules that requires consumer products to be safe and our obligations to ensure this.

If you have any concerns about our products, you can contact us on ProductSafety@springernature.com

In case Publisher is established outside the EU, the EU authorized representative is:

Springer Nature Customer Service Center GmbH
Europaplatz 3
69115 Heidelberg, Germany

Batch number: 10584556

Printed by Printforce, the Netherlands